누구나 합격할 수 있는 방법,
동일출판사와 함께 하는 것.

54년간 전기만을 연구해 온 최고의 집필진이 만든책!
동일출판사와 함께 합격의 기쁨을 누리시길 기원합니다.

수험서의 기준을 만듭니다.
합격을 위한 지름길을 안내합니다.
전·현직 전기인들이 가장 선호하는 수험서로 인정받았으며,
최다 누적 판매와 최다 합격자 배출의 기록을 자랑하고 있습니다.
동일출판사의 핵심은 다년간 축적된 노하우에 있습니다.
수험 과목의 핵심 개념을 명확하고 효과적으로 전달하며,
풍부한 예제와 실전 모의고사로 실력을 향상시킬 수 있는
최상의 환경을 제공합니다.
동일출판사와 함께라면 수험 고난의 시련을 극복하고
합격의 문을 두드릴 수 있습니다.
지금 동일출판사를 통해 성공적인 미래를 준비하세요.

d 동일출판사

무료 강의 제공

회원가입만으로 무료 강의 동영상을 제한 없이 이용할 수 있습니다.

도서 구입만으로 무료강의까지! 합격하는 날까지 평생무료!
동일출판사 홈페이지 또는  에서도 시청 가능합니다.

무료제공 동영상 강의목록

전기기사(산업기사) 이론	필기	전기자기 / 회로이론 / 전기기기 / 전력공학 제어공학 / 전기응용 공사재료 / 전기설비기술기준
	실기	전기설비설계 / 전기설비작업 전기설비의 운영관리 및 유지보수 시험점검 전기설비유지보수 및 점검 / 테이블스팩 / 감리
전기기사(산업기사) 기출문제 풀이	필기 기출문제 2007년 ~ 2025년	
	실기 기출문제 2014년 ~ 2025년	
전기기능사 이론	전기이론 / 전기기기 / 전기설비	
전기기능사 기출문제 풀이	필기 기출문제 2015년 ~ 2025년 (전기이론 / 전기기기)	

학습센터운영

홈페이지를 통한 학습센터를 운영하여
학습에 부족함이 없도록 지원합니다.

FREE

학습센터　　**무료동영상강의**　　**핵심요약**　　**질문게시판**　　**정오게시판**　　**자료실**

질문게시판　　　　　　　더보기

일반 질문을 남겨주세요 :)　　　　2025-03-18　동일출판사

질문하기

자료실　　　　　　　더보기

국가화재안전기준 - 소방시설의 내진설계 기준 (시행 2021.2.19) - 변경...

전기기사 시리즈 1. 전기자기 유사문제 풀이

전기기사 시리즈 2. 회로이론 유사문제 풀이 (1장~9장)

전기기사 시리즈 2. 회로이론 유사문제 풀이 (10장~17장)

전기기사 시리즈 3. 전기기기 유사문제 풀이

전기기사 시리즈 4. 전력공학 유사문제 풀이

전기기사 시리즈 5. 제어공학 유사문제 풀이

전기기사 시리즈 6. 전기응용 공사재료 유사문제 풀이

정오게시판　　　　　　　더보기

2025 전기응용공사재료 (전기기사시리즈 6 필기 기본서) [2025.05.15]

FINAL 적중 소방설비기사 전기분야 필기 600제 (Non-stop High-Pas...

2024 국가화재안전기준 (NFSC) 및 소방관련법령 (소방설비(산업)기사...

신전기설비 [2024.08.30]

최신 송배전공학 [2023.08.23]

2025 가스기능장 실기 (완벽대비 동영상 실기시험 대비) [2024.11.15]

핵심요약　　　　　　　더보기

기초전기수학　[복소수] 복소수의 극형식

전기자기학
[전계의 특수 해법(전기영상법)] 평면 도체와 선전하

기초전기수학　[삼각함수] 특수각의 삼각비

하루에 한문제

유전율 $\epsilon_0 \epsilon_s$ 의 유전체 내에 있는 전하 Q 에서 나오는 전기력선 수는?

① Q 개　② $\dfrac{Q}{\epsilon_0 \epsilon_s}$ 개　③ $\dfrac{Q}{\epsilon_0}$ 개　④ $\dfrac{Q}{\epsilon_s}$ 개

동영상강의 / 핵심요점정리 / 질문게시판 / 정오 및 자료실
회원가입만으로 무료로 이용가능합니다.

전기기사 필기

전기기사 필기 기본서 전기기사시리즈

전기자기 / 회로이론 / 전기기기 / 전력공학 / 제어공학 / 전기응용 공사재료 / 전기설비기술기준

이론 기출문제

51년간 과년도 및 복원문제를 완석분석하여 CBT시험에 완벽대비
어떠한 문제유형에도 대응이 가능하도록 핵심 유사문제 수록
10년간 과년도 및 복원문제 풀이 동영상 제공

기출문제 + 동영상강의
20년간 전기기사 필기
20년간 전기산업기사 필기

기출문제

20년간 기출문제 수록
19년간 과년도 및 복원문제 풀이 동영상 제공
가장 많은 문제를 수록하여
CBT시험에 대응할 수 있도록 구성

답이보인다 30일 단기완성
전기기사 · 산업기사 필기
전기공사기사 · 산업기사 필기

이론 기출문제

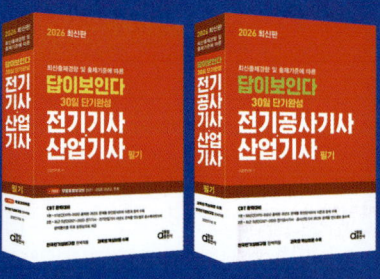

51년간 과년도 및 복원문제를 완전분석, 이론과 함께 수록
5년간 과년도 및 복원문제 수록
전기기사 · 전기산업기사 풀이 동영상 제공

과년도 문제 중심의
완벽대비 전기기사 필기
완벽대비 전기산업기사 필기

`이론` `기출문제`

28년간 과년도 및 복원문제를 엄선, 이론과 함께 수록
10년간 과년도 및 복원문제 수록, 풀이 동영상 제공

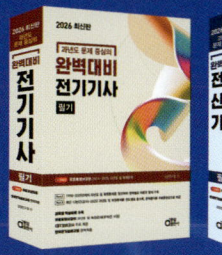

과년도 문제 중심의
완벽대비 전기공사기사 필기
완벽대비 전기공사산업기사 필기

`이론` `기출문제`

28년간 과년도 및 복원문제를 엄선, 이론과 함께 수록
10년간 과년도 및 복원문제 수록

최근 7년 과년도 문제
핵심 전기기사 필기
핵심 전기산업기사 필기

`이론` `기출문제`

과목별 핵심요점 및 문제
최근 7년 과년도 및 복원문제
과년도 및 복원문제 무료 동영상 제공

전기기사 실기

기출문제 + 동영상강의
30년간 전기기사 실기

`기출문제`

30년간 기출문제 수록
9년간 과년도 및 복원문제 풀이 동영상 제공

기출문제 + 동영상강의
30년간 전기산업기사 실기

`기출문제`

30년간 기출문제 수록
9년간 과년도 및 복원문제 풀이 동영상 제공

답이보인다 30일 단기완성
전기기사 · 산업기사 실기

`이론` `기출문제`

38년간 출제된 과년도 및 복원문제를 완전분석하여 이론과 함께 수록
15년간 과년도 및 복원문제를 연도별로 수록
9년간 과년도 및 복원문제 풀이 동영상 제공

답이보인다 30일 단기완성
전기공사기사 · 산업기사 실기

`이론` `기출문제`

38년간 출제된 과년도 및 복원문제를 완전분석하여 이론과 함께 수록
15년간 과년도 및 복원문제를 연도별로 수록

전기기능사 필기

CBT 완벽대비 전기기능사 필기

`이론` `기출문제`

시험에 반복적으로 나오는내용을 과목별로 정리
출제되었던 과년도 및 복원문제를 완전분석하여 내용별로 수록
과년도 및 복원문제 풀이 동영상 제공[전기이론, 전기기기]

무료동영상의 전기기능사 필기

`이론` `기출문제`

본문내용 전체를 무료 동영상 강의로 완벽 제공
(핵심요점정리 + 핵심예제 +출제예상문제)
8년간 과년도 및 복원문제 수록
과년도 및 복원문제 풀이 동영상 제공[전기이론, 전기기기]

새로운 출제기준에 따른 전기기능사 필기

`이론` `기출문제`

상세한 이론, 기능사 필기의 바이블
10년간 과년도 및 복원문제 수록
출제기준에 따른 과목별 내용과 출제예상문제 수록
과년도 및 복원문제 풀이 동영상 제공[전기이론, 전기기기]

합격을 위한 지름길

동일출판사의 베스트셀러 수험서

기능장

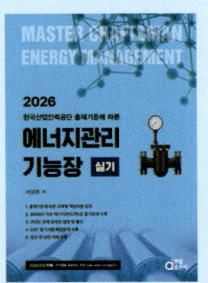

신재생

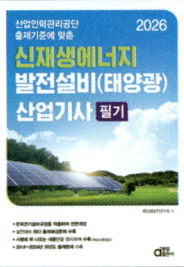
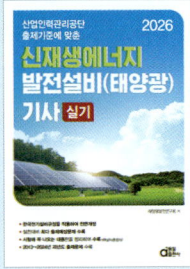
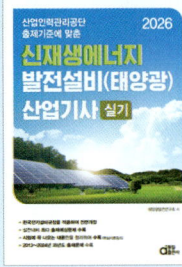

에너지관리

소방

2026

새로운 출제기준에 따른

전기기능사

필기

 동일
출판사

CBT 안내

CBT

컴퓨터를 이용하여 시험을 평가(testing)하는 것으로
일반적으로 문서를 이용한 시험을 PBT(Paper Based Testing)라 하고
컴퓨터를 이용하는 시험은 **CBT(Computer Based Testing)**라 한다.

Q-net 홈페이지에서 CBT 무료체험이 가능합니다.
https://www.q-net.or.kr/

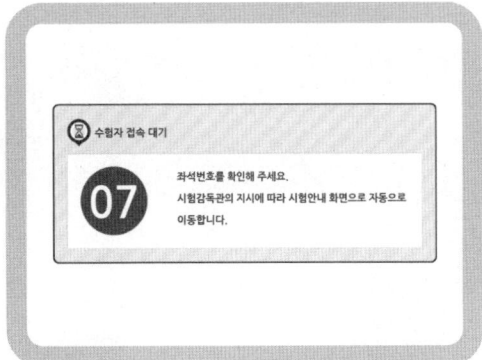

Step 1

좌석번호 확인

수험자에게 배정된 좌석을 확인합니다.

Step 2

수험자 정보 확인

좌석번호에 알맞게 앉아 있으면
신분확인 절차가 진행됩니다.

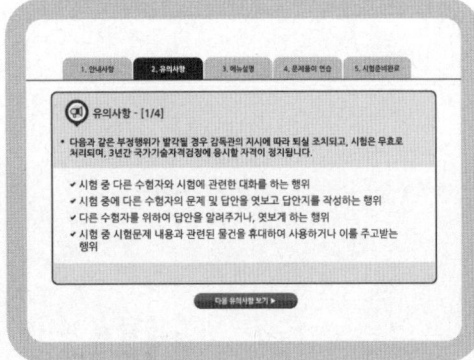

Step 3

안내사항 및 유의사항 확인

시험 시작전 CBT 시험 안내사항 및 유의사항,
메뉴설정 등을 주의깊게 살펴보며 시험 시작 후에
당황하는 일이 없도록 합니다.

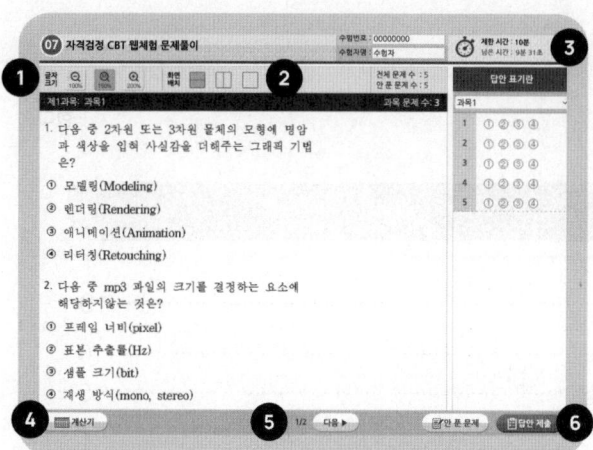

Step 4

시험창 도구설명

❶ 글자크기 조정 100%, 150%, 200%
순으로 글자크기를 조정
❷ 시험창을 1단 또는 2단으로
볼 수 있는 버튼
❸ 제한시간 + 남은시간 확인
❹ 계산기
❺ 다음페이지로 가는 버튼
❻ 답안제출 + 안푼문제

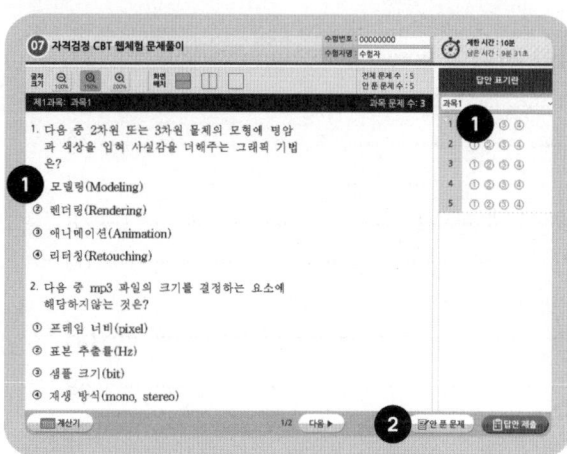

Step 5

답안작성 후 확인

❶ 문제의 보기번호 또는 답안표기란을
클릭하면 답이 체크됩니다.
수정 또한 같은 방법으로 번호를
클릭하면 수정이 됩니다.

❷ 안 푼 문제 – 문제를 모두 작성한 후
'안 푼 문제'버튼을 클릭하여
풀지못한 문제가 있는지 검토합니다.

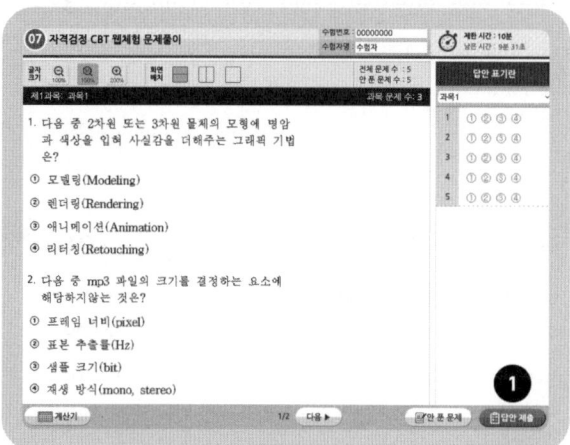

Step 6

답안제출

❶ 문제를 모두 작성한 후 '답안제출'버튼을
눌러 제출합니다. 시험시간이 모두
경과되면 자동적으로 종료되므로
시간배분을 잘해야하며, 시험결과는 바로
확인할 수 있습니다.

CONTENTS
차례

3과목 　전기설비

2016~2025 과년도문제 및 CBT 복원문제

2016~2025년 과년도문제 및 CBT 복원문제의 무료동영상 강의(전기이론, 전기기기 해설)를 동일출판사 홈페이지 및 YouTube에서 보실 수 있습니다.

1과목

전기이론

01 정전기와 콘덴서

1. 전기의 본질

전기의 역사

① **탈레스(Thales)** : BC 600년경 그리스인들의 장식품이던 호박(amber)을 헝겊으로 문지르면 먼지나 깃털 등을 끌어당기는 성질을 발견하였다.
② **길버트(Gilbert)** : 1600년경 전기와 자기에 관한 실험에서 호박에 의한 전기(마찰전기)에는 두 종류가 있다는 것을 확인하였다.
③ **프랭클린(Franklin)** : 1752년에 연을 이용한 실험에서 번개와 전기의 방전은 동일한 것임을 증명하였다. 또한, 건축물에 쇠막대(피뢰침)를 세우면 번개로부터 건축물을 보호할 수 있다는 것을 제안하였고, 양전기, 음전기, 전지, 도체 등의 용어를 명명 하였다.
④ **쿨롱(Coulomb)** : 1785년에 양전기와 음전기 사이에 힘이 작용한다는 것을 발견하여 법칙을 세웠다. 이 법칙을 쿨롱의 법칙이라 한다.
⑤ **볼타(Volta)** : 1800년에 볼타 전지를 발명하여 연속적인 전류 발생 장치인 전원을 만들었다.
⑥ **외르스테드(Oersted) 와 앙페르(Ampere)** : 1820년에 전류가 자기를 생성한다는 것을 발견하였다.
⑦ **옴(Ohm)** : 1827년 전기회로의 옴의 법칙을 발표하였다.
⑧ **패러데이(Faraday)** : 1831년 자기가 전기를 발생시키는 전자유도 법칙을 발견하였다.
⑨ **줄(Joule)** : 전류가 흐르면 열이 발생한다는 줄의 법칙을 세웠다.
⑩ **키르히호프(Kirchoff)** : 전기회로에 있어서 전류에 관한 법칙과 전압에 관한 법칙을 발견하였다.
⑪ **맥스웰(Maxwell)** : 1864년 자기학의 일반이론을 확립하고 전자기파 존재를 예언했다.
⑫ **헤르츠(Hertz)** : 전자기파를 실험적으로 확인했다.

1) 원자와 분자

전기의 근원에 관해서는 오래 전부터 여러 방법으로 연구되어 왔고, 또 많은 가설이 세워졌다. 오늘날에는 원자 물리학의 관점에서 이를 설명하고 있다.

① 모든 물질은 원자(atom)라는 소립자로 구성되어 있으며, 원자는 원소의 화학적 상태를 결정하는 최소의 기본단위를 말한다.

② 원자 모델은 일반적으로 러더포드-보어(Rutherford-Bohr)의 이론으로 설명된다. 즉, 물질은 분자 또는 원자의 결합이며, 원자는 양전기를 가진 원자핵과 음전기를 가진 전자로 구성되고, 원자핵은 전자와 같은 수의 양자와 전기를 전혀 가지지 않은 중성자로 구성되어 있다. 정상 상태에서 원자는 원자 내의 양성자 수와 전자 수가 같으므로 외부에는 전기적인 성질을 나타내지 않는 중성이 된다.

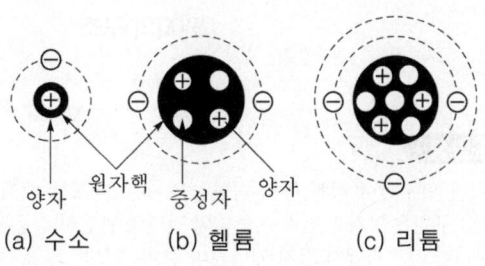

양자　원자핵　중성자　양자

(a) 수소　　(b) 헬륨　　(c) 리튬

원자핵과 전자의 구조

③ 양성자와 전자가 지니는 전기의 절대량은 각각 절대값으로 1.602×10^{-19}[C]을 가지고 있다.

④ 전자의 질량은 9.109×10^{-31}[kg]이고, 양자는 전자보다는 매우 무거운 1.673×10^{-27}[kg]이며, 전자의 약 1,840배가 된다.

$$원자 \begin{cases} 원자핵 \begin{cases} 양성자 \begin{cases} 전하 \ : +1.602 \times 10^{-19}[C] \\ 질량 \ : \ 1.673 \times 10^{-27}[kg] \end{cases} \\ 중성자 \end{cases} \\ 전 \quad 자 \begin{cases} 전하 \ : -1.602 \times 10^{-19}[C] \\ 질량 \ : \ 9.109 \times 10^{-31}[kg] \end{cases} \end{cases}$$

⑤ 양자는 (+) 전기, 전자는 (−) 전기를 가지고 있으며, 같은 종류의 전기를 가진 것은 서로 반발하고 다른 종류의 전기를 가진 것은 서로 흡인한다.

⑥ 최외각 전자(Valence electron)란 원자 내에서 원자핵의 주위를 돌고 있는 전자들은 정해진 궤도에 일정수의 전자만이 존재할 수 있는데, 이때 가장 바깥쪽의 궤도를 돌고 있는 전자를 최외각 전자라 한다. 이 최외각 전자의 수가 화학 결합에서 있어서 원자가를 결정하므로 붙여진 이름이다.

⑦ 자유전자(Free electron)란 최외각 전자가 원자핵과의 결합력이 약해져서 외부의 자극에 의해 쉽게 궤도를 이탈한 것으로 자유 전자의 이동이나 증감에 의해 도체에 전류가 흐르고 반도체(Semi conductor)가 여러 가지 전기적 작용을 하게 하며, 여러 가지 많은 전기적인 현상을 발생하게 한다.

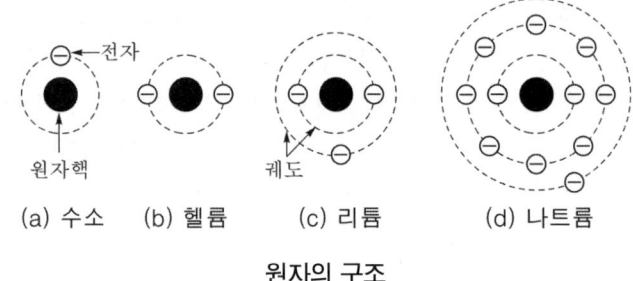

(a) 수소   (b) 헬륨   (c) 리튬   (d) 나트륨

원자의 구조

정전기의 발생

① 마찰 전기란 명주나 유리봉 등의 절연물을 서로 마찰할 때에 발생하는 전기를 말한다.
② 마찰전기의 근원은 양자와 전자로 보통의 전기와 완전히 같은 것으로, 일반적으로 사용하는 전기 제품의 전기나 건전지에서 전기 에너지와 같이 흐르는 전기(동전기:dynamic electricity)가 아닌 정전기(static electricity)라 한다.
③ 정전기가 생기는 이유는 아래 그림과 같이 유리 막대를 비단 천으로 문지르는 것 등에 의해 발생하며, 물질을 이루는 원자 구조와 밀접한 관계가 있다.

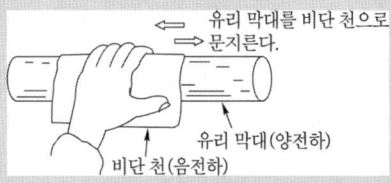

④ 외부의 자극을 받아 원자가 가지고 있는 전자 중 일부가 **빠져나가게** 되면, 그 원자는 전기적인 성질이 양(+)으로 되며, **빠져나온** 전자를 흡수한 원자는 전기적인 성질이 음(−)으로 된다. 이들은 서로 다른 두 물체를 마찰하거나 하는 경우 전자의 이동으로 생기게 된다.

---

2) 도체와 부도체

(1) 도체

도체(conductor)는 금속이나 흑연과 같이 전기가 잘 통하는 물체를 말한다.
도체는 전류를 흘릴 수 있는 물질로 고유저항이 작으며, 금속과 같은 원자가 규칙적으로 열을 지어서 결합된 결정으로 되어 있다.
대부분 전기를 잘 통하고, 전자가 원자와 원자 사이를 자유롭게 이동할 수 있는 자유전자를 가지고 있으며, 이 자유전자의 이동에 의해 전류가 흐르며, 전기가 운반된다.

(2) 부도체

부도체(non-conductor) 또는 절연체는 플라스틱과 같이 전기가 거의 통하지 않는 것을 말한다. 부도체는 원자핵과 전자결합이 강하여 전자기 원자핵을 이탈하지 못하고 자신의 궤도에 머물러 있어, 자유전자가 없다.

(3) 반도체

반도체(semi-conductor)는 도체와 부도체의 중간적인 성질을 지닌 물질을 말한다. 대표적인 물질로는 규소(Si), 게르마늄(Ge) 등이 있다.

3) 단위계

(1) 일반 단위계

여러 가지 양을 측정하여 이들을 수치로 나타내기 위해서는 각 양마다 기준이 되는 일정한 크기를 정하여 측정하려고 하는 양이 그의 몇 배인가를 구하면 된다. 이 때 비교 기준으로 사용되는 일정한 크기의 양을 단위라고 한다.

단위는 여러 가지 양에 대하여 각각 독립적으로 정의 할 수 있으나, 일반적으로 측정에 대상이 되는 여러 가지 양은 서로 독립된 것이 아니라 반드시 물리적인 법칙이나 정의 또는 공업상의 약속과 관련 되어 있다.

물리량의 측정에는 국제적으로 공통된 단위계가 사용되는데 이 단위계는 많은 변천을 거쳐 1960년에 개최된 국제도량형 총회에서 결정한 단위계인 SI 단위가 기본으로 사용되고 있다.

(2) 국제단위계

국제단위계는 현재 세계 대부분의 국가가 상용하는 단위계로 명칭은 '국제단위계'이고 약칭은 'SI'이다.

질량의 단위는 국제 킬로그램원기(international prototype kilogram)의 질량으로 표준기를 만드는데, 이 표준기는 원주형의 백금-이리듐으로 구성되어 있다.

량	명칭	기호
길이	meter	m
질량	kilogram	kg
시간	second	s
전류	ampere	A
열역학 온도	kelvin	K
물질량	mole	mol
광도	candela	cd
평면각	radian	rad
입체각	steradian	sr

① 물리상수

전자파(광)의 속도	$c = 2.997925 \times 10^8$ [m/s]
전자의 전하	$e = -1.60219 \times 10^{-19}$ [C]
전자의 정지질량	$m = 9.10955 \times 10^{-31}$ [kg]
전자의 비전하	$e/m = 1.758802 \times 10^{11}$ [C/kg]
양자의 질량	$m_p = 1.67252 \times 10^{-27}$ [kg]
1kg 분자의 분자수	$N = 6.064 \times 10^{26}$
아보가드로수	$N_a = 6.02216 \times 10^{23}$ [mol^{-1}]
플랭크 상수	$h = 6.62619 \times 10^{-23}$ [J·sec]
볼츠만 상수	$k = 1.38062 \times 10^{-23}$ [J·deg^{-1}]
중력의 가속도	$g = 9.80665$ [m/sec^2]
진공의 유전율	$\varepsilon_0 = 8.85419 \times 10^{-12}$ [F/m]
진공의 투자율	$\mu_0 = 4\pi \times 10^{-7}$ [H/m]

② 단위의 승수

p	피 코	(pico)	$10^{-12} = 0.000\ 000\ 000\ 001$
n	나 노	(nano)	$10^{-9} = 0.000\ 000\ 001$
μ	마이크로	(micro)	$10^{-6} = 0.000\ 001$
m	밀 리	(mili)	$10^{-3} = 0.001$
c	센 티	(centi)	$10^{-2} = 0.01$
d	데 시	(deci)	$10^{-1} = 0.1$
k	킬 로	(kilo)	$10^3 = 1,000$
M	메 가	(mega)	$10^6 = 1,000,000$
G	기 가	(giga)	$10^9 = 1,000,000,000$
T	테 라	(tera)	$10^{12} = 1,000,000,000,000$

③ 그리스 문자

A α	알 파	(alpha)		N ν	뉴	(nu)	
B β	베 타	(beta)		Ξ ξ	크사이	(xi)	
Γ γ	감 마	(gamma)		O o	오미크론	(omicron)	
Δ δ	델 타	(delta)		Π π	파 이	(pi)	
E ε	입실론	(epsilon)		P ρ	로	(rho)	
Z ζ	제 타	(zeta)		Σ σ	시그마	(sigma)	
H η	에 타	(eta)		T τ	타 우	(tau)	
Θ θ	세 타	(theta)		Y υ	입실론	(upsilon)	
I ι	요 타	(iota)		Φ ϕ	파 이	(phi)	
K κ	카 파	(kappa)		X χ	카 이	(chi)	
Λ λ	람 다	(lambda)		Ψ ψ	프사이	(psi)	
M μ	뮤	(mu)		Ω ω	오메가	(omega)	

2. 정전기의 성질 및 특수현상

1) 정전기현상

(1) 대전(electrification)

유리 막대를 옷감에 마찰시키면 종이 같은 가벼운 물체를 끌어당긴다는 것은 이미 알고 있다. 즉, 절연체를 서로 마찰시키면 이들 물체는 전기를 띠게 되고, 가벼운 물체를 끌어당기게 된다. 이와 같이 물체가 전기를 띠는 현상을 대전이라 하고, 대전된 물체를 대전체(electric body)라 하며, 대전에 의해서 물체가 띠고 있는 전기를 전하(electric charge)라 한다.

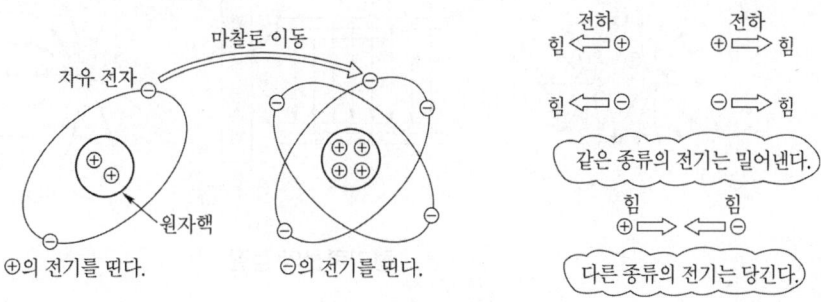

대전의 원리

(2) 정전 유도

대전하지 않은 물체에 대전체를 가까이 하면 대전체의 가까운 끝에 대전체와는 다른 종류의 전하가 모이고, 먼 끝에는 같은 종류의 전하가 나타나는데 이와 같은 현상을 정전 유도라 한다.

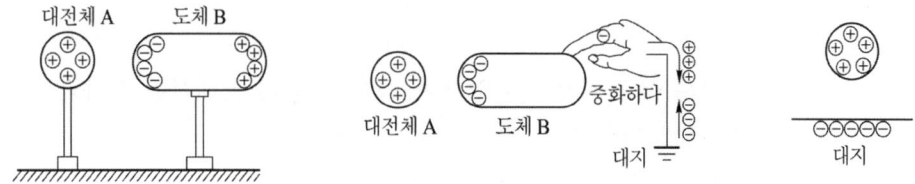

도체의 정전유도

2) 정전기의 특성

(1) 전기장

전기장이라 함은 전계라 하기도 하며, 이곳에는 전하에 의해 전기력선이 존재한다. 즉, 전계는 전기력선이 영향을 미치는 공간을 말한다.

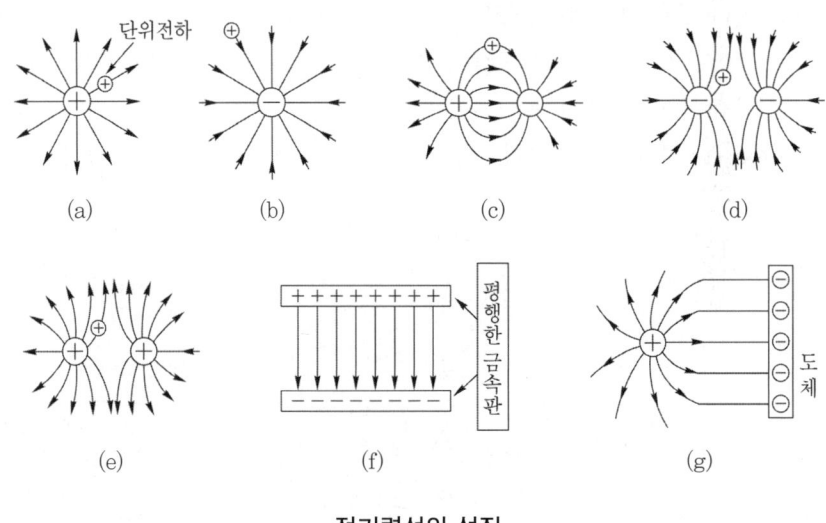

전기력선의 성질

전계의 전반적인 상태를 판단하려면 각 점에 대한 전계의 세기와 그 방향을 수학적 해석으로 구해야 하지만, 전계 내의 전계 상태를 전기력선이라는 가상선을 이용하면 직관적으로 쉽게 알 수 있다.

전기력선은 전계 내에서 단위전하 +1[C]이 아무 저항없이 전기력에 따라 이동할 때 그려지는 가상선을 의미하며, 다음과 같은 성질을 가지고 있다.

① 전기력선은 정전하에서 출발하여 부전하에서 멈추거나 무한원까지 퍼진다.
② 전기력선상의 임의의 한 점에서의 접선 방향은 그 점의 전계의 방향을 나타낸다. 즉, 전기력선의 방향은 전계의 방향과 일치한다.
③ 전기력선 밀도는 전계의 세기와 같다.
④ 전기력선은 서로 교차하지 않으며, 전하가 없는 곳에서는 전기력선의 발생과 소멸이 없고 연속적이다.
⑤ 전기력선은 전위가 높은 곳에서 낮은 곳으로 향한다.
⑥ 전기력선은 등전위면과 직교한다.

3) 정전기의 특수현상

(1) 접촉 전기 현상

두 종류의 금속을 접촉시키면 양쪽의 온도가 같아도 한쪽 금속의 자유 전자가 다른 쪽으로 이동하여 대전 상태가 되어 전위가 나타난다. 이 현상을 볼타 효과라고도 한다.

(2) 압전기 현상

수정(SiO_2), 로셀염, 인산칼륨(KH_2PO_4), 티탄산바륨($BaTiO_3$) 등의 유전체 결정에 압력이나 장력을 가하여 기계적 변형을 주면, 결정 표면에 양, 음의 전하가 나타나서 대전한다. 또, 반대로 이들 결정을 전계 안에 놓으면 결정 속에 전기적 변형이 생긴다.

3. 콘덴서

1) 콘덴서의 구조와 원리

콘덴서는 커패시턴스라 불리며, 전기를 저장할 수 있는 장치로 축전지라 부른다. 단위는 패럿[F]을 사용한다.

콘덴서에 직류 전압을 인가하면, 양극판에 전하가 축적되며, 전하가 축전되는 순간에는 콘덴서에 전류가 흐르나 충전이 완료되면 전류는 흐르지 않는 특성이 있다.

콘덴서는 교류에서는 전류의 방향이 교대로 바뀌므로 전류가 계속 흐르게 된다.

콘덴서의 용량은 유전체의 두께에 비례하고, 체적의 제곱에 반비례한다.

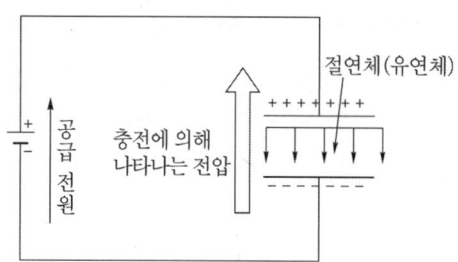

콘덴서의 구조

2) 콘덴서의 종류

① 전해 콘덴서
케미콘이라 한다. 유전체를 산화 피막으로 만들어 비교적 큰 용량을 얻을 수 있다. 전원의 평활 회로, 저주파 바이패스 등에 쓰인다.

② 탄탈 콘덴서
전극에 탄탈륨을 사용하며, 전해 콘덴서의 일종으로 비교적 큰 용량을 얻을 수 있다. 온도 변화에 영향을 받지 않으며, 주파수 특성도 좋다. 고주파 회로에 주로 사용되며, 가격이 비싸다.

③ 세라믹 콘덴서
전극에 티탄산바륨과 같은 유전율이 높은 세라믹 재료로 만들었으며, 전극의 극성이 없는 것이 특징이다. 용량은 비교적 작아 아날로그 신호계에 사용할 수 있다.

④ 마일러 콘덴서
얇은 폴리에스테르필름의 양면에 금속박을 대고 원통형으로 감은 것으로 극성이 없다. 가격은 저렴하나 정밀하지 못한 결점이 있다.

⑤ 트리머
유전체로 세라믹을 사용하며, 이동통신 및 방송 시스템에서 적절한 주파수에 따라 용량 값을 필요한 만큼 조정하는데 사용하는 가변콘덴서의 일종이다.

⑥ 바리콘
유전체로 공기를 사용하며, 라디오의 방송을 선택하는 곳에 사용된다.

3) 콘덴서의 연결방법과 용량 계산

(1) 정전 용량
도체에 전위가 주어지면 그 도체에 보유된 전하량은 결정되어지며, 도체의 전위 V 와 전하 Q 는 일정한 비례 관계가 성립한다. 이러한 비례관계의 비례상수를 **정전용량**(electrostatic capacity)이라 하며, **커패시턴스**(capacitance)라고도 한다.

$$Q = CV \, [\text{C}]$$

여기서, Q : 전기량[C], C : 정전 용량[F], V : 전위[V]

① 구 도체의 정전 용량

진공중에서 반지름 a[m], 전하량 Q[C]인 구도체가 갖는 전위를 구하면 다음과 같다.

$$V = \frac{Q}{4\pi\epsilon_0 a}[\text{V}]$$

여기서, 정전용량은 전하량을 전압으로 나눈값으로 표시한다.

$$C = \frac{Q}{V} = 4\pi\epsilon_0 a\,[\text{F}]$$

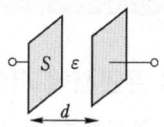

여기서, C : 구 도체의 정전 용량[F]

ϵ_0 : 진공중의 유전율[F/m]

a : 구의 반지름[m]

② 평행판 도체의 정전 용량

극판 간격 d, 면적 S인 평행평판 도체에서의 정전용량 C는 다음과 같다.

$$C = \frac{\epsilon_0}{d}S\,[\text{F}]$$

여기서, C : 평행판 전극간의 정전 용량[F]

S : 전극 면적[m^2]

d : 전극간 거리[m]

(2) 정전용량의 접속

① 병렬접속

병렬접속의 경우 저항의 직렬접속과 같은 형식으로 합성정전용량은 계산한다.

병렬접속 시 합성정전용량은 다음 식과 같다.

$$C = C_1 + C_2 + C_3 + \cdots\cdots + C_n$$

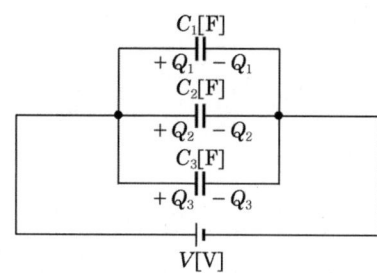

② 직렬접속

직렬접속 시 합성정전용량은 저항의 병렬접속과 같은 형식으로 합성용량을 계산한다.

직렬접속 합성 정전용량은 다음 식과 같다.

$$C = \cfrac{1}{\cfrac{1}{C_1} + \cfrac{1}{C_2} + \cfrac{1}{C_3} + \cdots\cdots + \cfrac{1}{C_n}}$$

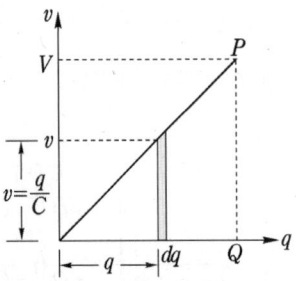

4) 정전에너지

(1) 콘덴서에 저축되는 에너지

정전용량 C 인 콘덴서의 두 전극에 전압 V 를 가하면 $Q = CV$ 의 전하가 축적된다. 이것은 도체의 전하량이 0 의 상태에서 점차 증가하여 일정량 Q[C]이 될 때까지 전하가 저장되는 것을 의미하고 이러한 전하를 공급하기 위해서는 에너지가 필요하게 된다. 이와 같이 콘덴서에 전하를 축적시키는 데 필요한 에너지를 **정전에너지**라고 한다

그림에서 정전에너지는 삼각형의 면적과 같다.

즉, 삼각형의 면적을 구하면 $W = \dfrac{1}{2}QV$ 가 되며, $Q = CV$ 를 대입하면 다음과 같이

계산된다.

$$W = \frac{1}{2}VQ = \frac{1}{2}CV^2 [\text{J}]$$

여기서, C : 정전 용량[F]

Q : 전기량[C]

V : 전위차[V]

단위 체적당 저장되는 에너지는

$$V = Ed, \quad C = \frac{\epsilon_0}{d}S$$

의 관계가 있으므로 평행평판 콘덴서의 정전에너지 W 는

$$W = \frac{1}{2}CV^2 = \frac{1}{2}\epsilon_0 E^2 \cdot Sd \,[\text{J}]$$

$$w = \frac{W}{Sd} = \frac{1}{2}\epsilon_0 E^2 \,[\text{J/m}^3]$$

$D = \epsilon_0 E$ 의 관계식에서 정전에너지 밀도 w 는 다음과 같다.

$$w = \frac{1}{2}DE = \frac{1}{2}\epsilon_0 E^2 = \frac{1}{2}\frac{D^2}{\epsilon_0} \,[\text{J/m}^3]$$

여기서, E : 전계의 세기[V/m]

D : 전속 밀도[C/m^2]

4. 전기장과 전위

1) 전기장

(1) 정전력

이동하지 않는 정지된 상태이므로 정전기라 하며, 같은 종류의 전기는 반발하고, 다른 종류의 전기는 흡인하는 것을 정전력이라 한다. 이 정전력의 크기는 쿨롱의 법칙에 의해 결정된다.

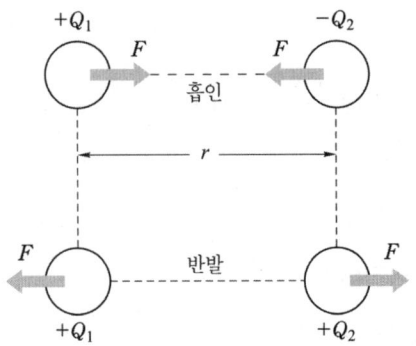

쿨롱의 법칙

(2) 쿨롱의 법칙

두 점전하 사이에 작용하는 정전력의 크기는 두 전하(전기량)의 곱에 비례하고 전하 사이의 거리의 제곱에 반비례한다.

$$F = \frac{1}{4\pi\epsilon_o} \cdot \frac{Q_1 Q_2}{\epsilon_s \, r^2} = 9 \times 10^9 \frac{Q_1 Q_2}{\epsilon_s \, r^2} [\text{N}]$$

여기서, F : 정전력[N] , Q_1 , Q_2 : 전기량[C]

r : 두 전하 사이의 거리[m]

ϵ_o : 진공의 유전율($= 8.855 \times 10^{-12}$[F/m])

ϵ_s : 비유전율(진공 중에서 1, 공기 중에서 약 1)

$$\epsilon_o \, \mu_o = \frac{1}{C^2}$$

여기서, μ_o : 진공의 투자율[H/m]

C : 빛의 속도($= 3 \times 10^8$[m/sec])

각종 유전체의 비유전율

유 전 체	비유전율 ϵ_s	유 전 체	비유전율 ϵ_s
진 공	1.000	운 모	6.7
공 기	1.00058	유 리	3.5~10
종 이	1.2~1.6	물(증류수)	80
폴리에틸렌	2.3	산화티탄	100
변압기 유	2.2~2.4	로 셀 염	100~1,000
고 무	2.0~3.5	티탄산바륨 자기	1,000~3,000

(3) 단위 전하

진공중에서 동일한 전하를 1[m] 거리에 놓았을 때 작용하는 힘의 크기가 9×10^9이 되었을 때 이때 전하의 크기를 1[C]이라 한다.

2) 전기장의 방향과 세기

전계의 세기는 전계 내의 임의의 한 점에 단위전하 +1[C]을 놓았을 때, 이에 작용하는 힘으로 정의된다. 즉, 전계의 세기는 임의의 한 점에서의 전기력선 밀도와 같다.

① 한 개의 점전하에 의한 전계의 세기

전계의 세기를 구하기 위해서는 Q[C]의 전하로부터 r[m] 떨어진 P점에 1[C]의 전하를 놓았을 때 이 1[C]의 전하에 작용하는 힘을 구하면 된다.

전계의 방향은 Q의 부호까지 포함하여 생각하여야 한다. 즉, Q가 정(+)의 경우 화살표는 외부로 향하고, Q의 부호가 부(−)의 경우에는 화살표는 0점으로 향한다. 그 전계의 세기는 거리 r의 제곱에 반례하여 증감한다.

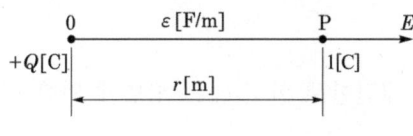

$$E = \frac{1}{4\pi\epsilon_o} \cdot \frac{Q}{\epsilon_s r^2} = 9 \times 10^9 \frac{Q}{\epsilon_s r^2} [\text{V/m}]$$

전계의 세기

MKS 단위계에서 전계의 세기 E는 $Q = 1$[C]에 작용하는 힘이 1[N]이 되는 것을 의미하므로

$$E = [\text{N/C}] = \left[\frac{\text{N} \cdot \text{m}}{\text{C} \cdot \text{m}} \right] = \left[\frac{\text{J}}{\text{C}} \cdot \frac{1}{\text{m}} \right] = [\text{V/m}]$$

의 단위를 사용한다.

② 정전력과 전계의 세기

정전력과 전계의 세기에는 다음과 같은 관계가 성립한다.

$$F = E \cdot Q [\text{N}]$$

여기서, E : 전계의 세기[V/m]

Q : 전기량[C]

r : 전하로부터의 거리[m]

③ 전계의 계산

㉠ 균일하게 대전한 구에 의한 전계

$$E = \frac{Q}{4\pi\epsilon_o\epsilon_s r^2}[V/m]$$

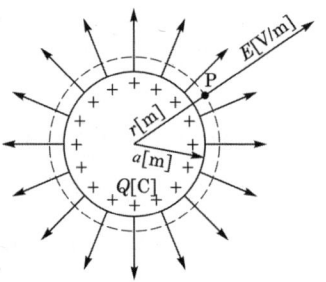

㉡ 균일하게 대전한 무한히 긴 원통에 의한 전계

$$E = \frac{Q_1}{2\pi r\epsilon_o\epsilon_s}[V/m]$$

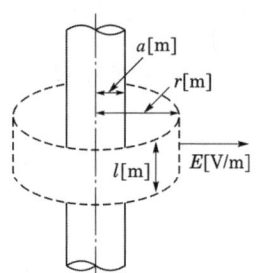

㉢ 균일하게 대전한 무한히 넓은 평면에 의한 전계

$$E = \frac{\sigma}{2\epsilon_o\epsilon_s}[V/m]$$

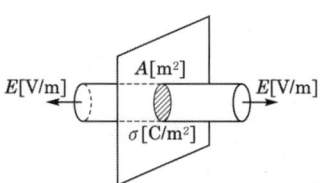

㉣ 균일하게 대전한 무한히 넓은 평행판에 의한 전계

$$E = \frac{\sigma}{\epsilon_o\epsilon_s}[V/m]$$

㉤ 대전한 도체 표면의 전계

$$E = \frac{\sigma}{\epsilon_o\epsilon_s}[V/m]$$

여기서, E : r점에 있어서의 전계의 세기[V/m]

r : 도체구의 중심으로부터의 거리[m]

Q : 대전한 구의 전기량[C]

Q_1 : 원통 길이 1[m]당 전하[C/m]

σ : 면적 1[m²]당 전하[C/m²]

④ 전속

Q [C]의 전하에서 Q[개]의 전속이 나온다.

이때, 전속밀도의 정의는 면적당 발산되는 전속의 수로 정의 된다.

$$\text{전속 밀도 } D = \frac{Q}{4\pi r^2} [\text{C/m}^2]$$

$$D = \epsilon E = \epsilon_o \epsilon_s E \ [\text{C/m}^2]$$

여기서, D : 전속 밀도$[\text{C/m}^2]$

r : 구의 반지름$[\text{m}]$

E : 전계의 세기$[\text{V/m}]$

Q : 전기량$[\text{C}]$

$$V = \frac{Q}{4\pi\epsilon r} = 9 \times 10^9 \frac{Q}{\epsilon_s r} [\text{V}]$$

만일, 전하가 $-Q$ [C]일 때에는 그 전위는 음의 값이다.

3) 전위(electric potential)

(1) 전위

전위란 전기장의 한 점에서 단위 전하가 가지는 전기적인 위치 에너지를 말한다. 전위의 기준점은 무한 원점이나 실제 전위 측정에 있어서는 지구를 전위의 기준으로 한다. (지구의 전위는 0[V]로 정의 된다.)

$$V = \frac{Q}{4\pi\epsilon_0 r} [\text{V}]$$

여기서, V : 전위$[\text{V}]$

Q : 전기량$[\text{C}]$

r : 전하로부터의 거리$[\text{m}]$

(2) 전위차(potential difference)

두 점 간의 에너지의 차를 말하고, 단위로 전하가 한 일의 의미로 [J/C] 또는 [V]를 사용한다. 즉, 전위차는 단위전하를 옮기는 데 필요한 일의 양으로 정의할 수 있다.

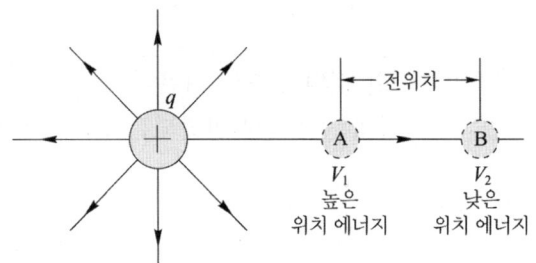

위 그림에서 A점의 전위를 V_1 B점의 전위를 V_2라고 하고, 전하 q로부터 A까지의 거리를 r_1, q로부터 B까지의 거리를 r_2라고 하면,

$$V_1 = \frac{q}{4\pi\epsilon_o\,\epsilon_s} \cdot \frac{1}{r_1}[\text{V}]$$

$$V_2 = \frac{q}{4\pi\epsilon_o\,\epsilon_s} \cdot \frac{1}{r_2}[\text{V}]$$

가 된다. 여기서 높은 전위 A 점과 낮은 전위 B점 사이의 전위차는 다음과 같다.

$$V_d = V_1 - V_2 = \frac{q}{4\pi\epsilon_o\,\epsilon_s}\left(\frac{1}{r_1} - \frac{1}{r_2}\right)[\text{V}]$$

4) 평행판 콘덴서의 정전용량

전극 면적 $S[\text{m}^2]$, 극판 간의 거리 $d[\text{m}]$라 하면, 진공 중의 콘덴서의 정전용량 C_0는

$$C_0 = \frac{\epsilon_0}{d}S\,[\text{F}]$$

가 된다.

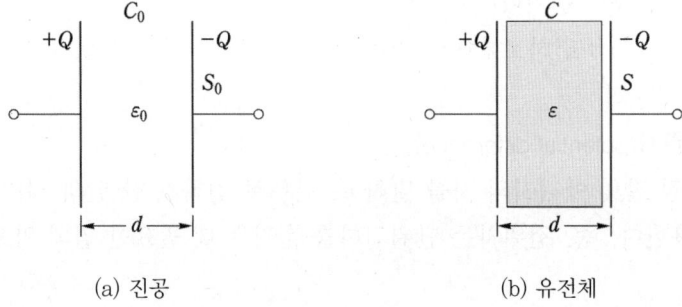

(a) 진공   (b) 유전체

(b)의 절연체가 삽입된 콘덴서의 정전용량 C는

$$C = \epsilon_s \, C_0 = \frac{\epsilon_0 \epsilon_s}{d} S = \frac{\epsilon}{d} S \, [\text{F}]$$

가 된다. 여기서 비유전율 ϵ_s 는 1보다 크므로 C는 C_0보다 ϵ_s배만큼 증가한다.
위 식에서 진공 중의 유전율 ϵ_0와 비유전율 ϵ_s의 곱은

$$\epsilon = \epsilon_0 \epsilon_s \, [\text{F/m}]$$

의 관계가 있고, ϵ은 임의의 절연체에 대한 **유전율**(permitivity)이라 한다.
이와 같이 절연체에 의하여 정전용량이 변화하는 것은 절연체에 의해 전계 등의 전기
적 성질이 바뀌기 때문이며, 따라서 이 절연체를 **유전체**(dielectric)라고도 한다.

1 1[C]의 전기량이란 몇 개의 전자의 과부족으로 생기는 전하의 전기량이라고 할 수 있는가?

① 0.624×10^{19}
② 1.602×10^{-19}
③ 1
④ 9.10955×10^{-31}

풀이 1개의 전자는 $1.60219 \times 10^{-19}[C]$
따라서 $1[C] = \dfrac{1}{1.60219 \times 10^{-19}} ≒ 0.624 \times 10^{19}$ 개의 전자가 필요하다.   **답** ①

2 정전기에서 M.K.S. 단위계로 표시한 쿨롱의 법칙은?

① $6.33 \times 10^4 \dfrac{Q_1 Q_2}{\epsilon\, r^2}[N]$
② $9 \times 10^9 \dfrac{Q_1 Q_2}{\epsilon_s\, r^2}[N]$

③ $6.33 \times 10^4 \dfrac{Q_1 Q_2}{\epsilon_s\, r^2}[N]$
④ $9 \times 10^{-9} \dfrac{Q_1 Q_2}{\epsilon_s\, r^2}[N]$

풀이 쿨롱의 법칙 : 두 물체 사이에 작용하는 힘의 크기는 두 물체가 가진 전기량의 곱에 비례하고, 두 물체 사이의 거리의 제곱에 반비례한다.   **답** ②

3 M.K.S. 단위계에서 진공의 유전율[F/m]은?

① 6×10^9
② 8.855×10^{-12}
③ 6.33×10^4
④ $4\pi \times 10^{-7}$

풀이 쿨롱의 법칙의 비례상수 $\dfrac{1}{4\pi\epsilon_o} = 9 \times 10^9$ 에서 $\epsilon_o = 8.855 \times 10^{-12}[F/m]$가 된다.   **답** ②

4 진공 중에서 1[m]의 거리로 $10^{-5}[C]$과 $10^{-6}[C]$의 두 점전하를 놓았을 때 그 사이에 작용하는 힘[N]은?

① 8×10^{-2}
② 8×10^{-3}
③ 9×10^{-2}
④ 9×10^{-3}

풀이 두 점전하 사이에 작용하는 힘 $F = 9 \times 10^9 \times \dfrac{Q_1 Q_2}{\epsilon_s\, r^2}$ 에서

$F = 9 \times 10^9 \times \dfrac{10^{-5} \times 10^{-6}}{1 \times 1^2} = 9 \times 10^{-2}[N]$이 된다.   **답** ③

5 유리 중에 $2 \times 10^{-5}[C]$의 두 전하가 10[cm] 떨어져 있을 때의 정전력[N]은? (단, 유리의 비유전율은 5이다.)

① 24
② 48
③ 64
④ 72

두 점전하 사이에 작용하는 힘 $F = 9 \times 10^9 \times \dfrac{Q_1 \ Q_2}{\epsilon_s \ r^2}$ 에서

$$F = 9 \times 10^9 \times \frac{(2 \times 10^{-5})^2}{5 \times 0.1^2} = 72 [\text{N}]\text{이 된다.} \qquad \text{답 ④}$$

6 같은 양의 점전하가 진공 중에서 0.5[m]의 간격으로 놓여 있을 때 0.1[N]의 힘이 작용한다. 이 점전하의 전기량[μC]은?

① 1.2   ② 1.4   ③ 1.5   ④ 1.7

 두 점전하 사이에 작용하는 힘 $F = 9 \times 10^9 \times \dfrac{Q_1 \ Q_2}{\epsilon_s \ r^2}$ 에서

$$F = 9 \times 10^9 \times \frac{Q^2}{0.5^2} = 0.1 \text{ 이므로 } \quad Q^2 = \frac{0.1 \times 0.5^2}{9 \times 10^9} = \frac{25}{9} \times 10^{-12}$$

$$\therefore \ Q = 1.7 \times 10^{-6}\,[\text{C}] = 1.7[\mu\text{C}]\text{이 된다.} \qquad \text{답 ④}$$

7 전장 중에 단위 전하를 놓았을 때 그것에 작용하는 힘은 다음 어느 값과 같은가?

① 전장의 세기   ② 전하   ③ 전위   ④ 전위차

풀이 진공중에서 동일한 전하를 1[m] 거리에 놓았을 때 작용하는 힘의 크기가 9×10^9이 되었을 때 이때 전하의 크기를 1[C]이라 한다.   답 ①

8 전장의 세기가 100[V/m]의 전장에 5[μC]의 전하를 놓으면 작용하는 힘[N]은?

① 5×10^{-4} ② 20×10^{-4} ③ 5×10^4 ④ 20×10^6

풀이 쿨롱의 법칙과 전계의 세기 관계식 $F = QE$에서
$F = Q \cdot E = 5 \times 10^{-6} \times 100 = 5 \times 10^{-4}[\text{N}]\text{이 된다.}$ 답 ①

9 공기 중에서 2×10^{-5}[C]의 점전하로부터 1[cm]의 거리에 있는 점의 전장의 세기[V/m]는?

① 18×10^{-8} ② 18×10^8 ③ 18×10^6 ④ 18×10^{-6}

풀이 전계의 세기 $E = 9 \times 10^9 \dfrac{Q}{r^2}$ [N]에서

$$E = 9 \times 10^9 \frac{2 \times 10^{-5}}{(10^{-2})^2} = 9 \times 10^9 \times 2 \times 10^{-5} \times 10^4 = 18 \times 10^8 [\text{V/m}]\text{가 된다.} \qquad \text{답 ②}$$

10 진공 중에 놓인 반지름 r [m]의 도체구에 Q [C]의 전하를 주었을 때 그 표면의 전장 세기 [V/m]는?

① $\dfrac{Q}{4\pi r^2}$ ② $\dfrac{Q}{2\pi r^2}$ ③ $\dfrac{Q}{2\pi r}$ ④ $\dfrac{Q}{4\pi \epsilon_o \ r^2}$

풀이 전계의 세기 $\dfrac{Q}{4\pi\epsilon_o\, r^2}$ [N]에서 $E=9\times10^9\dfrac{Q}{r^2}$ 가 된다.   **답** ④

11 전계의 세기의 단위[V/m]와 같은 것은?

① $[N/C]$ ② $[N^2/m]$ ③ $[C/N]$ ④ $[C/m^2]$

풀이 $[V/m] = [J/C \cdot m] = [J/m \cdot C] = [N/C]$ **답** ①

12 공기 중에 놓여 있는 2×10^{-7}[C]의 점전하로부터 10[cm]의 거리에 있는 점의 전장의 세기 [V/m]는?

① 1.2×10^5 ② 1.8×10^5 ③ 3.6×10^5 ④ 4.2×10^5

풀이 전계의 세기 $E=9\times10^9\dfrac{Q}{r^2}$ [N]에서 $E=9\times10^9\times\dfrac{2\times10^{-7}}{0.1^2}=1.8\times10^5$[V/m]가 된다.   **답** ②

13 전장과 반대 방향으로 전하를 20[cm] 이동시키는 데 400[J]의 에너지가 소모되었다. 이 두 점 사이의 전위차가 100[V]이면 전하의 전기량[C]은?

① 1   ② 4   ③ 5   ④ 10

풀이 에너지 $W = V \cdot Q$[J]에서 $Q = \dfrac{W}{V} = \dfrac{400}{100} = 4$[C]이 된다.   **답** ②

14 평등 전장 중에 4[C]의 전하를 전장의 방향과 반대로 10[cm]만큼 이동하는 데 200[J]의 일을 요했다. 이 두 점간의 전위차[V]는?

① 5   ② 50   ③ 80   ④ 100

풀이 에너지 $W = V \cdot Q$[J]에서 $V = \dfrac{W}{Q} = \dfrac{200}{4} = 50$[V]가 된다.   **답** ②

15 1[V]는 어느 값과 같은가?

① $1\ [Wb/m]$ ② $1\ [\Omega/m]$ ③ $1\ [C/J]$ ④ $1\ [J/C]$

풀이 1[C]의 전기량이 두 점 사이를 이동하여 1[J]의 일을 할 때 이 두 점 사이의 전위차는 1[V]라 하며 $V = \dfrac{W}{Q}$[J/C]로 표시한다.   **답** ④

16 공기 중에서 전하로부터 3×10^{-7}[C]인 10[cm] 떨어진 점의 전위[V]는?

① 3×10^2 ② 27×10^{-3} ③ 27×10^3 ④ 27×10^{-2}

풀이 전위 $V = 9 \times 10^9 \frac{Q}{r}$ 에서 $V = 9 \times 10^9 \frac{3 \times 10^{-7}}{0.1} = 27 \times 10^3 [\text{V}]$가 된다. **답** ③

17 3[μF]의 콘덴서에 1,000[V]의 직류 전압을 가할 때 축적되는 전하[C]는?

① 2×10^{-3} ② 3×10^{-3} ③ 4×10^{-2} ④ 6×10^{-2}

풀이 전하량 $Q = CV$에서 $Q = CV = 3 \times 10^{-6} \times 10^3 = 3 \times 10^{-3}$ [C]가 된다. **답** ②

18 정전 용량이 1[μF]인 금속구의 반지름[km]은?

① 9   ② 18   ③ 27   ④ 36

풀이 구도체의 정전용량 $C = 4\pi\epsilon_o \, r[\text{F}]$에서
$r = 9 \times 10^9 \times C = 9 \times 10^9 \times 10^{-6} = 9,000[\text{m}] = 9 \,[\text{km}]$가 된다. **답** ①

19 0.02[μF]의 콘덴서에 12[μC]의 전하를 공급하면 몇 [V]의 전위차가 나타나는가?

① 600   ② 900   ③ 1,200   ④ 2,400

풀이 전하량 $Q = CV$에서 $V = \frac{Q}{C} = \frac{12 \times 10^{-6}}{0.02 \times 10^{-6}} = \frac{12}{0.02} = 600[\text{V}]$가 된다. **답** ①

20 유전율 ϵ의 유전체 내에 있는 전하 Q [C]에서 나오는 전기력선 수는?

① Q ② $\frac{Q}{\epsilon_o}$ ③ $\frac{Q}{\epsilon_s}$ ④ $\frac{Q}{\epsilon}$

풀이 가우스 법칙 : Q의 전하에서는 Q개의 전속이 나오며, $\frac{Q}{\epsilon}$개의 전기력선이 나온다. **답** ④

21 유전율 ϵ의 유전체 내에 있는 전하 Q [C]에서 나오는 유전속 수는?

① Q ② $\frac{Q}{\epsilon}$ ③ $\frac{Q}{\epsilon_s}$ ④ $\frac{Q}{\epsilon_o}$

풀이 가우스 법칙 : Q의 전하에서는 Q개의 전속이 나오며, $\frac{Q}{\epsilon}$개의 전기력선이 나온다. **답** ①

22 같은 양의 전하가 10[cm] 떨어져 있을 때 16[N]의 힘이 작용하였다면 전기량을 변하지 않게 하고 40[cm]의 거리로 멀리 하였을 때 작용하는 힘[N]은?

① 0.05   ② 0.5   ③ 1   ④ 10

풀이 쿨롱의 법칙에서 F는 거리의 제곱에 반비례한다. 따라서 거리가 10에서 40으로 4배가 되면 이것에 제곱에 반비례하여 힘은 1/16배가 된다. **답** ③

23 평행한 콘덴서가 있다. 전극은 반지름이 30[cm]의 원판이고, 전극 간격은 0.1[cm]이며, 유전체의 비유전율은 4이다. 이 콘덴서의 정전 용량[μF]은?

① 0.01　　　　② 0.02　　　　③ 0.03　　　　④ 0.04

풀이 평행판 콘덴서의 정전용량 $C=\dfrac{\epsilon_o\,\epsilon_s\,S}{d}=\dfrac{\epsilon_o\,\epsilon_s\,\pi r^2}{d}$ 에서

$$C=\frac{8.855\times10^{-12}\times4\times\pi\times(30\times10^{-2})^2}{0.1\times10^{-2}}\fallingdotseq0.01\times10^{-6}\,[\mathrm{F}]=0.01[\mu\mathrm{F}]$$

답 ①

24 면적이 5[cm²]의 금속판을 공기 중에서 5×10^{-4}[m]의 거리에 대립시켜 놓았을 때 그 평행판 간의 정전 용량[pF]은?

① 8.855　　　② 8.855×10^{-12}　　　③ 8.855×10^{-6}　　　④ 88.55

풀이 평행판 콘덴서의 정전용량 $C=\dfrac{\epsilon_o\,\epsilon_s\,S}{d}$ 에서

$$C=\frac{8.855\times10^{-12}\times5\times10^{-4}}{5\times10^{-4}}=8.855\times10^{-12}[\mathrm{F}]=8.855\,[\mathrm{pF}]$$

답 ①

25 금속 평행판 사이에 두께 10[cm], 비유전율 3인 유전체를 넣고 두 평행판에 100[V]의 직류 전압을 가할 때 유전속 밀도[C/m²]는?

① 1,000　　　② 26.55×10^{-9}　　　③ 3,000　　　④ 8.85×10^{-12}

풀이 전속밀도 $D=\epsilon E$ 에서 전계의 세기 $E=\dfrac{V}{d}$ 를 대입하면 $D=\epsilon_o\,\epsilon_s\,\dfrac{V}{d}$ 가 된다.

$$D=8.855\times10^{-12}\times3\times\frac{100}{0.1}=26.55\times10^{-9}[\mathrm{C/m^2}]$$ 이 된다.

답 ②

26 전기력선의 설명 중 옳지 않은 것은?

① 전기력선의 접선은 그 접점에서 전장의 방향을 나타낸다.
② 전기력선은 (+)전하에서 나와서 (−)전하로 간다.
③ 전기력선의 밀도는 전장의 세기를 나타낸다.
④ 전기력선은 등전위면과 평행이다.

풀이 전기력선의 성질
　① 전기력선은 정전하에서 출발하여 부전하에서 멈추거나 무한원까지 퍼진다.
　② 전기력선상의 임의의 한 점에서의 접선 방향은 그 점의 전계의 방향을 나타낸다. 즉, 전기력선의 방향은 전계의 방향과 일치한다.
　③ 전기력선 밀도는 전계의 세기와 같다.
　④ 전기력선은 서로 교차하지 않으며, 전하가 없는 곳에서는 전기력선의 발생과 소멸이 없고 연속적이다.
　⑤ 전기력선은 전위가 높은 곳에서 낮은 곳으로 향한다.
　⑥ 전기력선은 등전위면과 직교한다.

답 ④

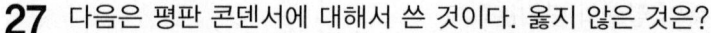

27 다음은 평판 콘덴서에 대해서 쓴 것이다. 옳지 않은 것은?

① 정전 용량은 금속판 사이에 있는 유전체의 유전율에 비례한다.
② 정전 용량은 금속판의 거리에 반비례한다.
③ 정전 용량은 금속판의 면적에 비례한다.
④ 정전 용량은 금속판의 넓이에 반비례한다.

풀이 평행판 콘덴서의 정전용량 $C=\dfrac{\epsilon_o\,\epsilon_s\,S}{d}$ 에서 정전용량은 면적에 비례하며, 간격에 반비례한다. **답** ④

28 정전 용량 C_1, C_2가 직렬로 접속되어 있을 때의 합성 정전 용량은?

① $\dfrac{1}{C_1}+\dfrac{1}{C_2}$　② $\dfrac{C_1 C_2}{C_1+C_2}$　③ $\dfrac{1}{C_1+C_2}$　④ C_1+C_2

풀이 직렬연결시 합성 정전용량 $C=\dfrac{1}{\dfrac{1}{C_1}+\dfrac{1}{C_2}}=\dfrac{C_1 C_2}{C_1+C_2}$ 가 된다. **답** ②

29 가우스의 정리를 이용하여 구하는 것은 다음 중 어느 것인가?

① 전위　　　② 전계의 세기
③ 전계의 에너지　　　④ 전하간의 힘

풀이 **답** ②

30 다음 중 비유전율이 가장 작은 것은?

① 고무　　② 유리　　③ 에보나이트　　④ 산소

풀이

유 전 체	비유전율 ϵ_s	유 전 체	비유전율 ϵ_s
진 공	1.000	운 모	6.7
공 기	1.00058	유 리	3.5~10
종 이	1.2~1.6	물(증류수)	80
폴리에틸렌	2.3	산화티탄	100
변압기 유	2.2~2.4	로 셀 염	100~1,000
고 무	2.0~3.5	티탄산바륨 자기	1,000~3,000

답 ④

31 M.K.S. 단위계에서 유전속의 단위는?

① [C]　　② [Wb]　　③ [C/m²]　　④ [F/m]

풀이 Q[C]의 전하에서 Q[C]의 전속이 나온다. **답** ①

32 M.K.S. 단위계에서 유전속의 밀도의 단위는?

① $[V/m]$ ② $[V/m^2]$ ③ $[C/m]$ ④ $[C/m^2]$

풀이 전속밀도의 정의는 면적당 발산되는 전속의 수로 정의 된다.

전속 밀도 $D = \dfrac{Q}{4\pi r^2}[C/m^2]$, $D = \epsilon E = \epsilon_o \epsilon_s E[C/m^2]$ **답** ④

33 공기 중에 어느 거리를 두고 두 점전하 사이에 9.6[N]의 힘이 작용하였다. 여기에 비유전율이 4.8인 기름을 채운다면 작용하는 힘[N]은?

① 0.5   ② 2   ③ 2.5   ④ 3

풀이 쿨롱의 법칙에서 힘은 비유전율에 반비례한다.

따라서 $F \propto \dfrac{1}{\epsilon_s}$ 에서 $\dfrac{9.6}{4.8} = 2[N]$ 이 된다.   **답** ②

34 C_1, C_2인 콘덴서가 직렬로 연결되어 있다. 그 합성 정전 용량을 C라 하면 C는 C_1, C_2와 어떤 관계가 있는가?

① $C < C_1$ ② $C = C_1 + C_2$ ③ $C > C_2$ ④ $C > C_1$

풀이 콘덴서를 직렬로 연결했을 때의 합성 정전 용량은 어느 한 개의 정전 용량값보다도 작아진다.   **답** ①

35 그림과 같은 회로에서 a, b간의 합성 정전 용량은?

(단, $C_1 = 2[\mu F]$, $C_2 = 3[\mu F]$, $C_3 = 2[\mu F]$,

$C_4 = 2.8[\mu F]$이다.)

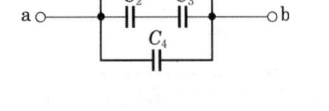

① 2   ② 3

③ 5   ④ 6

풀이 콘덴서의 직렬연결은 저항의 병렬연결처럼, 콘덴서의 병렬연결은 저항의 직렬연결처럼 합성 정전용량을 계산한다.

따라서 $C_{ab} = C_1 + C_4 + \dfrac{C_2 C_3}{C_2 + C_3} = 2 + 2.8 + \dfrac{3 \times 2}{3 + 2} = 6[\mu F]$가 된다.   **답** ④

36 그림에서 a, b간의 합성 정전 용량$[\mu F]$은?

① 2   ② 4

③ 6   ④ 9

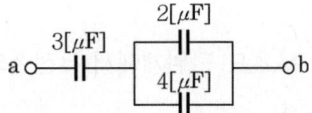

풀이 콘덴서의 직렬연결은 저항의 병렬연결처럼, 콘덴서의 병렬연결은 저항의 직렬연결처럼 합성 정전용량을 계산한다.

따라서 $C = \dfrac{1}{\dfrac{1}{3} + \dfrac{1}{2+4}} = 2[\mu F]$가 된다.　　　　　**답** ①

37 그림에서 a, b간의 합성 정전 용량은 얼마인가?

① $1\,C$　　　　　　② $2\,C$

③ $3\,C$　　　　　　④ $4\,C$

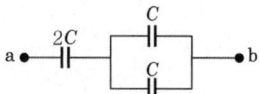

풀이 콘덴서의 직렬연결은 저항의 병렬연결처럼, 콘덴서의 병렬연결은 저항의 직렬연결 처럼 합성 정전용량을 계산한다.

따라서 $C_o = \dfrac{1}{\dfrac{1}{C+C} + \dfrac{1}{2C}} = \dfrac{1}{\dfrac{1}{2C} + \dfrac{1}{2C}} = \dfrac{1}{\dfrac{2}{2C}} = C$가 된다.　　　**답** ①

38 C_1과 C_2의 직렬 회로에 $E[V]$의 전압을 가할 때 C_1에 걸리는 전압 E_1은?

① $\dfrac{C_1}{C_1 + C_2}E$　　　② $\dfrac{C_1 + C_2}{C_1}E$　　　③ $\dfrac{C_2}{C_1 + C_2}E$　　　④ $\dfrac{C_1 + C_2}{C_2}E$

풀이 콘덴서의 경우 전압분배 법칙은 전압이 정전용량에 반비례하므로 $E_1 = \dfrac{C_2}{C_1 + C_2}E$가 된다.　　**답** ③

39 정전 용량이 같은 콘덴서 10개를 병렬로 했을 때의 합성 용량은 직렬로 했을 때의 합성 용량의 몇 배인가?

① 10　　　　　② 100　　　　　③ 1,000　　　　　④ 10,000

풀이 병렬 합성 용량 $C_p = nC$로 n배 되며, 직렬 합성 용량 $C_s = \dfrac{C}{n}$로 $\dfrac{1}{n}$배가 된다.

따라서 $\dfrac{C_p}{C_s} = \dfrac{nC}{\dfrac{C}{n}} = n^2$으로 콘덴서 개수의 제곱배가 된다.　　**답** ②

40 정전 용량이 같은 콘덴서 2개를 병렬로 접속했을 때의 합성 정전 용량은 직렬로 접속했을 때의 합성 정전 용량의 몇 배인가?

① $\dfrac{1}{2}$　　　　　② $\dfrac{1}{4}$　　　　　③ 2　　　　　④ 4

풀이 병렬 합성 용량 $C_p = nC$로 n배 되며, 직렬 합성 용량 $C_s = \dfrac{C}{n}$로 $\dfrac{1}{n}$배가 된다.

따라서 $\dfrac{C_p}{C_s} = \dfrac{nC}{\dfrac{C}{n}} = n^2$으로 콘덴서 개수의 제곱배가 된다.

그러므로 2개이므로 4배가 된다.　　　　　　　　**답** ④

41 공기 중에 고립된 반지름 R[m]인 금속구의 정전 용량[F]은? (단, ϵ_o 는 진공의 유전율이다.)

① $\epsilon_o R$ ② $\dfrac{\epsilon_o R}{4\pi}$ ③ $4\pi\epsilon_o R$ ④ $8\pi\epsilon_o R$

풀이 전위 $V = \dfrac{1}{4\pi\epsilon_o}\dfrac{Q}{R}$[V]에서 $C = \dfrac{Q}{V} = 4\pi\epsilon_o R$[F] 가 된다.   **답** ③

42 20[μF]의 콘덴서를 2[kV]로 충전하면 저장되는 에너지[J]는?

① 10   ② 20   ③ 40   ④ 60

풀이 정전 에너지 $W = \dfrac{1}{2}CV^2$에서 $W = \dfrac{1}{2}\times 20\times 10^{-6}\times(2\times 10^3)^2 = 40$[J] 이 된다.   **답** ③

43 10^4[V]의 전압으로 충전해서 1[J]의 에너지를 축적하는 콘덴서의 정전 용량[pF]은?

① 200   ② 2,000   ③ 10,000   ④ 20,000

풀이 정전 에너지 $W = \dfrac{1}{2}CV^2$에서

$C = \dfrac{2W}{V^2} = \dfrac{2\times 1}{(10^4)^2} = \dfrac{20,000}{10^{12}} = 20,000\times 10^{-12} = 20,000$[pF] 가 된다.   **답** ④

44 어떤 콘덴서에 V[V]의 전압을 가해서 Q[C]의 전하를 충전할 때 저장되는 에너지[J]는?

① $2QV$ ② $\dfrac{1}{2}QV^2$ ③ $2QV^2$ ④ $\dfrac{1}{2}QV$

풀이 정전 에너지 : $W = \dfrac{1}{2}CV^2 = \dfrac{1}{2}QV = \dfrac{Q^2}{2C}$[J]   **답** ④

45 1[kV]로 충전된 콘덴서의 에너지가 2[J]일 때 콘덴서의 크기[μF]는?

① 0.4   ② 4   ③ 40   ④ 400

풀이 정전 에너지 $W = \dfrac{1}{2}CV^2 = \dfrac{1}{2}QV = \dfrac{Q^2}{2C}$[J] 에서 $2 = \dfrac{1}{2}C\times(1,000)^2$

∴ $C = 4\times 10^{-6}$[F] 가 된다.   **답** ②

46 수정으로 마이크를 만든 것은 어떤 현상을 이용한 것인가?

① 열전쌍   ② 압전기   ③ 광전 효과   ④ 정전기

풀이   **답** ②

02 자기의 성질과 전류에 의한 자기장

1. 자석에 의한 자기현상

자석이 있으면 그 주변에 자력선이 있고 이에 의해서 힘이 작용하는 것으로 생각 할 수 있다. 이 힘이 작용하는 가상적인 선을 자력선이라 하며, 자력선이 존재하는 공간을 자기장(자계)라 한다.

자극의 세기를 나타내는 양을 자기량이라 하며 두 자극 사이에 작용하는 힘을 자력이라 한다. 1개의 자석에 N극과 S극이 동시에 존재하며, 각각 자기량은 같고 자극 간의 자기력의 작용은 반대로 나타난다. 이때 N극의 자기량을 (+), S극의 자기량을 (−)라 하면, 자극 간에는 전계와 동일하게 같은 종류는 반발하며, 다른 종류는 흡인하는 작용을 한다.

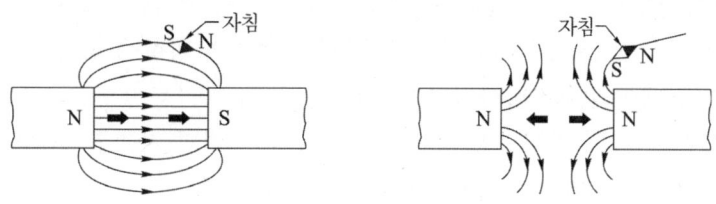

자력선과 자력

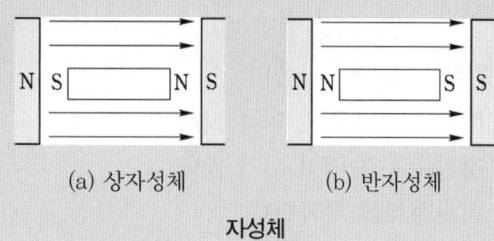

자 성 체

물질을 자계 내에 놓으면 그 물질은 자기적 성질, 즉 자성을 나타내는데 이때 물질은 **자화**되었다고 하며, 자화되는 물질을 **자성체**(magnetic substance), 자화되지 않는 물질을 **비자성체**(non-magnetic substance)라고 한다.

(a) 상자성체   (b) 반자성체

자성체

상자성체 중에서도 특히 강하게 자화되는 자성체를 **강자성체**라고 한다(일반적으로 자성체는 강자
성체를 의미한다).
① 상자성체 : 백금(Pt), 알루미늄(Al), 산소(O_2)
② 반자성체 : 은(Ag), 구리(Cu), 비스무트(Bi), 물(H_2O), 아연(Zn)
③ 강자성체 : 철(Fe), 니켈(Ni), 코발트(Co)

1) 영구자석과 전자석

(1) 영구자석

자석은 철가루, 철 등을 끌어당기는 힘을 가지고 있다. 또 자석으로 철을 문지르면 철
도 자화되어 자석의 성질을 갖게 된다. 이와 같은 성질을 가지고 있는 물체를 자석
(magnet) 또는 영구자석이라 한다. 영구 자석은 하나의 자석체에 N극과 S극을 가지
고 있다.

(2) 전자석

코일을 감고 코일속에 철심을 넣어 전류를 흘리면 영구자석과 같이 철을 끌어당기는
힘이 생긴다. 이와 같은 힘은 전류가 흐를 때만 생기는 것으로 이와 같은 것을 전자석
(electro magnet)이라 한다. 전자석은 전류의 방향에 따라 N극과 S극이 결정되는
데, 암페어의 오른나사법칙을 따른다.
전자석은 영구자석과 달리 전류가 흐르는 동안만 자기를 띠므로 각종 릴레이, 차단
기, 전동기등의 제어회로에 널리 사용되고 있다.

2) 자석의 성질

자석에는 다음과 같은 성질이 있다.

① 자석에는 N극과 S극이 있다.
② 자석은 같은 극 끼리 서로 반발하고, 서로 다른 극 끼리 끌어 당기는 성질이 있다.
③ 자극으로부터 자력선이 나온다.
④ 자력선은 N극에서 나오고 S극으로 들어간다.
⑤ 자력선이 강할수록 자력선 수가 많다.
⑥ 자력선은 비자성체를 투과한다.
⑦ 발생되는 자력선은 아무리 사용해도 기본적으로 감소하지는 않는다.

⑧ 자력선은 장력이 존재한다.

⑨ 자석은 고온이 되면 자력이 감소되고, 저온이 되면 자력이 증가한다.

⑩ 자석은 임계온도(퀴리온도) 이상으로 가열하면 자석으로서의 성질이 없어진다.

3) 자석의 용도와 기능

(1) 자석은 전기에너지를 기계에너지로 전환한다.

플레밍의 왼손 법칙에 따라 자장 및 전류의 방향과 직각 방향으로 힘이 작용하는 원리를 응용한 것으로, 스피커, 검류계, 전압계, 전동기, 전자접촉기, 릴레이, 브라운관 등에 널리 이용된다.

(2) 자석은 기계에너지를 전기에너지로 전환한다.

플레밍의 오른손 법칙에 따라 자장과 직각방향으로 힘이 작용하면 전압이 만들어지는 원리를 이용한 것으로 발전기, 마이크로폰, 송화기 및 수화기 등에 이용된다.

(3) 자석은 기계에너지를 다른 기계에너지로 변환한다.

자석이 다른 강자성체나 다른 자석을 흡인 또는 발발하는 원리를 응용한 것으로 마그네틱콘베어, 자기 설별기, 필터와 같은 용도로 사용된다.

(4) 물리적 현상을 이용한다.

자석의 방향성을 이용한 것으로 나침반으로 이용되며, 와류를 이용하여 회전력을 발생하는 장치로 전력량계 등에 응용된다.

4) 자기에 관한 쿨롱의 법칙

두 점자극의 자하, 즉 자극의 세기를 각각 m_1, m_2 [Wb], 자극 간의 거리를 r[m], 상호간에 작용하는 자기력을 F[N]라 하면

$$F = \frac{m_1 m_2}{4\pi\mu_0 r^2}[N]$$

$$F = 6.33 \times 10^4 \frac{m_1 m_2}{r^2}[N]$$

의 관계가 있으며, 힘의 방향은 두 극을 연결하는 직선상에 있다. 이 식을 **쿨롱의 법칙**이라 하고, 여기서 진공의 투자율 $\mu_0 = 4\pi \times 10^{-7}[\text{H/m}]$이다.

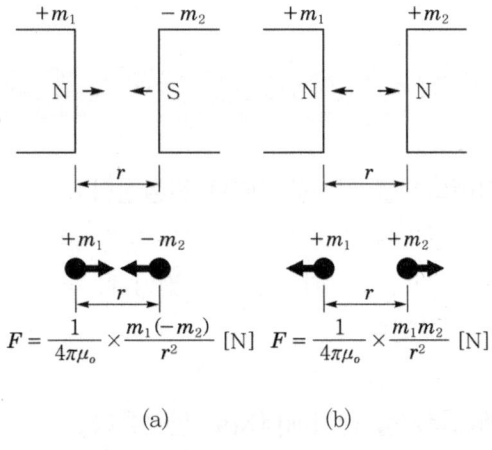

(a)   (b)

쿨롱의 법칙

5) 자기장의 성질

(1) 자계의 세기

자기적 힘이 미치는 공간을 **자계**라 하며, 자계 중의 한 점에 단위자하($+1[\text{Wb}]$)를 놓았을 때, 이에 작용하는 힘의 크기 및 방향을 그 점에 대한 **자계의 세기**라 한다.

$$H = \frac{m}{4\pi\mu_0 r^2} [\text{N/Wb}] \ \ 또는 \ \ [\text{AT/m}]$$

$$H = 6.33 \times 10^4 \frac{m}{r^2} [\text{N/Wb}] \ \ 또는 \ \ [\text{AT/m}]$$

자계의 세기 단위는 [N/Wb]이지만, 일반적으로 [AT/m]를 사용한다.

(2) 단위자하

진공 중에서 동일한 자하를 1[m] 거리에 놓았을 때 작용하는 힘의 크기가 6.33×10^4[N]이 되었을 때 이때 자하의 크기를 1[Wb]이라 한다.

$$H = \frac{m}{4\pi\mu_0 r^2} [\text{N/Wb}] \ \ 또는 \ \ [\text{AT/m}]$$

$$H = 6.33 \times 10^4 \frac{m}{r^2} [\text{N/Wb}] \ \ 또는 \ \ [\text{AT/m}]$$

전계와 자계의 비교

정 전 계		정 자 계	
전 하	$Q[\mathrm{C}]$	자 하 (자극의 세기)	$m[\mathrm{Wb}]$
진공의 유전율	$\epsilon_0 = 8.855 \times 10^{-12}[\mathrm{F/m}]$	진공의 투자율	$\mu_0 = 4\pi \times 10^{-7}[\mathrm{H/m}]$
쿨롱의 법칙 (전기력)	$F = \dfrac{Q_1 Q_2}{4\pi \epsilon_0 r^2}[\mathrm{N}]$	쿨롱의 법칙 (자기력)	$F = \dfrac{m_1 m_2}{4\pi \mu_0 r^2}[\mathrm{N}]$
전계의 세기	$E = \dfrac{Q}{4\pi \epsilon_0 r^2}[\mathrm{V/m}]$	자계의 세기	$H = \dfrac{m}{4\pi \mu_0 r^2}[\mathrm{AT/m}]$
힘과 전계	$F = QE[\mathrm{N}]$	힘과 자계	$F = mH[\mathrm{N}]$
전 위	$V = \dfrac{Q}{4\pi \epsilon_0 r}[\mathrm{V}]$	자 위	$U = \dfrac{m}{4\pi \mu_0 r}[\mathrm{AT}]$

(3) 전자력과 자계의 세기

자계 내에 점자극 m을 놓으면 이 점자극에 작용하는 힘 F는 $F = mH[\mathrm{N}]$이 된다.

(4) 자기 모멘트

자석의 N극$(+m)$은 자계와 동일 방향, S극$(-m)$은 자계와 반대 방향으로 작용하여 자석에는 크기가 같고 방향은 반대인 회전력이 작용한다.

① 자기 모멘트 $M = ml[\mathrm{Wb} \cdot \mathrm{m}]$

② 자석의 토크 $T = MH\sin\theta[\mathrm{N} \cdot \mathrm{m}]$

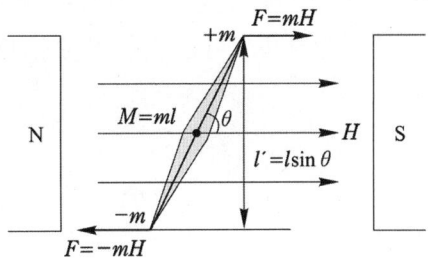

③ 지구 자기의 3요소 : 편각, 복각, 수평 분력

(5) 비오 – 사바르의 법칙

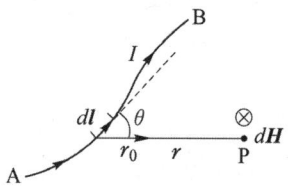

임의의 형상의 도선에 전류 I [A]가 흐를 때, 도선상의 미소길이 dl 부분에 흐르는 전류에 의하여 거리 r만큼 떨어진 점 P에서의 자계의 세기 dH는

$$dH = \frac{Idl \sin\theta}{4\pi r^2} \ [\text{AT/m}]$$

가 된다.

여기서 θ는 dl과 거리 r이 이루는 각이다.

2. 전류에 의한 자기현상

1) 전류에 의한 자기장

전류가 흐르고 있는 직선 도체 부근에 자침을 가까이 하면 자침은 일정한 방향으로 회전을 하고, 전류의 방향을 바꾸면 자침의 회전 방향은 반전하게 된다. 이와 같이 자침의 자극에 힘을 미치게 하는 원천은 또 다른 자계가 있기 때문으로 전류가 흐르는 도체 주위에 자계가 형성되고 있다는 것을 알 수 있다. 이러한 현상을 전류에 의한 자기현상이라 한다.

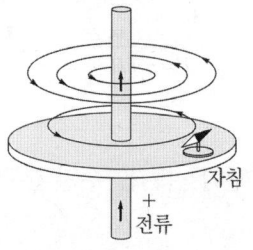

전류에 의한 자기현상

2) 자기력선의 방향

(1) 암페어의 오른나사 법칙

직선 도체에 전류가 흐르면 자계가 형성되며 그림과 같이 도체에 수직인 평면상에서 오른나사가 진행하는 방향으로 전류가 흐를 때 나사를 돌리는 방향으로 자계가 발생한다. 즉, 전류에 의한 자계 방향의 관계를 **암페어의 오른나사 법칙**이라 한다.

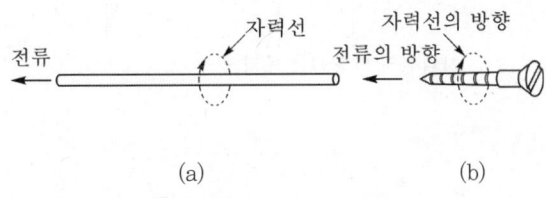

(a)   (b)

오른 나사의 법칙 (직선전류)

그림으로 표시하는 경우

⊙은 지면의 뒷면에서 표면으로 나오는 방향
⊗은 지면의 표면에서 뒷면으로 들어가는 방향

으로 나타내면 다음 그림과 같이 표시할 수 있다.

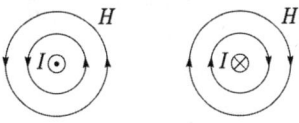

전류에 의한 자장의 방향

다음 그림은 코일에서 암페어의 오른나사 법칙을 적용한 것을 나타낸 것이다.

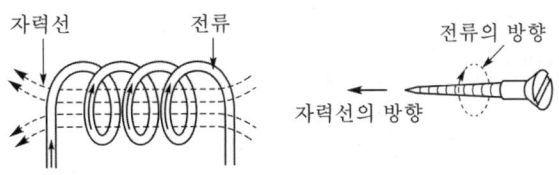

오른나사의 법칙 (코일)

암페어의 오른나사 법칙을 오른손을 이용하여 표현한 그림으로 암페어의 오른나사법칙을 암페어의 오른손 법칙이라고도 한다.

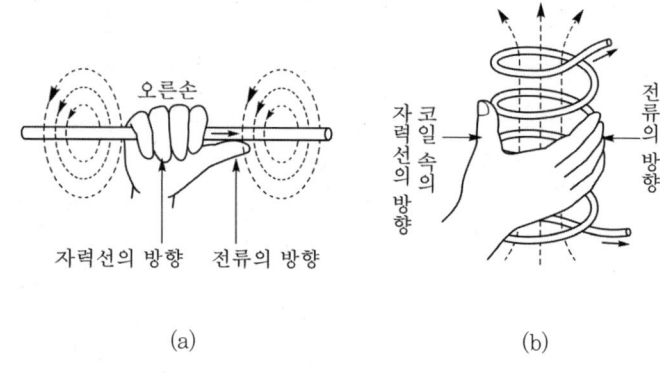

(a)   (b)

암페어의 오른나사법칙

(2) 전류에 의한 자계의 세기

① 무한장 직선 전류에 의한 자계

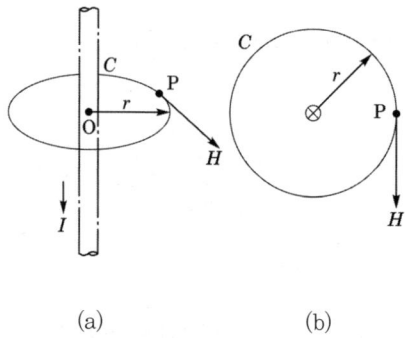

(a)   (b)

직선 전류에 의한 자장

그림과 같이 무한직선 전류가 흐르는 경우 직선전류로부터 $r[\mathrm{m}]$ 떨어진 지점에는 암페어의 오른나사법칙에 의해 자장이 형성된다. 이때 자장의 세기는 암페어의 주회적분법칙에 의해 계산이 된다.

$$\oint_c \boldsymbol{H} \cdot dl = \oint H\,dl = 2\pi r H = I$$

따라서 자계의 세기는

$$H = \frac{I}{2\pi r}[\text{AT/m}]\text{가 된다.}$$

여기서, H : 자계의 세기

　　　 r : 거리

　　　 I : 무한 직선에 흐르는 전류

② 무한장 솔레노이드에서의 자계

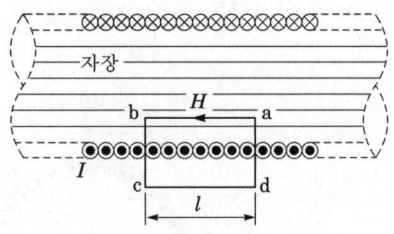

무한장 솔레노이드에 의한 자장

무한장 솔레노이드의 외부의 자계의 세기는 0이다. 그러나 내부의 자계의 세기는

$$H = n_o I[\text{AT/m}]\text{가 된다.}$$

여기서, n_o : 단위 길이당의 권수

　　　 I : 솔레노이드에 흐르는 전류

③ 원형 코일 중심의 자장

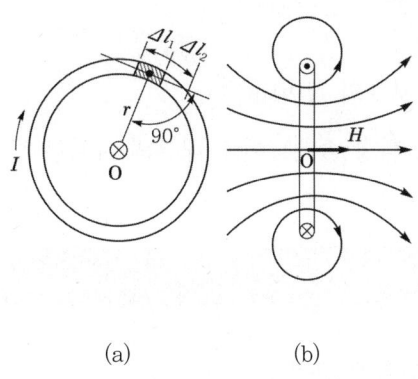

(a)　　　　　(b)

원형 코일의 중심의 자장

원형코일에 전류를 흘리면 암페어의 오른나사 법칙에 의해 자장이 중심으로 지나가게 된다. 이 자계의 세기는

$$H = \frac{NI}{2r}[\mathrm{AT/m}]$$가 된다.

여기서, N : 코일의 감은 횟수

$\quad\quad I$: 원형코일의 전류

$\quad\quad r$: 원형코일의 반지름

④ 환상 솔레노이드에 의한 자장

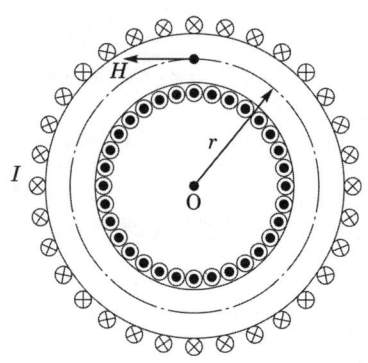

환상 솔레노이드에 의한 자장

그림과 같이 환상철심에 코일을 감을 것을 환상 솔레노이드라 한다.

환상 솔레노이드 내부에서의 자계의 세기 H는

$$H = \frac{NI}{2\pi r} = \frac{NI}{l}[\mathrm{AT/m}]$$

여기서, l : 자로의 길이[m]

가 된다. 즉, 환상 솔레노이드 내부의 자계는 투자율 μ에 관계없다.

3) 도체가 자기장에서 받는 힘

플레밍의 왼손법칙에 힘의 크기가 결정된다.

$$F = BIl\sin\theta[\mathrm{N}]$$

여기서, B : 자속밀도, I : 도체에 흐르는 전류, l : 자속과 쇄교하는 도체의 길이

3. 인덕턴스의 계산

인덕턴스를 계산하는 방법에는 다음 두가지 방법이 일반적으로 사용된다.

① $N\phi = LI$에서 쇄교 자속수를 구하여 회로에 흐르는 전류 I로 나누는 방법

② 자계 에너지 $W = \dfrac{1}{2}LI^2$ 으로부터 자기 인덕턴스 L을 구하는 방법

1) 환상솔레노이드

환상솔레노이드의 자속은 다음과 같다.

$$\phi = BS = \mu HS$$
$$= \mu \frac{NI}{l} S = \frac{\mu SNI}{l}[\text{Wb}]$$

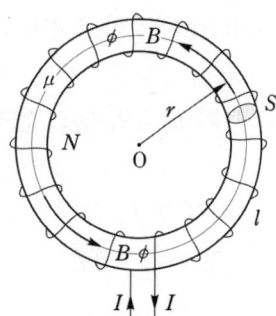

여기서, S : 단면적

　　　　μ : 투자율

　　　　N : 권수

　　　　I : 전류

　　　　ϕ : 자속

그러므로

$$N\phi = LI \text{ 에서 } \quad L = \frac{N\phi}{I} = \frac{\mu SN^2}{l}[\text{H}]$$

가 된다.

2) 솔레노이드

솔레노이드 내부의 자계의 세기 H는

$$H = nI = \frac{NI}{l}[\text{AT/m}]$$

여기서 l : 길이, N : 권수, I : 전류

그러므로 솔레노이드의 내부 자속 ϕ는

$$\phi = BS = \mu HS = \frac{\mu SNI}{l}\,[\text{Wb}]\ \text{이므로}$$

$$L = \frac{N\phi}{I} = \frac{\mu SN^2}{l}\,[\text{H}]\ \text{가 된다.}$$

4. 자기회로

1) 자기저항

전류가 흐르는 통로를 전기회로라고 하는 데 대하여 자속의 통로를 **자기회로**(magnetic circuit)라 하고 간단히 **자로**라 한다.

(1) 자기 회로의 옴의 법칙
자기회로에서 코일의 권수 N, 코일의 전류 I, 평균자로 l, 투자율 μ, 자속밀도 B, 자속 ϕ로 하면 자기저항은

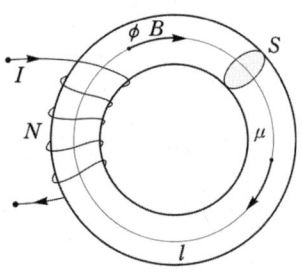

$$R_m = \frac{l}{\mu S}\,[\text{AT/Wb}]$$

가 된다.
또, N회 감은 코일에 전류 I를 흘리면 자속이 만들어지는데 이때 만들어지는 자속은 NI에 비례하게 된다. 이를 기자력이라 한다.

$$F_m = NI\,[\text{AT}]$$

이 기자력과 자속, 자기저항의 관계를 자기 옴의 법칙이라 한다.

$$NI = R_m\,\phi$$

$$\therefore\ \phi = \frac{NI}{R_m}\,[\text{Wb}]$$

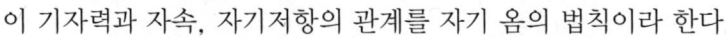

자기회로와 전기회로의 비교

전 기 회 로		자 기 회 로	
기 전 력	E [V]	기 자 력	F_m [AT]
전 류	I [A]	자 속	ϕ [Wb]
전 계	E [V/m]	자 계	H [AT/m]
전기저항	R [Ω]	자기저항	R_m [AT/Wb]
도 전 율	σ [S/m]	투 자 율	μ [H/m]
옴의 법칙	$E = IR$ [V] $\therefore I = \dfrac{E}{R}$ [A]	옴의 법칙	$F_m = \phi R_m$ [AT] $\therefore \phi = \dfrac{NI}{R_m}$ [Wb]

2) 자속밀도

(1) 자속과 투자율

자계 내에서 단위자하 $+1$[Wb]가 아무 저항없이 자기력에 따라 이동할 때 그려지는 가상선을 **자력선**이라 한다.

단위면적당의 자력선의 수를 나타내는 자력선 밀도는 자계의 세기와 같다.

또, 자력선과 유사한 개념으로 1[Wb]의 점자극에서 1개의 선속이 나오는 것을 자속 ϕ 라고 정의하며, m[Wb]의 자극에서 나오는 자속 ϕ 는

$$\phi = m[\text{Wb}]$$

가 된다. 자속밀도 B 는 자속의 수를 면적으로 나눈값으로

$$B = \frac{\phi}{S} = \frac{m}{S} [\text{Wb}/\text{m}^2]$$

로 나타낸다.

여기서, ϕ : 자속수, S : 면적, m : 자하량

자속밀도는 자계의 세기와 다음과 같은 관계가 있다.

$$B = \mu H [\text{Wb}/\text{m}^2] = \mu_o \mu_s H [\text{Wb}/\text{m}^2]$$

여기서, 투자율은 $\mu = \mu_o \mu_s = 4\pi \times 10^{-7} \times \mu_s$가 된다.

1 다음 중 반자성체는 어느 것인가?

① 철   ② 아연   ③ 니켈   ④ 코발트

[풀이] ① **상자성체** : 백금(Pt), 알루미늄(Al), 산소(O_2)
       ② **반자성체** : 은(Ag), 구리(Cu), 비스무트(Bi), 물(H_2O), 아연(Zn)
       ③ **강자성체** : 철(Fe), 니켈(Ni), 코발트(Co)   **[답]** ②

2 다음 중 상자성체는 어느 것인가?

① 탄소   ② 금   ③ 공기   ④ 은

[풀이] ① **상자성체** : 백금(Pt), 알루미늄(Al), 산소(O_2)
       ② **반자성체** : 은(Ag), 구리(Cu), 비스무트(Bi), 물(H_2O), 아연(Zn)
       ③ **강자성체** : 철(Fe), 니켈(Ni), 코발트(Co)   **[답]** ③

3 두 자극 사이에 작용하는 힘을 나타내는데 맞는 식은?

① $9 \times 10^9 \dfrac{m_1 \, m_2}{\mu_s \, r^2}$ ② $6.33 \times 10^4 \dfrac{m_1 \, m_2}{\mu_s \, r^2}$

③ $9 \times 10^9 \dfrac{m}{\mu_s \, r^2}$ ④ $6.33 \times 10^4 \dfrac{m}{\mu_s \, r^2}$

[풀이] 각각 m_1, m_2[Wb], 자극간의 거리를 r[m], 상호간에 작용하는 자기력을 F[N]라 하면

$$F = \frac{m_1 \, m_2}{4\pi\mu_0 \, \mu_s \, r^2} = 6.33 \times 10^4 \frac{m_1 m_2}{\mu_s \, r^2} \text{[N]}$$

의 관계가 있으며, 힘의 방향은 두 극을 연결하는 직선상에 있다. 이 식을 쿨롱의 법칙이라 한다.
       [답] ②

4 진공의 투자율 μ_o[H/m]는?

① $4\pi \times 10^{-7}$ ② 9×10^9

③ 8.855×10^{-12} ④ 6.33×10^4

[풀이] $\dfrac{1}{4\pi\mu_o} = 6.33 \times 10^4$에서 $\mu_o = 4\pi \times 10^{-7} = 12.56 \times 10^{-7}$[H/m]   **[답]** ①

5 1[Wb]는 무엇의 단위인가?

① 기자력   ② 전력   ③ 자극의 세기   ④ 전기량

[풀이]   **[답]** ③

6 공기 중에서 1.6×10^{-4}[Wb]와 2×10^{-3}[Wb]의 두 자극 사이에 작용하는 힘이 12.66[N]이었다. 두 자극 사이의 거리[cm]는?

① 2 　　　　　　② 3 　　　　　　③ 4 　　　　　　④ 5

풀이
쿨롱의 법칙 $F = 6.33 \times 10^4 \dfrac{m_1 m_2}{r^2}$[N]에서

$r^2 = 6.33 \times 10^4 \dfrac{m_1 m_2}{F} = 6.33 \times 10^4 \times \dfrac{1.6 \times 10^{-4} \times 2 \times 10^{-3}}{12.66} = 1.6 \times 10^{-3}$

$\therefore r = \sqrt{1.6 \times 10^{-3}} = 0.04$ [m] $= 4$ [cm]가 된다. 　　　　**답** ③

7 같은 양의 자극을 공기 중에서 1[m]의 거리에 놓았을 때 작용하는 힘이 6.33×10^4[N]이면 자극의 세기[Wb]는?

① 0.5 　　　　　　② 1 　　　　　　③ 10 　　　　　　④ 6.33×10^4

풀이 단위 자하
진공중에서 동일한 자하를 1[m] 거리에 놓았을 때 작용하는 힘의 크기가 6.33×10^4[N]이 되었을 때 이때 자하의 크기를 1[Wb]이라 한다. 　　　　**답** ②

8 진공 중에서 2[Wb]의 점자극으로부터 4[m] 떨어진 점의 자장의 세기는 몇 [AT/m]인가?

① 5.4×10^2 　　　② 5.4×10^3 　　　③ 7.9×10^2 　　　④ 7.9×10^3

풀이
자계의 세기 $H = 6.33 \times 10^4 \times \dfrac{m}{r^2}$에서

$H = 6.33 \times 10^4 \times \dfrac{2}{4^2} = 7.9 \times 10^3$[AT/m] 가 된다. 　　　　**답** ④

9 진공 중에서 5×10^{-4}[Wb]의 자극으로부터 10[cm] 떨어진 점의 자장의 세기는 몇 [AT/m]인가?

① 3,165 　　　　② 316.5 　　　　③ 31.65 　　　　④ 31.65×10^{-2}

풀이
자계의 세기 $H = 6.33 \times 10^4 \dfrac{5 \times 10^{-4}}{(10 \times 10^{-2})^2} = 3,165$[AT/m] 　　　　**답** ①

10 공기 중에서 자극의 세기가 100[AT/m]인 점에 4×10^{-4}[Wb]의 자극을 놓으면 몇 [N]의 힘이 작용하는가?

① 2×10^{-2} 　　　② 4×10^{-3} 　　　③ 4×10^{-2} 　　　④ 8×10^{-3}

풀이 쿨롱의 법칙과 자계의 세기의 관계 $F = mH$에서
$F = 4 \times 10^{-4} \times 100 = 4 \times 10^{-2}$[N]가 된다. 　　　　**답** ③

11 M.K.S. 단위계에서 자장의 세기의 단위는?

① [AT/m]   ② [Wb/m]   ③ [Wb/m^2]   ④ [AT]

풀이 자장의 세기는 단위길이당의 기자력으로 정의한다.

즉, $H = \dfrac{F}{\ell} = \dfrac{NI}{\ell}$[AT/m]

답 ①

12 10[AT/m]의 자장 중에 어떤 자극을 놓았을 때 300[N]의 힘을 받는다고 한다. 자극의 세기 [Wb]는?

① 20   ② 30   ③ 40   ④ 50

풀이 쿨롱의 법칙과 자계의 세기의 관계 $F = mH$에서

$m = \dfrac{F}{H} = \dfrac{300}{10} = 30$[Wb]가 된다.

답 ②

13 공기 중에서 m[Wb]의 자극으로부터 나오는 총 자력선 수는?

① $\mu_o m$ ② $\dfrac{m}{\mu_o}$ ③ $\dfrac{m^2}{\mu_o}$ ④ $\mu_o m^2$

풀이 가우스의 법칙

m[Wb]의 자하에서는 m개의 자속이 나오며, $\dfrac{m}{\mu_o}$개의 자기력선이 나온다.

답 ②

14 자극의 세기 10^{-4}[Wb], 자축의 길이 50[cm]인 막대 자석의 자기 모멘트[Wb·m]는?

① 5×10^{-2} ② 5×10^{-3} ③ 5×10^{-4} ④ 5×10^{-5}

풀이 자기 모멘트 $M = m\ell$에서 $M = 10^{-4} \times 0.5 = 5 \times 10^{-5}$[Wb·m]가 된다.

답 ④

15 자극의 세기 m[Wb], 자축의 길이 l[m]일 때 자기 모멘트[Wb·m]는?

① ml ② ml^2 ③ $\dfrac{m}{l}$ ④ $\dfrac{l}{m}$

풀이 자기 모멘트 $M = ml$[Wb·m]

답 ①

16 공기 중에서 m[Wb]의 자극으로부터 나오는 전자속 수는?

① m ② $\dfrac{1}{m}$ ③ $\dfrac{m}{\mu_o}$ ④ $\dfrac{m}{4\pi\mu_o}$

풀이 가우스의 법칙

m[Wb]의 자하에서는 m개의 자속이 나오며, $\dfrac{m}{\mu_o}$개의 자기력선이 나온다.

답 ①

17 자극의 세기가 8×10^{-3}[Wb]인 막대 자석의 자기 모멘트가 16×10^{-7}[Wb·m]일 때 막대 자석의 길이[cm]는?

① 2×10^{-1}　　　② 2×10^{-2}　　　③ 2×10^{-3}　　　④ 2×10^{-4}

풀이 자기 모멘트 $M = ml$[Wb·m]에서

막대 자석의 길이 $l = \dfrac{M}{m} = \dfrac{16 \times 10^{-7}}{8 \times 10^{-3}} = 2 \times 10^{-4}$[m] $= 2 \times 10^{-2}$[cm]　　　**답** ②

18 1,000[AT/m]의 평등 자장 내에 길이 10[cm], 자극의 세기 4[Wb]의 막대 자석이 자장의 방향과 30°의 각도로 놓여 있을 때 자석이 받는 회전력[N·m]은?

① 100　　　② 200　　　③ 300　　　④ 400

풀이 자장 중에 자석이 받는 토크(회전력) $T = MH\sin\theta$[N·m]에서

$T = MH\sin\theta = mlH\sin\theta = 4 \times 0.1 \times 1{,}000 \times \dfrac{1}{2} = 200$ [N·m]가 된다.　　　**답** ②

19 평등 자장 내에 자기 모멘트 4[Wb·m]의 자석이 자장과 30°의 각도로 놓여 있을 때 60[N·m]의 회전력을 받았다. 자장의 세기[AT/m]는?

① 20　　　② 30　　　③ 120　　　④ 240

풀이 자장 중에 자석이 받는 토크(회전력) $T = MH\sin\theta$[N·m]에서

$H = \dfrac{T}{M\sin\theta} = \dfrac{60}{4 \times 0.5} = 30$[AT/m]　　　**답** ②

20 공기의 비투자율은?

① 0　　　② 1　　　③ 2　　　④ 10

풀이 비투자율은 진공(공기)에서 1이 된다.　　　**답** ②

21 지구 자장의 3요소가 아닌 것은?

① 편각　　　② 사각　　　③ 복각　　　④ 수평 분력

풀이 지구 자기의 3요소 : 편각, 복각, 수평 분력　　　**답** ②

22 공심 솔레노이드 내부 자장의 세기가 200[AT/m]일 때 자속 밀도[Wb/m²]는?

① $2\pi \times 10^{-7}$　　　② $4\pi \times 10^{-5}$　　　③ $8\pi \times 10^{-5}$　　　④ $16\pi \times 10^{-4}$

풀이 자속 밀도와 자계의 세기의 관계 $B = \mu H$[Wb/m²] 에서

자속 밀도 $B = 4\pi \times 10^{-7} \times 200 = 8\pi \times 10^{-5}$[Wb/m²]가 된다.　　　**답** ③

23 투자율 μ, 자속 밀도 B[Wb/m²]의 자장 중에서 m[Wb]의 자극이 받는 힘[N]은?

① $m\mu B$ ② $\dfrac{mB}{\mu}$ ③ $\dfrac{\mu B}{m}$ ④ $\dfrac{\mu m}{B}$

풀이 자속 밀도와 자계의 세기의 관계는 $B=\mu H$ [Wb/m²]가 된다.

여기서, 자계의 세기는 $H=\dfrac{B}{\mu}$ 이고, 힘 $F=mH$ 이므로 $H=\dfrac{B}{\mu}$ 를 대입하면 $F=m\dfrac{B}{\mu}$ 가 된다.   **답** ②

24 자장의 세기가 1,000[AT/m]일 때 자속 밀도가 0.5[Wb/m²]인 재질의 투자율[H/m]은?

① 5×10^{-2} ② 5×10^{-3} ③ 5×10^{-4} ④ 5×10^{-5}

풀이 자속 밀도와 자계의 세기의 관계 $B=\mu H$[Wb/m²] 에서

$\mu=\dfrac{B}{H}=\dfrac{0.5}{1,000}=5\times10^{-4}$[H/m]가 된다.   **답** ③

25 전류에 의한 자장의 세기와 관계가 있는 것은?

① 옴의 법칙   ② 렌츠의 법칙
③ 비오-사바르의 법칙   ④ 키르히호프의 법칙

풀이 임의의 형상의 도선에 전류 I[A]가 흐를 때, 도선상의 미소길이 dl 부분에 흐르는 전류에 의하여 거리 r 만큼 떨어진 점P에서의 자계의 세기 dH는 $dH=\dfrac{Idl\sin\theta}{4\pi r^2}$ [AT/m]가 된다.   **답** ③

26 무한히 긴 직선 도체에 I[A]의 전류를 흘리는 경우, 도체의 중심에서 r [m] 떨어진 점의 자장의 세기[AT/m]는?

① $\dfrac{I}{2\pi r}$ ② $\dfrac{I}{4\pi r}$ ③ $\dfrac{I}{2r}$ ④ $\dfrac{I}{4\pi r^2}$

풀이 무한 직선에 의한 자장의 세기는 $H=\dfrac{I}{2\pi r}$[A/m]가 된다.   **답** ①

27 반지름 r, 권수 N의 원형 코일에 I[A]의 전류가 흐를 때 중심의 자장의 세기[AT/m]는?

① $\dfrac{IN}{r}$ ② $\dfrac{IN}{2r}$ ③ $\dfrac{IN}{2\pi r}$ ④ $\dfrac{IN}{4\pi r}$

풀이 원형 코일 중심에서의 자장의 세기 $H=\dfrac{NI}{2r}$[AT/m]로 나타낸다.

여기서, N은 권수, I는 전류, r은 반지름을 나타낸다.   **답** ②

28 무한히 긴 직선 도선에 100[A]의 전류가 흐를 때, 이 도선에서 50[cm] 떨어진 점의 자장의 세기[AT/m]는?

① 31.8   ② 63.6   ③ 53.2   ④ 126.4

무한 직선에 의한 자장의 세기 $H = \dfrac{I}{2\pi r}$[A/m]에서

$$H = \frac{100}{2 \times 3.14 \times 0.5} ≒ 31.8[\text{AT/m}]가 된다.$$

답 ①

29 매우 긴 직선 도선에 20[A]의 전류가 흐를 때 도선에서 5[cm]의 거리에 있는 점의 자장의 세기[AT/m]는?

① 4.25　　　　　② 63.69　　　　　③ 100　　　　　④ 637

 무한 직선에 의한 자장의 세기 $H = \dfrac{I}{2\pi r}$[A/m]에서

$$H = \frac{20}{2 \times 3.14 \times 5 \times 10^{-2}} ≒ 63.69[\text{AT/m}]가 된다.$$

답 ②

30 평균 반지름이 10[cm]이고 50회의 원형 코일에 전류를 흐르게 하였을 때 그 코일 중심의 자장의 세기는 1,500[AT/m]이었다고 한다. 이 코일에 흐르는 전류는 몇 [A]인가?

① 6　　　　　② 10　　　　　③ 50　　　　　④ 250

 원형 코일 중심의 자장의 세기 $H = \dfrac{NI}{2r}$에서

$$전류\ I = \frac{2rH}{N} = \frac{2 \times 0.1 \times 1,500}{50} = 6[\text{A}]가 된다.$$

답 ①

31 지름 10[cm]이고 권수 10회의 원형 코일에 20[A]의 전류를 흐르게 하면 코일 중심의 자장의 세기[AT/m]는?

① 500　　　　　② 1,000　　　　　③ 2,000　　　　　④ 10,000

 원형 코일 중심의 자장의 세기 $H = \dfrac{NI}{2r}$에서

$$H = \frac{10 \times 20}{0.1} = 2,000[\text{AT/m}]\ 가 된다.$$

답 ③

32 반지름 10[m]의 원형 코일에 10[A]의 전류를 흐르게 할 때 코일 중심점에 5[Wb]의 자극을 두면 이 자극이 받는 힘[N]은? (단, 코일의 권수는 40회이다.)

① 10　　　　　② 50　　　　　③ 100　　　　　④ 500

 원형 코일 중심의 자장의 세기 $H = \dfrac{NI}{2r}$에서

$$H = \frac{40 \times 10}{2 \times 10} = 20[\text{AT/m}]\ 가된다.\ 여기서 자극이 받는 힘\ F = mH\ 이므로$$

$$\therefore\ F = 5 \times 20 = 100[\text{N}]이 된다.$$

답 ③

33 단위 길이당의 권수가 n인 무한장 솔레노이드에 I[A]를 흘렸을 때의 솔레노이드 내부의 자장의 세기[AT/m]는?

① $2\pi nI$ ② nI ③ $\dfrac{I}{2\pi n}$ ④ $\dfrac{nI}{2\pi r}$

풀이 솔레노이드 외부의 자장의 세기는 0이고, 솔레노이드 내부의 자장의 세기는 $H=nI$[AT/m]가 된다.

답 ②

34 지름 10[cm]의 솔레노이드 코일에 5[A]의 전류가 흐를 때 코일 내의 자장의 세기[AT/m]는? (단, 1[cm]당 권수는 20회이다.)

① 10^4 ② 10^5 ③ 10^6 ④ 100

풀이 $H=n_o I$ 에서 솔레노이드 단위 길이당 권수를 n_o라 하면 1[cm]당 20회 감으면 1[m]당 2000회 감은 것이므로, 자장의 세기 $H=n_o I=2,000\times 5=10,000$[AT/m]

답 ①

35 길이 1[cm]당 5회 감은 무한장 솔레노이드가 있다. 이것에 전류를 흘렸을 때 솔레노이드 내부 자장의 세기가 1,000[AT/m]이었다. 이 때, 솔레노이드에 흐른 전류[A]는?

① 1   ② 2   ③ 3   ④ 4

풀이 $H=n_o I$ 에서 솔레노이드 단위 길이당 권수를 n_o라 하면 1[cm]당 5회 감으면 1[m]당 500회 감은 것이므로, 전류 $I=\dfrac{H}{n_o}=\dfrac{1,000}{500}=2$[A]

답 ②

36 철심을 넣은 평균 반지름 20[cm]의 환상 솔레노이드에 5[A]의 전류를 통하여 내부 자장의 세기를 1,000[AT/m]로 하려면 코일의 권수는?

① 100   ② 250   ③ 500   ④ 800

풀이 평균 반지름 r[m]인 환상 솔레노이드의 자장의 세기 $H=\dfrac{IN}{2\pi r}$[AT/m]에서

$N=\dfrac{H\cdot 2\pi r}{I}=\dfrac{1,000\times 2\times 3.14\times 0.2}{5}=251.2$[회] 가 된다.

답 ②

37 길이 10[cm]의 균일한 자로에 도선을 200회 감고 2[A]의 전류를 흘릴 때 자로의 자장의 세기[AT/m]는?

① 200   ② 400   ③ 600   ④ 4,000

풀이 자계의 세기는 단위길이당의 기자력으로 정의되며

$H=\dfrac{NI}{\ell}$에서 $H=\dfrac{200\times 2}{0.1}=4,000$[AT/m]가 된다.

답 ④

38 길이 50[cm]의 균일한 자로에 도선을 100회 감고 1[A]의 전류를 흘렸을 때 자로의 세기 [AT/m]는?

① 100 　　　　　 ② 200 　　　　　 ③ 300 　　　　　 ④ 400

풀이 　자계의 세기는 단위길이당의 기자력으로 정의되며

$$H = \frac{NI}{\ell}$$ 에서 $$H = \frac{100 \times 1}{0.5} = 200[\text{AT/m}]$$ 가 된다.　　　　답 ②

39 코일의 감긴 수와 전류와의 곱은 무엇을 나타내는가?

① 기자력 　　　　 ② 전자력 　　　　 ③ 기전력 　　　　 ④ 역률

풀이 　기자력 $F = NI$ 이므로 기자력은 코일의 권수와 전류의 곱으로 나타낸다.　　　　답 ①

40 전자력에 관계되는 법칙은?

① 렌츠의 법칙 　　　　　　　　 ② 플레밍의 오른손 법칙
③ 플레밍의 왼손 법칙 　　　　　 ④ 암페어의 오른 나사의 법칙

풀이 　플레밍의 왼손 법칙은 전자력에 관계되는 법칙으로 전동기의 원리를 설명하는 법칙으로 사용된다.
　　　　답 ③

03 전자력과 전자유도

1. 전자력

1) 전자력의 방향과 크기

(1) 자계 내에서 전류 도체가 받는 힘

자계 $B\,[\mathrm{Wb/m^2}]$, 전류 $I\,[\mathrm{A}]$, 힘 $F\,[\mathrm{N}]$의 관계는

$$F = BIl\sin\theta = \mu_o HlI\sin\theta\,[\mathrm{N}]$$

가 된다. 이것은 플레밍의 왼손 법칙에 의해 설명될 수 있다.
여기서 자속밀도 $B = \mu_0 H$ 이다.

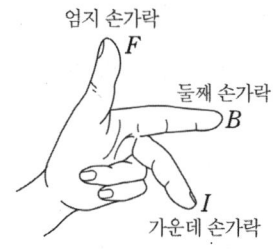

엄지 손가락
F
둘째 손가락
B
I
가운데 손가락

(2) 전자력에 따르는 일

$$W = I\phi\,[\mathrm{J}], \quad \text{일률 } P = \frac{W}{t} = \frac{I\phi}{t}\,[\mathrm{W}]$$

(3) 평행 전류 사이에 작용하는 힘

그림과 같이 같은 방향으로 I_1, I_2의 전류가 흐르게 되면 각 도체에는 직선전류에 의한 자장에 암페어의 오른나사 법칙에 의해 생기게 된다.
이러한 자장은 플레밍의 왼손법칙에 의하여 서로 영향을 받아 같은 방향의 전류는 흡인력이 생기며, 반대방향의 전류는 반발력이 생긴다. 이때 발생되는 흡인력 또는 반발력의 크기는 다음과 같이 구한다.
I_1에 의해 생기는 자계의 세기는

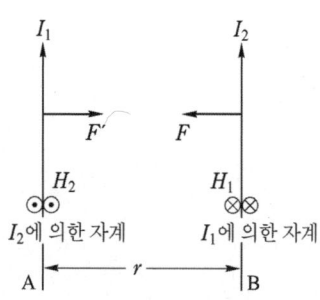

I_1 I_2
F' F
H_2 H_1
I_2에 의한 자계 I_1에 의한 자계
A r B

$$H_1 = \frac{I_1}{2\pi r}\,[\mathrm{AT/m}]$$

가 된다. 즉, H_1의 자계 내에 전류 도체 I_2가 놓여 있는 형태가 되기 때문에 도체 B는 힘을 받게 된다. 여기서 H_1과 I_2가 이루는 각은 서로 90°이기 때문에 도체 B가 받는 힘은

$$F = B_1 I_2 [\text{N/m}]$$

가 된다. 또, 자속밀도는 공기 중에서 $B_1 = \mu_0 H_1$의 관계가 있으므로

$$F = \mu_0 H_1 I_2 = \frac{\mu_0 I_1 I_2}{2\pi r} [\text{N/m}]$$

로 된다.

다음에 도체 B에 의한 도체 A가 받는 힘도 같은 방법으로 구한다. 즉,

$$F' = B_2 I_1 = \mu_0 H_2 I_1 = \frac{\mu_0 I_1 I_2}{2\pi r} [\text{N/m}]$$

결국 $F = F'$가 되어 전류 도체 A와 B가 받는 힘은 서로 같다.

2. 전자유도

1) 전자유도작용

(1) 전자 유도

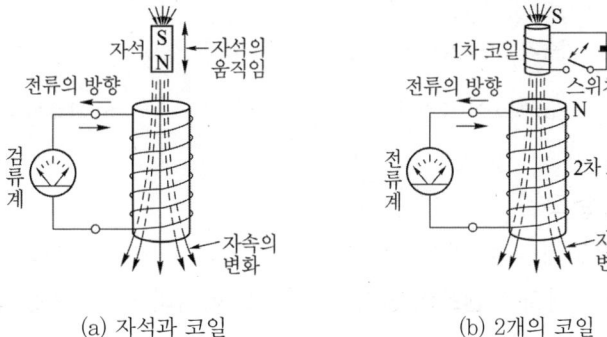

(a) 자석과 코일   (b) 2개의 코일

그림은 전자유도의 현상을 설명한 것으로 그림(a)와 같이 코일에 막대자석을 움직이면 검류계에 전류가 흐르는 것을 볼 수 있다.

즉, 코일에 전류가 흐르지 않아 자속이 없는 경우라도 외부에서 자속이 증가하게 되면 코일은 자속의 변화를 방해하는 방향(자신의 자속을 유지하려는 성질)으로 스스로 자속을 유기하게 되며, 이 때문에 코일에 전류가 흐르게 된다. 이러한 현상을 전자유도라 한다.

그림(b)는 전자석을 사용한 경우의 전자유도를 보인 것이다. 전자유도법칙으로는 패러데이의 법칙과 렌츠의 법칙이 있다.

① 패러데이의 법칙

"유도 기전력의 크기는 폐회로에 쇄교하는 자속의 시간적 변화율에 비례한다." 이것을 **패러데이 법칙**(Faraday's law) 또는 **노이만 법칙**(Neumann's law)이라 하며, **기전력의 크기를 결정**한다.

$$e = -\frac{d\Phi}{dt}[\text{V}]$$

$(-)$는 기전력의 방향이 쇄교 자속의 변화를 방해하는 방향으로 발생하는 것을 의미한다.

자속 ϕ가 N회의 코일을 통과할 때 유도 기전력은

$$e = -\frac{d\Phi}{dt} = -N\frac{d\phi}{dt}[\text{V}]$$

가 된다. 여기서, $\Phi = N\phi$를 **쇄교 자속수**라고 한다.

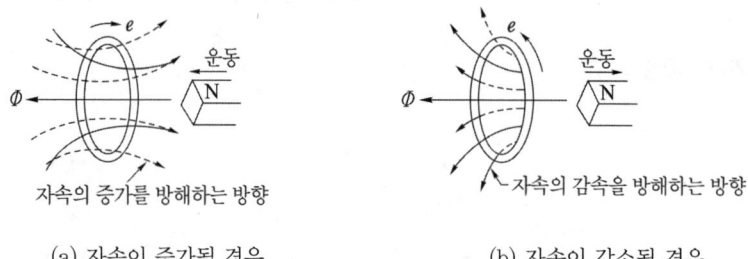

(a) 자속이 증가될 경우   (b) 자속이 감소될 경우

② 렌츠의 법칙

"전자유도에 의해 발생하는 기전력은 자속 변화를 방해하는 방향으로 전류가 발생한다." 이것을 **렌츠의 법칙**(Lenz's law)이라 하고, **기전력의 방향을 결정**한다.

③ 직선 운동에 의한 유도 기전력

그림 (a)와 같이 자장 중에서 도체를 1-2에서 1′-2′으로 이동시킬 경우 도체 1-2는 기전력을 유기한다.

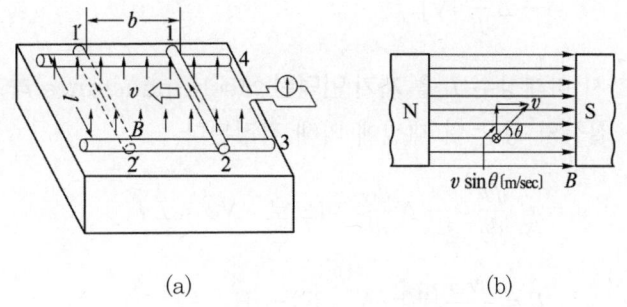

(a)   (b)

이때 만들어 지는 기전력은 도체의 길이와 자기장의 자속밀도, 도체의 운동속도의 곱에 비례한다.

$$e = Blv[\text{V}]$$

여기서, B : 자속밀도, l : 도체의 길이, v : 도체의 이동속도

그림 (b)는 도체가 θ만큼의 속도로 이동하는 경우를 나타낸 것으로 이동속도가 자속을 끊는 방향은 $v\sin\theta$가 된다. 따라서 유도 기전력은

$$e = Blv\sin\theta\ [\text{V}]$$

이때 만들어지는 기전력의 방향은 플레밍의 오른손 법칙에 따라 결정된다.

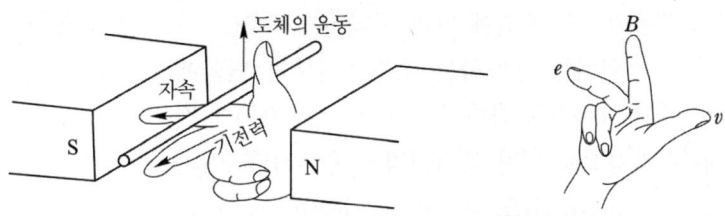

플레밍의 오른손 법칙

그림은 플레밍의 오른손 법칙을 나타낸 것으로 엄지손가락은 도체의 운동방향, 검지손가락은 자속의 방향이면, 중지손가락은 기전력의 방향이 된다.

④ 인덕턴스

전자유도작용에 의해 발생한 기전력의 크기는 전류의 시간적인 변화율에 비례한다. 즉, 코일 양단 사이에서 dt 동안에 전류의 변화가 dI라면 발생하는 기전력은 다음과 같이 표시할 수 있다.

$$e = - L \frac{dI}{dt}[\text{V}]$$

여기서 비례상수 L 을 **자기 인덕턴스**(self inductance)라고 한다. L 은 코일의 권수, 철심의 형상 및 재질에 의해 결정된다.

$$e = - \frac{d\Phi}{dt} = - N \frac{d\phi}{dt} \text{ 이므로 } N\phi = LI$$

$$\therefore \ L = \frac{N\phi}{I}[\text{Wb/A}] \text{ 또는 } [\text{H}]$$

여기서, 자기 인덕턴스의 단위는 Henry[H]이고, 전류 1[A]에 대한 쇄교 자속수가 1[Wb]일 때 1[H]로 정의한다.

2) 자기유도

그림에서 스위치를 닫으면 전류계는 즉시 일정한 값을 가리키지 않고 서서히 증가하여 일정한 값에 도달하는 것을 볼 수가 있다.
코일에 일정한 전류가 흐르면 일정한 쇄교 자속이 발생하고, 전류가 변화하면 자기 자신의 회로에 쇄교하는 자속도 시간에 따라 변화하게 된다.
따라서 스위치를 개폐하는 순간, 전류의 변화에 의한 쇄교 자속도 변화하기 때문에 코일 자체에 전자유도 작용으로 인한 역기전력이 유도된다. 이와 같은 현상을 **자기유도**(self induction)라고 한다.

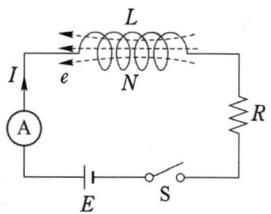

3) 상호유도작용

그림에서 각각 권선 N_1, N_2 인 P와 S코일을 접근시켜 배치하고 P코일에 전류 I_1 을 흘리면 이 전류에 의한 자속 ϕ_1 이 발생한다. 따라서 접근시킨 S코일에도 이 자속의 전부 또는 일부가 쇄교하게 되고, 이 쇄교 자속을 Φ_{12} 라 하면, P코일의 전류 I_1 이

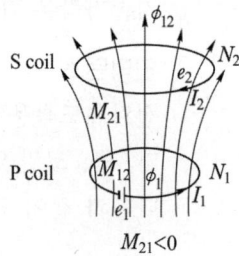

변화하여 자속 ϕ_1이 변화하였다면 S코일의 쇄교 자속 Φ_{12}도 변화하게 되고, 전자유도 작용을 일으켜 S코일에 기전력 e_2를 발생시킨다.

이와같이 떨어져 있는 코일 상호 간의 작용으로 기전력이 유도되는 현상을 **상호유도**(mutual induction) **작용**이라 한다.

4) 코일의 접속

(1) 직렬 접속 : 그림과 같은 직렬 접속인 경우

합성 인덕턴스 L_0는, $L_0 = L_1 + L_2 \pm 2M$

M의 부호는 가동 결합이면 +, 차동 결합이면 −이다.

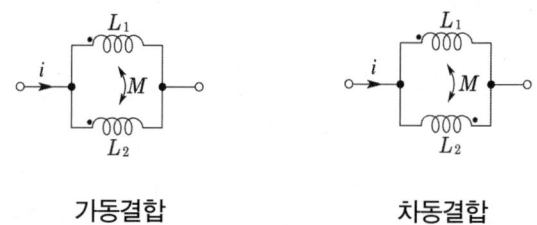

가동결합   차동결합

(2) 병렬 접속 : 그림과 같은 병렬 접속인 경우

합성 인덕턴스 L_0는, $L_0 = \dfrac{L_1 L_2 - M^2}{L_1 + L_2 \pm 2M}$

분모의 M의 부호는 가동 결합이면 −, 차동 결합이면 +이다.

가동결합   차동결합

5) 전자에너지

자기 인덕턴스 및 상호 인덕턴스를 갖는 회로에 전류를 증가시키면 전자유도에 의해 역기전력이 발생한다. 다시 전류를 증가시키려면 이 역기전력에 대하여 외부에서 일을 공급하지 않으면 안된다. 이 일은 전원에서 전력의 형태로 공급되고 인덕턴스에 흐르는 전류에 의하여 만들어진 자계 에너지로 축적된다. 이와 같은 에너지를 **전자 에너지**(electromagnetic energy) 혹은 **자계 에너지**(magnetic energy)라고 한다.

$$W = \frac{1}{2} L I^2 [\text{J}]$$

여기서, L : 자기인덕턴스
I : 전류
W : 전자 에너지

위 식은 다음과 같이 변화된다.

$$W = \frac{1}{2} L I^2 = \frac{1}{2} (L I) I = \frac{1}{2} \Phi I [\text{J}]$$

또 단위체적당의 전자에너지는 $W = \frac{1}{2} L I^2 [\text{J}]$에 $L = \frac{\mu S N^2}{l} [\text{H}]$를 대입하여 체적 $S \cdot l [\text{m}^3]$으로 나누면

$$w = \frac{1}{2} \frac{B^2}{\mu_0} [\text{J/m}^3]$$

가 얻어진다. 따라서 $B = \mu_0 H$의 관계식에서 자계 에너지 밀도는 다음과 같다.

$$w = \frac{1}{2} \frac{B^2}{\mu_0} = \frac{1}{2} \mu_0 H^2 = \frac{1}{2} B H [\text{J/m}^3]$$

여기서 B : 자속밀도
μ_o : 진공중의 투자율
H : 자계의 세기

1 2[Wb/m²]의 자장 내에 길이 30[cm]의 도선을 자장과 직각으로 놓고 v[m/s]의 속도로 이동할 때 생기는 기전력이 3.6[V]였다면 속도 v[m/s]는?

① 3   ② 6   ③ 9   ④ 12

풀이 자장중에 도체가 만드는 기전력 $e = Blv\sin\theta$[V]에서

$v = \dfrac{e}{Bl\sin\theta} = \dfrac{3.6}{2 \times 0.3} = 6$[m/s]가 된다.   **답** ②

2 자속 밀도 B[Wb/m²]의 자장 내에서 길이 l[m]의 도체가 자장과 직각 방향으로 v[m/sec]의 속도로 운동할 때 유기되는 기전력[V]은?

① $\dfrac{B}{ev}$ ② Blv ③ $\dfrac{Bl}{v}$ ④ $\dfrac{Bl}{e}$

풀이 자장중에 도체가 만드는 기전력 $e = Blv\sin\theta$[V]에서 $\sin 90° = 1$이면

∴ $e = Blv$[V] 가 된다   **답** ②

3 길이 10[cm]의 도선이 자속 밀도 1[Wb/m²]의 자장 속에서 자장과 수직 방향으로 3[sec] 동안에 15[m] 이동했다면 유기되는 기전력의 크기[V]는?

① 0.5   ② 5   ③ 50   ④ 300

풀이 자장중에 도체가 만드는 기전력 $e = Blv\sin\theta$[V]에서

$e = 1 \times 0.1 \times \dfrac{15}{3} = 0.5$[V]가 된다.

여기서 속도는 3초 동안에 15[m] 이동했으므로 15/3[m/sec]가 된다.   **답** ①

4 전자 유도 현상에 의하여 생기는 유기 기전력의 방향을 정하는 법칙은?

① 플레밍의 오른손 법칙   ② 패러데이의 법칙
③ 플레밍의 왼손 법칙   ④ 렌츠의 법칙

풀이 렌츠의 법칙
"전자유도에 의해 발생하는 기전력은 자속 변화를 방해하는 방향으로 전류가 발생한다." 이것을 렌츠의 법칙(Lenz's law)이라 하고, 기전력의 방향을 결정한다.   **답** ④

5 발전기의 유기 기전력의 방향을 알기 위한 법칙은?

① 패러데이의 법칙   ② 렌츠의 법칙
③ 플레밍의 오른손 법칙   ④ 플레밍의 왼손 법칙

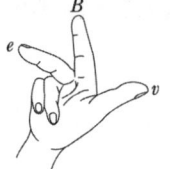

풀이 플레밍의 오른손 법칙
그림은 플레밍의 오른손 법칙을 나타낸 것으로 엄지
손가락은 도체의 운동방향, 검지손가락은 자속의
방향이면, 중지손가락은 기전력의 방향이 된다.

답 ③

6 유기 기전력은 다음의 어느 것에 관계되는가?

① 쇄교 자속수에 비례한다.　　　　② 쇄교 자속수에 반비례한다.

③ 시간에 비례한다.　　　　　　　④ 쇄교 자속수의 변화에 비례한다.

풀이 패러데이의 법칙 : "유도 기전력의 크기는 폐회로에 쇄교하는 자속의 시간적 변화율에 비례한다." 이것을
패러데이 법칙(Faraday's law) 또는 노이만 법칙(Neumann's law)이라 하며, 기전력의 크기를 결정한
다.

$e = -\dfrac{d\Phi}{dt}$ [V]

답 ④

7 자속 밀도의 단위는?

① $[\mathrm{Wb}]$　　　　② $[\mathrm{Wb/m^2}]$　　　　③ $[\mathrm{AT/Wb}]$　　　　④ $[\mathrm{Wb^2 \cdot m}]$

풀이 자속 밀도는 면적당 자속의 수를 나타낸다.

$B = \dfrac{\phi}{S}[\mathrm{Wb/m^2}]$

답 ②

8 자기 저항의 단위는?

① $[\mathrm{Wb/AT}]$　　　② $[\Omega]$　　　③ $[\mho]$　　　④ $[\mathrm{AT/Wb}]$

풀이 자기 옴의 법칙에서 자속 $\phi = \dfrac{F}{R_m}$이므로 자기 저항 $R_m = \dfrac{F}{\phi} = \dfrac{NI}{\phi}[\mathrm{AT/Wb}]$가 된다.

답 ④

9 자기 회로의 단면적 S, 길이 l, 비투자율 μ_s, 진공의 투자율 μ_o일 때 자기 저항은?

① $\mu_o \mu_s \dfrac{l}{S}$　　　② $\dfrac{l}{\mu_o \mu_s S}$　　　③ $\dfrac{S}{\mu_o \mu_s l}$　　　④ $\dfrac{\mu_o \mu_s S}{l}$

풀이 자기회로에서 코일의 권수 N, 코일의 전류 I, 평균자로 l, 투자율 μ, 자속밀도 B, 자속 ϕ로 하면 자기저
항은 $R_m = \dfrac{l}{\mu S}[\mathrm{AT/Wb}]$ 가 된다.

답 ②

10 어떤 자로에 $NI[\mathrm{AT}]$의 기자력을 가했을 때 $\phi[\mathrm{Wb}]$의 자속이 이동했다면 그 자로의 자기 저항
$[\mathrm{AT/Wb}]$은?

① $\dfrac{N\phi}{I}$　　　② $\dfrac{I\phi}{N}$　　　③ $\dfrac{\phi}{NI}$　　　④ $\dfrac{NI}{\phi}$

풀이 자기 옴의 법칙에서 자속 $\phi = \dfrac{F}{R_m}$이므로

자기 저항 $R_m = \dfrac{F}{\phi} = \dfrac{NI}{\phi}$[AT/Wb]가 된다.　**답** ④

11 자기 저항 200[AT/Wb]의 회로에 400[AT]의 기자력을 가할 때 생기는 자속[Wb]은?

① 2　　　　　　② 20　　　　　　③ 200　　　　　　④ 2,000

풀이 자기 옴의 법칙에서 자속 $\phi = \dfrac{F}{R_m}$이므로 자속 $\phi = \dfrac{NI}{R_m} = \dfrac{400}{200} = 2$[Wb]가 된다.　**답** ①

12 권수 200회인 코일에 3[A]의 전류를 흐르게 했을 때 9×10^{-2}[Wb]의 자속이 쇄교하였다. 이 코일의 자체 인덕턴스[H]는?

① 3　　　　　　② 6　　　　　　③ 12　　　　　　④ 18

풀이 자기인덕턴스 $L = \dfrac{N\phi}{I}$[Wb/A] 또는 [H]에서

$L = \dfrac{N\phi}{I} = \dfrac{200 \times 9 \times 10^{-2}}{3} = 6$[H]가 된다.　**답** ②

13 코일의 자기 인덕턴스는 다음 어느 매개 상수에 따라 변화하는가?

① 도전율　　　　② 투자율　　　　③ 절연 저항　　　　④ 유전율

풀이 코일의 자기인덕턴스 $L = \dfrac{\mu A N^2}{l}$에서 L은 μ에 비례한다.　**답** ②

14 5[Wb]의 자속을 어떤 도선이 끊으면서 10[J]의 일을 했다. 이때 흘린 전류[A]는?

① 0.5　　　　　② 2　　　　　③ 20　　　　　④ 50

풀이 자속이 도선을 쇄교하면서 한 일 $W = I\phi$[J]에서

$I = \dfrac{W}{\phi} = \dfrac{10}{5} = 2$[A]가 된다.　**답** ②

15 10[A]의 전류가 흐르고 있는 도선이 2[초] 동안에 4[Wb]의 자속을 끊었다. 이 경우의 일률[W]은?

① 20　　　　　② 2　　　　　③ 80　　　　　④ 200

풀이 전력(일률)은 전기가 단위시간당 한일을 말하므로 $P = \dfrac{W}{t}$에서

$P = \dfrac{W}{t} = \dfrac{I\phi}{t} = \dfrac{10 \times 4}{2} = 20$[W]가 된다.　**답** ①

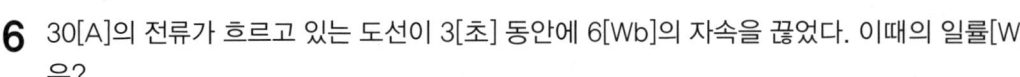

16 30[A]의 전류가 흐르고 있는 도선이 3[초] 동안에 6[Wb]의 자속을 끊었다. 이때의 일률[W]은?

① 6 ② 60 ③ 180 ④ 540

풀이 전력(일률)은 전기가 단위시간당 한일을 말하므로 $P = \dfrac{W}{t}$에서

$P = \dfrac{W}{t} = \dfrac{I\phi}{t} = \dfrac{30 \times 6}{3} = 60$[W]가 된다. **답** ②

17 다음 중 비유전율이 가장 큰 것은?

① 운모 ② 변압기유 ③ 유리 ④ 티탄산염 자기

풀이 각종 유전체의 비유전율

유 전 체	비유전율 ϵ_s	유 전 체	비유전율 ϵ_s
진　　공	1.000	운　　모	6.7
공　　기	1.00058	유　　리	3.5~10
종　　이	1.2~1.6	물(증류수)	80
폴리에틸렌	2.3	산화티탄	100
변압기 유	2.2~2.4	로 셀 염	100~1,000
고　　무	2.0~3.5	티탄산바륨 자기	1,000~3,000

답 ④

18 평행한 두 도체에 같은 방향의 전류를 흘렸을 때 두 도체 사이에 작용하는 힘은 어떻게 될까?

① 반발력 ② 흡인력

③ 힘이 작용하지 않는다. ④ $\dfrac{I}{2\pi r}$의 힘

풀이 평행하는 두 도체 사이에 작용하는 힘은 $F = \dfrac{2I_1 I_2}{r} \times 10^{-7}$이며, 두 도체의 전류의 방향이 같을 경우 흡인력이, 전류의 방향이 다를 경우 반발력이 작용한다. **답** ②

19 두 평행 도선간의 전자력은?

① r에 비례 ② r^2에 비례 ③ r에 반비례 ④ r^2에 반비례

풀이 평행하는 두 도체 사이에 작용하는 힘은 $F = \dfrac{2I_1 I_2}{r} \times 10^{-7}$로 r에 반비례한다. **답** ③

20 공기 중에서 길이 2[m]인 두 도선이 평행하게 20[cm]의 거리에서 각각 2[A], 5[A]의 전류가 같은 방향으로 흐르고 있다. 두 도선 사이에 작용하는 힘[N]은?

① 1×10^{-4} ② 1×10^{-5} ③ 2×10^{-4} ④ 2×10^{-5}

풀이 평행하는 두 도체 사이에 작용하는 힘은 $F=\dfrac{2I_1 I_2 l}{r}\times 10^{-7}$에서

$F=\dfrac{2\times 2\times 5\times 2}{0.2}\times 10^{-7}=2\times 10^{-5}[\text{N}]$ 가 된다.

답 ④

21 매우 긴 평행한 두 도체 사이에 작용하는 힘[N/m]은?

① $\dfrac{I_1 I_2}{r}\times 10^{-7}$ ② $\dfrac{I_1 I_2}{r^2}\times 10^{-7}$ ③ $\dfrac{2I_1 I_2}{r}\times 10^{-7}$ ④ $\dfrac{2I_1 I_2}{r^2}\times 10^{-7}$

풀이 평행하는 두 도체 사이에 작용하는 힘은 $F=\dfrac{2I_1 I_2}{r}\times 10^{-7}$이다.

답 ③

22 히스테리시스 곡선이 종축과 만나는 점의 값은 무엇을 나타내는가?

① 보자력   ② 자화력   ③ 잔류 자기   ④ 자속 밀도

풀이 히스테리시스곡선에서 B_r을 **잔류자기**
(residual magnetism) H_c를 **보자력**
(coercive force)이라 한다.

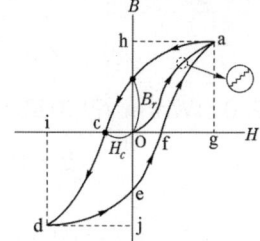

답 ③

23 히스테리시스손은 최대 자속 밀도의 몇 제곱에 비례하는가?

① 1.2   ② 1.4   ③ 1.6   ④ 1.8

풀이 스타인메츠의 식 $W_h=\eta f B_m^{1.6}$ 에서 최대 자속의 1.6제곱에 비례한다.

답 ③

24 히스테리시스 곡선의 횡축과 종축은 무엇을 나타내는가?

① 자장의 세기, 자속 밀도   ② 자속 밀도, 투자율
③ 자화의 세기, 자장의 세기   ④ 자장의 세기, 투자율

풀이 히스테리시스곡선에서 종축을 자속밀도, 횡
축의 자계의 세기로 나타낸다.

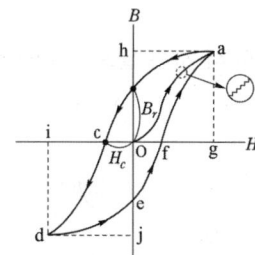

답 ①

25 80[mH]의 코일에 흐르는 전류가 0.2[sec] 동안에 20[A]가 변화하였다면 코일에 유기되는 기전력[V]은?

① 4   ② 6   ③ 8   ④ 10

풀이 전자유도법칙에 의한 유도기전력 $e = -L\dfrac{dI}{dt}$에서

$e = 80 \times 10^{-3} \times \dfrac{20}{0.2} = 8[\text{V}]$가 된다.   **답** ③

26 상호 인덕턴스 200[μH]인 회로의 1차 코일에 3[A]의 전류가 3[sec] 동안에 15[A]로 변화하였다면 2차 회로에 유기되는 기전력[V]은?

① 80   ② 800   ③ 8×10^{-4} ④ 8×10^{-7}

풀이 상호 인덕턴스에 의한 전자유도법칙의 유도기전력 $e_2 = M\dfrac{dI_1}{dt}$에서

$e = 200 \times 10^{-6} \times \dfrac{15-3}{3} = 8 \times 10^{-4}[\text{V}]$가 된다.   **답** ③

27 자속 밀도 0.5[Wb/m²]인 자로의 공극이 갖는 단위 체적당의 에너지[J/m³]는?

① 10^5 ② 2×10^5 ③ 4×10^5 ④ 6×10^5

풀이 단위 체적당의 전자에너지 $w = \dfrac{1}{2}\dfrac{B^2}{\mu_0} = \dfrac{1}{2}\mu_0 H^2 = \dfrac{1}{2}BH[\text{J/m}^3]$에서

$W = \dfrac{B^2}{2\mu_o} = \dfrac{0.5^2}{2 \times 4\pi \times 10^{-7}} = 10^5[\text{J/m}^3]$이 된다.   **답** ①

28 자속 밀도 B[Wb/m²], 자장의 세기 H[AT/m]인 자장 내에 있어서 단위 체적마다 저축되는 에너지[J/m³]는?

① BH ② $\dfrac{BH}{2}$ ③ $\dfrac{\mu H}{2}$ ④ $\dfrac{1}{2}\mu B^2$

풀이 단위 체적당의 전자에너지 $w = \dfrac{1}{2}\dfrac{B^2}{\mu_0} = \dfrac{1}{2}\mu_0 H^2 = \dfrac{1}{2}BH[\text{J/m}^3]$이 된다.   **답** ②

29 공기 중에서 자속 밀도 1[Wb/m²]인 자로의 공극이 가진 단위 체적당 에너지[J/m³]는?

① 4×10^5 ② 6.28×10^{-7} ③ 6×10^{-7} ④ 628×10^{-7}

풀이 단위 체적당의 전자에너지 $w = \dfrac{1}{2}\dfrac{B^2}{\mu_0} = \dfrac{1}{2}\mu_0 H^2 = \dfrac{1}{2}BH[\text{J/m}^3]$에서

$W = \dfrac{B^2}{2\mu_o} = \dfrac{1^2}{2 \times 4 \times 3.14 \times 10^{-7}} \fallingdotseq 4 \times 10^5[\text{J/m}^3]$이 된다.   **답** ①

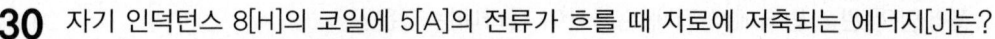

30 자기 인덕턴스 8[H]의 코일에 5[A]의 전류가 흐를 때 자로에 저축되는 에너지[J]는?

① 10　　　　　　　② 20　　　　　　　③ 40　　　　　　　④ 100

풀이 전자에너지 $W = \frac{1}{2}LI^2 = \frac{1}{2}(LI)I = \frac{1}{2}\Phi I$[J]에서

$W = \frac{1}{2}LI^2 = \frac{1}{2} \times 8 \times 5^2 = 100$[J]이 된다.　　　　**답** ④

31 L[H]의 코일에 I[A]의 전류가 흐를 때 저축되는 에너지[J]는?

① LI　　　　　　② $\frac{1}{2}LI$　　　　　　③ LI^2　　　　　　④ $\frac{1}{2}LI^2$

풀이 전자에너지 $W = \frac{1}{2}LI^2 = \frac{1}{2}(LI)I = \frac{1}{2}\Phi I$[J]이 된다.　　　　**답** ④

32 자기 인덕턴스 L_1, L_2, 상호 인덕턴스 M의 코일을 같은 방향으로 직렬 연결한 경우 합성 인덕턴스는?

① $L_1 + L_2 + M$　　　　　　　② $L_1 + L_2 - M$

③ $L_1 + L_2 - 2M$　　　　　　④ $L_1 + L_2 + 2M$

풀이 그림과 같이 코일의 감는 방향을 동일하게 하여 직렬로 연결한 경우를 가동결합이라 한다. 가동결합의 경우 합성 인덕턴스는 $L = L_1 + L_2 + 2M$[H]가 된다.

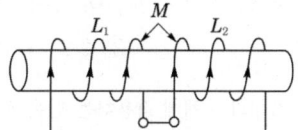

답 ④

33 자기 인덕턴스 30[mH]와 120[mH]의 두 코일이 있다. 두 코일 간에 누설 자속이 없다고 하면 코일 상호 인덕턴스[mH]는?

① 30　　　　　　　　　　② 40

③ 50　　　　　　　　　　④ 60

풀이 상호 인덕턴스는 $M = k\sqrt{L_1 L_2}$에서 누설자속이 없다고 하면 $k=1$이므로

$M = \sqrt{30 \times 120} = \sqrt{3,600} = 60$[mH]가 된다.　　　　**답** ④

34 같은 철심 위에 동일한 권수로 자체 인덕턴스 L[H]의 코일 두 개를 접근해서 감고 이것을 직렬로 접속했을 때의 합성 인덕턴스는 결합 계수를 1이라 하면 어떻게 되는가?

① $4L$[H]　　　　　　　　② $3L$[H]

③ $2L$[H]　　　　　　　　④ L[H]

풀이 상호인덕턴스는 $M = k\sqrt{L_1 L_2}$에서 누설자속이 없다고 하면 $k=1$이므로

$M = \sqrt{L \cdot L} = L$, $L_0 = L_1 + L_2 + 2L = 4L$ (단, $L_1 = L_2$이다.)　　　　**답** ①

35 플레밍의 왼손 법칙에서 집게 손가락이 나타내는 값은?

① 기전력   ② 자장   ③ 힘   ④ 전류

 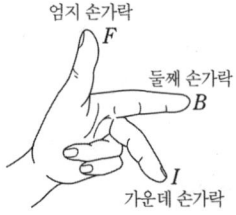

답 ②

36 자속 밀도 0.2[Wb/m²]의 평등 자장 내에 길이 50[cm]의 전선이 자장과 직각으로 놓여 있을 때 작용하는 힘이 0.1[N]이었다면 전선에 흐르는 전류[A]는?

① 0.1   ② 0.5   ③ 1.0   ④ 2

풀이 자장내의 도체에 작용하는 힘은 $F = BIl\sin\theta$ 에서
$$I = \frac{F}{Bl\sin\theta} = \frac{0.1}{0.2 \times 0.5 \times \sin 90°} = 1[A]$$가 된다.

답 ③

37 공기 중에 자속 밀도 3[Wb/m²]의 평등 자장 내에 길이 40[cm]의 도선을 자장의 방향과 30°의 각도로 놓고 여기에 10[A]의 전류를 흐르게 하면 도선에 작용하는 힘[N]은?

① 2   ② 4   ③ 6   ④ 8

풀이 자장내의 도체에 작용하는 힘은 $F = BIl\sin\theta$ 에서
$F = 3 \times 10 \times 0.4 \times \sin 30° = 6[N]$이 된다.

답 ③

38 전동기의 회전 방향과 관계가 있는 법칙은?

① 렌츠의 법칙   ② 플레밍의 왼손 법칙
③ 플레밍의 오른손 법칙   ④ 패러데이의 법칙

풀이 플레밍의 오른손 법칙 : 발전기의 원리
플레밍의 왼손 법칙 : 전동기의 원리

답 ②

1. 전압과 전류

1) 전원과 부하

전하를 계속 이동시켜 연속적으로 전위차를 발생시켜 전류를 흐르게 해주는 능력을 기전력이라 하고, 발전기, 전지 등과 같이 기전력을 갖고 회로에 전기 에너지를 공급하는 원천을 전원(electric source)이라 한다. 전원으로부터 전기를 공급받아 에너지를 소비하는 것을 부하(load)라 한다.

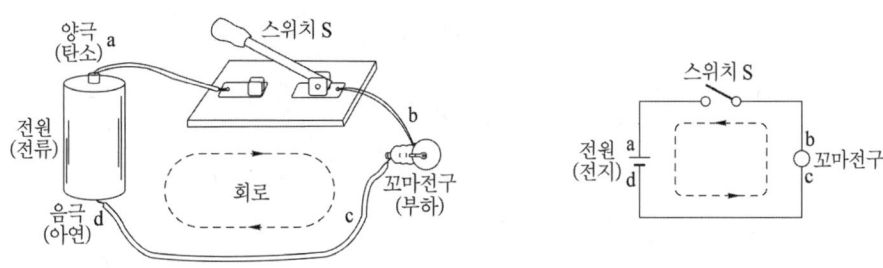

2) 도체와 절연체

전류가 흐르기 쉬운 물질로서 구리, 알루미늄 같은 금속과 산, 알칼리 및 염류 등을 도체(conductor)라 하며, 공기, 에보나이트, 고무, 비닐 등과 같이 전류를 흐르지 못하게 하는 물질은 부도체(isolator)라한다. 두 가지 성질을 모두 가지고 있는 것을 반도체(semi conductor)라 한다.

① **도체** : 전하가 통하기 쉬운 물질(금속, 염류, 산류, 알칼리류의 수용액, 인체)
② **반도체** : 저온에서는 전류가 흐르기 힘들어 절연체와 같지만, 온도가 높아지면 도체와 같이 전류가 흐르기 쉬운 물질(셀렌, 게르마늄, 규소)
③ **절연체(부도체)** : 전하가 통하기 힘든 물질(공기, 에보나이트, 유리, 고무, 비닐)

2. 전기회로의 전류

도체 내에 존재하는 전하(자유전자)가 일정한 방향으로 이동하는 것을 전류의 흐름이라 한다. 즉, 전류는 앞에서 기술한 원자의 최외각 궤도에 있는 자유전자가 방향성을 갖고 이동하는 현상으로 그 크기는 그 도체의 단면을 단위시간당에 이동한 전기량으로 정의된다.

$$I = \frac{Q}{t}[\text{A}] \quad \text{또는} \quad Q = I \cdot t[\text{C}]$$

여기서, Q : 전기량[C], t : 시간[s]

전류의 단위는 MKS 단위계로 암페어(Ampere : [A])이다. 즉, 1[sec] 동안에 1[C]의 전기량이 이동하면 1[A]의 전류가 흐른다고 볼 수 있다.

1) 전기회로의 전압(electric voltage)

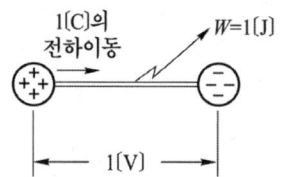

전위가 서로 다른 두 점을 도선으로 연결하면 전위가 높은 곳에서 낮은 곳으로 전하가 이동하게 된다. 이 이동을 전류가 흐른다고 표현한다. 전기회로에 전류가 흐른다는 것은 자신의 위치에너지를 다른 형태의 에너지로 변환하거나 다른 곳으로 에너지를 전송하는 등의 일을 수행하고 있다는 것을 의미한다. 즉, 두 점 간의 전위에너지차가 전하를 이동시켜서 일을 하게 하는 원동력이 되는 것이다. 이 두 점 간의 전위에너지 차를 전압 V라 하며 단위 전하당(Q)의 에너지 또는 일(W)로 표현한다. (1[C]의 전하가 이동하여 얻거나 잃은 에너지가 1[J]이면 두 점 사이에는 1[V]로 정의됨.)

$$V = \frac{W[\text{J}]}{Q[\text{C}]}[\text{V}] \quad \text{또는} \quad W = QV[\text{J}]$$

여기서, W : 일의 양[J], Q : 전기량[C]

즉, 1[C]의 전기량이 두 점 사이를 이동해서 1[J]의 일을 할 때 이 두 점 사이의 전위차는 1[V]이며 또, 전지와 같이 전위차를 만들어 주는 힘을 기전력이라 한다.

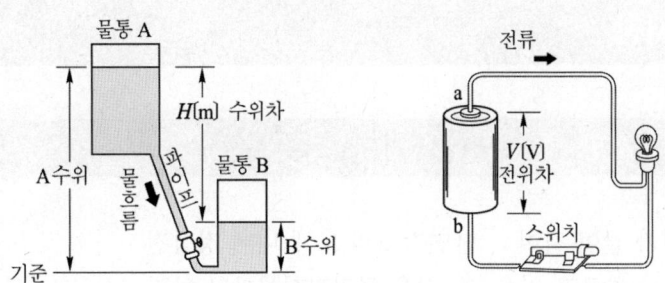

전하의 흐름인 전류는 물이 수위가 높은 곳에서 낮은 곳으로 흐르듯 높은 전위에서 낮은 전위로 흐른다.

전압 · 전류 · 저항의 단위

량	위치	읽는법	단위의 관계
전압	kV	킬 로 볼 트	$1[kV] = 1,000[V] = 10^3[V]$
	V	볼 트	
	mV	밀 리 볼 트	$1[mV] = 0.001[V] = 10^{-3}[V]$
	μV	마이크로볼트	$1[\mu V] = 0.000001[V] = 10^{-6}[V]$
전류	A	암 페 어	
	mA	밀리암페어	$1[mA] = 0.001[A] = 10^{-3}[A]$
	μA	마이크로암페어	$1[\mu A] = 0.000001[A] = 10^{-6}[A]$
저항	Ω	옴	
	kΩ	킬 로 옴	$1[k\Omega] = 1,000[\Omega] = 10^3[\Omega]$
	MΩ	메 가 옴	$1[M\Omega] = 1,000,000[\Omega] = 10^6[\Omega]$

공학단위의 크기

첨두어	기 호	크 기
femto–	f	10^{-15}
pico–	p	10^{-12}
nano–	n	10^{-9}
micro–	μ	10^{-6}
milli–	m	10^{-3}
kilo–	k	10^3
mega–	M	10^6
giga–	G	10^9
tera–	T	10^{12}

3. 전기저항

1) 고유저항

그림과 같이 길이 l, 단면적 S의 도체 내에 정상전류 I가 흐르고 있을 때, R을 **전기저항**이라고 하면 전기저항 R은

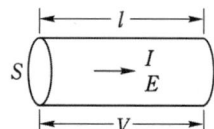

$$R = \frac{l}{\sigma S} = \rho \frac{l}{S} \, [\Omega]$$

이 된다. 여기서 ρ는 단위체적당의 저항을 나타내고, **저항률** 또는 **고유저항**이라 하며 물질 고유의 값을 가진다. 단위는 $[\Omega \cdot \mathrm{m}]$가 된다.

저항률 ρ는 도전율 σ의 역수로서 다음의 관계를 가진다.

$$\rho = \frac{1}{\sigma} \, [\Omega \cdot \mathrm{m}]$$

저항 R의 역수를 **콘덕턴스**(conductance), G라 하고, 다음과 같이 표시한다.

$$G = \frac{1}{R} = \sigma \frac{S}{l} = \frac{S}{\rho l} \, [1/\Omega]$$

콘덕턴스 G의 단위는 $[1/\Omega]$이고, mho $[\mho]$ 또는 지멘스(siemens)[S]라 한다.

2) 옴의 법칙과 전압강하

(1) 옴의 법칙

(a)   (b) 도체에서의 전압·전류의 특성

도체에서의 전압 전류 특성

그림(a)과 같이 도체에 전류가 흐를 경우 도체양단에 나타나는 전압강하는 그림(b)에서 표시된 것처럼 어느 정도 미만의 전류값에서 전류 I와 비례관계가 성립된다.(선형성소자의 특성을 말함.) 이때 비례상수는 (곡선의 기울기)도체의 모양 및 종류에 따라 달라지며, 여기에 비례상수가 크다는 것은 일정전류가 도체를 통과하는 동안 큰 전압강하가 나타남을 의미한다. 따라서 이때의 비례상수를 전류의 흐름을 저항하는 (저해하는)요소라 할 수 있기 때문에 이를 도체의 저항 또는 Resistance라 하며 R로 표시하고 단위는 [Ω]로 쓰고 옴(ohm)으로 읽는다. 즉, "도체에 흐르는 전류는 도체에 가해지는 전압에 비례하고 저항에 반비례한다."라 할 수 있으며 다음 식으로 표현된다.

다음 그림에서

전압 $V = RI$ [V]

전류 $I = \dfrac{V}{R}$ [A]

저항 $R = \dfrac{V}{I}$ [Ω]로 표현된다.

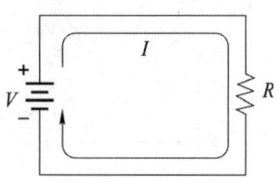

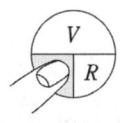 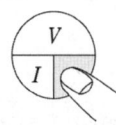  

전류 $I = \dfrac{V}{R}$ [A]　저항 $R = \dfrac{V}{I}$ [Ω]　전압 $V = RI$ [V]

옴의 법칙

(2) 전압 상승과 전압강하

전원에서 에너지를 공급받는 경우를 전압상승(電壓上昇)이라 한다. 또 전하가 회로 내를 이동할 때는 에너지를 공급하여 일을 하게 되므로 처음의 전위에너지를 잃게 되어 전위가 낮아진다. 이 현상을 전압강하(電壓降下)라 하며 모든 부하는 전압강하를 일으키는 작용을 한다.

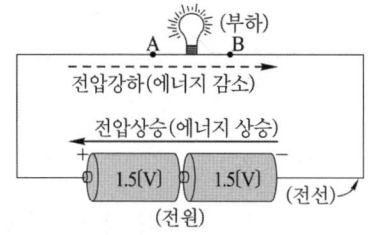

전압상승과 전압강하

3) 저항의 접속

(1) 직렬연결

그림(a) 같이 저항을 연결한 것을 직렬 연결이라 한다. 그림(a)의 등가 회로를 그림 (b)라 하면 그림(a)의 등가 저항값은 그림(b)의 등가 저항값과 같다고 볼 수 있다. 이와 같은 조건에서 등가저항 R_0는 다음과 같다.

$$R_0 = R_1 + R_2 + R_3 + \cdots + R_n \ [\Omega]$$

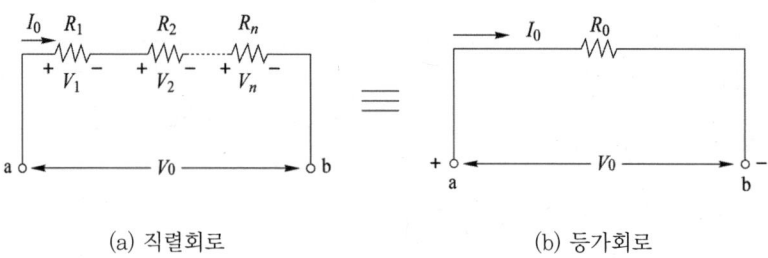

(a) 직렬회로   (b) 등가회로

저항의 직렬접속

(2) 병렬연결

그림(a)와 같이 연결한 것을 병렬연결이라 한다. 그림(a)의 등가 회로를 그림(b)라 하면 그림(a)의 등가 저항값은 그림(b)의 등가 저항값과 같다고 볼 수 있다. 이와 같은 조건에서 등가저항 R_0는 다음과 같다.

$$R_0 = \cfrac{1}{\cfrac{1}{R_1} + \cfrac{1}{R_2} + \cdots + \cfrac{1}{R_n}} \ [\Omega]$$

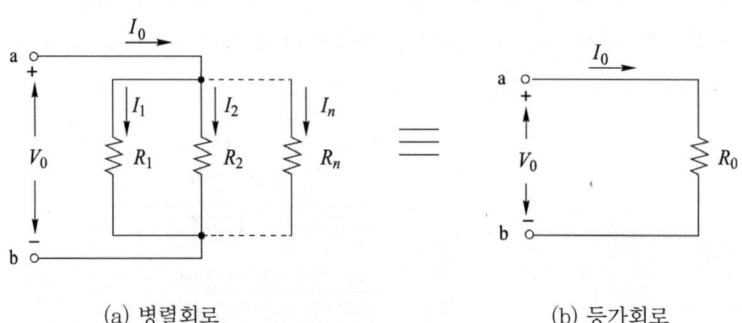

(a) 병렬회로   (b) 등가회로

저항의 병렬접속

4) 전위의 평형

(1) 키르히호프의 법칙

① 키르히호프의 제1법칙 (Kirchhoff's Current Law : KCL)

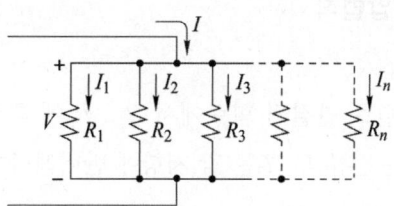

저항의 병렬회로

그림의 저항의 병렬회로에서, 각 지로에 흐르는 전류는 각각

$$I_1 = \frac{V}{R_1},\ I_2 = \frac{V}{R_2},\ I_3 = \frac{V}{R_3},\ \cdots,\ I_n = \frac{V}{R_n}$$

가 되고, 각 저항소자에 흐르는 전류는 저항크기에 반비례하여 나타난다.
이때 키르히호프의 전류법칙에 따라 유입전류(전 전류) I 는 유출전류(각 지로전
류) $I_1,\ I_2,\ I_3,\ \cdots$ 의 합으로 계산된다.

$$I = I_1 + I_2 + I_3 + \cdots + I_n$$

② 키르히호프의 제2법칙 (Kirchhoff's Voltage Law : KVL)

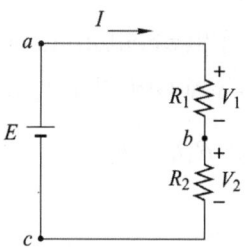

키르히호프의 전압법칙

키르히호프의 전압법칙은 "회로망 내의 임의의 폐회로(경로)에 있어서 전원전압
(E_i)의 합은 전압강하의 합(V_i)과 같다"라는 법칙으로

$$E_1 + E_2 + E_3 + \cdots = V_1 + V_2 + V_3 + \cdots$$

$$\text{즉, } \sum E_i = \sum V_i$$

로 계산된다.

(2) 분류법칙 및 분압법칙

① 분류법칙

R_1, R_2가 병렬로 연결된 회로에서 R_1, R_2에 흐르는 전류를 각각 I_1, I_2라 할 때 각 저항에 흐르는 전류 I_1, I_2는 각 저항에 반비례한다(병렬연결시는 공급전압의 일정).

$$I_1 = \frac{R_2}{R_1 + R_2} I$$

$$I_2 = \frac{R_1}{R_1 + R_2} I$$

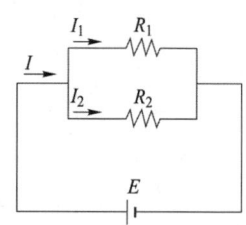

② 분압법칙

R_1, R_2 각 단자에 걸리는 전압을 E_1, E_2 라고 하면 각 저항에 걸리는 전압은 저항에 비례한다(직렬연결시는 전류가 일정).

$$E_1 = \frac{R_1}{R_1 + R_2} E$$

$$E_2 = \frac{R_2}{R_1 + R_2} E$$

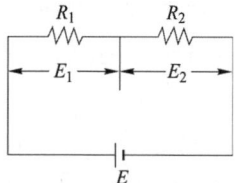

(3) 브리지회로 해석

위 그림을 휘트스톤 브리지(wheatstone bridge)라 하며 저항측정에 사용된다. 점 C와 D의 전위가 같아 검류계 G에 전류가 흐르지 않는 상태를 평형상태라 한다.

$$R_1 I_1 = R_2 I_2 \text{ 및 } R_3 I_1 = R_4 I_2$$

따라서

$$R_1 R_4 = R_2 R_3$$

가 되는데 이를 브리지의 평형조건이라 한다.
브리지 평형 상태는 서로 마주보고 있는
대각선의 저항의 곱이 같으면 된다.

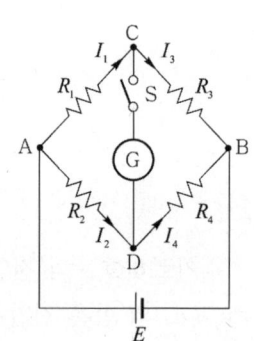

5) 전지의 접속

(1) 직렬 접속

$$I = \frac{nE}{nr + R}[A]$$

여기서, n : 전지의 직렬 개수, R : 부하저항, r : 내부저항, E : 전지의 기전력

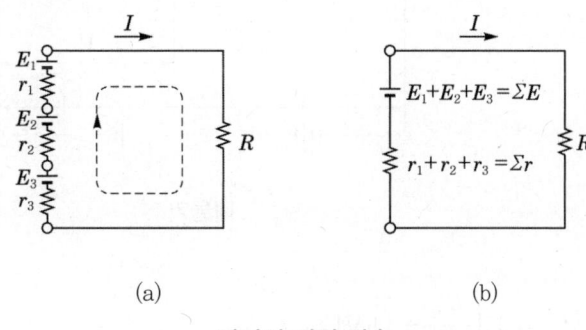

(a)   (b)

전지의 직렬 접속

(2) 병렬 접속

$$I = \frac{E}{\dfrac{r}{m} + R}[A]$$

여기서, m : 전지의 병렬 개수 , R : 부하저항
　　　 r : 내부저항 , E : 전지의 기전력

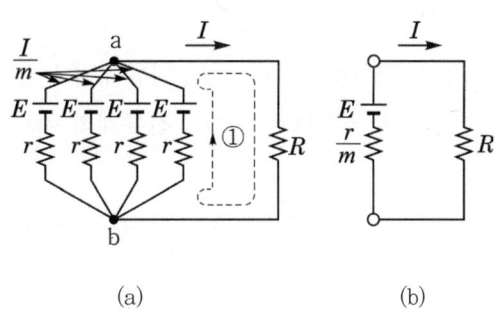

(a)   (b)

(a) 기전력 $E[V]$, 내부저항$[\Omega]$의 전지를 m개 병렬 접속한 것
(b) 등가회로

전지의 병렬접속

6) 전압과 전류의 측정

(1) 배율기

전압계의 측정 범위를 넓히기 위하여 전압계에 직렬로 저항을 접속하여 측정한다. 이 때 직렬로 연결한 저항을 배율기라 한다.

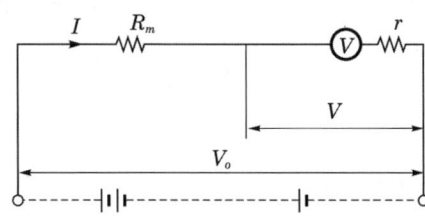

배율기

$$V_o = V\left(\frac{R_m}{r} + 1\right)[\text{V}]$$

여기서, V_o : 측정할 전압[V], V : 전압계의 눈금[V]

R_m : 배율기의 저항[Ω], r : 전압계의 내부 저항[Ω]

(2) 분류기

전류계의 측정 범위를 넓히기 위하여 전류계에 병렬로 저항을 접속하여 측정한다. 이 때 병렬로 연결한 저항을 분류기라 한다.

$$I_o = I\left(\frac{r}{R_s} + 1\right)[\text{A}]$$

여기서, I_o : 측정할 전류값[A], I : 전류계의 눈금[A]

R_s : 분류기의 저항[Ω], r : 전류계의 내부 저항[Ω]

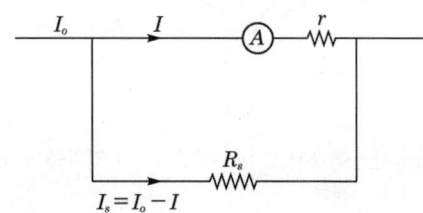

분류기

1 전기량의 단위는?

① [C] ② [V] ③ [A] ④ [Q]

풀이 전기량의 단위는 쿨롱[C]을 사용한다. **답** ①

2 어떤 도체에 I[A]의 전류가 t[sec]동안 흘렀을 때 이동된 전기량[C]은?

① $\dfrac{I}{T}$ ② $\dfrac{t}{I}$ ③ It ④ $I^2 t$

풀이 $I = \dfrac{Q}{t}$ [A] 또는 $Q = I \cdot t$ [C] **답** ③

3 어떤 도체의 단면을 1시간에 7,200[C]의 전기량이 이동했다고 하면 전류의 크기[A]는?

① 2 ② 20 ③ 120 ④ 3,000

풀이 $I = \dfrac{Q}{t} = \dfrac{7200}{3600} = 2[\text{A}]$

여기서, 시간의 단위는 [초]이므로 1시간을 초로 환산하여야 한다. 즉, 1시간은 3,600초에 해당한다.

답 ①

4 어느 도체에 흐르는 전류가 2[A]라면 1분간 전류를 흐르게 할 때 통과하는 전기량은 몇 [C]인가?

① 30 ② 60 ③ 120 ④ 240

풀이 전기량 $Q = I \cdot t = 2 \times 60 = 120[\text{C}]$ **답** ③

5 전류를 흐르게 하는 능력을 무엇이라 하는가?

① 전기량 ② 저항 ③ 기전력 ④ 중성자

풀이 전원(전원)에서 에너지를 공급받는 경우를 전압상승(電壓上昇)이라 한다. 전압상승은 전류를 흘리는 역할을 한다. **답** ③

6 10[Ω]의 저항에 100[V]의 전압을 가하면 흐르는 전류[A]는?

① 0.1 ② 1 ③ 10 ④ 100

풀이 옴의 법칙 $V = RI$ 에서 전류 $I = \dfrac{100}{10} = 10[\text{A}]$가 된다. **답** ③

7 그림과 같은 회로에서 합성 저항은 얼마인가?

① $R = R_1 + R_2$

② $R = \dfrac{R_1 + R_2}{R_1 R_2}$

③ $R = \dfrac{1}{R_1 + R_2}$

④ $R = \dfrac{R_1 R_2}{R_1 + R_2}$

풀이 저항이 2개인 경우 병렬회로의 합성저항은 $R_0 = \dfrac{1}{\dfrac{1}{R_1} + \dfrac{1}{R_2}} = \dfrac{R_1 R_2}{R_1 + R_2}$ [Ω] 이 된다.　　**답** ④

8 $R_1 < R_2 < R_3 < R_4$일 때 전류가 최소인 것은 어느 것인가?

① R_1

② R_2

③ R_3

④ R_4

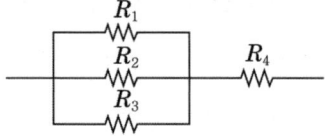

풀이 R_4에는 전체 전류가 흐르므로 가장 큰 전류가 흐르며, R_1, R_2, R_3 중에서 가장 저항이 큰 값이 가장 작은 전류가 흐른다. 즉 전류는 전압이 일정한 경우 저항의 크기에 반비례하므로 R_3에 최소의 전류가 흐른다.　　**답** ③

9 그림과 같은 회로에서 합성 저항[Ω]은?

① 10

② 15

③ 20

④ 25

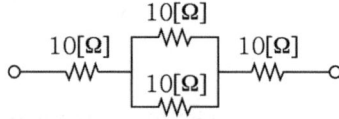

풀이 직병렬회로의 합성저항 : $R = 10 + \dfrac{10 \times 10}{10 + 10} + 10 = 25$[Ω]　　**답** ④

10 1[A · h]는 몇 [C]인가?

① 60　　　　② $\dfrac{1}{60}$　　　　③ 3,600　　　　④ $\dfrac{1}{3,600}$

풀이 1시간은 3600초 이므로 1[A · h] = 3,600[A · sec] = 3,600[C] 가 된다.　　**답** ③

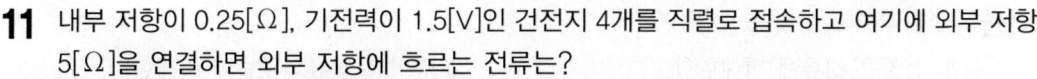

11 내부 저항이 0.25[Ω], 기전력이 1.5[V]인 건전지 4개를 직렬로 접속하고 여기에 외부 저항 5[Ω]을 연결하면 외부 저항에 흐르는 전류는?

① 1[A]　　　　　② 2[A]　　　　　③ 3[A]　　　　　④ 4[A]

> **풀이** 건전지 4개를 직렬로 접속할 경우 전압은 연결갯수의 배수로 증가하며, 내부저항은 직렬로 4개가 연결된 것이 된다. 등가회로는 그림과 같다.
> 이때 흐르는 전류는
> $I = \dfrac{V}{R} = \dfrac{6}{4 \times 0.25 + 5} = 1[A]$ 가 된다.

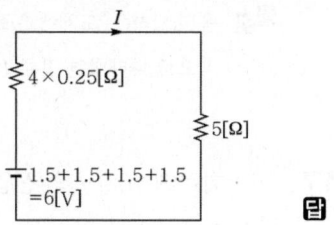

답 ①

12 내부 저항이 0.2[Ω], 기전력이 1.5[V]인 전지 4개를 직렬로 접속하고 여기에 2.2[Ω]인 저항을 연결하였을 때 회로에 흐르는 전류가 2[A]라면, 단자 전압[V]은?

① 1.5　　　　　② 4　　　　　③ 4.4　　　　　④ 6

> **풀이** 건전지 4개를 직렬로 접속할 경우 전압은 연결개수의 배수로 증가하며, 내부저항은 직렬로 4개가 연결된 것이 된다.
> 여기에 2.2[Ω]의 저항을 직렬로 연결하면 등가회로는 그림과 같다.
> 이 회로의 전류는 $I = \dfrac{V}{R} = \dfrac{6}{0.8 + 2.2} = 2[A]$ 이므로
> 2.2[Ω] 양단의 전압강하 즉, 단자 전압은
> $V = RI[V] = 2.2 \times 2 = 4.4[V]$ 가 된다.

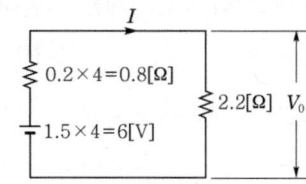

답 ③

13 100[V]의 기전력을 가했을 때 20[C]의 전기량이 이동했다면 이때의 전기가 행한 일[J]은?

① 200　　　　　② 2,000　　　　　③ 5,000　　　　　④ 10,000

> **풀이** 전기가 한 일 $W = Q \cdot V = 20 \times 100 = 2,000[J]$

답 ②

14 10[A]의 전류가 10분 동안 흐르면 이동한 전기량은 몇 [C]인가?

① 60　　　　　② 100　　　　　③ 600　　　　　④ 6,000

> **풀이** 단위시간당 이동한 전기량 $Q = It = 10 \times 10 \times 60 = 6,000[C]$
> 여기서, 10분은 600초에 해당한다. 즉, 시간의 단위 분을 초로 환산하여 대입한다.

답 ④

15 1[W · sec]는?

① 1[J]　　　　　② 1[kcal]　　　　　③ 1[kg · m]　　　　　④ 860[kWh]

> **풀이** [watt] = [joule/sec]

답 ①

16 옴의 법칙에서 옳은 설명은?

① 전압은 전류에 비례한다.

② 전압은 전류의 2승에 비례한다.

③ 전압은 저항에 반비례한다.

④ 전압은 전류에 반비례한다.

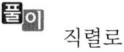 옴의 법칙은 "도체에 흐르는 전류는 도체에 가해지는 전압에 비례하고 저항에 반비례한다." 로 정의되며, 식으로 나타내면 전류 $I = \dfrac{V}{R}$, 전압 $V = RI$가 된다.　　　**답** ①

17 어떤 회로에 100[V]의 전압을 가했더니 10[A]의 전류가 흘렀다. 다음 중 이 회로의 저항[Ω]은?

① 0.1　　　　② 1　　　　③ 10　　　　④ 100

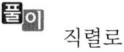 옴의 법칙에서의 전류는 $I = \dfrac{V}{R}$[A]이므로 $R = \dfrac{V}{I} = \dfrac{100}{10} = 10[\Omega]$　　**답** ③

18 300[Ω]의 저항 3개를 이용하여 가장 작은 합성 저항을 얻을 경우는 몇 [Ω]인가?

① 0.3　　　　② 10　　　　③ 100　　　　④ 900

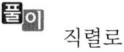 동일한 저항은 병렬로 연결할수록 값이 작아진다. 따라서 병렬합성저항이 가장 작은 저항의 값이므로 $R = \dfrac{R_o}{n} = \dfrac{300}{3} = 100[\Omega]$이 된다.

여기서, n의 저항의 개수이며, $\dfrac{R}{n}$은 병렬합성저항의 값이 된다.　　**답** ③

19 10[Ω]의 저항 20개를 직렬로 연결했을 때의 저항은 병렬로 했을 때의 몇 배인가?

① 20　　　　② 100　　　　③ 200　　　　④ 400

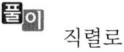 직렬로 연결시 합성저항 $R_s = nR_o$, 병렬로 연결시 합성저항 $R_p = \dfrac{R_o}{n}$,

따라서 $\dfrac{R_s}{R_p} = \dfrac{nR_o}{\dfrac{R_o}{n}} = n^2$가 된다.

그러므로 n이 저항의 개수 이므로 $20^2 = 400$배가 된다.　　**답** ④

20 3[Ω]과 6[Ω]의 저항을 직렬로 할 경우는 병렬로 하였을 때의 몇 배인가?

① $\dfrac{1}{4.5}$　　　　② 4.5　　　　③ 6.5　　　　④ 9

 직렬로 연결 시 합성저항 $R_s = 3 + 6 = 9[\Omega]$, 병렬로 연결 시 합성저항 $R_p = \dfrac{3 \times 6}{3 + 6} = 2[\Omega]$

$\therefore \dfrac{R_s}{R_p} = \dfrac{9}{2} = 4.5$　　**답** ②

21 6개의 같은 저항을 병렬로 접속하여 120[V] 전원에 접속하니 30[A]의 전류가 흘렀다. 저항 1개의 저항값[Ω]은?

① 4 　　　　　　　② 12 　　　　　　　③ 18 　　　　　　　④ 24

풀이 6개의 합성 저항 $R = \dfrac{V}{I} = \dfrac{120}{30} = 4[\Omega]$ 된다.

1개의 저항을 r이라 하면 병렬합성저항은 $R = \dfrac{r}{n}$ 이 되므로 $r = nR = 6 \times 4 = 24[\Omega]$ 　**답** ④

22 그림에서 c, d 간의 합성 저항은 a, b 간의 합성 저항의 몇 배인가?

① r

② 3

③ 2

④ $\dfrac{2}{3}$

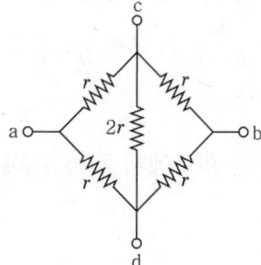

풀이 브리지 회로로 현재 평형상태로 되어 있다. 평형상태의 경우 브리지 저항 $2r$은 없다고 볼 수 있으며, 이 경우 합성저항은 $R_{ab} = r$ 가 된다.

또 c, d간의 합성저항은 r 두개가 직렬로 연결되어 $2r$ 이 되며, $2r$ 의 3개가 병렬로 연결된 회로가 되어

$R_{cd} = \dfrac{2r}{3}$ 이 된다. 　　∴ $\dfrac{R_{cd}}{R_{ab}} = \dfrac{\frac{2r}{3}}{r} = \dfrac{2}{3}$ 　**답** ④

23 그림과 같은 회로망에 있어서 전류를 산출하는데 맞는 식은?

① $I_1 + I_3 = I_2 + I_4 + I_5$

② $I_1 + I_3 = I_2 - I_4 + I_5$

③ $I_1 + I_3 = I_2 - I_4 - I_5$

④ $I_1 - I_3 = I_2 + I_4 - I_5$

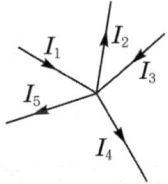

풀이 키르히호프의 전류법칙은 "임의의 한 점에서 전류의 총합이 0 이 된다. 즉, 들어오는 전류의 총합은 나가는 전류의 총합과 같다."

$I_1 + I_3 = I_2 + I_4 + I_5$ 　**답** ①

24 지멘스(Siemens)는 무엇의 단위인가?

① 리액턴스 　　　　　② 자기 저항 　　　　　③ 도전율 　　　　　④ 컨덕턴스

풀이 저항 R의 역수를 컨덕턴스(conductance), G라 하고, 다음과 같이 표시한다.

$G = \dfrac{1}{R} = \sigma \dfrac{S}{l} = \dfrac{S}{\rho l}\,[1/\Omega]$

컨덕턴스 G의 단위는 $[1/\Omega]$이고, mho $[\mho]$ 또는 지멘스(siemens)[S]라 한다. 　**답** ④

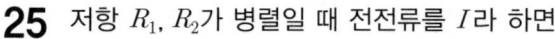

25 저항 R_1, R_2가 병렬일 때 전전류를 I라 하면
I_1에 흐르는 전류는?

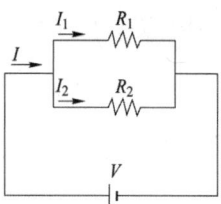

① $\dfrac{R_1}{R_1 + R_2}I$ ② $\dfrac{R_2}{R_1 + R_2}I$

③ $\dfrac{R_1 + R_2}{R_2}I$ ④ $\dfrac{1}{R_1 + R_2}I$

풀이 R_1, R_2가 병렬로 연결된 회로에서 R_1, R_2에 흐르는 전류를 각각 I_1, I_2라 할 때 각 저항에 흐르는 전류 I_1, I_2는 각 저항에 반비례한다. (병렬연결 시는 공급전압의 일정)

$$I_1 = \frac{R_2}{R_1 + R_2}I, \quad I_2 = \frac{R_1}{R_1 + R_2}I$$

답 ②

26 그림과 같은 회로에서 저항 R_2에 흐르는 전류 I_2는 몇 [A]인가?

① 0.96
② 0.096
③ 0.48
④ 0.048

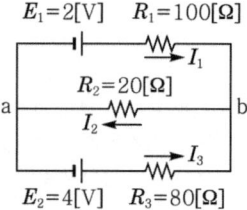

풀이 b점에 키르히호프의 제1법칙을 적용
$I_1 + I_3 = I_2$ 에서, $I_3 = I_2 - I_1$
키르히호프의 제2법칙을 상부 폐회로에 적용하면 $100I_1 + 20I_2 = 2$
키르히호프의 제2법칙을 하부 폐회로에 적용하면 $20I_2 + 80I_3 = 4$
따라서 $I_3 = I_2 - I_1$를 $20I_2 + 80I_3 = 4$에 대입하여 정리하면 $-80I_1 + 100I_2 = 4$ 가 된다.
$-80I_1 + 100I_2 = 4$
$100I_1 + 20I_2 = 2$

위 두 식의 연립방정식을 풀면 $I_2 = \dfrac{560}{11,600} ≒ 0.048$ [A] 가 된다.

답 ④

27 주어진 구리선을 단면적이 균일하게 5배의 길이로 늘이면 저항값은 몇 배가 되는가?

① $\dfrac{1}{5}$ ② 5   ③ $\dfrac{1}{25}$ ④ 25

풀이 전선의 저항 $R = \dfrac{l}{\sigma S} = \rho \dfrac{l}{S}$ [Ω]에서 저항은 면적에 반비례하며, 길이에 비례한다.

길이를 늘이면 부피가 일정하므로 면적은 줄어든다. 즉, 길이는 5배면 단면적은 $\dfrac{1}{5}$배된다.

$R = \rho \dfrac{5l}{\dfrac{1}{5}S} = 25\rho \dfrac{l}{S}$ [Ω]가 되므로 저항은 25배가 된다.

답 ④

28 고유 저항 ρ, 길이 l, 반지름 r 인 전선의 저항 $R\,[\Omega]$은?

① $R = \rho\dfrac{2\pi r}{l}$ 　　② $R = \rho\dfrac{l}{2\pi r}$ 　　③ $R = \rho\dfrac{\pi r^2}{l}$ 　　④ $R = \rho\dfrac{l}{\pi r^2}$

풀이 $R = \rho\dfrac{l}{S}$ 에서 $S = \pi r^2$ 이므로 $R = \rho\dfrac{l}{\pi r^2}\,[\Omega]$가 된다. 　　**답** ④

29 도선의 반지름을 3배로 하면 그 저항은 어떻게 되는가?

① $\dfrac{1}{3}$ 배로 준다. 　② 3배로 는다. 　③ $\dfrac{1}{9}$ 배로 준다. 　④ 9배로 는다.

풀이 전선의 저항과 전선의 반지름은 제곱에 반비례한다.
$R = \rho\dfrac{l}{S} = \rho\dfrac{l}{\pi(3r)^2} = \rho\dfrac{l}{9\pi r^2}$ 따라서 저항은 1/9로 줄어든다. 　　**답** ③

30 굵기가 일정한 도체가 있다. 부피를 일정하게 하고 지름을 1/2이 되게 잡아 늘였다면 저항은 몇 배가 되겠는가?

① 2 　　　② 4 　　　③ 5 　　　④ 16

풀이 전선의 저항 $R_1 = \rho\dfrac{l}{\dfrac{\pi D^2}{4}}$ 에서 지름이 $\dfrac{1}{2}$로 되면 길이는 4배가 된다.

전선을 늘인 후의 저항은 $R_2 = \rho\dfrac{4l}{\dfrac{\pi\left(\dfrac{D}{2}\right)^2}{4}} = \rho\dfrac{16l}{\dfrac{\pi D^2}{4}} = 16R_1$ 이므로 16배가 된다. 　　**답** ④

31 M.K.S 단위계에서 고유 저항의 단위는?

① $[\Omega \cdot m]$ 　　　　　　② $[\Omega \cdot mm^2/m]$
③ $[\mu\Omega \cdot cm]$ 　　　　　④ $[\Omega \cdot cm]$

풀이 $R = \dfrac{l}{\sigma S} = \rho\dfrac{l}{S}\,[\Omega]$ 이 된다. 여기서 ρ 는 단위체적당의 저항을 나타내고, 저항률 또는 고유저항이라 하며, 물질 고유의 값을 가진다. 단위는 $[\Omega \cdot m]$가 된다. 　　**답** ①

32 표준 연동의 고유저항값$[\Omega \cdot mm^2/m]$은?

① $\dfrac{1}{55}$ 　　　② $\dfrac{1}{56}$ 　　　③ $\dfrac{1}{57}$ 　　　④ $\dfrac{1}{58}$

풀이 연동의 고유저항은 $\dfrac{1}{58}\,[\Omega \cdot mm^2/m]$이고, 경동의 고유저항은 $\dfrac{1}{55}\,[\Omega \cdot mm^2/m]$이다. 　　**답** ④

33 100[V]의 전압을 측정하고자 10[V]의 전압계를 사용할 때 배율기의 저항은 전압계 내부 저항의 몇 배로 하면 되는가?

① 3 　　　　　② 6 　　　　　③ 9 　　　　　④ 12

풀이

$$V_o = V\left(\frac{R_m}{r} + 1\right)[\text{V}]$$

여기서, V_o : 측정할 전압[A] , V : 전압계의 눈금[V] , R_m : 배율기의 저항[Ω]

　　　r : 전압계의 내부 저항[Ω]

여기서, 배율을 m이라 하면

$$m = \frac{V_o}{V} = \left(\frac{R_m}{r} + 1\right) \text{에서 } R_m = r(m-1) = r(10-1) = 9r \text{이 된다.}$$

배율은 측정할 전압을 전압계 눈금으로 나눈값을 의미한다. 　　　**답** ③

34 전압계의 내부 저항이 5,000[Ω]인 100[V]의 전압계로 300[V]의 전압을 재려면 배율기의 저항은 몇 [Ω]이어야 하는가?

① 1,000 　　　② 5,000 　　　③ 10,000 　　　④ 250,000

풀이

$$V_o = V\left(\frac{R_m}{r} + 1\right)[\text{V}] \text{에서 } \frac{300}{100} = \frac{R_m}{r} + 1 \text{이므로 배율기 저항은}$$

$$\therefore R_m = 2 \times 5{,}000 = 10{,}000[\Omega] \text{가 된다.} \qquad \text{**답** ③}$$

35 분류기의 배율을 나타낸 식은? (단, R_s는 분류기의 저항이다.)

① $\dfrac{R_s}{r} + 1$ 　　② $\dfrac{r}{R_s} + 1$ 　　③ $\dfrac{r}{r + R_s} + 1$ 　　④ $\dfrac{R_s + 1}{r}$

풀이

$$I_o = I\left(\frac{r}{R_s} + 1\right)[\text{A}]$$

여기서, I_o : 측정할 전류값[A] , I : 전류계의 눈금[A]

　　　R_s : 분류기의 저항[Ω] , r : 전류계의 내부 저항[Ω]

여기서, 분류기의 배율은 $m = \dfrac{I_o}{I} = \left(\dfrac{r}{R_s} + 1\right)$가 된다. 　　　**답** ②

36 어떤 전류계의 측정 범위를 100배로 하려면 분류기의 저항을 전류계 내부 저항의 몇 배로 하여야 하는가?

① 99 　　　　　② $\dfrac{1}{99}$ 　　　　　③ 100 　　　　　④ $\dfrac{1}{100}$

풀이

분류기의 배율은 $m = \dfrac{I_o}{I} = \left(\dfrac{r}{R_s} + 1\right)$ 이므로 $100 = \left(\dfrac{r}{R_s} + 1\right)$ 에서

$R_s = \dfrac{1}{99}r$ 가 된다. 　　　**답** ②

교류회로

1. 정현파 교류회로

1) 교류 발생원의 특성

(1) 정현파 교류기전력의 발생

그림은 2극 발전기를 화살표 방향으로 회전할 경우 자극 N에서 S로 향하는 자속을 끊어 기전력을 유기하게 된다. 이때 발생하는 기전력의 파형은 정현파의 모양을 만들면서 발생한다. 이때 발생하는 기전력은 플레밍의 오른손 법칙에 따라 방향을 결정한다.

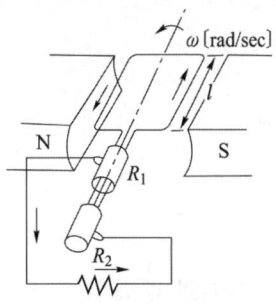

발전기의 원리

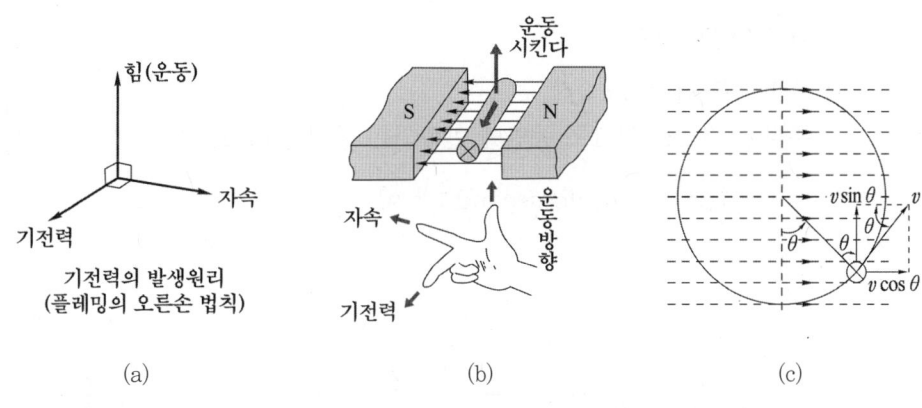

<table>
<tr><td>(a)</td><td>(b)</td><td>(c)</td></tr>
</table>

기전력 발생원리

그림(c)는 속도 v의 성분은 아래 그림과 같이 자속의 방향과 직각인 $v\sin\theta$ 성분과 평행인 $v\cos\theta$ 성분으로 분해하면, 이 성분 중에서 $v\sin\theta$는 자장과 직각으로 만나게 되어 자속을 수직으로 끊게 되므로 플레밍의 오른손 법칙에 의해 코일에 기전력을 발생시킨다.

그러므로 발생되는 기전력의 크기는

$$e = Bl\,v\sin\theta[\text{V}]$$

여기서, $Bl\,v$는 발전기의 특성에 의해 정해지는 상수로써 $E_m = Bl\,v$가 된다.

따라서

$$e = E_m\sin\theta[\text{V}]$$

이 식을 그래프로 나타내면 정현파 파형으로 된다.

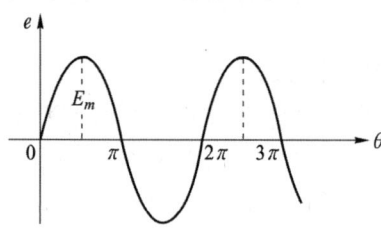

정현파 기전력

(2) 주기와 주파수

① 사이클(cycle)

한 주기 동안 이동된 파형의 과정을 말하며 아래 그림과 같이 한 주기 동안의 파형을 1 cycle이라 한다.

② 주파수(Frequency : f)

주파수(周波數)는 1초 동안에 반복되는 사이클(cycle)의 수(數)로 정의한다.

$$1[\text{Hz}] = 1[\text{cycle/second} : \text{c/s}]$$

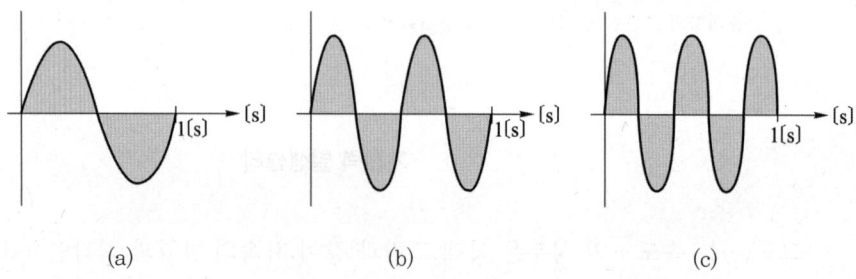

(a)   (b)   (c)

그림은 주파수가 다른 파형을 보인 것이다. (a)와 같이 1초 동안에 파형이 한 사이클 반복하면 주파수 $f = 1$[Hz]이고 그림 (b)는 $f = 2$[Hz], 그림 (c)는 $f = 2.5$[Hz]가 된다.

주파수의 측정단위는 헤르츠(Hertz : Hz)이다.

③ 주기(period : T)

파형이 1 사이클을 이동할 때까지 걸린 시간이 주기 T 이므로 주기 T 와 주파수 f 사이에는 다음의 관계가 성립한다.

$$T = \frac{1}{f}\,[\text{sec}]$$

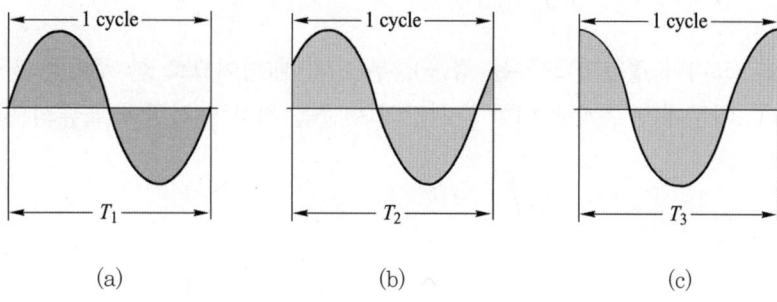

(a)　　　　　　　　　(b)　　　　　　　　　(c)

④ 각속도(angular velocity : ω)

정현파 교류는 발전기 코일의 회전에 의해서 발생되므로 코일의 이동을 회전각도로 표시하여 사용한다. 이 회전각도를 각속도 또는 각주파수(angular frequency) ω 라 하며, $\omega = 2\pi f$ [rad/sec]가 된다.

(3) 순시값과 위상

$v = V_m \sin\theta = V_m \sin\omega t$ 로 표현한 식은 시간의 변화에 따라 순간순간 나타나는 정현파의 값을 의미하기 때문에 v를 순시값(instantaneous value)이라 하며, $v = V_m \sin\theta = V_m \sin\omega t$의 식을 순시식이라 한다.

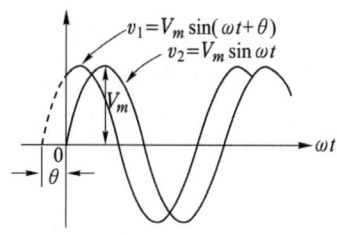

순시값과 위상

그림은 v_1이 v_2보다 반시계 방향으로 θ만큼 이동한 것으로 v_1의 식은 다음과 같이 표현된다.

$$v_1 = V_m \sin(\omega t + \theta)$$

여기서, θ를 초기위상(initial phase) 또는 간단히 위상이라 한다.

(4) 실효값과 평균값

① 평균값 (average value)

주기적인 교류파의 평균값은 한 주기 동안을 평균한 값을 말한다.

$$V_{av} = \frac{1}{T}\int_0^T v\, dt$$

그러나 정현파 교류는 정(+), 부(−)가 대칭이므로 한 주기를 평균하면 0이 되기 때문에 반주기에 대한 순시값의 평균을 취하여 정현파 교류의 평균값을 구한다.

$$V_{av} = \frac{1}{T/2}\int_0^{T/2} v\, dt$$

$$
\begin{aligned}
V_{av} &= \frac{1}{\pi}\int_0^\pi v\, dt \\
&= \frac{1}{\pi}\int_0^\pi V_m \sin\omega t \ d\omega t \\
&= \frac{1}{\pi}\int_0^\pi V_m \sin\theta \ d\theta \\
&= \frac{V_m}{\pi}\left[-\cos\theta\right]_0^\pi \\
&= \frac{2}{\pi}V_m \fallingdotseq 0.637\,V_m
\end{aligned}
$$

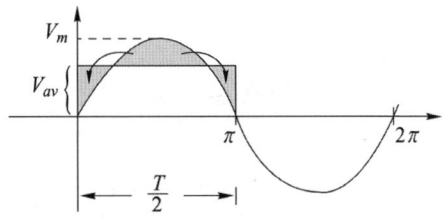

정현파의 평균값

이 되어 정현파 교류의 평균값은 최댓값의 $2/\pi$ ($\fallingdotseq$ 0.637)배가 됨을 알 수 있다.

② 실효값(effective value)

직류가 교류와 동일한 전력효과를 나타낸다면 직류로써 교류의 효과를 대신할 수가 있다. 따라서 동일한 저항회로에 직류와 교류를 동일시간 인가하였을 때 소비되는 전력량이 같은 경우 이때의 직류값을 정현파 교류의 실효값으로 정의한다.

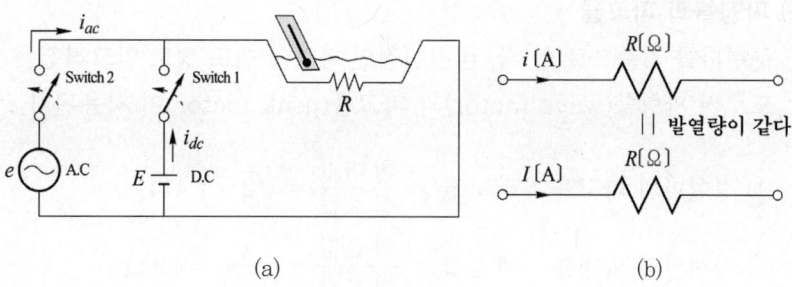

(a)　　　　　　　　　　　　　　(b)

직류 및 교류전력

저항 R에 직류 I가 흐를 때의 전력 P_{dc}

$$P_{dc} = I^2 R$$

동일한 저항 R에 교류 i가 흐를 때의 순시전력

$$p = i^2 R$$

이므로, 평균전력 P_{ac}는 다음 식으로 된다.

$$P_{ac} = \frac{1}{T}\int_0^T p\,dt = \frac{1}{T}\int_0^T i^2 R\,dt$$

저항에서 소비되는 전력이 같으므로

$$P_{dc} = P_{ac}\,,\quad I^2 R = \frac{1}{T}\int_0^T i^2 R\,dt$$

$$\therefore\ I = \sqrt{\left(\frac{1}{T}\int_0^T i^2\,dt\right)}$$

교류의 실효값 I는 순시값 i의 자승 평균의 평방근으로 정의되므로 실효값을 rms (root mean square value)라고도 한다.

$$I = \sqrt{\left(\frac{1}{T/2}\int_0^{T/2} i^2\,dt\right)} = \sqrt{\left(\frac{1}{\pi}\int_0^{\pi} i^2\,dt\right)}$$

$$= \sqrt{\left(\frac{1}{\pi}\int_0^{\pi} I_m^2\sin^2\theta\,d\theta\right)} = \sqrt{\frac{I_m^2}{\pi}\int_0^{\pi}\frac{1}{2}(1-\cos2\theta)\,d\theta}$$

$$= \sqrt{\frac{I_m^2}{2\pi}\left[\theta - \frac{1}{2}\sin2\theta\right]_0^{\pi}} = \frac{I_m}{\sqrt{2}} \fallingdotseq 0.707 I_m$$

(5) 파형률과 파고율

구형파를 기준으로 할 때, 비정현적인 파형이 어느 정도 일그러졌는가를 나타내는 척도로써 파형률(wave factor)과 파고율(peak factor)이 사용된다.

① 정현파의 파고율 : 파고율 $= \dfrac{\text{최대값}}{\text{실효값}} = \sqrt{2} = 1.414$

② 정현파의 파형률 : 파형률 $= \dfrac{\text{실효값}}{\text{평균값}} = \dfrac{\pi}{2\sqrt{2}} = 1.111$

파형률과 파고율

	구형파	3각파	정현파	정류파(전파)	정류파(반파)
파형률	1.0	1.15	1.11	1.11	1.57
파고율	1.0	1.732	1.414	1.414	2.0

(6) 정현파 교류의 복소수 표현

① 복소수의 기본개념

수는 크게 실수(real number) 이외에 허수(imaginary number)까지 포함되는 복소수(complex number)를 생각할 수 있다. 수의 기본단위는 1로서 모든 실수는 이것의 배수로 표시된다. 그러나 허수에서는 제곱하여 −1로 되는 수를 기본단위로 하여 이를 i 또는 j로 표시한다. 즉,

$$j = \sqrt{-1}$$

을 의미한다.

② 복소수의 표현

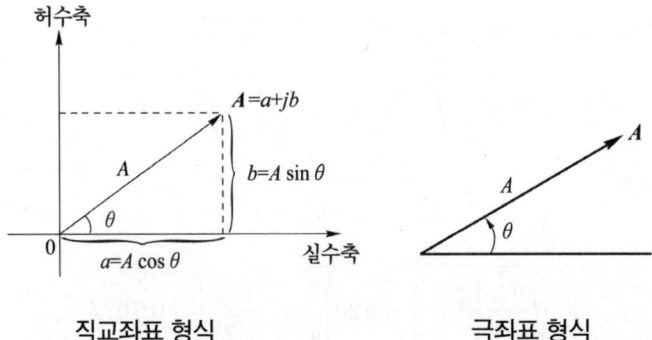

직교좌표 형식   극좌표 형식

- 직교좌표형식의 표현

$$\dot{A} = a + jb = A(\cos\theta + j\sin\theta)$$

- 극좌표 형식의 표현

$$\dot{A} = |A| = \sqrt{a^2 + b^2}, \quad \theta = \arg(\dot{A}) = \tan^{-1}\frac{b}{a}$$

③ Phasor(정현파교류의 복소수 표현)

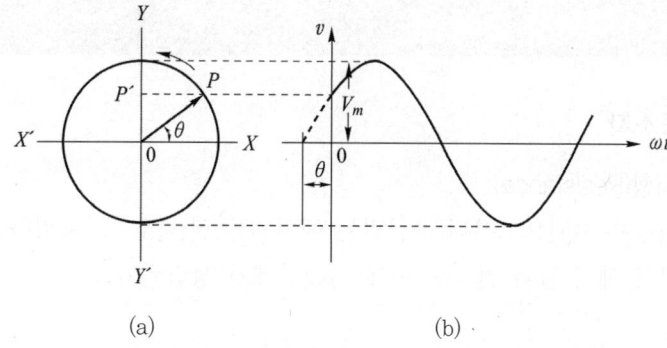

(a)　　　　　　　　　(b)

회전벡터와 정현파

그림 (b)는 $v = V_m \sin(\omega t + \theta)$로 표시되는 정현파이며, 그림 (a)는 이 정현파의 최댓값 V_m과 크기가 같은 화살표선분 $\overline{OP}$가 초기각 θ의 위치로부터 원점을 중심으로 하여 시계반대방향으로 일정한 각속도 ω[rad/sec] 로 원운동하고 있을 때(이를 회전벡터라 한다.)를 나타내는 것으로 θ 지점에 대응하는 벡터를(정지벡터) 페이저 또는 페이저도라고 한다. 일반적으로 정현파의 크기는 실효값으로 대표되므로 페이저의 크기도 정현파의 실효값으로 나타내는 것이 일반적이다. 아래 그림은 정현파를 페이저로 표시한 것이다.

$$v = \sqrt{2}\,V\sin(\omega t + \theta) \rightarrow \dot{V} = V\angle\theta \rightarrow \dot{V} = V\cos\theta + jV\sin\theta$$

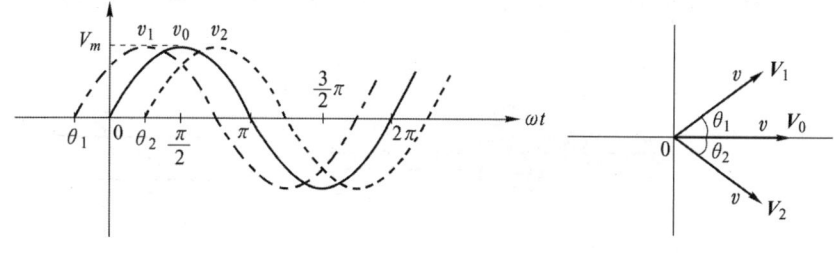

(a) 정현파의 순시값 표시　　　　　(b) 페이저 표시

정현파의 페이저 표시

④ 임피던스 및 어드미턴스의 복소수 표시

$$Z = \frac{V}{I} = \frac{V\underline{/0}}{I\underline{/-\theta}} = \frac{V}{I}\underline{/\theta} = Z\underline{/\theta} = R + jX\,[\Omega]$$

$$Y = \frac{1}{Z} = \frac{1}{R+jX} = \frac{R}{R^2+X^2} - j\frac{X}{R^2+X^2}$$

$$= G - jB = Y\underline{/-\theta}\,[\mho]$$

2) RLC 직병렬 접속

(1) 수동소자

① 저항(Resistance)

저항은 전원으로부터 공급받는 에너지를 열(줄열)로 소비하는 회로소자로서 양단자 간에 전압과 전류 사이에 비례관계가 성립된다.

$$R = \rho\frac{l}{A}\,[\Omega]$$

② 도체의 컨덕턴스

저항의 역수를 컨덕턴스(conductance) G 라 하며 단위는 $[\mho]$로 나타내며 'mho'로 읽는다. 또한 컨덕턴스는 저항의 상반되는 개념으로 도체의 길이에 반비례하고 단면적에 비례한다.

$$G = \sigma\frac{A}{l}\,[\mho]$$

③ 인덕턴스(inductance)

도선에 전류가 흐르면 그림과 같이 그 주위에 동심원을 그리는 자기장이 형성된다. 이 자기장의 방향은 앙페르의 오른나사법칙에 따라 형성된다.

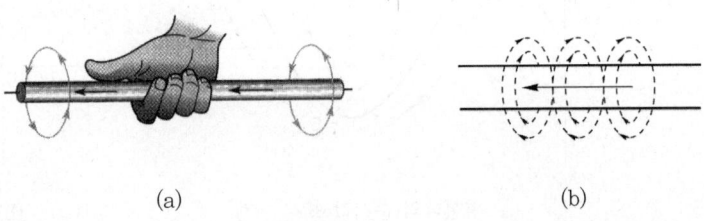

(a)   (b)

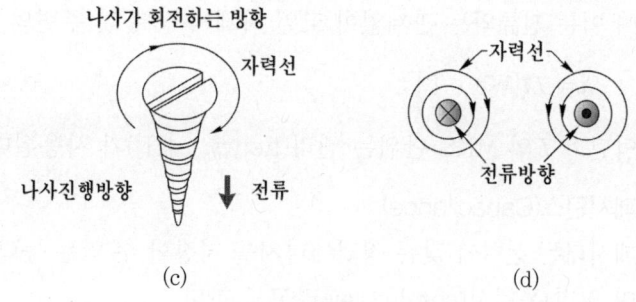

암페어의 오른나사법칙

전류가 코일모양의 도체를 흐르게 되면 암페어의 오른손법칙의 방향으로 자속은 흐르게 된다.

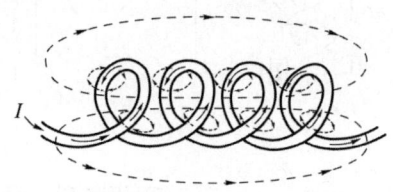

코일모양의 도체

이와 같이 다수의 코일을 감아서 만든 2단자 소자를 **인덕터(inductor)**라 한다.

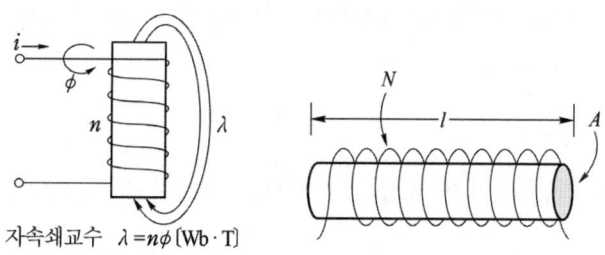

자속쇄교수 $\lambda = n\phi$ [Wb·T]

인덕터의 구조

인덕터에서 코일의 권수 n, 전류 주변에 발생되는 자속을 Φ라 하면 총 쇄교자속은 코일의 권수와 자속의 곱으로 표시된다. 여기서 자속Φ는 전류 i에 비례하여 변화하므로 권수가 일정한 경우라면 총 쇄교자속수는 전류와 비례한다.

   $\lambda \propto i$

이때 비례상수를 자기 인덕턴스(self inductance) 또는 간단히 인덕턴스 L이라 하며 이는 전류와는 관계없이 코일 자체의 상태 및 주변의 매질에 따라 결정된다.

$$\lambda = Li[\text{Wb} \cdot \text{T}]$$

인덕턴스 L의 MKS 단위는 헨리(henry : [H])가 사용된다.

④ 커패시턴스(Capacitance)

커패시터는 전하가 갖는 정전에너지를 저장할 수 있는 능력을 가진 전기소자를 말하며 일명 콘덴서(condenser)라고도 한다.

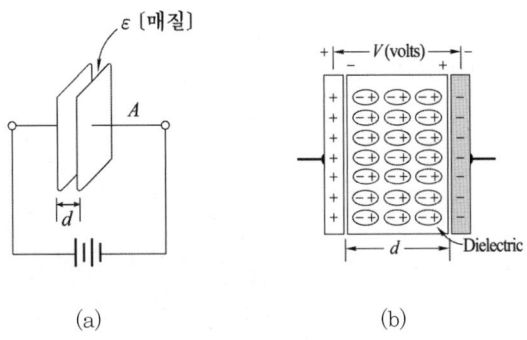

커패시턴스의 작용

그림(a) 양 극판에 전압을 인가하면 전위가 높은 쪽 극판에는 정(+)전하, 전위가 낮은쪽 극판에는 부(−)전하가 축적된다. 이때 축적된 전하량은 양극판에 인가되는 전압이 어느 범위 미만일 때는 비례관계가 성립된다. 이때의 비례상수를 양극판의 전하 축적능력의 크기를 나타내는 상수로서 용량계수 또는 정전용량(capacitance) C 라 정의된다.

$$q = Cv$$

이와 같은 전기적 특성이 추가되는 구체적인 실물을 용량기(capacitor)라고 한다.

커패시턴스 C의 단위로는 **패럿**(Farad : [F])이 사용된다.

(2) 능동소자

부하에 에너지를 공급해 주는 전원은 등가적으로 전압전원 또는 전류전원으로 나타낼수 있다. 부하에 관계없이 항상 일정 전압을 부하에 공급해주는 전압원이 있다면 이를 이상적 정전압원이라 하며 역시 부하에 관계없이 항상 일정전류를 부하에 공급해 주는 전류원이 있다면 이를 이상 정전류원이라 한다.

① 전압전원

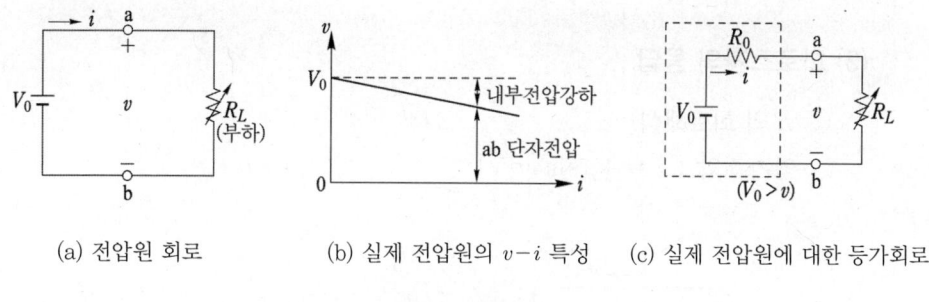

(a) 전압원 회로　　　　(b) 실제 전압원의 $v-i$ 특성　　　(c) 실제 전압원에 대한 등가회로

전압원 소자특성

위 그림 (a)에 있어서 전압원 V_0가 이상적 정전압원인 경우 단자전류 i에 관계없이 항상 $v = V_0$의 관계가 성립된다. 그러나 실제의 전압원은 대부분이 그림(b)에서 보는 바와 같이 부하 또는 부하전류에 약간은 종속적인 특성을 보여 $v < V_0$인 관계가 성립된다. 이는 내부저항성분 R_0가 존재하기 때문이다. 따라서 그림 (a)와 같은 전압원으로 회로의 해석 시에는 그림(c)와 같이 전압원에 내부저항이 직렬접속된 형태로 표현 되어야 한다.

② 전류전원

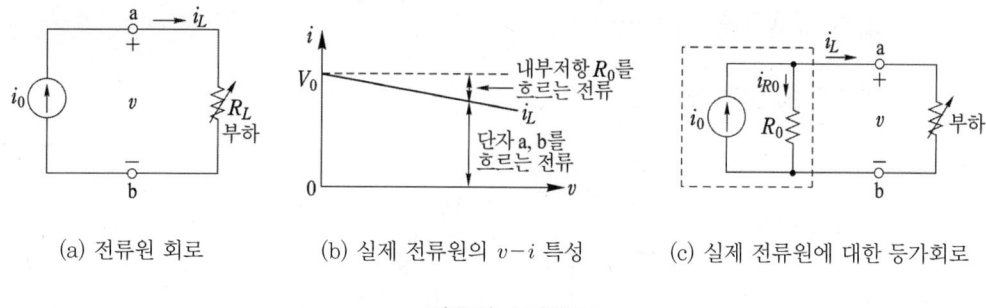

(a) 전류원 회로　　　(b) 실제 전류원의 $v-i$ 특성　　　(c) 실제 전류원에 대한 등가회로

전류원 소자특성

트랜지스터, 광전지 등을 이용한 그림 (a)와 같은 실제의 전류원은 전압원과 마찬가지로 그 특성이 부하 또는 부하단자전압에 종속적인 것으로 나타내는데 그림(b)는 등가적으로 전류원과 병렬접속 되는 전류원 i_0의 내부저항 R_0을 고려함으로써 설명될 수 있다. 부하에 관계없이 주어진 전류원 i_0와 동일한 전류가 부하에 공급되기 위해서는 내부저항값 R_0는 무한대가 되어야 한다. 그러나 등가적으로 그림 (c)의 점선내부와 같이 표현되는 실제의 전류원에서는 병렬접속 내부저항 R_0 값은 무한대가 될 수 없기 때문에 이 병렬접속 저항에도 전류가 분배된다. 그러므로 부

하가 증가하여 단자전압이 증가하게 되면 내부저항에 흐르는 전류도 증가함으로써 부하전류는 감소하게 된다.

(3) 회로소자의 응답

① R의 회로해석

인가전압 : $v = V_m \sin\omega t[\text{V}]$

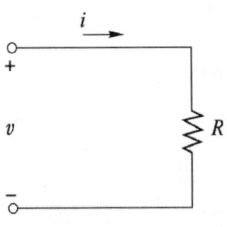
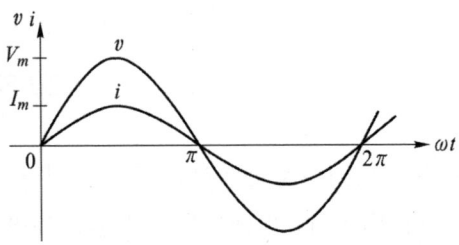

R 만의 회로

㉠ 순시전류 : $i = \dfrac{v}{R} = \dfrac{V_m \sin\omega t}{R} = \dfrac{V_m}{R}\sin\omega t[\text{A}]$

㉡ 최대전류 : $I_m = \dfrac{V_m}{R}$

㉢ 실효전류 : $I = \dfrac{V}{R}$

② L 만의 회로 해석

인가전압 : $v = V_m \sin\omega t[\text{V}]$

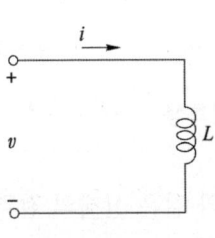
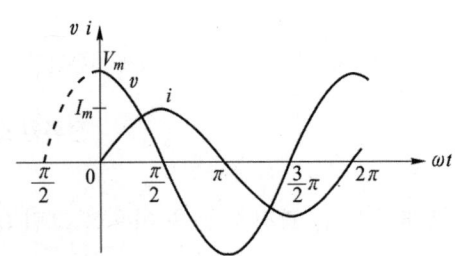

L 만의 회로

㉠ 유도성 리액턴스 : $jX_L = j\omega L[\Omega]$

㉡ 순시전류 : $i_L = \dfrac{V_m \sin\omega t}{j\omega L} = \dfrac{V_m}{\omega L}\sin\left(\omega t - \dfrac{\pi}{2}\right)[\text{A}]$

ⓒ 최대전류 : $I_m = \dfrac{V_m}{\omega L}$

ⓓ 실효전류 : $I = \dfrac{V}{\omega L}$

③ C 만의 회로 해석

인가전압 : $v = V_m \sin\omega t\,[\mathrm{V}]$

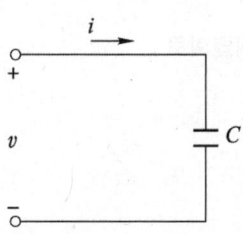
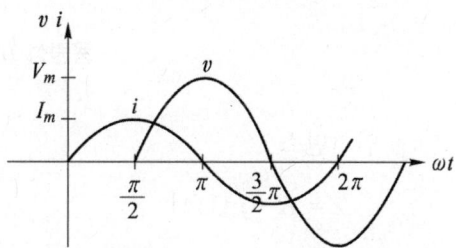

C 만의 회로

ⓐ 용량성 리액턴스 : $-jX_C = \dfrac{1}{j\omega C}[\Omega]$

ⓑ 순시전류 : $i_C = \dfrac{V_m \sin\omega t}{\dfrac{1}{j\omega C}} = \omega C V_m \sin\left(\omega t + \dfrac{\pi}{2}\right)[\mathrm{A}]$

ⓒ 최대전류 : $I_m = \omega C V_m$

ⓓ 실효전류 : $I = \omega C V$

④ $R-X$ 직렬회로의 해석

인가전압 : $v = V_m \sin\omega t\,[\mathrm{V}]$

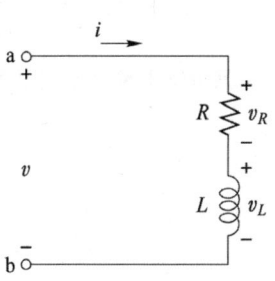
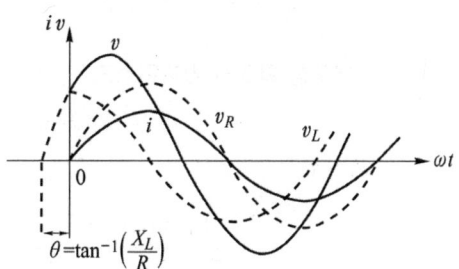

유도성 $R-L$ 직렬회로

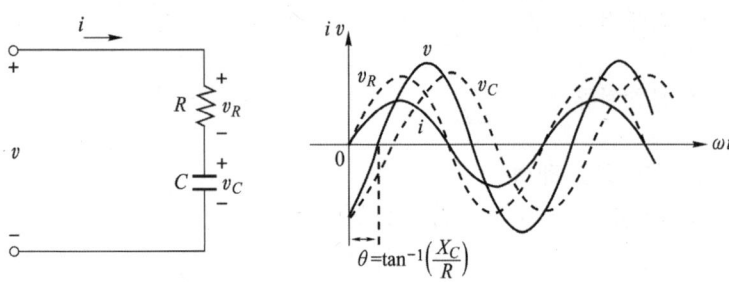

용량성 $R-C$ 직렬회로

㉠ 임피던스

$$Z = R + jX[\Omega]$$

X의 값에 따라 임피던스는 달라진다.

$X = 0 \rightarrow Z = R$ (저항만의 회로와 같음. 공진회로)

$X = j\omega L \rightarrow Z = R + j\omega L$

$X = \dfrac{1}{j\omega C} \rightarrow Z = R - j\dfrac{1}{\omega C}$

임피던스의 극좌표 표현 : $Z = \sqrt{R^2 + X^2} \angle \tan^{-1}\dfrac{X}{R}$

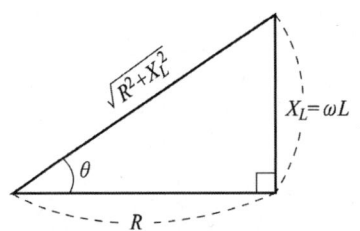

유도성 회로의 임피던스도

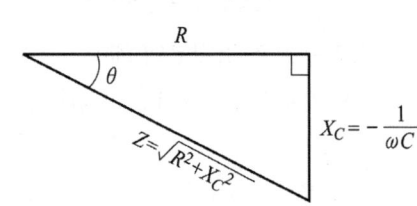

용량성 회로의 임피던스도

㉡ 순시전류

$$i = \dfrac{V_m \sin\omega t}{\sqrt{R^2 + X^2} \angle \tan^{-1}\dfrac{X}{R}}$$

- 유도성

$$i = \frac{V_m \sin\omega t}{\sqrt{R^2+(\omega L)^2} \angle \tan^{-1}\frac{\omega L}{R}}$$

$$= \frac{V_m}{\sqrt{R^2+(\omega L)^2}} \sin\left(\omega t - \tan^{-1}\frac{\omega L}{R}\right)$$

- 용량성

$$i = \frac{V_m \sin\omega t}{\sqrt{R^2+(\frac{1}{\omega C})^2} \angle \tan^{-1}\frac{-\frac{1}{\omega C}}{R}}$$

$$= \frac{V_m}{\sqrt{R^2+(\frac{1}{\omega C})^2}} \sin\left(\omega t + \tan^{-1}\frac{1}{\omega CR}\right)$$

ⓒ 최대전류 : $I_m = \dfrac{V_m}{\sqrt{R^2+X^2}}$

ⓔ 실효전류 : $I = \dfrac{V}{\sqrt{R^2+X^2}}$

ⓜ 역률과 무효율

- 역률 $\cos\theta = \dfrac{R}{\sqrt{R^2+X^2}}$

- 무효율 $\sin\theta = \dfrac{X}{\sqrt{R^2+X^2}}$

⑤ $R-X$ 병렬회로 해석

인가전압 : $v = V_m \sin\omega t \,[\text{V}]$

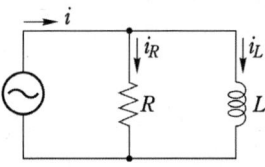

유도성 $R-L$ 병렬회로

㉠ 임피던스

$$Z = \frac{R \times j\omega L}{R+j\omega L} = \frac{R}{1+\frac{R}{j\omega L}} = \frac{R}{1-j\frac{R}{\omega L}}$$

ⓛ 어드미턴스

$$Z = \cfrac{1}{\cfrac{1}{R} + \cfrac{1}{j\omega L}}$$

$$Y = \frac{1}{R} + \frac{1}{j\omega L} = \sqrt{(\frac{1}{R})^2 + (\frac{1}{\omega L})^2} \angle -\tan^{-1}\frac{R}{\omega L}$$

ⓒ 순시전류

- 유도성 : $I = \sqrt{(\frac{1}{R})^2 + (\frac{1}{\omega L})^2} \angle -\tan^{-1}\frac{R}{\omega L} \times V_m \sin\omega t$

$$= \sqrt{(\frac{1}{R})^2 + (\frac{1}{\omega L})^2}\, V_m \sin\left(\omega t - \tan^{-1}\frac{R}{\omega L}\right)\ [A]$$

- 용량성 : $I = \sqrt{(\frac{1}{R})^2 + (j\omega C)^2} \angle \tan^{-1}j\omega CR \times V_m \sin\omega t$

$$= \sqrt{(\frac{1}{R})^2 + (j\omega C)^2}\, V_m \sin(\omega t + \tan^{-1}\omega CR)\ [A]$$

ⓔ 최대전류 : $I_m = \sqrt{G^2 + B^2} \times V_m$

ⓜ 실효전류 : $I = \sqrt{G^2 + B^2} \times V$

ⓗ 역률과 무효율

- 역률

$$\cos\theta = \frac{G}{Y} = \frac{G}{\sqrt{G^2 + B^2}} = \frac{1}{\sqrt{1^2 + \left(\frac{B}{G}\right)^2}}$$

$$= \frac{\dfrac{1}{B}}{\sqrt{\left(\dfrac{1}{B}\right)^2 + \left(\dfrac{1}{G}\right)^2}} = \frac{X}{\sqrt{R^2 + X^2}}$$

- 무효율

$$\sin\theta = \frac{B}{Y} = \frac{B}{\sqrt{G^2 + B^2}} = \frac{R}{\sqrt{R^2 + X^2}}$$

3) 교류전력

교류 회로 전력은 직류 회로의 전력과 달리 유효성분인 저항과 무효성분인 리액턴스 성분이 존재하므로 전력이 3가지가 존재한다.

즉, 저항성분에서 발생하는 유효전력, 리액턴스 성분에서 발생하는 무효전력, 임피던스성분에서 발생하는 피상전력으로 구분된다.
여기서 임피던스는 저항과 리액턴스의 벡터 합을 말한다.

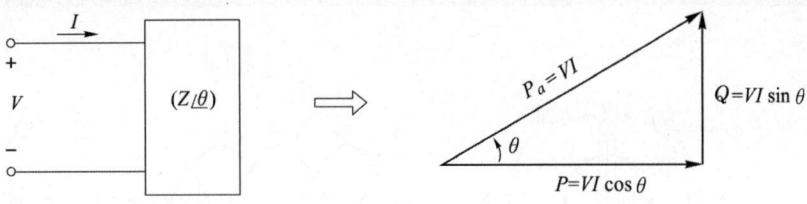

(1) 유효전력 P

유효전력 P는 부하회로의 저항성분 R을 통해 일을 하면서 **실제로 에너지를 소비하는 전력**을 말하며, 단위는 와트(Watt : [W])가 사용된다.

$$P = VI\cos\theta = I^2R[\text{W}]$$

(2) 무효전력 Q

무효전력 Q는 회로의 X_L, X_C 성분에 의한 에너지 축적효과로 생기는 전력으로서 단지 전원 측과 에너지를 주고받을 뿐 일에는 실제로 관여하지 않으므로 에너지를 소비하지 않는다. 단위는 바(Volt-ampere reactive : [Var])가 사용된다.

$$Q = VI\sin\theta = I^2X[\text{Var}]$$

(3) 피상전력 P_a

피상전력 P_a는 인가전압과 유입전류사이의 위상관계를 고려하지 않고 임피던스 Z에 대응하여 단지 회로에 인가된 전압 V와 전류 I의 크기만을 생각하기 때문에 **겉보기전력**이라고도 한다. 단위는(Volt Ampere : [VA])가 사용된다.

$$P_a = VI = I^2Z[\text{VA}]$$

(4) 전력과의 관계

전력 삼각형으로부터 P, Q, P_a의 관계를 나타내면 다음과 같다.

① $P_a{}^2 = P^2 + Q^2$ 또는 $P_a = \sqrt{P^2 + Q^2}$

② 역률 $\cos\theta = \dfrac{P}{P_a} = \dfrac{\text{유효전력}}{\text{피상전력}}$

③ 무효율 $\sin\theta = \dfrac{Q}{P_a} = \dfrac{\text{무효전력}}{\text{피상전력}}$

2. 3상 교류회로

1) 3상 교류의 발생과 표시법

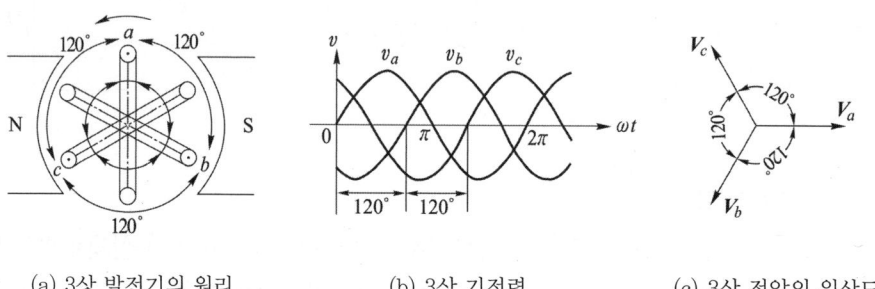

(a) 3상 발전기의 원리   (b) 3상 기전력   (c) 3상 전압의 위상도

3상 발전기는 3개의 권선을 공간적으로 $120°$ 간격으로 배치하여 회전자에 감은 구조로 되어 있다. 회전자가 균일 자장 내에서 시계 반대방향으로 일정속도로 회전하면 각 권선의 양 단에는 그림 (b)와 같이 크기가 같고 $120°$의 위상차를 갖는 교류 정현파 v_a, v_b, v_c가 발생한다. 이 3개의 단상전압을 일컬어 3상 기전력 또는 3상 전압이라 하며 순시값 표현은 다음과 같다.

$$v_a = V_m \sin\omega t$$

$$v_b = V_m \sin(\omega t - 120°)$$

$$v_c = V_m \sin(\omega t - 240°)$$

페이저로 나타내면

$$\boldsymbol{V}_a = V\underline{/0°}$$

$$\boldsymbol{V}_b = V\underline{/-120°}$$

$$\boldsymbol{V}_c = V\underline{/-240°}$$

로 되며 페이저도는 그림 (c)와 같이 나타내며, **상순은 위상차에 따라 시계방향으로 a-b-c로 정하는 것이 일반적이다.**

이와 같이 기전력의 크기가 같고 $120°$의 위상차를 갖는 3상 기전력을 평형 3상전원이라 한다. 평형 3상 전원에서는 페이저도에서와 같이 3상 전원을 합하면 0이 된다.

$$\boldsymbol{V}_a + \boldsymbol{V}_b + \boldsymbol{V}_c = 0$$

2) 3상 교류의 결선법

(1) Y 전원회로의 전압과 전류

V_a, V_b, V_c를 상전압, I_a, I_b, I_c를 상전류, V_{ab}, V_{bc}, V_{ca}를 선간전압, I_1, I_2, I_3 를 선전류라 하면 상전압과 선간전압의 관계는

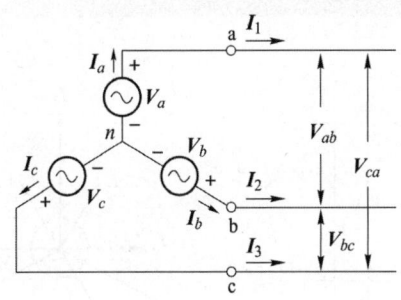

(a) 3상 Y전원 회로

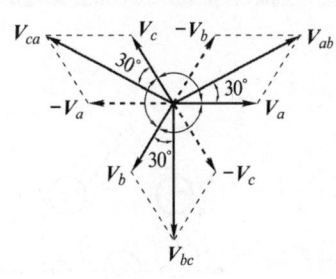

(b) 페이저도

$$V_{ab} = V_a - V_b = V_a + (- V_b)$$
$$V_{bc} = V_b - V_c = V_b + (- V_c)$$
$$V_{ca} = V_c - V_a = V_c + (- V_a)$$

로 되며 페이저도는 그림 (b)와 같다.

(2) 각 상전압과 각 선간전압의 관계

$$V_{ab} = \sqrt{3}\, V_a\, \underline{/30°}$$
$$V_{bc} = \sqrt{3}\, V_b\, \underline{/30°}$$
$$V_{ca} = \sqrt{3}\, V_c\, \underline{/30°}$$

대표적으로 상전압을 V_p, 선간전압을 V_l이라 하면

$$V_l = \sqrt{3}\, V_p\, \underline{/30°}$$

로 되어 각 선간전압은 각 상전압에 비해 크기가 $\sqrt{3}$ 배이며 위상은 30° 빠르다.

(3) 상전류와 선전류의 관계

$$I_1 = I_a, \quad I_2 = I_b, \quad I_3 = I_c$$

대표적으로 상전류를 I_P, 선전류를 I_l이라 하면

$$I_l = I_P$$

로 되어 각 선전류는 **각 상전류와 크기와 위상이 같다.**

3) Δ 전원회로의 전압과 전류

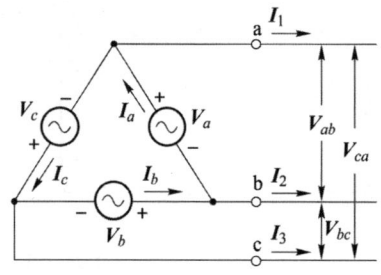 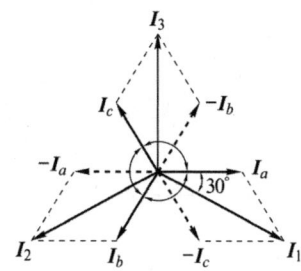

(a) 3상 Δ전원 회로　　　　　(b) 페이저도

(1) 선간전압과 상전압의 관계

$$V_{ab} = V_a , \quad V_{bc} = V_b , \quad V_{ca} = V_c$$

대표적으로 상전압을 V_P, 선간전압을 V_l이라 하면

$$V_l = V_P$$

로 되어 **각 선간전압은 각 상전압과 크기와 위상이 같다.**

(2) 상전류와 선전류의 관계

$$I_1 = I_a - I_c = I_a + (-I_c)$$
$$I_2 = I_b - I_a = I_b + (-I_a)$$
$$I_3 = I_c - I_b = I_c + (-I_b)$$

따라서 각 상전류와 각 선전류의 관계는 다음과 같다.

$$I_1 = \sqrt{3}\, I_a \underline{/-30°}$$
$$I_2 = \sqrt{3}\, I_b \underline{/-30°}$$
$$I_3 = \sqrt{3}\, I_c \underline{/-30°}$$

대표적으로 상전류를 I_p, 선전류를 I_l이라 하면

$$I_l = \sqrt{3}\,I_p\underline{/-30°}$$

로 되어 각 선전류는 각 상전류에 비해 크기가 $\sqrt{3}$배이며 위상은 $30°$ 느리다.

4) 불평형 3상 회로

(1) 3상 3선식 Y−Y회로
그림과 같은 3상 3선식 불평형회로에 있어서

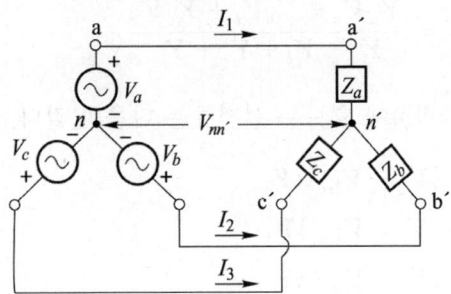

① 중성점 n과 n' 사이의 전압 $V_{nn}{}'$

밀만의 정리를 이용하여 구하면 다음과 같다.

$$V_{nn}{}' = \frac{Y_a V_a + Y_b V_b + Y_c V_c}{Y_a + Y_b + Y_c}$$

여기서, $Y_a = \dfrac{1}{Z_a}$, $Y_b = \dfrac{1}{Z_b}$, $Y_c = \dfrac{1}{Z_c}$

② 각 회로에 흐르는 선전류는 다음과 같다.

$$I_1 = (V_a - V_{nn}{}')\,Y_a$$
$$I_2 = (V_b - V_{nn}{}')\,Y_b$$
$$I_3 = (V_c - V_{nn}{}')\,Y_c$$

즉, n과 n' 사이에 중성선이 연결되어 있지 않으므로 $I_1 + I_2 + I_3 = 0$ 이 된다.

(2) 3상 4선식 Y-Y회로

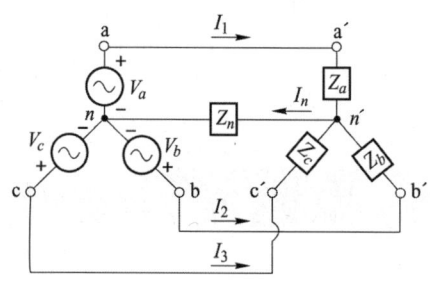

① 중성점 n과 n' 사이의 전압 V_{nn}'은 밀만의 정리에 의해

$$V_{nn}' = \frac{Y_a V_a + Y_b V_b + Y_c V_c}{Y_a + Y_b + Y_c + Y_n}$$

로 되며 각 회로에 흐르는 선전류는 다음과 같다.

$$I_1 = (V_a - V_{nn}') Y_a$$
$$I_2 = (V_b - V_{nn}') Y_b$$
$$I_3 = (V_c - V_{nn}') Y_c$$
$$I_n = Y_n \cdot V_{nn}'$$

② 중성선이 있는 불평형 3상 4선식의 경우는 중성선에 전류 I_n이 흐르므로

$$I_1 + I_2 + I_3 = I_n$$

의 관계로 된다.

5) 3상 전력

3상은 단상 교류가 3개이므로 단상 전력의 3배이고 평형 3상인 경우 한상의 전력을 P_1라 하면 3상전력은 $3P_1$가 된다.

(1) 3상 전력

① 유효전력 $P = \sqrt{3}\, V_\ell I_\ell \cos\theta = 3 V_p I_p \cos\theta\,[\mathrm{W}]$

② 무효전력 $P = \sqrt{3}\, V_\ell I_\ell \sin\theta = 3 V_p I_p \sin\theta\,[\mathrm{Var}]$

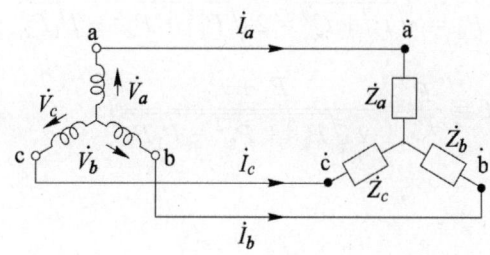

3상회로의 3상 전력

(2) 2전력계법에 의한 3상 전력측정

단상 전력계 2개를 그림과 같이 연결하여 3상 전력을 측정하는 방법을 2전력계법이라 한다.

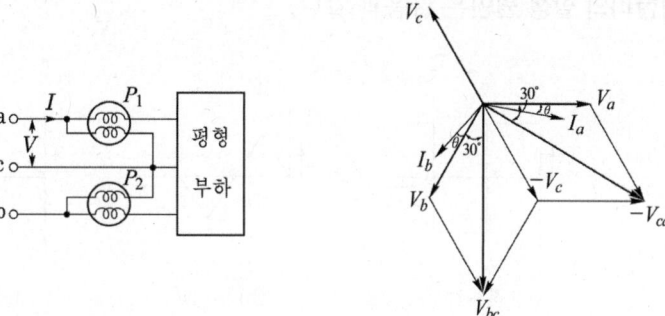

2전력계법

① 유효전력 $P = P_1 + P_2$

벡터도에서

$$P_1 = |\boldsymbol{V}_{ca}||\boldsymbol{I}_a|\cos(30° - \theta)$$

$$P_2 = |\boldsymbol{V}_{bc}||\boldsymbol{I}_b|\cos(30° + \theta)$$

그런데 $|\boldsymbol{V}_{ca}| = |\boldsymbol{V}_{bc}| = V$, $|\boldsymbol{I}_a| = |\boldsymbol{I}_b| = I$이므로

$$\begin{aligned} P = P_1 + P_2 \\ = VI(\cos 30°\cos\theta + \sin 30°\sin\theta) + VI(\cos 30°\cos\theta - \sin 30°\sin\theta) \\ = 2VI\cos 30°\cos\theta = \sqrt{3}\,VI\cos\theta \end{aligned}$$

② 무효전력 $Q = \sqrt{3}\,(P_1 - P_2)$

③ 피상전력 $P_a = \sqrt{P^2 + Q^2} = 2\sqrt{P_1{}^2 + P_2{}^2 - P_1 P_2}$

④ 역률 $\cos\theta = \dfrac{P}{P_a} = \dfrac{P_1 + P_2}{2\sqrt{P_1{}^2 + P_2{}^2 - P_1 P_2}}$

3. 비정현파 교류회로

1) 비정현파의 의미

정현파로부터 일그러진 파형을 총칭하여 비정현파(non-sinuisoidal wave)라 하며 **비정현파의 발생 원인**은 다음과 같다.

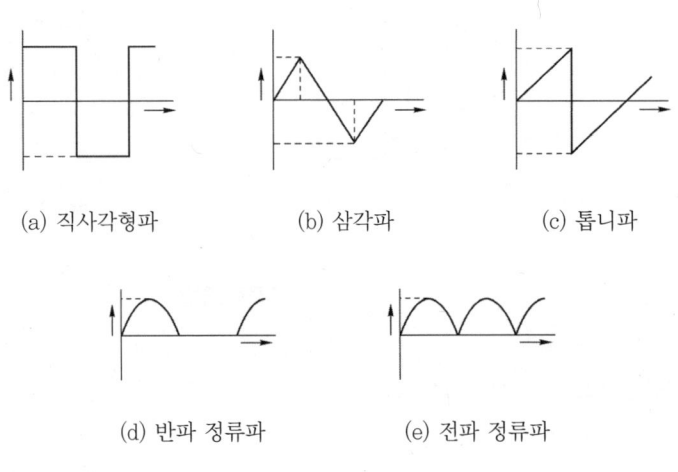

(a) 직사각형파   (b) 삼각파   (c) 톱니파

(d) 반파 정류파   (e) 전파 정류파

비정현파의 종류

① 교류 발전기에서의 **전기자 반작용**에 의한 일그러짐
② 변압기에서의 **철심의 자기포화**
③ 변압기에서의 **히스테리시스 현상**에 의한 여자 전류의 일그러짐
④ **다이오드의 비직선성**에 의한 전류의 일그러짐

2) 비정현파의 구성

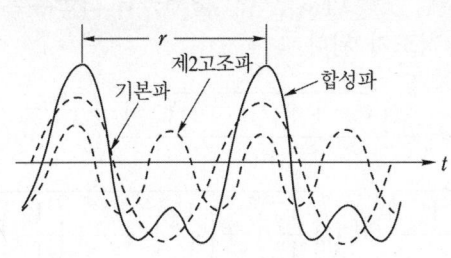

(a) 기본파와 제2고조파의 합

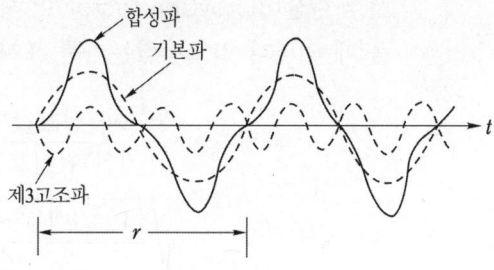

(b) 기본파와 제3고조파의 합

기본파와 고조파의 합

비정현파를 해석할 경우 푸리에 급수를 이용하여 해석하여야 한다.

푸리에 급수는 주파수와 진폭을 달리하는 무수히 많은 성분을 갖는 비정현파를 무수히 많은 정현항과 여현항의 합으로 표현하는 방법을 말한다.

비정현파를 푸리에 급수 전개한 결과는 직류분, 기본파, 고조파로 구성된다.

$$f(t) = a_0 + a_1 \cos\omega t + a_2 \cos 2\omega t + a_3 \cos 3\omega t + \cdots + a_n \cos n\omega t$$

$$+ b_1 \sin\omega t + b_2 \sin 2\omega t + b_3 \sin 3\omega t + \cdots + b_n \sin n\omega t$$

$$= a_0 + \sum_{n=0}^{\infty} a_n \cos n\omega t + \sum_{n=0}^{\infty} b_n \sin n\omega t$$

비정현파 교류 = 직류분 + 기본파 + 고조파

고조파란 주파수 성분이 기본파에 정수배 되는 정현파 또는 여현파를 말한다.

(1) 실효값

$$i = I_0 + \sum_{n=1}^{\infty} I_{mn} \sin(n\omega t + \theta_n)$$ 으로부터

$$I = \sqrt{I_0^2 + \left(\frac{I_{m1}}{\sqrt{2}}\right)^2 + \left(\frac{I_{m2}}{\sqrt{2}}\right)^2 + \cdots + \left(\frac{I_{mn}}{\sqrt{2}}\right)^2}$$

$$= \sqrt{I_0^2 + I_1^2 + I_2^2 + \cdots + I_n^2}$$

$$V = \sqrt{V_0^2 + V_1^2 + V_2^2 + \cdots + V_n^2}$$

즉, **비정현파 교류의 실효값은 직류분, 기본파 및 고조파의 제곱 합의 평방근**으로 나타냄을 알 수 있다.

(2) 왜형률

비정현파에서 기본파에 대해 고조파 성분이 어느 정도 포함되었는가를 나타내는 지표로서 왜형률(distortion factor)이 사용된다. 이는 비정현파가 정현파를 기준으로 하였을 때 얼마나 일그러졌는가를 표시하는 척도가 된다.

$$왜형률 = \frac{고조파\ 실효값의\ 합}{기본파\ 실효값} = \frac{\sqrt{(V_2^{\,2} + V_3^{\,2} + \cdots + V_n^{\,2})}}{V_1}$$

$$= \sqrt{\frac{(V_2^{\,2} + V_3^{\,2} + \cdots + V_n^{\,2})}{V_1^2}} = \sqrt{\left(\frac{V_2}{V_1}\right)^2 + \left(\frac{V_3}{V_1}\right)^2 + \cdots + \left(\frac{V_n}{V_1}\right)^2}$$

(3) 전력

$$P = V_0 I_0 + \sum V_n I_n \cos\theta_n$$

$$= V_0 I_0 + V_1 I_1 \cos\theta_1 + V_2 I_2 \cos\theta_2 + \cdots + V_n I_n \cos\theta_n$$

즉, **비정현파 교류전력은 직류분과 각 고조파 전력의 합으로 나타난다.**

3) 비선형 선로

(1) 선형선로

가한 입력과 출력이 비례하는 회로로 저항만의 회로가 여기에 해당한다.

(2) 비선형 회로

출력이 입력에 비례하지 않는 회로로 코일, 콘덴서, 트랜지스터, 다이오드 등의 회로가 여기에 해당한다.

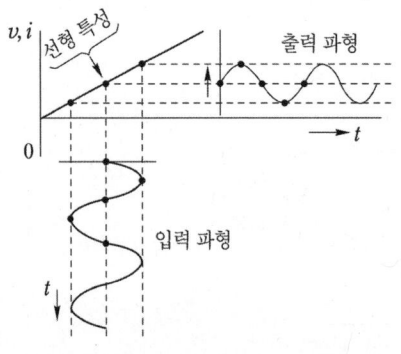 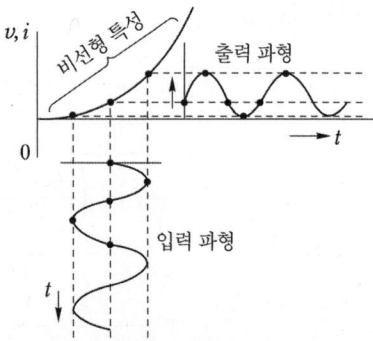

(a) 선형 회로의 전압, 전류 특성   (b) 비선형 회로의 전압, 전류 특성

선형 회로와 비선형 회로의 전압, 전류 특성

4) 비정현파 교류의 성분

(1) 조파 분석(harmonics analysis)

비사인파 교류에 포함되어 있는 기본파 및 여러 고조파의 주파수와 크기를 알아내는 것을 조파 분석이라 한다. 분석하는 방법에는 실험적인 방법과 수학적인 방법을 이용하는 것이 있다.

(2) 우수 고조파와 기수 고조파

고조파에서는 주파수가 기본파의 정수배가 되어 나타나게 되는데 이를 차수라 한다. 이때 차수가 짝수인 것을 우수 고조파, 홀수인 것을 기수 고조파라 한다.

출제예상문제

1 $V = V_m \cos\omega t$ 와 $i = I_m \sin\omega t$ 의 위상차는?

   ① 90°   ② 60°   ③ 30°   ④ 0°

   풀이 $\cos\theta$의 위상이 $\sin\theta$보다 90도 앞서므로 $\cos\omega t = \sin(90° + \omega t)$이므로 $90° - 0° = 90°$가 된다.   **답** ①

2 주파수가 100[Hz]인 교류의 주기[sec]는?

   ① 0.01   ② 0.02   ③ 0.05   ④ 50

   풀이   주기는 주파수에 반비례 한다. 즉 $T = \dfrac{1}{f}$에서 $T = \dfrac{1}{100} = 0.01$ [sec]가 된다.   **답** ①

3 최댓값이 E_m인 경우 정현파의 평균값은?

   ① $0.707 E_m$ ② $\dfrac{\pi}{2} E_m$ ③ $1.414 E_m$ ④ $\dfrac{2}{\pi} E_m$

   풀이

파형	정현파	정현반파	삼각파	구형반파	구형파
실효값	$\dfrac{E_m}{\sqrt{2}}$	$\dfrac{E_m}{2}$	$\dfrac{E_m}{\sqrt{3}}$	$\dfrac{E_m}{\sqrt{2}}$	E_m
평균값	$\dfrac{2E_m}{\pi}$	$\dfrac{E_m}{\pi}$	$\dfrac{E_m}{2}$	$\dfrac{E_m}{2}$	E_m

   정현파의 평균값은 $E_{ab} = \dfrac{2E_m}{\pi}$이 된다.   **답** ④

4 정현파 전류 $i = I_m \sin\omega t$ [A]가 최대가 되려면 ωt 가 얼마인 경우인가?

   ① π ② $\dfrac{\pi}{2}$ ③ $\dfrac{\pi}{4}$ ④ $\dfrac{\pi}{3}$

   풀이 $i = I_m \sin\omega t$ [A]이 최대가 되기 위해서는 $\sin\omega t = 1$이 되어야 한다.

             따라서 $\omega t = \sin^{-1} 1 = \dfrac{\pi}{2}$가 된다.   **답** ②

5 $V_1 = V_{m1}\sin(\omega t + \theta_1)$과 $V_2 = V_{m2}\sin(\omega t + \theta_2)$인 두 사인파 교류가 동상이 될 수 있는 조건은?

   ① $\theta_1 > \theta_2$ ② $\theta_1 \neq \theta_2$ ③ $\theta_1 < \theta_2$ ④ $\theta_1 = \theta_2$

   풀이   동상이 되기 위해서는 V_1과 V_2가 위상차가 없어야 한다. 즉, $\theta_1 = \theta_2$가 되어야 한다.   **답** ④

6 주파수 f[Hz]인 4극 교류 발전기에서 t[sec] 사이의 각속도[rad/sec]는?

① $2\pi T$ 　　　　② $2\pi t$ 　　　　③ $2\pi f$ 　　　　④ $8\pi f$

풀이 각속도는 $\omega = 2\pi f$[rad/sec] 로 초당 이동한 각도를 의미한다. 　　　　**답** ③

7 $e = 100\sin\left(377t - \dfrac{\pi}{6}\right)$[V]인 파형의 주파수[Hz]는?

① 40 　　　　② 60 　　　　③ 80 　　　　④ 100

풀이 각속도는 $\omega = 2\pi f$[rad/sec]에서 $f = \dfrac{377}{2\pi} = 60$[Hz]가 된다. 　　　　**답** ②

8 $V_m\sin(\omega t + 30°)$와 $I_m\cos(\omega t - 90°)$와의 위상차는?

① 90° 　　　　② 120° 　　　　③ 30° 　　　　④ 60°

풀이 위상을 비교하기 위해서는 전류의 값을 sin의 값으로 변환하여야 한다.
즉, $\cos\omega t = \sin(\omega t + 90°)$이므로 $I_m\cos(\omega t - 90°) = I_m\sin\omega t$가 된다.
따라서 $30° - 0° = 30°$가 된다. 　　　　**답** ③

9 $V_1 = 100\sin(\omega t + \phi)$와 $V_2 = 200\sin(\omega t - \alpha)$의 위상차는?

① $\phi + \alpha$ 　　　　② $\phi - \alpha$ 　　　　③ $2\omega t + \phi - \alpha$ 　　　　④ $\omega t + \phi - \alpha$

풀이 위상차 $\theta = \phi - (-\alpha) = \phi + \alpha$가 된다. 　　　　**답** ①

10 실효값이 100[V]인 정현파 교류의 최댓값은 몇 [V]인가?

① 100 　　　　② 141.4 　　　　③ 150 　　　　④ 200

풀이 정현파 교류의 최댓값 $V_m = \sqrt{2}\,V$이므로 $V_m = \sqrt{2} \times 100 = 141.4$[V]가 된다. 　　　　**답** ②

11 주파수가 60[Hz]인 4극 교류 발전기에서 t[sec]간의 각속도[rad/sec]는?

① 60π 　　　　② 120π 　　　　③ 240π 　　　　④ 360π

풀이 각속도는 $\omega = 2\pi f$[rad/sec]에서 $\omega = 2\pi \times 60 = 120\pi$[rad/sec]가 된다. 　　　　**답** ②

12 100[V], 60[Hz]인 교류 전압이 0[V]에서 $\dfrac{1}{240}$[sec] 뒤의 순시값[V]은?

① 100 　　　　② 121 　　　　③ 141 　　　　④ 200

풀이 순시값 $v = V_m \sin \omega t$ 에서

$$v = \sqrt{2} \, V \sin 2\pi ft \fallingdotseq 1.41 \times 100 \times \sin\left(2\pi \times 60 \times \frac{1}{240}\right) = 141 \sin\frac{\pi}{2} = 141[\text{V}] \text{가 된다.}$$

답 ③

13 $e = 100\sqrt{2} \sin\left(377t + \frac{\pi}{3}\right)$되는 정현파 교류의 주파수[Hz]는?

① 50   ② 55   ③ 60   ④ 80

풀이 $e = 100\sqrt{2} \sin\left(377t + \frac{\pi}{3}\right)$에서 $\omega = 377$이므로

$$2\pi f = 377 \text{ 에서 } f = \frac{377}{2\pi} \fallingdotseq 60[\text{Hz}] \text{ 가 된다.}$$

답 ③

14 $40[\Omega]$의 저항을 가진 전구에 $V = 200\sqrt{2} \sin\omega t\,[\text{V}]$의 교류 전압을 가하면 전류의 순시값 [A]은?

① $5\sin\omega t$ ② $5\sqrt{2} \sin\omega t$

③ $800\sin\omega t$ ④ $800\sqrt{2} \sin\omega t$

풀이 순시전류는 순시전압을 저항의 값으로 나눈다.

즉, $i = \dfrac{v}{R}$ 이므로 $i = \dfrac{200\sqrt{2} \sin\omega t}{40} = 5\sqrt{2} \sin\omega t$ [A] 가 된다.

답 ②

15 60[Hz]의 두 개 교류 전압이 있는데 위상차가 $\dfrac{\pi}{3}$[rad]일 때 위상차를 시간으로 표시하면 몇 [sec]인가?

① $\dfrac{1}{20}$ ② $\dfrac{1}{180}$ ③ $\dfrac{1}{360}$ ④ $\dfrac{1}{720}$

풀이 위상차 $\theta = \omega t$[rad]에서 $t = \dfrac{\theta}{\omega}$, $\omega = 2\pi f$이므로 $f = 60$을 대입하면

$$t = \frac{\theta}{2\pi f} = \frac{\frac{\pi}{3}}{2 \times \pi \times 60} = \frac{1}{360} \text{ [sec]가 된다.}$$

답 ③

16 어떤 정현파 교류의 전압의 평균값이 191[V]이면 최댓값[V]은?

① 120   ② 240   ③ 300   ④ 420

풀이 정현파 교류의 평균값 $V_{ab} = \dfrac{2V_m}{\pi}$에서 $V_m = \dfrac{\pi}{2} V_{av} = \dfrac{3.14}{2} \times 191 \fallingdotseq 300[\text{V}]$가 된다.

답 ③

17 순시값이 $e = 282.8\sin 377t[\text{V}]$인 정현파 교류의 실효값[V]은?

① 200   ② 220   ③ 282.8   ④ 300

풀이 $e = 282.8\sin 377t$에서 최댓값이 $282.8[\mathrm{V}]$이므로

실효값 $= \dfrac{\text{최대값}}{\sqrt{2}}$ 에서 실효값 $= \dfrac{282.8}{\sqrt{2}} \fallingdotseq 200[\mathrm{V}]$가 된다. **답** ①

18 정현파 교류에서 주파수 60[Hz]인 경우 각속도[rad/sec]는?

① 100   ② 2   ③ 1.414π ④ 377

풀이 각속도 $\omega = 2\pi f$에서 $\omega = 2 \times 3.14 \times 60 = 376.8[\mathrm{rad/sec}]$가 된다. **답** ④

19 파고율을 옳게 나타낸 것은?

① $\dfrac{\text{최댓값}}{\text{실효값}}$ ② $\dfrac{\text{평균값}}{\text{실효값}}$ ③ $\dfrac{\text{실효값}}{\text{평균값}}$ ④ $\dfrac{\text{실효값}}{\text{최댓값}}$

풀이 파형률(form factor)$=\dfrac{\text{실효값}}{\text{평균값}}$이고, 파고율(crest factor)$=\dfrac{\text{최댓값}}{\text{실효값}}$이다. **답** ①

20 파형률과 파고율이 똑같고 그 값이 1에 해당하는 파형은?

① 구형파   ② 삼각파   ③ 반원파   ④ 사인파

풀이

	구형파	3각파	정현파	정류파(전파)	정류파(반파)
파형률	1.0	1.15	1.11	1.11	1.57
파고율	1.0	1.732	1.414	1.414	2.0

답 ①

21 정현파 교류의 파고율은?

① $\sqrt{2}$ ② $\dfrac{1}{\sqrt{2}}$ ③ $\dfrac{2}{\pi}$ ④ $\dfrac{\pi}{\sqrt{2}}$

풀이

	구형파	3각파	정현파	정류파(전파)	정류파(반파)
파형률	1.0	1.15	1.11	1.11	1.57
파고율	1.0	1.732	1.414	1.414	2.0

파고율 $= \dfrac{\text{최대값}}{\text{실효값}} = \dfrac{E_m}{E} = \dfrac{\sqrt{2}\,E}{E} = \sqrt{2} = 1.414$ **답** ①

22 사인파 교류의 파형률은?

① $\dfrac{\pi}{2}$ ② $\dfrac{2}{\pi}$ ③ $\dfrac{\pi}{2\sqrt{2}}$ ④ $\dfrac{\pi}{\sqrt{2}}$

풀이

	구형파	3각파	정현파	정류파(전파)	정류파(반파)
파형률	1.0	1.15	1.11	1.11	1.57
파고율	1.0	1.732	1.414	1.414	2.0

$$\text{파형률} = \frac{\text{실효값}}{\text{평균값}} = \frac{E}{\frac{2}{\pi}E_m} = \frac{\frac{E_m}{\sqrt{2}}}{\frac{2}{\pi}E_m} = \frac{\pi}{2\sqrt{2}} ≒ 1.11$$

답 ③

---

23 $e = E_m \sin\left(\omega t + \frac{\pi}{3}\right)$[V]인 교류의 파고율은?

① 1.010　　　　② 1.11　　　　③ 1.414　　　　④ 1.732

풀이 $e = E_m \sin\left(\omega t + \frac{\pi}{3}\right)$[V]는 정현파의 순시값을 나타내는 식으로 정현파 파고율을 구하면 된다.

	구형파	3각파	정현파	정류파(전파)	정류파(반파)
파형률	1.0	1.15	1.11	1.11	1.57
파고율	1.0	1.732	1.414	1.414	2.0

$$\text{파고율} = \frac{\text{최댓값}}{\text{실효값}} = \frac{E_m}{E} = \frac{\sqrt{2}E}{E} = \sqrt{2} = 1.414$$

답 ③

---

24 다음 중 용량 리액턴스를 나타내는 식은?

① $\omega^2 C$　　　　② ωC　　　　③ $2\pi f L$　　　　④ $\dfrac{1}{2\pi f C}$

풀이 용량성 리액턴스 $X_C = \dfrac{1}{2\pi f C}$[Ω] , 유도성 리액턴스 $X_L = 2\pi f L$[Ω]

답 ④

---

25 1[H]의 인덕턴스에 60[Hz]의 교류를 인가할 때 유도 리액턴스[Ω]는?

① 31.4　　　　② 314　　　　③ 377　　　　④ 628

풀이 유도성 리액턴스 $X_L = 2\pi f L$[Ω]에서 $X_L = 2 \times 3.14 \times 60 \times 1 = 376.8$ [Ω] 가 된다.

답 ③

---

26 100[μF]의 콘덴서에 60[Hz], 100[V]의 교류 전압을 가하면 흐르는 전류[A]는?

① 3.14　　　　② 31.4　　　　③ 3.77　　　　④ 37.7

풀이 용량성 리액턴스 $X_C = \dfrac{1}{2\pi f C}$[Ω]과 옴의 법칙 $I = \dfrac{V}{X_C}$에 의해

$$I = \frac{V}{\frac{1}{2\pi f C}} = 2\pi f C V = 2 \times 3.14 \times 60 \times 100 \times 10^{-6} \times 100 = 3.77\text{[A]가 된다.}$$

답 ③

27 콘덴서의 정전 용량 10[μF]의 60[Hz]에 대한 용량 리액턴스[Ω]는?

① 125 　　　　 ② 204 　　　　 ③ 265 　　　　 ④ 287

풀이 용량성 리액턴스 $X_C = \dfrac{1}{2\pi f C}$[$\Omega$]에서 $X_C = \dfrac{1}{2\times 3.14 \times 60 \times 10 \times 10^{-6}} \fallingdotseq 265$ [Ω]가 된다.　　**답** ③

28 100[mH]의 인덕턴스를 가진 회로에 50[Hz], 1000[V]의 교류 전압을 인가할 때 흐르는 전류[A]는?

① 0.318 　　　 ② 3.18 　　　 ③ 31.8 　　　 ④ 318

풀이 유도성 리액턴스 $X_L = 2\pi f L$[Ω]과 옴의 법칙 $I = \dfrac{V}{X_L}$에 의해

$$I = \frac{V}{X_L} = \frac{V}{2\pi f L} = \frac{1,000}{2\times 3.14 \times 50 \times 0.1} \fallingdotseq 31.8[A]\ \text{가 된다.}$$ 　　**답** ③

29 어떤 코일에 60[Hz]의 교류 전압을 가하니 리액턴스가 628[Ω]이었다. 이 코일의 자체 인덕턴스[H]는?

① 0.5 　　　　 ② 1 　　　　 ③ 1.7 　　　　 ④ 3

풀이 유도성 리액턴스 $X_L = 2\pi f L$ [Ω]에서 $L = \dfrac{X_L}{2\pi f} = \dfrac{628}{2\times 3.14 \times 60} \fallingdotseq 1.7$[H]가 된다.　　**답** ③

30 콘덴서의 정전 용량이 커지면 용량 리액턴스는?

① 무한대로 된다. 　　 ② 작아진다. 　　 ③ 같다. 　　 ④ 커진다.

풀이 용량성 리액턴스 $X_C = \dfrac{1}{2\pi f C}$[$\Omega$]에서 용량성 리액턴스는 정전용량에 반비례한다.

즉, 정전용량이 커지면 용량성 리액턴스는 작게 된다.　　**답** ②

31 콘덴서만의 회로에서 전압, 전류의 위상 관계는?

① 전압이 전류보다 45° 앞선다. 　　　　 ② 전압이 전류보다 90° 앞선다.

③ 전압이 전류보다 90° 뒤진다. 　　　　 ④ 동상이다.

풀이 저항만의 회로에서는 전압과 전류가 동상이며, 콘덴서만의 회로에서는 전류가 90° 앞서며, 인덕턴스만의 회로에서는 전류가 90° 늦다.　　**답** ③

32 L만의 회로에서 전압, 전류의 위상 관계는?

① 동상이다. 　　　　　　　　　　　　 ② 전압이 전류보다 90° 앞선다.

③ 전압이 전류보다 30° 앞선다. 　　　　 ④ 전압이 전류보다 90° 뒤진다.

풀이 저항만의 회로에서는 전압과 전류가 동상이며, 콘덴서만의 회로에서는 전류가 90° 앞서며, 인덕턴스만의 회로에서는 전류가 90° 늦다.
답 ②

33 어떤 회로 소자에 $v = 120\sin377t$ [V]의 전압을 가했더니 $i = 30\sin377t$ [A]의 전류가 흘렀다. 이 회로 소자는?

① 순 저항
② 다이오드
③ 용량 리액턴스
④ 유도 리액턴스

풀이 $v = 120\sin377t$ 와 $i = 30\sin377t$ 는 위상이 같다. 즉, 전압과 전류가 동상이 되면, 회로는 저항만의 회로가 된다.
답 ①

34 정격 100[V], 100[W]짜리 전구에 교류 전압을 가할 때 전압과 전류의 위상 관계는?

① 전압이 전류보다 90° 앞선다.
② 전압과 전류는 동상이다.
③ 전류가 90° 앞선다.
④ 전압이 전류보다 90° 늦다.

풀이 백열전구는 순저항 부하로서 전압과 전류의 위상이 동상이 된다.
답 ②

35 40[Ω]의 저항을 가진 전구에 100[V]의 교류 전압을 가하면 전류의 실효값[A]은?

① 2.5
② 5
③ 25
④ 50

풀이 전류 $I = \dfrac{V}{R}$ 에서 $I = \dfrac{100}{40} = 2.5$[A]가 된다.
답 ①

36 어떤 교류의 최댓값이 141.4[V]이고 위상이 60° 앞선 전압을 복소수로 표시하면?

① $100 \angle -60°$
② $100 \angle 60°$
③ $141.4 \angle -60°$
④ $141.4 \angle 60°$

풀이 교류를 복소수로 표시하는 것을 페이저라 한다. 페이저는 일반적으로 실효값을 복소수의 크기로 하고 위상각을 편각으로 한다.
답 ②

37 저항 3[Ω]과 용량 리액턴스 4[Ω]이 직렬로 접속된 회로에 12[A]의 전류를 흘릴 때의 전압[V]은?

① $20 + j\,30$
② $36 - j\,48$
③ $36 + j\,48$
④ $20 - j\,30$

풀이 옴의 법칙에 의해 $\dot{V} = \dot{Z} \cdot \dot{I}$에서 $\dot{V} = (3 - j\,4) \times 12 = 36 - j\,48$[V]가 된다.
답 ②

38 $\dot{A}_1 = 4 + j\,3$, $\dot{A}_2 = 3 + j\,4$의 두 벡터에서 $\dot{A} = \dot{A}_1 \times \dot{A}_2$는?

① $25 \angle 0$
② $25 \angle \dfrac{\pi}{2}$
③ $25 \angle -\dfrac{\pi}{2}$
④ $25 \angle \dfrac{\pi}{3}$

풀이 분배법칙에 의하여 전개하며, 실수와 허수의 부분을 분리하여 구한다.
직교좌표는 극좌표로 변환한다.

$$\dot{A} = \dot{A_1} \times \dot{A_2} = (4+j3) \times (3+j4) = 12 - 12 + j16 + j9 = j25 = 25 \angle \frac{\pi}{2}$$

답 ②

39 $v = 50\sqrt{2} \sin\left(\omega t - \frac{\pi}{6}\right)$ [V]를 복소수로 나타내면?

① $25 - j25\sqrt{3}$ ② $25 + j25\sqrt{3}$ ③ $25\sqrt{3} - j25$ ④ $25\sqrt{3} + j25$

풀이 교류를 복소수로 표시하는 것을 페이저라 한다. 페이저는 일반적으로 실효값을 복소수의 크기로 하고
위상각을 편각으로 한다.

$$\dot{V} = 50 \angle -\frac{\pi}{6} = 50\left\{\cos\left(-\frac{\pi}{6}\right) + j\sin\left(-\frac{\pi}{6}\right)\right\} = 50\left(\cos\frac{\pi}{6} - j\sin\frac{\pi}{6}\right) = 25\sqrt{3} - j25$$

답 ③

40 저항 2[Ω]과 용량 리액턴스 $2\sqrt{3}$[Ω]의 직렬 회로가 60[Hz], 100[V]의 전압을 가할 때 전압
과 전류의 위상각[rad]은?

① $\frac{\pi}{6}$ ② $\frac{\pi}{3}$ ③ $\frac{2}{3}\pi$ ④ $\frac{\pi}{2}$

풀이 임피던스 각 또는 전압과 전류의 위상차 $\theta = \tan^{-1}\frac{X}{R}$에서 $\theta = \tan^{-1}\frac{2\sqrt{3}}{2} = \tan^{-1}\sqrt{3} = \frac{\pi}{3}$[rad]가 된다.
여기서, X는 리액턴스, R은 저항을 나타낸다.

답 ②

41 $R - C$ 직렬 회로의 전압과 전류의 위상각 θ는?

① $\tan^{-1}\frac{R}{\omega C}$ ② $\tan\frac{\omega C}{R}$

③ $\tan^{-1}\omega CR$ ④ $\tan^{-1}\frac{1}{\omega CR}$

풀이 임피던스 각 또는 전압과 전류의 위상차 $\theta = \tan^{-1}\frac{X}{R}$에서

$\theta = \tan^{-1}\frac{X_C}{R} = \tan^{-1}\frac{1}{\omega CR}$가 된다.

답 ④

42 저항 4[Ω]과 유도 리액턴스 3[Ω]이 직렬로 접속된 회로에 100[V]의 교류 전압을 가하면
흐르는 전류[A]는?

① 20   ② 40   ③ 50   ④ 80

풀이 임피던스 $Z = \sqrt{R^2 + X_L^2}$에서 $Z = \sqrt{4^2 + 3^2} = 5$[Ω]이므로

전류 $I = \frac{V}{Z}$에서 $I = \frac{100}{5} = 20$[A]가 된다.

답 ①

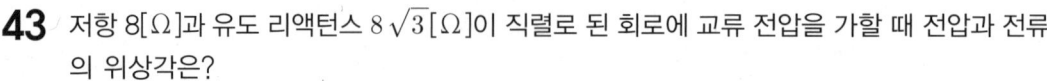

43 저항 8[Ω]과 유도 리액턴스 $8\sqrt{3}$[Ω]이 직렬로 된 회로에 교류 전압을 가할 때 전압과 전류의 위상각은?

① 60°   ② 45°   ③ 30°   ④ 15°

풀이 임피던스 각 또는 전압과 전류의 위상차 $\theta = \tan^{-1}\dfrac{X}{R}$에서

$\theta = \tan^{-1}\dfrac{X_L}{R} = \tan^{-1}\dfrac{8\sqrt{3}}{8} = \tan^{-1}\sqrt{3} = 60°$가 된다.   **답** ①

44 40[Ω]의 저항, 159[mH]의 인덕턴스, 15.9[μF]의 콘덴서를 직렬로 접속하고 100[V]의 교류 전압을 가할 때 최대 전류가 흐르게 되는 전원의 주파수는 약 몇 [Hz]인가?

① 50   ② 60   ③ 80   ④ 100

풀이 최대전류가 흐르기 위한 조건은 공진시 발생한다. 따라서 공진주파수를 구하면 된다.

공진주파수 $f_o = \dfrac{1}{2\pi\sqrt{LC}}$에서

$f_0 = \dfrac{1}{2\pi\sqrt{159\times10^{-3}\times15.9\times10^{-6}}} = \dfrac{10^5}{2\pi\times159} \fallingdotseq 100$[Hz]가 된다.   **답** ④

45 $R-L$ 직렬 회로에서 저항이 12[Ω]이고 역률이 80[%]이면 리액턴스[Ω]는?

① 15   ② 12   ③ 9   ④ 6

풀이 역률$\cos\theta = \dfrac{R}{Z}$에서 $Z = \dfrac{R}{\cos\theta} = \dfrac{12}{0.8} = 15$ [Ω]이 된다.

임피던스 $Z = \sqrt{R^2 + X^2}$에서 $X = \sqrt{Z^2 - R^2} = \sqrt{15^2 - 12^2} = 9$ [Ω]이 된다.   **답** ③

46 6[Ω]의 저항과 8[Ω]의 유도 리액턴스가 직렬로 접속된 회로에 20[A]의 전류가 흐를 때 이 회로에 가해진 전압[V]은?

① 80   ② 120   ③ 200   ④ 300

풀이 임피던스 $Z = \sqrt{R^2 + X^2}$에서 $Z = \sqrt{6^2 + 8^2} = 10$ [Ω]이 된다.
이때 전압 $V = ZI$이므로 $V = 20 \times 10 = 200$[V] 가 된다.   **답** ③

47 $R-L$ 회로에서 임피던스 Z는?

① $\sqrt{R^2 + L^2}$ ② $\sqrt{R^2 + (\omega L)^2}$ ③ $\sqrt{R + \omega L}$ ④ $R^2 + \omega^2 L^2$

풀이 임피던스 $Z = \sqrt{R^2 + X^2}$에서 $X = X_L = j\omega L$이므로
$Z = \sqrt{R^2 + X_L^2} = \sqrt{R^2 + (\omega L)^2}$ [Ω]가 된다.   **답** ②

48 저항 4[Ω]과 용량 리액턴스 3[Ω]이 직렬로 접속된 회로에 10[A]의 전류가 흐른다면 가해 준 전압[V]은?

① 10   ② 50   ③ 100   ④ 200

풀이 주어진 조건에서 임피던스는 $Z = \sqrt{R^2 + X^2}$ 이고, $R = 4[\Omega]$, $X = j3[\Omega]$이므로
$Z = \sqrt{R^2 + X_C^2} = \sqrt{4^2 + 3^2} = 5\,[\Omega]$이 된다. 이때 가해준 전압은 옴의 법칙에 의해
$V = ZI = 5 \times 10 = 50[V]$가 된다.   **답** ②

49 6[Ω]의 저항과 8[Ω]의 용량 리액턴스가 병렬로 접속된 회로의 임피던스[Ω]는?

① 2.4   ② 3.6   ③ 4.8   ④ 6.0

풀이 병렬회로의 임피던스는 병렬회로의 합성 저항 구하는 것과 같이 구한다.
$Z = \dfrac{Z_1 Z_2}{Z_1 + Z_2}$에서 $Z_1 = R$, $Z_2 = X_C$ 이므로
$Z = \dfrac{R \times (-jX_C)}{R - jX_C} = \dfrac{RX_C}{\sqrt{R^2 + X_C^2}} = \dfrac{6 \times 8}{\sqrt{6^2 + 8^2}} = \dfrac{48}{10} = 4.8\,[\Omega]$이 된다.   **답** ③

50 R, X_L 직렬 회로의 역률을 나타내는 식은?

① $\dfrac{\sqrt{R^2 + X_L^2}}{X_L}$ ② $\dfrac{\sqrt{R^2 \times X_L^2}}{R}$

③ $\dfrac{R}{\sqrt{R^2 + X_L^2}}$ ④ $\dfrac{X_L}{\sqrt{R^2 + X_L^2}}$

풀이 역률 $\cos\theta = \dfrac{R}{Z} = \dfrac{R}{\sqrt{R^2 + X_L^2}}$가 된다.   **답** ③

51 $R = 30[\Omega]$, $L = 0.117[H]$, $C = 60[\mu F]$의 직렬 회로에 100[V]의 교류 전압을 가할 때 최대 전류가 흐르게 되는 전원의 주파수는 약 몇 [Hz]인가?

① 50   ② 60   ③ 70   ④ 112

풀이 최대전류가 흐르기 위한 조건은 공진 시 발생한다. 따라서 공진주파수를 구하면 된다.
공진주파수 $f_o = \dfrac{1}{2\pi\sqrt{LC}}$에서 $f_o = \dfrac{1}{2\pi\sqrt{LC}} = \dfrac{1}{2\pi\sqrt{0.117 \times 60 \times 10^{-6}}} ≒ 60[Hz]$가 된다.   **답** ②

52 40[Ω]의 저항과 30[Ω]의 리액턴스를 직렬로 접속하고, 100[V]의 교류 전압을 가할 때 소비 전력[W]은?

① 120   ② 140   ③ 160   ④ 180

> **풀이** 직렬회로는 전류가 일정하므로 전력은 $P = I^2 R$로 구한다.
> 따라서 흐르는 전류는 임피던스에 의해 구하여야 하므로 $Z = \sqrt{40^2 + 30^2} = 50\,[\Omega]$가 되며,
> 전류는 $I = \dfrac{V}{Z}$이므로 $P = I^2 R = \left(\dfrac{100}{50}\right)^2 \times 40 = 160[W]$가 된다.   **답** ③

53 $R - L - C$ 직렬 회로의 공진 주파수 f_r은?

① $f_r = 2\pi\sqrt{LC}$ ② $f_r = \dfrac{1}{2\pi LC}$ ③ $f_r = 2\pi LC$ ④ $f_r = \dfrac{1}{2\pi\sqrt{LC}}$

> **풀이** $R - L - C$ 직렬 회로의 공진조건은 $\omega L = \dfrac{1}{\omega C}$ 이므로 $\omega^2 LC = 1$가 된다.
> 여기서, 각속도를 구하면 $\omega^2 = \dfrac{1}{LC}$, $\omega = \dfrac{1}{\sqrt{LC}}$가 되며,
> $\omega = 2\pi f$이므로 $f_r = \dfrac{1}{2\pi\sqrt{LC}}$가 된다.   **답** ④

54 $R - L - C$ 직렬 회로에서 임피던스가 최소가 되기 위한 조건은?

① $\omega L - \dfrac{1}{\omega C} = 1$ ② $\omega L - \dfrac{1}{\omega C} = 0$

③ $\omega L + \dfrac{1}{\omega C} = 0$ ④ $\omega L + \dfrac{1}{\omega C} = 1$

> **풀이** $R - L - C$ 직렬 회로에서 임피던스가 최소가 되는 때는 공진 시이며, 이때 조건은 공진조건이 된다.
> 공진조건은 $\omega L - \dfrac{1}{\omega C} = 0$이 될 때가 된다.   **답** ②

55 $R - L - C$ 직렬 회로에서 전류가 전압보다 위상이 앞서기 위해서는 어느 조건이 만족되어야 하는가?

① $X_L > X_C$ ② $X_L < X_C$ ③ $X_L = \dfrac{1}{X_C}$ ④ $X_L = X_C$

> **풀이** $R - L - C$ 직렬 회로에서 전류가 전압보다 위상이 앞서려면 용량성 회로가 되어야 한다.
> 따라서 $X_L < X_C$의 조건이 만족되어야 한다.   **답** ②

56 저항 3[Ω], 유도 리액턴스 4[Ω]의 병렬 회로에서 역률은?

① 1 ② 0.8 ③ 0.6 ④ 0.4

> **풀이** 역률 $\cos\theta = \dfrac{X_L}{Z}$에서 $\cos\theta = \dfrac{X_L}{\sqrt{R^2 + X_L{}^2}} = \dfrac{4}{\sqrt{3^2 + 4^2}} = \dfrac{4}{5} = 0.8$이 된다.   **답** ②

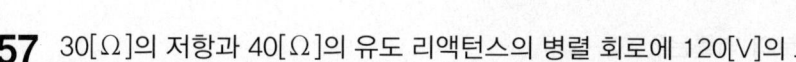

57 30[Ω]의 저항과 40[Ω]의 유도 리액턴스의 병렬 회로에 120[V]의 교류 전압을 가할 때 이 회로에 흐르는 전전류[A]는?

① 7   ② 6   ③ 5   ④ 4

풀이 저항에 흐르는 전류를 I_R, 유도리액턴스에 흐르는 전류를 I_X라 하면

병렬회로에서 각 회로의 전압은 같으므로

$$I_R = \frac{V}{R} = \frac{120}{30} = 4[A]$$

$$I_X = \frac{V}{X_L} = \frac{120}{40} = 3[A]$$

$$\therefore I = I_R + jI_X = 4 + j3 = \sqrt{4^2 + 3^2} = 5[A]$$

답 ③

58 $R = 4[Ω]$, $X_L = 8[Ω]$, $X_C = 8[Ω]$의 병렬 회로에 100[V]의 교류 전압을 가할 때 이 회로에 흐르는 전류[A]는?

① 5   ② 10   ③ 20   ④ 25

풀이 문제의 조건에서 $X_L = X_C = 8$ [Ω]이므로 이 회로는 병렬 공진의 회로로 허수부(리액턴스 성분)가 0이 되며, 저항만의 회로로 생각할 수 있다.

따라서 전류는 $I = \dfrac{V}{R} = \dfrac{100}{4} = 25[A]$가 된다.

답 ④

59 직렬 공진에 있어서 선택도 Q는?

① $Q = \dfrac{\omega L}{R}$ ② $\dfrac{\omega C}{R}$ ③ $Q = \dfrac{R}{\omega L}$ ④ $\dfrac{R}{\omega C}$

풀이 직렬 회로의 선택도(첨예도)는 $Q = \dfrac{\omega L}{R} = \dfrac{1}{\omega CR} = \dfrac{1}{R}\sqrt{\dfrac{L}{C}}$ 가 된다.

답 ①

60 $L - C$ 병렬 회로에 $E[V]$의 전압을 가할 때 전전류가 0이 되려면 주파수 $f[Hz]$는?

① $f = 2\pi\sqrt{LC}$ ② $f = \dfrac{1}{2\pi\sqrt{LC}}$

③ $f = \dfrac{\sqrt{LC}}{2\pi}$ ④ $f = \dfrac{2\pi}{\sqrt{LC}}$

풀이 $L - C$ 병렬 회로에서 전류가 0이 되려면 임피던스가 무한대가 되어야 한다.

즉, $Z = \dfrac{1}{\dfrac{1}{X_L} - \dfrac{1}{X_C}}$ [Ω]에서 Z가 무한대가 되려면 $X_L = X_C$인 때이다. 이 때를 병렬 공진 상태라 하며

공진 주파수는 $f = \dfrac{1}{2\pi\sqrt{LC}}$[Hz]가 된다.

답 ②

61 R, X_L 병렬 회로의 역률은?

① $\dfrac{\sqrt{R^2 + X_L^2}}{R}$

② $\dfrac{\sqrt{R^2 + X_L^2}}{X_L}$

③ $\dfrac{R}{\sqrt{R^2 + X_L^2}}$

④ $\dfrac{X_L}{\sqrt{R^2 + X_L^2}}$

풀이 병렬회로의 역률은 직렬회로의 무효율과 같다.

따라서 $\dfrac{X_L}{\sqrt{R^2 + X_L^2}}$가 병렬회로의 역률이 된다.

답 ④

62 교류에 있어서 피상 전력을 나타내는 식은?

① $VI \tan\theta$　　② VI　　③ $VI\cos\theta$　　④ $VI\sin\theta$

풀이 피상 전력은 전압과 전류의 곱 $P_a = VI$[VA]로 나타낸다.

답 ②

63 $P_r = VI\sin\theta$는 무엇을 나타내는가?

① 피상 전력　　② 무효 전력　　③ 유효 전력　　④ 순시값

풀이 무효 전력 $P_r = VI\sin\theta$[Var] , 유효전력 $P = VI\cos\theta$[W]

답 ②

64 [Var]는 무엇의 단위인가?

① 역률　　② 피상 전력　　③ 전력　　④ 무효 전력

풀이

답 ④

65 교류 회로의 역률은?

① $\dfrac{전류 \times 전압}{전력}$

② $\dfrac{전력}{전압 \times 전류}$

③ $\dfrac{무효전력}{전압 \times 전류}$

④ $\dfrac{피상전력}{전압 \times 전류}$

풀이 유효전력 $P = VI\cos\theta$[W]에서 $\cos\theta = \dfrac{P}{VI}$가 된다.

답 ②

66 무효 전력이 0이 되는 부하는?

① 저항만의 부하

② 유도 리액턴스만의 부하

③ $R - C$ 부하

④ 용량 리액턴스만의 부하

풀이 무효전력이 존재하지 않는 부하는 저항만의 부하가 된다. **답** ①

67 어떤 회로에 $e = 100\sqrt{2}\sin\omega t\,[\mathrm{V}]$의 교류 전압을 가해서 $i = 10\sqrt{2}\sin\left(\omega t - \dfrac{\pi}{6}\right)[\mathrm{A}]$의 전류가 흘렀다. 무효 전력[Var]은?

① 50   ② 100   ③ 500   ④ 1,000

풀이 전압과 전류의 위상차가 $\theta = \dfrac{\pi}{6}[\mathrm{rad}] = 30[°]$이므로

$P_r = VI\sin\theta = 100 \times 10 \times \sin 30° = 500[\mathrm{Var}]$ 가 된다. **답** ③

68 무효 전력이 $Q[\mathrm{Var}]$일 때 역률이 0.80이면 유효 전력[W]은?

① $0.6Q$ ② $0.8Q$ ③ $\dfrac{3}{4}Q$ ④ $\dfrac{4}{3}Q$

풀이 $\cos\theta = 0.8$이면 $\sin\theta = \sqrt{1-\cos^2\theta} = \sqrt{1-0.8^2} = 0.6$ 이므로

무효전력 $P_r = VI\sin\theta\,[\mathrm{Var}]$에서 $P_r = Q$이면 $VI = \dfrac{Q}{\sin\theta} = \dfrac{Q}{0.6}$ 가 된다.

유효전력 $P = VI\cos\theta = \dfrac{Q}{0.6} \times 0.8 = \dfrac{4}{3}Q[\mathrm{W}]$가 된다. **답** ④

69 피상 전력이 $P_a[\mathrm{kVA}]$, 무효 전력이 $P_r[\mathrm{kVar}]$되는 회로의 유효 전력[kW]은?

① $\sqrt{P_a - P_r}$ ② $\sqrt{P_a + P_r}$ ③ $\sqrt{P_a{}^2 - P_r{}^2}$ ④ $\sqrt{P_a{}^2 + P_r{}^2}$

풀이 피상전력은 유효전력과 무효전력의 벡터 합으로 표시된다.

$P_a = \sqrt{P^2 + P_r{}^2}\,[\mathrm{VA}]$에서 $P = \sqrt{P_a{}^2 - P_r{}^2}\,[\mathrm{W}]$ **답** ③

70 어떤 부하의 피상 전력이 5[kVA]이고 무효 전력이 3[kVar]일 때 유효 전력[kW]은?

① 10   ② 5   ③ 4   ④ 3

풀이 유효전력은 $P = \sqrt{P_a{}^2 - P_r{}^2}$ 이므로 $P = \sqrt{5^2 - 3^2} = \sqrt{25-9} = 4[\mathrm{kW}]$ 가 된다. **답** ③

71 100[V]의 교류 전원에 선풍기를 접속하고 입력과 전류를 측정하였더니 30[W], 0.5[A]이었다. 선풍기의 역률[%]은?

① 0.6   ② 0.7   ③ 0.8   ④ 0.9

풀이 역률 $\cos\theta = \dfrac{P}{VI}$에서 $\cos\theta = \dfrac{30}{100 \times 0.5} = \dfrac{30}{50} = 0.6$이 된다. **답** ①

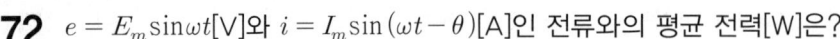

72 $e = E_m \sin \omega t$[V]와 $i = I_m \sin(\omega t - \theta)$[A]인 전류와의 평균 전력[W]은?

① $2 E_m I_m$

② $\dfrac{E_m I_m}{2}$

③ $\dfrac{E_m I_m}{2} \cos\theta$ `

④ $E_m I_m \cos\theta$

풀이 유효전력은 $P = EI\cos\theta$에서 $P = \dfrac{E_m}{\sqrt{2}} \cdot \dfrac{I_m}{\sqrt{2}} \cos\theta = \dfrac{E_m I_m}{2} \cos\theta$[W]가 된다. **답** ③

1. 전류의 열작용

1) 전류의 발열작용

(1) 줄의 법칙

다음 식에서 [W · sec]는 [J]과 단위가 같고 1[J]은 0.24[cal] 관계가 있다.

$$Q = 0.24\,Pt\,[\text{cal}]$$

$$Q = 0.24Pt = 0.24I^2Rt = 0.24\frac{V^2}{R}t = Cm(\theta_2 - \theta_1)$$

여기서, 1[J] = 0.239[cal] ≒ 0.24[cal]
          1[cal] = 4.186[J] ≒ 4.2[J]

위 식은 "도체에 흐르는 전류에 의하여 단위 시간에 발생하는 열량은 I^2R에 비례한다."를 의미한다. 줄의 법칙은 전기에너지를 열에너지로 변화한 것을 나타낸 것으로 이 열에너지는 전등, 전기용접, 전열기 등에 자주 이용된다.

2) 전력량과 전력

(1) 전력의 정의

전기가 단위시간당에 한 일로 나타내며, 단위는 [W](와트)로 나타낸다.

$$P = \frac{W}{t}[\text{J/s}]$$

$$P = \frac{W}{t} = \frac{QV}{t} = VI\,[\text{W}]$$

(2) 전력량

전력량은 전기가 한 일에 해당된다.

$$W = P\,t \; [\mathrm{W \cdot sec}]$$

(3) 열전효과

① 제어벡 효과

서로 다른 두 종류의 금속으로 폐회로를 만들고, 두 금속의 접합점에 열을 가하여 온도 차이를 만들면 기전력이 발생하여 전류가 흐른다. 이러한 현상을 제어벡 효과라 한다.

이때 발생하는 기전력을 열기전력이라 하며, 전류를 열전류, 장치를 열전대라 한다.

열전대의 종류에는 철-콘스탄탄, 구리-콘스탄탄, 크로멜-알루멜, 백금-백금로듐 등이 있다.

② 펠티에 효과

제어벡 효과의 반대되는 현상으로 두 종류의 금속을 폐회로를 만들고, 두 금속의 접합점에 전류를 흘려주면 접합점 주변에서 열의 흡수 또는 발생이 일어나는 현상을 펠티에 효과라 한다.

펠티에 효과는 전자 냉동기의 원리에 이용된다.

2. 전류의 화학작용

1) 전류의 화학작용

(1) 패러데이의 법칙

전기 분해에 의해 전극에 석출되는 물질의 양 W[g]는 전해액 속을 통과한 전기량 Q[C]에 비례한다.

$$W = KQ = KIt\,[\mathrm{g}]$$

즉, 총 전기량이 같으면 물질의 석출량은 그 물질의 전기화학당량에 비례한다.

여기서 전기화학당량은 1[C]의 전하로 석출하는 물질의 양을 말한다.

$$\text{전기화학당량} = \frac{\text{원자량}}{\text{원자가}}$$

2) 전지

전지는 크게 1차 전지와 2차 전지로 구분이 된다.

1차 전지는 방전 후 충전이 불가능한 전지를 말하며, 주로 알칼리전지 망간전지 등이 이에 속한다.

2차 전지는 방전 후 충전이 가능한 전지로, 납축전지, 알칼리 축전지, 리튬 이온 축전지, 리튬 폴리머 축전지등이 있으며, 최근에는 작은 크기로 대용량의 시간을 방전할 수 있는 고효율 축전지가 개발되고 있다.

(1) 표준전지

표준 전지는 양극에 수은, 음극에 Cd 아말감, 전해액에 황산 Cd 용액을 사용하고 20[℃]에서 1.01827[V]의 기전력을 갖는다. 표준 전지로 현재 사용되고 있는 것은 카드뮴 전지이다. 표준 전지는 기전력의 표준으로서 일반 전지 기전력의 정밀 측정이나 기준 저항과 함께 전류 측정에 이용된다. 웨스턴 전지라고도 하며, 20[℃]에서 기전력 1.01830[V], 온도계수가 매우 작다.

① 1차 전지

　㉠ 망간 건전지

　　[구조]

　　　　양극 : 탄소봉, 전해액 : 염화암모니아(NH_4Cl), 주성분 : 젤라틴
　　　　음극 : 아연판, 감극제 : 이산화망간(MnO_2)

　　[기전 반응]

　　　　음극 반응 $Zn \rightarrow Zn^{2+} + 2e^-$
　　　　양극 반응 $2MnO_2 + H_2O + 2e^- \rightarrow Mn_2O_3 + 2OH^-$

이 결과로 생성되는 $Zn(OH_2)$는 NH_4Cl과 반응하여 착이온을 형성해서 용해되는 것으로서 그 전지의 기본 반응은 2[F]의 전기량에 대하여 다음 식으로 나타난다.

$$Zn + 2NH_4Cl + 2MnO_2 \rightarrow Zn(NH_3)_2Cl_2 + H_2O + Mn_2O_3$$
(아연) (염화암모늄) (2산화망간) (염화아연암모늄) (3-2 산화망간)

[특징]　• 가격이 싸다.
　　　　• 연속적 사용에 적합하다.
　　　　• 급방전에 적합하지 않다.

[용도] 전등용, 전화용, 라디오용

ⓛ 공기 전지

[구조]

양극 : (활성)탄소, 전해액 : 가성소다($NaOH$), 염화암모늄(NH_4Cl)

음극 : 아말감화 된 흑연, 감극제 : 공기 중의 산소

[기전 반응]

음극 반응 : $Zn \rightarrow Zn^{2+} + 2e^-$

양극 반응 : $O + H_2O + 2e^- \rightarrow 2OH^-$

이 반응에 의한 $Zn(OH_2)$이 생성되지만 이것은 전해액의 가성소다($NaOH$) 혹은 염화암모늄(NH_4Cl)에 용해되어 기본 화학 반응은 2[F]의 전기량에 대하여 다음 식으로 표시한다.

가성소다를 전해액으로 할 때,

$$Zn + 2NaOH + \overset{(공기)}{O} \rightarrow Na_2ZnO_2 + H_2O$$
(아연)　　(가성소다)　　(산소)　　　　(아연산소다)　　(물)

염화암모늄을 전해액으로 할 때,

$$Zn + 2NH_4Cl + \overset{(공기)}{O} \rightarrow Zn(NH_3)_2Cl_2 + H_2O$$
　　　(염화암모늄)　　　　　　　(염화아연암모니아)　　(물)

[특징] • 방전 시에 전압 변동이 적다.

• 조립 주수 이전은 물론 사용 중의 자기 방전이 적고 오래 보존할 수 있다.

• 온도차에 의한 전압 변동이 적다.

• 내한, 내열, 내습성을 가지고 있다.

• 용량이 커서 경제적이다.

[결점] • 중부하 방전이 안 된다.

• 습식은 이동 휴대하기가 불편하다.

ⓒ 수은 전지

[구조]

양극 : 산화수은, 전해액 : 가성칼륨

음극 : 아연 분말, 감극제 : 산화수은과 흑연을 혼합

[기전 반응]

음극 반응 $Zn + 2OH^- \rightarrow ZnO + H_2O + 2e^-$

양극 반응 $HgO + H_2O + 2e^- \rightarrow Hg + 2OH^-$

기본 화학 반응식은,

$$Zn + HgO \rightarrow ZnO + Hg$$

이 방전 특성은 위 식에서 분명한 것처럼 방전에 따라 도전성이 나쁜 감극제 HgO가 Hg로 환원되어서 저항이 감소하므로 방전 전압의 변화는 적다.

[특징] • 소형이고 고성능으로 용량, 중량당의 전기 용량이 크다.
　　　 • 동작 전압은 매우 안정되어 변화가 적다.
　　　 • 보존 수명이 길다.
　　　 • 광범위한 온도에서 동작하고, 특히 고온에서 특성이 좋다.

[용도] 보청기, 휴대용 라디오, 측정용 기기, 노출계

ⓔ 마그네슘 전지(AgCl-Mg전지, CuCl$_2$-Mg전지)

[구조]

양극 : Ag판의 양면에 AgCl을 전해적으로 합성
　　　 Cu판에 CuCl$_2$를 도포한 것. 감극제 : AgCl, CuCl$_2$

음극 : Mg판

[기전 반응]

음극 반응 : $Mg \rightarrow Mg^{2+} + 2e^-$

양극 반응 : $H^+ + e^- \rightarrow H$, $AgCl + H \rightarrow Ag + H^+ + Cl^-$
　　　　　　 또는 $2H^+ + 2e^- \rightarrow 2H$, $Cu_2Cl_2 + 2H \rightarrow 2Cu + 2H^+ + 2Cl^-$

[특징] 반응의 진행과 더불어 발열한다.

[용도] $-50[℃]$까지 사용되며, 내한 전지

② **2차 전지**

㉠ 납축전지

[구　조] 납축전지를 구성하는 주요 부분은 양극판, 음극판, 격리판 및 전해액 및 전해조로 되어 있다.

[양　극] 양극판은 기판에 납(Pb)을 입히고, 기전 반응을 일으키는 활성 물질, 이산화납(PbO$_2$)을 부착시킨 것이다.

[음 극] 음극판의 활성 물질은 회백색, 해초상의 납(Pb)으로 Pb 산화물을 전해적으로 환원시켜 만든다.

[격리판] 양극과 음극이 접촉되면 단락되는 현상을 방지하고 활성 물질을 보호하는 것으로, 나무, 고무, 플라스틱, 페놀 수지, 함침 섬유 등을 사용한다.

[전해액] 농도 27~30[%](비중 1.20~1.30)의 순수한 묽은 황산(H_2SO_4)정지용의 비중 1.215, 이동용의 비중 1.280

[특 성] 가역 반응이 일어난다.

$$\text{음극 반응 : } Pb + SO_4^{2-} \underset{\text{충전}}{\overset{\text{방전}}{\rightleftharpoons}} PbSO_4 + 2e^-$$

$$\text{양극 반응 : } PbO_2 + H_2SO_4 + 2H^+ \underset{\text{충전}}{\overset{\text{방전}}{\rightleftharpoons}} PbSO_4 + 2H_2O + 2e^+$$

따라서 기본 화학 반응은 2[F]의 전기량에 대하여,

$$\underset{\text{음극}}{Pb} + \underset{\text{전해액}}{2H_2SO_4} + \underset{\text{양극}}{PbO_2} \underset{\text{충전}}{\overset{\text{방전}}{\rightleftharpoons}} \underset{\text{양극}}{PbSO_4} + \underset{\text{전해액}}{2H_2O} + \underset{\text{음극}}{PbSO_4}$$

또 방전 전류 I[A]와 방전 지속 시간 T[h]와의 사이에는 다음과 같은 실험식이 성립한다.

$$I^n T = \text{const} \quad \text{단, } n \text{ : 정수}(1.3\sim1.7)$$

ⓛ 알칼리 축전지 : 알칼리 축전지는 $Ni(OH)_3(Ni_2O_3) | KOH | Fe$ 또는 Cd과 같은 구성으로 각각 에디슨형($\oplus Ni - \ominus Fe$)과 융그넬형($\oplus Ni - \ominus Cd$)이 있다.
극판으로는 튜브식과 포켓식이 있다. 튜브식은 현재 수명이 길어 양극판으로 사용된다.

[양 극] 수산화니켈과 도전재의 흑연의 혼합물

[음 극] Fe분과 전지 내에서 Hg로 환원시켜서 도전재로 하는 HgO(철전지의 경우) 혹은 Cd과 소량의 철분(카드뮴 전지)

[전해액] 비중 1.20~1.245의 수산화칼륨(KOH), 즉 가성칼륨을 사용하지만 여기에 소량의 수산화리튬(LiOH)을 첨가하여 용량 및 수명을 증가시키고 있다.

[기전 반응]

$$\text{음극반응 : Fe(또는 Cb)} + 2OH^- \underset{\text{충전}}{\overset{\text{방전}}{\rightleftarrows}} \text{Fe(또는 Cb)(OH)}_2 + 2e^-$$

$$\text{양극반응 : } 2NiOH + 2H_2O + 2e^- \underset{\text{충전}}{\overset{\text{방전}}{\rightleftarrows}} 2Ni(OH)_2 + 2OH^-$$

따라서 기본 화학 반응은 2[F]의 전기량에 대하여,

$$\text{에디슨 축전지 : Fe} + 2Ni(HO)_3 \underset{\text{충전}}{\overset{\text{방전}}{\rightleftarrows}} \text{Fe(OH)}_2 + 2Ni(OH)_2$$

$$\text{융그넬 축전지 : Cd} + 2Ni(OH)_3 \underset{\text{충전}}{\overset{\text{방전}}{\rightleftarrows}} \text{Cd(OH)}_2 + 2Ni(OH)_2$$

[특징] • 전지의 수명이 길다(납축전지보다 3~4배 정도).
　　　• 구조상 운반 진동에 견딜 수 있다.
　　　• 급격한 충·방전, 높은 방전율에 견디며 다소 용량이 감소되어도 사용 불능이 되지 않는다.

[용도] 철도 차량 안전등, 선박 통신용

1 1[W · s]는 어느 값과 같은가?

① 1[J]　　　　　② 1[kcal]　　　　　③ 1[kg · m]　　　　　④ 860[kWh]

풀이 1[W]는 1[J/s]이므로 1[W · s]는 1[J]과 같다.   **답** ①

2 어떤 회로에 전류가 3[분] 동안 흘러서 90,000[J]의 일을 하였다. 소비된 전력[W]은?

① 300　　　　　② 400　　　　　③ 500　　　　　④ 600

풀이 전력은 단위시간(단위시간이란 1초를 말한다.)에 전기가 한 일로 나타낸다. 3분은 180초에 해당한다.
$$P = \frac{W}{t} = \frac{90,000}{3 \times 60} = 500[\text{W}]$$
  답 ③

3 100[V]의 전압에서 2[A]의 전류가 흐르는 전열기를 5시간 사용했을 때의 소비 전력량[kWh]은?

① 1　　　　　② 2　　　　　③ 3　　　　　④ 10

풀이 전력량이란 소비되는 전력에 사용한 시간을 곱한 값으로 나타낸다.
전력량 $W = P \cdot t = 100 \times 2 \times 5 = 1,000[\text{Wh}] = 1 \,[\text{kWh}]$
  답 ①

4 1[kWh]는 몇 [kcal]인가?

① 1/860　　　　　② 86　　　　　③ 860　　　　　④ 8,600

풀이 전력량은 열량으로 환산할 수 있으며, 1[J]은 0.24[cal]에 해당한다. 따라서
$$1[\text{kWh}] = 1,000\,[\text{Wh}] = 1,000 \times 3,600\,[\text{W} \cdot \text{s}] = \frac{1}{4.2} \times 3,600 \times 1,000$$
$$= 860,000\,[\text{kcal}] = 860\,[\text{kcal}] \ \text{가 된다.}$$
여기서, 한 시간은 3,600초에 해당하며, 1[kW]는 1,000[W]에 해당한다.
  답 ③

5 도선에 전류가 흐를 때 발생하는 열량은 전류의 어느 값과 관계가 있는가?

① 세기에 비례　　　　　　　　② 세기의 제곱에 비례
③ 세기에 반비례　　　　　　　④ 세기의 제곱에 반비례

풀이 줄의 법칙으로 $H = 0.24 I^2 Rt[\text{cal}]$에서 열량은 전류의 제곱에 비례함을 알 수 있다.
  답 ②

6 은 분류기는 무엇의 표준기인가?

① 저항　　　　　② 전압　　　　　③ 무게　　　　　④ 전류

풀이 $I = \dfrac{W}{Kt} = \dfrac{W}{0.001118t}$ [A]에서 전류를 구할 수 있다.(은의 전기화학당량은 0.001118[g]이다.)
  답 ④

7 1[kW]의 전열기를 정격 상태에서 1/2시간 사용하였을 때의 열량[kcal]은?

① 430　　　　　　② 520　　　　　　③ 610　　　　　　④ 860

풀이 전력량이란 소비되는 전력에 사용한 시간을 곱한 값으로 나타낸다.
전력량 $W = Pt = 1 \times 0.5 = 0.5[kWh]$,
전력량을 열량으로 환산하면 $H = 0.5 \times 860 = 430[kcal]$가 된다.　　**답** ①

8 다음 설명 중 틀린 것은?

① 전력량은 마력으로 환산된다.　　　② 전력은 전력량과 다르다.
③ 전력은 칼로리 단위로 환산할 수 없다.　　④ 전력량은 칼로리 단위로 환산된다.

풀이 전력은 전력량과 다르며 전력은 마력으로 환산된다. 또한, 전력량은 열량으로 환산이 된다.　　**답** ①

9 10[A]의 전류를 흘렸을 때의 전력이 50[W]인 저항에 20[A]의 전류를 흘렸을 때의 전력[W]은?

① 100　　　　　　② 150　　　　　　③ 200　　　　　　④ 250

풀이 전압이 일정한 경우 전력은 전류의 제곱에 비례한다.
$\dfrac{P'}{P} = \left(\dfrac{I'}{I}\right)^2$　따라서 $P' = \left(\dfrac{20}{10}\right)^2 \times 50 = 200[W]$가 된다.
또, 다른 방법으로는 저항을 구하고, 저항에 의해 소비되는 전력을 구해도 된다.
저항 $R = \dfrac{50}{10^2} = 0.5[\Omega]$, $P = I^2 R = 20^2 \times 0.5 = 200[W]$　　**답** ③

10 100[V], 500[W]의 전열기를 80[V]에 사용할 때 소비 전력[W]은?

① 300　　　　　　② 320　　　　　　③ 400　　　　　　④ 440

풀이 전열기가 변경되지 않은 상태로 전열기에 전압을 가할 경우 전열기에 내부저항이 일정한 관계로 소비되는 전력은 전열기에 가하는 전압의 제곱에 비례하게 된다.
$\dfrac{P'}{P} = \left(\dfrac{V'}{V}\right)^2$　따라서 $P' = \left(\dfrac{80}{100}\right)^2 \times 500 = 320[W]$
또, 다른 방법으로는 저항을 구하고, 저항에 의해 소비되는 전력을 구해도 된다.
전열기의 저항 $R = \dfrac{100^2}{500} = 20[\Omega]$, 80[V] 사용시 전력 $P = \dfrac{80^2}{20} = 320[W]$　　**답** ②

11 어떤 회로에 100[V]의 전압을 가했더니 5[A]의 전류가 흘러 2,400[cal]의 열량이 발생하였다. 전류가 흐른 시간은 몇 [sec]인가?

① 10　　　　　　② 20　　　　　　③ 30　　　　　　④ 40

풀이 줄의 법칙 $Q = 0.24 VIt[cal]$에서 가열시간은 $t = \dfrac{Q}{0.24 VI} = \dfrac{2,400}{0.24 \times 100 \times 5} = 20[sec]$가 된다.　　**답** ②

12 어떤 형광등에 100[V]의 전압을 가하니 0.25[A]의 전류가 흘렀다. 이 형광등의 소비 전력[W]은?

① 20　　　　　　② 25　　　　　　③ 35　　　　　　④ 40

풀이 전력 $P = VI = 100 \times 0.25 = 25[W]$　　　　　　**답** ②

13 100[V], 100[W] 전구와 100[V], 200[W]의 전구를 직렬로 접속하고 여기에 100[V]의 전압을 가하면 어떻게 되는가?

① 100[W] 전구가 더 밝다.　　　　　② 200[W] 전구가 더 밝다.
③ 두 전구의 밝기가 같다.　　　　　④ 두 전구 모두 안 켜진다.

풀이 전구를 직렬로 접속할 경우 두 전구에 흐르는 전류는 일정하게 된다. 이때 소비되는 전력은 전구의 내부저항에 비례하게 되며, 소비되는 전력이 큰 쪽의 전구가 밝게 된다.

100[W] 전구의 저항 $R_1 = \dfrac{100^2}{100} = 100\,[\Omega]$

200[W] 전구의 저항 $R_2 = \dfrac{100^2}{200} = 50\,[\Omega]$

따라서 100[W] 전구가 더 밝게 된다.　　　　　　**답** ①

14 용량 30[Ah]의 전지는 2[A]의 전류로 몇 시간 사용할 수 있겠는가?

① 3시간　　　　　② 7시간　　　　　③ 15시간　　　　　④ 30시간

풀이 축전지의 용량 = 전류 × 시간[Ah]에서 시간 $= \dfrac{용량}{전류} = \dfrac{[Ah]}{[A]} = \dfrac{30}{2} = 15[시간]$　　　　**답** ③

15 줄의 법칙에 있어서 발생하는 열량의 계산으로 맞는 식은?

① $Q = 0.24\,I^2 Rt$　　　　　　② $Q = 0.024\,I^2 Rt$
③ $Q = 0.024\,I^2 R$　　　　　　④ $Q = 0.24\,I^2 R$

풀이 줄의 법칙 : $Q = 0.24\,Pt = 0.24\,VIt = 0.24I^2 Rt[cal]$　　　　　　**답** ①

16 500[Ω]의 저항에 1[A]의 전류가 1분 동안 흐를 때에 발생하는 열량은 몇 [cal]인가?

① 3,600　　　　　② 5,200　　　　　③ 6,400　　　　　④ 7,200

풀이 줄의 법칙에서 열량은 $Q = 0.24I^2 Rt$ 에서 $Q = 0.24 \times 1^2 \times 500 \times 60 = 7,200[cal]$ 가 된다.

답 ④

17 10[℃]의 물 1,000[g] 속에 50[Ω]의 저항을 넣고 4[A]의 전류를 10분 동안 흘렸다면 마지막 온도[℃]는?

① 115.2　　　　　② 125.2　　　　　③ 135.2　　　　　④ 145.2

풀이 줄의 법칙에서 전류에 의한 열량은

$Q = 0.24I^2Rt = 0.24 \times 4^2 \times 50 \times (10 \times 60) = 115,200[cal]$가 된다.

또, 물을 θ_1에서 θ_2로 온도를 올리기 위한 영량은 $Q' = Cm(\theta_2 - \theta_1)$이므로

$Q' = Cm(\theta_2 - \theta_1) = 115,200$이 된다.

m은 질량이며, C는 비열로 물의 경우는 1이 된다.

여기서, θ_2는 $115,200 = 1,000(\theta_2 - 10)$에서 구한다.

$\therefore \theta_2 = 125.2[℃]$가 된다.　　**답** ②

18 같은 전기량에 의하여 전극에 석출되는 물질의 양은 그 물질의 어느 값에 비례하는가?

① 원자량　　　　　② 분자량　　　　　③ 화학 당량　　　　　④ 원자가

풀이 패러데이 법칙은 전극에서 석출되는 물질의 양은 통과한 전기량에 비례하며, 전기량이 같을 경우 석출되는 물질의 양은 그 물질의 화학 당량에 비례한다.　　**답** ③

19 5[HP]는 몇 [W]인가?

① 746　　　　　② 2,238　　　　　③ 3,730　　　　　④ 4,850

풀이 마력은 전력으로 환산이 가능하며, 1[HP]은 746[W]이므로 $5 \times 746 = 3,730[W]$가 된다.　　**답** ③

20 납축전지의 전해액은?

① HCl　　　　　② KOH　　　　　③ NaCl　　　　　④ H_2SO_4

풀이

$$PbO_2 + 2H_2SO_4 + Pb \underset{충전}{\overset{방전}{\rightleftarrows}} PbSO_4 + 2H_2O + PbSO_4$$
$$(+극) \quad 전해액 \quad (-극) \qquad (+극) \qquad\qquad (-극)$$

납축전지의 전해액으로 묽은황산($2H_2SO_4$)을 사용한다.　　**답** ④

21 알칼리 축전지의 전해액은?

① 황산　　　　　② 물　　　　　③ 초산은　　　　　④ 수산화칼륨

풀이 [양 극] 수산화니켈과 도전재의 흑연의 혼합물

[음 극] Fe분과 전지 내에서 Hg로 환원시켜서 도전재로 하는 HgO(철전지의 경우)

　　　　혹은 Cd과 소량의 철분(카드뮴 전지)

[전해액] 비중 1.20~1.245의 수산화칼륨(KOH), 즉 가성칼륨을 사용하지만 여기에 소량의 수산화리듐

　　　　(LiOH)을 첨가하여 용량 및 수명을 증가시키고 있다.　　**답** ④

22 표준 전지의 음극 재료는 무엇인가?

① 은　　　　　　　　　　　　　② 수은

③ 구리　　　　　　　　　　　　④ 카드뮴 아말감

풀이 표준 전지는 웨스트 카드뮴 전지로 양극에는 수은이 사용되며, 용액은 황산카드뮴 포화 용액을 사용한다.

답 ④

23 공기 전지의 용액은?

① 아연 　　　　　　　　　　　　　　② 황산
③ 공기 　　　　　　　　　　　　　　④ 염화암모늄

풀이 양극 : (활성)탄소, 전해액 : 가성소다($NaOH$), 염화암모늄(NH_4Cl)
음극 : 아말감화 된 흑연, 감극제 : 공기 중의 산소

답 ④

24 축전지의 용량은 어떻게 나타내는가?

① [Ah] 　　　　② [V] 　　　　③ [A] 　　　　④ [VA]

풀이 축전지 용량의 단위는 [Ah]로 나타낸다.

답 ①

25 두 종류의 금속의 접합부에 전류를 흘리면 전류의 방향에 따라 열의 발생 또는 흡수 현상이 생긴다. 이러한 현상을 무엇이라 하는가?

① 펠티에 효과 　　　　　　　　　　② 톰슨 효과
③ 제어벡 효과 　　　　　　　　　　④ 제3금속의 법칙

풀이 제어벡 효과의 반대되는 현상으로 두 종류의 금속을 폐회로를 만들고, 두 금속의 접합점에 전류를 흘려주면 접합점 주변에서 열의 흡수 또는 발생이 일어나는 현상을 펠티에 효과라 한다.
펠티에 효과는 전자 냉동기의 원리에 이용된다.

답 ①

26 전자 냉동기의 원리로 이용되는 것은?

① 제어벡 효과 　　　　　　　　　　② 펠티에 효과
③ 톰슨 효과 　　　　　　　　　　　④ 패러데이 효과

풀이 제어벡 효과의 반대되는 현상으로 두 종류의 금속을 폐회로를 만들고, 두 금속의 접합점에 전류를 흘려주면 접합점 주변에서 열의 흡수 또는 발생이 일어나는 현상을 펠티에 효과라 한다.
펠티에 효과는 전자 냉동기의 원리에 이용된다.

답 ②

2과목

전기기기

01 직류기

직류기는 직류발전기와 직류전동기의 총칭을 말한다. 발전기는 기계적인 에너지를 전기적인 에너지로, 전동기는 전기적인 에너지를 기계적인 에너지로 변환하는 장치이다. 직류 발전기는 일반적으로 화학 공업용, 통신용, 전기 용접용 등에 사용되며, 직류전동기는 속도를 제어하기 쉽고 급격한 부하가 전동기에 걸려도 안전하게 운전할 수 있는 특징이 있어, 전기철도용, 제철용, 제지공업용, 엘리베이터, 시멘트 공업용 등에 사용된다.

1. 직류발전기의 원리

직류 발전기란 원동기(발전기의 동력을 얻는 장치)로부터 동력을 전달받아 계자라 불리는 자장 중에서 전기자에 의해 도체를 회전시킴으로서 도체에 렌츠의 전자유도 법칙과 플레밍의 오른손법칙에 의해 기전력(전압을 발생)을 만들어 내는 장치를 말한다.

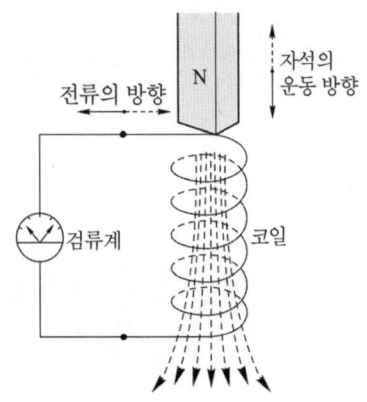

그림 1-1 렌츠의 전자유도 법칙

그림 1-1과 같이 여러 번 감은 코일에 막대자석을 상하로 운동시킬 경우 검류계의 눈금이 움직이는 것을 볼 수 있다. 즉, 전류가 흐른다는 것을 알 수 있다. 이 전류의 크기는 움직이는 자석의 속도가 빠를수록 커진다. 또, 전류의 방향은 N극 또는 S극에서 반대가 되며, 막대자석을 가까이할 때와 멀리할 때도 반대가 된다. 이 현상은 자

석을 고정하고, 코일을 상하로 움직여도 같은 현상이 나타난다.

자기장의 변화에 의해 도체의 기전력이 발생하는 현상을 패러데이의 전자유도법칙이라 하는데, 1834년 렌츠는 유도기전력은 유도 전류의 발생 원인이 되는 자기력선속의 변화를 방해하려는 방향으로 발생한다는 것을 알게 되었다. 이것을 **렌츠의 법칙**이라 한다.

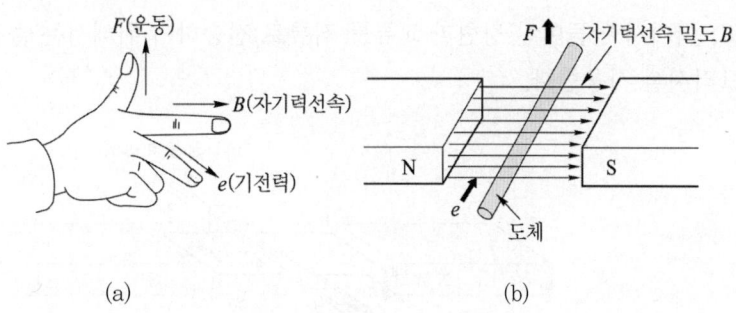

(a)   (b)

그림 1-2 플레밍의 오른손 법칙

그림 1-2 (b)에서 도체를 v 만큼의 속도로 자력선을 끊으면 도체는 기전력을 유기하게 된다. 이때 기전력의 방향을 그림 1-2 (a)와 같이 적용시킬 수 있다. 즉, 엄지 F 를 v에 적용시키고, 자력선 밀도 B를 검지로 N에서 S로 향하게 적용하면, 중지가 기전력의 방향을 가리킨다. 이것을 **플레밍의 오른손 법칙**이라 한다.

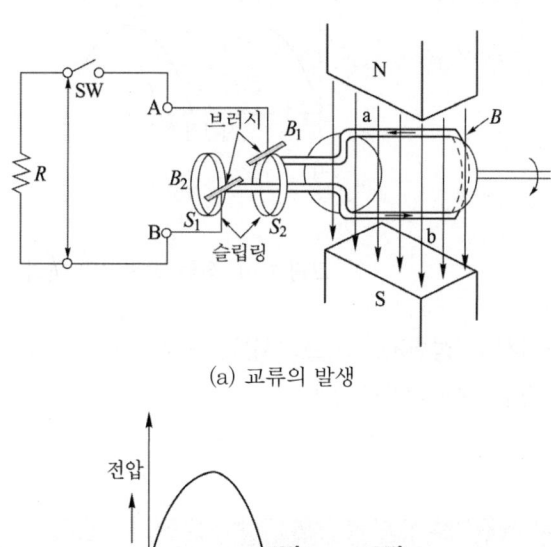

(a) 교류의 발생

(b) 도체의 순시 위치에서의 유도 기전력

그림 1-3 교류 발전기의 원리

그림 1-3은 교류 발전기의 원리를 나타낸 것이다. 자장 중에서 도체를 회전시키면 도체는 자속을 쇄교하게(끊게) 되고 이 도체는 플레밍의 오른손 법칙에 의해 기전력을 유기하게 된다. 여기서 유기된 기전력은 그림 1-3 (b)와 같은 파형을 가지는데, 이 파형은 sin파 형태를 가지므로 **정현파 교류**라고 한다.

그림 1-3 (a)에서 그림 1-3 (b)와 같은 파형의 전압을 외부로 전송하기 위해서는 슬립링이라는 것을 사용하는데 그림에서 S_1, S_2가 슬립링에 해당된다.

또, 여기서 만들어진 정현파 교류를 직류로 전송하기 위해서는 슬립링 대신 정류자와 브러시를 사용한다.

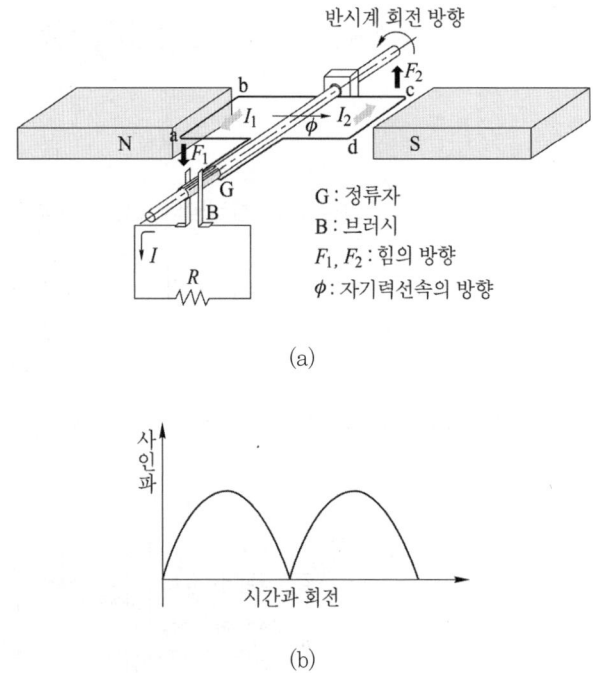

(a)

(b)

그림 1-4 직류 발전기의 원리

그림 1-4에서 G(**정류자**), B(**브러시**)는 도체 a b c d에서 만들어진 기전력을 외부로 연결하는 전송하는 역할을 한다.

2. 직류발전기의 구조

직류기의 실제 구조는 그림 1-5와 같으며, 이를 구성하는 **주요 부분은 계자, 전기자, 정류자**이다.

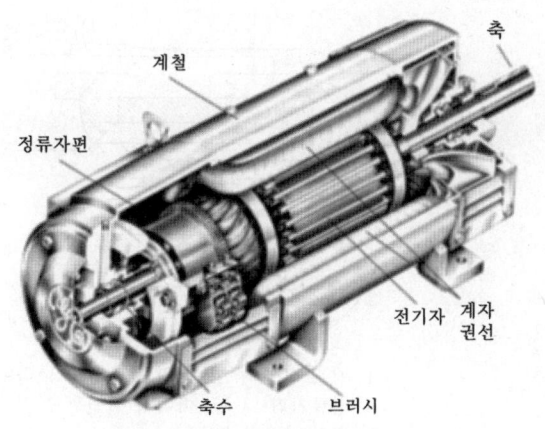

계철

축

정류자편

전기자　계자 권선

축수　　브러시

그림 1-5 직류 발전기의 구조

(1) 계자(Field magnet)

주 자속(N, S 극과 같은 역할을 한다.)을 발생하는 부분으로 자극과 계철로 구성되어 있다.

(2) 전기자(Armature)

기전력을 유기하는 부분으로 철심과 전기자 권선으로 되어 있다. 이 전기자 권선부분이 계자에서 만들어지는 자속을 쇄교하여(끊어) 기전력을 유기한다(만든다).

0.35~0.5[mm]의 연강판으로 **성층(맴돌이 전류와 히스테리시스손의 손실을 감소**시키기 위한 규소 함량 1~1.4[%] 정도의 **규소 강판**을 겹쳐서 적층 시킨 것)한 전기자 철심과 전기자 권선으로 구성되어 있다.

(3) 정류자(Commutator)

전기자에 의해 발전된 기전력을 직류로 변환하는 부분으로 브러시와 접촉하는 정류자편이 모여 있다.

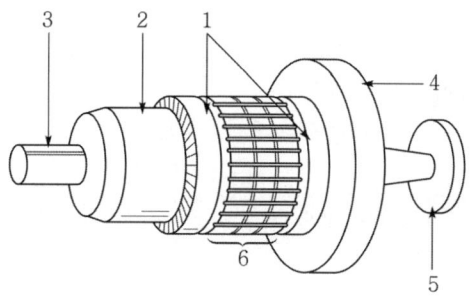

1. 바인드선(강선)　2. 정류자　3. 축
4. 통풍 날개　5. 베어링　6. 성층 철심

그림 1-6 전기자의 구조

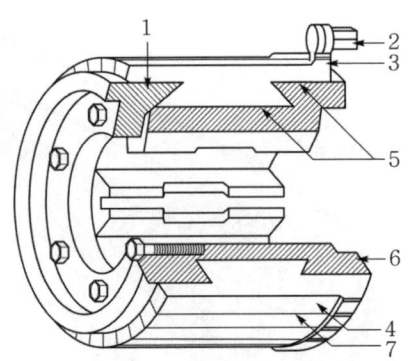

1. 쥠 고리　　　2. 코일 인출선　3. 라이저
4. 정류자편　　5. 마이카 절연　6. 정류자 통
7. 편간 마이카

그림 1-7　정류자의 구조

(4) 브러시(Brush)

내부회로와 외부회로를 전기적으로 연결하는 부분이며, 탄소 브러시, 흑연 브러시, 금속브러시가 있다. 일반적으로 **양호한 정류를 얻기 위해서는 탄소 브러시**를 사용하는데, 이유는 접촉 저항이 크기 때문이다.

3. 전기자 권선법

(1) 전기자 권선

기전력을 양호하고 안정되게(크게) 유기하기 위하여 **고상권**, **2층권**, **폐로권**을 선택한다.

① 환상권
② 고상권 ┌ 개로권
　　　　 └ 폐로권 ┌ 단층권
　　　　　　　　 └ 2층권 ┌ 중권(병렬권)
　　　　　　　　　　　　 └ 파권(직렬권)

※ 직류기는 대부분 2층권을 사용한다.

전기자 권선법은 직류 발전기의 용도에 따라 중권과 파권으로 구분하여 권선을 한다. 중권과 파권의 특성을 비교하면 다음 표와 같다.

중권과 파권의 비교

비교 항목	중권(병렬권)	파권(직렬권)
코일 정수		
합성 권선 피치(y)	$y = y_1 - y_2$	$y = y_1 + y_2$
전기자 병렬 회로수(a)	극수와 같다($a = p$)	항상 2($a = 2$)
브러시의 수(B)	극수와 같다($B = p$)	2개 또는 극수만큼 설치
균압 접속	4극이상 필요	불필요
용 도	저전압, 대전류	고전압, 소전류

여기서, **균압 접속**이란 중권에서 전기자 권선이 국부적으로 과열하는 것을 방지하기 위한 것으로 전기자 권선 등전위의 점을 저항이 적은 도선으로 접속하여 순환 전류가 브러시를 통해 흐르지 않도록 하여 권선이 파열되는 것을 막아주는 접속을 말한다.

4. 유기 기전력

총도체수가 Z, 병렬회로수가 a(중권의 경우 극수와 같으며, 파권의 경우는 항상 2이다). 극수가 p극, 회전수 N[rpm]의 직류 발전기의 유기기전력은 아래 식으로 표시한다.

$$E = \frac{pZ}{a}\phi n = \frac{pZ}{a}\phi \frac{N}{60} = K\phi N [\text{V}]$$

단, Z : 전기자 도체수

　ϕ : 자속수[Wb]

　n : 회전 속도[rps]

　N : 회전 속도[rpm]

　K : 비례 상수$\left(\because K = \dfrac{pZ}{60a} \right)$

　a : 병렬 회로수

　p : 극 수

이 식에서 $E = K\phi N$ 이므로 기전력은 자속과 회전수의 곱에 비례한다.

즉, **자속이 0 인 경우는 기전력이 발생할 수 없으며, 반드시 자속이 있어야 한다.** 이것은 회전수만으로는 발전할 수 없음을 의미한다.

직류 발전기는 자여자 발전기와 타여자 발전기로 구분하는데, 자여자 발전기의 경우 스스로 자속을 만들므로 잔류자기가 있어야 발전이 가능하다는 것을 설명하는 식이다.

5. 전기자 반작용

전기자 전류에 의하여 생긴 자속이 계자에 의해 발생 되는 주자속에 영향을 주는 현상을 전기자 반작용이라 한다.

전기자 반작용이 생기면, 주자속이 왜곡(일그러지는 현상)되고 감소하게 된다. 이로 인하여 발전기와 전동기에는 좋지 않은 영향을 준다.

(1) 영향

① 주자속 감소

② 유기 기전력 감소 (전동기의 경우는 토크가 감소하며, 속도가 증가한다.)

③ 전기적 중성축 이동

④ 브러시에 불꽃 발생

(2) 방지 대책

전기자 반작용은 전기자 전류에 의해 생긴 자속(전기자 기자력)이 원인 이므로 이를 상쇄하는 것이 방지대책이 된다.

계자극에 홈을 파고 권선을 감아 **전기자와 직렬로 연결하여 반대방향의 전류를 흘려줌으로서 대부분의 전기자 반작용 기자력을 상쇄**시킨다. 이 권선을 **보상권선**이라 한다.

그러나 중성축 부분의 전기자 반작용은 상쇄할 수 없으므로 별도의 자극을 설치하여 중성축 부분의 전기자 반작용을 상쇄시켜 전기자 반작용을 방지하는데, 이를 **보극**이라 한다.

전기자 반작용을 방지하는 방법은 다음과 같다.

① 보상 권선 설치

② 보극 설치

③ 전기자 기자력보다 상대적으로 계자 기자력을 크게 한다.

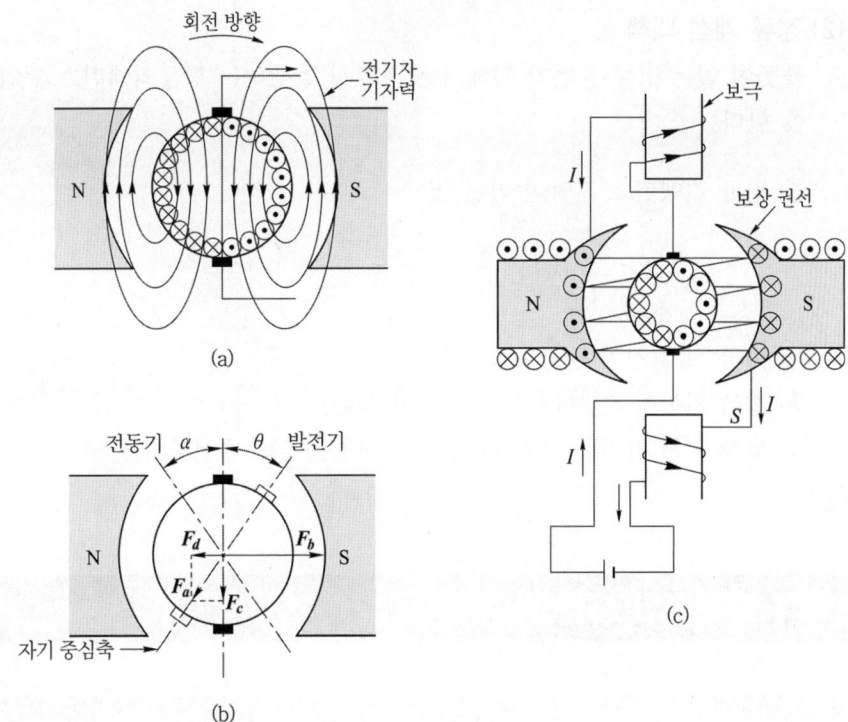

그림 1-8 보상 권선 및 보극

그림 1-8 (a)는 전기자기자력을 나타낸 것이며, 그림 1-8 (b)는 전기자 반작용에 의한 중성축의 이동을 나타낸 것이다. 그림 1-8 (c)는 보극과 보상권선을 설치한 것을 나타낸 것이다.

6. 정류작용

직류 발전기의 전기자 권선 안에 유기되는 기전력 교류를 직류로 변환하는 작용을 정류작용이라 한다.

(1) 정류 주기

코일이 브러시에 단락된 순간부터 단락이 끝날 때까지의 시간(0.5~2[m/s])

$$T_c = \frac{b-\delta}{v} = \frac{b-\delta}{\pi DN} \times 60 \ [\text{sec}]$$

여기서, b : 브러시 두께[m], v : 주변 속도[m/s], δ : 절연물 두께[m]
N : 회전수[rpm], D : 회전자지름[m]

(2) 정류 개선 대책

불꽃이 없는 정류를 얻기 위해서는 정류시 발생하는 평균리액턴스 전압을 작게 하여야 한다.

① 평균 리액턴스 전압이 작을 것

$$e_r = L\frac{2I_c}{T_c}[\text{V}]$$

② 보극 설치(전압 정류)
③ 접촉 저항이 큰 브러시 사용(저항 정류)
④ 보상 권선 설치(전기자 반작용을 줄여 정류를 개선한다.)

7. 직류 발전기의 종류 및 특성

1) 타여자 발전기

타여자 발전기는 별도의 독립된 여자 전원을 가지고 있는 발전기로 그림 1-9와 같이 나타낼 수 있다.

특성식 : $E = V \pm I_a R_a$, $I_a = I$

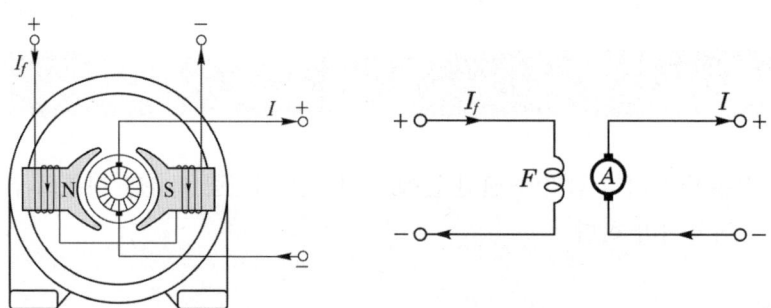

그림 1-9 타여자 발전기

(1) 무부하 특성 곡선

유기 기전력 E 와 계자 전류 I_f 의 관계 곡선을 무부하 특성 곡선이라 한다.

그림 1-10에서 AB 구간은 계자전류에 비례하여 유도전압이 증가하게 되며, BC구

간에서는 철심의 자기포화현상으로 직선적으로 증가하지 못하며, 완만하게 증가하다 더 이상 전압이 증가하지 않게 된다. OA 구간은 계자 전류가 0이어도 잔류자기에 의해 유도되는 전압을 나타낸 것이다.

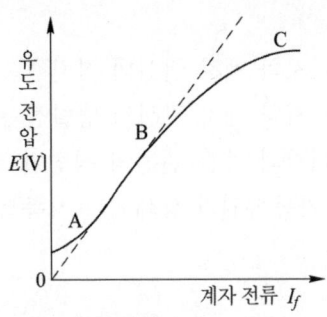

그림 1-10 타여자 발전기의 무부하 특성 곡선

타여자 발전기에 경우에는 잔류자기가 없어도 발전이 가능하며, 원동기의 회전방향을 반대로 하면 +, − 극성이 반대로 발전하게 된다.

(2) 외부 특성 곡선

단자 전압 V 와 부하 전류 I 의 관계 곡선을 외부 특성 곡선이라 한다.

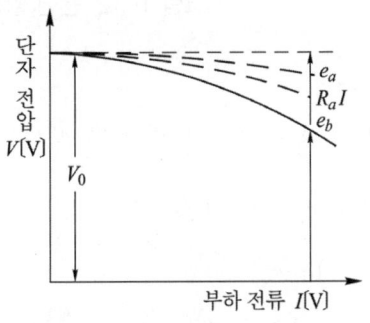

그림 1-11 타여자 발전기의 외부 특성 곡선

그림 1-11은 부하전류가 증가하면 전압강하 $R_a I_a$ 가 증가함에 따라 단자전압이 점차 감소하는 것을 보여준다. 타여자 발전기는 일반적으로 정격부하에서 전압변동이 적은 **정전압 발전기**로 분류된다. 타여자 발전기는 전기 화학 공업용의 저전압 대전류용, 실험실용 전원, 대형 교류발전기의 주여자기, 직류 전동기 속도 제어용 전원, 속도계용 발전 등에 사용된다.

2) 자여자 발전기

자여자 발전기는 전기자와 계자 권선의 접속 방법에 따라 분권, 직권, 복권 발전기로 나눈다.

- **직권 발전기** : 전기자와 계자 권선의 직렬접속
- **분권 발전기** : 전기자와 계자 권선의 병렬접속
- **복권 발전기** : 전기자와 계자 권선의 직병렬 접속하며, 직권계자 자속과 분권계자 자속이 더해지는 가동복권과 상쇄되는 차동복권으로 나뉜다.

(1) 분권 발전기

그림 1-12는 분권발전기를 나타낸 것이다.

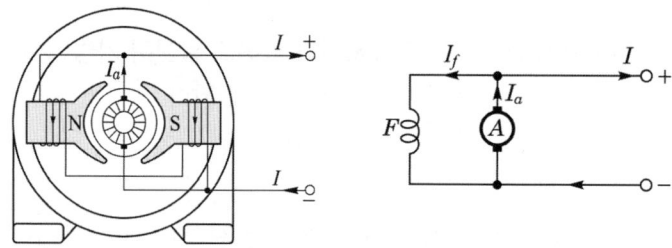

그림 1-12 분권 발전기

① 무부하 특성 곡선

유기 기전력 E와 계자 전류 I_f 의 관계 곡선을 **무부하 특성 곡선**이라 한다.

$$V = R_f I_f , \quad V = E - R_a I_a$$

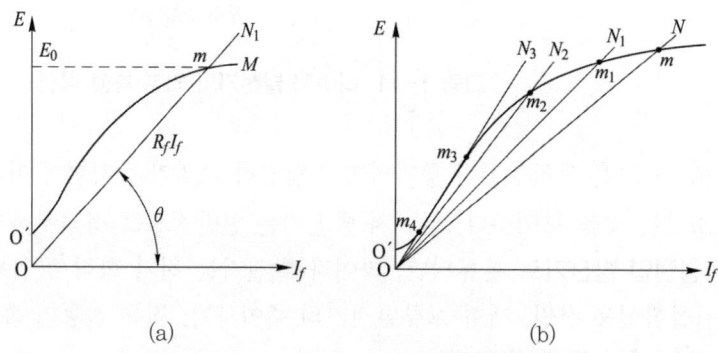

그림 1-13 분권 발전기의 무부하 특성 곡선

그림 1-13 (a)에서 ON_1은 계자저항선으로 무부하 포화곡선인 $O'M$과 만나는 m에서 전압이 확립되며, 이 점을 **전압확립점**이라 한다.

이 곡선에서 θ값의 증감으로 계자저항선의 변화에 대한 전압 확립점의 변화를 나타낸 것이 그림 1-13 (b)로 m_4에서부터 m_3까지는 일정전압을 유지할 수 없는 점으로 전압이 확립되지 않는다. 이러한 계자저항선 N_3를 임계저항선이라 한다.

② 외부 특성 곡선

단자 전압 V와 부하 전류 I의 관계 곡선을 외부특성곡선이라 한다.

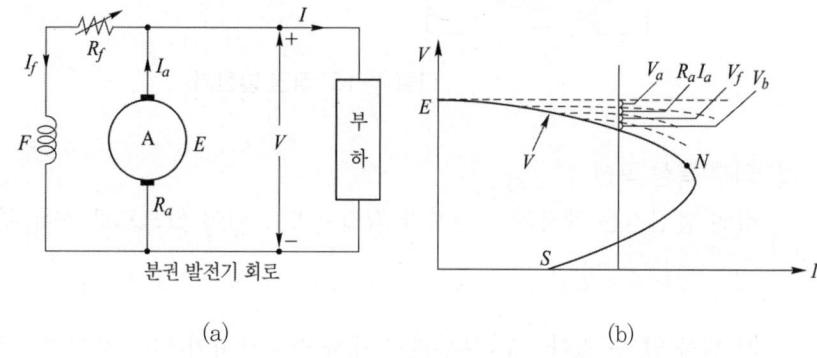

(a)   (b)

그림 1-14 분권 발전기 회로 및 외부 특성 곡선

그림 1-14 (a)의 회로도에서 전압을 구하면

$$V = E - I_a R_a - V_f - V_b - V_a \text{ 이며, } I_a = I + I_f = I + \frac{V}{R_f} \text{가 된다.}$$

여기서, V_f : 계자 전압강하

V_a : 전기자 반작용에 의한 전압강하

V_b : 브러시에 의한 전압강하

이때 전압 V와 전류 I 사이를 관계를 그림으로 나타내면 그림 1-14 (b)와 같이 된다. 분권 발전기는 부하가 계속 증가하여 I가 커지게 되면 전압강하가 심하게 되어 V가 줄어들게 된다. 이에 따라 계자 전류 $I_f = \dfrac{V}{R_f}$가 줄어들어 자속이 감소하게 되며, 기전력 E 또한 줄어들게 된다.

분권 발전기는 타여자 발전기와 같이 전압변동률이 적으므로 **정전압 발전기**로 분류되며, 또한 스스로 여자 하므로 별도의 여자 전원이 필요 없는 특징이 있다.

계자 저항기를 사용하여 전압을 조정할 수 있으므로 전기 화학 공업용 전원, 축전지의 충전용, 동기기의 여자용 및 일반 직류 전원용으로 사용된다.

(2) 직권 발전기

직권 발전기는 전기자와 계자 권선이 직렬로 연결된, 전기자에서 발생한 기전력으로 주자극에 계자전류를 흘리는 발전기이다.

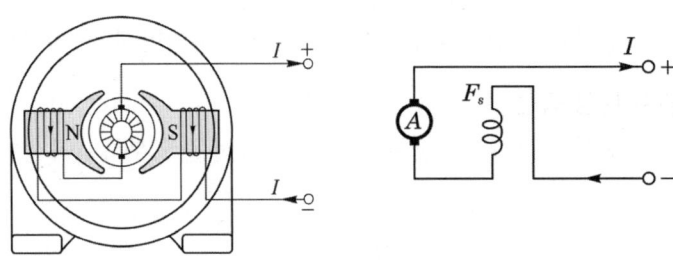

그림 1-15 직권 발전기

① 외부 특성 곡선

직권 발전기는 계자와 전기자가 직렬로 연결되어 있으므로 전류 부하 전류는

$$I = I_f = I_a$$

가 됨을 알 수 있다. 즉, 무부하시 계자 전류가 0이 되어 자기 여자로 전압을 확립할 수 없는 특징이 있다. 따라서 직류 직권 발전기의 무부하 포화 곡선은 나타낼 수 없다.

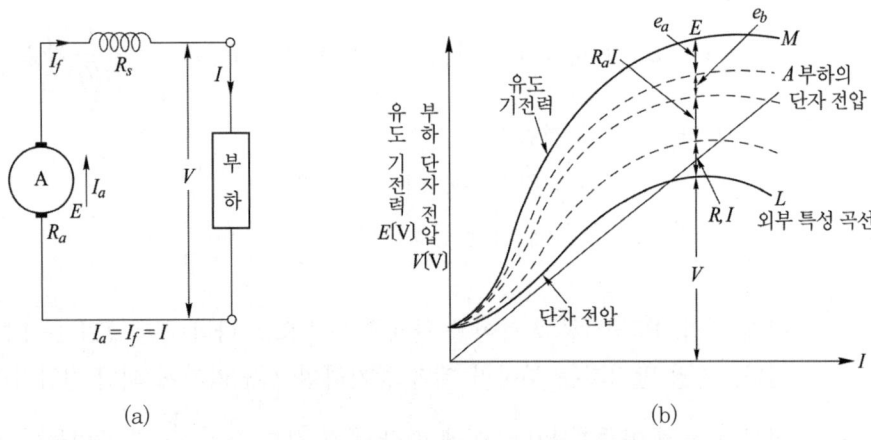

그림 1-16 직권 발전기의 외부 특성 곡선

그림 1-16 (a)에서 특성식은

$$E = V + I_a (R_a + R_s) , \quad I = I_f = I_a$$

가 된다.

직권 발전기의 외부 특성 곡선은 V와 I의 관계 곡선으로 그림 1−16(b)와 같이 나타낼 수 있다.

외부 특성 곡선은 무부하시에는 부하전류가 거의 흐르지 않아 전압강하가 작게 되나, 점차 부하가 증가할수록 부하전류가 많이 흐르게 된다. 이 전류로 인하여 계자 자속이 증가하고, 기전력이 증가하며, 전압강하도 무부하시 보다 크게 된다.

8. 직류발전기의 병렬운전조건

병렬운전은 다음과 같은 경우 실시한다.

- 1대의 발전기로 용량이 부족할 때
- 부하 변동의 폭이 클 때에는 경부하에 대한 효율을 좋게 하기 위해
  − 전부하시에는 두 대로 병렬 운전하고, 경부하시에는 한 대만을 운전한다.

(1) 병렬운전 조건
① 정격 전압 및 극성이 같을 것
② 외부 특성 곡선이 어느 정도 수하 특성일 것
③ 용량이 다를 경우 [%] 부하 전류로 나타낸 외부 특성 곡선이 거의 일치할 것

(2) 병렬운전 시 부하분담
각 발전기의 유도기전력 E와 전기자 회로의 저항 R_a에 의해서 결정된다.

① 저항이 같으면 유기 전압이 큰 측이 부하를 많이 분담하며,
② 유기 전압이 같으면 부하는 전기자 회로 저항에 반비례해서 분배된다.

$$E_1 - R_{a1}(I_1 + I_{f1}) = E_2 - R_{a2}(I_2 + I_{f2}) = V$$

단, E_1, E_2 : 각 기의 유도 기전력[V]
R_{a1}, R_{a2} : 각 기의 전기자 저항[Ω]
I_1, I_2 : 각 기의 부하 분담 전류[A]
I_{f1}, I_{f2} : 각 기의 계자 전류[A]
V : 단자 전압[V]

(3) 직권 발전기와 복권 발전기의 병렬운전
직권계자가 있는 직류 직권발전기와 직류 복권발전기는 병렬운전을 안정히 하기 위하여 균압선을 설치해야 한다.

그림 1-17 (a)는 균압선이 없는 경우로 기전력과 전압강하 등이 모두 동일할 때 병렬운전이 가능하나 어느 발전기 하나가 기전력이 크게되면 기전력이 큰 발전기가 모든 부하분담을 가지므로 병렬운전이 불가능하다. 따라서 직권계자의 전단에 균압선을 설치함으로서 병렬운전을 안정하게 할 수 있다.

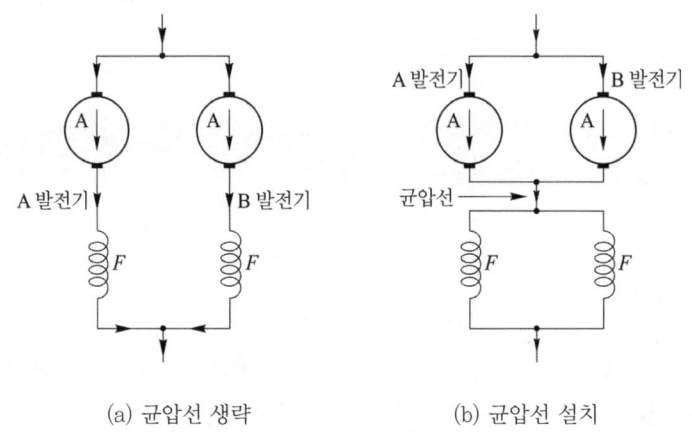

(a) 균압선 생략   (b) 균압선 설치

그림 1-17 직류 발전기의 병렬운전

9. 직류 전동기의 구조 및 원리

직류 전동기의 구조는 발전기와 같은 구조를 하고 있다. 즉, 직류 발전기를 직류 전동기로 사용할 수도 있다. 또, 직류 전동기를 직류 발전기로도 사용할 수 있다.
직류 전동기의 종류는 발전기와 같이 타여자 전동기와 자여자 전동기로 분류할 수 있으며, 자여자 전동기는 분권 전동기, 직권 전동기, 복권 전동기로 분류할 수 있다.
직류 전동기의 원리는 플레밍의 왼손법칙에 의해 증명된다.

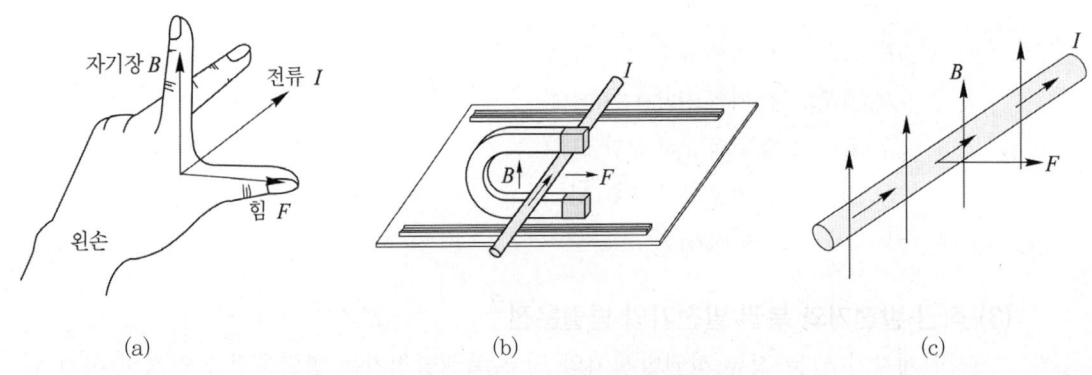

(a)   (b)   (c)

그림 1-18 플레밍의 왼손법칙

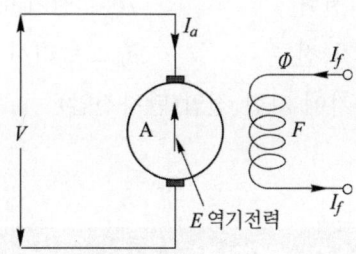

그림 1-19 타여자 직류 전동기의 회로도

그림 1-19는 직류 전동기 중 타여자 전동기의 회로도를 나타낸 것이다.

타여자 전동기는 별도의 독립된 여자 전원을 발전기와 같이 가지고 있다.

타여자 전동기는 계자가 만드는 자기장 속에서 회전하므로 전동기도 발전기와 같이 기전력을 유기한다. 이 기전력을 역기전력이라 하며, **전원전압에 대하여 전압강하의 역할**을 한다.

$$E = V - R_a I_a = \frac{pZ}{a}\Phi n = \frac{pZ}{a}\phi\frac{N}{60} = K_1 \phi N [\text{V}]$$

$$\left(\because \ K_1 = \frac{pZ}{60a}\right)$$

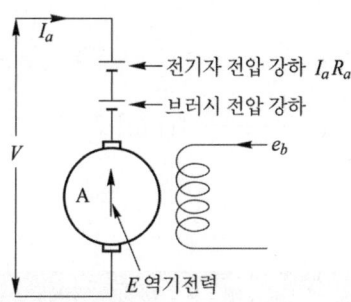

그림 1-20 전압강하를 포함한 타여자 직류 전동기의 회로

그림 1-20은 전기자 전압 강하와 브러시 전압강하를 포함한 타여자 전동기 회로를 나타낸 것이다.

전동기의 일반적인 전압방정식은

$$V = E_c + R_a I_a + e_b$$

가 된다.

여기서, E_c : 역기전력 R_a : 전기자 저항

I_a : 전기자 전류 e_b : 브러시 전압강하

V : 전동기에 가한 전압(단자전압)

10. 전동기의 회전수와 회전력

전동기는 전기적인 에너지를 기계적인 에너지로 변환하여 사용하는 기계로 회전수와 회전력이 중요한 부분을 차지한다.

(1) 회전력

$$\tau = \frac{pZ}{2\pi a}\phi I_a = \frac{EI_a}{2\pi n} = K_2\phi I_a[\text{N·m}] \left(\because\ K_2 = \frac{pZ}{2\pi a} \right)$$

$$\tau = \frac{EI_a}{\omega} = \frac{P_m}{\omega}[\text{N·m}]\ ,\ \ \omega = 2\pi n = 2\pi \frac{N}{60}$$

$$\tau = \frac{1}{9.8}K_2\phi I_a[\text{kg·m}]\ (\because\ 1[\text{kg·m}] = 9.8[\text{N·m}]\ )$$

$$\tau = 0.975\frac{P}{N}[\text{kg·m}]$$

(2) 회전수

$$N = \frac{E}{K_1\phi} = \frac{V - R_a I_a}{K_1\phi}[\text{rpm}]$$

11. 직류 전동기의 종류 및 특성

직류 전동기는 발전기와 동일하게 종류를 가지고 있다.

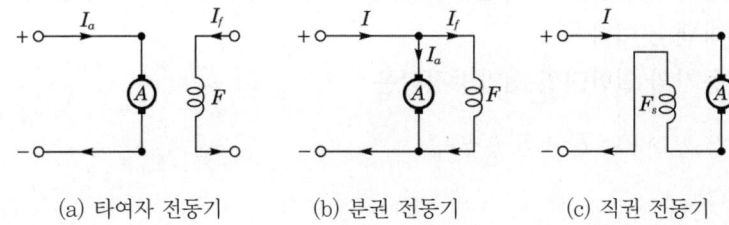

(a) 타여자 전동기   (b) 분권 전동기   (c) 직권 전동기

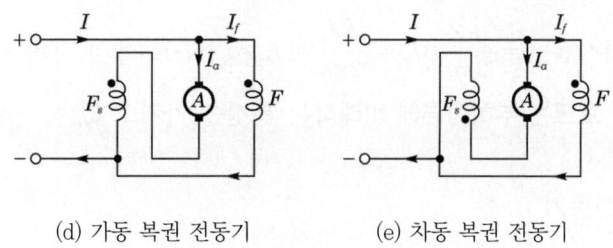

(d) 가동 복권 전동기   (e) 차동 복권 전동기

그림 1-21 직류 전동기의 종류

여기서, A : 전기자

F : 계자 권선

F_s : 직권 계자 권선

I : 부하전류

I_a : 전기자 전류

I_f : 분권 또는 타여자 계자 전류

별도의 독립된 여자 전원을 가지고 있는 타여자 전동기와 계자회로를 전기자와 직렬로 연결하는 직권 전동기, 계자회로를 전기자와 병렬로 연결하는 분권 전동기, 직렬과 병렬을 모두 가지고 있는 복권 전동기가 있다.

(1) 타여자 전동기

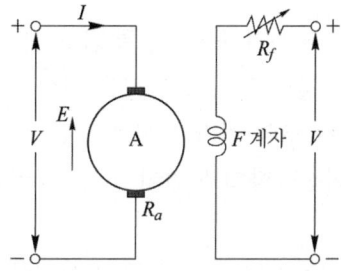

그림 1-22 타여자 전동기 회로

그림은 타여자 전동기의 등가회로를 나타낸 것이다.

타여자 전동기는 독립된 여자 회로를 가지고 있으므로 **전원의 극성을 반대로 할 경우 회전방향이 반대로 되는 특성**이 있다.

속도 특성은 $N = \dfrac{E}{K_1 \phi} = \dfrac{V - R_a I_a}{K_1 \phi}$ [rpm] 식에서 자속 ϕ 가 일정하므로 정속도 특성을 가지고 있다.

토크 특성은 $\tau = \dfrac{pZ}{2\pi a}\phi I_a = \dfrac{EI_a}{2\pi n} = K_2\phi I_a[\mathrm{N \cdot m}]$에서 자속 ϕ가 일정하므로 $I = I_a$의 관계로 **토크는 부하전류에 비례**하는 특성을 가지고 있다.

(2) 분권 전동기

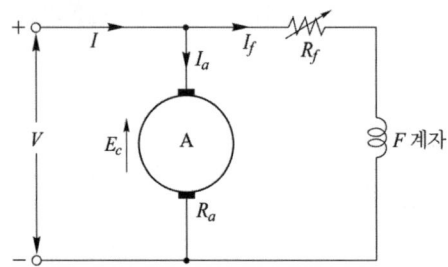

그림 1-23 분권 전동기 회로

그림은 전기자 회로와 계자회로가 병렬로 연결된 것으로 분권전동기의 등가회로를 나타낸 것이다.

분권 전동기는 전원전압이 일정할 경우 계자 전류가 일정하여, 자속이 일정하게 되므로

$$N = \frac{V - I_a R_a}{K_1 \phi} \propto (V - I_a R_a)$$

의 식에 의해 **속도는 부하가 증가할수록 감소하는 특성**을 나타낸다. 이 감소는 크지 않아 타여자 전동기와 같이 정속도 특성을 나타낸다.

분권 전동기는 계자회로와 전기자 회로가 같은 회로로 연결되어 있으므로 전원의 극성을 반대로 하면 회전방향이 불변이 된다. 이러한 특성은 자여자 전동기에도 해당된다.

다음 그림은 분권 전동기의 속도와 토크 특성을 표시한 것이다.

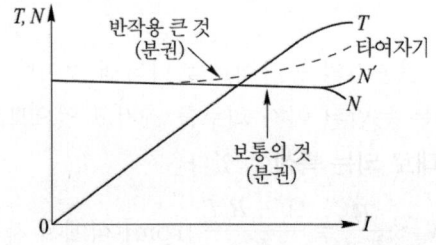

그림 1-24 분권 전동기의 속도 및 토크 특성곡선

토크 특성은

$$\tau = K_2\phi I_a \propto I_a [\mathrm{N \cdot m}]$$

에서 자속 ϕ가 일정하므로 **토크는 부하전류에 비례하는 특성**을 가지고 있다.

(3) 직권 전동기

직권전동기는 $I = I_f = I_a$의 특성을 가지고 있으므로 속도는

$$N = \frac{V-(R_a+R_s)I_a}{K_1\phi} = \frac{E}{K_1\phi} \propto \frac{1}{I_a}$$

식에 의해 부하 **전류에 반비례**하는 특성이 있다. 즉, 부하가 증가하면 속도는 반비례
하여 감소한다.

토크는

$$\tau = K_2\phi I_a = K_2 I_a^2 \propto I_a^2$$

식에 의하여 **부하 전류의 제곱에 비례**한다. 즉, 부하가 증가 할수록 토크는 크게 된다.

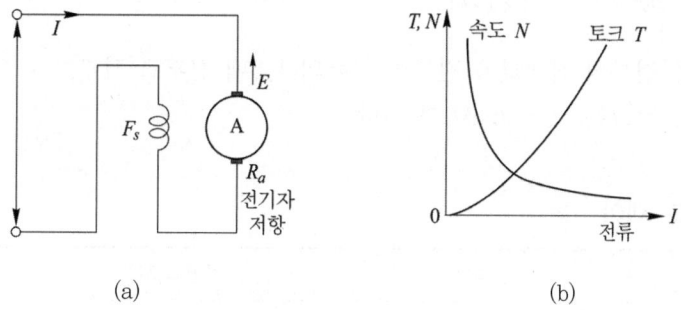

(a)　　　　　　　　　(b)

그림 1-25 직권 전동기의 특성

이러한 특성을 나타낸 것이 그림 1-25 (b)와 같으며 이러한 특성에 의해 직류 직권
전동기가 전기철도용 전동기로 사용된다.

종 류	용 도
타여자	압연기, 대형의 권상기 및 크레인, 엘리베이터
분권	직류 전원이 있는 선박의 펌프, 환기용 송풍기
직권	전차, 권상기, 크레인과 같이 기동 횟수가 빈번하고 토크의 변동이 심한 부하
가동 복권	크레인, 엘리베이터, 공작 기계, 공기 압축기

(4) 속도 변동률

$$\epsilon = \frac{N_0 - N_n}{N_n} \times 100[\%]$$

단, N_0 : 무부하 속도, N_n : 정격 속도

12. 기동 및 속도제어

(1) 직류 전동기의 기동

기동시는 $N = 0$이므로 $N = K\dfrac{V - I_a R_a}{\phi}$에서 기동 전류 $I_a = \dfrac{V}{R_a}$가 되어 대단히 크므로 전기자 회로에 직렬로 저항기를 넣어 기동 전류를 제한한다.

$$\text{기동 전류}\ \ I_s = \frac{V - E_c}{R_a + R_s} = \frac{V}{R_a + R_s}\ \ (\because 기동\ 시\ E = 0)$$

단, R_s : 기동 저항[Ω]

기동 전류의 최댓값은 전부하 전류의 1.5배 전후로 된다.
기동 토크는 $\tau_s = K_2 \phi I_s$가 된다.

(2) 속도 제어

구분	특성	분권 및 타여자	직권
계자 제어법	효율 양호 정류 악화 정출력 가변 속도	속도 제어 범위는 최저 최고비가 1 : 2 ~ 1 : 4(보상 권선이 있을 때) 정도	무부하에 있어서 ϕ가 대단히 작으면 속도가 아주 높아지므로 주의가 필요
직렬 저항법	효율 나쁨 정토크 가변 속도	정속도 특성을 잃는다.	직렬 저항법과 전압 제어법을 병용하여 전차 등에 널리 사용되고 있다.
전압 제어법	위의 두 가지에 비하여 고가이나 광범위한 속도 제어가 가능하다.	타여자 전동기에 적용된다. 워드 레오나드 방식, 일그너 방식, 승압기 방식 등이 있다.	

$$기본식 \ n = \frac{V - R_a I_a - v_b - e_a}{K_1 \phi} [\text{rpm}] \ \left(\because \ K_1 = \frac{pZ}{60a} \right)$$

단, v_b : 브러시의 접촉 저항에 의한 전압 강하[V]

e_a : 전기자 반작용 전압 강하[V]

속도의 기본식의 의해 자속을 변화시키는 계자제어, 전압을 변화시키는 전압제어, 전기자 저항을 변화시키는 저항제어로 나눌 수가 있다.

(3) 전기 제동

① 발전 제동

운전중인 전동기를 전원에서 분리하면 발전기로 동작한다. 이때 발생된 전력을 열로 소비하는 제동법을 발전제동이라 한다.

② 회생 제동

운전중인 전동기를 전원에서 분리하면 발전기로 동작한다. 이때 발생된 전력을 제동용 전원으로 사용하면 회상제동이라 한다. 이 경우는 언덕을 내려가는 전차 등에서 사용할 수 있다.

③ 플러깅(plugging) 제동

플러깅 제동은 급제동시 사용하는 방법으로 역전제동이라고도 한다. 제동시 전동기를 역회전시켜 속도를 급감시킨 다음 속도가 0에 가까워지면 전동기를 전원에서 분리하는 제동법이다.

13. 손실 및 효율, 정격

(1) 손실

철손 P_i	히스테리시스손	$P_h = \alpha \dfrac{f}{100} B^2 [\text{W/kg}]$	$B[\text{Wb/m}^2]$, f [Hz], α 정수
	와전류손	$P_e = \beta \left(\dfrac{f}{100} B \right)^2 [\text{W/kg}]$	β 정수
동손 P_c	전기자 동손	$P_{ca} = R_a I_a^2 [\text{W}]$	R_a, R_f의 저항값은 다음 기준 온도에 있어서의 값으로 한다.
	계자동손	$P_{ef} = R_f I_f^2 [\text{W}]$	A, E, B종 절연 115[℃], F, H종 절연 155[℃]

동손 P_c	브러시손	$P_b = 2v_b I_a [\text{W}]$	V_b는 브러시 1개당 다음 값으로 한다. (1) 탄소 및 흑연 브러시 　　(접속끈 부착) 1[V] (2) 탄소 및 흑연 브러시 　　(접속끈 없음) 1.5[V] (3) 금속 흑연 브러시 　　(접속끈 부착) 0.3[V]
기계손 P_m	마찰손 $\begin{bmatrix} 브러시 \\ 베어링 \end{bmatrix}$		
	풍손		
표유 부하손 P_s	표유 부하손은 전류의 제곱으로 변화하는 것으로 하고 그 값은 최대의 정격 전류에 있어서 다음과 같이 정한다. － 보상 권선이 없는 직류기 : 기준 출력의 1[%] － 보상 권선이 있는 직류기 : 기준 출력의 0.5[%]		
전손실	$P_i + P_c + P_m + P_s$		

(2) 효율

$$\text{실측 효율 } \eta = \frac{출력}{입력} \times 100[\%]$$

$$\text{규약 효율 } \eta = \frac{출력}{출력 + 손실} \times 100[\%] \text{ (발전기)}$$

$$\eta = \frac{입력 - 손실}{입력} \times 100[\%] \text{ (전동기)}$$

(3) 정격(rating)

직류기기의 정격은 지정된 조건하에서의 기기를 사용할 수 있는 한도를 말한다. 회전 전기기기에서는 출력에 대해서 사용한도가 정해져 있을 뿐만 아니라 전압·회전속도 등에 대해서도 정격이 정해지며, 각각 정격출력·정격전압 등이라 한다. 이와 같은 정격값은 기기에 명시하도록 되어 있다. 각 기기는 정격상태에서 가장 잘 동작할 수 있도록 설계된 것이므로 정격에 주의해서 사용해야 한다. 즉 전동기를 정격출력 이상의 출력으로 사용하면 권선(捲線)이나 철심의 온도가 허용값을 초과하여 절연물이 열화될 염려가 있다. 또 정격회전속도보다 높은 속도로 운전하면 베어링을 비롯하여 그 밖의 부분의 기계적 부담이 커지며, 심한 경우는 파손된다.

정격에는 단시간정격과 연속정격, 반복정격과 공칭정격이 있는데, 단시간정격은 지정된 시간, 예컨대 30분 또는 1시간의 범위에서 사용할 것을 조건으로 설계한 것이며, 연속정격은 몇 시간 또는 며칠간 연속하여 사용할 것을 조건으로 설계된 사용한도이므로, 단시간정격인 것을 장시간 연속해서 사용하는 것은 허용되지 않는다. 또, 반복정격은 주기적으로 반복하는 부하에 적합한 정격이며, 공칭정격은 전기철도용 전원기기에 적용되는 정격이다.

14. 시험

(1) 토크 측정시험
① 보조 발전기를 쓰는 방법
② 프로니 브레이크를 쓰는 방법
③ 전기 동력계를 쓰는 방법(대형 직류 전동기 토크 측정)

(2) 온도 상승 시험
① 실부하법
② 반환 부하법

동일 정격의 두 대의 기기를 한쪽은 발전기, 한쪽은 전동기로 운전하여 상호간에 전력과 동력을 주고받도록 하여 손실만을 공급함으로써 온도상승을 측정할 수 있는 방법을 반환 부하법이라 한다. **반환 부하법의 종류는 홉킨스법, 카프법, 블론델법** 등이 있다.

1 직류기의 3대 요소 중 기전력을 발생하는 부분은 무엇인가?

① 정류자   ② 전기자   ③ 브러시   ④ 계자

풀이 직류기의 3요소는 계자, 전기자, 정류자가 되며 이들의 역할은
① 계자 : 자속을 만들어 주는 부분
② 전기자 : 도체에 기전력을 유기하는 부분
③ 정류자 : 만들어진 기전력 교류를 직류로 변환하는 부분   **답** ②

2 직류기의 전기자 철심용 강판의 두께는 몇 [mm]인가?

① 0.1~0.25   ② 0.35~0.5   ③ 0.6~0.75   ④ 1.2

풀이 전기자는 0.35~0.5[mm]의 연강판으로 성층(맴돌이 전류와 히스테리시스손의 손실을 감소시키기 위한 규소 함량 1~1.4[%] 정도의 규소 강판)한 전기자 철심과 전기자 권선으로 구성되어 있다.   **답** ②

3 전기자 철심의 규소 강판의 규소 함유량은 몇 [%]인가?

① 0.5~1.0   ② 1~2   ③ 5~6   ④ 7~8

풀이 전기자는 0.35~0.5[mm]의 연강판으로 성층(맴돌이 전류와 히스테리시스손의 손실을 감소시키기 위한 규소 함량 1~1.4[%] 정도의 규소 강판)한 전기자 철심과 전기자 권선으로 구성되어 있다.   **답** ②

4 자극수 4, 슬롯수 40, 슬롯 내부의 코일 변수 4인 단중 중권 직류기의 정류자편 수는?

① 10   ② 20   ③ 40   ④ 80

풀이 정류자편 수 $K = \dfrac{\mu}{2} N_s$에서 $K = \dfrac{4}{2} \times 40 = 80$ 가 된다.   **답** ④

5 매분 1,200 회전하는 직류기의 주변 속도 V는 몇 [m/s]인가? (단, 전기자 지름은 3[m]이다.)

① 20π ② 40π ③ 60π ④ 80π

풀이 전기자 주변속도 $V = \pi D \dfrac{N}{60}[\text{m/s}]$에서 $V = \pi \times 3 \times \dfrac{1,200}{60} = 60\pi[\text{m/s}]$ **답** ③

6 자속 밀도 0.2[Wb/m²]의 평등 자계 속에 길이 0.3[m]의 도체를 자장과 직각으로 놓고 이것을 10[N]의 힘으로 20[m/s]의 속도로 운동시킬 때 유기 기전력[V]과 전류[A]는 각각 얼마인가?

① 1.2[V], 167[A]   ② 1.4[V], 153[A]

③ 1.0[V], 185[V]   ④ 1.2[V], 176[A]

풀이　$E = BlV$, $F = BlI$ 에서 $E = 0.2 \times 0.3 \times 20 = 1.2$ [V], $I = \dfrac{10}{0.2 \times 0.3} \fallingdotseq 167$ [A]　**답** ①

7　직류기에서 중권의 병렬 회로수는 극수의 몇 배인가?

① 0.5　　　　　　② 1　　　　　　③ 2　　　　　　④ 3

풀이　중권과 파권의 비교

비교 항목	중권(병렬권)	파권(직렬권)
코일 정수		
전기자 병렬 회로수(a)	극수와 같다.($a = p$)	항상 2($a = 2$)
브러시의 수(B)	극수와 같다.($B = p$)	2개 또는 극수만큼 설치
균압 접속	4극 이상 필요	불필요
용 도	저전압, 대전류	고전압, 소전류

답 ②

8　직류기에서 파권의 특징이 중권에 비하여 이점인 것은?

① 효율이 좋다.　　　　　　② 출력이 크다.
③ 전압이 높게 된다.　　　　④ 전류가 크다.

풀이　중권과 파권의 비교

비교 항목	중권(병렬권)	파권(직렬권)
코일 정수		
전기자 병렬 회로수(a)	극수와 같다.($a = p$)	항상 2($a = 2$)
브러시의 수(B)	극수와 같다.($B = p$)	2개 또는 극수만큼 설치
균압 접속	4극 이상 필요	불필요
용 도	저전압, 대전류	고전압, 소전류

답 ③

9　직류 발전기에서 고전압을 얻는 권선법은 무엇인가?

① 2층 권선　　　　　　② 직렬 권선
③ Y결선　　　　　　　④ 병렬 권선

풀이　파권(직렬권)은 고전압 소전류에 적합한 권선법으로 병렬회로수는 항상 2인 권선법이다.　**답** ②

10 발전기가 외부 회로에 흐르는 전류가 I[A]이면 중권과 파권의 각 병렬 회로에 흐르는 전류 [A]는?

① 중권= $\dfrac{I}{P}$, 파권= $\dfrac{I}{P}$ ② 중권= $\dfrac{I}{2P}$, 파권= $\dfrac{I}{2}$

③ 중권= P, 파권=2   ④ 중권= $\dfrac{I}{P}$, 파권= $\dfrac{I}{2}$

풀이 중권의 병렬 회로수는 P이므로 병렬 회로의 전류는 $\dfrac{I}{P}$[A]가 되고 파권의 병렬 회로수는 2이므로 $\dfrac{I}{2}$이다.

답 ④

11 직류기의 유기 기전력 식은 어떤 것인가?

① $E= P\phi\dfrac{N}{60}\cdot\dfrac{Z}{a}$ ② $E= I_a r_a$

③ $E= \dfrac{P\phi Z I_a}{2\pi a}$ ④ $E= P\phi n Z$

풀이 직류발전기의 유기 기전력은 $E= P\phi n\dfrac{Z}{a}= P\phi\dfrac{N}{60}\cdot\dfrac{Z}{a}$[V]가 된다.

답 ①

12 8극 중권 발전기의 전기자 도체수 500, 매극의 자속수 0.02[Wb], 회전수 600[rpm]일 때 유기 기전력은 몇 [V]인가?

① 50   ② 100   ③ 200   ④ 250

풀이 직류발전기의 유기 기전력은 $E= \dfrac{PZ\phi N}{60a}$에서 중권(병렬권)이므로 $a= P$를 적용하면

$E= \dfrac{500\times0.02\times600\times8}{60\times8}= 100$[V]가 된다.

답 ②

13 10극 파권 발전기의 전기자 도체수 400, 매극의 자속수 0.02[Wb], 회전수 600[rpm]일 때 기전력은?

① 200   ② 220   ③ 230   ④ 400

풀이 직류발전기의 유기 기전력은 $E= \dfrac{PZ\phi N}{60a}$에서 파권이므로 $a=2$를 적용하면

$E= \dfrac{10\times400\times0.02\times600}{60\times2}= 400$[V] 가 된다.

답 ④

14 직류 발전기의 유기 기전력 E, 자속 ϕ, 회전 속도 n과의 관계는? (단, $n= \dfrac{N}{60}$[rps]이다.)

① $E\propto \phi n^2$ ② $E\propto \phi n$ ③ $E\propto \dfrac{n}{\phi}$ ④ $E\propto \dfrac{\phi}{n}$

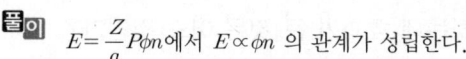

 $E = \dfrac{Z}{a}P\phi n$에서 $E \propto \phi n$ 의 관계가 성립한다.   **답** ②

15 6극 전기자 도체수 400, 매극 자속수 0.01[Wb], 회전수 600[rpm]인 직류 분권 발전기의 유기 기전력은 몇 [V]인가? (단, 전기자 권선은 직렬권이다.)

① 100   ② 110   ③ 120   ④ 130

풀이 직류발전기의 유기 기전력은 $E = \dfrac{PZ\phi N}{60a}$ 에서 파권이므로 $a = 2$를 적용하면

$E = \dfrac{6 \times 400 \times 0.01 \times 600}{60 \times 2} = 120[\text{V}]$가 된다.   **답** ③

16 직류 발전기의 유기 기전력 E 어느 것인가? (단, $K = \dfrac{PZ}{60a}$로 상수, ϕ : 자극의 자속수, B : 자속 밀도[Wb/m²], N : 회전수, I : 전기자 전류이다.)

① $K\phi N$ ② KIN ③ KI^2N ④ $KIBN$

풀이   **답** ①

17 직류 발전기의 전기자 반작용으로 일어나는 현상은 무엇인가?

① 기전력의 감소   ② 과대 전압 유기
③ 철손의 증가   ④ 철손의 감소

풀이 전기자 반작용이란 전기자에 의하여 생긴 기자력이 계자 기자력에 영향을 주는 현상을 말하며 전기자 반작용은 주자속을 왜곡시킨다.
발전기의 경우 주자속이 감소하는 경우 기전력이 감소한다.   **답** ①

18 직류 발전기의 전기자 반작용의 원인이 되는 것은 어느 것인가?

① 전기자 권선의 전류   ② 계자 권선의 전류
③ 히스테리시스손의 전류   ④ 맴돌이 전류손을 공급하는 전류

풀이 전기자 반작용이란 전기자에 의하여 생긴 기자력이 계자 기자력에 영향을 주는 현상을 말하며 전기자 반작용은 주자속을 왜곡시킨다.   **답** ①

19 전기자 반작용을 보상하는데 효과가 큰 것은 무엇인가?

① 보극   ② 균압환   ③ 보상 권선   ④ 탄소 브러시

풀이 전기자 반작용 방지에 가장 유효한 것은 보상권선으로, 전기자 권선과 직렬로 연결하여 반대 방향의 전류를 흘려줌으로써 대부분의 전기자 반작용을 방지할 수 있다. 중성축 부근의 전기자 반작용 억제방법으로는 보극이 사용된다.   **답** ③

20 직류기의 전기자 반작용의 영향을 보상하는데 효과가 큰 것은 어느 것인가?

① 탄소 브러시　　　② 보극　　　　　③ 균압 고리　　　④ 보상 권선

풀이 전기자 반작용 방지에 가장 유효한 것은 보상권선으로, 전기자 권선과 직렬로 연결하여 반대 방향의 전류를 흘려줌으로써 대부분의 전기자 반작용을 방지할 수 있다. 중성축 부근의 전기자 반작용 억제방법으로는 보극이 사용된다. 보극은 중성축의 브러시 이탈을 방지하여 양호한 정류를 얻는 조건이 된다. 이를 전압정류라 한다.　　　**답** ④

21 부하 변동이 심할 때 전기자 반작용 방지에 가장 유효한 것은 어느 것인가?

① 공극 증가　　　　　　　　　② 보극 설치
③ 보상 권선 설치　　　　　　　④ 리액턴스 전압

풀이 전기자 반작용 방지에 가장 유효한 것은 보상권선으로, 전기자 권선과 직렬로 연결하여 반대 방향의 전류를 흘려줌으로써 대부분의 전기자 반작용을 방지할 수 있다. 중성축 부근의 전기자 반작용 억제방법으로는 보극이 사용된다.　　　**답** ③

22 전기자 반작용의 영향으로서 옳지 않은 것은 어느 것인가?

① 중성축의 이동　　　　　　　② 전동기 속도의 저하
③ 발전기는 기전력 감소　　　　④ 국부적 섬락

풀이 전기자 반작용은 주자속을 감소시키며, 자속을 왜곡시킨다. 이로 인하여 발전기의 경우는 기전력이 감소하며, 전동기의 경우는 속도가 상승한다. 또한 자속의 왜곡으로 중성축이 이동되며, 정류가 불량해져 국부적 섬락이 발생한다.　　　**답** ②

23 전압 정류의 역할을 하는 것은 무엇인가?

① 보상 권선　　　　　　　　　② 리액턴스 코일
③ 보극　　　　　　　　　　　　④ 탄소 브러시

풀이 전압정류 : 보극, 저항정류 : 탄소브러시　　　**답** ③

24 저항 정류의 역할을 하는 것은 어느 것인가?

① 보상 권선　　　　　　　　　② 보극
③ 리액턴스 코일　　　　　　　④ 탄소 브러시

풀이 전압정류 : 보극, 저항정류 : 탄소브러시　　　**답** ④

25 직류기에 있어서 불꽃이 없는 정류를 얻는데 가장 유효한 방법은 어느 것인가?

① 탄소 브러시와 보상 권선　　　② 자극 포화와 브러시의 이동
③ 보극과 보상 권선　　　　　　　④ 보극과 탄소 브러시

풀이 양호한 정류를 얻는 방법
- 전압정류 : 보극설치
- 저항정류 : 탄소브러시 사용
- 리액턴스 전압감소 : 단절권 채용 및 지나친 고속회전을 피한다.   답 ④

26 직류 발전기에 탄소 브러시를 사용하는 이유는 무엇인가?

① 접촉 저항이 크다.   ② 접촉 저항이 작다.

③ 고유 저항이 동보다 작다.   ④ 고유 저항이 동보다 크다.

풀이 직류 발전기(전동기)는 불꽃이 없는 정류를 위해 보극과 접촉저항이 큰 탄소브러시를 사용한다.
   답 ①

27 보극의 설명 중 잘못된 것은 무엇인가?

① 전압 정류에 유효하다.

② 전기자 기자력과 방향이 반대이다.

③ 전기자 권선에 병렬 접속한다.

④ 극성은 발전기인 경우 회전 방향에 있는 주자극의 극성과 같게 한다.

풀이 보극은 전기자 권선과 직렬로 접속한다. 발전기의 경우 회전방향 앞쪽의 주자극과 극성이 같으며, 전동기의 경우 회전방향 뒤쪽은 주자극과 같은 극성을 가져야 한다.   답 ③

28 보극이 없는 직류 발전기의 운전 중 중성점의 위치가 변하지 않는 경우는?

① 무부하 시   ② 전부하 시   ③ 1/2 부하 시   ④ 과부하 시

풀이 무부하 시 전기자 전류가 흐르지 않으므로 전기자 반작용이 존재하지 않아 중성층의 위치가 변하지 않는다.   답 ①

29 무부하 정격 속도로 회전시 정격 전압을 유기하지 못하는 발전기는 어느 발전기인가?

① 분권 발전기   ② 직권 발전기   ③ 외분권 발전기   ④ 내분권 발전기

풀이 직권발전기는 부하전류와 계자전류가 같게 흐른다.
직권발전기는 부하전류가 0이면 계자전류가 0이 되어 자속이 0이 된다. ($I_a = I_f = 0$)
이 때문에 무부하시 직권발전기는 자기여자로 전압을 유기하지 못한다.   답 ②

30 무부하시 자기 여자로 전압을 확립하지 못하는 직류 발전기는 무엇인가?

① 직권   ② 타여자   ③ 복권   ④ 분권

풀이 직권발전기는 부하전류와 계자전류가 같게 흐른다.
직권발전기는 부하전류가 0이면 계자전류가 0이 되어 자속이 0이 된다. ($I_a = I_f = 0$)
이 때문에 무부하시 직권발전기는 자기여자로 전압을 유기하지 못한다.   답 ①

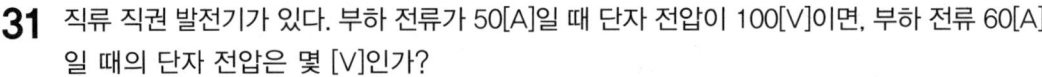

31 직류 직권 발전기가 있다. 부하 전류가 50[A]일 때 단자 전압이 100[V]이면, 부하 전류 60[A]
일 때의 단자 전압은 몇 [V]인가?

① 110   ② 120   ③ 130   ④ 140

풀이 직권 발전기의 단자전압은 부하전류에 비례한다.
즉, $E \propto I$이므로 $E = KI$, 단, K는 상수가 된다.
그러므로 50[A]일 때의 단자 전압이 100[V]이면 60[A]일 때의 단자 전압은
$\frac{V}{100} = \frac{60}{50} = 1.2$ $\therefore$ $V = 1.2 \times 100 = 120$[V]가 된다.   **답** ②

32 직류 직권 발전기에서 전기자 전류가 100[A]일 때 단자 전압은 몇 [V]인가? (단, 전기자 저항
은 0.02[Ω], 계자 저항은 0.05[Ω], 유기 기전력은 110[V]이다.)

① 100   ② 103   ③ 107   ④ 110

풀이 직권 발전기의 단자 전압 $V = E - I_a(R_a + R_s)$에서
$V = 110 - 100(0.02 + 0.05) = 103$[V]가 된다.   **답** ②

33 보통 직류 분권 발전기의 무부하 전압을 계자 저항기를 사용하여 저하시킬 때 어느 한도 이하
의 값에 있어서는 전압 안정을 유지할 수 없는 이유는 어느 경우인가?

① 잔류 자기가 적을 때   ② 계자저항과 임계저항이 같아졌을 때
③ 계자 저항기의 고장   ④ 전류계 및 전압계의 고장

풀이 직류 분권발전기의 경우 임계저항과 계자 저항값이 같게 되었을 경우 일정전압을 유지할 수 없게 된다.
    답 ②

34 직류 분권 발전기의 정상 운전에서 계자 권선의 접속을 바꾸면 나타나는 현상은?

① 약간의 유기 기전력이 발생한다.
② 정상 운전 때와 마찬가지이다.
③ 잠시 동안 발전하다가 급격히 전압이 떨어진다.
④ 유기 기전력이 발생하지 않는다.

풀이 직류 자여자 발전기는 잔류자기가 없으면 발전이 되지 않는다. 즉, 잔류자기가 없는 조건은 회전방향을
반대로 하는 경우와 계자의 접속을 반대로 하는 경우가 된다. 따라서, 자여자 발전기인 분권발전기는 잔류
자기가 소멸되어 발전이 이루어지지 않는다.   **답** ④

35 직류 분권 발전기를 역회전시키면 기전력은 어떻게 되는가?

① 발전하지 않는다.   ② 정회전 때와 같다.
③ 섬락이 일어난다.   ④ 과대 전압이 일어난다.

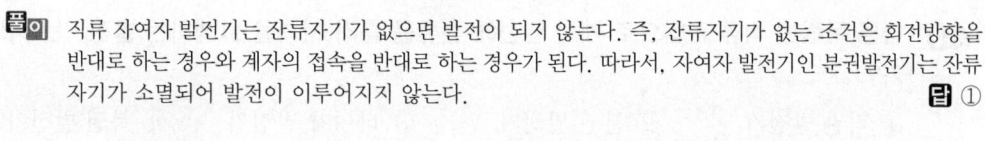

풀이 직류 자여자 발전기는 잔류자기가 없으면 발전이 되지 않는다. 즉, 잔류자기가 없는 조건은 회전방향을 반대로 하는 경우와 계자의 접속을 반대로 하는 경우가 된다. 따라서, 자여자 발전기인 분권발전기는 잔류 자기가 소멸되어 발전이 이루어지지 않는다. **답** ①

36 직류 분권 발전기를 정격 속도로 회전시켜도 전압이 확립되지 않은 경우는?

① 계자 회로의 저항이 적다. ② 잔류 자속이 많다.

③ 전기자 저항이 적다. ④ 계자 권선의 접속을 반대로 하였다.

풀이 자여자 발전기 전압확립 조건
  ① 잔류자기가 있을 것
  ② 회전방향이 잔류자기를 강화하는 방향일 것
  ③ 부하 특성곡선이 자기 포화를 가질 것
  ④ 계자저항이 임계저항 보다 작을 것 **답** ④

37 정격 속도로 회전하고 있는 무부하 분권 발전기의 유기 기전력은 몇 [V]인가? (단, 계자 저항 50[Ω], 계자 전류 2[A], 전기자 저항 1.5[Ω]이다.)

① 100 ② 103 ③ 105 ④ 110

풀이 무부하 분권발전기는 부하전류가 0 이므로 단자전압은 $V = I_f R_f = 50 \times 2 = 100$[V]가 된다.
  무부하시 $I_a = I_f$이므로
  $E = V + I_a R_a = 100 + 2 \times 1.5 = 103$[V]가 된다. **답** ②

38 단자 전압 220[V], 부하 전류 48[A], 계자 전류 2[A], 전기자 저항 0.2[Ω]인 분권 발전기의 유기 기전력은 몇 [V]인가? (단, 전기자 반작용은 무시한다.)

① 210 ② 220 ③ 225 ④ 230

풀이 직류 분권 발전기의 경우 전기자 전류는 계자전류와 부하전류의 합이 된다.
  $I_f = 2$[A], $I = 48$[A], $I_a = I + I_f = 50$[A]
  유기기전력 $E = V + I_a R_a$ 에서 $E = 220 + 50 \times 0.2 = 230$[V]가 된다. **답** ④

39 전기자 저항이 0.05[Ω]인 직류 분권 발전기의 회전수가 1,000[rpm]에서 그 단자 전압이 220[V]이고, 전기자 전류가 100[A]라고 한다. 이것을 전동기로 사용하여 그 단자 전압과 전 기자 전류를 발전기 때와 같게 하려면 그 회전수[rpm]를 대략 얼마로 하면 되겠는가? (단, 전기자 반작용은 무시한다.)

① 945 ② 950 ③ 955 ④ 1,000

풀이 발전기에서의 기전력 E 는 $E = V + I_a R_a = 220 + 0.05 \times 100 = 225$[V]
  전동기로서 역기전력 E_c 는 $E_c = V - I_a R_a = 220 - 100 \times 0.05 = 215$[V]
  회전수는 기전력에 비례하므로 $N_1 = N \times \dfrac{E_r}{E} = 1{,}000 \times \dfrac{215}{225} = 955.5$[rpm] **답** ③

40 다른 독립된 직류 전압으로 계자 권선에 전류를 흘려 자속을 발생하는 발전기는 어느 것인가?

① 직권 발전기   ② 분권 발전기   ③ 타여자 발전기   ④ 복권 발전기

풀이 타여자 발전기의 경우는 독립된 직류 전원으로 여자를 시켜 기전력을 발생한다.   **답** ③

41 직류 발전기의 계자 철심에 잔류 자기가 없어도 발전할 수 있는 발전기는 어느 것인가?

① 타여자기   ② 복권기   ③ 직권기   ④ 분권기

풀이
- 자여자 발전기 : 철심에 잔류자기가 있어야 하며, 회전방향이 잔류자기를 강화해야 기전력이 확립된다.
- 타여자 발전기 : 외부 전원으로부터 계자 권선에 전류를 공급받으므로 잔류 자기가 없어도 기전력이 확립된다.   **답** ①

42 타여자 발전기가 있다. 계자를 일정하게 유지하고 회전수를 500[rpm]으로 할 때 100[V]를 유기하였다면 600[rpm]으로 할 때 몇 [V]를 유기하는가?

① 80   ② 100   ③ 120   ④ 140

풀이
유기기전력 일반식 $E = P\phi N \dfrac{Z}{a} = K\phi N$

계자가 일정하면 $E = K'N$ 즉, $E \propto N$ 이므로 $N_1 : N_2 = V_1 : V_2$, $500 : 600 = 100 : x$

$x = \dfrac{600 \times 100}{500} = 120[\text{V}]$ **답** ③

43 직류기의 무부하 포화 곡선은? (단, V : 단자 전압, I_f : 계자 전류, I : 부하 전류, P : 전력, E : 유기 기전력)

① $V - I_f$ 관계 곡선   ② $E - I_f$ 관계 곡선

③ $P - I$ 관계 곡선   ④ $V - I$ 관계 곡선

풀이

구분	횡축	종축	조건	
무부하 포화 곡선	I_f	$V(=E)$	$n=$일정	$I=0$
외부 특성 곡선	I	V	$n=$일정	$R_f=$일정
내부 특성 곡선	I	E	$n=$일정	$R_f=$일정
부하 특성 곡선	I_f	V	$n=$일정	$I=$일정
계자 조정 곡선	I	I_f	$n=$일정	$V=$일정

답 ②

44 직류 발전기의 외부 특성 곡선은 어느 것인가?

① 단자 전압 – 부하 전류 곡선   ② 부하 전류 – 계자 전류 곡선

③ 단자 전압 – 계자 전류 곡선   ④ 유기 기전력 – 전기자 전력 곡선

풀이 외부특성곡선은 단자전압과 부하전류의 관계 곡선을 말한다.   **답** ①

45 유기 기전력 120[V], 600[rpm]의 타여자 발전기가 있다. 여자 전류는 2[A]로서 불변이고 회전수를 500[rpm]으로 할 때 유기 기전력은 몇 [V]인가?

① 100　　　　　② 110　　　　　③ 120　　　　　④ 130

풀이 기전력은 속도에 비례하므로 $E \propto N$

$$E_2 = \frac{N_2}{N_1} E_1 = \frac{500}{600} \times 120 = 100[\text{V}] \text{ 가 된다.}$$

답 ①

46 가동 복권 발전기의 내부 결선을 바꾸어 분권 발전기로 하려면?

① 분권 계자를 단락시킨다.　　　　② 내분권 복권형으로 한다.
③ 외분권 복권형으로 한다.　　　　④ 직권 계자를 단락시킨다.

풀이 복권 발전기를 분권 발전기로 사용하려면, 직권계자를 단락시킨다.
복권 발전기를 직권 발전기로 사용하려면, 분권계자를 개방시킨다.

답 ④

47 차동 복권 발전기의 외부 특성 곡선은 어느 것인가?

① 1　　　　　② 2
③ 3　　　　　④ 4

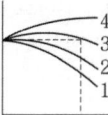

풀이 1 : 차동복권 발전기　　2 : 부족복권 발전기
　　　3 : 평복권 발전기　　　4 : 과복권 발전기

답 ①

48 전기 용접용 발전기로 적당한 것은 어느 것인가?

① 분권기　　　　　　　　　② 타여자기
③ 차동 복권기　　　　　　　④ 가동 복권기

풀이 전기용접용에 적합한 발전기는 수하특성을 가지고 있어야 한다.
수하특성이란 부하가 증가할수록 단자 전압이 현저히 감소하는 현상을 말하며, 차동복권 발전기의 특성이 이에 속한다.

답 ③

49 직류 직권 발전기의 외부 특성 곡선은? (단, I : 부하 전류, V : 단자 전압)

① A
② B
③ C
④ D

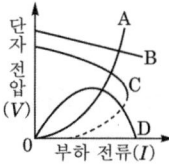

풀이 직류 직권발전기는 부하전류와 계자전류가 같으므로 무부하시에는 전압이 확립되지 않으며, 부하가 점차 증가 할수록 전압이 확립된다. 정격 부하시 정격전압이 확립되며, 이후 부하가 더 증가하면 전압강하가 증가하며, 기전력은 증가하지 않으므로 전압이 점차 감소하는 특성을 나타낸다.

답 ④

50 직류 발전기 중 부하 변동에 대하여 단자 전압의 변화가 가장 적은 발전기는?

① 직권   ② 평복권   ③ 분권   ④ 차동 복권

풀이 가동복권 발전기중 평복권발전기는 무부하 전압과 전부하 전압이 같도록 만들어진 발전기로 전압변동률이 0이된다.   **답** ②

51 직류 발전기 중 무부하 전압과 전부하 전압이 같도록 설계된 발전기는?

① 분권   ② 직권   ③ 차동 복권   ④ 평복권

풀이 가동복권 발전기중 평복권발전기는 무부하 전압과 전부하 전압이 같도록 만들어진 발전기로 전압변동률이 0이 된다.   **답** ④

52 균압선을 설치하고 병렬 운전을 하는 발전기는?

① 직류 복권 발전기   ② 직류 분권 발전기
③ 유도 발전기   ④ 동기 발전기

풀이 직권 계자가 있는 발전기는 병렬운전을 안정하게 하기 위하여 균압선을 설치하여야 한다. 균압선을 설치하는 발전기로는 직권발전기와 복권발전기가 있다.   **답** ①

53 직류 발전기의 병렬 운전시 균압선을 설치하는 목적은?

① 병렬 운전을 안정하게 한다.   ② 고조파의 발생을 방지한다.
③ 전압의 이상 상승을 방지한다.   ④ 손실을 경감한다.

풀이 직권 계자가 있는 발전기는 병렬운전을 안정하게 하기 위하여 균압선을 설치하여야 한다. 균압선을 설치하는 발전기로는 직권발전기와 복권발전기가 있다.   **답** ①

54 직류 분권 발전기를 병렬 운전할 때 불필요한 것은?

① 균압 모선을 접속할 것   ② 전부하 전압이 같을 것
③ 극성이 같을 것   ④ 외부 특성 곡선이 수하 특성일 것

풀이 직권 계자가 있는 발전기는 병렬운전을 안정하게 하기 위하여 균압선을 설치하여야 한다. 균압선을 설치하는 발전기로는 직권발전기와 복권발전기가 있다.   **답** ①

55 병렬 운전 중 직류 발전기의 부하 분담시 큰 부하를 접속하는 발전기는?

① 전기자 저항이 큰 쪽   ② 유기 기전력이 큰 쪽
③ 유기 기전력이 작은 쪽   ④ 용량과 단자 전압이 큰 쪽

풀이 직류 발전기 병렬운전시 부하분담은 유기 기전력의 크기가 결정한다. 유기 기전력이 크면 부하분담을 많이 갖게 된다. 유기 기전력을 크게 하려면 계자저항을 조정하여 계자전류를 제어함으로써 유기 기전력을 제어한다.
(1) 유기 기전력이 크면 부하분담이 크다.

(2) 전기자 저항이 작으면 부하분담이 크다.
(3) 용량이 크면 부하분담이 크다.

답 ②

56 병렬 운전 중의 두 직류 분권 발전기의 부하 분담은?

① 계자 조정기로 속도 조정　　　　　② 부하 저항을 조정

③ 균압선으로 조정　　　　　　　　　④ 계자 조정기로 유기 전압을 조정

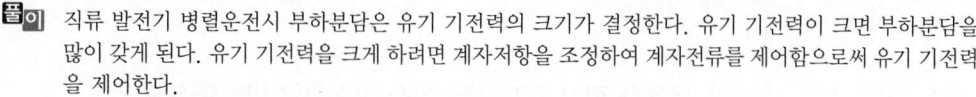 직류 발전기 병렬운전시 부하분담은 유기 기전력의 크기가 결정한다. 유기 기전력이 크면 부하분담을 많이 갖게 된다. 유기 기전력을 크게 하려면 계자저항을 조정하여 계자전류를 제어함으로써 유기 기전력을 제어한다.
(1) 유기 기전력이 크면 부하분담이 크다.
(2) 전기자 저항이 작으면 부하분담이 크다.
(3) 용량이 크면 부하분담이 크다.

답 ④

57 직류 분권 발전기의 병렬 운전 조건은?

① 단자 전압이 같을 것　　　　　　　② 균압선 설치

③ 출력이 같을 것　　　　　　　　　　④ 전기자 저항 및 유기 기전력이 같을 것

풀이 직류발전기의 병렬운전조건
(1) 각 발전기의 정격 단자 전압이 같을 것
(2) 각 발전기의 극성이 같을 것
(3) 각 발전기의 외부 특성 곡선이 될 수 있는 한 일치할 것
(4) 용량이 다른 경우에는 %부하전류로 나타낸 외부특성곡선이 일치할 것

답 ①

58 직류 분권 발전기의 병렬 운전을 하기 위한 발전기의 용량 P 와 정격 전압 V 의 관계는?

① P 는 같고 V 는 임의　　　　　　② P 도 V 도 같다.

③ P 는 임의 V 는 같다.　　　　　　④ P 도 V 도 임의

풀이 직류발전기의 병렬운전조건
(1) 각 발전기의 정격 단자 전압이 같을 것
(2) 각 발전기의 극성이 같을 것
(3) 각 발전기의 외부 특성 곡선이 될 수 있는 한 일치할 것
(4) 용량이 다른 경우에는 %부하전류로 나타낸 외부특성곡선이 일치할 것

답 ③

59 무부하 전압 E_o, 정격 전압 E 일 때 직류 발전기의 전압 변동률[%]은?

① $\dfrac{E_o - E}{E_o} \times 100$　　　　　　　　　② $\dfrac{E - E_o}{E_o} \times 100$

③ $\dfrac{E - E_o}{E} \times 100$　　　　　　　　　④ $\dfrac{E_o - E}{E} \times 100$

풀이 전압 변동률 $\epsilon = \dfrac{\text{무부하전압}-\text{정격전압}}{\text{정격전압}}\times 100 = \dfrac{E_o - E}{E}\times 100\,[\%]$ **답** ④

60 분권 발전기의 정격 전압 200[V], 전압 변동률 3[%]일 때 무부하 단자 전압[V]은?

① 180   ② 203   ③ 206   ④ 210

풀이 전압변동률 $\epsilon = \dfrac{V_o - V_n}{V_n}\times 100\,[\%]$에서 $V_o = \dfrac{\epsilon V_n}{100}+V_n = \dfrac{3\times 200}{100}+200 = 206[V]$가 된다.   **답** ③

61 정격 전압 200[V], 무부하 전압 220[V]인 발전기의 전압 변동률[%]은?

① 4   ② 6   ③ 8   ④ 10

풀이 전압변동률 $\epsilon = \dfrac{V_o - V_n}{V_n}\times 100\,[\%]$에서 $\epsilon = \dfrac{220-200}{200}\times 100 = 10\,[\%]$가 된다.   **답** ④

62 무부하일 때 105[V]인 분권 발전기가 5[%]의 전압 변동률을 가질 때 전부하 단자 전압[V]은?

① 94   ② 100   ③ 106   ④ 112

풀이 전압 변동률 $\epsilon = \dfrac{V_o - V_n}{V_n}\times 100\,[\%]$에서 $V_n = \dfrac{V_o}{1+\dfrac{\epsilon}{100}} = \dfrac{105}{1.05} = 100[V]$가 된다.   **답** ②

63 용접기에 쓰는 직류 발전기에 필요한 조건 중에서 가장 중요한 것은?

① 전압 변동률이 작을 것   ② 과부하에 견딜 것
③ 전류 대 전압 특성이 수하 특성일 것   ④ 경부하일 때 효율이 좋을 것

풀이 전기용접용에 적합한 발전기는 수하특성을 가지고 있어야 한다.
수하특성이란 부하가 증가할수록 단자 전압이 현저히 감소하는 현상을 말하며, 차동복권 발전기의 특성이 이에 속한다.   **답** ③

64 자여자식 직류 발전기가 전압이 확립되기 위한 조건이 아닌 것은?

① 부하 특성 곡선(자화 곡선)은 자기 포화를 가질 것
② 잔류 자기가 있을 것
③ 계자 저항이 임계 저항 이상일 것
④ 회전 방향이 바르며 그것이 어느 값 이상일 것

풀이 자여자 발전기 전압확립 조건
① 잔류자기가 있을 것
② 회전방향이 잔류자기를 강화하는 방향일 것
③ 부하 특성곡선이 자기 포화를 가질 것
④ 계저저항이 임계저항보다 작을 것   **답** ③

65 직류기 손실 중 기계손에 속하는 것은?

① 풍손　　　　　② 와류손　　　　　③ 표류 부하손　　　　　④ 철손

> **풀이**　① 전부하 손실 = 전부하 동손 + 무부하손 + 표유 부하손
> ② 무부하손 = 철손(히스테리시스손 + 맴돌이 전류손) + 무부하 동손 + 기계손(풍손 + 마찰손)　**답** ①

66 직류 전동기의 원리에 해당하는 법칙은?

① 플레밍의 왼손 법칙　　　　　　② 플레밍의 오른손 법칙
③ 오른 나사 법칙　　　　　　　　④ 렌츠의 법칙

> **풀이**　플레밍의 오른손 법칙은 발전기의 원리에 해당하며, 플레밍의 왼손 법칙은 전동기의 원리에 해당된다.
> **답** ①

67 직류 전동기의 역기전력[V]은? (단, K는 정수)

① $K\dfrac{V}{p}$　　　　　② $K\phi N$　　　　　③ $\dfrac{2\pi NT}{60}$　　　　　④ $K\phi I$

> **풀이**　전동기의 역기전력의 식은 발전기의 유기 기전력과 같은 식으로 표현된다.
> $E = \dfrac{P}{a} Z\phi \dfrac{N}{60} = K\phi N$ (단, $K = PZ/60a$)　**답** ②

68 정격 전압 110[V], 정격 전류 10[A], 전기자 회로의 저항 0.2[Ω]의 직류 전동기가 있다. 역기전력[V]은?

① 104　　　　　③ 106　　　　　③ 108　　　　　④ 110

> **풀이**　전동기의 역기전력 $E_c = V - I_a R_a$에서 $E_c = 110 - 10 \times 0.2 = 108$[V]가 된다.　**답** ③

69 역기전력 100[V], 회전수 1,200[rpm], 토크 16.2[kg·m]인 직류 전동기의 전류 I_a[A]는?

① 30　　　　　② 40　　　　　③ 199.5　　　　　④ 60

> **풀이**　전동기의 출력 $P = E_c I_a = 2\pi n T = 2\pi \dfrac{N}{60} T$ 의 관계가 있으므로
> 전기자 전류 $I_a = \dfrac{2\pi \dfrac{N}{60} T}{E_c} = \dfrac{2\pi \times 1,200 \times 16.2}{60 \times 100} \times 9.8 ≒ 199.5$[A]가 된다.　**답** ③

70 출력 5[kW], 회전수 1,800[rpm]으로 회전하는 전동기의 토크[N·m]는?

① 29.29　　　　　② 26.54　　　　　③ 20.12　　　　　④ 19.15

풀이 토크 $T = \dfrac{P}{\omega} = \dfrac{P}{2\pi\dfrac{N}{60}}$ 에서 $T = \dfrac{5 \times 10^3}{2\pi \times \dfrac{1,800}{60}} = 26.53[\text{N} \cdot \text{m}]$ 가 된다.　　**답** ②

---

71 직류기 회전수 $n[\text{rps}]$, 토크 $T[\text{N} \cdot \text{m}]$ 일 때 기계 동력 $P[\text{W}]$ 와의 관계는?

① $2\pi n T$　　　　② $\dfrac{nT}{2\pi}$　　　　③ $\dfrac{T}{2\pi n}$　　　　④ $\dfrac{2\pi n}{T}$

풀이 출력과 토크의 관계는 $P = \omega T = 2\pi n T[\text{W}]$ 가 된다.　　**답** ①

---

72 전기자 전류가 20[A]일 때 100[N·m]의 토크를 내는 직권 전동기가 있다. 전기자 전류가 40[A]로 될 때 토크[kg·m]는? (단, 자속은 전류에 비례한다.)

① 20　　　　② 40　　　　③ 60　　　　④ 80

풀이 직권 전동기의 토크 $T \propto I_I^2$ 이므로 $T_2 = \left(\dfrac{I_2}{I_1}\right)^2 \times T_1$

따라서 $T_2 = \left(\dfrac{40}{20}\right)^2 \times 100 = 400[\text{N} \cdot \text{m}]$ 가 되며, [kg·m]로 나타내면 9.8로 나누어 주면된다.

$T_2 = \dfrac{400}{9.8} = 40.8[\text{kg} \cdot \text{m}]$　　**답** ②

---

73 상수 K, 자속 ϕ, 전류 I_a 라 할 때 직류 전동기의 토크 T는?

① $K\phi I_a$　　　　② $K\phi N$　　　　③ $K I_a N$　　　　④ $K\phi I_a N$

풀이 토크는 $T = \dfrac{PZ\phi I_a}{2\pi a} = K\phi I_a$ 이므로 ϕ 와 I_a 의 곱에 비례한다.　　**답** ①

---

74 출력 6.28[HP], 175[rpm]인 직류 직권 전동기의 토크[N·m]는?

① 185　　　　② 200　　　　③ 255　　　　④ 250

풀이 토크 $T = \dfrac{P}{\omega} = \dfrac{P}{2\pi\dfrac{N}{60}}$ 에서 $T = \dfrac{6.28 \times 746}{2 \times \pi \times \dfrac{175}{60}} = 255 [\text{N} \cdot \text{m}]$ 가 된다.

단, 1[HP] = 746[W]가 된다.　　**답** ③

---

75 직류 전동기의 출력이 10[kW], 회전수가 600[rpm]일 때 토크[kg·m]는?

① 10　　　　② 14　　　　③ 16　　　　④ 20

풀이 토크 $T = 0.975\dfrac{P}{N}$ 에서 $T = 0.975\dfrac{10 \times 10^3}{600} = 16.25[\text{kg} \cdot \text{m}]$ 가 된다.　　**답** ③

76 전동기의 출력 토크와 회전 속도와의 관계는? (단, P : 출력[W], τ : 토크[N·m], n : 회전 속도[rps], ω : 각속도 $2\pi n$[rad/sec])

① $P = \omega^2 \tau$　　　　② $P = \tau/\omega$　　　　③ $P = \omega\tau$　　　　④ $P = \omega/\tau$

🔑 출력과 토크의 관계는 $P = \omega T = 2\pi n T$[W]가 된다.　　　　　　🅰 ③

77 직류 전동기의 공급 전압 V, 자속 ϕ, 전기자 전류 I_a, 전기자 저항 R_a일 때 회전 속도 N은 무엇에 비례하나?

① $\phi(V - I_a R_a)$　　② $\dfrac{\phi}{(V - I_a R_a)}$　　③ $\dfrac{(V + I_a R_a)}{\phi}$　　④ $\dfrac{(V - I_a R_a)}{\phi}$

🔑 역기전력은 $E = K\Phi N$, $E = V - R_a I_a$ 이므로

속도 $N = \dfrac{E}{K\phi} = \dfrac{V - R_a I_a}{K\phi} = k\dfrac{V - R_a I_a}{\phi}$ 가 된다.　　　　🅰 ④

78 타여자 전원 극성을 바꾸면 회전 방향은?

① 불변　　　　② 반대　　　　③ 과속　　　　④ 정지

🔑 전원극성을 반대로 할 경우 타여자의 경우는 회전방향이 반대로 되나, 자여자의 경우는 변하지 않는다.
　　　　　　🅰 ②

79 타여자 또는 분권 전동기에서는 어떠한 회로에 퓨즈를 넣으면 위험한가?

① 전기자 회로　　② 계자 회로　　③ 직권 권선　　④ 없다.

🔑 속도의 식 $N = \dfrac{E}{K\phi} = \dfrac{V - R_a I_a}{K\phi} = k\dfrac{V - R_a I_a}{\phi}$ 에서 $\phi = 0$이면 속도가 무한대가 되어 위험하게 된다. 따라서, 계자회로에 퓨즈를 삽입하게 되면, 퓨즈가 단선시 자속이 0 이되므로 위험하게 된다.　🅰 ②

80 타여자 직류 전동기의 토크 특성 곡선은? 단, 전기자 반작용은 거의 없다고 한다.

①　　　　　　　　②

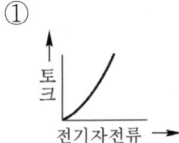　　　　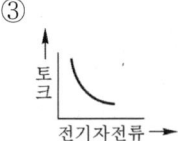

③　　　　　　　　④

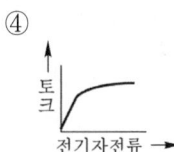

🔑 토크는 $T = \dfrac{PZ\phi I_a}{2\pi a} = K\phi I_a \propto I_a$ 가 된다.　　　　🅰 ②

81 직류 전동기 중 기동 토크가 가장 큰 것은?

① 타여자　　　　② 분권　　　　③ 직권　　　　④ 복권

풀이 직류 직권 전동기의 토크는 부하 전류의 제곱에 비례한다.
직류 분권 전동기의 토크는 부하 전류에 비례한다.   **답** ③

82 직류 직권 전동기의 용도 중 가장 적당한 것은?

① 펌프   ② 전차   ③ 세탁기   ④ 압연기

풀이 직권 전동기는 포화하기 전에는 ϕ는 I에 비례하므로, I가 증가하면 토크는 현저하게 증가하나 ϕ가 증가
되어 N은 감소한다.   **답** ②

83 직류 직권 전동기의 토크와 전기자 전류 I_a의 관계는?

① $\tau \propto I_a$ ② $\tau \propto I_a{}^2$ ③ $\tau \propto \dfrac{1}{I_a}$ ④ $\tau \propto \dfrac{1}{I_a{}^2}$

풀이 토크의 식은 $T = \dfrac{PZ\phi I_a}{2\pi a} = K\phi I_a$이며, 직권 전동기의 경우 $\phi \propto I_a$의 관계가 있으므로
$T = K\phi I_a = K' I_a{}^2$로 전류의 제곱에 비례하게 된다.   **답** ②

84 벨트 운전이나 무부하 운전을 해서는 안 되는 직류 전동기는?

① 직권   ② 가동 복권   ③ 분권   ④ 차동 복권

풀이 속도의 식 $N = \dfrac{E}{K\phi} = \dfrac{V - R_a I_a}{K\phi} = k\dfrac{V - R_a I_a}{\phi}$에서 $\phi = 0$이면 속도가 무한대가 되어 위험하게 된다. 직류
직권 전동기의 경우 부하전류 $I = I_a = I_f$이므로 부하전류가 0이면 자속이 0이 된다.
따라서, 직권 전동기의 경우 벨트 부하를 걸면 벨트가 벗겨져 무부하가 될 수 있으므로 벨트 부하를 사용하
지 않으며, 기어부하를 사용한다.   **답** ①

85 직류 직권 전동기에서 단자 전압이 일정할 때 부하 전류가 $\dfrac{1}{4}$이 되면 부하 토크는?

① 불변이다.   ② $\dfrac{1}{2}$배   ③ $\dfrac{1}{4}$배   ④ $\dfrac{1}{16}$배

풀이 토크의 식은 $T = \dfrac{PZ\phi I_a}{2\pi a} = K\phi I_a$이며, 직권 전동기의 경우 $\phi \propto I_a$의 관계가 있으므로
$T = K\phi I_a = K' I_a{}^2$로 전류의 제곱에 비례하게 된다.
따라서 $T \propto K'\left(\dfrac{1}{4}\right)^2$이므로 $\dfrac{1}{16}$배가 된다.   **답** ④

86 직류 직권 전동기의 전원의 극성을 반대로 하면 회전 방향은?

① 불변   ② 반대   ③ 과속도   ④ 정지

풀이 전원극성을 반대로 할 경우 타여자의 경우는 회전방향이 반대로 되나, 자여자의 경우는 변하지 않는다.

답 ①

87 직권 전동기의 토크 특성은?

① A
② B
③ C
④ D

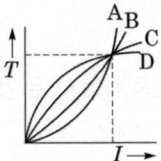

풀이 토크의 식은 $T = \dfrac{PZ\phi I_a}{2\pi a} = K\phi I_a$ 이며, 직권 전동기의 경우 $\phi \propto I_a$ 의 관계가 있으므로

$T = K\phi I_a = K' {I_a}^2$ 로 전류의 제곱에 비례하게 된다.

A : 직권, B : 가동복권, C : 분권, D : 차동복권

답 ①

88 정전압 직류 직권 전동기의 전류와 회전수의 특성은?

① A
② B
③ C
④ D

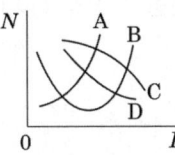

풀이 직류 직권 전동기의 회전수는 부하 전류에 반비례한다.

답 ④

89 직류 직권 전동기에서 부하를 $\dfrac{1}{2}$로 줄이면 속도는 어떻게 변화하겠는가?

① 1　　　　② 2　　　　③ $\dfrac{1}{2}$　　　　④ $\dfrac{1}{4}$

풀이 $n = k\dfrac{E}{\phi} = k\dfrac{V - I_a(R_a + R_s)}{\phi}$ 이며 $\phi \propto I$ 이므로, 속도와 전류와는 반비례한다.

답 ②

90 직류 분권 전동기의 토크 T와 회전수 N과의 관계는?

① $T \propto N$　　　② $T \propto N^2$　　　③ $T \propto \dfrac{1}{N}$　　　④ $T \propto \dfrac{1}{N^2}$

풀이 전압 전류가 일정하면 $N = \dfrac{V - I_a R_a}{K\phi}$ 에서 $\phi \propto \dfrac{1}{N}$, $T = K\phi I = K'\dfrac{1}{N}$

즉, 토크는 속도에 반비례한다.

답 ③

91 직류 분권 전동기에서 (기계손 + 철손)을 나타낸 것은?

① 전손실 − 부하손
② 무부하손 − 표유 부하손
③ 부하손 − (와류손 + 히스테리시스손)
④ 전손실 − 무부하손

풀이 기계손 + 철손 = 무부하손 = 전손실 − 부하손   **답** ①

92 직류 분권 전동기에서 위험한 상태에 놓인 것은?

① 전기자에 고저항 접속
② 저전압 과여자
③ 정격 전압 무여자
④ 계자에 저저항 접속

풀이 직류 직권 전동기의 위험상태 : 정격전압 무부하 상태
직류 분권 전동기의 위험상태 : 정격전압 무여자 상태   **답** ③

93 직류 분권 전동기가 있다. 전기자 총 도체수 84, 4극 파권으로 1극당 자속은 0.06[Wb]이다. 공급 전압이 220[V]이며 매분 1,200[rpm]으로 회전한다. 이 때의 전기자 전류[A]는? (단, 전기자 저항은 0.2[Ω]이다.)

① 90   ② 92   ③ 96   ④ 99

풀이 역기전력 $E = \dfrac{PZ}{a}\phi\dfrac{N}{60}$ 에서 $E = \dfrac{4\times84}{2}\times\dfrac{0.06\times1,200}{60} = 201.6$ 이므로 (∴ 파권 $a=2$)

$V = E + I_a R_a$ 에서 $I_a = \dfrac{V-E}{R_a} = \dfrac{220-201.6}{0.2} = 92[\mathrm{A}]$ 가 된다.   **답** ②

94 직류 분권 전동기의 기동시 여자 전류는?

① 큰 것이 좋다.
② 작은 것이 좋다.
③ 정격 출력 때와 같은 것이 좋다.
④ 0에 가까운 것이 좋다.

풀이 직류 분권 전동기 기동 토크를 크게 하기 위해 $T = K\phi I$ 에서 $\phi(=KI_f)$ 가 큰 것이 좋다.   **답** ①

95 분권 전동기가 기동할 때의 방법은?

① 기동기는 최소, 계자 조정기는 최대
② 기동기, 계자 저항기 모두 최대
③ 기동기는 최대, 계자 조정기는 최소
④ 기동기, 계자 저항기 모두 최소

풀이 기동전류를 줄이고 기동토크를 최대로 하기 위하여 기동기의 저항은 최대로 하며, 계자 저항은 최소로 하여 기동한다.   **답** ③

96 직류 전동기에 있어서 자속이 감소할 때 회전수는?

① 상승한다.   ② 정지한다.   ③ 불변이다.   ④ 저하한다.

풀이 속도는 $N = K\dfrac{V - I_a R_a}{\phi}$ 에서 자속에 반비례하므로 속도는 증가한다. **답** ①

97 직류 전동기의 운전중 계자 저항을 증가하면?

① 전기자 전류 증가 ② 역기전력 감소

③ 회전 속도 증가 ④ 여자 전류 증가

풀이 계자 저항이 증가하므로 계자 전류는 감소하므로 자속이 감소한다.

따라서 속도는 $N = K\dfrac{V - I_a R_a}{\phi}$ 에서 자속에 반비례하므로 속도는 증가한다. **답** ③

98 직류 전동기에서 회전 속도가 감소하면 회전 속도와 전기자 전류와의 관계는?

① 감소한다. ② 증가한다. ③ 불변이다. ④ 항상 일정

풀이 회전속도는 $N = K\dfrac{V - I_a R_a}{\phi}$ 이므로 전기자 전류가 증가하면 $V - I_a R_a$ 가 감소하게 되어 속도는 감소하게

된다. **답** ②

99 정격 속도 N[rpm] , 무부하 속도 N_o[rpm]일 때 속도 변동률 ϵ은?

① $\dfrac{N_o - N}{N}$ ② $\dfrac{N - N_o}{N}$ ③ $\dfrac{N_o - N}{N_o}$ ④ $\dfrac{N - N_o}{N_o}$

풀이 속도 변동률 : $\epsilon = \dfrac{N_0 - N_n}{N_n} \times 100[\%]$ **답** ①

100 전부하 속도 1,500[rpm], 속도 변동률 5[%]인 전동기의 무부하 속도[rpm]는?

① 1,425 ② 1,500 ③ 1,575 ④ 1,650

풀이 속도 변동률 : $\epsilon = \dfrac{N_0 - N_n}{N_n} \times 100[\%]$에서 $N_o = \epsilon N_n + N_n$이므로

$N_o = 0.05 \times 1,500 + 1,500 = 1,575$[rpm]가 된다. **답** ③

101 직류 전동기의 속도 제어법 중 정출력 제어에 속하는 것은?

① 계자 제어법 ② 워드 레오너드 방식

③ 저항 제어법 ④ 전압 제어법

풀이 전동기의 출력 P와 토크 τ, 회전수 N과의 사이에는 $P \propto \tau N$의 관계가 있고, $\varPhi$가 변화할 경우 토크 τ는 $\varPhi$에 비례하나 회전수 N은 $\varPhi$에 반비례하므로, 계자 제어법은 정출력 제어로 된다. 또, 전압 제어법에서는 계자 자속은 거의 일정하고 전기자 공급 전압만을 변화시키므로 정토크 제어법이 된다. **답** ①

102 워드 레오너드 방식의 목적은?

① 계자 자속 조정　　② 정류 개선　　③ 속도 제어　　④ 병렬 운전

풀이 워드 레오너드 방식은 역전을 포함해서 가장 광범위하게 속도 조정을 할 수 있는 방식으로 널리 사용하고 있다.　　**답** ③

103 분권 전동기의 기동 전류는 일반적으로 전부하 전류의 몇 배 정도인가?

① 1.0　　　　② 1.5　　　　③ 2.0　　　　④ 3

풀이 일반적인 것은 1.5배, 기동이 많은 것은 1.2~1.3배, 기동이 적은 것은 2~2.5배정도 된다.　　**답** ②

104 타여자 전동기의 제어 장치로 회전 속도로 조정하는 방식은?

① 저항 제어　　② 계자 제어　　③ 전류 제어　　④ 일그너 방식

풀이 타여자 전동기는 워드 레오너드 방식과 일그너 방식에 의해서 전압 제어를 할 수 있으므로 넓은 범위로 속도를 제어할 수 있다.　　**답** ④

105 워드 레오너드 방식에 의한 분권 전동기의 속도 제어는?

① 전기자에 가하는 전압을 조정한다.　　② 계자를 가감한다.
③ 전기자 회로에 저항을 접속한다.　　④ 전기자 유효 도체수를 변화시킨다.

풀이 전압 제어의 일종으로 전동기의 속도 제어용 전용 발전기를 설치하여 여자를 조정, 출력 전압을 조정하면 전기자에 인가되는 전압이 조정되어 속도 제어가 된다.　　**답** ①

106 속도 제어가 제일 원활한 방식은?

① 전압 제어　　② 계자 제어　　③ 저항 제어　　④ 직·병렬 제어

풀이 전압 제어에는 워드 레오너드 방식과 일그너 방식이 있으며, 광범위 속도제어가 가능하다.　　**답** ①

107 전기 철도에서 가장 많이 사용하고 있는 속도 제어법은?

① 계자 제어　　② 전압 제어　　③ 저항 제어　　④ 직·병렬 제어

풀이 두 개 이상의 전동기를 운전할 때 직·병렬 접속에 의한 전압 제어로서 저항 제어를 병용하여 사용한다.　　**답** ④

108 전동기의 급정지 또는 역회전에 적합한 제동 방식은?

① 발전 제동　　② 공기 제동　　③ 플러깅　　④ 회생 제동

풀이 ① 발전 제동 : 운전중인 전동기를 전원에서 분리하면 발전기로 동작한다. 이때 발생된 전력을 열로 소비하는 제동법을 발전제동이라 한다.
② 회생 제동 : 운전중인 전동기를 전원에서 분리하면 발전기로 동작한다. 이때 발생된 전력을 제동용 전원으로 사용하면 회생 제동이라 한다. 이 경우는 언덕을 내려가는 전차등에서 사용할 수 있다.
③ 플러깅(plugging)제동 : 플러깅 제동은 급 제동시 사용하는 방법으로 역전제동이라 한다. 즉, 제동시 전동기를 역회전시켜 속도를 급감 시킨 다음 속도가 0에 가까워지면 전동기를 전원에서 분리하는 제동법을 플러깅 제동이라 한다.　**답** ③

109 직류 전동기의 규약 효율은 어떤 식으로 표시된 식에 의하여 구하여진 값인가?

① $\eta = \dfrac{출력}{입력} \times 100[\%]$　　　② $\eta = \dfrac{출력}{출력 + 손실} \times 100[\%]$

③ $\eta = \dfrac{입력 - 손실}{입력} \times 100[\%]$　　④ $\eta = \dfrac{입력}{출력 + 손실} \times 100[\%]$

풀이 규약 효율 η는
$\eta = \dfrac{입력 - 손실}{입력} \times 100[\%]$ (전동기), $\eta = \dfrac{출력}{출력 + 손실} \times 100[\%]$ (발전기)　**답** ③

110 직류기의 효율이 최대가 되는 조건은?

① 와류손 = 히스테리시스손　　　② 동손 = 철손
③ 기계손 = 동손　　　　　　　　④ 부하손 = 고정손

풀이 직류기의 최대 효율은 고정손과 부하손이 같을 경우이다.　**답** ④

111 일정 전압으로 운전하고 있는 직류 발전기의 손실이 $\alpha + \beta I^2$으로 표시될 때 효율이 최대가 되는 전류는? 단, α, β는 정수이다.

① $\dfrac{\alpha}{\beta}$　　　　② $\dfrac{\beta}{\alpha}$　　　　③ $\sqrt{\dfrac{\alpha}{\beta}}$　　　　④ $\sqrt{\dfrac{\beta}{\alpha}}$

풀이 손실 $\alpha + \beta I^2$ 중에서 α는 부하 전류에 관계없는 고정손이고, βI^2는 전류의 제곱에 비례하는 가변손이다. 최대 효율 조건은 고정손 = 가변손이므로, 즉 $\alpha = \beta I^2$이 되는 부하 전류 I는 $I = \sqrt{\dfrac{\alpha}{\beta}}$ 에서 최대 효율이 된다.　**답** ③

02 동기기

1. 동기 발전기의 동기 속도

동기 발전기는 직류발전기와 같이 플레밍의 오른손 법칙에 따라 기전력을 유기한다. 동기기의 대표적인 것은 3상 교류 발전기로 회전계자형의 구조를 하고 있다. 그림 2-1 (a)는 2극 회전 계자형 3상 교류 발전기를 나타낸 것이며, 그림 2-1 (b)는 이때 기전력의 파형을 나타낸 것이다.

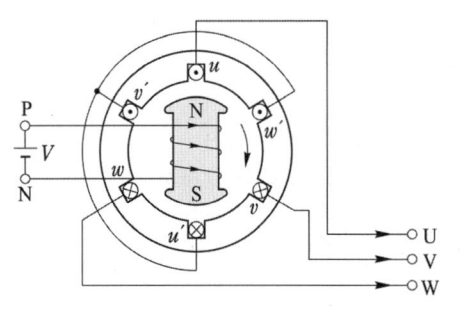

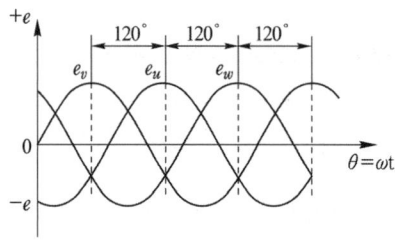

(a) 2극 회전 계자형 3상 동기 발전기   (b) 3상 교류 기전력

그림 2-1 3상 동기 발전기

이때 회전하는 **속도와 주파수의 관계**를 나타낸 식은 다음과 같다.

$$N_s = \frac{120f}{p}\,[\text{rpm}]$$

여기서, N_s : 동기 속도[rpm], f : 주파수[Hz], p : 극수

2. 유기 기전력

$$E = 4.44k_w f W\phi = 4.44k_d k_p f W\phi\,[\text{V}]$$

여기서, E : 1상의 기전력[V], ϕ : 1극의 자속[Wb], W : 직렬로 접속된 코일의 권수

$$k_w = k_d \times k_p$$

여기서, k_w : 권선 계수, k_d : 분포권 계수, k_p : 단절권 계수

3. 동기기의 분류

동기발전기는 다음과 같이 분류할 수 있다.

- **회전자에 의한 분류** : 회전 계자형, 회전 전기자형, 유도자형
- **원동기에 의한 분류** : 수차 발전기, 터빈 발전기, 엔진 발전기
- **상수에 의한 분류** : 단상 발전기, 3상 발전기
- **통풍 방식에 의한 분류** : 자기 통풍형, 타력 통풍형
- **냉각 방식에 의한 분류** : 공기 냉각식, 가스 냉각식, 수냉식 및 유냉식

(1) 회전자형에 의한 분류

① 회전 계자형 : 고전압, 대전류용으로 구조가 간단하며, 튼튼하고, 절연이 용이하다.

② 회전 전기자형 : 저전압, 소전류 용으로 특수한 발전기에 사용된다.

③ 유도자형 : 수백 ~ 수천[Hz] 정도의 **고주파 발전기**로 사용된다.

(2) 원동기에 의한 분류

① 수차 발전기 : 직축형, 돌극형 회전자로 저속도 발전기로 수력발전에 사용된다.

② 터빈 발전기 : 횡축형, 원통형 회전자로 고속도 발전기로 화력발전, 원자력 발전에 사용된다.

③ 엔진 발전기 : 디젤 엔진, 가스터빈 엔진 등을 이용한 발전기로 자가용 전기설비에 사용된다.

4. 수소 냉각 발전기

터빈 발전기는 수소가스를 기체에 순환하는 수소냉각방식을 채택하고 있다. 수소냉각방식은 특징은 다음과 같다.

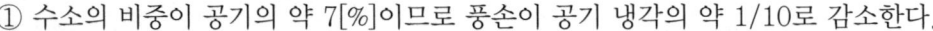

① 수소의 비중이 공기의 약 7[%]이므로 풍손이 공기 냉각의 약 1/10로 감소한다.

② 비열은 공기의 약 14배로 냉각 효과가 크고 동일 발전기에서의 온도 상승은 2/3배이며, 온도 상승이 같고 같은 치수이면 공기 냉각보다 출력은 약 25[%] 증가한다.

③ 코일의 절연이 파괴되어 아크가 발생하여도 연소하지 않으며, 코로나 발생이 적다.

④ 수소는 공기가 혼입하여 순도가 낮아지면 폭발할 염려가 있으므로 방폭 구조로 해야 하기 때문에 설비가 많이 든다. 또 소음이 적은 이점도 있다. 이 방식은 터빈 발전기, 대용량의 동기 조상기에 사용한다.

5. 전기자 권선법

(1) 집중권과 분포권

교류 발전기는 고조파를 제거하여 파형을 정현파로 하기 위해 분포권을 사용한다.
매극 매상의 슬롯수를 q라 하면

$q = 1$인 경우를 집중권

$q \geq 2$인 경우를 분포권이라 한다.

① 분포 계수

$$k_d = \frac{\sin\dfrac{\pi}{2m}}{q\sin\dfrac{\pi}{2mq}}$$

여기서, m : 상수, q : 매극 매상의 슬롯수

② 특징

   ㉠ **고조파 제거**

   ㉡ 코일에서 발생된 열을 골고루 발산시킨다.

   ㉢ 누설 리액턴스가 적다.

   ㉣ 집중권 보다 기전력이 적다.(분포권 계수로 인하여 기전력 감소)

(2) 전절권과 단절권

교류 발전기는 고조파를 제거하여 파형을 정현파로 하기 위해 단절권을 사용한다.
자극간격과 코일간격을 같은 경우를 전절권이라 하며, 자극간격과 비교하여 코일간격이 작은 경우를 단절권이라 한다.

① 단절 계수

$$k_p = \sin\frac{\beta\pi}{2}$$

여기서, β : $\dfrac{\text{코일 간격}}{\text{극 간격}}$

② 특징

　㉠ **고조파를 제거**한다.

　㉡ 동의 양이 감소되어 기계가 축소된다.

　㉢ 가격이 싸다.

　㉣ 전절권에 비해 유기되는 기전력이 적다.(단절권 계수로 인하여 기전력 감소)

6. 전기자 반작용과 동기리액턴스

그림 2-2와 같은 발전기에 부하가 접속된 경우 전류가 흐르게 되며, 이때 흐르는 전류로 인하여 생긴 전기자 자속이 계자 자속에 영향을 주는 현상을 말한다.

이때 흐르는 전류는 전압과 전류가 동상인 전류, 진상전류, 지상전류가 흐를 수 있으며, 각 전류에 따라 전기자 반작용이 달라진다.

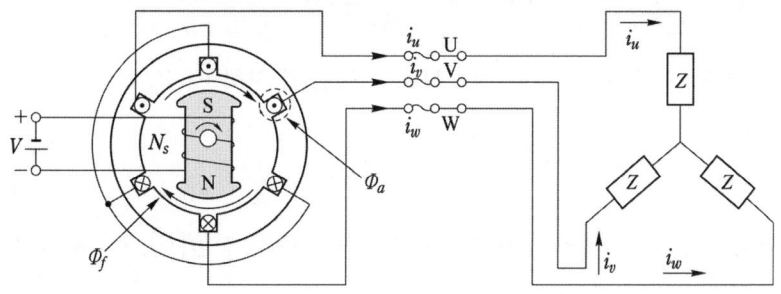

그림 2-2 전기자 반작용

전압과 전류가 동상인 전류 : 횡축반작용(교차자화작용)

진상인 전류 : 직축반작용(증자작용)

지상인 전류 : 직축반작용(감자작용)

전동기의 경우는 횡축반작용은 같으나 직축반작용은 진상전류와 지상전류의 경우가 반대로 나타난다.

(1) 동기 임피던스

동기 임피던스는 전기자저항과 전기자 반작용 리액턴스, 누설 리액턴스의 합으로 표현된다. 이때 전기자 반작용 리액턴스와 누설 리액턴스의 합을 동기 리액턴스라 한다.

$$Z_s = r_a + j\, x_s [\Omega]$$

$$x_s = x_a + x_l [\Omega]$$

여기서, x_a : 전기자 반작용 리액턴스

x_l : 누설 리액턴스

일반적으로 전기자 저항의 크기는 **동기 리액턴스에 비하여 무시할 수 있을 정도로** 작으며, 이를 무시하면 동기 임피던스의 값은 실용상 동기 리액턴스의 값과 같이 된다.

7. 출력

(1) 1상의 출력

비돌극기의 출력은 다음과 같다.

$$P = \frac{EV}{Z_s} \sin(\alpha + \delta) - \frac{V^2}{Z_s} \sin\alpha$$

전기자 저항 r_a는 매우 작으므로 이것을 무시하고 $Z_s ≒ x_s$, $\alpha ≒ 0$이라 하면

$$\therefore\ P ≒ \frac{EV}{x_s} \sin\delta [\text{W}]$$

여기서, E : 1상의 유기 기전력[V], V : 단자 전압[V], δ : 부하각

(2) 3상의 출력

$$P_s = \frac{E_l V_l}{x_s} \sin\delta \times 10^{-3} [\text{kW}]$$

여기서, E_l : 선간 기전력[V], V_l : 선간 전압[V], δ : 부하각

(3) 최대 출력 부하각

돌극형 발전기의 출력식

$$P = \frac{EV}{x_d}\sin\delta + \frac{V^2(x_d - x_q)}{2x_d \cdot x_q}\sin2\delta$$

EV 를 일정하게 하고 δ 를 변화시켰을 때의 출력 P 는 다음과 같다.

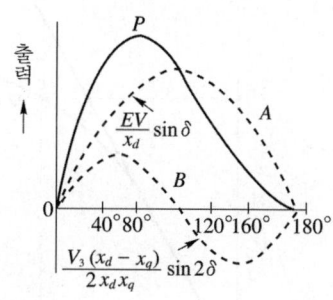

그림 2-3 부하각에 따른 출력의 변화

A 곡선은 위 출력식의 제1항을, B 곡선은 제2항을 표시한다. 대체로 **60° 부근에서 최
대 출력**이 되고 안정 운전시의 δ 는 20° 부근이 된다. 또 **비돌극기의 출력은 90°**에서 최
대가 된다.

8. 동기 발전기의 특성

(1) 무부하 포화 곡선

무부하 포화 곡선은 계자 전류 I_f 와 무부하 단자 전압 V_1 과의 관계 곡선을 말한다.

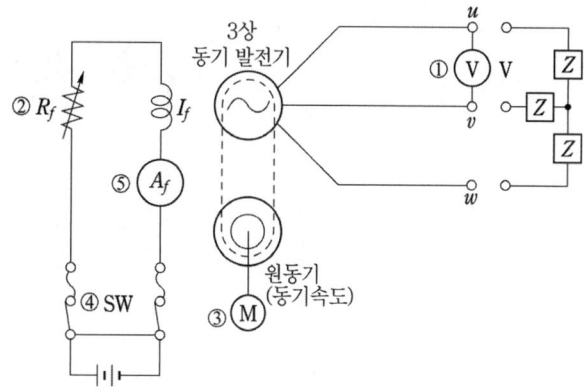

그림 2-4 무부하 포화시험

그림 2-4와 같이 동기 발전기의 부하를 분리하고 ③의 원동기를 동기속도로 발전기를 구동한다.

④의 스위치를 투입하고, ②의 계자저항을 서서히 감소시켜 계자전류 I_f를 증기시키면서 ①의 전압계 지시치를 측정하여 그림 2-5에 나타낸 것을 무부하 포화 곡선이라 한다.

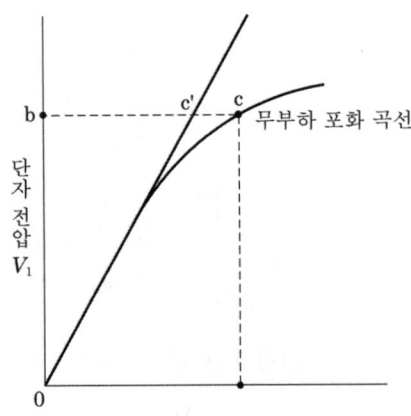

그림 2-5 무부하 포화곡선

이 무부하 포화곡선에서 oc를 공극선이라 하며, 이 공극선과 무부하 포화곡선의 정격전압을 유기하는 cc'과 만나는 점에서 **포화율**을 산출한다.

$$포화율 \ \delta = \frac{cc'}{bc'}$$

(2) 3상 단락곡선과 단락비

3상 단락곡선은 계자 전류 I_f 와 단락 전류 I_s 와의 관계 곡선을 말한다.

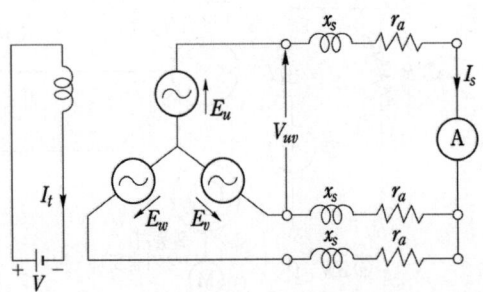

(a) 단락회로실험

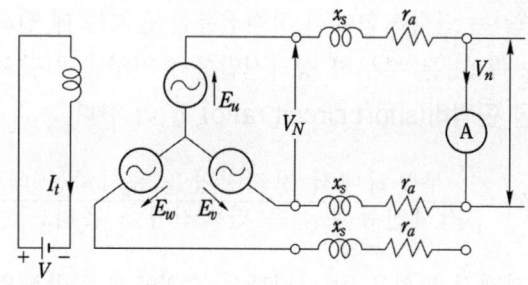

(b) 무부하 회로실험

그림 2-6 단락 회로 및 무부하 회로 시험

그림 2-6 (a)와 같이 동기 발전기 단자를 단락하고 서서히 계자전류를 증가하면 3상 단락전류가 흐른다. 이 때 흐르는 단락전류의 크기는 다음과 같다.

$$I_s = \frac{E}{Z_s} = \frac{E}{\sqrt{r_a^2 + x_s^2}} \fallingdotseq \frac{E}{jx_s}[\text{A}]$$

여기서, E : 발전기의 유도기전력　　I_s : 3상 단락전류

Z_s : 동기 임피던스　　r_a : 전기자 저항

x_s : 동기 리액턴스

단락전류는 전기자 저항을 무시하면 동기리액턴스에 의해 그 크기가 결정된다.

즉, 동기 리액턴스에 의해 흐르는 전류는 90°늦은 전류가 크게 흐르게 되며, 이 전류에 의한 **전기자 반작용이 감자 작용이 되므로 3상 단락곡선은 직선이** 된다.

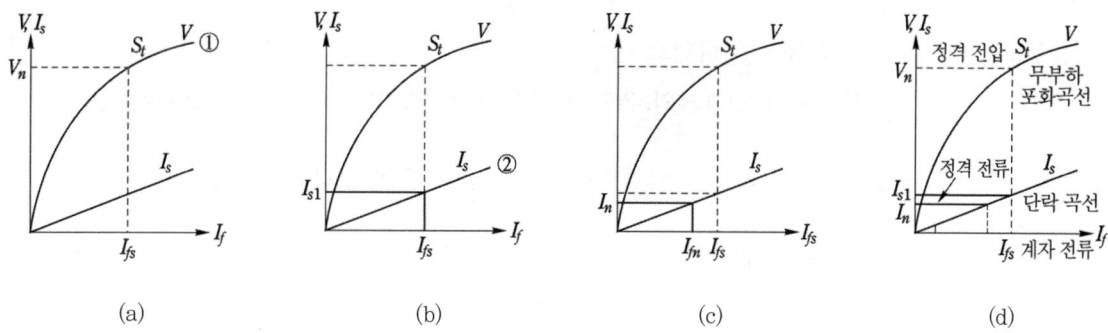

그림 2-7 단락 곡선

그림 2-7 (a)의 ①은 무부하 포화곡선을 나타내며, 그림 2-7 (b)의 ②는 3상 단락곡선을 나타낸다.

그림 2-7 (c)는 단락시험에서 정격전류를 흘리는 데 필요한 계자전류를 나타낸 것이며, 그림 2-7 (d)는 무부하 정격전압을 유기하는데 필요한 계자전류를 나타낸 것인데, 이 비를 **단락비(short circuit ratio)** K_s라 한다.

$$K_s = \frac{\text{무부하에서 정격전압을 유지하는 데 필요한 계자전류}}{\text{정격전류와 같은 단락전류를 흘리는 데 필요한 계자전류}}$$

단락비는 기계적 특성을 잘 나타내는 수치로서 일반적으로 단락비가 큰 기계는

① 동기 임피던스(리액턴스)가 작다.
② 전압강하 및 전압강하율, 전압변동률이 작다.
③ 안정도가 좋다.
④ 철이 많이 사용되어 철기계라 불린다.
⑤ 공극이 크고, 기계 형태 중량이 증가한다.

단락비가 작은 기계는 동기 임피던스가 크므로 전기자 반작용이 크며, 이것은 공극이 좁고 계자 기자력이 전기자 기자력에 비하여 작은 기계이다.
K_s의 값은 터빈 발전기에서는 0.6~1.0, 수차 발전기에서는 0.9~1.2 정도이다.

(3) %동기임피던스
정격 전류에 대한 임피던스 강하와 정격 상전압의 비에 대한 [%] 값을 말하며 다음과 같이 표현할 수 있다.

$$\%Z_s = \frac{Z_s I_n}{E} \times 100 [\%]$$

여기서, I_n : 정격 전류
Z_s : 동기 임피던스
E : 동기 발전기의 유도 기전력(또는, 단자전압을 $\sqrt{3}$으로 나눈 값)

위 식에 정격전류와 유도 기전력을 대입하면 다음과 같다.

$$\%Z_s = \frac{P_n Z}{10 V^2} [\%]$$

여기서, $I_n = \frac{P_n}{\sqrt{3} V_n}$, $E = \frac{V_n}{\sqrt{3}}$

(4) 전압 변동률(ε)

$$\epsilon = \frac{V_0 - V_n}{V_n} \times 100[\%]$$

여기서, V_0 : 무부하 단자 전압[V], V_n : 정격 단자 전압[V]

전압 변동률은 부하 전류의 대소에 따라서 달라질 뿐만 아니라 같은 부하 전류에 대해서도 역률이 상이하면 그 값이 달라진다. 위의 외부 특성 곡선은 이 관계를 표시한다. 유도 부하의 경우에 ϵ은 $+(V_0 > V_n)$, 용량 부하의 경우에 ϵ은 $-(V_0 < V_n)$로 된다.

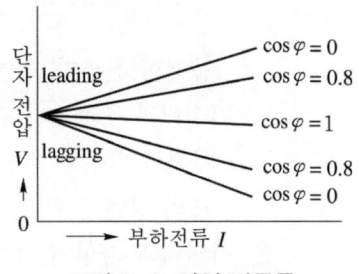

그림 2-8 전압 변동률

(5) 자기 여자

무여자로 운전하고 있는 동기 발전기에 무부하의 장거리 송전선을 접속하면, 발전기의 잔류 자기에 의한 전압 때문에 90°의 앞선 전류가 흐르므로, 전기자 반작용은 자화 작용을 하여 단자 전압이 높아지고 충전 전류도 늘게 된다. 이때 단자 전압이 계속해서 높아지게 되는 현상을 **자기 여자**라 한다.

(6) 자기 여자 방지법

① 발전기 2대 또는 3대를 병렬로 모선에 접속한다.
② 수전단에 동기 조상기를 접속하고 이것을 부족 여자로 하여 송전선에서 지상 전류를 취하게 하면 충전 전류를 그만큼 감소시키는 것이 된다.
③ 송전 선로의 수전단에 변압기를 접속한다.
④ 수전단에 리액턴스를 병렬로 접속한다.

9. 병렬 운전

(1) 병렬 운전의 필요 조건

① 기전력의 크기가 같을 것(발전기 내부에 무효 횡류가 흐른다.)
  • 기전력의 크기가 같지 않은 경우

$$I_c = \frac{E_1 - E_2}{2Z_s} = \frac{E_r}{2Z_s}[\text{A}]$$

$$\theta = \tan^{-1}\frac{2x_s}{2r_a} = \tan^{-1}\frac{x_s}{r_a} \fallingdotseq \frac{\pi}{2} \ (x_s \gg r_a \text{이므로})$$

② 상회전이 일치하고, 기전력이 동위상일 것(유효 횡류가 흐른다.)
- 기전력의 위상이 다른 경우 : 위상이 앞선 G_1은 위상이 뒤진 G_2에 전력 $P = \dfrac{E^2}{2Z_s}\cos\dfrac{\delta}{2}$[W]를 공급하여, 자동적으로 E_1과 E_2를 동위상으로 유지하는 동기화 전류가 흐른다.

③ 기전력과 주파수가 같을 것
- 기전력의 주파수가 다른 경우 : 동기화 전류가 교대로 주기적으로 흐른다. 즉 난조의 원인이 된다.

④ 기전력과 파형이 같을 것
- 기전력의 파형이 같지 않은 경우 : 각 순시의 기전력의 크기가 다르기 때문에 고조파 무효 순환 전류가 흐른다.

(2) 병렬 운전시 원동기에 필요한 조건
① 균일한 각속도를 가질 것
② 적당한 속도 조정률을 가질 것
③ 조속기가 적당한 불감도를 가질 것

10. 동기 전동기

(1) 토크

$$\tau = \frac{V_l E_l}{\omega x_s}\sin\delta[\text{N·m}]$$

$$P = \omega\tau = \frac{E_l V_l}{x_s}[\text{N·m}]$$

$$\tau' = \frac{\tau}{9.8}[\text{kg·m}]$$

$$\therefore 1[\text{kg·m}] = 9.8[\text{N·m}]$$

여기서, V_l : 선간 전압,　　　　E_l : 선간 기전력
　　　ω : 각속도($2\pi N_s/60[\text{rad}]$),　δ_m : 부하각

(2) 위상 특성 곡선(V곡선)

정 출력에서 유기 기전력 E(또는 계자 전류 I_f)를 변화시킬 때 E(또는 I_f)와 전기자 전류 I_a의 관계를 나타내는 곡선을 말한다.

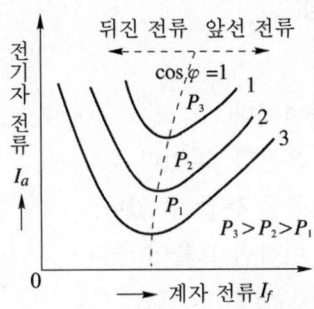

그림 2-9 위상 특성 곡선(V곡선)

동기 전동기는 그림 2-9에서 알 수 있는 바와 같이 계자 전류를 가감하여 전기자 전류의 크기와 위상을 조정할 수 있다. 이 곡선은 부하가 클수록 V곡선은 위로 이동한다.

(3) 동기 전동기의 기동

① 기동 토크

동기 전동기의 기동 토크는 영이므로 기동할 때에는 제동 권선을 기동 권선으로 이용하여 기동 토크를 얻는다.

② 인입 토크

전동기 자체와 이것과 연결된 부하의 관성에 맞서 동기로 들어갈 수 있는 최대 부하 토크

③ 동기 인입 조건

$$s < \frac{242}{N}\sqrt{\frac{P_m}{(GD^2)f}}$$

여기서, s　: 직류 여자를 가할 때의 슬립

N　: 회전수[rpm]

P_m　: 그 여자에 대한 탈출 토크에 상당하는 출력[kW]

GD^2 : 플라이휠 효과[kg·m²]

f　: 주파수[Hz]

④ 탈출 토크

전동기가 정격 주파수, 정격 전압 및 규정의 여자 상태에서 동기 운전할 수 있는 최대 토크로서 공급 전압과 여자의 크기에 따라 다르다.

(4) 동기 전동기의 특징

① 장점
- 속도가 일정 불변이다.
- 항상 역률 1로 운전할 수 있다.
- 필요시 앞선 전류를 통할 수 있다.
- 유도 전동기에 비하여 효율이 좋다.

② 단점
- 보통 구조의 것은 기동 토크가 적고 속도 조정을 할 수 없다.
- 난조를 일으킬 염려가 있다.
- 여자용의 직류 전원을 필요로 하여 설비비가 많이 든다.

③ 용도
- 저속도 대용량 : 시멘트 공장의 분쇄기, 각종 압축기, 송풍기, 제지용 쇄목기, 동기 조상기
- 소용량 : 전기 시계, 오실로그래프, 전송 사진

(5) 동기기의 입력과 출력

① 입력

$$P_1' = VI\cos\phi = \frac{V^2}{Z_s^2}\cos\alpha - \frac{VE_0}{Z_s}\cos(\alpha+\delta)[\text{W}]$$

② 출력

$$P_2 = E_0 I\cos\phi = \frac{VE_0}{Z_s}\cos(\alpha-\delta) - \frac{E_0^2}{Z_s}\cos\alpha \fallingdotseq \frac{VE_0}{Z_s}\sin\delta[\text{W}]$$

$$\left(\alpha = \tan^{-1}\frac{x_s}{r_a}\text{로 } x_s \gg r_a \text{이므로 } \alpha \fallingdotseq \frac{\pi}{2}\right)$$

1 대부분의 동기 발전기는 회전 계자형인데 그 이유로 옳지 않은 것은?

① 계자 회로는 저전압 소용량의 직류이다.
② 고전압 대전류용으로 적당하다.
③ 회전 자계를 얻는 것이 쉽다.
④ 절연 및 집전이 쉽다.

풀이 동기발전기를 회전 계자형으로 하는 이유는 고전압, 대전류용, 구조 간단하기 때문이다. **답** ③

2 회전 계자형을 쓰는 발전기는 어느 것인가?

① 유도 전동기   ② 직류 발전기
③ 동기 발전기   ④ 회전 발전기

풀이 동기 발전기를 회전 계자형으로 하는 이유는 고전압, 대전류용, 구조 간단하기 때문이다. **답** ③

3 3상 동기 발전기의 전기자 권선은 보통 어떤 결선인가?

① Y결선   ② △결선
③ 지그재그 삼각형   ④ 지그재그 결선

풀이 동기 발전기는 3상으로 보통 Y결선(성형)이나 2중 성형을 사용한다. Y결선을 하면 순환 전류가 제거되고 중성점을 내기가 쉬우며 이것을 이용하여 발전기 보호 장치를 할 수 있다. **답** ①

4 수소 냉각은 공기 냉각보다 출력이 몇 [%] 증가하는가?

① 10   ② 20   ③ 25   ④ 30

풀이 수소 냉각방식의 특징
① 비중이 적어 풍손이 1/10 감소한다.
② 열전도가 공기의 7배로 출력이 약 25[%] 증가한다.
③ 코로나에 의한 손실이 없다.
④ 화염 발생이 없다.
⑤ 발전기 효율이 0.6~1[%] 증가한다. **답** ③

5 6극의 동기기의 1회전 시 전기각[rad]은?

① π ② 2π ③ 3π ④ 6π

풀이 전기각과 기하각의 관계는 전기각 = 기하각 $\times \dfrac{P}{2}$ 이고, 전기각은 극과 극 사이 간격이 π[rad] 이므로 6극의 경우 6π[rad]이 된다. **답** ④

6 수차 발전기에서 우산형을 사용하는 적당한 이유는?

① 저속 소형기   ② 저속 대형기   ③ 고속 대형기   ④ 고속 소형기

풀이   **답** ②

7 750[rpm], 극수 8인 동기기의 주파수[Hz]는?

① 30   ② 40   ③ 50   ④ 60

풀이 주파수와 동기속도의 관계는 $N_s = \dfrac{120f}{p}$ [rpm] 이므로

주파수 $f = \dfrac{N_s \cdot p}{120} = \dfrac{750 \times 8}{120} = 50$[Hz]가 된다.   **답** ③

8 6극에서 60[Hz]의 주파수를 얻으려면 동기 발전기의 회전수[rpm]은?

① 600   ② 900   ③ 1,200   ④ 1,500

풀이 주파수와 동기속도의 관계는 $N_s = \dfrac{120f}{p}$ [rpm]이므로

$N_s = \dfrac{120 \times 60}{6} = 1,200$[rpm]이 된다.   **답** ③

9 동기 발전기는 무엇에 의하여 회전수가 결정되는가?

① 역률과 전류   ② 주파수와 역률

③ 주파수와 자극수   ④ 정격 전압과 주파수

풀이 주파수와 동기속도의 관계는 $N_s = \dfrac{120f}{p}$ [rpm] 이므로 회전속도는 주파수와 자극수로 결정된다.

답 ③

10 2극 3,000[rpm]의 교류 발전기와 병렬 운전하는 극수 48인 발전기의 회전수[rpm]는?

① 115   ② 125   ③ 135   ④ 145

풀이 교류 발전기의 병렬 운전 조건은 주파수 f 가 같아야 하므로 주파수를 구한다.

$f = \dfrac{N_s \cdot p}{120} = \dfrac{3,000 \times 2}{120} = 50$[Hz]

$f = 50$[Hz]이므로 다른 발전기의 주파수 f 도 50[Hz]가 되어야 한다.

$\therefore N_s = \dfrac{120f}{p} = \dfrac{120 \times 50}{48} = 125$[rpm]   **답** ②

11 60[Hz] 12극 회전자 바깥지름 2[m]의 동기기의 회전자 주변 속도[m/s]는?

① 10   ② 30   ③ 50   ④ 60

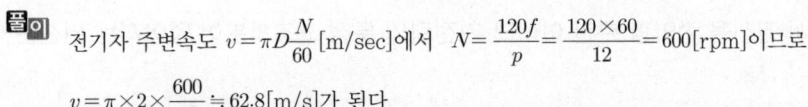

풀이 전기자 주변속도 $v = \pi D \dfrac{N}{60}$ [m/sec]에서 $N = \dfrac{120f}{p} = \dfrac{120 \times 60}{12} = 600$[rpm]이므로

$v = \pi \times 2 \times \dfrac{600}{60} ≒ 62.8$[m/s]가 된다. **답** ④

12 6극, Y결선의 3상, 교류 발전기가 있다. 1극의 자속 0.16[Wb], 회전수 1,200[rpm], 1상의 권수 186, 권선 계수 0.96이면 주파수[Hz]와 단자 전압[V]은?

① 50[Hz], 6,340[V] ② 60[Hz], 6,340[V]

③ 50[Hz], 11,000[V] ④ 60[Hz], 13,180[V]

풀이 발전기의 단자전압은 $V = \sqrt{3} \times 4.44 k_w f W \phi$ 이고,

$N = \dfrac{120f}{p}$ 에서 $f = \dfrac{Np}{120} = \dfrac{1,200 \times 6}{120} = 60$[Hz] 이므로

$V = \sqrt{3} \times 4.44 \times 60 \times 186 \times 0.96 \times 0.16 ≒ 13,183$[V]가 된다. **답** ④

13 동기 발전기 전기자의 단절권의 목적은?

① 고조파를 제거한다. ② 절연을 좋게 한다.

③ 기전력을 높게 한다. ④ 역률을 좋게 한다.

풀이 교류기의 전기자 권선법은 기전력의 파형을 정현파로 하기위한 것이다. 즉, 전절권보다 단절권을 집중권 보다 분포권을 채용한다. 전기자를 단절권으로 하면 기전력의 값은 줄지만 기전력의 파형이 좋아지고 끝 접속선의 길이가 짧아지므로 구리선이 그만큼 절약되어 기계의 치수도 줄일 수 있다. **답** ①

14 교류 발전기의 고조파 발생을 방지하는데 적합하지 않은 것은?

① 전기자 홈을 사구로 한다. ② 전기자 반작용을 적게 한다.

③ 전기자 권선을 전절권으로 감는다. ④ 전기자 권선의 결선을 성형으로 한다.

풀이 파형개선에서는 단절권이 가장 좋고, ①, ②, ③ 및 분포권 등으로 하면 파형이 현저히 개선된다.

답 ③

15 동기 발전기의 권선을 분포권으로 하면?

① 권선의 리액턴스가 커진다.

② 집중권에 비해 합성 유도 기전력이 높아진다.

③ 파형이 좋아진다.

④ 난조를 방지한다.

풀이 교류기의 전기자 권선법은 기전력의 파형을 정현파로 하기위한 것이다. 즉, 전절권보다 단절권을 집중권 보다 분포권을 채용한다. **답** ③

16 교류기에서 권선을 절약할 뿐만 아니라 기전력의 특정 고조파분이 없어지는 권선은 어느 것인가?

① 단절권 　　② 분포권 　　③ 전절권 　　④ 집중권

풀이 단절권으로 하면 기전력의 값은 줄지만 기전력의 파형이 좋아지고 끝 접속선의 길이가 짧아지므로 구리선이 그만큼 절약되어 기계의 치수도 줄일 수 있다. **답** ①

17 단절권 계수를 나타내는 식은?

① $\dfrac{\beta\pi}{2}$ 　　② $\sin\beta\pi$ 　　③ $\sin\dfrac{\beta\pi}{2}$ 　　④ $\cos\dfrac{\beta\pi}{2}$

풀이 단절권계수는 $\sin\dfrac{\beta\pi}{2}$ 이며, 여기서 $\beta = \dfrac{\text{코일피치}}{\text{극피치}}$ 를 나타낸다. **답** ③

18 9극, 54홈, 3상 동기 발전기의 전기자 코일이 제 1홈과 8홈 간에 있다면 단절 계수(K_p)는?

① 0.5 　　② 0.7 　　③ 0.866 　　④ 0.94

풀이 극피치는 극당 홈수를 말한다. 슬롯과 8슬롯에 코일이 있으면 코일피치는 7이 된다.

따라서, 극당 홈수$= \dfrac{54}{9} = 9, \beta = \dfrac{7}{9}$ 가 된다.

단절권 계수 $K_p = \sin\dfrac{\beta\pi}{2}$ 는　$K_p = \sin\dfrac{\dfrac{7}{9}\times 180°}{2} = \sin 70° = 0.94$ 가 된다. **답** ④

19 동기 발전기의 전기자 반작용의 원인은?

① 전기자 전류 　　② 동기 리액턴스
③ 강한 여자 전류 　　④ 철심의 히스테리시스

풀이 전기자 반적용이란 전기자 전류로 인하여 생긴 자속이 계자극에 영향을 주는 것으로 동기발전기의 전기자 반작용은 직축반작용과 횡축반작용으로 나눈다. **답** ①

20 동기 발전기의 전기자 반작용에 관한 설명 중 틀린 것은?

① 전기자 전류의 크기에 따라 다르다.

② 전류가 $\dfrac{\pi}{2}$ 뒤질 때는 감자 작용을 한다.

③ 전류가 $\dfrac{\pi}{2}$ 앞설 때는 자화 작용을 한다.

④ 유도 기전력과 전기자 전류 사이의 위상과는 관계가 없다.

풀이 동기 발전기의 경우 앞선 전류가 흐르므로 증자 작용(자화 작용)을 하여 단자 전압을 상승시키는 직축 반작용을 한다. **답** ④

21 3상 교류 발전기의 기전력에 대하여 90° 늦은 전류가 통할 때 생기는 반작용의 기자력은?

① 자극축보다 90° 빠른 증자 작용　　　　② 자극축과 직교하는 교차 자화 작용
③ 자극축과 일치하고 감자 작용　　　　　④ 자극축보다 90° 늦은 감자 작용

풀이 동기 발전기의 경우 전류가 기전력보다 $\pi/2$ 뒤지면 감자 작용, $\pi/2$ 앞서는 경우는 자화 작용을 한다.

답 ③

22 동기 발전기의 전기자 반작용에서 어떤 역률 $\cos\theta$의 전류 I가 흐를 때 $I\cos\theta$를 나타내는 것은?

① 횡축 반작용　　　　　　　　　　　　② 감자 작용
③ 직축 자화 작용　　　　　　　　　　　④ 자화 작용

풀이 $I\cos\theta$: 횡축반작용
$I\sin\theta$: 직축반작용

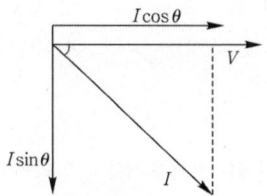

답 ①

23 전기자 전류를 I, 역률을 $\cos\theta$라 하면 횡축 반작용을 하는 것은?

① $I\tan\theta$　　　② $I\cos\theta$　　　③ $I\sin\theta$　　　④ $I\cot\theta$

풀이 $I\cos\theta$: 횡축반작용
$I\sin\theta$: 직축반작용

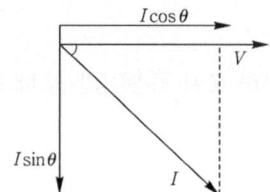

답 ②

24 3상 동기 발전기에서 부하각은 몇 도에서 출력이 최대인가?

① 0°　　　　　　② 30°　　　　　　③ 90°　　　　　　④ 180°

풀이 동기 발전기의 출력 $P_s = \dfrac{E_l V_l}{x_s}\sin\delta$에서 $\sin$값에서 90° = 1이므로 δ(부하각) = 90°일 때 최대가 된다.

답 ③

25 동기 발전기의 1상의 유기 기전력을 E, 단자 전압(1상)을 V, 동기 리액턴스를 x_s, 부하각을 δ라 하면 1상의 출력은 대략 어떠한가?

① $\dfrac{E^2 V}{x_s}\sin\delta$　　② $\dfrac{E V^2}{x_s}\sin\delta$　　③ $\dfrac{E V}{x_s}\cos\delta$　　④ $\dfrac{E V}{x_s}\sin\delta$

풀이 동기 발전기의 출력 $P_s = \dfrac{E_l V_l}{x_s}\sin\delta[\text{kW}]$

답 ④

26 동기 발전기의 동기 리액턴스 x_s와 전기자 저항 r_a와의 관계는?

① $r_a = x_s$ ② $r_a \ll x_s$ ③ $r_a \gg x_s$ ④ $r_a + x_s =$ 일정

> **풀이** 일반적으로 동기기에는 전기자 저항 r_a는 리액턴스에 비하여 무시할 정도이므로 실용상 $Z_s \fallingdotseq x_s$라 해도 좋다.
>
> $$Z_s = r_a + jx_s = r_a + j(x_a + x_l) \fallingdotseq x_s$$
>
> 단, r_a : 전기자 저항, x_a : 전기자 반작용 리액턴스,
>
> x_l : 전기자 누설 리액턴스, x_s : 동기 리액턴스이다.   **답** ②

27 전기자 권선의 저항을 r_a, 반작용 리액턴스를 x_a, 누설 리액턴스를 x_l라 하면 동기 임피던스는?

① $\sqrt{r_a^2 + (x_a + x_l)^2}$ ② $\sqrt{r_a^2 + x_l^2}$

③ $\sqrt{r_a^2 + \left(\dfrac{x_l}{x_a}\right)^2}$ ④ $\sqrt{r_a^2 + x_a^2}$

> **풀이** 일반적으로 동기기에는 전기자 저항 r_a는 리액턴스에 비하여 무시할 정도이므로 실용상 $Z_s \fallingdotseq x_s$라 해도 좋다.
>
> $$Z_s = r_a + jx_s = r_a + j(x_a + x_l) \fallingdotseq x_s$$
>
> 단, r_a : 전기자 저항, x_a : 전기자 반작용 리액턴스,
>
> x_l : 전기자 누설 리액턴스, x_s : 동기 리액턴스이다.   **답** ①

28 A는 공극선, B는 무부하 포화 곡선이라 할 때 동기 발전기의 포화율은?

① $\dfrac{Pb}{ab}$ ② $\dfrac{ad}{Pa}$

③ $\dfrac{ab}{Pb}$ ④ $\dfrac{Pa}{ab}$

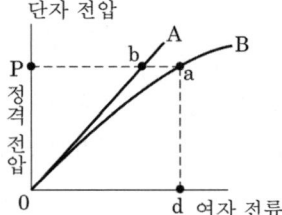

> **풀이** 동기 발전기의 포화 정도를 나타내는 데는 포화율(saturation factor)이 사용된다. 동기기의 무부하 포화 곡선상에 정격 전압 V_n의 1.2배가 되는 점 c를 잡고 점 c에서 횡축에 평행선을 그어 종축과 만나는 점을 b라고 한다. 다음에 원점 0에서 무부하 포화 곡선 0M에 접선(공극선)을 긋고, 선 bc와 만나는 점을 c'라고 하면, 포화율 σ는
>
>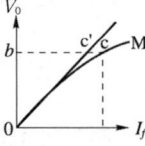
>
> $$\sigma = \frac{cc'}{bc'}$$
> **답** ③

29 동기 발전기의 단락비를 나타내는 것은?

① 동기 리액턴스와 누설 리액턴스의 곱   ② 동기 임피던스의 역수

③ 동기 임피던스와 누설 리액턴스의 합   ④ 동기 리액턴스의 역수

풀이 %동기 임피던스 Z_s는 전부하시 임피던스 전압 강하 I_nZ_s와 정격 상전압 E_n의 비로 나타내므로

$$Z_s = \frac{I_nZ_s}{E_n} \times 100 = \frac{I_n}{E_n} \cdot \frac{E_n}{I_s} \times 100 = \frac{I_n}{I_s} \times 100 = \frac{1}{K_s} \times 100$$

$$\therefore K_s = \frac{1}{Z_s} \times 100[\%]\text{가 된다.}$$ **답** ②

30 발전기의 단락비를 산출하는 데 필요한 시험은?

① 무부하 포화 시험과 부하 시험
② 무부하 시험과 3상 단락 시험
③ 무부하 시험과 전부하 시험
④ 돌발 단락 시험과 부하 시험

풀이 단락 시험에서는 동기 임피던스, 동기 리액턴스, 무부하 시험에서는 철손, 기계손 등을, 단락비 산출에는 무부하(포화) 시험과 (3상) 단락 시험 등이 필요하다. **답** ②

31 수차 발전기의 단락비는 보통 얼마인가?

① 0.1~0.5   ② 0.5~0.9   ③ 0.9~1.2   ④ 1.5~2.0

풀이 수차 발전기 : 0.9~1.2, 터빈 발전기 : 0.6~0.9 정도이다. **답** ③

32 단락비가 큰 동기 발전기를 잘못 설명한 것은?

① 기자력이 크며 전기자 반작용이 작다.   ② 풍손, 마찰손, 철손이 크다.
③ 전압 변동률이 크다.   ④ 공극이 넓고 크기가 크다.

풀이 단락비가 큰 기계를 철기계, 단락비가 작은 기계를 동기계라 하며, 철기계는 부피가 커지며 값이 비싸고, 철손, 기계손 등의 고정손이 커서 효율은 나빠지나 전압 변동률이 작고 안정도 및 선로 충전 용량이 커지는 이점이 있다. **답** ③

33 정격 전압 6,600[V], 정격 용량 5,000[kVA]의 3상 동기 발전기에서 여자 전류 200[A]에 해당하는 무부하 단자 전압 6,600[V], 정격 전류 437[A]만큼의 단락 전류를 흘려주는 여자 전류는 160[A]이다. 이 발전기의 단락비(K_s)와 $Z_s{}'$는?

① 2, 80[%]   ② 1.25, 70[%]
③ 1.25, 80[%]   ④ 3, 90[%]

풀이 단락비 $K_s = \dfrac{\text{무부하에서 정격 전압을 유도하는 데 필요한 여자 전류}}{\text{정격 전류와 같은 단락 전류를 흘리는 데 필요한 여자 전류}} = \dfrac{200}{160} = 1.25$이며,

%동기임피던스는 단락비의 역관계가 있다. 따라서 %동기임피던스 $Z_s{}' = \dfrac{100}{K_s} = \dfrac{100}{1.25} = 80[\%]$가 된다. **답** ③

34 동기 발전기의 돌발 단락 전류를 제한하는 것은?

① 동기 리액턴스
② 권선 저항
③ 전기자 반작용 리액턴스
④ 누설 리액턴스

풀이 동기기에서 저항은 누설 리액턴스에 비하여 작으며 전기자 반작용은 단락 전류가 흐른 뒤에 작용하므로 돌발 단락 전류를 제한하는 것은 누설 리액턴스이다. 역상 리액턴스는 역상 전류에 대응하는 것으로 3상 평형 단락이 되면 역상 전류는 흐르지 않는다.
동기 리액턴스 = 누설 리액턴스 + 반작용 리액턴스 **답** ④

35 퍼센트 동기 임피던스 $Z_a{'}$는 정격 전압을 $V[\text{V}]$, 전류를 $I_n[\text{A}]$, 동기 임피던스를 $Z_s[\Omega]$이라 하면?

① $\dfrac{I_n Z_s}{V} \times 100$
② $\dfrac{I_n Z_s}{\sqrt{3}\,V} \times 100$
③ $\dfrac{I_n Z_s}{V/\sqrt{3}} \times 100$
④ $\dfrac{I_n Z_s}{3\,V^2} \times 100$

풀이 % 동기 임피던스 $Z_s{'}$는 $Z_s{'} = \dfrac{I Z_s}{E_n} \times 100[\%]$이므로 $\dfrac{I_n Z_s}{V} \times 100[\%]$가 된다. **답** ①

36 동기 발전기의 영구 단락 전류를 제한하는 것은?

① 동기 리액턴스
② 동기 와트
③ 누설 리액턴스
④ 권선 저항

풀이 동기기에서 저항은 누설 리액턴스에 비하여 작으며 전기자 반작용은 단락 전류가 흐른 뒤에 작용하므로 돌발 단락 전류를 제한하는 것은 누설 리액턴스이다. 역상 리액턴스는 역상 전류에 대응하는 것으로 3상 평형 단락이 되면 역상 전류는 흐르지 않는다.
동기기에서 영구단락전류를 제한하는 것은 동기 리액턴스가 된다.
동기 리액턴스 = 누설 리액턴스 + 반작용 리액턴스 **답** ①

37 동기 발전기를 병렬 운전시키는 경우 필요하지 않은 조건은?

① 전압 파형이 같을 것
② 회전수가 같을 것
③ 전압 위상이 같을 것
④ 상회전이 같을 것

풀이 동기발전기의 병렬운전 조건은 다음과 같다.
① 기전력의 크기가 같을 것
② 기전력의 위상이 같을 것
③ 기전력의 주파수가 같을 것
④ 기전력의 파형이 같을 것
⑤ 상회전 방향이 같을 것 **답** ②

38 교류 발전기를 병렬 운전할 때 기전력의 크기가 다르면?

① 무효 순환 전류가 흐른다.
② 아무 이상없다.
③ 고주파 전류가 흐른다.
④ 한 쪽이 전동기가 된다.

풀이 두 발전기의 기전력의 크기에 차가 있을 때 무효 순환 전류가 흐른다. **답** ①

39 동기 발전기를 병렬 운전하는 데 필요없는 조건은?

① 조속기 동작이 민감할 것 　　　　② 주파수와 파형이 서로 같을 것

③ 기전력의 값이 서로 같을 것 　　　④ 전압 위상이 서로 같을 것

풀이 동기발전기의 병렬운전 조건은 다음과 같다.
① 기전력의 크기가 같을 것 　　② 기전력의 위상이 같을 것
③ 기전력의 주파수가 같을 것 　④ 기전력의 파형이 같을 것
⑤ 상회전 방향이 같을 것 　　　　　　　　　　　　　　　**답** ①

40 동기 발전기의 병렬 운전 중 위상차가 생기면?

① 무효 횡류가 흐른다. 　　　　　　② 무효 전력이 생긴다.

③ 유효 횡류가 흐른다. 　　　　　　④ 출력이 요동하고 권선이 가열된다.

풀이 두 발전기의 기전력의 위상차가 있을 때 동기화전류(유효횡류)가 흐르며, 수수전력이 발생하고, 동기화력이 생긴다.　　　　　　　　　　　　　　　　　　　**답** ③

41 돌극($凸$)형 회전자를 쓰는 발전기는?

① 수차 발전기 　　　　　　　　　　② 소형 저전압 발전기

③ 터빈 발전기 　　　　　　　　　　④ 유도 발전기

풀이 돌극형 회전계자형이란 계자극이 계철에서 돌출한 구조이며, 수차 발전기나 엔진 발전기에 쓰인다. 이것에 비하여 고속용 터빈 발전기는 원통형으로 한 비돌극형 계자극을 사용한다.　　**답** ①

42 동기 전동기의 V곡선(위상 특성 곡선)에서 종축이 표시하는 것은?

① 계자 전류　　　② 전기자 전류　　　③ 단자 전압　　　④ 토크

풀이 위상특성곡선 (V곡선)은 종축(세로축)은 전기자 전류, 횡축(가로축)은 계자 전류로 되어 있다.

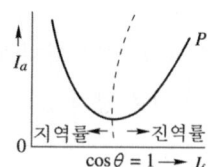

답 ②

43 3상 10,000[kW], 역률 80[%]를 역률 91.5[%]로 개선하려면 수전단에 몇 [kVA]의 동기 조상기를 접속하여야 하겠는가?

① 3,091　　　　　　② 3,466　　　　　　③ 3,426　　　　　　④ 3,560

풀이 진상용량 $Q = P(\tan\theta_1 - \tan\theta_2) = P\left(\dfrac{\sin\theta_1}{\cos\theta_1} - \dfrac{\sin\theta_2}{\cos\theta_2}\right)$ 이므로

$Q = P \times \left(\dfrac{\sqrt{1-\cos^2\theta_1}}{\cos\theta_1} - \dfrac{\sqrt{1-\cos^2\theta_2}}{\cos\theta_2}\right) = 10000 \times \left(\dfrac{\sqrt{1-0.8^2}}{0.8} - \dfrac{\sqrt{1-0.915^2}}{0.915}\right) = 3,091[\text{kVA}]$

가 된다.　　　　　　　　　　　　　　　　　　　　　　　　　　　　　　　**답** ①

44 동기 전동기의 용도 중 결점 사항은?

① 필요에 따라 앞선 전류를 흘릴 수 있다.

② 속도가 일정하여 변하지 않는다.

③ 직류 전원을 필요로 한다.

④ 언제나 역률을 1로 운전할 수 있다.

풀이 동기 전동기의 특징

① 장점

• 속도가 일정, 불변이다.

• 항상 역률 1로 운전할 수 있다.

• 필요 시 앞선 전류를 통할 수 있다.

• 유도 전동기에 비하여 효율이 좋다.

② 단점

• 보통 구조의 것은 기동 토크가 적고 속도 조정을 할 수 없다.

• 난조를 일으킬 염려가 있다.

• 여자용의 직류 전원을 필요로 하여 설비비가 많이 든다.

③ 용도

• 저속도 대용량 : 시멘트 공장의 분쇄기, 각종 압축기, 송풍기, 제지용 쇄목기, 동기 조상기

• 소용량 : 전기 시계, 오실로그래프, 전송 사진 **답** ③

45 동기기의 난조 방지, 기동 토크의 발생을 목적으로 설치한 것은?

① 제동 권선   ② 계자 권선

③ 1차 권선   ④ 전기자 권선

풀이 난조의 원인은 회전자가 어떤 부하각에서 새로운 부하각으로 변화하는 도중 회전자의 관성에 의해 생기는 하나의 과도적인 진동 현상을 말한다.

이것을 방지하기 위해서 제동 권선(damper winding)을 설치한다. **답** ①

46 동기기에서 제동 권선의 설치 목적은?

① 난조에 의한 탈조 방지   ② 역률 개선

③ 토크 감소   ④ 출력 증대

풀이 회전 자극 표면에 설치한 유도 전동기의 농형 권선과 같은 권선으로서 회전자가 동기 속도로 회전하고 있는 동안에는 전압을 유도하지 않으므로 아무런 작용이 없다. 그러나, 조금이라도 동기 속도를 벗어나면 전기자 자속을 끊어 전압이 유도되어 단락 전류가 흐르므로 동기 속도로 되돌아가게 된다. 즉, 진동 에너지를 열로 소비하여 진동을 방지한다. 이 제동 권선은 난조 방지에 쓰인다. **답** ①

1. 변압기의 원리

그림 3-1과 같이 자기회로를 가진 1개의 철심에 두개의 코일을 감고 한쪽권선에 교류 전압을 가하면 철심에 교번 자계에 의한 자속이 흘러 다른 권선을 지나가면 전자유도작 용에 의해 그 권선에 비례하여 유도 기전력이 발생한다. 이것을 **변압기(transformer)**라 한다.

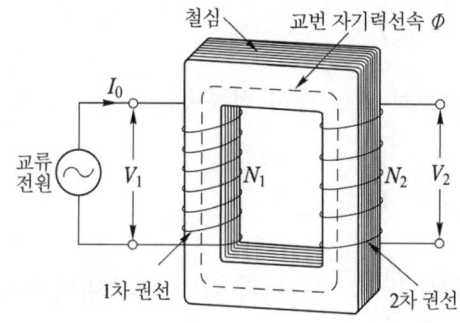

그림 3-1 변압기의 원리

(1) 권수비

변압기에는 자속이 쇄교하면서 유도 기전력을 만들어 낸다. 이때 1차 및 2차에서 유 도기전력이 만들어지는데 이를 표시하면 다음과 같다.

$$E_1 = 4.44f\,N_1\phi_m\,[\text{V}]$$
$$E_2 = 4.44f\,N_2\phi_m\,[\text{V}]$$

여기서, E : 유도 기전력[V]

f : 주파수[Hz]

ϕ_m : 최대 자속[Wb]

N : 권수

이 두 기전력의 크기의 비를 **전압비**라 하면

$$a = \frac{E_1}{E_2} = \frac{N_1}{N_2}$$

여기서, E_1 : 1차 기전력, E_2 : 2차 기전력

N_1 : 1차 권수, N_2 : 2차 권수

a : 권수비, 전압비

가 된다. 즉, 전압비가 권수비가 됨을 보여준다.

이것은 변압기의 변성되는 전압의 크기는 권수비에 비례함을 나타낸다.

(2) 변류비

변압기에 부하를 연결하면 전원으로부터 1차 권선에 공급되는 전력 $V_1 I_1$은 철심이나 권선에서의 손실을 무시하면 대부분 2차로 변환되어 $V_2 I_2$의 전력을 얻을 수 있다.

이 두 전력은

$$V_1 I_1 = V_2 I_2$$

의 관계가 있으므로 이 식에서 전류비는

$$a = \frac{I_2}{I_1} = \frac{V_1}{V_2}$$

가 된다. 여기서, $\frac{I_1}{I_2}$를 변류비라 하며, 권수비의 역수가 된다.

2. 변압기의 구조

변압기는 그림과 같이 외함, 권선, 철심, 부싱, 절연유 등으로 이루어 구성되어 있다.

변압기를 철심의 형태에 따라 분류하면

① 내철형   ② 외철형

③ 분포 철심형   ④ 권철심형

등으로 분류할 수 있다.

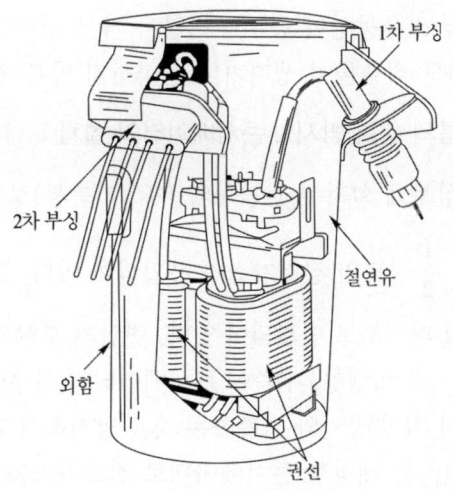

그림 3-2 변압기의 구조

변압기 철심(core)에는 두께 0.3~0.6[mm]의 규소 강판(규소 함유량 4~4.5[%] 정도)을 사용한다.

규소 강판을 사용하는 이유는 히스테리시스손을 감소시기키 위한 것이며, 성층하는 이유는 와류손을 감소키기 위한 것이다. 이것은 직류발전기 및 교류발전기도 동일하다. 최근에는 철심의 제조과정에서 레이저 가공을 한 자구 미세화 변압기 등이 개발되어 변압기 손실을 줄이는 데 일조하고 있다.

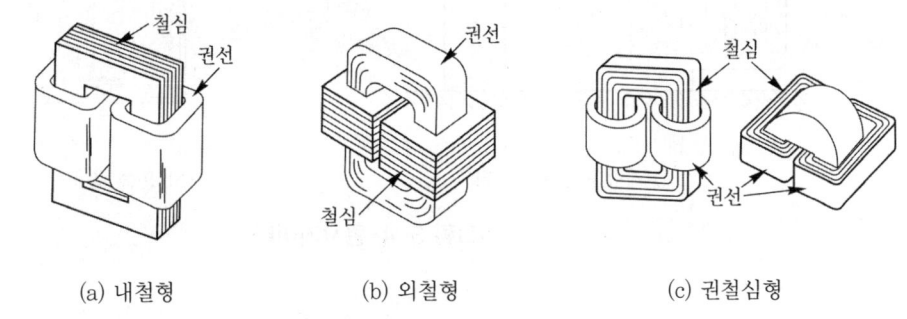

(a) 내철형   (b) 외철형   (c) 권철심형

그림 3-3 변압기의 분류

변압기유는 변압기의 냉각과 절연을 목적으로 사용되는 것으로 다음과 같은 조건을 구비하여야 한다.

① 변압기의 기름으로서 갖추어야 할 조건
- 절연 내력이 클 것
- 절연 재료 및 금속에 화학 작용을 일으키지 않을 것
- 인화점이 높고, 응고점이 낮을 것

- **점도가 낮고**(유동성이 풍부), 비열이 커서 냉각 효과가 클 것
- 고온에서도 석출물이 생기거나 산화하지 않을 것

② 변압기 기름의 열화 방지 : 콘서베이터의 설치

변압기의 상부에 설치된 원통형의 유조(기름통)로서, 그 속에는 $\frac{1}{2}$ 정도의 기름이

들어 있고, $\frac{1}{2}$ 정도의 질소가스가 봉입되어 있다. 또 주변압기 외함 내의 기름과는
가는 U자형 파이프로 연결되어 있다. 변압기 부하의 변화에 따르는 호흡 작용에 의
한 변압기 기름의 팽창, 수축이 콘서베이터의 상부에서 행하여지게 되므로 높은 온
도의 기름이 직접 공기와 접촉하는 것을 방지하여 기름의 열화를 방지하는 것이다.
그림 3-4 (a)는 개방형 콘서베이터로 질소가스가 봉입되어 있지 않는 형태이다.

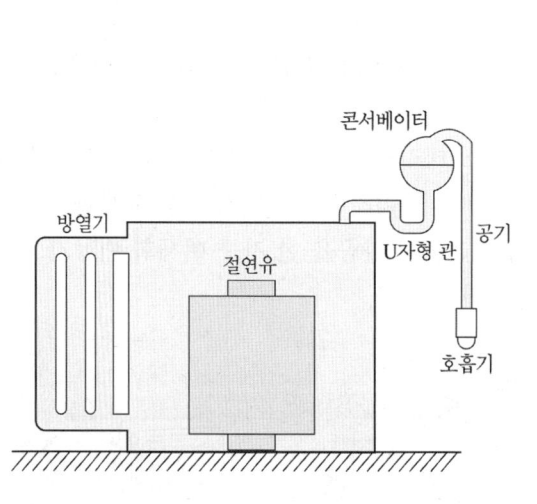 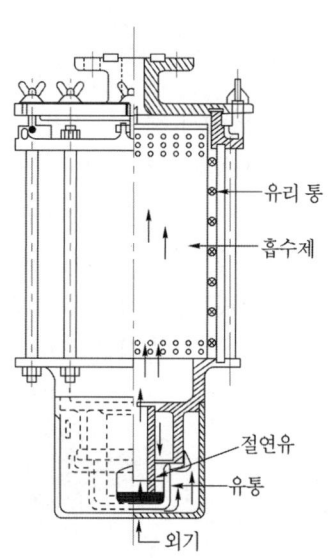

(a) 개방형 콘서베이터   (b) 흡습 호흡기

그림 3-4 콘서베이터

3. 여자 전류

그림 3-5는 변압기의 여자 회로를
나타낸 것이다.

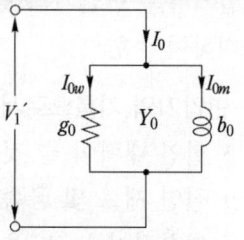

그림 3-5 여자회로

$$\dot{I}_0 = \dot{I}_{0m} + \dot{I}_{0w} \,[\mathrm{A}]$$

$$I_{0w} = \frac{P_i}{V_1'} \,[\mathrm{A}]$$

여기서, I_0 : 여자 전류, I_{0m} : 자화 전류, I_{0w} : 철손 전류, P_i : 철손

여자 전류는 자화전류와 철손전류의 벡터 합으로 표시된다. 그림 3-6은 여자회로의
전류를 벡터로 도시한 것이다.

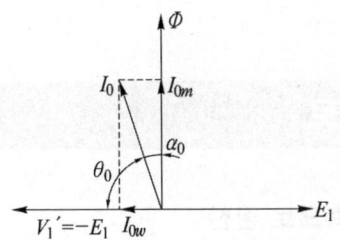

그림 3-6 여자 회로의 전류 벡터도

여기서, I_o : 여자 전류, α : 철손각

4. 변압기의 벡터도

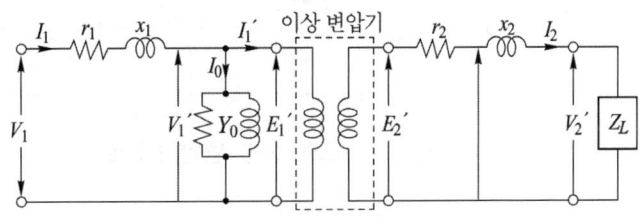

그림 3-7 변압기 회로

그림 3-7은 실제 변압기의 회로를 이상변압기와 결합한 형태로 나타낸 것이다.
r_1, x_1은 1차 누설임피던스를 구성하는 요소로 $Z_1 = r_1 + jx_1$으로 나타낸다.
r_2, x_2는 2차 누설임피던스를 구성하는 요소로 $Z_2 = r_2 + jx_2$로 나타낸다.
Y_0는 여자 어드미턴스를 나타낸다.
이들 사이의 관계를 벡터도로 나타내면 다음과 같다.

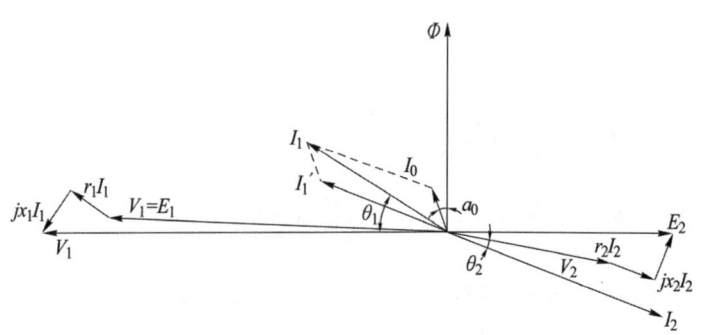

그림 3-8 전류와 전압의 벡터도

5. 변압기의 등가회로

(1) 2차 측에서 1차 측으로 환산

$$V_2' = a V_2 , \ E_2' = aE_2$$

$$I_2' = \frac{I_2}{a}$$

$$Z_2' = a^2 Z_2 = a^2 (r_2 + jx_2)$$

$$Z' = a^2 Z = a^2 (r + jx)$$

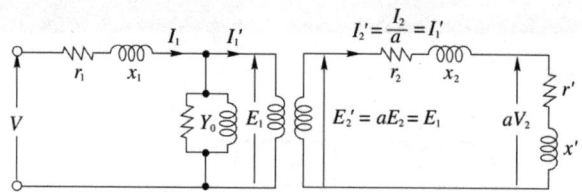

그림 3-9 변압기 회로

(2) 1차 측에서 2차 측으로 환산

$$V_1' = \frac{V_1}{a}, \ E_1' = \frac{E_1}{a}$$

$$I_1' = a V_1, \ I_0' = aI_0$$

$$Z_1' = \frac{Z_1}{a^2} = \frac{r_1 + jx_1}{a^2}$$

$$Y_0' = a^2 Y_0 = a^2 (g_0 - jb_0)$$

6. 임피던스 전압, 퍼센트 임피던스 강하

단락 전류 I_{1s}를 1차 정격 전류와 같게 조정했을 때의 1차 전압을 임피던스 전압, 이 때의 입력 P_s[W]를 **임피던스 와트**라고 한다.

$$V_s = Z_{21}I_{1n} = \sqrt{(r_{21})^2 + (x_{21})^2}\, I_{1n}[\mathrm{V}]$$

$$P_s = (r_{21})I_{1n}^2 = (r_1 + a^2 r_2)I_{1n}^2\,[\mathrm{W}]$$

여기서, $r_{21} = r_1 + a^2 r_2,\; x_{21} = x_1 + a^2 x_2$

% 저항 강하

$$p = \frac{r_{21}I_{1n}}{V_{1n}} \times 100 = \frac{r_{21}I_{1n}^2}{V_{1n}I_{1n}} \times 100 = \frac{P_s}{V_{1n}I_{1n}} \times 100\,[\%]$$

% 리액턴스 강하

$$q = \frac{x_{21}I_{1n}}{V_{1n}} \times 100\,[\%]$$

% 임피던스 강하

$$z = \frac{z_{21}I_{1n}}{V_{1n}} \times 100 = \frac{V_s}{V_{1n}} \times 100 = \sqrt{p^2 + q^2}\,[\%]$$

여기서, I_{1n} : 1차 정격 전류

$\quad\quad\; V_{1n}$: 1차 정격 전압

$$\frac{I_{1s}}{I_{1n}} = \frac{V_{1n}}{I_{1n}\sqrt{(r_{21})^2 + (x_{21})^2}} = \frac{100}{z}$$

7. 전압 변동률

변압기의 전압 변동률은 2차 측의 전압의 변화를 기준으로 산출한다.

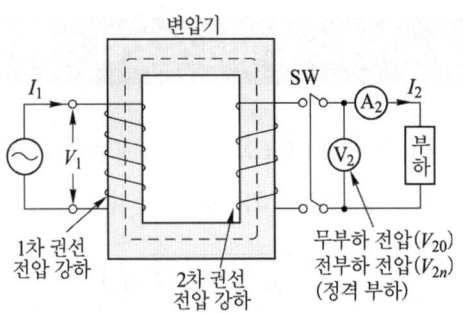

그림 3-10 전압 변동률

$$\epsilon = \frac{V_{20} - V_{2n}}{V_{2n}} \times 100 [\%]$$

여기서, V_{20} : 무부하 2차 단자 전압, V_{2n} : 정격 2차 단자 전압

백분율 저항강하를 p, 백분율 리액턴스강하를 q라고 하면, 전압 변동률은 다음과 같이 나타낼 수 있다.

$$\epsilon = p\cos\phi + q\sin\phi + \frac{1}{200}(q\cos\phi - p\sin\phi)^2 [\%]$$

$$\fallingdotseq p\cos\phi + q\sin\phi \ (\phi : \text{부하 } Z\text{의 위상각})$$

또, 역률이 100[%]일 때 $\cos\phi = 1$, $\sin\phi = 0$이므로,

$$\epsilon \fallingdotseq p = \frac{I_{2n}r}{V_{2n}} \times 100 = \frac{I_{2n}^2 r}{V_{2n}I_{2n}} \times 100 = \frac{\text{전부하 동손}}{\text{정격 용량}} \times 100 [\%]$$

가 된다.

8. 변압기의 손실과 효율

(1) 철손(무부하손) $P_i = P_h + P_e$ [W]

변압기 철손은 히스테리시스손과 와류손이 있으며 그 공식은

히스테리시스손 : $P_h = \delta_h f B_m^{1.6}$ [W/kg]이고,

와류손 : $P_e = \delta_e (tfk_fB_m)^2$ [W/kg]이다.

여기서, δ_h : 히스테리시스 정수, δ_e : 재료에 의한 정수, f : 주파수[Hz]

B_m : 자속 밀도의 최댓값[Wb/m²], t : 철판의 두께[m]

k_f : 파형률

그러므로 와전류손(와류손)은 t^2에 비례한다.

(2) 효율

① 규약 효율

$$\eta = \frac{출력}{출력 + 손실} \times 100 = \frac{입력 - 손실}{입력} \times 100 [\%]$$

$$= \frac{V_2 I_2 \cos\theta_2}{V_2 I_2 \cos\theta_2 + P_i + I_2^2 r} \times 100 [\%]$$

② 전부하 효율

$$\eta = \frac{V_2 I_2 \cos\theta}{V_2 I_2 \cos\theta + P_i + P_c} \times 100 [\%]$$

여기서, P_i : 무부하손(철손)

$P_c = r_{12} I_2^2$

V_2, I_2 : 정격 2차 전압 및 전류

$\cos\theta$: 부하 역률

③ 최대 효율

철손과 동손이 같을 때 최대 효율이 된다.

$$\eta_m = \frac{최대 \ 효율시의 \ 출력}{최대 \ 효율시의 \ 출력 + 2 \times 무부하손} \times 100 [\%]$$

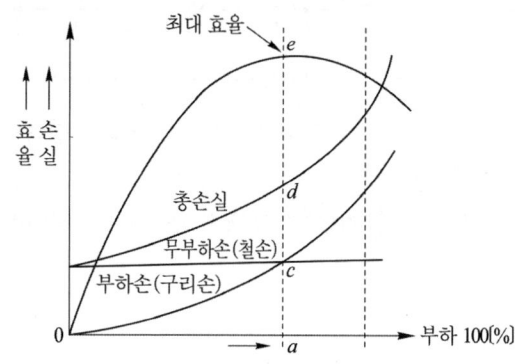

그림 3-11 부하와 효율의 관계

그림 3-11에서 c점이 무부하손(철손)과 부하손(구리손)이 같아지는 지점으로 효율이 최대가 되는 점이다.

④ 임의의 부하의 효율

정격 출력의 m배의 효율이므로

$$\eta_m = \frac{m V_2 I_2 \cos\theta}{m V_2 I_2 \cos\theta + P_i + m^2 P_c} \times 100 \ [\%]$$

여기서, 최대 효율은 m배 값에 변화하나 **최대 조건은 철손과 동손이 같을 때**이므로 $m = \sqrt{\dfrac{P_i}{P_c}}$ 이다.

⑤ 전일 효율

하루의 출력 전력량과 입력 전력량의 비를 말한다.

$$\eta_d = \frac{\sum h V_2 I_2 \cos\theta_2}{\sum h V_2 I_2 \cos\theta_2 + 24 P_i + \sum h P_i} \times 100 [\%]$$

전부하 시간이 짧을수록 철손을 적게 하지 않으면 안 된다.

9. 변압기의 3상결선

(1) 극성 시험

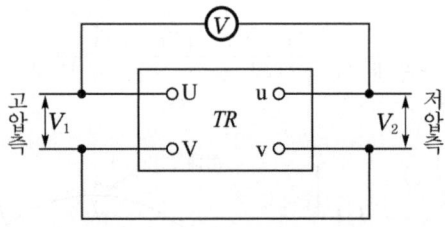

그림 3-12 극성 시험의 접속도

그림 3-12와 같이 변압기와 전압계를 연결하고 전압을 측정하였을 경우 전압계의 지시에 따라 극성을 판별한다.

① 감극성인 경우 : $V = V_1 - V_2$

② 가극성인 경우 : $V = V_1 + V_2$

고압 측의 경우 U V, 저압 측의 경우 u v 로 하여 아래와 같이 극성을 표시한다.

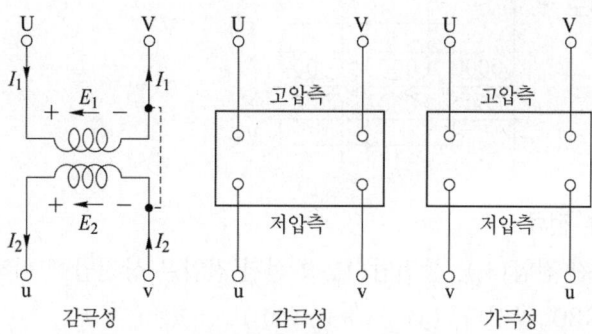

감극성　　　감극성　　　가극성

그림 3-13 극성의 기호

변압기의 극성에는 감극성과 가극성의 두 가지가 있으며, 우리나라에서는 감극성을 표준으로 하고 있다.

(2) △-△ 결선

① 결선도

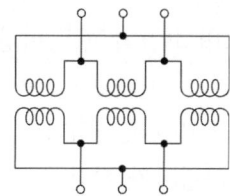

② 전압, 전류

- 선간 전압(V_l), 상전압(V_p) : 선간 전압과 상전압은 크기가 같고 동상이 된다. ($V_l = V_p \angle 0°$)

- 선전류(I_l), 상전류(I_p) : 선전류는 상전류에 비해 크기가 $\sqrt{3}$배이고 위상은 30° 뒤진다. ($I_l = \sqrt{3} I_p \angle -30°$)

③ 출력 $P = \sqrt{3}\,V_l I_l = 3 V_p I_p = 3 P_1$

　단, V_l : 선간전압, V_p : 상전압, I_l : 선전류

　　　I_p : 상전류, P_1 : 단상 변압기 1대의 용량

④ 특징

- 제3고조파 전류가 △결선 내를 순환하므로 정현파 교류 전압을 유기하여 기전력의 파형이 왜곡되지 않는다.

- 1상분이 고장이 나면 나머지 2대로써 V결선 운전이 가능하다.
- 중성점을 접지할 수 없으므로 지락 사고의 검출이 곤란하다.

(3) Y-Y 결선

① 결선도

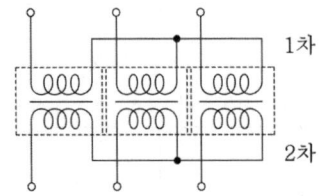

② 전압, 전류
- 선간 전압(V_l), 상전압(V_p) : 선간 전압은 상전압에 비해 크기가 $\sqrt{3}$ 배이고 위상은 30° 앞선다. ($V_l = \sqrt{3}\,V_p \angle 30°$)
- 선전류(I_l), 상전류(I_p) : 선전류는 상전류와 크기가 같고 위상이 동상이 된다. ($I_l = I_p \angle 0°$)

③ 출력 $P = \sqrt{3}\,V_l I_l = 3V_p I_p = 3P_1$

단, V_l : 선간전압, V_p : 상전압, I_l : 선전류

    I_p : 상전류, P_1 : 단상 변압기 1대의 용량

④ 특징
- 1차, 2차 모두 중성점을 접지할 수 있으며 고압의 경우 이상 전압을 감소시킬 수 있다.
- 상전압이 선간 전압의 $1/\sqrt{3}$ 배이므로 절연이 용이하다.
- 기전력의 파형이 제3고조파를 포함한 왜형파가 된다.
- 중성점을 접지하면 제3고조파 전류가 흘러 통신선에 유도 장해를 일으킨다.

(4) Y-△, △-Y 결선

① 결선도(△-Y)

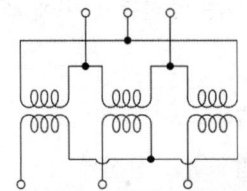

② 특징
- 한 쪽 Y결선의 중성점을 접지 할 수 있다.
- Y결선의 상전압은 선간 전압의 $1/\sqrt{3}$ 이므로 절연이 용이하다.
- 1, 2차 중에 △결선이 있어 제3고조파의 장해가 적고, 기전력의 파형이 왜곡되

지 않는다.

- Y—△ 결선은 강압용으로, △—Y 결선은 승압용으로 사용할 수 있어서 송전 계통에 융통성 있게 사용된다.
- 1, 2차 선간전압 사이에 30°의 위상차가 있다.
- 1상에 고장이 생기면 전원 공급이 불가능해 진다.
- 중성점 접지로 인한 유도 장해를 초래한다.

(5) V–V 결선

① 결선도

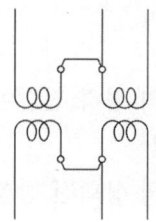

② 전압, 전류 $V_{l2} = V_2,\ I_{l2} = I_2$

③ 출력 $P_V = \sqrt{3}\,P_1$

여기서, P_V : V결선시의 출력, P_1 : 단상 변압기 1대의 용량

④ 특징

- △—△ 결선에서 1대의 변압기 고장 시 2대만으로도 3상 부하에 전력을 공급할 수 있다.
- 설치 방법이 간단하고, 소용량이면 가격이 저렴하므로 3상 부하에 널리 이용된다.
- 설비의 이용률이 86.6[%]로 저하된다.
- △결선에 비해 출력이 57.74[%]로 저하된다.

10. 상수의 변환

(1) 3상–2상간의 상수 변환

① 스코트 결선(T결선)   ② 메이어 결선   ③ 우드 브리지 결선

(2) 스코트 결선의 이용률

$$이용률 = \frac{\sqrt{3}\,VI}{2\,VI} = 0.866$$

(3) 3상−6상간의 상수 변환
① 환상 결선   ② 2중 3각 결선   ③ 2중 성형 결선
④ 대각 결선   ⑤ 포크 결선

11. 병렬 운전

(1) 병렬 운전의 조건
① 각 변압기의 극성이 같을 것
② 각 변압기의 권수비가 같고, 1차와 2차의 정격 전압이 같을 것
③ 각 변압기의 % 임피던스 강하가 같을 것
④ 3상식에서는 위의 조건 외에 각 변압기의 상회전 방향 및 위상 변위가 같을 것

(2) 부하 분담
변압기 병렬운전시 부하 분담은 **누설임피던스에 역비례**하며, 변압기의 용량에 비례한다. 이를 식으로 표현하면 다음과 같다.

$$z_a = \frac{Z_a I_A}{V_n} \times 100 \qquad\qquad Z_a = \frac{z_a V_n}{I_A \times 100}$$

$$z_b = \frac{Z_b I_B}{V_n} \times 100 \qquad\qquad Z_b = \frac{z_b V_n}{I_B \times 100}$$

여기서, I_A : A 변압기의 정격 전류 I_B : B 변압기의 정격 전류

V_n : 정격 전압 z_a : A 변압기의 %임피던스

z_b : B 변압기의 %임피던스

병렬 운전 시의 전류를 I_a, I_b 라고 하면,

$$\frac{I_a}{I_b} = \frac{Z_b}{Z_a} = \frac{z_b V_n}{I_b} \times \frac{I_a}{z_a V_n} = \frac{P_A z_b}{P_B z_a}$$

여기서, P_A : A 변압기의 정격 용량, P_B : B 변압기의 정격 용량

$P_A = m P_B$라고 하면,

$$\frac{I_a}{I_b} = m \frac{z_b}{z_a}$$

또는,

$$\frac{V_n I_a}{V_n I_b} = \frac{P_A}{P_B} = m\frac{z_a}{z_b}$$

여기서, P_A : A 변압기의 부하 용량, P_B : B 변압기의 부하 용량

A, B 변압기의 저항과 리액턴스의 비($\frac{r_a}{x_a} = \frac{r_b}{x_b}$)가 같으면

$$I_1 = I_a + I_b , \quad I_a = \frac{mz_b}{z_a + mz_b} \cdot I_1 , \quad I_b = \frac{z_a}{z_a + mz_b} \cdot I_1$$

(3) 3상 변압기의 병렬 운전

3상 변압기의 병렬운전 조건은 단상의 조건과 더불어 상회전과 변위가 같아야 합니다. 따라서 병렬운전이 가능한 결선과 불가능한 결선이 있으며, 다음 표와 같이 나타낼 수 있다.

병렬 운전 가능	병렬 운전 불가능
△-△와 △-△	
Y-△와 Y-△	△-△와 △-Y
Y-Y와 Y-Y	△-Y와 Y-Y
△-Y와 △-Y	△-△와 Y-△
△-△와 Y-Y	Y-Y와 Y-△
△-Y와 Y-△	

12. 특수 변압기

(1) 3상 변압기

1대로 3상 변압을 할 수 있는 변압기를 3상 변압기라 한다.

① 3상 변압기의 장점
- 사용 철의 량이 적고 철손도 적어지므로 효율이 좋다.
- 전반적으로 사용 재료가 경감되고, 중량이 감소되며, 값이 싸지고 설치 면적이 절약된다.
- Y 또는 △의 고전압 결선을 외함 내에서 하므로 부싱이 절약된다.

② 3상 변압기의 단점
- 1상에만 고장이 생겨도 그 변압기를 사용할 수 없게 된다.

• 설치 뱅크가 적을 때는 예비기의 설치 비용이 크다.

(2) 3권선 변압기

한 변압기의 철심에 3개의 권선이 있는 변압기를 3권선 변압기라고 한다. 1차, 2차 및 3차 기전력을 E_1, E_2, E_3, 1차, 2차 및 3차 권선수를 N_1, N_2, N_3라고 하면,

$$E_2 = \frac{N_2}{N_1}E_1, \ E_3 = \frac{N_3}{N_1}E_1$$

$$I_1 = \frac{N_2}{N_1}I_2 + \frac{N_3}{N_1}I_3$$

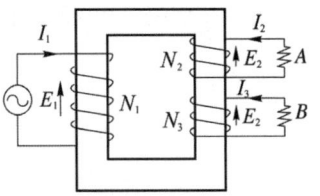

그림 3-14 3권선 변압기

(3) 단권 변압기

단권 변압기는 승압기 또는 강압기로 사용되는 것으로 전압비와 전류비는 다음과 같다. 그림 3-15는 단권 변압기를 이해하기 위해 단상변압기를 단권 결선한 것이다.

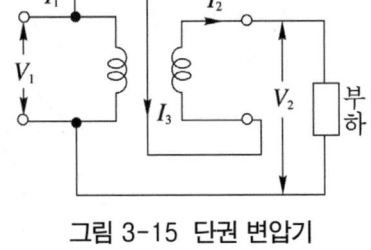

그림 3-15 단권 변압기

① 전압비 $\dfrac{V_1}{V_2} = \dfrac{E_1 + E_2}{E_2} = \dfrac{N_1}{N_2} = a$

② 전류비 $\dfrac{I_1}{I_2} = \dfrac{N_2}{N_1} = \dfrac{1}{a}$

③ 자기 용량과 부하 용량

$$\frac{\text{자기 용량}}{\text{부하 용량}} = \frac{\text{직렬 권선 부분의 전류} \times \text{승압(강압) 전압}}{\text{출 력}} = 1 - \frac{V_l}{V_h} = 1 - \frac{1}{a}$$

여기서, V_h : 고압측 전압, V_l : 저압측 전압

④ 단권 변압기와 보통 변압기의 비교

1차와 2차와의 전압비가 1에 가까울수록 단권 변압기를 쓰는 것이 경제적이다.

⑤ 단권 변압기의 3상 결선

다음 표는 단권변압기의 3상 결선시 부하용량에 대한 자기용량의 비를 나타낸 것이다.

결선 방식	Y결선	△결선	V결선	변연장 △결선
$\dfrac{\text{자기 용량}}{\text{부하 용량}}$	$1 - \dfrac{V_l}{V_h}$	$\dfrac{V_h^2 - V_l^2}{\sqrt{3}\,V_h V_l}$	$\dfrac{2}{\sqrt{3}}\left(1 - \dfrac{V_l}{V_h}\right)$	$-\dfrac{\sqrt{3}}{2}\left(\dfrac{V_l}{V_h}\right) + \sqrt{1 - \dfrac{1}{4}\left(\dfrac{V_l}{V_h}\right)^2}$

1 변압기는 다음의 어떤 원리를 이용한 전기 기계인가?

① 정전 유도 작용   ② 전자 유도 작용

③ 전류의 화학 작용   ④ 전류의 발열 작용

풀이 변압기는 전자유도 작용을 그 원리로 하고 있다.   **답** ②

2 1차 권수 3,300, 2차 권수 110인 변압기의 전압비는?

① 10   ② 30   ③ 1/3   ④ 1/10

풀이 변압기의 전압비(권수비) $a = \dfrac{N_1}{N_2} = \dfrac{E_1}{E_2} = \dfrac{I_2}{I_1}$ 가 된다.

$$\therefore \ a = \frac{N_1}{N_2} = \frac{3,300}{110} = 30$$

     답 ②

3 3,300/110[V] 변압기의 1차에 30[A]를 흘리면 2차 전류[A]는?

① 1/3   ② 1   ③ 900   ④ 1,800

풀이 변압기의 전압비(권수비) $a = \dfrac{N_1}{N_2} = \dfrac{E_1}{E_2} = \dfrac{I_2}{I_1}$ 에서

$$I_2 = \frac{E_1}{E_2} \cdot I_1 = \frac{3,300}{110} \times 30 = 900[\text{A}] \text{가 된다.}$$

     답 ③

4 변압기 철심의 두께를 2배로 하면 맴돌이 전류손은?

① 2배로 증가   ② 1/2배로 감소

③ 4배로 증가   ④ 1/4배로 감소

풀이 변압기 철손은 히스테리시스손과 와류손이 있으며 그 공식은

히스테리시스손 : $P_h = \delta_h f B_m^{1.6}[\text{W/kg}]$이고,

와류손 : $P_e = \delta_e (t f k_f B_m)^2[\text{W/kg}]$이다.

여기서, δ_h : 히스테리시스 정수, δ_e : 재료에 의한 정수, f : 주파수[Hz]

         B_m : 자속 밀도의 최댓값[Wb/m^2], t : 철판의 두께[m]

         k_f : 파형률

그러므로 와전류손(와류손)은 t^2에 비례한다. 따라서, 4배로 된다.   **답** ③

5 60[Hz]용 변압기에 50[Hz]의 동일 전압을 가할 때의 자속 밀도는 60[Hz]일 때의 몇 배인가?

① 5/6   ② $(6/5)^{1.6}$ ③ 6/5   ④ $(5/6)^2$

풀이 유도 기전력의 식 $E = 4.44 f N \phi_m$,

최대자속과 자속밀도의 식 $\phi_m = B_m A$에서 B_m는 f에 반비례한다.

즉, $50 B_{50} = 60 B_{60}$ ∴ $B_{50} = \dfrac{6}{5} B_{60}$가 된다. **답 ③**

6 공급 전압이 일정하면 변압기의 맴돌이 전류손은?

① 주파수에 비례한다. ② 주파수의 제곱에 비례한다.

③ 주파수에 반비례한다. ④ 주파수에 관계없이 일정하다.

풀이 공급전압이 일정하면 와류손은 주파수와는 무관하고 전압의 제곱에 비례한다. **답 ④**

7 변압기의 자속은 무엇에 비례하는가?

① 전류 ② 권수 ③ 주파수 ④ 전압

풀이 변압기의 유도 기전력 $E = 4.44 N f \phi_m$[V]에서 $\phi_m = \dfrac{E}{4.44 f N}$[Wb]가 된다.

따라서 자속은 전압에 비례한다. **답 ④**

8 1차 전압이 3,300[V], 권수가 1,650회인 단상 변압기가 있다. 60[Hz]에 사용할 때의 철심의 최대 자속[Wb]은?

① 7.5×10^{-2} ② 7.5×10^{-3} ③ 8.2×10^{-2} ④ 8.2×10^{-3}

풀이 유도기전력 $E = 4.44 f N \phi_m$에서

$\phi_m = \dfrac{E}{4.44 f N} = \dfrac{3,300}{4.44 \times 60 \times 1,650} = 0.0075$[Wb]가 된다. **답 ②**

9 철심 단면적이 10×5[cm^2], 최대 자속 밀도가 1.5[Wb/m^2], 유효 단면적이 90[%]인 변압기가 있다. 60[Hz]의 정현파에서 1차에 3,150[V]를 유기시키려면 1차 권수는?

① 1,200 ② 1,350 ③ 1,750 ④ 2,000

풀이 유도 기전력 $E_1 = 4.44 N f \phi_m = 4.44 f N B_m A$에서 N_1을 구하면

$N_1 = \dfrac{E_1}{4.44 f B_m A} = \dfrac{3,150}{4.44 \times 60 \times 1.5 \times 0.005 \times 0.9} = 1,750$ 가 된다. **답 ③**

10 변압기의 1차 권수 80회, 2차 권수 320회인 경우 2차측 전압이 100[V]이면 1차 전압[V]은?

① 25 ② 50 ③ 80 ④ 100

풀이 변압기의 권수비의 식 $\dfrac{E_1}{E_2} = \dfrac{N_1}{N_2} = a$에서 $E_1 = \dfrac{N_1}{N_2} \times E_a = \dfrac{80}{320} \times 100 = 25$[V]가 된다. **답 ①**

11 변압기 2차를 개방할 때 1차에 흐르는 전류는?

① 자화 전류   ② 부하 전류   ③ 철손 전류   ④ 여자 전류

풀이 변압기 2차를 개방하고 1차에 정격전압을 가할 경우 2차 개방단에는 전류는 흐르지 않으나 1차에는 미소 전류가 흐른다. 이 전류를 여자전류라 하며, 이때 입력을 철손이라 한다. **답** ④

12 변압기의 자속을 만드는 전류는?

① 여자 전류   ② 부하 전류   ③ 자화 전류   ④ 철손 전류

풀이 여자 전류는 자화전류와 철손전류의 합으로 나타낸다. 자화전류는 철심의 자속을 만드는 전류를 말한다. **답** ③

13 변압기의 개방(회로) 시험으로 구하지 못하는 것은?

① 맴돌이 전류손   ② 히스테리시스손
③ 무부하 전류   ④ 동손

풀이 개방 시험 : 여자 전류와 철손
단락 시험 : 임피던스 전압과 임피던스 와트(전부하 동손) **답** ④

14 무부하 2차 단자 전압 V_{20}, 정격 2차 단자 전압 V_{2n}일 때 변압기의 전압 변동률은?

① $\dfrac{V_{20}}{V_{2n}} \times 100 \ [\%]$ 　　　　　　② $\dfrac{V_{2n}}{V_{20}} \times 100 \ [\%]$

③ $\dfrac{V_{20} - V_{2n}}{V_{20}} \times 100 \ [\%]$ 　　　④ $\dfrac{V_{20} - V_{2n}}{V_{2n}} \times 100 \ [\%]$

풀이 전압변동율은 $\epsilon = \dfrac{V_{20} - V_{2n}}{V_{2n}} \times 100 [\%]$ 이며,

여기서, V_{20} : 무부하 2차 단자 전압, V_{2n} : 정격 2차 단자 전압
또 백분율 전압강하와의 관계는

$\epsilon = p\cos\phi + q\sin\phi + \dfrac{1}{200}(q\cos\phi - p\sin\phi)^2 [\%]$

$\fallingdotseq p\cos\phi + q\sin\phi$ (ϕ : 부하 Z의 위상각)가 된다. **답** ④

15 변압기의 권수비가 60일 때 2차측 저항이 0.1[Ω]이면 이것을 1차로 환산하면 몇 [Ω]이 되는 가?

① 0.1   ② 60   ③ 160   ④ 360

풀이 변압기의 권수비의 식 $a = \sqrt{\dfrac{R_1}{R_2}}$ 에서 1차로 환산한 $R_1 = a^2 R_2$가 된다.

따라서 $R_2{}' = a^2 R_2 [\Omega]$이므로 $R_2{}' = 60^2 \times 0.1 = 360 [\Omega]$이 된다. **답** ④

16 변압기의 저항 강하율은 p, 리액턴스 강하율은 q, 역률은 $\cos\theta$라 하면 전압 변동률은?

① $p\sin\theta + q\cos\theta$

② $pq\cos\theta$

③ $p\cos\theta - q\sin\theta$

④ $p\cos\theta + q\sin\theta$

풀이 백분율 전압강하와의 관계는

$$\epsilon = p\cos\phi + q\sin\phi + \frac{1}{200}(q\cos\phi - p\sin\phi)^2 [\%]$$

$\fallingdotseq p\cos\phi + q\sin\phi$ (ϕ : 부하 Z의 위상각)가 된다.

답 ④

17 p를 퍼센트 저항 강하, q를 리액턴스 강하라 하면 역률이 1인 경우의 전압 변동률은?

① $p\cos\theta + q\sin\theta$

② $p + q\sin\theta$

③ $p + q$

④ p

풀이 $\epsilon = p\cos\theta + q\sin\theta$에서 역률 100[%]일 경우 $\cos\theta = 1$, $\sin\theta = 0$이므로

$\epsilon = p$ 즉, 전압변동율=%저항 강하이다.

답 ④

18 5[kVA], 3,000/200[V] 변압기의 단락 시험 결과 임피던스 전압이 120[V]이고 동손이 150[W]라면 퍼센트 저항 강하는 몇 [%]인가?

① 1

② 2

③ 3

④ 4

풀이 퍼센트 저항 강하 $P = \frac{동손}{정격\ 용량} \times 100[\%]$에서 $P = \frac{150}{5 \times 10^3} \times 100 = 3[\%]$가 된다.

답 ③

19 5[kVA] 단상 변압기의 무유도 전부하에서의 동손은 120[W], 철손은 80[W]이다. 전부하의 $\frac{1}{2}$ 되는 무유도 부하에서의 효율[%]은?

① 98.3

② 97.0

③ 95.8

④ 93.6

풀이 효율 $\eta = \frac{VI\cos\phi}{VI\cos\phi + P_i + P_c} \times 100[\%]$에서

$$\eta_{\frac{1}{2}} = \frac{5 \times 10^3 \times \frac{1}{2}}{5 \times 10^3 \times \frac{1}{2} + 80 + 120 \times \left(\frac{1}{2}\right)^2} \times 100 = \frac{2,500}{2,500 + 80 + 30} \times 100 = 95.8[\%]$$가 된다.

답 ③

20 변압기의 전부하 효율은?

① $\frac{출력}{입력 + 동손 + 철손} \times 100[\%]$

② $\frac{출력}{입력 - 동손 - 철손} \times 100[\%]$

③ $\frac{입력}{출력 + 동손 + 철손} \times 100[\%]$

④ $\frac{출력}{출력 + 동손 + 철손} \times 100[\%]$

풀이

답 ④

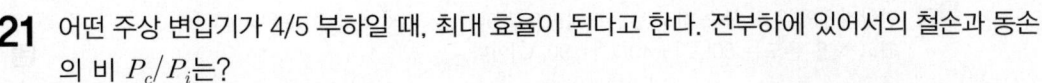

21 어떤 주상 변압기가 4/5 부하일 때, 최대 효율이 된다고 한다. 전부하에 있어서의 철손과 동손의 비 P_c / P_i는?

① 약 1.25   ② 약 1.56   ③ 약 1.64   ④ 약 0.64

풀이 최대 효율이 나타나는 부하 $m = \sqrt{\dfrac{P_i}{P_c}}$ 에서 $\dfrac{P_i}{P_c} = m^2$ 이므로

$$\therefore \frac{P_c}{P_i} = \left(\frac{5}{4}\right)^2 = \frac{25}{16} = 1.563 \text{ 이 된다.}$$

답 ②

22 전부하에서 동손 100[W], 철손 50[W]인 변압기가 최대 효율을 나타내는 부하[%]는?

① 50   ② 67   ③ 70   ④ 86

풀이 최대 효율은 철손과 동손이 같을 때이므로 $P_i = m^2 P_c$

$$\therefore m = \sqrt{\frac{P_i}{P_c}} = \sqrt{\frac{50}{100}} = 0.7 = 70[\%] \text{ 가 된다.}$$

답 ③

23 변압기의 철손이 P_i[kW], 전부하 동손이 P_c[kW]일 때 정격 출력의 $\dfrac{1}{m}$의 부하를 걸었을 때 전손실[kW]은 얼마인가?

① $(P_i + P_c)\left(\dfrac{1}{m}\right)^2$ ② $P_i\left(\dfrac{1}{m}\right)^2 + P_c$ ③ $P_i + P_c\left(\dfrac{1}{m}\right)^2$ ④ $P_i + P_c\left(\dfrac{1}{m}\right)$

풀이 철손은 부하에 관계없이 일정하고 동손은 $I_2^2 r$로서 부하 전류의 제곱에 비례하므로 $\dfrac{1}{m}$로 부하가 감소하면 P_c는 $\left(\dfrac{1}{m}\right)^2$으로 감소한다.

따라서, $\dfrac{1}{m}$ 부하 효율 $= \dfrac{\dfrac{1}{m} V_2 I_2 \cos\theta}{\dfrac{1}{m} V_2 I_2 \cos\theta + P_i + \left(\dfrac{1}{m}\right)^2 P_c}$ 이므로

전손실은 $P_i + \left(\dfrac{1}{m}\right)^2 P_c$

답 ③

24 철손 P_i, 동손 P_c, 히스테리시스손 P_h, 맴돌이 전류손 P_e일 때 변압기의 최대 효율은?

① $P_i = P_c$ ② $P_i = P_h$ ③ $P_h > P_e$ ④ $P_h = P_e$

풀이 철손과 동손이 같을 때 최대 효율이 된다.

답 ①

25 변압기유의 최고 허용 온도는 몇 [℃]인가?

① 70   ② 75   ③ 80   ④ 90

풀이 변압기유의 온도 상승 한도는 온도계법으로 50[℃], 외기 온도 기준은 40[℃]로, 최고 허용 온도는 50[℃]+40[℃]=90[℃]이다.   **답** ④

26 단권 변압기에서 고압측 V_h, 저압측을 V_l, 2차 출력을 P, 단권 변압기의 용량을 P_{1n}이라 하면 P_{1n}/P는?

① $\dfrac{V_l + V_h}{V_h}$ 　　　② $\dfrac{V_h - V_l}{V_h}$ 　　　③ $\dfrac{V_l + V_h}{V_l}$ 　　　④ $\dfrac{V_h - V_l}{V_l}$

풀이 $\dfrac{\text{자기 용량}}{\text{부하 용량(2차 출력)}} = \dfrac{V_h - V_l}{V_h} = 1 - \dfrac{V_l}{V_h}$ **답** ②

27 200[V]의 배전선 전압을 220[V]로 승압하여 30[kVA]의 부하에 전력을 공급하고 있는 단권 변압기의 자기 용량[kVA]은?

① 5.5 　　　　② 4.2 　　　　③ 3.8 　　　　④ 2.7

풀이 $\dfrac{\text{자기 용량}}{\text{부하 용량}} = \dfrac{V_h - V_l}{V_h}$에서 자기용량 $= 30 \times \dfrac{220-200}{220} = 2.72[\text{kVA}]$가 된다.   **답** ④

28 210/105[V]의 변압기를 그림과 같이 결선하고 고압 측에 200[V]의 전압을 가하면 전압계의 지시는 몇 [V]인가?

① 100
② 200
③ 300
④ 400

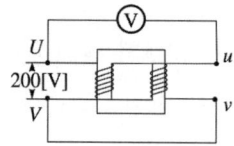

풀이 권수비 $a = \dfrac{210}{105} = 2$

$E_1 = 200[\text{V}]$일 때, $E_2 = \dfrac{E_1}{a} = \dfrac{200}{2} = 100[\text{V}]$

그러므로 전압계의 지시 V는
V의 지시 $= E_1 - E_2 = 200 - 100 = 100[\text{V}]$ (감극성)
V의 지시 $= E_1 + E_2 = 200 + 100 = 300[\text{V}]$ (가극성)
문제의 그림은 감극성이므로 ①번이 정답이다.   **답** ①

29 용량이 같은 단상 변압기 2대를 V결선하여 3상 전력을 공급한 때의 출력[kVA]은?

① 150 　　　　② 100 　　　　③ 86.6 　　　　④ 50

풀이 V결선 변압기의 이용률 $= \dfrac{\text{V결선용량}}{\text{2대용량}} = \dfrac{\sqrt{3}P}{2P} = \dfrac{\sqrt{3}}{2} = 0.866$이 된다.   **답** ③

30 50[kVA] 단상 변압기 2대를 V결선하여 3상 전력을 공급할 때의 출력[kVA]은?

① 100 ② $50\sqrt{3}$ ③ 150 ④ $100\sqrt{3}$

풀이 V결선시 출력은 1대의 용량에 $\sqrt{3}$ 배이므로
$P_V = \sqrt{3}\,P_1$ 에서 $P_V = \sqrt{3} \times 50$[kVA]가 된다. **답** ②

31 변압기를 Y－△로 결선했을 때의 1차, 2차의 전압 위상차는?

① 30° ② 45° ③ 60° ④ 90°

풀이 변압기의 △와 Y결선의 위상차 : 30° 변위가 발생한다. **답** ①

32 5[kVA]의 단상 변압기 3대를 사용하여 △결선으로 운전중 1대가 소손되었다면 3상 출력 [kVA]은?

① 10 ② 8.66 ③ 5.77 ④ 6.45

풀이 △결선 사용 중 1대가 소손이 되면 V결선으로 사용이 가능하다.
V결선 시 출력은 1대의 용량에 $\sqrt{3}$ 배이므로
$P_V = \sqrt{3}\,P_1$ 에서 $P_V = \sqrt{3} \times 5 = 8.66$[kVA]가 된다. **답** ②

33 3상에서 2상으로 상수 변환하는 데 사용되는 결선법은?

① 환상 결선 ② 2중 Y 결선
③ 스코트 결선(T 결선) ④ 2중 △결선

풀이 (1) 3상-2상 간의 상수 변환
① 스코트 결선(T결선) ② 메이어 결선 ③ 우드 브리지 결선
(2) 3상-6상 간의 상수 변환
① 환상 결선 ② 2중 3각 결선 ③ 2중 성형 결선 ④ 대각 결선 ⑤ 포크 결선 **답** ③

34 권수가 같은 2대의 단상 변압기를 그림과 같이 스코트 결선을 할 때, P는 주좌 변압기의 1차 권선 A의 중점이다. Q는 T좌 변압기 1차 권선의 몇 분의 몇이 되는 점인가?

① $\dfrac{\sqrt{3}}{2}$

② $\dfrac{2}{\sqrt{3}}$

③ $\dfrac{1}{2}$

④ $\dfrac{3}{\sqrt{2}}$

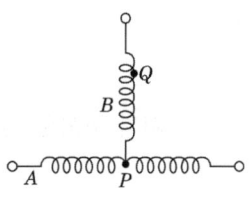

풀이 T좌 변압기는 1차 권선이 주좌 변압기와 같다면 $\sqrt{3}/2$ 지점에서 인출한다. **답** ①

35 승압용 변압기에 주로 사용되는 결선법은?

① Y-△   ② △-Y   ③ Y-Y   ④ △-△

풀이 Y-△ : 강압용 , △-Y : 승압용   **답** ②

36 단상 변압기를 병렬 운전할 경우, 부하 전류의 분담은?

① 누설 임피던스의 제곱에 비례   ② 누설 임피던스에 비례
③ 누설 리액턴스에 비례   ④ 누설 임피던스에 반비례

풀이 변압기의 병렬운전 시 부하분담은 누설 임피던스에 반비례한다.   **답** ④

37 변압기유의 비중은?

① 1.2   ② 1.0   ③ 0.9   ④ 0.6

풀이 비중은 약 0.8~0.9 정도가 된다.   **답** ③

38 전력용 변압기의 내부 고장을 보호하기 위하여 사용하는 계전기는?

① 접지 계전기   ② 과전류 계전기   ③ 차동 계전기   ④ 역상 계전기

풀이 변압기 내부고장을 보호하기 위한 계전기는 부흐홀츠 계전기, 비율차동 계전기, 차동 계전기 등이 사용된다.   **답** ③

39 변압기의 여자 전류 및 철손을 측정하는 시험은?

① 단락 시험   ② 온도 상승 시험
③ 무부하 시험   ④ 유도 시험

풀이 단락 시험 : 동손 측정, 임피던스전압 측정
무부하 시험 : 철손 측정, 여자전류 측정   **답** ③

40 △-△결선의 변압기군 중에서 1대에 고장이 생겼을 때 응급 조치용으로 되는 것은?

① V결선   ② Y결선   ③ △결선   ④ Y-△결선

풀이 △-△ 결선 중 1대가 고장이 날 경우 V-V 결선으로 3상 운전이 가능하다.   **답** ①

41 제3 고조파가 포함된 결선은?

① Y-△   ② Y-Y   ③ △-Y   ④ △-△

풀이 △결선의 경우 제3고조파가 권선내부로 순환하므로 선간에 나타나지 않는다.   **답** ②

42 변압기의 임피던스 전압이란?

① 임피던스에서 소비되는 전력

② 임피던스에 걸리는 전압

③ 퍼센트 임피던스 강하

④ 2차측을 단락하고 1차 전류가 정격 전류와 같게 되도록 조정하였을 때의 1차 전압

🔑풀이 임피던스 전압이란 변압기 2차를 단락하고 1차에 저전압을 가하여 1차 단락전류가 1차 정격전류와 같이 될 때 전압을 말한다. 이때 입력을 임피던스 와트라 하며, 전부하 동손에 해당된다. **답** ④

43 단상 변압기의 효율이 80[%] 부하일 때 최대가 된다면 전 부하의 경우 철손과 동손의 비는?

① 0.14　　　　② 0.16　　　　③ 0.64　　　　④ 0.59

🔑풀이 최대효율이 나타나는 부하 $m = \sqrt{\dfrac{P_i}{P_c}}$ 이므로

철손과 동손의 비 $\dfrac{P_i}{P_c} = m^2$ 에서 $\dfrac{P_i}{P_c} = (0.8)^2 = 0.64$ 가 된다. **답** ③

44 콘서베이터의 유면상에 공기와 기름의 접촉을 막기 위하여 무슨 가스를 봉입하는가?

① 수소　　　　② 질소　　　　③ 아르곤　　　　④ 오존

🔑풀이 콘서베이터는 절연유의 열화를 방지하는 장치로 방식에 따라 질소가스를 봉입한다. **답** ②

45 다음 전기 기계 중 효율이 가장 좋은 것은?

① 변압기　　　　② 직류기　　　　③ 유도 전동기　　　　④ 유도 전압 조정기

🔑풀이 변압기는 정지기로 기계손이 없어 회전기 보다 효율이 좋다. **답** ①

46 변압기의 손실 중 옳지 못한 것은?

① 히스테리시스손　　　　　　　　② 기계손

③ 맴돌이 전류손　　　　　　　　④ 동손

🔑풀이 기계손은 회전기기에 발생하는 손실로서 정지기인 변압기에는 없다. **답** ②

1. 유도 전동기의 원리

(1) 아라고의 원판

그림 4-1 (a)와 같이 구리판에 영구자석을 넣고 회전시키면 플레밍의 오른손 법칙과 플레밍의 왼손 법칙에 의해 구리판이 따라 도는 것을 알 수 있다.

영구자석을 회전시키면 구리판이 영구자석의 자속을 끊으며 플레밍의 오른손 법칙에 의해 기전력이 만들어진다. 이 기전력에 의해 구리판 표면에는 맴돌이 전류(소용돌이 전류)가 흘러 자속을 만들게 되며, 이 자속은 플레밍의 왼손 법칙에 의해 힘이 발생하여 회전하게 된다. 이 방향은 영구자석을 회전시키는 방향으로 회전하게 되는데, 이것을 아라고의 원판 실험이라 한다.

구리판에 회전자계를 가하면 동일한 현상이 발생하는데, 이것이 유도전동기의 원리가 된다.

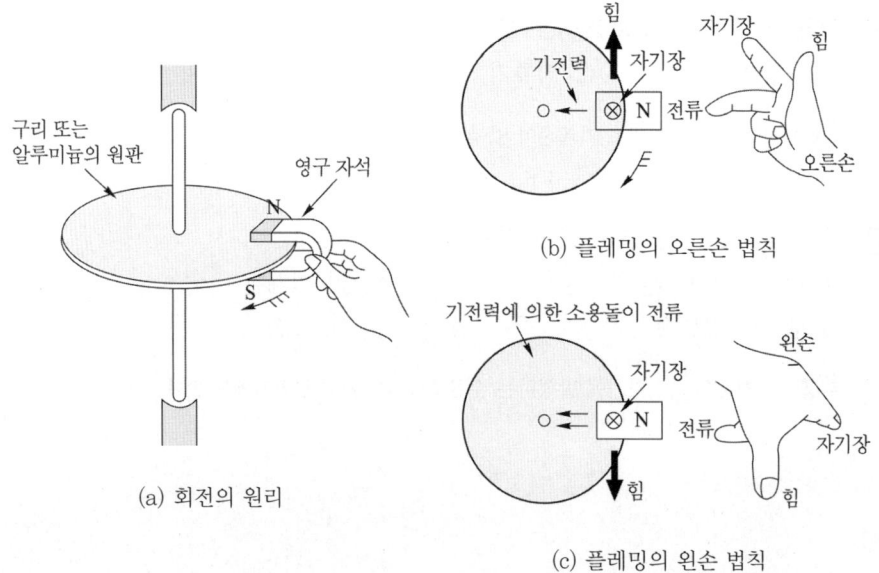

(a) 회전의 원리

(b) 플레밍의 오른손 법칙

(c) 플레밍의 왼손 법칙

그림 4-1 유도 전동기의 원리

(2) 유도 전동기 회전원리

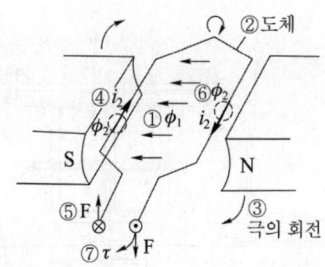

그림 4-2 유도 전동기의 회전원리

① 영구 자석을 그림 4-2와 같이 설치하고 자속 Φ_1을 만들어,

② 도체를 영구자석의 자기장 속에 넣고,

③ 영구 자석을 그림과 같은 방향으로 회전하면,

④ 도체에는 렌츠의 전자유도 법칙에 의해서 유도전류 i_2가 흐르며 그림 4-2와 같은 방향으로 전류가 흐른다.

⑤ 도체는 플레밍의 왼손 법칙에 의해 힘 F가 생기고,

⑥ 단락 순환 전류 i_2는 스스로 자속 Φ_2를 만들며 주자속 Φ_1 사이에 토크 T가 발생된다.

⑦ 자극의 회전방향으로 도체는 추종하여 회전하게 된다.

이와 같은 이유 때문에 전동기는 동기속도보다는 항상 늦게 회전하게 되는데, 이것이 유도전동기의 슬립이 생기는 이유가 된다.

① **동기 속도** : $N_s = \dfrac{120f}{p}\,[\text{rpm}]$

② **슬립** : $s = \dfrac{N_s - N}{N_s}$

    여기서, f : 주파수, p : 극수,

          N : 회전 속도[rpm]

          $N = (1-s)N_s\,[\text{rpm}]$

          N_s : 동기 속도

          N : 회전자 회전 속도

          전 부하시의 슬립 : 소용량기 10~5[%], 중·대용량기 5~2.5[%]

          회전자 정지 시 : $s = 1$

          동기 속도일 때 : $s = 0$

          $s \begin{cases} \text{유도 전동기} : 1 > s > 0 \\ \text{유도 발전기} : 0 > s \end{cases}$

2. 유도 전동기의 구조

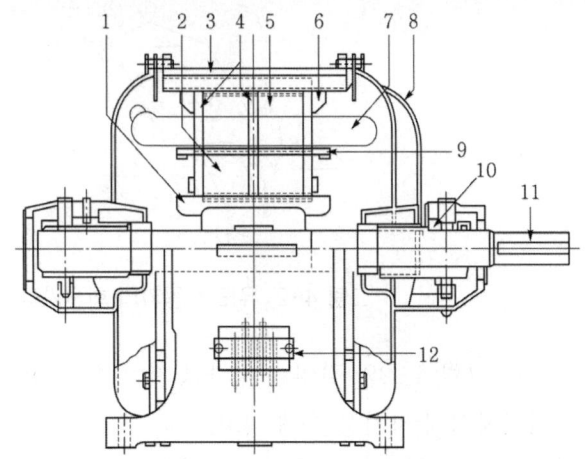

1. 회전자 스파이더
2. 회전자 철심
3. 고정자 프레임
4. 통풍 덕트
5. 고정자 철심
6. 철심을 죈 부품
7. 1차 권선
8. 베어링 브래킷
9. 농형 도체와 단락 고리
10. 베어링 메탈
11. 축
12. 단자

그림 4-3 유도 전동기의 구조

(1) 고정자

자속이 통과하는 자기회로로 규소 강판을 수십겹 성층하여 3상 코일을 감은 것이다. 고정자 내부에 회전자가 위치하게 된다.

(2) 회전자

농형 회전자, 권선형 회전자가 있다. 다음 그림 4-4는 농형회전자를 나타낸 것이다.

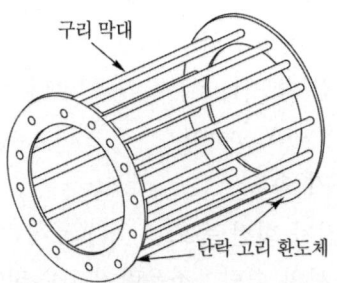

그림 4-4 농형 회전자

농형 회전자는 구조가 간단하며, 튼튼하다.

중, 소형 유도 전동기에 널리 사용되며, 대형이 되면 기동토크가 작아 기동이 곤란하게 된다.

다음 그림 4-5는 고정자 철심속의 권선형 회전자를 나타낸 것이다.

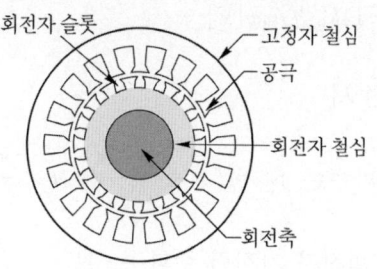

고정자 철심
공극
회전자 철심
회전축
회전자 슬롯

그림 4-5 권선형 회전자

권선형 회전자는 대형 유도전동기에 적합하며, 기동토크가 큰 특성이 있으며, 2차 회로에 저항을 삽입할 수 있어 **비례추이가 가능한 구조**를 가지고 있다.

3. 유도 기전력 및 등가 회로

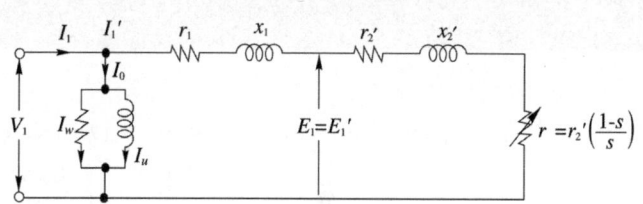

그림 4-6 등가회로

V_1 : 1상의 공급 전압 I_1 : 1차 전류

$I_1{}'$: 1차 부하 전류 r_1 : 1차 1상의 저항

x_1 : 1차 1상의 리액턴스 $r_2{}'$: 1차로 환산한 2차 1상 저항

$x_2{}'$: 1차로 환산한 2차 1상의 리액턴스

$r = \dfrac{r_2}{s} - r_2$: 기계적 출력을 나타내는 정수

(1) 1차 권선의 유도 기전력

$$E_1 = 4.44 k_{w1} f n_1 \phi [\mathrm{V}]$$

(2) 정지 시 및 슬립 s로 회전 시 2차 권선의 유도 기전력

① 정지 시

$$E_2 = 4.44 k_{w2} f n_2 \phi [\text{V}]$$

② 슬립 s로 회전 시

2차 주파수는 $f_2 = f \times \dfrac{N_s - N}{N_s} = f \times \dfrac{s N_s}{N_s} = sf$ 가 된다.

여기서, f_2 : 회전자 기전력 주파수

$\qquad$ f : 전원 주파수

따라서 2차 기전력도 주파수에 비례한다.

$$E_2' = 4.44 k_{w2} s f n_2 \phi = s E_2 [\text{V}]$$

여기서, k_{w1} : 1차 권선 계수, k_{w2} : 2차 권선 계수

$\qquad$ n_1 : 1차 권선의 1상의 권수, n_2 : 2차 권선의 1상의 권수

4. 전력의 변환

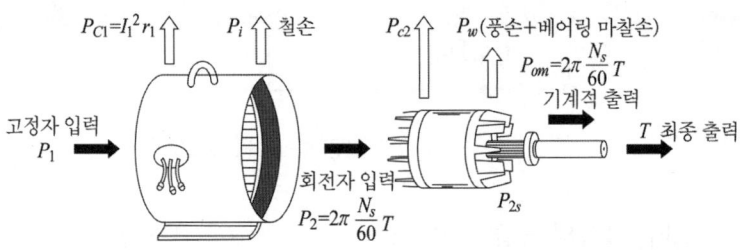

그림 4-7 전력의 변환

유도전동기의 입력은 1차 저항손, 철손, 2차 저항손, 풍손, 기계적 출력의 합으로 나타낸다.

여기서, 2차 입력은 1차 출력과 같으므로 유도 전동기 입력은 1차 저항손, 철손, 2차 입력(1차 출력)의 합으로도 나타낼 수 있다.

(1) 2차 입력(회전자 입력) P_2와 2차 저항손 P_{2c}

$$회전자 입력 = 고정자 입력 - (철손 + 1차 동손) = 2차 동손 + 출력$$

즉, $P_2 = I_1'^2 r_2' + I_1'^2 r = I_1'^2 \dfrac{r_2'}{s}$

$$\therefore \ s = \frac{P_{2c}}{P_2} = \frac{2차저항손}{2차입력}$$

(2) 기계적 출력(회전자 출력) P_o

$$기계적 출력(P_o) = 2차 입력(P_2) - 2차 저항손(P_{2c})$$

즉, $P_o = P_2 - P_{2c} = P_2 - sP_2 = (1-s)P_2 = \dfrac{N}{N_s}P_2[\text{W}]$

따라서 (1)과 (2)에 의해 유도전동기 비례식은 다음과 같다.

$$P_2 : P_{2c} : P_o = P_2 : sP_2 : (1-s)P_2 = 1 : s : (1-s)$$

(3) 2차 효율(회전자 효율)

$$\eta_2 = \frac{P_o}{P_2} = 1 - s = \frac{N}{N_s} \times 100 \ [\%]$$

전동기의 효율은 언제나 2차 효율보다 작다.

5. 동기 와트

(1) 동기와트

$$\tau = \frac{P}{\omega} = \frac{P}{2\pi n} = \frac{(1-s)P_2}{2\pi(1-s)n_s} = \frac{P_2}{2\pi n_s} = \frac{P_2}{\omega_s}[\text{N·m}]$$

$$= \frac{60}{2\pi} \cdot \frac{P_2}{N_s}[\text{N·m}] = \frac{1}{9.8} \cdot \frac{60}{2\pi} \cdot \frac{P_2}{N_s}[\text{kg·m}]$$

$$= 0.975 \frac{P_2}{N_s}[\text{kg·m}]$$

동기와트란 동기속도로 회전할 때 2차 입력을 토크로 표시한 것을 말한다.

(2) 기계적 출력

기계적 출력이란 전동기가 슬립 s로 회전 시 출력을 토크로 표시한 것을 말한다.

$$\tau = 0.975 \frac{P}{N}[\text{kg·m}]$$

6. 3상 유도 전동기의 특성

(1) 속도 특성

① 슬립과 전류의 관계 $I_2 = \dfrac{sE_2}{\sqrt{r_2^2 + (sx_2)^2}}$

② 슬립과 토크 $\tau = K_0 \dfrac{sE_2^2 r_2}{r_2 + (sx_2)^2}$

③ 최대 토크 $\tau_m = K_0 E_2^2 \dfrac{1}{2x_2}[\text{N·m}]$

④ 최대 토크 시 슬립 $s_t = \dfrac{r_2{'}}{\sqrt{r_1^2 + (x_1 + x_2{'})^2}} \fallingdotseq \dfrac{r_2{'}}{x_1 + x_2{'}} \fallingdotseq \dfrac{r_2}{x_2}$

⑤ 최대 출력

$$P_m = \dfrac{V^2}{2\left\{(r_1 + r_2{'}) + \sqrt{(r_1 + r_2{'})^2 + (x_1 + x_2{'})^2}\right\}}$$

$$\fallingdotseq \dfrac{V^2}{2(r_1 + r_2{'} + x_1 + x_2{'})}[\text{W}]$$

⑥ 최대 출력시 슬립

$$s_p = \dfrac{r_2{'}}{r_2{'} + \sqrt{(r_1 + r_2{'})^2 + (x_1 + x_2{'})^2}}$$

(2) 비례 추이

토크는 공급 전압 V_1이 일정하면 $\dfrac{r_2{'}}{s}$의 함수가 되어 일정한 토크에 대하여 s는 $r_2{'}$에 비례하여 변화하므로 2차회로의 저항을 변화시킬 수 없는 농형 유도 전동기는 응용할 수 없으나 권선형 유도 전동기의 경우에는 비례 추이의 성질을 이용하여 기동 및 속도 제어에 응용한다. 다음 식은 2차 삽입저항의 크기를 나타낸 것이다.

$$\frac{r_2}{s_m} = \frac{r_2 + R_s}{s_t}$$

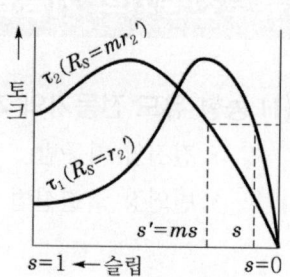

그림 4-8 비례추이

비례추이를 하면

① 2차 저항 r_2'를 변화해도 **최대 토크는 변하지 않는다.**

② r_2'를 크게 하면 s_m도 커진다.

③ r_2'를 크게 하면 **기동 전류는 감소하고 기동 토크는 증가**한다.

그러므로 비례추이는 권선형 유도 전동기의 기동법 및 속도제어의 원리가 된다.

(3) 원선도

유도 전동기의 1차 부하 전류의 벡터의 자취가 항상 반원주 위에 있는 것을 이용하여, 간이 등가 회로의 해석에 이용한 것을 **헤일랜드 원선도**라 한다.

유도 전동기는 일정 값의 리액턴스와 부하에 의하여 변하는 저항($\frac{r_2'}{s}$)의 직렬 회로라고 생각되므로 부하에 의하여 변화하는 전류 벡터의 궤적, 즉 원선도의 지름은 전압에 비례하고 리액턴스에 반비례한다.

그림은 헤일랜드 원선도로

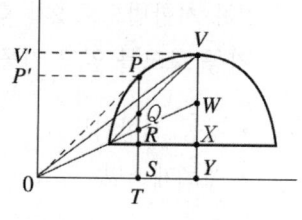

그림 4-9 원선도

$\overline{ST}$: 철손

$\overline{RS}$: 1차 저항손

$\overline{QR}$: 2차 저항손

$\overline{PQ}$: 출력

을 나타낸다.

따라서 동기 와트는 출력과 2차 저항손의 합이 되므로 $\overline{PR}$이 된다.

슬립은

$$s = \frac{P_2}{P_{c2}} \text{ 이므로 } s = \frac{\overline{PR}}{\overline{QR}} \text{ 가 된다.}$$

원선도 작성에는 다음 실험이 필요하다.

① 저항 측정

② 무부하 시험

③ 구속 시험

7. 유도전동기의 기동법 및 속도제어

(1) 농형 유도 전동기의 기동법

- 전전압 기동법
- 변연장 △결선법
- Y–△ 기동법
- 기동 보상기법

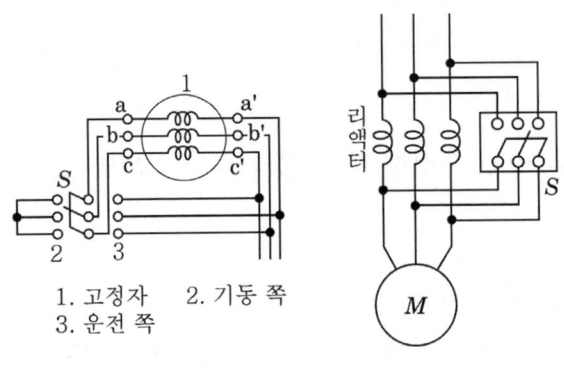

1. 고정자   2. 기동 쪽
3. 운전 쪽

(a) Y–△ 기동방법   (b) 리액터 기동

그림 4-10 농형 유도전동기의 기동법

(2) 권선형 유도 전동기의 기동법

2차 저항법으로 2차 회로에 가변 저항기를 접속하고 비례 추이의 원리에 의하여 큰 기동 토크를 얻고 기동 전류도 억제한다.

- 기동 저항기법
- 게르게스법

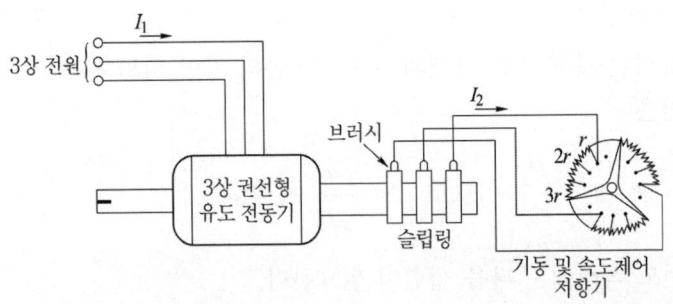

그림 4-11 기동 저항기법

8. 속도제어

① **2차 저항법**

권선형 유도 전동기의 2차에 저항을 삽입하여 비례추이를 이용한 속도제어를 말한다.

② **주파수 변환법**

농형 유도 전동기에 적용되는 방법으로 높은 속도를 원하는 곳에 적합하다. 포트 모터, 선박의 추진기 등에 이용되는 속도 제어법이다.

③ **극수 변환법**

④ **전원 전압 제어법**

전원전압을 주파수에 반비례하여 변화시켜 속도제어 하는 방법을 말한다.

⑤ **2차 여자법**

권선형 유도 전동기 2차 회전자에 2차 유기기전력과 같은 주파수를 갖는 전압(**슬립주파수 전압**)을 가하여 속도제어 하는 방법을 말한다.

⑥ **종속 접속법**

두 대의 전동기를 종속으로 연결하여 속도제어하는 방법을 말한다.

종속 접속법에는 다음 3종류가 있다.

$$직렬\ 종속법 : N = \frac{120f}{p_1 + p_2}[\mathrm{rpm}]$$

$$차동\ 종속법 : N = \frac{120f}{p_1 - p_2}[\mathrm{rpm}]$$

$$병렬\ 종속법 : N = \frac{2 \times 120f}{p_1 + p_2}[\mathrm{rpm}]$$

여기서, p_1 : M_1의 극수 , p_2 : M_2의 극수

9. 제동

① 회생 제동, ② 발전 제동, ③ 역상 제동, ④ 단상 제동

10. 단상 유도 전동기

① 종류
- 반발 기동형
- 반발 유도형
- 콘덴서 기동형
- 콘덴서 운전형
- 분상 기동형(저항 분상, 리액터 분상, 콘덴서 분상)
- 셰이딩 코일형
- 모노사이클릭 기동형

② 반발 기동형

기동시에 반발 전동기로서 기동하고 기동 후 원심력 개폐기로 정류자를 자동적으로 단락하여 농형 회전자로 하는 방법이다.

③ 반발 유도형

농형 권선과 반발형 전동기 권선을 가져서 운전중 그대로 사용한다. 반발 기동형과 비교하면 기동 토크는 반발 유도형이 작지만, 최대 토크는 크고 부하에 의한 속도의 변화는 반발 기동형보다 크다.

④ 분상 기동형

단상 전동기에 보조 권선(기동 권선)을 설치하여 단상 전원에 주권선(운동권선)과 보조 권선에 위상이 다른 전류를 흘려서 불평형 2상 전동기로서 기동하는 방법이다.

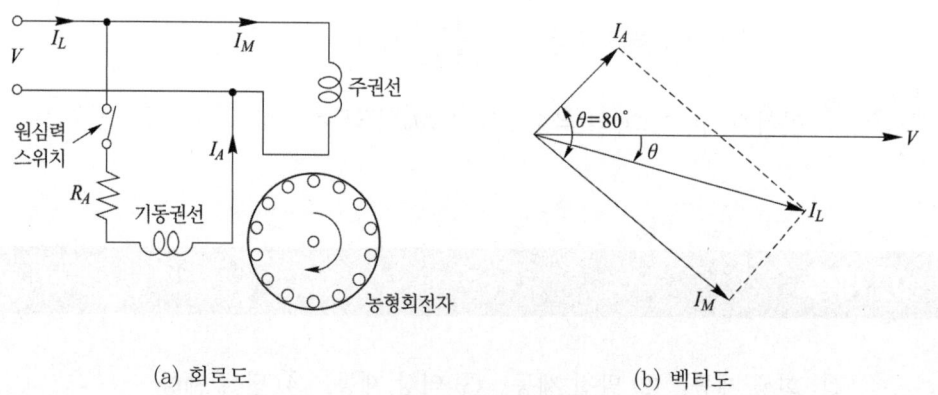

(a) 회로도   (b) 벡터도

그림 4-12 분상 기동형 전동기

⑤ 셰이딩 코일형

돌극형 자극의 고정자와 농형 회전자로 구성된 전동기로 자극에 슬롯을 만들어서 단락된 셰이딩 코일을 끼워 넣은 것이다. 구조가 간단하나 기동 토크가 매우 작고 효율과 역률이 떨어지며, 회전 방향을 바꿀 수 없는 큰 결점이 있다.

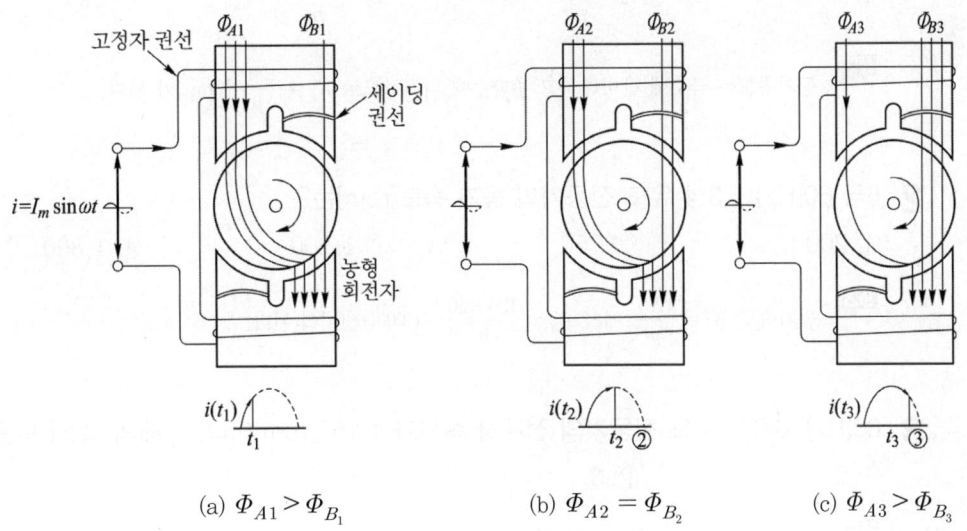

(a) $\Phi_{A1} > \Phi_{B_1}$ (b) $\Phi_{A2} = \Phi_{B_2}$ (c) $\Phi_{A3} > \Phi_{B_3}$

그림 4-13 셰이딩 코일형 전동기

⑥ 모노사이클릭 기동형

3상 농형 전동기의 3상 권선에 저항과 리액턴스를 적당하게 접속하고 단상 전원에 접속하여 불평형 3상 교류를 각 권선에 흘려서 기동하는 방법이다.

11. 3상 유도 전압조정기

3상 유도 전압 조정기의 2차 측을 구속하고 1차 측에 전압을 공급하면, 2차 권선에 기전력이 유기되는데, 2차 권선의 각상 단자를 각각 1차 측의 각상 단자에 적당하게 접속하면 3상 전압을 조정할 수 있다.

출력 회로의 선간 전압을 $\sqrt{3}\,(E_1 \pm E_2)$의 범위에 걸쳐 연속적으로 조정할 수가 있다.

출력은 $\sqrt{3}\,E_2 I_2 \times 10^{-3}$이 된다.

1 3상 유도 전동기의 동기 속도는?

① $\dfrac{2f}{p}$ 　　　② $\dfrac{60f}{p}$ 　　　③ $\dfrac{120f}{p}$ 　　　④ $2\pi f$

풀이 동기속도는 극수에 반비례하고 주파수에 비례하므로 $N_s = \dfrac{120f}{p}$[rpm]가 된다. 　　**답** ③

2 6극 60[Hz]의 3상 유도 전동기의 동기 속도[rpm]는?

① 200 　　　② 750 　　　③ 1,200 　　　④ 1,800

풀이 동기속도 $N_s = \dfrac{120f}{p}$ 에서 $N_s = \dfrac{120 \times 60}{6} = 1,200$[rpm]이 된다. 　　**답** ③

3 60[Hz], 6극인 유도 전동기의 전부하 속도가 1,152[rpm]이다. 이때의 슬립[%]은?

① 2 　　　② 3 　　　③ 4 　　　④ 5

풀이 동기 속도 $N_s = \dfrac{120f}{p} = \dfrac{120 \times 60}{6} = 1,200$[rpm] 이므로

슬립은 $s = \dfrac{N_s - N}{N_s} \times 100 = \dfrac{1,200 - 1,152}{1,200} \times 100 = 4$ [%] 가 된다. 　　**답** ③

4 3상 유도 전동기의 회전 속도[rpm]는?

① $N_s(1-s)$ 　　② $\dfrac{N_s}{1-s}$ 　　③ $N_s(s-1)$ 　　④ $\dfrac{N_s}{s-1}$

풀이 동기 속도 $N_s = \dfrac{120f}{p}$ [rpm] 이며,

슬립 $s = \dfrac{N_s - N}{N_s} = \dfrac{N_s}{N_s} - \dfrac{N}{N_s} = \left(1 - \dfrac{N}{N_s}\right)$ 이므로

회전자 속도 $N = N_s(1-s)$[rpm] 이 된다. 　　**답** ①

5 3상 유도 전동기의 주파수가 60[Hz], 극수가 6극, 전부하시의 회전수가 1,140[rpm]이라면 슬립은?

① 0.025 　　　② 0.03 　　　③ 0.05 　　　④ 0.07

풀이 동기속도 $N_s = \dfrac{120f}{p} = \dfrac{120 \times 60}{6} = 1,200$[rpm] 이므로

슬립 $s = \dfrac{N_s - N}{N_s} = \dfrac{1,200 - 1,140}{1,200} = 0.05$가 된다. 　　**답** ③

6 3상 유도 전동기가 회전하고 있는 상태를 나타내는 것은? (단, 슬립은 s라 한다.)

① $s = 0$ ② $0 < s < 1$ ③ $0 > s > 1$ ④ $s = 1$

풀이 유도 전동기 슬립의 영역
$s = 0$: 동기속도로 회전하는 경우
$s = 1$: 정지시
$0 < s < 1$: 슬립 s로 회전하는 경우　　　　　　　　　　　　　　　**답** ②

7 60[Hz]의 전원에 접속되어 5[%]의 슬립으로 운전되고 있는 유도 전동기의 2차 권선에 유기되는 전압의 주파수[Hz]는?

① 2 ② 3 ③ 4 ④ 5

풀이 2차 주파수 $f_2 = sf_1$ 이므로 $f_2 = 0.05 \times 60 = 3$[Hz]가 된다.　　　　　**답** ②

8 회전자가 슬립 S로 운전하고 있을 때 2차 유기기전력 $E_2{}'$와 슬립과의 관계는?

① $E_2{}' \propto s^2$ ② $E_2{}' \propto s$ ③ $E_2{}' \propto 1/s^2$ ④ $E_2{}' \propto 1/s$

풀이 2차 유기 기전력 $E_2 = 4.44 k w_2 s f n_2 \phi$[V] 이므로 슬립 s에 비례한다.　　　**답** ②

9 3상 유도 전동기의 회전자 입력 P_2, 슬립 s이면 2차 동손은?

① $(1-s)P_2$ ② P_2/s ③ $(1-s)P_2/s$ ④ sP_2

풀이 2차 입력 $P_2 = I_2^2 \cdot \dfrac{r_2}{s} = \dfrac{P_{c2}}{s}$ 에서 $s = \dfrac{P_{c2}}{P_2}$ 또는 $P_{c2} = sP_2$ 가 된다.　　　**답** ④

10 3상유도 전동기의 슬립을 s, 회전자 입력을 P_2라 할 때 기계적 출력은?

① $P_2(1+s)$ ② $P_2(1-s)$ ③ sP_2 ④ $(1-s)/P_2$

풀이 기계적 출력 $P = P_2 - P_{c2} = P_2 - sP_2 = (1-s)P_2 = \dfrac{N}{N_s}P_2$[W]가 된다.　　**답** ②

11 4극 7.5[kW], 220[V]의 3상유도 전동기가 있다. 이 전동기의 전부하시 2차 입력이 7.8[kW]라면 이 때의 2차 동손[W]은? (단, 전동기의 기계손은 무시한다.)

① 280 ② 300 ③ 360 ④ 580

풀이 2차 동손은 2차 입력 − 기계적 출력 이므로 기계손을 무시하면
$P_{c2} = 7,800 - 7,500 = 300$[W] 가 된다.　　　　　　　　　　　　　**답** ②

12 정격 출력 10[kW]인 3상 유도 전동기를 전부하로 운전하고 있을 때, 2차 동손이 500[W]이면 이 때의 슬립[%]은 대략 얼마인가?

① 2　　　　　　　② 3　　　　　　　③ 4　　　　　　　④ 5

풀이 2차 동손 $P_{c2} = sP_2$에서 2차 입력 P_2 = 2차 동손 + 출력 이므로
$P_2 = 500 + 10,000 = 10,500[\text{W}]$가 된다.

따라서 $s = \dfrac{P_{c2}}{P_2} = \dfrac{500}{10,500} = 0.048 = 4.8\,[\%]$가 된다. **답** ④

13 3상유도 전동기의 2차 동손 P_{2c}, 슬립 s와 2차 입력 P_2 사이의 관계는?

① $P_{c2} > sP_2$　　　② $P_{c2} < sP_2$　　　③ $P_{c2} = sP_2$　　　④ $P_{c2} \gg sP_2$

풀이 2차 동손 $P_{c2} = sP_2$의 관계가 있다. **답** ③

14 3상유도 전동기에서 슬립을 S라 하면 2차 입력은?

① s에 비례　　② s에 반비례　　③ s^2에 반비례　　④ s^2에 비례

풀이 2차 동손 $P_{c2} = sP_2$의 관계가 있다.

따라서, $P_2 = \dfrac{P_{c2}}{s}$ 이므로 슬립에 반비례한다. **답** ②

15 기계 출력 P_o, 2차 입력 P_2, 슬립 S라 할 때 유도 전동기의 2차 효율(회전자 효율) η는?

① $\dfrac{P_2}{P_o}$　　　　② $\dfrac{P_o}{P_2}(1-s)$　　　③ $1-s$　　　④ $1+s$

풀이 2차 효율 $\eta_2 = \dfrac{\text{출력}}{\text{입력}} = \dfrac{P_o}{P_2} = \dfrac{(1-s)P_2}{P_2} = 1-s = \dfrac{N}{N_s}$가 된다. **답** ③

16 동기 와트로 표시되는 것은?

① 1차 입력　　　② 2차 효율　　　③ 토크　　　④ 효율

풀이 동기와트란 동기속도로 회전 시 2차 입력을 토크로 표시한 것을 말한다. **답** ③

17 유도 전동기의 회전자 효율은?

① $\dfrac{\text{동기 속도}}{\text{회전 속도}}$ 　　　　　② $\dfrac{\text{회전 속도}}{\text{동기 속도}}$

③ $\dfrac{\text{동기 속도} - \text{회전 속도}}{\text{동기 속도}}$ 　　　　④ $\dfrac{\text{동기 속도} - \text{회전 속도}}{\text{회전 속도}}$

풀이 2차 효율 $\eta_2 = \dfrac{\text{출력}}{\text{입력}} = \dfrac{P_o}{P_2} = \dfrac{(1-s)P_2}{P_2} = 1-s = \dfrac{N}{N_s}$ 가 된다.　　**답** ②

18 효율 및 역률이 각각 85[%]인 10[kW], 200[V], 3상유도 전동기의 전부하 전류[A]는?

① 30　　　　　② 40　　　　　③ 50　　　　　④ 60

풀이 출력 $P = \sqrt{3}\,VI\cos\theta\eta$ 에서 전류 $I = \dfrac{P}{\sqrt{3}\,V\cos\theta\eta}$ 이므로

$I = \dfrac{10\times 10^3}{\sqrt{3}\times 200\times 0.85\times 0.85} = 40[\text{A}]$ 가 된다.　　**답** ②

19 출력 3[kW], 1,500[rpm]으로 회전하는 전동기의 토크[kg·m]는?

① 30.4　　　　　② 12.5　　　　　③ 8.55　　　　　④ 1.95

풀이 토크 $T = 0.975\dfrac{P_2}{N_s}$ 이므로 $T = 0.975\times\dfrac{3,000}{1,500} = 1.95[\text{kg}\cdot\text{m}]$　　**답** ④

20 출력 1[kW], 효율 80[%]인 전동기의 손실[W]은?

① 200　　　　　② 250　　　　　③ 300　　　　　④ 350

풀이 효율 $\eta = \dfrac{\text{출력}}{\text{출력}+\text{손실}}$ 에서 전동기의 손실을 구하면 손실 $= \dfrac{\text{출력}}{\eta} - \text{출력}$이므로

손실 $= \dfrac{1}{0.8} - 1 = 0.25[\text{kW}]$가 된다.　　**답** ②

21 1차에서 환산한 변압기 등가 회로의 부하에 다음 중 어느 것을 접속시키면 유도 전동기를 나타내는가?

① $\dfrac{(1-s)}{r_2{}'}s$　　　② $\dfrac{(s-1)}{r_2{}'}s$　　　③ $\dfrac{(1-s)}{s}r_2{}'$　　　④ $\dfrac{(s-1)}{s}r_2{}'$

풀이 기계적 출력을 나타내는 정수는 $\dfrac{r_2{}'}{s} - r_2{}' = r_2{}'\left(\dfrac{1-s}{s}\right)$가 된다.　　**답** ③

22 3상유도 전동기의 2차 권선 1상의 전류 I_2는?

① $\dfrac{E_2}{\sqrt{\left(\dfrac{r_2}{S}\right)^2 + (Sx_2)^2}}$　　　　　② $\dfrac{SE_2}{\sqrt{r_2{}^2 + x_2{}^2}}$

③ $\dfrac{E_2}{\sqrt{r_2{}^2 + x_2{}^2}}$　　　　　④ $\dfrac{SE_2}{\sqrt{r_2{}^2 + (Sx_2)^2}}$

풀이 유도 전동기의 2차 전류는 $\dfrac{sE_2}{\sqrt{r_2{}^2 + (sx_2)^2}}$ 가 된다.   **답** ④

23 유도 전동기의 2차 측 저항을 2배로 하면 그 최대 회전력은?

① 1/2배   ② $\sqrt{2}$ 배   ③ 2배   ④ 불변

풀이 유도 전동기의 2차 측 저항을 증가시키면 슬립이 증가하여 최대 토크 발생슬립이 이동하게 된다. 최대 토크의 크기는 불변이며, 속도는 감소한다. 이러한 현상을 비례추이라 한다.   **답** ④

24 비례 추이의 성질을 이용할 수 있는 전동기는?

① 권선형 유도 전동기   ② 농형 유도 전동기
③ 동기 전동기   ④ 복권 전동기

풀이 비례추이는 2차 회전자에 저항을 삽입할 수 있는 권선형 유도 전동기에서 가능하다.   **답** ①

25 3상 유도 전동기의 전압이 10[%] 저하하면 기동 토크는 몇 [%] 감소하는가?

① 5   ② 10   ③ 15   ④ 20

풀이 유도 전동기에서 토크는 전압의 제곱에 비례한다.
전압이 10[%] 감소하므로 기동 토크는 $(1-0.1)^2 = 0.81$
∴ $1 - 0.81 ≒ 0.2$, 따라서 약 20[%] 감소한다.   **답** ④

26 유도 전동기 토크 특성 곡선에서 2차 저항이 최대인 것은?

① 라
② 다
③ 나
④ 가

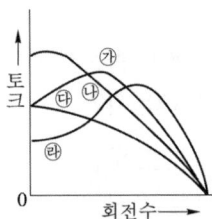

풀이 토크는 비례 추이를 하므로 저항이 클수록 최대 토크를 발생하는 슬립점이 점점 왼쪽으로 이동한다. 다는 최대 토크가 s의 (−)쪽(역전)에 이동한 것이므로 2차 저항이 가장 크다.   **답** ②

27 유도 전동기의 기동법에 쓰이는 기동 보상기의 구조는?

① 직입 기동법의 일종   ② Y − △ 기동기를 변형한 장치
③ 가변 저항기의 일종   ④ 단권 변압기의 일종

풀이 기동보상기법은 단권 변압기를 써서 기동 전압을 낮게 공급하여 기동 토크 및 기동 전류를 제한한다.   **답** ④

28 유도 전동기의 1차 권선의 결선을 △에서 Y로 바꾸면 기동시의 1차 전류는?

① 3배로 증가

② $\dfrac{1}{3}$ 배로 감소

③ $\dfrac{1}{\sqrt{3}}$ 배로 감소

④ $\sqrt{3}$ 배로 증가

풀이 선간 전압을 V, 기동시의 1상 임피던스를 Z라 하면 선전류 I는

△결선의 경우 $I_{\triangle} = \dfrac{\sqrt{3}\,V}{Z}$ [A] , Y결선의 경우 $I_Y = \dfrac{V/\sqrt{3}}{Z} = \dfrac{V}{\sqrt{3}\,Z}$

$\therefore \dfrac{I_Y}{I_{\triangle}} = \dfrac{\frac{\sqrt{3}\,V}{Z}}{\frac{V}{\sqrt{3}\,Z}} = \dfrac{1}{3}$ 이 된다. **답** ②

29 Y−△ 기동기를 사용하면 유도 전동기의 기동 토크는 전전압 기동시의 몇 배가 되는가?

① $\dfrac{1}{2}$

② $\dfrac{1}{3}$

③ $\dfrac{1}{4}$

④ $\dfrac{1}{\sqrt{3}}$

풀이 Y − △ 기동 시에는 1차가 Y결선이 되므로 1차 각 상에는 정격 전압의 $\dfrac{1}{\sqrt{3}}$ 의 전압이 가해지고 토크는

전압의 2승에 비례하므로 $\left(\dfrac{1}{\sqrt{3}}\right)^2 = \dfrac{1}{3}$ 배이다. **답** ②

30 유도 전동기의 기동 보상기법을 사용하는 전동기는?

① 7.5[kW] 이상 ② 10[kW] 이상 ③ 15[kW] 이상 ④ 20[kW] 이상

풀이 15[kW] 정도 이상되는 농형 유도 전동기를 사용하는 경우에는 기동 보상기법을 한다. **답** ③

31 유도 전동기의 회전자에 2차 주파수와 같은 주파수의 전압을 가하여 속도 제어를 하는 방법으로 옳은 것은?

① 2차 여자법 ② 주파수 변환법
③ 2차 저항법 ④ 극수 변환법

풀이 2차여자법 : 권선형 유도 전동기의 2차에 슬립주파수 전압을 가하여 속도 제어 하는 방법을 말한다. **답** ①

32 권선형 3상 유도 전동기의 기동법은?

① 2차 저항법 ② 기동 보상기법
③ 리액터 기동법 ④ Y−△ 기동법

풀이 권선형 유도 전동기는 비례추이를 이용한 2차 저항법을 적용한다. **답** ①

33 권선형 유도 전동기의 특성이라 할 수 없는 것은?

① 기동시에는 큰 토크를 얻을 수가 있다.

② 속도 제어는 1차 단자의 저항법을 이용한다.

③ 운전 중 최대 토크를 얻을 수 있다.

④ 운전 중 속도 변화가 적다.

풀이 속도 제어는 2차 저항법 또는 2차여자법 등을 이용한다.　　　　　**답** ②

34 권선형 유도 전동기가 농형에 비하여 우수한 점은?

① 구조가 간단하다.　　　　　② 효율이 좋다.

③ 기동 토크가 크다.　　　　　④ 운전이 쉽다.

풀이 권선형 유도 전동기는 기동 토크가 크므로 대형에 적합하다. 농형 유도 전동기는 기계적으로 튼튼하나
기동 토크가 작아 대형이 되면 기동이 어렵게 된다.　　　　　**답** ③

35 3상 유도 전동기의 회전 방향을 바꾸려면?

① 전동기의 극수를 바꾼다.

② 전원의 주파수를 바꾼다.

③ 기동 보상기를 사용한다.

④ 전원에 접속된 3개의 단자 중 임의의 2개를 바꾸어 접속한다.

풀이 3상유도 전동기의 회전 방향을 반대로 하려면 상회전을 반대로 하면 된다. 상회전을 반대로 하는 방법은
전원의 3선중 2선의 위치를 서로 교환하면 된다.　　　　　**답** ④

36 4줄의 출구선이 나와 있는 분상 기동형 단상 유도 전동
기가 있다. 이 전동기를 그림(도면)과 같이 결선했을 때
시계 방향으로 회전한다면, 반시계 방향으로 회전시키
고자 할 경우 어느 결선이 옳은가?

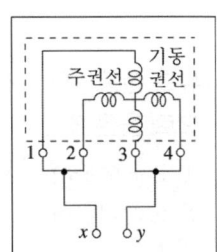

① 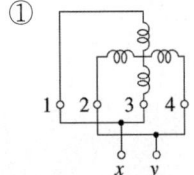　② 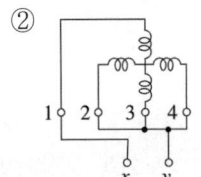　③ 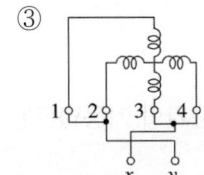　④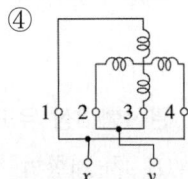

풀이 운전 권선이나 기동 권선 중 1개만을 전원에 대하여 반대로 연결하면 된다.　　　　　**답** ④

37 단상 유도 전동기의 기동 방법 중 가장 기동 토크가 작은 것은 어느 것인가?

① 반발 기동형　　　　　　　　　② 반발 유도형

③ 콘덴서 분상형　　　　　　　　④ 분상 기동형

풀이 기동 토크는 ①-②-③-④의 순이다.　　　　　　　**답** ④

38 회전 방향을 바꿀 수 없는 전동기는?

① 분상 기동형 전동기　　　　　　② 콘덴서 기동형 전동기

③ 반발 기동형 전동기　　　　　　④ 셰이딩 코일형 전동기

풀이 셰이딩 코일형은 그 회전 방향이 항상 셰이딩 코일을 향해서 회전하기 때문에 회전 방향을 바꿀 수가 없다.　　　　　　　**답** ④

39 단상 유도 전동기의 기동 도중 토크 강하가 일어나는 것은?

① 분상 기동형　　　　　　　　　② 콘덴서 전동기

③ 콘덴서 기동형　　　　　　　　④ 셰이딩 코일형

풀이 분상 기동형 단상 유도 전동기는 기동권선에서 주권선으로 스위칭 될 때 토크의 강하가 발생한다.　　　　　　　**답** ③

40 유도 전동기의 원선도를 작성하는 데 필요한 시험이 아닌 것은?

① 구속 시험　　　② 슬립 측정　　　③ 무부하 시험　　　④ 저항 측정

풀이 유도 전동기의 원선도 작성 시험은 변압기의 등가회로 작성시험과 같은 것으로, 저항 측정시험, 구속시험(단락시험), 무부하시험(개방시험)으로 원선도를 작성한다.　　　　　　　**답** ②

41 유도 전동기 원선도에서 원의 지름은? 단, E를 1차 전압, r는 1차로 환산한 저항, x를 1차로 환산한 누설 리액턴스라 한다.

① rE에 비례　　　② rxE에 비례　　　③ $\dfrac{E}{r}$에 비례　　　④ $\dfrac{E}{x}$에 비례

풀이 유도 전동기는 일정 값의 리액턴스와 부하에 의하여 변하는 저항(r_2'/s)의 직렬 회로라고 생각되므로 부하에 의하여 변화하는 전류 벡터의 궤적, 즉 원선도의 지름은 전압에 비례하고 리액턴스에 반비례한다.　　　　　　　**답** ④

42 유도 전동기 원선도의 제작에 필요한 자료 중 지정에 의하여 계산하는 것은?

① 1차 권선의 저항　　　　　　　② 여자 전류의 역률각

③ 정격 전압에 있어서 단락 전류　　④ 정격 전압에 있어서 여자 전류

풀이 정격 전압을 가하면 단락 전류가 너무 크므로, 정격 전류와 같은 전류를 통하는 임피던스 전압을 가하여 얻는 전류로 계산에 의하여 구하여진다. **답** ③

43 3상 유도 전압 조정기의 동작 원리는?

① 회전 자계에 의한 유도 작용을 이용하여 2차 전압의 위상 전압의 조정에 따라 변화한다.

② 교번 자계의 전자 유도 작용을 이용한다.

③ 충전된 두 물체 사이에 작용하는 힘

④ 두 전류 사이에 작용하는 힘

풀이 3상유도 전압 조정기의 2차 측을 구속하고 1차 측에 전압을 공급하면, 2차 권선에 기전력이 유기되는데, 2차 권선의 각상 단자를 각각 1차 측의 각상 단자에 적당하게 접속하면 3상 전압을 조정할 수 있다. **답** ①

44 3상 전압 조정기의 원리는 어느 것을 응용한 것인가?

① 3상 동기 발전기   ② 3상 변압기

③ 3상유도 전동기   ④ 3상 교류 정류자 전동기

풀이 3상유도 전압 조정기는 권선형 3상유도 전동기의 1차 권선 P와, 2차 권선 S를 3상 성형 단권 변압기와 같이 접속하고, 회전자를 구속한 상태로 두고 사용하는 것과 같다. **답** ③

45 포트 모터의 속도 제어법은?

① 2차 여자법   ② 1차 권선의 극수 변환

③ 2차 회로의 저항 가감   ④ 전원의 주파수 변환

풀이 포트 모터는 방사용 모터라고도 하며, 인견공업에 사용되는 전동기를 말한다. 속도는 10,000[rpm] 이상 가능하며, 주파수 변환기 또는 전용 발전기를 구동하는 전동기의 속도를 조정하여 포트 모터의 전원 주파수를 변환한다. **답** ④

46 단상 유도 전압 조정기에서 1차 전원 전압을 V_1이라 하고 2차의 유도 전압을 E_2라고 할 때 부하 단자 전압을 연속적으로 가변할 수 있는 조정 범위는?

① $0 \sim V_1$까지   ② $V_1 + E_2$까지

③ $V_1 - E_2$까지   ④ $V_1 + E_2$에서 $V_1 - E_2$까지

풀이 $V_2 = V_1 + E_2 \cos\alpha$에서
단상 유도 전압 조정기의 1차 권선을 $0°$에서 $180°$까지 돌리면 $\cos\alpha$는 -1에서 1까지 변화하므로 V_2는 $V_1 + E_2$에서 $V_1 - E_2$까지 조정될 수 있다. **답** ④

47 220±100[V], 5[kVA]의 3상 유도 전압 조정기의 정격 2차 전류는 몇 [A]인가?

① 13.1 　　　　　 ② 22.7 　　　　　 ③ 28.8 　　　　　 ④ 50

풀이 2차 전류는 $I_2 = \dfrac{P}{\sqrt{3}\,V_2}$ 에서 $I_2 = \dfrac{5 \times 10^3}{\sqrt{3} \times 100} = 28.8[A]$가 된다.　　　　**답** ③

48 단상 유도 전압 조정기에서 단락 권선의 직접적인 역할은?

① 누설 리액턴스로 인한 전압 강하 방지

② 역률 보상

③ 용량 증대

④ 고조파 방지

풀이 2차 권선의 누설 리액턴스는 특히 $\alpha = 90°$에서 매우 크므로 큰 전압 강하가 생겨 전압 변동률이 커지게 되므로 이를 방지하기 위해서 1차 권선과 직각 방향으로 단락 권선을 감는다.　　　　**답** ①

05 정류기

1. 반도체(Semiconductor)

(1) 순수(진성) 반도체

4족(가)있는 원소를 말한다. 반도체로 사용하는 원소 Si, Ge로 불순물을 혼합하지 않는 원소이며, 최외각 전자의 수가 4개인 원소이다.

(2) 불순물 반도체

① N(Negative)형 반도체

4족 원소(Si, Ge) + 5족 원소(P, As, Sb)

최외각전자 4개인 Si 원소에 최외각전자 5개인 As을 첨가한 외인성 반도체를 말한다.

② P(positive)형 반도체

4족 원소(Si, Ge) + 3족 원소(B, Ga, In)

최외각전자 4개인 Si 원소에 최외각전자 3개인 In을 첨가한 외인성 반도체를 말한다.

2. 실리콘 제어 정류기

(1) PN 접합 다이오드

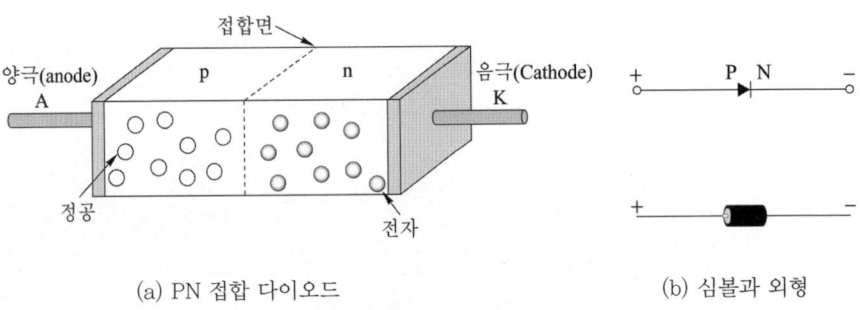

(a) PN 접합 다이오드   (b) 심볼과 외형

그림 5 -1 PN 접합 다이오드

그림 5-1은 PN 접합 다이오드를 나타낸 것이다. PN 접합 다이오드는 애노드와 캐소드의 두 단자로 되어 있으며, 애노드에 (+), 캐소드에 (−)를 가할 때 순방향 바이어스로 도통상태가 된다.

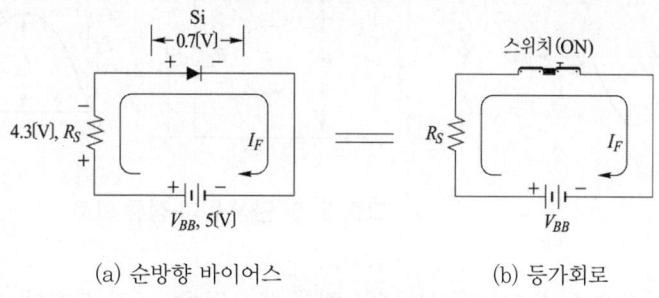

(a) 순방향 바이어스   (b) 등가회로

그림 5-2 순방향 바이어스 회로

그림 5-2는 순방향 바이어스에서 PN 접합 다이오드가 순방향 바이어스에서의 도통상태를 나타낸 것으로 스위치 ON 상태와 같다.
도통상태를 OFF 하려면 애노드에 (−), 캐소드에 (+)를 가하면 역방향 바이어스로 OFF가 된다.

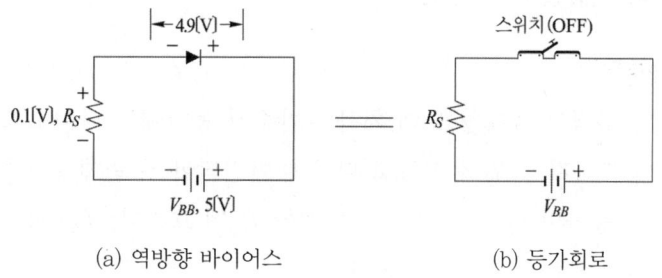

(a) 역방향 바이어스   (b) 등가회로

그림 5-3 역방향 바이어스 회로

그림 5-3은 역방향 바이어스 상태를 나타낸 것으로 스위치 OFF 상태와 같다.
이러한 기능을 정류기능이라 하며, 정류기 등에 사용된다.
그림 5-4는 정류회로의 개략도를 나타낸 것이다.

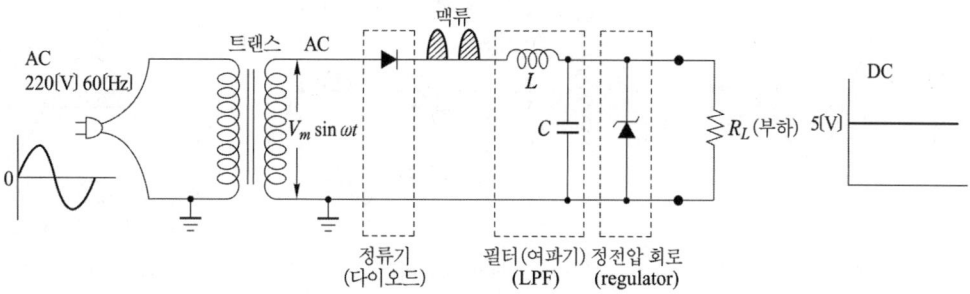

그림 5-4 정류회로의 개략도

(2) 단상 반파정류회로

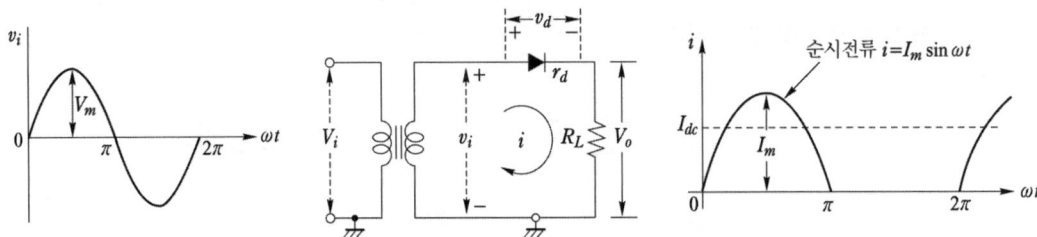

그림 5-5 단상 반파 정류 회로

① 구간 $0 < \omega t < \pi$ 에서는 순시전류 $i = I_m \sin \omega t$ 가 부하에 흐른다.

② 구간 $\pi < \omega t < 2\pi$ 에서는 순시전류 $i = 0$ 이 된다.

　　(단, $I_m = V_m / (r_d + R_L)$, r_d : 다이오드 순방향저항, $v_i = V_m \sin \omega t$)

반파 정류회로로서 교류전압을 인가하면 입력의 파형이 출력과 같이 반파로 정류되어 출력된다. 이 크기는 $V_o = 0.45 V_i$ 의 관계가 있으며, 여기서 V_o 는 직류전압, V_i 는 교류전압을 나타낸다.

(3) 전파정류

정현파 입력이 들어왔을 때 처음 +반주기 동안에는 다이오드 D_1 이 도통하여 i_{d1} 의 전류가 부하저항 R_L 에 흐르고 다음에 반전되어 두 번째 +반주기 동안에는 다이오드 D_2 가 도통하며 i_{d2} 의 전류가 부하저항 R_L 에 흐른다. R_L 에는 전주기(2π) 동안에 파형이 나오므로 전파정류라 한다.

전파정류는 $V_o = 0.9 V_i$ 의 관계가 있으며, 여기서 V_o 는 직류전압, V_i 는 교류전압을 나타낸다.

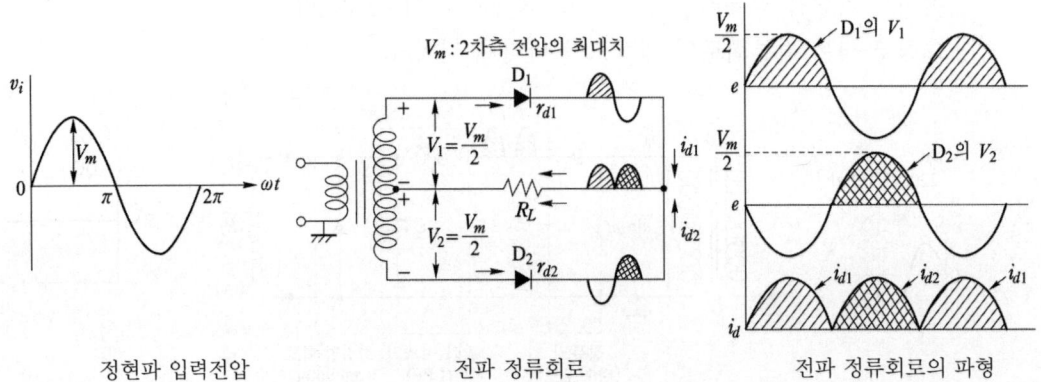

정현파 입력전압　　　　　전파 정류회로　　　　　전파 정류회로의 파형

그림 5-6 단상 전파 정류 회로

반도체의 성질과 응용의 예

성 질	응 용
온도가 올라가면 전기 저항이 준다.	서미스터(부성 저항기)
전압과 전류의 관계가 비례하지 않는다.	바리스터
다른 종류의 반도체 사이(p-n 접합)에 정류 작용이 생긴다.	실리콘 정류기, 게르마늄 정류기
금속과의 접촉면에 정류 작용이 생긴다.	셀렌 정류기, 산화제일구리 정류기
접촉면의 도전성이 외부로부터의 전류나 빛 등에 의하여 변화한다.	트랜지스터
정공 효과가 크다.	정공 발전기
광전 효과가 크다.	광전지
열전 효과가 크다.	열전쌍, 전자 냉동

3. 수은 정류기

(1) 아크 전압 강하

① 음극 강하 : 약 10[V] 정도

② 양극 강하 : 약 4~7[V] 정도

③ 양광주 강하 : 약 0.05~0.3[V/cm]×아크 길이

이상의 3가지 강하를 합한 아크 전압은 16~30[V] 정도이다.

(2) 이상 현상

① 역호   ② 이상 전압   ③ 통호   ④ 실호

(3) 역호의 발생 원인

① 내부 잔존 가스 압력의 상승   ② 화성 불충분

③ 양극의 수은 방울의 부착   ④ 양극 표면의 불순물의 부착

⑤ 양극 재료의 불량   ⑥ 전류, 전압의 과대

⑦ 증기 밀도의 과대

(4) 역호의 방지 방법

① 정류기를 과부하로 되지 않도록 할 것

② 냉각 장치에 주의하여 과열, 과냉을 피할 것

③ 진공도를 충분히 높게 할 것

④ 양극 재료의 선택에 주의할 것

⑤ 양극에 직접 수은 증기가 접촉되지 않도록 양극부의 유리를 구부린다.

⑥ 철제 수은 정류자에서는 그리드를 설치하고 이것을 부전위하여 역호를 저지시킨다.

1 일반적으로 전철이나 화학용과 같이 비교적 용량이 큰 수은 정류기용 변압기의 2차측 결선 방식으로 쓰이는 것은?

① 6상 2중 성형　　　　　　　　　　② 3상 반파

③ 3상 전파　　　　　　　　　　　　④ 3상 크로즈파

풀이 수은 정류기의 직류측 전압은 맥동이 있으므로 맥동을 적게 하기 위하여 상수를 6상 또는 12상을 사용한다. 특히 대용량의 경우는 보통 6상식이 쓰인다.　　　　**답** ①

2 수은 정류기에 있어서 정류기의 밸브 작용이 상실되는 현상을 무엇이라 하는가?

① 점호　　　　　　② 역호　　　　　　③ 실호　　　　　　④ 통호

풀이 운전 중에 아크가 쉬고 있는 양극은 음극에 대하여 부전위로 된다. 이 부전위를 역전압이라 하며, 부전위로 있는 동안에 어떤 원인으로 양극에 음극점이 생기면 이 양극에서 전자가 방출하여 밸브 작용을 잃고 마는데, 이러한 현상을 역호라 한다.　　　　**답** ②

3 수은 정류기의 전압과 효율과의 관계는?

① 전압이 높아짐에 따라 효율은 떨어진다.

② 전압이 높아짐에 따라 효율은 좋아진다.

③ 전압과 효율은 무관하다.

④ 어느 전압 이하에서 전압에 관계없이 일정하다.

풀이 수은 정류기의 효율 η는

$$\eta = \frac{E_d I_d}{E_d I_d + E_a I_d} \times 100 = \frac{E_d}{E_d + E_a} \times 100 = \frac{1}{1 + \frac{E_a}{E_d}} \times 100 [\%]$$

여기서, E_d : 직류 측 전압, E_a : 아크 전압, I_d : 직류 측 전류

E_a 의 값은 E_d, I_d 에 관계없이 거의 일정하기 때문에 수은 정류기의 효율은 E_d 가 높을수록 좋아지고 부하 변동에 대한 효율의 변화는 매우 작다.　　　　**답** ②

4 수은 정류기의 역호 방지법에 대하여 옳은 것은?

① 정류기를 어느 정도 과부하로 운전할 것　　② 냉각 장치에 주의하여 과냉각하지 말 것

③ 진공도를 적당히 할 것　　　　　　　　　　④ 양극 부분에 항상 열을 가열할 것

풀이 역호의 방지법

① 정류기를 과부하로 되지 않도록 할 것　　② 냉각 장치에 주의하여 과냉, 과열을 피할 것

③ 진공도를 충분히 높게 할 것　　　　　　④ 양극에 직접 수은 증기가 부착되지 않게 할 것

⑤ 양극의 바로 앞에 그리드를 설치하여 이것을 부전위로 하여 역호를 저지시킨다.　　**답** ②

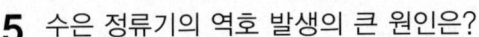

5 수은 정류기의 역호 발생의 큰 원인은?

① 내부 저항의 저하　　　　　　　　② 전원 주파수의 저하

③ 전원 전압의 상승　　　　　　　　④ 과부하 전류

풀이 역호의 발생 원인은 다음과 같다.
① 내부 잔존 가스 압력의 상승　② 화성 불충분　③ 양극의 수은 물방울 부착
④ 양극 표면의 불순물 부착　⑤ 양극 재료의 불량　⑥ 전류, 전압의 과대
⑦ 증기 밀도의 과대　　　　　　　　　　　　　　　　　　　답 ④

6 6상 수은 정류기의 점호극의 수는?

① 1　　　　　　　② 3　　　　　　　③ 6　　　　　　　④ 12

풀이　　　　　　　　　　　　　　　　　　　　　　　　답 ①

7 직류 5[V], 10000[A]의 전원을 얻으려 한다. 다음 정류 방식 중 가장 적합한 방식은?

① 수은 정류기　　　　　　　　　　② 실리콘 정류기

③ 단극 발전기　　　　　　　　　　④ 셀렌 정류기

풀이　　　　　　　　　　　　　　　　　　　　　　　　답 ①

8 600[V] 철조 수은 정류기를 A, 1500[V] 철조 수은 정류기를 B, 600[V] 회전 변류기를 C, 1500[V] 회전 변류기를 D라 할 때 종합효율이 좋은 것부터 나열하면?

① C-A-B-D　　　　　　　　　　② B-D-A-C

③ A-B-D-C　　　　　　　　　　④ D-C-B-A

풀이 각 기의 100[%] 부하에 대한 효율은
600[V] 철조 수은 정류기 : 94.5[%], 1,500[V] 철조 수은 정류기 : 97[%]
600[V] 회전 변류기 : 93.5[%], 1,500[V] 회전 변류기 : 95[%]　　　답 ②

9 다음 중 SCR의 기호가 맞는 것은 어느 것인가? 단, A는 anode의 약자, K는 cathode의 약자이며 G는 gate의 약자이다.

①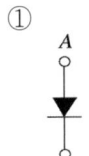　　②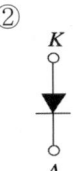　　③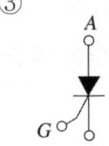　　④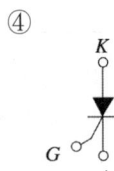

풀이 ① 다이오드(Diode)　③ SCR(Silicon Controlled Rectifier)　　　답 ③

10 유리제 수은 정류기의 장점이 아닌 것은?

① 효율이 높다.   ② 용기를 대지와 절연할 필요가 없다.

③ 진공 장치가 필요 없다.   ④ 기계적, 열적으로 강하다.

풀이 유리제 수은 정류기

    장점 : ① 냉각수가 필요 없다.   ② 진공 장치가 필요 없다.   ③ 운전 보수가 용이하다.

               ④ 효율이 높다.   ⑤ 시설비가 싸다.

    단점 : ① 기계적으로 약하다.   ② 수리가 곤란하다.

               ③ 단관 용량, 과부하 내량이 작고 대용량의 것을 제작할 수 없다.   **답** ④

11 반도체 정류기에서 필요하지 않는 것은?

① 정류용 변압기   ② 냉각 장치

③ 전압 조정 요소   ④ 여호 전원

풀이   **답** ④

12 전압을 일정하게 유지하기 위해서 이용되는 다이오드는?

① 정류용 다이오드   ② 바랙터 다이오드

③ 바리스터 다이오드   ④ 제너 다이오드

풀이   **답** ④

13 실리콘 다이오드의 특성에서 잘못된 것은?

① 전압 강하가 크다.   ② 정류비가 크다.

③ 허용 온도가 높다.   ④ 역내전압이 크다.

풀이 실리콘 정류기의 특성은

    ① 역내전압이 크다.

    ② 전류 밀도가 크다.(게르마늄의 2~3배, 셀렌의 500~1000배)

    ③ 온도에 의한 영향이 작다. (최고 허용 온도 140~200[℃])

    ④ 효율은 가장 좋다.(99[%])

    ⑤ 대용량 정류기에 적합하다.   **답** ①

14 SCR(실리콘 정류 소자)의 특징이 아닌 것은?

① 아크가 생기지 않으므로 열의 발생이 적다.

② 과전압에 약하다.

③ 게이트에 신호를 인가할 때부터 도통할 때까지의 시간이 짧다.

④ 전류가 흐르고 있을 때의 양극 전압 강하가 크다.

풀이 SCR의 순방향 전압 강하는 보통 1.5[V] 이하로 적다.   **답** ④

15 다음과 같은 반도체 정류기 중에서 역방향 내전압이 가장 큰 것은?

① 실리콘 정류기 ② 게르마늄 정류기
③ 셀렌 정류기 ④ 아산화동 정류기

풀이 실리콘 정류기의 역내 전압은 500~1,000[V] 정도이다. **답** ①

16 SCR의 설명으로 적당하지 않은 것은?

① 게이트 전류(I_G)로 통전 전압을 가변시킨다.

② 주전류를 차단하려면 게이트 전압을 (0) 또는 (−)로 해야 한다.

③ 게이트 전류의 위상각으로 통전 전류의 평균값을 제어시킬 수 있다.

④ 대전류 제어 정류용으로 이용된다.

풀이 SCR는 게이트에 (+)의 트리거 펄스가 인가되면 통전 상태로 되어 정류 작용이 개시되고, 일단 통전이 시작되면 게이트 전류를 차단해도 주전류(애노드 전류)는 차단되지 않는다. 이 때에 이를 차단하려면 애노드 전압을 (0) 또는 (−)로 해야 한다. **답** ②

17 SCR의 특성에 대한 설명으로 잘못된 것은?

① 브레이크 오버(break over) 전압은 게이트 바이어스 전압이 역으로 증가함에 따라서 감소된다.

② 부성 저항의 영역을 갖는다.

③ 양극과 음극 간에 바이어스 전압을 가하면 pn 다이오드의 역방향 특성과 비슷하다.

④ 브레이크 오버 전압 이하의 전압에서도 역포화 전류와 비슷한 낮은 전류가 흐른다.

풀이 **답** ①

18 SCR의 설명 중 옳지 않은 것은?

① 스위칭 소자이다. ② P−N−P−N 소자이다.
③ 쌍방향성 사이리스터이다. ④ 직류, 교류, 전력 제어용으로 사용한다.

풀이 SCR은 단일 방향성 3단자 소자이다. **답** ③

19 SCS(silicon controlled switch)의 특징이 아닌 것은?

① 게이트 전극이 2개이다.

② 쌍방향 2단자 사이리스터이다.

③ 쌍방향으로 대칭적인 부성 저항 영역을 갖는다.

④ AC의 ⊕, ⊖ 전파기간 중 트리거용 펄스를 얻을 수 있다.

풀이 SCS는 게이트 전극이 2개인 단일 방향성 4단자 소자이다. **답** ②

20 2방향성 3단자 사이리스터는 어느 것인가?

① SCR   ② SSS   ③ SCS   ④ TRIAC

풀이   SCR : 1방향성 3단자 ,   SSS : 2방향성 2단자,
       SCS : 1방향성 4단자 ,   TRIAC : 2방향성 3단자   답 ④

21 다음 사이리스터 중 3단자 사이리스터가 아닌 것은?

① SCR   ② GTO   ③ TRIAC   ④ SCS

풀이   SCR, GTO, TRIAC은 3단자 사이리스터이며 SCS는 1방향성 4단자 사이리스터이다.   답 ④

22 사이리스터(thyristor)의 기본 동작 원리 중 양극 전위가 (−), 음극 전위가 (+), 게이트 조건이
OFF이고, 특성 조건이 누설 전류가 급증하였을 때, 사이리스터의 상태는?

① OFF   ② ON   ③ ON→OFF   ④ OFF→ON

풀이   답 ①

23 사이리스터(thyristor)에서는 게이트 전류가 흐르면 순방향의 저지 상태에서 [   ] 상태로 된
다. 게이트 전류를 가하여 도통 완료까지의 시간을 [   ] 시간이라고 하나 이 시간이 길면
[   ] 시의 [   ]이 많고 사이리스터 소자가 파괴되는 수가 있다. 다음 [   ] 안에 알맞은
말의 순서는?

① 온, 턴온, 스위칭, 전력 손실   ② 온, 턴온, 전력 손실, 스위칭
③ 스위칭, 온, 턴온, 전력 손실   ④ 턴온, 스위칭, 온, 전력 손실

풀이   답 ①

24 직류에서 교류로 변환하는 기기는?

① 인버터   ② 사이클로 컨버터
③ 초퍼   ④ 회전 변류기

풀이   인버터는 직류를 교류로 변환하는 역변환 장치이다.   답 ①

25 사이클로 컨버터(cyclo converter)란?

① 실리콘 양방향성 소자이다.   ② 제어 정류기를 사용한 주파수 변환기이다.
③ 직류 제어 소자이다.   ④ 전류 제어 소자이다.

풀이   사이클로 컨버터란 정지 사이리스터 회로에 의해 전원 주파수와 다른 주파수의 전력으로 변환시키는 직접
       회로 장치이다.   답 ②

26 다음은 다이리스터의 래칭(latching) 전류에 관한 설명이다. 옳은 것은?

① 게이트를 개방한 상태에서 사이리스터 도통 상태를 유지하기 위한 최소 전류

② 게이트 전압을 인가한 후에 급히 제거한 상태에서 도통 상태가 유지되는 최소의 순전류

③ 사이리스터의 게이트를 개방한 상태에서 전압이 상승하면 급히 증가되는 순전류

④ 사이리스터가 턴온하기 시작하는 전류

풀이 게이트 개방 상태에서 SCR이 도통되고 있을 때 그 상태를 유지하기 위한 최소의 순전류를 유지 전류 (holding current)라고 하고, 턴온되려고 할 때는 이 이상의 순전류가 필요하고, 확실히 턴온시키기 위해 서 필요한 최소의 순전류를 래칭 전류라 한다. **답** ④

27 반도체 사이리스터로 속도 제어를 할 수 없는 제어는?

① 정지형 레너드 제어 　　　　　　② 일그너 제어

③ 초퍼 제어 　　　　　　　　　　④ 인버터 제어

풀이 　　　　　　　　　　　　　　　　　　　　　　　　　　　　　　　　　**답** ②

28 사이리스터가 기계적인 스위치보다 유효한 특성이 될 수 없는 것은?

① 내충격성 　　　　　　　　　　② 소형 경량

③ 무소음 　　　　　　　　　　　④ 고온에 강하다

풀이 열용량이 적으므로 온도 상승에 약하다. **답** ④

29 SCR을 이용한 인버터 회로에서 SCR이 도통 상태에 있을 때 부하 전류가 20[A] 흘렀다. 게이트 동작 범위 내에서 전류를 $\frac{1}{2}$로 감소시키면 부하 전류는 몇 [A]가 흐르는가?

① 0 　　　　　　② 10 　　　　　　③ 20 　　　　　　④ 40

풀이 SCR이 일단 ON 상태로 되면 전류가 유지 전류 이상으로 유지되는 한 게이트 전류의 유무에 관계없이 항상 일정하게 흐른다. **답** ③

30 단상 반파 정류 회로에 환류 다이오드(free-wheeling diode)를 사용할 경우에 대한 설명 중 해당되지 않는 것은?

① 유도성 부하에 잘 사용된다.

② 부하 전류의 평활화를 꾀할 수 있다.

③ pn 다이오드의 역 바이어스 전압이 부하에 따라 변한다.

④ 저항 R에 소비되는 전력이 약간 증가한다.

풀이 　　　　　　　　　　　　　　　　　　　　　　　　　　　　　　　　　**답** ③

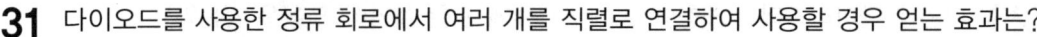

31 다이오드를 사용한 정류 회로에서 여러 개를 직렬로 연결하여 사용할 경우 얻는 효과는?

① 다이오드를 과전류로부터 보호   ② 다이오드를 과전압으로부터 보호

③ 부하 출력의 맥동률 감소   ④ 전력 공급의 증대

풀이   다이오드 직렬 연결 : 과전압 방지
다이오드 병렬 연결 : 과전류 방지

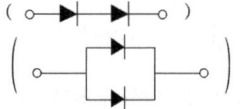

답 ②

32 단상 브리지 전파 정류 회로의 저항 부하의 전압이 100[V]이면 전원 전압[V]은?

① 111   ② 141   ③ 100   ④ 90

풀이 $E_d = \dfrac{2\sqrt{2}}{\pi}E = 0.90E$ 에서 $E = \dfrac{E_d}{0.9} = \dfrac{100}{0.9} = 111[\text{V}]$

답 ①

33 그림의 회로에서 저항 부하에 전류를 흘릴 때 부하 측의 파형은?

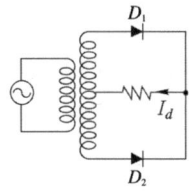

 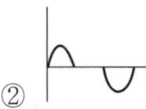  

풀이   ① 정류파(반파) ③ 정류파(전파) ④ 직류

답 ③

34 입력 100[V]의 단상 교류를 SCR 4개를 사용하여 브리지 제어 정류하려 한다. 이 때 사용할 1개 SCR의 최대 역전압(내압)은 약 몇 [V] 이상이어야 하는가?

① 25   ② 100   ③ 142   ④ 200

풀이   다이오드에 걸리는 최대 역전압[PIV]은 입력 전압의 최댓값 $\sqrt{2}\,V$이다.
∴ PIV $= \sqrt{2}V = \sqrt{2}\times 100 = 141.4[\text{V}]$

답 ③

35 사이리스터를 이용한 정류 회로에서 직류 전압의 맥동률이 가장 작은 정류 회로는?

① 단상 반파 정류 회로   ② 단상 전파 정류 회로

③ 3상 반파 정류 회로   ④ 3상 전파 정류 회로

풀이

답 ④

36 정류기에서 부하 전류가 연속하는 경우 직류 전압의 평균치는 $E_d = \dfrac{2\sqrt{2}}{\pi}E \cdot \cos\alpha$로 주어진다. 이때 $\cos\alpha$를 무엇이라 하는가? 단, E는 교류 전압 실효값이며, 정류기는 전파 정류, 유도 부하이다.

① 왜형률　　　　② 맥동률　　　　③ 격자율　　　　④ 파형률

풀이 부하 전류가 연속하는 경우 직류 전압의 평균값 E_d는

$$E_d = \frac{1}{\pi}\int_0^{\pi+a}\sqrt{2}\,\dot{E}\sin\theta d\theta = \frac{2\sqrt{2}}{\pi}E\cdot\cos\alpha[\text{V}]$$

직류 전류의 평균값 I_d는

$$I_d = \frac{E_d}{R} = \frac{2\sqrt{2}}{\pi}\cdot\frac{E}{R}\cdot\cos\alpha[\text{A}]$$

여기서 $\cos\alpha$를 격자율, $(1-\cos\alpha)$을 제어율이라고 한다.　　　**답** ③

37 정류 회로의 상수를 크게 했을 경우 옳은 것은?

① 맥동 주파수와 맥동률이 증가한다.
② 맥동률과 맥동 주파수가 감소한다.
③ 맥동 주파수는 증가하고 맥동률은 감소한다.
④ 맥동률과 주파수는 감소하나 출력이 증가한다.

풀이 전원 주파수 : f, 맥동 주파수 : f_0라 하면
　① 단상 반파 정류 $f_0 = f = 60[\text{Hz}]$
　② 단상 전파 정류 $f_0 = 2f = 120[\text{Hz}]$
　③ 3상 반파 정류 $f_0 = 3f = 180[\text{Hz}]$
　④ 3상 전파 정류 $f_0 = 6f = 360[\text{Hz}]$　　　**답** ③

38 어떤 정류 회로의 부하 전압이 200[V]이고 맥동률 4[%]이면 교류분은 몇 [V] 포함되어 있는가?

① 18　　　　② 12　　　　③ 8　　　　④ 4

풀이 맥동률 $= \dfrac{\triangle E}{E_d}\times 100[\%]$에서　$\triangle E = 0.04\times 200 = 8[\text{V}]$가 된다.　　　**답** ③

39 인버터(inverter)의 설명에서 틀린 것은 어느 것인가?

① 타여식 인버터는 전류 보조 회로가 필요치 않다.
② 주파수나 전압의 크기는 병렬의 교류 전원에 의해서 정해진다.
③ 자여식은 병렬 전원을 갖지 않으며 전류 에너지를 정전 콘덴서나 보조 직류 전원 등으로 공급한다.
④ 자여식 인버터는 주파수 및 출력 전압을 자유로이 조정할 수 없어 자유도가 적다.

풀이　　　**답** ④

40 자여식 인버터의 출력 전압의 제어법에 주로 사용되는 방식은?

① 펄스폭 방식

② 펄스 주파수 변조 방식

③ 펄스폭 변조 방식

④ 혼합 변조 방식

풀이 자여식 인버터의 출력 전압의 제어는 주로 펄스폭 변조 방식을 적용한다.   **답** ③

41 인버터(inverter)의 전력 변환은?

① 교류 → 직류로 변환

② 직류 → 직류로 변환

③ 교류 → 교류로 변환

④ 직류 → 교류로 변환

풀이   **답** ④

42 전력용 반도체를 사용하여 직류 전압을 직접 제어하는 것은?

① 단상 인버터

② 3상 인버터

③ 초퍼형 인버터

④ 브리지형 인버터

풀이   **답** ③

43 직류 초퍼 제어 방식에서 그 방식에 속하지 않는 것은?

① 펄스 주파수 제어

② 펄스폭 제어

③ 순시값 제어

④ 펄스 파고 제어

풀이   **답** ④

3과목

전기설비

배선재료와 공구

1. 전선 및 케이블

1) 전선 및 케이블

전선에는 나전선, 절연 전선, 코드, 저압 케이블, 고압 케이블, 특고압 케이블, 제어용 케이블 등 많은 종류가 있다, 이 전선 및 케이블의 구비조건은 다음과 같다.

① 도전율이 크고 고유 저항은 작을 것
② 기계적 강도 및 가요성(유연성)이 풍부할 것
③ 내구성이 클 것
④ 비중이 작을 것
⑤ 시공 및 보수의 취급이 용이 할 것
⑥ 다량으로 값싸게 구입할 수 있을 것

2) 전선의 종류와 용도

절연전선이라 함은 나전선 위에 절연물을 피복한 것으로 주로 옥내배선용으로 사용된다.

절연 전선의 종류와 주요용도

명 칭	약 칭	주요용도
옥외용 비닐 절연 전선(단심의 경동선 또는 경동 연선 위에 내후성이 좋은 비닐 절연 피복을 한 것)	OW 전선(out door weather proof polyvinyl chloride insulated wires)	저압 가공 배전 선로에서 사용한다.
인입용 비닐 절연 전선	DV 전선(polyvinyl chloride insulated drop service wires)	저압 가공 전선로에 사용한다.

저압 절연전선의 종류는 다음과 같다.

① 450/750[V] 비닐절연전선

② 450/750[V] 저독성난연 폴리올레핀 절연전선

③ 450/750[V] 저독성난연 가교폴리올레핀 절연전선

④ 450/750[V] 고무절연전선

3) 코드

코드는 이동・가요성으로 피복자체가 절연체인 전선이며, 전구선 또는 저압의 이동용 전선으로 사용된다. 코드를 크게 나누면 심선에 고무절연을 한 옥내 코드와 심선에 비닐절연을 한 기구용 비닐 코드가 있으며, 다음과 같은 종류가 있다.

① 고무 코드

② 비닐 코드

③ 고무 캡타이어 코드

④ 비닐 캡타이어 코드

⑤ 금사(金絲) 코드

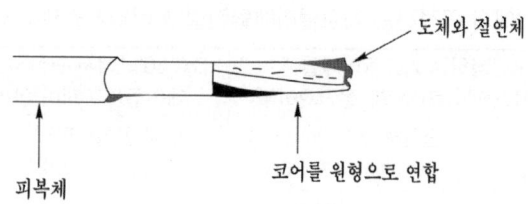

코드 선심의 식별

선심 수	색
2심	흑, 백
3심	흑, 백, 적 또는 흑, 백, 녹
4심	흑, 백, 적, 녹

※ 녹색은 접지선에 사용

(1) 고무 코드

① **재질** : 공칭 단면적 0.5~5.5[mm²]의 심선에 고무 절연을 하고, 실로 겉을 편조한 코드를 말한다.

② **종류** : 단심 코드, 2개연 코드, 대편 코드, 원편 코드, 평형 코드, 방습 코드 등이 있다.

(2) 비닐 코드

① **재질** : 공칭 단면적 0.5~2.0[mm²]의 주석 도금한 연동 연선에 염화비닐수지를 주절연체로 만든 코드

② **사용 장소** : 방전등, 라디오, 선풍기, 전기 스탠드 등과 같이 전열을 이용하지 않는 소형 전기 기구에 사용한다.

③ **표준 길이** : 100[m]

(3) 금사 코드

① **사용 기구** : 전기 이발기, 전기 면도기, 헤어 드라이어 등 이동용 기구에 사용된다.

② **재질** : 도금하지 않는 연동박을 2줄의 질긴 무명실에 감은 것을 18가닥 모아, 다시 그 위에 순고무 테이프를 감고, 밑 편조를 한 2조를 꼬아 종이 테이프를 감은 후 무명실로 대편형의 표면 편조를 한 구조를 가지고 있다.

(4) 캡타이어 코드

① **사용 장소** : 옥내 교류 300[V] 이하의 소형 전기 기구에 사용한다.

② **재질** : 연동선 위에 테이프 또는 실을 감고, 고무 절연 또는 절연한 심선을 2~4가닥 꼬아 모으고, 그 위에 캡타이어 고무, 클로로프렌 또는 비닐로 심선 사이의 틈을 메워 피복한 코드를 말한다.

IEC와 KS에서 규정하는 가교폴리에틸렌절연 비닐시스케이블의 도체 공칭단면적 호환 표

IEC에서 규정하는 가교폴리에틸렌 절연 비닐시스 케이블(XLPE 절연케이블)		KS C 3611에서 규정하는 가교폴리에틸렌 절연 비닐시스 케이블(CV 케이블)의 상응도체 공칭단면적[mm²]	
도체 공칭단면적 [mm²]	단락허용 $l^2 t$(kA²·s) ($\theta_i = 90℃$, $k = 143$)	도체 공칭단면적 [mm²]	단락허용 $l^2 t$(kA²·s) ($\theta_i = 90℃$, $k = 143$)
1.5	(0.046)	2	
2.5	(0.128)	3.5	
4	(0.327)	5.5	
6	(0.736)	8	
10	(2.045)	14	
16	(5.235)	22	
25	(12.781)	38	
35	(25.050)	38	
50	(51.123)	60	
70	(100.200)	100	
95	(184.552)	100	
120	(294.466)	150	
150	※ (460.103)	150	(404.01)
185	(699.867)	200	
240	(1,177.862)	250	

IEC에서 규정하는 가교폴리에틸렌 절연 비닐시스 케이블(XLPE 절연케이블)		KS C 3611에서 규정하는 가교폴리에틸렌 절연 비닐시스 케이블(CV 케이블)의 상응도체 공칭단면적[mm²]	
도체 공칭단면적 [mm²]	단락허용 I^2t (kA² · s) ($\theta_i = 90℃$, $k = 143$)	도체 공칭단면적 [mm²]	단락허용 I^2t (kA² · s) ($\theta_i = 90℃$, $k = 143$)
300	(1,840.410)	325	
400	※ (3,271.840)	400	(2,872.96)
500	※ (5,112.250)	500	(4,489)
630	(8,116.208)	800	

비고) IEC에서 규정하는 가교폴리에틸렌절연 비닐시스 케이블을 KS에서 규정하는 가교폴리에틸렌절연 비닐시스케이블로 대체하는 경우 위 표의 도체공칭단면적의 것으로 설계할 것. 또한 위 표에서 ※표시를 한 도체 공칭단면적의 케이블은 단락허용 I^2t가 IEC 60364에 의한 계산 값 보다 적으므로 이에 상응하는 공칭단면적에 의한 단락허용 I^2t 값을 적용할 것.
　　※ 상기 표는 CVV, CV, VV 전선에 대해 적용가능 함.

4) 전선

(1) 나전선

나전선이란 피복이 없는 전선으로 옥내에서 사용해서는 안 되며, 다음의 장소에 사용할 수 있다.

① 전기로용 전선
② 저압 접촉 전선
③ 전선의 피복 절연물이 부식하는 장소에 시설하는 전선
④ 취급자 이외의 자가 출입할 수 없도록 설비한 장소에 시설하는 전선
⑤ 버스 덕트 공사에 의하여 시설하는 경우
⑥ 라이팅 덕트 공사에 의하여 시설하는 경우

(2) 평각 구리선

평각 구리선은 두께 0.5~10[mm], 너비 1.6~7.5[mm]의 것이 있고 크기의 표시 방법은 (두께×너비)로 표시한다. 다음 표는 평각구리선의 종류 및 기호를 나타낸 것이다.

평각동선의 종류 및 기호

종류	기호	비고
1호 평각동선	H	경질인 것
2호 평각동선	HA	반경질인 것
3호 평각동선	A	연질인 것
4호 평각동선	SA	에지 와이어(edge wire)로 구부려 사용하는 연질인 것

(3) 단선과 연선

① 단선

단면이 원형인 1본의 도체로 크기는 지름[mm]으로 표시하고, 최소 0.1[mm], 최대 12[mm]까지 42종이 있다. 저압옥내배선에서는 IEC60364 기준에 의해 사용되지 않으며 연선이 사용된다.

② 연선

ⓐ 1본의 중심선 위에 6배수의 층수 배수만큼 증가하는 구조로 되어 있고, 크기는 공칭 단면적[mm^2]로 표시하며, 최소 0.9[mm^2], 최대 1,000[mm^2]로 하여 26종류가 있다.

ⓑ 공칭 단면적은 전선의 실제 단면적과 반드시 같지 않으며 전선의 굵기를 나타내는 호칭이다.

- 총 소선수 $N = 3n(n+1)+1$
- 바깥 지름 $D = (2n+1)d$
- 단면적 $S = sN = \dfrac{\pi d^2}{4} \times N = \dfrac{\pi D^2}{4}$

  여기서, n : 층수(가운데 한 가닥은 층수에 포함하지 않는다.)

  d : 소선의 지름[mm]

  s : 소선의 단면적[mm^2]

ⓒ 연선은 가요성이 커서 가선공사가 용이하다.

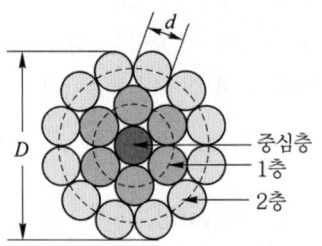

5) 케이블의 종류와 용도

케이블은 도체 위에 절연 피복을 한 전선을 몇 가닥 모아서 보호 피복을 한 것으로 외부의 충격 등에 의한 절연 피복의 손상을 방지하고, 기계적·화학적 손상으로부터 방지할 보호 피복을 가지는 것으로서 저압용 케이블, 고압용 케이블, 특고압용 케이블이 있다.

(1) OF 케이블

아래 그림은 OF 케이블(oil filled cable)의 단면도를 나타낸 그림이다. 이 케이블은 케이블과 직각 방향에 기름이 출입해서 절연층 내에 항상 유압이 가해지게 되는 구조로 되어 있다.

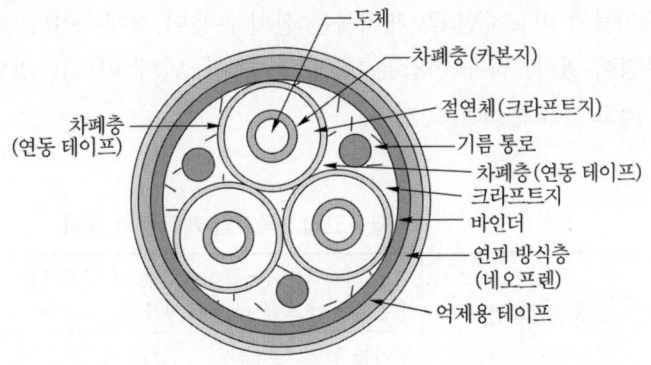

OF 케이블

OF 케이블은 절연유 충전후 공극이 발생하지 않아 부분방전이 적어 균일한 특성을 가지고 있으며, 온도의 변화에 대한 수축 및 팽창을 기름 탱크에서 흡수한다. 이러한 이유로 사용온도가 높고 송전용량이 큰 경우에 사용한다. 일반적으로 66[kV] 이상의 특고압 전선로에서 사용한다.

(2) EV 케이블

폴리에틸렌 절연 비닐 시스 케이블(polyethylene insulated cable)은 전기적으로 특성이 우수한 케이블이다. 단점으로는 열에 비교적 약한 결점이 있다.

(3) CV 케이블

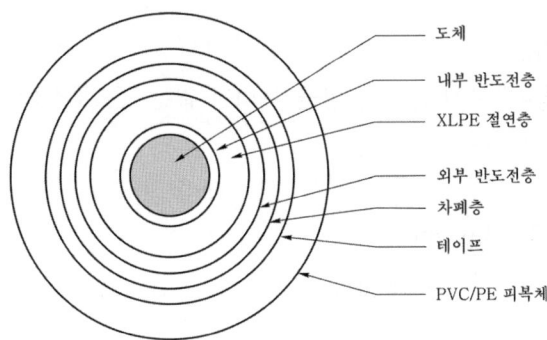

3,300[V] 1심 가교 폴리에틸렌 전력 케이블

그림은 가교 폴리에틸렌 절연 비닐 시스 케이블(CV : cross linked polyethylene : XLPE)의 단면이다. 이 케이블은 EV에 비하여 내열성, 내약품성, 기계적 특성 및 전기적 특성이 우수하다. 그러나 반복적인 임펄스 특성이 떨어지며, 내 코로나성도 떨어진다. 따라서 낙뢰 등의 임펄스가 가해지면 절연물이 쉽게 열화 되는 결함이 있다. OF케이블과 비교하면 CV케이블은 설치 운용이 경제적이나 공급의 신뢰도가 낮아지는 단점이 있다. 적용 전압은 660[V]~500[kV]에 이르는 광범위한 곳에 사용된다. 연속 최고 온도는 90[℃]이다.

저 · 고압 · 특고압 케이블의 종류

저압케이블	비닐 시스 케이블·폴리에틸렌 시스 케이블 또는 클로로프렌 시스 케이블	
	무기물 절연 케이블	
저압케이블 또는 고압케이블	연피 케이블	
	알루미늄피 케이블	
고압케이블	CD케이블 (콤바인덕트 케이블)	평활 덕트
		파상 덕트
	비닐시스케이블, 폴리에틸렌 시스케이블 또는 클로로프렌 시스케이블	트리플렉스형 케이블
		기타의 것
특고압케이블	파이프형압력케이블, 연피케이블, 알루미늄피케이블 등	

① 비닐 절연 비닐 시스 케이블 (VV : PVC insulated PVC sheathed power cable)
② 폴리에틸렌 절연 비닐 시스 케이블(EV : polyethylene insulated PVC sheathed power cable) 전기적 특성이 우수하므로 저압에서 특고압에 이르기까지 널리 사용되며, 내약품성이 우수하다.
③ 가교 폴리에틸렌 절연 비닐 시스 케이블(CV : crosslinked polyethylene insulated cable) 플라스틱 전력 케이블의 대표격으로, 저압에서 특고압에 이르기까지 널리 사용되고 있다.

(4) 연피 케이블

연피가 외부로부터 손상을 받을 우려가 없는 곳, 부식의 우려가 없는 관로식 지중전선로 등에 사용한다.

(5) 클로로프렌 시스 케이블

고압 옥내 배선용, 고압 가공 케이블용, 고압 인입용, 고압 지중 케이블로 사용한다.

(6) 비닐 시스 케이블

2심 또는 3심의 비닐 절연선 위에 염화비닐수지 혼합물로 외장한 것으로 원형, 평형, 동심형의 3종류가 있다.

(7) 캡타이어 케이블(captire cable)

이동·가요성을 가지며, 보호피복을 가진 절연 전선이다. 진동·마찰·굴곡·충격 등을 받는 공장 등에서 사용된다.

구조는 주석도금한 연동선의 연선을 심선으로 하고, 종이 또는 면사 등을 감고, 그 위를 30[%] 이상의 고무탄화수소를 포함하는 혼합물을 균일한 두께로 피복한 것이다. 캡타이어케이블에는 1종, 2종, 3종, 4종이 있으며, 2종보다는 3종이, 3종보다는 4종이 충격이나 압축에 대하여 내구성이 있는 구조로 되어 있다.

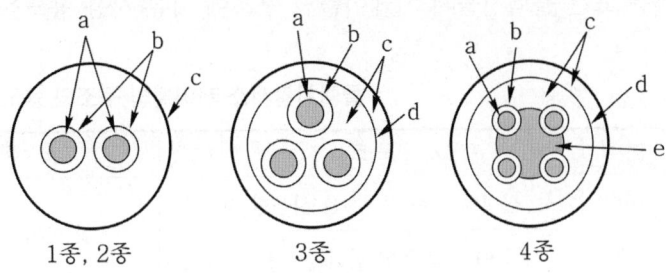

1종, 2종　　3종　　4종

a:도체　b:고무 절연체　c:캡타이어 시드
d:범포　e:고무 시드

캡타이어 케이블

① 형식에 의한 분류
- 제1종 : 표면 피복에 캡타이어의 고무로 피복한 것으로 전기공사에는 사용하지 않는다.
- 제2종 : 캡타이어의 고무 피복이 제1종 보다 고무질이 우수하다.
- 제3종 : 캡타이어의 고무 피복 중간에 면포를 넣어서 강도를 보강하였다.
- 제4종 : 제3종과 같고, 각 심선 사이를 고무로 채워서 보강하였다.

② 심선의 색별

선심 수	색
2심	흑, 백
3심	흑, 백, 적 또는 흑, 백, 녹
4심	흑, 백, 적, 녹
5심	흑, 백, 적, 녹, 황

※ 녹색은 접지선에 사용

③ 사용 장소

전기적 성질보다 기계적 성질이 우수하여 광산, 공장, 농사, 의료, 수중, 무대 등에 사용한다.

(8) 플렉시블시스 케이블(flexible armored cable)

고무 절연 전선, 비닐 절연 전선을 2조 및 3조를 합친 것에 그래프트 지를 감고 시스 내면과 전기적 접촉을 하는 접지용 나 평각 동선을 전선의 넣어서 그 위에 아연도금 연강대를 나사모양으로 감은 케이블을 플렉시블시스 케이블(flexible armored cable)

① 용도

저압 옥내 배선용이므로 고압에는 사용할 수 없다.

다음 표는 플렉시블시스 케이블의 구조에 따른 사용 용도를 표시한 것이다.

플렉시블시스 케이블의 구조와 용도

형 식	구 조	주요용도
AC	심선에 고무 절연선을 사용한 것	건조한 곳의 노출 및 은폐 배선용
ACT	심선에 비닐 절연 전선을 사용한 것	
ACV	주트를 감고 절연 컴파운드를 먹인 것	공장용, 상점용
ACL	외자 밑에 연피가 있는 것	습기, 물기, 또는 기름이 있는 곳

2. 배선 재료

1) 개폐기의 종류

(1) 나이프 스위치(knife switch)

취급자만 출입하거나 출입하는데 배전반이나 분전반에 사용한다. 종류는 개폐기의 극 수와 투입 방법에 따라 단극, 3극, 단투, 쌍투 등으로 표기 구분한다.

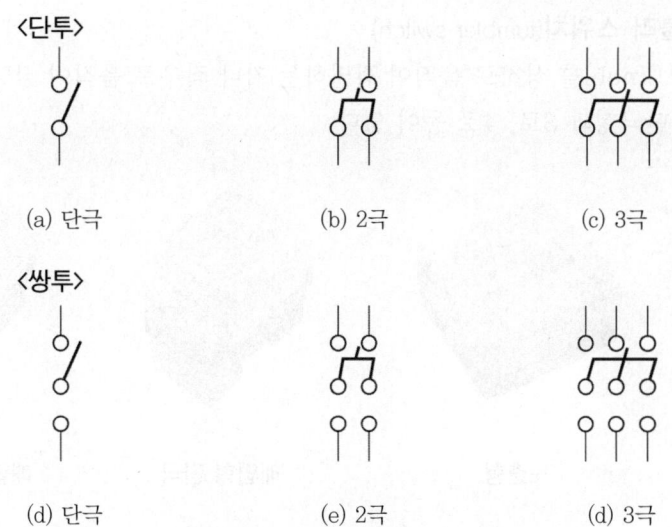

〈단투〉

(a) 단극   (b) 2극   (c) 3극

〈쌍투〉

(d) 단극   (e) 2극   (d) 3극

개폐기의 극수와 투입 방법

개폐기의 기호

	명 칭	기 호
(a)	단극 단투형	SPST
(b)	2극 단투형	DPST
(c)	3극 단투형	TPST
(d)	단극 쌍투형	SPDT
(e)	2극 쌍투형	DPDT
(f)	3극 쌍투형	TPDT

(2) 커버 나이프 스위치

나이프 스위치 앞면의 충전부를 커버로 덮은 것으로, 각 극 사이에 격벽을 설치하여 커버를 열지 않고 수동으로 개폐하는 것을 말한다.

주로 전등, 전열 및 동력용의 인입 개폐기 또는 분기 개폐기용으로 사용한다.

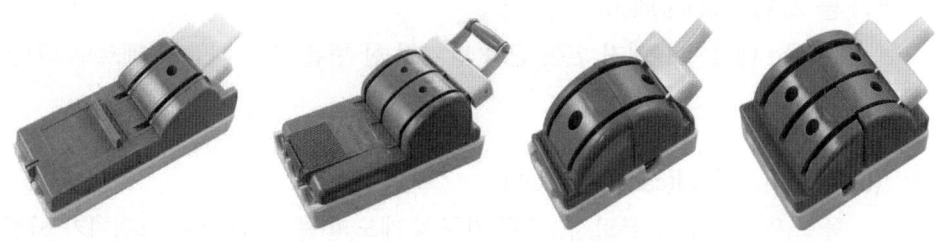

(3) 텀블러 스위치(tumbler switch)

노브(knob)를 상하로 움직여 점멸하는 거나 좌우로 움직여 점멸한다. 노출형과 매입형, 단극형과 3로, 4로 등이 있다.

노출형   매입형 단극   매입형 3로 램프형

(4) 점멸 스위치(snap switch)

전등 점멸과 전열기의 열 조절 등에 쓰인다.

스위치의 개방 상태의 표시

	개로의 경우	폐로의 경우
색별	녹색 또는 검은색	붉은색 또는 흰색
문자	개 또는 OFF	폐 또는 ON

(5) 로터리 스위치(rotary switch)

회전 스위치라고도 하며, 이것은 노출형으로 노브를 돌려가며 개로나 폐로 또는 강약으로 점멸한다.

(6) 누름 단추 스위치(push button switch)

매입형만 사용하며 연결 스위치라고도 하며, 원격 조정 장치나 소세력 회로에 사용 2개의 단추가 있어서 단추 스위치라고도 하며 위의 것을 누르면 점등과 동시에 밑에 있는 빨간 단추가 튀어나오는 연동 장치(inter locking device)로 되어 있다.

(7) 풀 스위치(pull switch)

손닿는 데까지 늘어져 있는 끈을 당기면 한 번은 개로 다음은 폐로로 되는 것을 말한다.

(8) 캐노피 스위치(canopy switch)

풀 스위치의 한 종류로서, 조명 기구의 캐노피(플랜지) 안에 스위치가 시설되어 있는 것을 말한다.

(9) 코드 스위치(cord switch)

전기 기구의 코드 도중에 넣어 회로를 개폐하는 것으로, 중간 스위치라고 한다. 주로 선풍기나 전기스탠드 등에 사용한다.

(10) 팬던트 스위치(pendant switch)

전등을 하나씩 따로 점멸하는 곳에 사용하며 코드의 끝에 붙여 버튼식으로 점멸한다.

(11) 도어 스위치(door switch)

문에 달거나 문기둥에 매입하여 문을 열고 닫음에 따라 자동적으로 회로를 개폐하는 것으로 창문, 출입문, 금고문 등에 사용한다.

2) 소켓(socket)

전구를 끼우는 용도로 사용되는 것을 소켓이라 한다.
소켓의 종류는 다음과 같다.

- 키리스 소켓(keyless socket)
- 키 소켓(key socket)
- 누름 단추 소켓(push-button socket)
- 방수용 소켓(water proof socket)
- 분기 소켓, 풀 소켓(pull-socket)

① 300[W] 이상 전구에는 모걸 소켓 (Mogul socket：대형 베이스)을 사용하며, 점멸 장치가 없으며, 자기로 만든 재질의 것이 많다.
② 200[W] 이하 전구에는 보통 베이스(Medium base)의 소켓을 사용한다.

키 소켓과 키리스 소켓 및 방수소켓

③ 리셉터클(receptacle) : 코드 없이 천장이나 벽에 붙이는 일종의 소켓으로 실링 라이트 속이나 문, 화장실 등의 글로브 안에 사용된다.

리셉터클

④ 로제트(rosette) : 코드 팬던트를 시설할 때 천장에 코드를 매기 위하여 사용하는 것으로 백클라이트제와 자기제가 있으며, 규격은 300[V], 6[A]로 되어 있다.

3) 플러그와 콘센트

(1) 플러그

① 테이블 탭(table tap)

코드의 길이가 짧을 때 연장하여 사용하는 것으로, 익스텐션 코드(extension cord)라 한다.

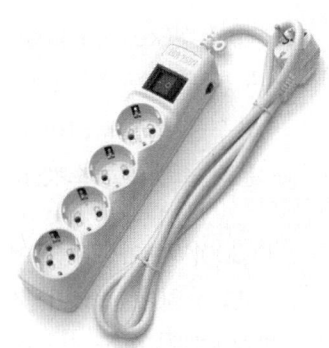

② 멀티 탭(multi tap)

하나의 콘센트에 둘 또는 세 가지의 기구를 사용할 때 끼우는 것을 말한다.

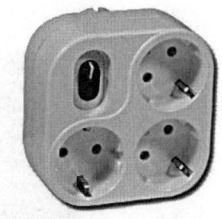

③ 아이언 플러그(iron plug)

전기 다리미, 온탕기 등에 사용하는 것으로 코드의 한쪽은 꽂음 플러그로 되어 있어서 전원 콘센트에 연결하고, 한쪽은 아이언 플러그가 달려서 전기 기구용 콘센트에 끼우도록 되어 있다.

(2) 콘센트(consent 또는 outlet)

① 종류

원형 노출 콘센트

⊙ 노출형 콘센트(surface consent) : 벽 또는 기둥의 표면에 붙여 시설한다.

ⓛ 매입형 콘센트(flush consent) : 벽이나 기둥에 매입시켜 시설한다.

(2) 방수용 콘센트(water proof outlet)

욕실 등에서 사용하는 것으로 사용하지 않을 때에는 물이 들어가지 않도록 마개로 덮어 둘 수 있는 구조가 되어 있다.

(3) 플로어 콘센트(floor outlet)

플로어 덕트 공사, 기타에 사용하는 방바닥용의 콘센트로 플로어 콘센트용 플러그에는 물이 들어가지 않도록 패킹 작용을 할 수 있는 마개가 붙어 있다.

(4) 턴 로크 콘센트(turn lock consent)

콘센트에 끼운 플러그가 빠지는 것을 방지하기 위하여 플러그를 끼우고 약 90°쯤 돌려두면 빠지지 않도록 되어 있다.

4) 누전 차단기

(1) 누전차단기의 설치목적

전로에서 인체에 대한 감전사고 및 누전에 의한 화재, 아크에 의한 전기기계기구의 손상을 방지하기 위하여 설치한다.

감전방지를 위한 접지저항은 변압기의 중성점 접지저항 값에 따라 달라지나, 현실적으로는 허용 인체통과전류 이하로 저하시키기 어려운 일이며, 이에 대한 대책으로 누전 발생 시 신속(국내 : 30[mA] 이하, 0.03초)히 전로를 차단하여 전위상승을 방지할 수 있는 누전차단기를 설치하여 인명을 보호하고 있다.

(2) 누전차단기 시설장소

① 50[V]를 초과하는 저압의 금속제 외함을 가지는 전기기계기구에 전기를 공급하는 전로에 지기가 발생하였을 때 전로를 자동으로 차단하는 장치를 시설하여야 한다.(사람이 접촉하기 쉬운 장소)

② 누전차단기시설대상(기술기준)

③ 특고압, 고압 전로의 변압기에 결합되는 대지전압 400[V]를 초과하는 저압전로

④ 주택의 옥내에 시설하는 전로의 대지전압이 150[V]를 넘고 300[V] 이하인 경우 : 저압전로의 인입구에 설치)

⑤ 화약고 내의 전기공작물에 전기를 공급하는 전로 : 화약고 이외의 장소에 설치

⑥ 전기온상 등에 전기를 공급하는 경우

⑦ 풀용, 수중조명등, 기타 이에 준하는 시설에 절연변압기를 통하여 전기를 공급하는 경우(절연변압기 2차 측 사용전압이 30[V]를 초과하는 것)

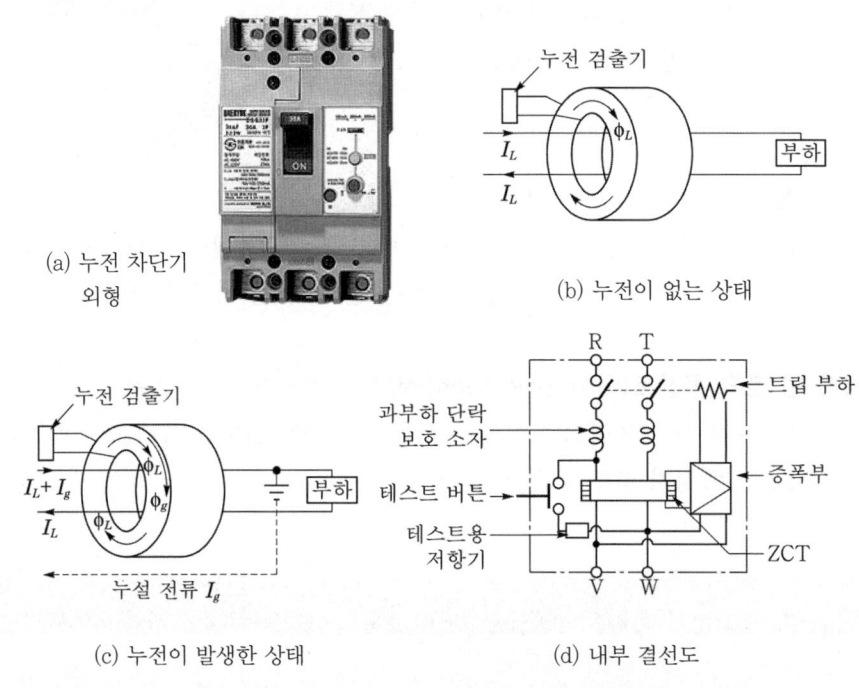

(a) 누전 차단기 외형

(b) 누전이 없는 상태

(c) 누전이 발생한 상태

(d) 내부 결선도

5) 과전류차단기(배선용 차단기)

배선용 차단기는 전로보호에 사용하는 과전류 차단기로, 개폐기 차단장치를 몰드 함 내에 일체로 결합한 것이다. 전로를 수동 또는 외부 전기조작에 의해 개폐할 수 있는 동시에 과전류, 단락 시 자동으로 전로를 차단하는 기구로서 MCCB(Moulded Case Circuit Breake)라고 부른다.

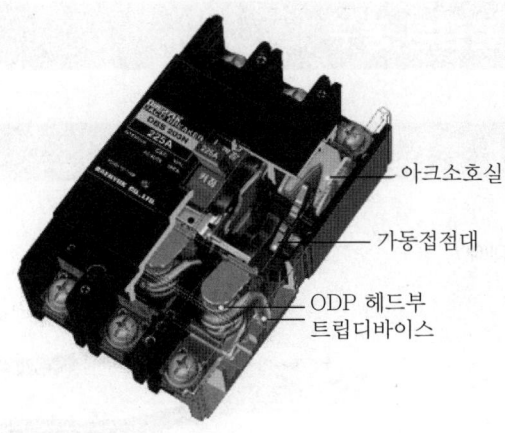

아크소호실

가동접점대

ODP 헤드부
트립디바이스

(1) 동작 방식에 의한 분류

구분	특 징
열동식	바이메탈의 열에 대한 변화(변형)특성을 이용하여 동작하는 것. 직렬식 : 소용량에 적용 병렬식 : 중, 대용량에 적용 CT식 : 교류 대용량에 적용
열동 전자식	열동식과 전자식 두 가지 동작요소를 갖고 과부하 영역에서는 열동식 소자가 동작하고, 단락 대전류 영역에서는 전자식 소자에 의해 단시간에 동작.
電磁式	전자석에 의해 동작하는 것으로 동작시간이 길어진다.
電子式	CT를 설치하여 CT 2차 전류를 연산하고 연산결과에 의해 소 전류 영역에서는 長시한, 대전류 영역에서는 短시한, 단락전류 영역에서는 순시에 동작한다.

(2) 용도에 의한 분류

구 분		특 징
배선보호용		일반배선용 전압회로의 간선 및 분기회로에 일반적으로 사용된다. 2.5~200[kA]까지 제작되고 있다.
전동기보호 겸용		모터브레이커라고 하며, 분기회로의 과전류차단기로 사용되며, 전동기의 전부하 전 류에 맞춘 것으로서 전동기의 과부하보호를 겸한다.
특 수 용	단한시 차단 MCCB	저압전로의 선택차단 협조를 도모하는 목적으로 몇cycle 정도의 단시간지연의 과전 류 차단장치를 갖춘 것으로 선택차단방식의 주 회로차단기로 사용되고 있다.
	순시차단 MCCB	단락전류에 대한 보호만을 목적으로 하는 것이며, 전동기 분기회로에서 전자개폐기 의 과부하계전기와 동작협조를 유지시키고 컴비네이션, 컨트롤 센터로 통합된 것 또 는 과전류 내량이 적은 반도체회로의 보호용으로 순시차단전류가 낮은 수치로 설정 된 것이 사용되고 있다.
	4극 MCCB	3상 4선식 전로에서 중성극을 동시에 개폐할 목적으로 중성선 전용극을 갖춘 차단기

3. 전기 설비에 관련된 공구

1) 전기 공사용 공구

(1) 펜치(cutting plier)

① 용도 : 전선의 절단, 전선 접속, 전선 바인드 등에 사용
② 크기
    ㉠ 150[mm]는 소기구의 전선 접속
    ㉡ 175[mm]는 옥내 일반 공사
    ㉢ 200[mm]는 옥외 공사에 적합하다.

(2) 나이프(jack knife)와 와이어 스트리퍼(wire striper)

① 용도 : 전선의 피복 절연물을 벗길 때 사용한다.
② 와이어 스트리퍼(wire striper) : 절연 전선의 피복 절연물을 벗기는 자동 공구

전공칼   와이어 스트립퍼

(3) 드라이버(screw driver)

① 용도 : 애자, 배선 기구, 조명 기구 등을 시설할 때나 나사못을 박을 때 또는 로크 너트를 죌 때에도 사용한다.
② 형식 : 손잡이가 둥글고 큰 것과, 손으로 누르기만 하는 자동식 드라이버, 날을 바꾸어 끼우는 조립식 드라이버, 나사를 잡고 있는 정밀기용 드라이버, 네온 검정기가 붙은 드라이버 등이 있다.

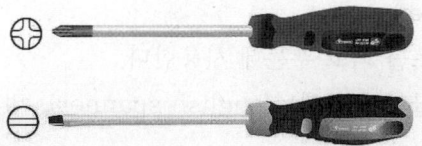

(4) 토치램프(torch lamp)

① 용도 : 전선 접속의 납땜과 합성수지관의 가공에 열을 가할 때 사용하는 것
② 종류 : 가솔린용, 알코올용

토치램프와 가스 토치

(5) 클리퍼(clipper 또는 cable cutter)

① 용도 : 굵은 전선을 절단할 때 사용하는 가위로, 굵은 전선은 펜치로 절단하기가 힘들어 클리퍼를 사용하거나 쇠톱으로 절단한다.

(6) 도래 송곳(round gimlet)

① 용도 : 벽, 목판, 전주, 완목 등에 구멍을 뚫을 때에 사용하는 나사 송곳
② 머리구멍에 약 30[cm] 정도의 손잡이를 끼워서 사용한다.
③ 돌보 송곳 : 비트를 끼워서 사용하며 리머를 끼워 금속관 끝을 다듬는 것에도 사용한다.
④ 먼 곳에 구멍을 뚫을 때에는 돌보 송곳과 비트 익스텐션(bit extension)을 사용한다.

(7) 스패너(spanner)

① 용도 : 너트를 죄고 푸는데 사용한다.

② 종류 : 잉글리시 스패너(english spanner), 멍키 스패너(monkey spanner)

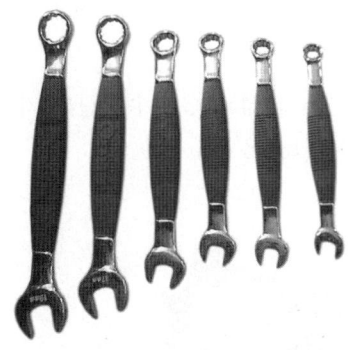

(8) 플라이어(plier)

① 용도 : 로크 너트를 죌 때 사용되고, 때로는 전선의 슬리브 접속에 있어서 펜치와 같이 사용된다.

② 펌프 플라이어(pump plier) : 파이프 렌치의 대용으로도 사용된다.

③ 롱 노즈 플라이어(long nose plier) : 앞부분이 악어 입모양으로 만들어져 있으며 소형 기구에 사용한다.

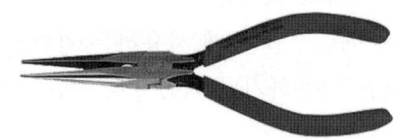

(9) 쇠 톱(hack saw)

① 용도 : 전선관 및 굵은 전선을 끊을 때 사용하는 것으로 날과 틀로 구성되어 있다.

② 종류 : 20, 25, 30[cm]

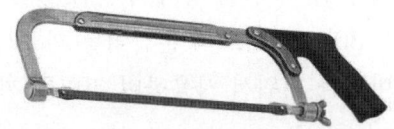

(10) 프레셔 툴(pressure tool)

① 용도 : 솔더리스(solderless) 커넥터 또는 솔더리스 터미널을 압착하는 것(압착 펜치)

② 종류 : 수동식, 유압식

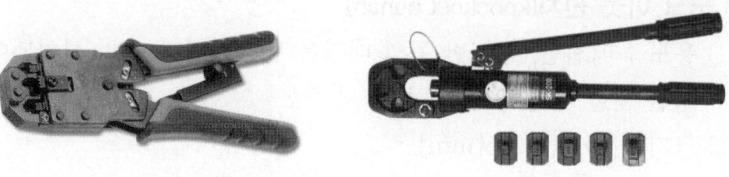

수동식 압착펜치　　　　　유압식 압착펜치

(11) 벤더(bender)

① 용도 : 금속관을 구부리는 공구로 여러 가지 치수가 있으며 무게가 무거워 현장에서는 히키(hickey)가 쓰인다.

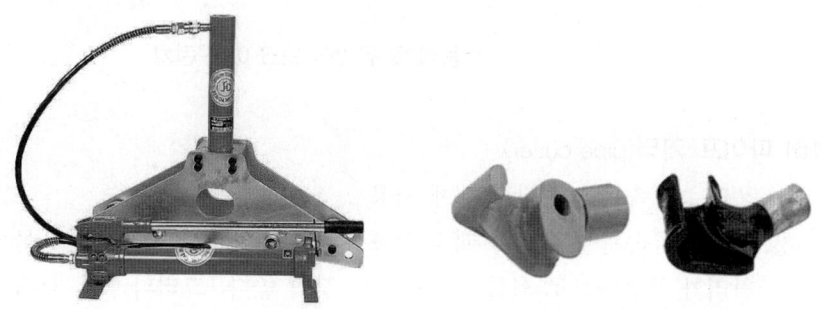

유입식 파이프 벤더　　　　파이프 벤더, 히키 벤더

(12) 파이프 바이스(pipe vise)

① 용도 : 금속관을 절단할 때에나 금속관에 나사를 낼 때 파이프를 고정시키는 것

② 종류 : 이동식, 고정식

(13) 오스터(oster)

① 용도 : 금속관 끝에 나사를 내는 공구

② 구성 : 래칫(ratchet)과 다이스(dise)

(14) 노크 아웃 펀치(knockout punch)

① 용도 : 배전반, 분전반 등의 배관을 변경하거나 이미 설치되어 있는 캐비닛에 구멍을 뚫을 때 필요한 공구

② 크기 : 15, 19, 25[mm]

③ 종류 : 수동식, 유압식

수동식 및 유압식 노크 아웃 펀치

(15) 파이프 커터(pipe cutter)

① 용도 : 금속관을 절단할 때에 사용

② 종류 : 금속관을 절단할 때 파이프 커터를 사용하면 관 안쪽이 볼록하게 되어 뒤처리가 곤란하므로 쇠톱을 사용하는 것이 좋다. 그러나 굵은 금속관은 파이프 커터로 70~80[%] 정도를 끊고 나머지는 쇠톱으로 자르면 시간이 단축된다.

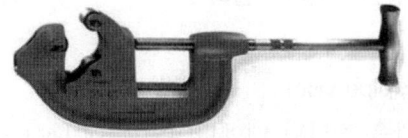

(16) 파이프 렌치(pipe wrench)

① 용도 : 금속관을 커플링으로 접속할 때 금속관 커플링을 물고 죄는 것(이 작업에는 파이프 렌치 2개가 필요하다.)

② 종류 : 파이프 렌치, 체인 파이프 렌치

(17) 리머(reamer)

① 용도 : 금속관을 쇠톱이나 커터로 끊은 다음, 관 안에 날카로운 것을 다듬는 것
② 돌보 송곳에 끼워 사용하는 것을 리머 렌치라 한다.

(18) 기타 공구

해머, 피시 테이프, 세발 사다리, 고무장갑, 니퍼, 못 주머니, 봉인 펜치, 회중전등, 승주기, 활선 작업용 공구 등이 있다.

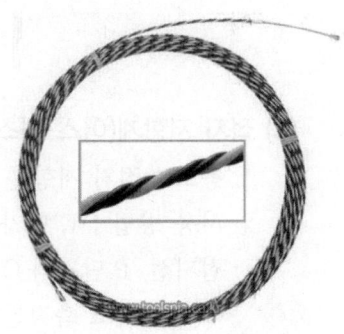

피시 테이프(요비선)

2) 각종 측정 기구

(1) 와이어 게이지(wire gauge)

① 용도 : 전선의 굵기를 측정하는 것
② 종류 : 선번용, 밀리미터용

(2) 마이크로미터(micro meter)

① 용도 : 전선의 굵기, 철판, 구리판 등의 두께를 측정하는 것으로 원형 눈금과 축 눈금을 합하여 읽는다.(정밀급 측정기이므로 보관 및 취급에 세심한 주의가 필요)

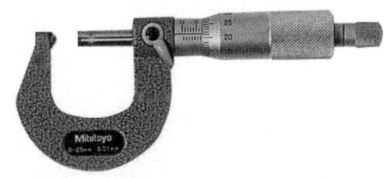

(3) 회로 시험기(멀티 테스터)

① 용도 : 전압, 저항, 전류 측정, 도통 시험

(4) 접지 저항계(어스 테스터)

① 용도 : 접지 저항을 측정한다.

② 사용 방법 : E 단자를 측정하고자 하는
접지선, P 단자와 C 단자를 보조 접지극
에 연결하고 측정한다.

(5) 절연 저항계(메거)

① 용도 : 절연 저항 측정

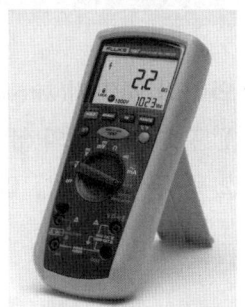

(6) 훅 온 미터

① 용도 : 통전 중의 전선 전류 측정, 전압 측정 등

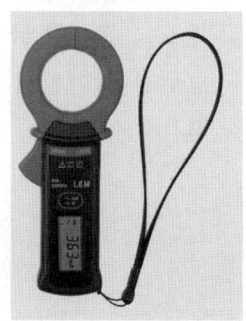

1 전선 재료로서 구비할 조건으로 잘못된 것은 어느 것인가?

① 가선공사가 용이할 것　　　　　　　② 다량으로 값싸게 얻을 수 있는 것

③ 인장 강도가 작을 것　　　　　　　④ 가요성이 풍부할 것

풀이　전선의 구비 조건
① 도전율이 크고 고유 저항은 작을 것
② 기계적 강도 및 가요성(유연성)이 풍부할 것
③ 내구성이 클 것
④ 비중이 작을 것.
⑤ 시공 및 보수의 취급이 용이 할 것
⑥ 다량으로 값싸게 구입할 수 있을 것　　　　　　　　　답 ③

2 전기 저항이 적어 부드러운 성질이 있고, 구부리기가 용이하여 주로 옥내 배선에 사용하는 전선은?

① 경동선　　　　② 연동선　　　　③ 합성연선　　　　④ 중공연선

풀이　합성연선(ACSR:강심 알루미늄연선), 중공연선 등은 송전선로용으로 사용된다. 경동선은 배전선로에 사용되며, 옥내 배선의 경우 가선공사가 용이한 연동연선을 사용한다. (KSC IEC 60364 개정)답 ②

3 표준 연동의 고유 저항값[Ω·mm²/m]은?

① 1/55　　　　② 1/56　　　　③ 1/57　　　　④ 1/58

풀이　경동선의 고유 저항 : $\dfrac{1}{55}[\Omega\cdot\text{mm}^2/\text{m}]$

연동선의 고유 저항 : $\dfrac{1}{58}[\Omega\cdot\text{mm}^2/\text{m}]$

Al(알루미늄)선의 고유 저항 : $\dfrac{1}{35}[\Omega\cdot\text{mm}^2/\text{m}]$　　　　답 ④

4 다음 전선 중 15[kV] N-RV 전선의 명칭은?

① 15[kV] 고무 비닐 네온 전선　　　　② 15[kV] 고무 클로로프렌 네온 전선

③ 15[kV] 폴리에틸렌 비닐 네온 전선　　④ 15[kV] 비닐 네온 전선

풀이　15[kV] N-RV에서 N은 네온, R은 고무, V는 비닐을 나타낸다.　　　　답 ①

5 전선의 굵기를 정하는 요소가 아닌 것은?

① 기계적 강도　　② 사용 장소　　③ 전압 강하　　④ 허용 전류

풀이　전선의 굵기를 결정하는 3대 요소는 허용전류, 전압강하, 기계적 강도가 되며, 이중에서 가장 중요한 요소는 허용전류가 된다.　　　　답 ②

6 금사 코드를 사용해도 좋은 전기 기기는?

① 텔레비전 수상기　　　　　　② 전기 모포
③ 전기 스토브　　　　　　　　④ 전기 이발기

풀이　전기면도기·전기이발기 기타 이와 유사한 가정용 전기기계기구에 부속하는 이동 전선에 길이 2.5[m] 이하인 금사(金絲) 코드를 사용한다.　답 ④

7 4심 캡타이어 케이블 심선의 색별은?

① 흑, 백, 적, 청　　　　　　　② 흑, 백, 적, 녹
③ 흑, 백, 적, 황　　　　　　　④ 흑, 백, 다, 녹

풀이　4심 캡타이어 케이블의 심선 색깔은 흑, 백, 적, 녹으로 되어 있으며,
5심 캡타이어 케이블의 심선 색깔은 흑, 백, 적, 녹, 황색으로 되어 있다.　답 ②

8 중공 전선의 사용 목적 중 가장 적합한 것은 어느 것인가?

① 부식 방지　　　　　　　　　② 인장 강도를 크게 한다.
③ 코로나손 방지　　　　　　　④ 가공이 용이하다.

풀이　중공 전선 표피효과를 이용한 전선으로 가운데는 비어있는 형태의 연선으로 직경이 일반적인 연선에 비하여 크게 되어 코로나 방지하는데 유리하다.　답 ③

9 캡타이어 케이블은 몇 심까지 있는가?

① 3심　　　② 2심　　　③ 4심　　　④ 5심

풀이　캡타이어 케이블은 5심 까지 있으며 5심의 색깔은 흑, 백, 적, 녹, 황색이다.　답 ④

10 고무 절연 전선 및 비닐 절연 전선에서 몇 [℃]를 넘으면 절연물이 변질되고, 전선을 손상할 뿐만 아니라 화재의 원인도 되는가?

① 100[℃]　　　② 90[℃]　　　③ 75[℃]　　　④ 60[℃]

풀이　고무나 비닐 등은 열에 약하기 때문에 허용 전류값에 대해 최고 허용 온도가 60[℃] 이하로 되어 있다.　답 ④

11 ACSR은 다음 중 어떤 것을 말하는가?

① 경동 연선　　　　　　　　　② 중공 연선
③ 알루미늄선　　　　　　　　④ 강심 알루미늄 연선

풀이　ACSR은 합성 연선에 대표적인 전선으로 강심 알루미늄 연선을 나타낸다.　답 ④

12 인입용 비닐 절연 전선의 기호는?

① FF   ② NV   ③ DV   ④ OW

풀이 OW는 옥외용 비닐 절연 전선, NV는 비닐 절연 네온 전선, FF는 플렉시블 코드를 말한다. **답** ③

13 전선의 색 구별에 있어서 중성선은 어떤 색을 쓰고 있는가?

① 청색   ② 검은색   ③ 노란색   ④ 보라색

풀이

상(문자)	L1	L2	L3	N	보호도체
색상	갈색	흑색	회색	청색	녹색-노란색

답 ①

14 전기 특성이 우수하고 저압에서 특고압에 이르기까지 널리 사용되고 내약품성이 우수하며 폴리에틸렌 절연 비닐 시스 케이블의 약호는?

① EV 케이블   ② BL 케이블

③ RN 케이블   ④ VV 케이블

풀이 EV – 폴리에틸렌 절연 비닐 시스 케이블, BL – 편조 리프트 케이블
RN – 고무 절연 클로로프렌 시스 케이블, VV – 비닐 절연 비닐 시스 케이블 **답** ①

15 내열성이 우수하고 기계적 강도가 크며 화학적으로 안정한 절연 전선은?

① 플루오르 수지 절연 전선   ② 폴리에틸렌 절연 전선

③ 비닐 절연 전선   ④ 인입용 비닐 절연 전선

풀이 플루오르 수지(테프론) 절연 전선은 내열성이 우수하고 기계적 강도가 크며, 흡수성은 없으나 화학적으로 안정된 전선이다. **답** ①

16 공칭 단면적을 설명한 것 중 관계가 없는 것은?

① 단위를 [mm²]로 나타낸다.   ② 전선의 굵기를 표시하는 호칭이다.

③ 전선의 실제 단면적과 반드시 같다.   ④ 계산상의 단면적은 따로 있다.

풀이 전선의 단면적은 계산적 단면적과 공칭 단면적은 근사적으로 같다. **답** ③

17 절연 전선의 표면에 1,000[VFL]의 기호가 있는 것은?

① 고무 클로로프렌 전선   ② 형광등 전선

③ 평형 비닐 시스 케이블   ④ MM 케이블

풀이 1,000[V] 형광등 전선으로 FL은 Fluorescent Lamp(형광등)의 머리문자다. **답** ②

18 심선에 주석 도금을 하지 않은 연동선을 2개 꼬아서 면사에 감고 이것을 몇 개 모은 것을 쓴 코드는?

① 절연용 코드   ② 농업용 코드   ③ 금사 코드   ④ 면사 코드

풀이 금사코드 : 도금하지 않는 연동박을 2줄의 질긴 무명실에 감은 것을 18가닥 모아, 다시 그 위에 순고무 테이프를 감고, 밑 편조를 한 2조를 꼬아 종이 테이프를 감은 후 무명실로 대편형의 표면 편조를 한 구조를 가지고 있다.   **답** ③

19 절연물에 인조 고무를 쓴 케이블은?

① 클로로프렌 시스 케이블   ② 캡타이어 케이블
③ 고무 절연 전선   ④ 고무 시스 케이블

풀이 클로로프렌 : 인조 고무, 캡타이어 케이블 : 천연 고무 사용   **답** ①

20 아연 도금 연강의 조편을 나선형으로 감은 케이블은?

① 평형 비닐 시스 케이블   ② 고무 시스 케이블
③ 환형 비닐 시스 케이블   ④ 플렉시블 시스 케이블

풀이   **답** ④

21 절연체와 외부 피복 어느 것이나 비닐로서 무명사 등의 개재물이 없는 구조로 된 케이블은 어느 것인가?

① 플렉시블 시스 케이블   ② 환형 비닐 시스 케이블
③ 평형 비닐 시스 케이블   ④ 클로로프렌 시스 케이블

풀이   **답** ③

22 연피가 없는 케이블은?

① NM 케이블   ② 강대 시스 케이블   ③ 주트권 케이블   ④ 연피 케이블

풀이 ① 연피가 없는 것 : 캡타이어 케이블, 비닐 시스 케이블, 고무 시스 케이블, 클로로프렌 시스 케이블
② 연피가 있는 것 : 주트권 연피 케이블, 강대 시스 케이블   **답** ①

23 다음 중 구리선 위에 염화비닐 수지를 규정된 두께로 피복한 전선은 어느 것인가?

① 고무 절연 전선   ② 비닐 절연 전선
③ 폴리에틸렌 절연 전선   ④ 플루오르 수지 절연 전선

풀이 비닐 절연 전선(연동선에 염화 비닐 수지를 주재료로 한 컴파운드로 절연한 전선) : 내수성, 내유성, 내약품성에 강하고 착색이 유리하다.   **답** ②

24 전기적 특성이 우수하고 내식성도 좋으며 내열 전선으로 300[℃]의 고온에도 사용되는 전선을 무슨 전선이라 하는가?

① 폴리우레탄 전선　　　　　　　　② 폴리에틸렌 전선
③ 폴리에스테르 전선　　　　　　　④ 테플론 전선

풀이 고온 300[℃]에 견디며 저온 − 70[℃]에서 탄력, 절연 내력을 잃지 않으며 내식성 전기적 특성이 커서 내열 전선에 사용되는 전선이 테플론 전선이다.　　　　답 ④

25 0.75[mm²] 코드의 소선 구성은 다음 중 어느 것인가?

① $\dfrac{30}{0.16}$　　　　② $\dfrac{50}{0.16}$　　　　③ $\dfrac{30}{0.18}$　　　　④ $\dfrac{50}{0.18}$

풀이 코드선 구성 : $0.75\left(\dfrac{30}{0.18}\right)$, $1.25\left(\dfrac{50}{0.18}\right)$, $2.0\left(\dfrac{37}{0.26}\right)$, $3.5\left(\dfrac{45}{0.32}\right)$, $5.5\left(\dfrac{70}{0.32}\right)$　　답 ③

26 코드선에 있어서 고무 코드선의 4심선 빛깔은?

① 흑, 백, 적, 황　　　　　　　　② 흑, 백, 적, 녹
③ 흑, 백, 적, 청　　　　　　　　④ 흑, 백, 적, 회

풀이 고무 코드 및 캡타이어 케이블의 심선의 색상 : 흑색(검정), 백색(흰색), 적색(빨강), 녹색, 황색(노란색)이며, 4심의 경우 흑, 백, 적, 녹으로 사용한다.　　　　답 ②

27 금사 코드를 사용할 수 없는 전기 기기는?

① 전기 모포　　　　　　　　　　② 헤어 드라이기
③ 전기 이발기　　　　　　　　　④ 전기 면도기

풀이 금사 코드 사용 기구 : 전기 이발기, 전기 면도기, 헤어 드라이어 등 이동용 기구에 사용된다.　　답 ①

28 코드의 공칭 단면적[mm²]이 아닌 것은?

① 6.6　　　　　② 5.5　　　　　③ 2.0　　　　　④ 1.25

풀이 코드의 공칭 단면적 : 0.75, 1.25, 2.0, 3.5, 5.5[mm²]　　　　답 ①

29 캡타이어 케이블에서 캡타이어의 고무 피복 중간에 면포를 넣어서 강도를 보강한 것은?

① 제1종　　　　　② 제2종　　　　　③ 제3종　　　　　④ 제4종

풀이 1종 : 표면 피복에 캡타이어 고무로 피복
2종 : 고무 피복이 1종보다 좋다
3종 : 고무 피복 중간에 면포를 넣어 강도를 보강
4종 : 3종과 같이 만들고 각 심선 사이에 고무를 채워 튼튼하게 만든 것　　　답 ③

30 옥내 전압 이동 전선으로 사용하는 캡타이어 케이블의 단면적의 최소값은 얼마인가?

① $0.75[\text{mm}^2]$ ② $2[\text{mm}^2]$

③ $5.5[\text{mm}^2]$ ④ $8[\text{mm}^2]$

풀이 캡타이어 코드의 공칭 단면적 : 0.75, 1.25, 2.0$[\text{mm}^2]$ **답** ①

31 순 고무 30[%] 이상을 함유한 고무 혼합물로 피복하고 내유, 내산, 내알칼리, 내수성을 갖게 만든 케이블은 어느 것인가?

① 연피 케이블 ② 캡타이어 케이블

③ 비닐 시스 케이블 ④ 플렉시블 시스 케이블

풀이 캡타이어 케이블 : 연동선 위에 테이프 또는 실을 감고, 고무 절연 또는 절연한 심선을 2~4가닥 꼬아 모으고, 그 위에 캡타이어 고무, 클로로프렌 또는 비닐로 심선 사이의 틈을 메워 피복한 코드를 말한다. **답** ②

32 연피가 없는 케이블은?

① 강대 시스 케이블 ② 연피 케이블

③ 주트권 연피 케이블 ④ 캡타이어 케이블

풀이 ① 연피가 없는 것 : 캡타이어 케이블, 비닐 시스 케이블, 고무 시스 케이블, 클로로프렌 시스 케이블
② 연피가 있는 것 : 주트권 연피 케이블, 강대 시스 케이블 **답** ④

33 정원 등의 지중 배선에 사용해도 좋은 케이블은?

① 고무 시스 케이블 ② NM 케이블

③ 클로로프렌 시스 케이블 ④ 플렉시블 시스 케이블

풀이 클로로프렌 시스 케이블 : 고압 옥내 배선용, 고압 가공 케이블용, 고압 인입용, 고압 지중 케이블로 사용한다. **답** ③

34 플렉시블 시스 케이블에서 습기, 물기, 또는 기름이 있는 곳에서는 어떤 형식을 쓰는가?

① AC ② ACT

③ ACV ④ ACL

풀이 플렉시블 시스 케이블의 구조와 용도

형식	구조	주요용도
AC	심선에 고무 절연선을 사용한 것	건조한 곳의 노출 및 은폐 배선용
ACT	심선에 비닐 절연 전선을 사용한 것	
ACV	주트를 감고 절연 컴파운드를 먹인 것	공장용, 상점용
ACL	외자 밑에 연피가 있는 것	습기, 물기, 또는 기름이 있는 곳

답 ④

35 고무 절연 전선의 심선은 고무의 열화 방지와 고무 중의 유황에 의한 동의 부식을 방지하기 위하여 무슨 도금을 하는가?

① 크롬(Cr) ② 망간(Mn)
③ 주석(Sn) ④ 아연(Zn)

풀이 동의 부식방지를 위하여 주석도금한 연동선의 연선을 심선을 연선으로 사용한다.　**답 ③**

36 노출 배선하면 외부로부터 손상을 받을 우려가 있으므로 관에 넣어 시공하는 공사는?

① 연피 케이블 ② 비닐 시스 케이블
③ 고무 시스 케이블 ④ 주트권 연피 케이블

풀이 연피 케이블 : 연피가 외부로부터 손상을 받을 우려가 없는 곳, 부식의 우려가 없는 관로식 지중전선로 등에 사용한다.　**답 ①**

37 순고무 30[%] 이상을 함유한 고무 혼합물로 피복하고 내유, 내산, 내알칼리, 내수성을 갖게 만든 케이블은?

① 연피 케이블 ② 비닐 시스 케이블
③ 캡타이어 케이블 ④ 플렉시블 시스 케이블

풀이 캡타이어 케이블(cabtyre cable)
① 이동·가요성을 가지며, 보호피복을 가진 절연 전선이다. 진동·마찰·굴곡·충격 등을 받는 공장 등에서 사용된다.
② 구조는 주석 도금한 연동선의 연선을 심선으로 하고, 종이 또는 면사 등을 감고, 그 위를 30[%] 이상의 고무탄화수소를 포함하는 혼합물을 균일한 두께로 피복한 것이다. 캡타이어케이블에는 1종, 2종, 3종, 4종이 있으며, 2종보다는 3종이, 3종보다는 4종이 충격이나 압축에 대하여 내구성이 있는 구조로 되어 있다.　**답 ③**

38 형광등 전선의 최대 사용 전압은 몇 [V]인가?

① 300[V] 이하 ② 600[V] 이하
③ 750[V] 이하 ④ 1,000[V]

풀이 형광등 전선 : 1,000[V] FL로 사용전압은 1,000[V] 이하에 사용된다.　**답 ④**

39 비닐 절연 전선의 장·단점으로 잘못 설명된 것은?

① 온도가 높으면 절연도 저하 ② 착색이 용이하다.
③ 시간이 지남에 따라 절연성 변화 ④ 내수성 및 내약품성, 내유성 양호

풀이　**답 ③**

40 캡타이어 케이블의 주된 절연물은?

① 천연 고무   ② 비닐
③ 폴리에틸렌   ④ 기름에 절인 절연지

풀이   **답** ①

41 비닐 코드를 사용해서는 안 되는 기구는?

① 형광등, 스탠드   ② 전기 냉장고
③ 전기 솥   ④ 텔레비전

풀이 비닐 코드는 열을 받지 않는 기구에서 사용한다.   **답** ③

42 절연에 기름을 침투시킨 절연지를 쓴 케이블은?

① 주트권 연피 케이블   ② 고무 시스 케이블
③ NM 케이블   ④ 클로로프렌 시스 케이블

풀이   **답** ①

43 캡타이어 케이블을 심선 수에 따라 분류하면 몇 종류로 분류할 수 있는가?

① 3   ② 4   ③ 5   ④ 6

풀이 캡타이어 케이블은 단심에서 5심까지 사용할 수 있다.   **답** ③

44 금속관 공사에서 작업과 공구가 맞지 않는 것은?

① 관 절단 – 파이프 커터   ② 관 굴곡 – 히키와 벤더
③ 관 나사 – 래칫형 오스터   ④ 관 끝 정리 – 리머와 홀소

풀이 전선관을 다듬고 정리 할 때 사용되는 것은 리머와 줄이 이용된다.   **답** ④

45 다음 공구 중 금속관 가공 공사에 쓰이지 않는 것은?

① 오스터   ② 프레셔 툴
③ 파이프 커터   ④ 벤더

풀이 프레셔 툴은 솔더리스 커넥터 또는 솔더리스 터미널 접속시 사용된다.   **답** ②

46 다음 중 저전압 차단 역할을 하는 보호 기구는?

① 캐치 홀더   ② 개폐기   ③ 퓨즈   ④ 마그넷 스위치

풀이 마그넷 스위치는 주로 저압의 제어회로(MCC제어반 등)에 사용되는 개폐기의 일종이다. **답** ④

47 전선의 굵기를 결정할 때 반드시 생각하여야 할 사항은?

① 공사 방법, 전압 강하, 기계적 강도   ② 공사 방법, 사용 장소, 기계적 강도

③ 허용 전류, 공사 방법, 사용 장소   ④ 허용 전류, 전압 강하, 기계적 강도

풀이 전선의 굵기를 결정하는 요소는 허용 전류, 전압 강하, 기계적 강도. 코로나손실, 장래부하의 증설 등이 고려된다. 이중 3대 요소는 허용전류, 전압강하, 기계적 강도가 고려되어야 한다. **답** ④

48 굵은 금속관을 구부리는 데 편리한 공구는?

① 유압식 잭   ② 유압식 압착 벤더

③ 유압식 녹아웃 펀치   ④ 유압식 파이프 벤더

풀이 금속관을 구부리는 것에는 벤더가 사용된다. 굵기가 가는 것은 파이프벤더, 히키 벤더 또 굵기가 굵은 것은 유압식 파이프 벤더가 사용된다. **답** ④

49 금속관을 절단하고 나사 작업을 완료하기 위하여 필요한 공구를 조합하는 데 가장 적당한 것은 어느 것인가?

① 파이프 바이스, 오스터, 쇠줄, 펜치

② 파이프 커터, 오스터, 플라이어, 리머, 쇠줄

③ 쇠줄, 파이프 바이스, 리머, 파이프 커터, 오스터

④ 오스터, 파이프 바이스, 리머, 파이프 벤더

풀이 금속관공사의 나사내기작업 : 파이프 바이스로 금속관을 고정하고 파이프 커터로 금속관을 절단한후, 리머로 관단을 넓히고, 줄로 다듬는다. 이후 오스터로 나사내기를 한다. **답** ③

50 합성 수지관을 구부리는 공구는?

① 토치 램프   ② 파이프 렌치

③ 파이프 벤더   ④ 파이프 바이스

풀이 합성 수지관은 구부리는 경우 열로 가열하여 구부린다. 이 때 사용되는 공구는 토치램프 또는 가스토치 등을 사용한다. **답** ①

51 녹아웃용 펀치와 같은 용도의 것은 어떤 것인가?

① 리머   ② 오일 벤더   ③ 클리퍼   ④ 홀소

풀이 녹아웃용 펀치는 캐비닛의 철판 등에 녹아웃(전선관을 넣기 위한 구멍)을 만들기 위한 공구로 홀소와 같은 용도이다. **답** ④

52 가공선의 장선에 사용되는 것은 무엇인가?

① 장선기(시메라)   ② 볼트 클리퍼

③ 박스 스패너   ④ 호출선

풀이 장선기(시메라)는 전선의 장선(이도조정)에 사용된다.

답 ①

53 전선을 절단할 때 클리퍼를 쓰는 경우는?

① 5.5[mm^2]   ② 22[mm^2]   ③ 50[mm^2]   ④ 100[mm^2]

풀이 펜치는 보통 2[mm^2] 이하는 6인치, 3.2[mm] 또는 8[mm^2]는 7인치, 4[mm] 또는 14[mm^2]는 8인치, 22[mm^2] 이상은 클리퍼를 사용한다.   **답** ②

54 옥내 배선의 금속관 공사를 실시하는 경우, 펜치, 드라이버, 나이프 외에 준비될 공구류는?

① 스패너, 파이프 벤더, 해머   ② 오스터, 파이프 커터, 파이프 벤더

③ 해머, 쇠톱, 토치 램프   ④ 해머, 파이프 렌치, 쇠톱

풀이 금속관 공사를 하는 경우이므로 절단하기 위한 파이프 커터, 또는 금속관을 구부리기 위한 파이프 벤더와 나사를 만들기 위한 오스터는 최소한 필요하다. 기타 파이프 바이스, 줄, 리머, 해머, 토치 램프는 특별히 필요하지 않다.   **답** ②

55 전선을 솔더리스(solderless) 터미널에 압착하고 접속하여 쓰는 공구는?

① 클리퍼   ② 펜치   ③ 프레셔 툴   ④ 플라이어

풀이   **답** ③

56 철판에 전선관이 들어갈 구멍을 뚫는데 적당한 공구는 무엇인가?

① 둥근 쇠줄   ② 도래 송곳   ③ 홀소   ④ 파이프 커터

풀이 도래 송곳은 목재 구멍을 뚫고, 파이프 커터는 전선관을 절단하는 데 사용하며, 홀소는 철판에 구멍을 뚫는데 사용한다.   **답** ③

57 다음 중 천장에 코드를 매달기 위하여 사용하는 소켓은 어느 것인가?

① 리셉터클   ② 로제트   ③ 키 소켓   ④ 키리스 소켓

풀이 코드 펜던트 시설시 천장에 코드를 매기 위해 사용하는 로제트는 먼지가 많은 장소에서는 퓨즈를 끼우지 않는다.   **답** ②

58 하나의 콘센트에 둘 또는 세 가지의 기구를 사용할 때 끼우는 플러그는?

① 코드 접속기   ② 멀티 탭   ③ 테이블 탭   ④ 아이언 플러그

풀이 멀티 탭(multi tap) : 하나의 콘센트에 둘 또는 세 가지의 기구를 사용할 때 끼우는 것을 말한다.

답 ②

59 코드 길이가 짧을 때 연장하여 사용하는 것으로, 익스텐션 코드(extension cord)라고도 부르는 것은?

① 아이언 플러그(iron plug)   ② 작업등(extension light)
③ 테이블 탭(table tap)   ④ 멀티 탭(multi tap)

풀이 테이블 탭(table tap) : 코드의 길이가 짧을 때 연장하여 사용하는 것으로, 익스텐션 코드(extension cord)라 한다.

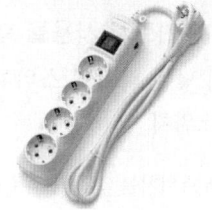

답 ③

60 배선 기구 중에서 벽에 매입형으로 가장 많이 사용되는 점멸기는?

① 로터리 스위치   ② 풀 스위치   ③ 나이프 스위치   ④ 텀블러 스위치

풀이 텀블러 스위치(tumbler switch) : 노브(knob)를 상하로 움직여 점멸하는 거나 좌우로 움직여 점멸한다. 노출형과 매입형, 단극형과 3로, 4로 등이 있다. **답** ④

61 옥내 배선에서 백열전구를 노출로 설치할 때 사용하는 기구는?

① 리셉터클   ② 콘센트   ③ 테이블 탭   ④ 코드 커넥터

풀이 리셉터클(receptacle) : 코드 없이 천장이나 벽에 붙이는 일종의 소켓으로 실링 라이트 속이나 문, 화장실 등의 글로브 안에 사용된다.

답 ①

62 콘센트에 끼운 플러그가 빠지는 것을 방지하기 위하여 플러그를 끼우고 약 몇 도 쯤 돌려주면 빠지지 않도록 되어 있는 콘센트는?

① 턴 로크 콘센트   ② 플로어 콘센트
③ 시계용 콘센트   ④ 선풍기용 콘센트

풀이 턴 로크 콘센트(turn lock consent) : 콘센트에 끼운 플러그가 빠지는 것을 방지하기 위하여 플러그를 끼우고 약 90°쯤 돌려두면 빠지지 않도록 되어 있다. **답** ①

63 나이프 스위치는 교류 몇 [V] 이하의 전로에서 정격 전류 몇 [A] 이하의 간선 또는 분기용에 사용하는가?

① 교류 250[V] 이하, 정격 전류 300[A] 이하
② 교류 300[V] 이하, 정격 전류 300[A] 이하
③ 교류 250[V] 이상, 정격 전류 600[A] 이상
④ 교류 300[V] 이하, 정격 전류 600[A] 이하

풀이 나이프 스위치는 정격 전압 : 300, 150[V]
정격 전류 : 15, 30, 60, 100, 200, 300, 400, 600[A] **답** ④

64 인입용 개폐기로서 사용될 수 없는 것은?

① 금속에 넣는 나이프 스위치 ② 커버 스위치
③ 단극 스위치 ④ 컷 아웃 스위치

풀이 단극 스위치는 전등의 점멸용으로 사용되며, 인입용 개폐기로서는 사용되지 않는다. **답** ③

65 계단의 전등을 계단의 아래와 위의 두 곳에서 자유로이 점멸하도록 하기 위해 사용하는 스위치는?

① 단극 스위치 ② 코드 스위치 ③ 3로 스위치 ④ 점멸 스위치

풀이 2개소 이상의 전등을 점멸할 경우 사용되는 스위치는 3로 스위치와 4로 스위치가 사용된다. **답** ③

66 다음은 나이프 스위치를 표시한 것이다. 3극 쌍투형을 나타내는 것은?

① SPDT ② SPST ③ TPST ④ TPDT

풀이 개폐기의 기호

명 칭	기 호	명 칭	기 호
단극 단투형	SPST	단극 쌍투형	SPDT
2극 단투형	DPST	2극 쌍투형	DPDT
3극 단투형	TPST	3극 쌍투형	TPDT

답 ④

67 4개소에서 한 등을 자유롭게 점등 점멸할 수 있도록 하기 위해 배선하고자 할 때 필요한 스위치의 수는? (단, SW_3는 3로 스위치, SW_4는 4로 스위치이다.)

① SW_3 4개 ② SW_3 1개, SW_4 3개
③ SW_3 2개, SW_4 2개 ④ SW_3 4개

풀이 4개소 점멸할 경우 사용되는 스위치는 3로 2개와 4로 2개가 사용된다. 답 ③

68 인입구 개폐기라고 해서 사용되는 것은?

① 캐노피 스위치   ② 풀 스위치
③ 텀블러 스위치   ④ 배선용 차단기

풀이 인입구 개폐기로 사용되는 것은 배선용 차단기가 널리 사용된다. 답 ④

69 배선 기구 중 매입형 점멸기로 사용되는 것은?

① 펜던트 스위치   ② 캐노피 스위치
③ 텀블러 스위치   ④ 플로트 스위치

풀이 텀블러 스위치(tumbler switch) : 노브(knob)를 상하로 움직여 점멸하는 거나 좌우로 움직여 점멸한다. 노출형과 매입형, 단극형과 3로, 4로 등이 있다.

답 ③

70 코드 펜던트에 갓을 씌우는 이유는?

① 보기 좋게 하기 위하여   ② 아래쪽을 밝게 하려고
③ 설비 기준에 정해져 있음   ④ 코드가 열을 받는 것을 방지

풀이 코드 펜던트에 갓을 씌우는 이유는 코드가 열을 받지 않도록 하기 위함이다. 답 ④

71 100[W] 전구를 사용하기 위한 소켓은?

① E-10 소형 수금 소켓   ② E-17 중형 수금 소켓
③ E-26 병형 수금 소켓   ④ E-39 대형 수금 소켓

풀이 병형 수금 소켓(E-26) : 250[W] 이하
대형 수금 소켓(E-39) : 330[W] 이상
소형 수금 소켓(E-10) : 장식용과 회전등
세형 수금 소켓(E-12) : 배전반 표시등 답 ③

72 캐노피 스위치는?

① 코드 끝에 붙이는 점멸기   ② 코드 중간에 붙이는 점멸기
③ 전등 기구의 플랜지에 붙이는 점멸기   ④ 벽에 매입시킨 스위치

　　풀이 캐노피 스위치(canopy switch) : 풀 스위치의 한 종류로서, 조명 기구의 캐노피(플랜지) 안에 스위치가 시설되어 있는 것을 말한다.　　**답** ③

73 전선의 굵기, 철판, 구리판 등의 두께를 측정하는 것은?

　① 와이어 게이지　　　　　　　　③ 파이어 포트
　③ 스패너　　　　　　　　　　　④ 프레셔 툴

　　풀이 와이어 게이지(wire gauge)
　　　　　: 전선의 굵기를 측정하는 것

　　답 ①

74 금속관의 배관을 변경하거나 캐비닛의 구멍을 넓히기 위한 공구는 어느 것인가?

　① 체인 파이프 렌치　　　　　　② 녹아웃 펀치
　③ 프레셔 툴　　　　　　　　　④ 잉글리시 스패너

　　풀이 녹아웃용 펀치는 캐비닛의 철판 등에 녹아웃(전선관을 넣기 위한 구멍)을 만들기 위한 공구로 홀소와 같은 용도이다.　　**답** ②

75 진동이 있는 기계 기구의 단자에 전선을 접속할 때 사용하는 것은?

　① 압착 단자　　　　　　　　　② 스프링 와셔
　③ 코드 패스너　　　　　　　　④ +자 머리 볼트

　　풀이 진동이 있는 단자에 전선을 접속할 때 스프링 와셔 또는 이중너트를 사용하여 접속한다.　　**답** ②

76 다음 중 펜치로 절단하기 힘든 굵은 전선을 절단할 때 사용하는 공구는?

　① 펜치　　　　　　　　　　　② 파이프 커터
　③ 프레셔 툴　　　　　　　　　④ 클리퍼

　　풀이 전선 단면적이 22[mm^2] 이상인 굵은 전선은 펜치로 절단이 용이하지 않으므로 클리퍼를 이용한다.
　　　　　　　　　　　　　　　　　　　　　　　　　　　　　　답 ④

77 절연 전선의 피복 절연물을 벗기는 자동 공구 명칭은?

　① 와이어 스트리퍼(wire stripper)　　② 나이프(jack knife)
　③ 파이어 포트(fire pot)　　　　　　④ 클리퍼(cliper)

　　풀이 와이어 스트리퍼(wire striper) : 절연 전선의 피복 절연물을 벗기는 자동 공구　　**답** ①

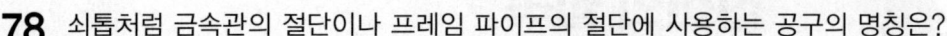

78 쇠톱처럼 금속관의 절단이나 프레임 파이프의 절단에 사용하는 공구의 명칭은?

① 리머   ② 파이프 커터

③ 파이프 렌치   ④ 파이프 바이스

풀이 금속관을 절단할 때 파이프 커터를 사용하면 관 안쪽이 볼록하게 되어 뒤처리가 곤란하므로 쇠톱을 사용하는 것이 좋다. 그러나 굵은 금속관은 파이프 커터로 70~80[%] 정도를 끊고 나머지는 쇠톱으로 자르면 시간이 단축된다.

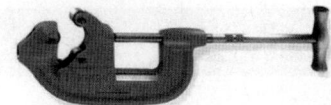

답 ②

79 녹아웃 구멍이 로트 너트보다 클 때에는 무엇을 사용하여 접속하는가?

① 링 리듀서   ② 드릴

③ 잉글리시 스패너   ④ 풀링 그립

풀이 금속관 공사 시 녹 아웃의 구멍이 로크너트 보다 클 경우 링 리듀서를 사용한다.   **답** ①

80 금속관 끝부분, 내면, 다듬질에 쓰이는 공구는?

① 오스터   ② 다이스

③ 리머   ④ 커터

 리머(reamer)
금속관을 쇠톱이나 커터로 끊은 다음,
관 안에 날카로운 것을 다듬는 것

답 ③

81 금속관 나사를 내는 공구는?

① 리머(reamer)   ② 파이프 렌치(pipe wrench)

③ 벤더(bender)   ④ 오스터(oster)

풀이 오스터(oster) : 금속관 끝에 나사를 내는 공구

답 ④

전선의 접속

1. 전선의 접속

전선을 접속하는 경우에는 전선의 전기저항을 증가시키지 아니하도록 접속 하여야 하며 또한 다음 각 호에 의하여야 한다.

1. 나전선(다심형 전선의 절연물로 피복 되어 있지 아니한 도체를 포함한다.) 상호 또는 나전선과 절연전선(다심형 전선의 절연물로 피복한 도체를 포함한다.) 캡타 이어 케이블 또는 케이블과 접속하는 경우에는 다음에 의해 시공하여야 한다.

   가. 전선의 세기[인장하중(引張荷重)으로 표시한다.]를 20[%] 이상 감소시키지 아니할 것. 다만, 점퍼선을 접속하는 경우와 기타 전선에 가하여지는 장력이 전선의 세기에 비하여 현저히 작을 경우는 예외로 한다.

   나. 접속부분은 접속관 기타의 기구를 사용 할 것. 다만, 가공전선 상호, 전차선상 호, 또는 광산의 갱도 안에서 전선 상호를 접속하는 경우에 기술상 곤란할 때 에는 예외로 한다.

2. 절연전선 상호·절연전선과 코드, 캡타이어케이블 또는 케이블을 접속하는 경우에 는 접속부분의 절연전선에 절연물과 동등 이상의 절연효력이 있는 접속기를 사용 하는 경우 이외에는 접속부분을 그 부분의 절연전선의 절연물과 동등 이상의 절 연효력이 있는 것으로 충분히 피복해야 한다.

3. 코드 상호, 캡타이어케이블 상호, 케이블 상호 또는 이들 상호를 접속하는 경우에 는 코드 접속기·접속함 기타의 기구를 사용해야 한다.

4. 도체에 알루미늄(알루미늄 합금을 포함한다.)을 사용하는 전선과 동(동합금을 포함 한다)을 사용하는 전선을 접속하는 등 전기 화학적 성질이 다른 도체를 접속하는 경 우에는 접속부분에 전기적 부식(電氣的腐蝕)이 생기지 아니하도록 해야 한다.

5. 두개 이상의 전선을 병렬로 사용하는 경우에는 다음에 의하여 시설해야 한다.

   가. 병렬로 사용하는 각 전선의 굵기는 구리 50[mm^2] 이상 또는 알루미늄 70[mm^2] 이상으로 하고, 전선은 같은 도체, 같은 재료, 같은 길이 및 같은 굵기의 것을 사용 할 것

   나. 같은 극의 각 전선은 동일한 터미널러그에 완전히 접속할 것

   다. 같은 극인 각 전선의 터미널러그는 동일한 도체에 2개 이상의 리벳 또는 2개

이상의 나사로 접속할 것

라. 병렬로 사용하는 전선에는 각각에 퓨즈를 설치하지 말 것

마. 교류회로에서 병렬로 사용하는 전선은 금속관 안에 전자적 불평형이 생기지 않도록 시설할 것

2. 절연 전선 피복 벗기기

① 절연 전선을 곧게 펴서 한쪽을 손으로 잡은 후 다른 손으로 전공칼을 밖으로 향하게 하여 잡고 전선의 피복에 댄다.

② 약 20°의 각도로 칼날을 피복에 대고 벗긴다.

③ 피복을 벗겨내는 방법은 피복을 심선에 대하여 직각으로 잘라낸 다음 모두 벗긴다.

3. 전선의 각종 접속 방법

1) 단선의 직선 접속

(1) 트위스트 직선 접속

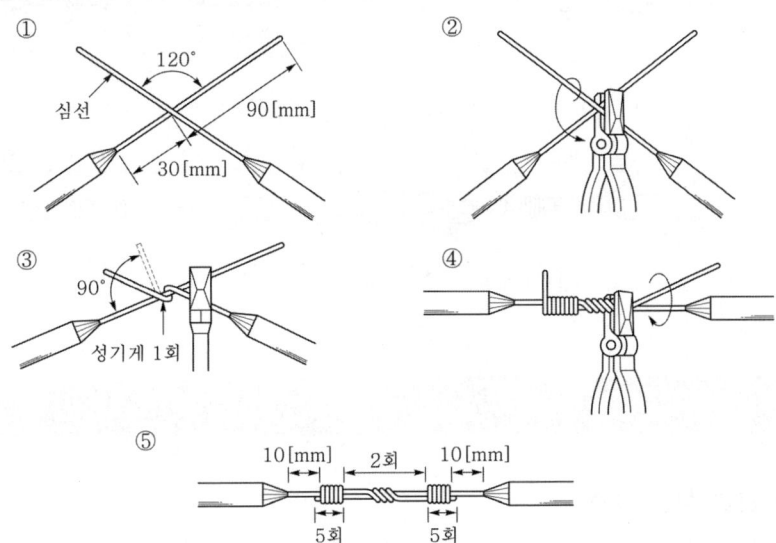

① 6[mm²] 이하의 단선인 경우에 적용되며, 그림과 같이 피복을 벗긴 두 전선을 120°의 각도로 교차시킨다. 이때, 피복의 끝에서 교차점까지의 길이는 약 30~35[mm]로 한다.

② 전선이 교차하는 점의 오른쪽을 펜치로 잡고 심선을 성기게 1회 꼰다.

③ 성기게 꼰 심선을 직각으로 세워서 다른 심선에 틈이 없도록 하여 4~5회 정도 감은 다음, 나머지 부분은 자르고 끝 부분을 오므린다.

④ 오른쪽 부분도 같은 방법으로 작업을 하여 완성한다.

(2) 브리타니어 직선 접속

① 10[mm²] 이상의 굵은 단선인 경우에 적용되며, 다음 그림과 같이 1.0~1.2[mm]의 조인트선과 첨선을 준비하여 사포로 닦는다.

② 두 심선의 접속 부분을 서로 겹치고, 약 120[mm] 길이의 첨선을 댄다.

③ 1[mm] 정도 되는 조인트선의 중간을 전선 접속 부분의 중앙에 대고 2회 정도 성기게 감은 다음, 각각 양쪽을 조밀하게 감는다. 이때, 감은 전체의 길이가 전선 직경의 15배 이상 되도록 한다.

④ 펜치를 사용하여 두 심선의 남은 끝을 각각 위로 세우고 양 끝의 조인트 선을 본선에만 5회 정도 감고 첨선과 함께 꼬아서 8[mm] 정도 남기고 자른다.

⑤ 위로 세운 심선을 잘라 낸다.

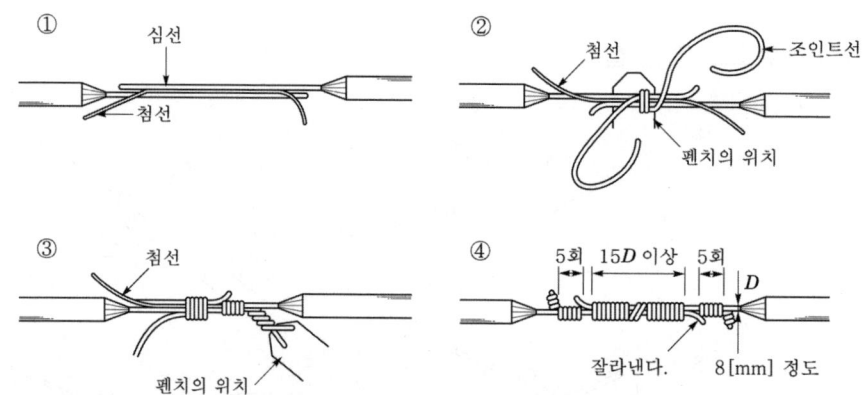

2) 연선의 직선 접속

(1) 권선 직선 접속

① 두 연선(7/1.6[mm])의 피복을 80[mm] 정도 벗기고, 꼬인 소선을 풀어 펜치로 소선의 끝을 잡아당겨 곧게 편다.

② 각 소선을 편 다음, 소선의 중심선을 1/4 정도의 길이만 남기고 잘라 낸다.

③ 잘라 낸 중심선 끝을 서로 맞대어 놓고, 나머지 소선들을 한 가닥씩 엇갈리게 하여 합친 다음 첨선을 댄다.

④ 합친 소선의 중앙 부분에 조인트선의 중간을 1회 성기게 감은 다음, 오른쪽으로 5D 정도 감아 붙이고, 소선을 구부려 잘라 낸다.

⑤ 조인트 선을 4회 이상 더 감고, 첨선과 함께 꼬아서 잘라 내고, 끝 부분을 펜치로 꼭 눌러서 심선에 밀착시킨다.

⑥ 왼쪽 부분도 같은 방법으로 반복하여 완성시킨다.

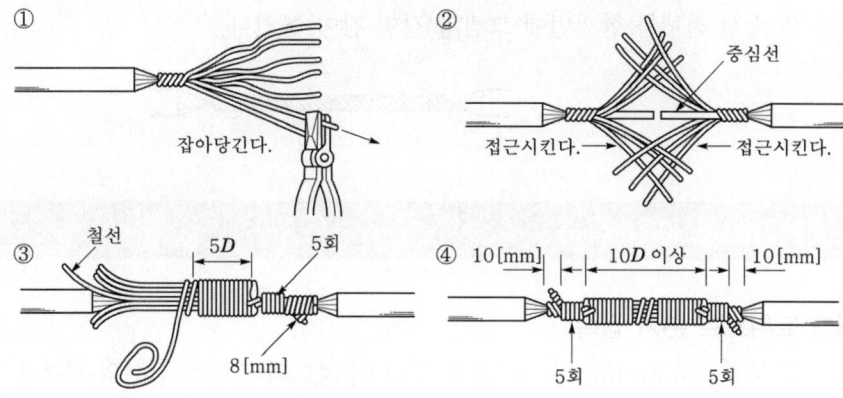

(2) 단권 직선 접속

① 두 연선(7/1.6[mm])의 피복을 150[mm] 정도 벗기고 꼬인 소선을 푼 다음, 펜치로 소선의 끝을 잡아당겨 곧게 편다.

② 각 소선을 편 다음, 중심선의 소선을 1/4 길이만 남기고 잘라 낸다.

③ 잘라 낸 소선을 서로 맞대어 놓고, 나머지 소선들을 한 가닥씩 엇갈리게 하여 합친다.

④ 중앙 부분에서 좌우의 소선 한 가닥씩을 서로 비틀어 교차시킨다.

⑤ 위로 향한 소선을 펜치로 잡아 오른쪽으로 5회 이상 감아 붙이고, 여분을 잘라 낸다.

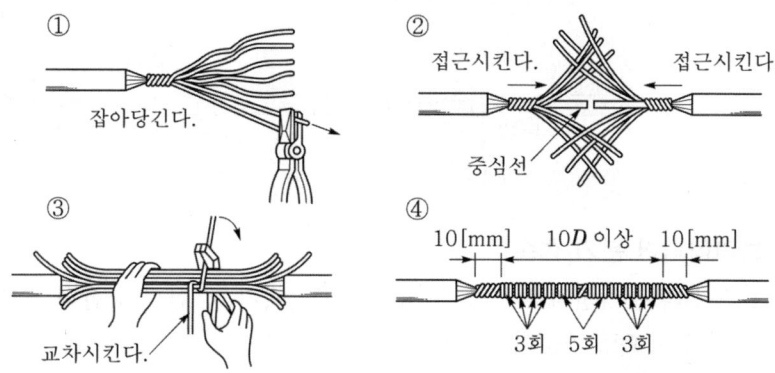

⑥ 감아 붙이기가 끝난 부분에서 또 하나의 소선을 위로 세워 3회 이상 감아 붙이고, 여분을 잘라 낸다.

⑦ 이와 같은 방법으로 나머지 부분도 차례차례 오른쪽으로 감아 나가고, 왼쪽 부분도 같은 방법으로 작업하여 완성시킨다.

(3) 복권 직선 접속

① 가는 연선의 접속에 사용하는 방법으로, 접속할 두 연선의 피복을 150[mm] 정도 벗긴다.

② 소선 전체를 한꺼번에 그림과 같이 감아 붙인다.

3) 단선의 분기 접속

(1) 트위스트 분기 접속

① 본선을 30[mm], 분기선을 120[mm] 정도의 길이로 심선의 피복을 벗긴 다음, 심선을 잘 닦고 곧게 편다.

② 본선과 분기선을 나란히 대고, 펜치로 피복 부분을 잡고 피복 끝 부분으로부터 10[mm] 정도 되는 곳에서 손으로 분기선을 본선에 성기게 1회 감는다.

③ 분기선을 수직으로 세운 다음, 본선에 5회 이상 조밀하게 감고 남는 부분은 잘라낸다.

④ 잘라 낸 끝은 펜치로 오므려 눌러 놓는다.

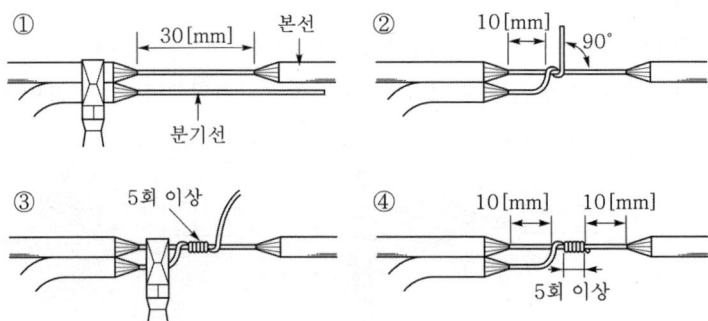

(2) 브리타니어 분기 접속

① 본선과 분기선의 피복을 70[mm] 정도 벗기고, 심선의 접속 부분과 첨선, 조인트선을 사포로 깨끗이 닦는다.

② 분기선의 피복 끝 부분에서 10[mm] 정도 되는 곳을 직각으로 구부려서, 본선에

150[mm] 정도의 첨선을 댄다.

③ 100[mm] 정도의 조인트선 중간 부분을 접속 부분의 중앙에서 성기게 1회 감은 다음, 각각 양쪽을 향하여 조밀하게 감는다.

④ 오른쪽으로 감은 부분의 길이는 심선 지름의 5배 이상이 되게 하고, 남은 부분의 분기선을 구부려 잘라 내고 끝 부분을 구부린다.

⑤ 조인트 선은 계속해서 본선과 첨선에만 5회 이상 감아 붙인다.

⑥ 반대쪽도 같은 방법으로 감아 완성시킨다.

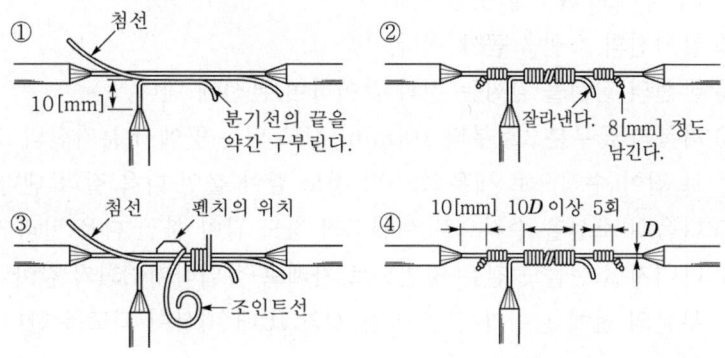

4) 연선의 분기 접속

(1) 권선 분기 접속

① 본선(7/2.0[mm])과 분기선(7/1.2[mm])의 피복을 60[mm] 정도 벗긴다.

② 분기선의 소선을 풀어서 곧게 편 다음, 본선의 심선을 감싸는 것과 같이 하여 본선에 댄다.

③ 첨선을 대고 조인트 선으로 전선 직경 D의 10배 이상이 되도록 오른쪽으로 감아 붙이고, 분기선의 소선들을 구부려 잘라 낸다.

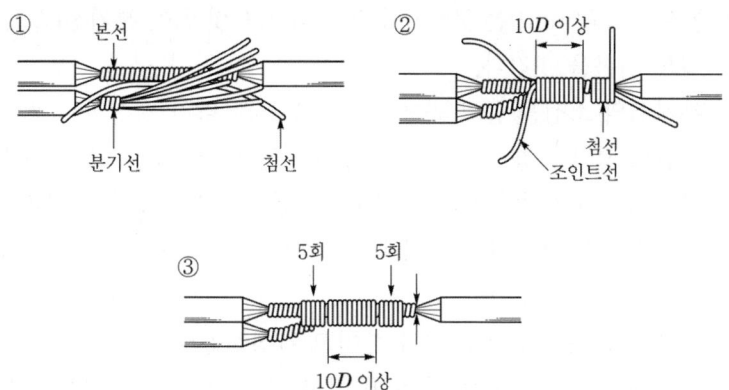

④ 조인트 선을 계속하여 본선에 5회 정도 감은 다음, 첨선과 함께 꼬아서 8[mm] 정도 남기고 자른다.

⑤ 왼쪽에 있는 조인트 선을 왼쪽으로 5회 정도 더 감은 다음, 첨선과 함께 꼬아 8[mm] 정도 남기고 잘라 낸다.

(2) 단권 분기 접속

① 본선(7/2.0[mm])은 피복을 60[mm] 정도 벗기고, 분기선(7/1.2[mm])은 20[mm]의 길이로 피복을 벗긴다.

② 분기선의 소선을 곧게 편다.

③ 본선의 심선을 감싸는 것과 같이하여 본선에 댄다.

④ 피복의 끝부분으로부터 10[mm] 정도 되는 곳에서 분기선의 소선 한 가닥을 펜치로 잡아 수직으로 세우고, 5회 정도 감아 붙인 다음 잘라 낸다.

⑤ 다음의 소선을 수직으로 세워 3회 정도 감아 붙인 다음 잘라 낸다.

⑥ 나머지 소선들도 같은 방법으로 차례로 작업하여 3회씩 감아 나간다. 이때, 감은 부분의 전체 길이가 전선 직경 D의 10배 이상이 되도록 한다.

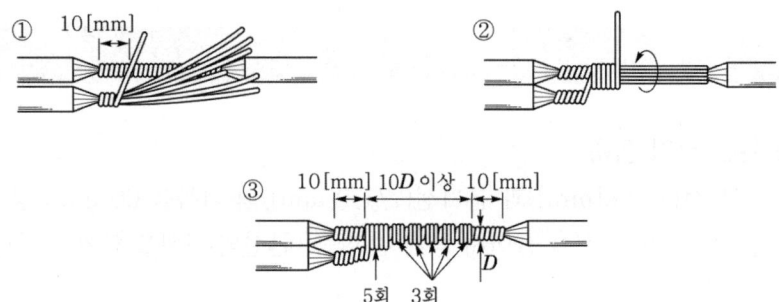

(3) 분할 권선 분기 접속

① 본선(7/2.0[mm])은 80[mm] 정도 피복을 벗기고, 분기선(7/1.2[mm])은 60[mm] 정도 피복을 벗긴다.

② 분기선의 소선을 풀고 곧게 편 다음, 둘로 갈라 첨선과 함께 본선에 댄다.

③ 조인트 선의 중앙 부분을 분기하는 부분에 걸치고, 조인트 선을 펜치로 죄면서 오른쪽으로 $5D$ 이상 감아 붙인 다음, 분기선의 소선을 구부려 잘라 낸다.

④ 조인트 선을 계속하여 본선에 5회 정도 더 감은 다음, 첨선과 함께 꼬아서 8[mm] 정도 남기고 자른다.

⑤ 왼쪽도 같은 방법으로 감아 붙이고 완성시킨다.

⑥ 굵기가 다른 경우에는 가는 쪽 전선 직경 D의 10배 이상으로 한다.

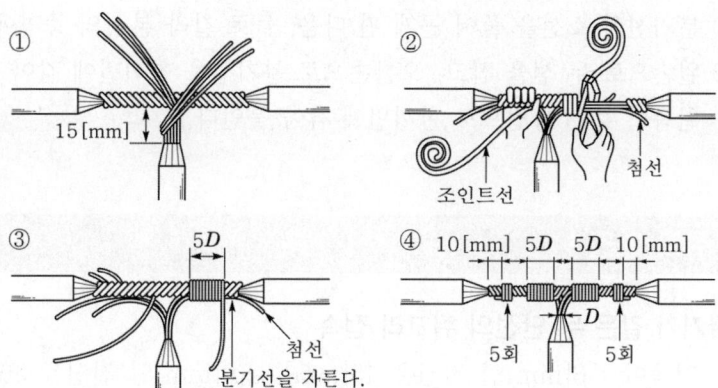

(4) 분할 단권 분기 접속

① 본선(7/2.0[mm])은 80[mm] 정도의 피복을 벗기고, 분기선(7/1.2[mm])은 130 [mm] 정도 피복을 벗긴다.

② 분기선의 소선을 풀어 곧게 편 다음, 둘로 갈라서 본선의 중앙에 댄다.

③ 왼손으로 두 선을 꼭 잡고, 오른쪽으로 분기선의 소선 한 가닥을 세워서 펜치로 잡아당기면서 6회 이상 감아 붙인 다음 잘라 낸다. 이때, 분기선이 19본 이상인 경우에는 각 소선을 3회 이상 감아 붙이고 잘라 낸다.

④ 나머지 소선도 차례로 6회 이상 감아 붙이고 잘라 낸다.

⑤ 왼쪽도 같은 방법으로 감아 붙여 완성시킨다.

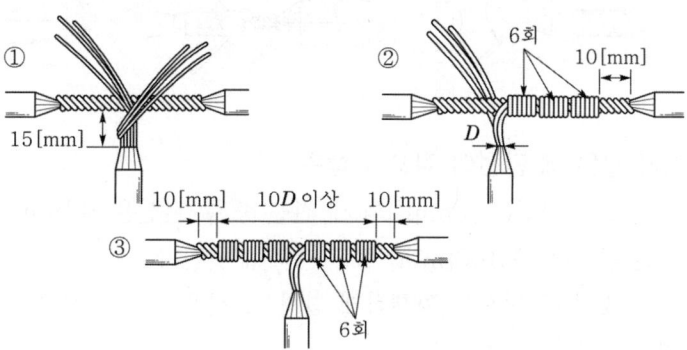

(5) 분할 복권 분기 접속

① 본선(7/2.0[mm])은 70[mm] 정도 피복을 벗기고, 분기선(7/1.2[mm])은 120 [mm] 정도로 피복을 벗긴다.

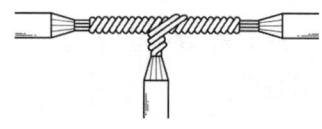

② 분기선의 소선을 풀어 곧게 편 다음, 둘로 갈라 본선의 중앙에 댄다.
③ 왼손으로 두 선을 잡고, 오른손으로 분기선을 한꺼번에 감아 붙인다.
④ 왼쪽도 같은 방법으로 한꺼번에 감아 붙인다.

5) 쥐꼬리 접속

(1) 굵기가 같은 두 단선의 쥐꼬리 접속

① 지름이 1.6[mm]인 전선은 45[mm], 2.0[mm]인 전선은 50[mm] 정도 피복을 벗긴다.
② 두 전선을 합쳐 펜치로 잡은 다음, 심선을 90°로 벌리고 오른손으로 1회 비틀어 놓는다.
③ 펜치로 꼰 심선의 끝을 잡고 심선을 잡아당기면서 1~2회 꼰다.
④ 커넥터를 사용할 때에는 심선을 2~3회 정도 꼰 다음 끝을 잘라 내고, 테이프 감기를 할 때에는 심선을 4회 이상 꼰 다음 5[mm] 정도 길이로 구부려 놓는다.

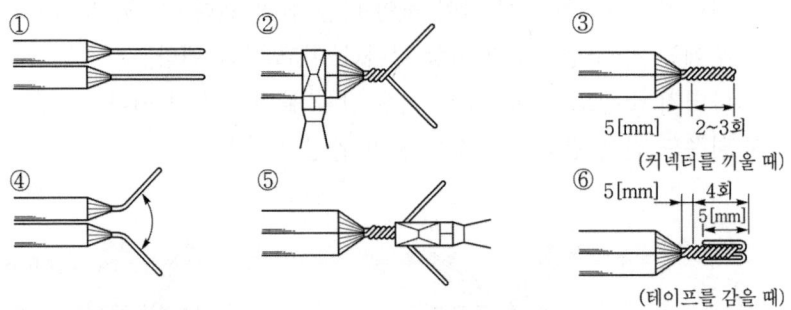

(2) 굵기가 같은 세 단선의 쥐꼬리 접속

① 비닐 절연 전선(1.6[mm])의 세 전선 중 두 전선은 30[mm] 정도 피복을 벗기고, 다른 한 전선은 100[mm] 정도 피복을 벗긴다.
② 짧게 벗긴 두 전선을 평행하게 겹치고, 길게 벗긴 전선으로 5~6회 정도 감아 붙인 다음, 나머지를 잘라낸다.
③ 짧게 벗긴 두 전선의 심선 끝을 양쪽으로 갈라 구부리고, 5[mm] 정도의 길이로 자른 다음, 펜치로 꼭 눌러 놓고 테이프를 감는다.
④ 커넥터를 사용할 경우에는 세 전선의 심선을 30[mm] 정도로 일정하게 피복을 벗기고, 세 전선을 나란히 겹치게 한다. 중앙에 있는 심선을 중심으로 양쪽에 있는 심선을 서로 엇갈리게 45° 정도 교차시킨 다음, 펜치로 잡고 심선을 잡아당기면서 2~3회 정도 꼰 다음 끝을 잘라낸다. 굵기가 다를 경우에는 가는 쪽 전선의 직경 D의 10배 이상 감는다.

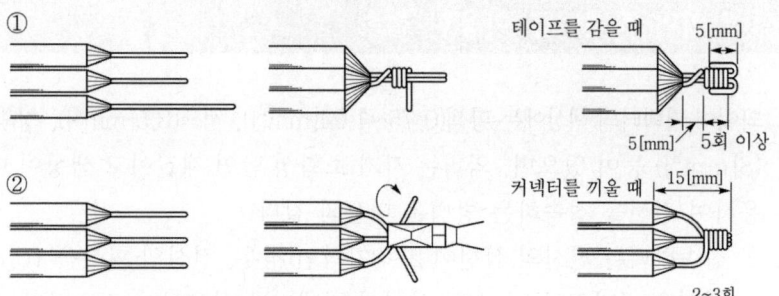

(3) 굵기가 다른 두 단선의 쥐꼬리 접속

① 굵은 비닐 절연 전선(2.0[mm])은 50[mm] 정도 피복을 벗기고, 가는 비닐 절연 전선(1.6[mm])은 100[mm] 정도 피복을 벗긴다.

② 두 전선을 합친 다음 펜치로 잡고, 굵은 선에 가는 선을 성기게 1회 정도 감은 다음, 조밀하게 5회 이상 감아 붙이고 나머지는 잘라낸다.

③ 굵은 전선의 심선 끝을 10[mm] 정도 구부린 다음 나머지를 잘라내고, 잘라낸 끝을 펜치로 꼭 눌러 놓는다.

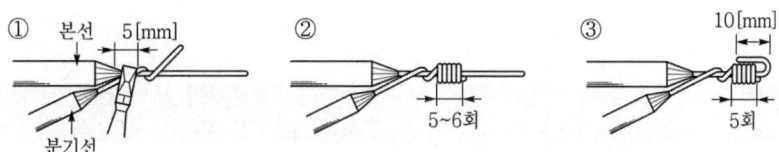

(4) 연선의 쥐꼬리 접속

① 접속하려는 단면적 14[mm^2]의 비닐 절연 전선을 같은 길이로 세 가닥을 취하여, 세 심선의 끝을 약 50[mm] 정도씩 일정하게 피복을 벗긴다.

② 세 심선을 나란히 하여 조인트 선으로 한두 번 감은 다음 펜치로 잡고 감는다. 커넥터를 사용할 경우에는 조인트선을 2~3회 정도 감고, 테이프 감기를 할 경우에는 10회(대략 전선 직경의 7배) 이상 감아 붙인다.

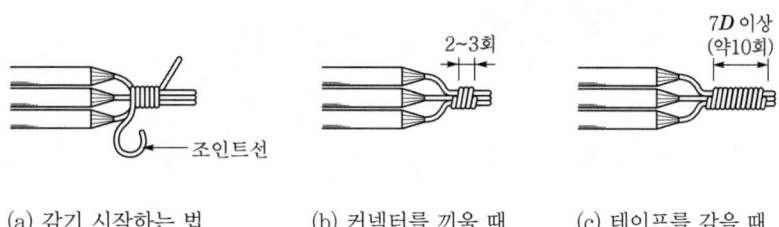

(a) 감기 시작하는 법　　(b) 커넥터를 끼울 때　　(c) 테이프를 감을 때

6) 와이어 커넥너를 이용한 접속

와이어 커넥터의 색상에는 황색($0.75 \sim 1.24[\text{mm}^2]$), 적색($3.5[\text{mm}^2]$), 청색($5.5[\text{mm}^2]$), 회색($8[\text{mm}^2]$) 등이 있으며, 외피는 자기 소화성 난연 재질이고 색상이 미려하다. 이를 이용하여 전선을 접속하는 방법은 다음과 같다.

① 접속하려는 전선의 심선이 2~3가닥인 경우, 전선의 피복을 10[mm] 정도 벗기고 심선을 나란히 합쳐 소형 와이어 커넥터를 사용하여 접속한다.

② 심선이 3~4가닥인 경우, 전선의 피복을 20[mm] 정도 벗기고 심선을 나란히 합쳐 와이어 커넥터를 끼우고 돌려 쥔다. 이때, 커넥터의 나선 스프링이 도체를 압착하여 완전한 접속이 되도록 하여야 한다.

③ 박스 내에서 전선의 여유는 10[cm] 정도 되도록 하여야 한다.

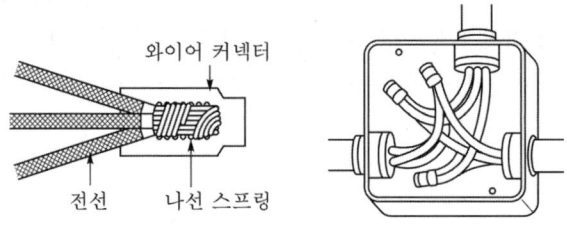

7) 링 슬리브를 이용한 접속

① 링 슬리브를 이용하여 접속하는 경우에는 접속하려는 전선의 피복을 링 슬리브보다 10[mm] 정도 더 길게 벗겨내고 사포로 닦아 낸다.

② 전선을 나란히 하여 링 슬리브의 압착 홈에 넣고 압착 펜치로 압착한다. 이때, 끝단은 잘라 내고 절연 처리한다. 알루미늄 전선인 경우에는 2~3회 꼬고 링 슬리브를 끼운 후 압착한다.

③ 선단을 구부릴 때에는, 외부에서 가하는 힘에 의하여 슬리브가 변형되면서 내부 전선의 이완이 생길 우려가 있으므로 전용 공구를 사용한다.

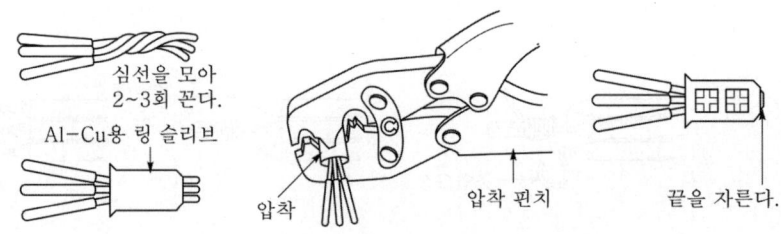

압착 펜치

8) 테이프의 종류

(1) 면 테이프(friction tape 또는 black tape)

① 재질 : 건조한 목면 테이프, 즉 거즈 테이프(gaze tape)에 검은색 점착성의 고무 혼합물을 양면에 함침시킨 것

② 특징 : 점착성이 강하며 절연성이 우수하다.

(2) 고무 테이프(rubber tape)

① 재질 : 절연성 혼합물을 압연하여 이를 가황한 다음, 그 표면에 고무풀을 칠한 것 으로 서로 밀착되지 않도록 적당한 격리물(glazed cotton tape)을 사이에 넣어 같이 감은 것(사용 시 격리물을 뗀다.)

(3) 비닐 테이프(vinyl tape 또는 plastic tape)

① 재질 : 염화비닐 컴파운드로 만든 것으로 테이프 한 면에 점착제가 있는 것과 비 점착성으로 된 것이 있고, 비점착성 비닐 테이프를 감았을 때에는 그 끝에 열을 가하여 융착시킨다.

② 테이프 색 : 검은색, 흰색, 회색, 파랑, 녹색, 노랑, 갈색, 주황, 빨강(9종류)

(4) 리노 테이프(lino tape 또는 vanished cambric tape)

① 재질 : 엇갈리게 짠 건조한 목면, 즉 바이어스 테이프(bias tape)에 절연성 니스 를 몇 차례 바르고 다시 건조시킨 것

② 테이프의 색

  ㉠ 노란색 반투명 : 노란색의 리노 테이프는 배전반, 분전반, 변압기, 전동기 단자 부근에서 절연선 또는 나선에 감아서 절연의 강화, 또는 피복의 보호용으로 사 용한다.

  ㉡ 검은색 : 점착성이 없으나 절연성, 보온성 및 내유성이 있으므로 연피 케이블 의 접속에는 반드시 사용한다.

(5) 자기 융착 테이프

① 재질 : 합성수지와 합성 고무를 주성분으로 만든 판상의 것을 압연하여 적당한 격 리물과 함께 감아서 만든 것

② 특징 : 약 1.2배로 늘이고 감으면 서로 융착되어 벗겨지는 일이 없다.

③ 사용 장소 : 내오존성, 내수성, 내약품성, 내온성이 우수해서 오래도록 열화되지 않기 때문에 비닐 시스 케이블 및 클로로프렌 시스 케이블의 접속에 사용한다.

4. 전선과 기구 단자와의 접속

1) 직선 단자와 기구 접속

① 누름 나사 접속형으로 된 기구에 전선을 접속할 때에는, 전선을 고리형으로 만들지 말고 다음 그림과 같이 직선형으로 만들어, 직접 밀어 넣고 나사를 죄어 접속한다.
② 전선과 누름 단자 또는 전선과 스터드 단자의 접속 방법은 다음 그림과 같다.

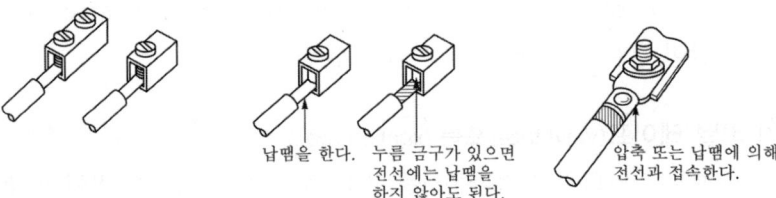

(a) 누름 나사 단자의 경우   (b) 누름 나사 단자의 경우   (c) 스터드 단자의 경우
     (단선의 경우)   (연선의 경우)

2) 고리형 단자와 기구 접속

(1) 고리형 단자 만들기

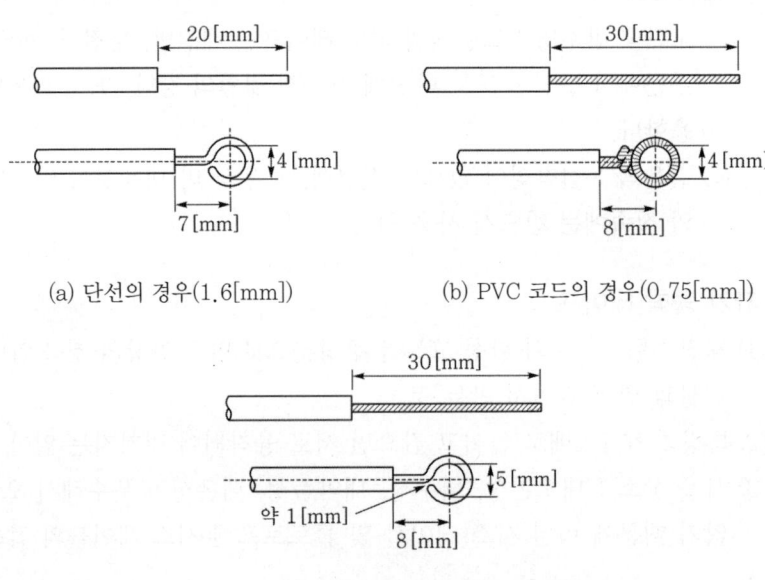

(a) 단선의 경우(1.6[mm])   (b) PVC 코드의 경우(0.75[mm])

(c) 연선의 경우(5.5[mm^2])

① 전선의 종류에 따라 정해진 치수로 피복을 벗기는데, 1.6[mm] 전선은 20[mm], 2.0[mm] 전선은 약 25[mm] 정도 벗긴다.

② 피복으로부터 1[mm] 정도 떨어진 곳에서 왼쪽으로 90° 정도 구부려 놓고 심선 끝을 롱 노즈 플라이어로 집어 오른쪽으로 둥글게 고리를 만든다.

③ 고리는 나사의 굵기보다 약간 크게 하고, 고리의 끝은 거의 붙인다. 그리고 전선을 구부리는 방향은 너트가 돌아가는 방향으로 원을 만든다.

(2) 고리형 단자와 기구의 접속

① 와셔가 1개인 경우에는 전선을 와셔 밑에 넣고 너트나 나사로 죈다.

② 와셔가 2개인 경우에는 두 와셔 사이에 전선을 넣고 너트나 나사로 죈다.

③ 전선의 고리 방향은 너트를 죄는 방향으로 한다.

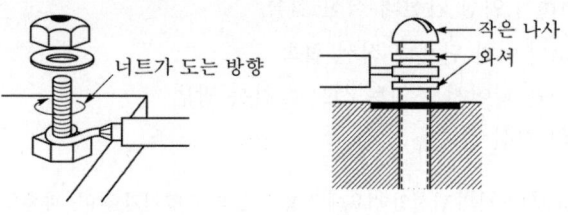

(a) 고리형 단자의 접속 방법   (b) 와셔 끼우는 방법

1 전선의 접속점에 있어서 전선의 세기를 감소시켜도 좋은 한계[%]는?

① 10　　　　　　　　② 20　　　　　　　　③ 25　　　　　　　　④ 30

풀이 123 전선의 접속
① 전선의 전기 저항은 증가시키지 말아야 한다.
② 전선의 인장 하중을 20[%] 이상 감소시키지 말아야 한다.
③ 전선 접속시 접속부분을 그 부분의 절연전선의 절연물과 동등 이상의 절연성능이 있는 것으로 충분히 피복할 것　　　　　　　　**답** ②

2 꼬임 접속 방법(트위스트 조인트)에 대하여 바른 것은?

① 10[mm²] 이상 단선의 직선 접속

② 6[mm²] 이하 단선의 직선 접속

③ 첨가선을 넣어서 조인트 선으로 감는 방법

④ 연선의 직선 접속

풀이 6[mm²] 이하의 단선인 경우에 적용되며, 다음 그림과 같이, 피복을 벗긴 두 전선을 120°의 각도로 교차시킨다. 이때, 피복의 끝에서 교차점까지의 길이는 약 30~35[mm]로 한다.

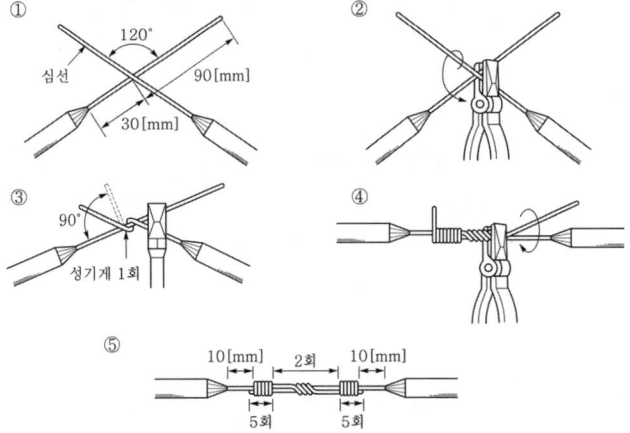

답 ②

3 전선의 접속에 대한 바른 설명은?

① 박스 내에서 전선과 기구의 코드를 접속하는 데 코드의 심선을 6회 전선에 감고서 그 위에 정규의 테이프로 감았다.

② 저압 가공 전선 상호를 규정의 방법으로 접속했으나 납땜은 하지 않고 테이프를 감았다.

③ 나전선과 600[V] 절연 전선을 접속해서 전선의 인장 하중을 조사했더니 70[%] 감소됐다.

④ 코드와 코드를 서로 꼬아서 납땜하고 정규의 테이프를 사용하였다.

풀이　　　　　　　　**답** ②

4 정크션 박스 내에서 전선을 접속할 수 있는 것은?

① 슬리브   ② 와이어 커넥터   ③ 코드 놋트   ④ 코드 파스너

풀이 정크션 박스 내에서 전선을 접속할 경우 와이어 커넥터를 사용하여 접속하여야 한다.   **답** ②

5 금속관 공사의 접속함 내에서 전선 서로의 접속에 쓰이는 것은?

① 동관 단자   ② S형 슬리브
③ 볼트형 커넥터   ④ 절연 캡부 와이어 커넥터

풀이 정크션 박스 내에서 전선을 접속할 경우 와이어 커넥터를 사용하여 접속하여야 한다.   **답** ④

6 저압 옥내 배선 공사에서 부득이한 경우, 전선 접속이 되는 것은?

① 가요 전선관 내   ② 합성 수지관 내
③ 금속관 내   ④ 금속 덕트 내

풀이 232.31 금속덕트공사
금속 덕트 안에는 전선에 접속점이 없도록 할 것. 다만, 전선을 분기하는 경우에는 그 접속점을 쉽게 점검할 수 있는 때에는 그러하지 아니하다.   **답** ④

7 강대 외장 연피 케이블의 접속에 대하여 바른 것은?

① 연공 접속은 고압 케이블 및 빗물을 맞는 곳에 시공해도 좋다.
② 접속함만을 쓴 접속은 고압 케이블로 시공해도 좋다.
③ 접속함만을 쓴 접속은 저압 케이블의 땅속에 시공해도 좋다.
④ 연공 접속은 땅속에 시공해서는 안 된다.

풀이 강대 외장 연피 케이블은 연피가 있는 케이블이므로 반드시 접속기, 접속함을 써서 접속해야 한다. 고압 케이블 및 빗물을 맞는 장소 또는 땅속은 연공 접속을 해야 한다.   **답** ①

8 클로로프렌 외장 케이블 서로의 접속에 쓰는 테이프에는 어느 것이 알맞은가?

① 자기 융착 테이프   ② 블랙 테이프
③ 리노 테이프   ④ 비닐 테이프

풀이 비닐 테이프는 클로로프렌 외장과 접착이 잘 안되므로 자기 융착 테이프를 사용하여 접속한다.
    답 ①

9 테이프를 감을 때 약 1.2배 늘려서 감을 필요가 있는 것은?

① 블랙 테이프   ② 리노 테이프
③ 자기 융착 테이프   ④ 비닐 테이프

풀이 자기 융착 테이프
① 재질 : 합성 수지와 합성 고무를 주성분으로 만든 판상의 것을 압연하여 적당한 격리물과 함께 감아서 만든 것
② 특징 : 약 1.2배로 늘이고 감으면 서로 융착되어 벗겨지는 일이 없다.
③ 사용 장소 : 내오존성, 내수성, 내약품성, 내온성이 우수해서 오래도록 열화되지 않기 때문에 비닐 외장 케이블 및 클로로프렌 외장 케이블의 접속에 사용한다.   **답** ③

10 높은 온도 및 기름에 견디는 전기용의 절연 테이프는?
① 리노 테이프   ② 비닐 테이프
③ 고무 테이프   ④ 블랙 테이프

풀이 리노 테이프(lino tape 또는 vanished cambric tape) : 엇갈리게 짠 건조한 목면, 즉 바이어스 테이프 (bias tape)에 절연성 니스를 몇 차례 바르고 다시 건조시킨 것   **답** ①

11 기계 기구 단자와 전선과의 접속에 쓰이는 접속기는?
① 동관 단자   ② S형 슬리브
③ 관형 슬리브   ④ 접속함

풀이 기구 단자와 전선과의 접속은 압착 단자 또는 동관 단자를 사용한다.   **답** ①

12 전선 접속의 경우 적당하지 않는 것은 어느 것인가?
① 납땜 후 남은 페이스트를 닦는다.
② 테이프를 감는 두께는 전선 그 자체 피복의 두께보다 얇게 한다.
③ 테이프를 감을 때 편조까지 감았다.
④ 접속관(슬리브)을 사용하였으므로 납땜은 안했다.

풀이 전선 접속후 절연은 전선이 가지고 있는 절연내력보다 크게 절연하여야 한다. 즉, 테이프를 충분히 감아 절연하여야 한다.   **답** ②

13 합성 고무를 주성분으로 하여 만든 전기용 절연 테이프는?
① 고무 테이프   ② 자기 융착 테이프
③ 블랙 테이프   ④ 리노 테이프

풀이 자기 융착 테이프
① 재질 : 합성수지와 합성 고무를 주성분으로 만든 판상의 것을 압연하여 적당한 격리물과 함께 감아서 만든 것
② 특징 : 약 1.2배로 늘이고 감으면 서로 융착되어 벗겨지는 일이 없다.
③ 사용 장소 : 내오존성, 내수성, 내약품성, 내온성이 우수해서 오래도록 열화되지 않기 때문에 비닐 외장 케이블 및 클로로프렌 외장 케이블의 접속에 사용한다.   **답** ②

14 연선의 분기 접속은 접속선을 쓰는 브리타니어 접속과 소선 자체를 이용하는 방법이 있다. 다음 중 옳지 않은 것은?

① 직선 접속   ② 단권 분기 접속

③ 복권 분기 접속   ④ 분할 분기 접속

풀이   **답** ①

15 절연선을 접속할 때 사용하는 비닐 테이프의 표준색이 아닌 것은?

① 빨강색   ② 보라색   ③ 회색   ④ 갈색

풀이 비닐 테이프(vinyl tape 또는 plastic tape)
   ① 재질 : 염화비닐 컴파운드로 만든 것으로 테이프 한 면에 점착제가 있는 것과 비점착성으로 된 것이 있고, 비점착성 비닐 테이프를 감았을 때에는 그 끝에 열을 가하여 융착시킨다.
   ② 테이프 색 : 검은색, 흰색, 회색, 파랑, 녹색, 노랑, 갈색, 주황, 빨강(9종류)   **답** ②

16 10[mm^2] 이상의 굵은 단선의 분기 접속은 어떤 분기 접속으로 하는가?

① 브리타니어 분기 접속   ② 단권 분기 접속

③ 복권 분기 접속   ④ 트위스트 분기 접속

풀이 • 트위스트 접속 : 단선의 직선 접속에서 6[mm^2] 이하의 가는 전선
   • 브리타니어 분기접속 : 10[mm^2] 이상의 굵은 단선   **답** ①

17 배선에 심선을 5회 이상 감고 굵은 선의 끝을 접어 붙이고 그 위에다 다시 심선을 감고 테이핑하는 방법은?

① 배선과 기구 심선의 복권 분기 접속   ② 배선과 기구 심선의 분권 분기 접속

③ 배선과 기구 심선의 트위스트 접속   ④ 배선과 기구 심선의 접속

풀이   **답** ④

18 다음 설명 중 옳지 못한 것은?

① 전선의 접속법에는 트위스트 접속, 슬리브 접속, 커넥터 접속 등이 있다.

② 전선의 피복을 벗기는 길이는 지름이 1.6[mm] 전선인 경우에는 약 80[mm] 정도로 한다.

③ 전선의 피복을 벗기는 길이는 지름이 2.0[mm] 전선인 경우에는 약 100[mm] 정도로 한다.

④ 단선의 직선 접속과 분기 접속에서 단선이 2.5[mm^2] 이하인 것은 트위스트 접속, 10[mm^2] 이상 되는 것은 커넥터 접속으로 한다.

풀이 • 트위스트 접속 : 단선의 직선 접속에서 6[mm^2] 이하의 가는 전선
   • 브리타니어 분기접속 : 10[mm^2] 이상의 굵은 단선   **답** ④

19 다음은 전선 접속에 관한 설명이다. 틀린 것은?

① 접속 부분의 전기 저항을 증가시켜서는 안 된다.

② 전선의 세기를 20[%] 이상 유지해야 한다.

③ 접속 부분은 납땜을 한다.

④ 절연을 원래의 절연 효력이 있는 테이프로 충분히 한다.

풀이 123 전선의 접속

전선의 세기(인장하중)를 20[%] 이상 감소시키지 아니할 것. 즉, 전선접속 시 전선의 세기는 80[%] 이상 유지해야 한다.   **답** ②

20 연피 분기 접속은 접속선을 브리타니어 접속과 소선 자체를 이용하여 접속하는 방법이 있는데 다음 중 소선 자체를 이용하는 방법이 아닌 것은?

① 단권 분기 접속   ② 복권 분기 접속

③ 직권 분기 접속   ④ 분할 분기 접속

풀이   **답** ③

1. 애자공사

(1) 시설조건

거리 \ 사용전압	400[V] 이하인 경우	400[V] 초과인 경우
전선 상호간의 거리	0.06[m] 이상	
전선과 조영재간의 거리	25[mm] 이상	45[mm] 이상 (건조한 장소 25[mm] 이상)
지지점간 거리	조영재의 위면 또는 옆면에 따라 붙일 경우 2[m] 이하	
	−	조영재의 위면 또는 옆면에 따라 붙이는 경우 이외 6[m] 이하

(2) 시설방법

① 전선은 절연전선(옥외용 비닐 절연전선 및 인입용 비닐 절연전선을 제외한다)사용 해야 한다.

② 400[V] 초과의 저압 옥내배선은 사람이 접촉할 우려가 없도록 시설해야 한다.

③ 전선이 조영재를 관통하는 경우에는 그 관통하는 부분의 전선을 전선마다 각각 별개의 난연성 및 내수성이 있는 절연관에 넣어 시공한다. 다만, 사용 전압이 150[V] 이하인 전선을 건조한 장소에 시설하는 경우로서 관통하는 부분의 전선에 내구성이 있는 절연 테이프를 감을 때에는 예외로 한다.

④ 애자공사에 사용하는 애자는 절연성·난연성 및 내수성의 것을 사용한다.

(3) 놉 애자

애자공사에 일반적으로 사용되는 애자는 놉 애자가 사용된다.

그림은 클리트와 놉 애자의 사용 예를 나타낸 것이다.

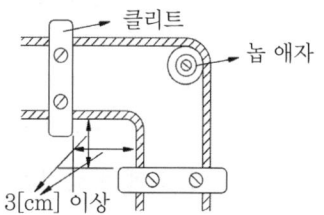

클리트
놉 애자
3[cm] 이상

다음 표는 애자에 사용할 수 있는 전선의 최대 굵기를 나타낸 것이다.

애자와 전선의 굵기

애자의 종류		사용하는 전선의 최대 굵기[mm^2]
놉 애자	소	16
	중	50
	대	95
	특대	240
인류애자	특대	25
핀 애자	소	50
	중	95
	대	185

(4) 애자 바인드법

① 일자 바인드법 : 10[mm^2] 이하의 전선
② 십자 바인드법 : 16[mm^2] 이상의 전선

사용 전선의 굵기	바인드선의 굵기
16[mm^2] 이하	0.9[mm]
50[mm^2] 이하	1.2[mm](또는 0.9[mm]×2)
50[mm^2]를 넘는 것	1.6[mm](또는 1.2[mm]×2)

2. 금속몰드공사

(1) 시설기준

① 전선은 절연전선(옥외용 비닐절연 전선을 제외한다)을 사용한다.
② 금속 몰드 안에는 전선에 접속점이 없도록 하여야 한다.
③ 금속제의 몰드 및 박스 기타 부속품 또는 황동이나 동으로 견고하게 제작한 것으로서 내면이 매끈하여야 한다.
④ 황동제 또는 동제의 몰드는 폭이 50[mm] 이하, 두께 0.5[mm] 이상이어야 한다.
⑤ 몰드 상호간 및 몰드 박스 기타의 부속품과는 견고하고 또한 전기적으로 완전하게 접속할 하여야 한다.
⑥ 몰드에는 접지공사를 시행한다.

(2) 1종 금속 몰드 공사

본체는 베이스와 커버로 구성되며, 일반적으로 길이가 1.9[m]로 되어 있다. 부속품에는 조인트용 커플링, 부싱, 엘보 등이 있다.

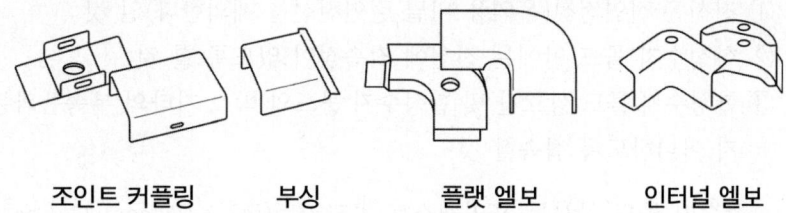

| 조인트 커플링 | 부싱 | 플랫 엘보 | 인터널 엘보 |

(3) 2종 금속 몰드 공사

제2종 금속 몰드 공사는 레이스웨이 공사를 말한다. 아래 그림은 레이스웨이 공사의 시공 예를 보인 것이다.

레이스웨이는 사무실, 기계실, 공장 등의 전반 및 국부조명라인에 사용한다.

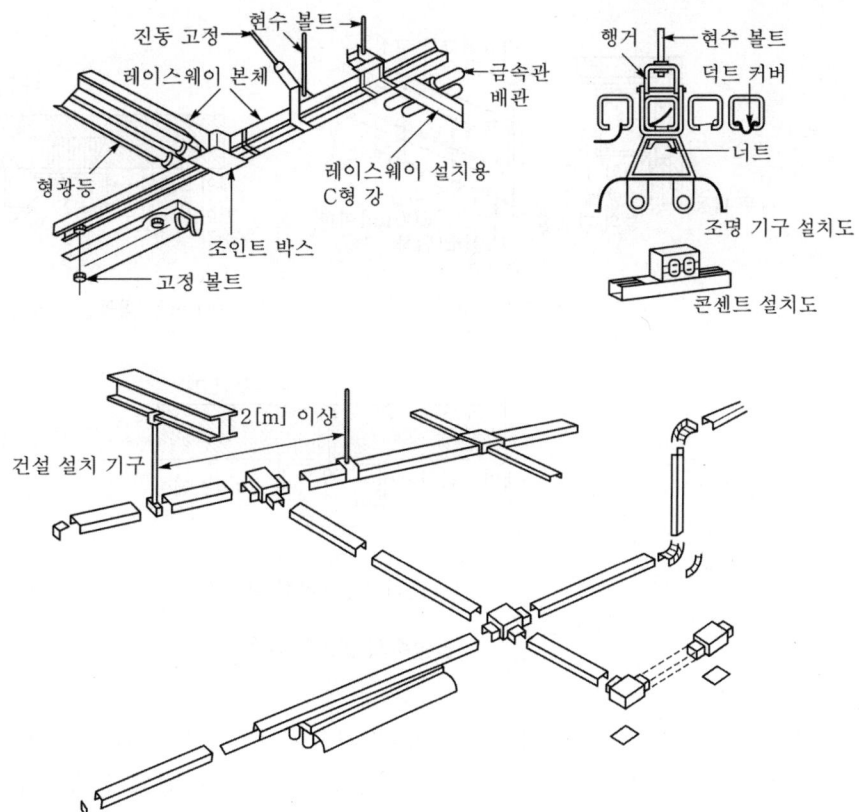

개구부를 하향으로 시공한 예

3. 합성 수지 몰드 공사

(1) 시설기준

① 전선은 절연전선(옥외용 비닐 절연전선을 제외한다)일 것
② 합성수지 몰드 안에는 전선에 접속점이 없도록 할 것
③ 합성수지 몰드 상호간 및 합성수지 몰드와 박스 기타의 부속품과는 전선이 노출되지 아니하도록 접속할 것

합성수지 몰드 공사는 프리캐스트 콘크리트(PC : Precast Concrete) 공법에 의한 조립 주택이나 철근 콘크리트 집합 주택 등에서 건물의 내장이 완성된 후 배선 공사를 하기 위한 공법이다.

(2) 종류

벽면 인하용, 반자틀용, 사방 돌림틀용, 폭목용이 있다.

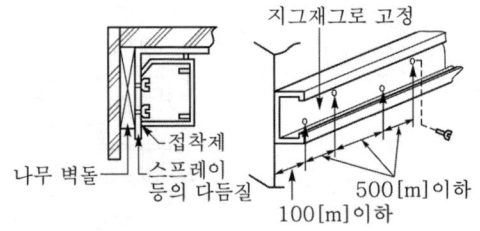

(a) 몰드 설치도

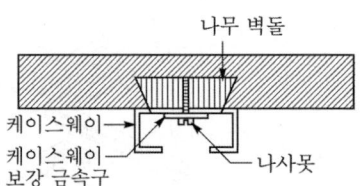

(b) 나무 벽돌을 이용한 설치도

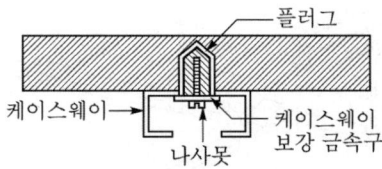

(c) 플러그를 이용한 설치도

합성수지 몰드의 사용 예

합성수지 몰드는 굴곡, 분기 개소 등의 치수를 맞추어서 다음 그림과 같이 부속품을 사용하는 방법과 사용하지 않는 방법 중에서 적절한 방법을 선택하여 가공한다.

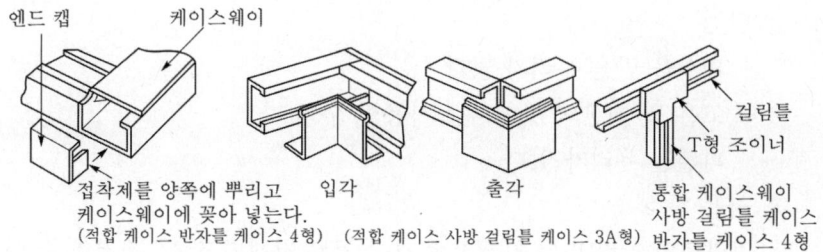

(a) 부속품을 사용한 방법

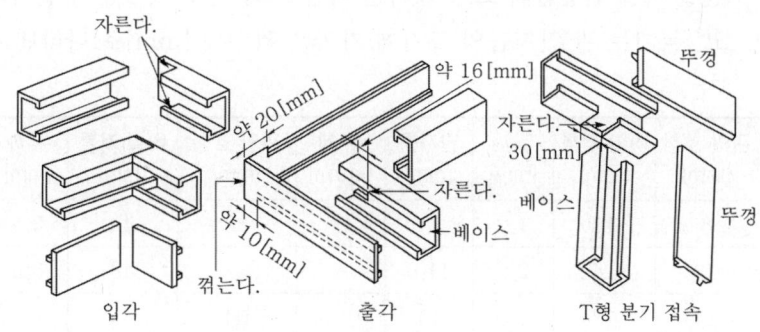

(b) 부속품을 사용하지 않은 방법

4. 합성수지관공사

(1) 시설기준

① 전선은 절연전선(옥외용 비닐 절연전선을 제외한다)일 것
② 전선은 연선일 것. 다만 다음의 것은 적용하지 않는다.
  – 짧고 가는 합성수지관에 넣은 것
  – 단면적 $10[mm^2]$(알루미늄선은 단면적 $16[mm^2]$) 이하의 것.
③ 전선은 합성수지관 안에서 접속점이 없도록 할 것.
④ 중량물의 압력 또는 현저한 기계적 충격을 받을 우려가 없도록 시설할 것.

(2) 합성수지관의 특징

① 장점
  – 관이 절연물로 구성되어 누전의 우려가 없다.
  – 내식성 커서 화학 공장 등의 부식성 가스나 용액이 있는 곳에 적당하다.
  – 접지할 필요가 없고 피뢰기, 피뢰침의 접지선 보호에 적당하다.
  – 무게가 가볍고 시공이 쉽다.

② 단점
- 외상을 받을 우려가 많다.
- 고온 및 저온의 곳에서는 사용할 수 없다.
- 파열될 우려가 있다.

③ 사용 장소

중량물의 압력 또는 기계적 충격이 없는 전개된 장소, 점검할 수 있는 은폐된 장소에서 시공할 수 있다.

경질 비닐 전선관의 호칭 규격은 다음 표와 같으며, 1본의 길이는 4[m]가 표준이고, 굵기는 관 안지름의 크기에 가까운 짝수의 [mm]로 나타낸다.

관의 호칭 [mm]	바깥 지름 [mm]	두 께 [mm]	안지름 [mm]	무 게 [kg/m]	관의 호칭 [mm]	바깥 지름 [mm]	두 께 [mm]	안지름 [mm]	무 게 [kg/m]
8	11	1.2	8.6	–	36	42	3.5	35	0.592
12	14	2.0	11.6	–	42	48	3.5	41	0.685
14	18	2.0	14	0.141	54	60	4.0	52	0.985
16	22	2.0	18	0.176	70	76	4.5	67	1.415
22	26	2.0	22	0.211	82	89	5.5	78	2.020
28	34	3.0	28	0.409	100	114	7.0	100	–

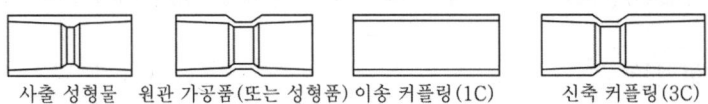

사출 성형물　원관 가공품(또는 성형품)　이송 커플링(1C)　신축 커플링(3C)

(a) 커플링

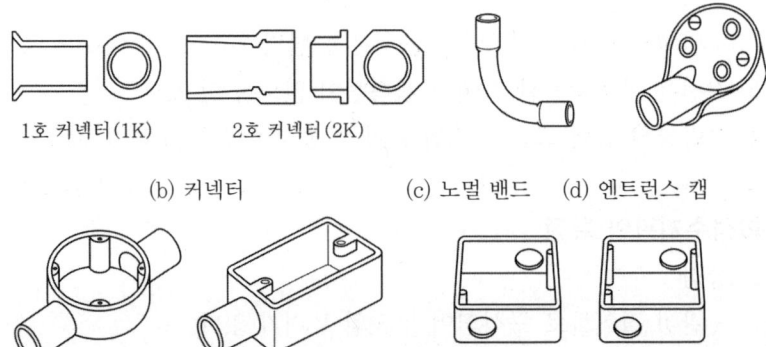

1호 커넥터(1K)　　2호 커넥터(2K)

(b) 커넥터　　　　(c) 노멀 밴드　(d) 엔트런스 캡

(e) 박스류

관 공사 자재의 부속

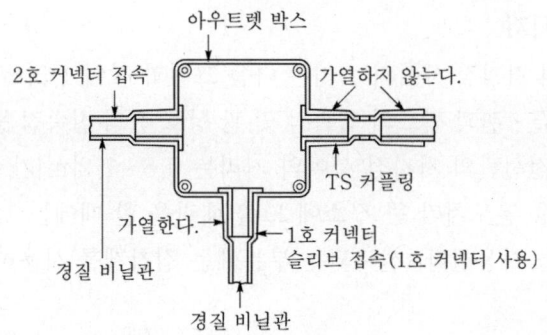

아우트렛 박스와 관의 접속

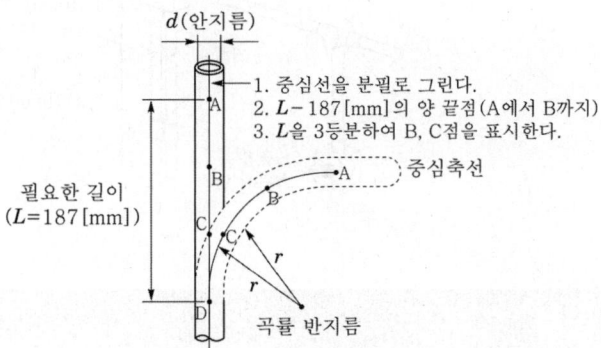

L 형 구부리기

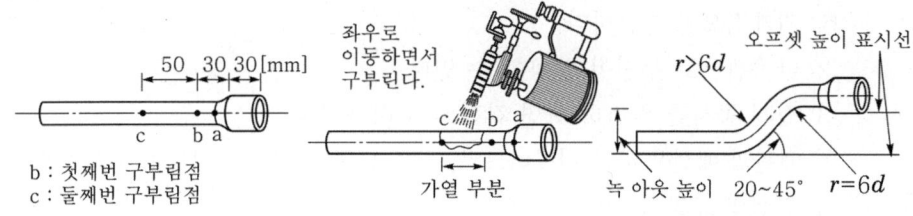

(a) 구부림점 표시　　　　(b) 토치 램프로 가열하는 방법

S 형 구부리기

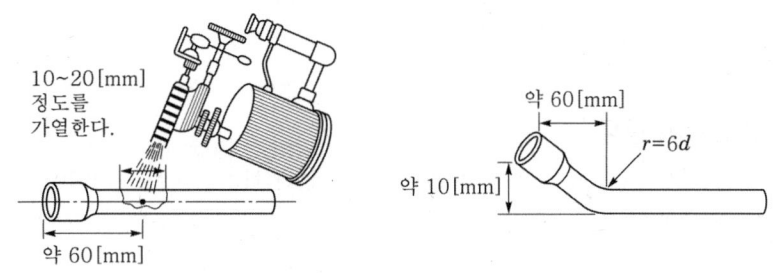

(a) 구부릴 부분의 가열　　　　(b) 완성도

반 L 형 구부리기

(3) 배관의 지지

① 배관의 지지점 사이의 거리는 다음 그림과 같이 1.5[m] 이하로 하고, 그 지지점은 관의 끝·관과 박스의 접속점 및 관 상호 간의 접속점 등에 가까운 곳에 시설할 것.

② 가는 전선관의 지지점 사이의 거리는 0.8~1.2[m]가 적당하다.

③ 옥외 등 온도차가 큰 장소에 노출 배관을 할 때에는 12~20[m]마다 신축 커플링 (3C)을 사용한다. 신축되는 부분에는 접착제를 사용하지 않는다.

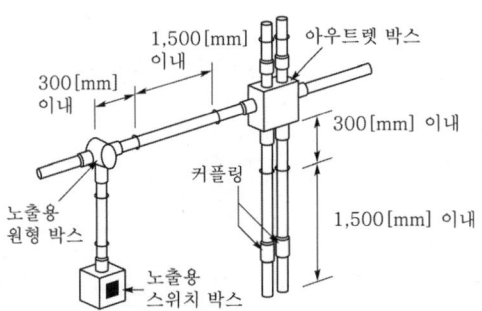

5. 금속관 공사

(1) 금속관의 특징

① 기계적으로 튼튼하다.

② 금속관으로 누전이 발생할 수 있다.

③ 접지 공사를 완전히 하면 감전의 우려가 없다.

④ 배관과 배선을 따로 시공하므로, 건축 도중에 전선의 피복이 손상받을 우려가 적다.

⑤ 전선의 교환이 쉽다.

(2) 사용 장소

전개된 장소, 은폐 장소, 어느 곳에서나 시설할 수 있고, 또 습기·물기 있는 곳, 먼지 있는 곳 등에 시설할 수 있다.

(3) 전선관의 종류

후강 전선관(rigid conduit)과 박강 전선관(thin-wall conduit)으로 구분되며, 후강 전선관은 안지름의 크기에 가까운 짝수로 정하여 16[mm]에서 104[mm]까지 10종류가 있으며, 관의 두께는 2.3[mm] 이상, 1본의 길이는 3.6[m]이다.

박강 전선관은 바깥지름의 크기에 가까운 홀수로 정하여 19[mm]에서 75[mm]까지 7종으로 구분하며, 관의 두께는 1.6[mm] 이상이다.

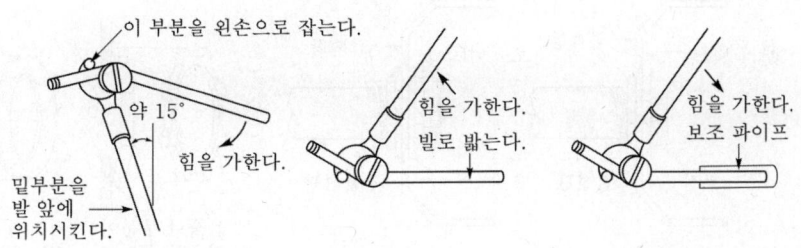

(a) 벤더를 세워서 구부린다.　(b) 관이 길 때　(c) 관이 짧을 때

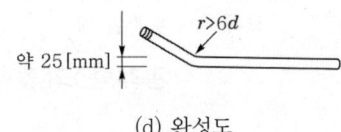

(d) 완성도

반ㄴ형 구부리기

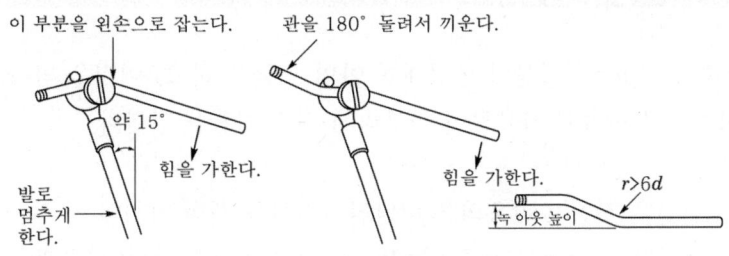

(a) 첫 번째 구부림　(b) 두 번째 구부림　(c) 완성도

S형 구부리기

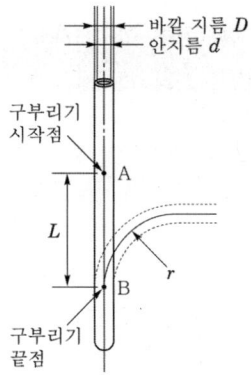

L형 구부리기

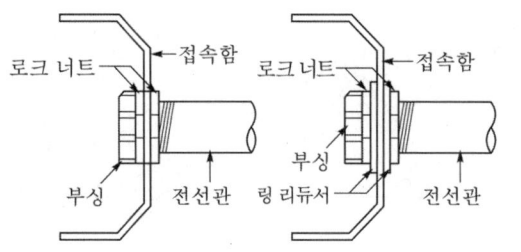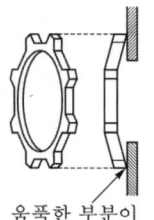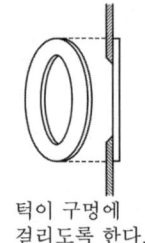

(a) 녹아웃의 크기가   (b) 녹아웃이 관의 굵기   (c) 로크 너트   (d) 링 리듀서
    적당할 때   보다 지나치게 클 때

관과 박스의 접속

6. 금속제 가요 전선관 공사

두께 0.8[mm] 이상의 연강대에 아연 도금을 하고, 이것을 약 반 폭씩 겹쳐서 나선
모양으로 만들어 자유로이 구부리게 된 전선관을 말한다.

1. 전선은 절연전선(옥외용 비닐절연전선을 제외한다)일 것
2. 단면적 10[mm^2](알루미늄전선은 단면적 16[mm^2])을 초과하는 것은 연선이어야
   한다.
3. 가요전선관 안에는 전선에 접속점이 없도록 할 것.

7. 케이블 덕팅 시스템

1) 금속덕트공사

(1) 시설조건
1. 전선은 절연전선(옥외용 비닐절연전선을 제외한다)일 것
2. 금속 덕트에 넣은 전선의 단면적(절연피복의 단면적을 포함한다)의 합계는 덕트
   의 내부 단면적의 20[%](전광표시 장치 기타 이와 유사한 장치 또는 제어회로 등
   의 배선만을 넣는 경우에는 50[%]) 이하일 것

3. 금속 덕트 안에는 전선에 접속점이 없도록 할 것. 다만, 전선을 분기하는 경우에는 그 접속점을 쉽게 점검할 수 있는 때에는 그러하지 아니하다.

4. 금속 덕트 안의 전선을 외부로 인출하는 부분은 금속 덕트의 관통부분에서 전선이 손상될 우려가 없도록 시설할 것

5. 금속 덕트 안에는 전선의 피복을 손상할 우려가 있는 것을 넣지 아니할 것

(2) 금속덕트의 시설

1. 덕트 상호 간은 견고하고 또한 전기적으로 완전하게 접속할 것

2. 덕트를 조영재에 붙이는 경우에는 덕트의 지지점간의 거리를 3[m](취급자 이외의 자가 출입할 수 없도록 설비한 곳에서 수직으로 붙이는 경우에는 6[m]) 이하로 하고 또한 견고하게 붙일 것

3. 덕트의 뚜껑은 쉽게 열리지 아니하도록 시설할 것

4. 덕트의 끝부분은 막을 것

5. 덕트 안에 먼지가 침입하지 아니하도록 할 것

6. 덕트는 물이 고이는 낮은 부분을 만들지 않도록 시설할 것

7. 덕트는 접지공사를 할 것

2) 플로어덕트공사

1. 전선은 절연전선(옥외용 비닐 절연전선을 제외한다)일 것.

2. 전선은 연선일 것. 다만, 단면적 10[mm²](알루미늄 선은 단면적 16[mm²]) 이하의 것은 그러하지 아니하다.

3. 플로어 덕트 안에는 전선에 접속점이 없도록 할 것. 다만, 전선을 분기하는 경우에 접속점을 쉽게 점검할 수 있을 때에는 그러하지 아니하다.

3) 셀룰러덕트공사

1. 전선은 절연전선(옥외용 비닐 절연전선을 제외한다)일 것.

2. 전선은 연선일 것. 다만, 단면적 10[mm²](알루미늄 선은 단면적 16[mm²]) 이하의 것은 그러하지 아니하다.

3. 셀룰러덕트 안에는 전선에 접속점이 없도록 할 것. 다만, 전선을 분기하는 경우 접속점을 쉽게 점검할 수 있을 때에는 그러하지 아니하다.

4. 셀룰러덕트 안의 전선을 외부로 인출하는 경우에는 그 셀룰러덕트의 관통부분에서 전선이 손상될 우려가 없도록 시설할 것

8. 케이블 공사

(1) 시설조건

1. 전선은 케이블 및 캡타이어 케이블일 것
2. 전선을 조영재의 아랫면 또는 옆면에 따라 붙이는 경우에는 전선의 지지점간의 거리를 케이블은 2[m](사람이 접촉할 우려가 없는 곳에서 수직으로 붙이는 경우에는 6[m]) 이하 캡타이어 케이블은 1[m] 이하로 하고 또한 그 피복을 손상하지 아니하도록 붙일 것
3. 관 기타의 전선을 넣는 방호 장치의 금속제 부분·금속제의 전선 접속함 및 전선의 피복에 사용하는 금속체에는 접지공사를 할 것. 다만 사용전압 400[V] 이하로서 다음 중 하나에 해당할 경우에는 관 기타의 전선을 넣는 방호장치의 금속제 부분에 대하여는 그러하지 아니하다.
   ㉠ 방호 장치의 금속제 부분의 길이가 4[m] 이하인 것을 건조한 곳에 시설하는 경우
   ㉡ 옥내배선의 사용전압이 직류 300[V] 또는 교류 대지 전압이 150[V] 이하로서 방호장치의 금속제 부분의 길이가 8[m] 이하인 것을 사람이 쉽게 접촉할 우려가 없도록 시설하는 경우 또는 건조한 것에 시설하는 경우

(2) 연피가 있는 케이블 공사

강대 개장 연피 케이블, 주트권 연피 케이블, 연피 케이블 등이 있다.

1. 연피가 있는 케이블은 구부러지는 곳이 케이블 바깥 지름의 12배 이상의 반지름으로 구부려야 한다.
2. 케이블의 지지점간 간격은 수평방향으로 시설하는 것으로 사람이 닿을 우려가 있는 곳은 1[m] 이하로 지지하고, 기타 부분에서는 1.5[m] 이하로 한다.
3. 연피케이블의 접속 방법은 다음과 같이 나뉜다.
   ㉠ 연공접속과 접속함에 의한 접속
   ㉡ 접속함에 의한 접속
   ㉢ 테이프 만에 의한 접속

(3) 연피가 없는 케이블 공사

1. 캡타이어 케이블, 고무 외장 케이블, 비닐 외장 케이블, 클로로프렌 외장 케이블 등이다.
2. 연피가 없는 케이블을 구부리는 경우 피복의 손상이 되지 않도록 하여 그 굴곡 반지름이 케이블의 완성품 지름의 6배(단심의 경우 8배) 이상으로 구부려야 한다.

3. 전선을 조영재의 아랫면 또는 옆면에 따라 붙이는 경우에는 전선의 지지점간의 거리를 케이블은 2[m](사람이 접촉할 우려가 없는 곳에서 수직으로 붙이는 경우에는 6[m]) 이하 캡타이어 케이블은 1[m] 이하로 하고 또한 그 피복을 손상하지 아니하도록 붙여야 한다.

9. 저압 옥내 배선

(1) 대지전압
주택의 전기저장장치의 축전지에 접속하는 부하 측 옥내배선을 다음에 따라 시설하는 경우에 주택의 옥내전로의 대지전압은 직류 600[V]까지 적용할 수 있다.

1. 전로에 지락이 생겼을 때 자동적으로 전로를 차단하는 장치를 시설할 것
2. 사람이 접촉할 우려가 없는 은폐된 장소에 합성수지관배선, 금속관배선 및 케이블배선에 의하여 시설하거나, 사람이 접촉할 우려가 없도록 케이블배선에 의하여 시설하고 전선에 적당한 방호장치를 시설할 것

(2) 사용전선
1. 저압 옥내배선의 전선은 단면적 2.5[mm^2] 이상의 연동선 또는 이와 동등 이상의 강도 및 굵기의 것.
2. 옥내배선의 사용 전압이 400[V] 이하인 경우로 다음 중 어느 하나에 해당하는 경우에는 제1을 적용하지 않는다.
   ㉠ 전광표시장치 기타 이와 유사한 장치 또는 제어 회로 등에 사용하는 배선에 단면적 1.5[mm^2] 이상의 연동선을 사용하고 이를 합성수지관공사·금속관공사·금속몰드공사·금속덕트공사·플로어덕트공사 또는 셀룰러덕트공사에 의하여 시설하는 경우
   ㉡ 전광표시장치 기타 이와 유사한 장치 또는 제어회로 등의 배선에 단면적 0.75[mm^2] 이상인 다심케이블 또는 다심 캡타이어케이블을 사용하고 또한 과전류가 생겼을 때에 자동적으로 전로에서 차단하는 장치를 시설하는 경우
   ㉢ 진열장 또는 이와 유사한 것의 내부 배선 및 내부 관등회로 배선의 규정에 의하여 단면적 0.75[mm^2] 이상인 코드 또는 캡타이어케이블을 사용하는 경우
   ㉣ 비닐 리프트 케이블 또는 고무 리프트 케이블을 사용하는 경우

(3) 분기회로의 시설

1. 과부하 보호장치의 설치 위치

① 설치위치

과부하 보호장치는 분기점에 설치해야 한다.

② 설치위치의 예외

과부하 보호장치는 분기점(O)에 설치해야 하나, 분기점(O)과 분기회로의 과부하 보호장치(P_2) 설치점 사이의 배선 부분에 다른 분기회로나 콘센트 회로가 접속되어 있지 않고, 다음 중 하나를 충족하는 경우에는 변경이 있는 배선에 설치할 수 있다.

㉠ 분기회로에 대한 단락보호가 이루어지고 있는 경우 P_2는 분기회로의 분기점(O)으로부터 부하 측으로 거리에 구애 받지 않고 이동하여 설치할 수 있다.

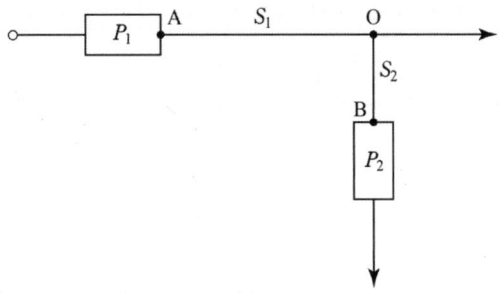

㉡ 단락의 위험과 화재 및 인체에 대한 위험성이 최소화 되도록 시설된 경우, 분기회로의 보호장치 (P_2)는 분기회로의 분기점(O)으로부터 3[m] 까지 이동하여 설치할 수 있다.

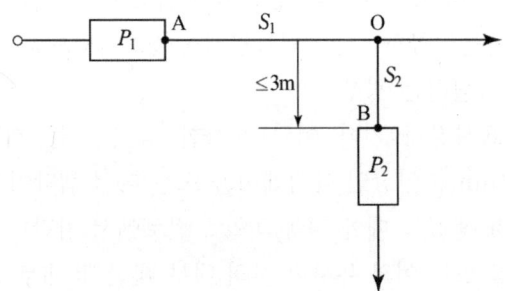

2. 단락보호장치의 설치위치

① 설치위치

단락전류 보호장치는 분기점(O)에 설치해야 한다.

② 설치위치의 예외

㉠ 분기회로의 단락보호장치 설치점(B)과 분기점(O) 사이에 다른 분기회로 또는 콘센트의 접속이 없고 단락, 화재 및 인체에 대한 위험이 최소화될 경우, 분기회로의 단락 보호장치(P_2)는 분기점(O)으로부터 3[m]까지 이동하여 설치할 수 있다.

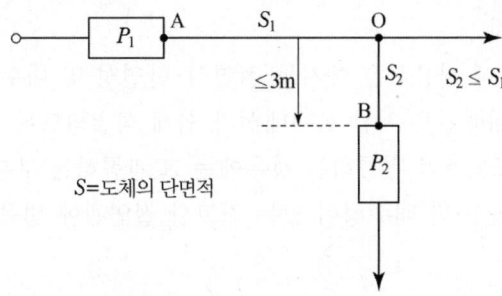

㉡ 도체의 단면적이 줄어들거나 다른 변경이 이루어진 분기회로의 시작점(O)과 이 분기회로의 단락보호장치(P_2) 사이에 있는 도체가 전원측에 설치되는 보호장치(P_1)에 의해 단락보호가 되는 경우에, P_2의 설치위치는 분기점(O)으로부터 거리제한이 없이 설치할 수 있다.

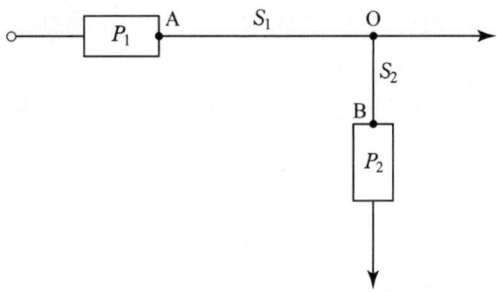

10. 고압 옥내 배선

고압 옥내 배선은

1. 애자사용배선(건조한 장소로서 전개된 장소에 한한다)
2. 케이블배선
3. 케이블트레이배선

에 의해 시설하여야 한다.

(1) 애자사용배선

1. 전선은 공칭단면적 6[mm^2]의 연동선 또는 이와 동등 이상의 세기 및 굵기의 고압 절연전선이나 특고압 절연전선 또는 인하용 고압 절연전선일 것.

2. 전선의 지지점간의 거리는 6[m] 이하일 것. 다만, 전선을 조영재의 면을 따라 붙이는 경우에는 2[m] 이하이어야 한다.

3. 전선 상호간의 간격은 0.08[m] 이상, 전선과 조영재 사이의 이격거리는 0.05[cm] 이상일 것

4. 애자공사에 사용하는 애자는 절연성·난연성 및 내수성의 것일 것

5. 고압 옥내배선은 저압 옥내배선과 쉽게 식별되도록 시설할 것

6. 전선이 조영재를 관통하는 경우에는 그 관통하는 부분의 전선을 전선마다 각각 별개의 난연성 및 내수성이 있는 견고한 절연관에 넣을 것

(2) 이동전선

1. 전선은 고압용의 캡타이어 케이블일 것

2. 이동 전선과 전기사용기계기구와는 볼트 조임 기타의 방법에 의하여 견고하게 접속할 것

3. 이동 전선에 전기를 공급하는 전로(유도 전동기의 2차 측 전로를 제외한다)에는 전용 개폐기 및 과전류 차단기를 각 극(과전류 차단기는 다선식 전로의 중성극을 제외한다)에 시설하고, 또한 전로에 지락이 생겼을 때에 자동적으로 전로를 차단하는 장치를 시설할 것

1 저압 옥내 배선에서 인입용 비닐 절연 전선을 사용해서는 안 되는 공사는?

① 애자공사   ② 합성수지관공사

③ 금속관공사   ④ 금속덕트공사

풀이 232.56 애자공사
애자공사에서 옥외용 비닐 절연전선 및 인입용 비닐 절연전선을 제외한 절연전선을 사용해야 한다.

답 ①

2 400[V] 초과의 경우로서 애자공사에 의한 저압 옥내 전선의 전선 상호 최소 간격은?

① 0.06[m]   ② 0.08[m]   ③ 0.1[m]   ④ 0.12[m]

풀이 232.56 애자공사
1. 전선 상호간의 간격은 0.06[m] 이상일 것
2. 전선과 조영재 사이의 이격거리는 사용 전압이 400[V] 이하인 경우에는 25[mm] 이상, 400[V] 초과인 경우에는 45[mm](건조한 장소에 시설하는 경우에는 25[mm]) 이상일 것
3. 전선의 지지점간의 거리는 전선을 조영재의 위면 또는 옆면에 따라 붙일 경우에는 2[m] 이하일 것
4. 사용 전압이 400[V] 초과인 것은 제3호의 경우 이외에는 전선의 지지점간의 거리는 6[m] 이하일 것

답 ①

3 마루 밑, 추녀 등에 쓰이는 애자는?

① 특캡 애자   ② 특대 노브   ③ 중 노브   ④ 핀 애자

풀이

답 ①

4 전선이 목대 등을 관통할 때에 삽입하는 것은?

① 턱 있는 애관   ② 할 애관   ③ 목관   ④ 저압 애관

풀이

답 ①

5 작은 노브 애자에 사용되는 전선 굵기[mm²]의 최대는?

① 10   ② 16   ③ 25   ④ 50

풀이

애자의 종류	사용 전선의 최대[mm²]	나사못	
		굵기[mm]	길이[mm]
소 노브	16	5.5	58
중 노브	50	5.5	65
대 노브	95	6.2	70
특대 노브	240	6.2	77

답 ②

6 합성 수지관 공사 중 잘못된 것은?

① 관의 지지점 간 거리를 2[m]로 한다.

② 관 상호의 삽입하는 깊이를 관 외경의 1.2배로 한다.

③ 옥내의 점검할 수 없는 은폐 장소에서 1,000[V]의 방전등 회로에 합성 수지관을 사용한다.

④ 단면적 4.0[mm^2]의 450/750[V] 일반용 단심 비닐 절연 전선을 사용한다.

풀이 232.11 합성수지관공사
1. 전선은 절연전선(옥외용 비닐 절연전선을 제외한다)일 것
2. 전선은 연선일 것. 다만, 짧고 가는 합성수지관에 넣은 것 또는 단면적 10[mm^2] (알루미늄선은 단면적 16[mm^2]) 이하의 것은 그러하지 아니하다.
3. 합성수지관 안에는 전선에 접속점이 없도록 할 것
4. 관 상호간 및 박스와는 관을 삽입하는 깊이를 관의 바깥 지름의 1.2배(접착제를 사용하는 경우에는 0.8배) 이상으로 하고 또한 꽂음 접속에 의하여 견고하게 접속할 것
5. 관의 지지점 간의 거리는 1.5[m] 이하로 하고, 또한 그 지지점은 관의 끝·관과 박스의 접속점 및 관 상호간의 접속점 등에 가까운 곳에 시설할 것
6. 습기가 많은 장소 또는 물기가 있는 장소에 시설하는 경우에는 방습 장치를 할 것   **답** ①

7 합성 수지관 공사에 대한 설명 중 옳지 않은 것은?

① 전선은 인입용 비닐 절연 전선을 사용한다.

② 관 상호의 접속에 접착제를 사용하였기 때문에 관의 삽입 길이는 관 바깥 지름의 0.6배로 한다.

③ 관의 지지점 간의 거리는 1.5[m] 이하로 한다.

④ 단구를 윤활하게 한다.

풀이 232.11 합성수지관공사
1. 전선은 절연전선(옥외용 비닐 절연전선을 제외한다)일 것
2. 전선은 연선일 것. 다만, 짧고 가는 합성수지관에 넣은 것 또는 단면적 10[mm^2] (알루미늄선은 단면적 16[mm^2]) 이하의 것은 그러하지 아니하다.
3. 합성수지관 안에는 전선에 접속점이 없도록 할 것
4. 관 상호간 및 박스와는 관을 삽입하는 깊이를 관의 바깥 지름의 1.2배(접착제를 사용하는 경우에는 0.8배) 이상으로 하고 또한 꽂음 접속에 의하여 견고하게 접속할 것
5. 관의 지지점 간의 거리는 1.5[m] 이하로 하고, 또한 그 지지점은 관의 끝·관과 박스의 접속점 및 관 상호간의 접속점 등에 가까운 곳에 시설할 것
6. 습기가 많은 장소 또는 물기가 있는 장소에 시설하는 경우에는 방습 장치를 할 것   **답** ②

8 접착제를 사용하여 합성 수지관을 삽입해 접속할 경우, 관의 삽입하는 깊이는 관 외경의 최소 몇 배인가?

① 0.8배   ② 1배   ③ 1.2배   ④ 1.5배

풀이 232.11 합성수지관공사
관 상호간 및 박스와는 관을 삽입하는 깊이를 관의 바깥 지름의 1.2배(접착제를 사용하는 경우에는 0.8배) 이상으로 하고 또한 꽂음 접속에 의하여 견고하게 접속할 것   **답** ①

9 합성수지 전선관은 무엇의 짝수[mm]로서 호칭하는가?

① 반지름

② 단면적

③ 근사 안지름

④ 근사 바깥 지름

풀이 합성수지관의 굵기는 관 안지름의 근사 내경으로 표시한다. **답** ③

10 합성수지관 규격품의 길이[m]는?

① 3 　　② 3.6 　　③ 4 　　④ 4.5

풀이 합성 수지관은 4[m]가 표준이다. **답** ③

11 합성수지관 공사의 단점이 되는 것은 어느 것인가?

① 중량이 가볍고 시공이 용이하다.

② 관 자체를 접지할 필요가 없다.

③ 금속관보다 외상을 받을 우려가 많다.

④ 관 자체가 절연체이므로 누전의 우려가 없다.

풀이 **답** ③

12 합성수지관의 특성은?

① 내열성 　　② 내부식성 　　③ 내한성 　　④ 내충격성

풀이 합성수지관은 내부식성이 강하며, 절연성이 우수하다. **답** ②

13 합성수지관은 금속관에 비하여 어떠한가?

① 절연성이 나쁘다.

② 부식하기 쉽다.

③ 기계적 강도가 약하다.

④ 내연성이 우월하다.

풀이 합성수지관은 금속관에 비하여 절연성이 우수하며, 부식하지 않고, 기계적 강도는 약하며, 내열성에 약하다. **답** ③

14 접착제를 사용하여 합성수지관을 삽입해서 접속할 경우 관의 삽입 깊이는 관의 외경에 최소 몇 배나 되는가?

① 0.8배 　　② 1배 　　③ 1.2배 　　④ 1.5배

풀이 232.11 합성수지관공사

관 상호간 및 박스와는 관을 삽입하는 깊이를 관의 바깥 지름의 1.2배(접착제를 사용하는 경우에는 0.8배) 이상으로 하고 또한 꽂음 접속에 의하여 견고하게 접속할 것. **답** ①

15 금속 몰드 공사로서 틀린 것은?

① 건조하고 점검할 수 있는 은폐 장소에 시공할 수 있다.

② 동으로 견고하게 제작된 것

③ 금속 몰드 내에서 공사상 부득이한 경우에는 전선의 접속점을 만들어도 좋다.

④ 금속 몰드 4[m] 초과된 것에는 접지 공사를 한다.

풀이 232.22 금속몰드공사
금속몰드 안에는 전선에 접속점이 없도록 할 것   **답** ③

16 다음 중 금속관의 호칭을 맞게 기술한 것은 어느 것인가?

① 박강, 후강 모두 내경으로 [mm]로 나타낸다.

② 후강은 내경, 박강은 외경으로 [mm]로 나타낸다.

③ 후강은 외경, 박강은 내경으로 [mm]로 나타낸다.

④ 후강, 박강 모두 외경으로 [mm]로 나타낸다.

풀이 후강 전선관은 안지름의 근사값을 짝수로, 박강 전선관은 바깥 지름의 근사값을 홀수로 표시한다.
                                                                답 ②

17 금속전선관의 두께는 설비 기준에서 어떻게 정해져 있는가?

① 콘크리트에 매입하는 것은 3[mm] 이상일 것

② 노출 공사에서 사용되는 것은 1[mm] 이상일 것

③ 알코올 공장의 배관에 사용되는 것은 2[mm] 이상일 것

④ 커플링이 없는 길이 4[m] 이하의 것을 시설할 때는 0.5[mm]일 것

풀이 232.12 금속관공사
관의 두께는 다음에 의할 것.
• 콘크리트에 매입하는 것은 1.2[mm] 이상
• 콘크리트에 매입하는 것 이외의 것은 1[mm] 이상. 다만, 이음매가 없는 길이 4[m] 이하인 것을 건조하고 전개된 곳에 시설하는 경우에는 0.5[mm]까지로 감할 수 있다.   **답** ②

18 긴 금속관 공사에서 사용할 수 있는 단선의 최대 굵기[mm²]는?

① 4.0   ② 6.0   ③ 10   ④ 16

풀이 232.12 금속관공사
1. 전선은 절연전선(옥외용 비닐절연전선을 제외한다)일 것.
2. 전선은 연선일 것. 다만, 짧고 가는 합성수지관에 넣은 것 또는 단면적 10[mm²] (알루미늄선은 단면적 16[mm²]) 이하의 것은 그러하지 아니하다.   **답** ③

19 다음 전선관의 굵기 가운데서 공칭값[mm]이 아닌 것은?

① 19   ② 28   ③ 34   ④ 39

풀이 19[mm], 39[mm]는 박강 전선관이고, 28[mm]는 후강 전선관의 규격이다.   답 ③

20 그림과 같이 금속관을 구부렸을 경우, B는 A의 약 몇 배 이상이 적당한가?

① 1.5

② 2

③ 4

④ 6

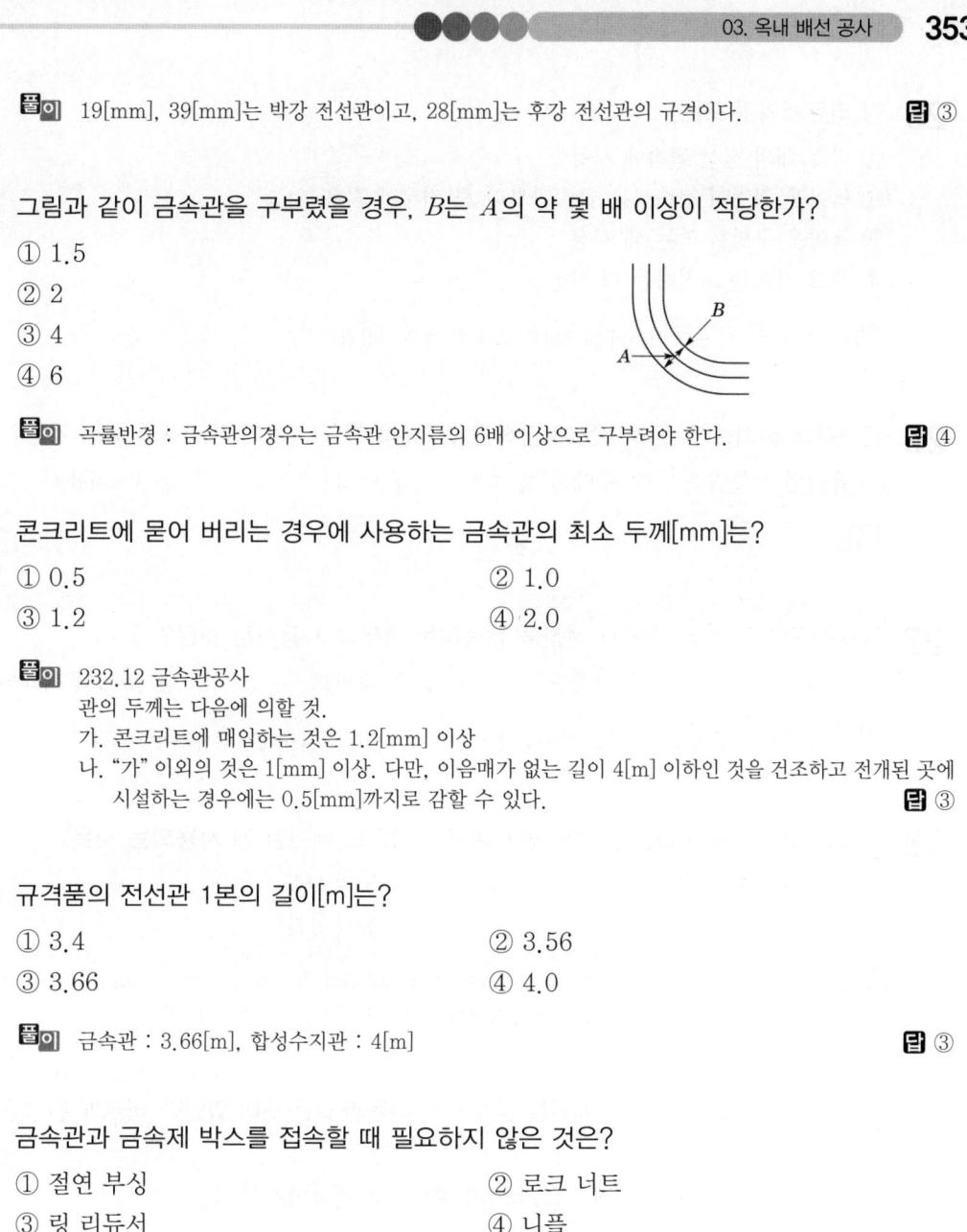

풀이 곡률반경 : 금속관의경우는 금속관 안지름의 6배 이상으로 구부려야 한다.   답 ④

21 콘크리트에 묻어 버리는 경우에 사용하는 금속관의 최소 두께[mm]는?

① 0.5

② 1.0

③ 1.2

④ 2.0

풀이 232.12 금속관공사
관의 두께는 다음에 의할 것.
가. 콘크리트에 매입하는 것은 1.2[mm] 이상
나. "가" 이외의 것은 1[mm] 이상. 다만, 이음매가 없는 길이 4[m] 이하인 것을 건조하고 전개된 곳에
시설하는 경우에는 0.5[mm]까지로 감할 수 있다.   답 ③

22 규격품의 전선관 1본의 길이[m]는?

① 3.4

② 3.56

③ 3.66

④ 4.0

풀이 금속관 : 3.66[m], 합성수지관 : 4[m]   답 ③

23 금속관과 금속제 박스를 접속할 때 필요하지 않은 것은?

① 절연 부싱

② 로크 너트

③ 링 리듀서

④ 니플

풀이 니플은 전선관을 막을 경우 사용한다.   답 ④

24 금속관 공사의 인입구의 관 끝에 사용되는 것은?

① 앤트런스 캡

② 강제 부싱

③ 서비스 엘보

④ 링 리듀서

풀이 앤트런스 캡은 옥외 공사의 금속관 인입구에 설치하며 빗물의 침입을 막는 곳에 사용한다.   답 ①

25 링 리듀서의 용도는?

① 박스 내의 전선 접속에 사용

② 녹아웃 직경이 접속하는 금속관보다 큰 경우에 사용

③ 녹아웃 구멍을 막는 데 사용

④ 로크 너트를 고정하는 데 사용

풀이 링 리듀서는 노크 아웃이 로크너트 보다 클 경우 사용한다.　**답** ②

26 금속관의 굵기보다 큰 녹아웃에 금속관을 확실하게 접속하기 위해 사용되는 것은?

① 유니언 커플링　② 우에사 캡　③ 부싱　④ 링 리듀서

풀이　**답** ④

27 금속관 공사의 박스 내에서 전선을 접속하는 경우에 사용하는 것은?

① 매입 콘센트　② 단자판　③ 슬리브　④ 와이어 커넥터

풀이 정크션 박스 내에서 전선을 접속할 경우 와이어 커넥터를 사용하여 접속하여야 한다.　**답** ④

28 콘크리트에 묻어 버리는 금속관 공사에서 직각으로 배관할 때 사용되는 것은?

① 뚜껑이 있는 엘보　② 노멀 밴드

③ 서비스 엘보　④ 유니버설

풀이 노멀 밴드는 노출배관의 경우 직각으로 배관 경우 사용한다. 뚜껑이 붙은 엘보, 서비스 엘보 및 유니버설 이라고 하는 것은 모두 노출 배관 공사에서 직각으로 배관할 경우에 사용한다.　**답** ②

29 금속 덕트 공사에 의한 옥내 배선을 점검한 바 다음과 같은 곳이 있었다. 바르게 된 것은 어느 것인가?

① 덕트의 폭 30[mm], 두께 1.2[mm]의 철판으로 만들어져 있다.

② 덕트에 접지 공사를 하였다.

③ 덕트를 조영재에 3.5[m] 이하마다 지지하였다.

④ 절연 전선은 피복을 포함하여 덕트 내 단면적의 25[%] 이하였다.

풀이 232.31 금속덕트공사

1. 전선은 절연전선(옥외용 비닐절연전선을 제외한다)일 것.
2. 금속덕트에 넣은 전선의 단면적(절연피복의 단면적을 포함한다)의 합계는 덕트의 내부 단면적의 20[%](전광표시장치 기타 이와 유사한 장치 또는 제어회로 등의 배선만을 넣는 경우에는 50[%]) 이하일 것.
3. 폭이 40[mm] 이상, 두께가 1.2[mm] 이상인 철판 또는 동등 이상의 기계적 강도를 가지는 금속제의 것으로 견고하게 제작한 것일 것.

4. 덕트를 조영재에 붙이는 경우에는 덕트의 지지점 간의 거리를 3[m](취급자 이외의 자가 출입할 수 없도록 설비한 곳에서 수직으로 붙이는 경우에는 6[m]) 이하로 하고 또한 견고하게 붙일 것.
5. 덕트는 접지공사를 할 것. 🔲 ②

30 플로어 덕트 공사에 대하여 다음 중 틀린 것은?

① 덕트의 끝단부는 폐쇄한다.

② 접지 공사를 시공한다.

③ 덕트 자체가 굴곡 개소를 만들어서는 안 되지만 도중에 커브 개소를 만드는 것은 무방하다.

④ 덕트 내부에 물이나 먼지가 침입하지 않도록 한다.

풀이 232.32 플로어덕트공사
1. 덕트 상호간 및 덕트와 박스 및 인출구와는 견고하고 또한 전기적으로 완전하게 접속할 것
2. 덕트 및 박스 기타의 부속품은 물이 고이는 부분이 있도록 시설하여서는 아니 된다.
3. 박스 및 인출구는 마루위로 돌출하지 아니하도록 시설하고 또한 물이 스며들지 아니하도록 밀봉할 것
4. 덕트의 끝부분은 막을 것
5. 덕트는 접지공사를 할 것 🔲 ③

31 금속 덕트 안에 전광 표시 장치, 제어 회로 등의 배선만을 넣는 경우 전선의 단면적의 합계는 덕트의 내부 단면적의 몇 [%] 이하로 해야 하는가?

① 10[%]　　　　② 20[%]　　　　③ 50[%]　　　　④ 80[%]

풀이 232.31 금속덕트공사
1. 전선은 절연전선(옥외용 비닐절연전선을 제외한다)일 것
2. 금속 덕트에 넣은 전선의 단면적(절연피복의 단면적을 포함한다)의 합계는 덕트의 내부 단면적의 20[%](전광표시 기타 이와 유사한 장치 또는 제어회로 등의 배선만을 넣는 경우에는 50[%]) 이하일 것
3. 금속 덕트 안에는 전선에 접속점이 없도록 할 것. 다만, 전선을 분기하는 경우에는 그 접속점을 쉽게 점검할 수 있는 때에는 그러하지 아니하다.
4. 금속 덕트 안의 전선을 외부로 인출하는 부분은 금속 덕트의 관통부분에서 전선 손상될 우려가 없도록 시설할 것
5. 금속 덕트 안에는 전선의 피복을 손상할 우려가 있는 것을 넣지 아니할 것 🔲 ③

32 놉 애자를 사용한 옥내 배선에서 전선의 굵기가 원칙적으로 얼마 이상이면 십자 바인드법으로 묶는가?

① 2.5[mm^2]　　② 6[mm^2]　　③ 10[mm^2]　　④ 16[mm^2]

풀이 • 일자 바인드 : 10[mm^2] 이하의 전선
　　• 십자 바인드 : 16[mm^2] 이상의 전선 🔲 ④

33 네온 전선을 조영재에 지지하는 애자는?

① 특캡 애자　　② 고압 핀 애자　　③ 코드 서포트　　④ 튜브 서포트

풀이 네온전선 지지 : 코드 서포트, 네온관 지지 : 튜브 서포트 **답** ③

34 건조한 장소에서 440[V]의 애자공사의 전선과 조영재와의 최소 이격 거리는 몇 [mm]인가?

① 25　　　　② 35　　　　③ 45　　　　④ 12.5

풀이 232.56 애자공사
애자공사에서 전선과 조영재 사이의 이격거리는 사용 전압이 400[V] 이하인 경우에는 2.5[cm] 이상, 400[V] 초과인 경우에는 4.5[cm](건조한 장소에 시설하는 경우에는 2.5[cm]) 이상일 것 **답** ①

35 단상 전원의 클리트 공사에서 그림의 a 부분의 길이는 약 몇 [cm] 이상인가?

① 1[cm] 이상
② 2[cm] 이상
③ 3[cm] 이상
④ 4[cm] 이상

풀이 **답** ③

36 고압 옥내 배선에서 애자공사를 할 경우 전선의 지지점 간의 거리는 전선을 조영재의 윗면에 따라 붙일 경우 몇 [m] 이하인가?

① 5　　　　② 4　　　　③ 3　　　　④ 2

풀이 232.56 애자공사
전선의 지지점간의 거리는 전선을 조영재의 위면 또는 옆면에 따라 붙일 경우에는 2[m] 이하일 것 **답** ④

37 후강 전선관의 호칭은 안지름의 크기에 가까운 짝수로 정의하며 16[mm]에서 104[mm]까지의 몇 종으로 구분되어 있는가?

① 4　　　　② 6　　　　③ 8　　　　④ 10

풀이 • 후강 전선관의 안지름의 크기를 짝수로 표현하면 16, 22, 28, 36, 42, 54, 70, 82, 92, 104[mm]의 10종이 있다.
• 박강 전선관은 바깥 지름의 근사값을 홀수로 나타내면 19, 25, 31, 39, 51, 63, 75[mm]의 7종이 있다. **답** ④

38 보통 금속관을 구부리는 데 있어서 안쪽 반지름은 금속관 안지름의 몇 배 이상으로 구부려야 하는가?

① 4배　　　　② 6배　　　　③ 8배　　　　④ 10배

풀이 금속관이 곡률반경은 안지름의 6배 이상으로 구부린다. **답** ②

39 후강 전선관의 최소 굵기[mm]는?

① 12 　　　　　　② 15 　　　　　　③ 16 　　　　　　④ 18

풀이
- 후강 전선관의 안지름의 크기를 짝수로 표현하면 16, 22, 28, 36, 42, 54, 70, 82, 92, 104[mm]의 10종이 있다.
- 박강 전선관은 바깥 지름의 근사값을 홀수로 나타내면 19, 25, 31, 39, 51, 63, 75[mm]의 7종이 있다.

답 ③

40 전선관(박강) 굵기 가운데 공칭값[mm]이 아닌 것은?

① 16 　　　　　　② 19 　　　　　　③ 25 　　　　　　④ 39

풀이 박강전선관은 홀수로 표시하며, 후강전선관은 짝수로 표시한다.

답 ①

41 후강 안지름의 굵기 가운데 공칭값[mm]이 아닌 것은?

① 31 　　　　　　② 36 　　　　　　③ 42 　　　　　　④ 54

풀이
- 후강 전선관의 안지름의 크기를 짝수로 표현하면 16, 22, 28, 36, 42, 54, 70, 82, 92, 104[mm]의 10종이 있다.
- 박강 전선관은 바깥 지름의 근사값을 홀수로 나타내면 19, 25, 31, 39, 51, 63, 75[mm]의 7종이 있다.

답 ①

42 금속관의 굵기[mm]를 부르는 것으로 옳은 것은?

① 후강관으로서는 외경에 가까운 홀수 　　　② 후강관으로서는 내경에 가까운 짝수
③ 박강관으로서는 외경에 가까운 짝수 　　　④ 박강관으로서는 내경에 가까운 홀수

풀이 후강 전선관은 내경에 가까운 짝수로, 박강 전선관은 외경에 가까운 홀수로 표시한다.

답 ②

43 금속관 구부리기 설명 중 틀리는 것은?

① 한 관로 중 구부러진 곳은 360° 이하일 것
② 90° 굴곡 안지름은 금속관 반지름의 5배 이상일 것
③ 하나의 오프셋은 90°로 계산한다.
④ 히키로 굴곡 시는 10° 이하로 구부려 나갈 것

풀이

답 ②

44 8[mm] 이내의 금속관을 구부릴 때 한 번에 얼마 이하로 구부려 나가면 되는가?

① 3° 　　　　　　② 5° 　　　　　　③ 9° 　　　　　　④ 10°

풀이

답 ④

45 금속관 공사에서 관을 박스 내에 붙일 때에 사용하는 것은?

① 로크 너트　　　　② 새들　　　　③ 커플링　　　　④ 링 리듀서

풀이 • 새들 : 전선관을 조영재에 고정시킬 때 사용
• 커플링 : 금속관 상호 접속시 사용
• 링 리듀서 : 녹아웃의 지름이 관의 지름보다 큰 관계로 로크 너트만으로는 고정할 수 없을 때 보조적으로 사용

답 ①

46 금속관을 절단하고 나사 작업을 완료하기 위하여 필요한 공구를 조합하는 데 가장 적합한 것은?

① 파이프 바이스, 오스터, 쇠줄, 펜치
② 파이프 커터, 오스터, 플라이어, 리머, 쇠줄
③ 쇠줄, 파이프 바이스, 리머, 파이프 커터, 오스터
④ 오스터, 파이프 바이스, 리머, 파이프 벤더

풀이

답 ③

47 금속관 공사에 절연 부싱을 쓰는 목적은?

① 관의 끝이 터지는 것을 방지　　　　② 박스 내에서 전선의 접속을 방지
③ 관의 단구에서 조영재의 접속을 방지　　④ 관의 단구에서 전선 손상을 방지

풀이 부싱 : 입선 작업 시 전선의 피복 손상을 방지하기 위해 사용하는 부속품을 말한다.

답 ④

48 금속관 공사로서 애자 공사로 옮기는 경우, 그 관 끝에 사용할 수 없는 것은?

① 강제 부싱　　　　② 절연 부싱　　　　③ 서비스 캡　　　　④ 엔도

풀이

답 ①

49 안지름의 크기가 28.3[mm], 바깥 지름의 크기가 33.3[mm]인 후강 전선관의 호칭은?

① 28[mm] 후강 전선관　　　　　　② 29[mm] 후강 전선관
③ 33[mm] 후강 전선관　　　　　　④ 34[mm] 후강 전선관

풀이 후강전선관은 안지름의 근사 짝수로 표시한다.

답 ①

50 다음 중 폭연성 분진 위험장소에 금속관공사를 하려고 할 때 사용하는 전선관은?

① 박강 전선관　　　② 합성수지관　　　③ 후강 전선관　　　④ 절연전선관

풀이 242.2.1 폭연성 분진 위험장소
금속관은 박강 전선관 또는 이와 동등 이상의 강도를 가지는 것일 것.

답 ①

51 금속관과 가요 전선관을 접속할 때 다음 중 어떤 것을 사용하여야 하는가?

① 콤비네이션 커플링　　　　　　　② 플렉시블 커플링

③ 유니언 커플링　　　　　　　　　④ 직선 커플링

풀이　• 스틀렛 박스 커넥터, 앵글 박스 커넥터 : 박스와 가요 전선관
　　　• 플렉시블 커플링 : 가요 전선관과 가요 전선관 접속
　　　• 콤비네이션 커플링 : 가요 전선관과 금속관 접속　　　　　　　　　　　　**답** ①

52 금속관 공사에 의한 저압 옥내 배선의 설비 기준으로 옳지 않은 것은?

① 전선은 옥외용 비닐 절연 전선을 사용할 것

② 전선은 연선일 것

③ 금속관 안에는 전선에 접속점이 없도록 할 것

④ 단소한 금속관에 넣은 단선을 사용하도록 할 것

풀이　232.12 금속관공사
　　　금속관 공사 시 전선은 절연 전선을 사용하여야 하며, 옥외용 비닐 절연 전선(OW)은 사용할 수 없다.
　　　　　　　　　　　　　　　　　　　　　　　　　　　　　　　　　　　답 ①

53 금속관 구부리기에 있어서 구부러진 각의 합이 360°를 넘을 때는 어떻게 하는가?

① 커플링을 사용한다.　　　　　　　② 정크션 박스를 시설한다.

③ 덕트를 만들어 준다.　　　　　　　④ 커넥터로 접속한다.

풀이　한 관로에 구부러지는 곳이 360° 이상 되면 중간에 정션 박스, 풀 박스를 시설한다.　**답** ②

54 전선관을 배관할 때 박스 상호간이나 캐비닛 박스 등 하나의 관로에 있어서 구부러진 곳은 몇 도 이하로 하여야 하는가?

① 90도　　　　　② 180도　　　　　③ 70도　　　　　④ 360도

풀이　　　　　　　　　　　　　　　　　　　　　　　　　　　　　　　　**답** ④

55 유니온 커플링의 사용 목적은 무엇인가?

① 안지름이 다른 금속관 상호의 접속

② 돌려 끼울 수 없는 금속관 상호의 접속

③ 금속관의 박스와 접속

④ 금속관 상호를 나사로 연결하는 접속

풀이　유니온 커플링은 전선관을 양쪽에서 돌려 끼울 수 없는 경우에 사용하는 금속관 부속품을 말한다.
　　　　　　　　　　　　　　　　　　　　　　　　　　　　　　　　　　　답 ②

56 교류 전등 공사에서 금속관에 전선을 넣어 연결한 방법 중 옳은 것은?

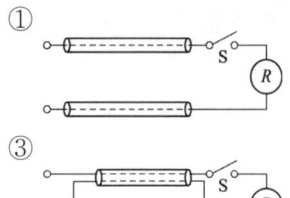
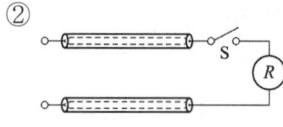
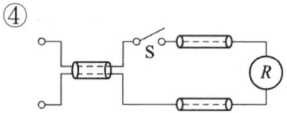

 답 ③

57 피시 테이프(fish tape)의 용도는 무엇인가?

① 전선을 테이핑하기 위하여　　　② 전선관의 끝마무리를 위하여

③ 배관에 전선을 넣을 때　　　　④ 합성수지관을 구부릴 때

풀이 피시 테이프는 전선관 공사 시 전선을 여러 가닥을 넣을 때 쉽게 넣을 수 있는 공구이다. **답** ③

58 금속관 공사에서 작업과 공구가 맞지 않는 것은?

① 관 절단 : 쇠톱과 파이프 바이스

② 관 굴곡 : 히키와 벤더

③ 관 나사 : 래칫형 오스터

④ 관 끝정리 : 리머와 홀소

풀이 홀소는 구멍을 내는 곳에 사용하는 공구를 말한다. **답** ④

59 다음 공구 중 금속관 가공 공사에 쓰이지 않는 것은?

① 오스터　　　　　　　　　② 프레셔 툴

③ 파이프 커터　　　　　　　④ 벤더

풀이 • 오스터 : 금속관 나사내기
• 파이프 커터 : 금속관 절단
• 벤더 : 금속관 구부리기 **답** ②

60 합성 수지관 공사에 의한 저압 옥내 배선 공사에서 잘못된 것은?

① 관구 및 내면은 전선의 피복을 손상하지 아니하도록 매끈할 것

② 10[mm²]의 단선을 사용

③ 관의 지지점 간의 거리를 2[m]로 함

④ 관 상호를 접속할 때 삽입 깊이는 관 외경의 1.2배로 함

풀이 232.11 합성수지관공사
1. 전선은 절연전선(옥외용 비닐 절연전선을 제외한다)일 것
2. 전선은 연선일 것. 다만, 짧고 가는 합성수지관에 넣은 것 또는 단면적 10[mm²] (알루미늄선은 단면적 16[mm²]) 이하의 것은 그러하지 아니하다.
3. 합성수지관 안에는 전선에 접속점이 없도록 할 것
4. 관 상호간 및 박스와는 관을 삽입하는 깊이를 관의 바깥 지름의 1.2배(접착제를 사용하는 경우에는 0.8배) 이상으로 하고 또한 꽂음 접속에 의하여 견고하게 접속할 것
5. 관의 지지점 간의 거리는 1.5[m] 이하로 하고, 또한 그 지지점은 관의 끝·관과 박스의 접속점 및 관 상호간의 접속점 등에 가까운 곳에 시설할 것
6. 습기가 많은 장소 또는 물기가 있는 장소에 시설하는 경우에는 방습 장치를 할 것　**답** ③

61 경질 비닐관(P.V.C)을 구부릴 때 사용하는 공구는?

① 토치 램프　　② 파이프 커터　　③ 리머　　　　④ 나사 절삭기

풀이 경질 비닐관을 구부리는 경우 토치램프 또는 가스토치를 이용하여 가열한후 구부리기를 한다.　**답** ①

62 가요 전선관은 어디에 사용되는가?

① 옥측 배선　　　　　　　　② 천장의 배선
③ 전동기의 리드선　　　　　④ 천장에서 콘센트까지

풀이 가요 전선관 배선은 작은 증설 공사, 전동기 리드선 등의 공사에 이용된다.　**답** ③

63 가요 전선관의 크기는 안지름에 가까운 홀수로 최고 얼마인가?

① 15[mm]　　　② 19[mm]　　　③ 25[mm]　　　④ 30[mm]

풀이 가요 전선관의 크기는 안지름에 가까운 홀수로 15, 19, 25[mm]가 있고, 길이는 10, 15, 30[m]가 있다.　**답** ③

64 금속 덕트 공사에서 금속 덕트에 넣는 전선(절연물 피복 포함)의 단면적의 합계는 덕트 내부 단면적의 몇 [%] 이하로 하는가?

① 10[%]　　　② 20[%]　　　③ 30[%]　　　④ 40[%]

풀이 232.31 금속덕트공사
1. 전선은 절연전선(옥외용 비닐절연전선을 제외한다)일 것
2. 금속 덕트에 넣은 전선의 단면적(절연피복의 단면적을 포함한다)의 합계는 덕트의 내부 단면적의 20[%](전광표시 기타 이와 유사한 장치 또는 제어회로 등의 배선만을 넣는 경우에는 50[%]) 이하일 것
3. 금속 덕트 안에는 전선에 접속점이 없도록 할 것. 다만, 전선을 분기하는 경우에는 그 접속점을 쉽게 점검할 수 있는 때에는 그러하지 아니하다.
4. 금속 덕트 안의 전선을 외부로 인출하는 부분은 금속 덕트의 관통부분에서 전선 손상될 우려가 없도록 시설할 것
5. 금속 덕트 안에는 전선의 피복을 손상할 우려가 있는 것을 넣지 아니할 것　**답** ②

04 전선 및 기계 기구의 보안 공사

1. 전선 및 전선로의 보안

1) 과전류 차단기

과전류 차단기라 함은 단락, 과부하 등의 사고가 발생하였을 경우 이를 전로로부터 자동적으로 차단하는 역할을 한다. 과전류차단기에는 퓨즈, 배선용차단기 등이 있다.

(1) 저압전로의 퓨즈

퓨즈(gG)의 용단특성

정격전류의 구분	시 간	정격전류의 배수	
		불용단전류	용단전류
4[A] 이하	60분	1.5배	2.1배
4[A] 초과 16[A] 미만	60분	1.5배	1.9배
16[A] 이상 63[A] 이하	60분	1.25배	1.6배
63[A] 초과 160[A] 이하	120분	1.25배	1.6배
160[A] 초과 400[A] 이하	180분	1.25배	1.6배
400[A] 초과	240분	1.25배	1.6배

(2) 배선용 차단기

과전류차단기로 저압전로에 사용하는 배선차단기 중 일반인이 접촉할 우려가 있는 장소(세대내 분전반 및 이와 유사한 장소)에는 주택용 배선차단기를 시설하여야 하고, 주택용 배선차단기를 정방향(세로)으로 부착할 경우에는 차단기의 위쪽이 켜짐(on)으로, 차단기의 아래쪽은 꺼짐(off)으로 시설하여야 한다.

순시트립에 따른 구분(주택용 배선용 차단기)

형	순시트립범위
B	$3I_n$ 초과 ~ $5I_n$ 이하
C	$5I_n$ 초과 ~ $10I_n$ 이하
D	$10I_n$ 초과 ~ $20I_n$ 이하

비고 1. B, C, D: 순시트립전류에 따른 차단기 분류
    2. I_n : 차단기 정격전류

과전류트립 동작시간 및 특성(주택용 배선용 차단기)

정격전류의 구분	시 간	정격전류의 배수(모든 극에 통전)	
		부동작 전류	동작 전류
63[A] 이하	60분	1.13배	1.45배
63[A] 초과	120분	1.13배	1.45배

(3) 시설제한

접지공사의 접지선, 다선식 전로의 중성선 및 전로의 일부에 접지공사를 한 저압 가공전선로의 접지 측 전선에는 과전류차단기를 시설하여서는 아니 된다.

2) 고압퓨즈

(1) 형식

① 비포장 퓨즈(open fuse) : 실 퓨즈, 훅 퓨즈, 판형 퓨즈
비포장 퓨즈는 정격전류의 1.25배의 전류에 견디고 또한 2배의 전류로 2분 안에 용단되는 것이어야 한다.

② 포장 퓨즈(enclosed fuse) : 통형 퓨즈, 플러그 퓨즈
포장 퓨즈(퓨즈 이외의 과전류 차단기와 조합하여 하나의 과전류 차단기로 사용하는 것을 제외한다)는 정격전류의 1.3배의 전류에 견디고 또한 2배의 전류로 120분 안에 용단되는 것이어야 한다.

(2) 퓨즈의 종류

① 실 퓨즈(wire fuse)

② 훅 퓨즈(hook fuse 또는 link fuse)

납 또는 납과 주석의 합금선, 일명 고리 퓨즈라 한다.

③ 판형 퓨즈(ribbon fuse 또는 strip fuse)

아연, 알루미늄 등 경금속판을 훅 퓨즈 모양으로 펀치로 눌러 만든 것

④ 통형 퓨즈(cartridge fuse)

통(파이프제, 유리제), 가용체(납 또는 납과 주석의 합금, 아연, 알루미늄판)로 만
든 것

⑤ 플러그 퓨즈(plug fuse)

에디슨 베이스(edison base)의 내부에 가용체를 넣고 퓨즈 홀더에 끼워서 사용하
는 구조로 플러그 퓨즈는 가용체가 용단된 것을 외부에서 알 수 있도록 앞면에 운
모를 이용한 창을 만들어 내부가 들여다보이게 되어 있다.

⑥ 관형 퓨즈

유리통 내부에 퓨즈를 봉입한 것으로 라디오, 원격 제어 등의 회로에 사용

⑦ 텅스텐 퓨즈

유리관 내에 가용체 텅스텐을 봉입한 것으로 작은 전류에 민감하게 용단되므로,
전압계, 전류계 등의 소손 방지용으로 계기 내에 방치하고 봉입한다.

⑧ 온도 퓨즈

퓨즈에 흐르는 과전류에 의하여 용단되는 것이 아니고, 주위 온도에 의하여 용단
되는 것으로 전기담요와 같은 보온용 절연기에 사용된다.

⑨ 방출형 퓨즈(expulsion fuse)

고압 회로에 쓰이는 퓨즈로서 현재 배전용 변압기의 1차 측에 사용하며 퓨즈가 동
작하면, 파이버제 빨간 통이 밑으로 약 2[cm] 돌출한다.

3) 누전 차단기

누전 차단기(ELB)는 지락 차단 장치의 하나로, 누전, 감전 등의 재해를 방지하기 위
해 설치하며, 이상 발생 시 이상을 감지하고 회로를 차단시키는 작용을 한다.
누전 차단기의 내부는 검출부, 영상 변류기, 차단부로 구성되어 있다.
전압 전로에 접속되는 전등 및 전동기, 전열기 등은 화재, 감전, 누전사고로부터 보
호하기 위하여 개폐기 및 과전류차단기, 누전차단기 등을 시설하여야 한다.

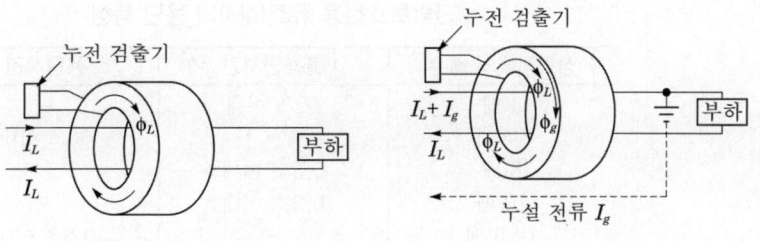

(a) 누전이 없는 상태   (b) 누전이 발생한 상태

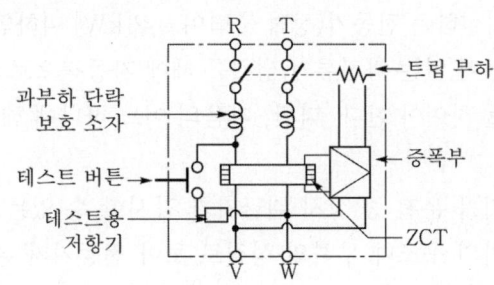

(c) 내부 결선도

2. 전동기의 과부하 보호 장치

(1) 저압전로 중의 전동기 보호용 과전류보호장치의 시설

① 과전류차단기로 저압전로에 시설하는 과부하보호장치(전동기가 손상될 우려가
있는 과전류가 발생했을 경우에 자동적으로 이것을 차단하는 것에 한한다)와 단
락보호 전용차단기 또는 과부하보호장치와 단락보호전용퓨즈를 조합한 장치는
전동기에만 연결하는 저압전로에 사용한다.

과부하 보호장치, 단락보호전용 차단기 및 단락보호전용 퓨즈는 다음에 따라 시
설할 것.

㉠ 과부하 보호장치로 전자접촉기를 사용할 경우에는 반드시 과부하계전기가 부
착되어 있을 것.

㉡ 단락보호전용 차단기의 단락동작설정 전류 값은 전동기의 기동방식에 따른 기
동돌입전류를 고려할 것.

㉢ 단락보호전용 퓨즈는 용단 특성에 적합한 것일 것.

단락보호전용 퓨즈(gM)의 용단 특성

정격전류의 배수	불용단시간	용단시간
4 배	60초 이내	–
6.3 배	–	60초 이내
8 배	0.5초 이내	–
10 배	0.2초 이내	–
12.5 배	–	0.5초 이내
19 배	–	0.1초 이내

② 옥내에 시설하는 전동기(정격 출력이 0.2[kW] 이하인 것을 제외)에는 전동기가 손상될 우려가 있는 과전류가 생겼을 때에 자동적으로 이를 저지하거나 이를 경보하는 장치를 하여야 한다. 다만, 다음의 어느 하나에 해당하는 경우에는 그러하지 아니하다.

㉠ 전동기를 운전 중 상시 취급자가 감시할 수 있는 위치에 시설하는 경우

㉡ 전동기의 구조나 부하의 성질로 보아 전동기가 손상될 수 있는 과전류가 생길 우려가 없는 경우

㉢ 단상전동기로써 그 전원측 전로에 시설하는 과전류 차단기의 정격전류가 16[A](배선차단기는 20[A]) 이하인 경우

(2) 안전 스위치(safety switch)

나이프 스위치를 철제 외함 안에 넣어 충전 부분을 덮고, 조작을 안전하게 하기 위하여 외부에서 핸들(handle)을 움직여 개폐하게 되어 있다. 금속 상자 개폐기라 하며, 개폐 능력을 1종 및 2종으로 되어 있다.

① 1종 : 주로 전등, 전열기 등 일반 회로용
② 2종 : 전동기 회로용

(3) 전자 개폐기(magnet controller)

전자 개폐기는 과부하뿐만 아니라, 정전 시나 저전압 때에도 자동적으로 차단되어 전동기의 소손을 방지하며, 과부하 보호장치를 포함하고 있다.

3. 전로의 절연 및 절연 내력

1) 전로의 절연

전로는 대지로부터 절연하여야 한다.

전로의 전선 상호간 및 전로와 대지간은 충분히 절연되어 있지 않으면 누전에 의하여 화재나 감전, 그 밖의 장해가 발생하므로, 전로는 전부 절연하여 사용하는 것이 원칙이다. 다만, 전로의 사용 전압이 170,000[V] 미만인 경우에 특별한 이유에 의하여 시·도지사의 인가를 받은 경우에는 그렇지 않다.

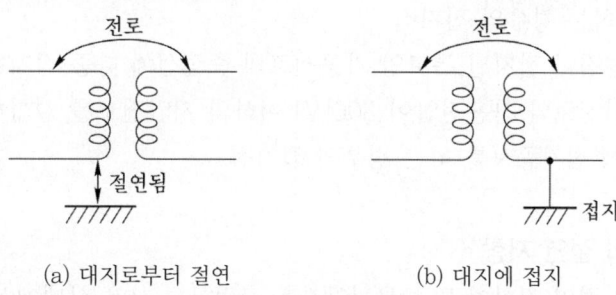

(a) 대지로부터 절연   (b) 대지에 접지

전로의 절연 원칙

그러나, 이상의 목적과는 달리 보안상, 경제상의 이유로 전로의 일부를 접지하도록 규정한 경우, 또는 구조상 절연할 수 없는 경우 등이 있으므로, 이들에 관해서는 그림과 같이 전로의 절연 원칙에서 제외하고 있다.

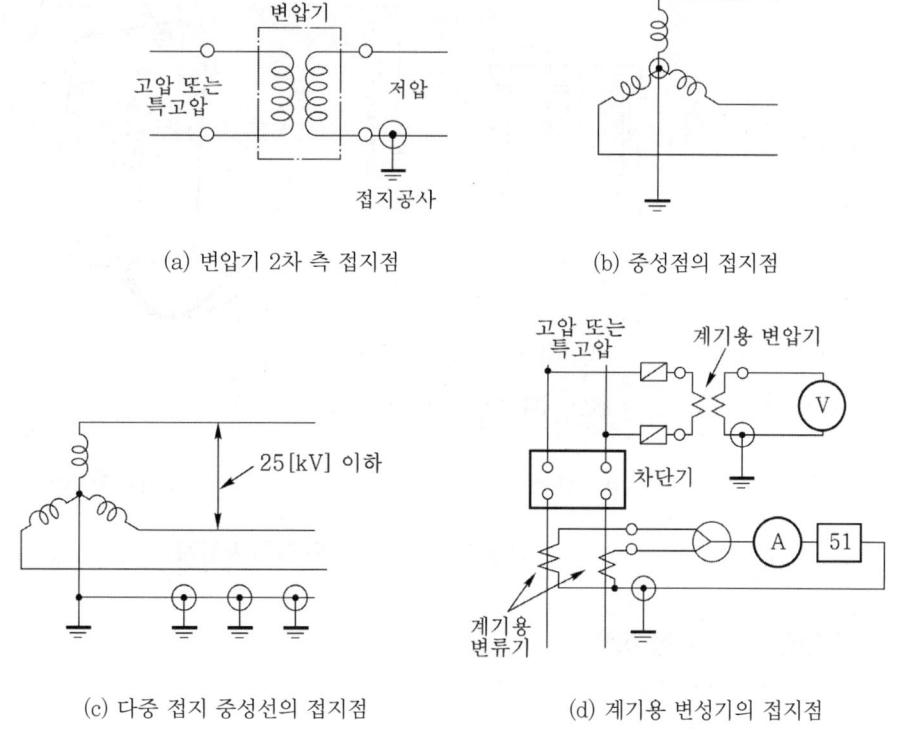

(a) 변압기 2차 측 접지점   (b) 중성점의 접지점

(c) 다중 접지 중성선의 접지점   (d) 계기용 변성기의 접지점

전로의 절연 원칙 예외 장소

다음의 경우는 절연을 하지 않아도 된다.

1. 저압전로에 접지공사를 하는 경우의 접지점
2. 계기용변성기의 2차측 전로에 접지 공사를 하는 경우의 접지점
3. 저압 가공 전선의 특고압 가공 전선과 동일 지지물에 시설되는 부분에 접지 공사를 하는 경우의 접지점
4. 중성점이 접지된 특고압 가공선로의 중성선에 다중 접지를 하는 경우의 접지점
5. 저압전로와 사용전압이 300[V] 이하의 저압전로를 결합하는 변압기의 2차측 전로에 접지공사를 하는 경우의 접지점

(1) 전로의 절연 저항

전로의 절연 저항이 몇 [MΩ]인가를 측정하여 사용 상태에서의 누설 전류의 크기를 확인하는 방법이다.

절연 저항 측정의 원리는 절연물에 직류 전압을 인가함으로써 생기는 절연물의 표면 절연 저항에 의한 표면 전류값과 체적 절연 저항에 의한 전류값(전압 인가 후 1분 후의 전류값을 누설 전류라 한다)를 절연 저항으로 나타내며, 다음 그림에 나타내었다.

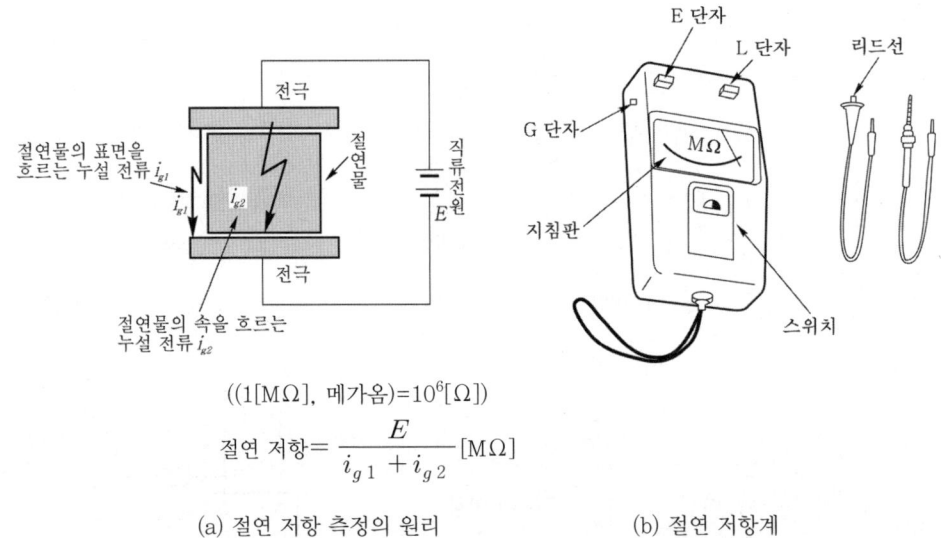

$$((1[M\Omega], \text{메가옴})=10^6[\Omega])$$

$$\text{절연 저항} = \frac{E}{i_{g1} + i_{g2}}[M\Omega]$$

(a) 절연 저항 측정의 원리   (b) 절연 저항계

절연 저항 측정 원리와 절연 저항계

(2) 절연 저항 측정 목적

① 전기설비 기술기준에 적합한가 여부의 판정
② 절연 내력 시험의 예비 시험
③ 절연 열화 상황을 판단하기 위한 정기적 측정

(3) 저압 전로의 절연 저항

사용전압이 저압인 전로에서 정전이 어려운 경우 등 절연저항 측정이 곤란한 경우 저항성분의 누설전류를 1[mA] 이하로 유지하여야 한다.

전로의 사용전압	DC 시험전압 [V]	절연 저항값[MΩ]
SELV 및 PELV	250	0.5
FELV, 500[V] 이하	500	1.0
500[V] 초과	1,000	1.0

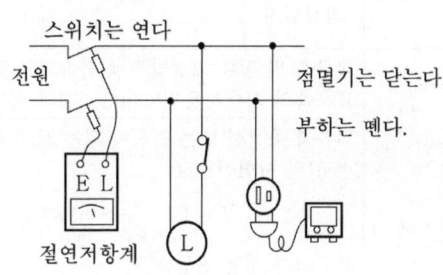

(a) 전선 상호 간의 측정

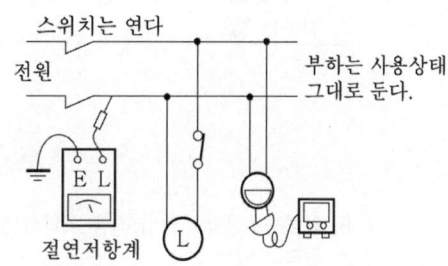

(b) 전로와 대지 간의 측정

저압 전로의 절연 저항 측정 개소

2) 전로의 절연내력

① 절연 내력을 시험할 부분에 최대 사용 전압에 의하여 결정되는 시험 전압을 계속하여 10분간 가하여 견디어야 한다.

② 전선에 케이블을 사용하는 교류 전로는 결정된 시험 전압의 2배의 직류 전압을 가하여 견디어야 한다.

시험 방법	• 고압/특고압 전선로 : 전로와 대지 사이 • 회전기 : 권선과 대지 간 • 변압기 : 권선과 다른 권선 간, 권선과 다른 권선, 철심 또는 외함 간 • 기 구 : 충전 부분과 대지 간

전로의 종류 (최대사용전압)	접지방식	시험 전압 (최대 사용전압의 배수)	최저 시험전압
1. 7[kV] 이하인 전로		1.5배	
2. 7[kV] 초과 25[kV] 이하	다중접지	0.92배	
3. 7[kV] 초과 60[kV] 이하 (2란의 것을 제외한다.)		1.25배	10.5[kV]

전로의 종류 (최대사용전압)	접지방식	시험 전압 (최대 사용전압의 배수)	최저 시험전압
4. 60[kV] 초과 (전위 변성기를 사용하여 접지하는 것을 포함한다.)	비접지	1.25배	
5. 60[kV] 초과 (전위 변성기를 사용하여 접지하는 것 및 6란과 7란의 것을 제외한다.)	중성점 접지	1.1배	75[kV]
6. 60[kV] 초과(7란의 것을 제외한다.)	중성점 직접접지	0.72배	
7. 170[kV] 초과 (발전소 또는 변전소 혹은 이에 준하는 장소에 시설하는 것.)	중성점 직접접지	0.64배	
8. 최대사용전압이 60[kV]를 초과하는 정류기에 접속되고 있는 전로	교류측 및 직류 고전압측에 접속되고 있는 전로는 교류측의 최대사용전압의 1.1배의 직류전압		

직류측 중성선 또는 귀선이 되는 전로(직류 저압측 전로)의 시험전압값

$$E = V \times \frac{1}{\sqrt{2}} \times 0.5 \times 1.2$$

E : 교류 시험 전압[V]

V : 역변환기의 전류 실패 시 중성선 또는 귀선이 되는 전로에 나타나는 교류성 이상전압의 파고 값[V]

다만, 전선에 케이블을 사용하는 경우 시험전압은 E의 2배의 직류전압으로 한다.

3) 회전기 및 정류기의 절연내력

종 류			시험전압 (최대 사용전압의 배수)	최저 시험 전압	시험방법
회 전 기	발전기·전동기 ·조상기·기타 회전기 (회전변류기를 제외한다)	최대사용전압 7[kV] 이하	1.5배	500[V]	권선과 대지 사이에 연속하여 10분간 가한다.
		최대사용전압 7[kV] 초과	1.25배	10.5[kV]	
	회전변류기		직류측의 최대사용전압의 1배의 교류전압	500[V]	
정 류 기	최대사용전압이 60[kV] 이하		직류측의 최대사용전압의 1배의 교류전압	500[V]	충전부분과 외함 간에 연속하여 10분간 가한다.
	최대사용전압 60 [kV] 초과		1.1배		교류측 및 직류고전압측단자와 대지 사이에 연속하여 10분간 가한다.

※ 회전 변류기 이외의 교류 회전기는 교류 시험 전압의 1.6배의 직류로 시험함
※ 태양 전지 모듈의 절연내력
　직류 전압 : 최대 사용 전압의 1.5배
　교류 전압 : 최대 사용 전압의 1배(최저 500[V])

4) 변압기 전로의 절연내력

권선의 종류 (최대사용전압)	접지방식	시험 전압 (최대사용전압의 배수)	최저 시험전압
1. 7[kV] 이하		1.5배	500 [V]
	다중접지	0.92배	500[V]
2. 7[kV] 초과 25[kV] 이하	다중접지	0.92배	
3. 7[kV] 초과 60[kV] 이하 　(2란의 것을 제외한다.)		1.25배	10.5[kV]
4. 60[kV] 초과 　(전위 변성기를 사용하여 접지하는 것을 포함한 　다. 8란의 것을 제외한다.)	비접지	1.25	
5. 60[kV] 초과 　(전위 변성기를 사용하여 접지하는 것, 　6란 및 8란의 것을 제외한다.)	접지식	1.1배	75 [kV]
6. 60[kV] 초과(8란의 것을 제외한다.) 　다만, 170[kV]를 초과하는 권선에는 그 중성점 　에 피뢰기를 시설하는 것에 한한다.	직접접지	0.72배	
7. 170[kV] 초과 　(8란의 것을 제외한다.)	직접접지	0.64배	
8. 60[kV]를 초과하는 정류기에 접속하는 권선	정류기의 교류측의 최대 사용전압의 1.1배의 교류전 압 또는 정류기의 직류측의 최대 사용전압의 1.1배 의 직류전압		

4. 접지 시스템의 시설

(1) 목적

전기 기기 내에서 절연 파괴가 생기면, 기기의 금속제 외함은 충전되어 대지 전압을 가진다. 여기에 사람이 접촉하면 인체를 통하여 대지로 전류가 흘러 감전되므로, 금속제 외함을 접지하여 대지 전압을 가지지 않도록 하기 위하여 접지를 시행한다.

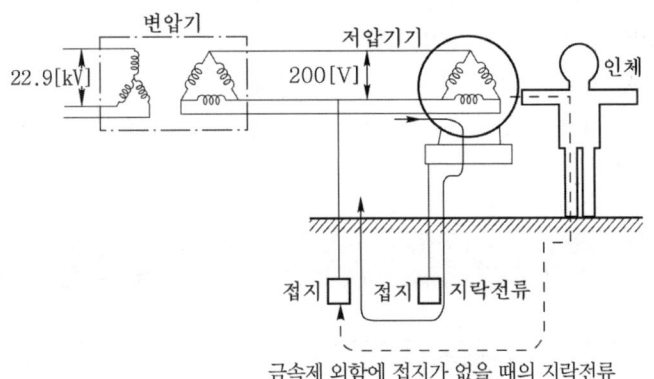

금속제 외함에 접지가 없을 때의 지락전류

(2) 접지시스템의 구분 및 종류

① 구분 : 계통접지, 보호접지, 피뢰시스템 접지 등
② 종류 : 단독접지, 공통접지, 통합접지

(3) 접지시스템 구성요소

① 접지시스템은 접지극, 접지도체, 보호도체 및 기타 설비로 구성한다.
② 접지극은 접지도체를 사용하여 주 접지단자에 연결하여야 한다.

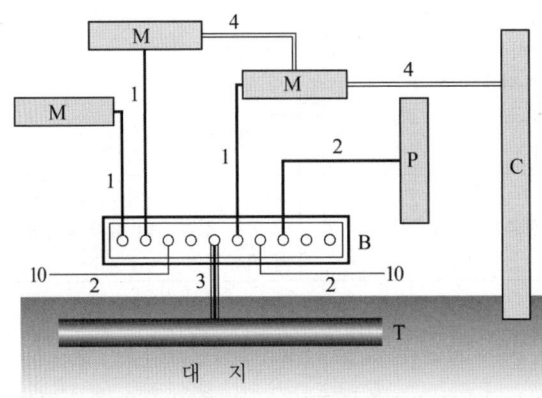

1 : 보호도체(PE)
2 : 보호 등전위 본딩용 도체
3 : 접지도체
4 : 보조 보호 등전위 본딩용 도체
10 : 기타 기기(정보통신, 피뢰시스템)
B : 주 접지단자
M : 전기기구의 노출 도전부
C : 철골, 금속덕트 등 계통외 도전부
P : 수도관, 가스관 등 계통외 도전부
T : 접지극

(4) 접지극의 시설 및 접지저항

① 접지극의 매설은 다음에 의한다.
  ㉠ 가능한 다습한 부분에 설치
  ㉡ 접지극은 지하 0.75[m] 이상으로 하되 동결 깊이를 감안하여 매설한다. 접지극을 깊이 매설하면 접지극 주변의 지표면 전위 경도가 완화되므로 매설 깊이를 규정하였다.

ⓒ 접지도체를 철주 기타의 금속체를 따라서 시설하는 경우에는 접지극을 철주의 밑면으로부터 0.3[m] 이상의 깊이에 매설하는 경우 이외에는 접지극을 지중에서 그 금속체로부터 1[m] 이상 떼어 매설한다. 이것은 접지극을 ⓛ에서와 같이 깊이 매설하여도 철주나 금속체 등에 가깝게 되면 접지극의 전위가 철주에 전해져서 철주 주변 지표면에 큰 전위 경도가 생기게 되므로, 이것을 방지하기 위한 규정이다.

ⓓ 접지도체는 지하 0.75[m]로부터 지표상 2[m]까지 부분은 합성수지관(두께 2[mm] 미만의 합성수지제 전선관 및 가연성 콤바인덕트관은 제외) 또는 이와 동등 이상의 절연 효력 및 강도를 가지는 몰드로 덮어야 한다. 이것은 접지선의 외상을 방지하고, 또 사람이 접촉했을 때 위험을 방지하기 위한 것이다.

ⓔ 접지도체는 절연 전선(옥외용 비닐 절연 전선은 제외) 또는 케이블(통신용 케이블은 제외)을 사용한다. 다만, 접지도체를 철주 기타의 금속체에 따라 시설하는 경우 이외의 경우에는 접지도체의 지표상 0.6[m]를 초과하는 부분에 대하여는 절연전선을 사용하지 않을 수 있다.

이 규정은 접지선으로 절연 효력이 있는 것을 사용하여 사람이 접촉했을 때 위험을 방지하기 위한 것이다.

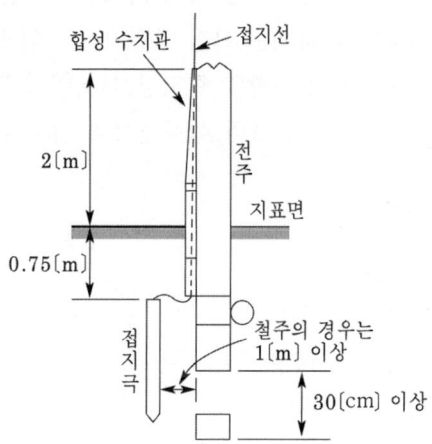

② 수도관 등을 접지극으로 사용하는 경우

㉠ 지중의 금속제 수도관은 그 매설 길이가 길기 때문에 아주 작은 접지 저항을 가지고 있는 수가 많아 접지극으로 사용할 수가 있지만 수도관을 통한 전격, 관의 부식 문제도 있으므로, 한국전기설비규정에서는 다음의 조건 하에서 접지극으로 사용하는 것을 인정하고 있다.

㉮ 지중에 매설되어 있고 접지 저항값이 3[Ω] 이하의 금속제 수도관은 각종 접지 공사의 접지극으로 사용할 수 있다.

㉯ 접지도체와 금속제 수도관의 접속은 안지름 75[mm] 이상인 금속제 수도관

또는 이로부터 분기한 안지름 75[mm] 미만인 금속제 수도관의 분기점으로부터 5[m] 이내의 부분에서 하여야 한다. 다만, 그림과 같이 접지 저항이 2[Ω] 이하인 경우에는 5[m]를 초과할 수 있다.

ⓒ 접지도체와 금속제 수도관로의 접속부를 수도계량기로부터 수도 수용가 측에 설치하는 경우에는 수도계량기를 사이에 두고 양측 수도관로를 등전위본딩 하여야 한다.

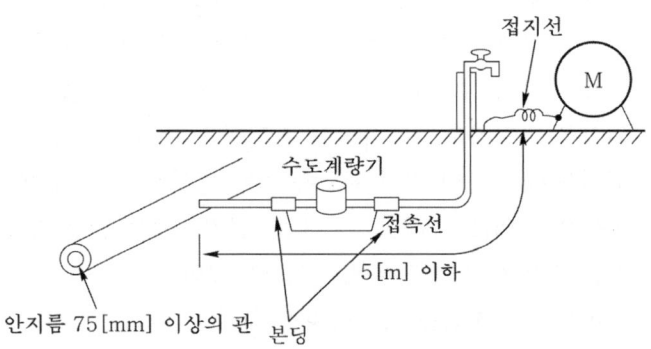

ⓛ 건축구조체 접지

대지와의 사이에 전기저항 값이 2[Ω] 이하인 값을 유지하는 건축물·구조물의 철골 기타의 금속제는 이를 비접지식 고압전로에 시설하는 기계기구의 철대(鐵臺) 또는 금속제 외함의 접지공사나 비접지식 고압전로와 저압전로를 결합하는 변압기의 저압전로의 접지공사의 접지극으로 사용할 수 있다.

(5) 접지도체·보호도체

① 접지도체의 선정

㉠ 접지도체의 최소 단면적

• 구리 : 6[mm^2] 이상

• 철 : 50[mm^2] 이상

㉡ 접지도체에 피뢰시스템이 접속되는 경우

• 구리 : 16[mm^2] 이상

• 철 : 50[mm^2] 이상

② 접지도체의 굵기

㉠ 특고압·고압 전기설비용 접지도체 : 6[mm^2] 이상의 연동선

㉡ 중성점 접지도체 : 16[mm^2] 이상의 연동선

(다만, 다음의 경우에는 6[mm^2] 이상의 연동선

• 7[kV] 이하의 전로

• 사용전압이 25[kV] 이하인 특고압 가공전선로(다만, 중성선 다중접지식의

것으로서 전로에 지락이 생겼을 때 2초 이내에 자동적으로 이를 전로로부터 차단하는 장치가 되어 있는 것.)

ⓒ 이동하여 사용하는 전기기계기구의 금속제 외함 등의 접지시스템의 경우는 다음의 것을 사용하여야 한다.

접지도체	접지선의 종류	접지선의 단면적
특고압·고압 전기설비 중성점 접지	• 클로로프렌캡타이어케이블(3종 및 4종) • 클로로설포네이트폴리에틸렌캡타이어 케이블의 일심(3종 및 4종) • 다심캡타이어케이블의 차폐 기타의 금속제	10[mm²]
저압 전기설비	다심 코드 또는 다심 캡타이어케이블의 일심	0.75[mm²]
	다심코드 및 다심 캡타이어케이블의 일심 이외의 가요성이 있는 연동연선	1.5[mm²]

(6) 보호도체

보호도체에는 어떠한 개폐장치를 연결해서는 안 된다.

① 보호도체의 단면적

선도체의 단면적 S ([mm²], 구리)	보호도체의 최소 단면적([mm²], 구리)	
	보호도체의 재질	
	선도체와 같은 경우	선도체와 다른 경우
S ≤ 16	S	$(k_1/k_2) \times S$
16 < S ≤ 35	16$^{(a)}$	$(k_1/k_2) \times 16$
S > 35	S$^{(a)}$/2	$(k_1/k_2) \times (S/2)$

여기서, k_1 : 선도체에 대한 k값
k_2 : 보호도체에 대한 k값
a : PEN 도체의 최소단면적은 중성선과 동일하게 적용한다.

② 보호도체의 종류

ⓐ 보호도체는 다음 중 하나 또는 복수로 구성하여야 한다.
  ㉮ 다심케이블의 도체
  ㉯ 충전도체와 같은 트렁킹에 수납된 절연도체 또는 나도체
  ㉰ 고정된 절연도체 또는 나도체
  ㉱ 금속케이블 외장, 케이블 차폐, 케이블 외장, 전선묶음(편조전선), 동심도체, 금속관
ⓑ 다음과 같은 금속부분은 보호도체 또는 보호본딩도체로 사용해서는 안 된다.
  ㉮ 금속 수도관
  ㉯ 가스·액체·분말과 같은 잠재적인 인화성 물질을 포함하는 금속관
  ㉰ 상시 기계적 응력을 받는 지지 구조물 일부

④ 가요성 금속배관

⑩ 가요성 금속전선관

⑪ 지지선, 케이블트레이 및 이와 비슷한 것

(7) 변압기 중성점 접지

적 용	접지 저항값
변압기 중성점	$\dfrac{150}{1선\ 지락전류}[\Omega]$ 이하 • 자동차단 설비가 1초 이내 동작하면 $600/I[\Omega]$ • 자동차단설비가 1초 초과 2초이내 동작하면 $300/I[\Omega]$

(8) 보호등전위본딩 도체의 단면적

① 보호등전위본딩

㉠ 건축물 · 구조물의 외부에서 내부로 들어오는 각종 금속제 배관은 등전위본딩을 하여야 한다.

㉡ 수도관 · 가스관의 경우 내부로 인입된 최초의 밸브 후단에서 등전위본딩을 하여야 한다.

㉢ 건축물 · 구조물의 철근, 철골 등 금속보강재는 등전위본딩을 하여야 한다.

② 등전위본딩 도체의 단면적

주접지단자에 접속하기 위한 등전위본딩 도체는 설비 내에 있는 가장 큰 보호접지도체 단면적의 1/2 이상의 단면적을 가져야 하고 다음의 단면적 이상이어야 한다.

• 구리 : $6[\text{mm}^2]$ 이상

• 알루미늄 : $16[\text{mm}^2]$ 이상

• 강철 : $50[\text{mm}^2]$ 이상

③ 절연성 바닥으로 된 비접지 장소에서 전기설비 상호간 2.5[m] 이내인 경우는 국부등전위 본딩을 하여야 한다.

(9) 계기용변성기의 2차 측 전로의 접지

고압 및 특고압의 계기용변성기 2차측 전로에는 접지공사를 하여야 한다.

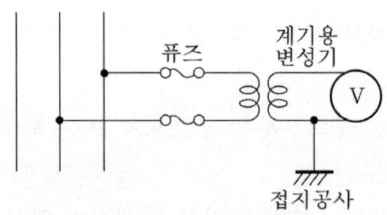

계기용 변성기의 2차측 접지

(10) 전로의 중성점의 접지

전로의 보호 장치의 확실한 동작의 확보 또는 이상 전압의 억제 및 대지 전압의 저하를 위하여 전로의 중성점에 접지 공사를 하는 경우에는 다음에 따른다.

① 접지극은 고장 시에 그 근처의 대지 간에 생기는 전위차에 의하여 인축 또는 다른 시설물에 위험을 줄 우려가 없도록 시설할 것

② 접지선에는 공칭 단면적 16[mm²] 이상(저압 전로의 중성점에 시설하는 것은 공칭단면적 6[mm²] 이상)의 연동선 또는 이와 동등 이상의 세기 및 굵기의 쉽게 부식하지 아니하는 금속선으로서 고장 전류를 안전하게 통할 수 있는 것이어야 하며, 또한 방호 장치를 시설할 것

③ 접지도체에 접속하는 저항기·리액터 등은 고장 시 흐르는 전류를 안전하게 통할 수 있는 것을 사용할 것

④ 접지도체·저항기·리액터 등은 취급자만 출입하는 곳에 시설하거나 사람이 접촉할 우려가 없도록 시설한다.

5. 피뢰기의 시설

피뢰기는 전력 설비의 기기를 이상 전압(뇌 서지 및 개폐 서지)으로부터 보호하는 장치이며, 고압 및 특고압의 전로 중 다음의 경우에는 피뢰기를 설치하여야 한다.

① 발·변전소 또는 이에 준하는 장소의 가공 전선 인입구 및 인출구
② 가공전선로에 접속하는 특고압 배전용 변압기의 고압 측 및 특고압 측
③ 고압 및 특고압 가공 전선로에서 공급받는 수용 장소의 인입구
④ 가공 전선로와 지중 전선로가 접속되는 곳

고압 및 특고압의 전로에 시설하는 피뢰기에는 접지공사를 하여야 한다.

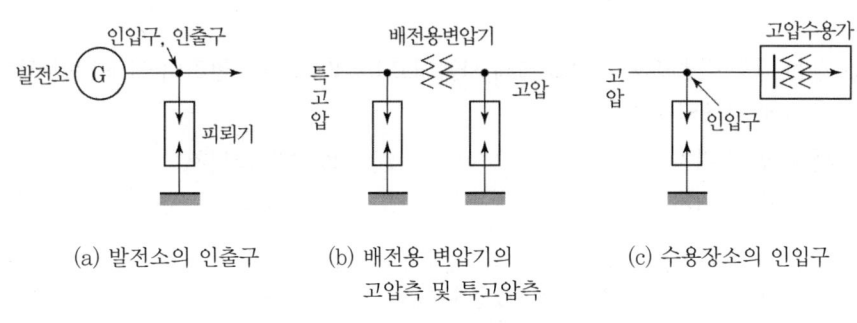

(a) 발전소의 인출구　　(b) 배전용 변압기의　　(c) 수용장소의 인입구
　　　　　　　　　　　고압측 및 특고압측

피뢰기의 설치 장소

1 변압기 중성점 접지 공사의 저항 값은 다음 중 어느 것으로 결정하는가?

① 고압 가공 전선으로의 전선 인장

② 변압기의 용량

③ 변압기의 고압 또는 특고압 전로의 1선 지락 전류

④ 변압기의 1차 측에 넣는 퓨즈의 용량

풀이 변압기 중성점 접지 공사의 접지 저항은 $\dfrac{150[\mathrm{V}]}{1\text{선 지락 전류}}$ 를 계산한 저항값이다. **답** ③

2 다음 접지 공사 방법 중 옳지 않은 것은?

① 접지극은 지하 75[cm] 이상의 깊이에 묻어야 한다.

② 접지도체와 수도관의 접속은 접지 저항값이 2[Ω] 이하로 되면 어느 곳에서나 접속할 수 있다.

③ 접지도체의 최소 단면적은 구리인 경우 6[mm²] 이상을 사용한다.

④ 접지도체는 접지극에서 지표상 2[m]까지의 부분에는 옥내용 절연 전선을 사용한다.

풀이 접지선은 지하 0.75[mm]부터 지표상 2[m]까지 합성 수지 몰드로 덮어야 한다.

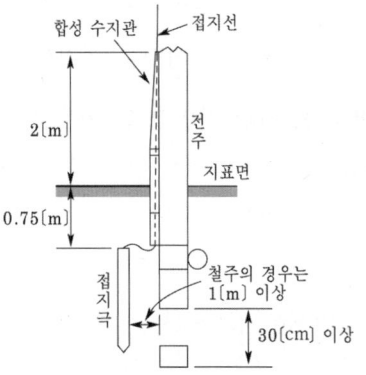

답 ④

3 생산 공장 작업의 자동화에 널리 사용되고 바이메탈과 조합하여 실내 난방 장치의 자동 온도 조절에 사용되는 것은?

① 타임 스위치 ② 수은 스위치

③ 부동 스위치 ④ 타임 러그 스위치

풀이 • 타임 스위치 : 시계 장치와 조합하여 자동 개폐하며 외등, 가로등, 전기 사인등, 점멸기에 사용한다.

• 수은 스위치 : 생산 공장 자동화에 사용되고 바이메탈과 조합하여 실내 난방 장치의 자동 온도 조절에 사용된다.

• 부동 스위치 : 급수 펌프 운전에 사용된다. **답** ②

4 소켓, 리셉터클 등에 전선을 접속할 때 어떤 측 전선을 중심 접촉면에 접속해야 하는가?

① 접지 측   ② 중성 측

③ 단자 측   ④ 전압 측

풀이 소켓, 리셉터클 등에 전선을 접속할 때에는 전압 측 전선을 중심 측 면에, 접지 측 전선을 속 베이스에 연결하여야 한다.   답 ④

5 가정용 저압 배전 전압을 100[V]에서 200[V]로 승압하면 어떤 이점이 있나?

① 공사가 간단하다.   ② 역률이 좋다.

③ 전력 손실이 적다.   ④ 정전이 적다.

풀이 전력손실은 전압의 제곱에 반비례하므로, 배전전압을 승압하면 전력손실은 감소한다.   답 ③

6 액면이 올라간다던지 내려간다던지 하는 데에 따라 상하 운동을 하며, 접점을 개폐하는 것으로서 펌프의 자동 운전에 쓰이는 것은?

① 플로트 스위치   ② 압력 스위치

③ 습도 자동 스위치   ④ 스탭 컨트롤러

풀이 플로트 스위치 : 물탱크의 수위 조절하는 곳에 사용된다.   답 ①

7 학교, 공장, 빌딩 등의 옥상에 있는 물탱크의 급수 펌프에 설치한 스위치는?

① 부동 스위치   ② 압력 스위치

③ 수은 스위치   ④ 마그넷 스위치

풀이 부동 스위치 : 급수 펌프를 운전에 사용된다.   답 ①

8 다음 중 저전압 차단 역할을 하는 보호 기구는?

① 캐치 홀더   ② 개폐기

③ 퓨즈   ④ 마그넷 스위치

풀이   답 ④

9 Pilot lamp(파일럿 램프)란 무엇인가?

① 동작을 표시하는 램프이다.   ② Signal lamp와 같은 용어로 쓰인다.

③ 일반 조명용 램프라는 뜻이다.   ④ 전원의 유무를 표시하는 등이다.

풀이 파일럿 램프는 정전 유무를 표시하는 곳에 사용한다.   답 ④

10 전자 개폐기에 부착하여 전동기의 소손 방지를 위하여 사용하는 것은?

① 퓨즈

② 열동 계전기

③ 배선용 차단기

④ 비율 차동 계전기

풀이 열동 계전기는 전자 개폐기에 붙어있어 과부하가 되면 전자 개폐기를 차단한다.   답 ②

11 고압 전력용 콘덴서의 용량을 표시하는 단위는?

① [kV]

② [kA]

③ [kVA]

④ [kVAR]

풀이 전력용 콘덴서 용량은 $Q_c = P(\tan\theta_1 - \tan\theta_2)$[kVA]로 구한다.   답 ③

12 자동 제어 기구 번호 중 회전기의 온도 계전기의 기구 번호는?

① 27

② 43

③ 49

④ 52

풀이 27 - 교류 부족 전압 계전기   43 - 개폐기 또는 제어 회로 절환 접촉기

49 - 회전기 온도 계전기   52 - 교류 차단기 또는 접촉기   답 ③

13 물 탱크의 수위를 조절하는 데 필요로 하는 자동 스위치는 다음 중 어느 것인가?

① TDR

② TLRS

③ CS

④ FLS

풀이 플로트 스위치 또는 플로트 리스 스위치는 물탱크의 수위조절용으로 사용된다.   답 ④

14 물 탱크의 수위를 자동적으로 조절하는 데 필요한 자동 스위치는 다음 중 어느 것인가?

① Floatless Realy

② 수은 스위치

③ 타임 스위치

④ 서머 스위치

풀이 플로트 스위치 또는 플로트 리스 스위치는 물탱크의 수위조절용으로 사용된다.   답 ①

15 저압 옥내 배선에 있어서 맨 먼저 시험해야 될 사항은?

① 절연 저항 시험

② 절연 내력 시험

③ 접지 저항 시험

④ 통전 시험

풀이   답 ①

16 특고압 또는 고압 회로 및 기기의 단락 보호 능력을 갖는 것은 무엇인가?

① 차단기

② 전력 퓨즈

③ 계기용 변성기

④ 단로기

풀이 차단기는 단락보호 능력이 있으며, 단로기는 단락보호 및 부하전류 개폐능력이 없다. **답** ①

17 변압기 고압측 전로의 1선 지락 전류값이 5[A]일 때 중성점 접지 공사의 접지 저항[Ω]의 최대는?

① 30 　　　　　 ② 40 　　　　　 ③ 50 　　　　　 ④ 100

풀이 변압기의 중성점 접지 공사의 접지 저항값 $R = \dfrac{150[\text{V}]}{1선지락전류}[\Omega]$이므로

$$\therefore R_2 = \frac{150}{5} = 30[\Omega]$$ **답** ①

18 피뢰기를 시설하지 않아도 되는 곳은?

① 발·변전소 또는 이에 준하는 장소의 가공 전선 인입구 및 인출구
② 가공 전선로에 접속하는 배전용 변압기의 저압 측 및 고압 측
③ 고압 또는 특고압 가공 전선으로부터 공급받는 수용 장소 인입구
④ 가공 전선과 지중 전선이 접속되는 곳

풀이 피뢰기의 설치장소
① 발·변전소 또는 이에 준하는 장소의 가공 전선 인입구 및 인출구
② 가공전선로에 접속하는 특고압 배전용 변압기의 고압 측 및 특고압 측
③ 고압 및 특고압 가공 전선로에서 공급받는 수용 장소의 인입구
④ 가공 전선로와 지중 전선로가 접속되는 곳 **답** ②

가공 인입선 및 배전선 공사

1. 가공 인입선 공사

가공전선로의 지지물로부터 다른 지지물을 거치지 아니하고 수용장소의 붙임점에 이르는 가공전선을 말한다.

(1) 저압 가공 인입선

저압 가공 인입선은 건조물과 접근, 저압 가공선의 상호 접근 교차, 다른 시설물과 접근 교차, 식물과의 이격거리 등을 제외하고는 다음에 의하여 시설한다.

① 전선의 굵기 : 전선이 케이블인 경우 이외에는 인장강도 2.30[kN] 이상의 것 또는 지름 2.6[mm] 이상의 인입용 비닐절연전선일 것. 다만, 경간이 15[m] 이하인 경우는 인장강도 1.25[kN] 이상의 것 또는 지름 2[mm] 이상의 인입용 비닐절연전선일 것

② 전선 : 절연 전선 또는 케이블일 것

③ 전선이 옥외용 비닐 절연 전선인 경우에는 사람이 접촉할 우려가 없도록 시설한다.

④ 전선의 높이

시설 장소	높 이
일반 도로를 횡단하는 경우 (기술상 부득이하고 교통에 지장이 없는 경우)	노면상 5[m] 이상 (노면상 3[m] 이상)
철도 또는 궤도를 횡단하는 경우	레일면상 6.5[m] 이상
횡단 보도교 위에 가설하는 경우	노면상 3[m] 이상
위 이외의 일반 장소 (기술상 부득이하고 교통에 지장이 없는 경우)	지표상 4[m] 이상 (지표상 2.5[m] 이상)

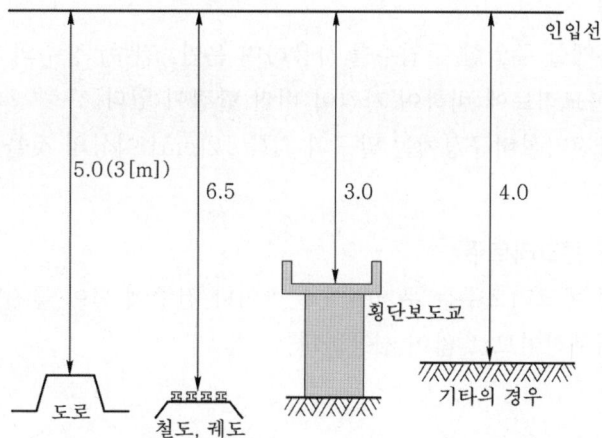

5.0(3[m]) 도로

6.5 철도, 궤도

3.0 횡단보도교

4.0 기타의 경우

인입선

[주] ( ) 내는 기술상 부득이 한 경우, 교통에 지장이 없을 때에 한하여 적용할 수 있다.

(2) 연접(이웃 연결) 인입선

한 수용 장소의 인입선에서 분기하여 지지물을 거치지 아니하고 다른 수용 장소의 인입구에 이르는 부분의 전선

① 인입선에서 분기하는 점으로부터 100[m]를 넘지 않는 지역이어야 한다.
② 폭 5[m]를 초과하는 도로를 횡단하지 아니할 것
③ 옥내를 통과하지 아니할 것

(3) 고압 가공 인입선

① 전선은 8.01[kN] 이상의 또는 5[mm] 이상 경동선의 고압절연 전선, 특고압 절연 전선 또는 인하용 절연전선을 애자사용배선에 의하여 시설하거나 케이블로 시설해야 한다.
② 지표상 최저 높이 : 3.5[m]
   (전선이 케이블이 아닌 경우에는 전선의 아래쪽에 위험표시를 하여야 한다.)
③ 고압 연접 인입선은 시설해서는 안 된다.

2. 배전 선로용 재료와 기구

(1) 지지물

지지물에는 철주, 철근콘크리트주, 철탑을 사용한다.

① 목주

방부제를 주입한 주입주를 사용하며 운반, 건주, 장주의 가공이 쉬워 편리하나 철근 콘크리트에 비하여 가격이 비싼 단점이 있다.

한국전기설비규정에는 말구의 지름 12[cm] 이상의 것을 사용하도록 규정하고 있다.

② 철근 콘크리트주

철근 콘크리트주는 무거워서 운반이나 건주에 힘이 들지만 겉모양이 좋고 수명이 반영구적이므로 많이 사용한다.

(2) 완금

지지물에 전선을 고정시키기 위하여 사용하는 금구로 아연 도금을 한 앵글을 많이 사용한다. 완금이 상하로 움직이는 것을 방지하기 위하여 암 타이(arm tie)를 사용한다. 암 타이를 고정시키려면 암 타이 밴드(arm tie band)를, 지선에 붙일 때에는 지선 밴드(stay band)를 사용한다.

(3) 애자

애자는 전선을 지지하고 전선과 지지물간의 절연간격을 유지하기 위해 사용한다.

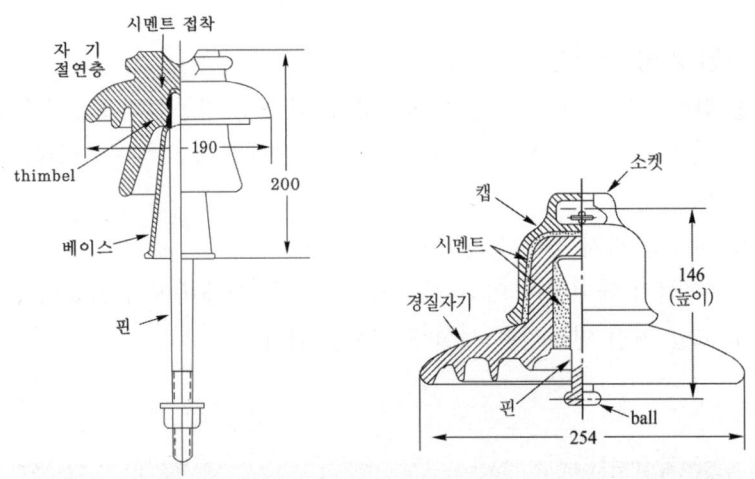

(a) 핀 애자(66[kV] 이하의 전선로에 사용)   (b) 현수 애자(송전선에 가장 많이 사용)

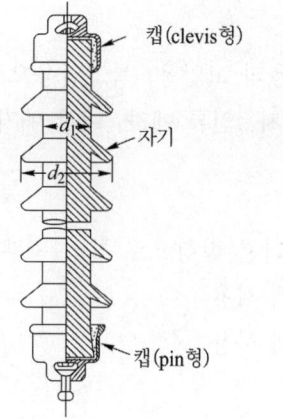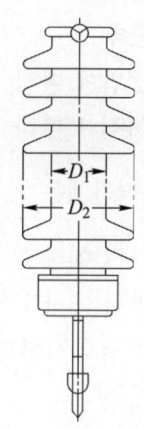

(c) 장간 애자
(특수한 장소에 사용)

(d) 라인 포스트 애자
(저전압 송전선로의 핀애자 대용)

애자의 종류

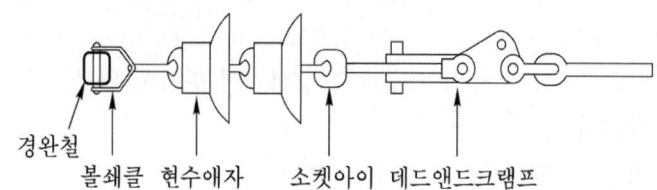

(a) 경완철

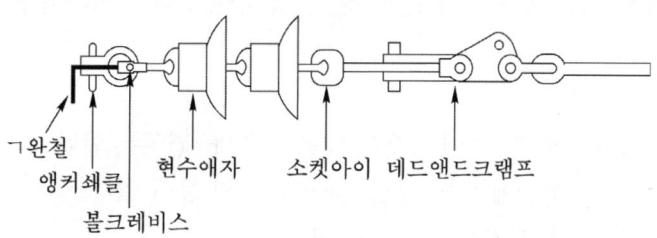

(b) ㄱ형 완철

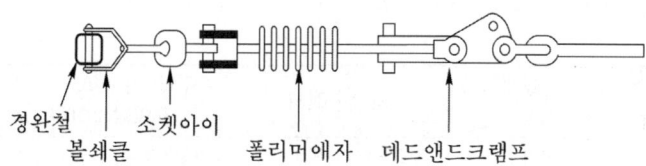

(c) 폴리머 애자

애자 설치 부속 자재

① 애자의 종류

　　㉠ 사용전압에 따라 : 저압용과 고압용, 특고압용으로 분류

　　㉡ 사용목적에 따라 : 핀 애자, 인류 애자, 내장 애자 등으로 분류

　그 외의 애자에는

　• 고압 가지 애자 : 전선을 다른 방향으로 돌리는 부분에 사용
　• 저압 곡핀 애자 : 인입선에 사용
　• 지선 애자 : 지선의 중간에 사용

　등이 있다.

3. 장주, 건주 및 가선

(1) 장주

지지물에 전선, 그 밖의 기구를 고정시키기 위하여 완목, 완금, 애자 등을 장치하는 것을 말한다.

장주 작업 시 고려사항은 다음과 같다.

① 작업이 간단할 것　　　　② 전선, 기구 등이 튼튼하게 고정될 것
③ 혼촉, 누전의 우려가 없을 것　　④ 경제적이고 미관이 좋을 것

(2) 건주

1. 지지물(전주)을 땅에 세우는 것을 말한다. 건주는 인력굴착에 의한 방법과 건주차 (오가 크레인)에 의한 방법, 백호우 방법 등이 있다.

2. 가공전선로 지지물의 기초의 안전율

　가공 전선로 지지물의 기초 안전율 2(이상시 상정 하중에 대한 철탑의 경우는 1.33) 이상으로 하여야 한다. 다만, 다음과 같이 시설하는 경우는 예외로 한다.

설계하중 전장	6.8[kN] 이하	6.8[kN] 초과 ~ 9.8[kN] 이하	9.81[kN] 초과 ~ 14.72[kN] 이하
15[m] 이하	전장×1/6[m] 이상	전장×1/6+0.3[m] 이상	전장×1/6+0.5[m] 이상
15[m] 초과~16[m] 이하	2.5[m] 이상	2.8[m] 이상	–
16[m] 초과~20[m] 이하	2.8[m] 이상	–	–
15[m] 초과~18[m] 이하	–	–	3[m] 이상
18[m] 초과	–	–	3.2[m] 이상

4. 가공전선로

1. 저압 및 고압 가공 전선의 높이는 다음과 같다.

시설 장소	높 이
도로를 횡단하는 경우 (번잡하지 않은 도로 제외)	지표상 6[m] 이상
철도 또는 궤도를 횡단하는 경우	레일면상 6.5[m] 이상
횡단 보도교 위에 가설하는 경우	노면상 3.5[m] 이상 (단, 저압의 절연전선의 경우 : 3[m] 이상)
일반의 장소	지표상 5[m] 이상 (단, 저압에서 교통에 지장이 없도록 절연전선 또는 케이블로 옥외조명용에 공급하는 경우 : 4[m] 이상)
다리의 하부 기타 이와 유사한 장소에 시설하는 저압의 전기철도용 급전선	지표상 3.5[m] 이상

2. 동일 지지물에 고압과 저압을 병가하는 경우 저압을 고압의 아래로 하고, 별개의 완금류에 0.5[m] 이상(단, 고압 가공전선이 케이블인 경우는 0.3[m] 이상) 이격하여 시설할 것

5. 주상 변압기를 지지물에 설치하는 방법

행거 밴드(hanger band)를 사용하는 방법과 변대를 사용하는 방법이 있으며, 구분 개폐기(OS 또는 AS)는 완목 또는 완금에 시설하여 끈으로 쉽게 조작할 수 있도록 시설하여 고압 콘덴서는 개폐기를 거쳐서 완목 또는 완금에 행거로 시설하거나 용량이 큰 것은 변대를 이용한다. 일반적으로 피뢰기는 완목 또는 완금에 직접 설치하고, 접지 공사를 하여야 한다.

1 가공 전선으로 쓰이는 전선 중 내식성이 가장 큰 것은?

① 알루미늄선   ② 알루미늄 합금선

③ 경동선   ④ 강심 알루미늄선

풀이   **답** ③

2 현재 주상 변압기의 1차 측 컷 아웃의 퓨즈가 동작하면 파이버제 빨간 통이 밑으로 약 2[cm] 정도 나오게 되어 있는 퓨즈는?

① 방출형 퓨즈   ② 통형 퓨즈   ③ 훅 퓨즈   ④ 실 퓨즈

풀이   **답** ①

3 고압 가공 전선로의 전선에 사용한 경동선의 이도 계산에 사용하는 안전 계수는?

① 2.0   ② 2.2   ③ 2.5   ④ 3.0

풀이 332.4 고압 가공전선의 안전율
고압 가공전선은 케이블인 경우 이외에는 다음에 규정하는 경우에 그 안전율이 경동선 또는 내열 동합금선은 2.2 이상, 그 밖의 전선은 2.5 이상이 되는 이도(弛度)로 시설하여야 한다.   **답** ②

4 목주 및 철근 콘크리트의 지름의 증가율[%]은 일반적으로 어느 정도인가?

① 0.8, 2   ② 0.9, 1   ③ 1, 2   ④ 0.9, 2

풀이 목주의 지름 증가율은 $\dfrac{9}{1,000}$ 이고 콘크리트주의 지름 증가율은 $\dfrac{1}{75}$ 이다.   **답** ④

5 철근 콘크리트주가 땅에 묻히는 깊이는 전체 길이 15[m] 이하, 설계하중이 6.8[kN] 이하에서는 얼마를 묻어야 하는가?

① 1/6 이상   ② 1/5 이상   ③ 1/4 이상   ④ 1/3 이상

풀이 331.7 가공전선로 지지물의 기초의 안전율
강관주 또는 철근 콘크리트주로서 그 전체 길이가 16[m] 이하, 설계하중이 6.8[kN] 이하인 것 또는 목주를 다음에 의하여 시설하는 경우
① 전체의 길이가 15[m] 이하인 경우는 땅에 묻히는 깊이를 전체길이의 1/6 이상으로 할 것.
② 전체의 길이가 15[m]를 초과하는 경우는 땅에 묻히는 깊이를 2.5[m] 이상으로 할 것.   **답** ①

6 가공 전선으로의 지선 사용 및 시방 세목 등에서 지선의 인장 하중은 규정상 얼마인가?

① 4.40[kN]   ② 380[kN]   ③ 4.31[kN]   ④ 3.80[kN]

풀이 331.11 지선의 시설
지선은 안전율 2.5 이상, 1가닥 허용 인장 하중 4.31[kN] 이상이고, 2.6[mm] 이상의 금속선을 3조 이상 꼬아서 만든다. 답 ③

7 주상 변압기는 시가지에 있어서 지표상 얼마 높이 이상으로 하는가?

① 4[m]   ② 4.5[m]   ③ 5[m]   ④ 6[m]

풀이 341.8 고압용 기계기구의 시설
고압 기계기구의 높이 시가지의 경우 4.5[m], 시가지 외의 경우 4[m] 답 ②

8 철도를 횡단하는 경우, 저압 및 고압 가공 전선의 레일면상의 높이는 몇 [m]인가?

① 4.5 이상   ② 5.5 이상   ③ 6.0 이상   ④ 6.5 이상

풀이 철도 횡단 시 가공 전선의 높이는 저·고압 모두 최저 6.5[m] 이상으로 하여야 한다. 답 ④

9 한 수용가의 인입선에서 분기하여 지지물을 거치지 아니하고 다른 수용 장소의 인입구에 이르는 부분의 전선을 무엇이라 하는가?

① 인입선   ② 연접 인입선   ③ 연접 가공선   ④ 옥외 배선

풀이 연접인입선 : 한 수용 장소의 인입선에서 분기하여 지지물을 거치지 아니하고 다른 수용 장소의 인입구에 이르는 부분의 전선 답 ②

10 일반 수용가 A에서 일반 수용가 B에 연접 인입선을 분기할 때 가공 인입선에서 얼마를 넘지 아니하여야 하는가?

① 250[m]   ② 200[m]   ③ 150[m]   ④ 100[m]

풀이 221.1.2 연접 인입선의 시설
① 인입선에서 분기하는 점으로부터 100[m]를 넘지 않는 지역이어야 한다.
② 폭 5[m]를 초과하는 도로를 횡단하지 말 것
③ 옥내를 통과하지 아니할 것 답 ④

11 전선을 다른 방향으로 돌리는 부분에 사용되는 애자는?

① 핀 애자   ② 옥 애자   ③ 찻대 애자   ④ 가지 애자

풀이 • 고압 가지 애자 : 전선을 다른 방향으로 돌리는 부분에 사용
• 곡핀 애자 : 인입선에 사용
• 구형 애자 : 지선 중간에 넣는 것 답 ④

12 외선 공사에서 승주기를 사용하여 전주에 올라갈 때 전주와 승주기의 각도는 얼마인가?

① 약 10도　　　　② 약 15도　　　　③ 약 20도　　　　④ 약 30도

풀이　　　　　　　　　　　　　　　　　　　　　　　　　　　　　**답** ④

13 제2차 접근 상태라는 것은 가공 전선이 다른 시설물로부터 수평 거리 몇 [m] 미만인 곳에 시설되는 것을 말하는가?

① 1.5　　　　② 3　　　　③ 3.5　　　　④ 5

풀이 112 용어정의
접근 상태는 1차 접근 상태와 2차 접근 상태를 나타내며 2차 접근 상태는 수평 거리 3[m] 미만에 근접하여 시설되는 상태를 나타낸다.　　　　　　　　　**답** ②

14 송전 선로의 중심점을 접지하는 목적은?

① 동량의 절감　　　　　　　　　② 송전 용량의 증가
③ 전압 강하 방지　　　　　　　　④ 이상 전압 발생 방지

풀이 중성점 접지의 목적
① 이상전압의 발생방지　② 지락전류의 소멸에 의한 안정도 향상　　　　**답** ④

15 다음 중 지중 전선로의 장점이 아닌 것은?

① 기상의 영향을 적게 받는다.　　　② 송배전의 신뢰도가 높다.
③ 약전류 전선에 유도 장해가 적다.　④ 건설비가 많이 든다.

풀이 지중전선로는 건설비가 많이 들고 고장점 검출이 어렵다는 단점이 있으나, 신뢰도가 높으며, 기상의 영향을 적게 받으며, 유도장해가 적은 이점이 있다.　　　　　　　**답** ④

16 배전 선로의 보안 장치로서 주상 변압기의 2차 측이나 저압 분기 회로의 분기점 등에 설치하는 것은?

① 콘덴서　　　　　　　　　② 캐치 홀더
③ 컷 아웃 스위치　　　　　　④ 피뢰기

풀이 주상 변압기 1차 측 보호를 위하여 컷 아웃 스위치(COS)를 2차 측(저압 측) 보호는 캐치 홀더를 설치한다.　　　　　　　　　　　　　　　　　　　　**답** ②

17 주상 변압기의 1차 측에 설치하는 개폐기는 다음 중 어느 것인가?

① 수동식 유입 개폐기　　　　　② 컷 아웃 스위치
③ 유입 개폐기　　　　　　　　④ 자동식 유입 개폐기

풀이 주상 변압기 1차 측 보호를 위하여 컷 아웃 스위치(COS)를 2차 측(저압 측) 보호는 캐치 홀더를 설치한다.
답 ②

18 주상 변압기를 설치할 때 작업이 간단하고 장주하는데 재료가 덜 들어서 좋으나 전주 윗부분에는 무게가 가하여지므로 보통 20~30[kVA] 정도의 변압기에 널리 쓰이는 방법은?

① 행거 밴드법　　② 변압기대　　③ 앵글 지지법　　④ 변압기 탑

풀이 변압기를 장주하는 것에는 행거밴드를 사용한다.
답 ①

19 피뢰기가 구비해야 할 조건 중 잘못 설명된 것은?

① 충격 방전 개시 전압이 낮을 것
② 방전 내량이 작으면서 제한 전압이 높을 것
③ 상용 주파 방전 개시 전압이 높을 것
④ 속류의 차단 능력이 충분할 것

풀이 피뢰기의 구비조건
① 충격파 방전개시 전압이 낮을 것
② 상용주파 방전개시 전압이 높을 것
③ 과부하 내량이 크며, 속류 차단능력이 충분할 것
④ 제한전압이 낮을 것
답 ②

20 일반적으로 저압 가공 인입선이 도로를 횡단하는 경우 노면상 설치 높이는 몇 [m] 이상이어야 하는가?

① 3[m]　　② 4[m]　　③ 5[m]　　④ 6.5[m]

풀이 221.1.1 저압 인입선의 시설
저압 가공인입선의 높이는 도로(도로와 보도의 구별이 있는 도로인 경우에는 차도)를 횡단하는 경우 노면상 5[m](기술상 부득이한 경우에 교통에 지장이 없을 때에는 3[m]) 이상일 것
답 ③

21 철근 콘크리트주의 크기를 표시하는 방법은?

① 말구의 지름, 길이　　　　② 말구의 원형 단면적, 길이
③ 설계 하중, 길이　　　　④ 말구의 지름, 길이, 설계 하중

풀이 목주의 크기는 말구의 지름과 길이로 나타내고, 철근 콘크리트주는 말구에 지름, 길이, 설계 하중으로 크기를 나타낸다.
답 ④

22 다음 가공 전선으로의 지지물이 아닌 것은 어느 것인가?

① 철탑　　② 지선　　③ 철주　　④ 목주

풀이 가공 전선로의 지지물 : 철탑, 철주, 철근 콘크리트주, 목주
답 ②

23 지지물에 완금, 완목, 애자 등을 장치하는 것은?

① 건주 　　　　② 가선 　　　　③ 장주 　　　　④ 경간

> 풀이 •건주 : 지지물을 매설하는 것
> •가선(연선 및 긴선) : 전선을 시설하는 것
> •장주 : 애자, 완금 등을 설치하는 것　　　　**답** ③

24 철근 콘크리트주의 길이가 12[m]인 지지물을 건주하는 경우에는 땅에 묻히는 최소의 길이는 얼마인가?

① 1.0[m] 　　② 1.2[m] 　　③ 1.5[m] 　　④ 2.0[m]

> 풀이 331.7 가공전선로 지지물의 기초의 안전율
> 철근 콘크리트주로서 그 전체 길이가 16[m] 이하, 설계하중이 6.8[kN] 이하인 것 또는 목주를 시설하는 경우, 전체의 길이가 15[m] 이하인 경우는 땅에 묻히는 깊이를 전체길이의 6분의 1 이상으로 할 것.
> 따라서 $12 \times \frac{1}{6} = 2$[m] 이상의 길이에 매설하여야 한다.　　　　**답** ④

25 지선의 중간에 넣어서 사용하는 애자는?

① 구형 애자 　　　　　　② 고압 가지 애자
③ 인류 애자 　　　　　　④ 저압 옥애자

> 풀이 • 고압 가지 애자 : 전선을 다른 방향으로 돌리는 부분에 사용
> • 곡핀 애자 : 인입선에 사용
> • 구형 애자 : 지선 중간에 넣는 것　　　　**답** ①

26 같은 지지물에 고압과 저압을 병가하는 이격 거리는 몇 [cm]인가?

① 30 이상 　　② 40 이상 　　③ 50 이상 　　④ 60 이상

> 풀이 332.8 고압 가공전선 등의 병행설치
> 저압 가공전선과 고압 가공전선 사이의 이격거리는 0.5[m] 이상일 것.
> (단, 고압 가공전선에 케이블을 사용 시 이격거리는 0.3[m] 이상)　　　　**답** ③

고압 및 저압 배전반 공사

1. 배전반 공사

배전반이란 각종의 계기, 계전기, 제어 스위치 등을 집중 설치하고 이들에 의해 기기의 상태를 정확하게 파악하여 적당히 조작 보호를 하는 임무를 가진 것을 말한다.

1) 종류

(1) 데드 프런트식 배전반(dead front board)

배전반표면은 각종 기계와 개폐기의 조작 핸들만이 나타나고, 모든 충전 부분은 배전반 이면에 장치한 것으로 수직형, 벤치형, 포스트형, 조합형 등이 있다.

주로 철제가 많이 사용되고, 조작이 안전하므로 고압 수전반, 고압 전동기 운전반 등에 사용된다.

(2) 라이브 프런트식 배전반(live front board)

보통 수직형(vertical panel)이며, 대리석, 철판 등으로 만들고 개폐기가 표면에 나타나 있다. 이 배전반은 주로 저압 간선용에 많이 사용한다.

단독으로 사용하거나, 세로로 1단, 2단 또는 3단으로 포개어 놓거나 필요한 수를 가로로 배열한다.

이 라이브 프런트식 배전반은 절연 내력이 크나, 기계적 강도가 약하여 운반 및 가공에 곤란하며 특수한 곳에 사용한다.

(3) 폐쇄식 배전반(cubicle type)

데드 프런트식 배전반의 옆면 및 뒷면을 폐쇄하여 만든 것을 말한다.

조립형과 장갑형이 있으며, 조립형(draw-out type) 차단기 등을 철제함에 조립하여 쓰는 것이며, 장갑형(cubicle type) 회로별로 모선, 계기용 변성기, 차단기 등을 하나의 함 내에 장치한 것이다. 이 폐쇄식 배전반은 점유 면적이 좁고 운전, 보수에 안전하므로 공장, 빌딩 등의 전기실에 현재 많이 사용된다.

2. 분전반(panel board)

간선에서 각 기계 기구로 배선하는 전선을 분기하는 곳에 주개폐기, 분기 개폐기 및 자동 차단기를 설치하기위해 시설하는 것을 말한다.

분전반은 철제 캐비닛 안에 나이프 스위치, 텀블러 스위치 또는 배선용 차단기를 설치하며, 내열 구조로 만든 것이 많이 사용된다.

분전반의 거터 스페이스(gutter space)는 분전반 스위치의 주위에는 거터 스페이스를 두어 위 또는 아래로 자유롭게 구부려 배선을 쉽게 한다.

전선의 굵기[mm²]	거터 스페이스[mm]
38 이하	75
100 이하	100
250 이하	150
400 이하	200
600 이하	250
1,000 이하	300

분전반은 두께 1.2[mm], 문이 달린 뚜껑은 3.2[mm] 두께의 철판으로 되어 있다.

배선용 차단기를 이용한 분전반을 브레이크식 분전반이라 한다.

브레이크식 분전반은 열계전기 또는 전자 코일로 만든 차단기 유닛을 철제 캐비닛에 조립한 것으로 개폐기와 자동 차단기의 두 가지 역할을 하게 되므로 분전반 전체가 소형으로 되고, 또 조작이 안전하고 간편하여 누구나 쉽게 취급할 수 있다.

3. 수 · 변전 설비

수전설비란 전력회사로부터 수전한 높은 전압의 전기를 부하설비의 운전에 적합한 낮은 전압의 전기로 변환하여 부하설비에 전기를 공급할 목적으로 사용되는 전기기기의 총 집합체를 말한다(전기공급 규정에 의거 100[kW] 이상이 되면 고압 또는 특고압으로 수전하여야 한다).

그러므로 전력회사로부터 고압으로 수전하여 저압으로 변환하기 위한 설비를 고압수전설비라 하고 특고압을 수전하여 고압이나 저압으로 변화하기 위한 설비를 특고압 수전설비라 한다.

현재 우리나라의 일반 배전전압이 22.9[kV—Y]이므로 이 전기를 수전하여 고압이나 저압으로 변환하는 설비는 특고압 수전설비가 된다.

1) 수변전설비의 구비조건

수전설비라 하면 수용가의 업종, 규모, 수전설비의 형태, 입지조건, 건설비 등에 따라 여러 가지 형태가 있다. 수전설비의 계획에는 일반적으로 다음과 같은 조건을 구비할 필요가 있다.

① 설비의 신뢰성이 높을 것
② 안전한 설비로 한다.
③ 운전보수 및 점검이 용이하도록 한다.
④ 증설 및 확장에 대처할 수 있도록 한다.
⑤ 방재대책 및 환경보전에 유의한다.
⑥ 건설비 및 운전유지 경비가 저렴하도록 한다.

2) 수변전설비의 계획순서

수전설비를 처음 계획하는 경우 어떠한 순서에 따라 진행을 하여야 하는가는 여러 가지 여건이 주어지기 때문에 일괄적으로 이야기하기는 쉽지가 않지만 대략 다음과 같은 내용을 가지고 있는 것이 참고가 될 것이라 생각된다.

① 부하의 계산 : 조명·동력·냉난방·공조·운반 등 부하의 각 종류별로 계산한다.
② 설비용량의 상정 : 각 부하군에 수용률·부하율 등을 고려하여 계산
③ 계약전력의 추정 : 전력회사의 전기공급 규정의 내용에 따라 산출
④ 수전전압, 수전방식, 부하전압의 검토 : 수전설비의 형태 및 주차단장치의 종류 등을 전력회사와 협의하고 이때 수전점의 단락용량, 공급개시 예정시기, 공사비 부담금, 전기요금 등을 검토한다.
⑤ 단선 결선도 초안 작성
⑥ 주회로조건의 검토 : 고장전류 계산, 보호방식, 보호협조, 역률개선, 변압기 뱅크 (bank) 구성 및 전압조정, 비상전원 및 비상시의 절체방법 등
⑦ 주요기기의 선정
⑧ 감시제어방식의 검토 : 설치기기의 수량과 보수체제, 설비의 중요도, 제어의 정도, 경제성, 감시제어반의 형상, 장착, 감시제어기기의 수량·시방·제어전원 등

⑨ 단선결선도 및 시방결정
⑩ 기기배치의 검토 : 기기 반입·반출경로·점검할 수 있는 공간, 증설공간, 방재상의 공간, 조영재 등과의 이격거리 등
⑪ 설계도면 작성 : 시방서 작성

3) 수변전설비의 기본설계

기본설계에 있어서 검토해야만 하는 주요한 사항을 열거하면 다음과 같다.

① 설비용량
② 수전전압 및 수전방식
③ 주회로의 결선방식
   ㉠ 수전방식
   ㉡ 모선방식
   ㉢ 변압기의 탱크수와 탱크 용량 및 단상 3상별
   ㉣ 배전전압 및 방식
   ㉤ 비상용 또는 예비용 발전기를 시설할 경우 수전과 발전과의 절환방식
   ㉥ 사용기기의 결정
④ 감시 제어방식
⑤ 설비의 형식
⑥ 수변전실과 발전기실 및 중앙 감시 제어실 등의 위치크기

4) 변전실의 위치와 넓이 선정

(1) 변전실의 위치
위치 선정 시 고려할 사항은 다음과 같다.

① 부하 중심에 가깝고 배전에 편리한 장소이어야 한다.
② 전원의 인입이 편리해야 한다.
③ 기기의 반출반입이 편리해야 한다.
④ 습기 먼지가 적은 장소이어야 한다.
⑤ 기기에 대하여 천장의 높이가 충분해야 한다.
⑥ 물이 침입하거나 침투할 우려가 없어야 한다.
⑦ 발전기실, 축전기실 등과 관련성을 고려하여 가급적 이들과 인접한 장소이어야 한다.

(2) 변전실의 구조

① 기기를 설치하기에 충분한 높이일 것

② 바닥의 하중강도는 500~1,000[kg / m²] 정도가 될 것

③ 방화 및 방수 구조

(3) 기기의 배치

고려해야 할 사항은 다음과 같다.

① 보수점검이 용이할 것

② 안정성이 높을 것

③ 합리적 배치로 배선이 경제적일 것

④ 기기의 방출, 반입에 지장이 없을 것

⑤ 증설계획에 지장이 없을 것

⑥ 미적·기능적 배치가 되도록 할 것

4. 수 · 변전 설비의 구성

1) 개방형 수전설비

개방형 수전설비는 건물 내에 철골을 조립하고 여기에 단로기, 차단기, 계기용 변성기 등의 기기 및 고저압배선, 고압반, 저압반 등을 장착하여 수전설비를 구성한 것으로 종래에 많이 쓰이던 방식이다. 이 방식은 기기나 배선 등을 직접 눈으로 볼 수가 있어 일상점검에 편리하다. 그러나

① 비교적 넓은 부지를 요한다.

② 충전부가 노출되어 있기 때문에 위험하다.

③ 가스에 의한 부식이나 염진해를 받기 쉽다(옥외형).

④ 옥외형에 있어서 옥외에 사용하는 기기만을 써야 한다.

⑤ 철골 · 배선공사 등은 현지에서 시공되어야 하는 바 이에 대한 준비를 하여야 한다.

등의 문제가 있기때문에 최근의 신설 수전설비로는 잘 쓰이지 않는 경향이 있다.

2) 폐쇄형 수전설비

수전설비를 구성하는 기기를 단위폐쇄 배전반이라 불리는 금속제외 함(函)에 넣어서 수전설비를 구성하는 것으로 아래와 같은 종류가 있다.

• Metal Enclosed Switchgear
• Metal Clad Switchgear
• Cubicle

① 폐쇄형 수전설비의 특징 : 개방형 수전설비에 비하여 다음과 같은 특징을 가지고 있다.
  ㉠ 안정성이 높다. 충전부는 접지된 금속제함 내에 넣어져 있으므로 운전보수상 안전하다. 또한 단위회로마다 구획되어 있으므로 만일의 사고가 발생될 경우에는 사고의 확대가 방지된다.
  ㉡ 단위회로로 제작소에서 표준화할 수 있으므로 장치에 호환성이 있어 증설이나 보수에 편리하다.
  ㉢ 현지공사의 단축을 꾀할 수 있다. 즉, 제작소에서 완전히 조립, 시험을 거쳐 수송할 수 있으므로 신뢰도가 높고, 현지작업이 용이하고 공사기간의 단축을 기할 수 있어 공사비도 저렴해진다.
  ㉣ 전용면적을 줄일 수 있다. 일반적으로 폐쇄형으로 할 경우는 개방형에 비하여 약 30~40[%]의 전용면적을 줄일 수 있다고 한다.
  ㉤ 보수・점검이 용이하다. 특히 Metal-Clad Switchgear에서는 차단기를 반외로 간단히 빼낼 수 있기 때문에 기기의 보수・점검이 아주 용이하고 안전할 수 있다.
② Metal-Clad와 Cubicle의 차이점 : 메탈클래드와 큐비클은 외견상으로는 그 차이점을 확실하게 구분하여 설명하기 어렵다.
  일반적으로 차단기, 단로기, 모선, 기타의 것들을 정지된 금속으로 둘러싼 한 개의 것으로 된 것을 큐비클이라 한다. 또 큐비클 내부를 모선실, 차단기실과 같이 접지금속으로 칸을 만들어 거기에다 차단기, 계기용 변압기, 피뢰기 등은 볼트・너트류가 밖에 나타나지 않게 하고, 차단기는 차단기가 "열림"상태가 아니면 인출할 수 없도록 인터로크(interlock)되어 있는 것을 메탈클래드라 부른다. 또 수전설비를 주차단 장치(수전용 차단기)의 구성으로 분류하면 ㉠ CB형 ㉡ PF・CB형 ㉢ PF・S형의 3가지 종류로 분류할 수 있다.

3) 수·변전 설비 구성 기기

(1) 단로기(DS : Disconnecting Switch)

단로기는 기기의 점검, 수리를 할 때 기기를 활선으로부터 떼어 내어 확실하게 회로를 열어 놓을 목적으로 사용된다. 또 모선의 구분, 변압기의 결선변경 또는 회로의 접속변경 등의 목적으로 사용되는 개폐기로 정격전압으로 단순히 충전되어 있는 무부하상태의 전로를 개폐하기 위한 것이다.

전류의 개폐는 차단기, 개폐기 등으로 하고 단로기는 부하의 전류를 개폐하지 않는 것이 원칙이다. 그러나 선로의 충전전류, 변압기의 여자전류, 경부하전류 등의 극히 미약한 경우에는 3극의 옥내부하 단로기가 3~20[kV] 정도의 전압회로에 사용되기도 한다.

정격전압은 사용회로 공칭전압의 1.2/1.1배로 표시하며, 고압 회로용이면 3.6[kV]급과 7.2[kV]급이 있다.

(2) 차단기(CB : Circuit Breaker)

차단기는 통상적 부하전류를 개폐하여 전동기 등의 부하기기나 전력계통을 임의로 운전 또는 정지시키는 외에 보호계전기와의 조합에 의하여 기기 또는 전력계통에 고장이 발생한 경우에 자동적으로 고장전류를 차단하여 고장개소를 제거하는 목적으로 사용된다. 그렇기 때문에 차단기는 최소한 다음과 같은 기능을 가져야 한다.

• 부하전류의 개폐
• 고장전류, 특히 단락전류와 같은 대전류의 통전 또는 차단
• 단락전류의 안전하고 확실한 투입

① 차단기의 종류

고압이나 특고압 수전설비에 사용되는 차단기는 종류가 많기 때문에 계획단계에서 어느 기종으로 하는 것이 좋은가를 선정하기가 힘이 든다. 현재 일반적으로 제작, 사용되고 있는 차단기를 소호매체, 소호방식에 의하여 분류하면 다음과 같다.

㉠ 기름이 든 차단기
• 탱크(tank)형 유입차단기
• 극소유량 차단기
㉡ 기름이 없는 차단기
• 자기차단기
• 진공차단기
• SF_6 가스 차단기

자가용 변전소에는 종래에 OCB가 많이 사용되었으나 근래에 개발된 다른 차단기에 비해서 성능면, 보수면에서 뒤지고 화재에 대한 염려 때문에 차츰 MBB, VCB 등으로 바뀌고 있다. ABB는 대용량을 필요로 하는 대규모의 설비에 사용되고 있다.

고압차단기의 일반적 특징비교

성능 ＼ 종류		진공차단기 (VCB)	탱크형 유입차단기 (OCB)	소유량형 유입차단기 (LOCB)	가스차단기 (GCB)	자기차단기 (MBB)
전 압 [kV]		3.6~36	3.6~36	3.6~300	3.6~550	3.6~12
전 류 [A]		400~3,000	200~4,000	400~2,000	600~12,000	600~3,000
차단용량[MVA]		50~1,500	50~1,500	100~1,500	150~4,500	100~1,000
차단전류[kA]		8~40	8~50	16~40	20~50	16~50
차단시간[cycle]		3~5	3~5	3~5	2~5	5
3/6[kV]급의 다단적수		3~4	2	2	3	2
소호실·접촉부의 보수점검		가장 간단하다	어렵다 (유교체)	어렵다 (유교체)	간단하다 (가스교체)	간단하다
청결감		가장 깨끗하다	불결	불결	깨끗하다	깨끗하다
차단시의 소음	통상개폐	작다	작다	작다	작다	작다
	단락전류의 차단	작다	작다	작다	작다	크다
개폐 서지 (surge) 전압		가장 높다	조금 높다	높다	낮다	가장 낮다
개폐수명	무부하	10,000~30,000	10,000	10,000	10,000	10,000
	단락전류	30~50	3~5	3~5	10~30	4~6

차단기의 종류와 적용상의 비교표

항목 ＼ 종류	진공차단기 (VCB)	탱크형 유입차단기 (OCB)	소유량 유입차단기 (LOCB)	자기차단기 (MBB)
차단성능	차단시간이 가장 짧으며, 탈조 차단도 가능하며 가장 차단성능이 우수하다.	보 통	보 통	보 통
치수 및 중량	가장 소형·경량(배전반에 3단적까지도 가능)	가장 크다	소형·경량(배전반에 2단적까지 가능)	소형·경량이라고는 할 수 없다.
화재	가장 안전(building 등에 최적)	위험성이 있다.	위험성이 있다.	안 전
보수·점검	수명이 가장 길며 보수는 거의 불필요	접점의 보수 필요	접점의 보수 필요	접점의 보수 필요
차단시의 소음	가장 작다	작 다	작 다	크 다
외기의 영향	전혀 받지 않음	습기의 영향을 받는다.	습기의 영향을 조금 받는다.	습기, 가스의 영향을 받는다.

항목 \ 종류	진공차단기 (VCB)	탱크형 유입차단기 (OCB)	소유량 유입차단기 (LOCB)	자기차단기 (MBB)
설 치 방 식	배전반에 직접 설치, 고정형, 인출형(인출형에 최적)	대부분 고정형	고정형·인출형	고정형·인출형
다빈도 개폐조작	최 적	부 적	부 적	보 통
부하의 적용	개폐 서지(surge)를 고려할 필요가 있지만 콘덴서 개폐용으로는 최적	일반용에 적용, 콘덴서 개폐용으로는 부적당	콘덴서 개폐용으로는 적당하다고 할 수 없다.	개폐 서지는 낮지만 콘덴서 개폐용으로 적당하다고 할 수 있다.
가 격	보 통	싸 다	보 통	고 가

② 차단기의 정격

㉠ 정격 전압[kV] : 차단기의 정격전압은 공칭전압의 $\frac{1.2}{1.1}$ 배의 값으로 표시한다. 즉 3.3[kV]이면 3.6[kV], 6.6[kV]이면 7.2[kV]이다. 그리고 정격전류는 부하전류에 따라 결정되지만, 일반회로에서는 회로의 전류값에 120[%] 이상인 정격전류를 가지는 차단기를 선정한다. 특히 콘덴서 군에 사용하는 콘덴서 군의 150[%] 이상인 정격전류를 가지는 차단기를 선정하는 것이 바람직하다.

도면에 차단기의 정격을 표시할 때는 정격전류, 정격전압, 정격차단용량을 표시하여야 하며, 차단용량(Rupturing capacity : RC)은 RC[MVA]를 병기한다.

㉡ 정격차단전류[kA] : 차단기가 차단할 수 있는 단락전류(교류분 실효값)의 한도를 나타내는 데 차단기를 시설하는 회로의 단락전류 이상의 정격차단전류의 것을 사용한다.

㉢ 정격투입전류[kA] : 고장(단락)난 회로를 개폐할 경우 단락전류가 흘러 단락전류에 의한 전자반발력으로 차단기가 완전히 투입되어도 차단기의 차단동작이 방해를 받아 차단불능이 되는 경우가 있다. 따라서 이와 같은 사태가 되지 않도록 규정된 것인데 이 차단기가 투입할 수 있는 단락전류(파고치 : 波高値)의 한도를 나타낸 것이다. 정격차단전류가 결정되면 이 값도 자동적으로 결정된다. 다만, 수동 직접투입 조작방식의 차단기에서는 조작력이 각 개인마다 다르기 때문에 반드시 단락전류를 안전하고 확실하게 투입할 수 있도록 주의를 요한다.

㉣ 정격차단시간[c/s] : 차단기가 트립(trip) 지령을 받고부터(보호계전기의 접점이 닫혀지고부터) 트립장치가 동작하여 전류차단이 완료할 때까지의 시간을 나타낸다.

• 트립코일 여자로부터 아크 소호까지의 시간
• 개극시간과 아크시간의 합을 말하며 3~8[Hz] 정도이다.

고압차단기에 있어서는 5사이클(cycle) 및 8사이클이 표준으로 되어 있는데

수전용 차단기로 사용하는 차단기는 전력회사와의 협조로 정격차단시간 5사
이클의 것을 사용할 필요가 있다.

  ⓒ 절연내력과 기준충격 절연강도 : BIL이란 Basic Impulse Insulation Level
의 약자이며, 뇌 임펄스 내전압 시험값으로서 절연 레벨의 기준을 정하는 데 적
용된다.

③ 차단기 용량의 산정

  차단기 용량= $\sqrt{3}$ ×정격전압×정격차단전류[MVA]

(3) 부하개폐기(LBS : Load Breaking Switch)

① 부하개폐기의 기능

정상상태에서 소정의 전로를 개폐 및 통전, 그 전로의 단락상태에 있어서 이상전
류를 소정의 시간 통전할 수 있는 성능을 갖는 개폐기로, 변압기 등의 운전·정지
또는 전력계통의 운전·정지 등 부하전류가 흐르고 있는 회로의 개폐를 목적으로
사용한다. 즉,

- 부하전류의 개폐 및 통전   • 루프(loop) 전류의 개폐 및 통전
- 여자전류의 개폐 및 통전   • 충전전류의 개폐 및 통전
- 콘덴서전류의 개폐 및 통전

② 부하개폐기의 종류와 용도

  ㉠ 용도 : 수전설비에는 다음과 같은 여러 가지 용도로 사용된다.

    • 옥내
     – 주차단장치(한류형 전력 퓨즈 붙이)
     – 안전관리상의 책임분계점에 설치하는 구분개폐기
     – 변압기 콘덴서의 개폐기
    • 옥외
     – 안전관리상의 책임분계점에 설치하는 구분개폐기
     – 고압 구내배전선의 선로개폐기
     – 고압 구내배전선의 분기개폐기

  ㉡ 종류 : 소호매체에 의하여 분류하면

종　류	소호 매체
기중부하 개폐기	대기(大氣)
유(油)부하 개폐기	절연유
진공부하 개폐기	진공(10^{-4}[mmHg] 이하)
가스부하 개폐기	SF_6 가스
공기부하 개폐기	압축공기

이들 부하개폐기의 특징을 비교하면 다음 표와 같다.

교류부하 개폐기의 특징 비교표

항목 \ 종류	기중부하 개폐기	유입부하 개폐기	진공부하 개폐기	가스부하 개폐기
소호매체	대 기	절 연 유	진공(10^{-4}[mmHg] 이하)	SF_6 가스
소호방법	소호실의 가스 냉각효과	기름의 절연성, 냉각효과	진공의 절연회복 특성, 아크의 확산효과	SF_6 가스의 절연성
단로성능	있 다	없 다	없 다	없 다
접점부의 보임	가능(개방형)	불 가	불 가	불 가
부수점검 (접점부)	간 단	힘 들 다	불가능(진공 새는것의 체크가 곤란)	불가능(가스 새는것의 체크가 곤란, 보충 곤란)
접점부품의 교환	간 단	기름의 교환분만큼 채워 주어야 함	진공 밸브의 교환	가스를 빼내고 가스의 보충이 따른다.
접점수명	보 통	보 통	길 다	길 다
전류차단시의 과전압	낮 다	낮 다	높 다	낮 다
화재의 위험성	없다(난연성)	있다(가연성)	없다(불연성)	없다(불연성)
가 격	염 가	염 가	고 가	고 가

(4) 변압기(Transformer, Tr)

변압기는 수변전설비의 주체를 형성하는 기기이며, 그 신뢰성은 전체의 신뢰도를 결정한다. 1차 전압 6[kV], 22[kV], 154[kV] 급을 2차 전압 220[V] 고압 등으로 강압하는 데 사용된다.

① 변압기의 정격 : 변압기는 용도, 사용전압, 사용장소에 따라 여러 가지가 있으나 일반적으로 빌딩용 고압수전설비에 쓰이는 것은 다음과 같은 형식, 정격의 것이 있다.

  ㉠ 형식 : 옥내용(옥외용), 유입자냉식, 건식
  ㉡ 상수 : 단상 또는 3상
  ㉢ 주파수 : 60[Hz]
  ㉣ 용량 : 5~500[kVA]
  ㉤ 정격전압 : 1차 6,600~22,900[V], 2차 220~440[V]
  ㉥ 결선 : △—△, Y—Y, △—Y, V—V

(5) 계기용 변성기(Metering Out Fit : MOF)

전력량계로서 고저압 전기회로의 전기 사용량을 적산하기 위하여 고압의 전압과 전류를 저압의 전압과 전류로 변성하는 장치이다(CT와 PT를 한 탱크 내에 수용한 것이다).

고압 계기용 변성기의 정격

종별		정 격	
PT	1차 정격전압[V]	3300, 6000	
	2차 정격전압[V]	110	
	정격부담[VA]	50, 100, 200, 400	
CT	1차 정격전류[A]	10, 15, 20, 30, 40, 50, 75, 100, 150, 200, 300, 400, 500, 600	
	2차 정격전류[A]	5	
	정격부담[VA]	15, 40, 100 일반적으로 고압회로는 40[VA] 이하, 저압회로는 15[VA] 이하	

계기용 변성기의 등급

등급	호 칭	주된 용도
0.1급	표 준 용	계기용 변성기 시험용 표준기
0.2급		정밀 계측용
0.5급	일반계기용	정밀 계측용
1.0급		보통 계측용, 배전반용
3.0급		배전반용

(6) 계기용 변압기(Potential Transformer : PT)

고압회로의 전압을 저압으로 변성하기 위해서 사용하는 것이며, 배전반의 전압계나 전력계, 주파수계, 역률계, 표시등 및 부족전압 트립코일의 전원으로 사용된다.

(7) 변류기(Current Transformer : CT)

고압회로의 대전류를 소전류로 변성하기 위해서 사용하는 것이며, 배전반의 전류계 및 트립코일(TC)의 전원으로 사용된다. 일반 변류기는 2차 측은 사용 중 코일에 전류가 흐르는 상태에서 2차 코일을 개방하면 2차 단자 간에 고전압이 발생하여 코일의 손상(2차측 절연파괴) 내지 감전사고를 유발한다.

(8) 전력용 콘덴서(SC : Static Condenser)

역률개선을 목적으로 사용하며 부하와 병렬로 접속한다. 일명 병렬콘덴서라 불린다.

① 역률개선 : 부하에 병렬로 삽입하여 개선역률을 지상 90[%] 이상 유지하여야 한다.
② 콘덴서 용량의 크기를 구하는 공식

$$Q = P(\tan\theta_1 - \tan\theta_2)[\text{kVA}]$$

③ 방전코일(Discharging Coil : DC 또는 DSC) : 콘덴서를 회로로부터 분리했을 때 전하가 잔류함으로 일어나는 위험의 방지와 재투입할 때 콘덴서에 걸리는 과

전압의 방지를 위해서 방전코일을 설치한다. 방전코일은 개로 후 5초 이내 50[V] 이하로 저하시킬 능력이 있는 것을 설치하는 것이 바람직하다.

④ 직렬리액터(Series Reactor : SR) : 대용량의 콘덴서를 설치하면 고주파 전류가 흘러 파형이 일그러지는 원인이 된다. 파형을 개선(제5고조파의 제거)하기 위해서 전력용 콘덴서와 직렬로 리액터를 설치한다. 직렬 리액터의 용량은 콘덴서의 용량에 6[%]가 표준정격으로 되어 있다(계산상은 4[%]).

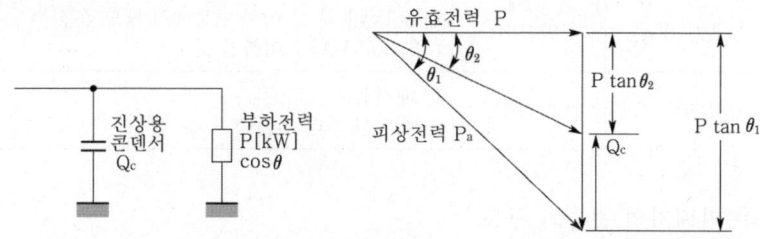

(9) 피뢰기(LA : Lighting Arrester)

고압가공 전선로에 의하여 수전하는 자가용 변전실의 입구에 설치 낙뢰나 혼촉사고 등에 의하여 이상전압이 발생하였을 때 선로와 기기를 보호한다.

피뢰기는 저항형, 밸브형, 밸브 저항형, 방출형, 산화아연형, 지형 등이 있으나 자가용 변전실에는 거의가 밸브 저항형이 채택되고 있는 실정이다. 피뢰기의 정격전압은 직접접지 계통에서는 0.8~1.0배, 기타 접지계통에서는 1.4~1.6배가 정격이다. IEC에서는 피뢰기 정격전압을 6배수로 권장하고 있다.

① 피뢰기의 정격전압 : 피뢰기의 정격전압이란 속류를 차단하는 교류 최고전압을 말한다. 정격전압은 다음 표와 같다.

전 력 계 통		정격전압	
공칭전압	중성점 접지방식	송전선로	배전선로
345	유효접지	288	
154	유효접지	144	
66	소호 리액터 접지 또는 비접지	72	
22	소호 리액터 접지 또는 비접지	24	
22.9	중성점 다중 접지	21	18
6.6	비접지	7.5	7.5
3.3	비접지	7.5	7.5

[주] 전압 22.9[kV] 이하의 배전선로에서 수전하는 설비의 피뢰기정격전압은 배전선로용을 적용한다.

② 피뢰기의 제한전압이란 피뢰기동작 중 피뢰기 단자의 최고전압을 말한다.
③ 피뢰기 설치 장소별 공칭방전전류

공칭방전전류	설치 장소	적 용 조 건
10000[A]	변전소	1. 154[kV] 계통 이상 2. 66[kV] 및 그 이하 계통에서 뱅크용량 3000[kVA]를 초과하거나 특히 중요한 곳 3. 장거리 송전선 케이블(전압 피더 인출용 단거리 케이블은 제외)
5000[A]	변전소	1. 66[kV] 및 그 이하 계통에서 뱅크용량 3000[kVA]를 이하인 곳
2500[A]	선로,배전소	1. 배전선로 2. 배전선 피더 인출측

④ 피뢰기의 종류와 구조
  ㉠ 종류 : 피뢰기는 그 용도, 원리, 성능 등에 따라서 다음과 같이 여러 가지로 분류된다.

분류기준	종 류
구 조	변저항형, 지형, 방출형, 산화아연형
용 도	발변전소형, 배전용, 옥외용, 옥내용
공칭방전전류	2500[A], 5000[A], 10000[A]
사용회로	교류, 직류

  ㉡ 구조 : 피뢰기는 일반적으로 속류를 제한하는 특성요소(element)와 속류를 차단하는 직렬갭(series gap) 및 성능을 유지하기 위한 기밀구조의 애관(insulator)으로 구성되어 있다. 그러나 근래 개발된 것으로, 산화아연형 피뢰기는 직렬갭을 필요로 하지 않고 특성요소와 애관만으로 구성된다.

(10) 영상변류기(Zero phase Current Transformer : ZCT)

영상변류기는 고압모선이나 부하기기에 지락사고가 생겼을 때 흐르는 영상전류(지락전류)를 검출하여 접지 계전기에 의하여 차단기를 동작시켜 사고범위를 작게 한다.

① 1차 정격 영상전류 200[mA]
② 2차 정격 영상전류 1.5[mA]

1 데드 프런트 배전반은?

① 배선을 표면에서 나이프 스위치에 접속하는 형식

② 표면에 충전 부분이 노출되지 않는 방식

③ 강판제로 벽걸이 형식

④ 강판제로 자립 형식

풀이 데드 프런트 배전반 : 반표면은 각종 기계와 개폐기의 조작 핸들만 나타나고 모든 충전 부분은 배전반 이면에 장치가 되어 있으며 조작이 안전하여 고압 수전반, 고압 전동기 운전반에 사용되는 배전반을 말한다. **답** ②

2 일반적으로 큐비클형(cubicle type)이라 하며, 점유 면적이 좁고 운전, 보수에 안전하므로 공장, 빌딩 등 전기실에 많이 사용되는 조립형, 장갑형이 있는 배전반은?

① 폐쇄식 배전반   ② 데드 프런트식 배전반

③ 철제 수직형 배전반   ④ 라이브 프런트식 배전반

풀이 **답** ①

3 다음 중 점유 면적이 좁고 운전 보수에 안전하여 공장, 빌딩 등의 전기실에 많이 사용되는 배전반은?

① 큐비클형   ② 라이브 프런트형

③ 데드 프런트형   ④ 수직형

풀이 **답** ①

4 배전반 공사에서 배전반 앞의 스위치를 조작하기 위해서 앞벽과의 사이를 몇 [m] 이상 되도록 배전반 및 틀을 설치하는가?

① 1.0[m]   ② 1.5[m]   ③ 2.0[m]   ④ 3.0[m]

풀이 배전반 공사에는 고압 배전반, 수전반이 설치되며 배전반 앞은 스위치를 조작하기 위해서 앞벽과의 사이를 2[m] 이상이 되도록 하여 배전반 및 틀을 설치하여야 한다. **답** ③

5 전력 계통을 감시, 제어 및 보호를 하기 위한 여러 가지 기구를 집중적으로 설치한 전기 설비를 무엇이라고 하는가?

① 분전반   ② 제어반   ③ 배전반   ④ 조작반

풀이 **답** ③

6 다음 중 주로 저압 옥내 배선에 사용되는 차단기는?

① OCR   ② MCCB   ③ VCB   ④ ABB

풀이 저압 옥내 배선에는 배선용 차단기가 사용된다.   **답** ②

7 다음 차단기의 종류 중 자기 차단기의 기호는?

① ACB   ② ABB   ③ MBB   ④ OCB

풀이 ACB : 기중 차단기(저압용)   ABB : 공기 차단기
MBB : 자기 차단기   OCB : 유입 차단기
GCB : 가스 차단기   VCB : 진공차단기   **답** ③

8 변류기의 약호는?

① CB   ② CT   ③ DS   ④ COS

풀이 CB : 차단기   CT : 계기용 변류기
DS : 단로기   COS : 컷 아웃 스위치   **답** ②

9 각 선에서 각 기계 기구로 배선하는 전선을 분기하는 곳에 주개폐기, 분기 개폐기 및 자동 차단기를 설치하기 위하여 무엇을 설치하는가?

① 분전반   ② 배전반   ③ 운전반   ④ 스위치반

풀이   **답** ①

10 전선의 굵기가 100[mm²]일 때의 거터 스페이스는 얼마인가?

① 75[mm]   ② 100[mm]   ③ 150[mm]   ④ 200[mm]

풀이

전선의 굵기[mm²]	거터 스페이스[mm]
38 이하	75
100 이하	100
250 이하	150
400 이하	200
600 이하	250
1,000 이하	300

답 ②

11 ACB의 약호는?

① 기중 차단기   ② 유입 차단기   ③ 공기 차단기   ④ 단로기

풀이 ① 기중 차단기 : ACB   ② 유입 차단기 : OCB
③ 공기 차단기 : ABB   ④ 단로기 : DS   **답** ①

12 배전반의 목적은?

① 전기 회로도를 한 곳에 수용할 목적

② 발전기, 전동기 등의 전력 장치를 제어할 목적

③ 문의 손잡이 전등을 잘 보이게 할 목적

④ 화재 등의 불의의 사고가 났을 경우 원인 조사의 목적

풀이　　　　　　　　　　　　　　　　　　　　　　　　　　　　　　　　**답** ①

13 MOF란 무엇의 약호인가?

① 계기용 변압기　　　　　　　　　② 계기용 변압 변류기

③ 계기용 변류기　　　　　　　　　④ 시험용 변압기

풀이 MOF란 계기용 변압 변류기를 나타내며, 한 탱크 내에 C · T 및 P · T가 같이 시설되어 있는 것을 말한다.

답 ②

14 고압 회로의 전류를 저압의 전류로 변성시키기 위해 사용하며, 사용 도중 2차 코일을 개방하면 2차 단자간에 고압이 발생하여 위험을 안고 있는 기기의 이름은 어느 것인가?

① CT　　　　　　　　　　　　　　② PT

③ POS　　　　　　　　　　　　　④ PCS

풀이 CT 1차 측에 전류가 흐르고 있는 상태에서 2차 측을 개방 변류기 2차 자기포화현상에 의해 2차 측에 고전압이 발생하여 2차 측 절연이 파괴되므로 CT 2차 측은 반드시 단락시켜야 한다.　**답** ①

15 기기의 점검 및 수리를 할 때 전원으로부터 기기를 분리하는 경우 또는 회로의 접속을 변경하는 경우 등에 사용되는 것은?

① 변성기　　　　　　　　　　　　② 차단기

③ 단로기　　　　　　　　　　　　④ 피뢰기

풀이 단로기(DS) : 전류가 흐르지 않는 상태(무부하시)에서 회로의 접속 변경 및 점검 수리 시에 사용되는 개폐기를 말한다.　**답** ③

1) 분진 위험장소 (242.2)

(1) 폭연성 분진 위험장소

폭연성 분진(마그네슘, 알루미늄, 티탄, 지르코늄 등의 먼지로 쌓여진 상태에서 착화된 때에 폭발할 우려가 있는 것), 화약류 분말이 폭발할 우려가 있는 곳에 시설하는 저압 옥내 전기설비(사용전압이 400[V] 초과인 방전등은 제외)는 금속관 공사, 또는 케이블 공사(캡타이어케이블을 사용하는 것을 제외한다)에 의하여야 한다.

① 금속관 공사를 하는 경우 관 상호 및 관과 박스 등은 5턱 이상의 나사 조임으로 접속하여야 한다.

② 이동 전선은 접속점이 없는 0.6/1[kV] EP 고무절연 클로로프렌 캡타이어케이블을 사용한다.

(2) 가연성 분진 위험장소

가연성 분진(소맥분, 전분, 유황, 기타 먼지가 공중에 떠다니는 상태에서 착화하여 폭발할 우려가 있는 것)이 폭발할 우려가 있는 곳에 시설하는 저압 옥내 전기설비는 합성수지관공사, 금속관공사, 케이블공사에 의하여야 한다.

① 합성수지관공사에 의하는 때에는 관 상호간 및 박스와는 관을 삽입하는 깊이를 관의 바깥 지름의 1.2배(접착제를 사용하는 경우에는 0.8배) 이상으로 하고 또한 꽂음 접속에 의하여 견고하게 접속할 것.

② 금속관공사에 의하는 때에는 관 상호 간 및 관과 박스 기타 부속품·풀 박스 또는 전기기계 기구와는 5턱 이상 나사 조임으로 접속하여야 한다.

③ 이동 전선은 접속점이 없는 0.6/1[kV] EP 고무절연 클로로프렌 캡타이어케이블 또는 0.6/1[kV] 비닐절연 비닐 캡타이어케이블을 사용한다.

2) 화약류 저장소 등의 위험장소 (242.5)

화약류 저장소 안에는 전기설비를 시설해서는 안된다. 다만 조명기구에 전기를 공급하기 위한 공작물에 한하여 다음과 같이 시설할 수 있다.

① 전로의 대지전압은 300[V] 이하일 것
② 전기기계기구는 전폐형의 것일 것
③ 전용의 개폐기 및 과전류 차단기를 화약류 저장소 이외의 곳에 취급자 이외의 자가 쉽게 조작할 수 없도록 시설하고 전로에 지기가 생길 때에 자동적으로 전로를 차단하거나 경보하는 장치를 할 것

3) 전시회, 쇼 및 공연장의 전기설비 (242.6)

무대 · 무대마루 밑 · 오케스트라박스 · 영사실 기타 사람이나 무대 도구가 접촉할 우려가 있는 곳 등의 배선은 400[V] 이하로 전용의 개폐기 및 과전류 차단기를 시설할 것

① 배선용 케이블은 구리 도체로 최소 단면적이 1.5[mm²]이며, 정격전압 450/750[V] 이하 염화비닐 절연 케이블 또는 정격전압 450/750[V] 이하 고무 절연케이블에 적합하여야 한다.
② 무대마루 밑에 시설하는 전구선은 300/300[V] 편조 고무코드 또는 0.6/1[kV] EP 고무 절연 클로로프렌 캡타이어 케이블이어야 한다.
③ 비상 조명을 제외한 조명용 분기회로 및 정격 32[A] 이하의 콘센트용 분기회로는 정격 감도 전류 30[mA] 이하의 누전차단기로 보호하여야 한다.

4) 진열장 또는 이와 유사한 것의 내부배선 (234.8)

건조한 곳에 시설하고 내부를 건조한 상태로 사용하는 진열장 또는 이와 유사한 것의 내부에 사용 전압이 400[V] 이하의 저압 옥내 배선을 외부에서 잘 보이는 장소에 한하여 단면적 0.75[mm²] 이상의 코드 또는 캡타이어 케이블로 직접 조영재에 밀착하여 배선할 수 있다.

5) 전기 울타리 (241.1)

목장, 논밭 등 옥외에서 가축의 탈출 또는 야생짐승의 침입을 방지하기 위하여 시설하는 것으로 전기 울타리용 전원 장치에 전기를 공급하는 전로의 사용 전압은 250[V] 이하이어야 한다.

(1) 전기울타리의 시설

① 전기울타리는 사람이 쉽게 출입하지 아니하는 곳에 시설할 것.

② 전선은 인장강도 1.38[kN] 이상의 것 또는 지름 2[mm] 이상의 경동선일 것

③ 전선과 이를 지지하는 기둥과의 이격 거리는 25[mm] 이상일 것

④ 전선과 다른 시설물(가공전선을 제외) 또는 수목과의 이격 거리는 0.3[m] 이상일 것

(2) 접지

① 전기울타리 전원장치의 외함 및 변압기의 철심은 규정에 준하여 접지공사를 하여야 한다.

② 전기울타리의 접지전극과 다른 접지 계통의 접지전극의 거리는 2[m] 이상이어야 한다. 다만, 충분한 접지망을 가진 경우에는 그러하지 아니 한다.

③ 가공전선로의 아래를 통과하는 전기울타리의 금속부분은 교차지점의 양쪽으로부터 5[m] 이상의 간격을 두고 접지하여야 한다.

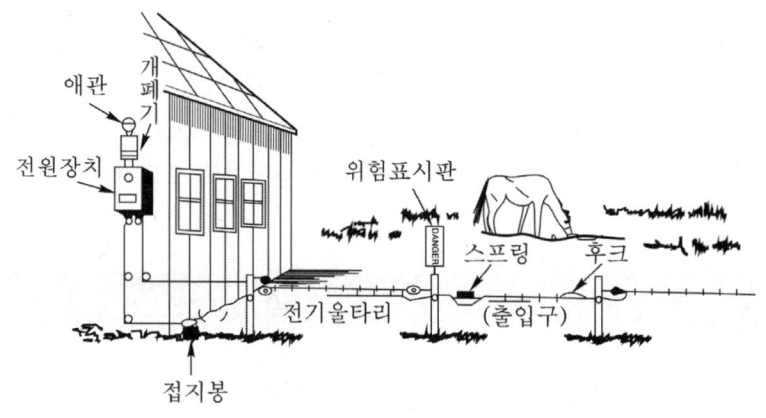

전기 울타리 시설 예

6) 유희용 전차 (241.8)

유원지 등의 구내에서 유희용을 위하여 시설하는 것으로 유희용 전차 안의 전로 및 여기에 전기를 공급하기 위한 전기 공작물은 다음에 의하여 시설하여야 한다.

① 유희용 전차에 전기를 공급하는 전원장치는 직류 60[V] 이하, 교류 40[V] 이하로 사용 변압기의 1차 전압은 400[V] 이하일 것

② 접촉전선은 제3레일 방식에 의할 것

③ 전차 내에 승압용 변압기를 사용하는 경우, 절연 변압기로 그 2차 전압은 150[V] 이하일 것

④ 접촉 전선과 대지와의 절연 저항은 사용 전압에 대한 누설 전류가 레일의 연장 1[km]에 대해 100[mA]를 넘지 않도록 할 것

⑤ 유희용 전차 안의 전로와 대지와의 절연 저항은 사용 전압에 대한 누설 전류가 규정 전류의 5,000분의 1을 넘지 않도록 할 것

7) 전격살충기 (241.7)

전격 살충기는 조명 부분과 전격 격자의 구조로 되어 있다.

① 전격 격자는 지표상 또는 바닥에서 3.5[m] (2차 측 개방 전압이 7[kV] 이하의 절연변압기를 사용하고 또한 사람이 접촉 시 절연변압기 1차측 전로를 자동으로 차단하는 보호장치를 시설한 것은 경우 1.8[m]) 이상의 높이에 시설할 것.

② 전격 격자와 다른 시설물(가공전선은 제외) 또는 식물과의 이격 거리는 0.3[m] 이상일 것.

8) 교통신호등 (234.15)

교통신호등 제어장치의 2차 측 배선의 최대 사용전압은 300[V] 이하로 다음과 같이 시설하여야 한다.

① 전선은 케이블인 경우 이외는 공칭단면적 $2.5[mm^2]$ 연동선과 동등 이상의 세기 및 굵기의 450/750[V] 일반용 단심 비닐절연전선 또는 450/750[V] 내열성 에틸렌아세테이트 고무절연전선일 것

② 제어장치의 2차측 전선(케이블은 제외)을 조가하여 시설하는 경우 조가용선은 인장강도 3.70[kN] 이상의 금속선 또는 지름 4 [mm] 이상의 아연도철선을 2가닥 이상 꼰 금속선을 사용할 것

③ 전선의 지표상 높이는 2.5[m] 이상일 것. 단, 금속관 공사 또는 케이블 공사에 의하여 시설하는 경우는 예외이다.

④ 제어장치 전원 측에는 전용 개폐기 및 과전류 차단기를 각 극에 시설하고 회로의 사용전압이 150[V]를 넘는 경우는 누전차단기를 시설할 것.

⑤ 제어 장치의 금속제외함 및 신호등을 지지하는 철주에는 접지공사를 하여야 한다.

9) 도로 등의 전열장치 (241.12)

① 발열선을 도로, 주차장 또는 조영물의 조영재에 고정하여 시설하는 경우는 다음에 의한다.
　㉠ 발열선에 전기를 공급하는 전로의 대지 전압은 300[V] 이하일 것
　㉡ 발열선은 무기물 절연 케이블 등 규정된 것으로 노출 사용하지 아니하는 것은 B종 발열선을 사용한다.
　㉢ 발열선은 그 온도가 80[℃]를 넘지 않도록 할 것. 단, 도로 또는 옥외 주차장에 금속피복을 한 발열선을 시설할 경우는 120[℃] 이하로 할 수 있다.
　㉣ 발열선 또는 발열선에 직접 접속하는 전선의 피복에 사용하는 금속체에는 접지공사를 하여야 한다.
② 콘크리트를 양생하는 경우에는 발열선을 콘크리트 속에 매입하여 시설하는 경우를 제외하고는 발열선 상호 간격을 0.05[m] 이상으로 할 것

10) 전기온상 등 (241.5)

식물의 재배 또는 양잠·부화·육추 등의 용도로 사용하는 전열장치로 다음에 의하여 시설한다.

① 전로의 대지전압은 300[V] 이하일 것
② 발열선은 그 온도가 80[℃]를 넘지 않도록 할 것
③ 발열선을 공중에 시설하는 전기온상 등은 발열선을 애자로 지지하고 또한 다음에 의할 것
　㉠ 발열선 상호 간의 간격은 0.03[m] (함 내에 시설하는 경우는 0.02[m]) 이상일 것.
　㉡ 발열선과 조영재 사이의 이격 거리는 0.025[m] 이상으로 할 것.
　㉢ 발열선을 함 내에 시설하는 경우 발열선과 함의 구성재와의 이격거리는 0.01[m] 이상일 것
　㉣ 발열선의 지지점간 거리는 1[m] 이하일 것. 다만, 발열선 상호 간의 간격이 0.06[m] 이상인 경우에는 2[m] 이하로 할 수 있다.
　㉤ 애자는 절연성·난연성 및 내수성이 있는 것일 것.

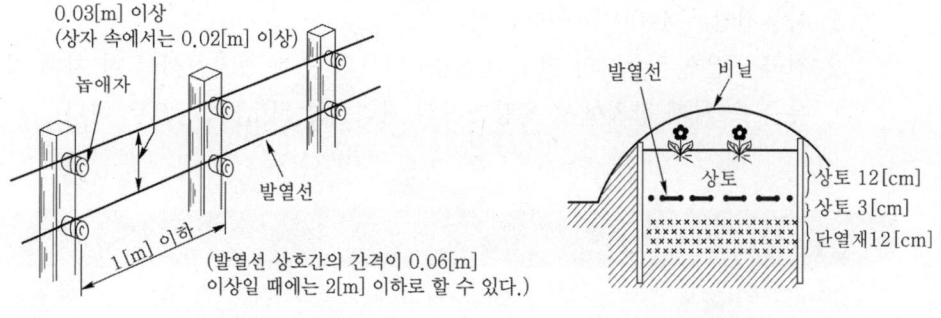

(a) 공중에 시설하는 경우　　　　　(b) 땅 속에 부설하는 경우

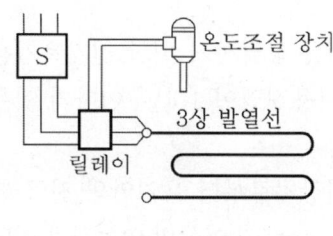

(c) 온도 조절 장치

전기 온상 설비

11) 전극식 온천온수기 (241.4)

수관을 통하여 공급되는 온천수의 온도를 올리고 수관을 통하여 욕기에 공급하는 전극식의 온수기는 다음과 같이 시설한다.

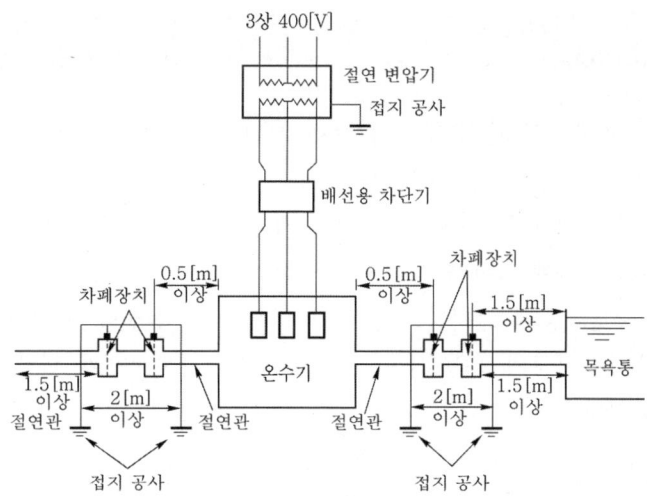

전극식 온천용 승온기의 시설 예

① 사용전압은 400[V] 이하일 것
② 전극식 온천온수기의 전후 0.5[m] 이상의 곳에 접지공사를 한 차폐 장치를 하고 유출 측 차폐 장치에서 욕탕까지의 거리는 1.5[m] 이상으로 한다.

12) 전기욕기 (241.2)

욕기의 양단에 판형의 전극을 설치하고 전극 간에 미약한 교류 전압을 가하여 입욕자에게 전기적 자극을 주는 장치로 다음과 같이 시설한다.

① 전기욕기에 전기를 공급하기 위한 전기욕기용 전원장치(내장되는 전원 변압기의 2차 측 전로의 사용전압이 10[V] 이하의 것에 한한다)는 안전기준에 적합하여야 한다.
② 전기욕기용 전원장치로부터 욕기안의 전극까지의 배선은
　㉠ 공칭단면적 2.5[mm^2] 이상의 연동선과 이와 동등 이상의 세기 및 굵기의 절연전선(옥외용 비닐절연전선을 제외한다)이나 케이블 또는 공칭단면적이 1.5[mm^2] 이상의 캡타이어 케이블을 합성수지관배선, 금속관배선 또는 케이블공사에 의하여 시설
　㉡ 공칭단면적이 1.5[mm^2] 이상의 캡타이어 코드를 합성수지관(두께가 2[mm] 미만의 합성수지제 전선관 및 난연성이 없는 콤바인 덕트관을 제외한다)이나 금속관에 넣고 관을 조영재에 견고하게 고정
③ 욕기 안의 전극간 거리는 1[m] 이상일 것

13) 수중조명등 (234.14)

① 1차 사용전압 400[V] 이하, 2차 측 150[V] 이하의 절연 변압기를 사용한다. 또한 2차 측 전로는 비접지로 한다.
② 절연 변압기의 2차 측 전로에는 개폐기 및 과전류 차단기를 각 극에 설치하고 금속관 공사에 의하여 시설하여야 한다.
③ 수중조명등에 전기를 공급하기 위한 이동 전선에는 접속점이 없는 단면적 2.5[mm^2] 이상의 0.6/1[kV] EP 고무절연 클로로프렌 캡타이어케이블을 사용하여야 한다.
④ 절연 변압기는 2차 전압 30[V] 이하는 접지공사를 한 혼촉 방지판을 설치하고 30[V]를 넘는 경우에는 지락이 생겼을 때에 자동적으로 전로를 차단하는 정격감도전류 30[mA] 이하의 누전차단기를 시설하여야 한다.

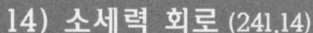

14) 소세력 회로 (241.14)

소세력 회로는 전자 개폐기 조작회로 또는 초인벨, 경보벨 등에 접속하는 전로로서 다음과 같이 시설한다.

(1) 전원장치

① 1차 대지 전압 300[V] 이하, 2차 대지 전압 60[V] 이하의 절연 변압기를 사용할 것

② 절연 변압기의 2차 단락 전류는 다음과 같다. 다만, 표의 우측 란에 있는 값 이하의 과전류 차단기를 시설하는 경우는 제한을 받지 않는다.

최대 사용 전압의 구분	2차 단락 전류	과전류차단기의 정격 전류
15[V] 이하	8[A] 이하	5[A] 이하
15[V] 초과 30[V] 이하	5[A] 이하	3[A] 이하
30[V] 초과 60[V] 이하	3[A] 이하	1.5[A] 이하

(2) 소세력 회로의 배선

① 소세력 회로의 전선을 조영재에 붙여 시설하는 경우

　㉠ 전선은 케이블(통신용 케이블을 포함)인 경우 이외에는 공칭단면적 1[mm^2] 이상의 연동선 또는 이와 동등 이상의 세기 및 굵기의 것일 것.

　㉡ 전선은 코드 · 캡타이어 케이블 또는 케이블일 것.

② 소세력 회로의 전선을 지중에 시설하는 경우는 다음에 의하여 시설하여야 한다.

　㉠ 전선은 450/750[V] 일반용 단심 비닐절연전선, 캡타이어 케이블(외장이 천연 고무혼합물의 것은 제외한다) 또는 케이블을 사용할 것.

　㉡ 전선을 차량 기타 중량물의 압력에 견디는 견고한 관 · 트라프 기타의 방호장치에 넣어서 시설하는 경우를 제외하고는 매설깊이를 0.3[m](차량 기타 중량물의 압력을 받을 우려가 있는 장소에 시설하는 경우는 1.2[m]) 이상으로 할 것

③ 소세력 회로의 전선을 가공으로 시설하는 경우에는 다음에 의하여 시설하여야 한다.

　㉠ 전선은 인장강도 508[N/mm^2] 이상의 것 또는 지름 1.2[mm]의 경동선일 것.

　㉡ 전선은 절연전선 및 캡타이어 케이블 또는 케이블(통신용 케이블을 포함)을 사용할 것.

　㉢ 전선의 높이는 다음에 의할 것

　　㉮ 도로를 횡단하는 경우 : 지표면상 6[m] 이상

　　㉯ 철도 또는 궤도를 횡단하는 경우 : 레일면상 6.5[m] 이상

　　㉰ 기타의 경우 : 지표상 4[m] 이상

　　　(단, 전선을 위험의 우려가 없는 도로 이외의 곳 : 2.5[m] 이상)

　㉣ 전선의 지지점 간의 거리는 15[m] 이하일 것.

　㉤ 전선에 나전선을 사용하는 경우는 전선과 식물과의 이격거리를 0.3[m] 이상 유지할 것.

1 영화관, 영사실, 마루 위에서 사용하는 이동 전선으로 사용할 수 있는 것은?

① 방습 2개연 코드

② 비닐 코드

③ 1종 캡타이어 케이블

④ 비닐 절연 비닐캡타이어 케이블

풀이 242.6 전시회, 쇼 및 공연장의 전기설비
공연장의 저압 옥내배선 공사 시 이동 전선은 0.6/1[kV] EP 고무 절연 클로로프렌 캡타이어 케이블
또는 0.6/1[kV] 비닐 절연 비닐캡타이어 케이블일 것 **답** ④

2 배선 기구의 방습 장치를 할 필요가 있는 장소는?

① 시멘트 공장

② 화학 제조 공장

③ 정비 공장

④ 지하실의 땅에 접하는 콘크리트 마루 안

풀이 **답** ④

3 로제트 내에 퓨즈를 넣어서는 안 되는 장소는?

① 제분 공장

② 목욕탕

③ 영화관의 영사실

④ 공회당

풀이 **답** ①

4 먼지가 많은 장소에 사용되는 소켓은?

① 키 소켓

② 분기 소켓

③ 키리스 소켓

④ 풀 소켓

풀이 스파크로 인한 화재의 위험성이 있는 곳은 키리스 소켓을 사용한다. **답** ③

5 무대, 오케스트라 박스, 영사실 등의 전로의 사용 전압[V]은 얼마 이하인가?

① 150[V]

② 300[V]

③ 400[V]

④ 600[V]

풀이 242.6 전시회, 쇼 및 공연장의 전기설비
무대·무대마루 밑·오케스트라 박스·영사실 기타 사람이나 무대 도구가 접촉할 우려가 있는 곳 등은
사용전압이 400[V] 이하일 것 **답** ③

6 정미소, 제분소, 시멘트 공장 등 먼지가 많아서 전기 공작물의 열방산을 방지하거나 절연선을
열화시키는 장소의 저압 옥내 배선에 시설하여서는 안 되는 공사는?

① 애자공사

② 금속몰드공사

③ 금속덕트공사

④ 버스덕트공사

> **풀이** 242.2.3 먼지가 많은 그 밖의 위험장소
> 저압 옥내배선 등은 애자공사·합성수지관공사·금속관공사·유연성전선관공사·금속덕트공사·버스덕트공사(환기형의 덕트를 사용하는 것을 제외한다) 또는 케이블공사에 의하여 시설할 것. **답** ②

7 석유 정제 공장에서 석유의 증기가 발생하는 장소에 있어서의 저압 옥내 배선 공사에서 시설할 수 있는 것은?

① 금속관 공사
② 금속 덕트 공사
③ 목제 몰드 공사
④ 캡타이어 케이블 공사

> **풀이** 242.4 위험물 등이 존재하는 장소
> 셀룰로이드, 성냥, 석유류 기타 타기 쉬운 위험한 물질을 제조하거나 저장하는 장소에는 합성수지관공사, 금속관(박강)공사, 케이블공사(캡타이어케이블은 제외)에 의할 것 **답** ①

8 불꽃 또는 아크나 가스 등으로 착화할 온도에 도달하지 않게 하는 부분은 어떤 방폭 구조로 하여야 하는가?

① 내압 방폭 구조
② 유입 방폭 구조
③ 내부압 방폭 구조
④ 안전증 방폭 구조

> **풀이** 242.3.1 가스증기 위험장소 **답** ④

9 다음 장소에서 나전선을 사용할 수 있는 장소는?

① 산류, 알칼리류를 제조하는 공장
② 화약류 저장 장소
③ 셀룰로이드, 성냥 등을 제조하는 공장
④ 소맥분, 전등 등을 제조하는 공장

> **풀이** 폭연성 분진, 가연성 분진, 인화성 물질이 잔류하는 장소에는 나전선을 사용할 수 없다. **답** ①

10 제분 공장에 시설해서는 안 되는 저압 옥내 배선 공사는?

① 금속관공사
② 합성수지관공사
③ 케이블공사
④ 애자공사

> **풀이** 242.2.1 폭연성 분진 위험장소
> 폭연성 분진(마그네슘, 알루미늄, 티탄, 지르코늄 등의 먼지로 쌓여진 상태에서 착화된 때에 폭발할 우려가 있는 것), 화약류 분말이 존재하는 곳, 가연성의 가스 또는 인화성 물질의 증기가 새거나 체류하는 곳의 전기 공작물은 금속관 공사, 또는 케이블 공사(캡타이어 케이블을 제외한다)에 의하여야 하며 금속관 공사를 하는 경우 관 상호 및 관과 박스 등은 5턱 이상의 나사 조임으로 접속하여야 한다. **답** ④

11 가솔린 등 인화성의 연료를 저장하는 장소의 저압 옥내 배선의 공사 방법으로 바른 것은?

① 금속덕트공사
② 금속관공사
③ 합성수지관공사
④ 애자공사

풀이 242.2.1 폭연성 분진 위험장소
폭연성 분진(마그네슘, 알루미늄, 티탄, 지르코늄 등의 먼지로 쌓여진 상태에서 착화된 때에 폭발할 우려가 있는 것), 화약류 분말이 존재하는 곳, 가연성의 가스 또는 인화성 물질의 증기가 새거나 체류하는 곳의 전기 공작물은 금속관 공사, 또는 케이블 공사(캡타이어 케이블을 제외한다)에 의하여야 하며 금속관 공사를 하는 경우 관 상호 및 관과 박스 등은 5턱 이상의 나사 조임으로 접속하여야 한다.   **답** ②

12 먼지가 많은 장소는 위험도에 따라 3종류로 구분한다. 이에 속하지 않는 것은?

① 폭연성 분진   ② 화약류의 분말이 존재하는 곳
③ 가연성 분진이 존재하는 곳   ④ 가연성 가스가 존재하는 곳

풀이   **답** ④

13 화약류 저장소의 배선 공사에서 전로의 대지 전압은 몇 [V] 이하로 되어 있는가?

① 400   ② 300   ③ 150   ④ 100

풀이 242.5 화약류 저장소 등의 위험장소
① 저압 옥내배선은 금속관공사 또는 케이블공사(캡타이어케이블을 사용하는 것을 제외한다)에 의할 것.
② 전로에 대지전압은 300[V] 이하일 것.
③ 전기기계기구는 전폐형의 것일 것.   **답** ②

14 폭연성 분진이 존재하는 곳의 금속관 공사에 있어서 관 상호 및 관과 박스의 접속은 몇 턱 이상의 죔 나사로 시공하여야 하는가?

① 3턱   ② 5턱   ③ 7턱   ④ 9턱

풀이 242.2.1 폭연성 분진 위험장소
폭연성 분진(마그네슘, 알루미늄, 티탄, 지르코늄 등의 먼지로 쌓여진 상태에서 착화된 때에 폭발할 우려가 있는 것), 화약류 분말이 존재하는 곳, 가연성의 가스 또는 인화성 물질의 증기가 새거나 체류하는 곳의 전기 공작물은 금속관 공사, 또는 케이블 공사(캡타이어 케이블을 제외한다)에 의하여야 하며 금속관 공사를 하는 경우 관 상호 및 관과 박스 등은 5턱 이상의 나사 조임으로 접속하여야 한다.   **답** ②

15 교통 신호등의 시설을 다음과 같이 하였다. 이 공사 중 바르지 못한 것은?

① 전선은 450/750[V] 일반용 단심 비닐 전선을 사용하였다.
② 신호등의 인하선은 지표상 2.5[m]로 하였다.
③ 도로를 횡단할 때에도 지표상 6[m]로 하였다.
④ 제어 장치의 금속제 외함은 접지하지 않았다.

풀이 234.15 교통신호등
교통신호등의 제어장치의 금속제 외함 및 신호등을 지지하는 철주에는 접지공사를 하여야 한다.
                                                                           답 ④

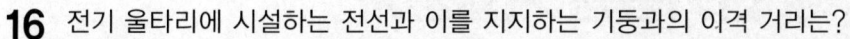

16 전기 울타리에 시설하는 전선과 이를 지지하는 기둥과의 이격 거리는?

① 40[mm]　　　② 30[mm]　　　③ 25[mm]　　　④ 20[mm]

풀이 241.1 전기울타리

전기 울타리 시설은 전선 2[mm] 이상, 전선과 기둥과의 이격 거리 25[mm] 이상, 전선과 수목과의 이격 거리 0.3[m] 이상, 사용 전압 250[V] 이하이다.　　　**답** ③

17 유희용 전차에 전기를 공급하는 전로의 사용 전압은 직류인 경우 최대 몇 [V]인가?

① 60　　　　　② 40　　　　　③ 30　　　　　④ 10

풀이 241.8 유희용 전차

① 유희용 전차에 전기를 공급하기 위하여 사용하는 변압기의 1차 전압은 400[V] 이하이어야 한다.

② 유희용 전차에 전기를 공급하는 전원장치의 2차측 단자의 최대사용전압은 직류의 경우 60[V] 이하, 교류의 경우 40[V] 이하일 것.　　　**답** ①

1. 조명공사

1) 빛

전자파로 전달되는 에너지의 전체를 방사 또는 복사라 한다. 이 복사에너지는 각각의 고유한 특성을 가지고 있으며, 이 특성에 의해 교류전력파, 방송파, 적외선, 광선, 자외선, X선, γ선 등의 명칭이 있다. 이중에서 광선은 눈의 시신경을 자극하여 물체를 보일 수 있도록 하는 것으로서 가시광선이라 한다.

이 가시광선은 빛의 감각을 일으키는 파장으로 380~760[nm]의 파장을 가지고 있다.

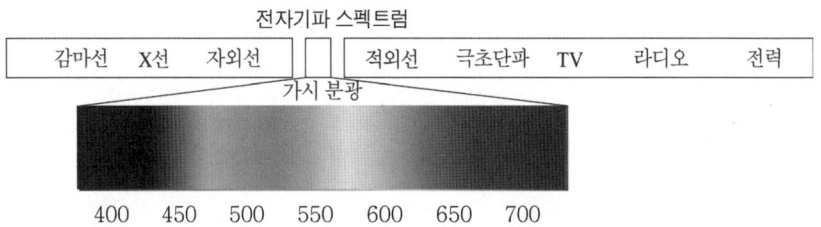

(1) **시감도**(視感度 : luminous efficiency)

망막에 전자파 중 380~760[nm]의 파장이 투사되면 광화학적 반응을 일으키며, 이것이 전기적 충격을 일으켜서 신경이 흥분되고 신경섬유를 거쳐서 뇌로 전달되어 시각이 일어난다. 이 광화학적 반응을 일으키는 파장을 빛이라 한다. 이 파장 중 555[nm]의 파장에서 가장 강한 광화학적 반응이 일어난다. 이를 최대 시감도라 한다.

방사 에너지에 의한 밝음의 느낌은 파장과 개인에 따라서 다르지만 많은 사람들에게 각 파장의 분광방사가 같은 밝음을 느끼게 하는 데 요하는 에너지량의 역수로 그 정도를 표시하고 이것을 시감도라 한다. 즉, 비등한 방사속에 대한 방사가 눈에 느끼게 하는 밝음의 비율을 말한다.

파장 555[nm]의 방사는 최대 시감도로서 680[lm/W]로 나타낸다. 이에 대한 다른 파장의 시감도의 비를 비시감도(relative luminous efficiency)라 하는데, 최대 시감도를 1로 하고 다른 파장에 대한 비시감도를 곡선으로 표시한 것을 비시감도 곡선이라 한다.

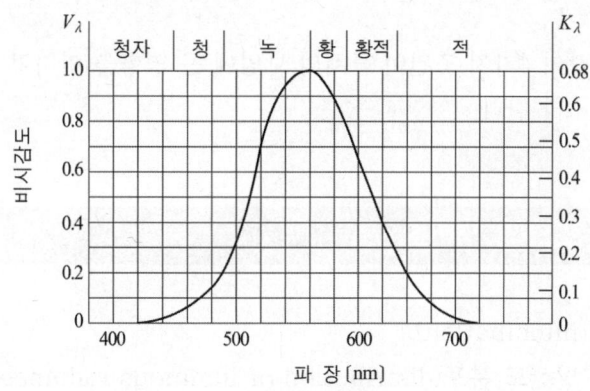

비시감도 곡선

2) 물체의 보임(조명의 4요소)

(1) 제1조건 : 밝음

빛 없이는 물체를 볼 수 없고, 빛이 있다 하더라도 충분한 빛이 없으면 물체가 보이지 않는다. 즉, 물체의 보임의 제1조건이 밝음이다.

(2) 제2조건 : 크기

밝음이 충분하다고 모두 잘 보이는 것은 아니다. 세균, 진드기, 박테리아 등과 같이 아주 작은 것은 밝음이 강하다고 보이지 않는다. 즉 물체가 보이기 위해서는 적당한 크기가 있어야 한다. 이것을 제2조건이라 한다. 여기서, 물체의 크기란 물체의 치수를 말하는 것이 아니고 시각(視覺)의 크기를 말한다.

(3) 제3조건 : 대비

겨울에 눈이 내려 온통 흰색으로 뒤덮여 있을 경우 여기에 흰 밀가루를 뿌린다면 밀가루를 볼 수 없을 것이다. 그러나 검은 가루를 뿌릴 경우 잘 보일 것이다. 즉, 배경의 밝음과 보려는 물체의 밝음의 비의 차이가 크지 않으면 잘 보이지 않는다. 이러한 밝음과 어두움의 대비를 제3조건이라 한다.

(4) 제4조건 : 시간과 속도

빠른 속도로 날아가는 총알은 볼 수 없다. 그러나 빠르더라도 달리는 자동차나 기차, 비행기 등은 볼 수 있다. 즉, 시간의 조건이 물체의 보임을 좌우한다. 이것을 제4조건이라 한다.

이상과 같이 4가지 조건이 물체의 보임에 큰 영향을 미치고 있으며, 이것을 조명의 4가지 요소라 한다.

3) 좋은 조명의 평가요소

① 조도(illumination)
② 광속 발산도 분포(distribution of luminous radiance)
③ 정반사(specular reflection)
④ 그늘(shadow)
⑤ 광의 스펙트럼 분포(spectral distribution)
⑥ 심리적 영향(psychological effect)
⑦ 미적 효과(aesthetic effect)
⑧ 경제(economics)

4) 조명의 용어

(1) 광속(luminous flux)

전자파 형태로 전달되는 에너지의 총칭을 방사(放射)라 한다. 이때 단위시간에 어떤 면을 통과하는 방사 에너지의 양을 방사속(放射束 : radiant flux : [want. W])이라 한다. 방사속 중에서 사람의 눈에 빛의 시감하게 하는 것은 어느 파장범위(380~760[nm]) 내의 것이다. 가시범위의 방사속을 시감에 기초를 두어 측정한 것을 광속이라 한다. 광속의 단위는 루멘(lumen : lm)을 사용하고, 단위시간에 통과하는 광량이다.

(2) 광도(luminous intensity)

모든 방향으로 광속이 발산되고 있는 점광원에서 어떤 방향의 광도라는 것은, 그 방향의 단위입체각에 포함되는 광속 수, 즉 발산광속의 입체각 밀도를 의미한다.

$$I = \frac{F}{\omega} \, [\text{cd}]$$

여기서, 입체각 ω, 광속 F, 광도 I

광도의 단위는 칸델라(candela : cd)이며, 1[cd]는 단위입체각(1 steradian) 내의
광속이 1[lm]인 경우이다.

(3) 휘도(輝度 : luminance)

광원을 보면 그 면이 빛나 보이며, 빛나고 있는 면을 보거나 반투명의 것을 반대쪽에
서 보아도 밝게 보이는데, 이런 밝기를 휘도라 한다. 즉, 발광면의 어떤 방향의 휘도
는 그 면과 그 방향의 광도를 광원의 정상 면적으로 나눈 것으로 광도의 밀도를 말한
다.
휘도의 단위로는 cd/m^2로 니트(nit : nt) 혹은 cd/cm^2로 스틸브(stilb : sb)를 사용
한다. 사람이 장시간 바라볼 수 없는 휘도의 한계는 약 5,000[nt] 이상이다.

(4) 조도(照度 : illumination)

어떤 물체에 광속이 투사되면 그 면은 밝게 비추어지며, 그 정도를 표시하는 데 조도
를 사용한다. 어떤 면의 조도는 그 면에 투사되는 광속의 밀도를 말한다.

$$E = \frac{F}{A}$$

여기서, 면적 $A\,[\text{m}^2]$, 입사광속 $F\,[\text{lm}]$

단위로는 1$[\text{m}^2]$의 피조면에 들어가는 광속이 1[lm]일 때의 조도를 1[lx]라 한다.

(5) 광속발산도(luminous emittance)

어느 면의 단위면적으로부터 발산되는 광속, 즉 발산광속의 밀도를 광속발산도라
한다.

$$R = \frac{F}{A}$$

여기서, 면적 $A\,[\text{m}^2]$, 발산광속 $F\,[\text{lm}]$

단위로는 래드럭스(radlux : rlx) 또는 아포스틸브(apostilb : asb)가 사용되며,
$1[\text{rlx}] = [\text{asb}] = 1[\text{lm/m}^2]$이다.

(6) 연색성 (演色性)

물체는 분광분포가 다른 광원을 비추면 각각 다른 색으로 보인다. 이와 같이 조명에 의한 물체의 색깔을 결정하는 광원의 성질을 연색성이라 한다.

(7) 색온도 (色溫度)

어떤 광원의 광색이 어느 온도의 흑체의 광색과 같을 때, 그 흑체의 온도를 이 광원의 색온도라 한다. 이들 색온도는 흑체(黑體)라고 하는 이상적인 방사체를 표준으로 하며 이들 빛과 같은 색의 빛을 냈을 때의 흑체의 온도로 나타낸다.

대표적인 광원의 색온도

광원	색온도(K)	광원	색온도(K)
태양	5,450	할로겐전구(500[W])	3,000
푸른 하늘(오전 9시)	12,000	백열전구(60[W])	2,850
구름 낀 하늘	6,500	촛불	2,000
주광색 형광램프	6,500	형광수은램프	4,600
백색 형광램프	4,200	고압수은램프	5,600

2. 조명설계의 기초 (전반조명설계)

옥내조명에서는 광원으로부터 직사광 이외로 실내면 및 가구로부터 상호반사에 의한 확산광을 고려하여야 한다. 전반조명설계는 광속법을 이용한 것으로 방 전체의 균일한 조도(照度)를 얻기 위한 것이다.

조도를 계산하기 위해서는 조명률을 사용하면 쉽게 얻어진다. 설계과정을 열거하면 다음과 같다.

① 광원의 선택
② 조명기구의 선택
③ 조명기구의 간격과 배치
④ 필요한 조도의 결정
⑤ 실지수의 결정
⑥ 조명률의 결정
⑦ 유지율의 결정
⑧ 램프크기의 결정
⑨ 광속발산도의 계산

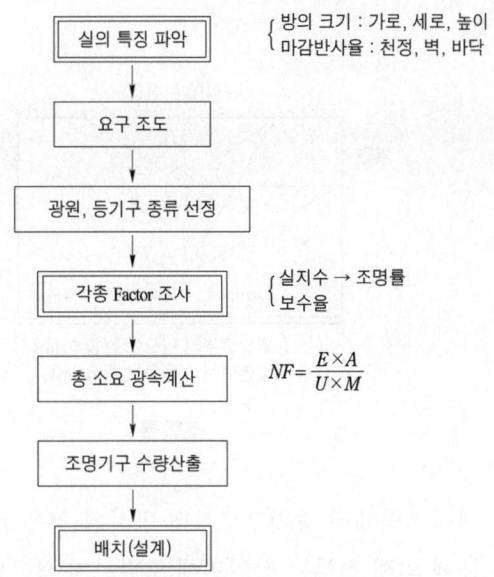

전반조명설계순서

(1) 실지수(k)

방의 면적이 같은 2개의 방에 같은 수의 광원을 설치하여도 그림과같이 방의 모양이 다른 경우에는 작업면상의 조도는 다르게 된다. 그래서 천정, 바닥이 장방형인 방은 가로 X, 세로 Y 두 변의 평균을 한 변으로 하는 정방형인 방과 동일하다고 하는 이론에 의해 실지수 k를 구하여 계산한다.

$$k = \frac{XY}{H(X+Y)}$$

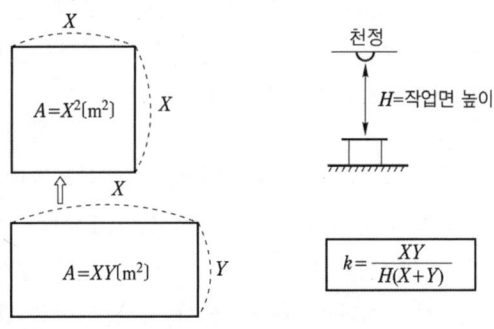

실지수

여기서, H는 광원으로부터 작업면까지의 높이[m]이다.

(2) 조명률 U[%]

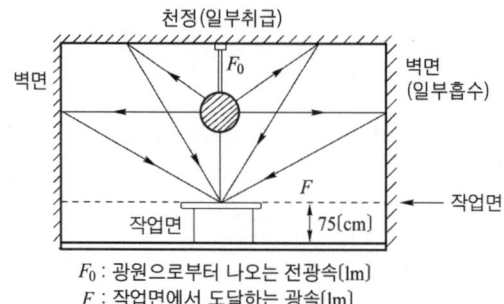

조명률

그림과 같이 실내조명에서 광원으로부터 방사된 광속 F_0는 조명기구의 손실과 천정, 벽면의 흡수 등에 의해 전부는 작업면에 도달하지 않는다. 따라서 방사광속을 F_0, 작업면의 입사광속을 F로 하면 조명률 U는

$$U = \frac{F}{F_0} \times 100[\%]$$

가 된다.

(3) 감광보상률의 결정

조명시설은 사용함에 따라 작업면의 조도가 점차적으로 감소되어 가며 그 주요 원인은 다음과 같다.

- 필라멘트 증발로 인한 광속의 감소, 유리구 내면의 흑화
- 등기구, 천정, 벽 및 바닥의 색상변화, 먼지부착, 등기구의 노화 등에 의한 흡수율의 증가
- 전압변동에 따른 필라멘트의 열화

따라서 조명설계를 할 때는 점등 중의 광속감퇴를 고려하여 소요광속에 여유를 두어야 하며, 그 정도를 감광보상률(depreciation factor)이라 한다. 백열전구를 사용할 때 보통 깨끗한 곳에서는 30[%], 특히 먼지가 많은 곳에서는 100[%]의 여유를 주며 감광보상률은 각각 1.3과 2.0으로 본다. 감광보상률 대신에 그 역수인 유지율을 사용하는 경우도 있다.

(4) 조명기구의 선택

작업목적에 알맞은 조명기구의 선택시 다음 사항을 고려해야 한다.

① 작업장의 특색

② 재료의 특성

③ 직사휘도가 일어나지 않을 것

④ 반사휘도가 적을 것

⑤ 설비의 효율

⑥ 수직면과 사면(斜面)의 조도

⑦ 진한 그림자가 일어나지 않을 것

⑧ 유지관리가 용이할 것

(5) 조명기구의 간격과 배치

균등한 조도 분포를 얻기 위해 광원의 간격을 근접시키는 것이 좋으나, 이렇게 하면 램프를 많이 설치하여야 하므로 비경제적이다. 따라서 경제적인 면을 고려하여 등 간격과 등의 크기를 결정하여야 한다.

작업면 위에 가설되는 등의 높이와 균등한 조도분포를 얻기 위한 등간격에는 적당한 관계를 정하여야 하며, 그림자가 작업에 산란을 일으키지 않도록 빛이 모든 방향으로부터 입사 되어야 한다. 직사조도는 광원의 밑에서 최대로 나타나며, 이곳으로부터 떨어짐에 따라 어두워지므로 광원의 최대간격 S는 작업면으로부터 광원까지 높이 H의 1.5배로 한다.

$$S \leq 1.5H$$

그리고 등과 벽 사이 간격 S_0는

$$S_0 \leq \frac{1}{2}H \ , \ \ S_0 \leq \frac{1}{3}H \ \text{(벽 측을 사용할 경우)}$$

로 한다.

3. 동력배선

1) 동력 설비

동력 설비는 빌딩, 공장 등의 건축물에 설비되는 공기 조화용 설비(냉동기, 환풍기, 선풍기 등), 급·배수용 펌프, 엘리베이터, 공사에 설치된 각종 동력 기기 등에 전력을 공급하는 설비를 말한다.

(1) 동력 설비의 종류

동력 설비의 종류는 용도별, 운전 기간별, 비상 부하별로 분류할 수 있다.

① 용도별
　　㉠ 급·배수, 소화 관계 동력 : 급·배수 펌프, 소화 펌프, 스프링클러 펌프 등
　　㉡ 공기 조화 설비 동력 : 냉동기, 냉수 펌프, 냉각수 펌프, 쿨링 타워 팬, 공조기 팬, 급·배기 팬, 배연 팬 등
　　㉢ 건축 부대 동력 : 엘리베이터, 에스컬레이터, 승강기 리프트, 턴테이블, 셔터 등
　　㉣ 기타 : 공장 동력, 의료용 동력, 일반 동력 설비 등

② 운전 기간별
　　㉠ 상시 부하 동력 : 급·배수 소화용 동력, 건축 부대 동력, 공기 조화용 동력, 사무 기기용 동력, 의료용 동력 등
　　㉡ 여름철, 겨울철 동력 부하 : 냉동기, 냉수 펌프, 냉동수 펌프, 쿨링 타워 팬, 히터, 냉·온풍기 등

③ 비상 부하별
　　㉠ 상용 부하 : 비상시 이외의 부하
　　㉡ 비상용 부하 : 배연 팬, 소화 펌프, 비상 엘리베이터 등

(2) 동력 설비의 설계 순서

① 각종의 동력의 위치, 용량 크기, 제어 방법 등을 결정한다.
② 전압의 종별을 결정한다(간선 계통의 구분에 따른다).
③ 감시 제어 방식을 결정한다.
④ 부하 설비에 따른 제어반을 결정한다.
⑤ 분기 회로를 결정한다.
⑥ 제어반 일람표, 동력 배선도, 제어 회로 배선도를 작성한다.

2) 동력용 전동기

전동기는 동력원으로 여러 가지 우수한 성능을 가지고 있으므로 그 응용 범위는 다양하다. 따라서 부하의 적응성, 운전방식, 제어방식, 다른 계통과 관련성에 대하여 고려하여야 한다.

(1) 전동력 응용의 특징

① 전동력은 집중 분배가 가능하다.

② 전동기는 부하의 특성에 알맞은 것을 선택할 수 있다.

③ 운전에 대한 제한이 적다.

④ 개별운전, 복식 개별운전이 가능하다.

⑤ 효율이 좋고 신뢰도나 안전도가 높다.

⑥ 전력 계통의 고장에 대하여 광범위로 영향을 미친다.

⑦ 전용선이 필요하며, 이동동력으로서 불편이 많다.

(2) 전동기의 종류

① 동기전동기

회전속도가 일정하고, 역률이 좋으나 여자하기 위한 직류 전원이 필요하며, 구조가 복잡하고 보수, 점검 등이 불편하다.

② 유도 전동기

역률이 나쁜 결점이 있으나 구조가 간단하고 보수 점검이 용이하며, 운전하기에 편리하므로 건축동력설비에 가장 널리 사용되고 있다.

유도 전동기는 권선형 유도 전동기와 농형 유도 전동기로 구분이 되며, 일반적으로 농형유도 전동기가 널리 사용된다.

③ 교류 정류자 전동기

정류자 브러시 이동만으로 속도를 광범위하게 제어할 수 있으며, 역률을 개선할 수 있고, 기동 시에도 기동기가 필요 없다.

브러시의 이동에 의해 기동할 수 있으며, 유도 전동기보다 복잡하고 가격도 비싸다.

④ 직류 전동기

직류 전원 장치가 필요하고, 정류자 보수가 어려우며 가격도 비싼 편이다. 그러나 속도 제어를 효율적으로 할 수 있으므로 각종 산업의 동력용 전동기와 전기철도에 사용되고 있다.

3) 전동기의 운전

(1) 3상 농형유도 전동기의 기동법

① 전전압 기동법(직입기동)

전동기에 직접 전원 전압을 가하여 기동하는 방법으로 출력이 7.5[kW] 이하에 사용된다.

기동전류는 전부하 전류의 5~8배 정도이며, 관성도 적고 기동 시간이 짧아 전원이 미치는 영향이 적다.

② Y–Δ 기동법

5.5[kW]에서 15[kW] 정도의 3상 유도 전동기에 사용된다. Y결선으로 기동하는 경우 선간전압을 $\frac{1}{\sqrt{3}}$배 낮춤으로써 기동전류를 $\frac{1}{3}$배 줄일 수 있다.

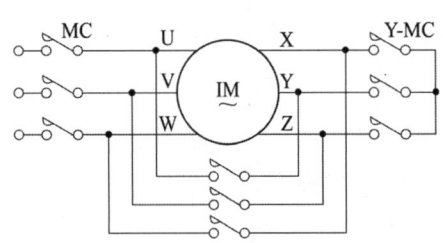

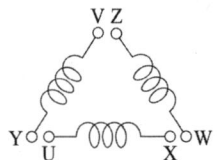

	Y			△	
R	S	T	R	S	T
∣	∣	∣	∣	∣	∣
U	V	W	U	V	W
			∣	∣	∣
Y	Z	X	Y	Z	X

③ 리액터 기동법

전동기의 전원 측에 직렬로 리액터를 설치하여 전압을 강하시켜 감압기동하는 방식이다. 이 방식은 회전수가 상승하고 전동기에 가해지는 인가전압이 상승하므로 변환할 때 충격이 적여 방적기계 등에 적합한 기동방식이다.

④ 기동보상기법

단권변압기를 이용하여 전압을 전동기에 인가하여 기동한 후 정격속도가 되면 단권변압기를 단락시켜 전전압을 가하여 기동하는 방식이다.

(2) 권선형 유도 전동기의 기동법

① 2차 저항 기동법

비례추이를 이용한 것으로 외부에서 2차 저항을 조정하여 기동하는 방법이다. 기동 시 2차 저항을 최대로 하고 가속됨에 따라 순차적으로 저항을 단락시켜 외부 저항이 없는 상태까지 설정하여 기동하는 방식을 말한다.

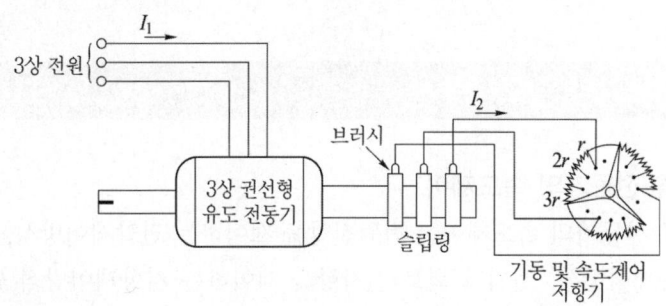

② 임피던스 기동법

회전자 회로에 고정 저항과 직렬 또는 병렬로 접속한 L을 삽입하는 방식으로 비교적 대형 전동기에 사용된다.

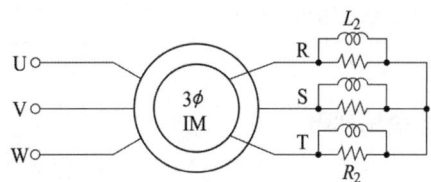

(3) 단상 유도 전동기의 기동법

① 분상 기동법

주권선과 제어 권선의 저항과 리액턴스의 비율을 변화시켜 불완전한 2상 교류를 전원에 인가하여 회전자계 얻는 기동하는 방식이다.

② 콘덴서 기동법

제어 권선에 콘덴서를 직렬로 접속하여 전류의 위상을 주권선 보다 약 1/4 주기 빠르게 하여 2상 교류를 만들어 회전자계를 얻는 방식이다.

③ 셰이딩 코일형 기동법

셰이딩 코일을 감은 자극의 자속이 다른 자극의 자속보다 뒤진 위상을 만들어 한쪽 방향으로 회전자계를 얻는 방식이다. 기동토크가 작고 10[W] 이하의 것에 사용한다.

회전방향을 변경할 수 없다.

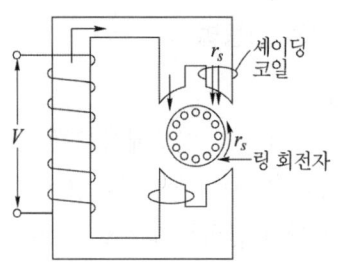

4) 전동기의 속도제어

(1) 직류 전동기의 속도제어

직류 전동기의 속도제어는 전원전압을 제어하는 전압제어방식, 계자자속을 제어하는 계자제어방식, 전기자 회로의 저항을 제어하는 저항제어방식 등으로 나눌 수 있다.

방식	특징	속도 제어 범위	제어 정밀도	적용 예
계자 제어법	정출력 특성 설비비가 싸다	1 : 4	±3[%]	권취기
전압 제어법	정토크 특성 속응성이 좋고 설비비가 싸다	1 : 100	±100[%]	초지기, 압연기, 공작기계, 인쇄기계, 압출기

(2) 교류 전동기의 속도제어

농형 유도 전동기의 경우 속도제어는 극수제어, 주파수 제어 등이 사용된다.
권선형 유도 전동기의 경우 속도제어는 2차저항법, 2차여자법 등이 사용된다.
그 외 종속법(직렬종속, 병렬종속, 차동종속) 등이 사용된다.
최근에는 가변전압가변주파수 장치(VVVF)를 사용한 속도제어도 응용되고 있으며, 이 방식은 에너지 절약에 좋은 효과가 있는 방식으로 알려져 있다.

4. 동력설비의 운전

1) 운반·수송 설비

(1) 엘리베이터

엘리베이터의 종류와 승강 속도는 엘리베이터 용도에 따라 승객용, 화물용으로 구분할 수 있다.

분류	승강 속도[m/min]	용 도
저 속	45 이하	아파트, 소형빌딩
중 속	45~125	병원, 중형 빌딩
고 속	120~300	대형 빌딩, 대형 백화점
초고속	300 이상	초고층 빌딩

엘리베이터용 전동기는 교류 전동기는 저속 또는 중속도의 엘리베이터에는 3상 2중 농형 유도 전동기가 많이 사용된다. 직류 전동기는 고속도 엘리베이터에 사용된다. 제어 방식은 직류 제어 방식과 교류 제어 방식으로 구분되며 직류제어방식은 워드레어너드 방식으로 사용되나, 최근에는 정지형 레오너드 방식을 사용한다. 또 교류제어방식은 교류 1단 제어방식과 교류 2단 제어방식, 교류 귀환제어방식, VVVF(가변전압 가변주파수 방식)등이 있다.

엘리베이터의 주요 장치로는 전동기, 전자 브레이크, 권상기(traction machine), 조속기(governor), 제어 장치, 자동 착상 장치, 완충기(buffer), 승강기, 전동문 닫힘 장치, 균형추(counter weight), 로프(rope) 등을 말한다.

(2) 에스컬레이터

에스컬레이터(escalator)는 계단식으로 된 컨베이어로서, 30° 이하의 기울기를 가지는 트러스와 여러 개의 체인에 수십 개의 발판을 붙여 레일로 지지하고 있는 구조로 되어 있으며, 체인을 트러스의 위쪽 구도용 쇄차와, 아래쪽 종속용 쇄차 간에 걸어서 위쪽의 쇄차를 전동기에 직결한 웜 감속기로 구동한다. 정격 속도는 하향 방향의 안전을 고려하여 30[m/분] 이하로 한다.

에스컬레이터는 백화점, 은행, 역사, 호텔, 공항 등에서 같은 방향으로 향하는 사람이 많은 장소에 사용된다. 보통 시간당 6,000명에서 9,000명의 수송능력을 가지고 있으며, 엘리베이터에 비하여 대량수송에 적합하고, 장거리 수송에 적합하다.

2) 급·배수 동력설비

(1) 급수설비의 동력설비

급수설비와 배수설비로 나누어지며, 급수설비는 급수방식에 따라 수도 직결식, 고가 수조식, 압력 수조식 등으로 구분된다.

급수설비의 동력을 이용하는 방식은 양수 펌프로 옥상에 설치한 수조에 물을 양수하고, 급수전으로 압력을 이용하여 물을 공급하는 고가수조방식에 적용된다.

(2) 배수설비의 동력설비

배수설비는 사용목적에 따라서 오수계통, 잡용수 계통, 빗물 오수 계통 등으로 구분되며, 중력을 이용한 배수가 어려울 경우 오수조를 통하여 펌프로 오수를 배수하는 방식으로 사용된다.

3) 공기조화설비

공기조화설비란 온도나 습도를 적정한 범위로 유지하면서 공기의 흐름을 부여하고, 환기나 정화를 동시에 조절하는 기능을 말한다.

(1) 냉동기

냉동기의 종류에는 터보식 냉동기와 흡수식 냉동기로 구분되며, 터보식의 경우 기계적인 에너지를 이용하여 냉각효과를 얻는 방식으로 일반 룸에어컨디셔너가 터보식 냉동기에 해당한다.
터보식 냉동기의 경우 단상 유도 전동기가 사용된다.

(2) 흡수식 냉동기

흡수식 냉동기는 터보 냉동기에 비해 용량이 적고, 냉동 효과가 낮다는 결점이 있으나 하절기 전력 소모를 줄일 수 있는 장점이 있다.

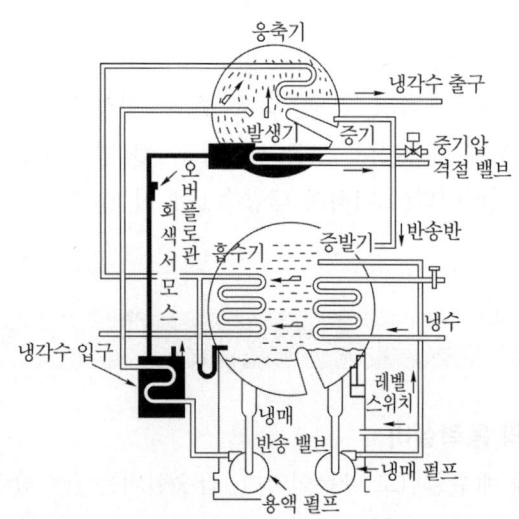

5. 동력설비의 설계

전동기 선정 순서는 다음과 같다.

① 부하 토크 및 속도 특성에 적합한 것을 선정해야 한다.
② 운전 형식에 적당한 정격 및 내각 방식에 따라 선정해야 한다.
③ 사용 장소의 상황에 알맞은 보호 방식에 따라 선정해야 한다.
④ 고장이 적고 신뢰도가 높으며, 운전비가 싼 것을 선정해야 한다.
⑤ 가급적 정격 출력인 기기를 선정해야 한다.
⑥ 용도에 알맞은 기계적 형식의 것을 선정해야 한다.

(1) 사용 장소에 따른 전동기의 선정방법

① 방수형 : 옥외용 또는 선박용 등에 사용된다.
② 수중형 : 수중 펌프용, 선박 내의 전동기용에 사용된다.
③ 방식형 : 화학공장 등 부식성 가스가 많은 곳에 사용된다.
④ 방폭형 : 탄광이나 화학공장 등의 폭발성 물질이 존재하는 곳에 사용된다.
⑤ 방습형 : 습기가 많은 곳에 사용된다.

(2) 전동기 용량의 산정방법

① 펌프용 전동기

$$P = \frac{KQH}{6.12\eta}[\text{kW}]$$

P : 전동기용량[kW] Q : 양수량 [m³/min]
H : 총양정 η : 효율
K : 계수(1.1 ~ 1.2)

② 송풍용 전동기

$$P = \frac{KQH}{6120\eta}[\text{kW}]$$

P : 전동기용량 [kW] Q : 양수량 [m³/min]
H : 풍압[mmAq] η : 효율
K : 여유계수(1.1 ~ 1.3)

③ 권상용 전동기

$$P = \frac{9.8KWv}{\eta}\,[\text{kW}]$$

P : 전동기 용량[kW] η : 효율

W : 권상하중[ton] v : 권상속도[m/sec]

K : 손실계수(여유계수)

④ 엘리베이터용 전동기

$$P = \frac{KVW}{6.12\eta}\,[\text{kW}]$$

P : 전동기 용량[kW] η : 효율

V : 승강속도[m/min] W : 적재하중[ton]

K : 평형률

1 어떤 전자파의 시감도라 함은?

① $\dfrac{광속}{전력}$　　　② $\dfrac{광속}{복사속}$　　　③ $\dfrac{녹색\ 광속}{전광속}$　　　④ $\dfrac{복사속}{광속}$

풀이 복사속(방사속)에 대한 광속의 비를 시감도라 한다.　　**답** ②

2 육안의 비시감도가 최대인 파장[nm]은?

① 400　　　② 450　　　③ 500　　　④ 550

풀이 최대 시감도 555[nm]의 부근에서 나타난다.　　**답** ④

3 시감도가 가장 좋은 색은 어느 것인가?

① 적색　　　② 등색　　　③ 황록색　　　④ 녹색

풀이 시감도가 가장 좋은 것은 555[nm]일 때이므로 색깔은 황록색을 띤다.　　**답** ③

4 광속의 단위는 무엇인가?

① lumen　　　② candela　　　③ steredian　　　④ stilb

풀이 [cd]는 광도의 단위, [sb]는 휘도, [sr]는 입체각의 단위를 말한다.　　**답** ①

5 입체각을 나타내는 단위는 다음 중 어느 것인가?

① [lm]　　　② [cd/m^2]　　　③ [lx]　　　④ [sr]

풀이 입체각의 단위는 스테라디안[sr]을 사용한다.　　**답** ④

6 평균 구면 광도 I[cd]의 전등에서 발산되는 전광속 수[lm]는?

① $4\pi I$　　　② $2\pi I$　　　③ πI　　　④ $4\pi r_2$

풀이 구면 광원의 전광속 $F = 4\pi I$ 가 된다. 원통 광원의 전광속 $F = \pi^2 I$ 가 된다.　　**답** ①

7 조도의 단위는 무엇인가?

① 칸델라　　　② 니트　　　③ 레드 룩스　　　④ 룩스

풀이 조도의 단위는 룩스가 된다.
광도의 단위는 칸델라, 휘도의 단위는 레드 룩스가 된다.　　**답** ④

8 단위가 [lm/m²]로 표시되는 것은 어느 것인가?

① 광속   ② 광량   ③ 휘도   ④ 조도

풀이 조도는 피조면 단위 면적당 입사 광속을 나타내므로 $E = \dfrac{F}{S}[\mathrm{lm/m^2}]$가 된다.   **답** ④

9 스틸브[sb]는 무엇의 단위인가?

① 광도   ② 휘도   ③ 조도   ④ 광속 발산도

풀이 휘도의 단위는 M.S.K 단위계에서는 [nt]를 쓰지만, C.G.S 단위계에서는 [sb]를 쓰고 있다. 휘도는 눈부심의 정도를 나타낸다.   **답** ②

10 면적 2[m²]의 책상 위에서 조도를 측정하니 100[lx]였다. 책상에 입사한 광속은 얼마인가?

① 100[lm]   ② 150[lm]   ③ 200[lm]   ④ 250[lm]

풀이 조도 $E = \dfrac{F}{S}$에서 광속 $F = ES = 100 \times 2 = 200[\mathrm{lm}]$이 된다.   **답** ③

11 조도는 광원으로부터의 거리와 어떠한 관계가 있는가?

① 거리에 비례한다.   ② 거리의 제곱에 비례한다.
③ 거리에 반비례한다.   ④ 거리의 제곱에 반비례한다.

풀이 거리 역제곱의 법칙 $\therefore E = \dfrac{I}{r^2}[\mathrm{lx}]$
즉, 조도는 거리의 제곱에 반비례 한다.   **답** ④

12 100[cd]의 점광원으로부터 50[cm] 떨어진 점에서 수직으로 5초간 빛을 비추었을 때 노출[lx·s]을 구하면?

① 1,500   ② 1,800   ③ 2,000   ④ 2,500

풀이 노출 $E_x = E \times t \; (s)$에서 $E_x = \dfrac{I}{r^2}t = \dfrac{100}{(0.5)^2} \times 5 = 2{,}000[\mathrm{lx \cdot s}]$ 가 된다.   **답** ③

13 발광면의 면적 $S[\mathrm{m^2}]$마다 $F[\mathrm{lm}]$의 광속이 발산되면 광속 발산도 R의 값은?

① $S \cdot F$ ② $\dfrac{S}{F}$ ③ $\dfrac{F}{S}$ ④ $S \cdot E$

풀이 광속 발산도(R)는 면적당 발산광속의 양으로 $\therefore R = \dfrac{F}{S}[\mathrm{lm/m^2}]$가 된다.   **답** ③

14 휘도 B와 광속 발산도 R와의 관계는?

① $R = \pi B$ ② $B = \pi R$ ③ $\pi = RB$ ④ $R = \dfrac{B}{\pi}$

풀이 완전 확산면인 경우 광속 발산도와 휘도와의 관계는 $R = \pi B[\text{rlx}]$가 성립된다.   **답** ①

15 하늘이 고르게 비치는 흐린 날씨에 지상 조도가 $E[\text{lx}]$이면 하늘의 광속 발산도는?

① $E\pi$ ② $\dfrac{E}{\pi}$ ③ $\dfrac{E}{10^4}$ ④ E

풀이 $R = \pi B$, $B = \dfrac{E}{\pi}$이므로 $R = E$ **답** ④

16 완전 확산면에서는 어느 방향에서도 무엇이 같은 것을 나타내는가?

① 광도가 같다.   ② 조도가 같다.
③ 휘도가 같다.   ④ 광속이 같다.

풀이 완전확산면이란 어느 방향에서 보아도 휘도가 일정한 면을 말한다.   **답** ③

17 구형의 균등 휘도가 $200[\text{cd/m}^2]$이면 그 광원의 광속 발산도는 얼마인가?

① $314[\text{rlx}]$ ② $62.8[\text{rlx}]$
③ $31.4[\text{rlx}]$ ④ $628[\text{rlx}]$

풀이 휘도가 균일한 경우 광속 발산도 $R = \pi B$이므로 $\therefore R = \pi \times 200 = 628[\text{rlx}]$ **답** ④

18 반사율 ρ, 투과율 τ, 흡수율 γ 간에는 어떠한 관계가 있는가?

① $\rho - \tau + \gamma = 1$ ② $\rho + \tau - \gamma = 1$
③ $\rho + \tau + \gamma = 1$ ④ $\rho - \tau - \gamma = 1$

풀이   **답** ③

19 다음 중 전등 효율을 나타내는 것은?

① $\dfrac{\text{전발산광속}}{\text{소비 전력}}$ ② $\dfrac{\text{소비 전력}}{\text{전발산광속}}$

③ $\dfrac{\text{입사 광속}}{\text{소비 전력}}$ ④ $\dfrac{\text{소비 전력}}{\text{입사 광속}}$

풀이 전등 효율은 $\eta = \dfrac{F}{\rho}[\text{lm/W}]$로 나타낸다.   **답** ①

20 50[cd]의 점광원으로부터 2[m]의 거리에서 그 방향과 직각인 면과 30° 기울어진 평면 위의 조도[lx]는?

① 10.8[lx]　　　　　　　　　　② 12[lx]

③ 12.9[lx]　　　　　　　　　　④ 13.5[lx]

풀이 입사각 여현의 법칙에 의해

$$E = \frac{I}{r^2}\cos\theta = \frac{50}{2^2}\cos 30° = \frac{5}{4} \times \frac{\sqrt{3}}{2} = 10.84[\text{lx}]$$가 된다.

답 ①

21 어떤 광원이 0.02[sr]의 입체각에 60[lm]의 광속을 복사할 때 그 입체각 중의 평균 광도는?

① 30[cd]　　　　　　　　　　② 300[cd]

③ 3,000[cd]　　　　　　　　　④ 30,000[cd]

풀이 광도는 단위 입체각당의 광속이므로 $I = \dfrac{F}{\omega} = \dfrac{60}{0.02} = 3,000[\text{cd}]$가 된다.

답 ③

22 공장 및 사무실 등의 조명 기구 배치에 알맞은 것은?

① 전반 조명　　　　　　　　　② 국부 조명

③ 전반 국부 병용 조명　　　　　④ 전반 확산 조명

풀이 에너지 절약과 높은 조도를 얻기 위해서는 전반 국부 병용 조명방식을 채택한다.

답 ③

23 방의 폭을 X, 길이를 Y, 높이를 H 라 할 때 실지수는?

① $\dfrac{XY}{H(X+Y)}$　　　　　　② $X+Y$

③ $(X+Y)H$　　　　　　　　④ $\dfrac{H(X+Y)}{XY}$

풀이

답 ①

24 작업면에 필요한 조도를 E, 면적을 S, 조명률을 U, 전등수를 N, 광원 1개의 광속을 F, 감광 보상률을 D라 할 때 실내 조명에서의 전 소요 광속은?

① $F = \dfrac{ESDN}{U}$　　　　　　② $NF = UEAD$

③ $NF = \dfrac{ESD}{U}$　　　　　　④ $F = \dfrac{NU}{ESD}$

풀이

답 ③

25 F40[W]의 의미는?

① 수은등 40[W]

② 나트륨등 40[W]

③ 메탈 할라이드등 40[W]

④ 형광등 40[W]

풀이 수은등 40[W] : H40, 나트륨등 40[W] : N40, 메탈 할라이드등 40[W] : M40　　**답** ④

26 Y-△ 기동기를 사용해서 기동하는데 가장 적당한 것은?

① 직류 전동기

② 단상 유도 전동기

③ 3상 권선형 유도 전동기

④ 3상 농형 유도 전동기

풀이 Y-△ 기동법은 15[kW] 정도의 농형 유도 전동기에 주로 사용하는 기동법을 말한다.　　**답** ④

27 교류 전동기의 기동 방식 중에서 권선형 전동기에만 적용되는 것은 어느 것인가?

① 기동 보상기

② 기동 저항기

③ 직입 기동 방식

④ Y-△ 기동기

풀이 권선형 유도 전동기의 기동법에는 2차 저항 기동법, 2차 임피던스 기동법이 있다.　　**답** ②

memo

2016

과년도문제

동일출판사 홈페이지 및 YouTube에서
무료동영상 강의를 보실 수 있습니다.
(전기이론, 전기기기 해설)

1 기전력 120[V],내부저항(r)이 15[Ω]인 전원이 있다. 여기에 부하저항(R)을 연결하여 얻을 수 있는 최대 전력[W]은? (단, 최대 전력 전달조건은 $r = R$이다.)

① 100　　　　　② 140　　　　　③ 200　　　　　④ 240

풀이 최대 전력 전달조건은 $r = R$에서

최대 전력 $P_{\max} = \dfrac{V^2}{4R} = \dfrac{120^2}{4 \times 15} = 240[W]$ 　　　　**답** ④

2 자기 인덕턴스에 축적되는 에너지에 대한 설명으로 가장 옳은 것은?

① 자기 인덕턴스 및 전류에 비례한다.
② 자기 인덕턴스 및 전류에 반비례한다.
③ 자기 인덕턴스와 전류의 제곱에 반비례한다.
④ 자기 인덕턴스에 비례하고 전류의 제곱에 비례한다.

풀이 $W = \dfrac{1}{2}LI^2[J]$ (단, W : 자계에너지, L : 자기인덕턴스, I : 전류)이므로,

자기 인덕턴스에 축적되는 에너지는 자기 인덕턴스에 비례하고 전류의 제곱에 비례한다. 　**답** ④

3 권수 300회의 코일에 6[A]의 전류가 흘러서 0.05[Wb]의 자속이 코일을 지난다고 하면, 이 코일의 자체 인덕턴스는 몇 [H]인가?

① 0.25　　　　　② 0.35　　　　　③ 2.5　　　　　④ 3.5

풀이 자기 인덕턴스 $L = \dfrac{N\phi}{I}$[Wb/A] 또는 [H]에서

$L = \dfrac{300 \times 0.05}{6} = 2.5[H]$가 된다. 　　　　**답** ③

4 RL 직렬회로에서 서셉턴스는?

① $\dfrac{R}{R^2 + X_L^2}$　　　② $\dfrac{X_L}{R^2 + X_L^2}$　　　③ $\dfrac{-R}{R^2 + X_L^2}$　　　④ $\dfrac{-X_L}{R^2 + X_L^2}$

풀이 임피던스 $Z = R + jX_L$ 라고 하면

어드미턴스 $Y = \dfrac{1}{R + jX_L} = \dfrac{R - jX_L}{R^2 + X_L^2} = \dfrac{R}{R^2 + X_L^2} - j\dfrac{X_L}{R^2 + X_L^2} = G + jB$ 이다.

따라서, 서셉턴스 $B = \dfrac{-X_L}{R^2 + X_L^2}$ 　　　　**답** ④

5 전류에 의한 자기장과 직접적으로 관련이 없는 것은?

① 줄의 법칙   ② 플레밍의 왼손 법칙

③ 비오−사바르의 법칙   ④ 앙페르의 오른나사의 법칙

풀이 ① 줄의 법칙 : 도체에 흐르는 전류에 의하여 단위 시간에 발생하는 열량은 $I^2 R$에 비례한다.
② 플레밍의 왼손 법칙 : 전자력에 관계되는 법칙으로, 엄지는 힘의 방향, 검지는 자속의 방향, 중지는 전류의 방향을 나타낸다.
③ 비오−사바르의 법칙 : 전류가 만드는 자장의 세기에 대한 법칙
④ 앙페르의 오른나사의 법칙 : 전류에 의해 만들어지는 자계의 방향에 대한 법칙   **답** ①

6 $C_1 = 5[\mu F]$, $C_2 = 10[\mu F]$의 콘덴서를 직렬로, 접속하고 직류 30[V]를 가했을 때, C_1의 양 단의 전압[V]은?

① 5   ② 10   ③ 20   ④ 30

풀이 $E_1 = \dfrac{C_2}{C_1 + C_2} E = \dfrac{10 \times 10^{-6}}{5 \times 10^{-6} + 10 \times 10^{-6}} \times 30 = 20[V]$ **답** ③

7 3상 교류회로의 선간전압이 13200[V], 선전류가 800[A], 역률 80[%] 부하의 소비전력은 약 몇 [MW]인가?

① 4.88   ② 8.45   ③ 14.63   ④ 25.34

풀이 $P = \sqrt{3}\, VI\cos\theta = \sqrt{3} \times 13200 \times 800 \times 0.8 \times 10^{-6} = 14.63[MW]$ **답** ③

8 $1[\Omega \cdot m]$ 는 몇 $[\Omega \cdot cm]$인가?

① 10^2 ② 10^{-2} ③ 10^6 ④ 10^{-6}

풀이

단위의 승수	c (센티 ; centi)	$10^{-2} = 0.01$
	m (밀리 ; mili)	$10^{-3} = 0.001$
	μ (마이크로 ; micro)	$10^{-6} = 0.000\ 001$

$1[cm] = 10^{-2}[m]$이므로, $1[m] = 10^2[cm]$이다.   **답** ①

9 자체인덕턴스가 1[H]인 코일에 200[V], 60[Hz]의 사인파 교류 전압을 가했을 때 전류와 전압 의 위상차는? (단, 저항성분은 무시한다.)

① 전류는 전압보다 위상이 $\dfrac{\pi}{2}[rad]$만큼 뒤진다.

② 전류는 전압보다 위상이 $\pi[rad]$만큼 뒤진다.

③ 전류는 전압보다 위상이 $\dfrac{\pi}{2}[rad]$만큼 앞선다.

④ 전류는 전압보다 위상이 $\pi[rad]$만큼 앞선다.

인가전압 $v = V_m \sin\omega t$[V]라고 하면,

순시전류 $i_L = \dfrac{V_m \sin\omega t}{j\omega L} = \dfrac{V_m}{\omega L} \sin\left(\omega t - \dfrac{\pi}{2}\right)$[A]이므로

$i_L = \dfrac{220\sqrt{2}}{2\pi \times 60 \times 1} \sin\left(2\pi \times 60 \times t - \dfrac{\pi}{2}\right) = 0.825\sin\left(377t - \dfrac{\pi}{2}\right)$[A]

따라서, 전류는 전압보다 위상이 $\dfrac{\pi}{2}$[rad]만큼 뒤진다. **답** ①

10 알칼리 축전지의 대표적인 축전지로 널리 사용되고 있는 2차 전지는?

① 망간전지   ② 산화은 전지

③ 페이퍼 전지   ④ 니켈 카드뮴 전지

풀이 망간전지와 산화은 전지는 1차 전지이며, 알칼리 축전지 중 니켈-카드뮴 전지가 가장 널리 사용되고 있다. **답** ④

11 파고율, 파형률이 모두 1인 파형은?

① 사인파   ② 고조파   ③ 구형파   ④ 삼각파

풀이

	구형파	3각파	정현파	정류파(전파)	정류파(반파)
파형률	1.0	1.15	1.11	1.11	1.57
파고율	1.0	1.732	1.414	1.414	2.0

답 ③

12 황산구리($CuSO_4$) 전해액에 2개의 구리판을 넣고 전원을 연결하였을 때 음극에서 나타나는 현상으로 옳은 것은?

① 변화가 없다.   ② 구리판이 두터워진다.

③ 구리판이 얇아진다.   ④ 수소 가스가 발생한다.

풀이 양극에서는 산화반응, 음극에서는 환원반응이 각각 진행되므로, 양극 쪽은 얇아지고 음극 쪽은 두터워진다. **답** ②

13 두 종류의 금속 접합부에 전류를 흘리면 전류의 방향에 따라 줄열 이외의 열의 흡수 또는 발생 현상이 생긴다. 이러한 현상을 무엇이라 하는가?

① 제벡 효과   ② 페란티 효과

③ 펠티어 효과   ④ 초전도 효과

풀이
- 제벡 효과 : 두 금속 접속점 간에 온도차가 있으면 열기전력(전류)이 발생하는 현상으로 열전 온도계 및 열전대에 사용된다.
- 펠티어 효과 : 서로 다른 두 종류의 금속으로 폐회로를 만들고 온도를 일정하게 유지하면서 전류를 흘려 주면 금속의 접합점에서 열의 흡수 또는 발생이 일어나는 현상으로 전자냉동 혹은 열전냉동에 사용된다. **답** ③

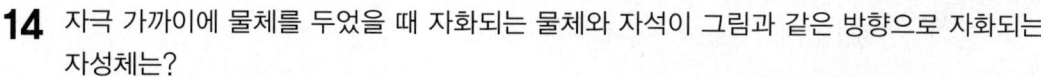

14 자극 가까이에 물체를 두었을 때 자화되는 물체와 자석이 그림과 같은 방향으로 자화되는 자성체는?

① 상자성체
② 반자성체
③ 강자성체
④ 비자성체

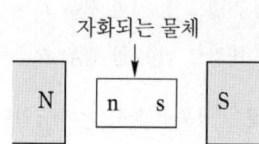

자화되는 물체

풀이 물질을 자계 내에 놓으면 그 물질은 자기적 성질, 즉 자성을 나타내는데 이때 물질은 자화되었다고 하며, 자화되는 물질을 자성체(magnetic substance), 자화되지 않는 물질을 비자성체(non-magnetic substance)라고 한다.

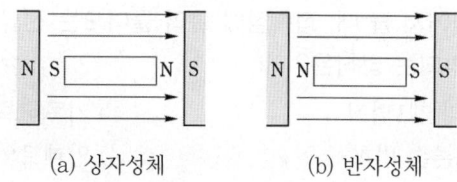

(a) 상자성체   (b) 반자성체

상자성체 중에서도 특히 강하게 자화되는 자성체를 강자성체라고 하며, (일반적으로 자성체는 강자성체를 의미한다.) **답** ②

15 다이오드의 정특성이란 무엇을 말하는가?

① PN 접합면에서의 반송자 이동 특성
② 소신호로 동작할 때의 전압과 전류의 관계
③ 다이오드를 움직이지 않고 저항률을 측정한 것
④ 직류전압을 걸었을 때 다이오드에 걸리는 전압과 전류의 관계

풀이 **답** ④

16 공기 중에 10[μC]과 20[μC]를 1[m] 간격으로 놓을 때 발생되는 정전력[N]은?

① 1.8   ② 2.2   ③ 4.4   ④ 6.3

풀이 두 점전하 사이에 작용하는 힘 $F = 9 \times 10^9 \times \dfrac{Q_1 \, Q_2}{\epsilon_s \, r^2}$ 에서

$F = 9 \times 10^9 \times \dfrac{10 \times 10^{-6} \times 20 \times 10^{-6}}{1^2} = 1.8[\text{N}]$ 이 된다. **답** ①

17 200[V], 2[kW]의 전열선 2개를 같은 전압에서 직렬로 접속한 경우의 전력은 병렬로 접속한 경우의 전력보다 어떻게 되는가?

① $\dfrac{1}{2}$ 로 줄어든다.   ② $\dfrac{1}{4}$ 로 줄어든다.

③ 2배로 증가된다.   ④ 4배로 증가된다.

풀이
① 전열선 1개의 저항 $R = \dfrac{V^2}{P} = \dfrac{200^2}{2 \times 10^3} = 20[\Omega]$

② 합성저항
- 저항을 직렬로 접속 한 경우 $R_1 = 20 + 20 = 40[\Omega]$
- 저항을 병렬로 접속 한 경우 $R_2 = \dfrac{20 \times 20}{20 + 20} = 10[\Omega]$

③ 전압이 같은 경우이므로, $P \propto \dfrac{1}{R}$ 이다.

따라서 직렬로 접속한 경우의 저항은 병렬로 접속한 경우의 저항보다 4배 크므로,

전력은 $\dfrac{1}{4}$ 로 줄어든다.

답 ②

18 "회로의 접속점에서 볼 때, 접속점에 흘러 들어오는 전류의 합은 흘러 나가는 전류의 합과 같다."라고 정의되는 법칙은?

① 키르히호프의 제1법칙

② 키르히호프의 제2법칙

③ 플레밍의 오른손 법칙

④ 앙페르의 오른나사 법칙

풀이 키르히호프의 제1법칙 (Kirchhoff's Current Law : KCL) : 병렬회로

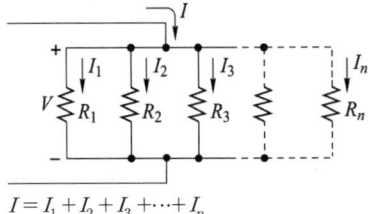

$I = I_1 + I_2 + I_3 + \cdots + I_n$

답 ①

19 그림과 같은 회로에서 저항 R_1에 흐르는 전류는?

① $(R_1 + R_2)I$

② $\dfrac{R_2}{R_1 + R_2} I$

③ $\dfrac{R_1}{R_1 + R_2} I$

④ $\dfrac{R_1 R_2}{R_1 + R_2} I$

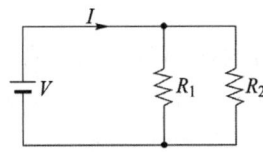

풀이 분류법칙

$I_1 = \dfrac{R_2}{R_1 + R_2} I [A], \quad I_2 = \dfrac{R_1}{R_1 + R_2} I [A]$

그러므로 전전류

$I = \dfrac{R_1 + R_2}{R_{1_2}} I_2 [A]$

따라서 전전류를 I_T, R_2에 흐르는 전류를 I라 하면,

$I_T = \dfrac{R_1 + R_2}{R_1} I [A]$

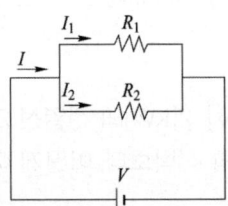

답 ②

20 동일한 저항 4개를 접속하여 얻을 수 있는 최대 저항 값은 최소 저항 값의 몇 배인가?

① 2   ② 4   ③ 8   ④ 16

풀이 동일한 저항을 직렬로 연결 시 합성저항 $R_1 = nR$

동일한 저항을 병렬로 연결 시 합성저항 $R_2 = \dfrac{R}{n}$

$\dfrac{R_1}{R_2} = \dfrac{nR}{\dfrac{R}{n}} = n^2$ (여기서, n은 저항의 개수)

따라서 $n^2 = 4^2 = 16$

답 ④

21 3상 교류 발전기의 기전력에 대하여 90° 늦은 전류가 통할 때의 반작용 기자력은?

① 자극축과 일치하고 감자작용   ② 자극축보다 90° 빠른 증자작용

③ 자극축보다 90° 늦은 감자작용   ④ 자극축과 직교하는 교차자화작용

풀이 동기 발전기의 경우 전류가 기전력보다 90° 뒤지면 감자 작용, 90° 앞서는 경우는 자화 작용을 한다.

답 ①

22 반파 정류 회로에서 변압기 2차 전압의 실효치를 E[V]라 하면 직류 전류 평균치는?
(단, 정류기의 전압강하는 무시한다.)

① $\dfrac{E}{R}$

② $\dfrac{1}{2} \cdot \dfrac{E}{R}$

③ $\dfrac{2\sqrt{2}}{\pi} \cdot \dfrac{E}{R}$

④ $\dfrac{\sqrt{2}}{\pi} \cdot \dfrac{E}{R}$

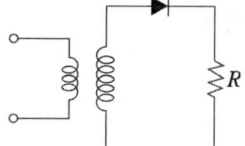

풀이 ① 단상 반파 정류 회로 $i_d = \dfrac{\sqrt{2}}{\pi} \cdot \dfrac{E}{R} = 0.45 \cdot \dfrac{E}{R}$[A]

② 단상 전파 정류 회로 $i_d = \dfrac{2\sqrt{2}}{\pi} \cdot \dfrac{E}{R} = 0.9 \cdot \dfrac{E}{R}$[A]

답 ④

23 1차 전압 6300[V], 2차 전압 210[V], 주파수 60[Hz]의 변압기가 있다. 이 변압기의 권수비는?

① 30   ② 40   ③ 50   ④ 60

풀이 변압기 권수비의 식 $a = \dfrac{N_1}{N_2} = \dfrac{V_1}{V_2} = \dfrac{I_2}{I_1} = \sqrt{\dfrac{R_1}{R_2}}$ 이다.

∴ $a = \dfrac{V_1}{V_2} = \dfrac{6300}{210} = 30$

답 ①

24 동기 전동기를 송전선의 전압 조정 및 역률 개선에 사용한 것을 무엇이라 하는가?

① 댐퍼   ② 동기이탈

③ 제동권선   ④ 동기 조상기

> **풀이** 동기 조상기란 무부하 운전 중인 동기전동기를 과여자 또는 부족여자 운전하여 앞선 역률 또는 뒤진 역률을 취하는 기기를 말한다.   **답** ④

25 3상 동기 발전기의 상간 접속을 Y결선으로 하는 이유 중 틀린 것은?

① 중성점을 이용할 수 있다.

② 선간전압이 상전압의 $\sqrt{3}$ 배가 된다.

③ 선간전압에 제3고조파가 나타나지 않는다.

④ 같은 선간전압의 결선에 비하여 절연이 어렵다.

> **풀이** 전기자 권선을 Y결선으로 하는 이유
> ① 중성점을 접지할 수 있으므로 권선보호 장치의 시설이 용이
> ② 이상전압의 방지대책이 용이
> ③ 권선의 불평형 및 제3고조파에 의한 순환전류가 흐르지 않는다.
> ④ 상전압은 선간 전압의 $\frac{1}{\sqrt{3}}$ 이 되어 코일의 절연이 용이하고 코로나 발생을 억제   **답** ④

26 동기기의 손실에서 고정손에 해당되는 것은?

① 계자철심의 철손   ② 브러시의 전기손

③ 계자 권선의 저항손   ④ 전기자 권선의 저항손

> **풀이**
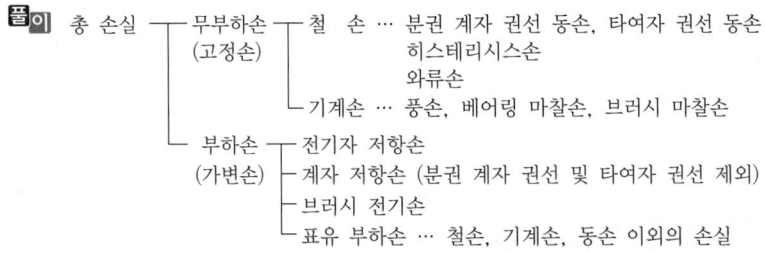
> **답** ①

27 60[Hz], 4극 유도 전동기가 1,700[rpm]으로 회전하고 있다. 이 전동기의 슬립은 약 얼마인가?

① 3.42[%]   ② 4.56[%]

③ 5.56[%]   ④ 6.64[%]

> **풀이** $N = \dfrac{120f}{P} = \dfrac{120 \times 60}{4} = 1,800[\text{rpm}]$
>
> 따라서 슬립은 $s = \dfrac{N_s - N}{N_s} \times 100 = \dfrac{1,800 - 1,700}{1,800} \times 100 = 5.56\,[\%]$가 된다.   **답** ③

28 발전기 권선의 층간단락보호에 가장 적합한 계전기는?

① 차동 계전기　　　② 방향 계전기　　　③ 온도 계전기　　　④ 접지 계전기

풀이 차동 계전기는 1차 전류와 2차 전류의 차에 의하여 동작하는 것으로 변압기, 동기기 등의 층간 단락 등의 내부 고장 보호에 사용된다.　**답** ①

29 다음 중 (　) 속에 들어갈 내용은?

> 유입변압기에 많이 사용되는 목면, 명주, 종이 등의 절연재료는 내열등급 (　)으로 분류되고, 장시간 지속하여 최고 허용온도 (　)[℃]를 넘어서는 안 된다.

① Y종 − 90　　　　　　　　　② A종 − 105
③ E종 − 120　　　　　　　　　④ B종 − 130

풀이

종류	최고 사용온도(℃)	절연 재료
A종	105	목면 · 명주 · 종이 등의 재료로 구성되고 바니시류에 함침되거나, 유중에 함침된 것. 폴리비닐 · 폴리아미드 · 포르말 · 프레스보드

답 ②

30 퍼센트 저항강하 3[%], 리액턴스 강하 4[%]인 변압기의 최대 전압변동률[%]은?

① 1　　　　　　② 5　　　　　　③ 7　　　　　　④ 12

풀이 $\epsilon_{max} = \sqrt{p^2 + q^2} = \sqrt{3^2 + 4^2} = 5[\%]$　**답** ②

31 다음 중 자기소호 기능이 가장 좋은 소자는?

① SCR　　　　② GTO　　　　③ TRIAC　　　　④ LASCR

풀이 GTO(gate turn off thyristor)

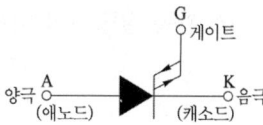

SCR은 도통 시점을 임의로 조절하는 것이 가능 하지만 소호시키는 시점은 제어 할 수 없다. 따라서, 이러한 단점을 보완한 것이 GTO로서 게이트에 흐르는 전류를 점호할 때의 전류와 반대 방향의 전류를 흐르게 함으로서 임의로 GTO를 소호시킬 수 있다.(자기소호기능)　**답** ②

32 3상 유도전동기의 속도제어 방법 중 인버터(inverter)를 이용한 속도 제어법은?

① 극수 변환법　　　　　　② 전압 제어법
③ 초퍼 제어법　　　　　　④ 주파수 제어법

풀이 VVVF(인버터)제어는 가변 전압 가변 주파수로 속도제어 및 기동을 하는 방법을 말한다.　**답** ④

33 회전 변류기의 직류측 전압을 조정하려는 방법이 아닌 것은?

① 직렬 리액턴스에 의한 방법

② 여자 전류를 조정하는 방법

③ 동기 승압기를 사용하는 방법

④ 부하시 전압 조정 변압기를 사용하는 방법

풀이 회전 변류기의 전압 조정법

① 직렬 리액턴스에 의한 방법

② 유도 전압 조정기를 사용하는 방법

③ 부하시 전압 조정 변압기를 사용하는 방법

④ 동기 승압기에 의한 방법

답 ②

34 변압기의 규약 효율은?

① $\dfrac{출력}{입력}$

② $\dfrac{출력}{입력-손실}$

③ $\dfrac{출력}{출력+손실}$

④ $\dfrac{입력+손실}{입력}$

풀이 규약 효율 η는

① 전동기 $\eta = \dfrac{입력-손실}{입력} \times 100[\%]$

② 발전기, 변압기 $\eta = \dfrac{출력}{출력+손실} \times 100[\%]$

답 ③

35 다음 중 권선저항 측정 방법은?

① 메거

② 전압 전류계법

③ 켈빈 더블 브리지법

④ 휘이스톤브리지법

풀이 ① 메거 : 옥내 전등선의 절연저항

② 전압 전류계법 : 백열전구의 필라멘트 저항 측정

③ 켈빈 더블 브리지법 : $10^{-5} \sim 1[\Omega]$ 정도의 저 저항 정밀 측정

④ 휘이스톤 브리지법 : 수천 옴의 가는 전선의 저항, 검류계 내부저항

답 ③

36 직류 발전기의 병렬 운전 중 한쪽 발전기의 여자를 늘리면 그 발전기는?

① 부하 전류는 불변, 전압은 증가

② 부하 전류는 줄고, 전압은 증가

③ 부하 전류는 늘고, 전압은 증가

④ 부하 전류는 늘고, 전압은 불변

풀이 여자가 증가하면 계자전류가 증가하여 기전력이 증가하므로 부하전류도 증가한다.

답 ③

37 직류 전압을 직접 제어하는 것은?

① 브리지형 인버터

② 단상 인버터

③ 3상 인버터

④ 초퍼형 인버터

풀이 초퍼는 직류 또는 맥류를 스위칭 시키는 소자로 직류를 직류로 변환시킨다.

답 ④

38 전동기에 접지공사를 하는 주된 이유는?

① 보안상　　　　　　　　　　　② 미관상
③ 역률 증가　　　　　　　　　　④ 감전사고 방지

풀이 전기 기기 내에서 절연 파괴가 생기면, 기기의 금속제 외함은 충전되어 대지 전압을 가진다. 여기에 사람이 접촉하면 인체를 통하여 대지로 전류가 흘러 감전되므로, 금속제 외함을 접지하여 대지 전압을 가지지 않도록 하기 위하여 접지를 시행한다.　　　**답** ④

39 동기기를 병렬운전 할 때 순환전류가 흐르는 원인은?

① 기전력의 저항이 다른 경우　　　② 기전력의 위상이 다른 경우
③ 기전력의 전류가 다른 경우　　　④ 기전력의 역률이 다른 경우

풀이 두 발전기의 기전력의 크기, 위상, 주파수, 파형에 차가 있을 때 순환 전류가 흐른다.　　　**답** ②

40 역률과 효율이 좋아서 가정용 선풍기, 전기세탁기, 냉장고 등에 주로 사용되는 것은?

① 분상 기동형 전동기　　　　　　② 반발 기동형 전동기
③ 콘덴서 기동형 전동기　　　　　④ 셰이딩 코일형 전동기

풀이 콘덴서 기동형 단상 유도 전동기는 콘덴서가 역률 개선의 역할을 하므로, 역률이 좋고 비교적 기동토크가 크므로 가정용 전동기로 많이 사용된다.　　　**답** ③

41 3상 4선식 380/220[V]전로에서 전원의 중성극에 접속된 전선을 무엇이라 하는가?

① 접지선　　　　② 중성선　　　　③ 전원선　　　　④ 접지측선

풀이 중성선(中性線)이란 다선식전로에서 전원의 중성극에 접속된 전선을 말한다.　　　**답** ②

42 자동화재탐지설비의 구성 요소가 아닌 것은?

① 비상콘센트　　　　　　　　　　② 발신기
③ 수신기　　　　　　　　　　　　④ 감지기

풀이 자동화재탐지설비의 구성에는 감지기, 발신기, 중계기, 수신기 등이 있다.　　　**답** ①

43 셀룰로이드, 성냥, 석유류 등 기타 가연성 위험물질을 제조 또는 저장하는 장소의 배선으로 틀린 것은?

① 금속관공사　　　　　　　　　　② 케이블공사
③ 플로어덕트공사　　　　　　　　④ 합성수지관(CD관 제외)공사

풀이 242.4 위험물 등이 존재하는 장소
셀룰로이드·성냥·석유류 기타 타기 쉬운 위험한 물질을 제조하거나 저장하는 곳에 시설하는 저압 옥내

배선 등은 합성수지관공사(두께 2[mm]미만의 합성수지 전선관 및 난연성이 없는 콤바인 덕트관을 사용하는 것을 제외)·금속관공사 또는 케이블공사에 의할 것.　**답** ③

44 합성수지관을 새들 등으로 지지하는 경우 지지점간의 거리는 몇 [m] 이하인가?

① 1.5　　　　② 2.0　　　　③ 2.5　　　　④ 3.0

풀이 배관의 지지
① 배관의 지지점 사이의 거리는 다음 그림과 같이 1.5[m] 이하로 하고, 관과 관, 관과 박스의 접속점 및 관 끝은 각각 300[mm] 이내에 지지한다.
② 가는 전선관의 지지점 사이의 거리는 0.8~1.2[m]가 적당하다.
③ 옥외 등 온도차가 큰 장소에 노출 배관을 할 때에는 12~20[m]마다 신축 커플링(3C)을 사용한다. 신축되는 부분에는 접착제를 사용하지 않는다.

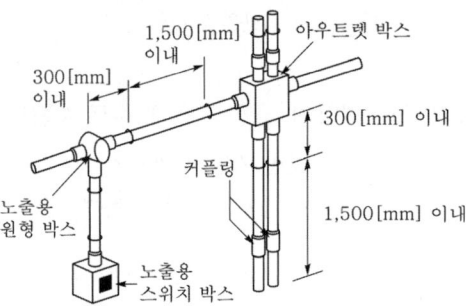

답 ①

45 금속관 공사를 할 경우 케이블 손상방지용으로 사용하는 부품은?

① 부싱　　　　　　　　　② 엘보
③ 커플링　　　　　　　　④ 로크너트

풀이 • 부싱 : 입선 작업시 전선의 피복 손상을 방지하기 위해 사용하는 부속품을 말한다.
• 엘보 : 관을 직각으로 굽히는 곳에 사용한다.
• 커플링 : 금속관 상호 접속시 사용한다.
• 로크너트 : 금속 전선관을 박스에 고정시킬 때 사용한다.　**답** ①

46 부하의 역률이 규정 값 이하인 경우 역률개선을 위하여 설치하는 것은?

① 저항　　　　　　　　　② 리액터
③ 컨덕턴스　　　　　　　④ 진상용 콘덴서

풀이 진상용 콘덴서 : 역률 개선을 목적으로 사용하며 부하와 병렬로 접속한다.　**답** ④

47 전선을 종단겹침용 슬리브에 의해 종단 접속할 경우 소정의 압축공구를 사용하여 보통 몇 개소를 압착하는가?

① 1　　　　② 2　　　　③ 3　　　　④ 4

풀이 종단겹침용 슬리브에 의한 접속

위 그림 왼쪽의 접속은 주로 가는 전선을 박스 안 등에서 접속할 때에 사용하고 오른쪽의 접속은 리드선이 붙은 조명기구 등의 접속에 사용된다. 압축공구를 사용하여 보통 2개소를 압착한다. **답** ②

48 사람이 상시 통행하는 터널 내 배선의 사용전압이 저압일 때 배선 방법으로 틀린 것은?

① 금속관 배선
② 금속덕트 배선
③ 합성수지관 배선
④ 금속제 가요전선관 배선

풀이 335.1 터널 안 전선로의 시설
사람이 상시 통행하는 터널 안의 전선로 사용전압은 저압 또는 고압에 한한다.
① 저압 : 합성수지관공사, 금속관공사, 금속제 가요전선관공사, 케이블공사, 애자공사
② 고압 : 케이블공사 **답** ②

49 변압기 중성점에 접지공사를 하는 이유는?

① 전류 변동의 방지
② 전압 변동의 방지
③ 전력 변동의 방지
④ 고저압 혼촉 방지

풀이 변압기 중성점의 접지 공사는 고·저압 혼촉에 의한 변압기 2차측 전압 상승을 억제하기 위하여 변압기 2차측(저압측)에 시행하는 접지 공사를 말한다. **답** ④

50 어느 가정집이 40[W] LED등 10개, 1[kW] 전자레인지 1개, 100[W] 컴퓨터 세트 2대, 1[kW] 세탁기 1대를 사용하고, 하루 평균 사용 시간이 LED등은 5시간, 전자레인지 30분, 컴퓨터 5시간, 세탁기 1시간이라면 1개월(30일)간의 사용 전력량[kWh]은?

① 115
② 135
③ 155
④ 175

풀이 전력량이란 소비되는 전력에, 사용한 시간을 곱한 값으로 나타낸다.

전력량 $W = P \cdot t = (40 \times 10 \times 5 + 1000 \times 1 \times \frac{1}{2} + 100 \times 2 \times 5 + 1000 \times 1 \times 1) \times 30 \times 10^{-3} = 135[\text{kWh}]$

답 ②

51 고압 가공전선로의 지지물로 철탑을 사용하는 경우 경간은 몇 [m] 이하로 제한하는가?

① 150
② 300
③ 500
④ 600

풀이 332.9 고압 가공전선로 경간의 제한

지지물의 종류	표준 경간
목주, A종 철주, A종 철근 콘크리트주	150[m]
B종 철주, B종 철근 콘크리트주	250[m]
철 탑	600[m]

답 ④

52 금속관 구부리기에 있어서 관의 굴곡이 3개소가 넘거나 관의 길이가 30[m]를 초과하는 경우 적용하는 것은?

① 커플링　　　　　② 풀박스　　　　　③ 로크너트　　　　　④ 링 디듀서

풀이 굴곡개소가 많은 경우 또는 관의 길이가 30[m]를 초과하는 경우는 풀박스를 설치하는 것이 바람직하다.

답 ②

53 옥내배선공사할 때 연동선을 사용할 경우 전선의 최소 굵기[mm^2]는?

① 1.5　　　　　② 2.5　　　　　③ 4　　　　　④ 6

풀이 231.3.1 저압 옥내배선의 사용전선
저압 옥내배선의 전선 : 단면적 2.5[mm^2] 이상의 연동선

답 ②

54 연선 결정에 있어서 중심 소선을 뺀 층수가 3층이다. 전체 소선수는?

① 91　　　　　② 61　　　　　③ 37　　　　　④ 19

풀이 총 소선수 $N = 3n(n+1)+1$
여기서, n : 층수(가운데 한 가닥은 층수에 포함하지 않는다.)
∴ $N = 3n(n+1)+1 = 3 \times 3 \times (3+1)+1 = 37$

답 ③

55 접지전극의 매설 깊이는 몇 [m] 이상인가?

① 0.6　　　　　② 0.65　　　　　③ 0.7　　　　　④ 0.75

풀이

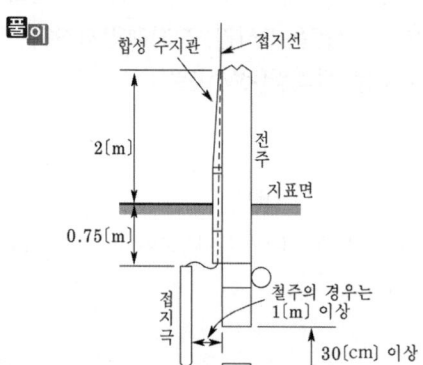

답 ④

56 금속관 절단구에 대한 다듬기에 쓰이는 공구는?

① 리이머　　　　　　　　② 홀소우
③ 프레셔 툴　　　　　　　④ 파이프 렌치

풀이 리이머(reamer) : 리이머는 드릴로 미리 뚫어 놓은 구멍을 정확한 치수의 지름으로 넓히고, 구멍의 내면을 깨끗하게 다듬질하는 데 사용하는 공구이다. **답** ①

57 동전선의 종단접속 방법이 아닌 것은?

① 동선압착단자에 의한 접속

② 종단겹침용 슬리브에 의한 접속

③ C형 전선접속기 등에 의한 접속

④ 비틀어 꽂는 형의 전선접속기에 의한 접속

풀이 ① 종단접속의 방법
- 가는 단선의 종단접속
- 동선압착단자에 의한 접속
- 비틀어 꽂는 형의 전선접속기에 의한 접속
- 종단겹침용 슬리브(E형)에 의한 접속
- 직선겹침용 슬리브(P형)에 의한 접속
- 꽂음형 커넥터에 의한 접속
② C형 전선접속기 등에 의한 접속은 알루미늄전선의 종단접속 방법이다. **답** ③

58 합성수지관 상호 접속 시에 관을 삽입하는 깊이는 관 바깥지름의 몇 배 이상으로 하여야하는가?

① 0.6　　　　② 0.8　　　　③ 1.0　　　　④ 1.2

풀이 232.11 합성수지관공사
합성수지관 및 부속품의 시설
① 관 상호 간 및 박스와는 관을 삽입하는 깊이를 관의 바깥지름의 1.2배(접착제를 사용하는 경우에는 0.8배) 이상으로 하고 또한 꽂음 접속에 의하여 견고하게 접속할 것.
② 관의 지지점 간의 거리는 1.5[m] 이하로 하고, 또한 그 지지점은 관의 끝·관과 박스의 접속점 및 관 상호 간의 접속점 등에 가까운 곳에 시설할 것. **답** ④

출제기준 변경 및 개정된 관계 법규에 따라 삭제된 문제가 있어 60문항이 안됩니다.

1 다음 (   ) 안에 알맞은 내용으로 옳은 것은?

> 회로에 흐르는 전류의 크기는 저항에 (㉮)하고, 가해진 전압에 (㉯)한다.

① ㉮ 비례, ㉯ 비례
② ㉮ 비례, ㉯ 반비례
③ ㉮ 반비례, ㉯ 비례
④ ㉮ 반비례, ㉯ 반비례

풀이 옴의 법칙에서 $I = \dfrac{V}{R}$[A]이므로,

회로에 흐르는 전류의 크기는 저항에 반비례하고, 가해진 전압에 비례한다.
답 ③

2 초산은($AgNO_3$)용액에 1[A]의 전류를 2시간 동안 흘렸다. 이때 은의 석출량[g]은?
(단, 은의 전기 화학당량은 1.1×10^{-3}[g/C]이다.)

① 5.44
② 6.08
③ 7.92
④ 9.84

풀이 패러데이의 법칙을 적용하면,
$W = KQ = KIt = 1.1 \times 10^{-3} \times 1 \times 2 \times 60 \times 60 = 7.92$[g]
답 ③

3 평균 반지름이 10[cm]이고 감은 횟수 10회의 원형 코일에 5[A]의 전류를 흐르게 하면 코일 중심의 자장의 세기[AT/m]는?

① 250
② 500
③ 750
④ 1000

풀이 원형 코일 중심의 자장의 세기 $H = \dfrac{NI}{2r} = \dfrac{10 \times 5}{2 \times 10 \times 10^{-2}} = 250$[AT/m]
답 ①

4 3[V]의 기전력으로 300[C]의 전기량이 이동할 때 몇 [J]의 일을 하게 되는가?

① 1200
② 900
③ 600
④ 100

풀이 전기가 한 일 $W = QV = 300 \times 3 = 900$[J]
답 ②

5 충전된 대전체를 대지(大地)에 연결하면 대전체는 어떻게 되는가?

① 방전한다.
② 반발한다.
③ 충전이 계속된다.
④ 반발과 흡인을 반복한다.

풀이 대지는 영(0)전위이므로 방전된다.
답 ①

6 반자성체 물질의 특색을 나타낸 것은? (단, μ_s는 비투자율이다.)

① $\mu_s > 1$ ② $\mu_s \gg 1$

③ $\mu_s = 1$ ④ $\mu_s < 1$

풀이 • $\mu_s \gg 1$: 강자성체, • $\mu_s > 1$: 상자성체, • $\mu_s < 1$: 역자성체   **답** ④

7 비사인파 교류회로의 전력에 대한 설명으로 옳은 것은?

① 전압의 제3고조파와 전류의 제3고조파 성분 사이에서 소비전력이 발생한다.
② 전압의 제2고조파와 전류의 제3고조파 성분 사이에서 소비전력이 발생한다.
③ 전압의 제3고조파와 전류의 제5고조파 성분 사이에서 소비전력이 발생한다.
④ 전압의 제5고조파와 전류의 제7고조파 성분 사이에서 소비전력이 발생한다.

풀이 비정현파 전압과 전류가 주어지는 경우 전력은 같은 고조파 성분으로 구한다.

$$P = V_0 I_0 + \sum_{n=1}^{\infty} V_n I_n \cos\theta_n = V_0 I_0 + V_1 I_1 \cos\theta_1 + V_2 I_2 \cos\theta_2 + \cdots$$

     답 ①

8 $2[\mu F]$, $3[\mu F]$, $5[\mu F]$인 3개의 콘덴서가 병렬로 접속되었을 때의 합성 정전용량$[\mu F]$은?

① 0.97   ② 3

③ 5   ④ 10

풀이 콘덴서의 병렬 접속은 저항의 직렬 접속처럼 계산한다.
따라서, 합성 정전용량 $C = 2 + 3 + 5 = 10[\mu F]$ **답** ④

9 PN접합 다이오드의 대표적인 작용으로 옳은 것은?

① 정류작용   ② 변조작용

③ 증폭작용   ④ 발진작용

풀이 PN 접합 다이오드는 순방향으로만 전류가 흐르는 특성(정류)이 있고, 이 PN 접합 반도체를 다이오드라 한다.   **답** ①

10 $R = 2[\Omega]$, $L = 10[mH]$, $C = 4[\mu F]$으로 구성되는 직렬 공진회로의 L과 C에서의 전압 확대율은?

① 3   ② 6

③ 16   ④ 25

풀이 직렬 공진회로에서

$$Q = \frac{1}{R}\sqrt{\frac{L}{C}} = \frac{1}{2}\sqrt{\frac{10 \times 10^{-3}}{4 \times 10^{-6}}} = 25$$

     답 ④

11 최대눈금 1[A], 내부저항 10[Ω]의 전류계로 최대 101[A]까지 측정하려면 몇 [Ω]의 분류기가 필요 한가?

① 0.01

② 0.02

③ 0.05

④ 0.1

풀이 분류기의 배율은 $m = \dfrac{I_o}{I} = \left(\dfrac{r}{R_s} + 1 \right)$ 이므로 $\dfrac{101}{1} = \left(\dfrac{10}{R_s} + 1 \right)$ 에서

$R_s = 0.1[\Omega]$이 된다.

답 ④

12 전력과 전력량에 관한 설명으로 틀린 것은?

① 전력은 전력량과 다르다.

② 전력량은 와트로 환산된다.

③ 전력량은 칼로리 단위로 환산된다.

④ 전력은 칼로리 단위로 환산할 수 없다.

풀이 ① 전력량은 소비되는 전력에 사용한 시간을 곱한 값으로 나타낸다.

전력량 $W = P \cdot t[\text{Wh}]$

② 1[Wh]=860[cal]

답 ②

13 전자 냉동기는 어떤 효과를 응용한 것인가?

① 제벡효과

② 톰슨효과

③ 펠티어효과

④ 줄효과

풀이 ① 제벡 효과 : 두 금속 접속점 간에 온도차가 있으면 열기전력(전류)이 발생하는 현상으로 열전 온도계 및 열전대에 사용된다.

② 펠티어 효과 : 제어벡 효과의 반대되는 현상으로 두 종류의 금속을 폐회로를 만들고, 두 금속의 접합점에 전류를 흘려주면 접합점 주변에서 열의 흡수 또는 발생이 일어나는 현상으로 전자 냉동기의 원리에 이용된다.

답 ③

14 자속밀도가 2[Wb/m²]인 평등 자기장 중에 자기장과 30°의 방향으로 길이 0.5[m]인 도체에 8[A]의 전류가 흐르는 경우 전자력[N]은?

① 8

② 4

③ 2

④ 1

풀이 자장내의 도체에 작용하는 힘 $F = BIl \sin\theta = 2 \times 8 \times 0.5 \times \sin 30° = 4[\text{N}]$

답 ②

15 어떤 3상 회로에서 선간전압이 200[V], 선전류 25[A], 3상 전력이 7[kW]이었다. 이때의 역률은 약 얼마인가?

① 0.65

② 0.73

③ 0.81

④ 0.97

풀이 피상전력 $P_a = \sqrt{3}\, VI = \sqrt{3} \times 200 \times 25 \times 10^{-3} = 8.66[\text{kVA}]$

$$\cos\theta = \frac{\text{유효전력}}{\text{피상전력}} \times 100 = \frac{7}{8.66} = 0.81$$

답 ③

---

16 3상 220[V], △결선에서 1상의 부하가 $Z = 8 + j6[\Omega]$이면 선전류[A]는?

① 11

② $22\sqrt{3}$

③ 22

④ $\dfrac{22}{\sqrt{3}}$

풀이 △결선 시 선전류(I_l)는 상전류(I_p)의 $\sqrt{3}$ 배이므로,

$$\therefore I_l = \sqrt{3}\, I_p = \sqrt{3} \times \frac{V_P}{Z} = \sqrt{3} \times \frac{220}{8+j6} = \sqrt{3} \times \frac{220}{\sqrt{8^2+6^2}} = \sqrt{3} \times \frac{220}{10} = 22\sqrt{3}\,[\text{A}]$$

답 ②

---

17 환상솔레노이드에 감겨진 코일에 권회수를 3배로 늘리면 자체 인덕턴스는 몇 배로 되는가?

① 3

② 9

③ $\dfrac{1}{3}$

④ $\dfrac{1}{9}$

풀이 환상솔레노이드의 자기 인덕턴스 $L = \dfrac{\mu S N^2}{l} \propto N^2$ 이므로,

$$\therefore L \propto N^2 = 3^2 = 9\text{배}$$

답 ②

---

18 $+Q_1[\text{C}]$과 $-Q_2[\text{C}]$의 전하가 진공 중에서 $r[\text{m}]$의 거리에 있을 때 이들 사이에 작용하는 정전기력 $F[\text{N}]$는?

① $F = 9 \times 10^{-7} \times \dfrac{Q_1 Q_2}{r^2}$

② $F = 9 \times 10^{-9} \times \dfrac{Q_1 Q_2}{r^2}$

③ $F = 9 \times 10^9 \times \dfrac{Q_1 Q_2}{r^2}$

④ $F = 9 \times 10^{10} \times \dfrac{Q_1 Q_2}{r^2}$

풀이 쿨롱의 법칙 : 두 점전하 사이에 작용하는 정전력의 크기는 두 전하(전기량)의 곱에 비례하고 전하사이의 거리의 제곱에 반비례한다.

$$F = \frac{1}{4\pi\epsilon_o} \cdot \frac{Q_1 Q_2}{r^2} = 9 \times 10^9 \frac{Q_1 Q_2}{r^2}[\text{N}]$$

답 ③

---

19 다음에서 나타내는 법칙은?

> 유도 기전력은 자신이 발생 원인이 되는 자속의 변화를 방해하려는 방향으로 발생한다.

① 줄의 법칙

② 렌츠의 법칙

③ 플레밍의 법칙

④ 패러데이의 법칙

풀이 렌츠의 법칙

"전자유도에 의해 발생하는 기전력은 자속 변화를 방해하는 방향으로 전류가 발생한다."
이것을 렌츠의 법칙(Lenz's law)이라 하고, 기전력의 방향을 결정한다.　**답** ②

20 임피던스 $Z = 6 + j8[\Omega]$에서 서셉턴스[℧]는?

① 0.06　　② 0.08

③ 0.6　　④ 0.8

풀이 $Y = G + jB$ (G : 컨덕턴스, B : 서셉턴스)

$\therefore Y = \dfrac{1}{Z} = \dfrac{1}{6 + j8} = 0.06 - j0.08[℧]$　**답** ②

21 3상 유도전동기의 회전방향을 바꾸기 위한 방법으로 옳은 것은?

① 전원의 전압과 주파수를 바꾸어 준다.
② △-Y 결선으로 결선법을 바꾸어 준다.
③ 기동보상기를 사용하여 권선을 바꾸어 준다.
④ 전동기의 1차 권선에 있는 3개의 단자 중 어느 2개의 단자를 서로 바꾸어 준다.

풀이 3상 유도 전동기의 회전 방향을 반대로 하려면 상회전을 반대로 하여야 하며, 전원의 3선 중 2선의 위치를 서로 바꾸어 주면 상회전을 반대로 할 수 있다.　**답** ④

22 발전기를 정격전압 220[V]로 전부하 운전하다가 무부하로 운전 하였더니 단자전압이 242[V]가 되었다. 이 발전기의 전압변동률[%]은?

① 10　　② 14

③ 20　　④ 25

풀이 전압변동률 $\epsilon = \dfrac{V_o - V_n}{V_n} \times 100 = \dfrac{242 - 220}{220} \times 100 = 10[\%]$　**답** ①

23 6극 직렬권 발전기의 전기자 도체 수 300, 매극 자속 0.02[Wb], 회전수 900[rpm]일 때 유도 기전력[V]은?

① 90　　② 110

③ 220　　④ 270

풀이 유도기전력 $E = \dfrac{pZ}{a}\Phi\dfrac{N}{60}$에서 직렬권(파권)이므로 $a = 2$를 기준으로 하여 기전력을 구하면

$E = \dfrac{6 \times 300}{2} \times 0.02 \times \dfrac{900}{60} = 270[V]$ 가 된다.　**답** ④

24 동기조상기의 계자를 부족여자로 하여 운전하면?

① 콘덴서로 작용
② 뒤진역률 보상
③ 리액터로 작용
④ 저항손의 보상

풀이 동기조상기를 과여자 운전하면 콘덴서로 작용하며, 부족여자 운전하면 리액터로 작용한다. **답** ③

25 3상 교류 발전기의 기전력에 대하여 $\frac{\pi}{2}$[rad] 뒤진 전기자 전류가 흐르면 전기자 반작용은?

① 횡축 반작용으로 기전력을 증가시킨다.
② 증자 작용을 하여 기전력을 증가시킨다.
③ 감자 작용을 하여 기전력을 감소시킨다.
④ 교차 자화작용으로 기전력을 감소시킨다.

풀이 동기 발전기의 전기자 반작용

역 률	부 하	전류와 전압과의 위상	작 용
역률 1	저항	I_a가 E와 동상인 경우	교차 자화 작용(횡축 반작용)
뒤진역률 0	유도성 부하	I_a가 E보다 $\pi/2$ 뒤지는 경우	감자 작용(직축 반작용)
앞선역률 0	용량성 부하	I_a가 E보다 $\pi/2$ 앞서는 경우	증자 작용(자화 작용)

답 ③

26 전기기기의 철심 재료로 규소 강판을 많이 사용하는 이유로 가장 적당한 것은?

① 와류손을 줄이기 위해
② 구리손을 줄이기 위해
③ 맴돌이 전류를 없애기 위해
④ 히스테리시스손을 줄이기 위해

풀이 ① 강판에 규소를 넣는 이유 : 자기 저항을 크게 하여 히스테리시스손을 감소시키기 위해서
② 성층하는 이유 : 와류손을 적게 하기 위해서 **답** ④

27 역병렬 결합의 SCR의 특성과 같은 반도체 소자는?

① PUT
② UJT
③ Diac
④ Triac

풀이 트라이악(TRIAC ; Trielectrode AC switch)은 양방향성 3단자 소자이다.

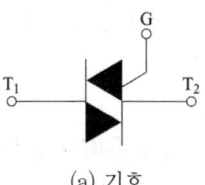

(a) 기호

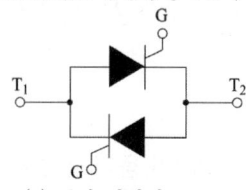

(b) 등가 역병렬 SCR

답 ④

28 전기기계의 효율 중 발전기의 규약 효율 η_G는 몇 [%]인가? (단, P는 입력, Q는 출력, L은 손실이다.)

① $\eta_G = \dfrac{P-L}{P} \times 100$ ② $\eta_G = \dfrac{P-L}{P+L} \times 100$

③ $\eta_G = \dfrac{Q}{P} \times 100$ ④ $\eta_G = \dfrac{Q}{Q+L} \times 100$

> **풀이**   규약 효율 η는
> 전동기 $\eta = \dfrac{P-L}{P} \times 100[\%]$, 발전기 $\eta = \dfrac{Q}{Q+L} \times 100[\%]$ **답** ④

29 20[kVA]의 단상 변압기 2대를 사용하여 V-V 결선으로 하고 3상 전원을 얻고자 한다. 이때 여기에 접속시킬 수 있는 3상 부하의 용량은 약 몇 [kVA]인가?

① 34.6   ② 44.6   ③ 54.6   ④ 66.6

> **풀이**   V결선 시 출력은 1대의 용량에 $\sqrt{3}$배이므로
> $P_V = \sqrt{3}\,P_1 = \sqrt{3} \times 20 = 34.64[\text{kVA}]$ **답** ①

30 동기 발전기의 병렬운전 조건이 아닌 것은?

① 유도 기전력의 크기가 같을 것   ② 동기발전기의 용량이 같을 것
③ 유도 기전력의 위상이 같을 것   ④ 유도 기전력의 주파수가 같을 것

> **풀이**   동기발전기 병렬운전 조건
> ① 기전력의 크기가 같을 것(발전기 내부에 무효 횡류가 흐른다.)
> ② 상회전이 일치하고, 기전력이 동위상일 것(유효 횡류가 흐른다.)
> ③ 기전력과 주파수가 같을 것
> ④ 기전력과 파형이 같을 것   **답** ②

31 직류 분권전동기의 기동방법 중 가장 적당한 것은?

① 기동 토크를 작게 한다.
② 계자 저항기의 저항값을 크게 한다.
③ 계자 저항기의 저항값을 0으로 한다.
④ 기동저항기를 전기자와 병렬접속 한다.

> **풀이**   ① 직류 분권전동기의 기동 토크는 큰 것이 좋다.
> ② 직류 분권전동기의 기동 토크 $T = K\phi I$에서
> 계자 저항기의 저항값을 0으로 하면 계자 전류가 크게 되어 계자 자속이 증가하므로, 기동 토크가 증가하게 된다.   **답** ③

32 극수 10, 동기속도 600[rpm]인 동기 발전기에서 나오는 전압의 주파수는 몇 [Hz]인가?

① 50   ② 60   ③ 80   ④ 120

풀이 주파수와 동기속도의 관계는 $N_s = \dfrac{120f}{p}$ [rpm] 이므로

주파수 $f = \dfrac{N_s \cdot p}{120} = \dfrac{600 \times 10}{120} = 50$[Hz]가 된다. **답** ①

33 변압기유의 구비조건으로 틀린 것은?

① 냉각효과가 클 것
② 응고점이 높을 것
③ 절연내력이 클 것
④ 고온에서 화학반응이 없을 것

풀이 변압기의 기름으로서 갖추어야 할 조건
- 절연 내력이 클 것
- 절연 재료 및 금속에 화학 작용을 일으키지 않을 것
- 인화점이 높고, 응고점이 낮을 것
- 점도가 낮고(유동성이 풍부), 비열이 커서 냉각 효과가 클 것
- 고온에서도 석출물이 생기거나 산화하지 않을 것 **답** ②

34 동기기 손실 중 무부하손(no load loss)이 아닌 것은?

① 풍손
② 와류손
③ 전기자 동손
④ 베어링 마찰손

풀이

총손실	무부하손	철손 : 히스테리시스손, 와류손
		기계손 : 브러시 마찰손, 베어링 마찰손, 풍손
	부하손	전기자 동손
		계자 동손
		브러시 전기손
		표유 부하손 : 철손, 기계손, 동손 이외의 손실

답 ③

35 직류 전동기의 제어에 널리 응용되는 직류-직류 전압 제어장치는?

① 초퍼
② 인버터
③ 전파정류회로
④ 사이크로 컨버터

풀이 초퍼는 일정 입력 전원전압으로부터 초퍼된(짧게 자른) 부하전압을 만들며 전원으로부터 부하를 연결 혹은 단절하는 다이리스터 온/오프 스위치이다.
- 인버터 : DC를 AC로 변환
- 컨버터 : AC를 DC로 변환
- 초퍼 : DC를 DC로 변환
- 정류기 : AC를 DC로 변환 **답** ①

36 동기 와트 P_2, 출력 P_0, 슬립 s, 동기속도 N_s, 회전속도 N, 2차 동손 P_{2c} 일 때 2차 효율 표기로 틀린 것은?

① $1-s$
② P_{2c}/P_2
③ P_0/P_2
④ N/N_s

풀이

① 2차 효율 $\eta_2 = \dfrac{P_o}{P_2} = 1 - s = \dfrac{N}{N_s} \times 100\,[\%]$

② 슬립 $s = \dfrac{N_s - N}{N_s} = \dfrac{P_{2c}}{P_2}$

답 ②

37 변압기의 결선에서 제3고조파를 발생시켜 통신선에 유도장해를 일으키는 3상 결선은?

① Y-Y
② △-△
③ Y-△
④ △-Y

풀이 Y-Y 결선 방법은 기전력의 파형이 제3고조파를 포함한 왜형파가 되며, 중성점 접지 시 제3고조파 전류가 흘러 통신선 유도 장해를 일으키므로 거의 사용되지 않는다. **답** ①

38 부흐홀츠 계전기의 설치위치로 가장 적당한 곳은?

① 콘서베이터 내부
② 변압기 고압측 부싱
③ 변압기 주 탱크 내부
④ 변압기 주 탱크와 콘서베이터 사이

풀이 부흐홀츠 계전기는 변압기의 내부 고장으로 발생하는 기름의 분해 가스 증기 또는 유류를 이용하여 부저를 움직여 계전기의 접점을 닫는 것이므로 변압기의 주탱크와 콘서베이터와의 연결관 도중에 설치한다. **답** ④

39 3상 유도전동기의 운전 중 급속 정지가 필요할 때 사용하는 제동방식은?

① 단상 제동
② 회생 제동
③ 발전 제동
④ 역상 제동

풀이 유도전동기의 전기 제동법
① 발전 제동 : 운전 중인 전동기를 전원에서 분리하면 발전기로 동작한다. 이때 발생된 전력을 열로 소비하는 제동법을 발전제동이라 한다.
② 회생 제동 : 운전 중인 전동기를 전원에서 분리하면 발전기로 동작한다. 이때 발생된 전력을 제동용 전원으로 사용하면 회상제동이라 한다. 이 경우는 언덕을 내려가는 전차 등에서 사용할 수 있다.
③ 플러깅(plugging) 제동 : 플러깅 제동은 급제동시 사용하는 방법으로 역전제동이라고도 한다. 제동시 전동기를 역회전시켜 속도를 급감시킨 다음 속도가 0에 가까워지면 전동기를 전원에서 분리하는 제동법이다. **답** ④

40 슬립 4[%]인 유도 전동기의 등가 부하 저항은 2차 저항의 몇 배인가?

① 5
② 19
③ 20
④ 24

풀이 유도 전동기의 기계적 출력을 나타내는 정수 $r = \left(\dfrac{1}{s} - 1\right)r_2$ 에서

$r = \left(\dfrac{1}{0.04} - 1\right)r_2 = 24r_2$ 가 된다. **답** ④

41 역률개선의 효과로 볼 수 없는 것은?

① 전력손실 감소　　　　　　　② 전압강하 감소

③ 감전사고 감소　　　　　　　④ 설비 용량의 이용률 증가

> 풀이 역률 개선의 효과
> ① 설비 이용률 향상　② 전압 강하 감소　③ 전력 손실 경감　　　답 ③

42 옥내배선 공사에서 절연전선의 피복을 벗길 때 사용하면 편리한 공구는?

① 드라이버　　　　　　　② 플라이어

③ 압착펜치　　　　　　　④ 와이어스트리퍼

> 풀이 와이어 스트리퍼(wire striper) : 절연 전선의 피복 절연물을 벗기는 자동 공구

답 ④

43 전기설비기술기준에 의하여 애자공사를 건조한 장소에 시설하고자 한다. 사용 전압이 400[V] 이하인 경우 전선과 조영재 사이의 이격거리는 최소 몇 [cm] 이상이어야 하는가?

① 2.5　　　　② 4.5　　　　③ 6.0　　　　④ 12

> 풀이 232.56 애자공사
> ① 전선은 절연 전선(단, 옥외용 비닐 절연 전선(OW) 및 인입용 비닐 절연 전선(DV)은 제외한다.)
> ② 사용하는 애자는 절연성·난연성 및 내수성의 것이어야 한다.
> ③ 이격 거리

전 압		전선과 조영재와의 이격 거리	전선 상호 간격	전선 지지점간의 거리	
				조영재의 윗면 또는 옆면	조영재에 따라 시설하지 않는 경우
저압	400[V] 이하	2.5[cm] 이상	6[cm] 이상	2[m] 이하	－
	400[V] 초과	건조한 장소 2.5[cm] 이상			6[m] 이하
		기타의 장소 4.5[cm] 이상			

답 ①

44 전선 접속 방법 중 트위스트 직선 접속의 설명으로 옳은 것은?

① 연선의 직선 접속에 적용된다.

② 연선의 분기 접속에 적용된다.

③ 6[mm²] 이하의 가는 단선인 경우에 적용된다.

④ 6[mm²] 초과의 굵은 단선인 경우에 적용된다.

풀이 ① 트위스트 직선 접속 : 6[mm²] 이하의 단선인 경우에 적용
② 브리타니어 직선 접속 : 10[mm²] 이상의 굵은 단선인 경우에 적용 **답** ③

45 건축물에 고정되는 본체부와 제거할 수 있거나 개폐할 수 있는 커버로 이루어지며 절연전선, 케이블 및 코드를 완전하게 수용할 수 있는 구조의 배선설비의 명칭은?

① 케이블 래더 　　　　　　　　② 케이블 트레이
③ 케이블 트렁킹 　　　　　　　　④ 케이블 브라킷

풀이 ① 케이블 래더 : 길이방향의 가로대에 케이블 지지용 가로대를 고정한 사다리형의 것
② 케이블 트레이 : 전선류가 굴러 떨어지지 않도록 테두리가 있는 것으로 뚜껑은 없다.
③ 케이블 트렁킹 : 건축물에 고정되는 본체부와 제거할 수 있거나 개폐할 수 있는 커버로 이루어지며 절연전선, 케이블, 코드를 완전하게 수용할 수 있는 크기의 것
④ 케이블 브라킷 : 케이블을 적재하기 위한 수평 지지대로 한쪽만을 벽 등에 고정하는 것으로 케이블의 길이 방향에 등 간격으로 설치한다. 케이블의 자체 하중이 브래킷에 가해져 케이블이 변형될 우려가 있기 때문에 거의 사용되지 않는다.
⑤ 케이블 덕트 : 절연전선 및 케이블 등을 인입하거나 교체할 수 있는 사각형 단면의 것을 말한다. **답** ③

46 금속전선관 공사에서 금속관에 나사를 내기위해 사용하는 공구는?

① 리머 　　　　　② 오스터 　　　　　③ 프레서 툴 　　　　　④ 파이프 벤더

풀이 오스터(oster)
① 용도 : 금속관 끝에 나사를 내는 공구
② 구성 : 래칫(ratchet)과 다이스(dise)

답 ②

47 성냥을 제조하는 공장의 공사 방법으로 틀린 것은?

① 금속관 공사
② 케이블 공사
③ 금속 몰드 공사
④ 합성수지관 공사(두께 2[mm] 미만 및 난연성이 없는 것은 제외)

풀이 242.4 위험물 등이 존재하는 장소
셀룰로이드 · 성냥 · 석유류 기타 타기 쉬운 위험한 물질을 제조하거나 저장하는 곳에 시설하는 저압 옥내배선 등은 합성수지관공사(두께 2[mm]미만의 합성수지 전선관 및 난연성이 없는 콤바인 덕트관을 사용하는 것을 제외) · 금속관공사 또는 케이블공사에 의할 것. **답** ③

48 콘크리트 조영재에 볼트를 시설할 때 필요한 공구는?

① 파이프 렌치 　　　　　　　　② 볼트 클리퍼
③ 노크아웃 펀치 　　　　　　　　④ 드라이브 이트

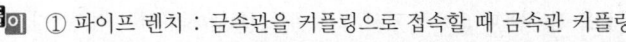

풀이 ① 파이프 렌치 : 금속관을 커플링으로 접속할 때 금속관 커플링을 물고 죄는 것
② 볼트 클리퍼 : 굵은 전선을 절단할 때 사용하는 가위
③ 노크아웃 펀치 : 분전반, 풀박스 등의 전선관 인출을 위한 인출공을 뚫는 공구
④ 드라이브 이트 : 경화 후의 콘크리트에 볼트나 특수못 등을 박아 넣는 공구 **답** ④

49 실내 면적 100[m²]인 교실에 전광속이 2500[lm]인 40[W] 형광등을 설치하여 평균조도를 150[lx]로 하려면 몇 개의 등을 설치하면 되겠는가? (단, 조명률은 50[%], 감광 보상률은 1.25로 한다.)

① 15개 ② 20개 ③ 25개 ④ 30개

풀이 $N = \dfrac{AED}{FU} = \dfrac{100 \times 150 \times 1.25}{2500 \times 0.5} = 15$개

(여기서 N : 전등수, A : 면적, E : 조도, D : 감광 보상률, F : 광원 1개의 광속, U : 조명률) **답** ①

50 교류 배전반에서 전류가 많이 흘러 전류계를 직접 주 회로에 연결할 수 없을 때 사용하는 기기는?

① 전류 제한기 ② 계기용 변압기
③ 계기용 변류기 ④ 전류계용 절환 개폐기

풀이 변류기(Current Transformer : CT)
고압회로의 대전류를 소전류로 변성하기 위해서 사용하는 것이며, 배전반의 전류계 및 트립코일(TC)의 전원으로 사용된다. 일반 변류기는 2차측은 사용 중 코일에 전류가 흐르는 상태에서 2차 코일을 개방하면 2차 단자간에 고전압이 발생하여 코일의 손상(2차측 절연파괴)내지 감전사고를 유발한다. **답** ③

51 플로어 덕트 공사의 설명 중 틀린 것은?

① 덕트의 끝 부분은 막는다.
② 플로어 덕트는 접지공사를 하지 아니하여야 한다.
③ 덕트 상호 간 접속은 견고하고 전기적으로 완전하게 접속 하여야 한다.
④ 덕트 및 박스 기타 부속품은 물이 고이는 부분이 없도록 시설하여야 한다.

풀이 232.32.3 플로어덕트 및 부속품의 시설
① 덕트 상호 간 및 덕트와 박스 및 인출구와는 견고하고 또한 전기적으로 완전하게 접속할 것.
② 덕트 및 박스 기타의 부속품은 물이 고이는 부분이 없도록 시설하여야 한다.
③ 박스 및 인출구는 마루 위로 돌출하지 아니하도록 시설하고 또한 물이 스며들지 아니하도록 밀봉할 것.
④ 덕트의 끝부분은 막을 것.
⑤ 덕트는 접지공사를 할 것. **답** ②

52 진동이 심한 전기 기계 · 기구의 단자에 전선을 접속할 때 사용되는 것은?

① 커플링 ② 압착단자 ③ 링 슬리브 ④ 스프링 와셔

풀이 진동이 있는 단자에 전선을 접속할 때 스프링 와셔 또는 이중너트를 사용하여 접속한다. **답** ④

53 한국전기설비규정에 의하여 가공전선에 케이블을 사용하는 경우 케이블은 조가용 선에 행거로 시설하여야 한다. 이 경우 사용전압이 고압인 때에는 그 행거의 간격은 몇 [cm] 이하로 시설하여야 하는가?

① 50　　　　　② 60　　　　　③ 70　　　　　④ 80

풀이 222.4 가공케이블의 시설
케이블은 조가용선에 행거로 시설할 것. 이 경우에는 사용전압이 고압인 때에는 행거의 간격은 0.5[m] 이하로 하는 것이 좋다. **답** ①

54 라이팅 덕트 공사에 의한 저압 옥내배선의 시설 기준으로 틀린 것은?
① 덕트의 끝부분은 막을 것
② 덕트는 조영재에 견고하게 붙일 것
③ 덕트의 개구부는 위로 향하여 시설할 것
④ 덕트는 조영재를 관통하여 시설하지 아니할 것

풀이 232.71 라이팅덕트공사
① 덕트 상호 간 및 전선 상호 간은 견고하게 또한 전기적으로 완전히 접속할 것.
② 덕트는 조영재에 견고하게 붙일 것.
③ 덕트의 지지점 간의 거리는 2[m] 이하로 할 것.
④ 덕트의 끝부분은 막을 것.
⑤ 덕트의 개구부는 아래로 향하여 시설할 것. 다만, 사람이 쉽게 접촉할 우려가 없는 장소에서 덕트의 내부에 먼지가 들어가지 아니하도록 시설하는 경우에 한하여 옆으로 향하여 시설할 수 있다.
⑥ 덕트는 조영재를 관통하여 시설하지 아니할 것.
⑦ 덕트에는 합성수지 기타의 절연물로 금속재 부분을 피복한 덕트를 사용한 경우 이외에는 접지공사를 할 것. 다만, 대지 전압이 150[V] 이하이고 또한 덕트의 길이(2본 이상의 덕트를 접속하여 사용할 경우에는 그 전체 길이를 말한다)가 4[m] 이하인 때는 그러하지 아니하다. **답** ③

55 한국전기설비규정에 의한 고압 가공전선로 철탑의 경간은 몇 [m] 이하로 제한하고 있는가?

① 150　　　　　② 250　　　　　③ 500　　　　　④ 600

풀이 332.9 고압 가공전선로 경간의 제한

지지물의　종류	표준 경간
목주, A종 철주, A종 철근 콘크리트주	150[m]
B종 철주, B종 철근 콘크리트주	250[m]
철　탑	600[m]

답 ④

56 A종 철근 콘크리트주의 길이가 9[m]이고, 설계 하중이 6.8[kN]인 경우 땅에 묻히는 깊이는 최소 몇 [m] 이상이어야 하는가?

① 1.2   ② 1.5   ③ 1.8   ④ 2.0

풀이 331.7 가공전선로 지지물의 기초의 안전율
강관주 또는 철근 콘크리트주로서 그 전체 길이가 16[m] 이하, 설계하중이 6.8[kN] 이하인 것 또는 목주를 다음에 의하여 시설하는 경우
① 전체의 길이가 15[m] 이하인 경우는 땅에 묻히는 깊이를 전체길이의 1/6 이상으로 할 것.
② 전체의 길이가 15[m]를 초과하는 경우는 땅에 묻히는 깊이를 2.5[m] 이상으로 할 것.
따라서 $9 \times \dfrac{1}{6} = 1.5$[m]   **답** ②

57 전선의 접속법에서 두 개 이상의 전선을 병렬로 사용하는 경우의 시설기준으로 틀린 것은?

① 각 전선의 굵기는 구리인 경우 50[mm²] 이상이어야 한다.
② 각 전선의 굵기는 알루미늄인 경우 70[mm²] 이상이어야 한다.
③ 병렬로 사용하는 전선은 각각에 퓨즈를 설치할 것
④ 동극의 각 전선은 동일한 터미널러그에 완전히 접속할 것

풀이 123 전선의 접속
두 개 이상의 전선을 병렬로 사용하는 경우에는 다음에 의하여 시설할 것.
① 병렬로 사용하는 각 전선의 굵기는 동선 50[mm²] 이상 또는 알루미늄 70[mm²] 이상으로 하고, 전선은 같은 도체, 같은 재료, 같은 길이 및 같은 굵기의 것을 사용할 것.
② 같은 극의 각 전선은 동일한 터미널러그에 완전히 접속할 것.
③ 병렬로 사용하는 전선에는 각각에 퓨즈를 설치하지 말 것.
④ 교류회로에서 병렬로 사용하는 전선은 금속관 안에 전자적 불평형이 생기지 않도록 시설할 것.
         답 ③

58 제어 회로용 절연 전선을 금속 덕트 공사에 의하여 시설하고자 한다. 절연 피복을 포함한 전선의 총면적은 덕트의 내부 단면적의 몇 [%]까지 할 수 있는가?

① 20   ② 30   ③ 40   ④ 50

풀이 232.31 금속덕트공사
금속덕트에 넣은 전선의 단면적(절연피복의 단면적을 포함한다)의 합계는 덕트의 내부 단면적의 20[%] (전광표시 장치 기타 이와 유사한 장치 또는 제어회로 등의 배선만을 넣는 경우에는 50[%]) 이하일 것.
         답 ④

출제기준 변경 및 개정된 관계 법규에 따라 삭제된 문제가 있어 60문항이 안됩니다.

1 $R_1[\Omega]$, $R_2[\Omega]$, $R_3[\Omega]$의 저항 3개를 직렬 접속했을 때의 합성저항[Ω]은?

① $R = \dfrac{R_1 \cdot R_2 \cdot R_3}{R_1 + R_2 + R_3}$

② $R = \dfrac{R_1 + R_2 + R_3}{R_1 \cdot R_2 \cdot R_3}$

③ $R = R_1 \cdot R_2 \cdot R_3$

④ $R = R_1 + R_2 + R_3$

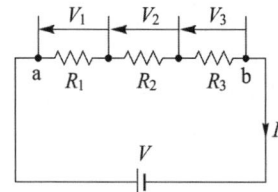

풀이 • 직렬 연결 시 합성저항 $R = R_1 + R_2 + R_3 + \cdots\cdots + R_n [\Omega]$

• 병렬 연결 시 합성저항 $R = \dfrac{1}{\dfrac{1}{R_1} + \dfrac{1}{R_2} + \dfrac{1}{R_3} + \cdots\cdots + \dfrac{1}{R_n}} [\Omega]$

답 ④

2 정상상태에서의 원자를 설명한 것으로 틀린 것은?

① 양성자와 전자의 극성은 같다.

② 원자는 전체적으로 보면 전기적으로 중성이다.

③ 원자를 이루고 있는 양성자의 수는 전자의 수와 같다.

④ 양성자 1개가 지니는 전기량은 전자 1개가 지니는 전기량과 크기가 같다.

풀이 ① 원자는 양전기를 가진 원자핵과 음전기를 가진 전자로 구성되고, 원자핵은 전자와 같은 수의 양자와 전기를 전혀 가지지 않은 중성자로 구성되어 있다.

② 정상 상태에서 원자는 원자 내의 양성자 수와 전자 수가 같으므로 외부에는 전기적인 성질을 나타내지 않는 중성이 된다.

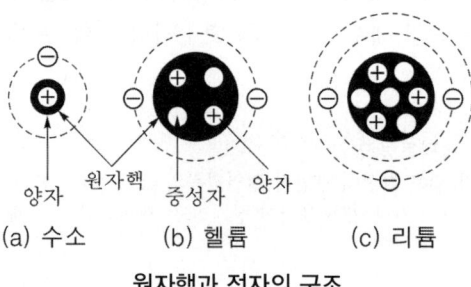

(a) 수소   (b) 헬륨   (c) 리튬

원자핵과 전자의 구조

답 ①

3 2전력계법으로 3상 전력을 측정할 때 지시값이 $P_1 = 200[W]$, $P_2 = 200[W]$이었다. 부하전력[W]은?

① 600

② 500

③ 400

④ 300

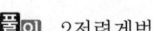 2전력계법

① 유효전력 : $P_1 + P_2$[W]

② 무효전력 : $\sqrt{3}(P_1 - P_2)$[Var]

이므로 이 부하의 전력은

$P = P_1 + P_2 = 200 + 200 = 400$[W]

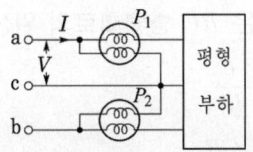

답 ③

4 0.2[℧]의 컨덕턴스 2개를 직렬로 접속하여 3[A]의 전류를 흘리려면 몇 [V]의 전압을 공급하면 되는가?

① 12

② 15

③ 30

④ 45

풀이 $G = \dfrac{0.2 \times 0.2}{0.2 + 0.2} = 0.1$[℧]

$V = IR = \dfrac{I}{G} = \dfrac{3}{0.1} = 30$[V]

답 ③

5 어떤 교류회로의 순시값이 $v = \sqrt{2}\,V\sin\omega t$[V]인 전압에서 $\omega t = \dfrac{\pi}{6}$[rad] 일 때 $100\sqrt{2}$ [V]이면 이 전압의 실효값[V]은?

① 100

② $100\sqrt{2}$

③ 200

④ $200\sqrt{2}$

풀이 순시값 $v = \sqrt{2}\,V\sin\omega t = \sqrt{2}\,V\sin\dfrac{\pi}{6} = \sqrt{2}\,V \times \dfrac{1}{2} = 100\sqrt{2}$ [V]

따라서 실효값 $V = 100\sqrt{2} \times \dfrac{2}{\sqrt{2}} = 200$[V]

답 ③

6 다음은 어떤 법칙을 설명한 것인가?

> 전류가 흐르려고 하면 코일은 전류의 흐름을 방해한다. 또, 전류가 감소하면 이를 계속 유지하려고 하는 성질이 있다.

① 쿨롱의 법칙

② 렌츠의 법칙

③ 패러데이의 법칙

④ 플레밍의 왼손 법칙

풀이 렌츠의 법칙

"전자유도에 의해 발생하는 기전력은 자속 변화를 방해하는 방향으로 전류가 발생한다."

이것을 렌츠의 법칙(Lenz's law)이라 하고, 기전력의 방향을 결정한다.

답 ②

7 그림과 같은 RC 병렬회로의 위상각 θ는?

① $\tan^{-1}\dfrac{\omega C}{R}$

② $\tan^{-1}\omega CR$

③ $\tan^{-1}\dfrac{R}{\omega C}$

④ $\tan^{-1}\dfrac{1}{\omega CR}$

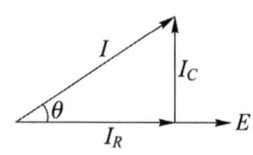

풀이 순시전류

① RL 병렬회로 : $i = \sqrt{\left(\dfrac{1}{R}\right)^2 + \left(\dfrac{1}{\omega L}\right)^2} \cdot V_m \sin\left(\omega t - \tan^{-1}\dfrac{R}{\omega L}\right)$[A]

② RC 병렬회로 : $i = \sqrt{\left(\dfrac{1}{R}\right)^2 + (\omega C)^2} \cdot V_m \sin\left(\omega t + \tan^{-1}\omega CR\right)$[A]

답 ②

8 진공 중에 10[μC]과 20[μC]의 점전하를 1[m]의 거리로 놓았을 때 작용하는 힘[N]은?

① 18×10^{-1}　　② 2×10^{-2}　　③ 9.8×10^{-9}　　④ 98×10^{-9}

풀이 진공 중 두 점전하 사이에 작용하는 힘 $F = 9 \times 10^9 \times \dfrac{Q_1 Q_2}{r^2}$ 에서

$F = 9 \times 10^9 \times \dfrac{10 \times 10^{-6} \times 20 \times 10^{-6}}{1^2} = 18 \times 10^{-1}$[N]

답 ①

9 그림과 같은 회로에서 a−b간에 E[V]의 전압을 가하여 일정하게 하고, 스위치 S를 닫았을 때의 전전류 I[A]가 닫기 전 전류의 3배가 되었다면 저항 R_x의 값은 약 몇 [Ω]인가?

① 0.73

② 1.44

③ 2.16

④ 2.88

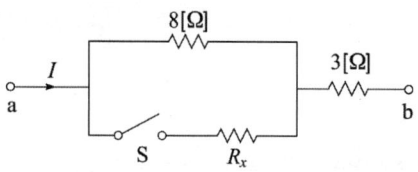

풀이 스위치를 닫았을 때의 전전류가 닫기 전 전류의 3배가 되었으므로,

$I_1 = 3I_2$[A]

(단, I_1 : 스위치를 닫았을 때의 전전류, I_2 : 스위치를 닫기 전 전전류)

전압은 일정하므로 스위치를 닫았을 때의 합성저항은

$R_1 = \dfrac{8R_x}{8+R_x} + 3 = \dfrac{1}{3}R_2$[$\Omega$] $\left(\because I \propto \dfrac{1}{R}\right)$

이고, 스위치를 닫기 전 합성저항 $R_2 = 8+3 = 11$[Ω]이므로

$R_1 = \dfrac{1}{3}R_2 = \dfrac{11}{3} ≒ 3.67$[$\Omega$]

그러므로

$R_1 = \dfrac{8R_x}{8+R_x} + 3 = 3.67$[$\Omega$]

$\therefore R_x ≒ 0.73$[Ω]

답 ①

10 공기 중에서 m[Wb]의 자극으로부터 나오는 자속수는?

① m ② $\mu_0 m$ ③ $\dfrac{1}{m}$ ④ $\dfrac{m}{\mu_0}$

풀이 m[Wb]의 자하에서는 m개의 자속과 $\dfrac{m}{\mu_o}$개의 자기력선이 나온다.(가우스의 법칙)　　**답** ④

11 평형 3상 회로에서 1상의 소비전력이 P[W]라면, 3상 회로 전체 소비전력[W]은?

① $2P$ ② $\sqrt{2}\,P$ ③ $3P$ ④ $\sqrt{3}\,P$

풀이 전체 소비전력$=3V_p I_p = \sqrt{3}\,V_l I_l$
　　　　(단, V_p : 상전압, I_p : 상전류, V_l : 선간전압, I_l : 선전류)　　**답** ③

12 영구자석의 재료로서 적당한 것은?

① 잔류자기가 적고 보자력이 큰 것
② 잔류자기와 보자력이 모두 큰 것
③ 잔류자기와 보자력이 모두 작은 것
④ 잔류자기가 크고 보자력이 작은 것

풀이 영구 자석 재료는 외부 자계에 대하여 잔류 자속이 쉽게 없어지면 안 되므로 잔류 자기와 보자력이 커야 하며 텅스텐강, 코발트강 등이 쓰인다.　　**답** ②

13 1차 전지로 가장 많이 사용되는 것은?

① 니켈·카드뮴 전지   ② 연료 전지
③ 망간 건전지   ④ 납축 전지

풀이 1차 전지 : 충전에 의하여 구성 물질의 재생이 불가능한 전지를 1차 전지라 부르고, 이것을 크게 나누면 망간 건전지, 알칼리·망간 건전지, 산화은 전지, 리튬 1차 전지, 수은 전지, 공기 전지, 연료 전지, 고체 전해질 전지 등이 있다.　　**답** ③

14 플레밍의 왼손법칙에서 전류의 방향을 나타내는 손가락은?

① 엄지   ② 검지   ③ 중지   ④ 약지

풀이

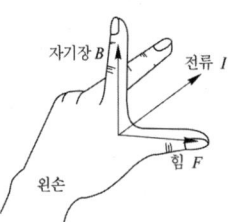

답 ③

15 3[kW]의 전열기를 1시간 동안 사용할 때 발생하는 열량[kcal]은?

① 3   ② 180   ③ 860   ④ 2580

풀이 줄의 법칙 : $Q = \dfrac{1}{4.186} Pt = \dfrac{1}{4.186} \times 3 \times 60 \times 60 = 2580$[kcal]   **답** ④

16 어느 회로의 전류가 다음과 같을 때, 이 회로에 대한 전류의 실효값[A]은?

$$i = 3 + 10\sqrt{2}\sin\left(\omega t - \frac{\pi}{6}\right) + 5\sqrt{2}\sin\left(3\omega t - \frac{\pi}{3}\right)[\text{A}]$$

① 11.6   ② 23.2   ③ 32.2   ④ 48.3

풀이 왜형파의 실효값은 각 고조파 실효값 제곱의 합의 제곱근이므로
$I = I_0 + I_1 + I_3 = \sqrt{3^2 + 10^2 + 5^2} ≒ 11.6$[A]   **답** ①

17 다음 설명 중 틀린 것은?

① 같은 부호의 전하끼리는 반발력이 생긴다.
② 정전유도에 의하여 작용하는 힘은 반발력이다.
③ 정전용량이란 콘덴서가 전하를 축적하는 능력을 말한다.
④ 콘덴서에 전압을 가하는 순간은 콘덴서는 단락상태가 된다.

풀이 정전 유도 시 다른 극성의 전하가 가까이 오고 동일 극성 전하가 반대편에 나타나므로 흡인력이 반발력보다 크게 되어 전체적으로 흡인력이 작용한다.   **답** ②

18 비유전율 2.5의 유전체 내부의 전속밀도가 2×10^{-6}[C/m²]되는 점의 전기장의 세기는 약 몇 [V/m]인가?

① 18×10^4 ② 9×10^4 ③ 6×10^4 ④ 3.6×10^4

풀이 전속밀도를 D, 비유전율을 ϵ_s이라 할 때, 진공 중의 유전율 ϵ_s은 8.855×10^{-12}[F/m]이므로

전기장의 세기 $E = \dfrac{D}{\epsilon} = \dfrac{D}{\epsilon_o \epsilon_s} = \dfrac{2 \times 10^{-6}}{8.855 \times 10^{-12} \times 2.5} ≒ 9 \times 10^4$[V/m]   **답** ②

19 전력량 1[Wh]와 그 의미가 같은 것은?

① 1[C]   ② 1[J]   ③ 3600[C]   ④ 3600[J]

풀이 1[W]는 1[J/s]이므로 1[W · s]는 1[J]과 같다.
따라서 1[Wh] = $60 \times 60 = 3600$[W · s] = 3600[J]   **답** ④

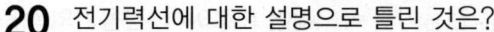

20 전기력선에 대한 설명으로 틀린 것은?

① 같은 전기력선은 흡인한다.

② 전기력선은 서로 교차하지 않는다.

③ 전기력선은 도체의 표면에 수직으로 출입한다.

④ 전기력선은 양전하의 표면에서 나와서 음전하의 표면에서 끝난다.

풀이 전기력선의 성질

① 전기력선은 정전하에서 출발하여 부전하에서 멈추거나 무한원까지 퍼진다.

② 전기력선상의 임의의 한 점에서의 접선 방향은 그 점의 전계의 방향을 나타낸다. 즉, 전기력선의 방향은 전계의 방향과 일치한다.

③ 전기력선 밀도는 전계의 세기와 같다.

④ 전기력선은 서로 교차하지 않으며, 전하가 없는 곳에서는 전기력선의 발생과 소멸이 없고 연속적이다.

⑤ 전기력선은 전위가 높은 곳에서 낮은 곳으로 향한다.

⑥ 전기력선은 등전위면과 직교한다. **답** ①

21 3상 유도 전동기의 정격 전압을 V_n[V], 출력을 P[kW], 1차 전류를 I_1[A], 역률을 $\cos\theta$라 하면 효율을 나타내는 식은?

① $\dfrac{P\times10^3}{3\,V_n I_1\cos\theta}\times100[\%]$

② $\dfrac{3\,V_n I_1\cos\theta}{P\times10^3}\times100[\%]$

③ $\dfrac{P\times10^3}{\sqrt{3}\,V_n I_1\cos\theta}\times100[\%]$

④ $\dfrac{\sqrt{3}\,V_n I_1\cos\theta}{P\times10^3}\times100[\%]$

풀이
- 3상 입력 $=\sqrt{3}\,V_n I_1\cos\theta$[W]
- 3상 출력 $=P$[kW]$=P\times10^3$[W]

$\therefore \eta=\dfrac{출력}{입력}\times100=\dfrac{P\times10^3}{\sqrt{3}\,V_n I_1\cos\theta}\times100[\%]$ **답** ③

22 6극 36슬롯 3상 동기 발전기의 매극 매상당 슬롯수는?

① 2 ② 3 ③ 4 ④ 5

풀이 1극 1상의 슬롯수 : $q=\dfrac{Z}{3p}=\dfrac{36}{3\times6}=2$ **답** ①

23 주파수 60[Hz]의 회로에 접속되어 슬립 3[%], 회전수 1164[rpm]으로 회전하고 있는 유도 전동기의 극수는?

① 4 ② 6 ③ 8 ④ 10

풀이 유도 전동기의 회전수 $N=(1-s)N_s=(1-s)\dfrac{120}{p}f$[rpm]이므로

$\therefore p=(1-s)\dfrac{120}{N}f=(1-0.03)\times\dfrac{120}{1164}\times60=6$[극] **답** ②

24 그림은 트랜지스터의 스위칭 작용에 의한 직류 전동기의 속도제어 회로이다. 전동기의 속도가 $N = K \dfrac{V - I_a R_a}{\varPhi}$ [rpm]이라고 할 때, 이 회로에서 사용한 전동기의 속도제어법은?

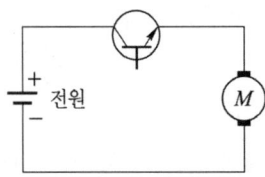

① 전압제어법   ② 계자제어법
③ 저항제어법   ④ 주파수제어법

 답 ①

25 직류 전동기의 최저 절연 저항값[MΩ]은?

① $\dfrac{정격전압[V]}{1{,}000 + 정격출력[kW]}$

② $\dfrac{정격출력[kW]}{1{,}000 + 정격입력[kW]}$

③ $\dfrac{정격입력[kW]}{1{,}000 + 정격출력[kW]}$

④ $\dfrac{정격전압[V]}{1{,}000 + 정격입력[kW]}$

풀이 절연저항의 허용치는 온도, 습도 등 주위 환경에 따라 많은 차이가 있으므로 일괄적으로 기준 할 수는 없다.
① JEC-37
$$\dfrac{정격전압[V]}{정격출력[kW]+1{,}000}[MΩ], \quad \dfrac{정격전압[V]+(rpm/3)}{정격출력[kW]+2{,}000}+0.5[MΩ]$$
② NK. Lloyd
$$\dfrac{3 \times 정격전압[V]}{정격출력[kW]+1{,}000}[MΩ]$$
③ I.E.E.E(std 43-1974)
$R_m \geq$ 정격전압[kV]+1[MΩ] (단, R_m : 최저 절연저항치 (40℃ 기준), kV : 기기의 정격전압)
$$R_{40} = R_T \times 2^{\left(\frac{T-40}{10}\right)}$$
(단, R_{40} : 40℃로 환산한 절연저항값, R_T : 측정 시의 절연저항값, T : 측정당시의 기기온도(℃))

답 ①

26 동기 발전기의 병렬 운전 중 기전력의 크기가 다를 경우 나타나는 현상이 아닌 것은?
① 권선이 가열된다.   ② 동기화 전력이 생긴다.
③ 무효 순환 전류가 흐른다.   ④ 고압 측에 감자 작용이 생긴다.

풀이 • 두 발전기 기전력의 크기가 다르면 무효 순환 전류가 흐른다.
• 두 발전기 기전력의 위상이 다르면 유효 순환 전류(동기화 전류)가 흐르며, 동기화 전류에 의해 발전기가 받는 전력을 동기화력이라고 한다.

답 ②

27 전압을 일정하게 유지하기 위해서 이용되는 다이오드는?

① 발광 다이오드

② 포토 다이오드

③ 제너 다이오드

④ 바리스터 다이오드

풀이 제너 다이오드 : 제너 항복을 응용한 정전압 소자

답 ③

28 변압기의 무부하 시험, 단락 시험에서 구할 수 없는 것은?

① 동손

② 철손

③ 절연 내력

④ 전압 변동률

풀이 변압기의 시험

① 개방 회로 시험(무부하 시험)으로 측정할 수 있는 항목

  : 무부하 전류, 히스테리시스손, 와류손, 여자 어드미턴스, 철손

② 단락 시험으로 측정할 수 있는 항목 : 동손, 전압변동률, 임피던스 와트, 임피던스 전압

③ 절연내력 시험 : 유도시험, 가압시험, 충격전압시험

답 ③

29 대전류 · 고전압의 전기량을 제어할 수 있는 자기소호형 소자는?

① FET

② Diode

③ TRIAC

④ IGBT

풀이 절연 게이트 양극성 트랜지스터(Insulated gate bipolar transistor, IGBT)는 금속 산화막 반도체 전계효과 트랜지스터 (MOSFET)을 게이트 부에 짜 넣은 접합형 트랜지스터이다. 게이트-이미터간의 전압이 구동되어 입력 신호에 의해서 온/오프가 생기는 자기소호형이므로, 대전력의 고속 스위칭이 가능한 반도체 소자이다.

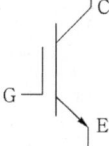

답 ④

30 1차 권수 6,000, 2차 권수 200인 변압기의 전압비는?

① 10

② 30

③ 60

④ 90

풀이 변압기의 전압비(권수비) $a = \dfrac{N_1}{N_2} = \dfrac{E_1}{E_2} = \dfrac{I_2}{I_1}$ 가 된다.

$\therefore a = \dfrac{N_1}{N_2} = \dfrac{6,000}{200} = 30$

답 ②

31 주파수 60[Hz]를 내는 발전용 원동기인 터빈 발전기의 최고 속도[rpm]는?

① 1,800

② 2,400

③ 3,600

④ 4,800

풀이 터빈 발전기는 원통형 회전자를 가지는 고속의 동기발전기로, 회전속도 $N_s = \dfrac{120f}{p}$ [rpm]이다.

동기발전기의 극수가 최소일 때 속도는 최고가 되므로

$\therefore N_s = \dfrac{120f}{p} = \dfrac{120 \times 60}{2} = 3,600$ [rpm]

답 ③

32 변압기의 권수비가 60일 때 2차 측 저항이 0.1[Ω]이다. 이것을 1차로 환산하면 몇 [Ω]인가?

① 310   ② 360   ③ 390   ④ 410

풀이 변압기 권수비의 식 $a = \dfrac{N_1}{N_2} = \dfrac{V_1}{V_2} = \dfrac{I_2}{I_1} = \sqrt{\dfrac{R_1}{R_2}}$ 이다.

$\therefore R_1 = a^2 R_2 = 60^3 \times 0.1 = 360[\Omega]$ **답** ②

33 직류기의 파권에서 극수에 관계없이 병렬 회로수 a는 얼마인가?

① 1   ② 2   ③ 4   ④ 6

풀이 중권과 파권의 비교

비교 항목	중권(병렬권)	파권(직렬권)
전기자 병렬 회로수(a)	극수와 같다($a = p$)	항상 2($a = 2$)
브러시의 수(B)	극수와 같다($B = p$)	2개 또는 극수만큼 설치
균압 접속	4극 이상 필요	불필요
용 도	저전압, 대전류	고전압, 소전류

답 ②

34 단락비가 큰 동기 발전기에 대한 설명으로 틀린 것은?

① 단락 전류가 크다.

② 동기 임피던스가 작다.

③ 전기자 반작용이 크다.

④ 공극이 크고 전압 변동률이 작다.

풀이 단락비는 기계적 특성을 잘 나타내는 수치로서 일반적으로 단락비가 큰 기계는
  ① 동기임피던스(리액턴스)가 작기 때문에, 단락전류가 크고 전기자 반작용이 작다.
  ② 전압강하 및 전압강하율, 전압변동률이 작다.
  ③ 안정도가 좋다.
  ④ 철이 많이 사용되어 철기계라 불린다.
  ⑤ 공극이 크고, 기계 형태 중량이 증가한다.   **답** ③

35 변압기의 철심에서 실제 철의 단면적과 철심의 유효 면적과의 비를 무엇이라고 하는가?

① 권수비   ② 변류비

③ 변동률   ④ 점적률

풀이 자속이 통하는 철심의 단면에 대하여, 충간 절연물을 뺀 철심만의 단면적을 점적율이라고 하고, 변압기 철심에서는 약 91~92[%] 정도가 된다.   **답** ④

36 교류 전동기를 기동할 때 그림과 같은 기동특성을 가지는 전동기는?
(단, 곡선 (1)~(5)는 기동 단계에 대한 토크특성 곡선이다.)

① 반발 유도 전동기
② 2중 농형 유도 전동기
③ 3상 분권 정류자 전동기
④ 3상 권선형 유도 전동기

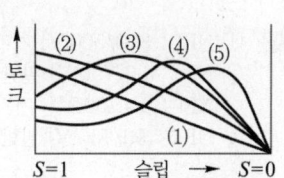

풀이 3상 권선형 유도 전동기의 토크는 비례 추이를 하므로 저항이 클수록 최대 토크를 발생하는 슬립점이 점점 왼쪽으로 이동한다. **답** ④

37 고장 시의 불평형 차전류가 평형 전류의 어떤 비율 이상으로 되었을 때 동작하는 계전기는?

① 과전압 계전기
② 과전류 계전기
③ 전압 차동 계전기
④ 비율 차동 계전기

풀이
① 과전압 계전기 : 일정값 이상의 전압이 걸렸을 때 동작
② 과전류 계전기 : 일정값 이상의 전류가 흘렀을 때 동작
③ 전압 차동 계전기 : 불평형 전압이 어떤 값 이상으로 되었을 때 동작
④ 비율 차동 계전기 : 불평형 차전류가 평형전류의 어떤 비율 이상으로 되었을 때 동작 **답** ④

38 단상 유도 전동기의 기동 방법 중 기동 토크가 가장 큰 것은?

① 반발 기동형
② 분상 기동형
③ 반발 유도형
④ 콘덴서 기동형

풀이 기동 토크의 크기
반발 기동형 〉 반발 유도형 〉 콘덴서 기동형 〉 분상 기동형 〉 셰이딩 코일형 **답** ①

39 전압 변동률 ϵ의 식은? (단, 정격 전압 V_n[V], 무부하 전압 V_0[V]이다.)

① $\epsilon = \dfrac{V_0 - V_n}{V_n} \times 100\,[\%]$

② $\epsilon = \dfrac{V_n - V_0}{V_n} \times 100\,[\%]$

③ $\epsilon = \dfrac{V_n - V_0}{V_0} \times 100\,[\%]$

④ $\epsilon = \dfrac{V_0 - V_n}{V_0} \times 100\,[\%]$

풀이 **답** ①

40 계자 권선이 전기자와 접속되어 있지 않은 직류기는?

① 직권기
② 분권기
③ 복권기
④ 타여자기

풀이 외부의 독립된 직류 전원에 의해 계자권선에 여자전류를 공급하는 직류기를 타여자기라 한다. **답** ④

41 450/750[V] 일반용 단심 비닐절연전선의 약호는?

① NRI   ② NF   ③ NFI   ④ NR

풀이 ① NRI : 300/500[V] 기기 배선용 단심 비닐절연전선
② NF : 450/750[V] 일반용 유연성 단심 비닐절연전선
③ NFI : 300/500[V] 기기 배선용 유연성 단심 비닐절연전선
④ NR : 450/750[V] 일반용 단심 비닐절연전선   **답** ④

42 최대 사용 전압이 220[V]인 3상 유도 전동기가 있다. 이것의 절연 내력 시험 전압은 몇 [V]로 하여야 하는가?

① 330   ② 500   ③ 750   ④ 1050

풀이 133 회전기 및 정류기의 절연내력

종 류		시험 전압 (최대사용 전압의 배수)	시험 방법
회전기	발전기 · 전동기 · 조상기 · 기타회전기	최대사용전압 7[kV] 이하	1.5배(최저 500[V])	권선과 대지 사이에 연속하여 10분간 가한다.
		최대사용전압 7[kV] 초과	1.25배(최저 10.5[kV])	
	회전 변류기		직류측의 최대사용전압의 1배의 교류 전압(최저 500[V])	

∴ 시험 전압 = 220×1.5 = 330[V](최저 500[V])   **답** ②

43 금속 전선관 공사에서 사용되는 후강 전선관의 규격이 아닌 것은?

① 16   ② 28   ③ 36   ④ 50

풀이 후강 전선관의 안지름 크기는 짝수로 표현하며 16, 22, 28, 36, 42, 54, 70, 82, 92, 104[mm]의 10종이 있다.   **답** ④

44 금속관을 구부릴 때 그 안쪽의 반지름은 관 안지름의 최소 몇 배 이상이 되어야 하는가?

① 4   ② 6   ③ 8   ④ 10

풀이 금속관의 곡률반경은 안지름의 6배 이상으로 구부린다.   **답** ②

45 피뢰기의 약호는?

① LA   ② PF   ③ SA   ④ COS

풀이 ① LA : 피뢰기   ② PF : 전력 퓨즈
③ SA : 서지흡수기   ④ COS : 컷 아웃 스위치   **답** ①

46 차단기 문자 기호 중 "OCB"는?

① 진공 차단기　　　② 기중 차단기　　　③ 자기 차단기　　　④ 유입 차단기

풀이　① 진공 차단기 : VCB　② 기중 차단기 : ACB
　　　③ 자기 차단기 : MBB　④ 유입 차단기 : OCB　　　답 ④

47 한국전기설비규정에서 교통신호등 회로의 사용전압이 몇 [V]를 초과하는 경우에는 지락 발생 시 자동적으로 전로를 차단하는 장치를 시설하여야 하는가?

① 50　　　　　　② 100　　　　　　③ 150　　　　　　④ 200

풀이　234.15 교통신호등
　① 교통신호등 제어장치의 2차측 배선의 최대사용전압은 300[V] 이하이어야 한다.
　② 교통신호등 회로의 사용전압이 150[V]를 넘는 경우는 전로에 지락이 생겼을 경우 자동적으로 전로를 차단하는 누전차단기를 시설할 것.　　　답 ③

48 케이블 공사에서 비닐 외장 케이블을 조영재의 옆면에 따라 붙이는 경우 전선의 지지점 간의 거리는 최대 몇 [m]인가?

① 1.0　　　　　　② 1.5　　　　　　③ 2.0　　　　　　④ 2.5

풀이　232.51 케이블공사
　① 전선은 케이블 및 캡타이어케이블일 것.
　② 전선을 조영재의 아랫면 또는 옆면에 따라 붙이는 경우에는 전선의 지지점 간의 거리를 케이블은 2[m](사람이 접촉할 우려가 없는 곳에서 수직으로 붙이는 경우에는 6[m]) 이하 캡타이어케이블은 1[m] 이하로 할 것　　　답 ③

49 누전차단기의 설치목적은 무엇인가?

① 단락　　　　　　② 단선　　　　　　③ 지락　　　　　　④ 과부하

풀이　누전차단기의 설치목적
　지락 사고 시 인체에 대한 감전사고 및 누전에 의한 화재, 아크에 의한 전기기계기구의 손상을 방지하기 위하여 누전차단기를 설치한다.　　　답 ③

50 금속덕트를 조영재에 붙이는 경우에는 지지점간의 거리는 최대 몇 [m] 이하로 하여야 하는가?

① 1.5　　　　　　② 2.0　　　　　　③ 3.0　　　　　　④ 3.5

풀이　232.31 금속덕트공사
　① 금속덕트에 넣은 전선의 단면적(절연피복의 단면적을 포함한다)의 합계는 덕트의 내부 단면적의 20[%](전광표시장치 기타 이와 유사한 장치 또는 제어회로 등의 배선만을 넣는 경우에는 50[%]) 이하일 것.
　② 폭이 40[mm] 이상, 두께가 1.2[mm] 이상인 철판 또는 동등 이상의 기계적 강도를 가지는 금속제의 것으로 견고하게 제작한 것일 것.
　③ 덕트를 조영재에 붙이는 경우에는 덕트의 지지점 간의 거리를 3[m](취급자 이외의 자가 출입할 수 없도록 설비한 곳에서 수직으로 붙이는 경우에는 6[m]) 이하로 하고 또한 견고하게 붙일 것.　　　답 ③

51 절연물 중에서 가교폴리에틸렌(XLPE)과 에틸렌프로필렌고무혼합물(EPR)의 허용온도[℃]는?

① 70(전선)　　　　② 90(전선)　　　　③ 95(전선)　　　　④ 105(전선)

풀이

절연물의 종류	허용온도[℃]
염화비닐(PVC)	70(전선)
가교폴리에틸렌(XLPE)과 에틸렌프로필렌고무혼합물(EPR)	90(전선)

답 ②

52 완전 확산면은 어느 방향에서 보아도 무엇이 동일한가?

① 광속　　　　② 휘도　　　　③ 조도　　　　④ 광도

풀이 완전 확산면이란 어느 방향에서 보아도 휘도가 일정한 면을 말한다.　　**답** ②

53 합성수지 전선관 공사에서 관 상호간 접속에 필요한 부속품은?

① 커플링　　　　② 커넥터　　　　③ 리이머　　　　④ 노멀 밴드

풀이 관 상호간 접속에는 커플링을 사용한다.　　**답** ①

54 배전반을 나타내는 그림 기호는?

① 　　　②　　　③　　　④　S

풀이

분전반　　배전반　　제어반　　단락 계전기

답 ②

55 조명공학에서 사용되는 칸델라(cd)는 무엇의 단위인가?

① 광도　　　　② 조도　　　　③ 광속　　　　④ 휘도

풀이
① 광도의 단위 : 칸델라(candela : cd)이며, 1[cd]는 단위입체각(1 steradian) 내의 광속이 1[lm]인 경우이다.
② 조도의 단위 : 룩스(lux : lx)이며, 1[m²]의 피조면에 들어가는 광속이 1[lm]인 경우이다.
③ 광속의 단위 : 루멘(lumen : lm)을 사용하고, 단위시간에 통과하는 광량이다.
④ 휘도의 단위 : [cd/m²]로 니트(nit : nt) 혹은 [cd/cm²]로 스틸브(stilb : sb)를 사용한다.　　**답** ①

56 옥내 배선을 합성수지관 공사에 의하여 실시할 때 사용할 수 있는 단선의 최대 굵기[mm²]는?

① 4　　　　② 6　　　　③ 10　　　　④ 16

풀이 232.11 합성수지관공사
  ① 전선은 절연전선(옥외용 비닐절연전선을 제외한다)일 것.
  ② 전선은 연선일 것. 다만, 다음의 것은 적용하지 않는다.
    • 짧고 가는 합성수지관에 넣은 것.
    • 단면적 10[mm²](알루미늄선은 단면적 16[mm²]) 이하의 것.
  ③ 전선은 합성수지관 안에서 접속점이 없도록 할 것.   **답** ③

57 다음 중 배선기구가 아닌 것은?

① 배전반 ② 개폐기
③ 접속기 ④ 배선용차단기

풀이 배전반이란 각종의 계기, 계전기, 제어 스위치 등을 집중 설치하고 이들에 의해 기기의 상태를 정확하게 파악하여 적당히 조작 보호를 하는 임무를 가진 것을 말한다.   **답** ①

58 한국전기설비규정에서 가공전선로의 지지물에 하중이 가하여지는 경우에 그 하중을 받는 지지물의 기초의 안전율은 얼마 이상인가?

① 0.5 ② 1 ③ 1.5 ④ 2

풀이 331.7 가공전선로 지지물의 기초의 안전율
가공전선로의 지지물에 하중이 가하여지는 경우에 그 하중을 받는 지지물의 기초의 안전율은 2(이상 시 상정하중이 가하여지는 경우의 그 이상 시 상정하중에 대한 철탑의 기초에 대하여는 1.33) 이상이어야 한다.   **답** ④

59 흥행장의 저압 옥내배선, 전구선 또는 이동전선의 사용전압은 최대 몇 [V] 이하인가?

① 400 ② 440 ③ 450 ④ 750

풀이 242.6 전시회, 쇼 및 공연장의 전기설비
무대 • 무대마루 밑 • 오케스트라 박스 • 영사실 기타 사람이나 무대 도구가 접촉할 우려가 있는 곳에 시설하는 저압 옥내배선, 전구선 또는 이동전선은 사용전압이 400[V] 이하이어야 한다.   **답** ①

60 구리 전선과 전기 기계기구 단자를 접속하는 경우에 진동 등으로 인하여 헐거워질 염려가 있는 곳에는 어떤 것을 사용하여 접속하여야 하는가?

① 정 슬리브를 끼운다. ② 평와셔 2개를 끼운다.
③ 코드 패스너를 끼운다. ④ 스프링 와셔를 끼운다.

풀이 진동이 있는 단자에 전선을 접속할 때 스프링 와셔 또는 이중너트를 사용하여 접속한다.   **답** ④

memo

2017

CBT 복원문제

동일출판사 홈페이지 및 YouTube에서
무료동영상 강의를 보실 수 있습니다.
(전기이론, 전기기기 해설)

1 0.2[℧]의 컨덕턴스 2개를 직렬로 접속하여 3[A]의 전류를 흘리려면 몇 [V]의 전압을 공급하면 되는가?

① 12　　　　　　② 15　　　　　　③ 30　　　　　　④ 45

풀이 합성 컨덕턴스 $G = \dfrac{1}{\dfrac{1}{G_1} + \dfrac{1}{G_2}} = \dfrac{1}{\dfrac{1}{0.2} + \dfrac{1}{0.2}} = 0.1[℧]$

따라서, 전압 $V = \dfrac{I}{G} = \dfrac{3}{0.1} = 30[V]$　　　　　**답** ③

2 비유전율이 큰 산화티탄 등을 유전체로 사용한 것으로 극성이 없으며 가격에 비해 성능이 우수하여 널리 사용되고 있는 콘덴서의 종류는?

① 전해 콘덴서　　　　　　　　　② 세라믹 콘덴서
③ 마일러 콘덴서　　　　　　　　④ 마이카 콘덴서

풀이 ① 전해 콘덴서
케미콘이라 한다. 유전체를 산화 피막으로 만들어 비교적 큰 용량을 얻을 수 있다. 전원의 평활 회로, 저주파 바이패스 등에 쓰인다.
② 세라믹 콘덴서
전극에 티탄산바륨과 같은 유전율이 높은 세라믹 재료로 만들었으며, 전극의 극성이 없는 것이 특징이다. 용량은 비교적 작아 아날로그 신호계에 사용할 수 있다.
③ 마일러 콘덴서
얇은 폴리에스테르필름의 양면에 금속박을 대고 원통형으로 감은 것으로 극성이 없다. 가격은 저렴하나 정밀하지 못한 결점이 있다.
④ 마이카(운모) 콘덴서
소용량의 콘덴서로 널리 쓰이며, 온도에 따른 용량변화가 적고 절연저항이 높다.　　　　　**답** ②

3 2분간에 876,000[J]의 일을 할 때 전력은 몇 [kW]인가?

① 0.73　　　　　　② 7.3　　　　　　③ 73　　　　　　④ 730

풀이 전력은 단위시간(단위시간이란 1초를 말한다)에 전기가 한 일로 나타낸다.
$\therefore P = \dfrac{W}{t} = \dfrac{876,000}{2 \times 60} = 7,300[W] = 7.3[kW]$　　　　　**답** ②

4 기전력 1.5[V], 내부저항 0.1[Ω]인 전지 10개를 직렬로 연결하고 이를 2[Ω]의 외부저항에 연결했을 때의 전류[A]는?

① 5　　　　　　② 10　　　　　　③ 15　　　　　　④ 20

풀이 직렬회로인 경우 전압과 저항 모두 연결된 배수만큼 증가하므로,
이때 흐르는 전류는 $I = \dfrac{nV}{nr + R} = \dfrac{10 \times 1.5}{10 \times 0.1 + 2} = 5[A]$가 된다.　　　　　**답** ①

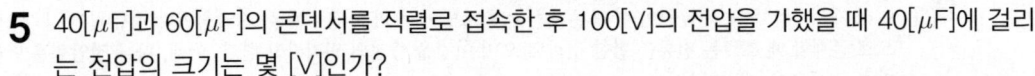

5 40[μF]과 60[μF]의 콘덴서를 직렬로 접속한 후 100[V]의 전압을 가했을 때 40[μF]에 걸리는 전압의 크기는 몇 [V]인가?

① 20   ② 40   ③ 60   ④ 100

풀이 $C_1 = 40[\mu F]$, $C_2 = 60[\mu F]$이라 하고, 전압분배법칙을 적용하면 콘덴서는 전압에 반비례하므로 ($V \propto \dfrac{1}{C}$)

$$\therefore V_1 = \frac{C_2}{C_1 + C_2} V = \frac{60}{40+60} \times 100 = 60[V]$$

답 ③

6 단상전력계 2대를 사용하여 2전력계법으로 3상 전력을 측정하고자 한다. 두 전력계의 지시값이 각각 P_1, P_2이었다. 3상 전력 P를 구하는 식으로 옳은 것은?

① $P = \sqrt{3}(P_1 \times P_2)$ ② $P = P_1 - P_2$

③ $P = P_1 \times P_2$ ④ $P = P_1 + P_2$

풀이   2전력계법에 의한 3상 전력측정
① 유효전력 $P = P_1 + P_2$
② 무효전력 $Q = \sqrt{3}(P_1 - P_2)$
③ 피상전력 $P_a = \sqrt{P^2 + Q^2} = 2\sqrt{P_1^2 + P_2^2 - P_1 P_2}$
④ 역률 $\cos\theta = \dfrac{P}{P_a} = \dfrac{P_1 + P_2}{2\sqrt{P_1^2 + P_2^2 - P_1 P_2}}$

답 ④

7 다음을 복소수로 표현하면?

$$v = 200\sqrt{2}\sin\left(wt + \frac{\pi}{2}\right)[V]$$

① $200 + j200$ ② $100 + j100$

③ $j200$ ④ $200\sqrt{2} + j100$

풀이 $v = 200\sqrt{2}\sin(wt + \dfrac{\pi}{2}) \rightarrow \dot{V} = 200\angle\dfrac{\pi}{2} = 200(\cos\dfrac{\pi}{2} + j\sin\dfrac{\pi}{2}) = j200[V]$

답 ③

8 [보기]의 설명에서 빈칸(㉠~㉡)에 알맞은 말은?

> 다수의 전압원과 전류원이 존재할 때 특정점에 흐르는 전류의 크기를 산출하려면 전압원은 (㉠)로 전류원은 (㉡)로 하여야 한다. 이를 중첩의 원리라 한다.

① ㉠ 개방회로 ㉡ 개방회로   ② ㉠ 단락회로 ㉡ 개방회로

③ ㉠ 개방회로 ㉡ 단락회로   ④ ㉠ 단락회로 ㉡ 단락회로

풀이 여러 개의 전압원과 전류원이 함께 존재하는 회로망에서 회로 전류는 각 전압원이나 전류원이 각각 단독으로 존재할 때 흐르는 전류를 합한 것과 같으며 이것을 중첩의 원리라고 한다. 이때, 다른 전압원은 단락, 다른 전류원은 개방한다.

답 ②

9 회로에서 검류계의 지시기가 0일 때 저항 X는?

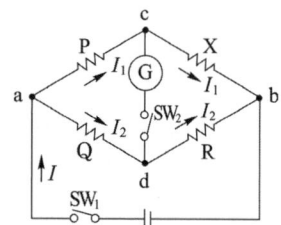

① $X = \dfrac{Q}{P}R$ ② $X = \dfrac{P}{Q}R$

③ $X = \dfrac{Q}{R}P$ ④ $X = \dfrac{P^2}{R}Q$

풀이 점 c와 d의 전위가 같을 때 $PI_1 = QI_2$ 및 $XI_1 = RI_2$가 된다.
따라서 $PR = XQ$가 되는데 이를 브리지의 평형조건이라 한다.

답 ②

10 자체 인덕턴스 0.1[H]의 코일에 5[A]의 전류가 흘렀다면 축적되는 에너지[J]는?

① 0.5   ② 0.25   ③ 1.25   ④ 2.5

풀이 전자에너지 $W = \dfrac{1}{2}LI^2 = \dfrac{1}{2}(LI)I = \dfrac{1}{2}\Phi I$ [J]

$\therefore W = \dfrac{1}{2}LI^2 = \dfrac{1}{2} \times 0.1 \times 5^2 = 1.25$[J]이 된다.

답 ③

11 비투자율 1000, 자속밀도 1[Wb/m²]일 때 에너지밀도[J/m³]는?

① 200   ② 300   ③ 400   ④ 600

풀이 자계 에너지 밀도 $w = \dfrac{B^2}{2\mu} = \dfrac{1}{2}\mu H^2 = \dfrac{1}{2}BH$ [J/m³]

$\therefore w = \dfrac{B^2}{2\mu_0\mu_s} = \dfrac{1^2}{2 \times 4\pi \times 10^{-7} \times 1000} = 397.89 \fallingdotseq 400$ [J/m³]

답 ③

12 1[Wb]는 무엇의 단위인가?

① 유전율   ② 자극의 세기
③ 전계의 세기   ④ 기자력

풀이 ① 유전율[F/m]   ② 자극의 세기[Wb]   ③ 전계의 세기[V/m]   ④ 기자력[AT]

답 ②

13 대전된 물질이 갖는 전기의 크기를 무엇이라 하는가?

① 자속   ② 전계의 세기   ③ 정전용량   ④ 전하

풀이 대전에 의해서 물체가 띠고 있는 전기를 전하(electric charge)라 한다.

답 ④

14 전선의 반지름을 2배로 하였을 때 저항을 R_1이라 하면 처음 저항을 R 이라 할 때 옳은 것은?

① $R_1 = 2R$ ② $R_1 = \dfrac{1}{4}R$ ③ $R_1 = 4R$ ④ $R_1 = \dfrac{1}{2}R$

풀이 전선의 저항과 전선의 반지름은 제곱에 반비례한다.

$$\therefore R_1 = \rho\frac{l}{S} = \rho\frac{l}{\pi(2r)^2} = \rho\frac{l}{4\pi r^2} = \frac{1}{4}\cdot\rho\frac{l}{\pi r^2} = \frac{1}{4}R$$

답 ②

15 두 종류의 금속의 접합부에 전류를 흘리면 전류의 방향에 따라 열의 발생 또는 흡수 현상이 생긴다. 이러한 현상을 무엇이라 하는가?

① 펠티에 효과   ② 톰슨 효과

③ 제어벡 효과   ④ 제3금속의 법칙

풀이 제어벡 효과의 반대되는 현상으로 두 종류의 금속을 폐회로를 만들고, 두 금속의 접합점에 전류를 흘려주면 접합점 주변에서 열의 흡수 또는 발생이 일어나는 현상을 펠티에 효과라 한다.
펠티에 효과는 전자 냉동기의 원리에 이용된다.

답 ①

16 저항 4[Ω]과 유도 리액턴스 3[Ω]이 직렬로 접속된 회로에 100[V]의 교류 전압을 가하면 흐르는 전류[A]는?

① 20   ② 40   ③ 50   ④ 80

풀이 임피던스 $Z = \sqrt{R^2 + X_L^2}$ 에서 $Z = \sqrt{4^2 + 3^2} = 5\ [\Omega]$이므로

따라서, 전류 $I = \dfrac{V}{Z} = \dfrac{100}{5} = 20[A]$

답 ①

17 저항 R_1, R_2가 병렬일 때 전전류를 I라 하면 I_1에 흐르는 전류는?

① $\dfrac{R_1}{R_1 + R_2}I$ ② $\dfrac{R_2}{R_1 + R_2}I$ ③ $\dfrac{R_1 + R_2}{R_2}I$ ④ $\dfrac{1}{R_1 + R_2}I$

풀이 R_1, R_2가 병렬로 연결된 회로에서 R_1, R_2에 흐르는 전류를 각각 I_1, I_2라 할 때 각 저항에 흐르는 전류 I_1, I_2는 각 저항에 반비례한다. (병렬연결시는 공급전압의 일정)

$$I_1 = \frac{R_2}{R_1 + R_2}I, \quad I_2 = \frac{R_1}{R_1 + R_2}I$$

답 ②

18 코일의 감긴 수와 전류와의 곱은 무엇을 나타내는가?

① 기자력   ② 전자력   ③ 기전력   ④ 역률

풀이 기자력 $F = NI$이므로 기자력은 코일의 권수와 전류의 곱으로 나타낸다.

답 ①

19 줄의 법칙에 있어서 발생하는 열량의 계산으로 맞는 식은?

① $Q = 0.24 I^2 Rt$

② $Q = 0.024 I^2 Rt$

③ $Q = 0.024 I^2 R$

④ $Q = 0.24 I^2 R$

풀이 줄의 법칙 : $Q = 0.24 Pt = 0.24 VIt = 0.24 I^2 Rt[cal]$

답 ①

20 5.5[kW], 200[V] 유도전동기의 전전압 기동 시의 기동전류가 150[A]이었다. 여기에 Y-△ 기동 시 기동전류는 몇 [A]가 되는가?

① 50

② 70

③ 87

④ 95

풀이 Y로 기동 시 △기동 시에 비해 기동전류는 1/3, 기동토크도 1/3로 감소하므로,

∴ $I_Y = \frac{1}{3} I_\triangle = \frac{1}{3} \times 150 = 50[A]$

답 ①

21 부흐홀츠 계전기의 설치 위치로 가장 적당한 곳은?

① 변압기 주 탱크 내부

② 콘서베이터 내부

③ 변압기 주 탱크와 콘서베이터 사이

④ 변압기 고압측 부싱

풀이 부흐홀츠 계전기는 변압기의 내부 고장으로 발생하는 기름의 분해 가스 증기 또는 유류를 이용하여 부저를 움직여 계전기의 접점을 닫는 것이므로 변압기의 주탱크와 콘서베이터와의 연결관 도중에 설치한다.

답 ③

22 주파수 60[Hz]인 동기 발전기의 동기속도[rpm]는? (단, 극수는 2극이다)

① 1800

② 2400

③ 3600

④ 4800

풀이 동기속도 $N_s = \frac{120f}{p} = \frac{120 \times 60}{2} = 3600[rpm]$

답 ③

23 변압기의 2차 저항이 0.1[Ω]일 때 1차로 환산하면 360[Ω]이 된다. 이 변압기의 권수비는?

① 30

② 40

③ 50

④ 60

풀이 변압기 권수비의 식 $a = \frac{N_1}{N_2} = \frac{V_1}{V_2} = \frac{I_2}{I_1} = \sqrt{\frac{R_1}{R_2}}$ 이다.

∴ $a = \sqrt{\frac{R_1}{R_2}} = \sqrt{\frac{360}{0.1}} = 60$

답 ④

24 1차 전압 6300[V], 2차 전압 210[V], 주파수 60[Hz]의 변압기가 있다. 이 변압기의 권수비는?

① 30 　　　　　② 40 　　　　　③ 50 　　　　　④ 60

풀이 변압기 권수비의 식 $a = \dfrac{N_1}{N_2} = \dfrac{V_1}{V_2} = \dfrac{I_2}{I_1} = \sqrt{\dfrac{R_1}{R_2}}$ 이다.

$\therefore a = \dfrac{V_1}{V_2} = \dfrac{6300}{210} = 30$

답 ①

25 동기기의 손실에서 고정손에 해당되는 것은?

① 계자철심의 철손　　　　　② 브러시의 전기손
③ 계자 권선의 저항손　　　　④ 전기자 권선의 저항손

풀이 총 손실 ┬ 무부하손 ┬ 철 손 … 분권 계자 권선 동손, 타여자 권선 동손
　　　　　　　(고정손)　│　　　　　 히스테리시스손
　　　　　　　　　　　　│　　　　　 와류손
　　　　　　　　　　　　└ 기계손 … 풍손, 베어링 마찰손, 브러시 마찰손
　　　　　　└ 부하손 ┬ 전기자 저항손
　　　　　　　(가변손)├ 계자 저항손 (분권 계자 권선 및 타여자 권선 제외)
　　　　　　　　　　　├ 브러시 전기손
　　　　　　　　　　　└ 표유 부하손 … 철손, 기계손, 동손 이외의 손실

답 ①

26 역률과 효율이 좋아서 가정용 선풍기, 전기세탁기, 냉장고 등에 주로 사용되는 것은?

① 분상 기동형 전동기　　　　② 반발 기동형 전동기
③ 콘덴서 기동형 전동기　　　④ 세이딩 코일형 전동기

풀이 콘덴서 기동형 단상 유도 전동기는 콘덴서가 역률 개선의 역할을 하므로, 역률이 좋고 비교적 기동토크가 크므로 가정용 전동기로 많이 사용된다.

답 ③

27 변압기, 동기발전기 등의 층간 단락 및 상간단락 등의 내부 고장보호에 사용되는 계전기는?

① 비율차동 계전기　　　　　② 접지 계전기
③ 과전압 계전기　　　　　　④ 역상 계전기

풀이 차동 계전기는 1차 전류와 2차 전류의 차에 의하여 동작하는 것으로 변압기, 동기기 등의 층간 단락 등의 내부 고장 보호에 사용된다.

답 ①

28 히스테리시스손은 최대 자속밀도 및 주파수의 각각 몇 승에 비례하는가?

① 최대자속밀도 : 1.6, 주파수 : 1.0　　　② 최대자속밀도 : 1.0, 주파수 : 1.6
③ 최대자속밀도 : 1.0, 주파수 : 1.0　　　④ 최대자속밀도 : 1.6, 주파수 : 1.6

풀이 스타인메츠의 식 $W_h = \eta f B_m^{1.6}$ 에서 최대 자속밀도의 1.6승, 주파수 1승에 비례한다.

답 ①

29 보극이 없는 직류기 운전 중 중성점의 위치가 변하지 않는 경우는?

① 과부하   ② 전부하   ③ 중부하   ④ 무부하

풀이 무부하시에는 전기자 전류가 흐르지 않으므로 전기자 반작용이 존재하지 않아 중성충의 위치가 변하지 않는다.   **답** ④

30 동기기의 전기자 권선법이 아닌 것은?

① 전절권   ② 분포권   ③ 2층권   ④ 중권

풀이 교류기의 전기자 권선법은 기전력의 파형을 정현파로 하기위한 것이다. 즉, 전절권보다 단절권을 집중권보다 분포권을 채용한다. 전기자를 단절권으로 하면 기전력의 값은 줄지만 기전력의 파형이 좋아지고 끝 접속선의 길이가 짧아지므로 구리선이 그만큼 절약되어 기계의 치수도 줄일 수 있다.   **답** ①

31 다음 단상유도전동기 중 역률이 가장 좋은 것은?

① 분상 기동형   ② 콘덴서 기동형
③ 세이딩 코일형   ④ 반발 기동형

풀이 콘덴서 기동형 단상 유도 전동기는 콘덴서가 역률 개선의 역할을 하므로, 역률이 좋고 비교적 기동토크가 크므로 가정용 전동기로 많이 사용된다.   **답** ②

32 고정자의 두 극에 홈을 파고 저항이 큰 나동선의 단락된 링 코일을 설치하여 회전자계를 만들고, 토크를 발생시켜 기동하는 것은?

① 분상 기동형   ② 콘덴서 구동형
③ 세이딩 코일형   ④ 반발 기동형

풀이 세이딩 코일형 : 돌극형 자극의 고정자와 농형 회전자로 구성된 전동기로 자극에 슬롯을 만들어서 단락된 세이딩 코일을 끼워 넣은 것이다.   **답** ③

33 그림과 같은 전동기 제어회로에서 전동기 M의 전류 방향으로 올바른 것은?(단, 전동기의 역률은 100%이고, 사이리스터의 점호각은 0°라고 본다.)

① 입력의 반주기 마다 "A"에서 "B"의 방향, "B"에서 "A"의 방향
② S_1과 S_4, S_2와 S_3의 동작 상태에 따라 "A"에서 "B"의 방향, "B"에서 "A"의 방향
③ 항상 "A"에서 "B"의 방향
④ 항상 "B"에서 "A"의 방향

풀이 그림은 단상 전파 정류회로로서 S_1과 S_4, S_2와 S_3의 동작 상태에 따라 정류가 되어지며, 항상 "A"에서 "B"의 방향으로 전류가 흐른다.   **답** ③

34 변압기의 임피던스 전압을 구하는 시험은?

① 충격전압시험　　　② 부하시험　　　③ 무부하시험　　　④ 단락시험

풀이 변압기의 시험
① 개방 회로 시험(무부하 시험)으로 측정할 수 있는 항목
　: 무부하 전류, 히스테리시스손, 와류손, 여자 어드미턴스, 철손
② 단락 시험으로 측정할 수 있는 항목 : 동손, 전압변동률, 임피던스 와트, 임피던스 전압
③ 절연내력 시험 : 유도시험, 가압시험, 충격전압시험

답 ④

35 직류를 교류로 변환하는 장치는?

① 정류기　　　② 충전기　　　③ 인버터　　　④ 컨버터

풀이　• 인버터 : 직류를 교류로 변환
　　• 컨버터 : 교류를 직류로 변환

답 ③

36 3상 동기 전동기의 특징이 아닌 것은?

① 부하의 변화로 속도가 변하지 않는다.　　② 부하의 역률을 개선 할 수 있다.

③ 전부하 효율이 양호하다.　　④ 공극이 좁으므로 기계적으로 견고하다.

풀이 동기 전동기의 특징
① 장점
　• 속도가 일정, 불변이다.
　• 항상 역률 1로 운전할 수 있다.
　• 필요시 앞선 전류를 통할 수 있다.
　• 유도 전동기에 비하여 효율이 좋다.
② 단점
　• 보통 구조의 것은 기동 토크가 적고 속도 조정을 할 수 없다.
　• 난조를 일으킬 염려가 있다.
　• 여자용의 직류 전원을 필요로 하여 설비비가 많이 든다.

답 ④

37 P형 반도체의 불순물로 첨가하는 억셉터 물질은?

① 인　　　② 비스무트　　　③ 인듐　　　④ 비소

풀이　① P형 반도체의 첨가물 : 붕소(B), 갈륨(Ga), 인듐(In)
　　② N형 반도체의 첨가물 : 인(P), 비소(As), 안티몬(Sb), 비스무트(Bi)

답 ③

38 전류가 흐르는 도체를 자기장 속에 넣을 때 기계적인 힘을 발생하는 장치는?

① 발전기　　　② 정류기　　　③ 콘덴서　　　④ 전동기

풀이 전동기의 원리
계자 사이에 코일을 놓고 여기에 전류를 흘리면 플레밍의 왼손법칙에 의해 코일 전체가 시계 방향으로
회전하게 된다. 전동기는 전기적인 에너지를 기계적인 에너지로 변환하는 장치이다.

답 ④

39 정류자와 접촉하여 전기자 권선과 외부 회로를 연결하는 역할을 하는 것은?

① 계자   ② 전기자   ③ 브러시   ④ 계자철심

풀이 ① 계자 : 주 자속을 발생하는 부분으로 자극과 계철로 구성되어 있다.
② 전기자 : 기전력을 유기하는 부분으로 철심과 전기자 권선으로 되어 있다.
③ 브러시 : 내부회로와 외부회로를 전기적으로 연결하는 부분이다.
④ 계자 철심 : 계철과 전기자 사이에서 자기 회로를 구성하는 것
⑤ 정류자 : 전기자에 의해 발전된 기전력을 직류로 변환하는 부분이다.   **답** ③

40 직류 발전기의 무부하 특성곡선은?

① 부하전류와 무부하 단자전압과의 관계이다.

② 계자전류와 부하전류와의 관계이다.

③ 계자전류와 무부하 단자전압과의 관계이다.

④ 계자전류와 회전력과의 관계이다.

풀이 유기 기전력 E와 계자 전류 I_f 의 관계 곡선을 무부하 특성곡선이라 한다.

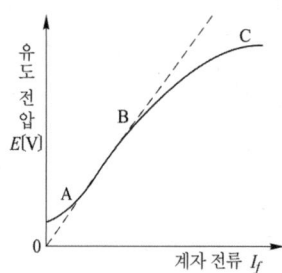

    답 ③

41 빛의 밝기를 표현할 때 사용하는 것으로 단위면적당 입사광속을 무엇이라고 하는가?

① 광속   ② 휘도   ③ 조도   ④ 광도

풀이 ① 광속 : 가시범위의 방사속을 시감에 기초를 두어 측정한 것
② 휘도 : 단위면적당 광도로서 눈부심 정도를 나타냄
③ 조도 : 단위면적에 입사되는 빛의 양
④ 광도 : 단위시간당 단위입체각으로부터 나오는 가시광선의 양   **답** ③

42 인입용 비닐절연전선을 나타내는 약호는?

① OW   ② EV   ③ DV   ④ NV

풀이 ① OW : 옥외용 비닐 절연 전선
② EV : 폴리에틸렌 절연 비닐 시스 케이블
③ DV : 인입용 비닐 절연 전선
④ NV : 비닐 절연 네온 전선   **답** ③

43 가공전선로의 지지물에서 다른 지지물을 거치지 아니하고 수용장소의 인입선 접속점에 이르는 가공전선을 무엇이라 하는가?

① 연접인입선　　　　② 가공인입선　　　　③ 구내전선로　　　　④ 구내인입선

풀이　① 연접 인입선 : 한 수용장소의 인입선에서 분기하여 지지물을 거치지 아니하고 다른 수용 장소의 인입구에 이르는 부분의 전선
② 가공인입선 : 가공전선로의 지지물로부터 다른 지지물을 거치지 아니하고 수용장소의 붙임점에 이르는 가공전선
③ 구내전선로 : 수용장소의 구내에 시설한 전선로를 말한다.
④ 구내인입선 : 구내전선로에서 그 구내의 전기사용 장소로 인입하는(또는 전기사용 장소에서 인출하는) 가공전선 및 동일구내의 전기사용 장소 상호간의 가공전선으로서 지지물을 거치지 않고 시설되는 것　　　　답 ②

44 다음 중 덕트 도중에 부하를 접속할 수 없도록 한 것은?

① 플로어 버스 덕트　　　　　　② 피더 버스 덕트
③ 트롤리 버스 덕트　　　　　　④ 플러그인 버스 덕트

풀이　버스 덕트의 종류

명　칭	설　명
피더 버스 덕트	도중에 부하를 접속하지 아니한 것
플러그 인 버스 덕트	도중에 부하 접속용으로 꽂음 플러그를 만든 것
트롤리 버스 덕트	도중에 이동 부하를 접속할 수 있도록 트롤리 접촉식 구조로 한 것

답 ②

45 전선 약호가 VV인 케이블의 종류로 옳은 것은?

① 0.6/1[kV] 비닐절연 비닐시스 케이블
② 0.6/1[kV] EP 고무절연 클로로프렌시스 케이블
③ 0.6/1[kV] EP 고무절연 비닐시스 케이블
④ 0.6/1[kV] 비닐절연 비닐캡타이어 케이블

풀이　① VV : 0.6/1[kV] 비닐절연 비닐시스 케이블
② PN : 0.6/1[kV] EP 고무절연 클로로프렌시스 케이블
③ PV : 0.6/1[kV] EP 고무절연 비닐시스 케이블
④ VCT : 0.6/1[kV] 비닐절연 비닐캡타이어 케이블　　　　답 ①

46 다음 중 접지의 목적으로 알맞지 않은 것은?

① 감전의 방지　　　　　　　② 보호계전기의 동작 확보
③ 이상전압의 억제　　　　　④ 전로의 대지전압 상승

풀이　접지의 목적
① 고저압 혼촉시의 저압선 전위 상승 억제(보호)
② 기기의 지락 사고 발생시 사람에 걸리는 분담 전압의 억제

③ 선로로부터의 유도에 의한 감전 방지

④ 이상 전압 억제에 의한 절연 계급의 저감, 보호 장치의 동작 확실화 **답** ④

47 저압 연접 인입선의 시설과 관련된 설명으로 옳지 않은 것은?

① 지름 2.6[mm] 이상의 절연전선을 사용할 것

② 인입선에서 분기하는 점으로부터 100[m]를 넘는 지역에 미치지 아니할 것

③ 도로폭 5[m]를 넘는 도로를 횡단하지 아니할 것

④ 옥내를 통과하지 아니할 것

풀이 221.1.2 연접 인입선의 시설
한 수용가의 인입선에서 분기하여 지지물을 거치지 아니하고 다른 수용 장소의 인입구에 이르는 부분의 전선을 연접인입선이라 한다.
① 인입선에서 분기하는 점으로부터 100[m]를 초과하는 지역에 미치지 아니할 것.
② 폭 5[m]를 초과하는 도로를 횡단하지 아니할 것.
③ 옥내를 통과하지 아니할 것. **답** ①

48 FL 전선의 명칭은?

① 네온전선 ② 옥외용 비닐절연전선

③ 형광방전등용 전선 ④ 인입용 비닐절연전선

풀이 ① OW : 옥외용 비닐절연전선
② FL : 형광방전등용 전선
③ DV : 인입용 비닐절연전선 **답** ③

49 한국전기설비규정에서 가공전선로의 지지물에 하중이 가하여 지는 경우에 그 하중을 받는 지지물의 기초의 안전율은 얼마 이상인가?

① 4 ② 2.5 ③ 1.5 ④ 2

풀이 331.7 가공전선로 지지물의 기초의 안전율
가공전선로의 지지물에 하중이 가하여지는 경우에 그 하중을 받는 지지물의 기초의 안전율은 2(이상 시 상정하중이 가하여지는 경우의 그 이상 시 상정하중에 대한 철탑의 기초에 대하여는 1.33) 이상이어야 한다. **답** ④

50 전선과 기구단자와의 접속에 관한 다음의 설명 중 틀린 것은?

① 전선을 나사로 고정하라 경우에 진동 등으로 헐거워질 우려가 있는 장소는 2중 너트, 스프링 와셔 및 나사풀림 방지기구가 있는 것을 사용한다.

② 전선을 1본만 접속할 수 있는 구조의 단자는 보조기구를 써서라도 2본의 전선을 접속한다.

③ 기구단자가 누름나사형, 크램프형이거나 이와 유사한 구조가 아닌 경우는 단면적 10[mm^2]를 초과하는 단선 또는 단면적 6[mm^2]를 초과하는 연선에 터미널리그를 부착할 것

④ 접속점에 장력이 걸리지 않도록 시설할 것

풀이 전선을 1본만 접속할 수 있는 구조의 단자는 2본 이상의 전선을 접속하지 말 것 **답** ②

51 변압기 중성점에 접지공사를 하는 이유는?

① 전류 변동의 방지　　　　　　　② 전압 변동의 방지

③ 전력 변동의 방지　　　　　　　④ 고저압 혼촉 방지

풀이 변압기 중성점 접지공사는 고·저압 혼촉에 의한 변압기 2차측 전압 상승을 억제하기 위하여 변압기 2차측(저압측)에 시행하는 접지 공사를 말한다. **답** ④

52 셀룰로이드·성냥·석유류 기타 타기 쉬운 위험한 물질을 제조하거나 저장하는 곳에 시설하는 저압 옥내 전기설비의 공사방법으로 틀린 것은?

① 금속관 공사

② 두께 2[mm] 미만의 합성수지제 전선관 공사

③ 케이블 공사

④ 두께 2[mm] 이상의 합성수지관 공사

풀이 242.4 위험물 등이 존재하는 장소
셀룰로이드·성냥·석유류 기타 타기.쉬운 위험한 물질을 제조하거나 저장하는 곳에 시설하는 저압 옥내 배선 등은 합성수지관공사(두께 2[mm]미만의 합성수지 전선관 및 난연성이 없는 콤바인 덕트관을 사용하는 것을 제외)·금속관공사 또는 케이블공사에 의할 것. **답** ②

53 다음과 같은 전선의 접속방법으로 옳게 나열된 것은?

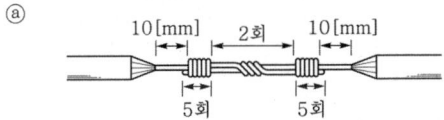

① ⓐ : 종단접속,　ⓑ : 분기접속　　　② ⓐ : 직선접속,　ⓑ : 분기접속

③ ⓐ : 분기접속,　ⓑ : 종단접속　　　④ ⓐ : 분기접속,　ⓑ : 직선접속

풀이 ⓐ : 트위스트 직선접속, ⓑ : 트위스트 분기접속 **답** ②

54 공칭 단면적을 설명한 것 중 관계가 없는 것은?

① 단위를 [mm²]로 나타낸다.

② 전선의 굵기를 표시하는 호칭이다.

③ 전선의 실제 단면적과 반드시 같다.

④ 계산상의 단면적은 따로 있다.

풀이 전선의 단면적은 계산적 단면적과 공칭 단면적은 근사적으로 같다. **답** ③

55 링 리듀서의 용도는?

① 박스 내의 전선 접속에 사용

② 녹아웃 직경이 접속하는 금속관보다 큰 경우에 사용

③ 녹아웃 구멍을 막는 데 사용

④ 로크 너트를 고정하는 데 사용

풀이 링 리듀서 : 녹아웃의 지름이 관의 지름보다 큰 관계로 로크 너트만으로는 고정할 수 없을 때 보조적으로 사용   **답** ②

56 저압 옥내 배선에서 인입용 비닐 절연 전선을 사용해서는 안 되는 공사는?

① 애자공사   ② 합성 수지관 공사

③ 금속관 공사   ④ 금속 덕트 공사

풀이 232.56 애자공사
전선은 절연 전선(단, 옥외용 비닐 절연 전선(OW) 및 인입용 비닐 절연 전선(DV)은 제외한다.)   **답** ①

57 S형 슬리브 접속시 슬리브는 몇 회 이상 꼬아서 접속하여야 하는가?

① 2회   ② 3회   ③ 4회   ④ 5회

풀이 ① 직선접속

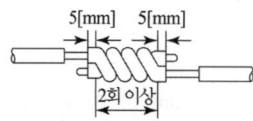

② 분기접속

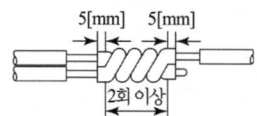

답 ①

출제기준 변경 및 개정된 관계 법규에 따라 삭제된 문제가 있어 60문항이 안됩니다.

1 자속밀도 2[Wb/m²]의 평등 자장 안에 길이 60[cm]의 도선을 자장과 30°의 각도로 놓고 5[A]의 전류를 흘리면 도선에 작용하는 힘은 몇 [N]인가?

① 1   ② 3   ③ 4   ④ 5.2

풀이 자장내의 도체에 작용하는 힘은 $F = BIl\sin\theta$ 이므로
$F = 2 \times 5 \times 0.6 \times \sin 30° = 3[\text{N}]$이 된다.   **답** ②

2 가장 일반적인 저항기로 세라믹 봉에 탄소계의 저항체를 구워 붙이고, 여기에 나선형으로 홈을 파서 원하는 저항값을 만든 저항기는?

① 금속 피막 저항기   ② 탄소피막 저항기
③ 가변 저항기   ④ 어레이 저항기

풀이   **답** ②

3 Y결선에서 선간전압이 380[V]이면 상전압은 약 몇 [V]인가?

① 110   ② 220   ③ 380   ④ 440

풀이 Y 결선에서 $V_l = \sqrt{3}\,V_p \angle 30°$로 되어 **각 선간전압은 각 상전압에 비해 크기가 $\sqrt{3}$ 배이며 위상은 30°**
빠르다. 따라서, 상전압 $V_p = \dfrac{V_l}{\sqrt{3}} = \dfrac{380}{\sqrt{3}} = 220[\text{V}]$가 된다.   **답** ②

4 동선의 길이를 4배로 늘리면 저항은 처음의 몇 배가 되는가? (단, 동선의 체적은 일정함)

① 2배   ② 4배   ③ 8배   ④ 16배

풀이 전선의 저항 $R = \dfrac{l}{\sigma S} = \rho \dfrac{l}{S}[\Omega]$에서 저항은 면적에 반비례하며, 길이에 비례한다.

길이를 늘리면 부피가 일정하므로 면적은 줄어든다. 즉, 길이는 4배면 단면적은 $\dfrac{1}{4}$배된다.

$R = \rho \dfrac{4l}{\frac{1}{4}S} = 16\rho \dfrac{l}{S}[\Omega]$가 되므로 저항은 16배가 된다.   **답** ④

5 황산구리 용액에 10A의 전류를 60분간 흘린 경우 이때 석출되는 구리의 양은? (단, 구리의 전기 화학당량은 $0.3293 \times 10^{-3}[\text{g/c}]$임)

① 약 1.97[g]   ② 약 5.93[g]   ③ 약 7.82[g]   ④ 약 11.86[g]

풀이 $W = KQ = KIt[\text{g}]$
(단, K : 화학당량[g/C], Q : 통과한 전기량 $(Q = It)$[C], t : 시간[s])
$\therefore W = KIt = 0.3293 \times 10^{-3} \times 10 \times 60 \times 60 = 11.8548\ [\text{g}]$ **답** ④

6 전압 220[V], 전류 10[A], 역률 0.8인 3상 전동기 사용 시 소비전력은?

① 약 1.5[kW]　　　② 약 3.0[kW]　　　③ 약 5.2[kW]　　　④ 약 7.1[kW]

풀이 $P = \sqrt{3}\,VI\cos\theta = \sqrt{3} \times 220 \times 10 \times 0.8 = 3048[\text{W}] \fallingdotseq 3[\text{kW}]$　　　**답** ②

7 1[Wb/m^2]은 몇 가우스(gauss)인가?

① 10^4　　　② $4\pi \times 10^{-7}$　　　③ 9　　　④ 9×10^4

풀이 $1[\text{Wb/m}^2] = 1[\text{T}] = 10^4[\text{Gauss}]$　　　**답** ①

8 전류에 의한 자장의 세기와 관계가 있는 것은?

① 옴의 법칙　　　　　　　　　② 렌츠의 법칙
③ 비오–사바르의 법칙　　　　　④ 키르히호프의 법칙

풀이 비오–사바르의 법칙
　임의의 형상의 도선에 전류 I[A]가 흐를 때, 도선상의 미소 길이 dl 부분에 흐르는 전류에 의하여 거리 r 만큼 떨어진 점 P에서의 자계의 세기 dH는 $dH = \dfrac{Idl\sin\theta}{4\pi r^2}[\text{AT/m}]$가 된다.　　　**답** ③

9 200[V]에서 1[kW]의 전력을 소비하는 전열기를 100[V]에서 사용하면 소비전력은 몇 [W]인가?

① 150　　　　② 250　　　　③ 400　　　　④ 1,000

풀이 전열기가 변경되지 않은 상태로 전열기에 전압을 가할 경우 전열기에 내부저항이 일정한 관계로 소비되는 전력은 전열기에 가하는 전압의 제곱에 비례하게 된다.
　$\dfrac{P'}{P} = \left(\dfrac{V'}{V}\right)^2$ 따라서 $P' = \left(\dfrac{100}{200}\right)^2 \times 1000 = 250[\text{W}]$
　또, 다른 방법으로는 저항을 구하고, 저항에 의해 소비되는 전력을 구해도 된다.
　전열기의 저항 $R = \dfrac{200^2}{1,000} = 40[\Omega]$, 100[V] 사용 시 전력 $P = \dfrac{100^2}{40} = 250[\text{W}]$　　　**답** ②

10 동일한 크기의 저항을 10개 접속하는 경우에 합성저항의 값이 최소가 되는 접속은?

① 모두 직렬접속
② 모두 병렬접속
③ 직렬접속과 병렬접속의 혼합
④ 5개를 직렬로 접속하고 이것을 2조로 병렬접속

풀이 동일한 크기의 저항을 접속하는 경우 모두 직렬로 접속하는 경우의 합성저항 값이 가장 크고, 모두 병렬로 접속하는 경우의 합성저항 값이 가장 작다.
　① 동일한 저항을 10개 직렬로 연결 시 합성저항 $R_1 = nR = 10R$
　② 동일한 저항을 10개 병렬로 연결 시 합성저항 $R_2 = \dfrac{R}{n} = \dfrac{R}{10}$　　　**답** ②

11 콘덴서의 정전용량에 대한 설명으로 옳지 않은 것은?

① 정전용량은 극판의 거리에 비례한다.

② 정전용량은 유전율에 비례한다.

③ 정전용량은 극판의 면적에 비례한다.

④ 정전용량은 전압에 반비례한다.

풀이 평행판 도체의 정전 용량

극판 간격 d, 면적 S인 평행평판 도체에서의 정전용량 C는 다음과 같다.

$$C = \frac{\epsilon_0}{d} S \, [\text{F}]$$

여기서, C: 평행판 전극간의 정전 용량[F]

S: 전극 면적[m²]

d: 전극간 거리[m]

따라서 정전용량은 극판의 간격에 반비례한다. **답** ①

12 그림과 같은 RC 병렬회로의 위상각 θ는?

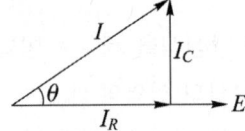

① $\tan^{-1} \dfrac{\omega C}{R}$ ② $\tan^{-1} \omega CR$ ③ $\tan^{-1} \dfrac{R}{\omega C}$ ④ $\tan^{-1} \dfrac{1}{\omega CR}$

풀이 순시전류

① RL 병렬회로 : $i = \sqrt{\left(\dfrac{1}{R}\right)^2 + \left(\dfrac{1}{\omega L}\right)^2} \cdot V_m \sin\left(\omega t - \tan^{-1} \dfrac{R}{\omega L}\right) [\text{A}]$

② RC 병렬회로 : $i = \sqrt{\left(\dfrac{1}{R}\right)^2 + (\omega C)^2} \cdot V_m \sin\left(\omega t + \tan^{-1} \omega CR\right) [\text{A}]$ **답** ②

13 쿨롱의 법칙에 대한 다음의 설명 중 ㉠, ㉡에 들어갈 내용으로 옳은 것은?

2개의 자극이 일직선상에 일정한 거리만큼 떨어져 있을 때 두 자극 사이에 작용하는 힘의 크기는 두 자극의 곱에 (㉠)하고, 떨어진 거리의 제곱에 (㉡)한다.

① ㉠ 비례, ㉡ 비례 ② ㉠ 비례, ㉡ 반비례

③ ㉠ 반비례, ㉡ 비례 ④ ㉠ 반비례, ㉡ 반비례

풀이 쿨롱의 법칙

두 점전하 사이에 작용하는 정전력의 크기는 두 전하(전기량)의 곱에 비례하고 전하 사이의 거리의 제곱에 반비례한다. **답** ②

14 단면적 4[cm²], 자기 통로의 평균 길이 50[cm], 코일 감은 횟수 1000회, 비투자율 2000인 환상 솔레노이드가 있다. 이 솔레노이드의 자기인덕턴스는? (단, 진공 중의 투자율 μ_0는 $4\pi \times 10^{-7}$임)

① 약 2[H]   ② 약 20[H]
③ 약 200[H]   ④ 약 2000[H]

풀이 $L = \dfrac{\mu S N^2}{l} = \dfrac{2000 \times 4\pi \times 10^{-7} \times 4 \times 10^{-4} \times 1000^2}{50 \times 10^{-2}} = 2.01[\text{H}]$ **답** ①

15 비정현파가 발생하는 원인과 거리가 먼 것은?

① 자기포화   ② 옴의 법칙
③ 히스테리시스   ④ 전기자반작용

풀이 옴의 법칙은 "도체에 흐르는 전류는 도체에 가해지는 전압에 비례하고 저항에 반비례 한다."라는 것으로 비정현파의 발생과는 거리가 멀다.   **답** ②

16 키르히호프의 법칙을 이용하여 방정식을 세우는 방법으로 잘못된 것은?

① 키르히호프의 제1법칙을 회로망의 임의의 한 점에 적용한다.
② 각 폐회로에서 키르히호프의 제2법칙을 적용한다.
③ 각 회로의 전류를 문자로 나타내고 방향을 가정한다.
④ 계산결과 전류가 +로 표시된 것은 처음에 정한 방향과 반대방향임을 나타낸다.

풀이 키르히호프의 전류법칙에 따라 계산한 결과 전류가 처음에 정한 방향과 같은 방향이면 (+), 반대방향이면 (−)로 표시한다.   **답** ④

17 1[kWh]는 몇 [J]인가?

① 3.6×10^6 ② 860   ③ 10^3 ④ 10^6

풀이 전력량은 열량으로 환산할 수 있으며, 1[J]은 0.24[cal]에 해당한다.
따라서, $1[\text{kWh}] = 1,000[\text{Wh}] = 1,000 \times 3,600[\text{W} \cdot \text{s}] = 3.6 \times 10^6[\text{J}]$ **답** ①

18 기전력 120[V], 내부저항(r)이 15[Ω]인 전원이 있다. 여기에 부하저항(R)을 연결하여 얻을 수 있는 최대 전력[W]은? (단, 최대 전력 전달조건은 $r = R$ 이다.)

① 100   ② 140   ③ 200   ④ 240

풀이 최대 전력 전달조건은 $r = R$에서
최대 전력 $P_{\max} = \dfrac{V^2}{4R} = \dfrac{120^2}{4 \times 15} = 240[\text{W}]$ **답** ④

19 자기소호 기능이 가장 좋은 소자는?

① SCR   ② GTO   ③ TRIAC   ④ LASCR

풀이   GTO(gate turn off thy

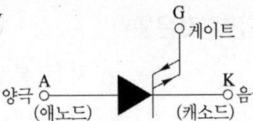

SCR은 도통 시점을 임의로 조절하는 것이 가능 하지만 소호시키는 시점은 제어 할 수 없다. 따라서 이러한 단점을 보완한 것이 GTO로서 게이트에 흐르는 전류를 점호할 때의 전류와 반대 방향의 전류를 흐르게 함으로서 임의로 GTO를 소호시킬 수 있다(자기소호기능).   **답** ②

20 유도 전동기의 Y–△ 기동 시 기동 토크와 기동 전류는 전전압 기동 시의 몇 배가 되는가?

① $1/\sqrt{3}$ ② $\sqrt{3}$ ③ $1/3$ ④ 3

풀이   Y결선으로 기동하는 경우 선간전압을 $\frac{1}{\sqrt{3}}$ 배 낮춤으로써 기동전류와 기동토크를 $\frac{1}{3}$ 배 줄일 수 있다.   **답** ③

21 동기 발전기의 돌발 단락 전류를 주로 제한하는 것은?

① 누설 리액턴스   ② 역상 리액턴스
③ 동기 리액턴스   ④ 권선저항

풀이   동기기에서 저항은 누설 리액턴스에 비하여 작으며 전기자 반작용은 단락 전류가 흐른 뒤에 작용하므로 돌발 단락 전류를 제한하는 것은 누설 리액턴스이다. 역상 리액턴스는 역상 전류에 대응하는 것으로 3상 평형 단락이 되면 역상 전류는 흐르지 않는다.
• 동기 리액턴스 = 누설 리액턴스 + 반작용 리액턴스   **답** ①

22 일정 전압 및 일정 파형에서 주파수가 상승하면 변압기 철손은 어떻게 변하는가?

① 증가한다.   ② 감소한다.
③ 불변이다.   ④ 어떤 기간 동안 증가한다.

풀이 $P_h \propto \frac{1}{f}$ 에서 히스테리시스손은 주파수에 반비례한다.
따라서 히스테리시스손은 감소하므로 결국 철손은 감소한다.   **답** ②

23 3상유도전동기의 회전 방향을 바꾸기 위한 방법으로 가장 옳은 것은?

① △–Y 결선
② 전원의 주파수를 바꾼다.
③ 전동기에 가해지는 3개의 단자 중 어느 2개의 단자를 서로 바꾸어 준다.
④ 기동보상기를 사용한다.

풀이 3상 유도 전동기 전원의 3선중 2선의 위치를 서로 교환하면, 상회전이 반대로 되어 회전방향이 반대로 바뀐다. **답** ③

24 전기 용접기용 발전기로 가장 적합한 것은?

① 직류 분권형 발전기 　　　　　　　② 차동 복권형 발전기
③ 가동 복권형 발전기 　　　　　　　④ 직류 타여자식 발전기

풀이 전기용접용 발전기는 부하가 증가할수록 단자전압이 현저히 감소하는 수하특성이 있어야 하며, 차동복권 발전기의 특성이 이에 속한다. **답** ②

25 직류 전동기를 기동할 때 전기자 전류를 제한하는 가감 저항기를 무엇이라 하는가?

① 단속기 　　　② 제어기 　　　③ 가속기 　　　④ 기동기

풀이 기동할 때 전기자 전류를 제한하여 기동토크를 크게 하는 것을 기동기라 한다. **답** ④

26 발전기를 정격 전압 220[V]로 운전하다가 무부하로 운전하였더니, 단자 전압이 253[V]가 되었다. 이 발전기의 전압 변동률은 몇 [%]인가?

① 15[%] 　　　② 25[%] 　　　③ 35[%] 　　　④ 45[%]

풀이 전압 변동률 $\epsilon = \dfrac{V_0 - V_n}{V_n} \times 100 = \dfrac{253 - 220}{220} \times 100 = 15[\%]$ **답** ①

27 그림은 동기기의 위상 특성 곡선을 나타낸 것이다.
전기자전류가 가장 작게 흐를 때의 역률은?

① 1
② 0.9[진상]
③ 0.9[지상]
④ 0

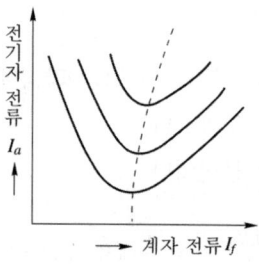

풀이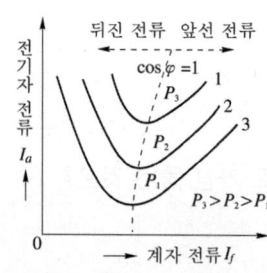

V곡선에서 역률이 1인 경우 전기자 전류가 최소로 된다. **답** ①

28 직류발전기에서 균압환을 설치하는 이유로 옳은 것은?

① 전압을 높인다.　　　　　　　　② 전압강하 방지

③ 저항 감소　　　　　　　　　　　④ 브러시 불꽃 방지

풀이 중권에서는 유기기전력의 불평형으로 인한 순환전류가 브러시를 통해 흘러 정류에 나쁜 영향(불꽃발생 등)을 미치게 되는데, 이것을 방지하기 위하여 균압환을 설치한다. **답** ④

29 유도 전동기 원선도에서 원의 지름은? 단, E를 1차 전압, r는 1차로 환산한 저항, x를 1차로 환산한 누설 리액턴스라 한다.

① rE에 비례　　　　　　　　　② rxE에 비례

③ $\dfrac{E}{r}$에 비례　　　　　　　　④ $\dfrac{E}{x}$에 비례

풀이 유도 전동기는 일정값의 리액턴스와 부하에 의하여 변하는 저항$(r_2{}'/s)$의 직렬회로라고 생각되므로 부하에 의하여 변화하는 전류벡터의 궤적(원선도의 지름)은 전압에 비례하고 리액턴스에 반비례한다. **답** ④

30 직류 직권 전동기의 용도 중 가장 적당한 것은?

① 펌프　　　　　② 전차　　　　　③ 세탁기　　　　　④ 압연기

풀이 직권 전동기는 포화하기 전에는 ϕ는 I에 비례하므로, I가 증가하면 토크는 현저하게 증가하나 ϕ가 증가되어 N은 감소한다. **답** ②

31 20[kVA]의 단상 변압기 2대를 사용하여 V–V 결선으로 하고 3상 전원을 얻고자 한다. 이때 여기에 접속시킬 수 있는 3상 부하의 용량은 약 몇 [kVA]인가?

① 34.6　　　　　② 44.6　　　　　③ 54.6　　　　　④ 66.6

풀이 V결선 시 출력은 1대의 용량에 $\sqrt{3}$배이므로 $P_V = \sqrt{3}\,P_1 = \sqrt{3} \times 20 = 34.64[\text{kVA}]$ **답** ①

32 정격 전압 100[V], 정격 전류 10[A], 전기자 회로의 저항 1[Ω], 회전수 1,800[rpm]인 전동기의 역기전력은 몇 [V]인가?

① 90　　　　　② 100　　　　　③ 110　　　　　④ 186

풀이 전동기의 역기전력 $E_c = V - I_a R_a = 100 - 10 \times 1 = 90[\text{V}]$ **답** ①

33 직류 분권 전동기에서 위험한 상태에 놓인 것은?

① 전기자에 고저항 접속　　　　　② 저전압 과여자

③ 정격 전압 무여자　　　　　　　④ 계자에 저저항 접속

> **풀이** 직류 직권 전동기의 위험상태 : 정격전압 무부하 상태
> 직류 분권 전동기의 위험상태 : 정격전압 무여자 상태
> **답** ③

34 변압기에 대한 설명 중 틀린 것은?

① 전압을 변성한다.

② 전력을 발생하지 않는다.

③ 정격출력은 1차측 단자를 기준으로 한다.

④ 변압기의 정격용량은 피상전력으로 표시한다.

> **풀이** 변압기의 1차 측은 전원 측, 2차 측은 부하 측을 의미하므로, 정격출력(부하)은 2차 측 단자를 기준으로
> 한다. **답** ③

35 출력 3[kW], 1,500[rpm]으로 회전하는 전동기의 토크[kg·m]는?

① 30.4 ② 12.5 ③ 8.55 ④ 1.95

> **풀이** 토크 $T = 0.975 \dfrac{P_2}{N_s}$ 이므로 $T = 0.975 \times \dfrac{3,000}{1,500} = 1.95[\text{kg} \cdot \text{m}]$ **답** ④

36 3상 유도전동기의 1차 입력 60[kW], 1차 손실 1[kW], 슬립 3[%]일 때 기계적 출력은 약 몇 [kW]인가?

① 57 ② 75 ③ 95 ④ 100

> **풀이** 1차 출력 = 2차 입력 = 60-1 = 59[kW]이므로
> 기계적 출력 $P_0 = (1-s)P_2 = (1-0.03) \times 59 = 57.23[\text{kW}]$ **답** ①

37 다음 중 제동권선에 의한 기동토크를 이용하여 동기전동기를 기동시키는 방법은?

① 저주파 기동법 ② 고주파 기동법

③ 기동 전동기법 ④ 자기 기동법

> **풀이** 자기 기동법 : 보통 기동 시에는 계자 권선 중에 고전압이 유도되어 절연을 파괴하므로 방전 저항을 접속하
> 여 단락 상태로 기동한다. 이 때 계자 권선(제동권선)은 일종의 단상 2차 권선으로서 토크를 발생하기
> 때문에 계자 권선 저항값의 3~7배 정도의 방전 저항을 사용한다. **답** ④

38 3상 농형 유도 전동기의 속도 제어에 주로 이용되는 것은?

① 사이리스터 제어 ② 2차 저항 제어

③ 주파수 제어 ④ 계자 제어

> **풀이** 농형 유도 전동기의 속도 제어법
> ① 주파수를 바꾸는 방법 ② 극수를 바꾸는 방법 ③ 전원전압을 바꾸는 방법이 있다   **답** ③

39 단상 반파정류회로에서 직류전압과 교류전압의 관계로 옳은 것은? (단, 직류전압은 E_d, 교류전압은 E라 한다.)

① $E_d = 0.45E$ ② $E_d = 0.9E$

③ $E_d = 1.17E$ ④ $E_d = 1.35E$

> **풀이**
> ① 단상 반파 정류 회로 $E_d = \dfrac{\sqrt{2}}{\pi} \cdot E = 0.45E$[V]
> ② 단상 전파 정류 회로 $E_d = \dfrac{2\sqrt{2}}{\pi} \cdot E = 0.9E$[V]   **답** ①

40 전선의 굵기를 측정할 때 사용되는 것은?

① 와이어 게이지   ② 파이어 포트
③ 스패너   ④ 프레셔 툴

> **풀이** 와이어 게이지(wire gauge)
> : 전선의 굵기를 측정하는 것

답 ①

41 다음 중 금속전선관의 호칭을 맞게 기술한 것은?

① 박강, 후강 모두 내경으로 [mm]로 나타낸다.
② 박강은 내경, 후강은 외경으로 [mm]로 나타낸다.
③ 박강은 외경, 후강은 내경으로 [mm]로 나타낸다.
④ 박강, 후강 모두 외경으로 [mm]로 나타낸다.

> **풀이** ① 후강 전선관은 안지름의 크기에 가까운 짝수로 정하여 16[mm]에서 104[mm]까지 10종류가 있으며, 관의 두께는 2.3[mm] 이상, 1본의 길이는 3.6[m]이다.
> ② 박강 전선관은 바깥지름의 크기에 가까운 홀수로 정하여 15[mm]에서 75[mm]까지 7종으로 구분하며, 관의 두께는 1.6[mm] 이상이다.   **답** ③

42 구리 전선과 전기 기계 기구 단자를 접속하는 경우에 진동 등으로 인하여 헐거워질 염려가 있는 곳에는 어떤 것을 사용하여 접속하여야 하는가?

① 평와셔 2개를 끼운다.   ② 스프링 와셔를 끼운다.
③ 코드 패스너를 끼운다.   ④ 정 슬리브를 끼운다.

풀이 진동이 있는 단자에 전선을 접속할 때 스프링 와셔 또는 이중너트를 사용하여 접속한다. **답** ②

43 중성선은 어떤 색으로 표시를 하여야 하는가?

① 갈색　　　　　　　　　　② 흑색

③ 청색　　　　　　　　　　④ 회색

풀이 121.2 전선의 식별

상(문자)	색상
L1	갈색
L2	흑색
L3	회색
N	청색
보호도체	녹색-노란색

답 ③

44 폭연성 분진 또는 화약류의 분말이 전기설비가 발화원이 되어 폭발할 우려가 있는 곳에 시설하는 저압 옥내 전기 설비의 저압 옥내배선 공사는?

① 금속관공사　　　　　　　　② 합성수지관공사

③ 금속제가요전선관 공사　　　④ 애자공사

풀이 242.2.1 폭연성 분진 위험장소
폭연성 분진(마그네슘, 알루미늄, 티탄, 지르코늄 등의 먼지로 쌓여진 상태에서 착화된 때에 폭발할 우려가 있는 것), 화약류 분말이 존재하는 곳, 가연성의 가스 또는 인화성 물질의 증기가 새거나 체류하는 곳의 전기 공작물은 금속관 공사, 또는 케이블 공사(캡타이어 케이블을 제외한다)에 의하여야 하며 금속관 공사를 하는 경우 관 상호 및 관과 박스 등은 5턱 이상의 나사 조임으로 접속하여야 한다. **답** ①

45 수전설비의 저압 배전반 앞에서 계측기를 판독하기 위하여 앞면과 최소 몇 [m] 이상 유지하는 것을 원칙으로 하고 있는가?

① 0.6[m]　　　　　　　　　② 1.2[m]

③ 1.5[m]　　　　　　　　　④ 1.7[m]

풀이 (단위 : [mm])

부위별 기기별	앞면 또는 조작 · 계측면	뒷면 또는 점검면	열상호간 (점검하는 면)	기타의 면
특고압반	1,700	800	1,400	–
고압배전반	1,500	600	1,200	–
저압배전반	1,500	600	1,200	–
변압기 등	600	600	1,200	300

 ③

46 가스 절연 개폐기나 가스 차단기에 사용되는 가스인 SF_6의 성질이 아닌 것은?

① 같은 압력에서 공기의 2.5~3.5배의 절연 내력이 있다.

② 무색, 무취, 무해, 가스이다.

③ 가스 압력 3~4[kgf/cm²]에서는 절연내력은 절연유 이상이다.

④ 소호능력은 공기보다 2.5배 정도 낮다.

풀이 SF_6가스는 무색, 무취, 무해한 가스로 절연내력이 공기의 2~3배 정도로 높고, 소호능력은 공기의 100~200배 정도가 된다. **답** ④

47 다음 중 과전류 차단기를 설치하는 곳은?

① 간선의 전원 측 전선

② 접지공사의 접지도체

③ 다선식 전로의 중성선

④ 접지공사를 한 저압 가공 전선의 접지 측 전선

풀이 341.11 과전류차단기의 시설 제한
① 접지공사의 접지도체
② 다선식 전로의 중성선
③ 접지공사를 한 저압 가공 전선의 접지 측 전선 **답** ①

48 교류 고압 배전반에서 전압이 높고 위험하여 전압계를 직접 주 회로에 병렬 연결할 수 없을 때 쓰이는 기기는?

① 전류 제한기

② 계기용변압기

③ 계기용변류기

④ 전압계용 절환 개폐기

풀이 계기용 변압기(Potential Transformer : PT)
고압회로의 전압을 저압으로 변성하기 위해서 사용하는 것이며, 배전반의 전압계나 전력계, 주파수계, 역률계, 표시등 및 부족전압 트립 코일의 전원으로 사용된다. **답** ②

49 종속차단 보호방식에 대한 설명으로 옳지 않은 것은?

① 2개의 차단기를 직렬로 접속하고 단락전류가 흐를 때 2개를 동시에 차단하게 하는 방법

② 설비의 경제성 확보

③ 상위 차단기의 동작에 의해 모든 분기회로가 동시에 차단되는 단점

④ 전원측의 차단용량이 부족할 때 적용

풀이 종속차단(cascading) 보호방식
전원에서 가장 가까운 곳에는 정격차단용량이 가장 큰 개폐기를 사용하고, 전원에서부터 멀어질수록 정격차단용량이 작은 개폐기를 배치하도록 한 보호방식으로, 부하 측의 차단용량이 부족할 때 적용한다. **답** ④

50 저 · 고압 가공전선이 도로를 횡단하는 경우 지표상 몇 [m] 이상으로 시설하여야 하는가?

① 4[m]　　　　② 6[m]　　　　③ 8[m]　　　　④ 10[m]

풀이 222.7 저압 가공전선의 높이
332.5 고압 가공전선의 높이

설치장소		가공전선의 높이
도로횡단 (번잡하지 않은 도로 제외)		지표상 6[m] 이상
철도 또는 궤도 횡단		레일면상 6.5[m] 이상
횡단보도교 위	저압	노면상 3.5[m] 이상(단, 절연전선의 경우 3[m] 이상)
	고압	노면상 3.5[m] 이상
일반장소		지표상 5[m] 이상. 단, 저압의 경우 절연전선 또는 케이블을 사용하여 교통에 지장이 없도록 하여 옥외조명용에 공급하는 경우 4[m]까지 감할 수 있다.
다리의 하부 기타 이와 유사한 장소		저압의 전기철도용 급전선은 지표상 3.5 [m] 까지로 감할 수 있다.

답 ②

51 애자공사에 의한 저압 옥내배선에서 일반적으로 전선 상호간의 간격은 몇 [cm] 이상이어야 하는가?

① 2.5[cm]　　　　② 6[cm]　　　　③ 25[cm]　　　　④ 60[cm]

풀이 232.56 애자공사

전압		전선과 조영재와의 이격 거리		전선 상호 간격	전선 지지점간의 거리	
					조영재의 윗면 또는 옆면	조영재에 따라 시설하지 않는 경우
저압	400[V] 이하	2.5[cm] 이상		6[cm] 이상	2[m] 이하	–
	400[V] 초과	건조한 장소	2.5[cm] 이상			6[m] 이하
		기타의 장소	4.5[cm] 이상			

답 ②

52 합성수지관 배선에서 경질비닐전선관의 굵기에 해당되지 않는 것은? (단, 관의 호칭을 말한다.)

① 14　　　　② 16　　　　③ 18　　　　④ 22

풀이 경질비닐전선관의 굵기 : 8, 12, 14, 16, 22, 28, 36, 42, 54, 70, 82, 100[mm]　　답 ③

53 다음 중 펜치로 절단하기 힘든 굵은 전선을 절단할 때 사용하는 공구는?

① 펜치　　　　② 파이프 커터　　　　③ 프레셔 툴　　　　④ 클리퍼

풀이 전선 단면적이 22[mm²] 이상인 굵은 전선은 펜치로 절단이 용이하지 않으므로 클리퍼를 이용한다.

답 ④

54 전주 외등 설치 시 조명기구를 부착하는 경우 조명기구의 부착높이는 지표면으로부터 최소 몇 [m] 이상이어야 하는가?

① 3[m]　　　　　② 3.5[m]　　　　　③ 4[m]　　　　　④ 4.5[m]

풀이 235.5 옥측 또는 옥외의 방전등 공사
방전관은 금속제의 견고한 기구에 넣고 또한 다음에 의하여 시설할 것.
• 기구는 지표상 4.5[m] 이상의 높이에 시설할 것.
• 기구와 기타 시설물(가공전선을 제외한다) 또는 식물 사이의 이격거리는 0.6[m] 이상일 것.　**답** ④

55 변압기 중성점 접지 공사의 저항값을 결정하는 가장 큰 원인은?

① 변압기의 용량
② 고압 가공 전선로의 전선 연장
③ 변압기 1차측에 넣는 퓨즈 용량
④ 변압기 고압 또는 특고압측 전로의 1선 지락 전류의 암페어 수

풀이 변압기의 고압측 또는 특고압측의 전로의 1선 지락전류의 암페어 수로 150을 나눈 값과 같은 [Ω]수를 변압기 중성점 접지공사의 접지저항값으로 선정한다.　**답** ④

56 케이블을 구부리는 경우 피복이 손상되지 않도록 하고 그 굴곡부의 곡률반경은 원칙적으로 케이블이 단심인 경우 완성품 외경의 몇 배 이상이어야 하는가?

① 4　　　　　② 6　　　　　③ 8　　　　　④ 10

풀이 연피가 없는 케이블을 구부리는 경우 피복의 손상이 되지 않도록 하여 그 굴곡 반지름이 케이블의 완성품 지름의 6배(단심의 경우 8배) 이상으로 구부려야 한다.　**답** ③

57 전압계, 전류계 등의 소손 방지용으로 계기 내에서 장치하고 봉입하는 퓨즈는 어느 것인가?

① 통형퓨즈
② 판형퓨즈
③ 온도퓨즈
④ 텅스텐퓨즈

풀이 ① 통형 퓨즈 : 통(파이프제, 유리제), 가용체(납 또는 납과 주석의 합금, 아연, 알루미늄판)로 만든 것
② 판형 퓨즈 : 아연, 알루미늄 등 경금속판을 훅 퓨즈 모양으로 펀치로 눌러 만든 것
③ 온도 퓨즈 : 퓨즈에 흐르는 과전류에 의하여 용단되는 것이 아니고, 주위 온도에 의하여 용단되는 것으로 전기 담요와 같은 보온용 절연기에 사용된다.
④ 텅스텐 퓨즈 : 유리관 내에 가용체 텅스텐을 봉입한 것으로 작은 전류에 민감하게 용단되므로, 전압계, 전류계 등의 소손 방지용으로 계기 내에 방치하고 봉입한다.　**답** ④

58 일종의 전류 계전기로 보호 대상 설비에 유입되는 전류와 유출되는 전류의 차에 의해 동작하는 계전기는?

① 차동 계전기
② 전류 계전기
③ 주파수 계전기
④ 재폐로 계전기

풀이 차동 계전기 : 1차 전류와 2차 전류의 차에 의하여 동작 　　　　**답** ①

59 평균 구면 광도 I[cd]의 전등에서 발산되는 전광속 수[lm]는?

① $4\pi I$　　　　② $2\pi I$　　　　③ πI　　　　④ $4\pi r_2$

풀이 구면 광원의 전광속 $F = 4\pi I$ 가 된다. 원통 광원의 전광속 $F = \pi^2 I$ 가 된다. 　　　**답** ①

　

출제기준 변경 및 개정된 관계 법규에 따라 삭제된 문제가 있어 60문항이 안됩니다.

1 평행한 콘덴서가 있다. 전극은 반지름이 30[cm]의 원판이고, 전극 간격은 0.1[cm]이며, 유전체의 비유전율은 4이다. 이 콘덴서의 정전 용량[μF]은?

① 0.01 　　　　② 0.02 　　　　③ 0.03 　　　　④ 0.04

풀이 평행판 콘덴서의 정전용량 $C = \dfrac{\epsilon_o \epsilon_s S}{d}$ 에서 $C = \dfrac{8.855 \times 10^{-12} \times 4 \times \pi \times 0.3^2}{0.1 \times 10^{-2}} \fallingdotseq 0.01 [\mu F]$ 　답 ①

2 권수 200회인 코일에 3[A]의 전류를 흐르게 했을 때 9×10^{-2}[Wb]의 자속이 쇄교하였다. 이 코일의 자체 인덕턴스[H]는?

① 3 　　　　② 6 　　　　③ 12 　　　　④ 18

풀이 자기인덕턴스 $L = \dfrac{N\phi}{I}$ [Wb/A] 또는 [H]에서 $L = \dfrac{N\phi}{I} = \dfrac{200 \times 9 \times 10^{-2}}{3} = 6$[H]가 된다. 　답 ②

3 공기 중에서 m[Wb]의 자극으로부터 나오는 전자속 수는?

① m 　　　　② $\dfrac{1}{m}$ 　　　　③ $\dfrac{m}{\mu_o}$ 　　　　④ $\dfrac{m}{4\pi\mu_o}$

풀이 가우스의 법칙

m[Wb]의 자하에서는 m개의 자속이 나오며, $\dfrac{m}{\mu_o}$개의 자기력선이 나온다. 　답 ①

4 전류를 흐르게 하는 능력을 무엇이라 하는가?

① 전기량 　　　　② 저항 　　　　③ 기전력 　　　　④ 중성자

풀이 전원(전원)에서 에너지를 공급받는 경우를 전압상승(電壓上昇)이라 한다. 전압상승은 전류를 흘리는 역할을 한다. 　답 ③

5 주파수가 100[Hz]인 교류의 주기[sec]는?

① 0.01 　　　　② 0.02 　　　　③ 0.05 　　　　④ 50

풀이 주기는 주파수에 반비례 한다. 즉 $T = \dfrac{1}{f}$ 에서 $T = \dfrac{1}{100} = 0.01$ [sec]가 된다. 　답 ①

6 $L-C$ 병렬 회로에 $E[\mathrm{V}]$의 전압을 가할 때 전전류가 0이 되려면 주파수 $f[\mathrm{Hz}]$는?

① $f = 2\pi\sqrt{LC}$

② $f = \dfrac{1}{2\pi\sqrt{LC}}$

③ $f = \dfrac{\sqrt{LC}}{2\pi}$

④ $f = \dfrac{2\pi}{\sqrt{LC}}$

풀이 $L-C$ 병렬 회로에서 전류가 0이 되려면 임피던스가 무한대가 되어야 한다.

즉, $Z = \dfrac{1}{\dfrac{1}{X_L} - \dfrac{1}{X_C}}$ $[\Omega]$에서 Z가 무한대가 되려면 $X_L = X_C$인 때이다.

이 때를 병렬 공진 상태라 하며 공진 주파수는 $f = \dfrac{1}{2\pi\sqrt{LC}}[\mathrm{Hz}]$가 된다. **답** ②

7 $R-L-C$ 직렬 회로에서 임피던스가 최소가 되기 위한 조건은?

① $\omega L - \dfrac{1}{\omega C} = 1$

② $\omega L - \dfrac{1}{\omega C} = 0$

③ $\omega L + \dfrac{1}{\omega C} = 0$

④ $\omega L + \dfrac{1}{\omega C} = 1$

풀이 $R-L-C$ 직렬 회로에서 임피던스가 최소가 되는 공진조건은 $\omega L - \dfrac{1}{\omega C} = 0$ 이다. **답** ②

8 상호 인덕턴스 200[μH]인 회로의 1차 코일에 3[A]의 전류가 3[sec] 동안에 15[A]로 변화하였다면 2차 회로에 유기되는 기전력[V]은?

① 80　　　　　② 800　　　　　③ 8×10^{-4}　　　　　④ 8×10^{-7}

풀이 유도기전력 $e_2 = M\dfrac{dI_1}{dt} = 200 \times 10^{-6} \times \dfrac{15-3}{3} = 8 \times 10^{-4}[\mathrm{V}]$ **답** ③

9 같은 양의 자극을 공기 중에서 1[m]의 거리에 놓았을 때 작용하는 힘이 $6.33 \times 10^4[\mathrm{N}]$이면 자극의 세기[Wb]는?

① 0.5　　　　　② 1　　　　　③ 10　　　　　④ 6.33×10^4

풀이 단위 자하 : 진공중에서 동일한 자하를 1[m] 거리에 놓았을 때 작용하는 힘의 크기가 $6.33 \times 10^4[\mathrm{N}]$이 되었을 때 이때 자하의 크기를 1[Wb]라 한다. **답** ②

10 자기 인덕턴스 L_1, L_2, 상호 인덕턴스 M의 코일을 같은 방향으로 직렬 연결한 경우 합성 인덕턴스는?

① $L_1 + L_2 + M$

② $L_1 + L_2 - M$

③ $L_1 + L_2 - 2M$

④ $L_1 + L_2 + 2M$

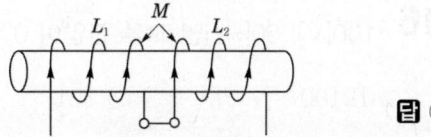

풀이 그림과 같이 코일의 감는 방향을 동일하게 하여 직렬로 연결한 경우를 가동결합이라 한다. 가동결합의 경우 합성 인덕턴스는 $L = L_1 + L_2 + 2M$[H]가 된다.

답 ④

---

11 표준 연동의 고유저항값[$\Omega \cdot mm^2/m$]은?

① $\dfrac{1}{55}$ ② $\dfrac{1}{56}$ ③ $\dfrac{1}{57}$ ④ $\dfrac{1}{58}$

풀이 연동의 고유저항은 $\dfrac{1}{58}$[$\Omega \cdot mm^2/m$]이고, 경동의 고유저항은 $\dfrac{1}{55}$[$\Omega \cdot mm^2/m$]이다.

답 ④

---

12 정격 100[V], 100[W] 짜리 전구에 교류 전압을 가할 때 전압과 전류의 위상 관계는?

① 전압이 전류보다 90° 앞선다. ② 전압과 전류는 동상이다.
③ 전류가 90° 앞선다. ④ 전압이 전류보다 90° 늦다.

풀이 백열전구는 순저항 부하로서 전압과 전류의 위상이 동상이 된다.

답 ②

---

13 전장과 반대 방향으로 전하를 20[cm] 이동시키는 데 400[J]의 에너지가 소모되었다. 이 두 점 사이의 전위차가 100[V]이면 전하의 전기량[C]은?

① 1 ② 4 ③ 5 ④ 10

풀이 에너지 $W = V \cdot Q$[J]에서 $Q = \dfrac{W}{V} = \dfrac{400}{100} = 4$[C]이 된다.

답 ②

---

14 40[Ω]의 저항을 가진 전구에 $V = 200\sqrt{2}\sin\omega t$[V]의 교류 전압을 가하면 전류의 순시값 [A]은?

① $5\sin\omega t$ ② $5\sqrt{2}\sin\omega t$ ③ $800\sin\omega t$ ④ $800\sqrt{2}\sin\omega t$

풀이 순시전류 $i = \dfrac{v}{R} = \dfrac{200\sqrt{2}\sin\omega t}{40} = 5\sqrt{2}\sin\omega t$ [A]가 된다.

답 ②

---

15 길이 1[cm]당 5회 감은 무한장 솔레노이드가 있다. 이것에 전류를 흘렸을 때 솔레노이드 내부 자장의 세기가 1,000[AT/m]이었다. 이 때, 솔레노이드에 흐른 전류[A]는?

① 1 ② 2 ③ 3 ④ 4

풀이 $H = n_o I$에서 솔레노이드 단위 길이당 권수를 n_o라 하면 1[cm]당 5회 감으면 1[m]당 500회 감은 것이므로, 전류 $I = \dfrac{H}{n_o} = \dfrac{1,000}{500} = 2$[A]

답 ②

16 100[V], 60[Hz]인 교류 전압이 0[V]에서 $\frac{1}{240}$[sec] 뒤의 순시값[V]은?

① 100   ② 121   ③ 141   ④ 200

풀이 순시값 $v = V_m \sin\omega t$ 에서

$v = \sqrt{2}\,V\sin2\pi ft \fallingdotseq 1.41 \times 100 \times sin\left(2\pi \times 60 \times \frac{1}{240}\right) = 141\sin\frac{\pi}{2} = 141[\text{V}]$가 된다.   **답** ③

17 그림에서 c, d 간의 합성 저항은
a, b 간의 합성 저항의 몇 배인가?

① r

② 3

③ 2

④ $\frac{2}{3}$

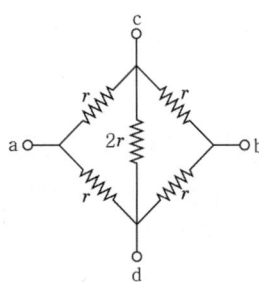

풀이 브리지 회로로 현재 평형상태로 되어 있다. 평형상태의 경우 브리지 저항 $2r$은 없다고 볼 수 있으며, 이
경우 합성저항은 $R_{ab} = r$ 가 된다. 또 c, d간의 합성저항은 r 두개가 직렬로 연결되어 $2r$ 이 되며, $2r$ 의
3개가 병렬로 연결된 회로가 되어 $R_{cd} = \frac{2r}{3}$ 이 된다.

$\therefore \frac{R_{cd}}{R_{ab}} = \frac{\frac{2r}{3}}{r} = \frac{2}{3}$ **답** ④

18 납축전지의 전해액은?

① HCl   ② KOH   ③ NaCl   ④ H₂SO₄

풀이

$$\underset{(+극)}{PbO_2} + \underset{전해액}{2H_2SO_4} + \underset{(-극)}{Pb} \underset{충전}{\overset{방전}{\rightleftarrows}} \underset{(+극)}{PbSO_4} + 2H_2O + \underset{(-극)}{PbSO_4}$$

납축전지의 전해액으로 묽은황산($2H_2SO_4$)을 사용한다.   **답** ④

19 어떤 회로에 100[V]의 전압을 가했더니 5[A]의 전류가 흘러 2,400[cal]의 열량이 발생하였
다. 전류가 흐른 시간은 몇 [sec]인가?

① 10   ② 20   ③ 30   ④ 40

풀이 줄의 법칙 $Q = 0.24VIt[\text{cal}]$에서

가열시간은 $t = \frac{Q}{0.24VI} = \frac{2,400}{0.24 \times 100 \times 5} = 20[\text{sec}]$가 된다.   **답** ②

20 다음은 평판 콘덴서에 대해서 쓴 것이다. 옳지 않은 것은?

① 정전 용량은 금속판 사이에 있는 유전체의 유전율에 비례한다.
② 정전 용량은 금속판의 거리에 반비례한다.
③ 정전 용량은 금속판의 면적에 비례한다.
④ 정전 용량은 금속판의 넓이에 반비례한다.

풀이 평행판 콘덴서의 정전용량 $C = \dfrac{\epsilon_o \epsilon_s S}{d}$ 에서 정전용량은 면적에 비례하며, 간격에 반비례한다. **답** ④

21 분권 전동기가 기동할 때의 방법은?

① 기동기는 최소, 계자 조정기는 최대
② 기동기, 계자 저항기 모두 최대
③ 기동기는 최대, 계자 조정기는 최소
④ 기동기, 계자 저항기 모두 최소

풀이 기동전류를 줄이고 기동토크를 최대로 하기 위하여 기동기의 저항은 최대로 하며, 계자 저항은 최소로 하여 기동한다. **답** ③

22 200[V]의 배전선 전압을 220[V]로 승압하여 30[kVA]의 부하에 전력을 공급하고 있는 단권 변압기의 자기 용량[kVA]은?

① 5.5　　　　② 4.2　　　　③ 3.8　　　　④ 2.7

풀이 $\dfrac{\text{자기 용량}}{\text{부하 용량}} = \dfrac{V_h - V_l}{V_h}$ 에서 자기용량 $= 30 \times \dfrac{220 - 200}{220} = 2.72[\text{kVA}]$가 된다. **답** ④

23 3상 동기 발전기의 전기자 권선은 보통 어떤 결선인가?

① Y결선
② △결선
③ 지그재그 삼각형
④ 지그재그 결선

풀이 동기 발전기는 3상으로 보통 Y결선(성형)이나 2중 성형을 사용한다. Y결선을 하면 순환 전류가 제거되고 중성점을 내기가 쉬우며 이것을 이용하여 발전기 보호 장치를 할 수 있다. **답** ①

24 동기 전동기의 V곡선(위상 특성 곡선)에서 종축이 표시하는 것은?

① 계자 전류
② 전기자 전류
③ 단자 전압
④ 토크

풀이 위상특성곡선 (V곡선)은 종축(세로축)은 전기자 전류, 횡축(가로축)은 계자 전류로 되어 있다.

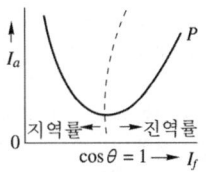

답 ②

25 단상 유도 전압 조정기에서 1차 전원 전압을 V_1이라 하고 2차의 유도 전압을 E_2라고 할 때 부하 단자 전압을 연속적으로 가변할 수 있는 조정 범위는?

① 0∼ V_1까지

② $V_1 + E_2$까지

③ $V_1 - E_2$까지

④ $V_1 + E_2$에서 $V_1 - E_2$까지

풀이 $V_2 = V_1 + E_2 \cos\alpha$에서
단상 유도 전압 조정기의 1차 권선을 0°에서 180°까지 돌리면 $\cos\alpha$는 −1에서 1까지 변화하므로 V_2는 $V_1 + E_2$에서 $V_1 - E_2$까지 조정될 수 있다. **답** ④

26 동기 발전기의 전기자 반작용에서 어떤 역률 $\cos\theta$의 전류 I가 흐를 때 $I\cos\theta$를 나타내는 것은?

① 횡축 반작용

② 감자 작용

③ 직축 자화 작용

④ 자화 작용

풀이 $I\cos\theta$: 횡축반작용
$I\sin\theta$: 직축반작용

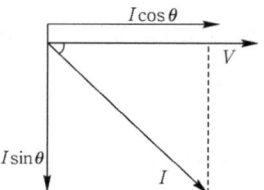

답 ①

27 권수가 같은 2대의 단상 변압기를 그림과 같이 스코트 결선을 할 때, P는 주좌 변압기의 1차 권선 A의 중점이다. Q는 T좌 변압기 1차 권선의 몇 분의 몇이 되는 점인가?

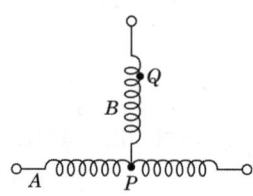

① $\dfrac{\sqrt{3}}{2}$

② $\dfrac{2}{\sqrt{3}}$

③ $\dfrac{1}{2}$

④ $\dfrac{3}{\sqrt{2}}$

풀이 T좌 변압기는 1차 권선이 주좌 변압기와 같다면 $\sqrt{3}/2$ 지점에서 인출한다. **답** ①

28 병렬 운전 중 직류 발전기의 부하 분담시 큰 부하를 접속하는 발전기는?

① 전기자 저항이 큰 쪽

② 유기 기전력이 큰 쪽

③ 유기 기전력이 작은 쪽

④ 용량과 단자 전압이 큰 쪽

풀이 직류 발전기 병렬운전시 부하분담은 유기 기전력의 크기가 결정한다. 유기 기전력이 크면 부하분담을 많이 갖게 된다. 유기 기전력을 크게 하려면 계자저항을 조정하여 계자전류를 제어함으로써 유기 기전력을 제어한다.
① 유기 기전력이 크면 부하분담이 크다.
② 전기자 저항이 작으면 부하분담이 크다.
③ 용량이 크면 부하분담이 크다. **답** ②

29 1차 전압이 3,300[V], 권수가 1,650회인 단상 변압기가 있다. 60[Hz]에 사용할 때의 철심의 최대 자속[Wb]은?

① 7.5×10^{-2}　　② 7.5×10^{-3}　　③ 8.2×10^{-2}　　④ 8.2×10^{-3}

풀이 유도기전력 $E = 4.44fN\phi_m$ 이므로 $\phi_m = \dfrac{E}{4.44fN} = \dfrac{3,300}{4.44 \times 60 \times 1,650} = 0.0075 = 7.5 \times 10^{-3}[\text{Wb}]$　**답** ②

30 동기 와트로 표시되는 것은?

① 1차 입력　　② 2차 효율　　③ 토크　　④ 효율

풀이 동기와트란 동기속도로 회전시 2차 입력을 토크로 표시한 것을 말한다.　**답** ③

31 다이오드를 사용한 정류 회로에서 여러 개를 직렬로 연결하여 사용할 경우 얻는 효과는?

① 다이오드를 과전류로부터 보호　　② 다이오드를 과전압으로부터 보호
③ 부하 출력의 맥동률 감소　　④ 전력 공급의 증대

풀이
• 다이오드 직렬 연결 : 과전압 방지
• 다이오드 병렬 연결 : 과전류 방지　**답** ②

32 제3 고조파가 포함된 결선은?

① Y-△　　② Y-Y　　③ △-Y　　④ △-△

풀이 △결선의 경우 제3고조파가 권선내부로 순환하므로 선간에 나타나지 않는다.　**답** ②

33 수은 정류기에 있어서 정류기의 밸브 작용이 상실되는 현상을 무엇이라 하는가?

① 점호　　② 역호　　③ 실호　　④ 통호

풀이 운전 중에 아크가 쉬고 있는 양극은 음극에 대하여 부전위로 된다. 이 부전위를 역전압이라 하며, 부전위로 있는 동안에 어떤 원인으로 양극에 음극점이 생기면 이 양극에서 전자가 방출하여 밸브 작용을 잃고 마는데, 이러한 현상을 역호라 한다.　**답** ②

34 동기 발전기를 병렬 운전하는 데 필요 없는 조건은?

① 조속기 동작이 민감할 것　　② 주파수와 파형이 서로 같을 것
③ 기전력의 값이 서로 같을 것　　④ 전압 위상이 서로 같을 것

풀이 동기발전기의 병렬운전 조건은 다음과 같다.
① 기전력의 크기가 같을 것　② 기전력의 위상이 같을 것
③ 기전력의 주파수가 같을 것　④ 기전력의 파형이 같을 것
⑤ 상회전 방향이 같을 것　**답** ①

35 권선형 유도 전동기가 농형에 비하여 우수한 점은?

① 구조가 간단하다.　　　　　　　② 효율이 좋다.

③ 기동 토크가 크다.　　　　　　　④ 운전이 쉽다.

풀이 권선형 유도 전동기는 기동 토크가 크므로 대형에 적합하다. 농형 유도 전동기는 기계적으로 튼튼하나 기동 토크가 작아 대형이 되면 기동이 어렵게 된다. **답** ③

36 SCR(실리콘 정류 소자)의 특징이 아닌 것은?

① 아크가 생기지 않으므로 열의 발생이 적다.

② 과전압에 약하다.

③ 게이트에 신호를 인가할 때부터 도통할 때까지의 시간이 짧다.

④ 전류가 흐르고 있을 때의 양극 전압 강하가 크다.

풀이 SCR의 순방향 전압 강하는 보통 1.5[V] 이하로 적다. **답** ④

37 직류 분권 발전기를 정격 속도로 회전시켜도 전압이 확립되지 않은 경우는?

① 계자 회로의 저항이 적다.　　　　② 잔류 자속이 많다.

③ 전기자 저항이 적다.　　　　　　④ 계자 권선의 접속을 반대로 하였다.

풀이 자여자 발전기 전압확립 조건
① 잔류자기가 있을 것
② 회전방향이 잔류자기를 강화하는 방향일 것
③ 부하 특성곡선이 자기 포화를 가질 것
④ 계자저항이 임계저항 보다 작을 것 **답** ④

38 변압기의 저항 강하율은 p, 리액턴스 강하율은 q, 역률은 $\cos\theta$(지상)라 하면 전압 변동률은?

① $p\sin\theta + q\cos\theta$　　　　　② $pq\cos\theta$

③ $p\cos\theta - q\sin\theta$　　　　　④ $p\cos\theta + q\sin\theta$

풀이 백분율 전압강하와의 관계는
$$\epsilon = p\cos\phi + q\sin\phi + \frac{1}{200}(q\cos\phi - p\sin\phi)^2 [\%]$$
$\fallingdotseq p\cos\phi + q\sin\phi$ (ϕ : 부하 Z의 위상각) 가 된다. **답** ④

39 유도 전동기의 2차측 저항을 2배로 하면 그 최대 회전력은?

① 1/2배　　　　② $\sqrt{2}$ 배　　　　③ 2배　　　　④ 불변

풀이 유도 전동기의 2차측 저항을 증가시키면 슬립이 증가하여 최대 토크 발생슬립이 이동하게 된다. 최대토크의 크기는 불변이며, 속도는 감소한다. 이러한 현상을 비례추이라 한다. **답** ④

40 직류 전동기의 출력이 10[kW], 회전수가 600[rpm]일 때 토크[kg·m]는?

① 10   ② 14   ③ 16   ④ 20

풀이   토크 $T = 0.975 \dfrac{P}{N} = 0.975 \dfrac{10 \times 10^3}{600} = 16.25 [\text{kg·m}]$ **답** ③

41 10[mm²] 이상의 굵은 단선의 분기 접속은 어떤 분기 접속으로 하는가?

① 브리타니어 분기 접속   ② 단권 분기 접속

③ 복권 분기 접속   ④ 트위스트 분기 접속

풀이   트위스트 접속 : 단선의 직선 접속에서 6[mm²] 이하의 가는 전선
      브리타니어 분기접속 : 10[mm²] 이상의 굵은 단선   **답** ①

42 4개소에서 한 등을 자유롭게 점등 점멸할 수 있도록 하기 위해 배선하고자 할 때 필요한 스위치의 수는? (단, SW₃는 3로 스위치, SW₄는 4로 스위치이다.)

① SW_3 4개   ② SW_3 1개, SW_4 3개

③ SW_3 2개, SW_4 2개   ④ SW_3 4개

풀이   4개소 점멸할 경우 사용되는 스위치는 3로 스위치 2개와 4로 스위치 2개가 사용된다.   **답** ③

43 교류 전등 공사에서 금속관에 전선을 넣어 연결한 방법 중 옳은 것은?

①
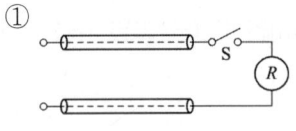
②
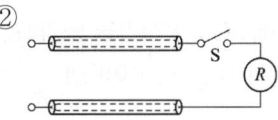
③
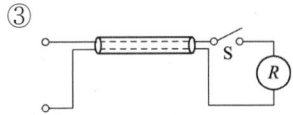
④
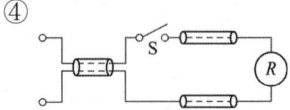

풀이   **답** ③

44 정크션 박스 내에서 전선을 접속할 수 있는 것은?

① 슬리브   ② 와이어 커넥터

③ 코드 놋트   ④ 코드 파스너

풀이   정크션 박스 내에서 전선을 접속할 경우 와이어 커넥터를 사용하여 접속하여야 한다.   **답** ②

45 F40[W]의 의미는?

① 수은등 40[W]
② 나트륨등 40[W]
③ 메탈 할라이드등 40[W]
④ 형광등 40[W]

풀이 H40 : 수은등 40[W], N40 : 나트륨등 40[W], M40 : 메탈 할라이드등 40[W] **답** ④

46 접착제를 사용하여 합성 수지관을 삽입해서 접속할 경우 관의 삽입 깊이는 관의 외경에 최소 몇 배나 되는가?

① 0.8배
② 1배
③ 1.2배
④ 1.5배

풀이 232.11.2 합성수지관 및 부속품의 시설
① 관 상호 간 및 박스와는 관을 삽입하는 깊이를 관의 바깥지름의 1.2배(접착제를 사용하는 경우에는 0.8배) 이상으로 하고 또한 꽂음 접속에 의하여 견고하게 접속할 것.
② 관의 지지점 간의 거리는 1.5[m] 이하로 하고, 또한 그 지지점은 관의 끝·관과 박스의 접속점 및 관 상호 간의 접속점 등에 가까운 곳에 시설할 것. **답** ①

47 영화관, 영사실, 마루 위에서 사용하는 이동 전선으로 사용할 수 있는 것은?

① 방습 2개연 코드
② 비닐 코드
③ 1종 캡타이어 케이블
④ 비닐 절연 비닐캡타이어 케이블

풀이 242.6 전시회, 쇼 및 공연장의 전기설비
① 무대 · 무대마루 밑 · 오케스트라 박스 · 영사실 기타 사람이나 무대 도구가 접촉할 우려가 있는 곳에 시설하는 저압 옥내배선, 전구선 또는 이동전선은 사용전압이 400[V] 이하이어야 한다.
② 이동전선은 0.6/1[kV] EP 고무 절연 클로로프렌 캡타이어케이블 또는 0.6/1[kV] 비닐 절연 비닐캡타이어케이블이어야 한다. **답** ④

48 같은 지지물에 고압과 저압을 병가하는 이격 거리는 몇 [cm]인가? (단, 고압 가공전선에 케이블을 사용하지 않는 경우이다.)

① 30 이상
② 40 이상
③ 50 이상
④ 60 이상

풀이 332.8 고압 가공전선 등의 병행설치
저압 가공전선(다중접지된 중성선은 제외)과 고압 가공전선을 동일 지지물에 시설하는 경우
① 저압 가공전선을 고압 가공전선의 아래로 하고 별개의 완금류에 시설할 것.
② 저압 가공전선과 고압 가공전선 사이의 이격거리는 0.5[m] 이상일 것.
(단, 고압 가공전선에 케이블을 사용 시 이격거리는 0.3[m] 이상) **답** ③

49 다음은 나이프 스위치를 표시한 것이다. 3극 쌍투형을 나타내는 것은?

① SPDT
② SPST
③ TPST
④ TPDT

풀이 개폐기의 기호

명 칭	기 호
단극 단투형	SPST
2극 단투형	DPST
3극 단투형	TPST
단극 쌍투형	SPDT
2극 쌍투형	DPDT
3극 쌍투형	TPDT

답 ④

50 완전 확산면에서는 어느 방향에서도 무엇이 같은 것을 나타내는가?

① 광도가 같다.　　　　　　　　② 조도가 같다.

③ 휘도가 같다.　　　　　　　　④ 광속이 같다.

풀이 완전확산면이란 어느방향에서 보아도 휘도가 일정한 면을 말한다.　　**답** ③

51 순고무 30[%] 이상을 함유한 고무 혼합물로 피복하고 내유, 내산, 내알칼리, 내수성을 갖게 만든 케이블은?

① 연피 케이블　　　　　　　　② 비닐 시스 케이블

③ 캡타이어 케이블　　　　　　④ 플렉시블 시스 케이블

풀이 캡타이어 케이블(captire cable)
① 이동·가요성을 가지며, 보호피복을 가진 절연 전선이다. 진동·마찰·굴곡·충격 등을 받는 공장 등에서 사용된다.
② 구조는 주석도금한 연동선의 연선을 심선으로 하고, 종이 또는 면사 등을 감고, 그 위를 30[%] 이상의 고무탄화수소를 포함하는 혼합물을 균일한 두께로 피복한 것이다. 캡타이어케이블에는 1종, 2종, 3종, 4종이 있으며, 2종보다는 3종이, 3종보다는 4종이 충격이나 압축에 대하여 내구성이 있는 구조로 되어 있다.　　**답** ③

52 변압기 고압측 전로의 1선 지락 전류값이 5[A]일 때 변압기 중성점 접지공사의 접지 저항값은 몇 [Ω] 이하여야 하는가?

① 30　　　　　② 40　　　　　③ 50　　　　　④ 100

풀이 변압기 중성점 접지공사의 접지저항값은 $R_2 = \dfrac{150[\mathrm{V}]}{1선지락전류}[\Omega]$ 이므로

$$\therefore R_2 = \frac{150}{5} = 30[\Omega]$$

답 ①

53 다음 차단기의 종류 중 자기 차단기의 기호는?

① ACB　　　　　② ABB　　　　　③ MBB　　　　　④ OCB

풀이 ACB : 기중 차단기(저압용)   ABB : 공기 차단기
MBB : 자기 차단기   OCB : 유입 차단기
GCB : 가스 차단기   VCB : 진공차단기   **답** ③

54 노브 애자를 사용한 옥내 배선에서 전선의 굵기가 원칙적으로 얼마 이상이면 십자 바인드법으로 묶는가?

① 2.5[mm²]   ② 6[mm²]
③ 10[mm²]   ④ 16[mm²]

풀이 • 일자 바인드 : 10[mm²] 이하의 전선
• 십자 바인드 : 16[mm²] 이상의 전선   **답** ④

55 합성 수지관을 구부리는 공구는?

① 토치 램프   ② 파이프 렌치
③ 파이프 벤더   ④ 파이프 바이스

풀이 합성 수지관은 구부리는 경우 열로 가열하여 구부린다. 이 때 사용되는 공구는 토치램프 또는 가스토치 등을 사용한다.   **답** ①

56 전선의 식별에 있어서 3선식일 경우 포함되지 않는 색깔은?

① 갈색   ② 회색
③ 노랑색   ④ 흑색

풀이 121.2 전선의 식별

상(문자)	색상
L1	갈색
L2	흑색
L3	회색
N	청색
보호도체	녹색-노란색

답 ③

57 금속관 공사의 인입구의 관 끝에 사용되는 것은?

① 앤트런스 캡   ② 강제 부싱
③ 서비스 엘보   ④ 링 리듀서

풀이 앤트런스 캡은 옥외 공사의 금속관 인입구에 설치하며 빗물의 침입을 막는 곳에 사용한다.   **답** ①

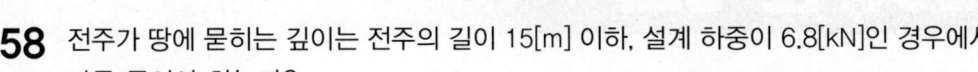

58 전주가 땅에 묻히는 깊이는 전주의 길이 15[m] 이하, 설계 하중이 6.8[kN]인 경우에서는 얼마를 묻어야 하는가?

① 1/6 이상   ② 1/5 이상

③ 1/4 이상   ④ 1/3 이상

풀이 331.7 가공전선로 지지물의 기초의 안전율
강관주 또는 철근 콘크리트주로서 그 전체 길이가 16[m] 이하, 설계하중이 6.8[kN] 이하인 것 또는 목주를 다음에 의하여 시설하는 경우
① 전체의 길이가 15[m] 이하인 경우는 땅에 묻히는 깊이를 전체길이의 1/6 이상으로 할 것.
② 전체의 길이가 15[m]를 초과하는 경우는 땅에 묻히는 깊이를 2.5[m] 이상으로 할 것.   답 ①

출제기준 변경 및 개정된 관계 법규에 따라 삭제된 문제가 있어 60문항이 안됩니다.

1 그림의 회로에서 ab 사이의 합성저항은 몇 [Ω]인가?

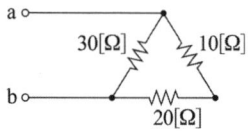

① 60   ② 45   ③ 15   ④ 30

풀이 ① 10[Ω]과 20[Ω]은 직렬연결이므로 $R_1 = 10 + 20 = 30[\Omega]$이다.

② R_1과 $R_2 = 30[\Omega]$은 병렬연결이다.

따라서 합성저항 $R_{ab} = \dfrac{R_1 \times R_2}{R_1 + R_2} = \dfrac{30 \times 30}{30 + 30} = 15[\Omega]$ **답** ③

2 변압기의 2차 저항이 0.1[Ω]일 때 1차로 환산하면 360[Ω]이 된다. 이 변압기의 권수비는?

① 30   ② 40   ③ 50   ④ 60

풀이 변압기 권수비의 식 $a = \dfrac{N_1}{N_2} = \dfrac{V_1}{V_2} = \dfrac{I_2}{I_1} = \sqrt{\dfrac{R_1}{R_2}}$ 이다.

$\therefore a = \sqrt{\dfrac{R_1}{R_2}} = \sqrt{\dfrac{360}{0.1}} = 60$ **답** ④

3 $R = 4[\Omega]$, $\omega L = 3[\Omega]$의 직렬 회로에 $v = 100\sqrt{2}\sin\omega t + 30\sqrt{2}\sin 3\omega t[V]$의 전압을 가할 때 전력은 약 몇 [W]인가?

① 1,170[W]   ② 1,563[W]   ③ 1,637[W]   ④ 2,116[W]

풀이 $I_1 = \dfrac{V_1}{Z_1} = \dfrac{V_1}{\sqrt{R^2 + (\omega L)^2}} = \dfrac{100}{\sqrt{4^2 + 3^2}} = 20[A]$

$I_3 = \dfrac{V_3}{Z_3} = \dfrac{V_3}{\sqrt{R^2 + (3\omega L)^2}} = \dfrac{30}{\sqrt{4^2 + (3 \times 3)^2}} = 3.05[A]$

$\therefore P = I_1^2 R + I_3^2 R = 20^2 \times 4 + 3.05^2 \times 4 = 1,637[W]$ **답** ③

4 자기력선에 대한 설명으로 옳지 않은 것은?

① 자석의 N극에서 시작하여 S극에서 끝난다.

② 자기장의 방향은 그 점을 통과하는 자기력선의 방향으로 표시한다.

③ 자기력선은 상호간에 교차한다.

④ 자기장의 크기는 그 점에 있어서의 자기력선의 밀도를 나타낸다.

풀이 자기력선의 성질
① 자기력선은 N극에서 S극으로 향한다.
② 자기력선은 상호간에 교차하지 않는다.
③ 자기력선은 가시적으로 보이지 않는다.
④ 임의의 한점의 자기력선 밀도는 그 점의 자계의 세기와 같다. **답** ③

5 1[W · s]와 같은 것은?

① 1[J] ② 1[F] ③ 1[kcal] ④ 860[kWh]

풀이 1[W]는 1[J/s]이므로 1[W · s]는 1[J]과 같다. **답** ①

6 일정 전압을 가하고 있는 평행판 전극에 극판 간격을 1/3로 줄이면 전기장의 세기는 몇 배로 되는가?

① 1/3 배 ② $\dfrac{1}{\sqrt{3}}$ 배 ③ 3배 ④ 9배

풀이 일정 전압을 가할 때 전계의 세기는 $E \propto \dfrac{1}{d}$ 이므로, 극판 간격을 $\dfrac{1}{3}$로 줄이면 전기장의 세기는 3배로 커진다. **답** ③

7 $L = 0.05$[H]의 코일에 흐르는 전류가 0.05[sec] 동안에 2[A]가 변했다. 코일에 유도되는 기전력[V]은?

① 0.5[V] ② 2[V] ③ 10[V] ④ 25[V]

풀이 전자유도법칙에 의한 유도기전력 $e = -L\dfrac{dI}{dt}$ 에서 $e = 0.05 \times \dfrac{2}{0.05} = 2$[V]가 된다. **답** ②

8 대칭 3상 교류의 성형 결선에서 선간 전압이 220[V] 일 때 상 전압은 약 몇 [V]인가?

① 73 ② 127 ③ 172 ④ 380

풀이 성형결선(Y결선)에서 상전압은 선간전압의 1/$\sqrt{3}$ 배이므로 $\therefore V_p = \dfrac{V_l}{\sqrt{3}} = \dfrac{220}{\sqrt{3}} = 127$[V] **답** ②

9 $R - L$ 직렬연결회로에 300[V]의 전압을 걸었더니 20[A]의 전류가 흘렀다. 저항 $R = 12$[Ω] 이라면 리액턴스의 크기는?

① 9 ② 6 ③ 3 ④ 12

풀이 전류 $I = \dfrac{V}{Z} = \dfrac{V}{\sqrt{R^2 + X_L^2}} = \dfrac{300}{\sqrt{12^2 + X_L^2}} = 20$[A]

따라서, 리액턴스 $X_L = \sqrt{\left(\dfrac{300}{20}\right)^2 - 12^2} = 9$[Ω] **답** ①

10 아래 그림과 같이 콘덴서를 직렬로 접속 시 합성 정전용량은?

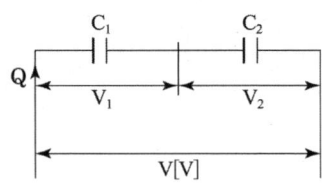

① $C_1 + C_2$ ② $C_1 C_2$ ③ $\dfrac{C_1 C_2}{C_1 + C_2}$ ④ $\dfrac{C_1 + C_2}{C_1 C_2}$

풀이 직렬연결시 합성 정전용량 $C = \dfrac{1}{\dfrac{1}{C_1} + \dfrac{1}{C_2}} = \dfrac{C_1 C_2}{C_1 + C_2}$ 가 된다.   **답** ③

11 동일한 용량의 콘덴서 5개를 병렬로 접속하였을 때의 합성용량과 5개를 직렬로 접속하였을 때의 합성용량은 다르다. 병렬로 접속한 것은 직렬로 접속한 것의 몇 배에 해당하는가?

① 5배   ② 10배   ③ 15배   ④ 25배

풀이 병렬 합성 용량 $C_p = nC$로 n배 되며, 직렬 합성 용량 $C_s = \dfrac{C}{n}$로 $\dfrac{1}{n}$배가 된다.

$\dfrac{C_p}{C_s} = \dfrac{nC}{\dfrac{C}{n}} = n^2$ 으로 콘덴서 개수의 제곱배가 되므로, $5^2 = 25$배에 해당한다.   **답** ④

12 회전자가 1초에 30회전을 하면 각속도는?

① $30\pi[\text{rad/s}]$ ② $60\pi[\text{rad/s}]$

③ $90\pi[\text{rad/s}]$ ④ $120\pi[\text{rad/s}]$

풀이 주파수 $f = 30[\text{c/s}]$이므로, 각속도 $\omega = 2\pi f = 2\pi \times 30 = 60\pi[\text{rad/s}]$ **답** ②

13 다음 중 전위의 단위가 아닌 것은?

① $\text{A} \cdot \Omega$ ② J/C   ③ V   ④ V/m

풀이 [V/m]은 전계의 세기 단위이다.   **답** ④

14 일반적으로 절연체를 서로 마찰시키면 이들 물체는 전기를 띠게 된다. 이와 같은 현상은?

① 분극   ② 정전   ③ 대전   ④ 코로나

풀이 절연체를 서로 마찰시키면 이들 물체는 전기를 띠게 되고, 가벼운 물체를 끌어당기게 된다. 이와 같이 물체가 전기를 띠는 현상을 대전이라 한다.   **답** ③

15 자기인덕턴스가 각각 30[mH], 80[mH]인 코일을 같은 방향으로 감았을 때 합성인덕턴스를 계산하시오. (단, 상호인덕턴스는 50[mH]이다.)

① 20　　　　② 60　　　　③ 160　　　　④ 210

> **풀이** 가동결합의 경우 합성 인덕턴스는 $L = L_1 + L_2 + 2M$[H]이다.
> 따라서, $L = 30 + 80 + 2 \times 50 = 210$[mH]　　　　**답** ④

16 전기력선의 성질을 설명한 것으로 옳지 않은 것은?

① 전기력선의 방향은 전기장의 방향과 같으며, 전기력선의 밀도는 전기장의 크기와 같다.

② 전기력선은 도체 내부에 존재한다.

③ 전기력선은 등전위면에 수직으로 출입한다.

④ 전기력선은 양전하에서 음전하로 이동한다.

> **풀이** 전기력선의 성질
> ① 전기력선은 정전하에서 출발하여 부전하에서 멈추거나 무한원까지 퍼진다.
> ② 전기력선상의 임의의 한 점에서의 접선 방향은 그 점의 전계의 방향을 나타낸다. 즉, 전기력선의 방향은 전계의 방향과 일치한다.
> ③ 전기력선 밀도는 전계의 세기와 같다.
> ④ 전기력선은 서로 교차하지 않으며, 전하가 없는 곳에서는 전기력선의 발생과 소멸이 없고 연속적이다.
> ⑤ 도체 내부에는 전기력선이 없다.
> ⑥ 전기력선은 전위가 높은 곳에서 낮은 곳으로 향한다.
> ⑦ 전기력선은 등전위면과 직교한다.　　　　**답** ②

17 평형 3상 교류회로의 Y회로로부터 △회로로 등가 변환하기 위해서는 어떻게 하여야 하는가?

① 각 상의 임피던스를 3배로 한다.　　　② 각 상의 임피던스를 $\sqrt{3}$배로 한다.

③ 각 상의 임피던스를 $\dfrac{1}{\sqrt{3}}$배로 한다.　　　④ 각 상의 임피던스를 $\dfrac{1}{3}$배로 한다.

> **풀이** 동일한 임피던스를 Y에서 △로 등가변환 할 경우 임피던스는 3배가 되면 된다.　　　　**답** ①

18 평형 3상 회로에서 1상의 소비전력이 P라면 3상 회로의 전체 소비전력은?

① P　　　　② $2P$　　　　③ $3P$　　　　④ $\sqrt{3}P$

> **풀이** 전체 소비전력$= 3V_p I_p = \sqrt{3}V_l I_l$
> (단, V_p : 상전압, I_p : 상전류, V_l : 선간전압, I_l : 선전류)　　　　**답** ③

19 코일의 성질에 대한 설명으로 틀린 것은?

① 공진하는 성질이 있다.　　　② 상호유도작용이 있다.

③ 전원 노이즈 차단기능이 있다.　　　④ 전류의 변화를 확대시키려는 성질이 있다.

풀이 렌츠의 법칙 : 코일은 전류의 변화를 억제하려는 성질을 가진다. **답** ④

20 3상 전원에서 한 상에 고장이 발생하였다. 이때 3상 부하에 3상 전력을 공급할 수 있는 결선 방법은?

① Y결선 　　② △결선 　　③ 단상결선 　　④ V결선

풀이 △-△ 결선 중 1대가 고장이 날 경우 V-V 결선으로 3상 운전이 가능하다. **답** ④

21 직류발전기의 철심을 규소 강판으로 성층하여 사용하는 주된 이유는?

① 브러시에서의 불꽃방지 및 정류개선 　　② 맴돌이 전류손과 히스테리시스손의 감소
③ 전기자 반작용의 감소 　　④ 기계적 강도 개선

풀이 전기 기계의 전기자 철심은 규소 강판으로 성층하여 만드는데, 규소를 넣는 것은 자기 저항을 크게 하여 와류손과 히스테리시스손을 감소하게 하지만 투자율이 낮아지고, 기계적 강도가 감소되어 부서지기 쉬우며, 가공이 곤란하게 된다. 성층하는 이유는 와류손을 적게 하기 위한 것이다. **답** ②

22 전력계통에 접속되어 있는 변압기나 장거리 송전 시 정전 용량으로 인한 충전특성 등을 보상하기 위한 기기는?

① 유도 전동기 　　② 동기 발전기 　　③ 유도 발전기 　　④ 동기 조상기

풀이 동기 조상기의 여자를 과여자로 운전하면 선로에 앞선 전류가 흘러 일종의 콘덴서로 작용해서 보통 부하의 뒤진 전류를 보상하여 송전 선로의 역률을 양호하게 하고, 전압 강하를 보상한다. 또, 부족 여자로 운전하면 뒤진 전류가 흘러서 일종의 리액터로 작용하여 무부하의 장거리 송전 선로에 흐르는 충전 전류에 의하여 발전기의 자기 여자 작용으로 일어나는 단자 전압의 이상 상승을 방지할 수 있다. **답** ④

23 단상 전파정류 회로에서 $a = 60°$일 때 정류전압은?
(단, 전원 측 실효값 전압은 100[V]이며, 유도성 부하를 가지는 제어정류기이다.)

① 약 15[V] 　　② 약 22[V] 　　③ 약 35[V] 　　④ 약 45[V]

풀이 단상 전파 제어 정류 회로에서 유도성 부하일 경우의 정류전압은
$$E_{do} = \frac{2\sqrt{2}\,V}{\pi}\cos\alpha = \frac{2\sqrt{2}\times100}{\pi}\cos60° ≒ 45[V]$$ **답** ④

24 3상 변압기의 병렬운전 시 병렬운전이 불가능한 결선 조합은?

① △-△와 Y-Y 　　② △-△와 △-Y
③ △-Y와 △-Y 　　④ △-△와 △-△

풀이 각 변위가 같아야 병렬운전이 가능하다. 즉, △가 3개이거나, Y가 3개이면 각 변위가 달라져 병렬운전이 불가능하다. **답** ②

25 3상 유도 전동기의 원선도를 그리는 데 필요하지 않은 것은?

① 저항측정   ② 무부하시험   ③ 구속시험   ④ 슬립측정

풀이 유도전동기의 원선도 작성에 필요한 시험 : 저항측정시험, 무부하시험, 구속시험   **답** ④

26 유도전동기의 동기속도 N_s, 회전속도 N일 때 슬립은?

① $s = \dfrac{N_s - N}{N}$ ② $s = \dfrac{N - N_s}{N}$

③ $s = \dfrac{N_s - N}{N_s}$ ④ $s = \dfrac{N_s + N}{N_s}$

풀이 슬립 $s = \dfrac{N_s - N}{N_s}$ **답** ③

27 두 개 이상의 회로에서 선행동작 우선회로 또는 상대동작 금지회로인 동력배선의 제어회로는?

① 자기유지회로   ② 인터록회로   ③ 동작지연회로   ④ 타이머회로

풀이 인터록 회로 : 한쪽이 동작하면 다른 한쪽은 동작할 수 없는 회로   **답** ②

28 직류 전동기의 제어에 널리 응용되는 직류 - 직류 전압제어장치는?

① 인버터   ② 컨버터   ③ 초퍼   ④ 전파정류

풀이 초퍼는 일정 입력 전원전압으로부터 초퍼 된(짧게 자른) 부하전압을 만들며 전원으로부터 부하를 연결 혹은 단절하는 다이리스터 온/오프 스위치이다.
　• 인버터 : DC를 AC로 변환　• 컨버터 : AC를 DC로 변환
　• 초퍼 : DC를 DC로 변환　• 정류기 : AC를 DC로 변환   **답** ③

29 유도전동기의 슬립을 측정하는 방법으로 옳은 것은?

① 전압계법   ② 전류계법   ③ 평형 브리지법   ④ 스트로보스코프법

풀이 슬립 측정 방법
　① 회전계법　② DC 밀리볼트계법　③ 수화기법　④ 스트로보스코프법   **답** ④

30 입력으로 펄스신호를 가해주고 속도를 입력펄스의 주파수에 의해 조절하는 전동기는?

① 전기동력계   ② 서보전동기
③ 스테핑전동기   ④ 권선형유도전동기

풀이 스텝모터는 디지털 신호에 비례하여 일정 각도만큼 회전하는 모터로 그 총회전각은 입력펄스의 수로, 회전속도는 입력펄스의 빠르기로 쉽게 제어가 가능한 특징이 있다.   **답** ③

31 동기 발전기 전기자의 단절권의 목적은?

① 고조파를 제거한다.　　　　　　　② 절연을 좋게 한다.

③ 기전력을 높게 한다.　　　　　　　④ 역률을 좋게 한다.

풀이 전절권보다 단절권을 집중권보다 분포권을 채용한다. 전기자를 단절권으로 하면 기전력의 값은 줄지만 기전력의 파형이 좋아지고 끝 접속선의 길이가 짧아지므로 구리선이 그만큼 절약되어 기계의 치수도 줄일 수 있다. **답** ①

32 직류기의 전기자 반작용의 영향을 보상하는데 효과가 큰 것은 어느 것인가?

① 탄소 브러시　　　② 보극　　　③ 균압 고리　　　④ 보상 권선

풀이 전기자 반작용 방지에 가장 유효한 것은 보상권선으로, 전기자 권선과 직렬로 연결하여 반대 방향의 전류를 흘려줌으로써 대부분의 전기자 반작용을 방지할 수 있다. 중성축 부근의 전기자 반작용 억제방법으로는 보극이 사용된다. 보극은 중성축의 브러시 이탈을 방지하여 양호한 정류를 얻는 조건이 된다. 이를 전압정류라 한다. **답** ④

33 복권 발전기의 병렬 운전을 안전하게 하기 위해서 두 발전기의 전기자와 직권 권선의 접촉점에 연결해야 하는 것은?

① 균압선　　　② 집전환　　　③ 안정저항　　　④ 브러시

풀이 • 직권 계자가 있는 발전기는 병렬운전을 안정하게 하기 위하여 균압선을 설치하여야 한다.

• 균압선을 설치하는 발전기로는 직권발전기와 복권발전기가 있다. **답** ①

34 유도발전기의 장점이 아닌 것은?

① 기동과 취급이 간단하며 고장이 적다.　　② 동기발전기처럼 난조가 발생하지 않는다.

③ 효율과 역률이 우수하다.　　　　　　　　④ 동기발전기에 비해 가격이 저렴하다.

풀이 유도발전기의 장단점

　(1) 장점

　　① 동기 발전기에 비해 가격이 싸다.

　　② 기동과 취급이 간단하며 고장이 적다.

　　③ 동기 발전기와 같이 동기화 할 필요가 없으며 난조 등의 이상 현상도 생기지 않는다.

　　④ 선로에 단락이 생긴 경우에는 여자가 상실되므로 단락 전류는 동기기에 비해 적으며 지속 시간도 짧다.

　(2) 단점

　　① 병렬로 운전되는 동기기에서 여자 전류를 취해야 한다.

　　② 공극의 치수가 작기 때문에 운전 시 주의해야 한다.

　　③ 효율과 역률이 낮다. **답** ③

35 일반적으로 반도체의 저항값과 온도와의 관계가 바른 것은?

① 저항값은 온도에 비례한다.　　　　　② 저항값은 온도에 반비례한다.

③ 저항값은 온도의 제곱에 반비례한다.　　④ 저항값은 온도의 제곱에 비례한다.

풀이 반도체의 저항값은 부(−)의 온도계수 특성을 가진다. **답** ②

36 농형 유도전동기의 기동법이 아닌 것은?

① Y−△ 기동법　　　　　② 기동보상기에 의한 기동법

③ 2차 저항기법　　　　　④ 전전압 기동법

풀이 유도 전동기의 기동법
- 농형 유도 전동기 : 전전압 기동법, Y−△ 기동법, 변연장 △결선법, 기동 보상기법
- 권선형 유도 전동기 : 기동 저항기법, 게르게스법 **답** ③

37 직류 전동기의 회전 방향을 바꾸려면?

① 전기자 전류의 방향과 계자 전류의 방향을 동시에 바꾼다.

② 발전기로 운전시킨다.

③ 계자 또는 전기자의 접속을 바꾼다.

④ 차동 복권을 가동 복권으로 바꾼다.

풀이 직류 전동기의 회전방향을 변경하려면 계자 또는 전기자권선의 자속을 반대로 하여야 한다. **답** ③

38 P형 반도체의 전기 전도의 주된 역할을 하는 반송자는?

① 전자　　　　② 가전자　　　　③ 불순물　　　　④ 정공

풀이 ① N(Negative)형 반도체
　4족 원소(Si, Ge) + 5족 원소(P, As, Sb)
　최외각전자 4개인 Si 원소에 최외각전자 5개인 As을 첨가한 외인성 반도체를 말한다.
　반송자 : 전자
② P(positive)형 반도체
　4족 원소(Si, Ge) + 3족 원소(B, Ga, In)
　최외각전자 4개인 Si 원소에 최외각전자 3개인 In를 첨가한 외인성 반도체를 말한다.
　반송자 : 정공 **답** ④

39 벨트 운전이나 무부하 운전을 해서는 안 되는 직류 전동기는?

① 직권　　　　② 가동 복권　　　　③ 분권　　　　④ 차동 복권

풀이 속도의 식 $N = \frac{E}{K\phi} = \frac{V-R_a I_a}{K\phi} = k\frac{V-R_a I_a}{\phi}$ 에서 $\phi=0$이면 속도가 무한대가 되어 위험하게 된다.

직류 직권 전동기의 경우 부하전류 $I=I_a=I_f$이므로 부하전류가 0 이면 자속이 0이 된다.

따라서 직권 전동기의 경우 벨트 부하를 걸면 벨트가 벗겨져 무부하가 될 수 있으므로 벨트 부하를 사용하지 않으며, 기어부하를 사용한다. **답** ①

40 다음 중 단상 유도 전동기 기동 방법에 따른 분류에 속하지 않는 것은?

① 분상 기동형   ② 저항 기동형
③ 콘덴서 기동형   ④ 세이팅 코일형

풀이 단상 유도 전동기의 종류
• 분상 기동형(저항 분상, 리액터 분상, 콘덴서 분상)
• 콘덴서 기동형   • 콘덴서 운전형
• 반발 기동형   • 반발 유도형
• 셰이딩 코일형   • 모노사이클릭 기동형   **답** ②

41 저압 가공전선 또는 고압 가공전선이 도로를 횡단하는 경우 전선의 지표상 최소 높이는?

① 2[m]   ② 3[m]   ③ 5[m]   ④ 6[m]

풀이 222.7 저압 가공전선의 높이
332.5 고압 가공전선의 높이

설치장소		가공전선의 높이
도로횡단 (번잡하지 않은 도로 제외)		지표상 6[m] 이상
철도 또는 궤도 횡단		레일면상 6.5[m] 이상
횡단보도교 위	저압	노면상 3.5[m] 이상(단, 절연전선의 경우 3[m] 이상)
	고압	노면상 3.5[m] 이상
일반장소		지표상 5[m] 이상. 단, 저압의 경우 절연전선 또는 케이블을 사용하여 교통에 지장이 없도록 하여 옥외조명용에 공급하는 경우 4[m]까지 감할 수 있다.
다리의 하부 기타 이와 유사한 장소		저압의 전기철도용 급전선은 지표상 3.5 [m] 까지로 감할 수 있다.

답 ④

42 절연 전선의 피복 절연물을 벗기는 자동 공구 명칭은?

① 와이어 스트리퍼(wire stripper)   ② 나이프(jack knife)
③ 파이어 포트(fire pot)   ④ 클리퍼(cliper)

풀이 와이어 스트리퍼(wire striper) : 절연 전선의 피복 절연물을 벗기는 자동 공구   **답** ①

43 가연성 가스가 새거나 체류하여 전기설비가 발화원이 되어 폭발할 우려가 있는 곳에 있는 저압 옥내전기설비의 시설 방법으로 가장 적합한 것은?

① 애자공사   ② 금속제가요전선관공사
③ 셀룰러덕트공사   ④ 금속관공사

풀이 242.3.1 가스증기 위험장소
가연성 가스 또는 인화성 물질의 증기가 누출되거나 체류하여 전기설비가 발화원이 되어 폭발할 우려가 있는 곳에 있는 저압 옥내전기설비는 저압 옥내배선은 금속관공사 또는 케이블공사(캡타이어케이블을 사용하는 것을 제외한다)에 의할 것.   **답** ④

44 배전반 및 분전반의 설치 장소로 적합하지 못한 것은?

① 전기회로를 쉽게 조작할 수 있는 장소　② 개폐기를 쉽게 조작할 수 있는 장소

③ 안정된 장소　④ 은폐된 장소

풀이 배전반 및 분전반은 노출된 장소에 시설하여야 한다.　**답** ④

45 지선의 중간에 넣는 애자는?

① 저압 핀 애자　② 구형애자

③ 인류애자　④ 내장애자

풀이
- 저압 핀 애자 : 인입선에 사용
- 구형 애자 : 지선 중간에 넣는 것
- 인류 애자 : 선로의 말단에 인류하는 곳에 사용
- 내장 애자 : 내장 개소에 사용되는 애자　**답** ②

46 변류기 개방시 2차 측을 단락하는 이유는?

① 2차 측 절연보호　② 2차 측 과전류 보호

③ 측정오차 감소　④ 변류비 유지

풀이 PT(병렬연결)는 개방상태가 무방하지만 CT(직렬연결)는 개방하면 부하전류로 인하여 2차 측이 소손되므로 CT를 점검할 경우에는 반드시 2차 측을 단락한다.　**답** ①

47 소맥분, 전분 기타의 가연성 분진이 존재하는 곳의 저압옥내배선으로 적합하지 않은 공사방법은?

① 케이블공사　② 두께 2[mm] 이상의 합성수지관 공사

③ 금속관공사　④ 금속제가요전선관공사

풀이 242.2.2 가연성 분진 위험장소
가연성 분진(소맥분·전분·유황 기타 가연성의 먼지로 공중에 떠다니는 상태에서 착화하였을 때에 폭발할 우려가 있는 것을 말하며 폭연성 분진을 제외)에 전기설비가 발화원이 되어 폭발할 우려가 있는 곳에 시설하는 저압 옥내 전기설비는 저압 옥내배선 등은 합성수지관공사(두께 2[mm] 미만의 합성수지 전선관 및 난연성이 없는 콤바인 덕트관을 사용하는 것을 제외)·금속관공사 또는 케이블공사에 의할 것.　**답** ④

48 연피 케이블의 접속에 반드시 사용되는 테이프는?

① 고무 테이프　② 비닐 테이프

③ 리노 테이프　④ 자기융착 테이프

풀이 리노 테이프 : 와니스 바이어스 테이프라고도 하며 면의 바이어스 테이프에 와니스를 여러 번 발라 건조시킨 것으로 접착성은 없으나 절연성, 내온성, 내유성이 좋으며 연피 케이블에 반드시 사용한다.　**답** ③

49 사용전압 220[V]의 3상 3선식 전선로의 1선과 대지 간에 필요한 절연 저항값의 최솟값은? (단, 최대공급전류는 500[A]이다.)

① 880[Ω]　　　　② 440[Ω]　　　　③ 3210[Ω]　　　　④ 1660[Ω]

풀이 전압의 전선로 중 대지 사이의 절연 저항은 사용 전압에 대한 누설 전류가 최대 공급 전류의 1/2000을 넘지 않도록 유지하여야 하므로,

허용 누설 전류 $I_g = \dfrac{1}{2000} \times 500 = 0.25[A]$

따라서 절연 저항 $= \dfrac{V}{I_g} = \dfrac{220}{0.25} = 880[Ω]$

답 ①

50 금속 전선관의 종류에서 박강 전선관 규격[mm]이 아닌 것은?

① 16　　　　② 25　　　　③ 39　　　　④ 19

풀이 박강전선관은 홀수로 표시하며, 후강전선관은 짝수로 표시한다.

답 ①

51 제어 회로용 절연 전선을 금속 덕트 공사에 의하여 시설하고자 한다. 절연 피복을 포함한 전선의 총면적은 덕트의 내부 단면적의 몇 [%]까지 할 수 있는가?

① 20　　　　② 30　　　　③ 40　　　　④ 50

풀이 232.31 금속덕트공사
금속덕트에 넣은 전선의 단면적(절연피복의 단면적을 포함한다)의 합계는 덕트의 내부 단면적의 20[%](전광표시 장치 기타 이와 유사한 장치 또는 제어회로 등의 배선만을 넣는 경우에는 50[%]) 이하일 것.

답 ④

52 합성 수지관 공사 중 잘못된 것은?

① 관의 지지점 간 거리를 2[m]로 한다.
② 관 상호의 삽입하는 깊이를 관 외경의 1.2배로 한다.
③ 전선은 합성수지관 안에서 접속점이 없도록 한다.
④ 단면적 4.0[mm²]의 450/750[V] 일반용 단심 비닐 절연 전선을 사용한다.

풀이 232.11 합성수지관공사
(1) 시설조건
① 전선은 절연전선(옥외용 비닐절연전선을 제외한다)일 것.
② 전선은 연선일 것. 다만, 다음의 것은 적용하지 않는다.
　• 짧고 가는 합성수지관에 넣은 것.
　• 단면적 10[mm²](알루미늄선은 단면적 16[mm²]) 이하의 것.
③ 전선은 합성수지관 안에서 접속점이 없도록 할 것.
(2) 합성수지관 및 부속품의 시설
① 관 상호 간 및 박스와는 관을 삽입하는 깊이를 관의 바깥지름의 1.2배(접착제를 사용하는 경우에는 0.8배) 이상으로 하고 또한 꽂음 접속에 의하여 견고하게 접속할 것.
② 관의 지지점 간의 거리는 1.5[m] 이하로 하고, 또한 그 지지점은 관의 끝·관과 박스의 접속점 및 관 상호 간의 접속점 등에 가까운 곳에 시설할 것.

답 ①

53 굵기가 같은 단선을 쥐꼬리 접속하는 경우 두 심선 사이는 몇 도 정도 벌려서 접속하는 것이
적당한가?

① 30도 　　　　　② 45도 　　　　　③ 60도 　　　　　④ 90도

풀이　굵기가 같은 두 단선의 쥐꼬리 접속
　　　① 지름이 1.6[mm]인 전선은 45[mm], 2.0[mm]인 전선은 50[mm] 정도 피복을 벗긴다.
　　　② 두 전선을 합쳐 펜치로 잡은 다음, 심선을 90°로 벌리고 오른손으로 1회 비틀어 놓는다.
　　　③ 펜치로 꼰 심선의 끝을 잡고 심선을 잡아당기면서 1~2회 꼰다.
　　　④ 커넥터를 사용할 때에는 심선을 2~3회 정도 꼰 다음 끝을 잘라 내고, 테이프 감기를 할 때에는 심선을
　　　　4회 이상 꼰 다음 5[mm] 정도 길이로 구부려 놓는다.

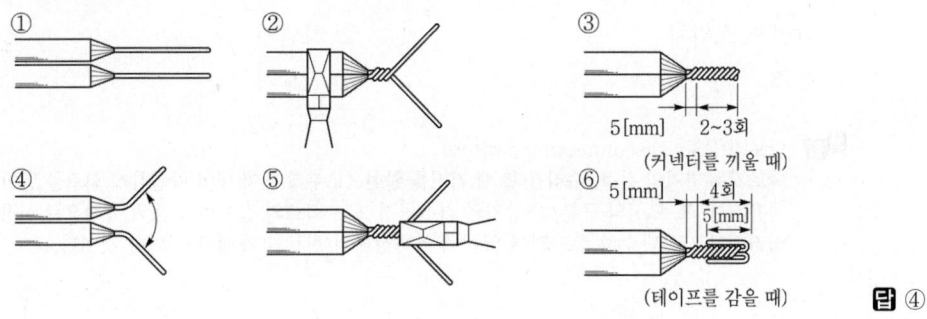

답 ④

54 알루미늄 전선의 접속방법으로 적합하지 않은 것은?

① 직선 접속 　　　　　　　　　② 분기 접속
③ 종단 접속 　　　　　　　　　④ 트위스트 접속

풀이　알루미늄전선의 접속방법
　　　① 직선접속
　　　② 분기접속
　　　③ 종단접속(종단겹침용 슬리브에 의한 접속, 비틀어 꽂는 형의 전선접속기에 의한 접속, C형 전선접속기
　　　　등에 의한 접속, 터미널러그에 의한 접속)

답 ④

55 주상 변압기는 시가지에 있어서 지표상 얼마 높이 이상으로 하는가?

① 4[m] 　　　　　② 4.5[m] 　　　　　③ 5[m] 　　　　　④ 6[m]

풀이　341.8 고압용 기계기구의 시설
　　　고압 기계기구의 높이 : 시가지의 경우 4.5[m], 시가지 외의 경우 4[m]

답 ②

56 자연 공기 내에서 개방할 때 접촉자가 떨어지면서 자연 소호되는 방식을 가진 차단기로 저압
의 교류 또는 직류 차단기로 많이 사용되는 것은?

① 유입차단기 　　　　　　　　　② 자기차단기
③ 가스차단기 　　　　　　　　　④ 기중차단기

종류		소호매체
명칭	약어	
유입 차단기	OCB	절연유
자기 차단기	MBB	전자력
가스 차단기	GCB	SF_6 가스
기중 차단기	ACB	대기

답 ④

57 변전소의 전력기기를 시험하기 위하여 회로를 분리하거나 또는 계통의 접속을 바꾸거나 하는 경우에 사용되는 것은?

① 나이프 스위치   ② 차단기
③ 퓨즈   ④ 단로기

풀이 단로기(DS : Disconnecting Switch)
단로기는 기기의 점검, 수리를 할 때 기기를 활선으로부터 떼어 내어 확실하게 회로를 열어 놓을 목적으로 사용된다. 또 모선의 구분, 변압기의 결선변경 또는 회로의 접속변경 등의 목적으로 사용되는 개폐기로 정격전압으로 단순히 충전되어 있는 무부하상태의 전로를 개폐하기 위한 것이다.   답 ④

58 금속관 구부리기에 있어서 관의 굴곡이 3개소가 넘거나 관의 길이가 30[m]를 초과하는 경우 적용하는 것은?

① 커플링   ② 풀박스
③ 로크너트   ④ 링 디듀서

풀이 굴곡개소가 많은 경우 또는 관의 길이가 30[m]를 초과하는 경우는 풀박스를 설치하는 것이 바람직하다.   답 ②

출제기준 변경 및 개정된 관계 법규에 따라 삭제된 문제가 있어 60문항이 안됩니다.

2018

CBT 복원문제

동일출판사 홈페이지 및 YouTube에서
무료동영상 강의를 보실 수 있습니다.
(전기이론, 전기기기 해설)

1 도체가 운동하여 자속을 끊었을 때 기전력의 방향을 알아내는데 편리한 법칙은?

① 렌츠의 법칙   ② 패러데이의 법칙

③ 플레밍의 왼손법칙   ④ 플레밍의 오른손법칙

풀이 플레밍의 오른손 법칙
그림은 플레밍의 오른손 법칙을 나타낸 것으로 엄지
손가락은 도체의 운동방향, 검지손가락은 자속의
방향이면, 중지손가락은 기전력의 방향이 된다.

답 ④

2 전자 냉동기의 원리로 이용되는 것은?

① 제어벡 효과   ② 펠티에 효과   ③ 톰슨 효과   ④ 패러데이 효과

풀이 제어벡 효과의 반대되는 현상으로 두종류의 금속을 폐회로를 만들고, 두 금속의 접합점에 전류를 흘려주
면 접합점 주변에서 열의 흡수 또는 발생이 일어나는 현상을 펠티에 효과라 한다.
펠티에 효과는 전자 냉동기의 원리에 이용된다.

답 ②

3 $10[\Omega]$의 저항회로에 $e = 100\sin\left(377t + \dfrac{\pi}{3}\right)[V]$의 전압을 가했을 때 $t = 0$에서의 순시 전류는 몇 [A]인가?

① $5\sqrt{3}$ ② 5 ③ $5\sqrt{2}$ ④ 6

풀이

순시전류는 $i = \dfrac{e}{R} = \dfrac{100\sin\left(377t + \dfrac{\pi}{3}\right)}{10} = 10\sin\left(377t + \dfrac{\pi}{3}\right)[A]$이다.

여기서, $t = 0$을 대입하면 $i = 10\sin\dfrac{\pi}{3} = 5\sqrt{3}[A]$가 된다.

답 ①

4 자체 인덕턴스 40[mH]의 코일에 10[A]의 전류가 흐를 때 저장되는 에너지는 몇 [J]인가?

① 2   ② 3   ③ 4   ④ 8

풀이 코일에 저장되는 에너지 $W = \dfrac{1}{2}LI^2 = \dfrac{1}{2} \times 40 \times 10^{-3} \times 10^2 = 2[J]$

답 ①

5 묽은 황산(H_2SO_4) 용액에 구리(Cu)와 아연(Zn)판을 넣으면 전지가 된다. 이때 양극(+)에 대한 설명으로 옳은 것은?

① 구리판이며 수소 기체가 발생한다.   ② 구리판이며 산소 기체가 발생한다.

③ 아연판이며 산소 기체가 발생한다.   ④ 아연판이며 수소 기체가 발생한다.

풀이 볼타전지
(−)극 : 아연판 $Zn \rightarrow Zn^{2+} + 2e^-$ ·········· 산화
(+)극 : 구리판 $2H^+ + 2e^- \rightarrow H_2(수소)$ ······ 환원

답 ①

6 용량을 변화시킬 수 있는 콘덴서는?

① 바리콘
② 전해 콘덴서
③ 마일러 콘덴서
④ 세라믹 콘덴서

풀이
• 바리콘 : 유전체로 공기를 사용하며, 라디오의 방송을 선택하는 곳에 사용된다.
• 마일러 콘덴서 : 얇은 폴리에스테르필름의 양면에 금속박을 대고 원통형으로 감은 것으로 극성이 없다. 가격은 저렴하나 정밀하지 못한 결점이 있다.
• 전해 콘덴서 : 케미콘이라 한다. 유전체를 산화 피막으로 만들어 비교적 큰 용량을 얻을 수 있다. 전원의 평활 회로, 저주파 바이패스 등에 쓰인다.
• 세라믹 콘덴서 : 전극에 티탄산바륨과 같은 유전율이 높은 세라믹 재료로 만들었으며, 전극의 극성이 없는 것이 특징이다. 용량은 비교적 작아 아날로그 신호계에 사용할 수 있다.

답 ①

7 2전력계법으로 3상 전력을 측정할 때 지시값이 $P_1 = 200[W]$, $P_2 = 200[W]$일 때 부하전력 [W]은?

① 200
② 400
③ 600
④ 800

풀이 2전력계법
① 유효전력 : $P_1 + P_2$ [W]
② 무효전력 : $\sqrt{3}(P_1 - P_2)$[Var]
이므로, 이 부하의 전력은
$P = P_1 + P_2 = 200 + 200 = 400$ [W]

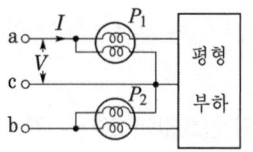

답 ②

8 500[Ω]의 저항에 1[A]의 전류가 1분 동안 흐를 때에 발생하는 열량은 몇 [cal]인가?

① 3,600
② 5,200
③ 6,400
④ 7,200

풀이 줄의 법칙에서 열량은 $Q = 0.24I^2Rt$ 에서 $Q = 0.24 \times 1^2 \times 500 \times 60 = 7,200[cal]$ 가 된다.

답 ④

9 제벡 효과에 대한 설명으로 틀린 것은?

① 두 종류의 금속을 접속하여 폐회로를 만들고, 두 접속점에 온도의 차이를 주면 기전력이 발생하여 전류가 흐른다.
② 열기전력의 크기와 방향은 두 금속 점의 온도차에 따라서 정해진다.
③ 열전쌍(열전대)은 두 종류의 금속을 조합한 장치이다.
④ 전자 냉동기, 전자 온풍기에 응용된다.

풀이
• 제벡 효과 : 두 금속 접속점 간에 온도차가 있으면 열기전력(전류)이 발생하는 현상으로 열전 온도계 및 열전대에 사용된다.

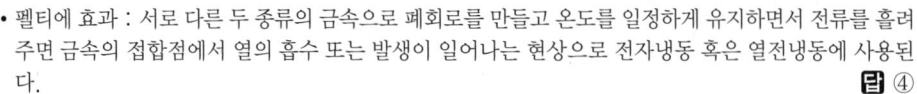

• 펠티에 효과 : 서로 다른 두 종류의 금속으로 폐회로를 만들고 온도를 일정하게 유지하면서 전류를 흘려주면 금속의 접합점에서 열의 흡수 또는 발생이 일어나는 현상으로 전자냉동 혹은 열전냉동에 사용된다.   답 ④

10 1[A · h]는 몇 [C]인가?

① 60   ② $\dfrac{1}{60}$ ③ 3,600   ④ $\dfrac{1}{3,600}$

풀이 1시간은 3600초이므로 1[A · h] = 3,600[A · sec] = 3,600[C]가 된다.   답 ③

11 다음 중 자기저항의 단위에 해당되는 것은?

① Ω   ② Wb/AT   ③ H/m   ④ AT/Wb

풀이 자기옴의 법칙 $F = R\phi$ 에서 자기저항은 $R = \dfrac{F}{\phi}$[AT/Wb]가 된다.   답 ④

12 0.25[H]와 0.23[H]의 자체 인덕턴스를 직렬로 접속할 때 합성 인덕턴스의 최댓값은 약 몇 [H]인가?

① 0.48[H]   ② 0.96[H]   ③ 4.8[H]   ④ 9.6[H]

풀이 $L = L_1 + L_2 + 2\sqrt{L_1 L_2} = 0.25 + 0.23 + 2\sqrt{0.25 \times 0.23} = 0.96[\text{H}]$ 답 ②

13 교류 전압의 실효값이 200[V]일 때 단상 반파 정류에 의하여 발생하는 직류 전압의 평균값은 약 몇 [V]인가?

① 45   ② 90   ③ 105   ④ 110

풀이

파형	정현파	정현반파	삼각파	구형반파	구형파
실효값	$\dfrac{V_m}{\sqrt{2}}$	$\dfrac{V_m}{2}$	$\dfrac{V_m}{\sqrt{3}}$	$\dfrac{V_m}{\sqrt{2}}$	V_m
평균값	$\dfrac{2V_m}{\pi}$	$\dfrac{V_m}{\pi}$	$\dfrac{V_m}{2}$	$\dfrac{V_m}{2}$	V_m

정현파를 정류하면 정현반파가 된다.

정현반파의 평균값 $V_{av} = \dfrac{\sqrt{2}\,V}{\pi}$ 에서 $V_{av} = \dfrac{\sqrt{2} \times 200}{\pi} = 90[\text{V}]$가 된다.   답 ②

14 전기분해를 통하여 석출된 물질의 양은 통과한 전기량 및 화학당량과 어떤 관계인가?

① 전기량과 화학당량에 비례한다.

② 전기량과 화학당량에 반비례한다.

③ 전기량에 비례하고 화학당량에 반비례한다.

④ 전기량에 반비례하고 화학당량에 비례한다.

풀이 패러데이의 법칙

전기 분해에 의해 전극에 석출되는 물질의 양 $W[g]$는 전해액 속을 통과한 전기량 $Q[C]$에 비례한다.

$$W = KQ = KIt[g]$$

즉, 총 전기량이 같으면 물질의 석출량은 그 물질의 전기화학당량에 비례한다.

여기서 전기화학당량은 1[C]의 전하로 석출하는 물질의 양을 말한다.

$$전기화학당량 = \frac{원자량}{원자가}$$

답 ①

---

15 4×10^{-5}[C]과 6×10^{-5}[C]의 두 전하가 자유공간에 2[m]의 거리에 있을 때 그 사이에 작용하는 힘은?

① 5.4[N], 흡인력이 작용한다.

② 5.4[N], 반발력이 작용한다.

③ $\frac{7}{9}$[N], 흡인력이 작용한다.

④ $\frac{7}{9}$[N], 반발력이 작용한다.

풀이 ① 진공 중 두 점전하 사이에 작용하는 힘 $F = 9 \times 10^9 \times \frac{Q_1 Q_2}{r^2}$ 이므로

$$F = 9 \times 10^9 \times \frac{4 \times 10^{-5} \times 6 \times 10^{-5}}{2^2} = 5.4[N]$$

② 전하의 부호가 같으므로 반발력이 작용한다.

답 ②

---

16 평행판 전극에 일정 전압을 가하면서 극판의 간격을 2배로 하면 내부 전기장의 세기는 어떻게 되는가?

① 4배로 커진다.

② $\frac{1}{2}$배로 작아진다.

③ 2배로 커진다.

④ $\frac{1}{4}$배로 작아진다.

풀이 일정 전압을 가할 때 전계의 세기는 $E \propto \frac{1}{d}$

답 ②

---

17 다음 중 무효전력의 단위는 어느 것인가?

① W   ② Var   ③ kW   ④ VA

풀이 무효전력 Q는 회로의 X_L, X_C 성분에 의한 에너지 축적효과로 생기는 전력으로서 단지 전원측과 에너지를 주고받을 뿐 일에는 실제로 관여하지 않으므로 에너지를 소비하지 않는다. 단위는 바(Volt - ampere reactive : [Var])가 사용된다.

답 ②

---

18 사인파 교류의 파형률은?

① $\frac{\pi}{2}$ ② $\frac{2}{\pi}$ ③ $\frac{\pi}{2\sqrt{2}}$ ④ $\frac{\pi}{\sqrt{2}}$

	구형파	3각파	정현파	정류파(전파)	정류파(반파)
파형률	1.0	1.15	1.11	1.11	1.57
파고율	1.0	1.732	1.414	1.414	2.0

$$파형률 = \frac{실효값}{평균값} = \frac{E}{\frac{2}{\pi}E_m} = \frac{\frac{E_m}{\sqrt{2}}}{\frac{2}{\pi}E_m} = \frac{\pi}{2\sqrt{2}} ≒ 1.11$$

답 ③

19 정전 흡인력에 대한 설명 중 옳은 것은?

① 정전 흡인력은 전압의 제곱에 비례한다.
② 정전 흡인력은 극판 간격에 비례한다.
③ 정전 흡인력은 극판 면적의 제곱에 비례한다.
④ 정전 흡인력은 쿨롱의 법칙으로 직접 계산된다.

 정전 흡인력 $F = \frac{dW}{dl}$[N] , 정전 에너지 $W = \frac{1}{2}CV^2$[J]이므로
정전 흡인력은 전압의 제곱에 비례한다.

답 ①

20 200[V], 40[W]의 형광등에 정격 전압이 가해졌을 때 형광등 회로에 흐르는 전류는 0.42[A]이다. 이 형광등의 역률[%]은?

① 37.5 ② 47.6 ③ 57.5 ④ 67.5

유효전력 $P = VI\cos\theta$[W]에서 $\cos\theta = \frac{P}{VI}$ 가 된다.

$$∴ \cos\theta = \frac{P}{VI} = \frac{40}{200 \times 0.42} = 0.476 = 47.6[\%]$$

답 ②

21 변압기 내부고장 시 급격한 유류 또는 gas의 이동이 생기면 동작하는 브흐홀츠 계전기의 설치 위치는?

① 변압기 본체
② 변압기의 고압측 부싱
③ 컨서베이터 내부
④ 변압기 본체와 컨서베이터를 연결하는 파이프

부흐홀츠 계전기는 변압기의 내부 고장으로 발생하는 기름의 분해 가스 증기 또는 유류를 이용하여 부저를 움직여 계전기의 접점을 닫는 것이므로 변압기의 주탱크와 콘서베이터와의 연결관 도중에 설치한다.

답 ④

22 역률이 좋아 가정용 선풍기, 세탁기, 냉장고 등에 주로 사용되는 것은?

① 분상 기동형
② 콘덴서 기동형
③ 반발 기동형
④ 셰이딩 코일형

풀이 콘덴서 기동형 단상 유도 전동기는 콘덴서가 역률 개선의 역할을 하므로, 역률이 좋고 비교적 기동토크가 크므로 가정용 전동기로 많이 사용된다. **답** ②

23 동기발전기를 회전계자형으로 하는 이유가 아닌 것은?

① 고전압에 견딜수 있게 전기자 권선을 절연하기가 쉽다.

② 전기자 단자에 발생한 고전압을 슬립링 없이 간단하게 외부회로에 인가할 수 있다.

③ 기계적으로 튼튼하게 만드는데 용이하다.

④ 전기자가 고정되어 있지 않아 제작비용이 저렴하다.

풀이 회전 계자형(전기자는 고정)을 사용하는 이유

① 전기자 권선은 전압이 높고 결선이 복잡하며, 대용량으로 되면 전류도 커지고, 3상 권선의 경우에는 4개의 도선을 인출하여야 한다.

② 계자 회로는 직류의 저압 회로이므로 소요 동력도 작으며, 인출 도선이 2개만 있어도 되기 때문이다.

③ 계자극은 기계적으로 튼튼하게 만드는 데 용이하기 때문이다.

④ 고장시의 과도 안정도를 높이기 위하여 회전자의 관성을 크게 하기 쉽기 때문이기도 하다. **답** ④

24 직류전동기의 속도특성 곡선을 나타낸 것이다. 직권 전동기의 속도특성을 나타낸 것은?

① ⓐ

② ⓑ

③ ⓒ

④ ⓓ

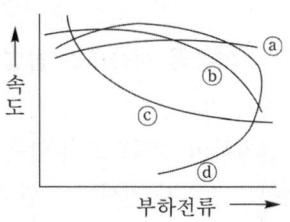

풀이 직류 직권전동기의 속도는 부하전류와 반비례한다. **답** ③

25 변압기의 규약 효율은?

① $\eta = \dfrac{출력}{입력} \times 100[\%]$

② $\eta = \dfrac{출력}{출력 + 손실} \times 100[\%]$

③ $\eta = \dfrac{출력}{입력 - 손실} \times 100[\%]$

④ $\eta = \dfrac{입력 + 손실}{입력} \times 100[\%]$

풀이 규약 효율 η는

$\eta = \dfrac{입력 - 손실}{입력} \times 100[\%]$ (전동기)

$\eta = \dfrac{출력}{출력 + 손실} \times 100[\%]$ (발전기, 변압기) **답** ②

26 10극 파권 발전기의 전기자 도체수 400, 매극의 자속수 0.02[Wb], 회전수 600[rpm]일 때 기전력은?

① 200   ② 220   ③ 230   ④ 400

풀이 직류발전기의 유기 기전력은 $E=\dfrac{PZ\phi N}{60a}$에서 파권이므로 $a=2$를 적용하면

$$E=\frac{10\times400\times0.02\times600}{60\times2}=400[\text{V}] \text{ 가 된다.}$$

답 ④

27 소형 유도 전동기의 슬롯을 사구(skew slot)로 하는 이유는?

① 토크 증가

② 게르게스 현상의 방지

③ 크로우링 현상의 방지

④ 제동 토크의 증가

풀이 3상 유도전동기 기동 시 이상현상인 크로우링 현상을 개선할 목적으로 회전자의 슬롯을 1슬롯만큼 경사지게 하는 것을 사구(skew)라고 한다.

답 ③

28 4극 24홈 표준 농형 3상 유도 전동기의 매극 매상당의 홈 수는?

① 6

② 3

③ 2

④ 1

풀이 매극 매상당의 홈수 : $q=\dfrac{홈수}{극수\times상수}=\dfrac{24}{4\times3}=2$

답 ③

29 직류발전기의 정류를 개선하는 방법 중 틀린 것은?

① 코일의 자기 인덕턴스가 원인이므로 접촉저항이 작은 브러시를 사용한다.

② 보극을 설치하여 리액턴스 전압을 감소시킨다.

③ 보극 권선은 전기자 권선과 직렬로 접속한다.

④ 브러시를 전기적 중성축을 지나서 회전방향으로 약간 이동시킨다.

풀이 정류 개선 대책

1) 저항 정류 : 접촉저항이 큰 탄소 브러시를 사용하여 정류 코일의 단락 전류를 억제해서 양호한 정류를 얻는 방법

2) 전압 정류 : 보극을 설치하여 정류 코일 내에 유기되는 리액턴스 전압과 반대 방향으로 정류 전압을 유기시켜 양호한 정류를 얻는 방법

3) 리액턴스 전압을 적게 한다 : 단절권 채택

4) 정류주기를 길게 한다. : 회전속도를 낮춘다.

답 ①

30 최소 동작값 이상의 구동 전기량이 주어지면 일정 시한으로 동작하는 계전기는?

① 반한시 계전기

② 정한시 계전기

③ 역한시 계전기

④ 반한시-정한시 계전기

풀이 • 반한시 : 고장전류가 작은 경우는 천천히 동작하며, 고장전류가 큰 경우는 빨리 동작한다.(고장전류와 동작시간이 반비례하는 특성)

• 정한시 : 고장후 일정시간이 경과한 다음 동작한다.

• 순한시 : 고장즉시 동작한다.

• 반한시-정한시 : 반한시 특성과 정한시 특성을 겸한다.

답 ②

31 동기 발전기 전기자의 단절권의 목적은?

① 고조파를 제거한다.

② 절연을 좋게 한다.

③ 기전력을 높게 한다.

④ 역률을 좋게 한다.

풀이 단절권의 특징

① 고조파를 제거하여 파형을 개선한다.

② 기계 전체 길이가 축소되어 동의 양이 적게 된다.

③ 전절권에 비해 합성 유기기전력이 감소한다.

답 ①

32 전원과 부하가 다같이 △ 결선된 3상 평형회로가 있다. 상전압이 200[V], 부하 임피던스가 $Z = 6 + j8[\Omega]$인 경우 선전류는 몇 [A]인가?

① 20

② $\dfrac{20}{\sqrt{3}}$

③ $20\sqrt{3}$

④ $10\sqrt{3}$

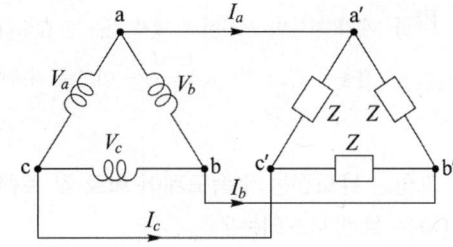

풀이

• 상전류 $= \dfrac{\text{상전압}}{\text{등가 임피던스}} = \dfrac{200}{\sqrt{6^2 + 8^2}} = 20[\text{A}]$

• △결선시 선전류는 상전류의 $\sqrt{3}$ 배이므로, 선전류 $= \sqrt{3} \times$ 상전류 $= \sqrt{3} \times 20 = 20\sqrt{3}[\text{A}]$

답 ③

33 변압기 외함 내에 들어 있는 기름을 펌프를 이용하여 외부에 있는 냉각 장치로 보내서 냉각시킨 다음 냉각된 기름을 다시 외함의 내부로 공급하는 방식으로, 냉각효과가 크기 때문에 30000[kVA] 이상의 대용량 변압기에서 사용하는 냉각방식은?

① 건식풍냉식

② 유입자냉식

③ 유입풍냉식

④ 유입송유식

풀이 유입 송유식(oil immersed forced oil circulating type) : FOA, FOW

외함 내에 있는 가열된 기름을 순환펌프에 의해 외부의 수냉식 냉각기 및 풍냉식 냉각기에 의해 냉각시켜 다시 외함 내에 유입시키는 방식

답 ④

34 50[Hz]의 변압기에 60[Hz]의 전압을 가했을 때 자속밀도는 50[Hz] 때의 몇 배인가?

① $\dfrac{6}{5}$ 배

② $\dfrac{5}{6}$ 배

③ $\left(\dfrac{6}{5}\right)^2$ 배

④ $\left(\dfrac{5}{6}\right)^2$ 배

풀이 변압기의 유도기전력 $E_2 = 4.44f N_2 \phi_m = 4.44f N_2 B_m A$에서 최대자속밀도는 주파수에 반비례한다.

따라서, 주파수가 증가하면 자속밀도는 감소하므로 $\dfrac{5}{6}$ 배가 된다.

답 ②

35 교류 배전반에서 전류가 많이 흘러 전류계를 직접 주 회로에 연결할 수 없을 때 사용하는 기기는?

① 전류 제한기   ② 계기용 변압기

③ 계기용 변류기   ④ 전류계용 절환 개폐기

풀이 변류기(Current Transformer : CT)

고압회로의 대전류를 소전류로 변성하기 위해서 사용하는 것이며, 배전반의 전류계 및 트립코일(TC)의 전원으로 사용된다. 일반 변류기는 2차측은 사용 중 코일에 전류가 흐르는 상태에서 2차 코일을 개방하면 2차 단자간에 고전압이 발생하여 코일의 손상(2차측 절연파괴)내지 감전사고를 유발한다. **답** ③

36 직류 분권전동기의 계자 저항을 운전 중에 증가시키면 회전속도는?

① 증가한다.   ② 감소한다.   ③ 변화없다.   ④ 정지한다.

풀이 계자 저항이 증가하면 계자 전류는 감소하고 자속도 감소한다.

전동기 속도 $N = K\dfrac{V - I_a R_a}{\phi}$ 이므로 자속이 감소하면 속도는 반비례하여 증가한다. **답** ①

37 그림은 유도전동기 속도제어 회로 및 트랜지스터의 컬렉터 전류 그래프이다. ⓐ와 ⓑ에 해당하는 트랜지스터는?

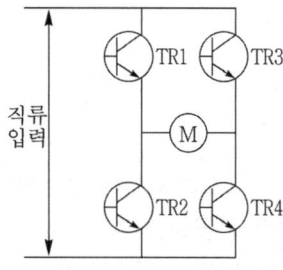
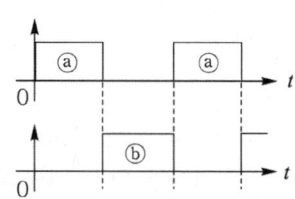

① ⓐ는 TR1과 TR2, ⓑ는 TR3과 TR4   ② ⓐ는 TR1과 TR3, ⓑ는 TR2과 TR4

③ ⓐ는 TR2과 TR4, ⓑ는 TR1과 TR3   ④ ⓐ는 TR1과 TR4, ⓑ는 TR2과 TR3

풀이   **답** ④

38 동기 발전기의 병렬운전 중에 기전력의 위상차가 생기면?

① 위상이 일치하는 경우보다 출력이 감소한다.

② 부하 분담이 변한다.

③ 무효 순환전류가 흘러 전기자 권선이 과열된다.

④ 동기화력이 생겨 두 기전력의 위상이 동상이 되도록 작용한다.

풀이 동기 발전기 병렬 운전에서

① 두 발전기의 기전력의 크기가 다르면, 발전기 내부에 무효 횡류(순환전류)가 흐른다.

② 두 발전기의 기전력에 위상차가 발생하면 동기화 전류(유효 횡류)가 흐르며, 수수전력이 발생하고, 동기화력이 생긴다. **답** ④

39 슬립 4[%]인 유도 전동기의 등가 부하 저항은 2차 저항의 몇 배인가?

① 5   ② 19   ③ 20   ④ 24

풀이 유도 전동기의 기계적 출력을 나타내는 정수 $r = (\frac{1}{s} - 1)r_2$에서

$r = (\frac{1}{0.04} - 1)r_2 = 24r_2$가 된다.   답 ④

40 변압기의 권수비가 60일 때 2차측 저항이 0.1[Ω]이면 이것을 1차로 환산하면 몇 [Ω]이 되는가?

① 0.1   ② 60   ③ 160   ④ 360

풀이 변압기의 권수비의 식 $a = \sqrt{\frac{R_1}{R_2}}$ 에서 1차로 환산한 $R_1 = a^2 R_2$가 된다.

따라서 $R_1 = a^2 R_2 = 60^2 \times 0.1 = 360[\Omega]$ 답 ④

41 지지물의 지선에 연선을 사용하는 경우 소선 몇 가닥 이상의 연선을 사용하는가?

① 1   ② 2   ③ 3   ④ 4

풀이 331.11 지선의 시설
지선에 연선을 사용할 경우에는 다음에 의할 것.
• 소선 3가닥 이상의 연선일 것.
• 소선의 지름이 2.6[mm] 이상의 금속선을 사용한 것일 것.   답 ③

42 전주의 길이가 16[m]이고, 설계하중이 6.8[kN] 이하의 철근콘크리트주를 시설할 때 땅에 묻히는 깊이는 몇 [m] 이상이어야 하는가?

① 1.2   ② 1.4   ③ 2.0   ④ 2.5

풀이 331.7 가공전선로 지지물의 기초의 안전율
강관주 또는 철근 콘크리트주로서 그 전체 길이가 16[m] 이하, 설계하중이 6.8[kN] 이하인 것 또는 목주를 다음에 의하여 시설하는 경우
① 전체의 길이가 15[m] 이하인 경우는 땅에 묻히는 깊이를 전체길이의 1/6 이상으로 할 것.
② 전체의 길이가 15[m]를 초과하는 경우는 땅에 묻히는 깊이를 2.5[m] 이상으로 할 것.   답 ④

43 배전반 및 분전반의 설치 장소로 적합하지 않은 곳은?

① 접근이 어려운 장소   ② 전기회로를 쉽게 조작할 수 있는 장소
③ 개폐기를 쉽게 개폐할 수 있는 장소   ④ 안정된 장소

풀이 배전반 및 분전반은 다음 각 호와 같은 장소에 시설하여야 한다.
① 전기회로를 쉽게 조작할 수 있는 장소
② 개폐기를 쉽게 개폐할 수 있는 장소
③ 노출된 장소
④ 안정된 장소   답 ①

44 저압 연접인입선의 시설과 관련된 설명으로 잘못된 것은?

① 옥내를 통과하지 아니할 것

② 전선의 굵기는 $1.5[\text{mm}^2]$ 이하 일 것

③ 폭 5[m]를 넘는 도로를 횡단하지 아니할 것

④ 인입선에서 분기하는 점으로부터 100[m]를 넘는 지역에 미치지 아니할 것

> **풀이** 221.1.2 연접 인입선의 시설
> 한 수용가의 인입선에서 분기하여 지지물을 거치지 아니하고 다른 수용 장소의 인입구에 이르는 부분의 전선을 연접인입선이라 한다.
> ① 인입선에서 분기하는 점으로부터 100[m]를 초과하는 지역에 미치지 아니할 것.
> ② 폭 5[m]를 초과하는 도로를 횡단하지 아니할 것.
> ③ 옥내를 통과하지 아니할 것. **답** ②

45 폭연성 분진이 존재하는 곳의 금속관 공사에 있어서 관 상호 및 관과 박스의 접속은 몇 턱 이상의 죔 나사로 시공하여야 하는가?

① 6턱   ② 5턱   ③ 4턱   ④ 3턱

> **풀이** 242.2.1 폭연성 분진 위험장소
> 폭연성 분진(마그네슘, 알루미늄, 티탄, 지르코늄 등의 먼지로 쌓여진 상태에서 착화된 때에 폭발할 우려가 있는 것), 화약류 분말이 존재하는 곳, 가연성의 가스 또는 인화성 물질의 증기가 새거나 체류하는 곳의 전기 공작물은 금속관 공사, 또는 케이블 공사(캡타이어 케이블을 제외한다)에 의하여야 하며 금속관 공사를 하는 경우 관 상호 및 관과 박스 등은 5턱 이상의 나사 조임으로 접속하여야 한다. **답** ②

46 금속 전선관 작업에서 나사를 낼 때 필요한 공구는 어느 것인가?

① 파이프 벤더   ② 볼트클리퍼

③ 오스터   ④ 파이프 렌치

> **풀이** 오스터(oster)
> ① 용도 : 금속관 끝에 나사를 내는 공구
> ② 구성 : 래칫(ratchet)과 다이스(dise)

답 ③

47 관을 시설하고 제거하는 것이 자유롭고 점검 가능한 은폐장소에서 가요전선관을 구부리는 경우 곡률 반지름은 2종 가요전선관 안지름의 몇 배 이상으로 하여야 하는가?

① 10   ② 9   ③ 6   ④ 3

> **풀이** 가요전선관의 곡률 반지름
> ① 1종 가요전선관을 구부릴 경우 곡률반지름은 관 안지름의 6배 이상으로 하여야 한다.
> ② 2종 가요전선관을 구부릴 경우 노출장소 또는 점검 가능한 장소에서 시설 제가하는 것이 자유로운 경우 관 안지름의 3배 이상으로 하여야 하며, 노출장소 또는 점검이 가능한 은폐장소에서 시설하고 제거하는 것이 부자유하거나 또는 점검이 불가능할 경우는 관 안지름의 6배 이상으로 한다. **답** ④

48 라이팅덕트를 조영재에 따라 부착할 경우 지지점간의 거리는 몇 [m] 이하로 하여야 하는가?

① 1.0   ② 1.2   ③ 1.5   ④ 2.0

풀이   232.71 라이팅덕트공사
① 덕트 상호 간 및 전선 상호 간은 견고하게 또한 전기적으로 완전히 접속할 것.
② 덕트는 조영재에 견고하게 붙일 것.
③ 덕트의 지지점 간의 거리는 2[m] 이하로 할 것.
④ 덕트의 끝부분은 막을 것.   **답** ④

49 옥외용 비닐절연전선의 약호는?

① OW   ② DV   ③ NR   ④ FTC

풀이   • OW : 옥외용 비닐절연전선
• DV : 인입용 비닐절연전선
• NR : 450/750[V] 일반용 단심 비닐 절연전선
• FTC : 300/300[V] 평형 금사 코드   **답** ①

50 화약고 등의 위험 장소의 배선 공사에서 전로의 대지 전압은 몇 [V] 이하로 하도록 되어 있는가?

① 300   ② 400   ③ 500   ④ 600

풀이   242.5 화약류 저장소 등의 위험장소
① 저압 옥내배선은 금속관공사 또는 케이블공사(캡타이어케이블을 사용하는 것을 제외한다)에 의할 것.
② 전로에 대지전압은 300[V] 이하일 것.
③ 전기기계기구는 전폐형의 것일 것.   **답** ①

51 저압 가공전선을 수직 배열하는데 사용되는 공구는?

① 인류 스트랍   ② 래크
③ 오스터   ④ 클리퍼

풀이   • 인류 스트랍 : 저압 인류애자와 결합하여 인입선 가선공사에 사용하는 금구
• 래크 : 저압 가공전선을 수직 배열하는데 사용
• 오스터 : 금속관 끝에 나사를 내는 공구
• 클리퍼 : 굵은 전선을 절단할 때 사용하는 가위   **답** ②

52 물기 있는 장소 이외의 장소에 시설하는 저압용의 개별 기계기구에 전기를 공급하는 전로에 「전기용품안전 관리법」의 적용을 받는 인체감전보호용 누전차단기의 정격으로 알맞은 것은?

① 정격감도전류 30[mA] 이하, 동작시간 0.03초 이하의 전류동작형
② 정격감도전류 45[mA] 이하, 동작시간 0.01초 이하의 전류동작형
③ 정격감도전류 300[mA] 이하, 동작시간 0.3초 이하의 전류동작형
④ 정격감도전류 450[mA] 이하, 동작시간 0.1초 이하의 전류동작형

풀이 142.7 기계기구의 철대 및 외함의 접지
물기 있는 장소 이외의 장소에 시설하는 저압용의 개별 기계기구에 전기를 공급하는 전로에 「전기용품 및 생활용품 안전관리법」의 적용을 받는 인체감전보호용 누전차단기(정격감도전류가 30[mA] 이하, 동작시간이 0.03초 이하의 전류동작형에 한한다)를 시설하는 경우에는 기계기구의 철대 및 외함에 접지공사를 하지 않을 수 있다.　　　　　　　　　답 ①

53 다음 중 버스 덕트가 아닌 것은?
　① 플로어 버스 덕트　　　　　　　② 피더 버스 덕트
　③ 트롤리 버스 덕트　　　　　　　④ 플러그인 버스 덕트

풀이 버스 덕트의 종류

명　칭	형　식		설　명
피더 버스 덕트	옥내용	환 기 형 비환기형	도중에 부하를 접속하지 아니한 것
	옥외용	환 기 형 비환기형	
익스팬션 버스 덕트	옥내용	비환기형	열 신축에 따른 변화량을 흡수하는 구조인 것
탭붙이 버스 덕트			종단 및 중간에서 기기 또는 전선 등과 접속시키기 위한 탭을 가진 버스 덕트
트랜스포지션 버스덕트			각 상의 임피던스를 평균시키기 위해서 도체 상호의 위치를 관로 내에서 교체 시키도록 만든 버스 덕트
플러그 인 버스 덕트	옥내용	환 기 형 비환기형	도중에 부하 접속용으로 꽂음 플러그를 만든 것
트롤리 버스 덕트	옥내용 옥외용		도중에 이동 부하를 접속할 수 있도록 트롤리 접촉식 구조로 한 것

답 ①

54 합성수지관 상호 및 관과 박스는 접속 시에 삽입하는 깊이를 관 바깥지름의 몇 배 이상으로 하여야 하는가? (단, 접착제를 사용하는 경우이다.)
　① 0.6배　　　　　② 0.8배　　　　　③ 1.2배　　　　　④ 1.6배

풀이 232.11.2 합성수지관 및 부속품의 시설
관 상호 간 및 박스와는 관을 삽입하는 깊이를 관의 바깥지름의 1.2배(접착제를 사용하는 경우에는 0.8배) 이상으로 하고 또한 꽂음 접속에 의하여 견고하게 접속할 것.　　　　　　답 ②

55 저압크레인 또는 호이스트 등의 트롤리선을 애자공사에 의하여 옥내의 노출장소에 시설하는 경우 트롤리선의 바닥에서의 최소 높이는 몇 [m] 이상으로 설치하는가?
　① 2　　　　　　② 2.5　　　　　③ 3　　　　　④ 3.5

풀이 232.81 옥내에 시설하는 저압 접촉전선 배선
① 이동기중기 · 자동청소기 그 밖에 이동하며 사용하는 저압의 전기기계기구에 전기를 공급하기 위하여 사용하는 저압 접촉전선을 옥내에 시설하는 경우에는 기계기구에 시설하는 경우 이외에는 전개된 장소 또는 점검할 수 있는 은폐된 장소에 애자공사 또는 버스덕트공사 또는 절연트롤리공사에 의하여야 한다.

② 저압 접촉전선을 애자공사에 의하여 옥내의 전개된 장소에 시설하는 경우에는 전선의 바닥에서의 높이 는 3.5[m] 이상으로 하고 또한 사람이 접촉할 우려가 없도록 시설할 것. **탑** ④

56 접지전극의 매설 깊이는 몇 [m] 이상인가?

① 0.6　　　　② 0.65　　　　③ 0.7　　　　④ 0.75

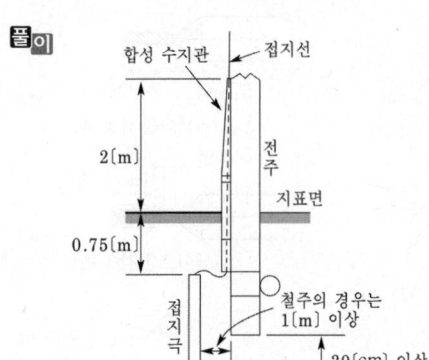

탑 ④

57 계단의 전등을 계단의 아래와 위의 두 곳에서 자유로이 점멸하도록 하기 위해 사용하는 스위치는?

① 단극 스위치　　　　② 코드 스위치
③ 3로 스위치　　　　④ 점멸 스위치

풀이 2개소 이상의 전등을 점멸할 경우 사용되는 스위치는 3로 스위치와 4로 스위치가 사용된다.　**탑** ③

58 완전 확산면에서는 어느 방향에서도 무엇이 같은 것을 나타내는가?

① 광도가 같다.　　　　② 조도가 같다.
③ 휘도가 같다.　　　　④ 광속이 같다.

풀이 완전확산면이란 어느 방향에서 보아도 휘도가 일정한 면을 말한다.　**탑** ③

59 고압 가공전선로의 지지물로 철탑을 사용하는 경우 경간은 몇 [m] 이하이어야 하는가?

① 150[m]　　　　② 300[m]
③ 500[m]　　　　④ 600[m]

풀이 332.9 고압 가공전선로 경간의 제한

지지물의 종류	표준 경간
목주, A종 철주, A종 철근 콘크리트주	150[m]
B종 철주, B종 철근 콘크리트주	250[m]
철 탑	600[m]

탑 ④

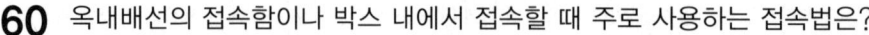

60 옥내배선의 접속함이나 박스 내에서 접속할 때 주로 사용하는 접속법은?

① 슬리브 접속
② 쥐꼬리 접속
③ 트위스트 접속
④ 브리타니어 접속

풀이 쥐꼬리 접속의 순서

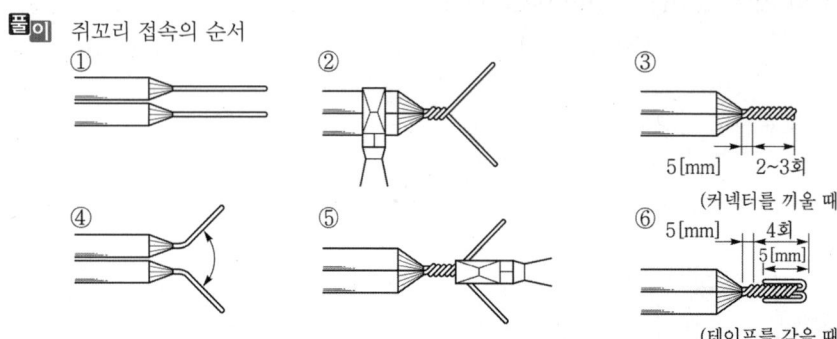

쥐꼬리 접속은 접속함(박스)내에서 사용하는 방법이다.

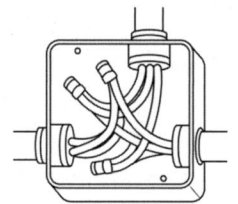

답 ②

1 공기 중에서 자기장의 세기가 100[A/m]인 점에 8×10^{-2}[Wb]의 자극을 놓을 때 이 자극에 작용하는 기자력은?

    ① 8×10^{-4}[N]   ② 8[N]

    ③ 125[N]   ④ 1250[N]

    풀이 $F = mH = 8 \times 10^{-2} \times 100 = 8$[N]   **답** ②

2 자체 인덕턴스 0.1[H]의 코일에 5[A]의 전류가 흐르고 있다. 축적되는 전자 에너지는?

    ① 0.25[J]   ② 0.5[J]

    ③ 1.25[J]   ④ 2.5[J]

    풀이   축적되는 전자에너지 $W = \dfrac{1}{2}LI^2 = \dfrac{1}{2} \times 0.1 \times 5^2 = 1.25$[J]   **답** ③

3 RL 직렬회로에서 임피던스(Z)의 크기를 나타내는 식은?

    ① $R^2 + X_L^2$ ② $R^2 - X_L^2$

    ③ $\sqrt{R^2 + X_L^2}$ ④ $\sqrt{R^2 - X_L^2}$

    풀이 $Z = \sqrt{R^2 + X_L^2}$ [Ω] (단, R[Ω] : 저항, X_L[Ω] : 유도성 리액턴스)   **답** ③

4 전기장의 세기 단위로 옳은 것은?

    ① H/m   ② F/m

    ③ AT/m   ④ V/m

    풀이   MKS 단위계에서 전계의 세기 E는 $Q = 1$[C]에 작용하는 힘이 1[N]이 되는 것을 의미하므로

    $E = $[N/C]$ = \left[\dfrac{N \cdot m}{C \cdot m} \right] = \left[\dfrac{J}{C} \cdot \dfrac{1}{m} \right] = $[V/m] 의 단위를 사용한다.   **답** ④

5 패러데이의 전자 유도 법칙에서 유도 기전력의 크기는 코일을 지나는 (㉠)의 매초 변화량과 코일의 (㉡)에 비례한다.

    ① ㉠ 자속 ㉡ 굵기   ② ㉠ 자속 ㉡ 권수

    ③ ㉠ 전류 ㉡ 권수   ④ ㉠ 전류 ㉡ 굵기

    풀이   패러데이의 전자유도법칙 : 유도 기전력의 크기는 폐회로에 쇄교하는 자속의 시간적 변화율에 비례한다.

    $\left(e = -N \dfrac{d\phi}{dt} \right)$ **답** ②

6 어떤 부하에 $100\sin\left(100\omega t + \dfrac{\pi}{6}\right)$[V]의 전압을 가했을 때 흐르는 전류가

$10\cos\left(100\omega t - \dfrac{\pi}{3}\right)$[A]이었다면 이 부하의 소비전력은?

① 250[W]   ② 433[W]   ③ 500[W]   ④ 866[W]

풀이
전류 $i = 10\cos\left(100\pi t - \dfrac{\pi}{3}\right) = 10\sin\left(100\pi t - \dfrac{\pi}{3} + \dfrac{\pi}{2}\right) = 10\sin\left(100\pi t + \dfrac{\pi}{6}\right)$

$\therefore P = VI\cos\theta = \dfrac{100}{\sqrt{2}} \times \dfrac{10}{\sqrt{2}} \times \cos\left(\dfrac{\pi}{6} - \dfrac{\pi}{6}\right) = 500$[W]   **답** ③

7 콘덴서의 정전용량에 대한 설명으로 틀린 것은?

① 전압에 반비례한다.   ② 이동 전하량에 비례한다.
③ 극판의 넓이에 비례한다.   ④ 극판의 간격에 비례한다.

풀이 평행판 도체의 정전 용량
극판 간격 d, 면적 S인 평행평판 도체에서의 정전용량 C는 다음과 같다.

$$C = \dfrac{\epsilon_0}{d} S\,[\text{F}]$$

여기서, C : 평행판 전극간의 정전 용량[F], S : 전극 면적[m^2], d : 전극간 거리[m]
따라서 정전용량은 극판의 간격에 반비례한다.   **답** ④

8 평등 전장 중에 4[C]의 전하를 전장의 방향과 반대로 10[cm]만큼 이동하는 데 200[J]의 일을 요했다. 이 두 점간의 전위차[V]는?

① 5   ② 50   ③ 80   ④ 100

풀이 에너지 $W = V \cdot Q$[J]에서 $V = \dfrac{W}{Q} = \dfrac{200}{4} = 50$[V]가 된다.   **답** ②

9 1[H]의 인덕턴스에 60[Hz]의 교류를 인가할 때 유도 리액턴스[Ω]는?

① 31.4   ② 314   ③ 377   ④ 628

풀이 유도성 리액턴스 $X_L = 2\pi fL$[Ω]에서 $X_L = 2 \times 3.14 \times 60 \times 1 = 376.8$ [Ω] 가 된다.   **답** ③

10 용량을 변화시킬 수 있는 콘덴서는?

① 바리콘   ② 마일러 콘덴서   ③ 전해 콘덴서   ④ 세라믹 콘덴서

풀이 • 바리콘 : 유전체로 공기를 사용하며, 라디오의 방송을 선택하는 곳에 사용된다.
• 마일러 콘덴서 : 얇은 폴리에스테르필름의 양면에 금속박을 대고 원통형으로 감은 것으로 극성이 없다. 가격은 저렴하나 정밀하지 못한 결점이 있다.
• 전해 콘덴서 : 케미콘이라 한다. 유전체를 산화 피막으로 만들어 비교적 큰 용량을 얻을 수 있다. 전원의

평활 회로, 저주파 바이패스 등에 쓰인다.
- 세라믹 콘덴서 : 전극에 티탄산바륨과 같은 유전율이 높은 세라믹 재료로 만들었으며, 전극의 극성이 없는 것이 특징이다. 용량은 비교적 작아 아날로그 신호계에 사용할 수 있다.　　　**답** ①

11 길이 10[cm]의 균일한 자로에 도선을 200회 감고 2[A]의 전류를 흘릴 때 자로의 자장의 세기 [AT/m]는?

① 200　　　　　② 400　　　　　③ 600　　　　　④ 4,000

풀이　자계의 세기는 단위길이당의 기자력으로 정의되며

$H = \dfrac{NI}{\ell}$ 에서 $H = \dfrac{200 \times 2}{0.1} = 4,000[\text{AT/m}]$가 된다.　　　**답** ④

12 어떤 자로에 NI[AT]의 기자력을 가했을 때 ϕ[Wb]의 자속이 이동했다면 그 자로의 자기 저항 [AT/Wb]은?

① $\dfrac{N\phi}{I}$　　　　② $\dfrac{I\phi}{N}$　　　　③ $\dfrac{\phi}{NI}$　　　　④ $\dfrac{NI}{\phi}$

풀이　자기 옴의 법칙에서 자속 $\phi = \dfrac{F}{R_m}$ 이므로

자기 저항 $R_m = \dfrac{F}{\phi} = \dfrac{NI}{\phi}[\text{AT/Wb}]$가 된다.　　　**답** ④

13 열전 온도계의 원리는?

① 핀치효과　　　② 톰슨효과　　　③ 제벡효과　　　④ 홀효과

풀이　제벡효과 : 두 금속 접속점 간에 온도차가 있으면 열기전력(전류)이 발생하는 현상으로 열전 온도계 및 열전대에 사용된다.　　　**답** ③

14 키르히호프의 법칙을 이용하여 방정식을 세우는 방법으로 잘못된 것은?

① 키르히호프의 제1법칙을 회로망의 임의의 한 점에 적용한다.
② 각 폐회로에서 키르히호프의 제2법칙을 적용한다.
③ 각 회로의 전류를 문자로 나타내고 방향을 가정한다.
④ 계산결과 전류가 +로 표시된 것은 처음에 정한 방향과 반대방향임을 나타낸다.

풀이　① 키르히호프의 제1법칙(Kirchhoff's Current Law : KCL)
　　　유입전류(전 전류) I는 유출전류(각 지로전류) $I_1, I_2, I_3, \cdots$ 의 합으로 계산된다.

$$I = I_1 + I_2 + I_3 + \cdots + I_n$$

　　　계산결과 전류가 처음에 정한 방향과 같은 방향이면 (+), 반대방향이면 (−)로 표시한다.
② 키르히호프의 제2법칙(Kirchhoff's Voltage Law : KVL)
　　　키르히호프의 전압법칙은 "회로망 내의 임의의 폐회로(경로)에 있어서 전원전압(E_i)의 합은 전압강하 의 합(V_i)과 같다"라는 법칙으로

$$E_1 + E_2 + E_3 + \cdots = V_1 + V_2 + V_3 + \cdots$$

즉, $\Sigma E_i = \Sigma V_i$ 로 계산된다.

답 ④

15 진공 중에 두 자극 m_1, m_2를 r[m]의 거리에 놓았을 때 작용하는 힘 F의 식으로 옳은 것은?

① $F = \dfrac{1}{4\pi\mu_0} \times \dfrac{m_1 m_2}{r}$ [N]   ② $F = \dfrac{1}{4\pi\mu_0} \times \dfrac{m_1 m_2}{r^2}$ [N]

③ $F = 4\pi\mu_0 \times \dfrac{m_1 m_2}{r}$ [N]   ④ $F = 4\pi\mu_0 \times \dfrac{m_1 m_2}{r^2}$ [N]

풀이 진공 중의 두 자극을 각각 m_1, m_2[Wb], 자극간의 거리를 r[m], 상호간에 작용하는 자기력을 F[N]라 하면

$$F = \frac{1}{4\pi\mu_0} \cdot \frac{m_1 m_2}{r^2} = 6.33 \times 10^4 \frac{m_1 m_2}{\mu_s r^2} [N]$$

의 관계가 있으며, 힘의 방향은 두 극을 연결하는 직선상에 있다.
이 식을 쿨롱의 법칙이라 한다.

답 ②

16 평균 반지름이 r[m]이고, 감은 횟수가 N인 환상 솔레노이드에 전류 I[A]가 흐를 때 내부의 자기장의 세기 H[AT/m]는?

① $H = \dfrac{NI}{2\pi r}$ ② $H = \dfrac{NI}{2r}$ ③ $H = \dfrac{2\pi r}{NI}$ ④ $H = \dfrac{2r}{NI}$

풀이 그림과 같이 반지름 r[m]인 적분로 C에 대해서 암페어의 주회 적분의 법칙을 적용하면 H=일정, $\theta = 0$이므로

$$\oint_c \mathbf{H} \cdot dl = H \cdot 2\pi r = NI$$

$$\therefore H = \frac{NI}{2\pi r} = n_0 I [AT/m]$$

단, n_0는 단위 길이당 권수이다.

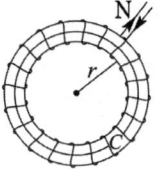

답 ①

17 같은 전기량에 의하여 전극에 석출되는 물질의 양은 그 물질의 어느 값에 비례하는가?

① 원자량   ② 분자량   ③ 화학 당량   ④ 원자가

풀이 패러데이 법칙은 전극에서 석출되는 물질의 양은 통과한 전기량에 비례하며, 전기량이 같을 경우 석출되는 물질의 양은 그 물질의 화학 당량에 비례한다.

답 ③

18 $\dot{A}_1 = 4 + j3$, $\dot{A}_2 = 3 + j4$의 두 벡터에서 $\dot{A} = \dot{A}_1 \times \dot{A}_2$는?

① $25\angle 0$ ② $25\angle \dfrac{\pi}{2}$ ③ $25\angle -\dfrac{\pi}{2}$ ④ $25\angle \dfrac{\pi}{3}$

풀이 분배법칙에 의하여 전개하며, 실수와 허수의 부분을 분리하여 구한다.

직교좌표는 극좌표로 변환한다.

$$\dot{A} = \dot{A}_1 \times \dot{A}_2 = (4+j4) \times (3+j4) = 12 - 12 + j16 + j9 = j25 = 25\angle\frac{\pi}{2}$$

답 ②

19 100[V]의 교류 전원에 선풍기를 접속하고 입력과 전류를 측정하였더니 500[W], 7[A]였다. 이 선풍기의 역률은?

① 0.61   ② 0.71   ③ 0.81   ④ 0.91

풀이

유효전력 $P = VI\cos\theta[\text{W}]$에서 $\cos\theta = \dfrac{P}{VI}$가 된다.

따라서, $\cos\theta = \dfrac{P}{VI} = \dfrac{500}{100 \times 7} = 0.71$

답 ②

20 정전용량이 같은 콘덴서 2개를 병렬로 연결하였을 때의 합성 정전용량은 직렬로 접속하였을 때의 몇 배인가?

① $\dfrac{1}{4}$ ② $\dfrac{1}{2}$ ③ 2   ④ 4

풀이

병렬 합성 용량 $C_p = 2C$, 직렬 합성 용량 $C_s = \dfrac{C}{2}$이므로

따라서, $\dfrac{C_p}{C_s} = \dfrac{2C}{\dfrac{C}{2}} = 2^2 = 4$ 배가 된다.

답 ④

21 일정 전압 및 일정 파형에서 주파수가 상승하면 변압기 철손은 어떻게 변하는가?

① 증가한다.   ② 감소한다.
③ 불변이다.   ④ 어떤 기간 동안 증가한다.

풀이

$P_h \propto \dfrac{1}{f}$에서 히스테리시스손은 주파수에 반비례한다.

따라서 히스테리시스손은 감소하므로 결국 철손은 감소한다.

답 ②

22 [보기]의 설명에서 빈칸(㉠~㉢)에 알맞은 말을 쓰시오.

> 권선형 유도전동기에서 2차 저항을 증가시키면 기동전류는 (㉠)하고, 기동 토크는 (㉡)하며, 2차 회로의 역률이 (㉢)되고 최대 토크는 일정하다.

① ㉠ 감소, ㉡ 증가, ㉢ 좋아지게   ② ㉠ 감소, ㉡ 감소, ㉢ 좋아지게
③ ㉠ 감소, ㉡ 증가, ㉢ 나빠지게   ④ ㉠ 증가, ㉡ 감소, ㉢ 나빠지게

풀이

2차 저항이 증가하면 비례추이 되어 최대토크는 변하지 않으나 기동토크는 증가하여 기동전류는 감소, 최대토크 시 슬립은 증가한다. 또한 기동역률이 좋아지며 전부하 효율이 나빠지고, 속도가 감소한다.

답 ①

23 직류기의 손실 중에서 부하의 변화에 따라서 현저하게 변하는 손실은 다음 중 어느 것인가?

① 표유부하손   ② 철손   ③ 풍손   ④ 기계손

풀이 표유부하손은 전류의 제곱으로 변화하는 것으로 하고 그 값은 최대정격전류에 있어서 다음과 같다.
- 보상 권선이 없는 직류기 : 기준 출력의 1[%]
- 보상 권선이 있는 직류기 : 기준 출력의 0.5[%]   **답** ①

24 그림과 같은 분상 기동형 단상 유도 전동기를 역회전시키기 위한 방법이 아닌 것은?

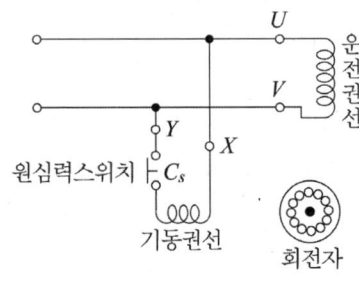

① 원심력스위치를 개로 또는 폐로 한다.
② 기동권선이나 운전권선의 어느 한 권선의 단자접속을 반대로 한다.
③ 기동권선의 단자접속을 반대로 한다.
④ 운전권선의 단자접속을 반대로 한다.

풀이
- 분상 기동형 단상 유도 전동기는 단상 전동기에 보조 권선(기동 권선)을 설치하여, 단상 전원에 주권선(운동권선)과 보조 권선에 위상이 다른 전류를 흘려서 불평형 2상 전동기로서 기동하는 방법이다.
- 원심력스위치는 단상 전동기를 기동 하기위한 역할을 한다.   **답** ①

25 동기 와트 P_2, 출력 P_0, 슬립 s, 동기속도 N_s, 회전속도 N, 2차 동손 P_{2c} 일 때 2차 효율 표기로 틀린 것은?

① $1-s$ ② P_{2c}/P_2 ③ P_0/P_2 ④ N/N_s

풀이
① 2차 효율 $\eta_2 = \dfrac{P_o}{P_2} = 1-s = \dfrac{N}{N_s} \times 100 \ [\%]$

② 슬립 $s = \dfrac{N_s - N}{N_s} = \dfrac{P_{2c}}{P_2}$ **답** ②

26 주파수 60[Hz]의 전원에 2극의 동기 전동기를 연결하면 회전수는 몇 [rpm]인가?

① 3600   ② 1800   ③ 60   ④ 12

풀이 동기 속도 $N_s = \dfrac{120f}{p}$ [rpm]에서 $N_s = \dfrac{120 \times 60}{2} = 3600$[rpm]이 된다.   **답** ①

27 직류 전동기의 규약 효율을 표시하는 식은?

① $\dfrac{출력}{출력+손실}\times100\%$

② $\dfrac{출력}{입력}\times100\%$

③ $\dfrac{입력-손실}{입력}\times100\%$

④ $\dfrac{입력}{출력+손실}\times100\%$

풀이 규약 효율 η은

전동기 $\eta=\dfrac{입력-손실}{입력}\times100[\%]$, 발전기, 변압기 $\eta=\dfrac{출력}{출력+손실}\times100[\%]$

답 ③

28 전기자 철심의 규소 강판의 규소 함유량은 몇 [%]인가?

① 0.5~1.0

② 1~2

③ 5~6

④ 7~8

풀이 전기자는 0.35~0.5[mm]의 연강판으로 성층(맴돌이 전류와 히스테리시스손의 손실을 감소시키기 위한 규소 함량 1~1.4[%] 정도의 규소 강판)한 전기자 철심과 전기자 권선으로 구성되어 있다. **답 ②**

29 SCR 2개를 역병렬로 접속한 그림과 같은 기호의 명칭은?

① SCR

② TRIAC

③ GTO

④ UJT

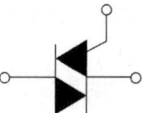

풀이 트라이악(TRIAC)은 양방향성 3단자 소자이다. **답 ②**

30 6극 36슬롯 3상 동기 발전기의 매극 매상당 슬롯수는?

① 2

② 3

③ 4

④ 5

풀이 1극 1상의 슬롯수 : $q=\dfrac{Z}{mp}=\dfrac{36}{3\times6}=2$ **답 ①**

31 정격속도로 운전하는 무부하 분권발전기의 계자 저항이 60[Ω], 계자 전류가 1[A], 전기자 저항이 0.5[Ω]라 하면 유도 기전력은 약 몇 [V]인가?

① 30.5

② 50.5

③ 60.5

④ 80.5

풀이 단자 전압 V 는 계자 회로의 전압 강하와 같으므로

$V=I_fR_f=1\times60=60[\text{V}]$

$E=V+I_aR_a$ 식에서 $I_a=I_f$ 이므로 (∵ 무부하)

∴ 유기 기전력 $E=V+I_fR_a=60+1\times0.5=60.5[\text{V}]$

답 ③

32 변압기에서 퍼센트 저항강하 3%, 리액턴스 강하 4%일 때 역률 0.8(지상)에서의 전압변동률은?

① 2.4[%]   ② 3.6[%]   ③ 4.8[%]   ④ 6.0[%]

풀이 전압변동률 $\epsilon = p\cos\phi + q\sin\phi = 3 \times 0.8 + 4 \times 0.6 = 4.8[\%]$ **답** ③

33 동기 발전기의 돌발 단락 전류를 주로 제한하는 것은?

① 누설 리액턴스   ② 역상 리액턴스

③ 동기 리액턴스   ④ 권선저항

풀이 동기기에서 저항은 누설 리액턴스에 비하여 작으며 전기자 반작용은 단락 전류가 흐른 뒤에 작용하므로 돌발 단락 전류를 제한하는 것은 누설 리액턴스이다. 역상 리액턴스는 역상 전류에 대응하는 것으로 3상 평형 단락이 되면 역상 전류는 흐르지 않는다.
• 동기 리액턴스 = 누설 리액턴스 + 반작용 리액턴스   **답** ①

34 1차 권수 3,300, 2차 권수 110인 변압기의 전압비는?

① 10   ② 30   ③ 1/3   ④ 1/10

풀이 변압기의 전압비(권수비) $a = \dfrac{N_1}{N_2} = \dfrac{E_1}{E_2} = \dfrac{I_2}{I_1}$ 가 된다.

$\therefore a = \dfrac{N_1}{N_2} = \dfrac{3,300}{110} = 30$ **답** ②

35 직류 발전기에서 고전압을 얻는 권선법은 무엇인가?

① 2층 권선   ② 직렬 권선

③ Y결선   ④ 병렬 권선

풀이 파권(직렬권)은 고전압 소전류에 적합한 권선법으로 병렬회로수는 항상 2인 권선법이다.   **답** ②

36 단락비가 1.2인 동기 발전기의 %동기 임피던스는 약 몇 [%]인가?

① 68   ② 83   ③ 100   ④ 120

풀이 %동기임피던스는 단락비의 역관계가 있다.

따라서 %동기임피던스 $Z_s' = \dfrac{100}{K_s} = \dfrac{100}{1.2} = 83[\%]$가 된다.   **답** ②

37 1대의 출력이 100[kVA]인 단상 변압기 2대로 V결선하여 3상 전력을 공급할 수 있는 최대전력은 몇 [kVA]인가?

① 100   ② $100\sqrt{2}$ ③ $100\sqrt{3}$ ④ 200

풀이 V결선시 출력은 1대의 용량에 $\sqrt{3}$ 배이므로
$P_V = \sqrt{3}\,P_1$ 에서 $P_V = \sqrt{3} \times 100[\text{kVA}]$가 된다. **답** ③

38 직류 발전기의 전기자 반작용으로 일어나는 현상은 무엇인가?

① 기전력의 감소 ② 과대 전압 유기
③ 철손의 증가 ④ 철손의 감소

풀이 전기자 반작용이란 전기자에 의하여 생긴 기자력이 계자 기자력에 영향을 주는 현상을 말하며 전기자 반작용은 주자속을 왜곡시킨다.
발전기의 경우 주자속이 감소하는 경우 기전력이 감소한다. **답** ①

39 교류 발전기를 병렬 운전할 때 기전력의 크기가 다르면?

① 무효 순환 전류가 흐른다. ② 아무 이상없다.
③ 고주파 전류가 흐른다. ④ 한 쪽이 전동기가 된다.

풀이 두 발전기의 기전력의 크기에 차가 있을 때 무효 순환 전류가 흐른다. **답** ①

40 변압기유로 쓰이는 절연유에 요구 되는 성질이 아닌 것은?

① 점도가 클 것
② 비열이 커서 냉각효과가 클 것
③ 절연 재료 및 금속 재료에 화학 작용을 일으키지 않을 것
④ 인화점이 높고 응고점이 낮을 것

풀이 변압기의 기름으로서 갖추어야 할 조건
• 절연 내력이 클 것.
• 절연 재료 및 금속에 화학 작용을 일으키지 않을 것.
• 인화점이 높고, 응고점이 낮을 것.
• 점도가 낮고(유동성이 풍부), 비열이 커서 냉각 효과가 클 것.
• 고온에서도 석출물이 생기거나 산화하지 않을 것. **답** ①

41 절연 전선의 피복에 "15[kV] NRV"라고 표시 되어 있다. 여기서 "NRV"는 무엇을 나타내는 약호인가?

① 형광등 전선
② 고무절연 폴리에틸렌 시스 네온전선
③ 고무절연 비닐 시스 네온전선
④ 폴리에틸렌 절연 비닐 시스 네온전선

풀이 15[kV] N-RV에서 N은 네온, R은 고무, V는 비닐을 나타낸다. **답** ③

42 중성선은 어떤 색으로 표시를 하여야 하는가?

① 갈색   ② 흑색
③ 청색   ④ 회색

풀이 121.2 전선의 식별

상(문자)	색상
L1	갈색
L2	흑색
L3	회색
N	청색
보호도체	녹색-노란색

답 ③

43 연선 결정에 있어서 중심 소선을 뺀 층수가 2층이다. 소선의 총수 N은 얼마인가?

① 45   ② 39   ③ 19   ④ 9

풀이 총 소선수 $N = 3n(n+1)+1$
여기서, n : 층수(가운데 한 가닥은 층수에 포함하지 않는다.)
∴ $N = 3n(n+1)+1 = 3 \times 2 \times (2+1)+1 = 19$

답 ③

44 다음 중 고압에 속하는 것은?

① 교류 440[V]   ② 직류 600[V]
③ 교류 1500[V]   ④ 직류 1000[V]

풀이 111 통칙

분류	전압의 범위
저 압	• 직류 : 1.5[kV] 이하 • 교류 : 1[kV] 이하
고 압	• 직류 : 1.5[kV]를 초과하고, 7[kV] 이하 • 교류 : 1[kV]를 초과하고, 7[kV] 이하
특고압	7[kV]를 초과

답 ③

45 배전 선로의 전압이 22900[V]이며 중성선에 다중 접지하는 전선로의 절연 내력 시험 전압은 최대 사용 전압의 몇 배인가?

① 0.72   ② 0.92   ③ 1.1   ④ 1.25

풀이 132 전로의 절연저항 및 절연내력

최대 사용 전압	접지 방식	시험 전압 (최대 사용 전압 배수)	최저 시험 전압
1. 7[kV] 이하		1.5배	
2. 7[kV] 초과 25[kV] 이하	다중접지	0.92배	
3. 7[kV] 초과 60[kV] 이하 (2란의 것 제외)	비접지	1.25배	10.5[kV]
4. 60[kV] 초과	비접지	1.25배	
5. 60[kV] 초과 (6란과 7란의 것 제외)	중성점접지	1.1배	75[kV]
6. 60[kV] 초과 (7란의 것 제외)	중성점직접접지	0.72배	
7. 170[kV] 초과 (발전소 또는 변전소 혹은 이에 준하는 장소에 시설하는 것.)	중성점직접접지	0.64배	

※ 전로에 케이블을 사용하는 경우에는 직류로 시험할 수 있으며, 시험 전압은 교류의 경우의 2배가 된다.

답 ②

46 무대, 무대 밑, 오케스트라 박스, 영사실, 기타 사람이나 무대 도구가 접촉할 우려가 있는 장소에 시설하는 저압옥내배선, 전구선 또는 이동전선은 사용 전압이 몇 [V] 이하이어야 하는가?

① 60[V] ② 110[V] ③ 220[V] ④ 400[V]

풀이 242.6 전시회, 쇼 및 공연장의 전기설비
무대 · 무대마루 밑 · 오케스트라 박스 · 영사실 기타 사람이나 무대 도구가 접촉할 우려가 있는 곳에 시설하는 저압 옥내배선, 전구선 또는 이동전선은 사용전압이 400[V] 이하이어야 한다.

답 ④

47 차량, 기타 중량물의 하중을 받을 우려가 있는 장소에 지중전선로를 직접 매설식으로 매설하는 경우 매설 깊이는?

① 60[cm] 미만 ② 60[cm] 이상
③ 100[cm] 미만 ④ 100[cm] 이상

풀이 334.1 지중전선로의 시설
직접 매설식에 의하여 시설하는 경우에는 매설 깊이를 차량 기타 중량물의 압력을 받을 우려가 있는 장소에는 1.0[m] 이상, 기타 장소에는 0.6[m] 이상으로 하고 또한 지중 전선을 견고한 트라프 기타 방호물에 넣어 시설하여야 한다.

답 ④

48 전기 저항이 적어 부드러운 성질이 있고, 구부리기가 용이하여 주로 옥내 배선에 사용하는 전선은?

① 경동선 ② 연동선 ③ 합성연선 ④ 중공연선

풀이 합성연선(ACSR:강심 알루미늄연선), 중공연선 등은 송전선로용으로 사용된다. 경동선은 배전선로에 사용되며, 옥내배선의 경우 가선공사가 용이한 연동연선을 사용한다. (KSC IEC 60364 개정)

답 ②

49 가연성 가스가 존재하는 장소의 저압 시설 공사 방법으로 옳은 것은?

① 금속제가요전선관공사   ② 합성수지관공사

③ 금속관공사   ④ 금속몰드공사

풀이 242.3.1 가스증기 위험장소

가연성 가스 또는 인화성 물질의 증기가 누출되거나 체류하여 전기설비가 발화원이 되어 폭발할 우려가 있는 곳에 있는 저압 옥내전기설비는 저압 옥내배선은 금속관공사 또는 케이블공사(캡타이어케이블을 사용하는 것을 제외한다)에 의할 것.   **답** ③

50 조명기구의 용량 표시에 관한 사항이다. 다음 중 F40의 설명으로 알맞은 것은?

① 수은등 40[W]   ② 나트륨등 40[W]

③ 메탈 할라이트등 40[W]   ④ 형광등 40[W]

풀이 H : 수은등, M : 메탈 핼라이드등, N : 나트륨등, F : 형광등   **답** ④

51 옥내배선 공사 작업 중 접속함에서 쥐꼬리 접속을 할 때 필요한 것은?

① 커플링   ② 와이어커넥터

③ 로크너트   ④ 부싱

풀이 정션 박스 내에서 전선을 접속할 경우 와이어 커넥터를 사용하여 접속하여야 한다.

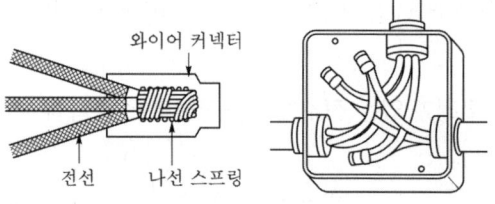

전선   나선 스프링   **답** ②

52 셀룰로이드, 성냥, 석유류 및 기타 가연성 위험물질은 제조 또는 저장하는 장소의 배선으로 잘못된 배선은?

① 금속관 배선   ② 합성 수지관 배선

③ 플로어 덕트 배선   ④ 케이블 배선

풀이 가연성 분진(소맥분, 전분, 유황, 기타 먼지가 공중에 떠다니는 상태에서 착화하여 폭발할 우려가 있는 것), 성냥, 석유류, 셀룰로이드 등의 위험 물질을 제조하거나 저장하는 곳의 전기 공작물은 금속관 공사, 합성수지관 공사, 케이블 공사에 의하여야 한다.   **답** ③

53 변압기 고압측 전로의 1선 지락 전류값이 5[A]일 때 중성점 접지 공사의 접지 저항[Ω]의 최대는?

① 30   ② 40   ③ 50   ④ 100

풀이 변압기 중성점 접지공사의 접지저항값 $R_2 = \dfrac{150[\text{V}]}{1선\ 지락전류}[\Omega]$이므로

$$\therefore R_2 = \frac{150}{5} = 30[\Omega]$$

답 ①

54 ACSR은 다음 중 어떤 것을 말하는가?

① 경동 연선   ② 중공 연선

③ 알루미늄선   ④ 강심 알루미늄 연선

풀이 ACSR은 합성 연선에 대표적인 전선으로 강심 알루미늄 연선을 나타낸다.

답 ④

55 ACB의 약호는?

① 기중 차단기   ② 유입 차단기

③ 공기 차단기   ④ 단로기

풀이 ACB : 기중 차단기(저압용)   ABB : 공기 차단기
MBB : 자기 차단기   OCB : 유입 차단기
GCB : 가스 차단기   VCB : 진공차단기
DS : 단로기

답 ①

56 방의 폭을 X, 길이를 Y, 높이를 H 라 할 때 실지수는?

① $\dfrac{XY}{H(X+Y)}$ ② $X+Y$

③ $(X+Y)H$ ④ $\dfrac{H(X+Y)}{XY}$

풀이 실지수$(k) = \dfrac{XY}{H(X+Y)}$

답 ①

57 알칼리 축전지의 전해액은?

① 황산   ② 물

③ 초산은   ④ 수산화칼륨

풀이 [양 극] 수산화니켈과 도전재의 흑연의 혼합물
[음 극] Fe분과 전지 내에서 Hg로 환원시켜서 도전재로 하는 HgO(철전지의 경우)
혹은 Cd과 소량의 철분(카드뮴 전지)
[전해액] 비중 1.20~1.245의 수산화칼륨(KOH), 즉 가성칼륨을 사용하지만 여기에 소량의 수산화리튬
($LiOH$)을 첨가하여 용량 및 수명을 증가시키고 있다.

답 ④

58 애자공사를 건조한 장소에 시설하고자 한다. 사용 전압이 400[V] 이하인 경우 전선과 조영재 사이의 이격거리는 최소 몇 [cm] 이상이어야 하는가?

① 2.5[cm] 이상   ② 4.5[cm] 이상
③ 6.0[cm] 이상   ④ 12[cm] 이상

풀이 232.56 애자공사

전 압		전선과 조영재와의 이격 거리		전선 상호 간격	전선 지지점간의 거리	
					조영재의 윗면 또는 옆면	조영재에 따라 시설하지 않는 경우
저압	400[V] 이하	2.5[cm] 이상		6[cm] 이상	2[m] 이하	−
	400[V] 초과	건조한 장소	2.5[cm] 이상			6[m] 이하
		기타의 장소	4.5[cm] 이상			

답 ①

59 콘크리트 조영재에 볼트를 시설할 때 필요한 공구는?

① 파이프 렌치   ② 볼트 클리퍼
③ 녹아웃 펀치   ④ 드라이브 이트

풀이 • 파이프 렌치 : 금속관을 커플링으로 접속할 때 금속관 커플링을 물고 죄는 것
• 볼트 클리퍼 : 굵은 전선을 절단할 때 사용하는 가위
• 녹아웃 펀치 : 분전반, 풀박스 등의 전선관 인출을 위한 인출공을 뚫는 공구
• 드라이브 이트 : 경화 후의 콘크리트에 볼트나 특수못 등을 박아 넣는 공구

답 ④

출제기준 변경 및 개정된 관계 법규에 따라 삭제된 문제가 있어 60문항이 안됩니다.

1 평행한 두 도체에 같은 방향의 전류를 흘렸을 때 두 도체 사이에 작용하는 힘은 어떻게 되는가?

① 반발력이 작용한다.

② 힘은 0이다.

③ 흡인력이 작용한다.

④ $\dfrac{I}{2\pi r}$의 힘이 작용한다.

풀이 평행하는 두 도체 사이에 작용하는 힘은 $F=\dfrac{2I_1 I_2}{r}\times 10^{-7}$이며, 두 도체의 전류의 방향이 같을 경우 흡인력이, 전류의 방향이 다를 경우 반발력이 작용한다. **답 ③**

2 권수 200회의 코일에 5[A]의 전류가 흘러서 0.025[Wb]의 자속이 코일을 지난다고 하면, 이 코일에 자체 인덕턴스는 몇 [H]인가?

① 2   ② 1   ③ 0.5   ④ 0.1

풀이 자기인덕턴스 $L=\dfrac{N\Phi}{I}$에서 $L=\dfrac{200\times 0.025}{5}=1$[H]가 된다. **답 ②**

3 기전력 1.5[V], 내부저항 0.1[Ω]인 전지 10개를 직렬로 연결하여 2[Ω]의 저항을 가진 전구에 연결할 때 전구에 흐르는 전류는 몇 [A]인가?

① 2   ② 3   ③ 4   ④ 5

풀이 기전력이 1.5[V]인 전지 10개를 직렬로 연결하면 전압은 $10\times1.5=15$[V]가 된다.
또, 내부저항이 0.1[Ω]을 1개 직결로 연결하면 합성저항은 $0.1\times10=1$[Ω]이 된다.
즉, 15[V], 내부저항이 1[Ω]의 전지로 생각하고 이것에 2[Ω]의 저항을 연결하면
전류는 $I=\dfrac{V}{R+r}=\dfrac{15}{2+1}=5$[A]가 된다. **답 ④**

4 자기회로의 누설계수를 나타낸 식은?

① $\dfrac{누설자속 + 유효자속}{전자속}$

② $\dfrac{누설자속}{전자속}$

③ $\dfrac{누설자속}{유효자속}$

④ $\dfrac{누설자속 + 유효자속}{유효자속}$

풀이 **답 ④**

5 자체 인덕턴스 20[mH]의 코일에 20[A]의 전류의 전류를 흘릴 때 저장 에너지는 몇 [J]인가?

① 2   ② 4   ③ 6   ④ 8

풀이 코일에 저장되는 에너지 $W = \frac{1}{2}LI^2[\text{J}]$ 에서 $W = \frac{1}{2} \times 20 \times 10^{-3} \times 20^2 = 4[\text{J}]$이 된다. **답** ②

6 세 변의 저항 $R_a = R_b = R_c = 15[\Omega]$인 Y결선 회로가 있다. 이것과 등가인 △결선회로의 각 변의 저항은 몇 [Ω]인가?

① 5   ② 10   ③ 25   ④ 45

풀이 Y결선을 △결선으로 변경하면 저항의 값이 3배가 된다. **답** ④

7 선간 전압이 380[V]인 전원에 $Z = 8 + j6[\Omega]$의 부하를 Y 결선 접속했을 때 선전류는 약 몇 [A]인가?

① 12   ② 22   ③ 28   ④ 38

풀이 Y결선시 임피던스는 $Z = 8 + j6 = \sqrt{8^2 + j6^2} = 10[\Omega]$

Y결선시 선전류는 상전류와 같으므로 $I_l = I_P = \dfrac{\frac{380}{\sqrt{3}}}{10} = 22[\text{A}]$ **답** ②

8 저항 4[Ω], 유도리액턴스 8[Ω], 용량리액턴스 5[Ω] 이 직렬로 된 회로에서의 역률은 얼마인가?

① 0.8   ② 0.7   ③ 0.6   ④ 0.5

풀이 임피던스 $Z = R + jX_L - jX_C$ 에서 $Z = 4 + j8 - j5 = 4 + j3[\Omega]$ 이므로

역률 $\cos\theta = \dfrac{R}{\sqrt{R^2 + X^2}} = \dfrac{4}{\sqrt{4^2 + 3^2}} = 0.8$이 된다. **답** ①

9 히스테리시스 곡선이 횡축과 만나는 점은?

① 보자력   ② 기자력   ③ 잔류자기   ④ 포화특성

풀이 히스테리시스곡선에서 B_r 을 **잔류자기**(residual magnetism) H_c 를 **보자력**(coercive force)이라 한다.

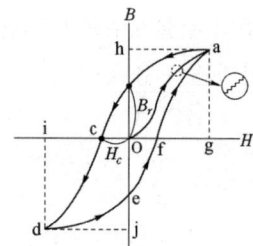

답 ①

10 전류가 전압에 비례하고 저항에 반비례 한다. 다음 중 어느 것과 가장 관계가 있는가?

① 키르히호프의 제1법칙   ② 키르히호프의 제2법칙
③ 옴의 법칙   ④ 중첩의 원리

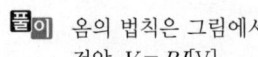

풀이 옴의 법칙은 그림에서
전압 $V = RI[V]$
전류 $I = \dfrac{V}{R}[A]$
저항 $R = \dfrac{V}{I}[\Omega]$로 표현된다.

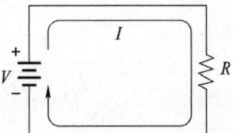

답 ③

---

11 1 [cal]는 약 몇 [J]인가?

① 0.24　　　　② 0.4186　　　　③ 2.4　　　　④ 4.186

풀이 1[J]은 0.24 [cal] 관계가 있다. 따라서, $1[cal] = \dfrac{1}{0.24} = 4.2[J]$이 된다.

답 ④

---

12 교류 100[V]의 최댓값은 약 몇 [V]인가?

① 90　　　　② 100　　　　③ 111　　　　④ 141

풀이

파형	정현파	정현반파	삼각파	구형반파	구형파
실효값	$\dfrac{V_m}{\sqrt{2}}$	$\dfrac{V_m}{2}$	$\dfrac{V_m}{\sqrt{3}}$	$\dfrac{V_m}{\sqrt{2}}$	V_m
평균값	$\dfrac{2V_m}{\pi}$	$\dfrac{V_m}{\pi}$	$\dfrac{V_m}{2}$	$\dfrac{V_m}{2}$	V_m

정현파의 경우 실효값과 최댓값의 관계는 $V = \dfrac{V_m}{\sqrt{2}}$ 이므로

최댓값 $V_m = \sqrt{2} \times 100 = 141[V]$가 된다.

답 ④

---

13 10[V/m]의 전장에 어떤 전하를 놓으면 0.1[N]의 힘이 작용한다. 이 전하의 량은 몇 [C]인가?

① 10^2　　　　② 10^{-4}　　　　③ 10^{-2}　　　　④ 10^4

풀이 쿨롱력과 전계의 세기 사이의 관계는 $F = QE$이므로

$Q = \dfrac{F}{E} = \dfrac{0.1}{10} = 10^{-2}[C]$이 된다.

답 ③

---

14 그림에서 2[Ω]의 저항에 흐르는 전류는 몇 [A]인가?

① 3
② 4
③ 5
④ 6

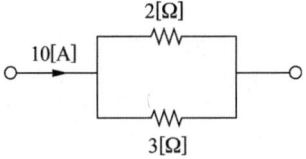

풀이 전류 분배 법칙 $I_1 = \dfrac{R_2}{R_1 + R_2} I$에서 $I_1 = \dfrac{3}{2+3} \times 10 = 6[A]$가 된다.

답 ④

15 저항 R_1, R_2를 병렬로 접속하면 합성 저항은?

① $R_1 + R_2$ ② $\dfrac{1}{R_1 + R_2}$ ③ $\dfrac{R_1 R_2}{R_1 + R_2}$ ④ $\dfrac{R_1 + R_2}{R_1 R_2}$

풀이   **답** ③

16 투자율 μ의 단위는?

① AT/m   ② Wb/m^2 ③ AT/Wb   ④ H/m

풀이   **답** ④

17 비사인파의 일반적인 구성이 아닌 것은?

① 삼각파   ② 고조파   ③ 기본파   ④ 직류분

풀이 비정현파 교류 = 직류분 + 기본파 + 고조파   **답** ①

18 원자핵의 구속력을 벗어나서 물질 내에서 자유로이 이동 할 수 있는 것은?

① 중성자   ② 양자   ③ 분자   ④ 자유전자

풀이 자유전자(Free electron)란 최외각 전자가 원자핵과의 결합력이 약해져서 외부의 자극에 의해 쉽게 궤도를 이탈한 것으로 자유 전자의 이동이나 증감에 의해 도체에 전류가 흐르고 반도체(Semi conductor)가 여러 가지 전기적 작용을 하게하며, 여러 가지 많은 전기적인 현상을 발생하게 한다.

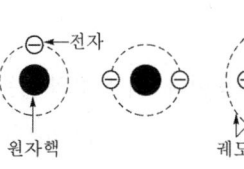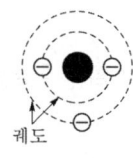

(a) 수소   (b) 헬륨   (c) 리튬   (d) 나트륨   **답** ④

19 반지름 5[cm]권수 10회인 원형 코일에 15[A]의 전류가 흐르면 코일중심의 자장의 세기는 약 몇 [AT/m^2]인가?

① 1300   ② 1500   ③ 1700   ④ 1400

풀이 원형 코일 중심의 자계의 세기 $H = \dfrac{NI}{2r}$[AT/m] 에서

$H = \dfrac{10 \times 15}{2 \times 5 \times 10^{-2}} = 1500$[AT/m]가 된다.   **답** ②

20 다음 중 전류의 발열 작용에 관한 법칙과 가장 관계가 있는 것은?

① 옴의 법칙   ② 패러데이 법칙   ③ 줄의 법칙   ③ 키르히호프의 법칙

풀이 줄의 법칙 : 도체에 흐르는 전류에 의하여 단위 시간에 발생하는 열량은 I^2R에 비례한다. **답** ③

21 직류 전동기의 규약효율을 표시하는 식은?

① $\dfrac{출력}{출력+손실} \times 100\%$

② $\dfrac{출력}{입력} \times 100\%$

③ $\dfrac{입력-손실}{입력} \times 100\%$

④ $\dfrac{입력}{출력+손실} \times 100\%$

풀이 규약 효율 $\eta = \dfrac{출력}{출력+손실} \times 100[\%]$ (발전기)

$\eta = \dfrac{입력-손실}{입력} \times 100[\%]$ (전동기) **답** ③

22 복권 발전기의 병렬 운전을 안전하게 하기 위해서 두 발전기의 전기자와 직권 권선의 접촉점에 연결해야 하는 것은?

① 균압선   ② 집전환   ③ 합성저항   ④ 브러시

풀이 직권계자가 있는 직류 직권발전기와 직류 복권발전기는 병렬운전을 안정히 하기 위하여 균압선을 설치해야 한다.

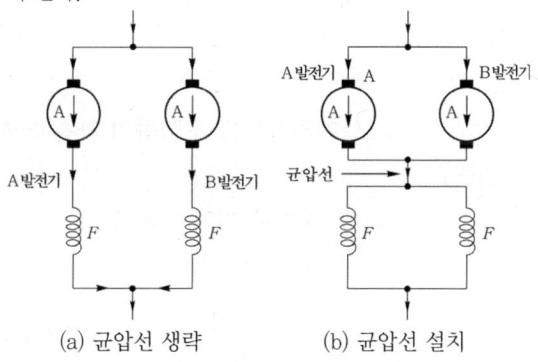

(a) 균압선 생략   (b) 균압선 설치 **답** ①

23 E종 절연물의 최고 허용온도는 몇 [℃]인가?

① 40   ② 60   ③ 120   ④ 155

풀이 전기 기기의 규격에서는 절연물을 그 내열성에 따라서 다음 표와 같이 7종으로 나누어 허용 최고 온도를 정해 놓았다.

절연의 종류	Y	A	E	B	F	H	C
허용 최고 온도[℃]	90	105	120	130	155	180	180 초과

답 ③

24 인버터의 스위칭 주기가 1[msec]이면 주파수는 몇 [Hz]인가?

① 20   ② 60   ③ 100   ④ 1000

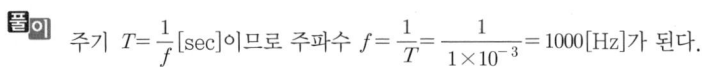

풀이 주기 $T = \dfrac{1}{f}$ [sec]이므로 주파수 $f = \dfrac{1}{T} = \dfrac{1}{1 \times 10^{-3}} = 1000$[Hz]가 된다.   **답** ④

25 동기 조상기를 부족 여자로 운전하면 어떻게 되는가?

① 콘덴서로 작용   ② 뒤진역률 보상
③ 리액터로 작용   ④ 저항손 보상

풀이 동기조상기를 과여자 운전하면 콘덴서로 작용하며, 부족여자 운전하면 리액터로 작용한다.   **답** ③

26 200[V] 50[Hz] 8극 15[kW]의 3상 유도 전동기에서 전부하 회전수가 720[rpm]이면 이 전동기의 2차에 효율은 몇 [%]인가?

① 86   ② 96   ③ 98   ④ 100

풀이 2차 효율은 $\eta_r = \dfrac{P_o}{P_2} = 1 - s = \dfrac{N}{N_s} \times 100$ [%]이므로 슬립을 구하여야 한다.

동기속도 $N_s = \dfrac{120f}{p} = \dfrac{120 \times 50}{8} = 750$[rpm]

슬립 $s = \dfrac{N_s - N}{N_s} = \dfrac{750 - 720}{750} = 0.04$

2차 효율은 $\eta_2 = 1 - s = 1 - 0.04 = 0.96$ **답** ②

27 전기자 전압을 전원전압으로 일정히 유지하고, 계자전류를 조정하여 자속 Φ[Wb]를 변화시킴으로써 속도를 제어하는 제어법은?

① 계자 제어법   ② 전기자 전압 제어법
③ 저항 제어법   ④ 전압 제어법

풀이 전동기의 출력 P와 토크 τ, 회전수 N과의 사이에는 $P \propto \tau N$의 관계가 있고, Φ가 변화할 경우 토크 τ는 Φ에 비례하나 회전수 N은 Φ에 반비례하므로, 계자 제어법은 정출력 제어로 된다.   **답** ①

28 급정지 하는데 가장 좋은 제동법은?

① 발전제동   ② 회생제동   ③ 단상제동   ④ 역전제동

풀이 플러깅 제동은 급제동시 사용하는 방법으로 역전제동이라 한다. 즉, 제동시 전동기를 역회전시켜 속도를 급감시킨 다음 속도가 0에 가까워지면 전동기를 전원에서 분리하는 제동법을 플러깅 제동이라 한다.   **답** ④

29 3상 동기기에 제동 권선을 설치하는 주된 목적은?

① 출력 증가   ② 효율 증가   ③ 역률 개선   ④ 난조 방지

풀이 난조의 원인은 회전자가 어떤 부하각에서 새로운 부하각으로 변화하는 도중 회전자의 관성에 의해 생기는 하나의 과도적인 진동 현상을 말한다.
이것을 방지하기 위해서 회전자극의 극편에 홈을 파고, 이것에 유도 전동기의 농형 권선과 같이 권선을 설치한 구조의 제동 권선(damper winding)으로 막을 수 있다. **답** ④

30 단상 반파 정류 회로에 전원 전압 200[V], 부하 저항 10[Ω]이면 부하 전류는 약 몇 [A]인가?

① 4 ② 9 ③ 12 ④ 18

풀이 반파 정류회로로서 교류전압을 인가하면 입력의 파형이 출력과 같이 반파로 정류되어 출력된다. 이 크기는 $V_o = 0.45 V_i$ 의 관계가 있으며, 여기서 V_o 는 직류전압, V_i 는 교류전압을 나타낸다.
따라서, 직류 전압은 $V_o = 0.45 \times 200 = 90[V]$
전류는 $I = \dfrac{V_o}{R} = \dfrac{90}{10} = 9[A]$가 된다. **답** ②

31 동기발전기를 병렬운전하는 데 필요한 조건이 아닌 것은?

① 기전력의 파형이 작을 것 ② 기전력의 위상이 같을 것
③ 기전력의 주파수가 같을 것 ④ 기전력의 크기가 같을 것

풀이 동기발전기 병렬운전 조건
① 기전력의 크기가 같을 것(발전기 내부에 무효 횡류가 흐른다.)
② 상회전이 일치하고, 기전력이 동위상일 것(유효 횡류가 흐른다.)
③ 기전력과 주파수가 같을 것
④ 기전력과 파형이 같을 것 **답** ①

32 변압기 내부 고장 보호에 쓰이는 계전기로서 가장 적당한 것은?

① 차동계전기 ② 접지계전기
③ 과전류계전기 ④ 역상계전기

풀이 변압기 내부고장을 보호하기 위한 계전기는 브흐홀쯔 계전기, 비율차동 계전기, 차동 계전기 등이 사용된다. **답** ①

33 농형 유도 전동기의 기동법이 아닌 것은?

① 기동 보상기에 의한 기동법 ② 2차 저항 기동법
③ 리액터 기동법 ④ Y-△ 기동법

풀이 2차 저항법은 비례추이를 이용하는 방법으로 권선형 유도 전동기에 기동법에 해당한다. **답** ②

34 3상 동기 발전기에 무부하 전압보다 90° 뒤진 전기자 전류가 흐를 때 전기자 반작용은?

① 감자 작용을 한다. ② 증자 작용을 한다.
③ 교차 자화 작용을 한다. ④ 자기 여자 작용을 한다.

풀이 • 전압과 전류가 동상인 전류 : 횡축반작용(교차자화작용)
• 진상인 전류 : 직축반작용(증자작용)
• 지상인 전류 : 직축반작용(감자작용)   **답** ①

35 각각 계자 저항기가 있는 직류 분권 전동기와 직류 분권 발전기가 있다. 이것을 직결하여 전동 발전기로 사용하고자 한다. 이것을 기동할 때 계자 저항기의 저항은 각각 어떻게 조정하는 것이 가장 적합한가?

① 전동기 : 최대, 발전기 : 최소   ② 전동기 : 중간, 발전기 : 최소
③ 전동기 : 최소, 발전기 : 최대   ④ 전동기 : 최소, 발전기 : 중간

풀이 전동기의 경우 기동토크를 크게 하기 위하여 자속을 크게 하여야 한다. 따라서 계자전류를 크게 하여야 하며, 이를 위해서는 계자저항을 최소로 놓아야 한다.   **답** ③

36 단락비가 큰 동기 발전기를 설명하는 것으로 옳지 않은 것은?

① 동기 임피던스가 작다.   ② 단락 전류가 크다
③ 전기자 반작용이 크다.   ④ 공극이 크고 전압 변동률이 적다.

풀이 단락비는 기계적 특성을 잘 나타내는 수치로서 일반적으로 단락비가 큰 기계는
① 동기임피던스(리액턴스)가 작다.
② 전압강하 및 전압강하율, 전압변동률이 작다.
③ 안정도가 좋다.
④ 철이 많이 사용되어 철기계라 불린다.
⑤ 공극이 크고, 기계 형태 중량이 증가한다.   **답** ③

37 변압기유의 열화 방지와 관계가 가장 먼 것은?

① 브리더   ② 컨서베이터   ③ 불활성 질소   ④ 부싱

풀이   **답** ④

38 제어 정류기의 용도는?

① 교류 – 교류변환   ② 직류 – 교류변환   ③ 교류 – 직류변환   ④ 직류 – 직류변환

풀이   **답** ③

39 구리 전선과 전기 기계 기구 단자를 접속하는 경우에 진동 등으로 인하여 헐거워질 염려가 있는 곳에는 어떤 것을 사용하여 접속하는가?

① 평와셔 2개를 끼운다.   ② 스프링 와셔를 끼운다.
③ 코드 패스너를 끼운다.   ④ 정 슬리브를 끼운다.

풀이 진동이 있는 단자에 전선을 접속할 때 스프링 와셔 또는 이중너트를 사용하여 접속한다.   **답** ②

40 8극 파권 직류 발전기의 전기자 권선의 병렬 회로수 a 는 얼마로 하고 있는가?

① 1 　　　　　② 2 　　　　　③ 6 　　　　　④ 8

풀이

비교 항목	중권(병렬권)	파권(직렬권)
코일 정수		
전기자 병렬 회로수(a)	극수와 같다($a = p$).	항상 2($a = 2$)
브러시의 수(B)	극수와 같다($B = p$).	2개 또는 극수만큼 설치
균압 접속	4극 이상 필요	불필요
용 도	저전압, 대전류	고전압, 소전류

답 ②

41 변압기에서 전압 변동률이 최대가 되는 부하 역률은?

단, p : 퍼센트 저항 강하, q : 퍼센트 리액턴스 강하, $\cos\theta_m$: 역률

① $\cos\theta_m = \dfrac{p}{\sqrt{p+q}}$ 　　　　　② $\cos\theta_m = \dfrac{p}{\sqrt{p^2+q^2}}$

③ $\cos\theta_m = \dfrac{p}{p^2+q^2}$ 　　　　　④ $\cos\theta_m = \dfrac{p}{p+q}$

풀이 　　　　　　　　　　　　　　　　　　　　　　　　　　　　답 ②

42 다음 중 접지 저항의 측정에 사용되는 측정기의 명칭은?

① 회로 시험기　　　　　　　　② 변류기
③ 검류기　　　　　　　　　　④ 어스테스터

풀이 접지 저항측정에는 어스테스터를 사용한다.　　　　　답 ④

43 폭발성 분진이 존재하는 곳의 금속관 공사에 있어서 관 상호 및 관과 박스 기타의 부속품이나 풀박스 또는 전기 기계기구와의 접속은 몇 턱 이상의 나사 조임으로 접속하여야 하는가?

① 2턱　　　　　② 3턱　　　　　③ 4턱　　　　　④ 5턱

풀이 242.2.1 폭연성 분진 위험장소
폭연성 분진(마그네슘, 알루미늄, 티탄, 지르코늄 등의 먼지로 쌓여진 상태에서 착화된 때에 폭발할 우려가 있는 것), 화약류 분말이 존재하는 곳, 가연성의 가스 또는 인화성 물질의 증기가 새거나 체류하는 곳의 전기 공작물은 금속관 공사, 또는 케이블 공사(캡타이어 케이블을 제외한다)에 의하여야 하며 금속관 공사를 하는 경우 관 상호 및 관과 박스 등은 5턱 이상의 나사 조임으로 접속하여야 한다. 답 ④

44 전선 6[mm²] 이하의 가는 단선을 직선 접속 할 때 어느 방법으로 하여야 하는가?

① 브리타니어 접속   ② 트위스트 접속

④ 슬리브 접속   ④ 우산형 접속

풀이 트위스트 직선 접속

① 6[mm²] 이하의 단선인 경우에 적용되며, 다음 그림과 같이, 피복을 벗긴 두 전선을 120°의 각도로 교차시킨다. 이때, 피복의 끝에서 교차점까지의 길이는 약 30~35[mm]로 한다.

② 전선이 교차하는 점의 오른쪽을 펜치로 잡고 심선을 성기게 1회 꼰다.

③ 성기게 꼰 심선을 직각으로 세워서 다른 심선에 틈이 없도록 하여 4~5회 정도 감은 다음, 나머지 부분은 자르고 끝 부분을 오므린다.

④ 오른쪽 부분도 같은 방법으로 작업을 하여 완성한다.

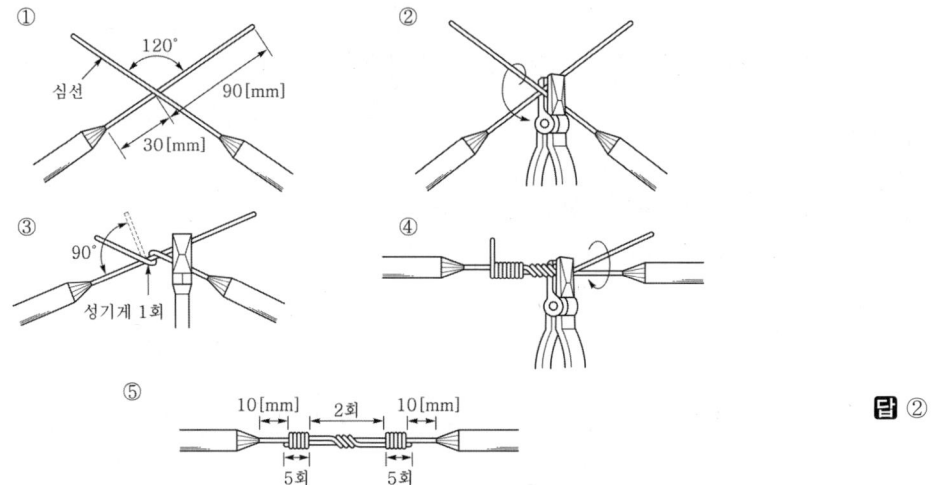

답 ②

45 저압 가공 인입선의 인입구에 사용하는 부속품은?

① 플로어 박스   ② 링리듀서   ③ 앤트런스 캡   ④ 노멀 밴드

풀이 엔트런스 캡은 옥외 공사의 금속관 인입구에 설치하며 빗물의 침입을 막는 곳에 사용한다.   **답** ③

46 합성수지관 공사에 대한 설명 중 옳지 않은 것은?

① 습기가 많은 장소 또는 물기가 있는 장소에 시설하는 경우에는 방습 장치를 한다.

② 관 상호간 및 박스와는 관을 삽입하는 길이를 관 바깥지름의 1.2배 이상으로 한다.

③ 관의 지지점간의 거리는 3[m] 이상으로 한다.

④ 합성수지관 안에는 전선의 접속점이 없도록 한다.

풀이 232.11.2 합성수지관 및 부속품의 시설

① 관 상호 간 및 박스와는 관을 삽입하는 깊이를 관의 바깥지름의 1.2배(접착제를 사용하는 경우에는 0.8배) 이상으로 하고 또한 꽂음 접속에 의하여 견고하게 접속할 것.

② 관의 지지점 간의 거리는 1.5[m] 이하로 하고, 또한 그 지지점은 관의 끝·관과 박스의 접속점 및 관 상호 간의 접속점 등에 가까운 곳에 시설할 것.   **답** ③

47 셀룰로이드, 성냥, 석유류 및 기타 가연성 위험물질은 제조 또는 저장하는 장소의 배선으로 잘못된 배선은?

① 금속관공사
② 합성수지관공사
③ 플로어덕트공사
④ 케이블공사

풀이 242.4 위험물 등이 존재하는 장소
셀룰로이드 · 성냥 · 석유류 기타 타기 쉬운 위험한 물질을 제조하거나 저장하는 곳에 시설하는 저압 옥내 배선 등은 합성수지관공사(두께 2[mm]미만의 합성수지 전선관 및 난연성이 없는 콤바인 덕트관을 사용 하는 것을 제외) · 금속관공사 또는 케이블공사에 의할 것. **답** ③

48 다음 중 금속 덕트 공사 방법과 거리가 가장 먼 것은?

① 덕트의 말단은 열어 놓을 것
② 금속 덕트는 3[m] 이하의 간격으로 견고하게 지지할 것
③ 금속 덕트의 뚜껑은 쉽게 열리지 않도록 시설할 것
④ 금속 덕트 상호는 견고하고 또한 전기적으로 완전하게 접속할 것

풀이 232.31 금속덕트공사
① 금속덕트 안에는 전선에 접속점이 없도록 할 것. 다만, 전선을 분기하는 경우에는 그 접속점을 쉽게 점검할 수 있는 때에는 그러하지 아니하다.
② 덕트를 조영재에 붙이는 경우에는 덕트의 지지점 간의 거리를 3[m](취급자 이외의 자가 출입할 수 없도록 설비한 곳에서 수직으로 붙이는 경우에는 6[m]) 이하로 하고 또한 견고하게 붙일 것.
③ 덕트의 끝부분은 막을 것. **답** ①

49 고압 가공 전선로의 전선의 조수가 3조일 때 완금의 길이는?

① 1200[mm]
② 1400[mm]
③ 1800[mm]
④ 2400[mm]

풀이 가공 전선로의 장주에 사용되는 완금의 표준 길이

전선의 개수	특고압	고압	저압
2	1800[mm]	1400[mm]	900[mm]
3	2400[mm]	1800[mm]	1400[mm]

답 ③

50 금속 전선관 공사에 필요한 공구가 아닌 것은?

① 파이프 바이스
② 스트리퍼
③ 리머
④ 오스터

풀이 와이어 스트리퍼(wire striper) : 절연 전선의 피복 절연물을 벗기는 자동 공구

답 ②

51 습기가 많은 장소 또는 물기가 있는 장소의 바닥 위에서 사람이 접촉할 우려가 있는 장소에 시설하는 사용 전압이 400[V] 이하인 전구선 및 이동전선은 최소 몇 [mm²] 이상의 것을 사용하여야 하는가?

① 0.75　　　　② 1.25　　　　③ 2.0　　　　④ 3.5

> 풀이　234.3 코드 및 이동전선
> 옥내에서 조명용 전원코드 또는 이동전선을 습기가 많은 장소 또는 수분이 있는 장소에 시설할 경우에는 고무코드(사용전압이 400[V] 이하인 경우에 한함) 또는 0.6/1[kV] EP 고무 절연 클로로프렌캡타이어케이블로서 단면적이 0.75[mm²] 이상인 것이어야 한다.　답 ①

52 2종 금속제 가요 전선관의 굵기(관의 호칭)가 아닌 것은?

① 10[mm]　　　　② 12[mm]　　　　③ 16[mm]　　　　④ 24[mm]

> 풀이　제2종 금속제 가요 전선관의 호칭 : 10, 12, 15, 17, 24, 30, 38, 50, 63, 76, 83, 101[mm]　답 ③

53 배선용 차단기의 심벌은?

① $\boxed{B}$　　　　② $\boxed{E}$　　　　③ $\boxed{BE}$　　　　④ $\boxed{S}$

> 풀이　$\boxed{E}$: 누전 차단기 , $\boxed{BE}$: 과전류 소자 붙이 누전 차단기 , $\boxed{S}$: 개폐기　답 ①

54 수변전 설비에서 차단기의 종류 중 가스 차단기에 들어가는 가스의 종류는?

① CO_2　　　　② LPG　　　　③ SF_6　　　　④ LNG

> 풀이
>
> | 종류 | 진공차단기 (VCB) | 탱크형 유입차단기 (OCB) | 소유량형 유입차단기 (LOCB) | 가스차단기 (GCB) | 자기차단기 (MBB) |
> |---|---|---|---|---|---|
> | 소호매질 | 진공상태 | 절연유 | 절연유 | SF_6 | 전자력 |
>
> 답 ③

55 600[V] 이하의 저압 회로에 사용하는 비닐절연 비닐외장 케이블의 약호로 맞는 것은?

① VV　　　　② EV　　　　③ FP　　　　④ CV

> 풀이　비닐 절연 비닐 외장 케이블 (VV : PVC insulated PVC sheathed power cable) : 600[V] 이하인 저압 회로에 사용한다.　답 ①

56 다음 변류기의 약호는?

① CB　　　　② CT　　　　③ DS　　　　④ COS

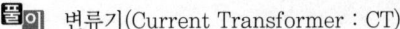

풀이 변류기(Current Transformer : CT)
고압회로의 대전류를 소전류로 변성하기 위해서 사용하는 것이며, 배전반의 전류계 및 트립코일(TC)의
전원으로 사용된다. 일반 변류기는 2차측은 사용 중 코일에 전류가 흐르는 상태에서 2차 코일을 개방하면
2차 단자간에 고전압이 발생하여 코일의 손상(2차측 절연파괴)내지 감전사고를 유발한다. **답** ②

출제기준 변경 및 개정된 관계 법규에 따라 삭제된 문제가 있어 60문항이 안됩니다.

1 $L-C$ 병렬 회로에 $E[\mathrm{V}]$의 전압을 가할 때 전전류가 0이 되려면 주파수 $f[\mathrm{Hz}]$는?

① $f = 2\pi\sqrt{LC}$　　　② $f = \dfrac{1}{2\pi\sqrt{LC}}$　　　③ $f = \dfrac{\sqrt{LC}}{2\pi}$　　　④ $f = \dfrac{2\pi}{\sqrt{LC}}$

풀이 $L-C$ 병렬 회로에서 전류가 0이 되려면 임피던스가 무한대가 되어야 한다.

즉, $Z = \dfrac{1}{\dfrac{1}{X_L} - \dfrac{1}{X_C}}$ [Ω]에서 Z가 무한대가 되려면 $X_L = X_C$인 때이다.

이 때를 병렬 공진 상태라 하며 공진 주파수는 $f = \dfrac{1}{2\pi\sqrt{LC}}$[Hz]가 된다.　　　**답** ②

2 강자성체의 투자율에 대한 설명으로 옳은 것은?

① 투자율은 매질의 두께에 비례한다.
② 투자율은 자화력에 따라서 크기가 달라진다.
③ 투자율이 큰 것은 자속이 통하기 어렵다.
④ 투자율은 자속 밀도에 반비례한다.

풀이 자속밀도 $B = \mu H[\mathrm{Wb/m^2}] = \mu_o \mu_s H[\mathrm{Wb/m^2}]$ 에서 투자율 $\mu = \dfrac{B}{H}$ 이므로 자속밀도에 비례하며, 자계의 세기에 반비례한다. 투자율은 자화력의 크기에 따라 달라진다.　　　**답** ②

3 그림과 같은 회로에서 $R-C$ 임피던스는?

① $\dfrac{1}{\sqrt{\dfrac{1}{R^2} + \left(\dfrac{1}{\omega C}\right)^2}}$　　　② $\dfrac{1}{\sqrt{\dfrac{1}{R^2} + (\omega C)^2}}$

③ $\sqrt{\dfrac{1}{R^2} + (\omega C)^2}$　　　④ $\sqrt{R^2 + \left(\dfrac{1}{\omega C}\right)^2}$

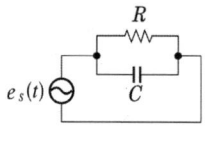

풀이

병렬 회로의 임피던스 $Z = \dfrac{\dfrac{R}{j\omega C}}{R + \dfrac{1}{j\omega C}}$ 에서

분자 분모에 $j\omega C$를 곱하면 $Z = \dfrac{R}{1 + j\omega CR}$가 된다.

여기에 분자 분모에 $\dfrac{1}{R}$를 곱하면 $Z = \dfrac{1}{\dfrac{1}{R} + j\omega C}$가 된다.

이것의 크기는 $|Z| = \dfrac{1}{\sqrt{\dfrac{1}{R^2} + (\omega C)^2}}$ 가 된다.　　　**답** ②

4 2[C]의 전기량이 두 점 사이를 이동하여 48[J]의 일을 하였을 때, 이 두 점 사이의 전위차는 몇 [V]인가?

① 12 　　　　　　② 24 　　　　　　③ 48 　　　　　　④ 64

풀이 $V = \dfrac{W}{Q}$ [V]에서 $V = \dfrac{48}{2} = 24$[V]가 된다.

답 ②

5 전류에 의한 자기장의 방향을 결정하는 법칙은?

① 앙페르의 오른나사 법칙　　　　② 플레밍의 오른손 법칙
③ 플레밍의 왼손 법칙　　　　　　④ 렌츠의 전자유도 법칙

풀이 직선 도체에 전류가 흐르면 자계가 형성되며 그림과 같이 도체에 수직인 평면상에서 오른나사가 진행하는 방향으로 전류가 흐를 때 나사를 돌리는 방향으로 자계가 발생한다. 즉, 전류에 의한 자계 방향의 관계를 앙페르의 오른나사 법칙이라 한다.

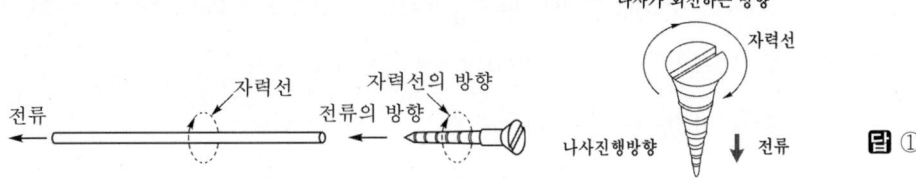

답 ①

6 4[Ω], 6[Ω] 8[Ω]의 3개 저항을 병렬 접속할 때 합성 저항은 약 몇 [Ω]인가?

① 1.8 　　　　　　② 2.5 　　　　　　③ 3.6 　　　　　　④ 4.5

풀이 병렬 접속 회로의 합성저항 $R_0 = \dfrac{1}{\dfrac{1}{4} + \dfrac{1}{6} + \dfrac{1}{8}} = 1.8$[Ω]이 된다.

답 ①

7 다음 중 자기 차폐와 가장 관계가 깊은 것은?

① 상자성체　　　　　　　　　② 강자성체
③ 반자성체　　　　　　　　　④ 비투자율이 1인 자성체

풀이 투자율이 큰 강자성체를 사용하여 외부자계의 영향을 작게 하는 자기적인 차단을 자기 차폐(magnetic shielding)라 한다.

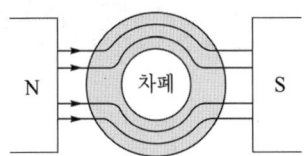

답 ②

8 구리선의 길이를 2배, 반지름을 $\frac{1}{2}$로 할 때 저항은 몇 배가 되는가?

① 2　　　　　　② 4　　　　　　③ 6　　　　　　④ 8

풀이 전선의 저항 $R = \frac{l}{\sigma S} = \rho \frac{l}{S} = \rho \frac{l}{\pi r^2}$ 에서 길이에 비례하며, 반지름에는 제곱에 반비례한다.

따라서 $R = \frac{2}{\left(\frac{1}{2}\right)^2} = 8$배가 된다.　　　　　　**답** ④

9 $R = 5[\Omega]$, $L = 2[H]$인 직렬 회로의 시상수는 몇 [sec]인가?

① 0.1　　　　　　② 0.2　　　　　　③ 0.3　　　　　　④ 0.4

풀이 $R - L$ 직렬회로의 과도상태 전류는 $i(t) = \frac{V}{R}\left(1 - e^{-\frac{R}{L}t}\right)$[A]이며

시상수는 이 전류값이 $i(t) = 0.632\frac{V}{R}$가 되는 시간을 말한다.

이 시간은 e^{-1}으로 되는 시간이므로 $\tau = \frac{L}{R}$이 되어야 한다.

따라서 시상수 $\tau = \frac{2}{5} = 0.4$[sec]가 된다.　　　　　　**답** ④

10 4[Wh]는 몇 [J]인가?

① 3600　　　　　　② 5200　　　　　　③ 7200　　　　　　④ 14400

풀이 1시간은 3600초에 해당한다.
1[W·s]=1[J], 1[W·h]=3600[W·s]이므로 4[W·h]=4×3600 = 14400[J]이 된다.　　　　　　**답** ④

11 평형 3상 교류 회로에서 Δ결선을 할 때 선전류 I_l과 상전류 I_p의 관계 중 옳은 것은?

① $I_l = I_p$　　　　　　　　② $I_l = 2I_p$

③ $I_l = \sqrt{3}\,I_p$　　　　　　　④ $I_l = 3I_p$

풀이 Δ결선에서는 선전류가 상전류보다 $\sqrt{3}$ 배 크며, 위상은 30° 뒤지게 된다.　　　　　　**답** ③

12 두 콘덴서 C_1, C_2를 직렬로 접속하고 양단에 $E[V]$의 전압을 가할 때 C_1에 걸리는 전압은?

① $\frac{C_1}{C_1 + C_2}E$　　② $\frac{C_2}{C_1 + C_2}E$　　③ $\frac{C_1 + C_2}{C_1}E$　　④ $\frac{C_1 + C_2}{C_2}E$

풀이 콘덴서의 경우 전압분배 법칙은 전압이 정전용량에 반비례하므로 $E_1 = \frac{C_2}{C_1 + C_2}E$가 된다.　　　　　　**답** ②

13 전압 1.5[V], 내부 저항 0.2[Ω]의 전지 5개를 직렬로 접속하면 전전압은 몇 [V]인가?

① 0.2　　　　② 1.0　　　　③ 5.7　　　　④ 7.5

이

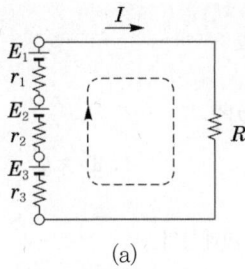
(a)
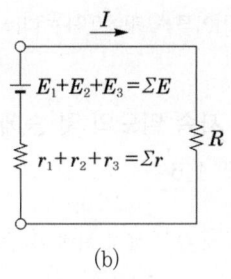
(b)

여기서, 기전력은 $E_o = nE = 5 \times 1.5 = 7.5[V]$가 된다.　　　**답** ④

14 다음은 연축전지에 대한 설명이다. 옳지 않은 것은?

① 전해액은 황산을 물에 섞어서 비중을 1.2~1.3 정도로 사용한다.
② 충전시 양극은 PbO로 되고 음극은 $PbSO_4$로 된다.
③ 방전 전압의 한계는 1.8[V]로 하고 있다.
④ 용량은 방전 전류×방전시간으로 표시하고 있다.

풀이

$$PbO_2 + 2H_2SO_4 + Pb \underset{충전}{\overset{방전}{\rightleftharpoons}} PbSO_4 + 2H_2O + PbSO_4$$
(+극)　전해액　(−극)　　(+극)　　　　(−극)
납축전지의 전해액으로 묽은황산($2H_2SO_4$)을 사용한다.　　　**답** ②

15 다음 중 전자력 작용을 응용한 대표적인 것은?

① 전동기　　② 전열기　　③ 축전기　　④ 전등

풀이　플레밍의 왼손 법칙은 전자력에 관계되는 법칙으로 전동기의 원리를 설명하는 법칙으로 사용된다.　　　**답** ①

16 최댓값이 10[A]인 교류 전류의 평균값은 약 몇 [A]인가?

① 0.2　　② 0.5　　③ 3.14　　④ 6.37

풀이　평균값 $I_{av} = \dfrac{2I_m}{\pi}[A]$에서 $I_{av} = \dfrac{2 \times 10}{\pi} = 6.37[A]$가 된다.　　　**답** ④

17 100[μF]의 콘덴서 1,000[V]의 전압을 가하여 충전한 뒤 저항을 통하여 방전시키면 저항에 발생하는 열량은 몇 [cal]인가?

① 3　　② 5　　③ 12　　④ 43

풀이 콘덴서에 저장 되는 에너지 $W = \frac{1}{2}CV^2$[J]이므로

$W = \frac{1}{2} \times 100 \times 10^{-6} \times 1000^2 = 50$[J]이 된다.

여기서 1[J]=0.24[cal]이므로 $50 \times 0.24 = 12$[cal]가 된다.   **답** ③

18 히스테리시스손은 최대 자속 밀도의 몇 승에 비례하는가?

① 1.1   ② 1.6   ③ 2.6   ④ 3.2

풀이 스타인메츠의 식 $W_h = \eta f B_m^{1.6}$ 에서 최대 자속의 1.6제곱에 비례한다.   **답** ②

19 $R = 10$[kΩ], $C = 5$[μF]의 직렬 회로에 110[V]의 직류 전압을 인가했을 때 시상수(τ)는?

① 5[ms]   ② 50[ms]   ③ 1[sec]   ④ 2[sec]

풀이 $R-C$ 직렬회로의 과도상태 전류는 $i(t) = \frac{V}{R}e^{-\frac{1}{RC}t}$[A]이며

시상수는 이 전류값이 $i(t) = 0.368\frac{V}{R}$가 되는 시간을 말한다.

이 시간은 e^{-1}으로 되는 시간이므로 $\tau = RC$가 되어야 한다.

시상수 $\tau = 10 \times 10^3 \times 5 \times 10^{-6} = 0.05$[sec]$= 50 \times 10^{-3}$[sec]$= 50$[msec]가 된다.   **답** ②

20 부흐홀츠 계전기의 설치 위치로 가장 적당한 것은?

① 변압기 주탱크 내부   ② 콘서베이터 내부
③ 변압기의 고압측 부싱   ④ 변압기 주탱크와 콘서베이터 사이

풀이 부흐홀츠 계전기 : 변압기 내부 고장에 대한 보호용으로 사용하는 계전기

- 원리 : 변압기의 주탱크와 컨서베이터 사이에 부착하여 변압기의 내부 고장이 생기는 때에 오일의 분해가스나 오일의 분류를 이용하여 경보를 발하거나 차단기를 작동시킨다.
- 특징 : 상부의 부낭은 경보용이며 하부의 부낭은 차단기를 동작시킨다.

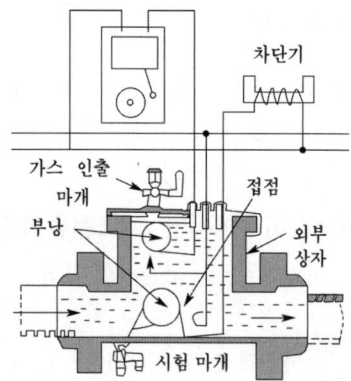

답 ④

21 감은 횟수 200회의 코일 P와 300회 코일 S를 가까이 놓고 P에 1[A]의 전류를 흘릴 때 S와 쇄교하는 자속이 4×10^{-4}[Wb]이었다면 이들 코일의 상호 인덕턴스는?

① 0.12[H]   ② 0.12[mH]   ③ 1.2×10^{-4}[H]   ④ 1.2×10^{-4}[mH]

풀이 두 코일의 상호인덕턴스 $M = \dfrac{N_2 \phi_2}{I_1} = \dfrac{300 \times 4 \times 10^{-4}}{1} = 0.12[\text{H}]$가 된다. **답** ①

22 4극 60[Hz], 슬립 5[%]인 유도 전동기의 회전수는 몇 [rpm]인가?

① 1836   ② 1710   ③ 1540   ④ 1200

풀이 유도전동기의 동기속도 $N_s = \dfrac{120f}{p}$ 에서 $N_s = \dfrac{120 \times 60}{4} = 1800[\text{rpm}]$

슬립이 5[%]인 경우 회전자 속도는

$N = (1-s)N_s = (1-0.05) \times 1800 = 1710[\text{rpm}]$이 된다. **답** ②

23 전기자 저항이 0.1[Ω], 전기자 전류 104[A], 유도 기전력 110.4[V]인 직류 분권 발전기의 단자 전압은 몇 [V]인가?

① 98   ② 100   ③ 102   ④ 105

풀이 직류 분권 발전기의 단자전압 $V = E - R_a I_a [\text{V}]$이므로

$V = 110.4 - 0.1 \times 104 = 100[\text{V}]$가 된다. **답** ②

24 그림의 기호는?

① SCR

② TRIAC

③ IGBT

④ GTO

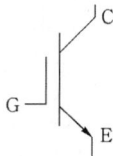

풀이 절연 게이트 양극성 트랜지스터(Insulated gate bipolar transistor, IGBT)는 금속 산화막 반도체 전계 효과 트랜지스터 (MOSFET)을 게이트부에 짜 넣은 접합형 트랜지스터이다. 게이트-이미터간의 전압이 구동되어 입력 신호에 의해서 온/오프가 생기는 자기소호형이므로, 대전력의 고속 스위칭이 가능한 반도체 소자이다. **답** ③

25 동기 발전기의 권선을 분포권으로 하면 어떻게 되는가?

① 권선의 리액턴스가 커진다.

② 파형이 좋아진다.

③ 난조를 방지한다.

④ 집중권에 비하여 합성 유도 기전력이 높아진다.

풀이 분포권의 특징

① 고조파 제거하여 파형이 좋아진다.

② 코일에서 발생된 열을 골고루 발산시킨다.

③ 누설 리액턴스가 적다.

④ 집중권 보다 기전력이 적다. (분포권 계수로 인하여 기전력 감소) **답** ②

26 동기기의 자기 여자 현상의 방지법이 아닌 것은?

① 단락비 증대   ② 리액턴스 접속

③ 발전기 직렬 연결   ④ 변압기 접속

풀이 동기기의 자기여자 현상이란 발전기가 무부하 장거리 송전선로에 접속한 것과 같이 선로의 충전용량이
큰 경우 발전기가 무여자 일지라도 무부하 충전전류에 의해 발전기가 여자되어 전압이 확립되는 현상을
말한다. 이를 방지하기 위하여 충전용량을 작게 하여야 한다.
① 발전기를 여러대 병렬운전하여 무부하 운전을 피한다.
② 수전단에 병렬로 리액터를 설치한다.
③ 수전단에 병렬로 변압기를 연결한다.
④ 단락비를 크게한다.   **답** ③

27 일정 전압 및 일정 파형에서 주파수가 상승하면 변압기 철손은 어떻게 변하는가?

① 증가한다.   ② 감소한다.

③ 불변이다.   ④ 어떤 기간동안 증가한다.

풀이 $P_h \propto \dfrac{1}{f}$ 에서 히스테리시스손은 주파수에 반비례한다. 따라서 히스테리시스손은 감소하므로 결국 철
손은 감소한다.   **답** ②

28 직류기에서 보극을 두는 가장 주된 목적은?

① 기동 특성을 좋게 한다.

② 전기자 반작용을 크게한다.

③ 정류 작용을 돕고 전기자 반작용을 약화시킨다.

④ 전기자 자속을 증가시킨다.

풀이 주자극 사이의 중성점에 소자극을 설치한 것을 보극 또는 정류극이라 하며, 전기자 전류에 따라 필요한
정류 전압을 얻어 리액턴스 전압이 상쇄되므로 정류가 잘되고 중성점의 이동을 막을 수 있다. 즉, 보극은
정류 작용을 돕고 전기자 반작용을 줄이는 목적으로 사용된다.   **답** ③

29 단락비가 1.2인 동기 발전기의 %동기 임피던스는 약 몇 [%]인가?

① 68   ② 83   ③ 100   ④ 120

풀이 단락비 $K_s = \dfrac{\text{무부하에서 정격 전압을 유도하는 데 필요한 여자 전류}}{\text{정격 전류와 같은 단락전류를 흘리는 데 필요한 여자 전류}} = 1.2$ 이므로
%동기임피던스는 단락비의 역관계가 있다.

따라서 %동기임피던스 $Z_s' = \dfrac{100}{K_s} = \dfrac{100}{1.2} = 83[\%]$가 된다.   **답** ②

30 1차 권수 3000, 2차 권수 100인 변압기에서 이 변압기의 전압비는 얼마인가?

① 20   ② 30   ③ 40   ④ 50

풀이 전압비 $a = \dfrac{V_1}{V_2} = \dfrac{N_1}{N_2}$ 이므로 $a = \dfrac{3000}{100} = 30$ 이 된다. **답** ②

31 분권 발전기는 잔류 자속에 의해서 잔류 전압을 만들고 이때 여자 전류가 잔류자속을 증가시키는 방향으로 흐르면서, 여자 전류가 점차 증가하면서 단자 전압이 상승하게 된다. 이 현상을 무엇이라 하는가?

① 자기 포화　　　　　　　② 여자 조절
③ 보상 전압　　　　　　　④ 전압 확립

풀이 유기 기전력 E와 계자 전류 I_f 의 관계 곡선을 무부하 특성곡선이라 한다.

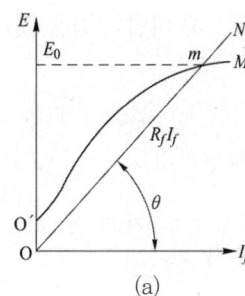
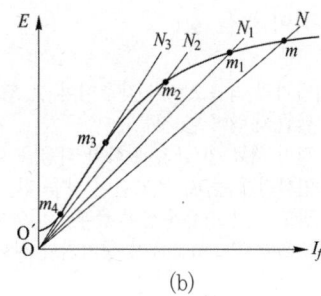

$$(a) \qquad\qquad (b)$$

$$V = R_f I_f, \quad V = E - R_f I_f$$

그림(a)에서 ON_1은 계자저항선으로 무부하 포화곡선인 $O'M$과 만나는 m에서 전압이 확립되며, 이점을 전압확립점이라 한다. 이 곡선에서 θ값의 증감으로 계자저항선의 변화에 대한 전압 확립점의 변화를 나타낸 것이 그림 (b)로 m_4에서부터 m_3까지는 일정전압을 유지할 수 없는 점으로 전압이 확립되지 않는다. 이러한 계자저항선 N_3를 임계저항선이라 한다 **답** ④

32 효율 80[%], 출력 10[kW]일 때 입력은 몇 [kW]인가?

① 7.5　　　　　　　　　② 10
③ 12.5　　　　　　　　　④ 20

풀이 입력을 p[kW]라 하면 효율은 출력을 입력으로 나눈 것으로 $0.8 = \dfrac{10}{p}$[kW]가 된다.

$$\therefore p = \dfrac{10}{0.8} = 12.5[\text{kW}]$$ **답** ③

33 전압 제어에 의한 속도 제어가 아닌 것은?

① 정지형 레어너드 방식　　② 일그너 방식
③ 직병렬 제어　　　　　　④ 회생 제어

풀이 회생 제어는 회생 제동의 제어방식이다. **답** ④

34 동기 발전기의 돌발 단락 전류를 주로 제한하는 것은?

① 권선 저항

② 동기 리액턴스

③ 누설 리액턴스

④ 역상 리액턴스

풀이 동기기에서 저항은 누설 리액턴스에 비하여 작으며 전기자 반작용은 단락 전류가 흐른 뒤에 작용하므로 돌발 단락 전류를 제한하는 것은 누설 리액턴스이다. 역상 리액턴스는 역상 전류에 대응하는 것으로 3상 평형 단락이 되면 역상 전류는 흐르지 않는다.

동기 리액턴스 = 누설 리액턴스 + 반작용 리액턴스

답 ③

35 변압기유가 구비해야 할 조건은?

① 절연 내력이 클 것

② 인화점이 낮을 것

③ 응고점이 높을 것

④ 비열이 작을 것

풀이 변압기의 기름으로서 갖추어야 할 조건
- 절연 내력이 클 것.
- 절연 재료 및 금속에 화학 작용을 일으키지 않을 것.
- 인화점이 높고, 응고점이 낮을 것.
- 점도가 낮고(유동성이 풍부), 비열이 커서 냉각 효과가 클 것.
- 고온에서도 석출물이 생기거나 산화하지 않을 것.

답 ①

36 반도체 사이리스터에 의한 전동기의 속도 제어 중 주파수 제어는?

① 초퍼 제어

② 인버터 제어

③ 컨버터 제어

④ 브리지 정류 제어

풀이 VVVF(인버터)제어는 가변 전압 가변 주파수로 속도제어 및 기동을 하는 방법을 말한다.

답 ②

37 3상 유도 전동기의 회전 방향을 바꾸기 위한 방법으로 가장 옳은 것은?

① $\Delta - Y$ 결선

② 전원의 주파수를 바꾼다.

③ 전동기에 가해지는 3개의 단자 중 어느 2개의 단자를 서로 바꾸어 준다.

④ 기동 보상기를 사용한다.

풀이 3상 유도 전동기의 회전 방향을 반대로 하려면 상회전을 반대로 하면 된다. 상회전을 반대로 하는 방법은 전원의 3선중 2선의 위치를 서로 교환하면 된다.

답 ③

38 6극 전기자 도체수 400, 매극 자속수 0.01[Wb], 회전수 600[rpm]인 파권 직류기의 유기 기전력은 몇 [V]인가?

① 120

② 140

③ 160

④ 180

풀이 직류발전기의 유기 기전력은 $E = \dfrac{PZ\phi N}{60a}$ 에서 파권이므로 $a = 2$를 적용하면

$$E = \frac{6 \times 400 \times 0.01 \times 600}{60 \times 2} = 120[\text{V}]$$ 가 된다. **답** ①

39 다음 중 역률이 가장 좋은 단상 유도 전동기는?

① 셰이딩 코일형   ② 분상형 전동기

③ 반발형 전동기   ④ 콘덴서형 전동기

풀이 단상유도 전동기 중에서 콘덴서 기동형 단상 유도 전동기가 역률이 좋고 비교적 기동토크가 크므로 가정용 전동기로 많이 사용된다. (콘덴서가 역률 개선의 역할을 한다.) **답** ④

40 2극 3600[rpm]인 동기 발전기와 병렬 운전하려는 12극 동기발전기의 회전수는 몇 [rpm]인가?

① 600   ② 1200   ② 1800   ④ 3600

풀이 병렬운전 조건에서 주파수가 같아야 하므로 주파수를 구하면

$$f = \frac{Np}{120} = \frac{3600 \times 2}{120} = 60[\text{Hz}]$$ 이므로 12극 동기발전기의 회전수는

$$N = \frac{120f}{p} = \frac{120 \times 60}{12} = 600[\text{rpm}]$$ 이 된다. **답** ①

41 배전반 및 분전반의 설치 장소로 적합하지 못한 것은?

① 전기회로를 쉽게 조작할 수 있는 장소   ② 개폐기를 쉽게 조작할 수 있는 장소

③ 안정된 장소   ④ 은폐된 장소

풀이 배전반 및 분전반은 노출된 장소에 시설하여야 한다. **답** ④

42 작업면에서 천장까지의 높이가 3[m]일 때 직접 조명인 경우의 광원의 높이는 몇 [m]인가?

① 1   ② 2   ③ 3   ④ 4

풀이 등고(광원의 높이)란 작업면으로부터 광원까지의 거리를 말한다. 즉, 직접 조명의 경우 천정면에 광원이 매입되므로 3[m]가 광원의 높이가 된다. **답** ③

43 다음 심벌의 명칭은?

① 과전압 계전기   ② 환풍기   ③ 콘센트   ④ 룸에어콘

풀이 그림은 콘센트의 심벌이며, (심벌)WP 는 방수형 콘센트를 나타낸다. **답** ③

44 다음 중 차단기를 시설해야 하는 곳으로 가장 적당한 것은?

① 다선식 전로의 중성선

② 전로의 일부에 접지공사를 한 저압 가공 전로의 접지측 전선

③ 고압에서 저압으로 변성하는 2차측의 저압측 전선

④ 접지공사의 접지도체

 341.11 과전류차단기의 시설 제한
① 접지공사의 접지도체
② 다선식 전로의 중성선
③ 접지공사를 한 저압 가공 전선의 접지 측 전선 **답** ③

45 다음 중 나전선 상호 간 또는 나전선과 절연 전선 접속시 접속 부분의 전선의 세기는 일반적으로 어느 정도 유지해야 하는가?

① 80[%] 이상   ② 70[%] 이상

③ 60[%] 이상   ④ 50[%] 이상

 123 전선의 접속
나전선 상호 또는 나전선과 절연전선 또는 캡타이어 케이블과 접속하는 경우
① 전선의 전기저항을 증가시키지 아니하도록 접속
② 전선의 세기(인장하중)를 20[%] 이상 감소시키지 아니할 것.
③ 전선 접속 시 접속부분을 그 부분의 절연전선의 절연물과 동등 이상의 절연성능이 있는 것으로 충분히 피복할 것. **답** ①

46 금속관 공사에서 관을 박스 내에 고정시킬 때 사용하는 것은?

① 부싱   ② 로크너트   ③ 새들   ④ 커플링

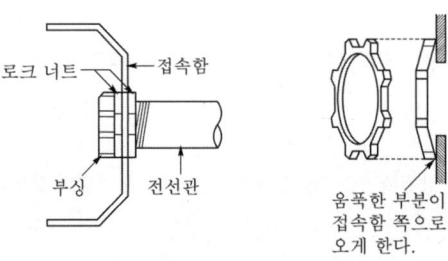

금속관을 박스에 고정할때는 로크너트를 사용하여 고정한다. **답** ②

47 다음 중 옥내에 시설하는 저압 전로와 대지 사이의 절연 저항 측정에 사용되는 계기는?

① 콜라우시 브리지   ② 메거

③ 어스 테스터   ④ 마그넷 벨

 절연저항은 메거로 측정한다.

답 ②

48 다음 중 단선의 브리타니어 직선 접속에 사용되는 것은?

① 조인트선   ② 파라핀선

③ 바인드선   ④ 에나멜선

풀이 브리타니어 직선 접속
① 10[mm²] 이상의 굵은 단선인 경우에 적용되며, 다음 그림과 같이 1.0~1.2[mm]의 조인트선과 첨선을 준비하여 사포로 닦는다.
② 두 심선의 접속 부분을 서로 겹치고, 약 120[mm] 길이의 첨선을 댄다.
③ 1[mm] 정도 되는 조인트선의 중간을 전선 접속 부분의 중앙에 대고 2회 정도 성기게 감은 다음, 각각 양쪽을 조밀하게 감는다. 이때, 감은 전체의 길이가 전선 직경의 15배 이상 되도록 한다.
④ 펜치를 사용하여 두 심선의 남은 끝을 각각 위로 세우고 양 끝의 조인트선을 본선에만 5회 정도 감고 첨선과 함께 꼬아서 8[mm] 정도 남기고 자른다.
⑤ 위로 세운 심선을 잘라낸다.

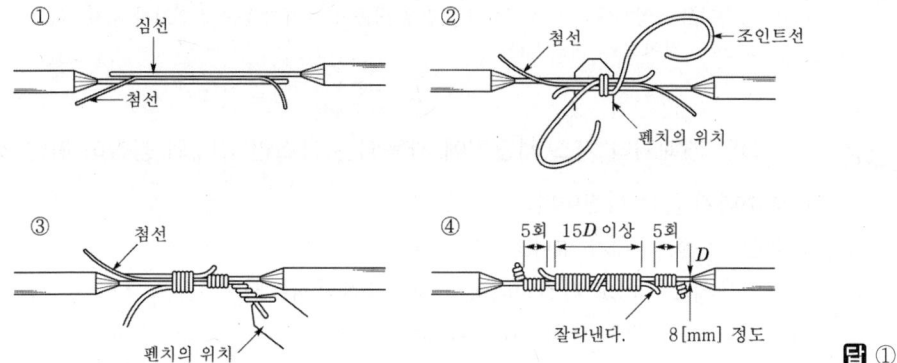

답 ①

49 플로어 덕트 공사의 설명중 옳지 않은 것은?

① 덕트 상호 및 덕트와 박스 또는 인출구와 접속은 견고하고 전기적으로 완전하게 접속하여야 한다.
② 덕트의 끝부분은 막는다.
③ 덕트 및 박스 기타 부속품은 물이 고이는 부분이 없도록 시설하여야 한다.
④ 플로어 덕트는 접지공사를 하지 아니하여야 한다.

풀이 232.32.3 플로어덕트 및 부속품의 시설
① 덕트 상호 간 및 덕트와 박스 및 인출구와는 견고하고 또한 전기적으로 완전하게 접속할 것.
② 덕트 및 박스 기타의 부속품은 물이 고이는 부분이 없도록 시설하여야 한다.

③ 박스 및 인출구는 마루 위로 돌출하지 아니하도록 시설하고 또한 물이 스며들지 아니하도록 밀봉할 것.

④ 덕트의 끝부분은 막을 것.

⑤ 덕트는 접지공사를 할 것.　　　　　　　　　　　　　　　　　　　　　　**답** ④

50 셀룰로이드, 성냥, 석유류 등 기타 가연성 위험 물질 제도 또는 저장하는 장소에 시설해서는 안 되는 배선은?

① 애자공사　　　　　　　　　　　　　② 케이블공사

③ 합성수지관공사　　　　　　　　　　④ 금속관공사

풀이 242.4 위험물 등이 존재하는 장소
셀룰로이드 · 성냥 · 석유류 기타 타기 쉬운 위험한 물질을 제조하거나 저장하는 곳에 시설하는 저압 옥내 배선 등은 합성수지관공사(두께 2[mm]미만의 합성수지 전선관 및 난연성이 없는 콤바인 덕트관을 사용하는 것을 제외) · 금속관공사 또는 케이블공사에 의할 것.　　　　　　　**답** ①

51 금속관을 조영재에 따라서 시설하는 경우 새들 또는 행거 등으로 견고하게 지지하고 그 간격을 몇 [m] 이하로 하는 것이 가장 바람직한가?

① 2　　　　　　② 3　　　　　　③ 4　　　　　　④ 5

풀이 금속관을 조영재에 따라서 시설하는 경우 새들 또는 행거 등으로 견고하게 지지하고 그 간격을 2[m] 이하로 하는 것이 가장 바람직하다.　　　　　　　　　　　　　　　**답** ①

52 가스 절연 개폐기나 가스 차단기에 사용되는 가스인 SF_6의 성질이 아닌 것은?

① 연소하지 않는 성질이다.

② 색깔, 독성, 냄새가 없다.

③ 절연유의 1/140로 가볍지만 공기보다 5배 무겁다.

④ 공기의 25배 정도로 절연내력이 낮다.

풀이 SF_6가스는 무색, 무취, 무해한 가스로 절연내력이 공기의 2~3배 정도로 높고, 소호능력은 공기의 100~200배 정도가 된다.　　　　　　　　　　　　　　　　　　　　**답** ④

53 가공 전선로의 지지물에 시설하는 지선의 안전율은 얼마 이상이어야 하는가?

① 3.5　　　　　　② 3.0　　　　　　③ 2.5　　　　　　④ 1.0

풀이 331.11 지선의 시설
① 가공전선로의 지지물로 사용하는 철탑은 지선을 사용하여 그 강도를 분담시켜서는 안 된다.
② 지선의 안전율은 2.5 이상일 것. 이 경우에 허용 인장하중의 최저는 4.31 [kN]으로 한다.
③ 지선에 연선을 사용할 경우에는 다음에 의할 것.
　• 소선 3가닥 이상의 연선일 것.
　• 소선의 지름이 2.6[mm] 이상의 금속선을 사용한 것일 것.　　　　　　**답** ③

54 가요 전선관에 사용되는 부속품이 아닌 것은?

① 스플릿 커플링 ② 콤비네이션 커플링

③ 앵글박스 커플링 ④ 유니온 커플링

풀이
• 스플릿 박스 커넥터, 앵글 박스 커넥터 : 박스와 가요 전선관
• 플렉시블 커플링 : 가요 전선관과 가요 전선관 접속
• 콤비네이션 커플링 : 가요 전선관과 금속관 접속
• 유니온 커플링 : 전선관을 양쪽에서 돌려 끼울 수 없는 경우에 사용하는 금속관 부속품 답 ④

55 전선로의 종류가 아닌 것은?

① 옥측 전선로 ② 지중 전선로

③ 가공 전선로 ④ 선간 전선로

풀이 전선로의 종류는 다음과 같다.
가공전선로, 지중전선로, 옥상전선로, 옥측전선로, 수상전선로, 물밑전선로, 터널안전선로 답 ④

56 변압기 중성점 접지공사의 저항값을 결정하는 가장 큰 요인은?

① 변압기 용량

② 고압 가공전선로의 전선 연장

③ 변압기 1차측에 넣는 퓨즈 용량

④ 변압기 고압 또는 특고압측 전로의 1선 지락전류의 암페어수

풀이 변압기의 고압 측 또는 특고압 측의 전로의 1선 지락전류의 암페어 수로 150을 나눈 값과 같은 [Ω]수를
변압기 중성점 접지공사의 접지저항값으로 선정한다. 답 ④

57 무대, 무대 밑, 오케스트라 박스, 영사실, 기타 사람이나 무대 도구가 접촉할 우려가 있는 장소에 시설하는 저압 옥내 배선, 전구선 또는 이동전선은 최고 사용전압이 몇 [V] 이하이어야 하는가?

① 100 ② 200 ③ 400 ④ 700

풀이 242.6 전시회, 쇼 및 공연장의 전기설비
무대 · 무대마루 밑 · 오케스트라 박스 · 영사실 기타 사람이나 무대 도구가 접촉할 우려가 있는 곳에 시설
하는 저압 옥내배선, 전구선 또는 이동전선은 사용전압이 400[V] 이하이어야 한다. 답 ③

58 지선의 중간에 넣는 애자의 명칭은?

① 구형 애자 ② 곡핀 애자 ③ 현수 애자 ④ 핀 애자

풀이
• 고압 가지 애자 : 전선을 다른 방향으로 돌리는 부분에 사용
• 곡핀 애자 : 인입선에 사용
• 구형 애자 : 지선 중간에 넣는 것 답 ①

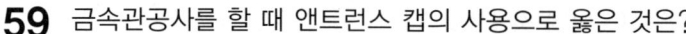

59 금속관공사를 할 때 앤트런스 캡의 사용으로 옳은 것은?

① 금속관이 고정되어 회전시킬 수 없을 때 사용

② 저압 가공 인입선의 인입구에 사용

③ 배관의 지각의 굴곡 부분에 사용

④ 조명기구가 무거울 때 조명 기구의 부착 등에 사용

풀이 엔트런스 캡은 옥외 공사의 금속관 인입구에 설치하며 빗물의 침입을 막는 곳에 사용한다. **답** ②

출제기준 변경 및 개정된 관계 법규에 따라 삭제된 문제가 있어 60문항이 안됩니다.

2019

CBT 복원문제

동일출판사 홈페이지 및 YouTube에서
무료동영상 강의를 보실 수 있습니다.
(전기이론, 전기기기 해설)

1 콘덴서의 정전 용량이 커지면 용량 리액턴스는?

① 무한대로 된다.　　② 작아진다.　　　③ 같다.　　　　④ 커진다.

풀이　용량성 리액턴스 $X_C = \dfrac{1}{2\pi fC}[\Omega]$에서 용량성 리액턴스는 정전용량에 반비례한다.
즉, 정전용량이 커지면 용량성 리액턴스는 작게 된다.　　　**답** ②

2 공심 솔레노이드 내부 자장의 세기가 200[AT/m]일 때 자속 밀도[Wb/m²]는?

① $2\pi \times 10^{-7}$　　② $4\pi \times 10^{-5}$　　③ $8\pi \times 10^{-5}$　　④ $16\pi \times 10^{-4}$

풀이　자속 밀도와 자계의 세기의 관계 $B = \mu H[\text{Wb/m}^2]$ 에서
자속 밀도 $B = 4\pi \times 10^{-7} \times 200 = 8\pi \times 10^{-5}[\text{Wb/m}^2]$가 된다.　　　**답** ③

3 공기 중에서 전하로부터 3×10^{-7}[C]인 10[cm] 떨어진 점의 전위[V]는?

① 3×10^{2}　　② 27×10^{-3}　　③ 27×10^{3}　　④ 27×10^{-2}

풀이　전위 $V = 9 \times 10^{9} \dfrac{Q}{r}$ 에서 $V = 9 \times 10^{9} \times \dfrac{3 \times 10^{-7}}{0.1} = 27 \times 10^{3}[\text{V}]$가 된다.　　　**답** ③

4 내부 저항이 0.25[Ω], 기전력이 1.5[V]인 건전지 4개를 직렬로 접속하고 여기에 외부 저항 5[Ω]을 연결하면 외부 저항에 흐르는 전류는?

① 1[A]　　② 2[A]　　③ 3[A]　　④ 4[A]

풀이　건전지 4개를 직렬로 접속할 경우 전압은 연결갯수의 배수로 증가하며, 내부저항은 직렬로 4개가 연결된 것이 된다. 등가회로는 그림과 같다.
이때 흐르는 전류는
$I = \dfrac{V}{R} = \dfrac{6}{4 \times 0.25 + 5} = 1[\text{A}]$ 가 된다.

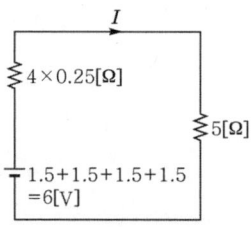

답 ①

5 C_1, C_2인 콘덴서가 직렬로 연결되어 있다. 그 합성 정전 용량을 C라 하면 C는 C_1, C_2와 어떤 관계가 있는가?

① $C < C_1$　　② $C = C_1 + C_2$　　③ $C > C_2$　　④ $C > C_1$

풀이　콘덴서를 직렬로 연결했을 때의 합성 정전 용량은 어느 한 개의 정전 용량값보다도 작아진다.　　　**답** ①

6 공기의 비투자율은?

① 0   ② 1   ③ 2   ④ 10

> **풀이** 비투자율은 진공(공기)에서 1이 된다.   **답** ②

7 같은 전기량에 의하여 전극에 석출되는 물질의 양은 그 물질의 어느 값에 비례하는가?

① 원자량   ② 분자량   ③ 화학 당량   ④ 원자가

> **풀이** 패러데이 법칙은 전극에서 석출되는 물질의 양은 통과한 전기량에 비례하며, 전기량이 같을 경우 석출되는 물질의 양은 그 물질의 화학 당량에 비례한다.   **답** ③

8 유전율 ϵ의 유전체 내에 있는 전하 Q [C]에서 나오는 전기력선 수는?

① Q ② $\dfrac{Q}{\epsilon_o}$ ③ $\dfrac{Q}{\epsilon_s}$ ④ $\dfrac{Q}{\epsilon}$

> **풀이** 가우스 법칙 : Q의 전하에서는 Q개의 전속이 나오며, $\dfrac{Q}{\epsilon}$개의 전기력선이 나온다.   **답** ④

9 길이 1[cm]당 5회 감은 무한장 솔레노이드가 있다. 이것에 전류를 흘렸을 때 솔레노이드 내부 자장의 세기가 1,000[AT/m]이었다. 이 때, 솔레노이드에 흐른 전류[A]는?

① 1   ② 2   ③ 3   ④ 4

> **풀이** $H = n_o I$ 에서 솔레노이드 단위 길이당 권수를 n_o라 하면 1[cm]당 5회 감으면 1[m]당 500회 감은 것이므로, 전류 $I = \dfrac{H}{n_o} = \dfrac{1,000}{500} = 2[\text{A}]$ **답** ②

10 $R - L - C$ 직렬 회로의 공진 주파수 f_r은?

① $f_r = 2\pi\sqrt{LC}$ ② $f_r = \dfrac{1}{2\pi LC}$ ③ $f_r = 2\pi LC$ ④ $f_r = \dfrac{1}{2\pi\sqrt{LC}}$

> **풀이** $R - L - C$ 직렬 회로의 공진조건은 $\omega L = \dfrac{1}{\omega C}$ 이므로 $\omega^2 LC = 1$가 된다.
>
> 여기서, 각속도를 구하면 $\omega^2 = \dfrac{1}{LC}$, $\omega = \dfrac{1}{\sqrt{LC}}$가 되며,
>
> $\omega = 2\pi f$이므로 $f_r = \dfrac{1}{2\pi\sqrt{LC}}$가 된다.   **답** ④

11 자기 저항 200[AT/Wb]의 회로에 400[AT]의 기자력을 가할 때 생기는 자속[Wb]은?

① 2   ② 20   ③ 200   ④ 2,000

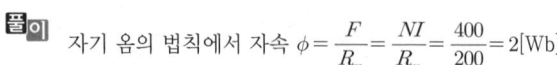

풀이 자기 옴의 법칙에서 자속 $\phi = \dfrac{F}{R_m} = \dfrac{NI}{R_m} = \dfrac{400}{200} = 2[\text{Wb}]$ **답** ①

12 저항 50[Ω]인 전구에 $e = 100\sqrt{2}\sin\omega t[\text{V}]$의 전압을 가할 때 순시전류[A] 값은?

① $\sqrt{2}\sin\omega t$ ② $2\sqrt{2}\sin\omega t$

③ $5\sqrt{2}\sin\omega t$ ④ $10\sqrt{2}\sin\omega t$

풀이 $e = E_m\sin\omega t = \sqrt{2}E\sin\omega t$ [V] (단, E_m : 최댓값, E : 실효값이다.)

따라서 순시전류 $i = \dfrac{e}{R} = \dfrac{E_m\sin\omega t}{R} = \dfrac{100\sqrt{2}\sin\omega t}{50} = 2\sqrt{2}\sin\omega t[\text{A}]$ **답** ②

13 공기 중에 자속 밀도 3[Wb/m²]의 평등 자장 내에 길이 40[cm]의 도선을 자장의 방향과 30°의 각도로 놓고 여기에 10[A]의 전류를 흐르게 하면 도선에 작용하는 힘[N]은?

① 2   ② 4   ③ 6   ④ 8

풀이 자장내의 도체에 작용하는 힘은 $F = BIl\sin\theta$ 에서

$F = 3 \times 10 \times 0.4 \times \sin 30° = 6[\text{N}]$이 된다.   **답** ③

14 전류를 흐르게 하는 능력을 무엇이라 하는가?

① 전기량   ② 저항   ③ 기전력   ④ 중성자

풀이 전원(電源)에서 에너지를 공급받는 경우를 전압상승(電壓上昇)이라 한다. 전압상승은 전류를 흘리는 역할을 한다.   **답** ③

15 알칼리 축전지의 대표적인 축전지로 널리 사용되고 있는 2차 전지는?

① 망간전지   ② 산화은 전지

③ 페이퍼 전지   ④ 니켈 카드뮴 전지

풀이 망간전지와 산화은 전지는 1차 전지이며, 알칼리 축전지 중 니켈-카드뮴 전지가 가장 널리 사용되고 있다.   **답** ④

16 3[Ω]과 6[Ω]의 저항을 직렬로 할 경우는 병렬로 하였을 때의 몇 배인가?

① $\dfrac{1}{4.5}$ ② 4.5   ③ 6.5   ④ 9

풀이 직렬로 연결 시 합성저항 $R_s = 3 + 6 = 9[\Omega]$, 병렬로 연결 시 합성저항 $R_p = \dfrac{3 \times 6}{3 + 6} = 2[\Omega]$

$\therefore \dfrac{R_s}{R_p} = \dfrac{9}{2} = 4.5$ **답** ②

17 비오–사바르(Biot–Savart)의 법칙과 가장 관계가 깊은 것은?

① 전류가 만드는 자장의 세기 　　　　② 전류와 전압의 관계

③ 기전력과 자계의 세기 　　　　　　　④ 기전력과 자속의 변화

> **풀이** 비오 사바르의 법칙 : 임의의 형상의 도선에 전류 I[A]가 흐를 때, 도선 상의 미소길이 dl부분에 흐르는
>
> 전류에 의한 거리 r만큼 떨어진 점P에서의 자계의 세기 $dH = \dfrac{Idl\sin\theta}{4\pi r^2}$ [AT/m]이다. 　**답** ①

18 코일의 자기 인덕턴스는 다음 어느 매개 상수에 따라 변화하는가?

① 도전율　　　　　② 투자율　　　　　③ 절연 저항　　　　　④ 유전율

> **풀이** 코일의 자기인덕턴스 $L = \dfrac{\mu A N^2}{l}$ 에서 L은 μ에 비례한다. 　**답** ②

19 그림과 같이 자극 사이에 있는 도체에 전류(I)가 흐를 때 힘은 어느 방향으로 작용하는가?

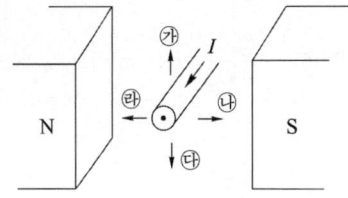

①⑦　　　　　　　②ⓝ　　　　　　　③ⓓ　　　　　　　④ⓡ

> **풀이** 플레밍의 왼손 법칙
> - 엄지는 힘(F)의 방향,
> - 검지는 자속(B)의 방향,
> - 중지는 전류(I)의 방향이다.
>
>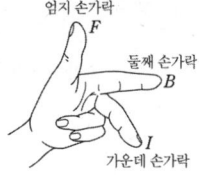
>
> 　**답** ①

20 M.K.S 단위계에서 고유 저항의 단위는?

① $[\Omega \cdot m]$ 　　　　　　　　② $[\Omega \cdot mm^2/m]$

③ $[\mu\Omega \cdot cm]$ 　　　　　　　④ $[\Omega \cdot cm]$

> **풀이** $R = \dfrac{l}{\sigma S} = \rho \dfrac{l}{S}[\Omega]$ 이 된다. 여기서 ρ는 단위체적당의 저항을 나타내고, 저항률 또는 고유저항이라 하
>
> 며, 물질 고유의 값을 가진다. 단위는 $[\Omega \cdot m]$가 된다. 　**답** ①

21 전기자 반작용을 보상하는데 효과가 큰 것은 무엇인가?

① 보극　　　　　② 균압환　　　　　③ 보상 권선　　　　　④ 탄소 브러시

> **풀이** 전기자 반작용 방지에 가장 유효한 것은 보상권선으로, 전기자 권선과 직렬로 연결하여 반대 방향의 전류를 흘려줌으로써 대부분의 전기자 반작용을 방지할 수 있다. 중성축 부근의 전기자 반작용 억제방법으로는 보극이 사용된다. **답** ③

22 단상 전압 220[V]에 소형 전동기를 접속 하였더니 2.5[A]의 전류가 흘렀다. 이때의 역률이 75[%]이었다. 이 전동기의 소비전력[W]은?

① 187.5[W]　　　② 412.5[W]　　　③ 545.5[W]　　　④ 714.5[W]

> **풀이** 소비전력 $P = VI\cos\theta = 220 \times 2.5 \times 0.75 = 412.5$[W] **답** ②

23 슬립이 일정한 경우 유도전동기의 공급 전압이 $\frac{1}{2}$로 감소되면 토크는 처음에 비해 어떻게 되는가?

① 2배가 된다.　　　　　　　　② 1배가 된다

③ 1/2로 줄어든다.　　　　　　④ 1/4로 줄어든다.

> **풀이** 유도전동기의 토크 $T = K_0 \dfrac{s E_2^2 r_2}{r_2 + (s x_2)^2}$[N·m]이므로, 토크는 전압의 제곱에 비례한다. ($T \propto V^2$)
>
> $\therefore T \propto \left(\dfrac{1}{2}\right)^2 = \dfrac{1}{4}$ 배 **답** ④

24 유도 전동기의 2차 측 저항을 2배로 하면 그 최대 회전력은?

① 1/2배　　　② $\sqrt{2}$ 배　　　③ 2배　　　④ 불변

> **풀이** 유도 전동기의 2차 측 저항을 증가시키면 슬립이 증가하여 최대 토크 발생슬립이 이동하게 된다. 최대 토크의 크기는 불변이며, 속도는 감소한다. 이러한 현상을 비례추이라 한다. **답** ④

25 8극 중권 발전기의 전기자 도체수 500, 매극의 자속수 0.02[Wb], 회전수 600[rpm]일 때 유기 기전력은 몇 [V]인가?

① 50　　　② 100　　　③ 200　　　④ 250

> **풀이** 직류발전기의 유기 기전력은 $E = \dfrac{pZ\phi N}{60a}$ 에서 중권(병렬권)이므로 $a = P$ 를 적용하면
>
> $E = \dfrac{8 \times 500 \times 0.02 \times 600}{60 \times 8} = 100$[V]가 된다. **답** ②

26 일반적으로 전철이나 화학용과 같이 비교적 용량이 큰 수은 정류기용 변압기의 2차측 결선 방식으로 쓰이는 것은?

① 6상 2중 성형　　② 3상 반파　　③ 3상 전파　　④ 3상 크로즈파

풀이 수은 정류기의 직류측 전압은 맥동이 있으므로 맥동을 적게 하기 위하여 상수를 6상 또는 12상을 사용한다. 특히 대용량의 경우는 보통 6상식이 쓰인다. 답 ①

27 정지 상태에 있는 3상 유도전동기의 슬립 값은?

① ∞   ② 0   ③ 1   ④ −1

풀이 유도 전동기의 슬립 : $0 < s < 1$
   ① $s = 1$이면 $N = 0$이고 전동기는 정지상태
   ② $s = 0$이면 $N = N_s$가 되어 전동기가 동기속도로 회전
유도 제동기의 슬립 : $s > 1$
유도 발전기(비동기 발전기) : $s < 0$ 답 ③

28 3상 동기 발전기의 전기자 권선은 보통 어떤 결선인가?

① Y결선   ② △결선
③ 지그재그 삼각형   ④ 지그재그 결선

풀이 동기 발전기는 3상으로 보통 Y결선(성형)이나 2중 성형을 사용한다. Y결선을 하면 순환 전류가 제거되고 중성점을 내기가 쉬우며 이것을 이용하여 발전기 보호 장치를 할 수 있다. 답 ①

29 변압기의 자속은 무엇에 비례하는가?

① 전류   ② 권수   ③ 주파수   ④ 전압

풀이 변압기의 유도 기전력 $E = 4.44 N f \phi_m$ [V]에서 $\phi_m = \dfrac{E}{4.44 f N}$[Wb]가 된다.
따라서 자속은 전압에 비례한다.   답 ④

30 60[Hz] 12극 회전자 바깥지름 2[m]의 동기기의 회전자 주변 속도[m/s]는?

① 10   ② 30   ③ 50   ④ 60

풀이 전기자 주변속도 $v = \pi D \dfrac{N}{60}$[m/sec]에서 $N = \dfrac{120 f}{p} = \dfrac{120 \times 60}{12} = 600$[rpm]이므로

$v = \pi \times 2 \times \dfrac{600}{60} \fallingdotseq 62.8$[m/s]가 된다.   답 ④

31 단상 변압기를 병렬 운전할 경우, 부하 전류의 분담은?

① 누설 임피던스의 제곱에 비례   ② 누설 임피던스에 비례
③ 누설 리액턴스에 비례   ④ 누설 임피던스에 반비례

풀이 변압기의 병렬운전 시 부하분담은 누설 임피던스에 반비례한다.   답 ④

32 입력으로 펄스신호를 가해주고 속도를 입력펄스의 주파수에 의해 조절하는 전동기는?

① 전기동력계   ② 서보전동기

③ 스테핑전동기   ④ 권선형 유도전동기

풀이 스텝모터는 디지털 신호에 비례하여 일정 각도만큼 회전하는 모터로 그 총 회전각은 입력펄스의 수로, 회전속도는 입력펄스의 빠르기로 쉽게 제어가 가능한 특징이 있다. **답** ③

33 자여자식 직류 발전기가 전압이 확립되기 위한 조건이 아닌 것은?

① 부하 특성 곡선(자화 곡선)은 자기 포화를 가질 것

② 잔류 자기가 있을 것

③ 계자 저항이 임계 저항 이상일 것

④ 회전 방향이 바르며 그것이 어느 값 이상일 것

풀이 자여자 발전기 전압확립 조건
① 잔류자기가 있을 것
② 회전방향이 잔류자기를 강화하는 방향일 것
③ 부하 특성곡선이 자기 포화를 가질 것
④ 계저저항이 임계저항보다 작을 것 **답** ③

34 분권 전동기의 기동 전류는 일반적으로 전부하 전류의 몇 배 정도인가?

① 1.0   ② 1.5   ③ 2.0   ④ 3

풀이 일반적인 것은 1.5배, 기동이 많은 것은 1.2~1.3배, 기동이 적은 것은 2~2.5배 정도 된다. **답** ②

35 타여자 전원 극성을 바꾸면 회전 방향은?

① 불변   ② 반대   ③ 과속   ④ 정지

풀이 전원극성을 반대로 할 경우 타여자의 경우는 회전방향이 반대로 되나, 자여자의 경우는 변하지 않는다. **답** ②

36 3상에서 2상으로 상수 변환하는 데 사용되는 결선법은?

① 환상 결선   ② 2중 Y 결선

③ 스코트 결선(T 결선)   ④ 2중 △결선

풀이 (1) 3상-2상 간의 상수 변환
① 스코트 결선(T결선) ② 메이어 결선 ③ 우드 브리지 결선
(2) 3상-6상 간의 상수 변환
① 환상 결선 ② 2중 3각 결선 ③ 2중 성형 결선 ④ 대각 결선 ⑤ 포크 결선 **답** ③

37 콘서베이터의 유면상에 공기와 기름의 접촉을 막기 위하여 무슨 가스를 봉입하는가?

① 수소   ② 질소   ③ 아르곤   ④ 오존

풀이 콘서베이터는 절연유의 열화를 방지하는 장치로 방식에 따라 질소가스를 봉입한다.   **답** ②

38 SCS(silicon controlled switch)의 특징이 아닌 것은?

① 게이트 전극이 2개이다.
② 쌍방향 2단자 사이리스터이다.
③ 쌍방향으로 대칭적인 부성 저항 영역을 갖는다.
④ AC의 ⊕, ⊖ 전파기간 중 트리거용 펄스를 얻을 수 있다.

풀이 SCS는 게이트 전극이 2개인 단일 방향성 4단자 소자이다.   **답** ②

39 포트 모터의 속도 제어법은?

① 2차 여자법   ② 1차 권선의 극수 변환
③ 2차 회로의 저항 가감   ④ 전원의 주파수 변환

풀이 포트 모터는 방사용 모터라고도 하며, 인견공업에 사용되는 전동기를 말한다. 속도는 10,000[rpm] 이상 가능하며, 주파수 변환기 또는 전용 발전기를 구동하는 전동기의 속도를 조정하여 포트 모터의 전원 주파수를 변환한다.   **답** ④

40 다음과 같은 반도체 정류기 중에서 역방향 내전압이 가장 큰 것은?

① 실리콘 정류기   ② 게르마늄 정류기
③ 셀렌 정류기   ④ 아산화동 정류기

풀이 실리콘 정류기의 역내 전압은 500~1,000[V] 정도이다.   **답** ①

41 가정용 저압 배전 전압을 100[V]에서 200[V]로 승압하면 어떤 이점이 있나?

① 공사가 간단하다.   ② 역률이 좋다.
③ 전력 손실이 적다.   ④ 정전이 적다.

풀이 배전선로의 전력손실 $P_l = \dfrac{P^2 R}{V^2 \cos^2\theta}$[W]

즉, 전력손실은 전압의 제곱에 반비례하므로, 전압을 승압하면 전력손실은 감소한다.   **답** ③

42 물탱크의 수위를 조절하는데 필요로 하는 자동 스위치는 다음 중 어느 것인가?

① TDR   ② TLRS   ③ CS   ④ FLS

풀이 FLS(floatless switch) : 플로트레스 스위치는 물탱크의 수위조절용으로 사용된다. **답** ④

43 다음 중 접지의 목적으로 알맞지 않은 것은?

① 감전의 방지 ② 전로의 대지 전압 상승
③ 보호계전기의 동작확보 ④ 이상 전압의 억제

풀이 접지의 목적
① 이상전압의 발생방지(대지전위상승 억제) ② 지락전류의 소멸에 의한 안정도 향상
③ 감전 및 화재의 방지 ④ 기계기구의 절연보호 **답** ②

44 가요 전선관의 크기는 안지름에 가까운 홀수로 최고 얼마인가?

① 15[mm] ② 19[mm]
③ 25[mm] ④ 30[mm]

풀이 가요 전선관의 크기는 안지름에 가까운 홀수로 15, 19, 25[mm]가 있고, 길이는 10, 15, 30[m]가 있다. **답** ③

45 사람이 상시 통행하는 터널 내 배선의 사용전압이 저압일 때 배선 방법으로 틀린 것은?

① 금속관공사 ② 금속덕트공사
③ 합성수지관공사 ④ 금속제 가요전선관공사

풀이 335.1 터널 안 전선로의 시설
사람이 상시 통행하는 터널 안의 전선로 사용전압은 저압 또는 고압에 한한다.
① 저압 : 합성수지관공사, 금속관공사, 금속제 가요전선관공사, 케이블공사, 애자공사
② 고압 : 케이블공사 **답** ②

46 콘센트에 끼운 플러그가 빠지는 것을 방지하기 위하여 플러그를 끼우고 약 몇 도 쯤 돌려주면 빠지지 않도록 되어 있는 콘센트는?

① 턴 로크 콘센트 ② 플로어 콘센트
③ 시계용 콘센트 ④ 선풍기용 콘센트

풀이 턴 로크 콘센트(turn lock consent) : 콘센트에 끼운 플러그가 빠지는 것을 방지하기 위하여 플러그를 끼우고 약 90°쯤 돌려두면 빠지지 않도록 되어 있다. **답** ①

47 전주의 길이가 15[m] 이하인 경우 땅에 묻히는 깊이는 전장의 얼마 이상인가?(단, 설계하중이 6.8[kN] 이하이다.)

① 1/8 이상 ② 1/6 이상
③ 1/4 이상 ④ 1/3 이상

풀이 331.7 가공전선로 지지물의 기초의 안전율
강관주 또는 철근 콘크리트주로서 그 전체 길이가 16[m] 이하, 설계하중이 6.8[kN] 이하인 것 또는 목주를 다음에 의하여 시설하는 경우
① 전체의 길이가 15[m] 이하인 경우는 땅에 묻히는 깊이를 전체길이의 1/6 이상으로 할 것.
② 전체의 길이가 15[m]를 초과하는 경우는 땅에 묻히는 깊이를 2.5[m] 이상으로 할 것. **답** ②

48 조도는 광원으로부터의 거리와 어떠한 관계가 있는가?
① 거리에 비례한다. ② 거리의 제곱에 비례한다.
③ 거리에 반비례한다. ④ 거리의 제곱에 반비례한다.

풀이 거리 역제곱의 법칙 ∴ $E = \dfrac{I}{r^2}$ [lx]
즉, 조도는 거리의 제곱에 반비례 한다. **답** ④

49 테이프를 감을 때 약 1.2배 늘려서 감을 필요가 있는 것은?
① 블랙 테이프 ② 리노 테이프
③ 자기 융착 테이프 ④ 비닐 테이프

풀이 자기 융착 테이프
① 재질 : 합성 수지와 합성 고무를 주성분으로 만든 판상의 것을 압연하여 적당한 격리물과 함께 감아서 만든 것
② 특징 : 약 1.2배로 늘이고 감으면 서로 융착되어 벗겨지는 일이 없다.
③ 사용 장소 : 내오존성, 내수성, 내약품성, 내온성이 우수해서 오래도록 열화되지 않기 때문에 비닐 외장 케이블 및 클로로프렌 외장 케이블의 접속에 사용한다. **답** ③

50 조명용 백열전등을 일반주택 및 아파트 각 호실에 설치할 때 형광등에 최대 몇 분 이내에 소등 되는 타임 스위치를 시설하여야 하는가?
① 1 ② 2 ③ 3 ④ 4

풀이 234.6 점멸기의 시설
다음의 경우에는 센서등(타임스위치 포함)을 시설하여야 한다.
① 관광숙박업 또는 숙박업(여인숙업을 제외한다)에 이용되는 객실의 입구등은 1분 이내에 소등되는 것.
② 일반주택 및 아파트 각 호실의 현관등은 3분 이내에 소등되는 것. **답** ③

51 전주 외등 설치 시 조명기구를 부착하는 경우 조명기구의 부착높이는 지표면으로부터 최소 몇 [m] 이상이어야 하는가?
① 3[m] ② 3.5[m] ③ 4[m] ④ 4.5[m]

풀이 235.5 옥측 또는 옥외의 방전등 공사
방전관은 금속제의 견고한 기구에 넣고 또한 다음에 의하여 시설할 것.
• 기구는 지표상 4.5[m] 이상의 높이에 시설할 것.
• 기구와 기타 시설물(가공전선을 제외한다) 또는 식물 사이의 이격거리는 0.6[m] 이상일 것. **답** ④

52 굵기가 같은 단선을 쥐꼬리 접속하는 경우 두 심선사이는 몇 도 정도 벌려서 접속하는 것이 적당한가?

① 30도　　　　　② 45도　　　　　③ 60도　　　　　④ 90도

풀이 굵기가 같은 두 단선의 쥐꼬리 접속
　　① 지름이 1.6[mm]인 전선은 45[mm], 2.0[mm]인 전선은 50[mm] 정도 피복을 벗긴다.
　　② 두 전선을 합쳐 펜치로 잡은 다음, 심선을 90°로 벌리고 오른손으로 1회 비틀어 놓는다.
　　③ 펜치로 곤 심선의 끝을 잡고 심선을 잡아당기면서 1~2회 곤다.
　　④ 커넥터를 사용할 때에는 심선을 2~3회 정도 곤 다음 끝을 잘라 내고, 테이프 감기를 할 때에는 심선을
　　　 4회 이상 곤 다음 5[mm] 정도 길이로 구부려 놓는다.

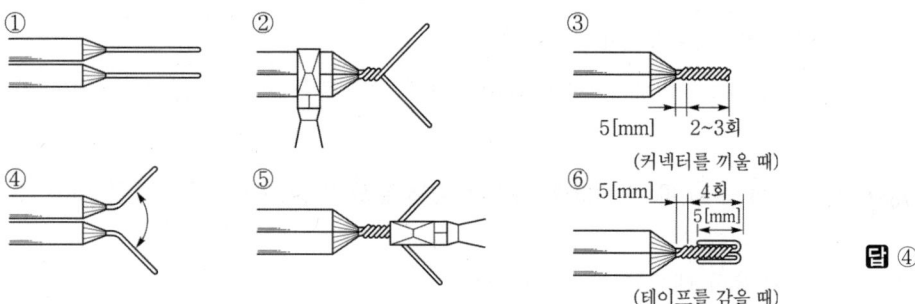

5[mm]　2~3회
(커넥터를 끼울 때)

5[mm]　4회
5[mm]
(테이프를 감을 때)

답 ④

53 인입 개폐기가 아닌 것은?

① ASS　　　　　② LBS　　　　　③ LS　　　　　④ UPS

풀이 UPS(Uninterruptible Power Supply)는 무정전 전원 공급 장치로 선로의 정전이나 입력 전원에 이상 상태가 발생하였을 경우에도 정상적으로 전력을 부하측에 공급하는 설비이다.　　**답** ④

54 철도를 횡단하는 경우, 저압 및 고압 가공 전선의 레일면상의 높이는 몇 [m]인가?

① 4.5 이상　　　② 5.5 이상　　　③ 6.0 이상　　　④ 6.5 이상

풀이 222.7 저압 가공전선의 높이
　　332.5 고압 가공전선의 높이

설치장소		가공전선의 높이
도로횡단 (번잡하지 않은 도로 제외)		지표상 6[m] 이상
철도 또는 궤도 횡단		레일면상 6.5[m] 이상
횡단보도교 위	저압	노면상 3.5[m] 이상(단, 절연전선의 경우 3[m] 이상)
	고압	노면상 3.5[m] 이상
일반장소		지표상 5[m] 이상. 단, 저압의 경우 절연전선 또는 케이블을 사용하여 교통에 지장이 없도록 하여 옥외조명용에 공급하는 경우 4[m]까지 감할 수 있다.
다리의 하부 기타 이와 유사한 장소		저압의 전기철도용 급전선은 지표상 3.5 [m] 까지로 감할 수 있다.

답 ④

55 철판에 전선관이 들어갈 구멍을 뚫는데 적당한 공구는 무엇인가?

① 둥근 쇠줄 ② 도래 송곳

③ 홀소 ④ 파이프 커터

풀이 도래 송곳은 목재 구멍을 뚫고, 파이프 커터는 전선관을 절단하는 데 사용하며, 홀소는 철판에 구멍을 뚫는데 사용한다. **답** ③

56 유희용 전차에 전기를 공급하는 전로의 사용 전압은 직류인 경우 최대 몇 [V]인가?

① 60 ② 40 ③ 30 ④ 10

풀이 241.8 유희용 전차
① 유희용 전차에 전기를 공급하기 위하여 사용하는 변압기의 1차 전압은 400[V] 이하이어야 한다.
② 유희용 전차에 전기를 공급하는 전원장치의 2차측 단자의 최대사용전압은 직류의 경우 60[V] 이하, 교류의 경우 40[V] 이하일 것.
③ 전원장치의 변압기는 절연변압기일 것. **답** ①

57 고압 전력용 콘덴서의 용량을 표시하는 단위는?

① [kV] ② [kA] ③ [kVA] ④ [kVar]

풀이 전력용 콘덴서 용량은 $Q_c = P(\tan\theta_1 - \tan\theta_2)$[kVA]로 구한다. **답** ③

58 금사 코드를 사용해도 좋은 전기 기기는?

① 텔레비전 수상기 ② 전기 모포

③ 전기 스토브 ④ 전기 이발기

풀이 전기면도기·전기이발기 기타 이와 유사한 가정용 전기기계기구에 부속하는 이동 전선에 길이 2.5[m] 이하인 금사(金絲) 코드를 사용한다. **답** ④

출제기준 변경 및 개정된 관계 법규에 따라 삭제된 문제가 있어 60문항이 안됩니다.

2019년 2회

1 RL 병렬회로의 합성 임피던스[Ω]는? (단, ω[rad/s]는 이 회로의 각 주파수이다.)

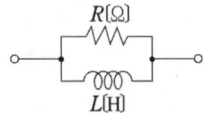

① $R(1 + j\dfrac{\omega L}{R})$ 　② $R(1 - j\dfrac{1}{\omega L})$ 　③ $\dfrac{R}{(1 - j\dfrac{R}{\omega L})}$ 　④ $\dfrac{R}{(1 + j\dfrac{R}{\omega L})}$

풀이 $Z = \dfrac{R \cdot j\omega L}{R + j\omega L} = \dfrac{R}{1 + \dfrac{R}{j\omega L}} = \dfrac{R}{1 - j\dfrac{R}{\omega L}}$ **답** ③

2 평형 3상 교류 회로에서 △부하의 한 상의 임피던스가 $Z_\triangle$ 일 때, 등가 변환한 Y부하의 한 상의 임피던스 Z_Y는 얼마인가?

① $Z_Y = \sqrt{3}\, Z_\triangle$ 　　　　　　② $Z_Y = 3Z_\triangle$

③ $Z_Y = \dfrac{1}{\sqrt{3}} Z_\triangle$ 　　　　　④ $Z_Y = \dfrac{1}{3} Z_\triangle$

풀이 동일한 임피던스를 △에서 Y로 등가변환 할 경우 임피던스는 $\dfrac{1}{3}$ 배가 되고,
동일한 임피던스를 Y에서 △로 등가변환 할 경우 임피던스는 3배가 된다. **답** ④

3 일정 전압을 가하고 있는 평행판 전극에 극판 간격을 1/3로 줄이면 전기장의 세기는 몇 배로 되는가?

① 1/3 배 　　　　② $\dfrac{1}{\sqrt{3}}$ 배 　　　③ 3배 　　　　④ 9배

풀이 일정 전압을 가할 때 전계의 세기는 $E \propto \dfrac{1}{d}$ 이므로, 극판 간격을 $\dfrac{1}{3}$ 로 줄이면 전기장의 세기는 3배로 커진다. **답** ③

4 다음 회로의 합성 정전용량[μF]은?

① 5
② 4
③ 3
④ 2

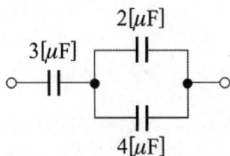

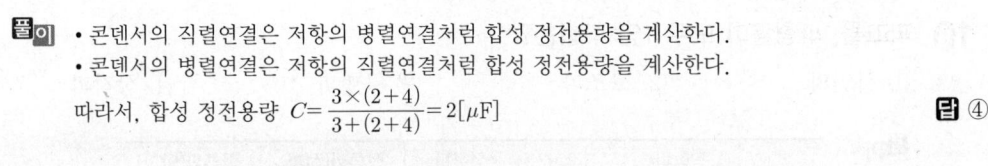
풀이
- 콘덴서의 직렬연결은 저항의 병렬연결처럼 합성 정전용량을 계산한다.
- 콘덴서의 병렬연결은 저항의 직렬연결처럼 합성 정전용량을 계산한다.

따라서, 합성 정전용량 $C = \dfrac{3 \times (2+4)}{3+(2+4)} = 2[\mu\text{F}]$ **답** ④

---

5 어떤 부하의 피상 전력이 5[kVA]이고 무효 전력이 3[kVar]일 때 유효 전력[kW]은?

① 10   ② 5   ③ 4   ④ 3

풀이 유효전력은 $P = \sqrt{P_a^2 - P_r^2}$ 이므로 $P = \sqrt{5^2 - 3^2} = \sqrt{25-9} = 4[\text{kW}]$ 가 된다.   **답** ③

---

6 자극의 세기 m[Wb], 자축의 길이 l[m]일 때 자기 모멘트[Wb·m]는?

① ml ② ml^2 ③ $\dfrac{m}{l}$ ④ $\dfrac{l}{m}$

풀이 자기 모멘트 $M = ml$[Wb·m]   **답** ①

---

7 무한히 긴 두 평행도선이 2[cm]의 간격으로 가설되어 100[A]의 전류가 흐르고 있다. 두 도선의 단위 길이 당 작용력은 몇 [N/m]인가?

① 0.1   ② 0.5   ③ 1   ④ 1.5

풀이 $F = \dfrac{\mu_0 I_1 I_2}{2\pi r} = \dfrac{2I^2}{r} \times 10^{-7} = \dfrac{2 \times 100^2}{2 \times 10^{-2}} \times 10^{-7} = 0.1[\text{N/m}]$ **답** ①

---

8 자체 인덕턴스 0.2[H]의 코일에 전류가 0.01초 동안에 3[A]로 변화하였을 때 이 코일에 유도되는 기전력은?

① 40   ② 50   ③ 60   ④ 70

풀이 전자유도법칙에 의한 유도기전력 $e = -L\dfrac{dI}{dt}$ 에서 $e = 0.2 \times \dfrac{3}{0.01} = 60[\text{V}]$가 된다.   **답** ③

---

9 접지저항이나 전해액저항 측정에 쓰이는 것은?

① 휘스톤 브리지   ② 전위차계
③ 콜라우시 브리지   ④ 메거

풀이
- 휘스톤 브리지 : 수천 옴의 가는 전선의 저항 측정
- 전위차계 : 저저항 측정
- 콜라우시 브리지 : 전해액의 저항 측정
- 메거 : 옥내 전등선의 저항 측정   **답** ③

10 파고율, 파형률이 모두 1인 파형은?

① 사인파   ② 고조파   ③ 구형파   ④ 삼각파

풀이

	구형파	3각파	정현파	정류파(전파)	정류파(반파)
파형률	1.0	1.15	1.11	1.11	1.57
파고율	1.0	1.732	1.414	1.414	2.0

답 ③

11 임피던스 $Z = 6 + j8[\Omega]$에서 서셉턴스[℧]는?

① 0.06   ② 0.08   ③ 0.6   ④ 0.8

풀이 $Y = G + jB$ (G : 컨덕턴스, B : 서셉턴스)

$\therefore Y = \dfrac{1}{Z} = \dfrac{1}{6+j8} = 0.06 - j0.08[℧]$

답 ②

12 복소수에 대한 설명으로 틀린 것은?

① 실수부와 허수부로 구성된다.

② 허수를 제곱하면 음수가 된다.

③ 복소수는 $A = a + jb$의 형태로 표시한다.

④ 거리와 방향을 나타내는 스칼라 양으로 표시한다.

풀이 복소수는 거리와 방향을 나타내는 벡터 양으로 표시한다.

답 ④

13 $Q[C]$의 전기량이 도체를 이동하면서 한 일을 $W[J]$이라 했을 때 전위차 $V[V]$를 나타내는 관계식으로 옳은 것은?

① $V = QW$ ② $V = \dfrac{W}{Q}$ ③ $V = \dfrac{Q}{W}$ ④ $V = \dfrac{1}{QW}$

풀이 전력은 전계가 1초 동안 한 일로 정의된다.

전력의 단위는 일반적으로 watt[W]를 사용하며 1[W] = 1[J/s] = 1[VA] 의 관계가 있다.

전력 $P = \dfrac{dW}{dt} = \dfrac{dQ}{dt} V[W]$이므로 따라서 $V = \dfrac{W}{Q}[V]$이다.

답 ②

14 10[A]의 전류로 6시간 방전할 수 있는 축전지의 용량은?

① 2[Ah]   ② 15[Ah]   ③ 30[Ah]   ④ 60[Ah]

풀이 축전지의 용량 = 전류 × 시간 = $10 \times 6 = 60$[Ah]

답 ④

15 $R = 4[\Omega]$, $X_L = 15[\Omega]$, $X_C = 12[\Omega]$의 RLC 직렬 회로에 100[V]의 교류 전압을 가할 때 전류와 전압의 위상차는 약 얼마인가?

① 0°   ② 37°   ③ 53°   ④ 90°

풀이 임피던스각 또는 전압과 전류의 위상차 $\theta = \tan^{-1}\dfrac{X}{R}$에서 $\theta = \tan^{-1}\dfrac{15-12}{4} \fallingdotseq 37°$가 된다.

여기서, X는 리액턴스를 R은 저항을 나타낸다.   **답** ②

16 열의 전달 방법이 아닌 것은?

① 복사   ② 대류   ③ 확산   ④ 전도

풀이 열의 전달방법에는 전도, 대류, 복사의 3가지 경우가 있다.
① 전도(conduction) : 고체 내에서 열의 전달 방식
② 대류(convection) : 액체나 기체 중에서 분자가 열의 운반자로 되는 방식
③ 복사(radiation) : 고온도의 물체로부터 전자파가 방출되는 현상   **답** ③

17 평균 반지름 r[m]의 환상 솔레노이드에 I[A]의 전류가 흐를 때, 내부 자계가 H[AT/m]이었다. 권수 N은?

① $\dfrac{HI}{2\pi r}$ ② $\dfrac{2\pi r}{HI}$ ③ $\dfrac{2\pi rH}{I}$ ④ $\dfrac{I}{2\pi rH}$

풀이 평균 반지름 r[m]인 환상 솔레노이드의 자장의 세기 $H = \dfrac{IN}{2\pi r}$[AT/m]에서

$N = \dfrac{2\pi rH}{I}$ 가 된다.   **답** ③

18 전기력선의 성질을 설명한 것으로 옳지 않은 것은?

① 전기력선의 방향은 전기장의 방향과 같으며, 전기력선의 밀도는 전기장의 크기와 같다.
② 전기력선은 도체 내부에 존재한다.
③ 전기력선은 등전위면에 수직으로 출입한다.
④ 전기력선은 양전하에서 음전하로 이동한다.

풀이 전기력선의 성질
① 전기력선은 정전하에서 출발하여 부전하에서 멈추거나 무한원까지 퍼진다.
② 전기력선상의 임의의 한 점에서의 접선 방향은 그 점의 전계의 방향을 나타낸다. 즉, 전기력선의 방향은 전계의 방향과 일치한다.
③ 전기력선 밀도는 전계의 세기와 같다.
④ 전기력선은 서로 교차하지 않으며, 전하가 없는 곳에서는 전기력선의 발생과 소멸이 없고 연속적이다.
⑤ 도체 내부에는 전기력선이 없다.
⑥ 전기력선은 전위가 높은 곳에서 낮은 곳으로 향한다.
⑦ 전기력선은 등전위면과 직교한다.   **답** ②

19 선간전압이 13,200[V], 선전류가 800[A], 역률 80[%]인 3상 부하의 소비전력은?

① 약 4,878[kW]

② 약 8,448[kW]

③ 약 14,632[kW]

④ 약 25,344[kW]

풀이 $P = \sqrt{3}\,VI\cos\theta = \sqrt{3}\times 13,200\times 800\times 0.8\times 10^{-3} = 14,632[kW]$ **답** ③

20 PN 접합의 순방향 저항은 (㉠), 역방향 저항은 매우(㉡), 따라서 (㉢)작용을 한다. ( )안에 들어갈 말로 옳은 것은?

① ㉠ 크고, ㉡ 크다, ㉢ 정류

② ㉠ 작고, ㉡ 크다, ㉢ 정류

③ ㉠ 작고, ㉡ 작다, ㉢ 검파

④ ㉠ 작고, ㉡ 크다, ㉢ 검파

풀이 pn 접합 다이오드는 순방향으로만 전류가 흐르는 특성(정류)이 있고, 이 pn 접합 반도체를 다이오드라 한다.   **답** ②

21 직류 직권 전동기의 회전수(N)와 토크(τ)와의 관계는?

① $\tau \propto \dfrac{1}{N}$

② $\tau \propto \dfrac{1}{N^2}$

③ $\tau \propto N$

④ $\tau \propto N^{\frac{3}{2}}$

풀이 직류 전동기의 회전수(N)와 토크(τ)

– 분권 전동기는 반비례($\tau \propto \dfrac{1}{N}$), 직권 전동기는 제곱에 반비례($\tau \propto \dfrac{1}{N^2}$)한다.   **답** ②

22 변류기 개방시 2차 측을 단락하는 이유는?

① 2차 측 절연보호

② 2차 측 과전류 보호

③ 측정오차 감소

④ 변류비 유지

풀이 PT(병렬연결)는 개방상태가 무방하지만 CT(직렬연결)는 개방하면 부하전류로 인하여 2차 측이 소손되므로 CT를 점검할 경우에는 반드시 2차 측을 단락한다.   **답** ①

23 직류 전동기에서 무부하가 되면 속도가 대단히 높아져서 위험하기 때문에 무부하운전이나 벨트를 연결한 운전을 해서는 안 되는 전동기는?

① 직권전동기

② 분권전동기

③ 타여자전동기

④ 분권전동기

풀이 속도의 식 $N = \dfrac{E}{K\phi} = \dfrac{V-R_aI_a}{K\phi} = k\dfrac{V-R_aI_a}{\phi}$ 에서 $\phi=0$이면 속도가 무한대가 되어 위험하게 된다. 직류 직권 전동기의 경우 부하전류 $I = I_a = I_f$이므로 부하전류가 0 이면 자속이 0이 된다.

따라서, 직권 전동기의 경우 벨트 부하를 걸면 벨트가 벗겨져 무부하가 될 수 있으므로 벨트 부하를 사용하지 않으며, 기어부하를 사용한다.   **답** ①

24 비돌극형 동기발전기의 단자전압(1상)을 V, 유도 기전력(1상)을 E, 동기 리액턴스를 X_S, 부하각을 δ라고 하면, 1상의 출력[W]은? (단, 전기자 저항 등은 무시한다.)

① $\dfrac{EV}{X_S}\sin\delta$ ② $\dfrac{E^2}{2X_S}\cos\delta$ ③ $\dfrac{EV}{X_S}\cos\delta$ ④ $\dfrac{E^2}{2X_S}\sin\delta$

풀이 **답** ①

25 다음 중 유도전동기에서 비례추이를 할 수 있는 것은?

① 출력 ② 2차 동손 ③ 효율 ④ 역률

풀이 비례 추이할 수 있는 특성은 1차 전류, 2차 전류, 역률, 동기 와트 등이고, 할 수 없는 것은 출력 외에 2차 동손, 효율 등이다. **답** ④

26 동기 전동기의 V곡선(위상 특성 곡선)에서 종축이 표시하는 것은?

① 계자 전류 ② 전기자 전류 ③ 단자 전압 ④ 토크

풀이 위상특성곡선 (V곡선)은 종축(세로축)은 전기자 전류, 횡축(가로축)은 계자 전류로 되어 있다.

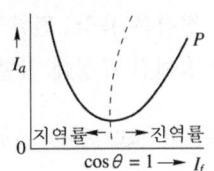

답 ②

27 3상 유도 전압 조정기의 동작 원리는?

① 회전 자계에 의한 유도 작용을 이용하여 2차 전압의 위상 전압의 조정에 따라 변화한다.
② 교번 자계의 전자 유도 작용을 이용한다.
③ 충전된 두 물체 사이에 작용하는 힘
④ 두 전류 사이에 작용하는 힘

풀이 3상유도 전압 조정기의 2차 측을 구속하고 1차 측에 전압을 공급하면, 2차 권선에 기전력이 유기되는데, 2차 권선의 각상 단자를 각각 1차 측의 각상 단자에 적당하게 접속하면 3상 전압을 조정할 수 있다. **답** ①

28 극수 10, 동기속도 600[rpm]인 동기 발전기에서 나오는 전압의 주파수는 몇 [Hz]인가?

① 50 ② 60 ③ 80 ④ 120

풀이 주파수와 동기속도의 관계는 $N_s = \dfrac{120f}{p}$[rpm] 이므로

주파수 $f = \dfrac{N_s \cdot p}{120} = \dfrac{600 \times 10}{120} = 50$[Hz]가 된다. **답** ①

29 변압기의 무부하인 경우에 1차 권선에 흐르는 전류는?

① 정격 전류   ② 단락 전류   ③ 부하 전류   ④ 여자 전류

풀이 변압기 2차를 개방하고 1차에 정격전압을 가할 경우 2차 개방단에는 전류는 흐르지 않으나 1차에는 미소 전류가 흐른다. 이 전류를 여자전류라 하며, 이때 입력을 철손이라 한다.   **답** ④

30 전기자 철심의 규소 강판의 규소 함유량은 몇 [%]인가?

① 0.5~1.0   ② 1~2   ③ 5~6   ④ 7~8

풀이 전기자는 0.35~0.5[mm]의 연강판으로 성층(맴돌이 전류와 히스테리시스손의 손실을 감소시키기 위한 규소 함량 1~1.4[%] 정도의 규소 강판)한 전기자 철심과 전기자 권선으로 구성되어 있다.   **답** ②

31 변압기 명판에 표시된 정격에 대한 설명으로 틀린 것은?

① 변압기의 정격출력 단위는 [kW]이다.
② 변압기 정격은 2차측을 기준으로 한다.
③ 변압기의 정격은 용량, 전류, 전압, 주파수 등으로 결정된다.
④ 정격이란 정해진 규정에 적합한 범위 내에서 사용할 수 있는 한도이다.

풀이 변압기의 정격출력 단위는 [kVA]이다.   **답** ①

32 다음 중 턴오프(소호)가 가능한 소자는?

① GTO   ② TRIAC   ③ SCR   ④ LASCR

풀이 GTO(gate turn off thyristor)

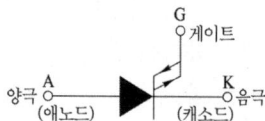

SCR은 도통 시점을 임의로 조절하는 것이 가능 하지만 소호시키는 시점은 제어 할 수 없다. 따라서 이러한 단점을 보완한 것이 GTO로서 게이트에 흐르는 전류를 점호할 때의 전류와 반대 방향의 전류를 흐르게 함으로서 임의로 GTO를 소호시킬 수 있다.(자기소호 기능)   **답** ①

33 60[Hz] 3상 반파 정류 회로의 맥동 주파수는?

① 60[Hz]   ② 120[Hz]   ③ 180[Hz]   ④ 360[Hz]

풀이 전원 주파수 : f, 맥동 주파수 : f_0라 하면
① 단상 반파 정류 $f_0 = f = 60[Hz]$ ② 단상 전파 정류 $f_0 = 2f = 120[Hz]$
③ 3상 반파 정류 $f_0 = 3f = 180[Hz]$ ④ 3상 전파 정류 $f_0 = 6f = 360[Hz]$ **답** ③

34 직류 발전기의 전기자 반작용에 의하여 나타나는 현상은?

① 코일이 자극의 중성축에 있을 때도 브러시 사이에 전압을 유기시켜 불꽃을 발생한다.

② 주자속 분포를 찌그러뜨려 중성축을 고정시킨다.

③ 주자속을 감소시켜 유도 전압을 증가 시킨다.

④ 직류 전압이 증가한다.

풀이 전기자 반작용은 주자속을 감소시키며, 자속을 왜곡시킨다. 이로 인하여 발전기의 경우는 기전력이 감소하며, 전동기의 경우는 속도가 상승한다. 또한 자속의 왜곡으로 중성축이 이동되며, 정류가 불량해져 국부적 섬락(불꽃)이 발생한다. **답** ①

35 변압기의 결선에서 제3고조파를 발생시켜 통신선에 유도장해를 일으키는 3상 결선은?

① Y-Y   ② △-△   ③ Y-△   ④ △-Y

풀이 Y-Y 결선 방법은 기전력의 파형이 제3고조파를 포함한 왜형파가 되며, 중성점 접지 시 제3고조파 전류가 흘러 통신선 유도 장해를 일으키므로 거의 사용되지 않는다. **답** ①

36 동기 전동기의 특징과 용도에 대한 설명으로 잘못된 것은?

① 진상, 지상의 역률 조정이 된다.

② 속도제어가 원활하다.

③ 시멘트 공장의 분쇄기 등에 사용된다.

④ 난조가 발생하기 쉽다.

풀이 동기 전동기의 특징

① 장점
- 속도가 일정, 불변이다.
- 항상 역률 1로 운전할 수 있다.
- 필요시 앞선 전류를 통할 수 있다.
- 유도 전동기에 비하여 효율이 좋다.

② 단점
- 보통 구조의 것은 기동 토크가 적고 속도 조정을 할 수 없다.
- 난조를 일으킬 염려가 있다.
- 여자용의 직류 전원을 필요로 하여 설비비가 많이 든다. **답** ②

37 3상 유도전동기의 슬립의 범위는?

① $0 < s < 1$ ② $-1 < s < 0$ ③ $1 < s < 2$ ④ $0 < s < 2$

풀이 유도 전동기 슬립의 영역

① $s = 0$: 동기속도로 회전하는 경우

② $s = 1$: 정지시

③ $0 < s < 1$: 슬립 s로 회전하는 경우 **답** ①

38 직류발전기에서 자속을 만드는 부분은 어느 것인가?

① 계자철심　　　　　② 정류자　　　　　③ 브러시　　　　　④ 공극

풀이
- 계자 : 주 자속을 발생하는 부분으로 계철, 계자철심, 자극편 및 계자권선으로 구성되어 있다.
- 정류자 : 전기자에 의해 발전된 기전력을 직류로 변환하는 부분
- 브러시 : 내부회로와 외부회로를 전기적으로 연결하는 부분　　　　　답 ①

39 동기임피던스 5[Ω]인 2대의 3상 동기 발전기의 유도 기전력에 100[V]의 전압 차이가 있다면 무효순환전류[A]는?

① 10　　　　　② 15　　　　　③ 20　　　　　④ 25

풀이
$$I_c = \frac{E_1 - E_2}{2Z_s} = \frac{E_r}{2Z_s} = \frac{100}{2 \times 5} = 10[\text{A}]$$　　　　　답 ①

40 유도전동기의 제동법이 아닌 것은?

① 3상 제동　　　　　② 발전제동　　　　　③ 회생제동　　　　　④ 역상제동

풀이 유도전동기의 전기 제동법
① 발전 제동 : 운전 중인 전동기를 전원에서 분리하면 발전기로 동작한다. 이때 발생된 전력을 열로 소비하는 제동법을 발전제동이라 한다.
② 회생 제동 : 운전 중인 전동기를 전원에서 분리하면 발전기로 동작한다. 이때 발생된 전력을 제동용 전원으로 사용하면 회상제동이라 한다. 이 경우는 언덕을 내려가는 전차 등에서 사용할 수 있다.
③ 플러깅(plugging) 제동 : 플러깅 제동은 급제동시 사용하는 방법으로 역전제동이라고도 한다. 제동시 전동기를 역회전시켜 속도를 급감시킨 다음 속도가 0에 가까워지면 전동기를 전원에서 분리하는 제동법이다.　　　　　답 ①

41 옥내 배선을 합성수지관 공사에 의하여 실시할 때 사용할 수 있는 단선의 최대 굵기[mm²]는?

① 4　　　　　② 6　　　　　③ 10　　　　　④ 16

풀이 232.11 합성수지관공사
① 전선은 절연전선(옥외용 비닐절연전선을 제외한다)일 것.
② 전선은 연선일 것. 다만, 다음의 것은 적용하지 않는다.
- 짧고 가는 합성수지관에 넣은 것.
- 단면적 10[mm²](알루미늄선은 단면적 16[mm²]) 이하의 것.　　　　　답 ③

42 자동화재탐지설비는 화재의 발생을 초기에 자동적으로 탐지하여 소방대상물의 관계자에게 화재의 발생을 통보해 주는 설비이다. 이러한 자동화재 탐지설비의 구성요소가 아닌 것은?

① 수신기　　　　　② 비상경보기　　　　　③ 발신기　　　　　④ 중계기

풀이 자동화재 탐지설비의 구성에는 감지기, 발신기, 중계기, 수신기 등이 있다　　　　　답 ②

43 조명기구를 배광에 따라 분류하는 경우 특정한 장소만을 고조도로 하기 위한 조명기구는?

① 직접 조명기구   ② 전반확산 조명기구

③ 광천장 조명기구   ④ 반직접 조명기구

풀이
① 직접조명 : 빛을 직접 대상물에 비추는 조명방식
② 전반확산조명 : 하향광속으로 직접 작업면에 직사시키고 상향광속의 반사광으로 작업면의 조도를 증가시키는 조명방식
③ 광천장 조명 : 천장 전면을 발광면으로 하는 조명
④ 반직접조명 : 빛의 60~90[%]가 아래로 향하여 직접 표면을 비추고 나머지 10~40[%]는 천정면을 향하여 반사시키는 조명방식   **답** ①

44 금속 덕트 공사에 있어서 전광표시장치 또는 제어회로용 배선만을 공사할 때 절연전선의 단면적은 금속 덕트 내 몇 [%] 이하이어야 하는가?

① 80   ② 70   ③ 60   ④ 50

풀이 232.31 금속덕트공사
① 전선은 절연전선(옥외용 비닐절연전선을 제외한다)일 것.
② 금속덕트에 넣은 전선의 단면적(절연피복의 단면적을 포함한다)의 합계는 덕트의 내부 단면적의 20[%](전광표시장치 기타 이와 유사한 장치 또는 제어회로 등의 배선만을 넣는 경우에는 50[%]) 이하일 것.   **답** ④

45 정격전압 3상 24[kV], 정격차단전류 300[A] 수전설비의 차단용량은 몇 [MVA]인가?

① 17.26   ② 28.34   ③ 12.47   ④ 24.94

풀이 정격 차단 용량 P_s[MVA]$= \sqrt{3} \times$정격 전압[kV]$\times$정격 차단 전류[kA]
따라서 $P_s = \sqrt{3} \times 24 \times 10^3 \times 300 \times 10^{-6} = 12.47$[MVA]   **답** ③

46 폴리에틸렌 절연 비닐 시스 케이블의 약호는?

① DV   ② EE   ③ EV   ④ OW

풀이
• DV : 인입용 비닐 절연 전선
• EE : 폴리에틸렌 절연 폴리에틸렌 외장 케이블
• EV : 폴리에틸렌 절연 비닐 시스 케이블
• OW : 옥외용 비닐 절연 전선   **답** ③

47 금속제 케이블트레이의 종류가 아닌 것은?

① 펀칭형   ② 사다리형

③ 바닥밀폐형   ④ 크로스형

풀이 232.41 케이블트레이공사
종류 : 사다리형, 펀칭형, 메시형, 바닥 밀폐형   **답** ④

48 16[mm] 합성수지 전선관을 직각 구부리기를 할 경우 구부림 부분의 길이는 약 몇 [mm]인가? (단, 16[mm] 합성수지관의 안지름은 18[mm], 바깥지름은 22[mm]이다.)

① 119   ② 132   ③ 187   ④ 220

풀이 굽힘 반지름 $r \geq 6d + \dfrac{D}{2} = 6 \times 18 + \dfrac{22}{2} = 119[mm]$

(단, d는 금속 전선관의 안지름, D는 금속 전선관의 바깥지름이다.)

따라서 구부림 길이 $L \geq 2\pi r \times \dfrac{1}{4} = 2\pi \times 119 \times \dfrac{1}{4} = 187[mm]$ **답** ③

49 저압 가공전선로의 지지물이 목주인 경우 풍압하중의 몇 배에 견디는 강도를 가져야 하는가?

① 2.5   ② 2.0   ③ 1.5   ④ 1.2

풀이 222.8 저압 가공전선로의 지지물의 강도
저압 가공전선로의 지지물은 목주인 경우에는 풍압하중의 1.2배의 하중, 기타의 경우에는 풍압하중에 견디는 강도를 가지는 것이어야 한다.   **답** ④

50 가연성 가스가 새거나 체류하여 전기설비가 발화원이 되어 폭발할 우려가 있는 곳에 있는 저압 옥내전기설비의 시설 방법으로 가장 적합한 것은?

① 애자공사   ② 금속제 가요전선관공사
③ 셀룰러덕트공사   ④ 금속관공사

풀이 242.3.1 가스증기 위험장소
가연성 가스 또는 인화성 물질의 증기가 누출되거나 체류하여 전기설비가 발화원이 되어 폭발할 우려가 있는 곳에 있는 저압 옥내전기설비는 저압 옥내배선은 금속관공사 또는 케이블공사(캡타이어케이블을 사용하는 것을 제외한다)에 의할 것.   **답** ④

51 주상 변압기는 시가지에 있어서 지표상 얼마 높이 이상으로 하는가?

① 4[m]   ② 4.5[m]   ③ 5[m]   ④ 6[m]

풀이 341.8 고압용 기계기구의 시설
고압 기계기구의 높이 : 시가지의 경우 4.5[m], 시가지 외의 경우 4[m]   **답** ②

52 전선 약호가 CN-CV-W인 케이블의 품명은?

① 동심중성선 수밀형 전력케이블
② 동심중성선 차수형 전력케이블
③ 동심중성선 수밀형 저독성 난연 전력케이블
④ 동심중성선 차수형 저독성 난연 전력케이블

풀이 ① CN-CV-W : 동심중성선 수밀형 전력케이블   ② CN-CV : 동심중성선 차수형 전력케이블
③ FR CNCO-W : 동심중성선 수밀형 저독성 난연 전력케이블   **답** ①

53 펜치로 절단하기 힘든 굵은 전선의 절단에 사용되는 공구는?

① 파이프 렌치

② 파이프 커터

③ 클리퍼

④ 와이어 게이지

> **풀이** • 파이프 렌치 : 금속관을 커플링으로 접속할 때 금속관 커플링을 물고 죄는 것
> • 파이프 커터 : 금속관을 절단하는 공구
> • 클리퍼 : 굵은 전선을 절단할 때 사용하는 가위
> • 와이어 게이지 : 전선의 굵기를 측정하는 것
>
> **답** ③

54 일반적으로 과전류 차단기를 설치하여야 할 곳은?

① 접지공사의 접지도체

② 다선식 전로의 중성선

③ 송배전선의 보호용, 인입선 등 분기선을 보호하는 곳

④ 저압 가공 전로의 접지측 전선

> **풀이** 341.11 과전류차단기의 시설 제한
> ① 접지공사의 접지도체
> ② 다선식 전로의 중성선
> ③ 접지공사를 한 저압 가공 전선의 접지 측 전선
>
> **답** ③

55 가요 전선관의 상호접속은 무엇을 사용하는가?

① 컴비네이션 커플링

② 스플릿 커플링

③ 더블 커넥터

④ 앵글 커넥터

> **풀이** • 스플릿 커플링 : 가요 전선관의 상호접속
> • 컴비네이션 커플링 : 가요 전선관과 금속관 접속
>
> **답** ②

56 전선접속 시 S형 슬리브 사용에 대한 설명으로 틀린 것은?

① 전선의 끝은 슬리브의 끝에서 조금 나오는 것이 바람직하다.

② 슬리브는 전선의 굵기에 적합한 것을 선정한다.

③ 열린 쪽 홈의 측면을 고르게 눌러서 밀착시킨다.

④ 단선은 사용가능하나 연선접속 시에는 사용 안한다.

> **풀이** S형 슬리브는 단선, 연선 어느 것에도 사용할 수 있다.
>
> **답** ④

출제기준 변경 및 개정된 관계 법규에 따라 삭제된 문제가 있어 60문항이 안됩니다.

2019년 3회

1 $r = 3[\Omega]$, $\omega L = 8[\Omega]$, $\dfrac{1}{\omega C} = 4[\Omega]$인 RLC 직렬회로의 임피던스는 몇 $[\Omega]$인가?

① 5　　　　　　　② 8.5　　　　　　　③ 12.4　　　　　　　④ 15

풀이 임피던스 $Z = R + j\omega L - j\dfrac{1}{\omega C}$ 에서 $Z = 3 + j8 - j4 = 3 + j4 = 5\angle 53.13[\Omega]$이 된다.　　**답** ①

2 전기와 자기의 요소를 서로 대칭되게 나타내지 않은 것은?

① 전계 – 자계　　　　　　　② 전속 – 자속

③ 유전율 – 투자율　　　　　④ 전속밀도 – 자기량

풀이 전속밀도는 자속밀도에 해당한다.　　**답** ④

3 전류의 열작용과 관계가 있는 법칙은?

① 키르히호프의 법칙　　　　② 줄의 법칙

③ 플레밍의 법칙　　　　　　④ 전류 옴의 법칙

풀이 줄의 법칙 : 도체에 흐르는 전류에 의하여 단위 시간에 발생하는 열량은 $I^2 R$에 비례한다.　　**답** ②

4 1$[\mu\mathrm{F}]$의 콘덴서에 100[V]의 전압을 가할 때 충전전하량은 몇 [C]인가?

① 1×10^{-4}　　② 1×10^{-5}　　③ 1×10^{-8}　　④ 1×10^{-10}

풀이 전하량 $Q = CV$ 에서 $Q = 1 \times 10^{-6} \times 100 = 1 \times 10^{-4}[\mathrm{C}]$이 된다.　　**답** ①

5 자체 인덕턴스 2[H]의 코일에 25[J]의 에너지가 저장되어 있다면 코일에 흐르는 전류?

① 2[A]　　　　　② 3[A]　　　　　③ 4[A]　　　　　④ 5[A]

풀이 전자에너지 $W = \dfrac{1}{2}LI^2$ 에서 $25 = \dfrac{1}{2} \times 2 \times I^2$이므로 $\therefore I = \sqrt{\dfrac{25 \times 2}{2}} = 5[\mathrm{A}]$ 된다.　　**답** ④

6 RL 직렬회로의 시정수 $T[\mathrm{s}]$는 어떻게 되는가?

① $\dfrac{R}{L}$　　　　② $\dfrac{L}{R}$　　　　③ RL　　　　④ $\dfrac{1}{RL}$

풀이 RL 직렬 회로의 시정수 : $T = \dfrac{L}{R}[\sec]$　　**답** ②

7 무한장 직선 도체에 전류를 통할 때 10[cm] 떨어진 점의 자계의 세기가 2[AT/m] 라면 전류의 크기는 약 몇 [A]인가?

① 1.26   ② 2.16   ③ 2.84   ④ 3.14

풀이 무한장 직선전류의 자계의 세기 $H = \dfrac{I}{2\pi r}$ [AT/m]에서

$2 = \dfrac{I}{2\pi \times 10 \times 10^{-2}}$ 이므로 $I = 2 \times 2\pi \times 10 \times 10^{-2} = 1.26$[A]   **답** ①

8 복소수 $3 + j4$의 절대값은 얼마인가?

① 2   ② 4   ③ 5   ④ 7

풀이 $|3 + j4| = \sqrt{3^2 + 4^2} = 5$ **답** ③

9 비오-사바르의 법칙은 어떤 관계를 나타낸 것인가?

① 기전력과 회전력   ② 기자력과 자화력
③ 전류와 자장의 세기   ④ 전압과 전장의 세기

풀이 비오-사바르의 법칙
전류와 자장의 세기의 관계를 나타내는 법칙으로 임의의 형상의 도선에 전류 I[A]가 흐를 때, 도선상의 미소길이 dl 부분에 흐르는 전류에 의하여 거리 r만큼 떨어진 점 P에서의 자계의 세기 dH는

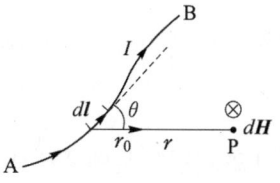

$dH = \dfrac{I dl \sin\theta}{4\pi r^2}$ [AT/m]가 된다.

여기서 θ는 dl 과 거리 r 이 이루는 각이다.   **답** ③

10 반도체의 특징이 아닌 것은?

① 전기적 전도성은 금속과 절연체의 중간적 성질을 가지고 있다.
② 일반적으로 온도가 상승함에 따라 저항은 감소한다.
③ 매우 낮은 온도에서 절연체가 된다.
④ 불순물이 섞이면 저항이 증가한다.

풀이 반도체(semi-conductor)는 도체와 부도체의 중간적인 성질을 지닌 물질을 말한다. 대표적인 물질로는 규소(Si), 게르마늄(Ge) 등이 있다.   **답** ④

11 다음 중 저 저항 측정에 사용되는 브리지는?

① 휘트스톤 브리지   ② 비인 브리지
③ 맥스웰 브리지   ④ 캘빈더블 브리지

풀이 1) 저 저항 측정(1[Ω] 이하)
　　① 켈빈더블 브리지법 : $10^{-5} \sim 1[\Omega]$ 정도의 저 저항 정밀 측정에 사용된다.
　　2) 중 저항 측정 (1[Ω] ~ 10[kΩ] 정도)
　　① 전압 강하법의 전압 전류계법 : 백열전구의 필라멘트 저항 측정 등에 사용된다.
　　② 휘스톤 브리지법
　　3) 특수 저항 측정
　　① 검류계의 내부 저항 : 휘트스톤 브리지법
　　② 전해액의 저항 : 콜라우시 브리지법
　　③ 접지 저항 : 콜라우시 브리지법　　　　　　　　　　　　　　　　　　　　**답** ④

12 파형률은 어느 것인가?

① $\dfrac{평균값}{실효값}$　　　　② $\dfrac{실효값}{최댓값}$　　　　③ $\dfrac{실효값}{평균값}$　　　　④ $\dfrac{최댓값}{실효값}$

풀이 파형률(form factor)=$\dfrac{실효값}{평균값}$이고, 파고율(crest factor)=$\dfrac{최댓값}{실효값}$이다.　　　**답** ③

13 유도 기전력과 관계되는 사항으로 옳은 것은?

① 쇄교 자속의 1.6승에 비례한다.　　　② 쇄교 자속의 시간에 변화에 비례한다.
③ 쇄교 자속에 반비례한다.　　　　　　④ 쇄교 자속에 비례한다.

풀이 $e = N\dfrac{d\phi}{dt}$[V]이므로 기전력은 쇄교자속이 시간의 변화에 비례한다.　　　**답** ②

14 3[F] 와 6[F]의 콘덴서를 병렬로 접속했을 때 합성 정전용량은 몇 [F]인가?

① 2　　　　　　② 4　　　　　　③ 6　　　　　　④ 9

풀이 병렬연결일 경우 합성 정전용량은 $C = C_1 + C_2$ 이므로 $C = 3 + 6 = 9$[F]가 된다.　　**답** ④

15 1[AH]는 몇 [C]인가?

① 7,200　　　　② 3,600　　　　③ 120　　　　④ 60

풀이 $Q = It = 1 \times 3,600 = 3,600$[C]
여기서, I[A]는 전류이며 t[sec]는 시간이다. 또 1[h]는 3,600[sec]에 해당한다.　　**답** ②

16 두 개의 서로 다른 금속의 접속점에 온도차를 주면 열기전력이 생기는 현상은?

① 홀 효과　　　　② 줄 효과　　　　③ 압전기 효과　　　　④ 제벡 효과

풀이 제벡 효과 : 두 금속 접속점 간에 온도차가 있으면 열기전력(전류)이 발생하는 현상으로 열전 온도계 및
열전대에 사용된다.　　　　　　　　　　　　　　　　　　　　　　　　　　　　**답** ④

17 다음 중에서 자석의 일반적인 성질에 대한 설명으로 틀린 것은?

① N극과 S극이 있다.

② 자력선은 N극에서 나와 S극으로 향한다.

③ 자력이 강할수록 자기력선의 수가 많다.

④ 자석은 고온이 되면 자력이 증가한다.

풀이 자석에는 다음과 같은 성질이 있다.

　① 자석에는 N극과 S극이 있다.

　② 자석은 같은 극 끼리 서로 반발하고, 서로 다른 극 끼리 끌어당기는 성질이 있다.

　③ 자극으로부터 자력선이 나온다.

　④ 자력선은 N극에서 나오고 S극으로 들어간다.

　⑤ 자력선이 강할수록 자력선 수가 많다.

　⑥ 자력선은 비자성체를 투과한다.

　⑦ 발생되는 자력선은 아무리 사용해도 기본적으로 감소하지는 않는다.

　⑧ 자력선은 장력이 존재한다.

　⑨ 자석은 고온이 되면 자력이 감소되고, 저온이 되면 자력이 증가한다.

　⑩ 자석은 임계온도(퀴리온도) 이상으로 가열하면 자석으로서의 성질이 없어진다.　**답** ④

18 다음 중 자기저항의 단위에 해당되는 것은?

① Ω　　　　　② Wb/AT　　　　　③ H/m　　　　　④ AT/Wb

풀이 자기옴의 법칙 $F = R\phi$ 에서 자기저항은 $R = \dfrac{F}{\phi}$[AT/Wb]가 된다.　**답** ④

19 비정현파의 실효값을 나타낸 것은?

① 최대파의 실효값　　　　　　　　② 각 고조파의 실효값의 합

③ 각 고조파의 실효값의 합의 제곱근　　④ 각 고조파의 실효값의 제곱의 합의 제곱근

풀이 왜형파의 실효값은 각 고조파 실효값 제곱의 합의 제곱근이다.　**답** ④

20 기전력 1.5[V], 내부 저항 0.2[Ω]인 전지 5개를 직렬로 접속하여 단락시켰을 때의 전류[A]는?

① 1.5[A]　　　　　　　　　　② 2.5[A]

③ 6.5[A]　　　　　　　　　　④ 7.5[A]

풀이 직렬연결이므로 흐르는 전류는 $I = \dfrac{nE}{nr} = \dfrac{5 \times 1.5}{5 \times 0.2} = 7.5$[A]

여기서 n 은 전지의 갯수　**답** ④

21 3상 변압기의 병렬운전시 병렬운전이 불가능한 결선 조합은?

① △−△와 Y−Y　　　　　　② △−△와 △−Y

③ △−Y와 △−Y　　　　　　④ △−△와 △−△

풀이 각 변위가 같아야 병렬운전이 가능하다. 즉, △가 3개 이거나, Y가 3개이면 각 변위가 달라져 병렬운전이 불가능하다. **답** ②

22 단락비가 1.2인 동기발전기의 %동기 임피던스는 약 몇 [%]인가?

① 68   ② 83   ③ 100   ④ 120

풀이 단락비 $K_s = \dfrac{\text{무부하에서 정격전압을 유도하는데 필요한 여자전류}}{\text{정격전류와 같은 단락전류를 흘리는데 필요한 여자전류}} = 1.2$ 이며,
%동기임피던스는 단락비의 역관계가 있다.
따라서 %동기 임피던스 $Z_s' = \dfrac{100}{K_s} = \dfrac{100}{1.2} = 83[\%]$가 된다. **답** ②

23 동기조상기를 부족여자로 운전하면 어떻게 되는가?

① 콘덴서로 작용한다.   ② 리액터로 작용한다.
③ 여자 전압의 이상 상승이 발생한다.   ④ 일부 부하에 대하여 뒤진 역률을 보상한다.

풀이 동기조상기를 과여자 운전하면 콘덴서로 작용하며, 부족여자 운전하면 리액터로 작용한다. **답** ②

24 직류 전동기의 회전 방향을 바꾸기 위해서는 어떻게 하면 되는가?

① 전원 극성을 반대로 한다.   ② 전류의 방향이나 계자의 극성을 바꾸면 된다.
③ 차동 복권을 가동복권으로 한다.   ④ 발전기로 운전한다.

풀이 직류 전동기의 회전방향을 변경하려면 계자권선의 자속을 반대로 하여야 한다. **답** ②

25 50[kW]의 농형 유도 전동기를 기동 하려고 할 때 다음 중 가장 적당한 기동 방법은?

① 분상 기동법   ② 기동보상기법
③ 권선형 기동법   ④ 슬립부하기동법

풀이 대용량의 농형유도 전동기는 기동보상기법을 사용하여 기동한다. **답** ②

26 직류기에서 보극을 두는 가장 주된 목적은?

① 기동 특성을 좋게 한다.
② 전기자 반작용을 크게 한다.
③ 정류 작용을 돕고 전기자 반작용을 약화시킨다.
④ 전기자 자속을 증가시킨다.

풀이 보극은 중성대 부근의 반작용을 없애는 데는 유효하나, 전기자 전면에 분포되어 있는 보상 권선에는 비교가 되지 않는다. 균압환은 국부 전류가 브러시를 통하여 흐르지 못하게 하는 작용을 하는 것이며, 탄소 브러시는 저항 정류 시에 쓰이는 것이다. **답** ③

27 3상 유도 전동기의 원선도를 그리는데 필요하지 않은 것은?

① 저항측정 ② 무부하 시험

③ 구속시험 ④ 슬립측정

> **풀이** 유도전동기의 원선도 작성에 필요한 시험 : 저항측정시험, 무부하 시험, 구속시험 **답** ④

28 직류기의 전기자 철심을 규소 강판으로 성층하여 만드는 이유는?

① 가공하기 쉽다. ② 가격이 염가이다.

③ 철손을 줄일 수 있다. ④ 기계손을 줄일 수 있다.

> **풀이**
> • 전기 기계의 전기자 철심은 규소 강판으로 성층하여 만드는데, 규소를 넣는 것은 자기 저항을 크게 하여 와류손과 히스테리시스손을 감소하게 하지만 투자율이 낮아지고, 기계적 강도가 감소되어 부서지기 쉬우며, 가공이 곤란하게 된다. 성층하는 이유는 와류손을 적게 하기 위한 것이다.
> • 철손에는 히스테리시스손과 와전류손이 있다. **답** ③

29 정격 2차 전압 및 정격 주파수에 대한 출력 [kW]과 전체 손실 [kW]이 주어 졌을 때 변압기의 규약 효율을 나타내는 식은?

① $\dfrac{입력}{입력-전체손실}\times100\%$ ② $\dfrac{출력}{출력+전체손실}\times100\%$

③ $\dfrac{출력}{입력-철손-동손}\times100\%$ ④ $\dfrac{출력-철손-동손}{입력}\times100\%$

> **풀이** **답** ②

30 변압기의 권선과 철심 사이의 습기를 제거하기 위하여 건조하는 방법이 아닌 것은?

① 열풍법 ② 단락법

③ 진공법 ④ 가압법

> **풀이** 변압기 건조하는 방법
> ① 진공법 ② 단락법 ③ 열풍법 **답** ④

31 E종 절연물의 최고 허용온도는 몇 [℃]인가?

① 40 ② 60 ③ 120 ④ 155

> **풀이** 전기 기기의 규격에서는 절연물을 그 내열성에 따라서 다음 표와 같이 7종으로 나누어 허용 최고 온도를 정해 놓았다.
>
> | 절연의 종류 | Y | A | E | B | F | H | C |
> |---|---|---|---|---|---|---|---|
> | 허용 최고 온도[℃] | 90 | 105 | 120 | 130 | 155 | 180 | 180 초과 |
>
> **답** ③

32 동기 발전기를 계통에 병렬로 접속 시킬 때 관계없는 것은?

① 주파수

② 위상

③ 전압

④ 전류

풀이 동기발전기를 계통에 병렬로 접속 할 경우 주파수, 위상, 전압등이 동기화 되어야 한다.　**답** ④

33 정격전압 250[V], 정격출력 50[kW]의 외분권 복권발전기가 있다. 분권계자 저항이 25[Ω] 일 때 전기자 전류는?

① 100[A]

② 210[A]

③ 2000[A]

④ 2010[A]

풀이 복권 발전기의 특성은 다음과 같다.

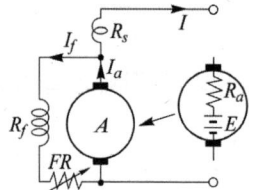 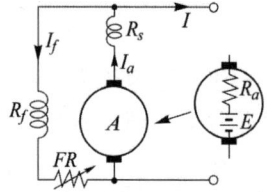

(a) 복권 (내분권)　　　　(b) 복권 (외분권)

외분권 복권 발전기의 경우 전류는 $I_a = I_f + I$ [A], $I = \dfrac{P}{V}$ [A] 이므로

$$I_f = \frac{V}{R_f} = \frac{250}{25} = 10[A] \ , \quad I = \frac{P}{V} = \frac{50 \times 10^3}{250} = 200[A]$$

$$\therefore \ I_a = I + I_f = 200 + 10 = 210[A]$$　**답** ②

34 전부하 슬립이 5[%], 2차 저항손 5.26[kW]의 3상 유도전동기의 2차 입력은 몇 [kW]인가?

① 2.63

② 5.26

③ 105.2

④ 226.5

풀이 2차 동손 $P_{c2} = sP_2$에서 $P_2 = \dfrac{P_{c2}}{s} = \dfrac{5.26}{0.05} = 105.2$[kW]가 된다.　**답** ③

35 SCR 2개를 역병렬로 접속한 그림과 같은 기호의 명칭은?

① SCR

② TRIAC

③ GTO

④ UJT

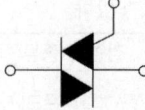

풀이　**답** ②

36 직류 발전기에서 계자 철심에 잔류 자기가 없어도 발전을 할 수 있는 발전기는?

① 분권 발전기   ② 직권 발전기

③ 복권 발전기   ④ 타여자 발전기

풀이 잔류자기가 없으면 발전이 불가능한 발전기는 자여자 발전기(직권, 분권, 복권)이며, 잔류자기가 없어도 발전이 가능한 발전기는 타여자 발전기가 해당된다.   **답** ④

37 그림과 같은 분상 기동형 단상 유도 전동기를 역회전시키기 위한 방법이 아닌 것은?

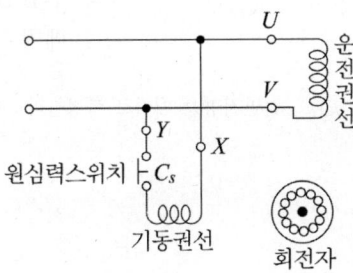

① 원심력스위치를 개로 또는 폐로한다.

② 기동권선이나 운전권선의 어느 한 권선의 단자접속을 반대로 한다.

③ 기동권선의 단자접속을 반대로 한다.

④ 운전권선의 단자접속을 반대로 한다.

풀이 • 분상 기동형 단상 유도 전동기는 단상 전동기에 보조 권선(기동 권선)을 설치하여, 단상 전원에 주권선 (운동권선)과 보조 권선에 위상이 다른 전류를 흘려서 불평형 2상 전동기로서 기동하는 방법이다.

     • 원심력스위치는 단상 전동기를 기동 하기위한 역할을 한다.   **답** ①

38 그림은 일반적인 반파 정류 회로이다. 변압기 2차 전압의 실효값을 E[V]라 할 때 직류 전류 평균값은? 단, 정류기의 전압 강하는 무시한다.

① $\dfrac{E}{R}$ ② $\dfrac{1}{2}\dfrac{E}{R}$

③ $\dfrac{2\sqrt{2}\,E}{\pi R}$ ④ $\dfrac{\sqrt{2}\,E}{\pi R}$

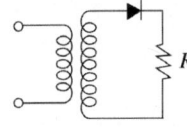

풀이 무부하 직류 전압 E_{d0}는 $E_{d0} = \dfrac{1}{2\pi}\displaystyle\int_0^{\pi}\sqrt{2}\,E\sin\theta \cdot d\theta = \dfrac{\sqrt{2}\,E}{\pi}$

정류기 내의 전압 강하 e를 무시하면 직류 전압 평균값 E_d는 $E_d \fallingdotseq E_{d0}$

따라서, 직류 전류 평균값 I_d는

$$\therefore I_d = \frac{E_d}{R} = \frac{E_{d0}}{R} = \frac{\dfrac{\sqrt{2}}{\pi}E}{R} = \frac{\sqrt{2}\,E}{\pi R}\,[\text{A}]$$

여기서, E : 변압기 2차 상전압(실효값), R : 부하 저항   **답** ④

39 보극이 없는 직류기의 운전 중 중성점의 위치가 변하지 않는 경우는?

① 무부하일 때
② 전부하일 때
③ 중부하일 때
④ 과부하일 때

풀이 전기자에 전류가 흐르지 않을 경우 전기자 반작용이 생기지 않아 중성축이 이동되지 않는다.
즉, 무부하의 경우 중성축의 위치가 변하지 않는다. **답** ①

40 다음 중 절연저항을 측정하는 것은?

① 캘빈더블브리지법
② 전압전류계법
③ 휘이스톤 브리지법
④ 메거

풀이  절연저항은 메거로 측정한다.

답 ④

41 전선의 굵기를 측정할 때 사용되는 것은?

① 와이어 게이지
② 파이프 포트
③ 스패너
④ 프레셔 툴

풀이 와이어 게이지(wire guage)
① 용도 : 전선의 굵기를 측정하는 것
② 종류 : 선번용, 밀리미터용

답 ①

42 다음 중 과전류 차단기를 설치해야 되는 곳은?

① 접지공사의 접지도체
② 인입선
③ 다선식 전로의 중성선
④ 저압가공전선로의 접지측 전선

풀이 341.11 과전류차단기의 시설 제한
① 접지공사의 접지도체
② 다선식 전로의 중성선
③ 접지공사를 한 저압 가공 전선의 접지 측 전선 **답** ②

43 충전되어 있는 활선을 움직이거나 작업권 밖으로 밀어 낼 때 사용되는 활선 장구는?

① 애자 커버
② 데드앤드 커버
③ 와이어 통
④ 활선 커버

풀이 **답** ③

44 실내 전반조명을 하고자 한다. 작업대로부터 광원의 높이가 2.4[m]인 위치에 조명기구를 배치할 때 벽에서 한 기구 이상 떨어진 기구에서 기구 간의 거리는 일반적인 경우 최대 몇 [m]로 배치하여 설치하는가? 단, $S \leq 1.5H$를 사용하여 구하도록 한다.

① 1.8
② 2.4
③ 3.2
④ 3.6

풀이 등기구 사이의 거리는 $S \leq 1.5H$이므로, $S \leq 1.5 \times 2.4 = 3.6$[m]가 된다. **답** ④

45 변전소의 역할로 볼 수 없는 것은?

① 전압의 변성
② 전력 생산
③ 전력의 집중과 배분
④ 전력계통보호

풀이 전력을 생산하는 것은 발전소에서 담당한다. **답** ②

46 철근 콘크리트주에 완금을 고정 시키려면 어떤 밴드를 사용하는가?

① 암 밴드
② 지선 밴드
③ 래크 밴드
④ 행거 밴드

풀이 지지물에 전선을 고정시키기 위하여 사용하는 금구로 아연 도금을 한 앵글을 많이 사용한다. 완금이 상하로 움직이는 것을 방지하기 위하여 암 타이(arm tie)를 사용한다. 암 타이를 고정시키려면 암 타이 밴드(arm tie band)를, 지선에 붙일 때에는 지선 밴드(stay band)를 사용한다. **답** ①

47 조명용 백열전등을 일반주택 및 아파트 각 호실에 설치할 때 형광등에 최대 몇 분 이내에 소등 되는 타임 스위치를 시설하여야 하는가?

① 1
② 2
③ 3
④ 4

풀이 234.6 점멸기의 시설
다음의 경우에는 센서등(타임스위치 포함)을 시설하여야 한다.
① 관광숙박업 또는 숙박업(여인숙업을 제외한다)에 이용되는 객실의 입구등은 1분 이내에 소등되는 것.
② 일반주택 및 아파트 각 호실의 현관등은 3분 이내에 소등되는 것. **답** ③

48 자연 공기 내에서 개방 할 때 접촉자가 떨어지면서 자연소호되는 방식을 가진 차단기로 저압의 교류 또는 직류 차단기로 많이 사용되는 것은?

① 유입차단기
② 자기차단기
③ 가스차단기
④ 기중차단기

풀이 **답** ④

49 과전류차단기로 저압전로에 사용하는 80[A] 퓨즈는 수평으로 붙일 경우 정격전류의 1.6배 전류를 통한 경우에 몇 분 안에 용단되어야 하는가?

① 30분   ② 60분
③ 120분   ④ 180분

풀이 212.3.4 보호장치의 특성
과전류차단기로 저압전로에 사용하는 범용의 퓨즈는 표에 적합한 것이어야 한다.

표. 퓨즈(gG)의 용단특성

정격전류의 구분	시 간	정격전류의 배수	
		불용단전류	용단전류
4[A] 이하	60분	1.5배	2.1배
4[A] 초과 16[A] 미만	60분	1.5배	1.9배
16[A] 이상 63[A] 이하	60분	1.25배	1.6배
63[A] 초과 160[A] 이하	120분	1.25배	1.6배
160[A] 초과 400[A] 이하	180분	1.25배	1.6배
400[A] 초과	240분	1.25배	1.6배

답 ③

50 절연전선을 서로 접속할 때 어느 접속기를 사용하면 접속 부분에 절연을 할 필요가 없는가?

① 전선 피박기   ② 박스형 커넥터
③ 전선 커버   ④ 특대

풀이   **답** ②

51 보호 계전기를 동작원리에 따라 구분할 때 해당 되지 않는 것은?

① 유도형   ② 정지형
③ 디지털형   ④ 저항형

풀이 보호계전기의 동작원리상 분류
① 전자기계형(유도형, 가동코일형, 가동철심형)
② 정지형(트랜지스터형, 전자관형, 자기증폭기형, 홀 효과형)
③ 디지털형(연산형, 계수형, 스캐너형)

답 ④

52 직류 전동기 운전 중에 있는 기동 저항기에서 정전이거나 전원 전압이 저하되었을 때 핸들을 정지 위치에 두는 역할을 하는 것은?

① 무전압 계전기   ② 계자 제어
③ 기동저항   ④ 과부하계전기

풀이   **답** ①

53 저압 연접 인입선 시설에 제한 사항이 아닌 것은?

① 인입선의 분기점에서 100[m]를 초과하는 지역에 미치지 아니할 것

② 폭 5[m]를 넘는 도로를 횡단하지 말 것

③ 다른 수용가의 옥내를 관통하지 말 것

④ 지름 2.0[mm] 이하의 경동선을 사용하지 말 것

풀이 221.1.2 연접 인입선의 시설
한 수용가의 인입선에서 분기하여 지지물을 거치지 아니하고 다른 수용 장소의 인입구에 이르는 부분의
전선을 연접인입선이라 한다.
① 인입선에서 분기하는 점으로부터 100[m]를 초과하는 지역에 미치지 아니할 것.
② 폭 5[m]를 초과하는 도로를 횡단하지 아니할 것.
③ 옥내를 통과하지 아니할 것.　　　　　　　　　　　　　　　　　　　　　　　**답** ④

54 전선 접속 방법이 잘못된 것은?

① 트위스트 접속은 6[mm^2] 이하의 가는 단선을 직접 접속할 때 적합하다.

② 브리타니어 접속은 6[mm^2] 이상의 굵은 단선의 접속에 적합하다.

③ 쥐꼬리 접속은 복스 내에서 가는 전선을 접속할 때 적합하다.

④ 와이어 커넥터 접속은 납땜과 테이프가 필요 없이 접속할 수 있고 누전의 염려가 없다.

풀이 • 트위스트 접속 : 단선의 직선 접속에서 6[mm^2] 이하의 가는 전선
　　• 브리타니어 분기접속 : 10[mm^2] 이상의 굵은 단선　　　　　　　　　　**답** ②

55 변압기의 보호 및 개폐를 위해 사용되는 특고압 컷아웃 스위치는 변압기 용량의 몇 [kVA]
이하에 사용되는가?

① 100[kVA]　　　　② 200[kVA]　　　　③ 300[kVA]　　　　④ 400[kVA]

풀이 컷아웃 스위치(COS)는 주상 변압기 1차측에 설치하여 변압기의 보호와 개폐에 사용하는 스위치를 말하
며, 300[kVA] 이하인 경우 PF대신 COS(비대칭 차단 전류 10[kA] 이상의 것)을 사용할 수 있다.
　　　　　　　　　　　　　　　　　　　　　　　　　　　　　　　　　　　　답 ③

56 옥외용 비닐 절연 전선의 약호(기호)는?

① VV　　　　　　② DV　　　　　　③ OW　　　　　　④ NR

풀이 ① VV – 비닐 절연 비닐 시스 케이블
　　② DV – 인입용 비닐 절연 전선
　　③ OW – 옥외용 비닐 절연 전선
　　④ NR – 450/750[V] 일반용 단심 비닐 절연전선　　　　　　　　　　　**답** ③

출제기준 변경 및 개정된 관계 법규에 따라 삭제된 문제가 있어 60문항이 안됩니다.

1 $e = 100\sin\left(377t - \dfrac{\pi}{5}\right)$[V]의 파형의 주파수는 약 몇 [Hz]인가?

① 50　　　　　　② 60　　　　　　③ 80　　　　　　④ 100

풀이 각속도 $\omega = 2\pi f = 377$에서 $f = \dfrac{377}{2\pi} = 60$[Hz]가 된다.　　　　**답** ②

2 다음 중 전기 화학당량에 대한 설명 중 옳지 않은 것은?

① 전기 화학당량의 단위는 [g/C]이다.

② 화학당량은 원자량을 원자가로 나눈 값이다.

③ 전기 화학당량은 화학당량에 비례한다.

④ 1[g] 당량을 석출하는데 필요한 전기량은 물질에 따라 다르다.

풀이 전기화학당량은 1[C]의 전하로 석출하는 물질의 양을 말한다.

전기화학당량 $= \dfrac{\text{원자량}}{\text{원자가}}$　　　　**답** ④

3 100[kVA] 단상변압기 2대를 V결선하여 3상 전력을 공급할 때의 출력은?

① 17.3[kVA]　　② 86.6[kVA]　　③ 173.2[kVA]　　④ 346.8[kVA]

풀이 V결선시 출력은 1대의 용량에 $\sqrt{3}$ 배이므로

$P_V = \sqrt{3}\,P_1$ 에서 $P_V = \sqrt{3} \times 100 = 173.2$[kVA]가 된다.　　　　**답** ③

4 어떤 정현파 교류의 최댓값이 $V_m = 220$[V]이면 평균값 V_a는?

① 120.4[V]　　② 125.4[V]　　③ 127.3[V]　　④ 140.1[V]

풀이

파형	정현파	정현반파	삼각파	구형반파	구형파
실효값	$\dfrac{V_m}{\sqrt{2}}$	$\dfrac{V_m}{2}$	$\dfrac{V_m}{\sqrt{3}}$	$\dfrac{V_m}{\sqrt{2}}$	V_m
평균값	$\dfrac{2V_m}{\pi}$	$\dfrac{V_m}{\pi}$	$\dfrac{V_m}{2}$	$\dfrac{V_m}{2}$	V_m

정현파의 평균값 $V_{av} = \dfrac{2V_m}{\pi}$ 에서 $V_{av} = \dfrac{2 \times 220}{\pi} = 140.1$[V] 가 된다.　　　　**답** ④

5 전기장의 세기에 대한 단위로 맞는 것은?

① m/V　　　　　② V/m^2　　　　③ V/m　　　　　④ m^2/V

> **풀이** MKS 단위계에서 전계의 세기 E는 $Q=1[C]$에 작용하는 힘이 $1[N]$이 되는 것을 의미하므로
> $$E=[N/C]=\left[\frac{N\cdot m}{C\cdot m}\right]=\left[\frac{J}{C}\cdot\frac{1}{m}\right]=[V/m] \text{의 단위를 사용한다.}$$ **답** ③

6 $10^{-2}[F]$의 콘덴서에 $100[V]$의 전압을 가할 때 충전되는 전하는 몇 $[C]$인가?

① 0.1 　　　　② 1 　　　　③ 1.5 　　　　④ 2

> **풀이** 전하량 $Q=CV[C]$에서 $Q=10^{-2}\times100=1[C]$이 된다. **답** ②

7 다음 중 반도체로 만든 PN 접합은 주로 무슨 작용을 하는가?

① 증폭작용 　　② 발진작용 　　③ 정류작용 　　④ 변조작용

> **풀이** **답** ③

8 물질에 따라 자석에 반발하는 물체를 무엇이라 하는가?

① 비자성체 　　② 상자성체 　　③ 반자성체 　　④ 가역성체

> **풀이** ① 비자성체 : 자화되지 않는 물체
> ② 상자성체 : 자석에 끌리는 물체
> ③ 가역성체 : 모양은 변하나 본질은 변하지 않는 물체 **답** ③

9 전기장(電氣場)에 대한 설명으로 옳지 않은 것은?

① 대전(帶電)된 무한장 원통의 내부 전기장은 0이다.
② 대전된 구(球)의 내부 전기장은 0이다.
③ 대전된 도체내부의 전하(電荷) 및 전기장은 모두 0이다.
④ 도체표면의 전기장은 그 표면에 평행이다.

> **풀이** 전기력선의 성질
> ① 전기력선은 정전하에서 출발하여 부전하에서 멈추거나 무한원까지 퍼진다.
> ② 전기력선상의 임의의 한 점에서의 접선 방향은 그 점의 전계의 방향을 나타낸다. 즉, 전기력선의 방향은 전계의 방향과 일치한다.
> ③ 전기력선 밀도는 전계의 세기와 같다.
> ④ 전기력선은 서로 교차하지 않으며, 전하가 없는 곳에서는 전기력선의 발생과 소멸이 없고 연속적이다.
> ⑤ 전기력선은 전위가 높은 곳에서 낮은 곳으로 향한다.
> ⑥ 전기력선은 등전위면과 직교한다. **답** ④

10 $V=100\sin\omega t+100\cos\omega t$의 실효값$[V]$은?

① 100[V] 　　② 141[V] 　　③ 172[V] 　　④ 200[V]

풀이 $V_1 = \dfrac{100}{\sqrt{2}}$, $V_2 = 100\sin(\omega t + 90°) = j\dfrac{100}{\sqrt{2}}$

실효값$= \sqrt{V_1{}^2 + V_2{}^2} = \sqrt{\dfrac{100^2}{2} + \dfrac{100^2}{2}} = 100[\text{V}]$

답 ①

11 자체 인덕턴스 L_1, L_2, 상호 인덕턴스 M의 코일을 같은 방향으로 직렬 연결한 경우 합성 인덕턴스는?

① $L_1 + L_2 + M$ ② $L_1 + L_2 - M$

③ $L_1 + L_2 - 2M$ ④ $L_1 + L_2 + 2M$

풀이 그림과 같이 코일의 감는 방향을 동일하게 하여 직렬로 연결한 경우를 가동결합이라 한다. 가동결합의 경우 합성 인덕턴스는
$L = L_1 + L_2 + 2M[\text{H}]$가 된다.

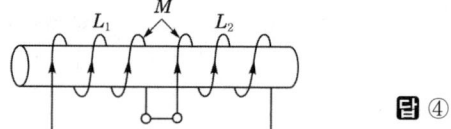

답 ④

12 다음 중 도전율의 단위는?

① $[\Omega \cdot \text{m}]$ ② $[\mho \cdot \text{m}]$ ③ $[\Omega / \text{m}]$ ④ $[\mho / \text{m}]$

풀이 도전율 $\sigma = \dfrac{1}{\rho}[\mho \cdot \text{m}]$ (ρ : 저항율)

답 ④

13 $i = I_m \sin\omega t[\text{A}]$인 교류의 실효값은?

① $\dfrac{I_m}{\sqrt{2}}$ ② $\dfrac{2}{\pi}I_m$ ③ I_m ④ $\sqrt{2}\,I_m$

풀이

파형	정현파	정현반파	삼각파	구형반파	구형파
실효값	$\dfrac{V_m}{\sqrt{2}}$	$\dfrac{V_m}{2}$	$\dfrac{V_m}{\sqrt{3}}$	$\dfrac{V_m}{\sqrt{2}}$	V_m
평균값	$\dfrac{2V_m}{\pi}$	$\dfrac{V_m}{\pi}$	$\dfrac{V_m}{2}$	$\dfrac{V_m}{2}$	V_m

답 ①

14 어떤 콘덴서에 전압 20[V]를 가할 때 전하 800[μC]이 축적되었다면 이때 축적되는 에너지는?

① 0.008 [J]   ② 0.16 [J]   ③ 0.8 [J]   ④ 160 [J]

풀이 정전 에너지 $W = \dfrac{1}{2}VQ = \dfrac{1}{2}CV^2[\text{J}]$에서

$W = \dfrac{1}{2} \times 20 \times 800 \times 10^{-6} = 0.008[\text{J}]$이 된다.

답 ①

15 진공 중에 두 자극 m_1, m_2를 r[m]의 거리에 놓았을 때 작용하는 힘 F의 식으로 옳은 것은?

① $F = \dfrac{1}{4\pi\mu_0} \times \dfrac{m_1 m_2}{r}$[N]

② $F = \dfrac{1}{4\pi\mu_0} \times \dfrac{m_1 m_2}{r^2}$[N]

③ $F = 4\pi\mu_0 \times \dfrac{m_1 m_2}{r}$[N]

④ $F = 4\pi\mu_0 \times \dfrac{m_1 m_2}{r^2}$[N]

풀이 진공 중의 두 자극을 각각 m_1, m_2[Wb], 자극간의 거리를 r[m], 상호간에 작용하는 자기력을 F[N]라 하면

$$F = \frac{1}{4\pi\mu_0} \cdot \frac{m_1 m_2}{r^2} = 6.33 \times 10^4 \frac{m_1 m_2}{\mu_s r^2}\text{[N]}$$

의 관계가 있으며, 힘의 방향은 두 극을 연결하는 직선상에 있다.
이 식을 쿨롱의 법칙이라 한다. **답** ②

16 선간 전압이 210[V], 선전류 10[A]의 Y-Y 회로가 있다. 상전압과 상전류는 각각 얼마인가?

① 121[V], 5.77[A]

② 121[V], 10[A]

③ 210[V], 5.77[A]

④ 210[V], 10[A]

풀이 상전압을 V_p, 선간전압을 V_l이라 하면 $V_l = \sqrt{3}\, V_p \angle 30°$로 되어 각 선간전압은 각 상전압에 비해 크기가 $\sqrt{3}$ 배이며 위상은 30° 빠르다.
상전류를 I_P, 선전류를 I_l이라 하면 $I_l = I_P$로 되어 각 선전류는 각 상전류와 크기와 위상이 같다.
그러므로 $V_p = \dfrac{210}{\sqrt{3}} = 121$[V]이 되며, $I_l = 10$[A]가 된다. **답** ②

17 어떤 물질이 정상 상태보다 전자의 수가 많거나 적어져 전기를 띠는 현상을 무엇이라 하는가?

① 방전

② 전기량

③ 대전

④ 하전

풀이 유리 막대를 옷감에 마찰시키면 종이 같은 가벼운 물체를 끌어당긴다는 것은 이미 알고 있다. 즉, 절연체를 서로 마찰시키면 이들 물체는 전기를 띠게 되고, 가벼운 물체를 끌어당기게 된다. 이와 같이 물체가 전기를 띠는 현상을 대전이라 한다. **답** ③

18 히스테리시스 곡선이 횡축과 만나는 점의 값은 무엇을 나타내는가?

① 자속밀도

② 자화력

③ 보자력

④ 잔류자기

풀이 히스테리시스곡선에서 B_r 을 **잔류자기**(residual magnetism) H_c를 **보자력**(coercive force)이라 한다.

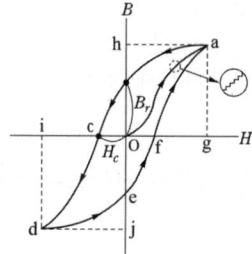

답 ③

19 자체 인덕턴스 0.2[H]의 코일에 전류가 0.01초 동안에 3[A]로 변화하였을 때 이 코일에 유도되는 기전력은?

① 40   ② 50   ③ 60   ④ 70

풀이 전자유도법칙에 의한 유도기전력 $e = -L\dfrac{dI}{dt}$ 에서 $e = 0.2 \times \dfrac{3}{0.01} = 60[\text{V}]$가 된다.   **답** ③

20 220[V]용 100[W] 전구와 200[W] 전구를 직렬로 연결하여 220[V]의 전원에 연결하면?

① 두 전구의 밝기가 같다.   ② 100[W]의 전구가 더 밝다.
③ 200[W]의 전구가 더 밝다.   ④ 두 전구 모두 안 켜진다.

풀이 전구를 직렬로 접속할 경우 두 전구에 흐르는 전류는 일정하게 된다. 이때 소비되는 전력은 전구의 내부저항에 비례하게 되며, 소비되는 전력이 큰 쪽의 전구가 밝게 된다.

① 100[W] 전구의 저항 $R_1 = \dfrac{220^2}{100} = 484[\Omega]$

② 200[W] 전구의 저항 $R_2 = \dfrac{220^2}{200} = 242[\Omega]$

따라서, 100[W] 전구가 더 밝게 된다.   **답** ②

21 교류 전압의 실효값이 200[V]일 때 단상 반파 정류에 의하여 발생하는 직류 전압의 평균값은 약 몇 [V]인가?

① 45   ② 90   ③ 105   ④ 110

풀이

파형	정현파	정현반파	삼각파	구형반파	구형파
실효값	$\dfrac{V_m}{\sqrt{2}}$	$\dfrac{V_m}{2}$	$\dfrac{V_m}{\sqrt{3}}$	$\dfrac{V_m}{\sqrt{2}}$	V_m
평균값	$\dfrac{2V_m}{\pi}$	$\dfrac{V_m}{\pi}$	$\dfrac{V_m}{2}$	$\dfrac{V_m}{2}$	V_m

정현파를 정류하면 정현반파가 된다.

정현반파의 평균값 $V_{av} = \dfrac{\sqrt{2}\,V}{\pi}$ 에서 $V_{av} = \dfrac{\sqrt{2} \times 200}{\pi} = 90[\text{V}]$가 된다.   **답** ②

22 변압기의 여자 전류가 일그러지는 이유는 무엇 때문인가?

① 와류(맴돌이 전류) 때문에   ② 자기 포화와 히스테리시스 현상 때문에
③ 누설리액턴스 때문에   ④ 선간의 정전용량 때문에

풀이 변압기의 여자전류는 자기포화와 히스테리시스 현상 때문에 왜곡이 된다.   **답** ②

23 유도 전동기에서 원선도 작성시 필요하지 않은 시험은?

① 무부하 시험   ② 구속시험   ③ 저항측정 시험   ④ 슬립측정

풀이 유도 전동기 원선도 작성 시험 : 저항측정시험, 무부하 시험, 구속시험　　　　　**답** ④

24 유도 전동기에서 슬립이 0이란 것은 어느 것과 같은가?

① 유도 전동기가 동기 속도로 회전 한다.

② 유도 전동기가 정지 상태이다.

③ 유도 전동기가 전부하 운전 상태이다.

④ 유도 제동기가 역할을 한다.

풀이 $s = \dfrac{N_s - N}{N_s}$ 이므로 회전자 정지 시 $s = 1$, 동기 속도일 때 $s = 0$이다.　　　　**답** ①

25 동기 전동기에서 난조를 방지하기 위하여 자극면에 설치하는 권선을 무엇이라 하는가?

① 제동권선　　　　　　　　　　② 계자권선

③ 전기자권선　　　　　　　　　④ 보상권선

풀이 난조의 원인은 회전자가 어떤 부하각에서 새로운 부하각으로 변화하는 도중 회전자의 관성에 의해 생기는 하나의 과도적인 진동 현상을 말한다.

이것을 방지하기 위해서 회전자극의 극편에 홈을 파고, 이것에 유도 전동기의 농형 권선과 같이 권선을 설치한 구조의 제동 권선(damper winding)으로 막을 수 있다.　　　　**답** ①

26 슬립 5[%]인 유도 전동기의 동기 부하 저항은 2차 저항의 몇 배인가?

① 5　　　　　　② 19　　　　　　③ 1.9　　　　　　④ 24

풀이 유도 전동기의 기계적 출력을 나타내는 정수 $r = \left(\dfrac{1}{s} - 1\right)r_2$ 에서

$r = \left(\dfrac{1}{0.05} - 1\right)r_2 = 19r_2$ 가 된다.　　　　**답** ②

27 다음 중 변압기의 원리와 가장 관계가 있는 것은?

① 전자유도 작용　　　　　　　② 표피작용

③ 전기자 반작용　　　　　　　④ 편자작용

풀이 그림과 같이 자기회로를 가진 1개의 철심에 두개의 코일을 감고 한쪽권선에 교류 전압을 가하면 철심에 교번 자계에 의한 자속이 흘러 다른 권선을 지나가면 전자유도작용에 의해 그 권선에 비례하여 유도 기전력이 발생한다. 이것을 변압기(transformer)라 한다.

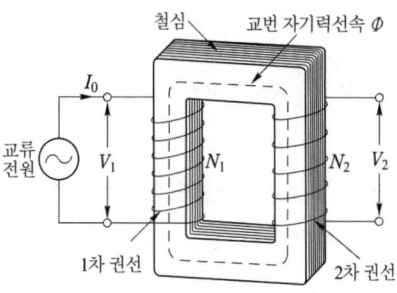

답 ①

28 반송보호 계전방식의 장점을 설명한 것으로 맞지 않은 것은?

① 다른 방식에 비해 장치가 간단하다.

② 고장 구간의 고속도 동시에 차단이 가능하다.

③ 고장 구간의 선택이 확실하다.

④ 동작을 예민하게 할 수 있다.

풀이 반송 보호 계전방식의 장점
- 고장의 선택성이 우수하다.
- 동작이 예민하다.
- 고장점이나 계통의 여하에 불구하고 선택 차단 개소를 동시에 고속도 차단할 수 있다.　**답** ①

29 변압기유로 쓰이는 절연유에 요구 되는 성질이 아닌 것은?

① 점도가 클 것

② 비열이 커서 냉각효과가 클 것

③ 절연 재료 및 금속 재료에 화학 작용을 일으키지 않을 것

④ 인화점이 높고 응고점이 낮을 것

풀이 변압기의 기름으로서 갖추어야 할 조건
- 절연 내력이 클 것.
- 절연 재료 및 금속에 화학 작용을 일으키지 않을 것.
- 인화점이 높고, 응고점이 낮을 것.
- 점도가 낮고(유동성이 풍부), 비열이 커서 냉각 효과가 클 것.
- 고온에서도 석출물이 생기거나 산화하지 않을 것.　**답** ①

30 자속밀도 0.5[Wb/m²]의 자장안에서 자장과 직각 방향으로 20[cm]의 도체를 놓고 이것에 10[A]의 전류를 흘릴 때 도체가 50[cm] 운동한 경우 한 일은 몇 [J]인가?

① 0.5　　　　② 1　　　　③ 1.5　　　　④ 5

풀이 일 $W = FS = BI\ell S$이므로 $W = 0.5 \times 10 \times 20 \times 10^{-2} \times 50 \times 10^{-2} = 0.5[J]$이 된다.　**답** ①

31 다음 정류 방식 중에서 맥동 주파수가 가장 많고 맥동률이 가장 작은 정류 방식은?

① 단상 반파식　　　　　　② 단상 전파식

③ 3상 반파식　　　　　　④ 3상 전파식

풀이 상수가 높을수록 맥동률은 작아지며, 맥동 주파수는 증가한다.　**답** ④

32 금속관 공사 경우 관을 접지하는데 사용하는 것은?

① 노출배관용 박스　　　　② 엘보우

③ 접지 클램프　　　　　　④ 터미널 캡

풀이 금속관에 접지도체를 연결하는 금구로는 접지 클램프가 사용된다. **답** ③

33 동기 발전기의 돌발 단락 전류를 주로 제한하는 것은?

① 권선저항   ② 동기 리액턴스

③ 누설 리액턴스   ④ 역상 리액턴스

풀이 • 동기기에서 저항은 누설 리액턴스에 비하여 작으며 전기자 반작용은 단락 전류가 흐른 뒤에 작용하므로
돌발 단락 전류를 제한하는 것은 누설 리액턴스이다.
• 역상 리액턴스는 역상 전류에 대응하는 것으로 3상 평형 단락이 되면 역상 전류는 흐르지 않는다.
• 동기 리액턴스 = 누설 리액턴스 + 반작용 리액턴스 **답** ③

34 인견 공업에 쓰여 지는 포트 전동기의 속도 제어는?

① 극수 변화에 의한 제어   ② 1차 회전에 의한 제어

③ 주파수 변환에 의한 제어   ④ 저항에 의한 제어

풀이 주파수 변환기 또는 전용 발전기를 구동하는 전동기의 속도를 조정하여 포트 모터의 전원 주파수를 변환
한다. **답** ③

35 직류기의 손실 중 기계손에 속하는 것은?

① 풍손   ② 와전류손

③ 히스테리시스손   ④ 표유부하손

풀이 ① 전부하 손실 = 전부하 동손 + 무부하손 + 표유 부하손
② 무부하손 = 철손(히스테리시스손 + 맴돌이 전류손) + 무부하 동손 + 기계손(풍손 + 마찰손) **답** ①

36 직류발전기를 구성하는 부분 중 정류자란?

① 전기자와 쇄교하는 자속을 만들어 주는 부분

② 자속을 끊어서 기전력을 유기하는 부분

③ 전기자 권선에서 생긴 교류를 직류로 바꾸어 주는 부분

④ 계자권선과 외부 회로를 연결시켜 주는 부분

풀이 ① 계자 : 자속을 만들어 주는 부분
② 전기자 : 도체에 기전력을 유기하는 부분
③ 정류자 : 만들어진 기전력 교류를 직류로 변환하는 부분
④ 브러시 : 전기자 권선과 외부회로를 연결시켜 주는 부분 **답** ③

37 다음 중 단락비가 큰 동기 발전기를 설명하는 것으로 옳은 것은?

① 동기 임피던스가 작다.   ② 단락 전류가 작다.

③ 전기자 반작용이 크다.   ④ 전압 변동률이 크다.

풀이 단락비는 기계적 특성을 잘 나타내는 수치로서 일반적으로 단락비가 큰 기계는

① 동기임피던스(리액턴스)가 작다.

② 전압강하 및 전압강하율, 전압변동률이 작다.

③ 안정도가 좋다.

④ 철이 많이 사용되어 철기계라 불린다.

⑤ 공극이 크고, 기계 형태 중량이 증가한다.   **답** ①

38 변압기 내부 고장 시 발생하는 기름의 흐름변화를 검출하는 부흐홀츠 계전기의 설치 위치로 알맞은 것은?

① 변압기 본체   ② 변압기의 고압측 부싱

③ 콘서베이터 내부   ④ 변압기 본체와 콘서베이터를 연결하는 파이프

풀이 부흐홀츠 계전기는 변압기의 내부 고장으로 발생하는 기름의 분해 가스 증기 또는 유류를 이용하여 부저를 움직여 계전기의 접점을 닫는 것이므로 변압기의 주탱크와 콘서베이터와의 연결관 도중에 설치한다.

답 ④

39 전선을 기구 단자에 접속할 때 진동 등의 영향으로 헐거워질 우려가 있는 경우에 사용하는 것은?

① 압착단자   ② 코드 패스너

③ 십자머리볼트   ④ 스프링 와셔

풀이 진동이 있는 단자에 전선을 접속할 때 스프링 와셔 또는 이중너트를 사용하여 접속한다.   **답** ④

40 주파수 60[Hz]를 내는 발전기용 원동기인 터빈 발전기의 최고 속도는 얼마인가?

① 1800[rpm]   ② 2400[rpm]

③ 3600[rpm]   ④ 4800[rpm]

풀이 터빈 발전기는 원통형 회전자를 가지는 고속의 동기발전기로, 회전속도 $N_s = \dfrac{120f}{p}$[rpm]이다.

동기발전기의 극수가 최소일 때 속도는 최고가 되므로,

$\therefore N_s = \dfrac{120f}{p} = \dfrac{120 \times 60}{2} = 3600$[rpm]   **답** ③

41 분상 기동형 단상 유도전동기 원심 개폐기의 작동시키는 회전자 속도가 동기속도의 몇 [%] 정도 인가?

① 10~30[%]   ② 40~50[%]

③ 60~80[%]   ④ 90~100[%]

풀이 분상 기동형 단상 유도전동기는 단상 전동기에 보조 권선(기동 권선)을 설치하여 단상 전원에 주권선(운동권선)과 보조 권선에 위상이 다른 전류를 흘려서 불평형 2상 전동기로서 기동하는 방법으로, 회전자가 최종 속도의 약 75[%]에 도달하면 원심력 스위치가 동작하고 회로로부터 기동권선이 떨어진다.

답 ③

42 타여자 발전기와 같이 전압변동률이 적고 자여자이므로 다른 여자 전원이 필요 없으며, 계자 저항기를 사용하여 저항 조정이 가능하므로 전기화학용 전원, 전지의 충전용 동기기의 여자용으로 쓰이는 발전기는?

① 분권 발전기
② 직권 발전기
③ 과복권 발전기
④ 차동복권 발전기

풀이 분권 발전기는 타여자 발전기와 같이 전압변동률이 적고, 스스로 여자하므로 별도의 여자 전원이 필요 없다. 계자 저항기를 사용하여 전압을 조정할 수 있으므로 전기 화학 공업용 전원, 축전지의 충전용, 동기기의 여자용 및 일반 직류 전원용으로 사용된다.　　**답** ①

43 전선 약호가 CN-CV-W인 케이블의 품명은?

① 동심중성선 수밀형 전력케이블
② 동심중성선 차수형 전력케이블
③ 동심중성선 수밀형 저독성 난연 전력케이블
④ 동심중성선 차수형 저독성 난연 전력케이블

풀이　① CN-CV-W : 동심중성선 수밀형 전력케이블
② CN-CV : 동심중성선 차수형 전력케이블
③ FR CNCO-W : 동심중성선 수밀형 저독성 난연 전력케이블　　**답** ①

44 다음 중 전선의 슬리브 접속에 있어서 펜치와 같이 사용되고 금속관 공사에서 로크너트를 조일 때 사용하는 공구는 어느 것인가?

① 펌프 플라이어(pump plier)
② 히키(hickey)
③ 비트 익스텐션(bit extension)
④ 크리퍼(clipper)

풀이　　**답** ①

45 제1종 금속제 가요전선관의 두께는 최소 몇 [mm] 이상이어야 하는가?

① 0.8　　　　② 1.2　　　　③ 0.6　　　　④ 2.0

풀이　1종 금속제 가요 전선관은 두께 0.8[mm] 이상인 것일 것.　　**답** ①

46 합성수지관 공사에 대한 설명 중 옳지 않은 것은?

① 습기가 많은 장소 또는 물기가 있는 장소에 시설하는 경우 방습 장치를 한다.
② 관 상호간 및 박스와는 관을 삽입하는 깊이를 관이 바깥지름의 1.2배 이상으로 한다.
③ 관의 지지점간의 거리는 3[m] 이상으로 한다.
④ 합성수지관 안에는 전선에 접속점이 없도록 한다.

풀이 232.11.2 합성수지관 및 부속품의 시설
① 관 상호 간 및 박스와는 관을 삽입하는 깊이를 관의 바깥지름의 1.2배(접착제를 사용하는 경우에는 0.8배) 이상으로 하고 또한 꽂음 접속에 의하여 견고하게 접속할 것.
② 관의 지지점 간의 거리는 1.5[m] 이하로 하고, 또한 그 지지점은 관의 끝·관과 박스의 접속점 및 관 상호 간의 접속점 등에 가까운 곳에 시설할 것.　　**답** ③

47 다음 중 접지의 목적으로 알맞지 않은 것은?

① 감전의 방지　　　　　　　　　② 전로의 대지 전압 상승
③ 보호계전기의 동작확보　　　　④ 이상전압의 억제

풀이 접지의 목적
• 이상전압의 발생 억제　• 보호계전기의 동작확보　• 감전방지　• 안정도향상　　**답** ②

48 한 분전반에 사용전압이 각각 다른 분기회로가 있을 때 분기회로를 쉽게 식별하기 위한 방법으로 가장 적합한 것은?

① 차단기별로 분리해 놓는다.
② 과전류 차단기 가까운 곳에 각각 전압을 표시하는 명판을 붙여 놓는다.
③ 왼쪽은 고압측 오른쪽은 저압측으로 분류해 놓고 전압 표시는 하지 않는다.
④ 분전반을 철거하고 다른 분전반을 새로 설치한다.

풀이　　　　　　　　　　　　　　　　　　　　　　　　　**답** ②

49 600[V] 이하의 저압 회로에 사용되는 비닐절연 비닐외장 케이블의 약칭으로 옳은 것은?

① VV　　　　　② EV　　　　　③ FP　　　　　④ CV

풀이 비닐 절연 비닐 외장 케이블 (VV : PVC insulated PVC sheathed power cable) : 0.6/1[kV] 이하인 전압 회로에 사용한다.　　**답** ①

50 도로를 횡단하여 시설하는 지선의 높이는 지표 상 몇 [m] 이상이어야 하는가?

① 5[m]　　　　　② 6[m]　　　　　③ 8[m]　　　　　④ 10[m]

풀이 331.11 지선의 시설
도로를 횡단하여 시설하는 지선의 높이는 지표상 5[m] 이상으로 하여야 한다.
다만, 기술상 부득이한 경우로서 교통에 지장을 초래할 우려가 없을 때는 지표상 4.5[m] 이상, 보도의 경우에는 2.5[m] 이상으로 할 수 있다.　　**답** ①

51 다단의 크로스암이 설치되고 또한 장력이 클 때 H주일 대 보통 2단 지선으로 부설하는 지선은?

① 보통지선　　　② 공동지선　　　③ 궁지선　　　④ Y지선

풀이　　　　　　　　　　　　　　　　　　　　　　　　　**답** ④

52 일정 값 이상의 전류가 흘렀을 때 동작하는 계전기는?

① OCR   ② OVR   ③ UVR   ④ GR

풀이   OCR : 과전류 계전기,   OVR : 과전압 계전기
      UVR : 부족전압 계전기,   GR : 지락계전기   답 ①

53 다음 중 고압에 속하는 것은?

① 교류 440[V]   ② 직류 600[V]   ③ 교류 1500[V]   ④ 직류 1000[V]

풀이   111 통칙

분류	전압의 범위
저 압	• 직류 : 1.5[kV] 이하 • 교류 : 1[kV] 이하
고 압	• 직류 : 1.5[kV]를 초과하고, 7[kV] 이하 • 교류 : 1[kV]를 초과하고, 7[kV] 이하
특고압	7[kV]를 초과

답 ③

54 화약고 등의 위험 장소의 배선 공사에서 전로의 대지 전압은 몇 [V] 이하로 하도록 되어 있는가?

① 300   ② 400   ③ 500   ④ 600

풀이   242.5 화약류 저장소 등의 위험장소
      ① 저압 옥내배선은 금속관공사 또는 케이블공사(캡타이어케이블을 사용하는 것을 제외한다)에 의할 것.
      ② 전로에 대지전압은 300[V] 이하일 것.
      ③ 전기기계기구는 전폐형의 것일 것.   답 ①

55 한 수용 장소의 인입선에서 분기하여 지지물을 거치지 아니하고 다른 수용장소의 인입구에 이르는 부분의 전선을 무엇이라 하는가?

① 가공전선   ② 공동지선   ③ 가공인입선   ④ 연접인입선

풀이   221.1.2 연접 인입선의 시설
      한 수용가의 인입선에서 분기하여 지지물을 거치지 아니하고 다른 수용 장소의 인입구에 이르는 부분의
      전선을 연접인입선이라 한다.
      ① 인입선에서 분기하는 점으로부터 100[m]를 초과하는 지역에 미치지 아니할 것.
      ② 폭 5[m]를 초과하는 도로를 횡단하지 아니할 것.
      ③ 옥내를 통과하지 아니할 것.   답 ④

56 배관의 직각 굴곡 부분에 사용하는 것은?

① 로크너트   ② 절연부싱   ③ 플로어박스   ④ 노멀밴드

풀이   노멀 밴드는 노출배관의 경우 직각으로 배관 경우 사용한다. 뚜껑이 붙은 엘보, 서비스 엘보 및 유니버설
      이라고 하는 것은 모두 노출 배관 공사에서 직각으로 배관할 경우에 사용한다.   답 ④

57 사람이 접속될 우려가 있는 곳에 시설하는 경우 접지극은 지하 몇 [cm] 이상의 깊이에 매설하여야 하는가?

① 30 ② 45 ③ 50 ④ 75

풀이

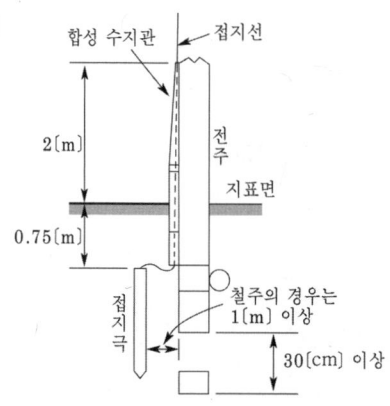

답 ④

58 플로어 덕트 공사의 설명 중 옳지 않은 것은?

① 덕트 상호간 접속은 견고하고 전기적으로 완전하게 접속하여야 한다.

② 덕트의 끝 부분은 막는다.

③ 덕트 및 박스 기타 부속품은 물이 고이는 부분이 없도록 시설하여야 한다.

④ 플로어 덕트는 접지공사를 아니하여야 한다.

풀이 232.32.3 플로어덕트 및 부속품의 시설
① 덕트 상호 간 및 덕트와 박스 및 인출구와는 견고하고 또한 전기적으로 완전하게 접속할 것.
② 덕트 및 박스 기타의 부속품은 물이 고이는 부분이 없도록 시설하여야 한다.
③ 박스 및 인출구는 마루 위로 돌출하지 아니하도록 시설하고 또한 물이 스며들지 아니하도록 밀봉할 것.
④ 덕트의 끝부분은 막을 것.
⑤ 덕트는 접지공사를 할 것.

답 ④

59 500[kW]의 설비용량을 갖춘 공장에서 정격전압 3상 24[kV], 역률 80[%]일 때의 차단기 정격 전류는 약 몇 [A]인가?

① 8[A] ② 15[A] ③ 25[A] ④ 30[A]

풀이 $I_n = \dfrac{P}{\sqrt{3}\,V\cos\theta} = \dfrac{500}{\sqrt{3}\times 24\times 0.8} \fallingdotseq 15[A]$

답 ②

출제기준 변경 및 개정된 관계 법규에 따라 삭제된 문제가 있어 60문항이 안됩니다.

2020

CBT 복원문제

동일출판사 홈페이지 및 YouTube에서
무료동영상 강의를 보실 수 있습니다.
(전기이론, 전기기기 해설)

1 자체 인덕턴스가 각각 160[mH], 250[mH]의 두 코일이 있다. 두 코일 사이의 상호 인덕턴스가 150 [mH]이면 결합계수는?

① 0.5　　　　　② 0.62　　　　　③ 0.75　　　　　④ 0.86

풀이 상호인덕턴스 $M = k\sqrt{L_1 L_2}$ 에서 결합계수 $k = \dfrac{M}{\sqrt{L_1 L_2}} = \dfrac{150}{\sqrt{160 \times 250}} = 0.75$

답 ③

2 전기장(電氣場)에 대한 설명으로 옳지 않은 것은?

① 대전된 무한장 원통의 내부 전기장은 0이다.
② 대전된 구(球)의 내부 전기장은 0이다.
③ 대전된 도체 내부의 전하 및 전기장은 모두 0이다.
④ 도체 표면의 전기장은 그 표면에 평행이다.

풀이 전기력선의 성질은 다음과 같다.
　① 전기력선은 정전하에서 출발하여 부전하에서 멈추거나 무한원까지 퍼진다.
　② 전기력선상의 임의의 한 점에서의 접선 방향은 그 점의 전계의 방향을 나타낸다. 즉, 전기력선의 방향은 전계의 방향과 일치한다.
　③ 전기력선 밀도는 전계의 세기와 같다.
　④ 전기력선은 서로 교차하지 않으며, 전하가 없는 곳에서는 전기력선의 발생과 소멸이 없고 연속적이다.
　⑤ 전기력선은 전위가 높은 곳에서 낮은 곳으로 향한다.
　⑥ 전기력선은 등전위면과 직교한다.
　도체 표면은 등전위이므로 전기력선(전계) 방향은 도체 표면에서 수직 방향이다.

답 ④

3 1[kWh]는 몇 [J]인가?

① 3.6×10^6　　　② 860　　　③ 10^3　　　④ 10^6

풀이 전력량은 열량으로 환산할 수 있으며, 1[J]은 0.24[cal]에 해당한다.
　따라서, 1[kWh] = 1,000 [Wh] = 1,000 × 3,600 [W·s] = 3.6×10^6 [J]

답 ①

4 공기 중 +1[Wb]의 자극에서 나오는 자력선의 수는 몇 개인가?

① 6.33×10^4　　　　　② 7.958×10^5
③ 8.855×10^3　　　　　④ 1.256×10^6

풀이 공기 중에서 m[Wb]의 자하로부터 나오는 자력선의 수는
$$\Phi = \frac{m}{\mu} = \frac{1}{4\pi \times 10^{-7}} = 7.958 \times 10^5 \,[\text{개}]$$

답 ②

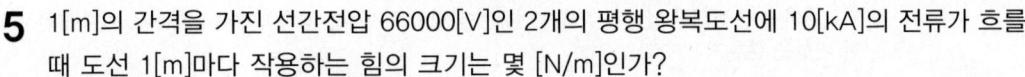

5 1[m]의 간격을 가진 선간전압 66000[V]인 2개의 평행 왕복도선에 10[kA]의 전류가 흐를 때 도선 1[m]마다 작용하는 힘의 크기는 몇 [N/m]인가?

① 1[N/m]   ② 10[N/m]   ③ 20[N/m]   ④ 200[N/m]

풀이 $F = \dfrac{\mu_0 I_1 I_2}{2\pi r} = \dfrac{2 I_1 I_2}{r} \times 10^{-7} = \dfrac{2 \times (10 \times 10^3)^2}{1} \times 10^{-7} = 20[\text{N/m}]$ **답** ③

6 100[V]의 전압에서 2[A]의 전류가 흐르는 전열기를 5시간 사용했을 때의 소비 전력량[kWh]은?

① 1   ② 2   ③ 3   ④ 10

풀이 전력량이란 소비되는 전력에 사용한 시간을 곱한 값으로 나타낸다.
전력량 $W = P \cdot t = 100 \times 2 \times 5 = 1,000[\text{Wh}] = 1\,[\text{kWh}]$ **답** ①

7 다음 물질 중 강자성체로만 짝지어진 것은?

① 철, 니켈, 아연, 망간   ② 구리, 비스무트, 코발트, 망간
③ 철, 구리, 니켈, 아연   ④ 철, 니켈, 코발트

풀이 상자성체 중에서도 특히 강하게 자화되는 자성체를 강자성체라고 한다(일반적으로 자성체는 강자성체를 의미한다).
① 상자성체 : 백금(Pt), 알루미늄(Al), 산소(O_2)
② 반자성체 : 은(Ag), 구리(Cu), 비스무트(Bi), 물(H_2O), 아연(Zn)
③ 강자성체 : 철(Fe), 니켈(Ni), 코발트(Co)   **답** ④

8 전압계 및 전류계의 측정 범위를 넓히기 위하여 사용하는 배율기와 분류기의 접속 방법은?

① 배율기는 전압계와 병렬접속, 분류기는 전류계와 직렬접속
② 배율기는 전압계와 직렬접속, 분류기는 전류계와 병렬접속
③ 배율기 및 분류기 모두 전압계와 전류계에 직렬접속
④ 배율기 및 분류기 모두 전압계와 전류계에 병렬접속

풀이 ① 전압계의 측정 범위를 넓히기 위하여 전압계에 직렬로 저항을 접속하여 측정하는데, 이때 직렬로 연결한 저항을 배율기라 한다.

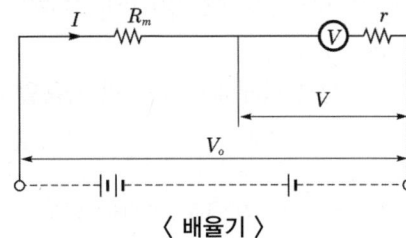

〈 배율기 〉

② 전류계의 측정 범위를 넓히기 위하여 전류계에 병렬로 저항을 접속하여 측정하는데, 이때 병렬로 연결한 저항을 분류기라 한다.

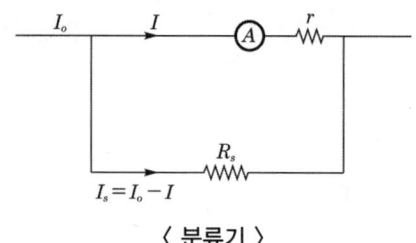

〈 분류기 〉

답 ②

9 [보기]의 설명에서 빈칸(㉠~㉡)에 알맞은 말은?

> 다수의 전압원과 전류원이 존재할 때 특정점에 흐르는 전류의 크기를 산출하려면 전압원은 (㉠)로 전류원은 (㉡)로 하여야 한다. 이를 중첩의 원리라 한다.

① ㉠ 개방회로 ㉡ 개방회로
② ㉠ 단락회로 ㉡ 개방회로
③ ㉠ 개방회로 ㉡ 단락회로
④ ㉠ 단락회로 ㉡ 단락회로

풀이 여러 개의 전압원과 전류원이 함께 존재하는 회로망에서 회로 전류는 각 전압원이나 전류원이 각각 단독으로 존재할 때 흐르는 전류를 합한 것과 같으며 이것을 중첩의 원리라고 한다. 이때, 다른 전압원은 단락, 다른 전류원은 개방한다. **답** ②

10 저항 4[Ω]과 유도 리액턴스 3[Ω]이 직렬로 접속된 회로에 100[V]의 교류 전압을 가하면 흐르는 전류[A]는?

① 20 ② 40 ③ 50 ④ 80

풀이 임피던스 $Z = \sqrt{R^2 + X_L^2}$ 에서 $Z = \sqrt{4^2 + 3^2} = 5\,[\Omega]$이므로
전류 $I = \dfrac{V}{Z}$에서 $I = \dfrac{100}{5} = 20[\text{A}]$가 된다. **답** ①

11 1[eV]는 몇 [J]인가?

① 1
② 1×10^{-10}
③ 1.16×10^4
④ 1.602×10^{-19}

풀이 전위차가 1[V]인 두 점 사이에서 하나의 기본전하(e)를 옮기는데 필요한 일을 1[eV]라고 한다. **답** ④

12 1.5[kW]의 전열기를 정격 상태에서 30분간 사용할 때의 발열량은 몇 [kcal]인가?

① 648 ② 1290 ③ 1500 ④ 2700

풀이 줄의 법칙 : $Q = 0.24\,Pt = 0.24 \times 1.5 \times 30 \times 60 = 648[\text{kcal}]$ **답** ①

13 다음 중 반자성체는 어느 것인가?

① 철 ② 아연 ③ 니켈 ④ 코발트

풀이 ① 상자성체 : 백금(Pt), 알루미늄(Al), 산소(O_2)
② 반자성체 : 은(Ag), 구리(Cu), 비스무트(Bi), 물(H_2O), 아연(Zn)
③ **강자성체** : 철(Fe), 니켈(Ni), 코발트(Co) **답** ②

14 다음 중 전위의 단위가 아닌 것은?

① $A \cdot \Omega$ ② J/C ③ V ④ V/m

풀이 [V/m]은 전계의 세기 단위이다. **답** ④

15 다음에서 나타내는 법칙은?

> 유도 기전력은 자신이 발생 원인이 되는 자속의 변화를 방해하려는 방향으로 발생한다.

① 줄의 법칙 ② 렌츠의 법칙
③ 플레밍의 법칙 ④ 패러데이의 법칙

풀이 렌츠의 법칙
"전자유도에 의해 발생하는 기전력은 자속 변화를 방해하는 방향으로 전류가 발생한다." 이것을 렌츠의
법칙(Lenz's law)이라 하고, 기전력의 방향을 결정한다. **답** ②

16 정현파 교류의 파고율은?

① $\sqrt{2}$ ② $\dfrac{1}{\sqrt{2}}$ ③ $\dfrac{2}{\pi}$ ④ $\dfrac{\pi}{\sqrt{2}}$

풀이

	구형파	3각파	정현파	정류파(전파)	정류파(반파)
파형률	1.0	1.15	1.11	1.11	1.57
파고율	1.0	1.732	1.414	1.414	2.0

파고율 $= \dfrac{\text{최대값}}{\text{실효값}} = \dfrac{E_m}{E} = \dfrac{\sqrt{2}\,E}{E} = \sqrt{2} = 1.414$ **답** ①

17 가정용 전등 전압이 200[V]이다. 이 교류의 최댓값은 몇 [V]인가?

① 70.7 ② 86.7 ③ 141.4 ④ 282.8

풀이 최댓값 $= \sqrt{2} \times$ 실효값 $= \sqrt{2} \times 200 = 282.84[V]$ **답** ④

18 표면 전하밀도 $\sigma[\text{C/m}^2]$로 대전된 도체 내부의 전속밀도는 몇 $[\text{C/m}^2]$인가?

① $\epsilon_0 E$ ② 0   ③ σ ④ $\dfrac{E}{\epsilon_0}$

풀이 도체 내부의 전계의 세기 $E=0$이므로 전속 밀도 $D=\epsilon_0 E=0$ **답** ②

19 평형 3상 교류회로의 Y회로로부터 △회로로 등가 변환하기 위해서는 어떻게 하여야 하는가?

① 각 상의 임피던스를 3배로 한다.   ② 각 상의 임피던스를 $\sqrt{3}$ 배로 한다.

③ 각 상의 임피던스를 $\dfrac{1}{\sqrt{3}}$ 배로 한다.   ④ 각 상의 임피던스를 $\dfrac{1}{3}$ 배로 한다.

풀이 동일한 임피던스를 Y에서 △로 등가변환할 경우 임피던스는 3배가 되면 된다.   **답** ①

20 R-L-C 직렬공진 회로에서 최소가 되는 것은?

① 저항 값   ② 임피던스 값
③ 전류 값   ④ 전압 값

풀이

	직렬 공진	병렬 공진
임피던스	최소	최대
전압, 전류	최대	최소

답 ②

21 1차 전압이 13,200[V], 무부하 전류 0.2[A], 철손 100[W]일 때 여자 어드미턴스는 약 몇 [℧]인가?

① $1.5 \times 10^{-5}[℧]$ ② $3 \times 10^{-5}[℧]$
③ $1.5 \times 10^{-3}[℧]$ ④ $3 \times 10^{-3}[℧]$

풀이 여자 어드미턴스 $Y_0 = \sqrt{g_0^2 + b_0^2} = \dfrac{I_0}{V_1}[℧]$

$\therefore Y_0 = \dfrac{I_0}{V_1} = \dfrac{0.2}{13,200} = 1.5 \times 10^{-5}[℧]$ **답** ①

22 3상 100[kVA], 13200/200[V] 변압기의 저압측 선전류의 유효분은 약 몇 [A]인가?
(단, 역률은 80[%]이다.)

① 100   ② 173   ③ 230   ④ 260

풀이 저압측 선전류 $I_2 = \dfrac{P}{\sqrt{3}\,V_2} = \dfrac{100 \times 10^3}{\sqrt{3} \times 200} = 288.68[\text{A}]$이므로

유효분 전류 $I = I_2 \cos\theta = 288.68 \times 0.8 = 230.94[\text{A}]$ **답** ③

23 동기기의 전기자 권선법 중 단절권과 분포권을 사용하는 이유 중 가장 중요한 목적은?

① 높은 전압을 얻기 위해서

② 일정한 주파수를 얻기 위해서

③ 좋은 파형을 얻기 위해서

④ 효율을 좋게 하기 위해서

풀이 • 단절권의 장점

① 고조파를 제거하여 기전력의 파형을 좋게 한다.

② 코일 끝부분의 길이가 단축되어 기계 전체의 길이가 축소된다.

③ 구리의 양이 적게 든다.

• 분포권의 장점

① 기전력의 고조파가 감소하여 파형이 좋아진다.

② 권선의 누설 리액턴스가 감소한다.

③ 전기자 권선에 의한 열을 고르게 분포시켜 과열을 방지한다. **답** ③

24 SCR을 이용한 인버터 회로에서 SCR이 도통 상태에 있을 때 부하 전류가 20[A] 흘렀다. 게이트 동작 범위 내에서 전류를 $\dfrac{1}{2}$로 감소시키면 부하 전류는 몇 [A]가 흐르는가?

① 0   ② 10   ③ 20   ④ 40

풀이 SCR이 일단 ON 상태로 되면 전류가 유지 전류 이상으로 유지되는 한 게이트 전류의 유무에 관계없이 항상 일정하게 흐른다. **답** ③

25 용량이 같은 단상 변압기 2대를 V결선하여 3상 전력을 공급한 때의 이용률[%]은?

① 150   ② 100   ③ 86.6   ④ 50

풀이 V결선 변압기의 이용률 $= \dfrac{\text{V결선용량}}{\text{2대용량}} = \dfrac{\sqrt{3}P}{2P} = \dfrac{\sqrt{3}}{2} = 0.866$ 이 된다. **답** ③

26 다음 그림의 직류 전동기는 어떤 전동기인가?

① 직권 전동기

② 타여자 전동기

③ 분권 전동기

④ 복권 전동기

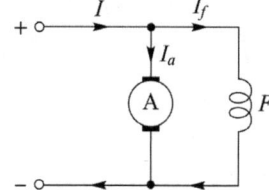

풀이 직류 전동기의 종류

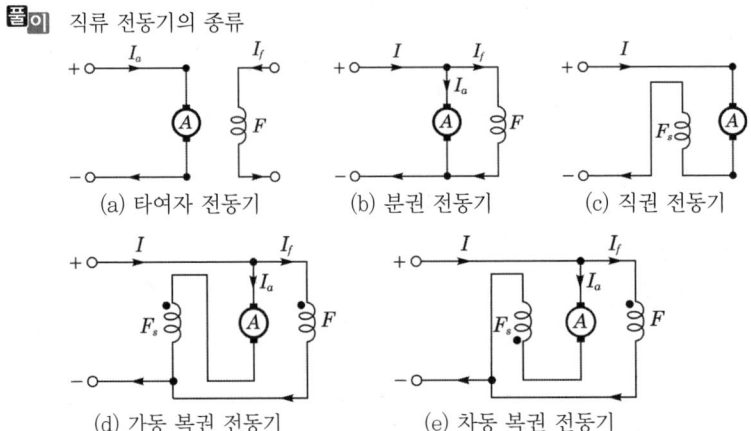

(a) 타여자 전동기   (b) 분권 전동기   (c) 직권 전동기

(d) 가동 복권 전동기   (e) 차동 복권 전동기   **답** ③

27 다이오드를 사용한 정류 회로에서 여러 개를 직렬로 연결하여 사용할 경우 얻는 효과는?

① 다이오드를 과전류로부터 보호   ② 다이오드를 과전압으로부터 보호

③ 부하 출력의 맥동률 감소   ④ 전력 공급의 증대

풀이
- 다이오드 직렬 연결 : 과전압 방지
- 다이오드 병렬 연결 : 과전류 방지

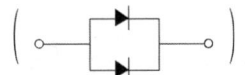

답 ②

28 슬립 $S = 5[\%]$, 2차 저항 $r_2 = 0.1[\Omega]$인 유도 전동기의 등가 저항 $R[\Omega]$은 얼마인가?

① 0.4   ② 0.5   ③ 1.9   ④ 2.0

풀이 $R = r_2{'}\left(\dfrac{1}{s} - 1\right) = 0.1 \times \left(\dfrac{1}{0.05} - 1\right) = 1.9[\Omega]$ **답** ③

29 정류기에서 부하 전류가 연속하는 경우 직류 전압의 평균치는 $E_d = \dfrac{2\sqrt{2}}{\pi} E \cdot \cos\alpha$로 주어진다. 이때 $\cos\alpha$를 무엇이라 하는가? 단, E는 교류 전압 실효값이며, 정류기는 전파 정류, 유도 부하이다.

① 왜형률   ② 맥동률   ③ 격자율   ④ 파형률

풀이 부하 전류가 연속하는 경우 직류 전압의 평균값 E_d는

$$E_d = \frac{1}{\pi}\int_0^{\pi+a} \sqrt{2}\,E\sin\theta\,d\theta = \frac{2\sqrt{2}}{\pi} E \cdot \cos\alpha[\mathrm{V}]$$

직류 전류의 평균값 I_d는

$$I_d = \frac{E_d}{R} = \frac{2\sqrt{2}}{\pi} \cdot \frac{E}{R} \cdot \cos\alpha[\mathrm{A}]$$

여기서 $\cos\alpha$를 격자율, $(1-\cos\alpha)$을 제어율이라고 한다.   **답** ③

30 전동기의 정·역 운전을 제어하는 회로에서 2개의 전자개폐기의 작동이 일어나지 않도록 하는 회로는?

① Y – △ 회로 ② 자기유지 회로
③ 촌동 회로 ④ 인터록 회로

풀이
• Y – △ 회로 : 3상 유도전동기의 기동법으로 Y결선으로 기동하고 수초 후에 △결선으로 변환하여 운전하는 회로
• 자기유지회로 : 릴레이 자신의 접점으로 동작 상태를 유지하는 회로
• 촌동회로 : 스위치를 누르고 있을 때에만 동작하는 회로
답 ④

31 다음은 3상 유도전동기 고정자 권선의 결선도를 나타낸 것이다. 맞는 사항을 고르시오.

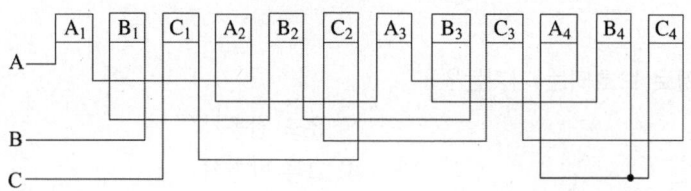

① 3상 2극, Y결선 ② 3상 4극, Y결선
③ 3상 2극, △결선 ④ 3상 4극, △결선

풀이 3상(A, B, C) 4극(1, 2, 3, 4)이 하나의 접점에 연결되어 있으므로 Y결선이다.
답 ②

32 직류 전동기의 속도제어 방법이 아닌 것은?

① 전압 제어 ② 계자 제어
③ 저항 제어 ④ 플러깅 제어

풀이 직류 전동기의 속도제어 방법에는 계자 제어법, 직렬 저항법, 전압 제어법이 있으며, 플러깅 제어법은 급제동시 사용하는 제동방법으로 역전제동이라고도 한다.
답 ④

33 고장 시의 불평형 차전류가 평형 전류의 어떤 비율 이상으로 되었을 때 동작하는 계전기는?

① 과전압 계전기 ② 과전류 계전기
③ 전압 차동 계전기 ④ 비율 차동 계전기

풀이
① 과전압 계전기 : 일정값 이상의 전압이 걸렸을 때 동작
② 과전류 계전기 : 일정값 이상의 전류가 흘렀을 때 동작
③ 전압 차동 계전기 : 불평형 전압이 어떤 값 이상으로 되었을 때 동작
④ 비율 차동 계전기 : 불평형 차전류가 평형전류의 어떤 비율 이상으로 되었을 때 동작
답 ④

34 동기속도 30[rps]인 교류 발전기 기전력의 주파수가 60[Hz]가 되려면 극수는?

① 2 ② 4 ③ 6 ④ 8

풀이 동기속도 $N_s = \dfrac{2f}{p}[\text{rps}] = \dfrac{120f}{p}[\text{rpm}]$

따라서, 극수 $p = \dfrac{2f}{N_s} = \dfrac{2 \times 60}{30} = 4$극

답 ②

---

35 1차 전압 6300[V], 2차 전압 210[V], 주파수 60[Hz]의 변압기가 있다. 이 변압기의 권수비는?

① 30 ② 40 ③ 50 ④ 60

풀이 변압기 권수비의 식 $a = \dfrac{N_1}{N_2} = \dfrac{V_1}{V_2} = \dfrac{I_2}{I_1} = \sqrt{\dfrac{R_1}{R_2}}$ 이다.

$\therefore a = \dfrac{V_1}{V_2} = \dfrac{6300}{210} = 30$

답 ①

---

36 브흐홀쯔 계전기로 보호되는 기기는?

① 변압기 ② 유도 전동기
③ 직류 발전기 ④ 교류 발전기

풀이 변압기 내부고장을 보호하기 위한 계전기는 브흐홀쯔 계전기, 비율차동 계전기, 차동 계전기 등이 사용된다.

답 ①

---

37 동기 전동기 전기자 반작용에 대한 설명이다. 공급전압에 대한 앞선 전류의 전기자 반작용은?

① 감자 작용 ② 증자 작용
③ 교차 자화 작용 ④ 편자 작용

풀이
- 전압과 전류가 동상인 전류 : 교차자화작용(횡축반작용)
- 진상(앞선)인 전류 : 감자작용(직축반작용)
- 지상(뒤진)인 전류 : 증자작용(직축반작용)

답 ①

---

38 정공은 다음의 어느 경우에 생성되는가?

① 원자핵이 움직일 때
② 전자가 공유 결합을 이탈할 때
③ 인가 전압에 의해서 자유전자가 만들어질 때
④ 전도대에서 가전자대로 옮길 때

풀이 핵의 구속을 벗어난 전자가 있던 자리에 홀(hole : 정공)이 발생한다.

답 ②

---

39 직류기에서 정류를 좋게 하는 방법 중 전압정류의 역할은?

① 보극 ② 탄소
③ 보상권선 ④ 리액턴스 전압

풀이 양호한 정류를 얻는방법
- 전압정류 : 보극설치
- 저항정류 : 탄소브러시 사용
- 리액턴스 전압감소 : 단절권 채용 및 지나친 고속회전을 피한다.

답 ①

40 다음 그림에서 직류 분권전동기의 속도특성 곡선은?

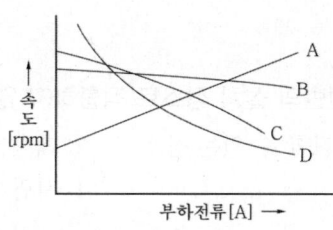

① A   ② B   ③ C   ④ D

풀이 A : 차동복권전동기, B : 분권전동기, C : 가동복권전동기, D : 직권전동기

답 ②

41 전압의 구분에서 고압에 대한 설명으로 가장 옳은 것은?

① 직류는 1.5[kV], 교류는 1[kV] 이하인 것
② 직류는 1.5[kV], 교류는 1[kV] 이상인 것
③ 직류는 1.5[kV], 교류는 1[kV]를 초과하고, 7[kV] 이하인 것
④ 7[kV]를 초과하는 것

풀이 111.1 적용범위

분 류	전압의 범위
저 압	• 직류 : 1.5[kV] 이하 • 교류 : 1[kV] 이하
고 압	• 직류 : 1.5[kV]를 초과하고, 7[kV] 이하 • 교류 : 1[kV]를 초과하고, 7[kV] 이하
특 고 압	7[kV]를 초과

답 ③

42 A종 철근 콘크리트주의 길이가 9[m]이고, 설계 하중이 6.8[kN]인 경우 땅에 묻히는 깊이는 최소 몇 [m] 이상이어야 하는가?

① 1.2   ② 1.5   ③ 1.8   ④ 2.0

풀이 331.7 가공전선로 지지물의 기초의 안전율
강관주 또는 철근 콘크리트주로서 그 전체 길이가 16[m] 이하, 설계하중이 6.8[kN] 이하인 것 또는 목주를 다음에 의하여 시설하는 경우
① 전체의 길이가 15[m] 이하인 경우는 땅에 묻히는 깊이를 전체길이의 1/6 이상으로 할 것.
② 전체의 길이가 15[m]를 초과하는 경우는 땅에 묻히는 깊이를 2.5[m] 이상으로 할 것.
따라서 $9 \times \frac{1}{6} = 1.5$[m]

답 ②

43 배전 선로의 보안 장치로서 주상 변압기의 2차 측이나 저압 분기 회로의 분기점 등에 설치하는 것은?

① 콘덴서　　　　　　　　　　　② 캐치 홀더
③ 컷 아웃 스위치　　　　　　　　④ 피뢰기

풀이 주상 변압기 1차 측 보호를 위하여 컷 아웃 스위치(COS)를 2차 측(저압 측) 보호는 캐치 홀더를 설치한다.
답 ②

44 다음 중 배전반 및 분전반의 설치 장소로 적합하지 않은 곳은?

① 전기 회로를 쉽게 조작할 수 있는 장소　② 개폐기를 쉽게 개폐할 수 있는 장소
③ 노출된 장소　　　　　　　　　　　　　④ 사람이 쉽게 조작할 수 없는 장소

풀이 배전반 및 분전반의 설치장소
　① 전기 회로를 쉽게 조작할 수 있는 장소　② 개폐기를 쉽게 개폐할 수 있는 장소
　③ 노출된 장소　　　　　　　　　　　　　④ 안정된 장소　　　　　　　　**답 ④**

45 계전기가 설치된 위치에서 고장점까지의 임피던스에 비례하여 동작하는 보호계전기는?

① 방향단락 계전기　　　　　　　② 거리 계전기
② 단락회로 선택 계전기　　　　　④ 과전압 계전기

풀이 거리 계전기(DR : distance relay) : 전압과 전류의 크기 및 위상차를 이용, 고장점까지의 거리를 측정하는 계전기로 송전 선로의 단락 보호에 적합하며 후비보호에 사용된다. 종류로는 임피던스 계전기, 옴 계전기, 모호 계전기 등이 있다.　　　　　　　　　　　　　　　　　　　　　　　**답 ②**

46 폭연성 분진 또는 화약류의 분말이 전기설비가 발화원이 되어 폭발할 우려가 있는 곳에 시설하는 저압 옥내 전기 설비의 저압 옥내배선 공사는?

① 금속관공사　　　　　　　　　　② 합성수지관공사
③ 금속제 가요전선관공사　　　　　④ 애자공사

풀이 242.2.1 폭연성 분진 위험장소
　폭연성 분진(마그네슘, 알루미늄, 티탄, 지르코늄 등의 먼지로 쌓여진 상태에서 착화된 때에 폭발할 우려가 있는 것), 화약류 분말이 존재하는 곳, 가연성의 가스 또는 인화성 물질의 증기가 새거나 체류하는 곳의 전기 공작물은 금속관 공사, 또는 케이블 공사(캡타이어 케이블을 제외한다)에 의하여야 하며 금속관 공사를 하는 경우 관 상호 및 관과 박스 등은 5턱 이상의 나사 조임으로 접속하여야 한다.　**답 ①**

47 전선 약호가 CV인 케이블의 품명은?

① 폴리에틸렌 절연 비닐 시스 케이블
② 비닐 절연 비닐 시스 케이블
③ 가교 폴리에틸렌 절연 비닐 시스 케이블
④ 비닐절연 비닐캡타이어 케이블

풀이 ① EV : 폴리에틸렌 절연 비닐 시스 케이블
② VV : 비닐 절연 비닐 시스 케이블
③ CV : 가교 폴리에틸렌 절연 비닐 시스 케이블
④ VCT : 비닐절연 비닐캡타이어 케이블   **답** ③

48 배선설계를 위한 전등 및 소형 전기기계기구의 부하용량 산정 시 건축물의 종류에 대응한 표준부하에서 원칙적으로 표준부하를 20[VA/m²]으로 적용하여야 하는 건축물은?

① 교회, 극장
② 호텔, 병원
③ 은행, 상점
④ 아파트, 미용원

풀이 표준부하밀도

건축물의 종류	표준 부하[VA/m²]
공장, 공회당, 사원, 교회, 극장, 영화관, 연회장 등	10
기숙사, 여관, 호텔, 병원, 학교, 음식점, 다방, 대중 목욕탕	20
사무실, 은행, 상점, 이발소, 미장원	30
주택, 아파트	40

답 ②

49 다음 (   )안에 들어갈 내용으로 알맞은 것은?

"사람의 접촉 우려가 있는 합성수지제 몰드는 홈의 폭 및 깊이가 (㉠)[cm] 이하로 두께는 (㉡) [mm] 이상의 것이어야 한다."

① ㉠ 3.5, ㉡ 1
② ㉠ 5, ㉡ 1
③ ㉠ 3.5, ㉡ 2
④ ㉠ 5, ㉡ 2

풀이 232.21 합성수지몰드공사
합성수지몰드는 홈의 폭 및 깊이가 35[mm] 이하, 두께는 2[mm] 이상의 것일 것. 다만, 사람이 쉽게 접촉할 우려가 없도록 시설하는 경우에는 폭이 50[mm] 이하, 두께 1[mm] 이상의 것을 사용할 수 있다.
답 ③

50 전기 울타리의 시설에 관한 다음 사항 중 틀린 것은?

① 사람이 쉽게 출입하지 아니하는 곳에 시설한다.
② 전선은 2[mm]의 경동선 또는 동등 이상의 것을 사용할 것
③ 수목과의 이격 거리는 30[cm] 이상일 것
④ 전로의 사용 전압은 600[V] 이하일 것

풀이 241.1 전기울타리
① 전기울타리용 전원장치에 전원을 공급하는 전로의 사용전압은 250[V] 이하이어야 한다.
② 전기울타리는 사람이 쉽게 출입하지 아니하는 곳에 시설할 것.
③ 전선은 인장강도 1.38[kN] 이상의 것 또는 지름 2[mm] 이상의 경동선일 것.
④ 전선과 이를 지지하는 기둥 사이의 이격거리는 25[mm] 이상일 것.
⑤ 전선과 다른 시설물(가공 전선을 제외한다) 또는 수목과의 이격거리는 0.3[m] 이상일 것. **답** ④

51 사용전압 15[kV] 이하의 특고압 가공전선로의 중성선의 접지도체를 중성선으로부터 분리하였을 경우 1[km]마다의 중성선과 대지 사이의 합성 전기저항 값은 몇 [Ω] 이하로 하여야 하는가?

① 30   ② 100   ③ 150   ④ 300

풀이 333.32 25[kV] 이하인 특고압 가공전선로의 시설
각 접지도체를 중성선으로부터 분리하였을 경우의 각 접지점의 대지 전기저항 값과 1[km]마다 중성선과 대지 사이의 합성전기저항값은 표에서 정한 값 이하일 것.

사용 전압	각 접지점의 대지 전기 저항값	1[km] 마다의 합성 전기 저항값
15[kV] 이하	300[Ω]	30[Ω]
15[kV] 초과 25[kV] 이하	300[Ω]	15[Ω]

답 ①

52 전주를 건주할 경우에 A종 철근콘크리트주의 길이가 10[m]이면 땅에 묻는 표준 깊이는 최저 약 몇 [m]인가? (단, 설계하중이 6.8[kN] 이하이다.)

① 2.5   ② 3.0   ③ 1.7   ④ 2.4

풀이 331.7 가공전선로 지지물 기초의 안전율
강관주 또는 철근 콘크리트주로서 그 전체 길이가 16[m] 이하, 설계하중이 6.8[kN] 이하인 것 또는 목주를 다음에 의하여 시설하는 경우
① 전체의 길이가 15[m] 이하인 경우는 땅에 묻히는 깊이를 전체길이의 1/6 이상으로 할 것.
② 전체의 길이가 15[m]를 초과하는 경우는 땅에 묻히는 깊이를 2.5[m] 이상으로 할 것.
따라서 $10 \times \frac{1}{6} = 1.7$[m]

답 ③

53 저압 가공전선 또는 고압 가공전선이 도로를 횡단하는 경우 전선의 지표상 최소 높이는?

① 2[m]   ② 3[m]   ③ 5[m]   ④ 6[m]

풀이 222.7 저압 가공전선의 높이 / 332.5 고압 가공전선의 높이

설치장소		가공전선의 높이
도로횡단 (번잡하지 않은 도로 제외)		지표상 6[m] 이상
철도 또는 궤도 횡단		레일면상 6.5[m] 이상
횡단보도교 위	저압	노면상 3.5[m] 이상(단, 절연전선의 경우 3[m] 이상)
	고압	노면상 3.5[m] 이상
일반장소		지표상 5[m] 이상. 단, 저압의 경우 절연전선 또는 케이블을 사용하여 교통에 지장이 없도록 하여 옥외조명용에 공급하는 경우 4[m]까지 감할 수 있다.
다리의 하부 기타 이와 유사한 장소		저압의 전기철도용 급전선은 지표상 3.5[m]까지로 감할 수 있다.

답 ④

54 스틸브[sb]는 무엇의 단위인가?

① 광도   ② 휘도   ③ 조도   ④ 광속 발산도

풀이 휘도의 단위는 M.S.K 단위계에서는 [nt]를 쓰지만, C.G.S 단위계에서는 [sb]를 쓰고 있다. 휘도는 눈부심의 정도를 나타낸다. **답** ②

55 아래의 그림기호가 나타내는 것은?

① 비상 콘센트
② 형광등
③ 점멸기
④ 접지저항 측정용 단자

풀이

명칭	비상 콘센트	형광등	점멸기	접지저항 측정용 단자
심벌	⊙ ⊙	▭○▭	●	⊗

답 ①

56 수변전설비 구성기기의 계기용변압기(PT) 설명으로 맞는 것은?

① 높은 전압을 낮은 전압으로 변성하는 기기이다.
② 높은 전류를 낮은 전류로 변성하는 기기이다.
③ 회로에 병렬로 접속하여 사용하는 기기이다.
④ 부족전압 트립 코일의 전원으로 사용된다.

풀이 계기용 변압기(Potential Transformer : PT)
고압회로의 전압을 저압으로 변성하기 위해서 사용하는 것이며, 배전반의 전압계나 전력계, 주파수계, 역률계, 표시등 및 부족전압 트립코일의 전원으로 사용된다. **답** ①

57 4개소에서 한 등을 자유롭게 점등 점멸할 수 있도록 하기 위해 배선하고자 할 때 필요한 스위치의 수는? (단, SW₃는 3로 스위치, SW₄는 4로 스위치이다.)

① SW_3 4개
② SW_3 1개, SW_4 3개
③ SW_3 2개, SW_4 2개
④ SW_3 4개

풀이 4개소 점멸할 경우 사용되는 스위치는 3로 2개와 4로 2개가 사용된다. **답** ③

58 해안지방의 송전용 나전선에 가장 적당한 것은?

① 철선
② 강심알루미늄선
③ 동선
④ 알루미늄합금선

풀이 철선과 알루미늄선은 염해에 약해 해안지방에서는 사용하지 않는다. **답** ③

59 나전선 상호를 접속하는 경우 일반적으로 전선의 세기를 몇 [%]이상 감소시키지 아니하여야 하는가?

① 2[%] ② 3[%] ③ 20[%] ④ 80[%]

풀이 123 전선의 접속
　　　나전선 상호 또는 나전선과 절연전선 또는 캡타이어 케이블과 접속하는 경우
　　　① 전선의 전기저항을 증가시키지 아니하도록 접속
　　　② 전선의 세기(인장하중)를 20[%] 이상 감소시키지 아니할 것.
　　　③ 전선 접속 시 접속부분을 그 부분의 절연전선의 절연물과 동등 이상의 절연성능이 있는 것으로 충분히 피복할 것.　　　**답** ③

60 전선을 종단겹침용 슬리브에 의해 종단 접속할 경우 소정의 압축공구를 사용하여 보통 몇 개소를 압착하는가?

① 1 ② 2 ③ 3 ④ 4

풀이 종단겹침용 슬리브에 의한 접속

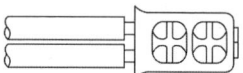 

　　　위 그림 왼쪽의 접속은 주로 가는 전선을 박스 안 등에서 접속할 때에 사용하고 오른쪽의 접속은 리드선이 붙은 조명기구 등의 접속에 사용된다. 압축공구를 사용하여 보통 2개소를 압착한다.　　　**답** ②

1 $R = 4[\Omega]$, $X_L = 15[\Omega]$, $X_C = 12[\Omega]$의 RLC 직렬 회로에 100[V]의 교류 전압을 가할 때 전류와 전압의 위상차는 약 얼마인가?

① 0°　　　　　② 37°　　　　　③ 53°　　　　　④ 90°

풀이 임피던스각 또는 전압과 전류의 위상차 $\theta = \tan^{-1}\dfrac{X}{R}$에서 $\theta = \tan^{-1}\dfrac{15-12}{4} \fallingdotseq 37°$가 된다.

여기서, X는 리액턴스를 R은 저항을 나타낸다.　　　　　**답** ②

2 다음 중 상자성체는 어느 것인가?

① 탄소　　　　　② 금　　　　　③ 공기　　　　　④ 은

풀이 ① 상자성체 : 백금(Pt), 알루미늄(Al), 산소(O_2)
② 반자성체 : 은(Ag), 구리(Cu), 비스무트(Bi), 물(H_2O), 아연(Zn)
③ 강자성체 : 철(Fe), 니켈(Ni), 코발트(Co)　　　　　**답** ③

3 어떤 정현파 교류전압의 실효값이 314[V]일 때 평균값은 약 몇 [V]인가?

① 142　　　　　② 283　　　　　③ 365　　　　　④ 382

풀이

파　형	정현파	정현반파	삼각파	구형반파	구형파
평균값	$\dfrac{2V_m}{\pi}$	$\dfrac{V_m}{\pi}$	$\dfrac{V_m}{2}$	$\dfrac{V_m}{2}$	V_m

따라서 정현파 교류전압의 평균값 $= \dfrac{2V_m}{\pi} = \dfrac{2\sqrt{2}V}{\pi} = \dfrac{2\sqrt{2}\times314}{\pi} \fallingdotseq 283[V]$　　　　　**답** ②

4 자기 인덕턴스 30[mH]와 120[mH]의 두 코일이 있다. 두 코일 간에 누설 자속이 없다고 하면 코일 상호 인덕턴스[mH]는?

① 30　　　　　② 40　　　　　③ 50　　　　　④ 60

풀이 상호 인덕턴스는 $M = k\sqrt{L_1 L_2}$에서 누설자속이 없다고 하면 $k = 1$이므로
$M = \sqrt{30\times120} = \sqrt{3,600} = 60[mH]$가 된다.　　　　　**답** ④

5 $v = 50\sqrt{2}\sin\left(\omega t - \dfrac{\pi}{6}\right)$[V]를 복소수로 나타내면?

① $25 - j25\sqrt{3}$　　　　　　　② $25 + j25\sqrt{3}$

③ $25\sqrt{3} - j25$　　　　　　　④ $25\sqrt{3} + j25$

풀이 교류를 복소수로 표시하는 것을 페이저라 한다.

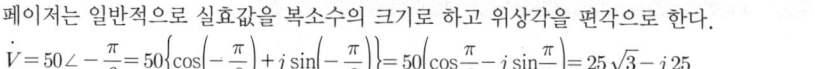

페이저는 일반적으로 실효값을 복소수의 크기로 하고 위상각을 편각으로 한다.

$$\dot{V} = 50\angle -\frac{\pi}{6} = 50\left\{\cos\left(-\frac{\pi}{6}\right) + j\sin\left(-\frac{\pi}{6}\right)\right\} = 50\left(\cos\frac{\pi}{6} - j\sin\frac{\pi}{6}\right) = 25\sqrt{3} - j\,25$$

답 ③

6 어떤 회로에 $e = 100\sqrt{2}\sin\omega t[\text{V}]$의 교류 전압을 가해서 $i = 10\sqrt{2}\sin\left(\omega t - \frac{\pi}{6}\right)[\text{A}]$의 전류가 흘렀다. 무효 전력[Var]은?

① 50　　　　　　② 100　　　　　　③ 500　　　　　　④ 1,000

풀이 전압과 전류의 위상차가 $\theta = \frac{\pi}{6}[\text{rad}] = 30[°]$이므로

$$P_r = VI\sin\theta = 100 \times 10 \times \sin30° = 500[\text{Var}]\ \text{가 된다.}$$

답 ③

7 1[Ω], 2[Ω], 3[Ω]의 저항 3개를 이용하여 합성 저항을 2.2[Ω]으로 만들고자 할 때 접속 방법을 옳게 설명한 것은?

① 저항 3개를 직렬로 접속한다.
② 저항 3개를 병렬로 접속한다.
③ 2[Ω]과 3[Ω]의 저항을 병렬로 연결한 다음 1[Ω]의 저항을 직렬로 접속을 한다.
④ 1[Ω]과 2[Ω]의 저항을 병렬로 연결한 다음 3[Ω]의 저항을 직렬로 접속을 한다.

풀이 2[Ω]과 3[Ω]의 저항을 병렬로 연결한 다음 1[Ω]의 저항을 직렬로 접속을 하면,

$$R = \frac{2 \times 3}{2 + 3} + 1 = 2.2[\Omega]$$

답 ③

8 [보기]의 설명에서 빈칸(㉠~㉡)에 알맞은 말은?

> 다수의 전압원과 전류원이 존재할 때 특정점에 흐르는 전류의 크기를 산출하려면 전압원은 (㉠)로 전류원은 (㉡)로 하여야 한다. 이를 중첩의 원리라 한다.

① ㉠ 개방회로　㉡ 개방회로　　　　　② ㉠ 단락회로　㉡ 개방회로
③ ㉠ 개방회로　㉡ 단락회로　　　　　④ ㉠ 단락회로　㉡ 단락회로

풀이 여러 개의 전압원과 전류원이 함께 존재하는 회로망에서 회로 전류는 각 전압원이나 전류원이 각각 단독으로 존재할 때 흐르는 전류를 합한 것과 같으며 이것을 중첩의 원리라고 한다. 이때, 다른 전압원은 단락, 다른 전류원은 개방한다.

답 ②

9 도체계에서 임의의 도체를 일정 전위의 도체로 완전 포위하면 내외 공간의 전계를 완전히 차단할 수 있다. 이것을 무엇이라 하는가?

① 전자차폐　　　② 정전차폐　　　③ 홀(hall) 효과　　　④ 핀치(pinch) 효과

풀이 임의의 도체를 접지된 도체로 완전 포위하면 외부에서 유도되는 전하를 차단할 수 있다. 이것을 정전차폐라고 한다.　**답** ②

10 납축전지의 전해액은?

① HCl　② KOH　③ NaCl　④ H_2SO_4

풀이
$$PbO_2 + 2H_2SO_4 + Pb \underset{충전}{\overset{방전}{\rightleftharpoons}} PbSO_4 + 2H_2O + PbSO_4$$
(+극)　전해액　(-극)　　(+극)　　　　(-극)

납축전지의 전해액으로 묽은황산($2H_2SO_4$)을 사용한다.　**답** ④

11 인덕턴스 0.5[H]에 주파수가 60[Hz]이고 전압이 220[V]인 교류전압이 가해질 때 흐르는 전류는 약 몇 [A]인가?

① 0.59　② 0.87　③ 0.97　④ 1.17

풀이 흐르는 전류는 $I = \dfrac{V}{X_L} = \dfrac{V}{\omega L} = \dfrac{V}{2\pi f L} = \dfrac{220}{2\pi \times 60 \times 0.5} = 1.17[\text{A}]$　**답** ④

12 전하의 성질에 대한 설명 중 옳지 않은 것은?

① 같은 종류의 전하는 흡인하고 다른 종류의 전하끼리는 반발한다.
② 대전체에 들어 있는 전하를 없애려면 접지시킨다.
③ 대전체의 영향으로 비대전체에 전기가 유도 된다.
④ 전하는 가장 안정한 상태를 유지하려는 성질이 있다.

풀이 같은 종류의 전하는 반발하고 다른 종류의 전하끼리는 흡인한다.　**답** ①

13 $+Q_1$[C]과 $-Q_2$[C]의 전하가 진공 중에서 r[m]의 거리에 있을 때 이들 사이에 작용하는 정전기력 F[N]는?

① $F = 9 \times 10^{-7} \times \dfrac{Q_1 Q_2}{r^2}$　　② $F = 9 \times 10^{-9} \times \dfrac{Q_1 Q_2}{r^2}$

③ $F = 9 \times 10^{9} \times \dfrac{Q_1 Q_2}{r^2}$　　④ $F = 9 \times 10^{10} \times \dfrac{Q_1 Q_2}{r^2}$

풀이 쿨롱의 법칙 : 두 점전하 사이에 작용하는 정전력의 크기는 두 전하(전기량)의 곱에 비례하고 전하 사이의 거리의 제곱에 반비례한다.
$$F = \frac{1}{4\pi\epsilon_o} \cdot \frac{Q_1 Q_2}{r^2} = 9 \times 10^9 \frac{Q_1 Q_2}{r^2}[\text{N}]$$
답 ③

14 RLC 병렬공진회로에서 공진주파수는?

① $\dfrac{1}{\pi\sqrt{LC}}$ ② $\dfrac{1}{\sqrt{LC}}$ ③ $\dfrac{2\pi}{\sqrt{LC}}$ ④ $\dfrac{1}{2\pi\sqrt{LC}}$

풀이 공진 조건은 $\omega L=\dfrac{1}{\omega C}$이므로, 공진주파수 $f=\dfrac{1}{2\pi\sqrt{LC}}$ $(\because \omega=2\pi f)$ **답** ④

15 저항 2[Ω]과 3[Ω]을 직렬로 접속했을 때의 합성 컨덕턴스는?

① 0.2[℧]   ② 1.5[℧]   ③ 5[℧]   ④ 6[℧]

풀이 합성저항 $R=2+3=5[\Omega]$

따라서 합성 컨덕턴스 $G=\dfrac{1}{R}=\dfrac{1}{5}=0.2[℧]$ **답** ①

16 어떤 회로의 소자에 일정한 크기의 전압으로 주파수를 2배로 증가시켰더니 흐르는 전류의 크기가 $\dfrac{1}{2}$로 되었다. 이 소자의 종류는?

① 저항   ② 코일   ③ 콘덴서   ④ 다이오드

풀이 코일에서의 전류 $I_L=\dfrac{V}{\omega L}=\dfrac{V}{2\pi fL}\propto\dfrac{1}{f}$이므로, 주파수가 2배 증가하면, 전류는 $\dfrac{1}{2}$배가 된다.   **답** ②

17 "회로의 접속점에서 볼 때, 접속점에 흘러 들어오는 전류의 합은 흘러 나가는 전류의 합과 같다."라고 정의되는 법칙은?

① 키르히호프의 제1법칙   ② 키르히호프의 제2법칙
③ 플레밍의 오른손 법칙   ④ 앙페르의 오른나사 법칙

풀이 키르히호프의 제1법칙 (Kirchhoff's Current Law : KCL) : 병렬회로

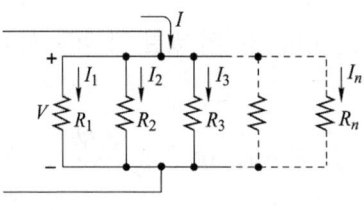

$I=I_1+I_2+I_3+\cdots+I_n$ **답** ①

18 전류계의 측정범위를 확대시키기 위하여 전류계와 병렬로 접속하는 것은?

① 분류기   ② 배율기   ③ 검류계   ④ 전위차계

풀이 분류기 : 전류계의 측정 범위를 넓히기 위하여 전류계에 병렬로 저항을 접속하여 측정한다. 이때 병렬로 연결한 저항을 분류기라 한다.

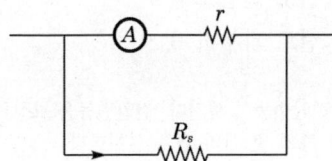

여기서, A : 전류계, r : 전류계의 내부 저항[Ω], R_s : 분류기의 저항[Ω] 답 ①

19 비유전율이 큰 산화티탄 등을 유전체로 사용한 것으로 극성이 없으며 가격에 비해 성능이 우수하여 널리 사용되고 있는 콘덴서의 종류는?

① 전해 콘덴서   ② 세라믹 콘덴서

③ 마일러 콘덴서   ④ 마이카 콘덴서

풀이 ① 전해 콘덴서
케미콘이라 한다. 유전체를 산화 피막으로 만들어 비교적 큰 용량을 얻을 수 있다. 전원의 평활 회로, 저주파 바이패스 등에 쓰인다.
② 세라믹 콘덴서
전극에 티탄산바륨과 같은 유전율이 높은 세라믹 재료로 만들었으며, 전극의 극성이 없는 것이 특징이다. 용량은 비교적 작아 아날로그 신호계에 사용할 수 있다.
③ 마일러 콘덴서
얇은 폴리에스테르필름의 양면에 금속박을 대고 원통형으로 감은 것으로 극성이 없다. 가격은 저렴하나 정밀하지 못한 결점이 있다.
④ 마이카(운모) 콘덴서
소용량의 콘덴서로 널리 쓰이며, 온도에 따른 용량변화가 적고 절연저항이 높다. 답 ②

20 평형 3상 교류회로의 Y회로로부터 △회로로 등가 변환하기 위해서는 어떻게 하여야 하는가?

① 각 상의 임피던스를 3배로 한다.

② 각 상의 임피던스를 $\sqrt{3}$ 배로 한다.

③ 각 상의 임피던스를 $\frac{1}{\sqrt{3}}$ 배로 한다.

④ 각 상의 임피던스를 $\frac{1}{3}$ 배로 한다.

풀이 동일한 임피던스를 Y에서 △로 등가변환 할 경우 임피던스는 3배가 되면 된다. 답 ①

21 직류 전동기의 출력이 50[kW], 회전수가 1800[rpm]일 때 토크는 약 몇 [kg · m]인가?

① 12   ② 23   ③ 27   ④ 31

풀이 토크 $T = 0.975 \frac{P}{N}$[kg · m]에서 $T = 0.975 \times \frac{50 \times 10^3}{1800} = 27.08$[kg · m]가 된다. 답 ③

22 주상변압기의 고압 측에 여러 개의 탭을 설치하는 이유는?

① 선로 고장대비

② 선로 전압조정

③ 선로 역률개선

④ 선로 과부하 방지

풀이 전원 전압의 변동이나 부하에 의해 변압기 2차 측에 전압변동이 생긴다. 전압변동을 보상하려면 변압기의 권수비(변압비)를 바꾸어야 하는데, 이를 위해 2차 측에 몇 개의 탭을 설치한다. **답** ②

23 단상 전파정류 회로에서 $a = 60°$일 때 정류전압은?

(단, 전원측 실효값 전압은 100[V]이며, 유도성 부하를 가지는 제어정류기이다.)

① 약 15[V]

② 약 22[V]

③ 약 35[V]

④ 약 45[V]

풀이 단상 전파 제어 정류 회로에서 유도성 부하일 경우의 정류전압은

$$E_{do} = \frac{2\sqrt{2}\,V}{\pi}\cos\alpha = \frac{2\sqrt{2}\times100}{\pi}\cos60° ≒ 45[V]$$ **답** ④

24 정격 전압 200[V], 무부하 전압 220[V]인 발전기의 전압 변동률[%]은?

① 4

② 6

③ 8

④ 10

풀이 전압변동률 $\epsilon = \dfrac{V_o - V_n}{V_n}\times100$ [%]에서 $\epsilon = \dfrac{220-200}{200}\times100 = 10$ [%]가 된다. **답** ④

25 자극수 6, 파권 전기자 도체수 400의 직류 발전기를 600[rpm]의 회전 속도로 무부하 운전할 때 기전력 120[V]이다. 1극당 주자속[Wb]은?

① 0.89

② 0.09

③ 0.47

④ 0.01

풀이 $E = \dfrac{pZ}{a}\Phi\dfrac{N}{60}$에서 $120 = \dfrac{6\times400}{2}\times\Phi\times\dfrac{600}{60}$ (단, 파권이므로 $a = 2$, Z(총 도체수) $= 400$)

$\therefore\ \Phi = 0.01[\text{Wb}]$ **답** ④

26 코일 주위에 전기적 특성이 큰 에폭시 수지를 고진공으로 침투시키고, 다시 그 주위를 기계적 강도가 큰 에폭시 수지로 몰딩한 변압기는?

① 건식 변압기

② 유입 변압기

③ 몰드 변압기

④ 타이 변압기

풀이 몰드변압기는 권선을 난연성의 Epoxy 수지에 실리카 등의 무기질 충전재를 배합 또는 유리섬유의 기본재를 함침한 것으로 환경오염방지 및 난연성, 자기소화성을 가지고 있어 화재발생 가능성을 최소화한 변압기이다. **답** ③

27 유도전동기의 슬립을 측정하는 방법으로 옳은 것은?

① 전압계법

② 전류계법

③ 평형 브리지법

④ 스트로보스코프법

풀이 슬립 측정 방법
　　　① 회전계법　② DC 밀리볼트계법　③ 수화기법　④ 스트로보스코프법　　　　**답** ④

28 직류 발전기의 무부하 특성곡선은?

① 부하전류와 무부하 단자전압과의 관계이다.
② 계자전류와 부하전류와의 관계이다.
③ 계자전류와 무부하 단자전압과의 관계이다.
④ 계자전류와 회전력과의 관계이다.

풀이 유기 기전력 E와 계자 전류 I_f의 관계 곡선을 무부하 특성곡선이라 한다.

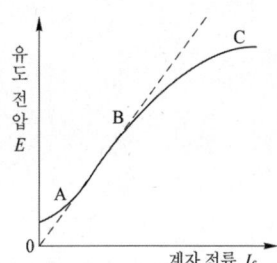

　　　　　　　　　　　　　　　　　　　　　　　　　　　　　　　　　　답 ③

29 변압기를 △-Y로 연결할 때, 1, 2차 간의 위상차는?

① 30°　　　　　② 45°　　　　　③ 60°　　　　　④ 90°

풀이 1차 선간전압 및 2차 선간전압의 위상차는 30°이다.　　　　　　　　　　**답** ①

30 동기 전동기를 자기 기동법으로 기동시킬 때 계자 회로는 어떻게 하여야 하는가?

① 단락시킨다.　　　　　　　　　　② 개방시킨다.
③ 직류를 공급한다.　　　　　　　　④ 단상교류를 공급한다.

풀이 보통 기동시에는 계자 권선 중에 고전압이 유도되어 절연을 파괴하므로 방전 저항을 접속하여 단락 상태로 기동한다. 이때 계자 권선은 일종의 단상 2차 권선으로서 토크를 발생하기 때문에 계자 권선의 저항값의 3~7배 정도의 방전 저항을 사용한다.　　　　　　　　　　　　　　　　　　**답** ①

31 직류기의 3대 요소 중 기전력을 발생하는 부분은 무엇인가?

① 정류자　　　　　② 전기자　　　　　③ 브러시　　　　　④ 계자

풀이 직류기의 3요소는 계자, 전기자, 정류자가 되며 이들의 역할은
　　　① 계자 : 자속을 만들어 주는 부분
　　　② 전기자 : 도체에 기전력을 유기하는 부분
　　　③ 정류자 : 만들어진 기전력 교류를 직류로 변환하는 부분　　　　　　　　**답** ②

32 60[Hz]의 전원에 접속되어 5[%]의 슬립으로 운전되고 있는 유도 전동기의 2차 권선에 유기되는 전압의 주파수[Hz]는?

① 2　　　　　　② 3　　　　　　③ 4　　　　　　④ 5

풀이 2차 주파수 $f_2 = sf_1$ 이므로 $f_2 = 0.05 \times 60 = 3$[Hz]가 된다.　　　　**답** ②

33 정격전압 220[V]의 동기발전기를 무부하로 운전하였을 때의 단자전압이 253[V]이었다. 이 발전기의 전압변동률은?

① 13[%]　　　　② 15[%]　　　　③ 20[%]　　　　④ 33[%]

풀이 전압 변동률 $\epsilon = \dfrac{V_0 - V_n}{V_n} \times 100$

$\therefore \epsilon = \dfrac{253 - 220}{220} \times 100 = 15$[%]　　　　**답** ②

34 34극 60[MVA], 역률 0.8, 60[Hz], 22.9[kV] 수차발전기의 전부하 손실이 1,600[kW]이면 전부하 효율[%]은?

① 90　　　　　　② 95　　　　　　③ 97　　　　　　④ 99

풀이 발전기의 규약효율 $\eta = \dfrac{출력}{출력 + 손실}$[%]이므로,

$\therefore \eta = \dfrac{출력}{출력 + 손실} = \dfrac{60 \times 10^6 \times 0.8}{60 \times 10^6 \times 0.8 + 1,600 \times 10^3} \times 100 ≒ 97$[%]　　　　**답** ③

35 직류 분권전동기를 운전 중 계자 저항을 증가시켰을 때의 회전 속도는?

① 증가한다.　　　　　　　　② 감소한다.
③ 변함없다.　　　　　　　　④ 정지한다.

풀이 분권전동기는 운전 중 계자 저항을 증가하면 계자 자속이 감소하여 속도가 증가하는 특성이 있다.

답 ①

36 5.5[kW], 200[V] 유도전동기의 전전압 기동시의 기동전류가 150[A]이었다. 여기에 Y−△ 기동시 기동전류는 몇 [A]가 되는가?

① 50　　　　　　② 70　　　　　　③ 87　　　　　　④ 95

풀이 Y로 기동시 △기동시에 비해 기동전류는 1/3, 기동토크도 1/3로 감소하므로,

$\therefore I_Y = \dfrac{1}{3} I_\triangle = \dfrac{1}{3} \times 150 = 50$[A]　　　　**답** ①

37 3상 유도전동기의 원선도를 그리려면 등가회로의 정수를 구할 때 몇 가지 시험이 필요하다. 이에 해당되지 않는 것은?

① 무부하시험   ② 고정자 권선의 저항측정
③ 회전수 측정   ④ 구속시험

풀이 유도 전동기의 원선도 작성 시험은 변압기의 등가회로 작성시험과 같은 것으로, 저항 측정시험, 구속시험 (단락시험), 무부하시험(개방시험)으로 원선도를 작성한다.   **답** ③

38 변압기, 동기발전기 등의 층간 단락 및 상간단락 등의 내부 고장보호에 사용되는 계전기는?

① 비율차동 계전기   ② 접지 계전기
③ 과전압 계전기   ④ 역상 계전기

풀이 차동 계전기는 1차 전류와 2차 전류의 차에 의하여 동작하는 것으로 변압기, 동기기 등의 층간 단락 등의 내부 고장 보호에 사용된다.   **답** ①

39 콘덴서에 $V[\text{V}]$의 전압을 가해서 $Q[\text{C}]$의 전하를 충전할 때 저장되는 에너지는 몇 $[\text{J}]$인가?

① $2QV$ ② $2QV^2$ ③ $\frac{1}{2}QV$ ④ $\frac{1}{2}QV^2$

풀이 정전 에너지 $W = \frac{1}{2}QV = \frac{1}{2}CV^2[\text{J}]$ **답** ③

40 전기기계의 철심을 성층하는 가장 적절한 이유는?

① 기계손을 적게 하기 위하여
② 표유 부하손을 적게 하기 위하여
③ 히스테리시스손을 적게 하기 위하여
④ 와류손을 적게 하기 위하여

풀이 전기 기계의 전기자 철심은 규소 강판으로 성층하여 만드는데, 규소를 넣는 것은 자기 저항을 크게 하여 와류손과 히스테리시스손을 감소하게 하지만 투자율이 낮아지고, 기계적 강도가 감소되어 부서지기 쉬우며, 가공이 곤란하게 된다. 성층하는 이유는 와류손을 적게 하기 위한 것이다.   **답** ④

41 옥외용 가교 폴리에틸렌 절연 전선의 약호는?

① DV   ② CV   ③ OW   ④ OC

풀이 ① DV : 인입용 비닐 절연전선
② CV : 가교 폴리에틸렌 절연 비닐 시스 케이블
③ OW : 옥외용 비닐 절연전선
④ OC : 옥외용 가교 폴리에틸렌 절연전선   **답** ④

42 엘리베이터장치를 시설할 때 승강기 내에서 사용하는 전등 및 전기기계기구에 사용할 수 있는 최대전압은?

① 110[V] 이하
② 220[V] 이하
③ 400[V] 이하
④ 440[V] 이하

풀이 242.11 엘리베이터·덤웨이터 등의 승강로 안의 저압 옥내배선 등의 시설
엘리베이터·덤웨이터 등의 승강로 내에 시설하는 사용전압이 400[V] 이하인 저압 옥내배선, 저압의 이동전선 및 이에 직접 접속하는 리프트 케이블은 이에 적합한 비닐 리프트 케이블 또는 고무 리프트 케이블을 사용하여야 한다. **답** ③

43 합성수지제 가요전선관의 규격이 아닌 것은?

① 14
② 22
③ 36
④ 52

풀이 합성수지제 가요전선관의 호칭
14[mm], 16[mm], 22[mm], 28[mm], 36[mm], 42[mm] **답** ④

44 다음 중 단선의 직선 접속 방법으로 옳은 것은?

① 단권 직선 접속
② 트위스트 직선 접속
③ 복권 직선 접속
④ 권선 직선 접속

풀이 직선 접속의 종류
① 단선의 직선 접속 : 트위스트 직선 접속, 브리타니어 직선 접속
② 연선의 직선 접속 : 권선 직선 접속, 단권 직선 접속, 복권 직선 접속 **답** ②

45 차단기 문자 기호 중 "OCB"는?

① 진공 차단기
② 기중 차단기
③ 자기 차단기
④ 유입 차단기

풀이 ① 진공 차단기 : VCB ② 기중 차단기 : ACB
③ 자기 차단기 : MBB ④ 유입 차단기 : OCB **답** ④

46 고압 또는 특고압 가공전선로에서 공급을 받는 수전장소의 인입구에 낙뢰나 혼촉 사고에 의한 이상전압으로부터 선로와 기기를 보호할 목적으로 시설하는 것은?

① 단로기(DS)
② 배선용차단기(MCCB)
③ 피뢰기(LA)
④ 누전차단기(ELB)

풀이 피뢰기 : 뇌 또는 개폐 서지 등에 의한 충격파 전압의 파고값을 일정한 값 이하로 저감시켜 기기의 절연을 보호하며, 또한 속류를 신속히 차단하여 정상 상태로 회복시킨다. **답** ③

47 표준 연동의 고유 저항값[Ω·mm²/m]은?

① 1/55　　　　　② 1/56　　　　　③ 1/57　　　　　④ 1/58

풀이 경동선의 고유 저항 : $\frac{1}{55}[\Omega\cdot\text{mm}^2/\text{m}]$

연동선의 고유 저항 : $\frac{1}{58}[\Omega\cdot\text{mm}^2/\text{m}]$

Al(알루미늄)선의 고유 저항 : $\frac{1}{35}[\Omega\cdot\text{mm}^2/\text{m}]$　　　**답** ④

48 변전소의 전력기기를 시험하기 위하여 회로를 분리하거나 또는 계통의 접속을 바꾸거나 하는 경우에 사용되는 것은?

① 나이프 스위치　　　　　　　② 차단기

③ 퓨즈　　　　　　　　　　　　④ 단로기

풀이 단로기(DS : Disconnecting Switch)
단로기는 기기의 점검, 수리를 할 때 기기를 활선으로부터 떼어 내어 확실하게 회로를 열어 놓을 목적으로 사용된다. 또 모선의 구분, 변압기의 결선변경 또는 회로의 접속변경 등의 목적으로 사용되는 개폐기로 정격전압으로 단순히 충전되어 있는 무부하상태의 전로를 개폐하기 위한 것이다.　　　**답** ④

49 고압 가공전선로의 지지물 중 지선을 사용해서는 안 되는 것은?

① 목주　　　　　　　　　　　　② 철탑

③ A종 철주　　　　　　　　　　④ A종 철근콘크리트주

풀이 331.11 지선의 시설
가공전선로의 지지물로 사용하는 철탑은 지선을 사용하여 그 강도를 분담시켜서는 안 된다.　　**답** ②

50 교류 배전반에서 전류가 많이 흘러 전류계를 직접 주 회로에 연결할 수 없을 때 사용하는 기기는?

① 전류 제한기　　　　　　　　② 계기용 변압기

③ 계기용 변류기　　　　　　　④ 전류계용 절환 개폐기

풀이 변류기(Current Transformer : CT)
고압회로의 대전류를 소전류로 변성하기 위해서 사용하는 것이며, 배전반의 전류계 및 트립코일(TC)의 전원으로 사용된다. 일반 변류기는 2차측은 사용 중 코일에 전류가 흐르는 상태에서 2차 코일을 개방하면 2차 단자간에 고전압이 발생하여 코일의 손상(2차측 절연파괴)내지 감전사고를 유발한다.　　**답** ③

51 합성수지관 상호 및 관과 박스는 접속 시에 삽입하는 깊이를 관 바깥지름의 몇 배 이상으로 하여야 하는가? (단, 접착제를 사용하지 않는 경우이다.)

① 0.2　　　　　② 0.5　　　　　③ 1　　　　　④ 1.2

풀이 232.11.3 합성수지관 및 부속품의 시설

① 관 상호 간 및 박스와는 관을 삽입하는 깊이를 관의 바깥지름의 1.2배(접착제를 사용하는 경우에는 0.8배) 이상으로 하고 또한 꽂음 접속에 의하여 견고하게 접속할 것.

② 관의 지지점 간의 거리는 1.5[m] 이하로 하고, 또한 그 지지점은 관의 끝·관과 박스의 접속점 및 관 상호 간의 접속점 등에 가까운 곳에 시설할 것.   **답** ④

52 후강 전선관의 최소 굵기[mm]는?

① 12   ② 15   ③ 16   ④ 18

풀이 • 후강 전선관의 안지름의 크기를 짝수로 표현하면 16, 22, 28, 36, 42, 54, 70, 82, 92, 104[mm]의 10종이 있다.

• 박강 전선관은 바깥 지름의 근사값을 홀수로 나타내면 19, 25, 31, 39, 51, 63, 75[mm]의 7종이 있다.   **답** ③

53 수 · 변전 설비의 고압회로에 걸리는 전압을 표시하기 위해 전압계를 시설할 때 고압회로와 전압계 사이에 시설하는 것은?

① 관통형 변압기   ② 계기용 변류기
③ 계기용 변압기   ④ 권선형 변류기

풀이 계기용 변압기(Potential Transformer : PT)

고압회로의 전압을 저압으로 변성하기 위해서 사용하는 것이며, 배전반의 전압계나 전력계, 주파수계, 역률계, 표시등 및 부족전압 트립코일의 전원으로 사용된다.   **답** ③

54 진동이 심한 전기 기계 · 기구의 단자에 전선을 접속할 때 사용되는 것은?

① 커플링   ② 압착단자
③ 링 슬리브   ④ 스프링 와셔

풀이 진동이 있는 단자에 전선을 접속할 때 스프링 와셔 또는 이중너트를 사용하여 접속한다.   **답** ④

55 화약고 등의 위험장소에서 전기설비 시설에 관한 내용으로 옳은 것은?

① 전로의 대지전압은 400[V] 이하일 것

② 전기기계기구는 전폐형을 사용할 것

③ 화약고내의 전기설비는 화약고 장소에 전용개폐기 및 과전류차단기를 시설할 것

④ 개폐기 및 과전류차단기에서 화약고 인입구까지의 배선은 케이블 배선으로 노출로 시설할 것

풀이 242.5 화약류 저장소 등의 위험장소

① 저압 옥내배선은 금속관공사 또는 케이블공사(캡타이어케이블을 사용하는 것을 제외한다)에 의할 것.

② 전로에 대지전압은 300[V] 이하일 것.

③ 전기기계기구는 전폐형의 것일 것.
④ 화약류 저장소 안의 전기설비에 전기를 공급하는 전로에는 화약류 저장소 이외의 곳에 전용 개폐기 및 과전류 차단기를 각 극에 취급자 이외의 자가 쉽게 조작할 수 없도록 시설하고 또한 전로에 지락이 생겼을 때에 자동적으로 전로를 차단하거나 경보하는 장치를 시설하여야 한다.　　답 ②

56 연피 케이블의 접속에 반드시 사용되는 테이프는?
① 고무테이프　　　　　　　　② 비닐테이프
③ 리노테이프　　　　　　　　④ 자기융착 테이프

풀이 리노테이프(lino tape 또는 vanished cambric tape)
와니스 바이어스 테이프라고 하며 면의 바이어스 테이프에 와니스를 여러 번 발라 건조시킨 것으로 접착성은 없으나 절연성, 내온성, 내유성이 좋으며 연피 케이블에 반드시 사용한다.　　답 ③

57 설치 면적과 설치비용이 많이 들지만 가장 이상적이고 효과적인 진상용 콘덴서 설치 방법은?
① 수전단 모선에 설치
② 수전단 모선과 부하 측에 분산하여 설치
③ 부하 측에 분산하여 설치
④ 가장 큰 부하 측에만 설치

풀이 부하 측에 분산하여 설치
• 장점 : 선로손실이 저감되고, 전체의 역률을 일정하게 유지할 수 있다.
• 단점 : 콘덴서의 이용률이 저하하며, 설치비용도 많이 든다.　　답 ③

58 저압 구내 가공인입선으로 DV전선 사용 시 전선의 길이가 15[m] 이하인 경우 사용할 수 있는 최소 굵기는 몇 [mm] 이상인가?
① 1.5　　　　② 2.0　　　　③ 2.6　　　　④ 4.0

풀이 221.1.1 저압 인입선의 시설
① 전선은 절연전선 또는 케이블일 것.
② 전선이 케이블인 경우 이외에는 인장강도 2.30[kN] 이상의 것 또는 지름 2.6[mm] 이상의 인입용 비닐절연전선일 것. 다만, 경간이 15[m] 이하인 경우는 인장강도 1.25[kN] 이상의 것 또는 지름 2[mm] 이상의 인입용 비닐절연전선일 것.　　답 ②

59 다음 중 점유 면적이 좁고 운전 보수에 안전하여 공장, 빌딩 등의 전기실에 많이 사용되는 배전반은?
① 큐비클형　　　　　　　　② 라이브 프런트형
③ 데드 프런트형　　　　　　④ 수직형

풀이　　답 ①

60 최대사용전압이 70[kV]인 중성점 직접접지식 전로의 절연내력 시험전압은 몇 [V]인가?

① 35000[V]   ② 42000[V]

③ 44800[V]   ④ 50400[V]

풀이 132 전로의 절연저항 및 절연내력

최대 사용 전압	접지 방식	시험 전압 (최대 사용 전압 배수)	최저 시험 전압
1. 7[kV] 이하		1.5배	
2. 7[kV] 초과 25[kV] 이하	다중접지	0.92배	
3. 7[kV] 초과 60[kV] 이하 (2란의 것 제외)	비접지	1.25배	10.5[kV]
4. 60[kV] 초과	비접지	1.25배	
5. 60[kV] 초과 (6란과 7란의 것 제외)	중성점접지	1.1배	75[kV]
6. 60[kV] 초과(7란의 것 제외)	중성점직접접지	0.72배	
7. 170[kV] 초과 (발전소 또는 변전소 혹은 이에 준하는 장소에 시설하는 것.)	중성점직접접지	0.64배	

60[kV] 초과 중성점 직접 접지식의 시험전압은 0.72배이므로,

∴ 절연내력 시험 전압 $= 70000 \times 0.72 = 50400$[V]

 답 ④

1 전선에 안전하게 흘릴 수 있는 최대 전류를 무슨 전류라 하는가?

① 과도전류   ② 전도전류   ③ 허용전류   ④ 맥동전류

풀이 전선에서 안전하게 흘릴 수 있는 전류를 그 전선의 허용전류라 한다.   **답** ③

2 기전력이 1.5[V]이고 내부저항이 0.1[Ω]인 전지 10개를 직렬로 연결하고 2[Ω]의 저항을 가진 전구에 연결할 때 전구에 흐르는 전류는 몇 [A]인가?

① 2   ② 3   ③ 4   ④ 5

풀이 기전력이 1.5[V]인 전지 10개를 직렬로 연결하면 전압은 $10 \times 1.5 = 15$[V]가 된다.
또, 내부저항이 0.1[Ω]을 10개 직결로 연결하면 합성저항은 $0.1 \times 10 = 1$[Ω]이 된다.
즉, 15[V], 내부저항이 1[Ω]의 전지로 생각하고 이것에 2[Ω]의 저항을 연결하면
전류는 $I = \dfrac{V}{R+r} = \dfrac{15}{2+1} = 5$[A]가 된다.   **답** ④

3 그림과 같은 회로에서 합성저항은 몇 [Ω]인가?

① 6.6[Ω]
② 7.4[Ω]
③ 8.7[Ω]
④ 9.4[Ω]

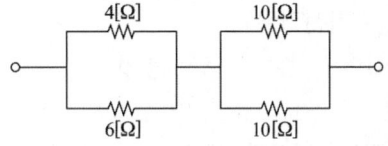

풀이 4[Ω]과 6[Ω]이 병렬연결 되면 $\dfrac{4 \times 6}{4+6} = 2.4$[Ω]

10[Ω] 두개의 저항이 직결연결 되면 $\dfrac{10}{2} = 5$[Ω]이 된다.

또, 직렬로 연결되어 있으므로 $2.4 + 5 = 7.4$[Ω]이 된다.   **답** ②

4 대칭 3상 교류의 성형 결선에서 선간 전압이 220[V] 일 때 상전압은 몇 [V]인가?

① 73   ② 127   ③ 172   ④ 380

풀이 성형결선(Y결선)에서 선간전압(V_l)은 상전압(V_p)보다 $\sqrt{3}$ 배 크게 된다.

$\therefore \ V_p = \dfrac{V_l}{\sqrt{3}} = \dfrac{220}{\sqrt{3}} = 127$[V]가 된다.   **답** ②

5 저항 100[Ω]에 부하에서 10[kW]의 전력이 소비 되었다면 이때 흐르는 전류는 몇 [A]인가?

① 1   ② 2   ③ 5   ④ 10

풀이 전력 $P=I^2R$에서 $I=\sqrt{\dfrac{P}{R}}=\sqrt{\dfrac{10\times10^3}{100}}=10[A]$가 된다.   **답** ④

6 100[V], 100[W] 필라멘트의 저항은 몇 [Ω]인가?

① 1   ② 10   ③ 100   ④ 1000

풀이 전력 $P=\dfrac{V^2}{R}$에서 $R=\dfrac{V^2}{P}=\dfrac{100^2}{100}=100[\Omega]$이 된다.   **답** ③

7 자장 내에 있는 도체에 전류를 흘리면 힘(전자력)이 작용하는데, 이 힘의 방향을 어떤 법칙으로 정하는가?

① 플레밍의 오른손 법칙   ② 플레밍의 왼손 법칙
③ 렌츠의 법칙   ④ 앙페르의 오른나사 법칙

풀이 자장 내에 도체에 전류가 흐를 때 이곳에 작용하는 힘의 방향을 결정하는 법칙은 플레밍의 왼손법칙이 여기에 해당한다.   **답** ②

8 자체 인덕턴스 40[mH]의 코일에서 0.2초 동안에 10[A]의 전류가 변화하였다. 코일에 유도되는 기전력은?

① 1   ② 2   ③ 3   ④ 4

풀이 전자유도법칙에 의한 유도기전력 $e=-L\dfrac{di}{dt}$에서 $e=40\times10^{-3}\times\dfrac{10}{0.2}=2[V]$가 된다.   **답** ②

9 콘덴서의 정전용량이 커질수록 용량리액턴스의 값은 어떻게 되는가?

① 무한대로 접근한다.   ② 커진다.
③ 작아진다.   ④ 변화하지 않는다.

풀이 용량 리액턴스 $X_c=\dfrac{1}{2\pi fC}$에서 정전용량에 반비례하는 것을 알 수 있다. 즉, 정전용량이 증가하면, 용량 리액턴스는 감소하게 된다.   **답** ③

10 일반적인 경우 교류를 사용하는 전기난로의 전압과 전류의 위상에 대한 설명으로 옳은 것은?

① 전압과 전류는 동상이다.   ② 전압이 전류보다 90도 앞선다.
③ 전류가 전압보다 90도 앞선다.   ④ 전류가 전압보다 60도 앞선다.

풀이 전기난로는 저항부하이므로 전압과 전류가 동상이 된다.   **답** ①

11 브리지 회로에서 미지의 인덕턴스 L_X를 구하면?

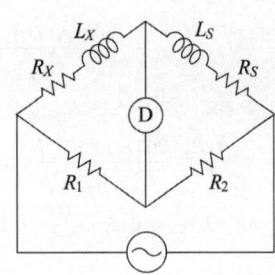

① $L_X = \dfrac{R_2}{R_1} L_S$

② $L_X = \dfrac{R_1}{R_2} L_S$

③ $L_X = \dfrac{R_S}{R_1} L_S$

④ $L_X = \dfrac{R_1}{R_S} L_S$

풀이 $R_1(R_S + j\omega L_S) = R_2(R_X + j\omega L_X)$, $R_1 R_S + j\omega R_1 L_S = R_2 R_X + j\omega R_2 L_X$

① 실수에서 $R_1 R_S = R_2 R_X$

② 허수에서 $j\omega R_1 L_S = j\omega R_2 L_X$

∴ $L_X = \dfrac{R_1}{R_2} L_S$ **답** ②

12 R_1, R_2, R_3의 저항 3개를 직렬 접속했을 때의 합성저항 값은?

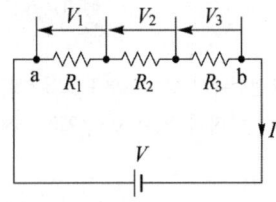

① $R = R_1 + R_2 \cdot R_3$

② $R = R_1 \cdot R_2 + R_3$

③ $R = R_1 \cdot R_2 \cdot R_3$

④ $R = R_1 + R_2 + R_3$

풀이 • 직렬 연결 시 합성저항 $R = R_1 + R_2 + R_3 + \cdots\cdots + R_n [\Omega]$

• 병렬 연결 시 합성저항 $R = \dfrac{1}{\dfrac{1}{R_1} + \dfrac{1}{R_2} + \dfrac{1}{R_3} + \cdots\cdots + \dfrac{1}{R_n}} [\Omega]$ **답** ④

13 그림과 같은 평형 3상 △ 회로를 등가 Y결선으로 환산하면 각상의 임피던스는 몇 [Ω]이 되는가? (단, $Z = 12[\Omega]$이다.)

① 48[Ω]

② 36[Ω]

③ 4[Ω]

④ 3[Ω]

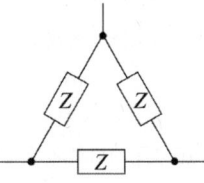

풀이 세 임피던스의 값이 모두 동일한 경우 △결선을 Y결선으로 변경하면 1/3배가 되고, Y결선을 △결선으로 변경하면 3배가 된다.

∴ $Z_Y = \dfrac{1}{3} Z_\Delta = \dfrac{1}{3} \times 12 = 4[\Omega]$ **답** ③

14 감은 횟수 200회의 코일 P와 300회의 코일 S를 가까이 놓고 P에 1[A]의 전류를 흘릴 때 S와 쇄교하는 자속이 4×10^{-4}[Wb]이었다면 이들 코일 사이의 상호 인덕턴스는?

① 0.12[H]   ② 0.12[mH]   ③ 0.08[H]   ④ 0.08[mH]

풀이 코일 P의 인덕턴스를 L_1, 감은 횟수를 N_1이라 하면

$$L_1 = \frac{N_1 \phi}{I} = \frac{200 \times 4 \times 10^{-4}}{1} = 0.08[\text{H}]$$

$$\therefore M = L_1 \frac{N_2}{N_1} = 0.08 \times \frac{300}{200} = 0.12[\text{H}]$$

답 ①

15 다음 중 파형률을 나타낸 것은?

① $\dfrac{실효값}{평균값}$ ② $\dfrac{최댓값}{실효값}$ ③ $\dfrac{평균값}{실효값}$ ④ $\dfrac{실효값}{최댓값}$

풀이 파형률(form factor)$= \dfrac{실효값}{평균값}$이고, 파고율(crest factor)$= \dfrac{최댓값}{실효값}$이다.

답 ①

16 Y결선에서 상전압이 220[V]이면 선간전압은 약 몇 [V]인가?

① 110   ② 220   ③ 380   ④ 440

풀이 Y결선에서 $V_l = \sqrt{3}\, V_p \angle 30°$로 되어 각 선간전압은 각 상전압에 비해 크기가 $\sqrt{3}$배이며 위상은 30° 빠르다. 따라서 $V_l = \sqrt{3} \times 220 = 380[\text{V}]$가 된다.

답 ③

17 패러데이 법칙에서 전기분해에 의해서 석출되는 물질의 양은 전해액을 통과한 무엇과 비례하는가?

① 총 전해질   ② 총 전류   ③ 총 전압   ④ 총 전기량

풀이 패러데이 법칙은 전극에서 석출되는 물질의 양은 통과한 전기량에 비례하며, 전기량이 같을 경우 석출되는 물질의 양은 그 물질의 화학 당량에 비례한다.

답 ④

18 기전력 4[V], 내부저항 0.2[Ω]의 전지 10개를 직렬로 접속하고 두 극 사상에 부하저항을 접속하였더니 4[A]의 전류가 흘렀다. 이때의 외부저항은 몇 [Ω]이 되겠는가?

① 6   ② 7   ③ 8   ④ 9

풀이 건전지 10개를 직렬로 접속할 경우 전압은 연결 개수의 배수로 증가하며, 내부저항은 직렬로 10개가 연결된 것이 된다. 여기에 $R[\Omega]$의 저항을 직렬로 연결하면 등가회로는 그림과 같다.

이 회로의 전류는 $I = \dfrac{V}{R_T} = \dfrac{4 \times 10}{R + 0.2 \times 10} = 4[\text{A}]$이므로

따라서, 저항 $R = \dfrac{4 \times 10}{4} - 0.2 \times 10 = 8[\Omega]$

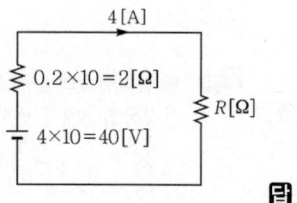

답 ③

19 2[Ω]의 저항과 3[Ω]의 저항을 직렬로 접속할 때 합성 컨덕턴스는 몇 [℧]인가?

① 5　　　　　　　② 2.5　　　　　　　③ 1.5　　　　　　　④ 0.2

풀이 합성저항 $R = 2+3 = 5[\Omega]$

따라서 합성 컨덕턴스 $G = \dfrac{1}{R} = \dfrac{1}{5} = 0.2[℧]$

답 ④

20 저항 9[Ω], 용량리액턴스 12[Ω]의 직렬 회로의 임피던스는 몇 [Ω]인가?

① 3　　　　　　　② 15　　　　　　　③ 21　　　　　　　④ 32

풀이 임피던스 $Z = \sqrt{R^2 + X^2}$ 에서 $Z = \sqrt{9^2 + 12^2} = 15[\Omega]$이 된다.

답 ②

21 단상 유도 전동기를 기동하려고 할 때 다음 중 기동 토크가 가장 작은 것은?

① 셰이딩 코일형　　　　　　　② 반발 기동형

③ 콘덴서 기동형　　　　　　　④ 분상 기동형

풀이 단상 유도 전동기의 기동 토크

반발 기동형 〉 반발 유도형 〉 콘덴서 기동형 〉 분상 기동형 〉 셰이딩 코일형

답 ①

22 4극의 직류 중권 발전기의 전기자 도체수 152, 매극의 자속수 0.035[Wb] 회전수 1200[rpm]
때 기전력은 몇 [V]인가?

① 약 106　　　　　　　② 약 86　　　　　　　③ 약 66　　　　　　　④ 약 53

풀이 유도기전력 $E = \dfrac{pZ}{a}\Phi\dfrac{N}{60}$에서 중권이므로 $a = p$를 기준으로 하여 기전력을 구하면

$E = \dfrac{4 \times 152}{4} \times 0.035 \times \dfrac{1200}{60} = 106.4[\mathrm{V}]$

답 ①

23 동기발전기의 권선을 분포권으로 사용하는 이유로 옳은 것은?

① 파형이 좋아진다.

② 권선의 누설리액턴스가 커진다.

③ 집중권에 비하여 합성 유기기전력이 높아진다.

④ 전기자 권선이 과열되어 소손되기 쉽다.

풀이 교류 발전기의 파형개선(고조파 제거)을 위해서는 분포권과 단절권을 채용한다.

답 ①

24 평행 2회선의 선로에서 단락 고장회선을 선택하는데 사용하는 계전기는?

① 선택단락계전기　　　　　　　② 방향단락계전기

③ 차동단락계전기　　　　　　　④ 거리단락계전기

풀이 ① 선택 단락 계전기 : 병행 2회선 송전 선로에서 한쪽의 1회선에 단락 사고가 발생하였을 때 2중 방향
동작 계전기를 사용해서 고장 회선을 선택 차단할 수 있는 것
② 방향 단락 계전기 : 어느 일정한 방향으로 일정값 이상의 단락 전류가 흘렀을 경우 동작하는 것
③ 거리 계전기 : 계전기가 설치된 위치로부터 고장점 까지의 전기적 거리에 비례하여 한시 동작하는
것으로 복잡한 계통의 단락 보호에 과전류 계전기의 대용으로 쓰인다. **답** ①

25 동기속도 1800[rpm], 주파수 60[Hz]인 동기 발전기의 극수는 몇 극인가?

① 2 ② 4 ③ 8 ④ 10

풀이 동기속도 $N=\dfrac{120f}{p}$ 에서 극수 $p=\dfrac{120f}{N}$ 이므로 $p=\dfrac{120\times 60}{1800}=4$극이 된다. **답** ②

26 플레밍(Fleming)의 오른손 법칙에 따르는 기전력이 발생하는 기기는?

① 교류 발전기 ② 교류 전동기

③ 교류 정류기 ④ 교류 용접기

풀이 • 플레밍의 오른손 법칙 : 발전기의 원리
• 플레밍의 왼손 법칙 : 전동기의 원리 **답** ①

27 1차 권수 6000회, 2차 권수 200회인 변압기의 변압비는?

① 30 ② 60 ③ 90 ④ 120

풀이 변압기의 전압비는 $a=\dfrac{E_1}{E_2}=\dfrac{N_1}{N_2}$ 이므로 $a=\dfrac{6000}{200}=30$이 된다. **답** ①

28 단중 중권의 극수가 P인 직류기에서 전기자 병렬 회로수 a는 어떻게 되는가?

① 극수 P와 무관하게 항상 2가 된다. ② 극수 P와 같게 된다.

③ 극수 P의 2배가 된다. ④ 극수 P의 3배가 된다.

풀이

비교 항목	중권(병렬권)	파권(직렬권)
코일 정수		
전기자 병렬 회로수(a)	극수와 같다($a=p$).	항상 2($a=2$)
브러시의 수(B)	극수와 같다($B=p$).	2개 또는 극수만큼 설치
균압 접속	4극 이상 필요	불필요
용도	저전압, 대전류	고전압, 소전류

답 ②

29 50[Hz]의 변압기에 60[Hz]의 전압을 가했을 때 자속밀도는 50[Hz] 때의 몇 배인가?

① $\dfrac{6}{5}$ 배   ② $\dfrac{5}{6}$ 배   ③ $\left(\dfrac{6}{5}\right)^2$ 배   ④ $\left(\dfrac{5}{6}\right)^2$ 배

풀이 변압기의 유도기전력 $E_2 = 4.44fN_2\phi_m = 4.44fN_2B_mA$ 에서 최대자속밀도는 주파수에 반비례한다. 따라서, 주파수가 증가하면 자속밀도는 감소하므로 $\dfrac{5}{6}$ 배가 된다.   **답** ②

30 동기발전기의 무부하 포화곡선에 대한 설명으로 옳은 것은?

① 정격전류와 단자전압의 관계이다.
② 정격전류와 정격전압의 관계이다.
③ 계전전류와 정격전압의 관계이다.
④ 계자전류와 단자전압의 관계이다.

풀이

구분	횡축	종축	조건	
무부하 포화 곡선	I_f	$V(=E)$	$n=$일정	$I=0$
외부 특성 곡선	I	V	$n=$일정	$R_f=$일정
내부 특성 곡선	I	E	$n=$일정	$R_f=$일정
부하 특성 곡선	I_f	V	$n=$일정	$I=$일정
계자 조정 곡선	I	I_f	$n=$일정	$V=$일정

답 ④

31 실리콘 제어 정류기(SCR)에 대한 설명으로서 적합하지 않은 것은?

① 정류 작용을 할 수 있다.
② P-N-P-N 구조로 되어 있다.
③ 정방향 및 역방향의 제어 특성이 있다.
④ 인버터 회로에 이용될 수 있다.

풀이 ① SCR은 단방향성 3단자 소자이다.
② SCR의 특징
 • 아크가 생기지 않으므로 열의 발생이 적다.
 • 과전압에 약하다.
 • 열용량이 적어 고온에 약하다.
 • 게이트 신호를 인가할 때부터 도통할 때까지의 시간이 짧다.
 • 전류가 흐르고 있을 때 양극의 전압강하가 작다.
 • 정류기능을 갖는 단일방향성 3단자 소자이다.
 • 역률각 이하에서는 제어가 되지 않는다.
 • P-N-P-N 소자이다.   **답** ③

32 농형 유도 전동기의 기동법이 아닌 것은?

① 전전압기동법   ② 저저항 2차권선기동법
③ 기동보상기법   ④ Y-△ 기동법

풀이 저저항 2차권선 기동법은 비례추이를 이용하는 방법으로 권선형 유도 전동기 기동법에 해당한다.

답 ②

33 동기 전동기의 전기자 전류가 최소일 때의 역률은?

① 0.5   ② 0.707   ③ 0.866   ④ 1.0

풀이

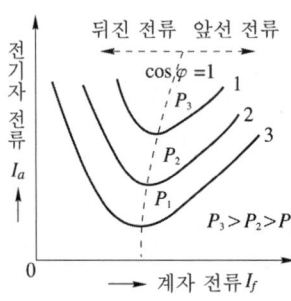

V곡선에서 역률이 1인 경우 전기자 전류가 최소로 된다.

답 ④

34 유도 전동기의 회전자에 슬립 주파수의 전압을 공급하여 속도 제어를 하는 것은?

① 2차 저항법   ② 2차 여자법

③ 자극수 변환법   ④ 인버터 주파수 변환법

풀이 2차 여자법 : 권선형 유도 전동기 2차 회전자에 2차 유기기전력과 같은 주파수를 갖는 전압(슬립주파수 전압)을 가하여 속도제어 하는 방법을 말한다.

답 ②

35 동기 발전기의 병렬 운전 조건이 아닌 것은?

① 기전력의 크기가 같을 것   ② 기전력의 위상이 같을 것

③ 기전력의 주파수가 같을 것   ④ 기전력의 용량이 같을 것

풀이 동기발전기의 병렬운전 조건은 다음과 같다.
① 기전력의 크기가 같을 것   ② 기전력의 위상이 같을 것
③ 기전력의 주파수가 같을 것   ④ 기전력의 파형이 같을 것
⑤ 상회전 방향이 같을 것

답 ④

36 직류 분권 전동기의 토크 T와 회전수 N과의 관계는?

① $T \propto N$ ② $T \propto N^2$ ③ $T \propto \dfrac{1}{N}$ ④ $T \propto \dfrac{1}{N^2}$

풀이 전압 전류가 일정하면 $N = \dfrac{V - I_a R_a}{K\phi}$ 에서 $\phi \propto \dfrac{1}{N}$, $T = K\phi I = K' \dfrac{1}{N}$

즉, 토크는 속도에 반비례한다.

답 ③

37 직류직권 전동기에서 벨트를 걸고 운전하면 안 되는 가장 큰 이유는?

① 벨트가 벗겨지면 위험 속도로 도달하므로

② 손실이 많아지므로

③ 직결하지 않으면 속도 제어가 곤란하므로

④ 벨트가 마멸보수가 곤란하므로

풀이 속도의 식 $N = \dfrac{E}{K\phi} = \dfrac{V - R_a I_a}{K\phi} = k\dfrac{V - R_a I_a}{\phi}$ 에서 $\phi = 0$ 이면 속도가 무한대가 되어 위험하게 된다. 직류 직권 전동기의 경우 부하전류 $I = I_a = I_f$ 이므로 부하전류가 0이면 자속이 0이 된다.

따라서 직권 전동기의 경우 벨트 부하를 걸면 벨트가 벗겨져 무부하가 될 수 있으므로 벨트 부하를 사용하지 않으며, 기어부하를 사용한다. **답** ①

38 직류기의 3대 요소가 아닌 것은?

① 전기자　　　　② 계자　　　　③ 공극　　　　④ 정류자

풀이 직류기의 3요소는 계자, 전기자, 정류자가 되며 이들의 역할은

① 계자 : 자속을 만들어 주는 부분

② 전기자 : 도체에 기전력을 유기하는 부분

③ 정류자 : 만들어진 기전력 교류를 직류로 변환하는 부분 **답** ③

39 P형 반도체의 전기 전도의 주된 역할을 하는 반송자는?

① 전자　　　　② 가전자　　　　③ 불순물　　　　④ 정공

풀이 ① N(Negative)형 반도체

4족 원소(Si, Ge) + 5족 원소(P, As, Sb)

최외각전자 4개인 Si 원소에 최외각전자 5개인 As을 첨가한 외인성 반도체를 말한다.

반송자 : 전자

② P(positive)형 반도체

4족 원소(Si, Ge) + 3족 원소(B, Ga, In)

최외각전자 4개인 Si 원소에 최외각전자 3개인 In를 첨가한 외인성 반도체를 말한다.

반송자 : 정공 **답** ④

40 유도전동기의 동기속도가 1200[rpm]이고 회전수가 1176[rpm]일 때 슬립은?

① 0.06　　　　② 0.04　　　　③ 0.02　　　　④ 0.01

풀이 슬립은 $s = \dfrac{N_s - N}{N_s} \times 100 = \dfrac{1,200 - 1,176}{1,200} \times 100 = 2\,[\%]$ 가 된다. **답** ③

41 지선의 중간에 넣는 애자의 명칭은?

① 구형애자　　　　　　　② 곡핀애자

③ 인류애자　　　　　　　④ 핀애자

풀이
- 고압 가지 애자 : 전선을 다른 방향으로 돌리는 부분에 사용
- 곡핀 애자 : 인입선에 사용
- 구형 애자 : 지선 중간에 넣는 것
- 인류 애자 : 선로의 말단에 인류하는 곳에 사용
- 핀 애자 : 선로의 직선주에 사용

답 ①

42 하나의 콘센트에 둘 또는 세가지의 기계 기구를 끼워서 사용할 때 사용되는 것은?

① 노출형 콘센트   ② 키이리스 소켓
③ 멀티 탭   ④ 아이언 플러그

풀이 하나의 콘센트에 둘 또는 세 가지의 기구를 사용
할 때 끼우는 것을 말한다.

답 ③

43 금속관의 나사를 내는 공구는?

① 오스터   ② 파이프 커터
③ 리머   ④ 스패너

풀이 오스터(oster)
① 용도 : 금속관 끝에 나사를 내는 공구
② 구성 : 래칫(ratchet)과 다이스(dise)

답 ①

44 다음 중 지중전선로의 매설 방법이 아닌 것은?

① 관로식   ② 암거식
③ 직접 매설식   ④ 행거식

풀이 334.1 지중전선로의 시설
① 지중 전선로는 전선에 케이블을 사용하고 또한 관로식 · 암거식 또는 직접 매설식에 의하여 시설하여
야 한다.
② 관로식에 의하여 시설하는 경우에는 매설 깊이를 1.0[m] 이상으로 하되, 매설 깊이가 충분하지 못한
장소에는 견고하고 차량 기타 중량물의 압력에 견디는 것을 사용할 것. 다만 중량물의 압력을 받을
우려가 없는 곳은 0.6[m] 이상으로 한다.
③ 암거식에 의하여 시설하는 경우에는 견고하고 차량 기타 중량물의 압력에 견디는 것을 사용할 것.
④ 직접 매설식에 의하여 시설하는 경우에는 매설 깊이를 차량 기타 중량물의 압력을 받을 우려가 있는
장소에는 1.0[m] 이상, 기타 장소에는 0.6[m] 이상으로 하고 또한 지중 전선을 견고한 트라프 기타
방호물에 넣어 시설하여야 한다.

답 ④

45 합성수지관 공사에서 옥외 등 온도 차가 큰 장소에 노출 배관을 할 때 사용하는 커플링은?

① 신축커플링(OC)   ② 신축커플링(1C)
③ 신축커플링(2C)   ④ 신축커플링(3C)

풀이 배관의 지지

① 배관의 지지점 사이의 거리는 다음 그림과 같이 1.5[m] 이하로 하고, 관과 관, 관과 박스의 접속점 및 관 끝은 각각 300[mm] 이내에 지지한다.

② 가는 전선관의 지지점 사이의 거리는 0.8~1.2[m]가 적당하다.

③ 옥외 등 온도차가 큰 장소에 노출 배관을 할 때에는 12~20[m]마다 신축 커플링(3C)을 사용한다. 신축되는 부분에는 접착제를 사용하지 않는다.

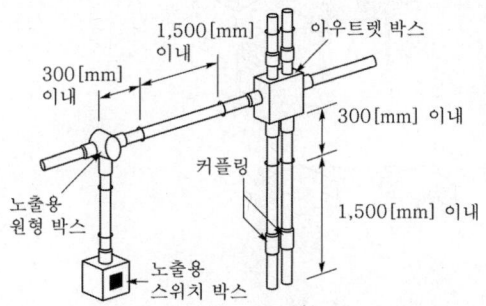

답 ④

46 금속관공사를 할 때 앤트런스 캡의 사용으로 옳은 것은?

① 금속관이 고정되어 회전시킬 수 없을 때 사용

② 저압 가공 인입선의 인입구에 사용

③ 배관의 지각의 굴곡 부분에 사용

④ 조명기구가 무거울 때 조명 기구의 부착 등에 사용

풀이 엔트런스 캡은 옥외 공사의 금속관 인입구에 설치하며 빗물의 침입을 막는 곳에 사용한다. **답** ②

47 가정용 전등에 사용되는 점멸 스위치를 설치하여야 할 위치에 대한 설명으로 가장 적당한 것은?

① 접지측 전선에 설치한다.　　　　② 중성선에 설치한다.

③ 부하의 2차측에 설치한다.　　　　④ 전압측 전선에 설치한다.

풀이 **답** ④

48 저압 연접 인입선은 인입선에서 분기 하는 점으로부터 몇 [m]를 넘지 않은 지역에 시설하고 폭 몇 [m]를 넘는 도로를 횡단하지 않아야 하는가?

① 50[m], 4[m]　　　　② 100[m], 5[m]

③ 150[m], 6[m]　　　　④ 200[m], 8[m]

풀이 221.1.2 연접 인입선의 시설

① 인입선에서 분기하는 점으로부터 100[m]를 초과하는 지역에 미치지 아니할 것.

② 폭 5[m]를 초과하는 도로를 횡단하지 아니할 것.

③ 옥내를 통과하지 아니할 것. **답** ②

49 2종 금속 몰드의 구성 부품으로 조인트 금속의 종류가 아닌 것은?

① L형　　　　　② T형　　　　　③ 플랫엘보　　　　　④ 크로스형

 풀이

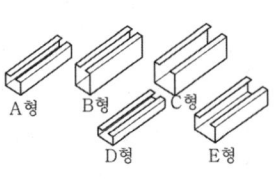 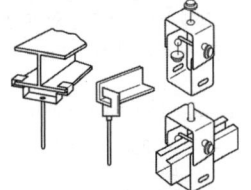

A형　B형　C형
D형　E형

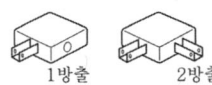 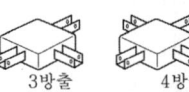

1방출　2방출　3방출　4방출

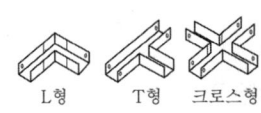 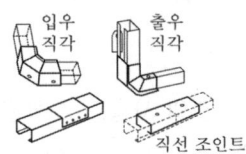

L형　T형　크로스형　입우직각　출우직각　직선 조인트

답 ③

50 480[V] 가공인입선이 철도를 횡단할 때 레일면상의 최저 높이는 몇 [m]인가?

① 4[m]　　　　　② 4.5[m]　　　　　③ 5.5[m]　　　　　④ 6.5[m]

풀이　221.1.1 저압 인입선의 시설
전선의 높이

설치장소		저압 인입선 높이	비고
도로(차도) 횡단	일반	5[m] 이상	노면상
	기술상 부득이한 경우에 교통에 지장이 없을 때	3[m] 이상	노면상
철도 또는 궤도 횡단		6.5[m] 이상	레일면상
횡단보도교 위		3[m] 이상	노면상
기타	일반	4[m] 이상	지표상
	기술상 부득이한 경우에 교통에 지장이 없을 때	2.5[m] 이상	지표상

답 ④

51 합성수지제 가요전선관으로 옳게 짝지어진 것은?

① 후강전선관과 박강전선관　　　　　② PVC전선관과 PF전선관

③ PVC전선관과 제2종 가요전선관　　　　④ PF전선관과 CD전선관

풀이　PF(Plastic Flexible)관 및 CD(Combine Duct)관을 총칭하여 합성수지제 가요관이라 한다.　답 ④

52 케이블을 구부리는 경우 피복이 손상되지 않도록 하고 그 굴곡부의 곡률반경은 원칙적으로 케이블이 단심인 경우 완성품 외경의 몇 배 이상이어야 하는가?

① 4   ② 6   ③ 8   ④ 10

풀이 연피가 없는 케이블을 구부리는 경우 피복의 손상이 되지 않도록 하여 그 굴곡 반지름이 케이블의 완성품 지름의 6배(단심의 경우 8배) 이상으로 구부려야 한다.   답 ③

53 애자공사의 저압 옥내배선에서 전선 상호간의 간격은 얼마 이상으로 하여야 하는가?

① 2[cm]   ② 4[cm]   ③ 6[cm]   ④ 8[cm]

풀이 232.56 애자공사

전 압		전선과 조영재와의 이격 거리		전 선 상 호 간 격	전선 지지점간의 거리	
					조영재의 윗면 또는 옆면에 따라 시설	조영재에 따라 시설하지 않는 경우
저 압	400[V] 이하	2.5[cm] 이상		6[cm] 이상	2[m] 이하	–
	400[V] 초과	건조한 장소	2.5[cm] 이상			6[m] 이하
		기타의 장소	4.5[cm] 이상			

답 ③

54 다음 중 단선의 브리타니아 직선 접속에 사용되는 것은?

① 조인트선   ② 파리핀선
③ 바인드선   ④ 에나멜선

풀이 10[mm²] 이상의 굵은 단선인 경우에 적용되며, 1.0~1.2[mm]의 조인트선과 첨선을 사용한다.   답 ①

55 전기공사에 사용하는 공구와 작업내용이 잘못된 것은?

① 토치 램프 – 합성 수지관 가공하기
② 홀소 – 분전반 구멍 뚫기
③ 와이어 스트리퍼 – 전선 피복 벗기기
④ 피시 테이프 – 전선관 보호

풀이 피시 테이프(요비선)는 전선관 공사시 전선을 여러 가닥 넣을 때 쉽게 넣을 수 있는 공구이다.

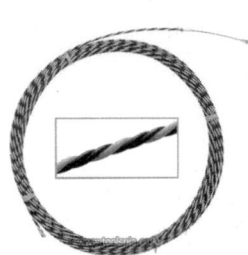

답 ④

56 과전류 차단기를 꼭 설치해야 하는 곳은?

① 접지공사의 접지도체

② 저압 옥내 간선의 전원측 전로

③ 다선식 전로의 중성선

④ 전로의 일부에 접지 공사를 한 저압 가공 전로의 접지측 전선

> **풀이** 341.11 과전류차단기의 시설 제한
> ① 접지공사의 접지도체
> ② 다선식 전로의 중성선
> ③ 접지공사를 한 저압 가공 전선의 접지 측 전선   **답** ②

57 셀룰로이드, 성냥, 석유류 등 기타 가연성 위험물질을 제조 또는 저장하는 장소의 배선으로 잘못된 것은?

① 금속관공사   ② 합성수지관공사

③ 플로어덕트공사   ④ 케이블공사

> **풀이** 242.4 위험물 등이 존재하는 장소
> 셀룰로이드・성냥・석유류 기타 타기 쉬운 위험한 물질을 제조하거나 저장하는 곳에 시설하는 저압 옥내 배선 등은 합성수지관공사(두께 2[mm]미만의 합성수지 전선관 및 난연성이 없는 콤바인 덕트관을 사용하는 것을 제외)・금속관공사 또는 케이블공사에 의할 것.   **답** ③

출제기준 변경 및 개정된 관계 법규에 따라 삭제된 문제가 있어 60문항이 안됩니다.

1 다음 중 무효전력의 단위는 어느 것인가?

① W   ② Var   ③ kW   ④ VA

풀이 무효전력 Q는 회로의 X_L, X_C 성분에 의한 에너지 축적효과로 생기는 전력으로서 단지 전원측과 에너지를 주고받을 뿐 일에는 실제로 관여하지 않으므로 에너지를 소비하지 않는다. 단위는 바(Volt - ampere reactive : [Var])가 사용된다.   **답** ②

2 다음 (1)과 (2)에 들어갈 내용을 알맞은 것은?

> "배율기는 (1)의 측정범위를 넓히기 위한 목적으로 사용하는 것으로써 (2)로 접속하는 저항기를 말한다."

① (1) 전압계 (2) 병렬   ② (1) 전류계 (2) 병렬
③ (1) 전압계 (2) 직렬   ④ (1) 전류계 (2) 직렬

풀이 전압계의 측정 범위를 넓히기 위하여 전압계에 직렬로 저항을 접속하여 측정한다. 이 때 직렬로 연결한 저항을 배율기라 한다.

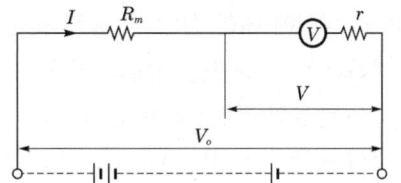

  답 ③

3 자기 인덕턴스 10[mH]의 코일에 50[Hz], 314[V]의 교류 전압을 가했을 때 몇 [A]의 전류가 흐르는가?

① 10   ② 31.4   ③ 62.8   ④ 100

풀이 유도 리액턴스 $X_L = 2\pi f L = 2\pi \times 50 \times 10 \times 10^{-3} = 3.14[\Omega]$이 되며

전류 $I = \dfrac{V}{X_L} = \dfrac{314}{3.14} = 100[A]$가 된다.   **답** ④

4 $R = 100[\Omega]$, $C = 318[\mu F]$의 병렬 회로에 주파수 $f = 60[Hz]$, 크기 $V = 200[V]$의 사인파 전압을 가할 때 콘덴서에 흐르는 전류 I_c값은 약 얼마인가?

① 24   ② 31   ③ 41   ④ 55

풀이 용량리액턴스 $X_c = \dfrac{1}{2\pi f C} = \dfrac{1}{2\pi \times 60 \times 318 \times 10^{-6}} = 8.35[\Omega]$

병렬 회로는 전압이 일정하므로 콘덴서에 흐르는 전류 $I_c = \dfrac{V}{X_c} = \dfrac{200}{8.35} = 23.95[A]$가 된다.   **답** ①

5 $R = 6[\Omega]$, $X_c = 8[\Omega]$일 때 임피던스 $Z = 6 - j8[\Omega]$으로 표시되는 것은 일반적으로 어떤 회로인가?

① RL 직렬회로   ② RL 병렬회로
③ RC 병렬회로   ④ RC 직렬회로

풀이
- 용량성 리액턴스 $X_C = \dfrac{1}{j\omega C} = -j\dfrac{1}{\omega C}[\Omega]$ **답** ④

6 다음 중 전류와 자장의 세기와의 관계는 어떤 법칙과 관계가 있는가?

① 패러데이의 법칙   ② 플레밍의 왼손 법칙
③ 비오-사바르 법칙   ④ 앙페르의 오른나사법칙

풀이
임의의 형상의 도선에 전류 $I[A]$가 흐를 때, 도선상의 미소길이 dl 부분에 흐르는 전류에 의하여 거리 r 만큼 떨어진 점 P에서의 자계의 세기 dH 는

$dH = \dfrac{I dl \sin\theta}{4\pi r^2}$ [AT/m]가 된다.   **답** ③

7 전하의 성질에 대한 설명 중 옳지 못한 것은?

① 전하는 가장 안전한 상태를 유지 하려 하는 성질이 있다.
② 같은 종류의 전하끼리는 흡인하고, 다른 종류의 전하끼리는 반발한다.
③ 낙뢰는 구름과 지면사이에 모인 전기가 한꺼번에 방전되는 현상이다.
④ 대전체의 영향으로 비대전체에 전기가 유도된다.

풀이
같은 종류의 전하끼리는 반발하고, 다른 종류의 전하끼리는 흡인한다.   **답** ②

8 가장 일반적인 저항기로 세라믹 봉에 탄소계의 저항체를 구워 붙이고, 여기에 나선형으로 홈을 파서 원하는 저항값을 만든 저항기는?

① 금속피막 저항기   ② 탄소피막 저항기
③ 가변 저항기   ④ 어레이 저항기

풀이   **답** ②

9 정전용량 $C_1 = 120[\mu F]$, $C_2 = 30[\mu F]$가 직렬로 접속되어 있을 때의 합성 정전용량은 몇 $[\mu F]$인가?

① 14   ② 24   ③ 50   ④ 150

풀이
직렬연결의 합성 정전용량은 $C = \dfrac{1}{\dfrac{1}{C_1} + \dfrac{1}{C_2}} = \dfrac{C_1 C_2}{C_1 + C_2} = \dfrac{120 \times 30}{120 + 30} = 24[\mu F]$이 된다.   **답** ②

10 3상 유도 전동기에 공급전입이 일정하고 주파수가 정격값보다 수[%]감소할 때 다음 현상 중 옳지 않은 것은?

① 동기속도가 감소한다.　　　　　　② 철손이 증가한다.
③ 누설 리액턴스가 증가한다.　　　　④ 역률이 나빠진다.

풀이
- 동기속도는 주파수에 비례하므로 감소한다.
- 철손은 주파수에 반비례하여 증가한다.
- 리액턴스는 주파수에 비례하여 감소한다.
- 역률은 자속은 증가하나 자기포화 때문에 역률은 나빠진다.　　**답** ③

11 2개의 코일을 서로 근접시켰을 때 한쪽 코일의 전류가 변화하면 다른 쪽 코일에 유도 기전력이 발생하는 현상을 무엇이라 하는가?

① 상호 결합　　　② 자체 유도　　　③ 상호 유도　　　④ 자체 결합

풀이 떨어져 있는 코일 상호간의 작용으로 기전력이 유도되는 현상을 상호유도(mutual induction) 작용이라 한다.　　**답** ③

12 어떤 전지에 5[A]의 전류가 10분간 흘렀다면 이 전지에서 나온 전기량은?

① 0.83[C]　　　② 50[C]　　　③ 250[C]　　　④ 3,000[C]

풀이 전기량 $Q = I \cdot t = 5 \times 10 \times 60 = 3,000[\text{C}]$　　**답** ④

13 $R = 4[\Omega]$, $\omega L = 3[\Omega]$의 직렬 회로에 $v = 100\sqrt{2}\sin\omega t + 30\sqrt{2}\sin 3\omega t[\text{V}]$의 전압을 가할 때 전력은 약 몇 [W]인가?

① 1,170[W]　　　② 1,563[W]　　　③ 1,637[W]　　　④ 2,116[W]

풀이
$$I_1 = \frac{V_1}{Z_1} = \frac{V_1}{\sqrt{R^2 + (\omega L)^2}} = \frac{100}{\sqrt{4^2 + 3^2}} = 20[\text{A}]$$
$$I_3 = \frac{V_3}{Z_3} = \frac{V_3}{\sqrt{R^2 + (3\omega L)^2}} = \frac{30}{\sqrt{4^2 + (3 \times 3)^2}} = 3.05[\text{A}]$$
$$\therefore\ P = I_1^2 R + I_3^2 R = 20^2 \times 4 + 3.05^2 \times 4 ≒ 1,637[\text{W}]$$
답 ③

14 "물질 중의 자유전자가 과잉 된 상태"란?

① (−) 대전상태　　　　　　② (+) 대전상태
③ 발열상태　　　　　　　　④ 중성상태

풀이 (−)대전상태 : 중성인 물체에 외부에서 자유전자가 주어진 상태
(+)대전상태 : 중성인 물체에서 자유전자를 제거한 상태
중성상태 : 양자와 전자의 수가 동일한 상태　　**답** ①

15 그림의 브리지 회로에서 평형이 되었을 때의 C_x는?

① $0.1[\mu C]$
② $0.2[\mu C]$
③ $0.3[\mu C]$
④ $0.4[\mu C]$

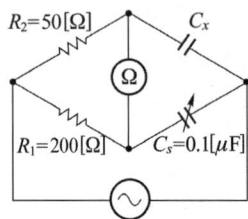

풀이 브리지 회로가 평형이 되었으므로

$$R_1 \frac{1}{j\omega C_x} = R_2 \frac{1}{j\omega C_s} , \quad \frac{R_1}{C_x} = \frac{R_2}{C_s}$$

$$\therefore C_x = \frac{R_1 C_s}{R_2} = \frac{200 \times 0.1}{50} = 0.4[\mu C]$$

답 ④

16 그림과 같은 회로에 흐르는 유효분 전류[A]는?

① 4[A]
② 6[A]
③ 8[A]
④ 10[A]

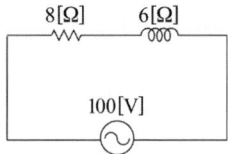

풀이 $I = \frac{V}{Z}\cos\theta = \frac{100}{\sqrt{8^2 + 6^2}} \times \frac{8}{\sqrt{8^2 + 6^2}} = 8[A]$

답 ③

17 1[kWh]는 몇 [kcal]인가?

① 860[kcal]
② 2400[kcal]
③ 4800[kcal]
④ 8600[kcal]

풀이 전력량은 열량으로 환산할 수 있으며, 1[J]은 0.24[cal]에 해당한다. 따라서,

$$1[kWh] = 1,000[Wh] = 1,000 \times 3,600[W \cdot s] = \frac{1}{4.2} \times 3,600 \times 1,000$$

$$= 860,000[cal] = 860[kcal]가 된다.$$

여기서, 한시간은 3600초에 해당하며, 1[kW]는 1000[W]에 해당한다.

답 ①

18 반지름 25[cm], 권수 10의 원형 코일에 10[A]의 전류를 흘릴 때 코일 중심의 자장의 세기는 몇 [AT/m]인가?

① 32[AT/m]
② 65[AT/m]
③ 100[AT/m]
④ 200[AT/m]

풀이 원형 코일 중심의 자장의 세기 $H = \frac{NI}{2r}$에서

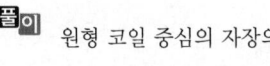

$$H = \frac{10 \times 10}{2 \times 0.25} = 200[AT/m]가 된다.$$

답 ④

19 100[μF]의 콘덴서에 1,000[V]의 전압을 가하여 충전한 뒤 저항을 통하여 방전시키면 저항에 발생하는 열량은 몇 [cal]인가?

① 3[cal]   ② 5[cal]   ③ 12[cal]   ④ 43[cal]

풀이 콘덴서에 저장 되는 에너지 $W = \frac{1}{2}CV^2$[J]이므로

$W = \frac{1}{2} \times 100 \times 10^{-6} \times 1000^2 = 50$[J]이 된다.

여기서 1[J]=0.24[cal]이므로 $50 \times 0.24 = 12$[cal]가 된다.   **답** ③

20 2[C]의 전기량이 두 점 사이를 이동하여 48[J]의 일을 하였다면 이 두 점 사이의 전위차는 몇 [V]인가?

① 12[V]   ② 24[V]   ③ 48[V]   ④ 64[V]

풀이 전위차 $V = \frac{W}{Q} = \frac{48}{2} = 24$[V]   **답** ②

21 직류기에서 전기자 반작용을 방지하기 위한 보상권선의 전류의 방향은 어떻게 되는가?

① 전기자 권선의 전류 방향과 같다.
② 전기자 권선의 전류 방향과 반대이다.
③ 계자권선의 전류 방향과 반대이다.
④ 계자전류의 방향과 반대이다.

풀이 보상권선은 계자극에 홈을 파고 권선을 감아 전기자와 직렬로 연결하여 반대방향의 전류를 흘려줌으로서 대부분의 전기자 반작용 기자력을 상쇄시킨다.   **답** ②

22 어느 변압기의 백분율 전압강하가 2[%], 리액턴스 강하가 3[%]일 때 역률(지역률) 80[%]인 경우의 전압 변동률은 몇 [%]인가?

① 0.2   ② 1.6   ③ 1.8   ④ 3.4

풀이 백분율 전압강하와의 관계는

$\epsilon = p\cos\phi + q\sin\phi + \frac{1}{200}(q\cos\phi - p\sin\phi)^2$ [%]

$\doteqdot p\cos\phi + q\sin\phi$ (ϕ : 부하 Z의 위상각)가 된다.

따라서, $\epsilon \doteqdot p\cos\phi + q\sin\phi = 2 \times 0.8 + 3 \times 0.6 = 3.4$[%]   **답** ④

23 동기 전동기를 송전선의 전압 조정 및 역률 개선에 사용한 것을 무엇이라 하는가?

① 동기 이탈   ② 동기 조상기   ③ 댐퍼   ④ 제동권선

풀이 동기 조상기란 무부하 운전 중인 동기전동기를 과여자 또는 부족여자 운전하여 앞선역률 또는 뒤진역률을 취하는 기기를 말한다.   **답** ②

24 다음 중 자기 소호 제어용 소자는?

① SCR　　　　　② TRIAC　　　　　③ DIAC　　　　　④ GTO

> **풀이** ・ 자기 소호 기능이란 on 상태에서 off
> ・ GTO(Gate turn off) 상태로 할 수 있는 능력　　　　　**답** ④

25 변압기의 여자 전류가 일그러지는 이유는 무엇 때문인가?

① 와류(맴돌이전류) 때문에　　　　　② 자기 포화와 히스테리시스 현상 때문에
③ 누설 리액턴스 때문에　　　　　④ 선간 정전 용량 때문에

> **풀이** 변압기의 여자전류는 자기포화와 히스테리시스 현상 때문에 왜곡이 된다.　　　　　**답** ②

26 동기 발전기의 병렬 운전에 필요한 조건이 아닌 것은?

① 기전력의 주파수가 같을 것　　　　　② 기전력의 크기가 같을 것
③ 기전력의 용량이 같을 것　　　　　④ 기전력의 위상이 같을 것

> **풀이** 동기발전기 병렬운전 조건
> ① 기전력의 크기가 같을 것(발전기 내부에 무효 횡류가 흐른다.)
> ② 상회전이 일치하고, 기전력이 동위상일 것(유효 횡류가 흐른다.)
> ③ 기전력과 주파수가 같을 것
> ④ 기전력과 파형이 같을 것　　　　　**답** ③

27 권수비 30의 변압기의 1차에 6600[V]를 가할 때 2차 전압은 몇 [V]인가?

① 220　　　　　② 380　　　　　③ 420　　　　　④ 660

> **풀이** 변압기 2차 전압 $V_2 = \dfrac{V_1}{a} = \dfrac{6600}{30} = 220[\text{V}]$　　　　　**답** ①

28 교류 동기 서보 모터에 비하여 효율이 훨씬 좋고 큰 토크를 발생하여 입력되는 각 전기신호에 따라 규정된 각도만큼씩 회전하며 회전자는 축방향으로 자회된 영구 자석으로서 보통 50개 정도의 톱니로 만들어져 있는 것은?

① 전기 동력계　　　　　② 유도 전동기
③ 직류 스테핑 모터　　　　　④ 동기 전동기

> **풀이**　　　　　**답** ③

29 유도 전동기에서 비례추이를 적용할 수 없는 것은?

① 토크　　　　　② 1차 전류　　　　　③ 부하　　　　　④ 역률

풀이 비례 추이할 수 있는 특성은 1차 전류, 2차 전류, 역률, 동기 와트 등이고, 할 수 없는 것은 출력 외에 2차 동손, 효율 등이다. **답** ③

30 중권의 극수 p인 직류기에서 전기자 병렬 회로수 a는 어떻게 되는가?

① $a = p$　　　　② $a = 2$　　　　③ $a = 2p$　　　　④ $a = 3p$

풀이

비교 항목	중권(병렬권)	파권(직렬권)
코일 정수		
전기자 병렬 회로수(a)	극수와 같다($a = p$).	항상 2($a = 2$)
브러시의 수(B)	극수와 같다($B = p$).	2개 또는 극수만큼 설치.
균압 접속	4극 이상 필요	불필요
용 도	저전압, 대전류	고전압, 소전류

답 ①

31 동기 전동기를 자기 기동법으로 기동시킬 때 계자 회로는 어떻게 하여야 하는가?

① 단락시킨다.　　　　　　　　② 개방시킨다.
③ 직류를 공급한다.　　　　　　④ 단상교류를 공급한다.

풀이 보통 기동시에는 계자 권선 중에 고전압이 유도되어 절연을 파괴하므로 방전 저항을 접속하여 단락 상태로 기동한다. 이때 계자 권선은 일종의 단상 2차 권선으로서 토크를 발생하기 때문에 계자 권선의 저항값의 3~7배 정도의 방전 저항을 사용한다. **답** ①

32 직류 복권 발전기를 병렬 운전할 때 반드시 필요한 것은?

① 과부하 계전기　　　　　　　② 균압선
③ 용량이 같을 것　　　　　　　④ 외부특성 곡선이 일치할 것

풀이 직권 계자가 있는 발전기는 병렬운전을 안정하게 하기 위하여 균압선을 설치하여야 한다. 균압선을 설치하는 발전기로는 직권발전기와 복권발전기가 있다. **답** ②

33 유도 전동기에 대한 설명 중 옳은 것은?

① 유도발전기일 때의 슬립은 1보다 크다.
② 유도전동기 회전자 회로의 주파수는 슬립에 반비례한다.
③ 전동기 슬립은 2차 동손을 2차 입력으로 나눈 것과 같다.
④ 슬립이 크면 클수록 2차 효율은 커진다.

풀이 ① 유도 발전기(비동기 발전기) : $s < 0$

② 유도 전동기 회전자 주파수는 슬립에 비례 : $f' = s f$

③ 전동기 슬립은 2차 동손을 2차 입력으로 나눈 것과 같다. : $s = \dfrac{P_{c2}}{P_2}$

④ 슬립이 클수록 2차 효율은 작아진다. : $\eta_2 = (1 - s)$ **답** ③

34 동기 전동기의 특징으로 잘못된 것은?

① 일정한 속도로 운전이 가능하다. ② 난조가 발생하기 쉽다.

③ 역률을 조정하기 힘들다. ④ 공극이 넓어 기계적으로 견고하다.

풀이 동기 전동기의 우수한 점은 역률을 1로 개선할 수 있고 속도가 불변, 결점은 기동 토크가 작은 점이다. **답** ③

35 계자권선이 전기자와 접속되어 있지 않은 직류기는?

① 직권기 ② 분권기 ③ 복권기 ④ 타여자기

풀이 외부의 독립된 직류 전원에 의해 계자권선에 여자전류를 공급하는 직류기를 타여자기라 한다. **답** ④

36 동기 전동기의 용도가 아닌 것은?

① 분쇄기 ② 압축기 ③ 송풍기 ④ 크레인

풀이 주로 비교적 저속, 대용량인 것은 시멘트 공장의 분쇄기나 각종 압연기와 송풍기, 제지용 쇄목기, 소형기의 것은 전기 시계, 오실로그래프, 전송 사진에 사용된다. 크레인의 운전용 전동기로는 3상 권선형 유도 전동기가 사용된다. **답** ④

37 직류 전동기의 속도 제어 방법 중 속도 제어가 원활하고 정토크 제어가 되며 운전효율이 좋은 것은?

① 계자제어 ② 병렬 저항제어

③ 직렬 저항제어 ④ 전압제어

풀이 전압 제어법은 전동기의 공급 전압을 조정하는 방법으로 제어 범위가 넓고 손실도 거의 없으며, 제어법으로는 이상적이지만, 설비비가 많이 드는 것이 결점이다. **답** ④

38 같은 회로에 두 점에서 전류가 같을 때에는 동작 하지 않으나 고장시에 전류의 차가 생기면 동작하는 계전기는?

① 과전류계전기 ② 거리계전기

③ 접지계전기 ④ 차동계전기

풀이 ① 과전류 계전기 : 회로의 전류가 일정값이 이상으로 흘렀을 때 동작
② 거리 계전기 : 계전기가 설치된 위치로부터 고장점까지의 전기적 거리에 비례하여 한시 동작
③ 접지 계전기 : 선로의 접지 검출용
④ 차동 계전기 : 1차 전류와 2차 전류의 차에 의하여 동작   **답** ④

39 동기발전기의 무부하 포화곡선에 대한 설명으로 옳은 것은?

① 정격전류와 단자전압의 관계이다.　　　② 정격전류와 정격전압의 관계이다.

③ 계자전류와 정격전압의 관계이다.　　　④ 계자전류와 단자전압의 관계이다.

풀이

구분	횡축	종축	조건	
무부하 포화 곡선	I_f	$V(=E)$	n=일정	$I=0$
외부 특성 곡선	I	V	n=일정	R_f=일정
내부 특성 곡선	I	E	n=일정	R_f=일정
부하 특성 곡선	I_f	V	n=일정	I=일정
계자 조정 곡선	I	I_f	n=일정	V=일정

답 ④

40 브리지 정류회로로 알맞은 것은?

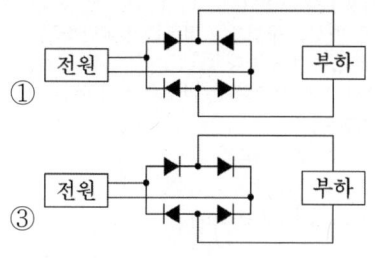
①

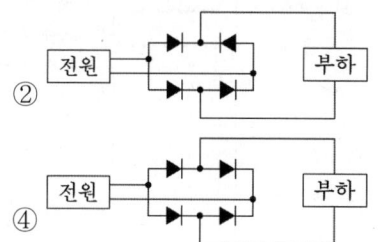
②

③

④

풀이 브리지 정류 회로

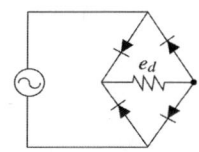

답 ①

41 다음 철탑의 사용목적에 의한 분류에서 서로 인접하는 경간의 길이가 크게 달라 지나친 불평형 장력이 가해지는 경우 등에는 어떤 형의 철탑을 사용하여야 하는가?

① 직선형　　　　　② 각도형　　　　　③ 인류형　　　　　④ 내장형

풀이 ① 직선형 : 전선로의 직선부분(3° 이하인 수평각도를 이루는 곳을 포함한다)에 사용하는 것. 다만, 내장형 및 보강형에 속하는 것을 제외한다.
② 각도형 : 전선로 중 3°를 초과하는 수평각도를 이루는 곳에 사용하는 것
③ 인류형 : 전 가섭선을 인류하는 곳에 사용하는 것
④ 내장형 : 전선로의 지지물 양쪽의 경간의 차가 큰 곳에 사용하는 것
⑤ 보강형 : 전선로의 직선부분에 그 보강을 위하여 사용하는 것   **답** ④

42 전선 재료로서 구비할 조건으로 잘못된 것은 어느 것인가?

① 가선공사가 용이할 것 ② 다량으로 값싸게 얻을 수 있는 것

③ 인장 강도가 작을 것 ④ 가요성이 풍부할 것

풀이 전선의 구비 조건
① 도전율이 크고 고유 저항은 작을 것 ② 기계적 강도 및 가요성(유연성)이 풍부할 것
③ 내구성이 클 것 ④ 비중이 작을 것.
⑤ 시공 및 보수의 취급이 용이 할 것 ⑥ 다량으로 값싸게 구입할 수 있을 것 **답** ③

43 다음 기호의 명칭은?

―――――――

① 천장 은폐 배선 ② 바닥 은폐 배선

③ 노출배선 ④ 바닥면 노출 배선

풀이

명 칭	그림기호	적 요
천장 은폐 배선	―――――	① 천장 은폐 배선 중 천장 속의 배선을 구별하는 경우는 천장 속의 배선에 ―・―・― 를 사용하여도 좋다.
바닥 은폐 배선	― ― ― ―	② 노출 배선 중 바닥면 노출 배선을 구별하는 경우는 바닥면 노출 배선에 ―・・―・・― 를 사용하여도 좋다.
노출 배선	・・・・・・・	③ 전선의 종류를 표시할 필요가 있는 경우는 기호를 기입한다.

④ 배관은 다음과 같이 표시한다.

$$\overset{//}{\underset{2.5^{□}(\text{VE19})}{\rule{3cm}{0.4pt}}}$$

전선관의 종류 ―――↑ ↑―― 전선관의 굵기

전선관의 종류
• 강제전선관은 별도의 표기없음
• VE : 경질비닐전선관
• F_2 : 2종 금속제 가요전선관
• PF : 합성수지제 가요관

⑤ 절연 전선의 굵기 및 전선수는 다음과 같이 기입한다. 단위가 명백한 경우는 단위를 생략하여도 좋다.

【보기】 $\underset{2.5^{□}}{///}$ $\underset{2}{//}$ $\underset{2(\text{mm}^2)}{//}$ $\underset{8}{//}$

숫자 표기의 보기 : 1.6×5
5.5×1

답 ①

44 절연 전선의 피복에 "15[kV] NRV"라고 표시 되어 있다. 여기서 "NRV"는 무엇을 나타내는 약호인가?

① 형광등 전선 ② 고무절연 폴리에틸렌 시스 네온전선

③ 고무절연 비닐 시스 네온전선 ④ 폴리에틸렌 절연 비닐 시스 네온전선

풀이 15[kV] N–RV에서 N은 네온, R은 고무, V는 비닐을 나타낸다. **답** ③

45 다음 중 금속 전선관을 박스에 고정 시킬 때 사용하는 것은?

① 새들   ② 부싱   ③ 로크너트   ④ 클램프

 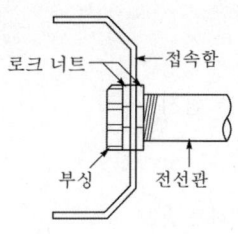 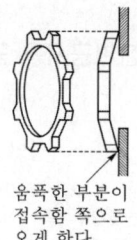

로크 너트를 사용하여 박스에 금속관을 고정시킨다.   **답** ③

46 긴 금속관 공사에서 사용할 수 있는 단선의 최대 굵기[mm²]는?

① 4.0   ② 6.0   ③ 10   ④ 16

풀이 232.12 금속관공사
1. 전선은 절연전선(옥외용 비닐절연전선을 제외한다)일 것.
2. 전선은 연선일 것. 다만, 짧고 가는 합성수지관에 넣은 것 또는 단면적 10[mm²] (알루미늄선은 단면적 16[mm²]) 이하의 것은 그러하지 아니하다.
3. 금속관 안에는 전선에 접속점이 없도록 할 것.   **답** ③

47 저압으로 수전한다고 할 때 수용가 설비의 인입구로부터 기기까지의 전압 강하는 조명인 경우 몇 [%] 이하로 하는 것을 원칙으로 하는가?

① 2   ② 3   ③ 4   ④ 5

풀이 232.3.9 수용가 설비에서의 전압강하

설비의 유형	조명	기타
A – 저압으로 수전하는 경우	3[%] 이하	5[%] 이하
B – 고압 이상으로 수전하는 경우[a]	6[%] 이하	8[%] 이하

[a] 가능한 한 최종회로 내의 전압강하가 A 유형의 값을 넘지 않도록 하는 것이 바람직하다.
사용자의 배선설비가 100[m]를 넘는 부분의 전압강하는 미터 당 0.005[%] 증가할 수 있으나 이러한 증가분은 0.5[%]를 넘지 않아야 한다.   **답** ②

48 전선을 접속하는 방법으로 틀린 것은?

① 전기 저항이 증가되지 않아야 한다.
② 전선의 세기는 30[%] 이상 감소시키지 않아야 한다.
③ 접속 부분은 와이어 커넥터 등 접속 기구를 사용하거나 납땜을 한다.
④ 알루미늄을 접속할 때는 고시된 규격에 맞는 접속관 등의 접속 기구를 사용한다.

풀이 123 전선의 접속
① 전선의 전기저항을 증가시키지 아니하도록 접속

② 전선의 세기(인장하중)를 20[%] 이상 감소시키지 아니할 것.
③ 전선 접속 시 접속부분을 그 부분의 절연전선의 절연물과 동등 이상의 절연성능이 있는 것으로 충분히
   피복할 것.   답 ②

49 굵은 전선을 절단 할 때 사용하는 전기공사용 공구는?

① 프레셔 툴   ② 노크 아웃 펀치
③ 파이프 커터   ④ 클리퍼

풀이 • 프리셔 툴 : 솔더리스 커넥터 또는 솔더리스 터미널을 압착하는 것
     • 노크 아웃 펀치 : 분전반, 풀박스 등의 전선관 인출을 위한 인출공을 뚫는 공구
     • 파이프 커터 : 금속관을 절단하는 공구
     • 클리퍼 : 굵은 전선을 절단할 때 사용하는 가위   답 ④

50 무대, 무대 밑, 오케스트라 박스, 영사실, 기타 사람이나 무대 도구가 접촉할 우려가 있는 장소
에 시설하는 저압옥내배선, 전구선 또는 이동전선은 사용 전압이 몇 [V] 이하이어야 하는가?

① 60[V]   ② 110[V]   ③ 220[V]   ④ 400[V]

풀이 242.6 전시회, 쇼 및 공연장의 전기설비
     무대 · 무대마루 밑 · 오케스트라 박스 · 영사실 기타 사람이나 무대 도구가 접촉할 우려가 있는 곳에 시설
     하는 저압 옥내배선, 전구선 또는 이동전선은 사용전압이 400[V] 이하이어야 한다.   답 ④

51 다음의 심벌 명칭은 무엇인가?

① 파워퓨즈
② 단로기
③ 피뢰기
④ 고압 컷아웃 스위치

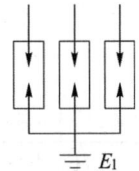

$\equiv E_1$

풀이

명 칭	약 호	심벌(단선도)	용도(역할)
단로기	DS		무부하 전류 개폐, 회로의 접속 변경, 기기를 전로로부터 개방
피뢰기	LA	LA	뇌전류를 대지로 방전하고 속류 차단
전력 퓨즈	PF		단락 전류 차단, 부하 전류 통전
컷아웃 스위치	COS		기계 기구(변압기)를 과전류로부터 보호

답 ③

52 실내전체를 균일하게 조명하는 방식으로 광원을 일정한 간격으로 배치하며 공장, 학교, 사무
실 등에서 채용되는 조명방식은?

① 국부조명   ② 전반조명
③ 직접조명   ④ 간접조명

풀이 전반조명방식은 조명 기구의 배광에 의한 분류 중 40~60[%]정도는 빛이 위쪽과 아래쪽으로 고루 향하고 가장 일반적인 용도를 가지고 있으며 상하좌우로 빛이 모두 나오므로 부드러운 조명이 되는 조명방식이다. **답** ②

53 나전선 상호 또는 나전선과 절연전선, 캡타이어 케이블 또는 케이블과 접속하는 경우 바르지 못한 방법은?

① 전선의 세기를 20[%] 이상 감소시키지 않을 것

② 알루미늄 전선과 구리전선을 접속하는 경우에는 접속 부분에 전기적 부식이 생기지 않도록 할 것

③ 코드 상호, 캡타이어 케이블 상호, 케이블 상호, 또는 이들 상호를 접속하는 경우에는 코드 접속기, 접속함 기타의 기구를 사용할 것

④ 알루미늄 전선을 옥외에 사용하는 경우에는 반드시 트위스트 접속을 할 것

풀이 도체에 알루미늄을 사용하는 절연전선 또는 케이블을 옥내배선·옥측배선 또는 옥외배선에 사용하는 경우에 그 전선을 접속할 때에는 전기용품안전관리법의 적용을 받는 접속기를 사용할 경우 이외에는 한국산업규격에 적합한 접속 관 기타의 기구를 사용할 것. **답** ④

54 가로 20[m], 세로 18[m], 천정의 높이 3.85[m] 작업면의 높이 0.85[m], 간접조명 방식인 호텔 연회장의 실지수는 약 얼마인가?

① 1.16 ② 2.16 ③ 3.16 ④ 4.16

풀이 실지수 $RI = \dfrac{X \cdot Y}{H(X+Y)}$이다.

단, X : 가로, Y : 세로, H : 작업면으로부터 광원까지의 거리

$$RI = \frac{20 \times 18}{(3.85-0.85) \times (20+18)} = 3.16$$ **답** ③

55 다음 중 전선의 접속방법에 해당 되지 않는 것은?

① 슬리브 접속 ② 직접 접속
③ 트위스트 접속 ④ 커넥터 접속

풀이 전선의 접속 방법에는 직선접속(트위스트 접속), 분기접속, 종단접속(커넥터 접속 등), 슬리브에 의한 접속이 있다. **답** ②

56 다음 중 애자공사에 사용되는 애자의 구비조건과 거리가 먼 것은?

① 광택성 ② 절연성 ③ 난연성 ④ 내수성

풀이 232.56 애자공사
① 전선은 절연 전선(단, 옥외용 비닐 절연 전선(OW) 및 인입용 비닐 절연 전선(DV)은 제외한다.)
② 사용하는 애자는 절연성·난연성 및 내수성의 것이어야 한다. **답** ①

57 고압 가공전선로의 지지물로 철탑을 사용하는 경우 경간은 몇 [m] 이하이어야 하는가?

① 150[m]　　　　② 300[m]　　　　③ 500[m]　　　　④ 600[m]

풀이 332.9 고압 가공전선로 경간의 제한

지지물의 종류	표준 경간
목주, A종 철주, A종 철근 콘크리트주	150[m]
B종 철주, B종 철근 콘크리트주	250[m]
철 탑	600[m]

답 ④

출제기준 변경 및 개정된 관계 법규에 따라 삭제된 문제가 있어 60문항이 안됩니다.

2021

CBT 복원문제

동일출판사 홈페이지 및 YouTube에서
무료동영상 강의를 보실 수 있습니다.
(전기이론, 전기기기 해설)

1 전장 중에 단위정전하를 놓을 때 여기에 작용하는 힘과 같은 것은?

① 전하   ② 전장의 세기   ③ 전위   ④ 전속

풀이 전계(전장)의 세기 : 단위 전하가 전계(전장) 내에서 받는 힘의 크기[N/C]   **답** ②

2 다음은 도체의 전기 저항에 대한 설명이다. 틀린 것은?

① 고유 저항은 백금보다 구리가 크다.

② 단면적에 반비례하고 길이에 비례한다.

③ 도체 반지름의 제곱에 반비례한다.

④ 같은 길이, 단면적에서도 온도가 상승하면 저항이 증가한다.

풀이 20[℃]에서의 고유 저항

구리 : $1.69 \times 10^{-8}[\Omega \cdot m]$, 백금 : $10.5 \times 10^{-8}[\Omega \cdot m]$ **답** ①

3 40[Ω]의 저항을 가진 전구에 $V = 200\sqrt{2} \sin\omega t$ [V]의 교류 전압을 가하면 전류의 순시값 [A]은?

① $5\sin\omega t$ ② $5\sqrt{2} \sin\omega t$

③ $800\sin\omega t$ ④ $800\sqrt{2} \sin\omega t$

풀이 순시전류 $i = \dfrac{v}{R} = \dfrac{200\sqrt{2} \sin\omega t}{40} = 5\sqrt{2} \sin\omega t$ [A]가 된다.   **답** ②

4 1[$\Omega \cdot m$]와 같은 것은?

① $1[\mu\Omega \cdot cm]$ ② $10^6[\Omega \cdot mm^2/m]$

③ $10^2[\Omega \cdot mm]$ ④ $10^4[\Omega \cdot cm]$

풀이 $1[\Omega \cdot m] = 10^8[\mu\Omega \cdot cm] = 10^6[\Omega \cdot mm^2/m] = 10^3[\Omega \cdot mm] = 10^2[\Omega \cdot cm]$ **답** ②

5 전류와 자속에 관한 설명 중 옳은 것은?

① 전류와 자속은 항상 폐회로를 이룬다.

② 전류와 자속은 항상 폐회로를 이루지 않는다.

③ 전류는 폐회로이나 자속은 아니다.

④ 자속은 폐회로이나 전류는 아니다.

풀이   **답** ①

6 공기 중에서 1.6×10^{-4} [Wb]와 2×10^{-3} [Wb]의 두 자극 사이에 작용하는 힘이 12.66[N]이었다. 두 자극 사이의 거리[cm]는?

① 2　　　　　② 3　　　　　③ 4　　　　　④ 5

 쿨롱의 법칙 $F = 6.33 \times 10^4 \dfrac{m_1 m_2}{r^2}$ [N]에서

$$r^2 = 6.33 \times 10^4 \dfrac{m_1 m_2}{F} = 6.33 \times 10^4 \times \dfrac{1.6 \times 10^{-4} \times 2 \times 10^{-3}}{12.66} = 1.6 \times 10^{-3}$$

$$\therefore r = \sqrt{1.6 \times 10^{-3}} = 0.04\,[\text{m}] = 4\,[\text{cm}]가 된다.$$　　　**답** ③

7 1[Ah]는 몇 [C]인가?

① 7200　　　　　② 3600　　　　　③ 1200　　　　　④ 60

 $Q = It = 1 \times 3600 = 3600[\text{C}]$

여기서, I[A]는 전류이며 t[sec]는 시간이다.

또 1[h]는 3600[sec]에 해당한다.　　　**답** ②

8 자체 인덕턴스 L_1, L_2, 상호 인덕턴스 M의 코일을 같은 방향으로 직렬 연결한 경우 합성 인덕턴스는?

① $L_1 + L_2 + M$　　　　　　② $L_1 + L_2 - M$

③ $L_1 + L_2 - 2M$　　　　　　④ $L_1 + L_2 + 2M$

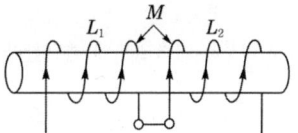 그림과 같이 코일의 감는 방향을 동일하게 하여
직렬로 연결한 경우를 가동결합이라 한다.
가동결합의 경우 합성 인덕턴스는
$L = L_1 + L_2 + 2M$[H]가 된다.　　　**답** ④

9 대칭 3상 △ 결선에서 선전류와 상전류와의 위상 관계는?

① 상전류가 $\dfrac{\pi}{6}$ [rad] 앞선다.　　　② 상전류가 $\dfrac{\pi}{6}$ [rad] 뒤진다.

③ 상전류가 $\dfrac{\pi}{3}$ [rad] 앞선다.　　　④ 상전류가 $\dfrac{\pi}{3}$ [rad] 뒤진다.

△ 결선
① 선간 전압(V_l), 상전압(V_p)
　　선간 전압은 상전압과 크기가 같고 위상이 동상이 된다.
　　$V_l = V_p \angle 0°$
② 선전류(I_l), 상전류(I_p)
　　선전류는 상전류에 비해 크기가 $\sqrt{3}$ 배이고 위상은 30° 뒤진다.
　　$I_l = \sqrt{3}\, I_p \angle -30°$　　　**답** ①

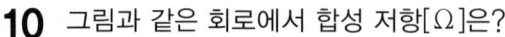

10 그림과 같은 회로에서 합성 저항[Ω]은?

① 10
② 15
③ 20
④ 25

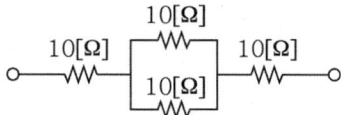

풀이 직병렬회로의 합성저항 : $R = 10 + \dfrac{10 \times 10}{10 + 10} + 10 = 25[\Omega]$

답 ④

11 전선의 길이를 2배로 늘리면 저항은 몇 배가 되는가?

① 1   ② 2   ③ 4   ④ 8

풀이 전선의 저항 $R = \dfrac{l}{\sigma S} = \rho \dfrac{l}{S}[\Omega]$에서 저항은 면적에 반비례하며, 길이에 비례한다.

길이를 늘리면 부피가 일정하므로 면적은 줄어든다. 즉, 길이는 2배면 단면적은 $\dfrac{1}{2}$배된다.

$R = \rho \dfrac{2l}{\dfrac{1}{2}S} = 4\rho \dfrac{l}{S}[\Omega]$가 되므로 저항은 4배가 된다.

답 ③

12 전기와 자기의 요소를 서로 대칭되게 나타내지 않은 것은?

① 전계 – 자계
② 전속 – 자속
③ 유전율 – 투자율
④ 전속밀도 – 자기량

풀이 전속밀도는 자속밀도에 해당한다.

답 ④

13 두 콘덴서 C_1, C_2가 병렬로 접속되어 있을 때의 합성 정전 용량은?

① $C_1 + C_2$ ② $\dfrac{1}{C_1} + \dfrac{1}{C_2}$ ③ $\dfrac{C_1 C_2}{C_1 + C_2}$ ④ $\dfrac{C_1 + C_2}{C_1 C_2}$

풀이 직렬연결시 합성 정전용량 : $C = \dfrac{1}{\dfrac{1}{C_1} + \dfrac{1}{C_2}} = \dfrac{C_1 C_2}{C_1 + C_2}$

병렬 연결시 합성 정전용량 : $C = C_1 + C_2$

답 ①

14 컨덕턴스 $G[\mho]$, 저항 $R[\Omega]$, 전압 $V[V]$, 전류를 $I[A]$라 할 때 G와의 관계가 옳은 것은?

① $G = \dfrac{R}{V}$ ② $G = \dfrac{I}{V}$ ③ $G = \dfrac{V}{R}$ ④ $G = \dfrac{V}{I}$

풀이 저항 R의 역수를 컨덕턴스(conductance), G라 하고, 다음과 같이 표시한다.

$$G = \frac{1}{R} = \sigma \frac{S}{l} = \frac{S}{\rho l} \, [\text{℧}]$$

옴의 법칙에서 $I = \frac{V}{R}[\text{A}]$이므로, $G = \frac{1}{R}$을 대입하여 정리하면,

$$I = \frac{V}{R} = VG[\text{A}], \text{ 따라서 } G = \frac{I}{V}[\text{℧}]\text{이다.}$$

답 ②

15 3상 기전력을 2개의 전력계 W_1, W_2로 측정해서 W_1의 지시값이 P_1, W_2의 지시값이 P_2라 하면 3상 전력은 어떻게 표현되는가?

① $P_1 - P_2$ ② $3(P_1 - P_2)$ ③ $P_1 + P_2$ ④ $3(P_1 + P_2)$

풀이 2전력계법
① 유효전력 : $P_1 + P_2$ [W]
② 무효전력 : $\sqrt{3}(P_1 - P_2)$[Var]

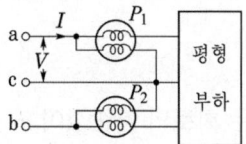

답 ③

16 그림과 같은 RL 병렬회로에서 $R = 25[\Omega]$, $\omega L = \frac{100}{3}[\Omega]$일 때, 200[V]의 전압을 가하면 코일에 흐르는 전류 I_L[A]은?

① 3.0
② 4.8
③ 6.0
④ 8.2

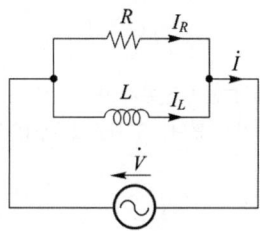

풀이 병렬회로이므로 각 소자에 인가되는 전압은 동일하다.
따라서 코일에 흐르는 전류 $I_L = \frac{V}{X_L} = \frac{V}{\omega L} = \frac{200}{100/3} = 6[\Omega]$

답 ③

17 키르히호프의 법칙을 맞게 설명한 것은?

① 제1법칙은 전압에 관한 법칙이다.
② 제1법칙은 전류에 관한 법칙이다.
③ 제1법칙은 회로망의 임의의 한 폐회로 중 전압강하의 대수 합과 기전력의 대수 합은 같다.
④ 제2법칙은 회로망에 유입하는 전류의 합은 유출하는 전류의 합과 같다.

풀이 ① 키르히호프의 제1법칙 (Kirchhoff's Current Law : KCL)

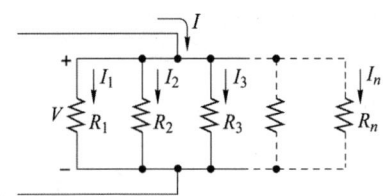

그림의 저항의 병렬회로에서, 각 지로에 흐르는 전류는 각각

$$I_1 = \frac{V}{R_1}, \ I_2 = \frac{V}{R_2}, \ I_3 = \frac{V}{R_3}, \ \cdots, \ I_n = \frac{V}{R_n}$$

가 되고, 각 저항소자에 흐르는 전류는 저항크기에 반비례하여 나타난다.
이때 키르히호프의 전류법칙에 따라 유입전류(전 전류) I는
유출전류(각 지로전류) $I_1, I_2, I_3, \cdots$의 합으로 계산된다.

$$I = I_1 + I_2 + I_3 + \cdots + I_n$$

② 키르히호프의 제2법칙(Kirchhoff's Voltage Law : KVL)
키르히호프의 전압법칙은 "회로망 내의 임의의 폐회로(경
로)에 있어서 전원전압(E_i)의 합은 전압강하의 합(V_i)과 같
다"라는 법칙으로

$$E_1 + E_2 + E_3 + \cdots = V_1 + V_2 + V_3 + \cdots$$

즉, $\sum E_i = \sum V_i$ 로 계산된다.

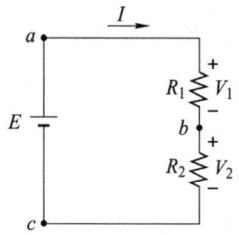

답 ②

18 그림과 같은 회로의 저항값이 $R_1 > R_2 > R_3 > R_4$ 일 때, 전류가 최소로 흐르는 저항은?

① R_1

② R_2

③ R_3

④ R_4

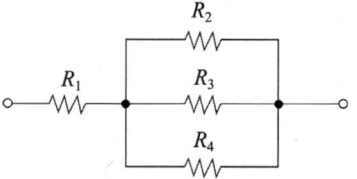

풀이 R_1에는 전체 전류가 흐르므로 가장 큰 전류가 흐르며, R_2, R_3, R_4 중에서 가장 저항이 큰 값이 가장 작은
전류가 흐른다. 즉 전류는 전압이 일정한 경우 저항의 크기에 반비례하므로 R_2에 최소의 전류가 흐른다.

답 ②

19 저항 5[Ω], 유도리액턴스 30[Ω], 용량리액턴스 18[Ω]인 RLC 직렬회로에 130[V]의 교류
전압을 가할 때 흐르는 전류는 [A]는?

① 10[A], 유도성

② 10[A], 용량성

③ 5.9[A], 유도성

④ 5.9[A], 용량성

풀이 임피던스 $Z = R + j(X_L - X_C)$[Ω]이므로

$Z = 5 + j(30 - 18) = 5 + j12$[Ω]으로 유도성이 된다.

이때 흐르는 전류는 $I = \dfrac{V}{Z} = \dfrac{130}{5 + j12} = \dfrac{130}{\sqrt{5^2 + 12^2}} = \dfrac{130}{13} = 10$[A]가 된다.

답 ①

20 그림에서 a-b 간의 합성저항은 c-d 간의 합성저항 보다 몇 배인가?

① 1배

② 2배

③ 3배

④ 4배

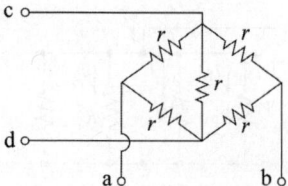

풀이 ① a-b 간의 합성저항
　　　브리지 회로로 현재 평형상태이다. 평형상
　　　태의 경우 브리지 저항 (가운데)r은 없다고
　　　볼 수 있으며, 이 경우 합성저항은

$$R_{ab} = \frac{(r+r) \cdot (r+r)}{(r+r)+(r+r)} = \frac{2r \cdot 2r}{2r+2r} = r$$

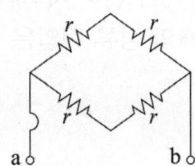

② c-d 간의 합성저항
　저항 r 2개가 직렬로 연결된 회로 2개와 저
　항 r 1개인 회로가 서로 병렬로 연결된 회
　로이므로 합성저항은

$$R_{cd} = \frac{1}{\frac{1}{(r+r)}+\frac{1}{r}+\frac{1}{(r+r)}} = \frac{1}{\frac{1}{2r}+\frac{1}{r}+\frac{1}{2r}} = \frac{r}{2}$$

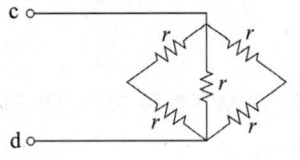

따라서 $\dfrac{R_{ab}}{R_{cd}} = \dfrac{r}{\dfrac{r}{2}} = 2$배가 된다. **답** ②

21 직류 분권발전기가 있다. 전기자 총도체수 220, 매극의 자속수 0.01[Wb], 극수 6, 회전수 1500[rpm] 일 때 유기기전력은 몇 [V]인가? (단, 전기자 권선은 파권이다.)

① 60　　　　　② 120　　　　　③ 165　　　　　④ 240

풀이 파권에서 $a=2$이므로

유기기전력 $E = \dfrac{p}{a}z\phi\dfrac{N}{60} = \dfrac{6}{2}\times220\times0.01\times\dfrac{1500}{60} = 165[V]$ **답** ③

22 3상 유도전동기의 1차 입력 60[kW], 1차 손실 1[kW], 슬립 3[%]일 때 기계적 출력은 약 몇 [kW]인가?

① 57　　　　　② 75　　　　　③ 95　　　　　④ 100

풀이 1차 출력 = 2차 입력 = 60-1 = 59[kW]이므로

기계적 출력 $P_0 = (1-s)P_2 = (1-0.03)\times59 = 57.23[kW]$ **답** ①

23 다음 직류 전동기에 대한 설명 중 옳은 것은?

① 전기철도용 전동기는 차동 복권 전동기이다.
② 분권 전동기는 계자 저항기로 쉽게 회전속도를 조정할 수 있다.
③ 직권 전동기에서는 부하가 줄면 속도가 감소한다.
④ 분권 전동기는 부하에 따라 속도가 현저하게 변한다.

풀이 직권 전동기는 저속에서 큰 토크를 발생($\tau \propto \dfrac{1}{N^2}$)하므로 전기철도용 전동기 등에 사용되며 부하가 줄면

속도가 증가($N \propto \dfrac{1}{I}$)하고, 분권 전동기는 정속도 특성을 가진다. **답** ②

24 단상 100[V]인 전파 사이리스터 정류회로에서 부하가 큰 인덕턴스가 있는 경우 점호각이 60도 일 때의 정류 전압은 약 몇 [V]인가?

① 141

② 100

③ 85

④ 45

풀이 $V_d = \dfrac{2\sqrt{2}\,V_i}{\pi}\cos\alpha = \dfrac{2\sqrt{2}\times 100}{\pi}\times\cos 60° \fallingdotseq 45[\mathrm{V}]$

답 ④

25 출력 1[kW], 효율 80[%]인 전동기의 손실[W]은?

① 200

② 250

③ 300

④ 350

풀이 효율 $\eta = \dfrac{출력}{출력+손실}$ 에서 전동기의 손실을 구하면 손실 $= \dfrac{출력}{\eta}-출력$ 이므로

손실 $= \dfrac{1}{0.8}-1 = 0.25[\mathrm{kW}]$가 된다.

답 ②

26 권선형 3상 유도 전동기의 기동법은?

① 2차 저항법

② 기동 보상기법

③ 리액터 기동법

④ Y$-$△ 기동법

풀이 권선형 유도 전동기는 비례추이를 이용한 2차 저항법을 적용한다.

답 ①

27 동기발전기의 무부하포화곡선을 나타낸 것이다. 포화계수에 해당하는 것은?

① $\dfrac{ob}{oc}$

② $\dfrac{bc'}{bc}$

③ $\dfrac{cc'}{bc'}$

④ $\dfrac{cc'}{bc}$

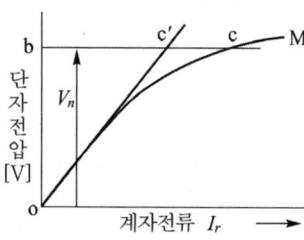

풀이

답 ③

28 선택 지락 계전기의 용도는?

① 단일 회선에서 접지 전류의 대소의 선택

② 단일 회선에서 접지 전류의 방향의 선택

③ 단일 회선에서 접지 사고 지속시간의 선택

④ 다 회선에서의 접지고장 회선의 선택

풀이 선택 지락 계전기는 다 회선에서의 접지고장 회선의 선택한다.

답 ④

29 전동기의 회전 방향을 바꾸는 역회전의 원리를 이용한 제동 방법은?

① 역상제동

② 유도제동

③ 발전제동

④ 회생제동

풀이 3상 유도 전동기를 운전 중 급히 정지시킬 경우 1차측 3선 중 2선을 바꾸어 접속해서 회전자의 방향을 반대로 하면 유도 전동기는 그 순간에 강력한 유도 제동기가 된다. 이것을 역상 제동기라 한다. **답** ①

30 직류 분권 발전기의 정상 운전에서 계자 권선의 접속을 바꾸면 나타나는 현상은?

① 약간의 유기 기전력이 발생한다.

② 정상 운전 때와 마찬가지이다.

③ 잠시 동안 발전하다가 급격히 전압이 떨어진다.

④ 유기 기전력이 발생하지 않는다.

풀이 직류 자여자 발전기는 잔류자기가 없으면 발전이 되지 않는다. 즉, 잔류자기가 없는 조건은 회전방향을 반대로 하는 경우와 계자의 접속을 반대로 하는 경우가 된다. 따라서, 자여자 발전기인 분권발전기는 잔류 자기가 소멸되어 발전이 이루어지지 않는다. **답** ④

31 직류 전동기의 출력이 50[kW] 회전수가 1800[rpm]일 때 토크는 약 몇 [kgm]인가?

① 12

② 23

③ 27

④ 31

풀이 토크 $T = 0.975 \dfrac{P}{N}$[kg·m]에서 $T = 0.975 \dfrac{50 \times 10^3}{1800} = 27.08$[kg·m]가 된다. **답** ③

32 변압기의 자속에 관한 설명으로 옳은 것은?

① 전압과 주파수에 반비례한다.

② 전압과 주파수에 반비례한다.

③ 전압에 반비례하고 주파수에 비례한다.

④ 전압에 비례하고 주파수에 반비례한다.

풀이 변압기의 유도 기전력 $E = 4.44 N f \phi_m$[V]에서 $\phi_m = \dfrac{E}{4.44 f N}$[Wb]가 된다.

따라서, 자속은 전압에 비례하고, 주파수에 반비례한다. **답** ④

33 직류발전기에서 급전선의 전압강하 보상용으로 사용되는 것은?

① 분권기

② 직권기

③ 과복권기

④ 차동복권기

풀이 과복권 발전기는 가동 복권 발전기에서 직권 계자 권선의 기자력을 더 많게 하여 부하 전류 증대에 따른 전압 강하보다 부하시의 전압을 더 크게 하여 전압 변동률을 (−)로 설계한 발전기이다. **답** ③

34 단상변압기 3대로 Y-Y결선을 하는 경우에 대한 설명으로 틀린 것은?

① 중성점 접지가 가능하다.

② 제3고조파 전류가 흐르며 유도장해를 일으킨다.

③ 1차측과 2차측의 각 상전압의 위상은 같다.

④ 상전압이 선간전압의 $\sqrt{3}$ 배이므로 절연이 용이하다.

풀이 Y-Y결선의 특징
  ① 장점
    • 1차 전압, 2차 전압 사이에 위상차가 없다.
    • 1차, 2차 모두 중성점을 접지할 수 있으며 고압의 경우 이상 전압을 감소시킬 수 있다.
    • 상전압이 선간 전압의 $\frac{1}{\sqrt{3}}$ 배이므로 절연이 용이하여 고전압에 유리하다.
  ② 단점
    • 제3고조파 전류의 통로가 없으므로 기전력의 파형이 제3고조파를 포함한 왜형파가 된다.
    • 중성점을 접지하면 제3고조파 전류가 흘러 통신선에 유도 장해를 일으킨다.   **답** ④

35 워드레어너드 속도 제어는?

① 저항제어   ② 계자제어   ③ 전압제어   ④ 직병렬제어

풀이

구분	특성	분권 및 타여자	직권
계자 제어법	효율 양호 정류 악화 정출력 가변 속도	속도 제어 범위는 최저 최고비가 1 : 2 ~ 1 : 4(보상 권선이 있을 때) 정도	무부하에 있어서 Φ가 대단히 작으면 속도가 아주 높아지므로 주의가 필요
직렬 저항법	효율 나쁨 정토크 가변 속도	정속도 특성을 잃는다.	직렬 저항법과 전압 제어법을 병용하여 전차 등에 널리 사용되고 있다.
전압 제어법	위의 두 가지에 비하여 고가이나 광범위한 속도 제어가 가능하다.	타여자 전동기에 적용된다. 워드 레오나드 방식, 일그너 방식, 승압기 방식 등이 있다.	

답 ③

36 100[V], 10[A], 전기자저항 1[Ω], 회전수 1,800[rpm]인 전동기의 역기전력은 몇 [V]인가?

① 90   ② 100   ③ 110   ④ 186

풀이 전동기의 역기전력 $E_c = V - I_a R_a = 100 - 10 \times 1 = 90[V]$ **답** ①

37 동기 발전기에서 난조 현상에 대한 설명으로 옳지 않은 것은?

① 부하가 급격히 변화하는 경우 발생할 수 있다.

② 제동권선을 설치하여 난조 현상을 방지한다.

③ 난조의 정도가 커지면 동기이탈 또는 탈조라 한다.

④ 난조가 생기면 바로 멈춰야 한다.

풀이 난조가 생기면 이를 제거하기 위하여 난조 방지법인 제동권선을 설치하여야 한다.   **답** ④

38 유도전동기가 많이 사용되는 이유가 아닌 것은?

① 값이 저렴함

② 취급이 어려움

③ 전원을 쉽게 얻음

④ 구조가 간단하고 튼튼함

풀이 유도전동기가 많이 사용되는 이유
① 전원을 얻기가 쉽다.
② 구조가 간단하고 튼튼하다.
③ 가격이 싸다.
④ 취급이 간편하고 운전이 쉽다.
⑤ 부하의 변화에도 속도의 변동이 적어 정속도 운전이 가능하다.

답 ②

39 전원전압이 67[V]인 단상 전파 정류회로에서 $\alpha = 60°$일 때 정류 전압은 약 몇 [V]인가?

① 15

② 22

③ 35

④ 45

풀이 SCR을 이용한 전파정류의 정류전압은
$E_d = \dfrac{\sqrt{2}\,V}{\pi}(1+\cos\alpha)$에서 $E_d = \dfrac{\sqrt{2}\times67}{\pi}(1+\cos60°) ≒ 45[V]$가 된다.

답 ④

40 정격속도로 운전하는 무부하 분권발전기의 계자 저항이 60[Ω], 계자 전류가 1[A], 전기자 저항이 0.5[Ω]라 하면 유도 기전력은 약 몇 [V]인가?

① 30.5

② 50.5

③ 60.5

④ 80.5

풀이 단자 전압 V는 계자 회로의 전압 강하와 같으므로 $V = I_f R_f = 1\times60 = 60[V]$
$E = V + I_a R_a$ 식에서 $I_a = I_f$이므로 (∵ 무부하)
∴ 유기 기전력 $E = V + I_f R_a = 60 + 1\times0.5 = 60.5[V]$

답 ③

41 배전선로 기기설치 공사에서 전주에 승주 시 발판 못 볼트는 지상 몇 [m] 지점에서 180° 방향에 몇 [m] 씩 양쪽으로 설치하여야 하는가?

① 1.5[m], 0.3[m]

② 1.5[m], 0.45[m]

③ 1.8[m], 0.3[m]

④ 1.8[m], 0.45[m]

풀이 331.4 가공전선로 지지물의 철탑오름 및 전주오름 방지
가공전선로의 지지물에 취급자가 오르고 내리는데 사용하는 발판 볼트 등을 지표상 1.8[m] 미만에 시설하여서는 아니 된다.

답 ④

42 전주의 길이가 15[m] 이하인 경우 땅에 묻히는 깊이는 전주 길이의 얼마 이상으로 하여야 하는가?

① 1/2

② 1/3

③ 1/5

④ 1/6

풀이 331.7 가공전선로 지지물의 기초의 안전율
강관주 또는 철근 콘크리트주로서 그 전체 길이가 16[m] 이하, 설계하중이 6.8[kN] 이하인 것 또는 목주

를 다음에 의하여 시설하는 경우
① 전체의 길이가 15[m] 이하인 경우는 땅에 묻히는 깊이를 전체길이의 1/6 이상으로 할 것.
② 전체의 길이가 15[m]를 초과하는 경우는 땅에 묻히는 깊이를 2.5[m] 이상으로 할 것.　답 ④

43 전등 한 개를 2개소에서 점멸하고자 할 때 옳은 배선은?

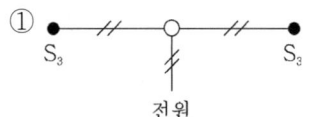
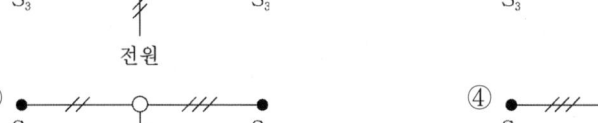

풀이　답 ④

44 같은 지지물에 고압과 저압을 병가하는 이격 거리는 몇 [cm]인가?

① 30 이상　　　　　　　　② 40 이상
③ 50 이상　　　　　　　　④ 60 이상

 332.8 고압 가공전선 등의 병행설치
저압 가공전선과 고압 가공전선 사이의 이격거리는 0.5[m] 이상일 것.
(단, 고압 가공전선에 케이블을 사용 시 이격거리는 0.3[m] 이상)　답 ③

45 가요 전선관의 상호접속은 무엇을 사용하는가?

① 컴비네이션 커플링　　　　② 스플릿 커플링
③ 더블 커넥터　　　　　　　④ 앵글 커넥터

풀이 • 스플릿 커플링 : 가요 전선관의 상호접속
• 컴비네이션 커플링 : 가요 전선관과 금속관 접속　답 ②

46 다음 중 과전류 차단기를 설치하는 곳은?

① 간선의 전원 측 전선
② 접지공사의 접지도체
③ 다선식 전로의 중성선
④ 접지공사를 한 저압 가공 전선의 접지 측 전선

풀이 341.11 과전류차단기의 시설 제한
① 접지공사의 접지도체
② 다선식 전로의 중성선
③ 접지공사를 한 저압 가공 전선의 접지 측 전선　답 ①

47 애자용 공사에서 전선의 지지점 간의 거리는 전선을 조영재의 윗면 또는 옆면에 따라 붙이는 경우에는 몇 [m] 이하인가?

① 1   ② 1.5   ③ 2   ④ 3

풀이 232.56 애자공사

전 압		전선과 조영재와의 이격 거리		전선 상호 간격	전선 지지점간의 거리	
					조영재의 윗면 또는 옆면에 따라 시설	조영재에 따라 시설하지 않는 경우
저압	400[V] 이하	2.5[cm] 이상		6[cm] 이상	2[m] 이하	–
	400[V] 초과	건조한 장소	2.5[cm] 이상			6[m] 이하
		기타의 장소	4.5[cm] 이상			

답 ③

48 다음 중 금속전선관의 호칭을 맞게 기술한 것은?

① 박강, 후강 모두 내경으로 [mm]로 나타낸다.

② 박강은 내경, 후강은 외경으로 [mm]로 나타낸다.

③ 박강은 외경, 후강은 내경으로 [mm]로 나타낸다.

④ 박강, 후강 모두 외경으로 [mm]로 나타낸다.

풀이 ① 후강 전선관은 안지름의 크기에 가까운 짝수로 정하여 16[mm]에서 104[mm]까지 10종류가 있으며, 관의 두께는 2.3[mm] 이상, 1본의 길이는 3.6[m]이다.
② 박강 전선관은 바깥지름의 크기에 가까운 홀수로 정하여 15[mm]에서 75[mm]까지 7종으로 구분하며, 관의 두께는 1.6[mm] 이상이다.   **답** ③

49 엘리베이터장치를 시설할 때 승강기 내에서 사용하는 전등 및 전기기계기구에 사용할 수 있는 최대전압은?

① 110[V] 이하   ② 220[V] 이하

③ 400[V] 이하   ④ 440[V] 이하

풀이 242.11 엘리베이터 · 덤웨이터 등의 승강로 안의 저압 옥내배선 등의 시설
엘리베이터 · 덤웨이터 등의 승강로 내에 시설하는 사용전압이 400[V] 이하인 저압 옥내배선, 저압의 이동전선 및 이에 직접 접속하는 리프트 케이블은 이에 적합한 비닐 리프트 케이블 또는 고무 리프트 케이블을 사용하여야 한다.   **답** ③

50 저층 주택(승강기가 없는 경우)의 호수가 4인 경우 간선의 수용률은 얼마인가?

① 100[%]   ② 89[%]

③ 76[%]   ④ 64[%]

풀이 저층 주택(승강기가 없는 경우)의 호수가 2 또는 4인 경우 종합 수용률은 100[%]이다.   **답** ①

51 과전류차단기로 저압전로에 사용하는 80[A] 퓨즈는 수평으로 붙일 경우 정격전류의 1.6배 전류를 통한 경우에 몇 분 안에 용단되어야 하는가?

① 30　　　　　　② 60　　　　　　③ 120　　　　　　④ 180

풀이 212.3.4 보호장치의 특성

정격전류의 구분	시간	정격전류의 배수	
		불용단전류	용단전류
4[A] 이하	60분	1.5배	2.1배
4[A] 초과 16[A] 미만	60분	1.5배	1.9배
16[A] 이상 63[A] 이하	60분	1.25배	1.6배
63[A] 초과 160[A] 이하	**120분**	1.25배	**1.6배**
160[A] 초과 400[A] 이하	180분	1.25배	1.6배
400[A] 초과	240분	1.25배	1.6배

답 ③

52 캡타이어 케이블을 조영재에 시설하는 경우 그 지지점간의 거리는 얼마로 하여야 하는가?

① 1[m] 이하　　② 1.5[m] 이하　　③ 2.0[m] 이하　　④ 2.5[m] 이하

풀이 232.51 케이블공사
　① 전선은 케이블 및 캡타이어케이블일 것.
　② 전선을 조영재의 아랫면 또는 옆면에 따라 붙이는 경우에는 전선의 지지점 간의 거리를 케이블은 2[m](사람이 접촉할 우려가 없는 곳에서 수직으로 붙이는 경우에는 6[m]) 이하 캡타이어케이블은 1[m] 이하로 할 것

답 ①

53 폭발성 분진이 있는 위험 장소의 금속관 공사에 있어서 관 상호 및 관과 박스 기타 부속품이나 풀박스 또는 전기기계기구는 몇 턱 이상의 나사 조임으로 시공하여야 하는가?

① 2턱　　　　　　② 3턱　　　　　　③ 4턱　　　　　　④ 5턱

풀이 폭연성 분진(마그네슘, 알루미늄, 티탄, 지르코늄 등의 먼지로 쌓여진 상태에서 착화된 때에 폭발할 우려가 있는 것), 화약류 분말이 존재하는 곳, 가연성의 가스 또는 인화성 물질의 증기가 새거나 체류하는 곳의 전기 공작물은 금속관 공사, 또는 케이블 공사(캡타이어 케이블을 제외한다)에 의하여야 하며 금속관 공사를 하는 경우 관 상호 및 관과 박스 등은 5턱 이상의 나사 조임으로 접속하여야 한다.　**답** ④

54 고압 또는 특고압 가공전선로에서 공급을 받을 수용장소의 인입구 또는 이와 근접한 곳에 무엇을 시설하여야 하는가?

① 계기용 변성기　　　　　　② 과전류 계전기
③ 접지 계전기　　　　　　　④ 피뢰기

풀이 피뢰기는 전력 설비의 기기를 이상 전압(뇌서지 및 개폐서지)으로부터 보호하는 장치이며, 고압 및 특별 고압의 전로 중 다음의 경우에는 피뢰기를 설치하여야 한다.
　① 발·변전소 또는 이에 준하는 장소의 가공 전선 인입구 및 인출구
　② 가공전선로에 접속하는 특별 고압 배전용 변압기의 고압측 및 특별 고압측
　③ 고압 및 특별 고압 가공 전선로에서 공급받는 수용 장소의 인입구
　④ 가공 전선로와 지중 전선로가 접속되는 곳
답 ④

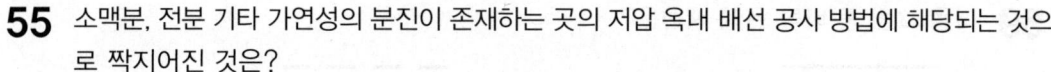

55 소맥분, 전분 기타 가연성의 분진이 존재하는 곳의 저압 옥내 배선 공사 방법에 해당되는 것으로 짝지어진 것은?

① 케이블 공사, 애자공사

② 금속관 공사, 콤바인 덕트관, 애자공사

③ 케이블 공사, 금속관 공사, 애자공사

④ 케이블 공사, 금속관 공사 합성수지관 공사

풀이 242.2.2 가연성 분진 위험장소

가연성 분진(소맥분·전분·유황 기타 가연성의 먼지로 공중에 떠다니는 상태에서 착화하였을 때에 폭발할 우려가 있는 것을 말하며 폭연성 분진을 제외)에 전기설비가 발화원이 되어 폭발할 우려가 있는 곳에 시설하는 저압 옥내 전기설비는 저압 옥내배선 등은 합성수지관공사·금속관공사 또는 케이블공사에 의할 것. **답** ④

56 배전용 전기기계기구인 COS(컷아웃스위치)의 용도로 알맞은 것은?

① 배전용 변압기의 1차측에 시설하여 변압기의 단락보호용으로 쓰인다.

② 배전용 변압기의 2차측에 시설하여 변압기의 단락보호용으로 쓰인다.

③ 배전용 변압기의 1차측에 시설하여 배전 구역 전환용으로 쓰인다.

④ 배전용 변압기의 2차측에 시설하여 배전 구역 전환용으로 쓰인다.

풀이 컷아웃 스위치(COS)는 주상 변압기 1차측에 설치하여 변압기의 보호와 개폐에 사용하는 스위치를 말하며, 변압기 설치시 필수적으로 설치해야 한다. **답** ①

57 금속 몰드 공사로서 틀린 것은?

① 건조하고 점검할 수 있는 은폐 장소에 시공할 수 있다.

② 동으로 견고하게 제작된 것

③ 금속 몰드 내에서 공사상 부득이한 경우에는 전선의 접속점을 만들어도 좋다.

④ 금속 몰드 4[m] 초과된 것에는 접지 공사를 한다.

풀이 232.22 금속몰드공사

금속몰드 안에는 전선에 접속점이 없도록 할 것 **답** ③

58 전로에 지락이 생겼을 경우에 부하기기, 금속제 외함 등에 발생하는 고장전압 또는 지락전류를 검출하는 부분과 차단기 부분을 조합하여 자동적으로 전로를 차단하는 장치는?

① 누전차단장치 ② 과전류차단기

③ 누전경보장치 ④ 배선용차단기

풀이 전로에 지락이 생겼을 때, 금속제 외함을 가지는 사용전압이 50[V]를 초과하는 저압의 기계기구로서 사람이 쉽게 접촉할 우려가 있는 곳에 시설하는 것에 전기를 공급하는 전로에는 자동으로 차단하는 누전차단기를 시설하여야 한다. **답** ①

59 다음 그림 중 바닥 은폐 배선은?

① ——————————

② — — — — —

③ ‥‥‥‥‥‥‥

④ ——————●——————

풀이

명 칭	그림기호	적 요
천장 은폐 배선	 ——————	① 천장 은폐 배선 중 천장 속의 배선을 구별하는 경우는 천장 속의 배선에  —‧—‧— 를 사용하여도 좋다.
바닥 은폐 배선	 — — — —	② 노출 배선 중 바닥면 노출 배선을 구별하는 경우는 바닥면 노출 배선에 —‥—‥— 를 사용하여도 좋다.
노출 배선	 ‥‥‥‥	③ 전선의 종류를 표시할 필요가 있는 경우는 기호를 기입한다.

④ 배관은 다음과 같이 표시한다.

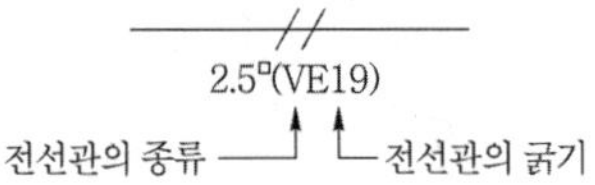

$$\overline{\quad\quad\quad\quad\quad\quad^{//}\quad\quad\quad}$$
$$2.5^{□}(VE19)$$
전선관의 종류 ↑ ↑ 전선관의 굵기

전선관의 종류
- 강제전선관은 별도의 표기없음
- VE : 경질비닐전선관
- F_2 : 2종 금속제 가요전선관
- PF : 합성수지제 가요관

⑤ 절연 전선의 굵기 및 전선수는 다음과 같이 기입한다. 단위가 명백한 경우는 단위를 생략하여도 좋다.

【보기】 $\frac{}{2.5^{□}}$ $\frac{}{2}$ $\frac{}{2(mm^2)}$ $\frac{}{8}$

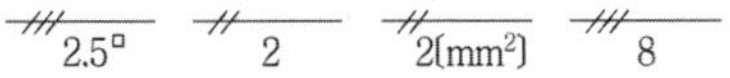

숫자 표기의 보기 : 1.6×5
              5.5×1

답 ②

60 전선의 색 구별에 있어서 중성선은 어떤 색을 쓰고 있는가?

① 청색   ② 검은색   ③ 노란색   ④ 보라색

풀이

상(문자)	L1	L2	L3	N	보호도체
색상	갈색	흑색	회색	청색	녹색-노란색

답 ①

1 80[mH]의 코일에 흐르는 전류가 0.2[sec] 동안에 20[A]가 변화하였다면 코일에 유기되는 기전력[V]은?

① 4 　　　　　② 6 　　　　　③ 8 　　　　　④ 10

풀이 전자유도법칙에 의한 유도기전력 $e = -L\dfrac{dI}{dt}$에서

$e = 80 \times 10^{-3} \times \dfrac{20}{0.2} = 8[V]$가 된다.　　　　　**답** ③

2 도선의 반지름을 3배로 하면 그 저항은 어떻게 되는가?

① $\dfrac{1}{3}$배로 준다.　② 3배로 는다.　③ $\dfrac{1}{9}$배로 준다.　④ 9배로 는다.

풀이 전선의 저항과 전선의 반지름은 제곱에 반비례한다.

$R = \rho\dfrac{l}{S} = \rho\dfrac{l}{\pi(3r)^2} = \rho\dfrac{l}{9\pi r^2}$ 따라서 저항은 1/9로 줄어든다.　　　**답** ③

3 M.K.S. 단위계에서 진공의 유전율[F/m]은?

① 6×10^9　② 8.855×10^{-12}　③ 6.33×10^4　④ $4\pi \times 10^{-7}$

풀이 쿨롱의 법칙의 비례상수 $\dfrac{1}{4\pi\epsilon_o} = 9 \times 10^9$에서 $\epsilon_o = 8.855 \times 10^{-12}$[F/m]가 된다.　　**답** ②

4 1[H]의 인덕턴스에 60[Hz]의 교류를 인가할 때 유도 리액턴스[Ω]는?

① 31.4 　　　　② 314 　　　　③ 377 　　　　④ 628

풀이 유도성 리액턴스 $X_L = 2\pi f L\,[\Omega]$에서 $X_L = 2\pi \times 60 \times 1 ≒ 377\,[\Omega]$가 된다.　　**답** ③

5 정현파 교류에서 주파수 60[Hz]인 경우 각속도[rad/sec]는?

① 100 　　　　② 2 　　　　③ 1.414π 　　　　④ 377

풀이 각속도 $\omega = 2\pi f$에서 $\omega = 2\pi \times 60 ≒ 377$[rad/sec]가 된다.　　**답** ④

6 평균 반지름이 10[cm]이고 50회의 원형 코일에 전류를 흐르게 하였을 때 그 코일 중심의 자장의 세기는 1,500[AT/m]이었다고 한다. 이 코일에 흐르는 전류는 몇 [A]인가?

① 6 　　　　② 10 　　　　③ 50 　　　　④ 250

풀이 원형 코일 중심의 자장의 세기 $H = \dfrac{NI}{2r}$ 에서

전류 $I = \dfrac{2rH}{N} = \dfrac{2 \times 0.1 \times 1,500}{50} = 6[\text{A}]$ 가 된다.   **답** ①

7 전류에 의해 만들어지는 자기장의 자기력선 방향을 간단하게 알아내는 방법은?

① 플레밍의 왼손 법칙

② 렌츠의 자기유도 법칙

③ 앙페르의 오른나사 법칙

④ 패러데이의 전자유도 법칙

풀이 직선 도체에 전류가 흐르면 자계가 형성되며 그림과 같이 도체에 수직인 평면상에서 오른나사가 진행하는 방향으로 전류가 흐를 때 나사를 돌리는 방향으로 자계가 발생한다. 즉, 전류에 의한 자계 방향의 관계를 앙페르의 오른나사 법칙이라 한다.

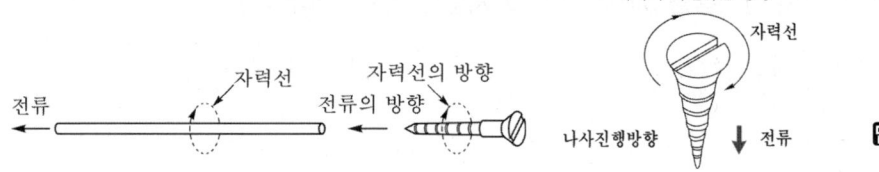

답 ③

8 유기 기전력은 다음의 어느 것에 관계되는가?

① 쇄교 자속수에 비례한다.

② 쇄교 자속수에 반비례한다.

③ 시간에 비례한다.

④ 쇄교 자속수의 변화에 비례한다.

풀이 패러데이의 법칙 : "유도 기전력의 크기는 폐회로에 쇄교하는 자속의 시간적 변화율에 비례한다." 이것을 패러데이 법칙(Faraday's law) 또는 노이만 법칙(Neumann's law)이라 하며, 기전력의 크기를 결정한다.

$e = -\dfrac{d\Phi}{dt}[\text{V}]$ **답** ④

9 콘덴서의 정전용량에 대한 설명으로 틀린 것은?

① 전압에 반비례한다.

② 이동 전하량에 비례한다.

③ 극판의 넓이에 비례한다.

④ 극판의 간격에 비례한다.

풀이 평행판 도체의 정전 용량

극판 간격 d, 면적 S인 평행평판 도체에서의 정전용량 C는 다음과 같다.

$C = \dfrac{\epsilon_0}{d}S[\text{F}]$

여기서, C : 평행판 전극간의 정전 용량[F], S : 전극 면적[m²], d : 전극간 거리[m]

따라서 정전용량은 극판의 간격에 반비례한다.   **답** ④

10 임의의 폐회로에서 키르히호프의 제2법칙을 가장 잘 나타낸 것은?

① 기전력의 합 = 합성 저항의 합

② 기전력의 합 = 전압 강하의 합

③ 전압 강하의 합 = 합성 저항의 합

④ 합성 저항의 합 = 회로 전류의 합

풀이 키르히호프의 제2법칙(전압법칙) : 회로망 내의 임의의 폐회로(경로)에 있어서 전원전압(E_i)의 합은 전압 강하의 합(V_i)과 같다. **답** ②

11 저항 3[Ω], 유도리액턴스 4[Ω]의 직렬회로에 교류 100[V]를 가할 때 흐르는 전류와 위상각 은 얼마인가?

① 14.3[A], 37°　　　② 14.3[A], 53°　　　③ 20[A], 37°　　　④ 20[A], 53°

풀이 임피던스는 $Z = 4 + j3 = \sqrt{4^2 + 3^2} = 5[\Omega]$이므로 전류 $I = \dfrac{V}{Z} = \dfrac{100}{5} = 20[A]$가 된다.

임피던스각 또는 전압과 전류의 위상차 $\theta = \tan^{-1}\dfrac{X}{R}$에서

$\theta = \tan^{-1}\dfrac{X_L}{R} = \tan^{-1}\dfrac{4}{3} = 53.13°$가 된다. **답** ④

12 100[V], 300[W]의 전열선의 저항값은?

① 약 0.33[Ω]　　　　　　　　　② 약 3.33[Ω]

③ 약 33.3[Ω]　　　　　　　　　④ 약 333[Ω]

풀이 $P = \dfrac{V^2}{R}[W]$이므로 ∴ $R = \dfrac{V^2}{P} = \dfrac{100^2}{300} ≒ 33.3[\Omega]$ **답** ③

13 어떤 전압계의 측정 범위를 10배로 하자면 배율기의 저항을 전압계 내부저항의 몇 배로 하여 야 하는가?

① 10　　　　　② $\dfrac{1}{10}$　　　　　③ 9　　　　　④ $\dfrac{1}{9}$

풀이 $V_o = V\left(\dfrac{R_m}{r} + 1\right)[V]$

여기서, V_o : 측정할 전압[A] , V : 전압계의 눈금[V]

R_m : 배율기의 저항[Ω] , r : 전압계의 내부 저항[Ω]

배율을 m이라 하면 $m = 10$인 경우

$m = \dfrac{V_o}{V} = \left(\dfrac{R_m}{r} + 1\right)$에서 $R_m = r(m-1) = r(10-1) = 9r$로 9배가 된다. **답** ③

14 진공 중에 10[μC]과 20[μC]의 점전하를 1[m]의 거리로 놓았을 때 작용하는 힘[N]은?

① 18×10^{-1}　　　② 2×10^{-2}　　　③ 9.8×10^{-9}　　　④ 98×10^{-9}

풀이 진공 중 두 점전하 사이에 작용하는 힘 $F = 9 \times 10^9 \times \dfrac{Q_1 Q_2}{r^2}$에서

$F = 9 \times 10^9 \times \dfrac{10 \times 10^{-6} \times 20 \times 10^{-6}}{1^2} = 18 \times 10^{-1}[N]$ **답** ①

15 자기력선의 설명 중 맞는 것은?

① 자기력선은 자석의 N극에서 시작하여 S극에서 끝난다.

② 자기력선 상호간에 교차한다.

③ 자기력선은 자석의 S극에서 시작하여 N극에서 끝난다.

④ 자기력선은 가시적으로 보인다.

풀이 자기력선의 성질
① 자기력선은 N극에서 S극으로 향한다.
② 자기력선은 상호간에 교차하지 않는다.
③ 자기력선은 가시적으로 보이지 않는다.
④ 임의의 한점의 자기력선 밀도는 그 점의 자계의 세기와 같다.   **답** ①

16 자기회로의 길이 l[m], 단면적 A[m²], 투자율 μ[H/m]일 때 자기저항 R[AT/Wb]을 나타낸 것은?

① $R = \dfrac{\mu l}{A}$[AT/Wb]   ② $R = \dfrac{A}{\mu l}$[AT/Wb]

③ $R = \dfrac{\mu A}{l}$[AT/Wb]   ④ $R = \dfrac{l}{\mu A}$[AT/Wb]

풀이   **답** ④

17 5[Wh]는 몇 [J]인가?

① 720   ② 1800   ③ 7200   ④ 18000

풀이 1[W]는 1[J/s]이므로 1[W · s]는 1[J]과 같다.
따라서, 5[Wh]=5 × 3600 = 18000[W · s]이므로 18000[J]과 같다.   **답** ④

18 환상솔레노이드에 감겨진 코일에 권회수를 3배로 늘리면 자체 인덕턴스는 몇 배로 되는가?

① 3   ② 9   ③ $\dfrac{1}{3}$ ④ $\dfrac{1}{9}$

풀이 환상솔레노이드의 자기 인덕턴스 $L = \dfrac{\mu S N^2}{l} \propto N^2$ 이므로,

∴ $L \propto N^2 = 3^2 = 9$배   **답** ②

19 $R = 8$[Ω], $L = 19.1$[mH]의 직렬회로에 5[A]가 흐르고 있을 때 인덕턴스(L)에 걸리는 단자 전압의 크기는 약 몇 [V]인가? (단, 주파수는 60[Hz]이다.)

① 12   ② 25   ③ 29   ④ 36

풀이 단자전압 $V = I \cdot X_L = I \cdot \omega L = 5 \times 2\pi \times 60 \times 19.1 \times 10^{-3} = 36$[V]   **답** ④

20 그림을 테브낭 등가회로로 고칠 때 개방전압 V'와 저항 R'는?

① 20[V], 5[Ω]

② 30[V], 8[Ω]

③ 15[V], 12[Ω]

④ 10[V], 1.2[Ω]

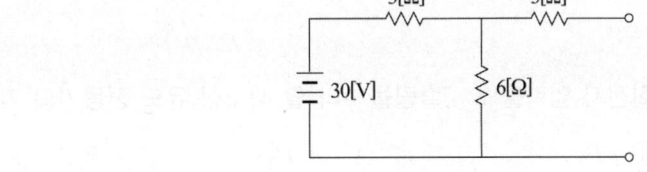

풀이 $V' = 30 \times \dfrac{6}{3+6} = 20[\text{V}]$, $R' = 3 + \dfrac{3 \times 6}{3+6} = 5[\Omega]$

답 ①

21 다음 중 SCR의 기호가 맞는 것은 어느 것인가? 단, A는 anode의 약자, K는 cathode의 약자이며 G는 gate의 약자이다.

①
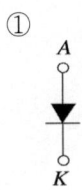

②
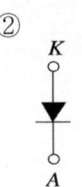

③
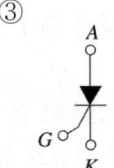

④
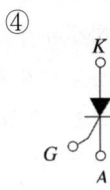

풀이 ① 다이오드(Diode) ③ SCR(Silicon Controlled Rectifier)

답 ③

22 어떤 변압기에서 임피던스 강하가 5[%]인 변압기가 운전 중 단락되었을 때 그 단락전류는 정격전류의 몇 배인가?

① 5

② 20

③ 50

④ 200

풀이 단락 전류 $I_{1s} = \dfrac{100}{\%Z} I_{1n} = \dfrac{100}{5} \times I_{1n} = 20 I_{1n}$

답 ②

23 무부하 전압 E_o, 정격 전압 E일 때 직류 발전기의 전압 변동률[%]은?

① $\dfrac{E_o - E}{E_o} \times 100$

② $\dfrac{E - E_o}{E_o} \times 100$

③ $\dfrac{E - E_o}{E} \times 100$

④ $\dfrac{E_o - E}{E} \times 100$

풀이 전압 변동률 $\epsilon = \dfrac{\text{무부하전압} - \text{정격전압}}{\text{정격전압}} \times 100 = \dfrac{E_o - E}{E} \times 100\,[\%]$

답 ④

24 △결선 변압기의 한 대가 고장으로 제거되어 V결선으로 공급할 때 공급할 수 있는 전력은 고장 전 전력에 대하여 몇 [%]인가?

① 86.6

② 75.0

③ 66.7

④ 57.7

풀이 1대의 단상 변압기 용량을 K라 하면 그 출력비는

$$\frac{V결선의\ 출력}{\triangle결선의\ 출력} = \frac{\sqrt{3}\,K}{3K} = \frac{\sqrt{3}}{3} = 0.577 = 57.7[\%]$$

답 ④

25 회전자 입력을 P_2, 슬립을 s라 할 때 3상 유도 전동기의 기계적 출력의 관계식은?

① sP_2　　　　② $(1-s)P_2$　　　　③ s^2P_2　　　　④ P_2/s

풀이 기계적 출력 $P = P_2 - P_{c2} = P_2 - sP_2 = (1-s)P_2 = \dfrac{N}{N_s}P_2[\text{W}]$가 된다.

답 ②

26 직류 직권전동기의 특징에 대한 설명으로 틀린 것은?

① 부하전류가 증가하면 속도가 크게 감소된다.

② 기동토크가 작다.

③ 무부하 운전이나 벨트를 연결한 운전은 위험하다.

④ 계자권선과 전기자권선이 직렬로 접속되어 있다.

풀이 직류 직권 전동기에서 회전속도 N은 전기자전류 I_a(부하전류)에 반비례하고, 토크 T는 I_a^2에 비례하므로 기동 시 직류 직권전동기의 부하전류는 작고, 기동토크는 크다.

답 ②

27 다음 그림은 직류발전기의 분류 중 어느 것에 해당되는가?

① 분권발전기
② 직권발전기
③ 자석발전기
④ 복권발전기

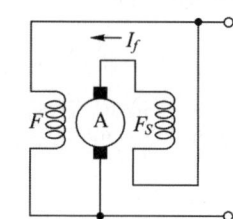

풀이 직류 발전기의 종류

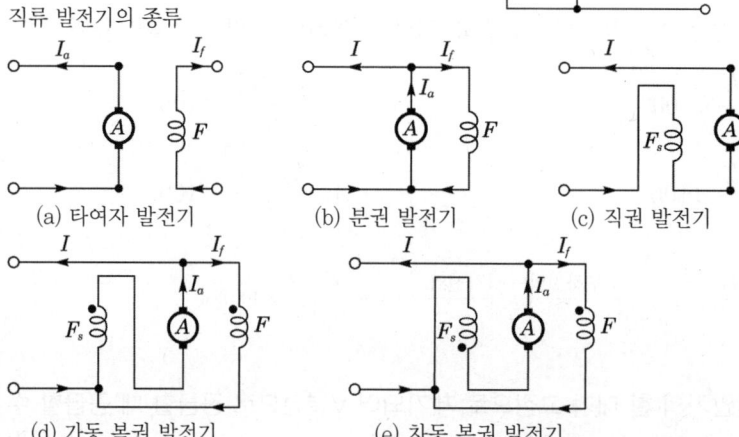

(a) 타여자 발전기　　　(b) 분권 발전기　　　(c) 직권 발전기

(d) 가동 복권 발전기　　　(e) 차동 복권 발전기

답 ④

28 60[Hz], 4극의 유도 전동기의 슬립이 4[%]인 때의 회전수는 몇 [rpm]인가?

① 1,698 　　　　② 1,728 　　　　③ 1,758 　　　　④ 1,788

풀이 $N_s = \dfrac{120f}{p} = \dfrac{120 \times 60}{4} = 1800[rpm]$

$\therefore N = (1-s)N_s = (1-0.04) \times 1800 = 1728[rpm]$ 　　　답 ②

29 3상 66,000[kVA], 22,900[V]인 동기 발전기의 정격전류는 약 몇 [A]인가?

① 8,764 　　　　② 3,367 　　　　③ 2,882 　　　　④ 1,664

풀이 $I = \dfrac{P}{\sqrt{3}\,V} = \dfrac{66,000 \times 10^3}{\sqrt{3} \times 22,900} ≒ 1664[A]$ 　　　답 ④

30 고압전동기 철심의 강판 홈(slot)의 모양은?

① 반폐형 　　　　② 개방형 　　　　③ 반구형 　　　　④ 밀폐형

풀이 유도전동기에서 슬롯은 저압용에는 반폐형, 고압용에는 주로 개방형이 사용된다. 　　　답 ②

31 변압기의 효율이 가장 좋을 때의 조건은?

① 철손 = 동손 　　　　　　　　② 철손 = 1/2동손

③ 동손 = 1/2 철손 　　　　　　④ 동손 = 2철손

풀이 최대 효율 조건은 고정손(철손) = 가변손(동손)이다. 　　　답 ①

32 직류기에서 브러시의 역할은?

① 기전력 유도 　　　　　　　　② 자속 생성

③ 정류 작용 　　　　　　　　　④ 전기자 권선과 외부회로 접속

풀이 • 전기자 : 기전력 유도 　　• 계자 : 자속 생성
　　• 정류자 : 정류작용 　　　　• 브러시 : 전기자 권선과 외부회로 접속 　　　답 ④

33 변압기에 사용되는 절연유의 성질이 아닌 것은?

① 절연내력이 클 것

② 인화점이 낮을 것

③ 비열이 커서 냉각효과가 클 것

④ 절연재료와 접촉해도 화학작용을 미치지 않을 것

풀이 변압기에 사용되는 절연유는 절연저항 및 절연내력이 크고, 인화점이 높고, 점도가 낮아야 한다.

답 ②

34 주파수 60[Hz]의 전원에 2극의 동기 전동기를 연결하면 회전수는 몇 [rpm]인가?

① 3600 　　　　　② 1800 　　　　　③ 60 　　　　　④ 12

풀이 동기 속도 $N_s = \dfrac{120f}{p}$ [rpm]에서 $N_s = \dfrac{120 \times 60}{2} = 3600$ [rpm]이 된다. 　　**답** ①

35 수전단 발전소용 변압기 결선에 주로 사용하고 있으며 한쪽은 중성점을 접지할 수 있고 다른 한쪽은 제3고조파에 의한 영향을 없애주는 장점을 가지고 있는 3상 결선 방식은?

① Y–Y 　　　　　② △–△ 　　　　　③ Y–△ 　　　　　④ V

풀이 Y결선은 중성점을 접지할 수 있으며, △결선은 3고조파에 의한 영향을 없애 줄 수 있다. 　　**답** ③

36 일반적으로 10[kW] 이하 소용량인 전동기는 동기속도의 몇 [%]에서 최대 토크를 발생시키는가?

① 2[%] 　　　　　② 5[%] 　　　　　③ 80[%] 　　　　　④ 98[%]

풀이 동기속도의 80[%] 정도에서 최대 토크를 발생한다.

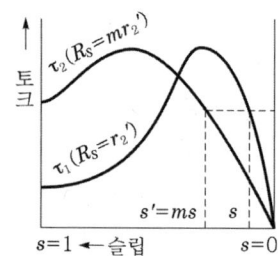

　　답 ③

37 농형 회전자에 비뚤어진 홈을 쓰는 이유는?

① 출력을 높인다. 　　　　　② 회전수를 증가시킨다.
③ 소음을 줄인다. 　　　　　④ 미관상 좋다.

풀이 농형 회전자에 비뚤어진 홈을 쓰면, 기동특성이 개선되고, 파형이 좋아지며, 소음이 경감된다. **답** ③

38 변압기 내부고장 시 급격한 유류 또는 gas의 이동이 생기면 동작하는 부흐홀츠 계전기의 설치 위치는?

① 변압기 본체 　　　　　② 변압기의 고압측 부싱
③ 컨서베이터 내부 　　　　　④ 변압기 본체와 컨서베이터를 연결하는 파이프

풀이 부흐홀츠 계전기는 변압기의 내부 고장으로 발생하는 기름의 분해 가스 증기 또는 유류를 이용하여 부저를 움직여 계전기의 접점을 닫는 것이므로 변압기의 주탱크와 콘서베이터와의 연결관 도중에 설치한다.
　　답 ④

39 단상 유도전동기의 기동 방법에서 기동 토크의 크기가 가장 큰 것은?

① 반발유도형

② 반발기동형

③ 콘덴서기동형

④ 분상기동형

풀이 기동토크의 크기

반발 기동형 > 반발 유도형 > 콘덴서 기동형 > 분상 기동형 > 세이딩 코일형

답 ②

40 3상 유도 전동기의 회전원리를 설명한 것 중 틀린 것은?

① 회전자의 회전속도가 증가할수록 도체를 관통하는 자속수가 감소한다.

② 회전자의 회전속도가 증가할수록 슬립은 증가한다.

③ 부하를 회전시키기 위해서는 회전자의 속도는 동기속도 이하로 운전되어야 한다.

④ 3상 교류전압을 고정자에 공급하면 고장자 내부에서 회전자기장이 발생된다.

풀이 $s = \dfrac{n_s - n}{n_s}$ 에서 회전자의 회전속도가 증가할수록 슬립은 작아진다.

답 ②

41 코드 상호간 또는 캡타이어 케이블 상호간을 접속하는 경우 가장 많이 사용되는 기구는?

① T형 접속기

② 코드 접속기

③ 와이어 커넥터

④ 박스용 커넥터

풀이

답 ②

42 두 개 이상의 회로에서 선행동작 우선회로 또는 상대동작 금지회로인 동력배선의 제어회로는?

① 자기유지회로

② 인터록회로

③ 동작지연회로

④ 타이머회로

풀이 인터록 회로 : 한쪽이 동작하면 다른 한쪽은 동작할 수 없는 회로

답 ②

43 합성수지 전선관은 무엇의 짝수[mm]로서 호칭하는가?

① 반지름

② 단면적

③ 근사 안지름

④ 근사 바깥 지름

풀이 합성수지관의 굵기는 관 안지름의 근사 내경으로 표시한다.

답 ③

44 전선을 접속하는 경우 전선의 강도는 몇 [%] 이상 감소시키지 않아야 하는가?

① 10

② 20

③ 40

④ 80

풀이 123 전선의 접속
① 전선의 전기저항을 증가시키지 아니하도록 접속
② 전선의 세기(인장하중)를 20[%] 이상 감소시키지 아니할 것.
③ 전선 접속 시 접속부분을 그 부분의 절연전선의 절연물과 동등 이상의 절연성능이 있는 것으로 충분히 피복할 것.　　**답** ②

45 소켓, 리셉터클 등에 전선을 접속할 때 어떤 측 전선을 중심 접촉면에 접속해야 하는가?

① 접지 측　　　　② 중성 측　　　　③ 단자 측　　　　④ 전압 측

풀이 소켓, 리셉터클 등에 전선을 접속할 때에는 전압 측 전선을 중심 측면에, 접지 측 전선을 속 베이스에 연결하여야 한다.　　**답** ④

46 지중전선로를 직접매설식에 의하여 시설하는 경우 차량, 기타 중량물의 압력을 받을 우려가 있는 장소의 매설 깊이[m]는?

① 0.6[m] 이상　　　　　　　　　　② 1.0[m] 이상
③ 1.5[m] 이상　　　　　　　　　　④ 2.0[m] 이상

풀이 334.1 지중전선로의 시설
① 지중 전선로는 전선에 케이블을 사용하고 또한 관로식·암거식 또는 직접 매설식에 의하여 시설하여야 한다.
② 직접매설식에 의하여 시설하는 경우에는 매설 깊이를 차량 기타 중량물의 압력을 받을 우려가 있는 장소에는 1.0[m] 이상, 기타 장소에는 0.6[m] 이상으로 하고 또한 지중 전선을 견고한 트라프 기타 방호물에 넣어 시설하여야 한다.　　**답** ②

47 제2차 접근 상태라는 것은 가공 전선이 다른 시설물로부터 수평 거리 몇 [m] 미만인 곳에 시설되는 것을 말하는가?

① 1.5　　　　　② 3　　　　　③ 3.5　　　　　④ 5

풀이 112 용어정의
접근 상태는 1차 접근 상태와 2차 접근 상태를 나타내며 2차 접근 상태는 수평 거리 3[m] 미만에 근접하여 시설되는 상태를 나타낸다.　　**답** ②

48 저압 연접 인입선의 시설규정으로 적합한 것은?

① 분기점으로부터 90[m] 지점에 시설
② 6[m] 도로를 횡단하여 시설
③ 수용가 옥내를 관통하여 시설
④ 지름 1.5[mm] 인입용 비닐절연전선을 사용

풀이 221.1.2 연접 인입선의 시설
한 수용가의 인입선에서 분기하여 지지물을 거치지 아니하고 다른 수용 장소의 인입구에 이르는 부분의 전선을 연접인입선이라 한다.

① 인입선에서 분기하는 점으로부터 100[m]를 초과하는 지역에 미치지 아니할 것.
② 폭 5[m]를 초과하는 도로를 횡단하지 아니할 것.
③ 옥내를 통과하지 아니할 것.

답 ①

49 화약류 저장소에서 백열전등이나 형광등 또는 이들에 전기를 공급하기 위한 전기설비를 시설하는 경우 전로의 대지전압[V]은?

① 100[V] 이하
② 150[V] 이하
③ 220[V] 이하
④ 300[V] 이하

풀이 242.5 화약류 저장소 등의 위험장소
① 저압 옥내배선은 금속관공사 또는 케이블공사(캡타이어케이블을 사용하는 것을 제외한다)에 의할 것.
② 전로에 대지전압은 300[V] 이하일 것.
③ 전기기계기구는 전폐형의 것일 것.
④ 화약류 저장소 안의 전기설비에 전기를 공급하는 전로에는 화약류 저장소 이외의 곳에 전용 개폐기 및 과전류 차단기를 각 극에 취급자 이외의 자가 쉽게 조작할 수 없도록 시설하고 또한 전로에 지락이 생겼을 때에 자동적으로 전로를 차단하거나 경보하는 장치를 시설하여야 한다.

답 ④

50 방의 폭을 X, 길이를 Y, 높이를 H라 할 때 실지수는?

① $\dfrac{XY}{H(X+Y)}$
② $X+Y$
③ $(X+Y)H$
④ $\dfrac{H(X+Y)}{XY}$

풀이 실지수$(k) = \dfrac{XY}{H(X+Y)}$

답 ①

51 가공 전선로의 지지물에 시설하는 지선에 맞지 않는 것은?

① 지선의 안전율은 2.5 이상일 것
② 지선의 안전율은 2.5 이상일 경우에 허용 인장하중은 최저 4.31[kN]으로 한다.
③ 소선의 지름이 1.6[mm] 이상의 동선을 사용한 것일 것
④ 지선에 연선을 사용할 경우에는 소선 3가닥 이상의 연선일 것

풀이 지선은 안전율 2.5 이상 1가닥 허용 인장 하중 4.31[kN] 이상이고, 2.6[mm] 이상의 금속선은 3조 이상 꼬아서 만든다.

답 ③

52 MOF란 무엇의 약호인가?

① 계기용 변압기
② 계기용 변압 변류기
③ 계기용 변류기
④ 시험용 변압기

풀이 MOF란 계기용 변압 변류기를 나타내며, 한 탱크 내에 CT 및 PT가 같이 시설되어 있는 것을 말한다.

답 ②

53 금속관 공사의 박스 내에서 전선을 접속하는 경우에 사용하는 것은?

① 매입 콘센트 　　② 단자판 　　③ 슬리브 　　④ 와이어 커넥터

풀이 정크션 박스 내에서 전선을 접속할 경우 와이어 커넥터를 사용하여 접속하여야 한다. 　　**답** ④

54 목장의 전기울타리에 사용하는 경동선의 지름은 최소 몇 [mm] 이상이어야 하는가?

① 1.6 　　② 2.0 　　③ 2.6 　　④ 3.2

풀이 논, 밭, 목장 등에서 짐승의 침입 또는 가축의 탈출을 방지하기 위하여 시설하는 것으로 전기 울타리용 전원 장치에 전기를 공급하는 전로의 사용 전압은 250[V] 이하, 전선은 인장강도 1.38[kN] 이상의 것 또는 지름 2[mm] 이상의 경동선 이상으로 전선과 이를 지지하는 기둥과의 이격 거리는 2.5[cm] 이상, 전선과 다른 공작물 또는 수목과의 이격거리는 30[cm] 이상일 것

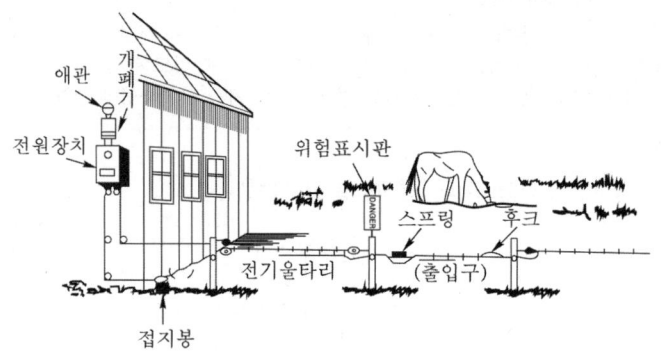

답 ②

55 합성 수지관 상호간을 연결하는 접속재가 아닌 것은?

① 로크너트 　　② TS 커플링
③ 컴비네이션 커플링 　　④ 2호 커넥터

풀이

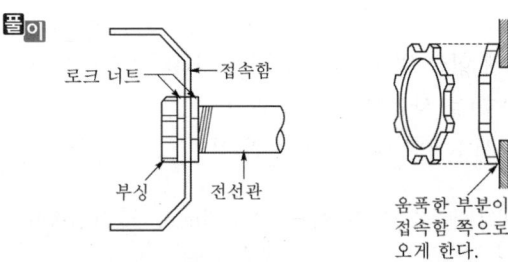

로크 너트는 박스에 금속관을 고정시킬 때 사용한다. 　　**답** ①

56 금속 덕트 안에 전광 표시 장치, 제어 회로 등의 배선만을 넣는 경우 전선의 단면적의 합계는 덕트의 내부 단면적의 몇 [%] 이하로 해야 하는가?

① 10[%] 　　② 20[%] 　　③ 50[%] 　　④ 80[%]

풀이 232.31 금속덕트공사

1. 전선은 절연전선(옥외용 비닐절연전선을 제외한다)일 것
2. 금속 덕트에 넣은 전선의 단면적(절연피복의 단면적을 포함한다)의 합계는 덕트의 내부 단면적의 20[%](전광표시 기타 이와 유사한 장치 또는 제어회로 등의 배선만을 넣는 경우에는 50[%]) 이하일 것
3. 금속 덕트 안에는 전선에 접속점이 없도록 할 것. 다만, 전선을 분기하는 경우에는 그 접속점을 쉽게 점검할 수 있는 때에는 그러하지 아니하다.
4. 금속 덕트 안의 전선을 외부로 인출하는 부분은 금속 덕트의 관통부분에서 전선 손상될 우려가 없도록 시설할 것
5. 금속 덕트 안에는 전선의 피복을 손상할 우려가 있는 것을 넣지 아니할 것 **답** ③

57 인류하는 곳이나 분기하는 곳에 사용하는 애자는?

① 구형애자 ② 가지애자 ③ 새클 애자 ④ 현수애자

풀이
- 고압 가지 애자 : 전선을 다른 방향으로 돌리는 부분에 사용
- 곡핀 애자 : 인입선에 사용
- 구형 애자 : 지선 중간에 넣는 것 **답** ④

58 다음은 나이프 스위치를 표시한 것이다. 3극 쌍투형을 나타내는 것은?

① SPDT ② SPST ③ TPST ④ TPDT

풀이 개폐기의 기호

명 칭	기 호	명 칭	기 호
단극 단투형	SPST	단극 쌍투형	SPDT
2극 단투형	DPST	2극 쌍투형	DPDT
3극 단투형	TPST	3극 쌍투형	TPDT

답 ④

59 다음 중 저압 개폐기를 생략하여도 좋은 개소는?

① 부하 전류를 단속할 필요가 있는 개소
② 인입구 기타 고장, 점검, 측정 수리 등에서 개로 할 필요가 있는 개소
③ 퓨즈의 전원 측으로 분기회로용 과전류 차단기 이후 퓨즈가 플러그 퓨즈와 같이 퓨즈 교환 시에 충전부에 접촉될 우려가 없는 경우
④ 퓨즈의 전원측

풀이 **답** ③

60 다음 장소에서 나전선을 사용할 수 있는 장소는?

① 산류, 알칼리류를 제조하는 공장 ② 화약류 저장 장소
③ 셀룰로이드, 성냥 등을 제조하는 공장 ④ 소맥분, 전등 등을 제조하는 공장

풀이 폭연성 분진, 가연성 분진, 인화성 물질이 잔류하는 장소에는 나전선을 사용할 수 없다. **답** ①

1 $+Q_1$[C]과 $-Q_2$[C]의 전하가 진공 중에서 r[m]의 거리에 있을 때 이들 사이에 작용하는 정전기력 F[N]는?

① $F = 0.9 \times 10^{-9} \times \dfrac{Q_1 Q_2}{r^2}$

② $F = 9 \times 10^{-9} \times \dfrac{Q_1 Q_2}{r^2}$

③ $F = 9 \times 10^9 \times \dfrac{Q_1 Q_2}{r^2}$

④ $F = 90 \times 10^9 \times \dfrac{Q_1 Q_2}{r^2}$

풀이 쿨롱의 법칙 : 두 점전하 사이에 작용하는 정전력의 크기는 두 전하(전기량)의 곱에 비례하고 전하 사이의 거리의 제곱에 반비례한다.

$$F = \frac{1}{4\pi\epsilon_o} \cdot \frac{Q_1 Q_2}{r^2} = 9 \times 10^9 \frac{Q_1 Q_2}{r^2} [\text{N}]$$

답 ③

2 세 변의 저항 $R_a = R_b = R_c = 15$[Ω]인 Y결선 회로가 있다. 이것과 등가인 △결선회로의 각 변의 저항은 몇 [Ω]인가?

① 5　　　　　② 10　　　　　③ 25　　　　　④ 45

풀이 Y결선을 △결선으로 변경하면 저항의 값이 3배가 된다.

∴ $R_\triangle = 3R_Y = 3 \times 15 = 45[\Omega]$

답 ④

3 전하의 성질에 대한 설명 중 옳지 않는 것은?

① 같은 종류의 전하는 흡인하고 다른 종류의 전하끼리는 반발한다.

② 대전체에 들어 있는 전하를 없애려면 접지시킨다.

③ 대전체의 영향으로 비대전체에 전기가 유도 된다.

④ 전하는 가장 안정한 상태를 유지하려는 성질이 있다.

풀이 같은 종류의 전하는 반발하고 다른 종류의 전하끼리는 흡인한다.

답 ①

4 3상 교류회로의 선간전압이 13200[V], 선전류가 800[A], 역률 80[%] 부하의 소비전력은 약 몇 [MW]인가?

① 4.88　　　　　② 8.45　　　　　③ 14.63　　　　　④ 25.34

풀이 $P = \sqrt{3} VI\cos\theta = \sqrt{3} \times 13200 \times 800 \times 0.8 \times 10^{-6} = 14.63[\text{MW}]$

답 ③

5 어떤 회로에 50[V]의 전압을 가하니 $8 + j6$[A]의 전류가 흘렀다면 이 회로의 임피던스[Ω]는?

① $3 - j4$　　　　　② $3 + j4$　　　　　③ $4 - j3$　　　　　④ $4 + j3$

풀이 $Z = \dfrac{V}{I} = \dfrac{50}{8+j6} = \dfrac{50(8-j6)}{(8+j6)(8-j6)} = 4 - j3\,[\Omega]$ 답 ③

6 대전된 물질이 갖는 전기의 크기를 무엇이라 하는가?

① 자속 ② 전계의 세기 ③ 정전용량 ④ 전하

풀이 대전에 의해서 물체가 띠고 있는 전기를 전하(electric charge)라 한다. 답 ④

7 교류회로에서 코일과 콘덴서를 병렬로 연결한 상태에서 주파수가 증가하면 어느 쪽이 전류가 잘 흐르는가?

① 코일 ② 콘덴서
③ 코일과 콘덴서에 같이 흐른다. ④ 모두 흐르지 않는다.

풀이 $X_C = \dfrac{1}{wC}\,[\Omega]$이며 $w = 2\pi f$이므로, $X_C \propto \dfrac{1}{f}$ 이다. 따라서, 주파수가 증가하면 용량성 리액턴스가 감소하므로 콘덴서 쪽이 전류가 더 잘 흐르게 된다. 답 ②

8 어드미턴스 $Y = a + jb$에서 b는?

① 저항이다. ② 컨덕턴스이다.
③ 리액턴스이다. ④ 서셉턴스이다.

풀이 $Y = a + jb$에서 a는 컨덕턴스, b는 서셉턴스이다. 답 ④

9 일반적으로 교류전압계의 지시값은?

① 최댓값 ② 순시값 ③ 평균값 ④ 실효값

풀이 답 ④

10 그림과 같이 R_1, R_2, R_3의 저항 3개가 직병렬 접속되었을 때 합성저항은?

① $R = \dfrac{(R_1 + R_2)R_3}{R_1 + R_2 + R_3}$

② $R = \dfrac{(R_2 + R_3)R_1}{R_1 + R_2 + R_3}$

③ $R = \dfrac{(R_1 + R_3)R_2}{R_1 + R_2 + R_3}$

④ $R = \dfrac{R_1 R_2 R_3}{R_1 + R_2 + R_3}$

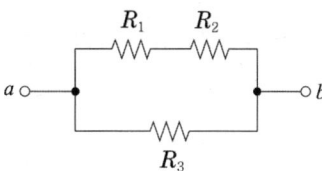

풀이 직렬 연결 시 합성저항 $R = R_1 + R_2 + R_3 + \cdots\cdots + R_n [\Omega]$

병렬 연결 시 합성저항 $R = \cfrac{1}{\cfrac{1}{R_1} + \cfrac{1}{R_2} + \cfrac{1}{R_3} + \cdots\cdots + \cfrac{1}{R_n}} [\Omega]$

따라서, 그림과 같이 직병렬 접속된 합성저항은

$R = \cfrac{1}{\cfrac{1}{R_1 + R_2} + \cfrac{1}{R_3}} = \cfrac{(R_1 + R_2)R_3}{R_1 + R_2 + R_3} [\Omega]$이 된다. **답** ①

---

11 질산은을 전기분해 할 때 직류 전류 10시간 흘렸더니 음극에 120.78[g]의 은이 부착하였다. 이때의 전류는 약 몇 [A]인가? 단, 은의 전기화학당량 $K = 0.001118[g/C]$이다.

① 1   ② 2   ③ 3   ④ 4

풀이 패러데이의 법칙

전기량 $Q = It[C]$ 이며, 전기분해시 전기량은 석출된 물질의 양을 전기화학당량으로 나누면 된다.

$Q = I(10 \times 3600) = \cfrac{120.78}{0.001118}[C]$에서 전류는 $I = \cfrac{120.78}{0.001118 \times 10 \times 3600} = 3[A]$가 된다. **답** ③

---

12 1[kW]의 전열기를 정격 상태에서 1/2시간 사용하였을 때의 열량[kcal]은?

① 430   ② 520   ③ 610   ④ 860

풀이 전력량이란 소비되는 전력에 사용한 시간을 곱한 값으로 나타낸다.

전력량 $W = Pt = 1 \times 0.5 = 0.5[kWh]$

전력량을 열량으로 환산하면 $H = 0.5 \times 860 = 430[kcal]$가 된다. **답** ①

---

13 최댓값 10[A]인 교류 전류의 평균값은 약 몇 [A]인가?

① 3.34   ② 4.43   ③ 5.65   ④ 6.37

풀이 정현파 교류의 평균값 $I_{ab} = \cfrac{2I_m}{\pi}[A]$에서 $I_{ab} = \cfrac{2 \times 10}{\pi} = 6.37[A]$가 된다. **답** ④

---

14 220[V]용 100[W] 전구와 200[W] 전구를 직렬로 연결하여 220[V]의 전원에 연결하면?

① 두 전구의 밝기가 같다.   ② 100[W]의 전구가 더 밝다.

③ 200[W]의 전구가 더 밝다.   ④ 두 전구 모두 안 켜진다.

풀이 전구를 직렬로 접속할 경우 두 전구에 흐르는 전류는 일정하게 된다. 이때 소비되는 전력은 전구의 내부저항에 비례하게 되며, 소비되는 전력이 큰 쪽의 전구가 밝게 된다.

① 100[W] 전구의 저항 $R_1 = \cfrac{220^2}{100} = 484[\Omega]$

② 200[W] 전구의 저항 $R_2 = \cfrac{220^2}{200} = 242[\Omega]$

따라서, 100[W] 전구가 더 밝게 된다. **답** ②

15 $e = 141\sin\left(120\pi t - \dfrac{\pi}{3}\right)$인 파형의 주파수는 몇 [Hz]인가?

① 120   ② 60   ③ 30   ④ 15

풀이 $\omega = 2\pi f = 120\pi$ 이므로 $f = 60[\text{Hz}]$가 된다.   **답** ②

16   Y결선의 전원에서 각 상전압이 100[V]일 때 선간전압은 약 몇 [V]인가?

① 100   ② 150   ③ 173   ④ 195

풀이   Y결선에서 선간전압(V_l)은 상전압(V_p)보다 $\sqrt{3}$ 배 크게 된다.
따라서, $V_l = \sqrt{3}\,V_p = \sqrt{3} \times 100 = 173.2[\text{V}]$ **답** ③

17 발전기의 유기 기전력의 방향을 알기 위한 법칙은?

① 패러데이의 법칙   ② 렌츠의 법칙

③ 플레밍의 오른손 법칙   ④ 플레밍의 왼손 법칙

풀이   플레밍의 오른손 법칙
그림은 플레밍의 오른손 법칙을 나타낸 것으로 엄지
손가락은 도체의 운동방향, 검지손가락은 자속의
방향이면, 중지손가락은 기전력의 방향이 된다.

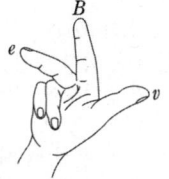

     답 ③

18 전류의 방향과 자장의 방향은 각각 나사의 진행 방향과 회전 방향에 일치한다와 관계가 있는 법칙은?

① 플레밍의 왼손 법칙   ② 앙페르의 오른나사법칙

③ 플레밍의 오른손 법칙   ④ 키르히호프의 법칙

풀이   직선 도체에 전류가 흐르면 자계가 형성되며 그림과 같이 도체에 수직인 평면상에서 오른나사가 진행하는
방향으로 전류가 흐를 때 나사를 돌리는 방향으로 자계가 발생한다. 즉, 전류에 의한 자계 방향의 관계를
앙페르의 오른나사 법칙이라 한다.

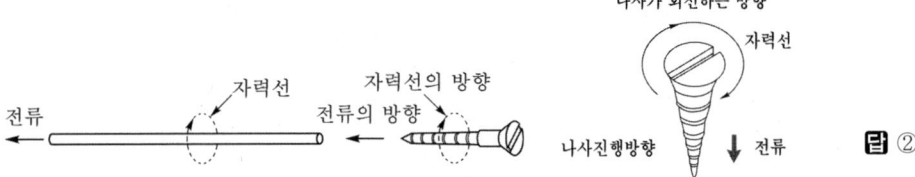

     답 ②

19 전압 220[V] 1상 부하 $Z = 8 + j6[\Omega]$의 △회로의 선전류는 몇 [A]인가?

① 22   ② $22\sqrt{3}$ ③ 11   ④ $\dfrac{22}{\sqrt{3}}$

풀이 1상의 임피던스는 $Z = 8 + j6 = \sqrt{8^2 + 6^2} = 10[\Omega]$이므로

1상의 전류는 $I_p = \dfrac{V}{Z} = \dfrac{220}{10} = 22[A]$가 된다.

△결선의 경우 $I_l = \sqrt{3} I_p$ 이므로 선전류는 $22\sqrt{3}$ [A]가 된다. **답** ②

20 $I = 8 + j6[A]$로 표시되는 전류의 크기 I는 몇 [A]인가?

① 6   ② 8   ③ 10   ④ 12

풀이 전류의 크기 $|I| = |8 + j6| = \sqrt{8^2 + 6^2} = 10[A]$ **답** ③

21 가스 절연 개폐기나 가스 차단기에 사용되는 가스인 SF₆의 성질이 아닌 것은?

① 연소하지 않는 성질이다.

② 색깔, 독성, 냄새가 없다.

③ 절연유의 1/140로 가볍지만 공기보다 5배 무겁다.

④ 공기의 25배 정도로 절연내력이 낮다.

풀이 SF₆ 가스의 특징
  1) 물리적, 화학적 성질
    ① 열 전달성이 뛰어나다.(공기의 약 1.6배)
    ② 화학적으로 불활성이므로 매우 안정된 gas이다.
    ③ 무색, 무취, 무해, 불연성의 gas이다.
    ④ 열적 안정성이 뛰어나다.(용매가 없는 상태에서는 약 500[℃]까지 분해되지 않는다.)
  2) 전기적 성질
    ① 절연 내력이 높다.(평등 전계 중에서는 1기압에서 공기의 2.5배~3.5배, 3기압에서는 기름과 같은 level의 절연 내력을 갖고 있음)
    ② 소호 성능이 뛰어나다.
    ③ arc가 안정되어 있다.
    ④ 절연 회복이 빠르다. **답** ④

22 동기기의 전기자 권선법이 아닌 것은?

① 전절권   ② 분포권   ③ 2층권   ④ 중권

풀이 교류기의 전기자 권선법은 기전력의 파형을 정현파로 하기위한 것이다. 즉, 전절권보다 단절권을 집중권 보다 분포권을 채용한다. 전기자를 단절권으로 하면 기전력의 값은 줄지만 기전력의 파형이 좋아지고 끝 접속선의 길이가 짧아지므로 구리선이 그만큼 절약되어 기계의 치수도 줄일 수 있다. **답** ①

23 4극 고정자 홈 수 36의 3상 유도전동기의 홈 간격은 전기각으로 몇 도인가?

① 5°   ② 10°   ③ 15°   ④ 20°

풀이 기하각 $= \dfrac{360°}{36} = 10°$ ∴ 전기각 = 기하각 $\times \dfrac{P}{2} = 10° \times \dfrac{4}{2} = 20°$ **답** ④

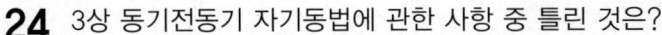

24 3상 동기전동기 자기동법에 관한 사항 중 틀린 것은?

① 기동토크를 적당한 값으로 유지하기 위하여 변압기 탭에 의해 정격전압의 80[%] 정도로 저압을 가해 기동을 한다.

② 기동토크는 일반적으로 적고 전부하 토크의 40~60[%] 정도이다.

③ 제동권선에 의한 기동토크를 이용하는 것으로 제동권선은 2차권선으로서 기동토크를 발생한다.

④ 기동할 때에는 회전자속에 의하여 계자권선안에는 고압이 유도되어 절연을 파괴할 우려가 있다.

풀이 동기전동기의 자기동법은 제동권선에 의한 기동토크를 이용하는 것으로, 기동토크를 적당한 값으로 유지하고 전류를 억제하기 위해 변압기 탭에 의하여 정격전압의 30~50[%] 정도의 저압을 가해 기동을 한다.

답 ①

25 직류를 교류로 변환하는 장치는?

① 컨버터　　　　② 초퍼　　　　③ 인버터　　　　④ 정류기

풀이 • 직류를 교류로 변환 : 역변환 장치(인버터)
• 교류를 직류로 변환 : 순변환 장치(정류기, 컨버터)

답 ③

26 그림과 같은 전동기 제어회로에서 전동기 M의 전류 방향으로 올바른 것은?
(단, 전동기의 역률은 100%이고, 사이리스터의 점호각은 0°라고 본다.)

① 입력의 반주기 마다 "A"에서 "B"의 방향, "B"에서 "A"의 방향

② S_1과 S_4, S_2와 S_3의 동작 상태에 따라 "A"에서 "B"의 방향, "B"에서 "A"의 방향

③ 항상 "A"에서 "B"의 방향

④ 항상 "B"에서 "A"의 방향

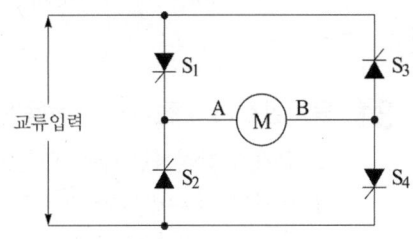

풀이 그림은 단상 전파 정류회로로서 S_1과 S_4, S_2와 S_3의 동작 상태에 따라 정류가 되어지며, 항상 "A"에서 "B"의 방향으로 전류가 흐른다.

답 ③

27 직류 전동기의 속도 제어법 중 전압제어법으로서 제철소의 압연기, 고속 엘리베이터의 제어에 사용되는 방법은?

① 워드 레오나드 방식　　　　② 정지 레오나드 방식
③ 일그너 방식　　　　　　　　④ 크래머 방식

풀이 워드 레오나드 방식은 전압제어의 대표적인 속도제어 방식으로 가장 광범위하게 속도 조정을 할 수 있으며, 권상기, 엘리베이터, 기중기, 인쇄기 등에 사용된다.

답 ①

28 변압기 절연내력 시험과 관계 없는 것은?

① 가압시험　　　② 유도시험　　　③ 충격시험　　　④ 극성시험

풀이　극성시험은 가극성인지 감극성인지를 판별하는 시험으로 절연내력 시험과는 관계가 없다.　　답 ④

29 정격 속도로 회전하고 있는 무부하 분권 발전기의 유기 기전력은 몇 [V]인가? (단, 계자 저항 50[Ω], 계자 전류 2[A], 전기자 저항 1.5[Ω]이다.)

① 100　　　② 103　　　③ 105　　　④ 110

풀이　무부하 분권발전기는 부하전류가 0 이므로 단자전압은 $V = I_f R_f = 50 \times 2 = 100[\text{V}]$가 된다.
무부하시 $I_a = I_f$이므로
$E = V + I_a R_a = 100 + 2 \times 1.5 = 103[\text{V}]$가 된다.　　답 ②

30 전기기계의 효율 중 발전기의 규약 효율 η_G는 몇 [%]인가?
(단, P는 입력, Q는 출력, L은 손실이다.)

① $\eta_G = \dfrac{P - L}{P} \times 100$　　　② $\eta_G = \dfrac{P - L}{P + L} \times 100$

③ $\eta_G = \dfrac{Q}{P} \times 100$　　　④ $\eta_G = \dfrac{Q}{Q + L} \times 100$

풀이　규약 효율 η는
전동기 $\eta = \dfrac{P - L}{P} \times 100[\%]$, 발전기 $\eta = \dfrac{Q}{Q + L} \times 100[\%]$　　답 ④

31 동기발전기의 전기자 반작용에 대한 설명으로 틀린 사항은?

① 전기자 반작용은 부하 역률에 따라 크게 변화된다.
② 전기자 전류에 의한 자속의 영향으로 감자 및 자화 현상과 편자현상이 발생된다.
③ 전기자 반작용의 결과 감자현상이 발생될 때 반작용 리액턴스의 값은 감소된다.
④ 계자 자극의 중심축과 전기자전류에 의한 자속이 전기적으로 90°를 이룰 때 편자현상이 발생된다.

풀이　동기발전기 전기자 반작용의 감자현상은 지상(뒤진)인 전류에서 발생하므로 리액턴스의 값은 증가한다.　　답 ③

32 10[kVA], 2000/100[V] 변압기에서 1차에 환산한 등가 임피던스는 $6.2 + j7[\Omega]$이다. 이 변압기의 퍼센트 리액턴스 강하는?

① 3.5　　　② 0.175　　　③ 0.35　　　④ 1.75

풀이

1차 정격전류 $I_{1n} = \dfrac{P_n}{V_{1n}} = \dfrac{10 \times 10^3}{2000} = 5[\text{A}]$

%리액턴스 강하 $q = \dfrac{I_{1n}x}{V_{1n}} \times 100 = \dfrac{5 \times 7}{2000} \times 100 = 1.75[\%]$

답 ④

33 동기 전동기의 용도로 적당하지 않은 것은?

① 분쇄기 　　　　② 압축기 　　　　③ 송풍기 　　　　④ 크레인

풀이　동기 전동기의 특징
　① 장점
　　• 속도가 일정, 불변이다.
　　• 항상 역률 1로 운전할 수 있다.
　　• 필요시 앞선 전류를 통할 수 있다.
　　• 유도 전동기에 비하여 효율이 좋다.
　② 단점
　　• 보통 구조의 것은 기동 토크가 적고 속도 조정을 할 수 없다.
　　• 난조를 일으킬 염려가 있다.
　　• 여자용의 직류 전원을 필요로 하여 설비비가 많이 든다.
　③ 용도
　　• 저속도 대용량 : 시멘트 공장의 분쇄기, 각종 압축기, 송풍기, 제지용 쇄목기, 동기 조상기
　　• 소용량 : 전기 시계, 오실로그래프, 전송 사진

답 ④

34 수소 냉각은 공기 냉각보다 출력이 몇 [%] 증가하는가?

① 10 　　　　② 20 　　　　③ 25 　　　　④ 30

풀이　수소 냉각방식의 특징
　① 비중이 적어 풍손이 1/10 감소한다.
　② 열전도가 공기의 7배로 출력이 약 25[%] 증가한다.
　③ 코로나에 의한 손실이 없다.
　④ 화염 발생이 없다.
　⑤ 발전기 효율이 0.6~1[%] 증가한다.

답 ③

35 정격 전압 230[V] 정격 전류 28[A]에서 직류 전동기의 속도가 1680[rpm]이다. 무부하에서의 속도가 1733[rpm]이라고 할 때 속도 변동률[%]은 약 얼마인가?

① 6.1 　　　　② 5.0 　　　　③ 4.6 　　　　④ 3.2

풀이

속도 변동률 $\epsilon = \dfrac{N_0 - N_n}{N_n} \times 100[\%]$에서

$\epsilon = \dfrac{1733 - 1680}{1680} \times 100 = 3.15[\%]$가 된다.

답 ④

36 유도 전동기의 무부하시 슬립은 얼마인가?

① 4 　　　　② 3 　　　　③ 1 　　　　④ 0

풀이 슬립은 $s = \dfrac{N_s - N}{N_s}$ 에서 무부하시는 $N_s = N$이 되므로 슬립은 0이 된다.   **답** ④

37 2대의 동기 발전기 A, B가 병렬운전하고 있을 때 A기의 여자전류를 증가시키면 어떻게 되는가?

① A기의 역률은 낮아지고 B기의 역률은 높아진다.

② A기의 역률은 높아지고 B기의 역률은 낮아진다.

③ A, B 양 발전기의 역률이 높아진다.

④ A, B 양 발전기의 역률이 낮아진다.

풀이 동기 발전기의 병렬 운전에서 여자의 변화는 역률의 변화로 나타난다. 여자를 증가하면 그 발전기의 역률은 낮아지고, 다른 발전기의 역률은 반대로 좋아진다.   **답** ①

38 권선형에서 비례추이를 이용한 기동법은?

① 리액터 기동법   ② 기동 보상기법   ③ 2차 저항기동법   ④ Y−△ 기동법

풀이 권선형 유도 전동기는 비례추이를 이용한 2차 저항법으로 기동과 속도제어를 할 수 있다.   **답** ③

39 변압기의 자속은 무엇에 비례하는가?

① 전류   ② 권수   ③ 주파수   ④ 전압

풀이 변압기의 유도 기전력 $E = 4.44 N f \phi_m$ [V]에서 $\phi_m = \dfrac{E}{4.44 f N}$[Wb]가 된다.

따라서 자속은 전압에 비례한다.   **답** ④

40 전력용 변압기의 내부 고장 보호용 계전방식은?

① 역상 계전기   ② 차동 계전기   ③ 접지 계전기   ④ 과전류 계전기

풀이 ① 역상 계전기 : 3상 변압기의 단상 운전에 의한 소손 방지용으로 결상을 검출

② 차동 계전기 : 보호 구간에 유입하는 전류와 유출하는 전류의 벡터차를 검출해서 동작하는 계전기로 발전기 및 변압기 내부 고장 보호용

③ 접지 계전기 : 선로의 접지 검출용

④ 과전류 계전기 : 1차 전류와 2차 전류의 차에 의하여 동작   **답** ②

41 동전선의 접속방법에서 종단접속 방법이 아닌 것은?

① 비틀어 꽂는 형의 전선접속기에 의한 접속

② 종단겹침용 슬리브(E형)에 의한 접속

③ 직선 맞대기용 슬리브(B형)에 의한 압착접속

④ 직선 겹침용 슬리브(P형)에 의한 접속

풀이 종단접속의 방법에는 가는 단선의 종단접속, 동선압착단자에 의한 접속, 비틀어 꽂는 형의 전선접속기에 의한 접속, 종단겹침용 슬리브(E형)에 의한 접속, 직선겹침용 슬리브(P형)에 의한 접속, 꽂음형 커넥터에 의한 접속이 있다. **답** ③

42 Pilot lamp(파일럿 램프)란 무엇인가?

① 동작을 표시하는 램프이다.　　　　　　② Signal lamp와 같은 용어로 쓰인다.
③ 일반 조명용 램프라는 뜻이다.　　　　　④ 전원의 유무를 표시하는 등이다.

풀이 파일럿 램프는 정전 유무를 표시하는 곳에 사용한다. **답** ④

43 천장에 작은 구멍을 뚫어 그 속에 등기구를 매입시키는 방식으로 건축의 공간을 유효하게 하는 조명방식은?

① 코브방식　　　② 코퍼방식　　　③ 밸런스방식　　　④ 다운라이트방식

풀이
- 코브방식 : 광원으로 천정이나 벽면상부를 조명함으로서 천정면이나 벽에서 반사되는 반사광을 이용하는 간접 조명방식
- 코퍼방식 : 천정면을 둥글게 또는 사각으로 파내어 내부에 조명기구를 배치하여 조명하는 방법
- 광원의 전면에 밸런스판을 설치하여 천정면이나 벽면으로 반사시켜 조명하는 방법 **답** ④

44 F40[W]의 의미는?

① 수은등 40[W]　　　　　　② 나트륨등 40[W]
③ 메탈 할라이드등 40[W]　　　④ 형광등 40[W]

풀이 수은등 40[W] : H40, 나트륨등 40[W] : N40, 메탈 할라이드등 40[W] : M40 **답** ④

45 케이블 공사에 의한 저압 옥내배선에서 케이블을 조영재의 아랫면 또는 옆면에 따라 붙이는 경우에는 전선의 지지점간 거리는 몇 [m]이어야 하는가?

① 0.5　　　　　② 1　　　　　③ 1.5　　　　　④ 2

풀이 232.51 케이블공사
① 전선은 케이블 및 캡타이어케이블일 것.
② 전선을 조영재의 아랫면 또는 옆면에 따라 붙이는 경우에는 전선의 지지점 간의 거리를 케이블은 2[m](사람이 접촉할 우려가 없는 곳에서 수직으로 붙이는 경우에는 6[m]) 이하 캡타이어케이블은 1[m] 이하로 할 것 **답** ④

46 피뢰기가 구비해야 할 조건 중 잘못 설명된 것은?

① 충격 방전 개시 전압이 낮을 것　　　② 방전 내량이 작으면서 제한 전압이 높을 것
③ 상용 주파 방전 개시 전압이 높을 것　④ 속류의 차단 능력이 충분할 것

풀이 피뢰기의 구비조건
① 충격파 방전개시 전압이 낮을 것
② 상용주파 방전개시 전압이 높을 것
③ 과부하 내량이 크며, 속류 차단능력이 충분할 것
④ 제한전압이 낮을 것 　　　**답** ②

47 피시 테이프(fish tape)의 용도는 무엇인가?
① 전선을 테이핑하기 위하여　② 전선관의 끝마무리를 위하여
③ 배관에 전선을 넣을 때　　　④ 합성수지관을 구부릴 때

풀이 피시 테이프는 전선관 공사 시 전선을 여러 가닥을 넣을 때 쉽게 넣을 수 있는 공구이다. 　**답** ③

48 지지물에 완금, 완목, 애자 등을 장치하는 것은?
① 건주　　　　　　　② 가선
③ 장주　　　　　　　④ 경간

풀이 • 건주 : 지지물을 매설하는 것
• 가선(연선 및 긴선) : 전선을 시설하는 것
• 장주 : 애자, 완금 등을 설치하는 것 　　　**답** ③

49 다음 중 지중 전선로의 장점이 아닌 것은?
① 기상의 영향을 적게 받는다.　② 송배전의 신뢰도가 높다.
③ 약전류 전선에 유도 장해가 적다.　④ 건설비가 많이 든다.

풀이 지중전선로는 건설비가 많이 들고 고장점 검출이 어렵다는 단점이 있으나, 신뢰도가 높으며, 기상의 영향을 적게 받으며, 유도장해가 적은 이점이 있다. 　**답** ④

50 가요 전선관은 어디에 사용되는가?
① 옥측 배선　　　　　② 천장의 배선
③ 전동기의 리드선　　　④ 천장에서 콘센트까지

풀이 가요 전선관 배선은 작은 증설 공사, 전동기 리드선 등의 공사에 이용된다. 　**답** ③

51 통상의 상태에서 불꽃 또는 아크나 가스 등으로 착화할 온도에 도달하지 않게 하는 부분은 어떤 방폭 구조라도 할 수 있는가?
① 내압 방폭 구조　　　② 유입 방폭 구조
③ 압력 방폭 구조　　　④ 안전증 방폭 구조

풀이 242.3.1 가스증기 위험장소

전기기계기구의 방폭구조는 내압 방폭구조, 압력 방폭구조나 유입 방폭구조 또는 이들의 구조와 다른 구조로서 이와 동등 이상의 방폭 성능을 가지는 구조로 되어 있는 것. 다만, 통상의 상태에서 불꽃 또는 아크를 일으키거나 가스 등에 착화할 수 있는 온도에 달할 우려가 없는 부분은 안전증 방폭구조라도 할 수 있다.

답 ④

52 합성수지관을 새들 등으로 지지하는 경우에는 그 지지점 간의 거리를 몇 [m] 이하로 하여야 하는가?

① 1.5[m]   ② 2.0[m]   ③ 2.5[m]   ④ 3.0[m]

풀이 배관의 지지

① 배관의 지지점 사이의 거리는 다음 그림과 같이 1.5[m] 이하로 하고, 관과 관, 관과 박스의 접속점 및 관 끝은 각각 300[mm] 이내에 지지한다.

② 가는 전선관의 지지점 사이의 거리는 0.8~1.2[m]가 적당하다.

③ 옥외 등 온도차가 큰 장소에 노출 배관을 할 때에는 12~20[m]마다 신축 커플링(3C)을 사용한다. 신축 되는 부분에는 접착제를 사용하지 않는다.

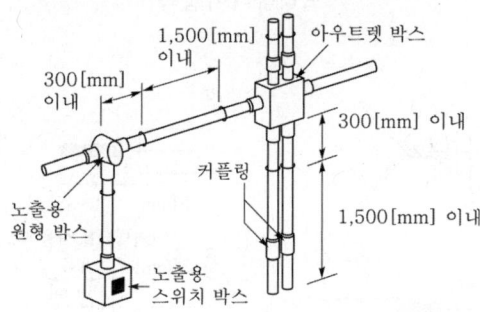

답 ①

53 1종 금속몰드 배선 공사를 할 때 동일 몰드 내에 넣는 전선의 최대 몇 본 이하로 하여야 하는 가?

① 3   ② 5   ③ 10   ④ 12

풀이 같은 몰드 내에 넣는 경우의 전선의 수는 다음과 같다.

① 1종 금속 몰드 : 10본 이하

② 2종 금속 몰드 : 전선의 피복절연물을 포함하여 단면적의 총합계가 해당 몰드 내 단면적의 20[%] 이하

답 ③

54 육안의 비시감도가 최대인 파장[nm]은?

① 400   ② 450   ③ 500   ④ 550

풀이 • 최대시감도에 대한 다른 파장의 시감도의 비를 비시감도라고 한다.

$$비 시감도 = \frac{임의의\ 파장의\ 시감도}{최대\ 시감도(680[lm/W])}$$

• 최대시감도는 파장 555[nm](5550[Å])의 황록색에서 발생하며 그때의 시감도는 680[lm/W]이다.

답 ④

55 일반적으로 정크션 박스 내에서 사용되는 전선 접속방식은?

① 슬리이브   ② 코오드놋트

③ 코오드파아스너   ④ 와이어 커넥터

풀이 정크션 박스 내에서 전선을 접속할 경우 와이어 커넥터를 사용하여 접속하여야 한다.

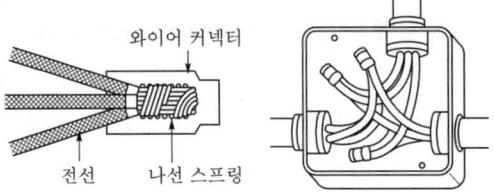

와이어 커넥터

전선 나선 스프링

답 ④

56 옥내 배선의 박스(접속함)내에서 가는 전선을 접속할 때 주로 어떤 방법을 사용하는가?

① 쥐꼬리접속   ② 슬리브접속

③ 트위스트접속   ④ 브리타니어접속

풀이 쥐꼬리 접속의 순서

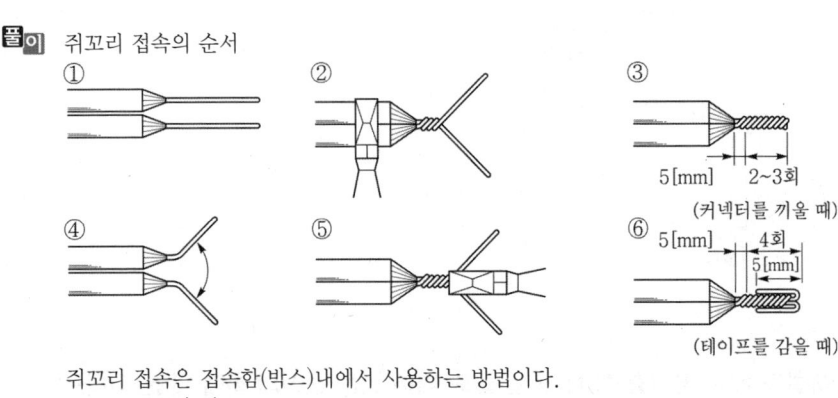

쥐꼬리 접속은 접속함(박스)내에서 사용하는 방법이다.

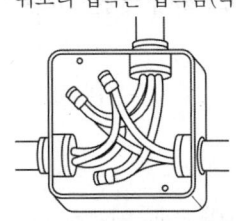

답 ①

57 1종 가요 전선관을 구부릴 경우 곡률 반지름은 관 안지름의 몇 배 이상으로 하여야 하는가?

① 3   ② 4   ③ 5   ④ 6

풀이 가요전선관의 곡률 반지름
① 1종 가요전선관을 구부릴 경우 곡률반지름은 관 안지름의 6배 이상으로 하여야 한다.
② 2종 가요전선관을 구부릴 경우 노출장소 또는 점검 가능한 장소에서 시설 제거하는 것이 자유로운 경우 관 안지름의 3배 이상으로 하여야 하며, 노출장소 또는 점검이 가능한 은폐장소에서 시설하고 제거하는 것이 부자유하거나 또는 점검이 불가능할 경우는 관 안지름의 6배 이상으로 한다.

답 ④

58 합성수지관 배선에서 경질비닐전선관의 굵기에 해당되지 않는 것은? (단, 관의 호칭을 말한다.)

① 14   ② 16   ③ 18   ④ 22

풀이 경질 비닐 전선관의 호칭 규격 : 8, 12, 14, 16, 22, 28, 36, 42, 54, 70, 82, 100[mm]   **답** ③

59 전주를 건주할 경우에 A종 철근콘크리트주의 길이가 10[m]이면 땅에 묻는 표준 깊이는 최저 약 몇 [m]인가? (단, 설계하중이 6.8[kN] 이하이다.)

① 2.5   ② 3.0   ③ 1.7   ④ 2.4

풀이 331.7 가공전선로 지지물의 기초의 안전율
강관주 또는 철근 콘크리트주로서 그 전체 길이가 16[m] 이하, 설계하중이 6.8[kN] 이하인 것 또는 목주를 다음에 의하여 시설하는 경우
① 전체의 길이가 15[m] 이하인 경우는 땅에 묻히는 깊이를 전체길이의 1/6 이상으로 할 것.
② 전체의 길이가 15[m]를 초과하는 경우는 땅에 묻히는 깊이를 2.5[m] 이상으로 할 것.
따라서 $10 \times \frac{1}{6} = 1.7[m]$ **답** ③

60 저압 옥내 간선으로부터 분기하는 곳에 설치하여야 하는 것은?

① 과전압 차단기   ② 과전류 차단기
③ 누전 차단기   ④ 지락 차단기

풀이 212.4.2 과부하 보호장치의 설치 위치
과부하 보호장치는 분기점(전로 중 도체의 단면적, 특성, 설치방법, 구성의 변경으로 도체의 허용전류값이 줄어드는 곳)에 설치해야 한다.   **답** ②

1 진공 중에 두 자극 m_1, m_2를 r[m]의 거리에 놓았을 때 작용하는 힘 F의 식으로 옳은 것은?

① $F = \dfrac{1}{4\pi\mu_0} \times \dfrac{m_1 m_2}{r}$ [N]

② $F = \dfrac{1}{4\pi\mu_0} \times \dfrac{m_1 m_2}{r^2}$ [N]

③ $F = 4\pi\mu_0 \times \dfrac{m_1 m_2}{r}$ [N]

④ $F = 4\pi\mu_0 \times \dfrac{m_1 m_2}{r^2}$ [N]

풀이 진공 중의 두 자극을 각각 m_1, m_2[Wb], 자극간의 거리를 r[m], 상호간에 작용하는 자기력을 F[N]라 하면

$$F = \frac{1}{4\pi\mu_0} \cdot \frac{m_1 m_2}{r^2} = 6.33 \times 10^4 \frac{m_1 m_2}{\mu_s r^2} \text{[N]}$$

의 관계가 있으며, 힘의 방향은 두 극을 연결하는 직선상에 있다.
이 식을 쿨롱의 법칙이라 한다.　　　　　　　**답** ②

2 평행한 두 도체에 같은 방향의 전류를 흘렸을 때 두 도체 사이에 작용하는 함은 어떻게 되는가?

① 반발력이 작용한다.

② 힘은 0 이다.

③ 흡인력이 작용한다.

④ $\dfrac{I}{2\pi r}$ 의 힘이 작용한다.

풀이 평행하는 두 도체 사이에 작용하는 힘은 $F = \dfrac{2I_1 I_2}{r} \times 10^{-7}$ 이며, 두 도체의 전류의 방향이 같을 경우 흡인력이, 전류의 방향이 다를 경우 반발력이 작용한다.　　　　　　　**답** ③

3 Q_1으로 대전된 용량 C_1의 콘덴서에 용량 C_2를 병렬 연결할 경우 C_2가 분배 받는 전기량은?

① $\dfrac{C_1 + C_2}{C_2} Q_1$

② $\dfrac{C_1}{C_1 + C_2} Q_1$

③ $\dfrac{C_1 + C_2}{C_1} Q_1$

④ $\dfrac{C_2}{C_1 + C_2} Q_1$

풀이 $Q = CV$[C]이며, 병렬연결 시 합성저항 $C_0 = C_1 + C_2$ [F]이므로
병렬접속 후 전위 V_0는

$$V_0 = \frac{Q_1}{C_0} = \frac{Q_1}{C_1 + C_2} \text{[V]}$$

따라서, C_2가 받는 전기량 Q_2는

$$Q_2 = C_2 V_0 = C_2 \times \frac{Q_1}{C_1 + C_2} = \frac{C_2}{C_1 + C_2} Q_1 \text{[F]}$$

답 ④

4 어떤 회로에 100[V]의 전압을 가했더니 10[A]의 전류가 흘렀다. 다음 중 이 회로의 저항[Ω]은?

① 0.1   ② 1   ③ 10   ④ 100

풀이 옴의 법칙에서의 전류는 $I = \dfrac{V}{R}$[A]이므로 $R = \dfrac{V}{I} = \dfrac{100}{10} = 10[\Omega]$ **답** ③

5 줄의 법칙에 있어서 발생하는 열량의 계산으로 맞는 식은?

① $Q = 0.24 I^2 Rt$ ② $Q = 0.024 I^2 Rt$

③ $Q = 0.024 I^2 R$ ④ $Q = 0.24 I^2 R$

풀이 줄의 법칙 : $Q = 0.24 Pt = 0.24 VIt = 0.24 I^2 Rt$ [cal]   **답** ①

6 히스테리시스 곡선의 횡축과 종축은 무엇을 나타내는가?

① 자장의 세기, 자속 밀도   ② 자속 밀도, 투자율

③ 자화의 세기, 자장의 세기   ④ 자장의 세기, 투자율

풀이 히스테리시스곡선에서 종축을 자속밀도, 횡축의 자계의 세기로 나타낸다.

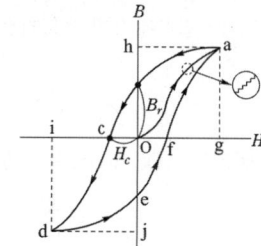

     답 ①

7 가정용 전등 전압이 200[V]이다. 이 교류의 최댓값은 몇 [V]인가?

① 70.7   ② 86.7   ③ 141.4   ④ 282.8

풀이 최댓값 $= \sqrt{2} \times$ 실효값 $= \sqrt{2} \times 200 = 282.84$[V]   **답** ④

8 무효 전력이 Q[Var]일 때 역률이 0.8이면 유효 전력[W]은?

① $0.6Q$ ② $0.8Q$ ③ $\dfrac{3}{4}Q$ ④ $\dfrac{4}{3}Q$

풀이 $\cos\theta = 0.8$이면 $\sin\theta = \sqrt{1 - \cos^2\theta} = \sqrt{1 - 0.8^2} = 0.6$ 이므로

무효전력 $P_r = VI\sin\theta$[Var]에서 $P_r = Q$이면 $VI = \dfrac{Q}{\sin\theta} = \dfrac{Q}{0.6}$ 가 된다.

유효전력 $P = VI\cos\theta = \dfrac{Q}{0.6} \times 0.8 = \dfrac{4}{3}Q$[W]가 된다.   **답** ④

9 3[kW]의 전열기를 정격 상태에서 20분간 사용하였을 때의 열량은 몇 [kcal]인가?

① 430　　　　　　　② 520　　　　　　　③ 610　　　　　　　④ 860

풀이 열량 $Q = 0.24Pt = 0.24I^2Rt = 0.24\dfrac{V^2}{R}t = Cm(\theta_2 - \theta_1)$이므로,

$\therefore Q = 0.24Pt = 0.24 \times 3 \times (20 \times 60) = 864[\text{kcal}]$　　　　**답** ④

10 도선에 전류가 흐를 때 발생하는 열량은 전류의 어느 값과 관계가 있는가?

① 세기에 비례　　　　　　　　② 세기의 제곱에 비례

③ 세기에 반비례　　　　　　　④ 세기의 제곱에 반비례

풀이 줄의 법칙으로 $H = 0.24I^2Rt$[cal]에서 열량은 전류의 제곱에 비례함을 알 수 있다.　　　　**답** ②

11 1회 감은 코일에 지나가는 자속이 1/100[sec] 동안에 0.3[Wb]에서 0.5[Wb]로 증가했다면 유도기전력[V]은?

① 5　　　　　　　② 10　　　　　　　③ 20　　　　　　　④ 40

풀이 전자유도법칙에 의한 유도기전력 $e = -N\dfrac{d\phi}{dt}$ 에서 $e = 1 \times \dfrac{0.5 - 0.3}{\dfrac{1}{100}} = 20[\text{V}]$가 된다.　　**답** ③

12 전장의 세기가 100[V/m]의 전장에 5[μC]의 전하를 놓으면 작용하는 힘[N]은?

① 5×10^{-4}　　　　② 20×10^{-4}　　　　③ 5×10^4　　　　④ 20×10^6

풀이 쿨롱의 법칙과 전계의 세기 관계식 $F = QE$에서
$F = Q \cdot E = 5 \times 10^{-6} \times 100 = 5 \times 10^{-4}[\text{N}]$이 된다.　　　　**답** ①

13 고유저항 ρ의 단위로 맞는 것은?

① [Ω]　　　　　　② [Ω · m]　　　　　　③ [AT/Wb]　　　　④ [Ω⁻¹]

풀이 $R = \dfrac{l}{\sigma S} = \rho\dfrac{l}{S}[\Omega]$이 된다. 여기서 ρ는 단위체적당의 저항을 나타내고, 저항률 또는 고유저항이라 하며 물질 고유의 값을 가진다. 단위는 [Ω · m]가 된다.　　　　**답** ②

14 다음 중 용량성 리액턴스를 나타내는 식은?

① $\omega^2 C$　　　　　② ωC　　　　　③ $2\pi f L$　　　　　④ $\dfrac{1}{2\pi f C}$

풀이 용량성 리액턴스 $X_C = \dfrac{1}{2\pi f C}[\Omega]$, 유도성 리액턴스 $X_L = 2\pi f L[\Omega]$　　　　**답** ④

15 니켈의 원자가는 2이고 원자량은 58.7이다. 이때 화학 당량의 값은?

① 29.35　　　　　② 58.70　　　　　③ 60.70　　　　　④ 117.4

풀이 화학당량 $= \dfrac{원자량}{원자가} = \dfrac{58.7}{2} = 29.35$　　　　　**답** ①

16 300[Ω]의 저항 3개를 이용하여 가장 작은 합성 저항을 얻을 경우는 몇 [Ω]인가?

① 0.3　　　　　② 10　　　　　③ 100　　　　　④ 900

풀이 동일한 저항은 병렬로 연결할수록 값이 작아진다.

따라서 병렬합성저항이 가장 작은 저항의 값이므로 $R = \dfrac{R_o}{n} = \dfrac{300}{3} = 100[\Omega]$이 된다.

여기서, n의 저항의 개수이며, $\dfrac{R}{n}$은 병렬합성저항의 값이 된다.　　　　　**답** ③

17 다음 중 선형소자는 어느 것인가?

① 바리스터　　　　　② 서미스터　　　　　③ 커패시터　　　　　④ 트랜지스터

풀이 • 선형소자 : 전압이나 전류의 변화 또는 외부 환경조건에 의해서 소자의 상수값이 변하지 않고 일정하게 유지되는 소자로 저항, 인덕터, 커패시터 등이 있다.
• 비선형소자 : 인가된 전압이나 온도 등에 의해서 소자의 상수값이 변하는 소자로 바리스터, 서미스터, 트랜지스터 등이 있다.　　　　　**답** ③

18 $R-L-C$ 직렬 회로에서 전류가 전압보다 위상이 앞서기 위해서는 어느 조건이 만족되어야 하는가?

① $X_L > X_C$　　　　　② $X_L < X_C$　　　　　③ $X_L = \dfrac{1}{X_C}$　　　　　④ $X_L = X_C$

풀이 $R-L-C$ 직렬 회로에서 전류가 전압보다 위상이 앞서려면 용량성 회로가 되어야 한다.
따라서 $X_L < X_C$의 조건이 만족되어야 한다.　　　　　**답** ②

19 축전지의 용량은 어떻게 나타내는가?

① [Ah]　　　　　② [V]　　　　　③ [A]　　　　　④ [VA]

풀이 축전지 용량의 단위는 [Ah]로 나타낸다.　　　　　**답** ①

20 동기기에서 전기자 전류가 기전력보다 90° 만큼 위상이 앞설 때의 전기자 반작용은?

① 교차 자화 작용　　　② 감자 작용　　　③ 편자 작용　　　④ 증자 작용

풀이 동기 발전기의 경우 전류가 기전력보다 90° 뒤지면 감자 작용, 90° 앞서는 경우는 증자(자화) 작용을 한다.　　　　　**답** ④

21 전기력선의 성질 중 옳지 않은 것은?

① 음 전하에서 출발하여 양전하에서 끝나는 선을 전기력선이라 한다.

② 전기력선의 접선 방향은 그 접점에서의 전기장의 방향이다.

③ 전기력선의 밀도는 전기장의 크기를 나타낸다.

④ 전기력선의 서로 교차하지 않는다.

> **풀이** 전기력선의 성질
> ① 전기력선은 정전하에서 출발하여 부전하에서 멈추거나 무한원까지 퍼진다.
> ② 전기력선상의 임의의 한 점에서의 접선 방향은 그 점의 전계의 방향을 나타낸다. 즉, 전기력선의 방향은 전계의 방향과 일치한다.
> ③ 전기력선 밀도는 전계의 세기와 같다.
> ④ 전기력선은 서로 교차하지 않으며, 전하가 없는 곳에서는 전기력선의 발생과 소멸이 없고 연속적이다.
> ⑤ 전기력선은 전위가 높은 곳에서 낮은 곳으로 향한다.
> ⑥ 전기력선은 등전위면과 직교한다.　　　　　　　　　　　　　　　**답** ①

22 동기기의 난조 방지, 기동 토크의 발생을 목적으로 설치한 것은?

① 제동 권선　　　② 계자 권선　　　③ 1차 권선　　　④ 전기자 권선

> **풀이** 난조의 원인은 회전자가 어떤 부하각에서 새로운 부하각으로 변화하는 도중 회전자의 관성에 의해 생기는 하나의 과도적인 진동 현상을 말한다.
> 이것을 방지하기 위해서 제동 권선(damper winding)을 설치한다.　　　**답** ①

23 유도 전동기의 원선도에서 구할 수 없는 것은?

① 1차 입력　　　② 1차 동손　　　③ 동기 와트　　　④ 기계적 출력

> **풀이** • 유도 전동기의 원선도에서 구할 수 있는 항목 : 1차 입력, 1차 동손, 동기와트, 슬립 등
> • 원선도 작성에 필요한 시험 : 무부하 시험, 구속 시험, 저항 측정　　　**답** ④

24 직류 분권 발전기를 정격 속도로 회전시켜도 전압이 확립되지 않은 경우는?

① 계자 회로의 저항이 적다.　　　　　　② 잔류 자속이 많다.

③ 전기자 저항이 적다.　　　　　　　　④ 계자 권선의 접속을 반대로 하였다.

> **풀이** 자여자 발전기 전압확립 조건
> ① 잔류자기가 있을 것
> ② 회전방향이 잔류자기를 강화하는 방향일 것
> ③ 부하 특성곡선이 자기 포화를 가질 것
> ④ 계자저항이 임계저항 보다 작을 것　　　　　　　　　　　　　　　**답** ④

25 3상 변압기의 병렬운전이 불가능한 결선 방식으로 짝지은 것은?

① △-△와 Y-Y　　　　　　　　② △-Y와 △-Y

③ Y-Y와 Y-Y　　　　　　　　④ △-△와 △-Y

풀이

병렬 운전 가능	병렬 운전 불가능
△-△와 △-△	
Y-△와 Y-△	△-△와 △-Y
Y-Y와 Y-Y	△-△와 Y-△
△-Y와 △-Y	△-Y와 Y-Y
△-△와 Y-Y	Y-△와 Y-Y
△-Y와 Y-△	

답 ④

26 변압기의 전부하 효율은?

① $\dfrac{출력}{입력+동손+철손}\times100[\%]$ 　② $\dfrac{출력}{입력-동손-철손}\times100[\%]$

③ $\dfrac{입력}{출력+동손+철손}\times100[\%]$ 　④ $\dfrac{출력}{출력+동손+철손}\times100[\%]$

풀이　　　　　　　　　　　　　　　　　　　　　　　　　　**답** ④

27 다음 중 병렬운전 시 균압선을 설치해야 하는 직류 발전기는?

① 분권　　　　　② 차동복권　　　　　③ 평복권　　　　　④ 부족복권

풀이 ・직권 계자가 있는 발전기나 복권 발전기는 병렬운전을 안정하게 하기 위하여 균압선을 설치하여야 한다.
・복권 발전기 중 차동 복권이나 부족 복권은 외부 특성이 분권발전기와 같으므로 그대로 병렬운전을 할 수 있으나, 평복권과 과복권은 병렬운전을 안정히 하기 위하여 균압선을 설치하여야 한다. **답** ③

28 그림과 같은 분상 기동형 단상 유도 전동기를 역회전시키기 위한 방법이 아닌 것은?

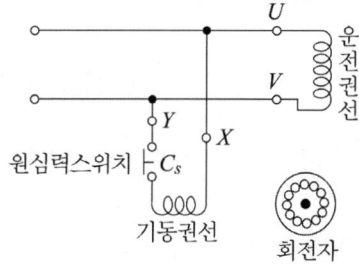

① 원심력스위치를 개로 또는 폐로한다.

② 기동권선이나 운전권선의 어느 한 권선의 단자접속을 반대로 한다.

③ 기동권선의 단자접속을 반대로 한다.

④ 운전권선의 단자접속을 반대로 한다.

풀이 ・분상 기동형 단상 유도 전동기는 단상 전동기에 보조 권선(기동 권선)을 설치하여, 단상 전원에 주권선(운동권선)과 보조 권선에 위상이 다른 전류를 흘려서 불평형 2상 전동기로서 기동하는 방법이다.
・원심력 스위치는 단상 전동기를 기동하기 위한 역할을 한다. **답** ①

29 3상 유도전동기의 동기 속도는?

① $\dfrac{2f}{p}$ 　　　② $\dfrac{60f}{p}$ 　　　③ $\dfrac{120f}{p}$ 　　　④ $2\pi f$

풀이 동기속도는 극수에 반비례하고 주파수에 비례하므로 $N_s = \dfrac{120f}{p}$[rpm]가 된다.　　　**답** ③

30 실리콘 다이오드의 특성에서 잘못된 것은?

① 전압 강하가 크다.　　　　　② 정류비가 크다.
③ 허용 온도가 높다.　　　　　④ 역내전압이 크다.

풀이 실리콘 정류기의 특성
① 역내전압이 크다.
② 전류 밀도가 크다.(게르마늄의 2~3배, 셀렌의 500~1000배)
③ 온도에 의한 영향이 작다.(최고 허용 온도 140~200[℃])
④ 효율은 가장 좋다.(99[%])
⑤ 대용량 정류기에 적합하다.　　　　**답** ①

31 p를 퍼센트 저항 강하, q를 리액턴스 강하라 하면 역률이 1인 경우의 전압 변동률은?

① $p\cos\theta + q\sin\theta$　　　　　② $p + q\sin\theta$
③ $p + q$　　　　　　　　　　　④ p

풀이 $\epsilon = p\cos\theta + q\sin\theta$에서 역률 100[%]일 경우 $\cos\theta = 1$, $\sin\theta = 0$이므로 $\epsilon = p$
즉, 전압변동율 = %저항 강하이다.　　　　**답** ④

32 유도 전동기의 기동 보상기법을 사용하는 전동기는?

① 7.5[kW] 이상　　　　　② 10[kW] 이상
③ 15[kW] 이상　　　　　④ 20[kW] 이상

풀이 15[kW] 정도 이상되는 농형 유도 전동기를 사용하는 경우에는 기동 보상기법을 한다.　　　　**답** ③

33 속도가 일정하고 구조가 간단하여 동기이탈이 없는 전동기로서 전기시계, 오실로스코프 등에 많이 사용되는 전동기는?

① 유도동기 전동기　　　　　② 초동기 전동기
③ 단상동기 전동기　　　　　④ 반동 전동기

풀이 반동 전동기 : 여자권선 없이 동기속도로 회전하는 전동기　　　　**답** ④

34 벨트 운전이나 무부하 운전을 해서는 안 되는 직류 전동기는?

① 직권　　　② 가동 복권　　　③ 분권　　　④ 차동 복권

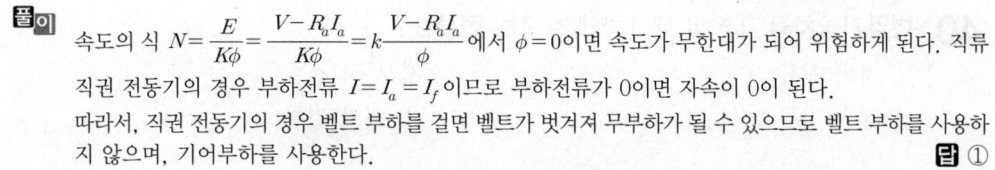

풀이 속도의 식 $N = \dfrac{E}{K\phi} = \dfrac{V - R_a I_a}{K\phi} = k\dfrac{V - R_a I_a}{\phi}$ 에서 $\phi = 0$이면 속도가 무한대가 되어 위험하게 된다. 직류 직권 전동기의 경우 부하전류 $I = I_a = I_f$이므로 부하전류가 0이면 자속이 0이 된다.

따라서, 직권 전동기의 경우 벨트 부하를 걸면 벨트가 벗겨져 무부하가 될 수 있으므로 벨트 부하를 사용하지 않으며, 기어부하를 사용한다.　**답** ①

35 인버터의 용도로 가장 적합한 것은?

① 직류-직류 변환　　　　　　　　　② 직류-교류 변환
③ 교류-증폭교류 변환　　　　　　　④ 직류-증폭직류 변환

풀이 인버터는 직류를 교류로 변환하는 역변환 장치이다.　**답** ②

36 단절권 계수를 나타내는 식은?

① $\dfrac{\beta\pi}{2}$　　　　② $\sin\beta\pi$　　　　③ $\sin\dfrac{\beta\pi}{2}$　　　　④ $\cos\dfrac{\beta\pi}{2}$

풀이 단절권계수는 $\sin\dfrac{\beta\pi}{2}$ 이며, 여기서 $\beta = \dfrac{\text{코일피치}}{\text{극피치}}$ 를 나타낸다.　**답** ③

37 다음 중 변압기의 온도 상승 시험법으로 가장 널리 사용되는 것은?

① 반환부하법　　　　　　　　　　② 유도시험법
③ 절연전압시험법　　　　　　　　④ 고조파억제법

풀이 반환부하법은 동일 정격의 변압기가 2대 이상 있을 경우에 채용되며, 전력소비가 적고 철손과 동손을 따로 공급하는 것으로 가장 널리 사용되고 있다.　**답** ①

38 3상 전압 조정기의 원리는 어느 것을 응용한 것인가?

① 3상 동기 발전기　　　　　　　　② 3상 변압기
③ 3상 유도 전동기　　　　　　　　④ 3상 교류 정류자 전동기

풀이 3상 유도 전압 조정기는 권선형 3상유도 전동기의 1차 권선 P와, 2차 권선 S를 3상 성형 단권 변압기와 같이 접속하고, 회전자를 구속한 상태로 두고 사용하는 것과 같다.　**답** ③

39 동기발전기의 병렬 운전에서 한쪽의 계자 전류를 증대시켜 유기기전력을 크게 하면 어떤 현상이 발생하는가?

① 한 쪽이 전동기가 된다.　　　　　② 아무 이상 없다.
③ 고주파 전류가 흐른다.　　　　　④ 무효 순환 전류가 흐른다.

풀이 두 발전기의 기전력의 크기에 차가 있을 때 무효 순환 전류가 흐른다.　**답** ④

40 변압기 2차를 개방할 때 1차에 흐르는 전류는?

① 자화 전류   ② 부하 전류

③ 철손 전류   ④ 여자 전류

풀이   변압기 2차를 개방하고 1차에 정격전압을 가할 경우 2차 개방단에는 전류는 흐르지 않으나 1차에는 미소 전류가 흐른다. 이 전류를 여자전류라 하며, 이때 입력을 철손이라 한다.   답 ④

41 금속관 공사에 절연 부싱을 쓰는 목적은?

① 관의 끝이 터지는 것을 방지   ② 박스 내에서 전선의 접속을 방지

③ 관의 단구에서 조영재의 접속을 방지   ④ 관의 단구에서 전선 손상을 방지

풀이   부싱 : 입선 작업 시 전선의 피복 손상을 방지하기 위해 사용하는 부속품을 말한다.   답 ④

42 전기 울타리에 시설하는 전선과 이를 지지하는 기둥과의 이격 거리는?

① 40[mm]   ② 30[mm]   ③ 25[mm]   ④ 20[mm]

풀이   241.1 전기울타리
전기 울타리 시설은 전선 2[mm] 이상, 전선과 기둥과의 이격 거리 25[mm] 이상, 전선과 수목과의 이격 거리 0.3[m] 이상, 사용 전압 250[V] 이하이다.   답 ③

43 무대, 오케스트라 박스, 영사실 등의 전로의 사용 전압[V]은 얼마 이하인가?

① 150[V]   ② 300[V]   ③ 400[V]   ④ 600[V]

풀이   242.6 전시회, 쇼 및 공연장의 전기설비
무대 · 무대마루 밑 · 오케스트라 박스 · 영사실 기타 사람이나 무대 도구가 접촉할 우려가 있는 곳 등은 사용전압이 400[V] 이하일 것   답 ③

44 기기의 점검 및 수리를 할 때 전원으로부터 기기를 분리하는 경우 또는 회로의 접속을 변경하는 경우 등에 사용되는 것은?

① 변성기   ② 차단기   ③ 단로기   ④ 피뢰기

풀이   단로기(DS) : 전류가 흐르지 않는 상태(무부하시)에서 회로의 접속 변경 및 점검 수리 시에 사용되는 개폐기를 말한다.   답 ③

45 4심 캡타이어 케이블 심선의 색별은?

① 흑, 백, 적, 청   ② 흑, 백, 적, 녹

③ 흑, 백, 적, 황   ④ 흑, 백, 다, 녹

풀이   4심 캡타이어 케이블의 심선 색깔은 흑, 백, 적, 녹으로 되어 있으며,
5심 캡타이어 케이블의 심선 색깔은 흑, 백, 적, 녹, 황색으로 되어 있다.   답 ②

46 가공 전선으로의 지선 사용 및 시방 세목 등에서 지선의 인장 하중은 규정상 얼마인가?

① 4.40[kN]　　　② 380[kN]　　　③ 4.31[kN]　　　④ 3.80[kN]

풀이 331.11 지선의 시설
지선은 안전율 2.5 이상, 1가닥 허용 인장 하중 4.31[kN] 이상이고, 2.6[mm] 이상의 금속선을 3조 이상 꼬아서 만든다.　　　**답** ③

47 교류 전등 공사에서 금속관에 전선을 넣어 연결한 방법 중 옳은 것은?

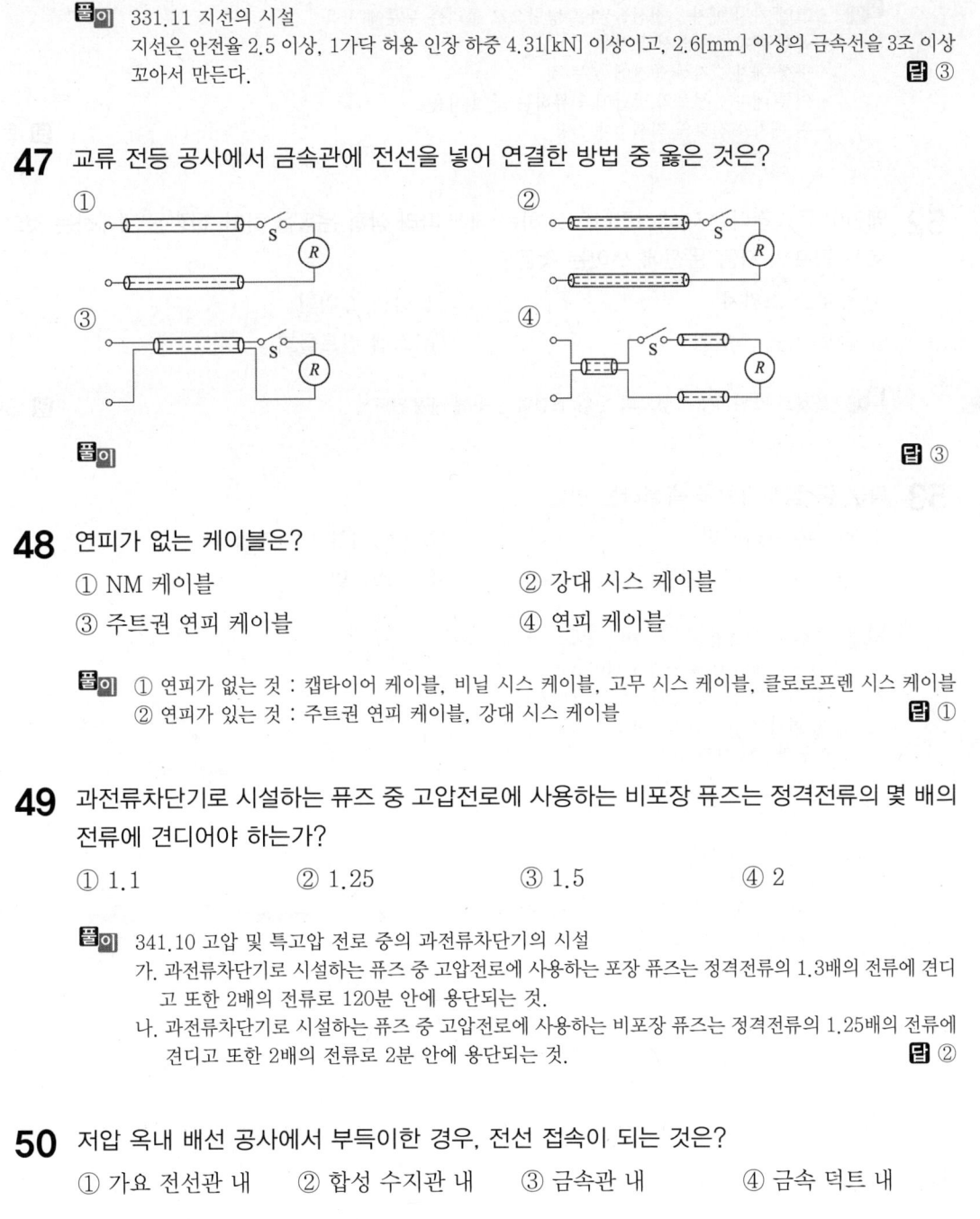

풀이　　　**답** ③

48 연피가 없는 케이블은?

① NM 케이블　　　　　　　　　② 강대 시스 케이블
③ 주트권 연피 케이블　　　　　　④ 연피 케이블

풀이　① 연피가 없는 것 : 캡타이어 케이블, 비닐 시스 케이블, 고무 시스 케이블, 클로로프렌 시스 케이블
　② 연피가 있는 것 : 주트권 연피 케이블, 강대 시스 케이블　　　**답** ①

49 과전류차단기로 시설하는 퓨즈 중 고압전로에 사용하는 비포장 퓨즈는 정격전류의 몇 배의 전류에 견디어야 하는가?

① 1.1　　　　　② 1.25　　　　　③ 1.5　　　　　④ 2

풀이 341.10 고압 및 특고압 전로 중의 과전류차단기의 시설
　가. 과전류차단기로 시설하는 퓨즈 중 고압전로에 사용하는 포장 퓨즈는 정격전류의 1.3배의 전류에 견디고 또한 2배의 전류로 120분 안에 용단되는 것.
　나. 과전류차단기로 시설하는 퓨즈 중 고압전로에 사용하는 비포장 퓨즈는 정격전류의 1.25배의 전류에 견디고 또한 2배의 전류로 2분 안에 용단되는 것.　　　**답** ②

50 저압 옥내 배선 공사에서 부득이한 경우, 전선 접속이 되는 것은?

① 가요 전선관 내　　② 합성 수지관 내　　③ 금속관 내　　　④ 금속 덕트 내

풀이 232.31 금속덕트공사
금속 덕트 안에는 전선에 접속점이 없도록 할 것. 다만, 전선을 분기하는 경우에는 그 접속점을 쉽게 점검할 수 있는 때에는 그러하지 아니하다.　　　**답** ④

51 전선로의 지선에 사용되는 애자는?

① 현수 애자　　　　② 구형 애자　　　　③ 인류 애자　　　　④ 핀 애자

풀이 • 고압 가지 애자 : 전선을 다른 방향으로 돌리는 부분에 사용
• 곡핀 애자 : 인입선에 사용
• 구형 애자 : 지선 중간에 넣는 것
• 인류 애자 : 선로의 말단에 인류하는 곳에 사용
• 핀 애자 : 선로의 직선주에 사용　　　　　　　　　　　　　　　**답** ②

52 액면이 올라간다던지 내려간다던지 하는 데에 따라 상하 운동을 하며, 접점을 개폐하는 것으로서 펌프의 자동 운전에 쓰이는 것은?

① 플로트 스위치　　　　　　　　② 압력 스위치
③ 습도 자동 스위치　　　　　　　④ 스탭 컨트롤러

풀이 플로트 스위치 : 물탱크의 수위 조절하는 곳에 사용된다.　　　　**답** ①

53 다음 중 접지저항을 측정하는 방법은?

① 휘스톤 브리지법　　　　　　　② 캘빈더블 브리지법
③ 콜라우시 브리지법　　　　　　④ 테스터법

풀이 특수 저항 측정
① 검류계의 내부 저항 : 휘이스톤 브리지법
② 전해액의 저항 : 콜라우시 브리지법
③ 접지 저항 : 콜라우시 브리지법
※ 콜라우시 브리지법
$R_a + R_b = R_{ab}$: ①
$R_b + R_c = R_{bc}$: ②
$R_a + R_c = R_{ac}$: ③
① + ② + ③
$2(R_a + R_b + R_c) = R_{ab} + R_{bc} + R_{ca}$
$2(R_a + R_{bc}) = R_{ab} + R_{bc} + R_{ca}$
$R_a = \dfrac{1}{2}(R_{ab} + R_{ca} - R_{bc})[\Omega]$

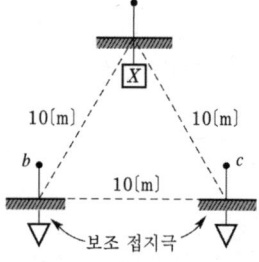

여기서, R_{ab} : 본 접지극 a와 보조 접지극 b 사이의 저항
R_{ac} : 본 접지극 a와 보조 접지극 c 사이의 저항
R_{bc} : 보조 접지극 bc 상호간의 저항　　　　　　　　　　**답** ③

54 합성수지관의 특성은?

① 내열성　　　　② 내부식성　　　　③ 내한성　　　　④ 내충격성

풀이 합성수지관은 내부식성이 강하며, 절연성이 우수하다.　　　　**답** ②

55 보호를 요하는 회로의 전류가 어떤 일정한 값(정정값)이상으로 흘렀을 때 동작하는 계전기는?

① 과전류 계전기 　　　　　　　　② 과전압 계전기
③ 차동 계전기 　　　　　　　　　④ 비율 차동 계전기

풀이
• 과전류 계전기 : 회로의 전류가 일정값이 이상으로 흘렀을 때 동작
• 과전압 계전기 : 회로의 전압이 일정값이 이상이 되었을 때 동작
• 차동 계전기 : 1차 전류와 2차 전류의 차에 의하여 동작
• 비율 차동 계전기 : 1차 전류와 2차 전류의 차에 비율에 의하여 동작　　　**답** ①

56 정션 박스내에서 절연 전선을 쥐꼬리 접속한 후 접속과 절연을 위해 사용되는 재료는?

① 링형 슬리브 　　　　　　　　　② S형 슬리브
③ 와이어 커넥터 　　　　　　　　④ 터미널 러그

풀이 정크션 박스 내에서 전선을 접속할 경우 와이어 커넥터를 사용하여 접속하여야 한다.　　**답** ③

57 한 수용 장소의 인입구에서 분기하여 지지물을 거치지 아니하고 다른 수용 장소의 인입구에 사용에 이르는 부분의 전선을 무엇이라 하는가?

① 연접 인입선 　　　　　　　　　② 본딩선
③ 이동전선 　　　　　　　　　　④ 지중 인입선

풀이 연접 인입선 : 한 수용 장소의 인입선에서 분기하여 지지물을 거치지 아니하고 다른 수용 장소의 인입구에 이르는 부분의 전선
① 인입선에서 분기하는 점으로부터 100[m]를 넘지 않는 지역이어야 한다.
② 폭 5[m]를 초과하는 도로를 횡단하지 말 것
③ 옥내를 통과하지 아니할 것　　　　　　　　　　　　　　　　　　**답** ①

58 클로로프렌 외장 케이블 서로의 접속에 쓰는 테이프에는 어느 것이 알맞은가?

① 자기 융착 테이프 　　　　　　② 블랙 테이프
③ 리노 테이프 　　　　　　　　④ 비닐 테이프

풀이 비닐 테이프는 클로로프렌 외장과 접착이 잘 안되므로 자기 융착 테이프를 사용하여 접속한다.　**답** ①

59 가연성 가스가 존재하는 장소의 저압 시설 공사 방법으로 옳은 것은?

① 가요 전선관 공사 　　　　　　② 합성 수지관 공사
③ 금속관 공사 　　　　　　　　④ 금속 몰드 공사

풀이 폭연성 분진(마그네슘, 알루미늄, 티탄, 지르코늄 등의 먼지로 쌓여진 상태에서 착화된 때에 폭발할 우려가 있는 것), 화약류 분말이 존재하는 곳, 가연성의 가스 또는 인화성 물질의 증기가 새거나 체류하는 곳의 전기 공작물은 금속관 공사, 또는 케이블 공사(캡타이어 케이블을 제외한다)에 의하여야 하며 금속관 공사를 하는 경우 관 상호 및 관과 박스 등은 5턱 이상의 나사 조임으로 접속하여야 한다.　**답** ③

60 전선의 굵기를 결정할 때 반드시 생각하여야 할 사항은?

① 공사 방법, 전압 강하, 기계적 강도

② 공사 방법, 사용 장소, 기계적 강도

③ 허용 전류, 공사 방법, 사용 장소

④ 허용 전류, 전압 강하, 기계적 강도

풀이 전선의 굵기를 결정하는 요소는 허용 전류, 전압 강하, 기계적 강도, 코로나손실, 장래부하의 증설 등이 고려된다. 이중 3대 요소는 허용전류, 전압강하, 기계적 강도가 고려되어야 한다. **답** ④

2022

CBT 복원문제

동일출판사 홈페이지 및 YouTube에서
무료동영상 강의를 보실 수 있습니다.
(전기이론, 전기기기 해설)

1 PN접합 다이오드의 대표적인 작용으로 옳은 것은?

① 정류작용   ② 변조작용   ③ 증폭작용   ④ 발진작용

풀이 PN 접합 다이오드는 순방향으로만 전류가 흐르는 특성(정류)이 있고, 이 PN 접합 반도체를 다이오드라 한다.   **답** ①

2 10[Ω]의 저항에 2[A]의 전류가 흐를 때 저항의 단자 전압은 얼마인가?

① 5   ② 10   ③ 15   ④ 20

풀이 옴의 법칙 $V = RI$[V]에 의해 $V = 10 \times 2 = 20$[V]의 단자 전압이 걸린다.   **답** ④

3 비투자율이 1인 환상 철심 중의 자장의 세기가 H[AT/m]이었다. 이 때 비투자율이 10인 물질로 바꾸면 철심의 자속밀도 [Wb/m²]는?

① $\frac{1}{10}$로 줄어든다.   ② 10배 커진다.

③ 50배 커진다.   ④ 100배 커진다.

풀이 자속밀도는 비투자율에 비례하므로, 비투자율이 10인 물질로 바꾸면 철심의 자속밀도는 10배 커지게 된다.   **답** ②

4 교류회로에서 유효전력을 (P), 무효전력을 구하는 (P_r), 피상 전력을 (P_a)이라 하면 역률 $(\cos\theta)$를 구하는 식은?

① $\frac{P}{P_a}$ ② $\frac{P_a}{P}$ ③ $\frac{P}{P_r}$ ④ $\frac{P_r}{P}$

풀이 역률 $= \dfrac{\text{유효전력}}{\text{피상전력}} = \dfrac{P}{P_a}$ **답** ①

5 코일의 감긴 수와 전류와의 곱은 무엇을 나타내는가?

① 기자력   ② 전자력   ③ 기전력   ④ 역률

풀이 기자력 $F = NI$이므로 기자력은 코일의 권수와 전류의 곱으로 나타낸다.   **답** ①

6 공기 중에서 반지름 10[cm]인 원형 도체에 1[A]의 전류가 흐르면 원의 중심에서 자기장의 크기는 몇 [AT/m]인가?

① 5[AT/m]   ② 10[AT/m]   ③ 15[AT/m]   ④ 20[AT/m]

풀이 원형 전류 중심의 자계의 세기 $H_o = \dfrac{I}{2r} = \dfrac{1}{2 \times 0.1} = 5[\text{AT/m}]$ **답** ①

7 그림과 같은 회로에 흐르는 유효분 전류[A]는?

① 4[A]
② 6[A]
③ 8[A]
④ 10[A]

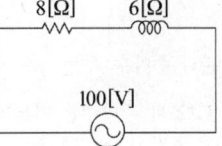

풀이 $I = \dfrac{V}{Z}\cos\theta = \dfrac{100}{\sqrt{8^2+6^2}} \times \dfrac{8}{\sqrt{8^2+6^2}} = 8[\text{A}]$ **답** ③

8 키르히호프의 법칙을 이용하여 방정식을 세우는 방법으로 잘못된 것은?

① 키르히호프의 제1법칙을 회로망의 임의의 한 점에 적용한다.
② 각 폐회로에서 키르히호프의 제2법칙을 적용한다.
③ 각 회로의 전류를 문자로 나타내고 방향을 가정한다.
④ 계산결과 전류가 +로 표시된 것은 처음에 정한 방향과 반대방향임을 나타낸다.

풀이 ① 키르히호프의 제1법칙 (Kirchhoff's Current Law : KCL)
유입전류(전 전류) I는 유출전류(각 지로전류) I_1, I_2, I_3, … 의 합으로 계산된다.

$I = I_1 + I_2 + I_3 + \cdots + I_n$

계산결과 전류가 처음에 정한 방향과 같은 방향이면 (+), 반대방향이면 (−)로 표시한다.
② 키르히호프의 제2법칙 (Kirchhoff's Voltage Law : KVL)
키르히호프의 전압법칙은 "회로망 내의 임의의 폐회로(경로)에 있어서 전원전압(E_i)의 합은 전압강하
의 합(V_i)과 같다"라는 법칙으로

$E_1 + E_2 + E_3 + \cdots = V_1 + V_2 + V_3 + \cdots$

즉, $\Sigma E_i = \Sigma V_i$ 로 계산된다. **답** ④

9 100[μF]의 콘덴서에 1,000[V]의 전압을 가하여 충전한 뒤 저항을 통하여 방전시키면 저항
에 발생하는 열량은 몇 [cal]인가?

① 3[cal] ② 5[cal] ③ 12[cal] ④ 43[cal]

풀이 콘덴서에 저장 되는 에너지 $W = \dfrac{1}{2}CV^2[\text{J}]$이므로

$W = \dfrac{1}{2} \times 100 \times 10^{-6} \times 1000^2 = 50[\text{J}]$이 된다.

여기서 $1[\text{J}] = 0.24[\text{cal}]$이므로 $50 \times 0.24 = 12[\text{cal}]$가 된다. **답** ③

10 그림과 같은 비사인파의 제3고조파 주파수는? (단, $V = 20$[V], $T = 10$[ms]이다.)

① 100[Hz]
② 200[Hz]
③ 300[Hz]
④ 400[Hz]

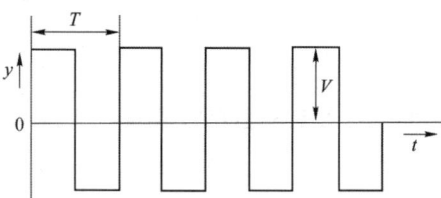

풀이 기본파 주파수 $f_1 = \dfrac{1}{T} = \dfrac{1}{10 \times 10^{-3}} = 100$[Hz]

제3고조파 주파수는 기본파 주파수의 3배이므로,

$\therefore f_3 = 3 \times 100 = 300$[Hz]

답 ③

11 $I = 8 + j6$[A]로 표시되는 전류의 크기 I는 몇 [A]인가?

① 6　　　　② 8　　　　③ 10　　　　④ 12

풀이 전류의 크기 $|I| = |8 + j6| = \sqrt{8^2 + 6^2} = 10$[A]

답 ③

12 1개의 전자 질량은 약 몇 [kg]인가?

① 1.679×10^{-31}
② 9.109×10^{-31}
③ 1.67×10^{-27}
④ 9.109×10^{-27}

풀이 전자 1개의 질량은 9.10955×10^{-31}[kg]이고,
양자 1개의 질량은 1.67261×10^{-27}[kg]이다.

답 ②

13 콘덴서의 정전용량이 커질수록 용량리액턴스의 값은 어떻게 되는가?

① 무한대로 접근한다.
② 커진다.
③ 작아진다.
④ 변화하지 않는다.

풀이 용량 리액턴스 $X_c = \dfrac{1}{2\pi f C}$에서 정전용량에 반비례하는 것을 알 수 있다.

즉, 정전용량이 증가하면, 용량리액턴스는 감소하게 된다.

답 ③

14 PN 접합의 순방향 저항은 (㉠), 역방향 저항은 매우(㉡), 따라서 (㉢)작용을 한다. (　)안에 들어갈 말로 옳은 것은?

① ㉠ 크고, ㉡ 크다, ㉢ 정류
② ㉠ 작고, ㉡ 크다, ㉢ 정류
③ ㉠ 작고, ㉡ 작다, ㉢ 검파
④ ㉠ 작고, ㉡ 크다, ㉢ 검파

풀이 pn 접합 다이오드는 순방향으로만 전류가 흐르는 특성(정류)이 있고, 이 pn 접합 반도체를 다이오드라 한다.

답 ②

15 기전력이 50[V], 내부저항 $r = 5[\Omega]$인 전원이 있다. 이 전원에 부하를 연결하여 얻을 수 있는 최대 전력은 몇 [W]인가?

① 50   ② 75   ③ 100   ④ 125

풀이 전력 $P = \dfrac{V^2}{4R}$ 에서 $P = \dfrac{50^2}{4 \times 5} = 125[W]$가 된다.   **답** ④

16 1[kWh]는 몇 [kcal]인가?

① 860[kcal]   ② 2400[kcal]   ③ 4800[kcal]   ④ 8600[kcal]

풀이 전력량은 열량으로 환산할 수 있으며, 1[J]은 0.24[cal]에 해당한다. 따라서,

$1[kWh] = 1,000[Wh] = 1,000 \times 3,600[W \cdot s] = \dfrac{1}{4.2} \times 3,600 \times 1,000$

$= 860,000[cal] = 860[kcal]$가 된다.

여기서, 한시간은 3600초에 해당하며, 1[kW]는 1000[W]에 해당한다.   **답** ①

17 전장과 반대 방향으로 전하를 20[cm] 이동시키는 데 400[J]의 에너지가 소모되었다. 이 두 점 사이의 전위차가 100[V]이면 전하의 전기량[C]은?

① 1   ② 4   ③ 5   ④ 10

풀이 에너지 $W = V \cdot Q[J]$에서 $Q = \dfrac{W}{V} = \dfrac{400}{100} = 4[C]$이 된다.   **답** ②

18 1[μF], 3[μF], 6[μF]의 콘덴서 3개를 병렬로 연결할 때 합성 정전용량은?

① 1.5[μF]   ② 5[μF]   ③ 10[μF]   ④ 18[μF]

풀이 병렬연결 시 합성 정전용량 $C = C_1 + C_2 + C_3 = 1 + 3 + 6 = 10[\mu F]$가 된다.   **답** ③

19 어떤 회로에 $v = 200\sin\omega t$의 전압을 가했더니 $i = 50\sin\left(\omega t + \dfrac{\pi}{2}\right)$의 전류가 흘렀다. 이 회로는?

① 저항회로   ② 유도성회로   ③ 용량성회로   ④ 임피던스회로

풀이 $i = 50\sin\left(\omega t + \dfrac{\pi}{2}\right)$ 는 $v = 200\sin\omega t$ 보다 위상이 90° 빠르다. 즉, 전류가 전압보다 90° 앞서게 되면, 회로는 용량성만의 회로가 된다.   **답** ③

20 자체 인덕턴스 4[H]의 코일에 18[J]의 에너지가 저장되어 있다. 이때 코일에 흐르는 전류는 몇 [A]인가?

① 1   ② 2   ③ 3   ④ 6

풀이 전자에너지 $W = \frac{1}{2}LI^2$에서 $18 = \frac{1}{2} \times 4 \times I^2$이므로 $I = \sqrt{\frac{18 \times 2}{4}} = 3[\text{A}]$가 된다.　　**답** ③

21 SCR 2개를 역병렬로 접속한 그림과 같은 기호의 명칭은?

① SCR　　　　② TRIAC
③ GTO　　　　④ UJT

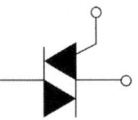

풀이 트라이악(TRIAC)은 양방향성 3단자 소자이다.　　**답** ②

22 일정한 주파수의 전원에서 운전하는 3상 유도전동기의 전원 전압이 80[%]가 되었다면 토크는 약 몇 [%]가 되는가? (단, 회전수는 변하지 않는 상태로 한다.)

① 55　　　　　② 64　　　　　③ 76　　　　　④ 82

풀이 유도 전동기에서 토크는 전압의 제곱에 비례한다. $(\tau \propto V^2)$
전원 전압이 80[%]가 되었으므로 기동토크 $= 0.8^2 = 0.64 = 64[\%]$가 된다.　　**답** ②

23 3상 유도전동기의 속도제어 방법 중 인버터(inverter)를 이용한 속도 제어법은?

① 극수 변환법　　　　　　　② 전압 제어법
③ 초퍼 제어법　　　　　　　④ 주파수 제어법

풀이 VVVF(인버터)제어는 가변 전압 가변 주파수로 속도제어 및 기동을 하는 방법을 말한다.　　**답** ④

24 3상 유도전동기의 1차 입력 60[kW], 1차 손실 1[kW], 슬립 3[%]일 때 기계적 출력은 약 몇 [kW]인가?

① 57　　　　　② 75　　　　　③ 95　　　　　④ 100

풀이 1차 출력 = 2차 입력 = 60-1 = 59[kW]이므로
기계적 출력 $P_0 = (1-s)P_2 = (1-0.03) \times 59 = 57.23[\text{kW}]$　　**답** ①

25 직류 전동기에서 무부하가 되면 속도가 대단히 높아져서 위험하기 때문에 무부하운전이나 벨트를 연결한 운전을 해서는 안 되는 전동기는?

① 직권전동기　　② 분권전동기　　③ 타여자전동기　　④ 분권전동기

풀이 속도의 식 $N = \frac{E}{K\phi} = \frac{V-R_aI_a}{K\phi} = k\frac{V-R_aI_a}{\phi}$에서 $\phi = 0$이면 속도가 무한대가 되어 위험하게 된다. 직류 직권 전동기의 경우 부하전류 $I = I_a = I_f$이므로 부하전류가 0 이면 자속이 0이 된다.
따라서, 직권 전동기의 경우 벨트 부하를 걸면 벨트가 벗겨져 무부하가 될 수 있으므로 벨트 부하를 사용하지 않으며, 기어부하를 사용한다.　　**답** ①

26 동기 발전기의 병렬 운전 중 주파수가 틀리면 어떤 현상이 나타나는가?

① 무효 전력이 생긴다.
② 무효 순환전류가 흐른다.
③ 유효 순환전류가 흐른다.
④ 출력이 요동치고 권선이 가열된다.

풀이 기전력의 주파수가 다른 경우 동기화 전류가 교대로 주기적으로 흘러 난조의 원인이 된다. **답** ④

27 상전압 300[V]의 3상 반파 정류 회로의 직류 전압은 약 몇 [V]인가?

① 520[V]
② 350[V]
③ 260[V]
④ 50[V]

풀이 3상 반파정류회로의 직류 전압 $E_d = \dfrac{3\sqrt{6}}{2\pi} V = \dfrac{3\sqrt{6}}{2\pi} \times 300 = 350.86[V]$ **답** ②

28 동기 발전기의 돌발 단락 전류를 주로 제한하는 것은?

① 누설 리액턴스
② 역상 리액턴스
③ 동기 리액턴스
④ 권선저항

풀이 동기기에서 저항은 누설 리액턴스에 비하여 작으며 전기자 반작용은 단락 전류가 흐른 뒤에 작용하므로 돌발 단락 전류를 제한하는 것은 누설 리액턴스이다. 역상 리액턴스는 역상 전류에 대응하는 것으로 3상 평형 단락이 되면 역상 전류는 흐르지 않는다.
• 동기 리액턴스 = 누설 리액턴스 + 반작용 리액턴스 **답** ①

29 동기조상기의 계자를 부족여자로 하여 운전하면?

① 콘덴서로 작용
② 뒤진역률 보상
③ 리액터로 작용
④ 저항손의 보상

풀이 동기조상기를 과여자 운전하면 콘덴서로 작용하며, 부족여자 운전하면 리액터로 작용한다. **답** ③

30 변압기의 백분율 저항강하가 2[%], 백분율 리액턴스강하가 3[%]일 때 부하역률이 80[%]인 변압기의 전압변동률[%]은?

① 1.2
② 2.4
③ 3.4
④ 3.6

풀이 $\sin\phi = \sqrt{1 - \cos^2\theta} = \sqrt{1 - 0.8^2} = 0.6$
$\therefore \epsilon = p\cos\phi + q\sin\phi = 2\times 0.8 + 3\times 0.6 = 3.4[\%]$ **답** ③

31 동기속도 1800[rpm], 주파수 60[Hz]인 동기 발전기의 극수는 몇 극인가?

① 2
② 4
③ 8
④ 10

풀이 동기속도 $N = \dfrac{120f}{p}$ 에서 극수 $p = \dfrac{120f}{N} = \dfrac{120\times 60}{1800} = 4$극 **답** ②

32 정격 속도에 비하여 기동 회전력이 가장 큰 전동기는?

① 타여자기   ② 직권기   ③ 분권기   ④ 복권기

풀이 직권 전동기는 회전력이 속도의 제곱에 반비례$\left(\tau \propto \dfrac{1}{N^2}\right)$하므로, 기동 시 회전력이 가장 크다. **답** ②

33 60[Hz] 3상 반파 정류 회로의 맥동 주파수 [Hz]는?

① 360   ② 180   ③ 120   ④ 60

풀이 전원 주파수 : f, 맥동 주파수 : f_0라 하면
① 단상 반파 정류 $f_0 = f = 60$[Hz]
② 단상 전파 정류 $f_0 = 2f = 120$[Hz]
③ 3상 반파 정류 $f_0 = 3f = 180$[Hz]
④ 3상 전파 정류 $f_0 = 6f = 360$[Hz]   **답** ②

34 변압기유의 열화 방지와 관계가 가장 먼 것은?

① 브리더   ② 컨서베이터   ③ 불활성 질소   ④ 부싱

풀이 변압기 부싱은 변압기에서 인출되는 도체를 변압기 외함과 절연시키는 장치이다.   **답** ④

35 변압기의 자속은 무엇에 비례하는가?

① 전류   ② 권수   ③ 주파수   ④ 전압

풀이 변압기의 유도 기전력 $E = 4.44Nf\phi_m$[V]에서 $\phi_m = \dfrac{E}{4.44fN}$[Wb]가 된다.
따라서 자속은 전압에 비례한다.   **답** ④

36 유도전동기의 제동법이 아닌 것은?

① 3상 제동   ② 발전제동   ③ 회생제동   ④ 역상제동

풀이 유도전동기의 전기 제동법
① 발전 제동 : 운전 중인 전동기를 전원에서 분리하면 발전기로 동작한다. 이때 발생된 전력을 열로 소비하는 제동법을 발전제동이라 한다.
② 회생 제동 : 운전 중인 전동기를 전원에서 분리하면 발전기로 동작한다. 이때 발생된 전력을 제동용 전원으로 사용하면 회상제동이라 한다. 이 경우는 언덕을 내려가는 전차 등에서 사용할 수 있다.
③ 플러깅(plugging) 제동 : 플러깅 제동은 급제동시 사용하는 방법으로 역전제동이라고도 한다. 제동시 전동기를 역회전시켜 속도를 급감시킨 다음 속도가 0에 가까워지면 전동기를 전원에서 분리하는 제동법이다.   **답** ①

37 직류기의 3대 요소 중 기전력을 발생하는 부분은 무엇인가?

① 정류자   ② 전기자   ③ 브러시   ④ 계자

풀이 직류기의 3요소는 계자, 전기자, 정류자가 되며 이들의 역할은
① 계자 : 자속을 만들어 주는 부분
② 전기자 : 도체에 기전력을 유기하는 부분
③ 정류자 : 만들어진 기전력 교류를 직류로 변환하는 부분   **답** ②

38 전부하 슬립이 5[%], 2차 저항손 5.26[kW]의 3상 유도전동기의 2차 입력은 몇 [kW]인가?
① 2.63   ② 5.26   ③ 105.2   ④ 226.5

풀이 2차 동손 $P_{c2} = sP_2$에서 $P_2 = \dfrac{P_{c2}}{s} = \dfrac{5.26}{0.05} = 105.2$[kW]가 된다.   **답** ③

39 권선형 유도 전동기가 농형에 비하여 우수한 점은?
① 구조가 간단하다.   ② 효율이 좋다.
③ 기동 토크가 크다.   ④ 운전이 쉽다.

풀이 권선형 유도 전동기는 기동 토크가 크므로 대형에 적합하다. 농형 유도 전동기는 기계적으로 튼튼하나
기동 토크가 작아 대형이 되면 기동이 어렵게 된다.   **답** ③

40 그림은 일반적인 반파 정류 회로이다. 변압기 2차 전압의 실효값을 E[V]라 할 때 직류 전류
평균값은? 단, 정류기의 전압 강하는 무시한다.

① $\dfrac{E}{R}$ ② $\dfrac{1}{2}\dfrac{E}{R}$

③ $\dfrac{2\sqrt{2}\,E}{\pi R}$ ④ $\dfrac{\sqrt{2}\,E}{\pi R}$

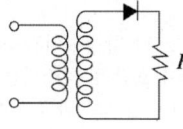

풀이 무부하 직류 전압 E_{d0}는 $E_{d0} = \dfrac{1}{2\pi}\displaystyle\int_0^\pi \sqrt{2}\,E\sin\theta \cdot d\theta = \dfrac{\sqrt{2}\,E}{\pi}$

정류기 내의 전압 강하 e를 무시하면 직류 전압 평균값 E_d는 $E_d \fallingdotseq E_{d0}$

따라서, 직류 전류 평균값 I_d는

$\therefore I_d = \dfrac{E_d}{R} = \dfrac{E_{d0}}{R} = \dfrac{\frac{\sqrt{2}}{\pi}E}{R} = \dfrac{\sqrt{2}\,E}{\pi R}$[A]

여기서, E : 변압기 2차 상전압(실효값), R : 부하 저항   **답** ④

41 절연물에 인조 고무를 쓴 케이블은?
① 클로로프렌 시스 케이블   ② 캡타이어 케이블
③ 고무 절연 전선   ④ 고무 시스 케이블

풀이 클로로프렌 : 인조 고무, 캡타이어 케이블 : 천연 고무 사용   **답** ①

42 금속관 끝부분, 내면, 다듬질에 쓰이는 공구는?

① 오스터　　　　② 다이스　　　　③ 리머　　　　④ 커터

풀이 리머(reamer)
금속관을 쇠톱이나 커터로 끊은 다음,
관 안에 날카로운 것을 다듬는 것

답 ③

43 변전소의 전력기기를 시험하기 위하여 회로를 분리하거나 또는 계통의 접속을 바꾸거나 하는 경우에 사용되는 것은?

① 나이프 스위치　　　　　　　② 차단기
③ 퓨즈　　　　　　　　　　　④ 단로기

풀이 단로기(DS : Disconnecting Switch)
단로기는 기기의 점검, 수리를 할 때 기기를 활선으로부터 떼어 내어 확실하게 회로를 열어 놓을 목적으로 사용된다. 또 모선의 구분, 변압기의 결선변경 또는 회로의 접속변경 등의 목적으로 사용되는 개폐기로 정격전압으로 단순히 충전되어 있는 무부하상태의 전로를 개폐하기 위한 것이다.

답 ④

44 접착제를 사용하여 합성 수지관을 삽입해 접속할 경우, 관의 삽입하는 깊이는 관 외경의 최소 몇 배인가?

① 0.8배　　　　② 1배　　　　③ 1.2배　　　　④ 1.5배

풀이 232.11 합성수지관공사
관 상호간 및 박스와는 관을 삽입하는 깊이를 관의 바깥 지름의 1.2배(접착제를 사용하는 경우에는 0.8배) 이상으로 하고 또한 꽂음 접속에 의하여 견고하게 접속할 것

답 ①

45 가공전선의 지지물에 승탑 또는 승강용으로 사용하는 발판 볼트 등은 지표상 몇 [m] 미만에 시설하여서는 안되는가?

① 1.2[m]　　　　② 1.5[m]　　　　③ 1.6[m]　　　　④ 1.8[m]

풀이 331.4 가공전선로 지지물의 철탑오름 및 전주오름 방지
가공전선로의 지지물에 취급자가 오르고 내리는데 사용하는 발판 볼트 등을 지표상 1.8[m] 미만에 시설하여서는 아니 된다.

답 ④

46 단선의 브리타니어(britania) 직선 접속 시 전선 피복을 벗기는 길이는 전선 지름의 약 몇 배로 하는가?

① 5배　　　　② 10배　　　　③ 20배　　　　④ 30배

풀이 브리타니어 직선 접속
① 10[mm²] 이상의 굵은 단선인 경우에 적용되며, 다음 그림과 같이 1.0~1.2[mm]의 조인트선과 첨선을 준비하여 사포로 닦는다.

② 두 심선의 접속 부분을 서로 겹치고, 약 120[mm] 길이의 첨선을 댄다.

③ 1[mm] 정도 되는 조인트선의 중간을 전선 접속 부분의 중앙에 대고 2회 정도 성기게 감은 다음, 각각 양쪽을 조밀하게 감는다. 이때, 감은 전체의 길이가 전선 직경의 15배 이상 되도록 한다.

④ 펜치를 사용하여 두 심선의 남은 끝을 각각 위로 세우고 양 끝의 조인트선을 본선에만 5회 정도 감고 첨선과 함께 꼬아서 8[mm] 정도 남기고 자른다.

⑤ 위로 세운 심선을 잘라낸다.

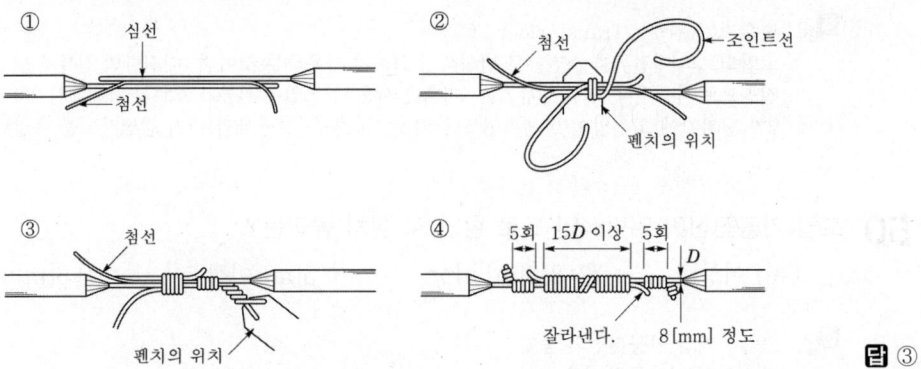

답 ③

47 다음 접지 공사 방법 중 옳지 않은 것은?

① 접지극은 지하 75[cm] 이상의 깊이에 묻어야 한다.

② 접지도체와 수도관의 접속은 접지 저항값이 2[Ω] 이하로 되면 어느 곳에서나 접속할 수 있다.

③ 접지도체의 최소 단면적은 구리인 경우 6[mm^2] 이상을 사용한다.

④ 접지도체는 접지극에서 지표상 2[m]까지의 부분에는 옥내용 절연 전선을 사용한다.

풀이 접지선은 지하 0.75[mm]부터 지표상 2[m]까지 합성 수지 몰드로 덮어야 한다.

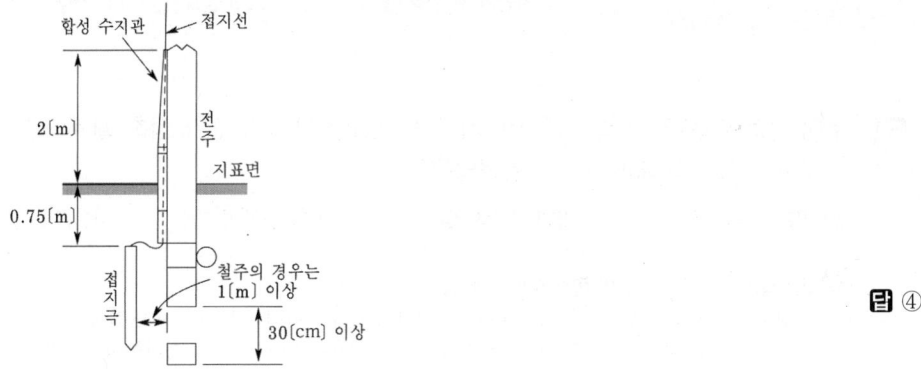

답 ④

48 금속관공사를 할 때 앤트런스 캡의 사용으로 옳은 것은?

① 금속관이 고정되어 회전시킬 수 없을 때 사용

② 저압 가공 인입선의 인입구에 사용

③ 배관의 지각의 굴곡 부분에 사용

④ 조명기구가 무거울 때 조명 기구의 부착 등에 사용

풀이 엔트런스 캡은 옥외 공사의 금속관 인입구에 설치하며 빗물의 침입을 막는 곳에 사용한다. **답** ②

49 다음 변류기의 약호는?

① CB ② CT ③ DS ④ COS

풀이 변류기(Current Transformer : CT)
고압회로의 대전류를 소전류로 변성하기 위해서 사용하는 것이며, 배전반의 전류계 및 트립코일(TC)의 전원으로 사용된다. 일반 변류기는 2차측은 사용 중 코일에 전류가 흐르는 상태에서 2차 코일을 개방하면 2차 단자간에 고전압이 발생하여 코일의 손상(2차측 절연파괴)내지 감전사고를 유발한다. **답** ②

50 고압 가공전선이 일반적인 도로 횡단 시 설치 높이는?

① 3[m] 이상 ② 3.5[m] 이상 ③ 5[m] 이상 ④ 6[m] 이상

풀이 222.7 저압 가공전선의 높이
332.5 고압 가공전선의 높이

설치장소		가공전선의 높이
도로횡단 (번잡하지 않은 도로 제외)		지표상 6[m] 이상
철도 또는 궤도 횡단		레일면상 6.5[m] 이상
횡단보도교 위	저압	노면상 3.5[m] 이상(단, 절연전선의 경우 3[m] 이상)
	고압	노면상 3.5[m] 이상
일반장소		지표상 5[m] 이상. 단, 저압의 경우 절연전선 또는 케이블을 사용하여 교통에 지장이 없도록 하여 옥외조명용에 공급하는 경우 4[m]까지 감할 수 있다.
다리의 하부 기타 이와 유사한 장소		저압의 전기철도용 급전선은 지표상 3.5[m]까지로 감할 수 있다.

답 ④

51 무대·오케스트라 박스·영사실 기타 사람이나 무대 도구가 접촉 될 우려가 있는 장소에 시설하는 저압 옥내배선의 사용전압은?

① 400[V] 이하 ② 500[V] 이상 ③ 600[V] 이하 ④ 700[V] 이상

풀이 242.6 전시회, 쇼 및 공연장의 전기설비
무대·무대마루 밑·오케스트라 박스·영사실 기타 사람이나 무대 도구가 접촉할 우려가 있는 곳에 시설하는 저압 옥내배선, 전구선 또는 이동전선은 사용전압이 400[V] 이하이어야 한다. **답** ①

52 정격전압 3상 24[kV], 정격차단전류 300[A] 수전설비의 차단용량은 몇 [MVA]인가?

① 17.26 ② 28.34 ③ 12.47 ④ 24.94

풀이 정격 차단 용량 P_s[MVA]$= \sqrt{3} \times$정격 전압[kV]$\times$정격 차단 전류[kA]
따라서 $P_s = \sqrt{3} \times 24 \times 10^3 \times 300 \times 10^{-6} = 12.47$[MVA] **답** ③

53 옥내 배선에서 주로 사용하는 직선 접속 및 분기 접속방법은 어떤 것을 사용하여 접속하는가?

① 동선압착단자　　　　　　　　② 슬리브
③ 와이어 커넥터　　　　　　　　④ 꽂음형 커넥터

풀이 슬리브에 의한 접속
① 직선접속　　　　　　　　　　　② 분기접속

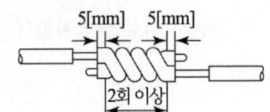
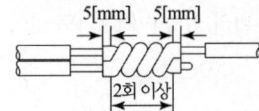

답 ②

54 한국전기설비규정에서 가공전선로의 지지물에 하중이 가하여지는 경우에 그 하중을 받는 지지물의 기초의 안전율은 얼마 이상인가?

① 0.5　　　　　　② 1　　　　　　③ 1.5　　　　　　④ 2

풀이 331.7 가공전선로 지지물의 기초의 안전율
가공전선로의 지지물에 하중이 가하여지는 경우에 그 하중을 받는 지지물의 기초의 안전율은 2(이상 시 상정하중이 가하여지는 경우의 그 이상 시 상정하중에 대한 철탑의 기초에 대하여는 1.33) 이상이어야 한다.

답 ④

55 변압기 중성점 접지 공사의 저항값을 결정하는 가장 큰 원인은?

① 변압기의 용량
② 고압 가공 전선로의 전선 연장
③ 변압기 1차측에 넣는 퓨즈 용량
④ 변압기 고압 또는 특고압측 전로의 1선 지락 전류의 암페어 수

풀이 변압기의 고압측 또는 특고압측의 전로의 1선 지락전류의 암페어 수로 150을 나눈 값과 같은 [Ω]수를 변압기 중성점 접지공사의 접지저항값으로 선정한다.

답 ④

56 케이블을 조영재에 지지하는 경우에 이용되는 것이 아닌 것은?

① 터미널 캡　　　　　　　　　　② 클리트(Cleat)
③ 스테이플　　　　　　　　　　　④ 새들

풀이

명칭	그림	용도
터미널 캡 (서비스캡)		저압 가공 인입선에서 금속관 공사로 옮겨지는 곳 또는 금속관으로부터 전선을 뽑아 전동기 단자 부분에 접속할 때 사용하며, A형, B형이 있다.

답 ①

57 수・변전 설비의 인입구 개폐기로 많이 사용되고 있으며, 전력 퓨즈의 용단시 결상을 방지하는 목적으로 사용되는 것은?

① 부하 개폐기   ② 선로 개폐기

③ 자동 고장 구분 개폐기   ④ 기중 부하 개폐기

풀이 부하개폐기 : LBS(Load Breaker Switch)
수변전설비의 인입구 개폐기로 많이 사용되며 전력퓨즈의 용단시 결상을 방지한다.　　　**답** ①

58 60[cd]의 점광원으로부터 2[m]의 거리에서 그 방향과 직각인 면과 30° 기울어진 평면위의 조도[lx]는?

① 7.5   ② 10.8   ③ 13.0   ④ 13.8

풀이 수평면 조도 E 는

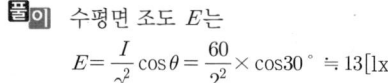
$$E = \frac{I}{r^2} \cos\theta = \frac{60}{2^2} \times \cos 30° \fallingdotseq 13[\text{lx}]$$

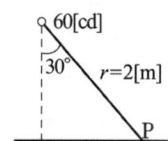

답 ③

59 전기설비기술기준에 의하여 애자공사를 건조한 장소에 시설하고자 한다. 사용 전압이 400[V] 이하인 경우 전선과 조영재 사이의 이격거리는 최소 몇 [cm] 이상이어야 하는가?

① 2.5   ② 4.5   ③ 6.0   ④ 12

풀이 232.56 애자공사
① 전선은 절연 전선(단, 옥외용 비닐 절연 전선(OW) 및 인입용 비닐 절연 전선(DV)은 제외한다.)
② 사용하는 애자는 절연성・난연성 및 내수성의 것이어야 한다.
③ 이격 거리

전 압		전선과 조영재와의 이격 거리		전선 상호 간격	전선 지지점간의 거리	
					조영재의 윗면 또는 옆면	조영재에 따라 시설하지 않는 경우
저압	400[V] 이하	2.5[cm] 이상		6[cm] 이상	2[m] 이하	−
	400[V] 초과	건조한 장소	2.5[cm] 이상			6[m] 이하
		기타의 장소	4.5[cm] 이상			

답 ①

60 라이팅덕트를 조영재에 따라 부착할 경우 지지점간의 거리는 몇 [m] 이하로 하여야 하는가?

① 1.0   ② 1.2   ③ 1.5   ④ 2.0

풀이 232.71 라이팅덕트공사
① 덕트 상호 간 및 전선 상호 간은 견고하게 또한 전기적으로 완전히 접속할 것.
② 덕트는 조영재에 견고하게 붙일 것.
③ 덕트의 지지점 간의 거리는 2[m] 이하로 할 것.
④ 덕트의 끝부분은 막을 것.

답 ④

1 히스테리시스 곡선의 ㉠ 가로축(횡축)과 ㉡ 세로축(종축)은 무엇을 나타내는가?

① ㉠ 자속 밀도 ㉡ 투자율
② ㉠ 자기장의 세기 ㉡ 자속 밀도
③ ㉠ 자화의 세기 ㉡ 자기장의 세기
④ ㉠ 자기장의 세기 ㉡ 투자율

풀이 종축과 만나는 점은 잔류 자기 (잔류 자속 밀도(B_r))이고, 횡축과 만나는 점은 보자력 (자기장의 세기(H_c))를 표시한다.

답 ②

2 1[Ah]는 몇 [C]인가?

① 7200 ② 3600 ③ 1200 ④ 60

풀이 $Q = It = 1 \times 3600 = 3600[C]$
여기서, I[A]는 전류이며 t[sec]는 시간이다. 또 1[h]는 3600[sec]에 해당한다.

답 ②

3 공기 중 자장의 세기가 20[AT/m]인 곳에 8×10^{-3}[Wb]의 자극을 놓으면 작용하는 힘[N]은?

① 0.16 ② 0.32 ③ 0.43 ④ 0.56

풀이 쿨롱의 법칙과 자계의 세기 관계식에서
$F = mH = 8 \times 10^{-3} \times 20 = 0.16[N]$

답 ①

4 반지름 50[cm], 권수 10[회]인 원형 코일에 0.1[A]의 전류가 흐를 때, 이 코일 중심의 자계의 세기 H는?

① 1[AT/m] ② 2[AT/m] ③ 3[AT/m] ④ 4[AT/m]

풀이 원형 코일 중심의 자계의 세기 $H = \dfrac{NI}{2a} = \dfrac{10 \times 0.1}{2 \times 50 \times 10^{-2}} = 1[AT/m]$

답 ①

5 평균 반지름 r[m]의 환상 솔레노이드에 I[A]의 전류가 흐를 때, 내부 자계가 H[AT/m]이었다. 권수 N은?

① $\dfrac{HI}{2\pi r}$ ② $\dfrac{2\pi r}{HI}$ ③ $\dfrac{2\pi rH}{I}$ ④ $\dfrac{I}{2\pi rH}$

풀이 평균 반지름 r[m]인 환상 솔레노이드의 자장의 세기 $H = \dfrac{IN}{2\pi r}$[AT/m]에서

$N = \dfrac{2\pi r H}{I}$ 가 된다.

답 ③

6 [VA]는 무엇의 단위인가?

① 피상전력   ② 무효전력   ③ 유효전력   ④ 역률

풀이 피상전력[VA], 유효전력[W], 무효전력[Var]

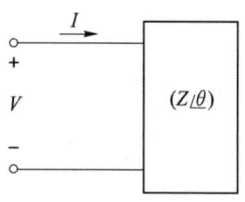 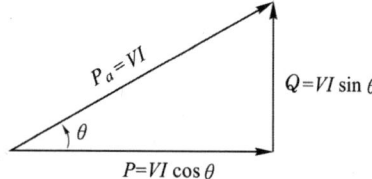

답 ①

7 그림에서 평형조건이 맞는 식은?

① $C_1 R_1 = C_2 R_2$

② $C_1 R_2 = C_2 R_1$

③ $C_1 C_2 = R_1 R_2$

④ $\dfrac{1}{C_1 C_2} = R_1 R_2$

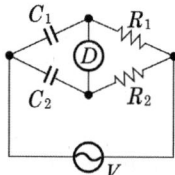

풀이 브리지 평형 상태는 서로 마주보고 있는 대각선의 저항의 곱이 같으면 되므로

$\left(\dfrac{1}{\omega C_1} R_2 = \dfrac{1}{\omega C_2} R_1 \right), \quad \therefore C_1 R_1 = C_2 R_2$

답 ①

8 $R-L-C$ 직렬 회로에서 전류가 전압보다 위상이 앞서기 위해서는 어느 조건이 만족되어야 하는가?

① $X_L > X_C$ ② $X_L < X_C$ ③ $X_L = \dfrac{1}{X_C}$ ④ $X_L = X_C$

풀이 $R-L-C$ 직렬 회로에서 전류가 전압보다 위상이 앞서려면 용량성 회로가 되어야 한다. 따라서 $X_L < X_C$의 조건이 만족되어야 한다.

답 ②

9 Y–Y 평형 회로에서 상전압 V_P가 100[V], 부하 $Z = 8 + j6$[Ω]이면 선전류 I_l의 크기는 몇 [A]인가?

① 2   ② 5   ③ 7   ④ 10

풀이   Y-Y결선 시 선전류(I_l)와 상전류(I_p)는 같으므로

$$\therefore I_l = I_p = \frac{V_P}{Z} = \frac{100}{8+j6} = \frac{100}{\sqrt{8^2+6^2}} = \frac{100}{10} = 10[A]$$

답 ④

10 전류의 발열작용과 관계가 있는 것은?

  ① 줄의 법칙   ② 키르히호프의 법칙

  ③ 옴의 법칙   ④ 플레밍의 법칙

풀이   줄의 법칙

$$Q = 0.24Pt = 0.24I^2Rt = 0.24\frac{V^2}{R}t = Cm(\theta_2 - \theta_1)$$

"도체에 흐르는 전류에 의하여 단위 시간에 발생하는 열량은 I^2R에 비례한다."를 의미한다. 줄의 법칙은 전기에너지를 열에너지로 변화한 것을 나타낸 것으로 이 열에너지는 전등, 전기용접, 전열기 등에 자주 이용된다.

답 ①

11 진공 중에서 10^{-4}[C]과 10^{-8}[C]의 두 전하가 10[m]의 거리에 놓여 있을 때, 두 전하 사이에 작용하는 힘[N]은?

  ① 9×10^2 ② 1×10^4

  ③ 9×10^{-5} ④ 1×10^{-8}

풀이
$$F = 9 \times 10^9 \times \frac{Q_1 Q_2}{r^2} = 9 \times 10^9 \times \frac{10^{-4} \times 10^{-8}}{10^2} = 9 \times 10^{-5}[N]$$

답 ③

12 교류 100[V]의 최댓값은 약 몇 [V]인가?

  ① 90   ② 100   ③ 111   ④ 141

풀이

파형	정현파	정현반파	삼각파	구형반파	구형파
실효값	$\dfrac{V_m}{\sqrt{2}}$	$\dfrac{V_m}{2}$	$\dfrac{V_m}{\sqrt{3}}$	$\dfrac{V_m}{\sqrt{2}}$	V_m
평균값	$\dfrac{2V_m}{\pi}$	$\dfrac{V_m}{\pi}$	$\dfrac{V_m}{2}$	$\dfrac{V_m}{2}$	V_m

정현파의 경우 실효값과 최댓값의 관계는 $V = \dfrac{V_m}{\sqrt{2}}$ 이므로

최댓값 $V_m = \sqrt{2} \times 100 = 141$[V]가 된다.

답 ④

13 임의의 폐회로에서 키르히호프의 제2법칙을 가장 잘 나타낸 것은?

  ① 기전력의 합 = 합성 저항의 합   ② 기전력의 합 = 전압 강하의 합

  ③ 전압 강하의 합 = 합성 저항의 합   ④ 합성 저항의 합 = 회로 전류의 합

풀이 키르히호프의 제2법칙(전압법칙) : 회로망 내의 임의의 폐회로(경로)에 있어서 전원전압(E_i)의 합은 전압 강하의 합(V_i)과 같다.   **답** ②

14 전기장(電氣場)에 대한 설명으로 옳지 않은 것은?

① 대전(帶電)된 무한장 원통의 내부 전기장은 0이다.

② 대전된 구(球)의 내부 전기장은 0이다.

③ 대전된 도체내부의 전하(電荷) 및 전기장은 모두 0이다.

④ 도체표면의 전기장은 그 표면에 평행이다.

풀이 전기력선의 성질

① 전기력선은 정전하에서 출발하여 부전하에서 멈추거나 무한원까지 퍼진다.

② 전기력선상의 임의의 한 점에서의 접선 방향은 그 점의 전계의 방향을 나타낸다. 즉, 전기력선의 방향 은 전계의 방향과 일치한다.

③ 전기력선 밀도는 전계의 세기와 같다.

④ 전기력선은 서로 교차하지 않으며, 전하가 없는 곳에서는 전기력선의 발생과 소멸이 없고 연속적이다.

⑤ 전기력선은 전위가 높은 곳에서 낮은 곳으로 향한다.

⑥ 전기력선은 등전위면과 직교한다.   **답** ④

15 전지(battery)에 관한 사항이다. 감극제(depolarizer)는 어떤 작용을 막기 위해 사용되는가?

① 분극작용   ② 방전   ③ 순환전류   ④ 전기분해

풀이 감극제 : 분극현상에 의한 전압강하를 방지하기 위하여 사용하는 것   **답** ①

16 전자 냉동기는 어떤 효과를 응용한 것인가?

① 제벡효과   ② 톰슨효과   ③ 펠티어효과   ④ 줄효과

풀이 ① 제벡 효과 : 두 금속 접속점 간에 온도차가 있으면 열기전력(전류)이 발생하는 현상으로 열전 온도계 및 열전대에 사용된다.

② 펠티어 효과 : 제어벡 효과의 반대되는 현상으로 두 종류의 금속을 폐회로를 만들고, 두 금속의 접합점 에 전류를 흘려주면 접합점 주변에서 열의 흡수 또는 발생이 일어나는 현상으로 전자 냉동기의 원리에 이용된다.   **답** ③

17 $R-L-C$ 직렬 회로에서 임피던스가 최소가 되기 위한 조건은?

① $\omega L - \dfrac{1}{\omega C} = 1$ ② $\omega L - \dfrac{1}{\omega C} = 0$

③ $\omega L + \dfrac{1}{\omega C} = 0$ ④ $\omega L + \dfrac{1}{\omega C} = 1$

풀이 $R-L-C$ 직렬 회로에서 임피던스가 최소가 되는 때는 공진 시이며, 이때 조건은 공진조건이 된다.

공진조건은 $\omega L - \dfrac{1}{\omega C} = 0$이 될 때가 된다.   **답** ②

18 일반적인 경우 교류를 사용하는 전기난로의 전압과 전류의 위상에 대한 설명으로 옳은 것은?

① 전압과 전류는 동상이다.　　　　② 전압이 전류보다 90도 앞선다.

③ 전류가 전압보다 90도 앞선다.　　④ 전류가 전압보다 60도 앞선다.

풀이 전기난로는 저항부하이므로 전압과 전류가 동상이 된다.　　　**답** ①

19 비사인파 교류회로의 전력성분과 거리가 먼 것은?

① 맥류성분과 사인파와의 곱　　　　② 직류성분과 사인파와의 곱

③ 직류성분　　　　　　　　　　　④ 주파수가 같은 두 사인파의 곱

풀이 • 푸리에 급수는 주파수와 진폭을 달리하는 무수히 많은 성분을 갖는 비정현파를 무수히 많은 정현항과 여현항의 합으로 표현하는 방법을 말한다.

• 비정현파를 푸리에 급수 전개한 결과는 직류분, 기본파, 고조파로 구성된다.　　**답** ①

20 다음 중 전동기의 원리에 적용되는 법칙은?

① 렌츠의 법칙　　　　　　　　　　② 플레밍의 오른손 법칙

③ 플레밍의 왼손 법칙　　　　　　　④ 옴의 법칙

풀이 플레밍의 오른손 법칙은 발전기의 원리를 설명하는 법칙이고, 플레밍의 왼손 법칙은 전자력에 관계되는 법칙으로 전동기의 원리를 설명하는 법칙이다.　　**답** ③

21 3상 변압기의 병렬운전시 병렬운전이 불가능한 결선 조합은?

① △-△ 와 Y-Y　　　　　　　　② △-△ 와 △-Y

③ △-Y 와 △-Y　　　　　　　　④ △-△ 와 △-△

풀이 각 변위가 같아야 병렬운전이 가능하다.

즉, △가 3개 이거나, Y가 3개이면 각 변위가 달라져 병렬운전이 불가능하다.　　**답** ②

22 교류회로에서 양방향 점호(ON) 및 소호(OFF)를 이용하며, 위상제어를 할 수 있는 소자는?

① TRIAC　　② SCR　　③ GTO　　④ IGBT

풀이 TRIAC (Trielectrode AC switch)

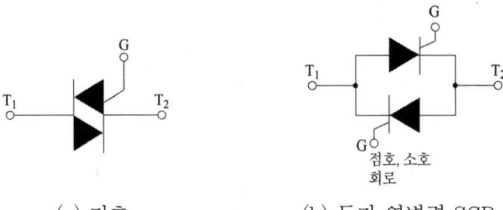

(a) 기호　　　(b) 등가 역병렬 SCR　　**답** ①

23 다음 중 토크(회전력)의 단위는?

① [rpm]   ② [W]   ③ [N·m]   ④ [N]

풀이 [rpm] : 회전수, [W] : 전력, [N·m] : 토크, [N] : 힘   **답** ③

24 동기 검정기로 알 수 있는 것은?

① 전압의 크기   ② 전압의 위상
③ 전류의 크기   ④ 주파수

풀이 동기 검정기는 두 전원의 주파수와 위상이 일치하는지를 검출하는 장치이다.   **답** ②

25 1차 권수 3,300, 2차 권수 110인 변압기의 전압비는?

① 10   ② 30   ③ 1/3   ④ 1/10

풀이 변압기의 전압비(권수비) $a = \dfrac{N_1}{N_2} = \dfrac{E_1}{E_2} = \dfrac{I_2}{I_1}$ 가 된다.

$\therefore a = \dfrac{N_1}{N_2} = \dfrac{3,300}{110} = 30$ **답** ②

26 전기자 저항이 0.05[Ω]인 직류 분권 발전기의 회전수가 1,000[rpm]에서 그 단자 전압이 220[V]이고, 전기자 전류가 100[A]라고 한다. 이것을 전동기로 사용하여 그 단자 전압과 전기자 전류를 발전기 때와 같게 하려면 그 회전수[rpm]를 대략 얼마로 하면 되겠는가? (단, 전기자 반작용은 무시한다.)

① 945   ② 950   ③ 955   ④ 1,000

풀이 발전기에서의 기전력 $E = V + I_a R_a = 220 + 0.05 \times 100 = 225[V]$
전동기로서 역기전력 $E_c = V - I_a R_a = 220 - 100 \times 0.05 = 215[V]$

회전수는 기전력에 비례하므로 $N_1 = N \times \dfrac{E_r}{E} = 1,000 \times \dfrac{215}{225} = 955.5[rpm]$ **답** ③

27 접지사고 발생시 다른 선로의 전압은 상전압 이상으로 되지 않으며, 이상전압의 위험도 없고 선로나 변압기의 절연 레벨을 저감시킬 수 있는 접지방식은?

① 저항 접지   ② 비 접지
③ 직접 접지   ④ 소호 리액터 접지

풀이 직접 접지방식의 장·단점
[장점] ① 1선 지락시에 건전상의 대지 전압이 거의 상승하지 않는다.
② 피뢰기의 효과를 증진시킬 수 있다.
③ 단절연이 가능하다.
④ 계전기의 동작이 확실해진다.

[단점] ① 송전 계통의 과도 안정도가 나빠진다.
② 통신선에 유도 장해가 크다.
③ 기기에 큰 영향을 주어 손상을 준다.
④ 대용량 차단기가 필요하다. **답** ③

28 200[V], 10[kW], 3상 유도 전동기의 전부하 전류는 약 몇 [A]인가? (단, 효율과 역률은 각각 85[%]이다.)

① 30[A]　　　　② 40[A]　　　　③ 50[A]　　　　④ 60[A]

풀이 $P = \sqrt{3}\,VI\cos\theta \cdot \eta$ 식에서

$$\therefore I = \frac{P}{\sqrt{3}\,V\cos\theta \cdot \eta} = \frac{10 \times 10^3}{\sqrt{3} \times 200 \times (0.85)^2} = 40[A]$$ **답** ②

29 수전단 발전소용 변압기 결선에 주로 사용하고 있으며 한쪽은 중성점을 접지할 수 있고 다른 한쪽은 제3고조파에 의한 영향을 없애주는 장점을 가지고 있는 3상 결선 방식은?

① Y–Y　　　　② △–△　　　　③ Y–△　　　　④ V

풀이 Y결선은 중성점을 접지할 수 있으며, △결선은 3고조파에 의한 영향을 없애 줄 수 있다. **답** ③

30 동기 전동기의 용도가 아닌 것은?

① 분쇄기　　　　② 압축기　　　　③ 송풍기　　　　④ 크레인

풀이 주로 비교적 저속, 대용량인 것은 시멘트 공장의 분쇄기나 각종 압연기와 송풍기, 제지용 쇄목기, 소형기의 것은 전기 시계, 오실로그래프, 전송 사진에 사용된다. 크레인의 운전용 전동기로는 3상 권선형 유도 전동기가 사용된다. **답** ④

31 같은 회로의 두 점에서 전류가 같을 때에는 동작하지 않으나 고장시에 전류의 차가 생기면 동작 하는 계전기는?

① 과전류계전기　　② 거리계전기　　③ 접지계전기　　④ 차동계전기

풀이 ① 과전류 계전기 : 회로의 전류가 일정값 이상으로 흘렀을 때 동작
② 거리 계전기 : 계전기가 설치된 위치로부터 고장점까지의 전기적 거리에 비례하여 한시 동작
③ 접지 계전기 : 선로의 접지 검출용
④ 차동 계전기 : 1차 전류와 2차 전류의 차에 의하여 동작 **답** ④

32 동기 전동기에 대한 설명으로 옳지 않은 것은?

① 정속도 전동기로 비교적 회전수가 낮고 큰 출력이 요구되는 부하에 이용된다.
② 난조가 발생하기 쉽고 속도제어가 간단하다.
③ 전력계통의 전류세기, 역률 등을 조정할 수 있는 동기 조상기로 사용된다.
④ 가변 주파수에 의해 정밀속도 제어 전동기로 사용된다.

풀이 동기 전동기의 특징
① 장점 • 속도가 일정, 불변이다.
• 항상 역률 1로 운전할 수 있다.
• 필요시 앞선 전류를 통할 수 있다.
• 유도 전동기에 비하여 효율이 좋다.
② 단점 • 보통 구조의 것은 기동 토크가 적고 속도 조정을 할 수 없다.
• 난조를 일으킬 염려가 있다.
• 여자용의 직류 전원을 필요로 하여 설비비가 많이 든다.   **답** ②

33 직류기에서 정류를 좋게 하는 방법 중 전압정류의 역할은?

① 보극   ② 탄소   ③ 보상권선   ④ 리액턴스 전압

풀이 양호한 정류를 얻는 방법
• 전압정류 : 보극설치
• 저항정류 : 탄소브러시 사용
• 리액턴스 전압감소 : 단절권 채용 및 지나친 고속회전을 피한다.   **답** ①

34 3상 유도 전압 조정기의 동작 원리는?

① 회전 자계에 의한 유도 작용을 이용하여 2차 전압의 위상 전압의 조정에 따라 변화한다.

② 교번 자계의 전자 유도 작용을 이용한다.

③ 충전된 두 물체 사이에 작용하는 힘

④ 두 전류 사이에 작용하는 힘

풀이 3상유도 전압 조정기의 2차 측을 구속하고 1차 측에 전압을 공급하면, 2차 권선에 기전력이 유기되는데, 2차 권선의 각상 단자를 각각 1차 측의 각상 단자에 적당하게 접속하면 3상 전압을 조정할 수 있다.   **답** ①

35 정격속도로 운전하는 무부하 분권발전기의 계자 저항이 60[Ω], 계자 전류가 1[A], 전기자 저항이 0.5[Ω]라 하면 유도 기전력은 약 몇 [V]인가?

① 30.5   ② 50.5   ③ 60.5   ④ 80.5

풀이 단자 전압 V는 계자 회로의 전압 강하와 같으므로
$V = I_f R_f = 1 \times 60 = 60[\text{V}]$
$E = V + I_a R_a$ 식에서 $I_a = I_f$ 이므로 (∵ 무부하)
∴ 유기 기전력 $E = V + I_f R_a = 60 + 1 \times 0.5 = 60.5[\text{V}]$ **답** ③

36 50[Hz], 슬립 0.2인 경우의 회전자 속도가 600[rpm]일 때에 3상 유도 전동기의 극수는?

① 16   ② 12   ③ 8   ④ 4

풀이 $N = (1-s)N_s$ 에서, $N_s = \dfrac{N}{1-s} = \dfrac{600}{1-0.2} = 750[\text{rpm}]$

∴ $p = \dfrac{120f}{N_s} = \dfrac{120 \times 50}{750} = 8[\text{극}]$ **답** ③

37 △결선 변압기의 한 대가 고장으로 제거되어 V결선으로 공급할 때 공급할 수 있는 전력은 고장 전 전력에 대하여 약 몇 [%]인가?

① 57.7[%]   ② 66.7[%]

③ 70.5[%]   ④ 86.6[%]

> **풀이** 1대의 단상 변압기 용량을 K라 하면 그 출력비는
>
> $$\frac{\text{V결선의 출력}}{\text{△결선의 출력}} = \frac{\sqrt{3}\,K}{3K} = \frac{\sqrt{3}}{3} = 0.577 = 57.7[\%]$$
>
> **답** ①

38 정공은 다음의 어느 경우에 생성되는가?

① 원자핵이 움직일 때

② 전자가 공유 결합을 이탈할 때

③ 인가 전압에 의해서 자유전자가 만들어질 때

④ 전도대에서 가전자대로 옮길 때

> **풀이** 핵의 구속을 벗어난 전자가 있던 자리에 홀(hole : 정공)이 발생한다.   **답** ②

39 10[kVA], 2000/100[V] 변압기에서 1차에 환산한 등가 임피던스는 $6.2 + j7[\Omega]$이다. 이 변압기의 퍼센트 리액턴스 강하는?

① 3.5   ② 0.175

③ 0.35   ④ 1.75

> **풀이** 1차 정격전류 $I_{1n} = \dfrac{P_n}{V_{1n}} = \dfrac{10 \times 10^3}{2000} = 5[A]$
>
> %리액턴스 강하 $q = \dfrac{I_{1n}x}{V_{1n}} \times 100 = \dfrac{5 \times 7}{2000} \times 100 = 1.75[\%]$ **답** ④

40 50[kW]의 농형 유도 전동기를 기동 하려고 할 때 다음 중 가장 적당한 기동 방법은?

① 분상 기동법   ② 기동보상기법

③ 권선형 기동법   ④ 슬립부하기동법

> **풀이** 대용량의 농형유도 전동기는 기동보상기법을 사용하여 기동한다.   **답** ②

41 배전설계를 위한 전등 및 소형 전기기계 기구의 부하용량 산정 시 건축물의 종류에 대응한 표준부하에서 원칙적으로 표준부하를 20[VA/m²]으로 적용하여야 하는 건축물은?

① 교회, 극장   ② 학교, 음식점

③ 은행, 상점   ④ 아파트, 이용원

풀이 표준부하밀도

건축물의 종류	표준 부하[VA/m²]
공장, 공회당, 사원, 교회, 극장, 영화관, 연회장 등	10
기숙사, 여관, 호텔, 병원, 학교, 음식점, 다방, 대중 목욕탕	20
사무실, 은행, 상점, 이발소, 미장원	30
주택, 아파트	40

답 ②

42 합성수지관 공사에서 옥외 등 온도 차가 큰 장소에 노출 배관을 할 때 사용하는 커플링은?

① 신축커플링(0C) ② 신축커플링(1C)

③ 신축커플링(2C) ④ 신축커플링(3C)

풀이 배관의 지지
① 배관의 지지점 사이의 거리는 다음 그림과 같이 1.5[m] 이하로 하고, 관과 관, 관과 박스의 접속점 및 관 끝은 각각 300[mm] 이내에 지지한다.
② 가는 전선관의 지지점 사이의 거리는 0.8~1.2[m]가 적당하다.
③ 옥외 등 온도차가 큰 장소에 노출 배관을 할 때에는 12~20[m]마다 신축 커플링(3C)을 사용한다. 신축되는 부분에는 접착제를 사용하지 않는다.

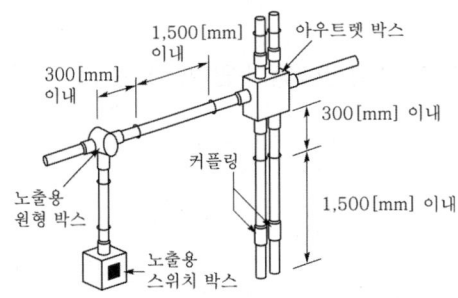

답 ④

43 실내 전반조명을 하고자 한다. 작업대로부터 광원의 높이가 2.4[m]인 위치에 조명기구를 배치할 때 벽에서 한 기구 이상 떨어진 기구에서 기구 간의 거리는 일반적인 경우 최대 몇 [m]로 배치하여 설치하는가? 단, $S \leq 1.5H$를 사용하여 구하도록 한다.

① 1.8   ② 2.4   ③ 3.2   ④ 3.6

풀이 등기구 사이의 거리는 $S \leq 1.5H$이므로 $S \leq 1.5 \times 2.4$에서 $s \leq 3.6[m]$가 된다.

답 ④

44 철판에 전선관이 들어갈 구멍을 뚫는데 적당한 공구는 무엇인가?

① 둥근 쇠줄 ② 도래 송곳

③ 홀소 ④ 파이프 커터

풀이 도래 송곳은 목재 구멍을 뚫고, 파이프 커터는 전선관을 절단하는 데 사용하며, 홀소는 철판에 구멍을 뚫는데 사용한다.

답 ③

45 어느 수용가의 설비용량이 각각 1[kW], 2[kW], 3[kW], 4[kW]인 부하설비가 있다. 그 수용률이 60[%]인 경우, 그 최대 수용 전력은 몇 [kW]인가?

① 3[kW]　　　　② 6[kW]　　　　③ 30[kW]　　　　④ 60[kW]

풀이 최대수용전력 = 설비용량×수용률 = $(1+2+3+4)×0.6 = 6$[kW]　　　　**답** ②

46 전압의 구분에서 저압 직류전압은 몇 [V] 이하인가?

① 400　　　　② 500　　　　③ 1000　　　　④ 1500

풀이 111 통칙

분류	전압의 범위
저 압	• 직류 : 1.5[kV] 이하 • 교류 : 1[kV] 이하
고 압	• 직류 : 1.5[kV]를 초과하고, 7[kV] 이하 • 교류 : 1[kV]를 초과하고, 7[kV] 이하
특고압	7[kV]를 초과

답 ④

47 자동화재탐지설비는 화재의 발생을 초기에 자동적으로 탐지하여 소방대상물의 관계자에게 화재의 발생을 통보해 주는 설비이다. 이러한 자동화재 탐지설비의 구성요소가 아닌 것은?

① 수신기　　　　② 비상경보기　　　　③ 발신기　　　　④ 중계기

풀이 자동화재 탐지설비의 구성에는 감지기, 발신기, 중계기, 수신기 등이 있다　　　　**답** ②

48 저압 옥내배선 시설 시 캡타이어 케이블을 조영재의 아랫면 또는 옆면에 따라 붙이는 경우 전선의 지지점 간의 거리는 몇 [m] 이하로 하여야 하는가?

① 1　　　　② 1.5　　　　③ 2　　　　④ 2.5

풀이 232.51 케이블공사
① 전선은 케이블 및 캡타이어케이블일 것.
② 전선을 조영재의 아랫면 또는 옆면에 따라 붙이는 경우에는 전선의 지지점 간의 거리를 케이블은 2[m](사람이 접촉할 우려가 없는 곳에서 수직으로 붙이는 경우에는 6[m]) 이하 캡타이어케이블은 1[m] 이하로 할 것　　　　**답** ①

49 합성수지제 가요전선관(PF관 및 CD관)의 호칭에 포함되지 않는 것은?

① 16　　　　② 28　　　　③ 38　　　　④ 42

풀이 합성수지제 가요전선관의 호칭
14[mm], 16[mm], 22[mm], 28[mm], 36[mm], 42[mm]　　　　**답** ③

50 전선의 굵기를 결정할 때 반드시 생각하여야 할 사항은?

① 공사 방법, 전압 강하, 기계적 강도

② 공사 방법, 사용 장소, 기계적 강도

③ 허용 전류, 공사 방법, 사용 장소

④ 허용 전류, 전압 강하, 기계적 강도

풀이 전선의 굵기를 결정하는 요소는 허용 전류, 전압 강하, 기계적 강도. 코로나손실, 장래부하의 증설 등이 고려된다. 이중 3대 요소는 허용전류, 전압강하, 기계적 강도가 고려되어야 한다.   **답** ④

51 가스 절연 개폐기나 가스 차단기에 사용되는 가스인 SF_6의 성질이 아닌 것은?

① 같은 압력에서 공기의 2.5~3.5배의 절연 내력이 있다.

② 무색, 무취, 무해, 가스이다.

③ 가스 압력 3~4[kgf/cm²]에서는 절연내력은 절연유 이상이다.

④ 소호능력은 공기보다 2.5배 정도 낮다.

풀이 SF_6 가스는 무색, 무취, 무해한 가스로 절연내력이 공기의 2~3배 정도로 높고, 소호능력은 공기의 100~200배 정도가 된다.   **답** ④

52 금속전선관의 두께는 설비 기준에서 어떻게 정해져 있는가?

① 콘크리트에 매입하는 것은 3[mm] 이상일 것

② 노출 공사에서 사용되는 것은 1[mm] 이상일 것

③ 알코올 공장의 배관에 사용되는 것은 2[mm] 이상일 것

④ 커플링이 없는 길이 4[m] 이하의 것을 시설할 때는 0.5[mm]일 것

풀이 232.12 금속관공사
관의 두께는 다음에 의할 것.
• 콘크리트에 매입하는 것은 1.2[mm] 이상
• 콘크리트에 매입하는 것 이외의 것은 1[mm] 이상. 다만, 이음매가 없는 길이 4[m] 이하인 것을 건조하고 전개된 곳에 시설하는 경우에는 0.5[mm]까지로 감할 수 있다.   **답** ②

53 전기 배선용 도면을 작성할 때 사용하는 콘센트 도면기호는?

①   ② ●   ③ ○   ④ ⊂▭⊃

풀이

명 칭	콘센트	점멸기	백열등, HID등	형광등
그림 기호		●	○	⊂▭⊃

답 ①

54 화약고 등의 위험 장소의 배선 공사에서 전로의 대지 전압은 몇 [V] 이하로 하도록 되어 있는가?

① 300　　　　② 400　　　　③ 500　　　　④ 600

풀이 242.5 화약류 저장소 등의 위험장소
① 저압 옥내배선은 금속관공사 또는 케이블공사(캡타이어케이블을 사용하는 것을 제외한다)에 의할 것.
② 전로에 대지전압은 300[V] 이하일 것.
③ 전기기계기구는 전폐형의 것일 것.　　　　**답** ①

55 어미자와 아들자의 눈금을 이용하여 두께, 깊이, 안지름 및 바깥지름 측정용으로 사용하는 것은?

① 버니어 캘리퍼스　　　　② 채널 지그
③ 스트레인 게이지　　　　④ 스태핑 머신

풀이 버니아 캘리퍼스

답 ①

56 가공 전선로의 지지물에 하중이 가하여지는 경우에 그 하중을 받는 지지물의 기초 안전율은 일반적으로 얼마 이상이어야 하는가?

① 1.5　　　　② 2.0　　　　③ 2.5　　　　④ 4.0

풀이 331.7 가공전선로 지지물의 기초의 안전율
가공전선로의 지지물에 하중이 가하여지는 경우에 그 하중을 받는 지지물의 기초의 안전율은 2 이상(단, 이상시 상정하중에 대한 철탑의 기초에 대하여는 1.33)이어야 한다.　　　**답** ②

57 코드 상호간 또는 캡타이어 케이블 상호간을 접속하는 경우 가장 많이 사용되는 기구는?

① T형 접속기　　　　② 코드 접속기
③ 와이어 커넥터　　　　④ 박스용 커넥터

풀이　　　　**답** ②

58 금속관공사를 할 때 앤트런스 캡의 사용으로 옳은 것은?

① 금속관이 고정되어 회전시킬 수 없을 때 사용
② 저압 가공 인입선의 인입구에 사용
③ 배관의 지각의 굴곡 부분에 사용
④ 조명기구가 무거울 때 조명 기구의 부착 등에 사용

풀이 엔트런스 캡은 옥외 공사의 금속관 인입구에 설치하며 빗물의 침입을 막는 곳에 사용한다.   **답** ②

59 다음 그림 중 바닥 은폐 배선은?

① ─────────   ② ─ ─ ─ ─

③  ·············   ④ ─────●─────

풀이

명 칭	그림기호	적 요
천장 은폐 배선	─────	① 천장 은폐 배선 중 천장 속의 배선을 구별하는 경우는 천장 속의
바닥 은폐 배선	─ ─ ─ ─	배선에 ━·━·━ 를 사용하여도 좋다.
노출 배선	·········	② 노출 배선 중 바닥면 노출 배선을 구별하는 경우는 바닥면 노출

배선에 ━━━━━━ 를 사용하여도 좋다.
③ 전선의 종류를 표시할 필요가 있는 경우는 기호를 기입한다.
④ 배관은 다음과 같이 표시한다.

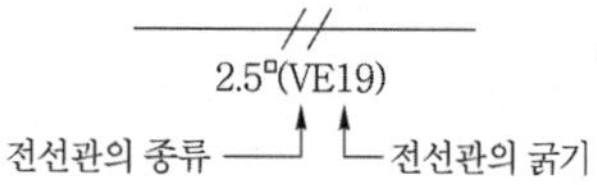

$$\frac{}{2.5^{\text{□}}(VE19)}$$

전선관의 종류 ━━━┓　┗━━ 전선관의 굵기

전선관의 종류
- 강제전선관은 별도의 표기없음
- VE : 경질비닐전선관
- F_2 : 2종 금속제 가요전선관
- PF : 합성수지제 가요관

⑤ 절연 전선의 굵기 및 전선수는 다음과 같이 기입한다. 단위가 명백
한 경우는 단위를 생략하여도 좋다.

【보기】 ─⧸⧸⧸─ ─⧸⧸─ ─⧸⧸─ ─⧸⧸⧸─
　　　　2.5□　　2　　2(mm²)　　8

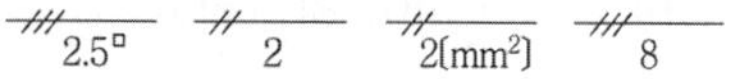

숫자 표기의 보기 : 1.6×5
　　　　　　　　　5.5×1

답 ②

60 금속덕트를 조영재에 붙이는 경우에는 지지점간의 거리는 최대 몇 [m] 이하로 하여야 하는가?

① 1.5   ② 2.0   ③ 3.0   ④ 3.5

풀이 232.31 금속덕트공사

① 금속덕트에 넣은 전선의 단면적(절연피복의 단면적을 포함한다)의 합계는 덕트의 내부 단면적의 20[%](전광표시장치 기타 이와 유사한 장치 또는 제어회로 등의 배선만을 넣는 경우에는 50[%]) 이하일 것.

② 폭이 40[mm] 이상, 두께가 1.2[mm] 이상인 철판 또는 동등 이상의 기계적 강도를 가지는 금속제의 것으로 견고하게 제작한 것일 것.

③ 덕트를 조영재에 붙이는 경우에는 덕트의 지지점 간의 거리를 3[m](취급자 이외의 자가 출입할 수 없도록 설비한 곳에서 수직으로 붙이는 경우에는 6[m]) 이하로 하고 또한 견고하게 붙일 것.

답 ③

1 자장의 세기가 1,000[AT/m]일 때 자속 밀도가 0.5[Wb/m²]인 재질의 투자율[H/m]은?

① 5×10^{-2} ② 5×10^{-3} ③ 5×10^{-4} ④ 5×10^{-5}

풀이 자속 밀도와 자계의 세기의 관계 $B = \mu H [\text{Wb/m}^2]$에서

$\mu = \dfrac{B}{H} = \dfrac{0.5}{1,000} = 5 \times 10^{-4} [\text{H/m}]$가 된다.   **답** ③

2 자체 인덕턴스 2[H]의 코일에 25[J]의 에너지가 저장되어 있다면 코일에 흐르는 전류?

① 2[A]   ② 3[A]   ③ 4[A]   ④ 5[A]

풀이 전자에너지 $W = \dfrac{1}{2}LI^2$에서 $25 = \dfrac{1}{2} \times 2 \times I^2$이므로

$\therefore I = \sqrt{\dfrac{25 \times 2}{2}} = 5[\text{A}]$ 된다.   **답** ④

3 자기회로에 기자력을 주면 자로에 자속이 흐른다. 그러나 기자력에 의해 발생되는 자속 전부가 자기회로 내를 통과하는 것이 아니라, 자로 이외의 부분을 통과하는 자속도 있다. 이와 같이 자기회로 이외 부분을 통과하는 자속을 무엇이라 하는가?

① 종속자속   ② 누설자속   ③ 주자속   ④ 반사자속

풀이 자기회로에 자속이 한정되지 않고 그 이외의 곳에 자속이 누출되는 것을 누설자속이라 한다.   **답** ②

4 자기 저항의 단위는?

① [Wb/AT]   ② [Ω]   ③ [℧]   ④ [AT/Wb]

풀이 자기 옴의 법칙에서 자속 $\phi = \dfrac{F}{R_m}$이므로

자기 저항 $R_m = \dfrac{F}{\phi} = \dfrac{NI}{\phi} [\text{AT/Wb}]$가 된다.   **답** ④

5 1차 전지로 가장 많이 사용되는 것은?

① 니켈·카드뮴전지   ② 연료전지
③ 망간건전지   ④ 납축전지

풀이 1차 전지 : 충전에 의하여 구성 물질의 재생이 불가능한 전지를 1차 전지라 부르고, 이것을 크게 나누면 망간 건전지, 알칼리·망간 건전지, 산화은 전지, 리튬 1차 전지, 수은 전지, 공기 전지, 연료 전지, 고체 전해질 전지 등이 있다.   **답** ③

6 $C_1 = 5[\mu F]$, $C_2 = 10[\mu F]$의 콘덴서를 직렬로, 접속하고 직류 30[V]를 가했을 때, C_1의 양 단의 전압[V]은?

① 5   ② 10   ③ 20   ④ 30

풀이 $E_1 = \dfrac{C_2}{C_1 + C_2}E = \dfrac{10 \times 10^{-6}}{5 \times 10^{-6} + 10 \times 10^{-6}} \times 30 = 20[V]$ **답** ③

7 $L-C$ 병렬 회로에 $E[V]$의 전압을 가할 때 전전류가 0이 되려면 주파수 $f[Hz]$는?

① $f = 2\pi\sqrt{LC}$ ② $f = \dfrac{1}{2\pi\sqrt{LC}}$

③ $f = \dfrac{\sqrt{LC}}{2\pi}$ ④ $f = \dfrac{2\pi}{\sqrt{LC}}$

풀이 $L-C$ 병렬 회로에서 전류가 0이 되려면 임피던스가 무한대가 되어야 한다.

즉, $Z = \dfrac{1}{\dfrac{1}{X_L} - \dfrac{1}{X_C}}[\Omega]$에서 Z가 무한대가 되려면 $X_L = X_C$인 때이다.

이 때를 병렬 공진 상태라 하며 공진 주파수는 $f = \dfrac{1}{2\pi\sqrt{LC}}$[Hz]가 된다.   **답** ②

8 납축전지의 전해액으로 사용되는 것은?

① H_2SO_4 ② $2H_2O$ ③ $Pb\,O_2$ ④ $Pb\,SO_4$

풀이
$$\underset{(+\text{극})}{PbO_2} + \underset{\text{전해액}}{2H_2SO_4} + \underset{(-\text{극})}{Pb} \underset{\text{충전}}{\overset{\text{방전}}{\rightleftarrows}} \underset{(+\text{극})}{PbSO_4} + 2H_2O + \underset{(-\text{극})}{PbSO_4}$$
납축전지의 전해액으로 묽은황산($2H_2SO_4$)을 사용한다.   **답** ①

9 8[Ω]의 용량리액턴스에 어떤 교류 전압을 가하면 10[A]의 전류가 흐른다. 여기에 어떤 저항 을 직렬로 접속하여 같은 전압을 가하면 8[A]로 감소되었다. 저항은 몇 [Ω]인가?

① 6   ② 8   ③ 10   ④ 12

풀이 8[Ω]의 용량리액턴스에 10[A]의 전류가 흐를 경우 전원 전압은 $V = 8 \times 10 = 80[V]$가 된다. 여기에 저항 $R[\Omega]$을 직렬로 연결할 경우 임피던스에 의해 전류가 흐르므로

$Z = \dfrac{V}{I} = \dfrac{80}{8} = 10[\Omega]$이 되며

$Z = R - jX_c$에서 $10 = R - j8 = \sqrt{R^2 + 8^2}$ 이므로

$R = \sqrt{10^2 - 8^2} = 6[\Omega]$ 이 된다.   **답** ①

10 어떤 사인파 교류전압의 평균값이 191[V]이면 최댓값은?

① 150[V]   ② 250[V]   ③ 300[V]   ④ 400[V]

풀이

파형	정현파	정현반파	삼각파	구형반파	구형파
실효값	$\dfrac{V_m}{\sqrt{2}}$	$\dfrac{V_m}{2}$	$\dfrac{V_m}{\sqrt{3}}$	$\dfrac{V_m}{\sqrt{2}}$	V_m
평균값	$\dfrac{2V_m}{\pi}$	$\dfrac{V_m}{\pi}$	$\dfrac{V_m}{2}$	$\dfrac{V_m}{2}$	V_m

정현파의 평균값 $V_{av} = \dfrac{2V_m}{\pi}$ 에서 $V_m = \dfrac{\pi}{2} V_{av} = \dfrac{\pi}{2} \times 191 = 300[\text{V}]$ 가 된다.

답 ③

11 "회로의 접속점에서 볼 때, 접속점에 흘러 들어오는 전류의 합은 흘러 나가는 전류의 합과 같다."라고 정의되는 법칙은?

① 키르히호프의 제1법칙 ② 키르히호프의 제2법칙
③ 플레밍의 오른손 법칙 ④ 앙페르의 오른나사 법칙

풀이 키르히호프의 제1법칙(Kirchhoff's Current Law : KCL) : 병렬회로

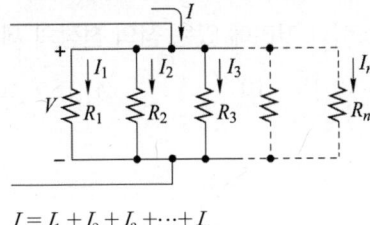

$I = I_1 + I_2 + I_3 + \cdots + I_n$

답 ①

12 전선의 길이를 4배로 늘렸을 때, 처음의 저항값을 유지하기 위해서는 도선의 반지름을 어떻게 해야 하는가?

① 1/4로 줄인다. ② 1/2로 줄인다.
③ 2배로 늘인다. ④ 4배로 늘인다.

풀이 전선의 저항 $R = \rho \dfrac{l}{S} = \rho \dfrac{l}{\pi r^2}[\Omega]$ 이므로 처음의 저항값을 유지하기 위해서는 길이와 도선의 반지름의 제곱이 비례해야 한다. $(l \propto r^2)$

$\therefore r = \sqrt{l} = \sqrt{4} = 2$배

답 ③

13 6개의 같은 저항을 병렬로 접속하여 120[V] 전원에 접속하니 30[A]의 전류가 흘렀다. 저항 1개의 저항값[Ω]은?

① 4 ② 12 ③ 18 ④ 24

풀이 6개의 합성 저항 $R = \dfrac{V}{I} = \dfrac{120}{30} = 4[\Omega]$ 된다.

1개의 저항을 r이라 하면 병렬합성저항은 $R = \dfrac{r}{n}$이 되므로

$r = nR = 6 \times 4 = 24[\Omega]$

답 ④

14 저항 3[Ω], 유도 리액턴스 4[Ω]의 병렬 회로에서 역률은?

① 1   ② 0.8   ③ 0.6   ④ 0.4

풀이 역률 $\cos\theta = \dfrac{X_L}{Z}$ 에서 $\cos\theta = \dfrac{X_L}{\sqrt{R^2 + X_L{}^2}} = \dfrac{4}{\sqrt{3^2 + 4^2}} = \dfrac{4}{5} = 0.8$이 된다.   **답** ②

15 임피던스 $Z = 6 + j8[\Omega]$에서 서셉턴스[℧]는?

① 0.06   ② 0.08
③ 0.6   ④ 0.8

풀이 $Y = G + jB$ (G : 컨덕턴스, B : 서셉턴스)

$\therefore Y = \dfrac{1}{Z} = \dfrac{1}{6 + j8} = 0.06 - j0.08[℧]$ **답** ②

16 공기 중에서 2×10^{-5}[C]의 점전하로부터 1[cm]의 거리에 있는 점의 전장의 세기[V/m]는?

① 18×10^{-8} ② 18×10^8 ③ 18×10^6 ④ 18×10^{-6}

풀이 전계의 세기 $E = 9 \times 10^9 \dfrac{Q}{r^2}$[N]에서

$E = 9 \times 10^9 \times \dfrac{2 \times 10^{-5}}{(10^{-2})^2} = 9 \times 10^9 \times 2 \times 10^{-5} \times 10^4 = 18 \times 10^8$[V/m]가 된다.   **답** ②

17 그림과 같이 R_1, R_2, R_3의 저항 3개가 직병렬 접속되었을 때 합성저항은?

① $R = \dfrac{(R_1 + R_2)R_3}{R_1 + R_2 + R_3}$

② $R = \dfrac{(R_2 + R_3)R_1}{R_1 + R_2 + R_3}$

③ $R = \dfrac{(R_1 + R_3)R_2}{R_1 + R_2 + R_3}$

④ $R = \dfrac{R_1 R_2 R_3}{R_1 + R_2 + R_3}$

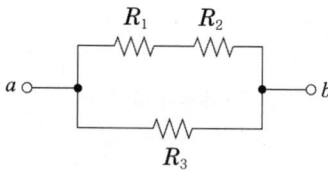

풀이 직렬 연결 시 합성저항 $R = R_1 + R_2 + R_3 + \cdots\cdots + R_n[\Omega]$

병렬 연결 시 합성저항 $R = \dfrac{1}{\dfrac{1}{R_1} + \dfrac{1}{R_2} + \dfrac{1}{R_3} + \cdots\cdots + \dfrac{1}{R_n}}[\Omega]$

따라서, 그림과 같이 직병렬 접속된 합성저항은

$R = \dfrac{1}{\dfrac{1}{R_1 + R_2} + \dfrac{1}{R_3}} = \dfrac{(R_1 + R_2)R_3}{R_1 + R_2 + R_3}[\Omega]$이 된다.   **답** ①

18 권수 200회의 코일에 5[A]의 전류가 흘러서 0.025[Wb]의 자속이 코일을 지난다고 하면, 이 코일에 자체 인덕턴스는 몇 [H]인가?

① 2　　　　　　　② 1　　　　　　　③ 0.5　　　　　　　④ 0.1

풀이　자기인덕턴스 $L=\dfrac{N\Phi}{I}$ 에서 $L=\dfrac{200\times0.025}{5}=1[H]$가 된다.　　　**답** ②

19 비유전율이 큰 산화티탄 등을 유전체로 사용한 것으로 극성이 없으며 가격에 비해 성능이 우수하여 널리 사용되고 있는 콘덴서의 종류는?

① 전해 콘덴서　　　　　　　　　② 세라믹 콘덴서
③ 마일러 콘덴서　　　　　　　　④ 마이카 콘덴서

풀이　① 전해 콘덴서
　케미콘이라 한다. 유전체를 산화 피막으로 만들어 비교적 큰 용량을 얻을 수 있다. 전원의 평활 회로, 저주파 바이패스 등에 쓰인다.
② 세라믹 콘덴서
　전극에 티탄산바륨과 같은 유전율이 높은 세라믹 재료로 만들었으며, 전극의 극성이 없는 것이 특징이다. 용량은 비교적 작아 아날로그 신호계에 사용할 수 있다.
③ 마일러 콘덴서
　얇은 폴리에스테르필름의 양면에 금속박을 대고 원통형으로 감은 것으로 극성이 없다. 가격은 저렴하나 정밀하지 못한 결점이 있다.
④ 마이카(운모) 콘덴서
　소용량의 콘덴서로 널리 쓰이며, 온도에 따른 용량변화가 적고 절연저항이 높다.　　　**답** ②

20 물체의 온도상승 및 열전달 방법에 대한 설명으로 옳은 것은?

① 비열이 작은 물체에 열을 주면 쉽게 온도를 올릴 수 있다.
② 열전달 방법 중 유체가 열을 받아 분자와 같이 이동하는 것이 복사이다.
③ 일반적으로 물체는 열을 방출하면 온도가 증가한다.
④ 질량이 큰 물체에 열을 주면 쉽게 온도를 올릴 수 있다.

풀이　비열이란 어떤 물질 1[g]의 온도를 1[℃] 높이는 데 필요한 열량이다.
　따라서 비열이 작은 물체에 열을 주면 쉽게 온도를 올릴 수 있다.　　　**답** ①

21 그림과 같은 접속은 어떤 직류전동기의 접속인가?

① 타여자전동기
② 분권전동기
③ 직권전동기
④ 복권전동기

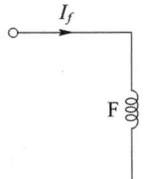
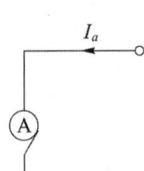

A : 전기자
F : 계자권선
I_a : 전기자전류
I_r : 계자전류

풀이　타여자 전동기는 독립된 직류 전원에 의해 계자권선에 여자전류를 공급하는 전동기이다.　　　**답** ①

22 직류 직권 전동기를 사용하려고 할 때 벨트(belt)를 걸고 운전하면 안 되는 가장 타당한 이유는?

① 벨트가 기동할 때나 또는 갑자기 중 부하를 걸 때 미끄러지기 때문에

② 벨트가 벗겨지면 전동기가 갑자기 고속으로 회전하기 때문에

③ 벨트가 끊어졌을 때 전동기의 급정지 때문에

④ 부하에 대한 손실을 최대로 줄이기 위해서

풀이
속도의 식 $N = \dfrac{E}{K\phi} = \dfrac{V - R_a I_a}{K\phi} = k\dfrac{V - R_a I_a}{\phi}$ 에서 $\phi = 0$이면 속도가 무한대가 되어 위험하게 된다. 직류 직권 전동기의 경우 부하전류 $I = I_a = I_f$이므로 부하전류가 0이면 자속이 0이 된다.

따라서 직권 전동기의 경우 벨트 부하를 걸면 벨트가 벗겨져 무부하가 될 수 있으므로 벨트 부하를 사용하지 않으며, 기어 부하를 사용한다.   **답** ②

23 1차 권수 6,000, 2차 권수 200인 변압기의 전압비는?

① 10   ② 30   ③ 60   ④ 90

풀이
변압기의 전압비(권수비) $a = \dfrac{N_1}{N_2} = \dfrac{E_1}{E_2} = \dfrac{I_2}{I_1}$ 가 된다.

$\therefore a = \dfrac{N_1}{N_2} = \dfrac{6,000}{200} = 30$ **답** ②

24 그림은 유도전동기 속도제어 회로 및 트랜지스터의 컬렉터 전류 그래프이다. ⓐ와 ⓑ에 해당하는 트랜지스터는?

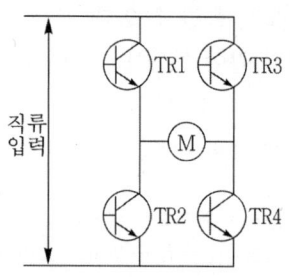
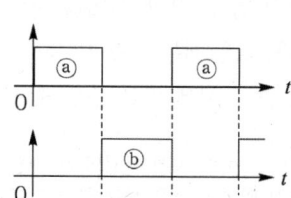

① ⓐ는 TR1과 TR2, ⓑ는 TR3과 TR4   ② ⓐ는 TR1과 TR3, ⓑ는 TR2과 TR4

③ ⓐ는 TR2과 TR4, ⓑ는 TR1과 TR3   ④ ⓐ는 TR1과 TR4, ⓑ는 TR2과 TR3

풀이   **답** ④

25 일정 전압 및 일정 파형에서 주파수가 상승하면 변압기 철손은 어떻게 변하는가?

① 증가한다.   ② 감소한다.

③ 불변이다.   ④ 어떤 기간동안 증가한다.

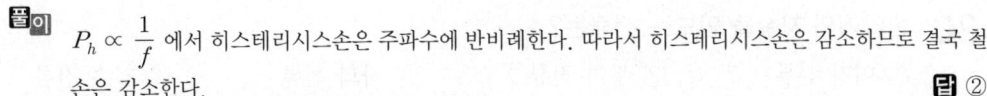

풀이 $P_h \propto \dfrac{1}{f}$ 에서 히스테리시스손은 주파수에 반비례한다. 따라서 히스테리시스손은 감소하므로 결국 철손은 감소한다. **답** ②

26 속도가 일정하고 구조가 간단하여 동기이탈이 없는 전동기로서 전기시계, 오실로스코프 등에 많이 사용되는 전동기는?

① 유도동기 전동기   ② 초동기 전동기

③ 단상동기 전동기   ④ 반동 전동기

풀이 **답** ④

27 변압기의 2차 측을 개방하였을 경우 1차 측에 흐르는 전류는 무엇에 의하여 결정되는가?

① 저항   ② 임피던스

③ 누설 리액턴스   ④ 여자 어드미턴스

풀이 변압기의 2차측을 개방하였을 경우 1차 측에 흐르는 전류는 여자 어드미턴스에 의하여 결정된다.
답 ④

28 직류 복권 전동기를 분권 전동기로 사용하려면 어떻게 하여야 하는가?

① 분권 계자를 단락시킨다.   ② 부하 단자를 단락시킨다.

③ 직권 계자를 단락시킨다.   ④ 전기자를 단락시킨다.

풀이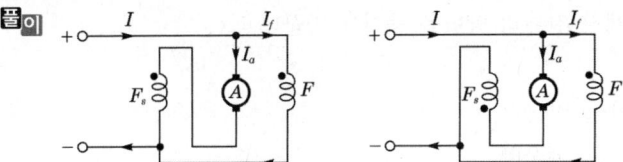

그림의 복권 전동기를 분권 전동기로 사용하려면 직권계자를 제거해야 한다.
제거하는 방법으로는 직권계자를 단락시켜야 분권전동기로 사용할 수 있다. **답** ③

29 반송보호 계전방식의 장점을 설명한 것으로 맞지 않은 것은?

① 다른 방식에 비해 장치가 간단하다.

② 고장 구간의 고속도 동시에 차단이 가능하다.

③ 고장 구간의 선택이 확실하다.

④ 동작을 예민하게 할 수 있다.

풀이 반송 보호 계전방식의 장점
- 고장의 선택성이 우수하다.
- 동작이 예민하다.
- 고장점이나 계통의 여하에 불구하고 선택 차단 개소를 동시에 고속도 차단할 수 있다. **답** ①

30 변압기의 자속을 만드는 전류는?

① 여자 전류   ② 부하 전류   ③ 자화 전류   ④ 철손 전류

풀이 • 여자 전류는 자화전류와 철손전류의 합으로 나타낸다.
       • 자화 전류는 철심의 자속을 만드는 전류를 말한다.   **답** ③

31 주파수 60[Hz]를 내는 발전용 원동기인 터빈 발전기의 최고 속도[rpm]는?

① 1,800   ② 2,400   ③ 3,600   ④ 4,800

풀이 터빈 발전기는 원통형 회전자를 가지는 고속의 동기발전기로, 회전속도 $N_s = \dfrac{120f}{p}$[rpm]이다.

동기발전기의 극수가 최소일 때 속도는 최고가 되므로

$\therefore N_s = \dfrac{120f}{p} = \dfrac{120 \times 60}{2} = 3,600$[rpm]   **답** ③

32 비례추이를 이용하여 속도제어가 되는 전동기는?

① 권선형 유도전동기   ② 농형 유도전동기
③ 직류 분권전동기   ④ 동기 전동기

풀이 비례추이는 2차 회전자에 저항을 삽입할 수 있는 권선형 유도 전동기에서 가능하다.   **답** ①

33 직류 전동기의 회전 방향을 바꾸려면?

① 전기자 전류의 방향과 계자 전류의 방향을 동시에 바꾼다.
② 발전기로 운전시킨다.
③ 계자 또는 전기자의 접속을 바꾼다.
④ 차동 복권을 가동 복권으로 바꾼다.

풀이 직류 전동기의 회전방향을 변경하려면 계자권선의 자속을 반대로 하여야 한다.   **답** ③

34 단상 반파정류회로에서 직류전압과 교류전압의 관계로 옳은 것은? (단, 직류전압은 E_d, 교류전압은 E라 한다.)

① $E_d = 0.45E$ ② $E_d = 0.9E$
③ $E_d = 1.17E$ ④ $E_d = 1.35E$

풀이 ① 단상 반파 정류 회로 $E_d = \dfrac{\sqrt{2}}{\pi} \cdot E = 0.45E$[V]

② 단상 전파 정류 회로 $E_d = \dfrac{2\sqrt{2}}{\pi} \cdot E = 0.9E$[V]   **답** ①

35 워드레어너드 속도 제어는?

① 저항제어   ② 계자제어   ③ 전압제어   ④ 직병렬제어

풀이

구분	특성	분권 및 타여자	직권
계자 제어법	효율 양호 정류 악화 정출력 가변 속도	속도 제어 범위는 최저 최고비가 1 : 2 ~ 1 : 4(보상 권선이 있을 때) 정도	무부하에 있어서 Φ가 대단히 작으면 속도가 아주 높아지므로 주의가 필요
직렬 저항법	효율 나쁨 정토크 가변 속도	정속도 특성을 잃는다.	직렬 저항법과 전압 제어법을 병용하여 전차 등에 널리 사용되고 있다.
전압 제어법	위의 두 가지에 비하여 고가이나 광범위한 속도 제어가 가능하다.	타여자 전동기에 적용된다. 워드 레오나드 방식, 일그너 방식, 승압기 방식 등이 있다.	

답 ③

36 동기 발전기를 병렬 운전하는 데 필요 없는 조건은?

① 조속기 동작이 민감할 것   ② 주파수와 파형이 서로 같을 것
③ 기전력의 값이 서로 같을 것   ④ 전압 위상이 서로 같을 것

풀이 동기발전기의 병렬운전 조건은 다음과 같다.
① 기전력의 크기가 같을 것   ② 기전력의 위상이 같을 것
③ 기전력의 주파수가 같을 것   ④ 기전력의 파형이 같을 것
⑤ 상회전 방향이 같을 것

답 ①

37 세이딩코일형 유도전동기의 특징을 나타낸 것으로 틀린 것은?

① 역률과 효율이 좋고 구조가 간단하여 세탁기 등 가정용 기기에 많이 쓰인다.
② 회전자는 농형이고 고정자의 성층철심은 몇 개의 돌극으로 되어있다.
③ 기동 토크가 작고 출력이 수 10[W] 이하의 소형 전동기에 주로 사용된다.
④ 운전 중에도 세이딩 코일에 전류가 흐르고 속도변동률이 크다.

풀이 • 세이딩 코일형 단상 유도 전동기의 특징
① 돌극형 자극의 고정자와 농형 회전자로 구성되어 있다.
② 구조가 간단하나 기동 토크가 매우 작고 출력이 수 10[W] 이하의 소형 전동기에 주로 사용된다.
③ 운전 중에도 세이딩 코일에 전류가 흐르기 때문에 효율과 역률이 떨어지며 회전 방향을 바꿀 수 없다.

답 ①

38 분권 전동기가 기동할 때의 방법은?

① 기동기는 최소, 계자 조정기는 최대   ② 기동기, 계자 저항기 모두 최대
③ 기동기는 최대, 계자 조정기는 최소   ④ 기동기, 계자 저항기 모두 최소

풀이 기동전류를 줄이고 기동토크를 최대로 하기 위하여 기동기의 저항은 최대로 하며, 계자 저항은 최소로 하여 기동한다.

답 ③

39 20[kVA]의 단상 변압기 2대를 사용하여 V-V 결선으로 하고 3상 전원을 얻고자 한다. 이때 여기에 접속시킬 수 있는 3상 부하의 용량은 약 몇 [kVA]인가?

① 34.6　　　　　② 44.6　　　　　③ 54.6　　　　　④ 66.6

> **풀이** V결선 시 출력은 1대의 용량에 $\sqrt{3}$ 배이므로
> $$P_V = \sqrt{3}\,P_1 = \sqrt{3} \times 20 = 34.64[\text{kVA}]$$
> **답** ①

40 직류 분권전동기를 운전 중 계자 저항을 증가시켰을 때의 회전 속도는?

① 증가한다.　　　　　　　　② 감소한다.
③ 변함없다.　　　　　　　　④ 정지한다.

> **풀이** 분권전동기는 운전 중 계자 저항을 증가하면 계자 자속이 감소하여 속도가 증가하는 특성이 있다.
> **답** ①

41 저압 연접인입선의 시설과 관련된 설명으로 잘못된 것은?

① 옥내를 통과하지 아니할 것
② 전선의 굵기는 1.5[mm²] 이하일 것
③ 폭 5[m]를 넘는 도로를 횡단하지 아니할 것
④ 인입선에서 분기하는 점으로부터 100[m]를 넘는 지역에 미치지 아니할 것

> **풀이** 221.1.2 연접 인입선의 시설
> 한 수용가의 인입선에서 분기하여 지지물을 거치지 아니하고 다른 수용 장소의 인입구에 이르는 부분의 전선을 연접인입선이라 한다.
> ① 인입선에서 분기하는 점으로부터 100[m]를 초과하는 지역에 미치지 아니할 것.
> ② 폭 5[m]를 초과하는 도로를 횡단하지 아니할 것.
> ③ 옥내를 통과하지 아니할 것.
> **답** ②

42 금속 전선관을 직각 구부리기 할 때 굽힘 반지름 r은? (단, d는 금속 전선관의 안지름, D는 금속 전선관의 바깥지름이다.)

① $r = 6d + \dfrac{D}{2}$　　　　　　　② $r = 6d + \dfrac{D}{4}$

③ $r = 2d + \dfrac{D}{6}$　　　　　　　④ $r = 4d + \dfrac{D}{6}$

> **풀이** • 굽힘 반지름 $r = 6d + \dfrac{D}{2}$　　• 굽힘 길이 $L = 2\pi r \times \dfrac{1}{4}$
> **답** ①

43 금속몰드공사 시 사용전압은 몇 [V] 이하이어야 하는가?

① 100　　　　　② 200　　　　　③ 300　　　　　④ 400

풀이 232.22 금속몰드공사
금속몰드의 사용전압이 400[V] 이하로 옥내의 건조한 장소로 전개된 장소 또는 점검할 수 있는 은폐장소에 한하여 시설할 수 있다
답 ④

44 피시 테이프(fish tape)의 용도는?

① 전선을 테이핑하기 위해서 사용 ② 전선관의 끝마무리를 위해서 사용

③ 전선관에 전선을 넣을 때 사용 ④ 합성수지관을 구부릴 때 사용

풀이 피시 테이프는 전선관 공사 시 전선을 여러 가닥 넣을 때 쉽게 넣을 수 있는 공구이다.

답 ③

45 2종 금속제 가요 전선관의 굵기(관의 호칭)가 아는 것은?

① 10[mm]   ② 12[mm]   ③ 16[mm]   ④ 24[mm]

풀이 제2종 금속제 가요 전선관의 호칭 : 10, 12, 15, 17, 24, 30, 38, 50, 63, 76, 83, 101[mm] 답 ③

46 금속관 공사에 절연 부싱을 쓰는 목적은?

① 관의 끝이 터지는 것을 방지 ② 박스 내에서 전선의 접속을 방지

③ 관의 단구에서 조영재의 접속을 방지 ④ 관의 단구에서 전선 손상을 방지

풀이 부싱 : 입선 작업 시 전선의 피복 손상을 방지하기 위해 사용하는 부속품을 말한다. 답 ④

47 합성수지관 공사의 특징 중 옳은 것은?

① 내열성   ② 내한성   ③ 내부식성   ④ 내충격성

풀이 합성수지관은 금속관에 비하여 절연성이 우수하며, 부식하지 않고, 기계적 강도는 약하며, 내열성에 약하다.
답 ③

48 일반적으로 저압 가공 인입선이 도로를 횡단하는 경우 노면상 설치 높이는 몇 [m] 이상이어야 하는가?

① 3[m]   ② 4[m]   ③ 5[m]   ④ 6.5[m]

풀이 221.1.1 저압 인입선의 시설
저압 가공인입선의 높이는 도로(도로와 보도의 구별이 있는 도로인 경우에는 차도)를 횡단하는 경우 노면상 5[m](기술상 부득이한 경우에 교통에 지장이 없을 때에는 3[m]) 이상일 것 답 ③

49 일반적으로 과전류 차단기를 설치하여야 할 곳은?

① 접지공사의 접지도체

② 다선식 전로의 중성선

③ 송배전선의 보호용, 인입선 등 분기선을 보호하는 곳

④ 저압 가공 전로의 접지측 전선

풀이 341.11 과전류차단기의 시설 제한
① 접지공사의 접지도체
② 다선식 전로의 중성선
③ 접지공사를 한 저압 가공 전선의 접지 측 전선

답 ③

50 전주의 길이가 16[m]이고, 설계하중이 6.8[kN] 이하의 철근콘크리트주를 시설할 때 땅에 묻히는 깊이는 몇 [m] 이상이어야 하는가?

① 1.2   ② 1.4   ③ 2.0   ④ 2.5

풀이 331.7 가공전선로 지지물의 기초의 안전율

설계 하중 전장	6.8[kN] 이하	6.8[kN] 초과 ~ 9.8[kN] 이하
15[m] 이하	전장 × 1/6[m] 이상	전장 × 1/6 + 0.3[m] 이상
15[m] 초과	2.5[m] 이상	2.8[m] 이상

답 ④

51 다음과 같은 기호의 배선 명칭은?

————————

① 천장 은폐배선   ② 바닥 은폐 배선   ③ 노출 배선   ④ 바닥면 노출 배선

풀이

명 칭	그림기호
천장 은폐배선	————
바닥 은폐배선	— — — —
노출 배선	··········

답 ①

52 조명기구를 배광에 따라 분류하는 경우 특정한 장소만을 고조도로 하기 위한 조명기구는?

① 직접 조명기구   ② 전반확산 조명기구

③ 광천장 조명기구   ④ 반직접 조명기구

풀이 ① 직접조명 : 빛을 직접 대상물에 비추는 조명방식
② 전반확산조명 : 하향광속으로 직접 작업면에 직사시키고 상향광속의 반사광으로 작업면의 조도를 증가시키는 조명방식
③ 광천장 조명 : 천장 전면을 발광면으로 하는 조명
④ 반직접조명 : 빛의 60~90[%]가 아래로 향하여 직접 표면을 비추고 나머지 10~40[%]는 천정면을 향하여 반사시키는 조명방식

답 ①

53 철근 콘크리트주에 완금을 고정 시키려면 어떤 밴드를 사용하는가?

① 암 밴드

② 지선 밴드

③ 래크 밴드

④ 행거 밴드

풀이 지지물에 전선을 고정시키기 위하여 사용하는 금구로 아연 도금을 한 앵글을 많이 사용한다. 완금이 상하로 움직이는 것을 방지하기 위하여 암 타이(arm tie)를 사용한다. 암 타이를 고정시키려면 암 타이 밴드(arm tie band)를, 지선에 붙일 때에는 지선 밴드(stay band)를 사용한다. **답** ①

54 경질 비닐 전선관의 설명으로 틀린 것은?

① 1본의 길이는 3.6[m]가 표준이다.

② 굵기는 관 안지름의 크기에 가까운 짝수 [mm]로 나타낸다.

③ 금속관에 비해 절연성이 우수하다.

④ 금속관에 비해 내식성이 우수하다.

풀이 경질 비닐 전선관 1본의 길이는 4[m]가 표준이고, 굵기는 관 안지름의 크기에 가까운 짝수의 [mm]로 나타낸다. **답** ①

55 다음 중 전선 및 케이블 접속 방법이 잘못된 것은?

① 전선의 세기를 30[%] 이상 감소시키지 않을 것

② 접속 부분은 접속관 기타의 기구를 사용하거나 납땜을 할 것

③ 코드 상호, 캡타이어 케이블 상호, 케이블 상호, 또는 이들 상호를 접속하는 경우에는 코드 접속기, 접속함 기타의 기구를 사용 할 것

④ 도체에 알루미늄을 사용하는 전선과 동을 상용하는 전선을 접속하는 경우에는 접속 부분에 전기적인 부식이 생기지 않도록 할 것

풀이 전선 접속시 주의 사항
① 전선의 전기 저항은 증가시키지 말아야 한다.
② 전선의 인장 하중을 20[%] 이상 감소시키지 말아야 한다.
③ 전선 접속시 절연내력은 접속전의 절연내력 이상으로 절연 하여야 한다. **답** ①

56 하나의 콘센트에 둘 또는 세가지의 기계 기구를 끼워서 사용할 때 사용되는 것은?

① 노출형 콘센트

② 키이리스 소켓

③ 멀티 탭

④ 아이언 플러그

풀이 하나의 콘센트에 둘 또는 세 가지의 기구를 사용할 때 끼우는 것을 말한다.

답 ③

57 일반적으로 정크션 박스 내에서 사용되는 전선 접속방식은?

① 슬리이브

② 코오드놋트

③ 코오드파아스너

④ 와이어커넥터

풀이 정크션 박스 내에서 전선을 접속할 경우 와이어 커넥터를 사용하여 접속하여야 한다.

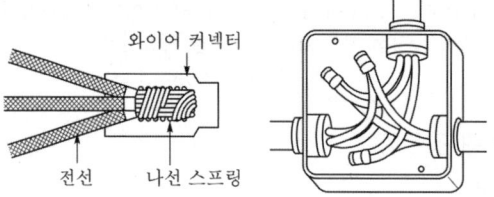

와이어 커넥터

전선   나선 스프링

답 ④

58 4개소에서 한 등을 자유롭게 점등 점멸할 수 있도록 하기 위해 배선하고자 할 때 필요한 스위치의 수는? (단, SW_3는 3로 스위치, SW_4는 4로 스위치이다.)

① SW_3 4개

② SW_3 1개, SW_4 3개

③ SW_3 2개, SW_4 2개

④ SW_3 4개

풀이 4개소 점멸할 경우 사용되는 스위치는 3로 2개와 4로 2개가 사용된다.   **답** ③

59 배선용 차단기의 심벌은?

① B

② E

③ BE

④ S

풀이 E : 누전 차단기 , BE : 과전류 소자 붙이 누전 차단기 , S : 개폐기   **답** ①

60 수・변전 설비의 고압회로에 걸리는 전압을 표시하기 위해 전압계를 시설할 때 고압회로와 전압계 사이에 시설하는 것은?

① 관통형 변압기

② 계기용 변류기

③ 계기용 변압기

④ 권선형 변류기

풀이 계기용 변압기(Potential Transformer : PT)
고압회로의 전압을 저압으로 변성하기 위해서 사용하는 것이며, 배전반의 전압계나 전력계, 주파수계, 역률계, 표시등 및 부족전압 트립코일의 전원으로 사용된다.   **답** ③

1 진공 중에서 같은 크기의 두 자극을 1[m] 거리에 놓았을 때 작용하는 힘이 6.33×10^4[N]이 되는 자극의 단위는?

① 1[N]   ② 1[J]   ③ 1[Wb]   ④ 1[C]

풀이 자기력 $F = 6.33 \times 10^4 \dfrac{m_1 m_2}{r^2}$[N] (단, m_1, m_2 [Wb], 자극 간의 거리는 r[m]이다.)

$\therefore F = 6.33 \times 10^4 \times \dfrac{1 \times 1}{1^2} = 6.33 \times 10^4$[N]이므로, 자극의 단위는 [Wb]이다.   **답** ③

2 기전력 1.5[V], 내부저항 0.1[Ω]인 전지 10개를 직렬로 연결하여 2[Ω]의 저항을 가진 전구에 연결할 때 전구에 흐르는 전류는 몇 [A]인가?

① 2   ② 3   ③ 4   ④ 5

풀이 기전력이 1.5[V]인 전지 10개를 직렬로 연결하면 전압은 $10 \times 1.5 = 15$[V]가 된다.
또, 내부저항이 0.1[Ω]을 1개 직결로 연결하면 합성저항은 $0.1 \times 10 = 1$[Ω]이 된다.
즉, 15[V], 내부저항이 1[Ω]의 전지로 생각하고 이것에 2[Ω]의 저항을 연결하면
전류는 $I = \dfrac{V}{R+r} = \dfrac{15}{2+1} = 5$[A]가 된다.   **답** ④

3 전류에 의한 자기장의 방향을 결정하는 법칙은?

① 앙페르의 오른나사 법칙   ② 플레밍의 오른손 법칙
③ 플레밍의 왼손 법칙   ④ 렌츠의 전자유도 법칙

풀이 직선 도체에 전류가 흐르면 자계가 형성되며 그림과 같이 도체에 수직인 평면상에서 오른나사가 진행하는 방향으로 전류가 흐를 때 나사를 돌리는 방향으로 자계가 발생한다. 즉, 전류에 의한 자계 방향의 관계를 앙페르의 오른나사 법칙이라 한다.

  답 ①

4 진공 속에서 1[m]의 거리를 두고 10^{-3}[Wb]와 10^{-5}[Wb]의 자극이 놓여 있다면 그 사이에 작용하는 힘[N]은?

① $4\pi \times 10^{-5}$[N]   ② $4\pi \times 10^{-4}$[N]
③ 6.33×10^{-5}[N]   ④ 6.33×10^{-4}[N]

풀이 $F = \dfrac{1}{4\pi\mu_0}\dfrac{m_1 m_2}{r^2} = 6.33\times 10^4 \times \dfrac{10^{-3}\times 10^{-5}}{1} = 6.33\times 10^{-4}[\text{N}]$ **답** ④

5 그림의 브리지 회로에서 평형이 되었을 때의 C_x는?

① 0.1[μC]

② 0.2[μC]

③ 0.3[μC]

④ 0.4[μC]

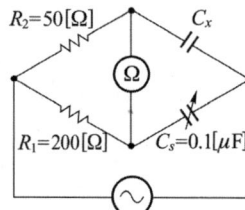

풀이 브리지 회로가 평형이 되었으므로

$$R_1\dfrac{1}{j\omega C_x} = R_2\dfrac{1}{j\omega C_s} \quad , \quad \dfrac{R_1}{C_x} = \dfrac{R_2}{C_s}$$

$$\therefore \ C_x = \dfrac{R_1 C_s}{R_2} = \dfrac{200\times 0.1}{50} = 0.4[\mu\text{C}]$$ **답** ④

6 최대눈금 1[A], 내부저항 10[Ω]의 전류계로 최대 101[A]까지 측정하려면 몇 [Ω]의 분류기가 필요한가?

① 0.01   ② 0.02   ③ 0.05   ④ 0.1

풀이 분류기의 배율은 $m = \dfrac{I_o}{I} = \left(\dfrac{r}{R_s}+1\right)$ 이므로 $\dfrac{101}{1} = \left(\dfrac{10}{R_s}+1\right)$ 에서

$R_s = 0.1[\Omega]$이 된다.   **답** ④

7 단면적 4[cm^2], 자기 통로의 평균 길이 50[cm], 코일 감은 횟수 1000회, 비투자율 2000인 환상 솔레노이드가 있다. 이 솔레노이드의 자기인덕턴스는? (단, 진공 중의 투자율 μ_0는 $4\pi\times 10^{-7}$임)

① 약 2[H]   ② 약 20[H]   ③ 약 200[H]   ④ 약 2000[H]

풀이 $L = \dfrac{\mu S N^2}{l} = \dfrac{2000\times 4\pi\times 10^{-7}\times 4\times 10^{-4}\times 1000^2}{50\times 10^{-2}} = 2.01[\text{H}]$ **답** ①

8 200[V]의 교류전원에 선풍기를 접속하고 전력과 전류를 측정하였더니 600[W], 5[A]이었다. 이 선풍기의 역률은?

① 0.5   ② 0.6   ③ 0.7   ④ 0.8

풀이 역률 $\cos\theta = \dfrac{\text{유효전력}}{\text{피상전력}} = \dfrac{\text{P [W]}}{VI\,[\text{VA}]} = \dfrac{600}{200\times 5} = 0.6$ **답** ②

9 $R = 4[\Omega]$, $X_L = 8[\Omega]$, $X_C = 5[\Omega]$가 직렬로 연결된 회로에 100[V]의 교류를 가했을 때 흐르는 ㉠ 전류와 ㉡ 임피던스는?

① ㉠ 5.9[A], ㉡ 용량성　　　　　　② ㉠ 5.9[A], ㉡ 유도성
③ ㉠ 20[A], ㉡ 용량성　　　　　　④ ㉠ 20[A], ㉡ 유도성

풀이 유도성 리액턴스 $X_L = jwL[\Omega]$, 용량성 리액턴스 $X_C = -j\frac{1}{wC}[\Omega]$이다.

직렬회로이므로, 합성 임피던스 $Z = R + jX_L - jX_C = 4 + j8 - j5 = 4 + j3[\Omega]$(유도성)

$$\therefore I = \frac{V}{Z} = \frac{100}{4+j3} = \frac{100}{\sqrt{4^2+3^2}} = \frac{100}{5} = 20[A]$$

답 ④

10 $\dot{A}_1 = 4 + j\,3$, $\dot{A}_2 = 3 + j\,4$의 두 벡터에서 $\dot{A} = \dot{A}_1 \times \dot{A}_2$는?

① $25 \angle 0$　　　　　　　　　　② $25 \angle \frac{\pi}{2}$

③ $25 \angle -\frac{\pi}{2}$　　　　　　　④ $25 \angle \frac{\pi}{3}$

풀이 분배법칙에 의하여 전개하며, 실수와 허수의 부분을 분리하여 구한다.
직교좌표는 극좌표로 변환한다.

$$\dot{A} = \dot{A}_1 \times \dot{A}_2 = (4+j\,3) \times (3+j\,4) = 12 - 12 + j\,16 + j\,9 = j\,25 = 25 \angle \frac{\pi}{2}$$

답 ②

11 그림에서 2[Ω]의 저항에 흐르는 전류는 몇 [A]인가?

① 3
② 4
③ 5
④ 6

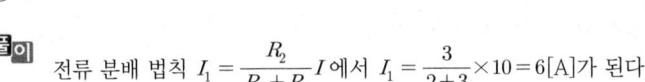

풀이 전류 분배 법칙 $I_1 = \frac{R_2}{R_1 + R_2} I$에서 $I_1 = \frac{3}{2+3} \times 10 = 6[A]$가 된다.

답 ④

12 L_1, L_2 두 코일이 접속되어 있을 때, 누설자속이 없는 이상적인 코일 간의 상호 인덕턴스는?

① $M = \sqrt{L_1 + L_2}$　　　　　　② $M = \sqrt{L_1 - L_2}$

③ $M = \sqrt{L_1 L_2}$　　　　　　　④ $M = \sqrt{\dfrac{L_1}{L_2}}$

풀이 상호인덕턴스는 $M = k\sqrt{L_1 L_2}$에서 누설자속이 없다고 하면 $k = 1$이므로

$$\therefore M = k\sqrt{L_1 L_2} = 1 \times \sqrt{L_1 L_2} = \sqrt{L_1 L_2}$$

답 ③

13 자체인덕턴스 40[mH]와 90[mH]인 두 개의 코일이 있다. 양 코일에 누설 자속이 없다고 하면 상호 인덕턴스는 몇 [mH]인가?

① 20　　　　　　② 40　　　　　　③ 50　　　　　　④ 60

풀이 상호인덕턴스는 $M=k\sqrt{L_1 L_2}$에서 누설자속이 없다고 하면 $k=1$이므로
$M=\sqrt{40\times 90}=\sqrt{3,600}=60[\text{mH}]$가 된다.

답 ④

14 RL 직렬회로의 시정수 $T[\text{s}]$는 어떻게 되는가?

① $\dfrac{R}{L}$　　　　② $\dfrac{L}{R}$　　　　③ RL　　　　④ $\dfrac{1}{RL}$

풀이 RL 직렬 회로의 시정수 : $T=\dfrac{L}{R}[\text{sec}]$

답 ②

15 히스테리시스손은 최대 자속밀도 및 주파수의 각각 몇 승에 비례하는가?

① 최대자속밀도 : 1.6, 주파수 : 1.0　　② 최대자속밀도 : 1.0, 주파수 : 1.6
③ 최대자속밀도 : 1.0, 주파수 : 1.0　　④ 최대자속밀도 : 1.6, 주파수 : 1.6

풀이 스타인메츠의 식 $W_h=\eta f B_m^{1.6}$에서 최대 자속밀도의 1.6승, 주파수 1승에 비례한다.

답 ①

16 $R=100[\Omega]$, $C=318[\mu\text{F}]$의 병렬 회로에 주파수 $f=60[\text{Hz}]$, 크기 $V=200[\text{V}]$의 사인파 전압을 가할 때 콘덴서에 흐르는 전류 I_c값은 약 얼마인가?

① 24　　　　　　② 31　　　　　　③ 41　　　　　　④ 55

풀이 용량리액턴스 $X_c=\dfrac{1}{2\pi fC}=\dfrac{1}{2\pi\times 60\times 318\times 10^{-6}}=8.35[\Omega]$

병렬 회로는 전압이 일정하므로 콘덴서에 흐르는 전류 $I_c=\dfrac{V}{X_c}=\dfrac{200}{8.35}=23.95[\text{A}]$가 된다.

답 ①

17 그림에서 폐회로에 흐르는 전류는 몇 [A]인가?

① 1
② 1.25
③ 2
④ 2.5

풀이 전원의 극성이 반대이므로, 폐회로에 흐르는 전류 $I=\dfrac{E}{R}=\dfrac{15-5}{5+3}=1.25[\text{A}]$

답 ②

18 공기 중에서 $+m$[wb]의 자극으로부터 나오는 자기력선의 총 수를 나타낸 것은?

① m　　　　② $\dfrac{\mu_0}{m}$　　　　③ $\dfrac{m}{\mu_0}$　　　　④ $\mu_0 m$

풀이 m[Wb]의 자하에서는 m개의 자속과 $\dfrac{m}{\mu_o}$개의 자기력선이 나온다. (가우스의 법칙)　　**답** ③

19 자장 내에 있는 도체에 전류를 흘리면 힘(전자력)이 작용하는데, 이 힘의 방향을 어떤 법칙으로 정하는가?

① 플레밍의 오른손 법칙　　　　② 플레밍의 왼손 법칙
③ 렌츠의 법칙　　　　④ 앙페르의 오른나사 법칙

풀이 자장 내에 도체에 전류가 흐를 때 이곳에 작용하는 힘의 방향을 결정하는 법칙은 플레밍의 왼손법칙이 여기에 해당한다.　　**답** ②

20 전기력선의 성질 중 맞지 않는 것은?

① 전기력선은 양(+)전하에서 나와 음(−)전하에서 끝난다.
② 전기력선의 접선방향이 전장의 방향이다.
③ 전기력선은 도중에 만나거나 끊어지지 않는다.
④ 전기력선은 등전위면과 교차하지 않는다.

풀이 전기력선의 성질
① 전기력선은 정전하에서 출발하여 부전하에서 멈추거나 무한원까지 퍼진다.
② 전기력선상의 임의의 한 점에서의 접선 방향은 그 점의 전계의 방향을 나타낸다. 즉, 전기력선의 방향은 전계의 방향과 일치한다.
③ 전기력선 밀도는 전계의 세기와 같다.
④ 전기력선은 서로 교차하지 않으며, 전하가 없는 곳에서는 전기력선의 발생과 소멸이 없고 연속적이다.
⑤ 전기력선은 전위가 높은 곳에서 낮은 곳으로 향한다.
⑥ 전기력선은 등전위면과 직교한다.　　**답** ④

21 계자 권선이 전기자와 접속되어 있지 않은 직류기는?

① 직권기　　　② 분권기　　　③ 복권기　　　④ 타여자기

풀이 외부의 독립된 직류 전원에 의해 계자권선에 여자전류를 공급하는 직류기를 타여자기라 한다.　　**답** ④

22 $e = \sqrt{2}\,E\sin\omega t$ [V]의 정현파 전압을 가했을 때 직류 평균값 $E_{d0} = 0.45E$[V]인 회로는?

① 단상 반파 정류회로　　　　② 단상 전파 정류회로
③ 3상 반파 정류회로　　　　④ 3상 전파 정류회로

풀이

	반파정류	전파정류
단상	$E_d = \dfrac{\sqrt{2}}{\pi}E = 0.45E$	$\dfrac{2\sqrt{2}}{\pi}E = 0.9E$
3상	$E_d = \dfrac{3\sqrt{3}}{\sqrt{2}\,\pi}E = 1.17E$	$E_d = 2.34E$

답 ①

23 동기 발전기의 병렬 운전 조건이 아닌 것은?

① 기전력의 주파수가 같은 것 ② 기전력의 크기가 같을 것

③ 기전력의 위상이 같을 것 ④ 발전기의 회전수가 같을 것

풀이 동기발전기의 병렬운전 조건은 다음과 같다.
① 기전력의 크기가 같을 것 ② 기전력의 위상이 같을 것
③ 기전력의 주파수가 같을 것 ④ 기전력의 파형이 같을 것
⑤ 상회전 방향이 같을 것

답 ④

24 전부하에서 동손 100[W], 철손 50[W]인 변압기가 최대 효율을 나타내는 부하[%]는?

① 50 ② 67 ③ 70 ④ 86

풀이 최대 효율은 철손과 동손이 같을 때이므로

$$\therefore \frac{1}{m} = \sqrt{\frac{P_i}{P_c}} = \sqrt{\frac{50}{100}} = 0.7 = 70[\%]$$

답 ③

25 감은 횟수 200회의 코일 P와 300회 코일S를 가까이 놓고 P에 1[A]의 전류를 흘릴 때 S와 쇄교하는 자속이 4×10^{-4}[Wb]이었다면 이들 코일의 상호 인덕턴스는?

① 0.12[H] ② 0.12[mH] ③ 1.2×10^{-4}[H] ④ 1.2×10^{-4}[mH]

풀이 두 코일의 상호인덕턴스 $M = \dfrac{N_2\phi_2}{I_1} = \dfrac{300 \times 4 \times 10^{-4}}{1} = 0.12$[H]가 된다.

답 ①

26 보호 계전기의 기능상 분류로 틀린 것은?

① 차동 계전기 ② 거리 계전기 ③ 저항 계전기 ④ 주파수 계전기

풀이 보호계전기의 기능상 분류
① 전류 계전기 : 전류의 크기에 의해 동작하는 보호 계전기
② 전압 계전기 : 전압의 크기에 의해 동작하는 보호 계전기
③ 차동 계전기(DCR : differential current relay) : 보호 대상 설비에 유입되는 전류와 유출되는 전류의 차에 의해 동작
④ 거리 계전기(DR : distance relay) : 전압과 전류의 크기 및 위상차를 이용, 고장점까지의 거리를 측정하는 계전기
⑤ 주파수 계전기 : 저주파수 계전기(UFR), 과주파수 계전기(OFR)
⑥ 재폐로 계전기(reclosing relay) : 순간적인 사고로 계통에서 분리된 구간을 신속히 계통에 투입시킴으로서 계통의 안정도를 향상

답 ③

27 극수 10, 동기속도 600[rpm]인 동기 발전기에서 나오는 전압의 주파수는 몇 [Hz]인가?

① 50   ② 60   ③ 80   ④ 120

풀이 주파수와 동기속도의 관계는 $N_s = \dfrac{120f}{p}$[rpm] 이므로

주파수 $f = \dfrac{N_s \cdot p}{120} = \dfrac{600 \times 10}{120} = 50$[Hz]가 된다.   **답** ①

28 60[Hz], 20000[kVA]의 발전기의 회전수가 1200[rpm]이라면 이 발전기의 극수는 얼마인가?

① 6극   ② 8극   ③ 12극   ④ 14극

풀이 동기속도 $N = \dfrac{120f}{P}$ 이므로, 극수 $p = \dfrac{120f}{N} = \dfrac{120 \times 60}{1200} = 6$극이 된다.   **답** ①

29 직류 전동기의 제어에 널리 응용되는 직류 – 직류 전압 제어장치는?

① 인버터   ② 컨버터   ③ 초퍼   ④ 전파정류

풀이 초퍼는 일정 입력 전원전압으로부터 초퍼 된(짧게 자른) 부하전압을 만들며 전원으로부터 부하를 연결 혹은 단절하는 다이리스터 온/오프 스위치이다.
• 인버터 : DC를 AC로 변환   • 컨버터 : AC를 DC로 변환
• 초퍼 : DC를 DC로 변환   • 정류기 : AC를 DC로 변환   **답** ③

30 동기 전동기의 전기자 전류가 최소일 때의 역률은?

① 0.5   ② 0.707   ③ 0.866   ④ 1.0

풀이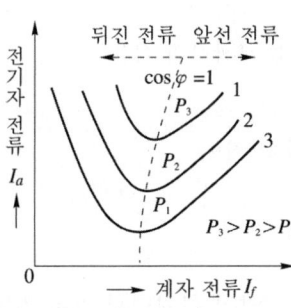

V곡선에서 역률이 1인 경우 전기자 전류가 최소로 된다.   **답** ④

31 다음 중 변압기의 1차측이란?

① 고압측   ② 저압측   ③ 전원측   ④ 부하측

풀이 변압기의 1차측은 전원측을 의미하며, 2차측은 부하측을 의미한다.   **답** ③

32 변압기에 사용되는 절연유의 성질이 아닌 것은?

① 절연내력이 클 것

② 인화점이 낮을 것

③ 비열이 커서 냉각효과가 클 것

④ 절연재료와 접촉해도 화학작용을 미치지 않을 것

풀이 변압기에 사용되는 절연유는 절연저항 및 절연내력이 크고, 인화점이 높고, 점도가 낮아야 한다.

답 ②

33 다음 중 병렬운전 시 균압선을 설치해야 하는 직류 발전기는?

① 분권   ② 차동복권   ③ 평복권   ④ 부족복권

풀이 • 직권 계자가 있는 발전기나 복권 발전기는 병렬운전을 안정하게 하기 위하여 균압선을 설치하여야 한다.

• 복권 발전기 중 차동 복권이나 부족 복권은 외부 특성이 분권발전기와 같으므로 그대로 병렬운전을 할 수 있으나, 평복권과 과복권은 병렬운전을 안정히 하기 위하여 균압선을 설치하여야 한다. **답** ③

34 다음 단상유도전동기 중 역률이 가장 좋은 것은?

① 분상 기동형   ② 콘덴서 기동형

③ 세이딩 코일형   ④ 반발 기동형

풀이 콘덴서 기동형 단상 유도 전동기는 콘덴서가 역률 개선의 역할을 하므로, 역률이 좋고 비교적 기동토크가 크므로 가정용 전동기로 많이 사용된다.

답 ②

35 동기발전기의 전기자 반작용 현상이 아닌 것은?

① 포화 작용   ② 증자 작용

② 감자 작용   ④ 교차자화 작용

풀이 동기 발전기의 전기자 반작용

• 전압과 전류가 동상인 전류 : 교차자화작용(횡축반작용)

• 진상(앞선)인 전류 : 증자작용(직축반작용)

• 지상(뒤진)인 전류 : 감자작용(직축반작용)

답 ①

36 직류 분권 발전기를 정격 속도로 회전시켜도 전압이 확립되지 않은 경우는?

① 계자 회로의 저항이 적다.   ② 잔류 자속이 많다.

③ 전기자 저항이 적다.   ④ 계자 권선의 접속을 반대로 하였다.

풀이 자여자 발전기 전압확립 조건

① 잔류자기가 있을 것   ② 회전방향이 잔류자기를 강화하는 방향일 것

③ 부하 특성곡선이 자기 포화를 가질 것   ④ 계자저항이 임계저항 보다 작을 것   **답** ④

37 동기 전동기를 송전선의 전압 조정 및 역률 개선에 사용한 것을 무엇이라 하는가?

① 동기 이탈
② 동기 조상기
③ 댐퍼
④ 제동권선

풀이 동기 조상기란 무부하 운전 중인 동기전동기를 과여자 또는 부족여자 운전하여 앞선역률 또는 뒤진역률을 취하는 기기를 말한다. 답 ②

38 3상 100[kVA], 13200/200[V] 변압기의 저압측 선전류의 유효분은 약 몇 [A]인가? (단, 역률은 80[%]이다.)

① 100
② 173
③ 230
④ 260

풀이 저압측 선전류 $I_2 = \dfrac{P}{\sqrt{3}\ V_2} = \dfrac{100 \times 10^3}{\sqrt{3} \times 200} = 288.68[A]$이므로

유효분 전류 $I = I_2 \cos\theta = 288.68 \times 0.8 = 230.94[A]$ 답 ③

39 단상 유도 전동기를 기동하려고 할 때 다음 중 기동 토크가 가장 작은 것은?

① 셰이딩 코일형
② 반발 기동형
③ 콘덴서 기동형
④ 분상 기동형

풀이 기동 토크의 크기
반발 기동형 〉 반발 유도형 〉 콘덴서 기동형 〉 분상 기동형 〉 셰이딩 코일형 답 ①

40 인견 공업에 사용되는 포트 전동기의 속도 제어는?

① 극수 변환에 의한 제어
② 1차 회전에 의한 제어
③ 주파수 변환에 의한 제어
④ 저항에 의한 제어

풀이 포트 모터는 방사용 모터라고도 하며, 인견공업에 사용되는 전동기를 말한다. 속도는 10,000[rpm] 이상 가능하며, 주파수 변환기 또는 전용 발전기를 구동하는 전동기의 속도를 조정하여 포트 모터의 전원 주파수를 변환한다. 답 ③

41 비닐 절연 비닐 시스 케이블의 약호로 맞는 것은?

① VV
② EV
③ FP
④ CV

풀이 비닐 절연 비닐 시스 케이블 (VV : PVC insulated PVC sheathed power cable) 답 ①

42 굵은 전선을 절단할 때 사용하는 전기공사용 공구는?

① 프레셔 툴
② 노크 아웃 펀치
③ 파이프 커터
④ 클리퍼

풀이 • 프리셔 툴 : 솔더리스 커넥터 또는 솔더리스 터미널을 압착하는 것
• 노크 아웃 펀치 : 분전반, 풀박스 등의 전선관 인출을 위한 인출공을 뚫는 공구
• 파이프 커터 : 금속관을 절단하는 공구
• 클리퍼 : 굵은 전선을 절단할 때 사용하는 가위　　　　　　　　　　　**답** ④

43 애자공사에 의한 저압 옥내배선에서 일반적으로 전선 상호간의 간격은 몇 [cm] 이상이어야 하는가?

① 2.5[cm]　　　　　　　　　　② 6[cm]
③ 25[cm]　　　　　　　　　　④ 60[cm]

풀이 232.56 애자공사

전 압		전선과 조영재와의 이격 거리		전선 상호 간격	전선 지지점간의 거리	
					조영재의 윗면 또는 옆면	조영재에 따라 시설하지 않는 경우
저압	400[V] 이하	2.5[cm] 이상		6[cm] 이상	2[m] 이하	–
	400[V] 초과	건조한 장소	2.5[cm] 이상			6[m] 이하
		기타의 장소	4.5[cm] 이상			

답 ②

44 다음 중 단선의 브리타니어 직선 접속에 사용되는 것은?

① 조인트선　　　　　　　　　② 파라핀선
③ 바인드선　　　　　　　　　④ 에나멜선

풀이 브리타니어 직선 접속
① 10[mm²] 이상의 굵은 단선인 경우에 적용되며, 다음 그림과 같이 1.0~1.2[mm]의 조인트선과 첨선을 준비하여 사포로 닦는다.
② 두 심선의 접속 부분을 서로 겹치고, 약 120[mm] 길이의 첨선을 댄다.
③ 1[mm] 정도 되는 조인트선의 중간을 전선 접속 부분의 중앙에 대고 2회 정도 성기게 감은 다음, 각각 양쪽을 조밀하게 감는다. 이때, 감은 전체의 길이가 전선 직경의 15배 이상 되도록 한다.
④ 펜치를 사용하여 두 심선의 남은 끝을 각각 위로 세우고 양 끝의 조인트선을 본선에만 5회 정도 감고 첨선과 함께 꼬아서 8[mm] 정도 남기고 자른다.
⑤ 위로 세운 심선을 잘라낸다.

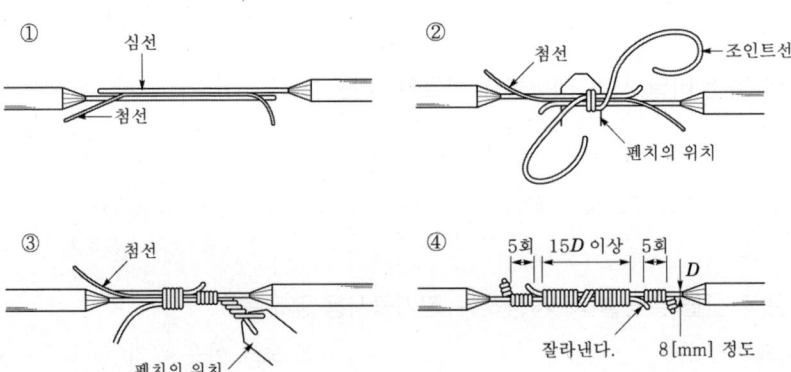

답 ①

45 노브 애자를 사용한 옥내 배선에서 전선의 굵기가 원칙적으로 얼마 이상이면 십자 바인드법으로 묶는가?

① 2.5[mm²] ② 6[mm²] ③ 10[mm²] ④ 16[mm²]

풀이
- 일자 바인드 : 10[mm²] 이하의 전선
- 십자 바인드 : 16[mm²] 이상의 전선

답 ④

46 고압 가공 전선로의 전선의 조수가 3조일 때 완금의 길이는?

① 1200[m] ② 1400[m] ③ 1800[m] ④ 2400[m]

풀이 가공 전선로의 장주에 사용되는 완금의 표준 길이는,

전선의 개수	특고압	고압	저압
2	1,800	1,400	900
3	2,400	1,800	1,400

답 ③

47 인입 개폐기가 아닌 것은?

① ASS ② LBS ③ LS ④ UPS

풀이 UPS(Uninterruptible Power Supply)는 무정전 전원 공급 장치로 선로의 정전이나 입력 전원에 이상 상태가 발생하였을 경우에도 정상적으로 전력을 부하측에 공급하는 설비이다.

답 ④

48 아래 그림기호가 나타내는 것은?

① 한시 계전기 접점
② 전자 접촉기 접점
③ 수동 조작 접점
④ 조작 개폐기 잔류 접점

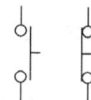

	a 접점	b 접점
한시 계전기 (한시동작형)		
전자 접촉기	MC	MC
수동 조작 (수동조작 자동복귀)		
조작 개폐기 잔류접점		

답 ③

49 변전소의 전력기기를 시험하기 위하여 회로를 분리하거나 또는 계통의 접속을 바꾸거나 하는 경우에 사용되는 것은?

① 나이프 스위치 ② 차단기 ③ 퓨즈 ④ 단로기

풀이 단로기(DS : Disconnecting Switch)

단로기는 기기의 점검, 수리를 할 때 기기를 활선으로부터 떼어 내어 확실하게 회로를 열어 놓을 목적으로 사용된다. 또 모선의 구분, 변압기의 결선변경 또는 회로의 접속변경 등의 목적으로 사용되는 개폐기로 정격전압으로 단순히 충전되어 있는 무부하상태의 전로를 개폐하기 위한 것이다.   **답** ④

50 플로어 덕트 공사의 설명 중 옳지 않은 것은?

① 덕트 상호간 접속은 견고하고 전기적으로 완전하게 접속하여야 한다.

② 덕트의 끝 부분은 막는다.

③ 덕트 및 박스 기타 부속품은 물이 고이는 부분이 없도록 시설하여야 한다.

④ 플로어 덕트는 접지공사를 아니하여야 한다.

풀이 232.32.3 플로어덕트 및 부속품의 시설

① 덕트 상호 간 및 덕트와 박스 및 인출구와는 견고하고 또한 전기적으로 완전하게 접속할 것.

② 덕트 및 박스 기타의 부속품은 물이 고이는 부분이 없도록 시설하여야 한다.

③ 박스 및 인출구는 마루 위로 돌출하지 아니하도록 시설하고 또한 물이 스며들지 아니하도록 밀봉할 것.

④ 덕트의 끝부분은 막을 것.

⑤ 덕트는 접지공사를 할 것.   **답** ④

51 소맥분, 전분 기타 가연성의 분진이 존재하는 곳의 저압 옥내 배선 공사 방법에 해당되는 것으로 짝지어진 것은?

① 케이블 공사, 애자공사

② 금속관 공사, 콤바인 덕트관, 애자공사

③ 케이블 공사, 금속관 공사, 애자공사

④ 케이블 공사, 금속관 공사 합성수지관 공사

풀이 242.2.2 가연성 분진 위험장소

가연성 분진(소맥분·전분·유황 기타 가연성의 먼지로 공중에 떠다니는 상태에서 착화하였을 때에 폭발할 우려가 있는 것을 말하며 폭연성 분진을 제외)에 전기설비가 발화원이 되어 폭발할 우려가 있는 곳에 시설하는 저압 옥내 전기설비는 저압 옥내배선 등은 합성수지관공사·금속관공사 또는 케이블공사에 의할 것.   **답** ④

52 아래 심벌이 나타내는 것은?

① 저항

② 진상용 콘덴서

③ 유입 개폐기

④ 변압기

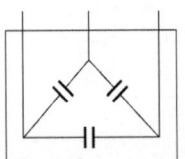

풀이

명칭	저항	전력용 콘덴서	개폐기	변압기	
심벌 (단선도)	—⋀⋀⋀—	⊣⊢	▯	⦵	⋀⋀

답 ②

53 금속관을 구부리는 경우 굴곡의 안측 반지름은?

① 전선관 안지름의 3배 이상   ② 전선관 안지름의 6배 이상

③ 전선관 안지름의 8배 이상   ④ 전선관 안지름의 12배 이상

풀이 금속 전선관을 구부릴 때 금속관의 단면이 심하게 변형되지 않도록 구부려야 하며, 일반적으로 그 안측의 반지름은 관 안지름의 6배 이상이 되어야 한다.   **답** ②

54 제어 회로용 절연 전선을 금속 덕트 공사에 의하여 시설하고자 한다. 절연 피복을 포함한 전선 의 총면적은 덕트의 내부 단면적의 몇 [%]까지 할 수 있는가?

① 20   ② 30   ③ 40   ④ 50

풀이 232.31 금속덕트공사
금속덕트에 넣은 전선의 단면적(절연피복의 단면적을 포함한다)의 합계는 덕트의 내부 단면적의 20[%] (전광표시 장치 기타 이와 유사한 장치 또는 제어회로 등의 배선만을 넣는 경우에는 50[%]) 이하일 것.   **답** ④

55 성냥을 제조하는 공장의 공사 방법으로 적당하지 않는 것은?

① 금속관 공사   ② 케이블 공사

③ 합성수지관 공사   ④ 금속 몰드 공사

풀이 242.4 위험물 등이 존재하는 장소
셀룰로이드, 성냥, 석유 등의 타기 쉬운 위험한 물질을 제조하거나 저장하는 장소에는 합성수지관공사, 금속관공사, 케이블공사에 준해서 시설한다.   **답** ④

56 전선 약호가 CN-CV-W인 케이블의 품명은?

① 동심중성선 수밀형 전력케이블

② 동심중성선 차수형 전력케이블

③ 동심중성선 수밀형 저독성 난연 전력케이블

④ 동심중성선 차수형 저독성 난연 전력케이블

풀이 ① CN-CV-W : 동심중성선 수밀형 전력케이블
② CN-CV : 동심중성선 차수형 전력케이블
③ FR CNCO-W : 동심중성선 수밀형 저독성 난연 전력케이블   **답** ①

57 자연 공기 내에서 개방 할 때 접촉자가 떨어지면서 자연소호되는 방식을 가진 차단기로 저압 의 교류 또는 직류 차단기로 많이 사용되는 것은?

① 유입차단기   ② 자기차단기

③ 가스차단기   ④ 기중차단기

풀이   **답** ④

58 다음 중 옥내에 시설하는 저압 전로와 대지 사이의 절연 저항 측정에 사용되는 계기는?

① 콜라우시 브리지   ② 메거
③ 어스 테스터   ④ 마그넷 벨

풀이

절연저항은 메거로 측정한다.

답 ②

59 교통신호등의 제어장치로부터 신호등의 전구까지의 전로에 사용하는 전압은 몇 [V] 이하인가?

① 60   ② 100   ③ 300   ④ 440

풀이 234.15 교통신호등
① 교통신호등 제어장치의 2차측 배선의 최대사용전압은 300[V] 이하이어야 한다.
② 교통신호등 회로의 사용전압이 150[V]를 넘는 경우는 전로에 지락이 생겼을 경우 자동적으로 전로를 차단하는 누전차단기를 시설할 것.   **답** ③

60 습기가 많은 장소 또는 물기가 있는 장소의 바닥 위에서 사람이 접촉할 우려가 있는 장소에 시설하는 사용 전압이 400[V] 이하인 전구선 및 이동전선은 최소 몇 [mm²] 이상의 것을 사용하여야 하는가?

① 0.75   ② 1.25   ③ 2.0   ④ 3.5

풀이 234.3 코드 및 이동전선
옥내에서 조명용 전원코드 또는 이동전선을 습기가 많은 장소 또는 수분이 있는 장소에 시설할 경우에는 고무코드(사용전압이 400[V] 이하인 경우에 한함) 또는 0.6/1[kV] EP 고무 절연 클로로프렌캡타이어케이블로서 단면적이 0.75[mm²] 이상인 것이어야 한다.   **답** ①

2023

CBT 복원문제

동일출판사 홈페이지 및 YouTube에서
무료동영상 강의를 보실 수 있습니다.
(전기이론, 전기기기 해설)

1 200[V]에서 1[kW]의 전력을 소비하는 전열기를 100[V]에서 사용하면 소비전력은 몇 [W]인가?

① 150　　　　　② 250　　　　　③ 400　　　　　④ 1000

풀이 전열기가 변경되지 않은 상태로 전열기에 전압을 가할 경우 전열기에 내부저항이 일정한 관계로 소비되는 전력은 전열기에 가하는 전압의 제곱에 비례하게 된다.

$$\frac{P'}{P}=\left(\frac{V'}{V}\right)^2 \text{ 따라서, } P'=\left(\frac{100}{200}\right)^2 \times 1000 = 250[\text{W}]$$

또, 다른 방법으로는 저항을 구하고, 저항에 의해 소비되는 전력을 구해도 된다.

전열기의 저항 $R=\dfrac{200^2}{1000}=40[\Omega]$, 100[V] 사용시 전력 $P=\dfrac{100^2}{40}=250[\text{W}]$　　**답** ②

2 P형 반도체의 설명 중 틀린 것은?

① 불순물은 4가 원소이다.　　　　　② 다수 반송자는 정공이다.
③ 불순물은 억셉터(acceptor)이다.　　④ 정공 및 전자의 이동으로 전도가 된다.

풀이 P형 반도체의 불순물은 3가 원소이며, N형 반도체의 불순물은 5가 원소이다.　　**답** ①

3 어떤 회로에 50[V]의 전압을 가하니 $8+j6$[A]의 전류가 흘렀다면 이 회로의 임피던스[Ω]는?

① $3-j4$　　　　② $3+j4$　　　　③ $4-j3$　　　　④ $4+j3$

풀이 $Z=\dfrac{V}{I}=\dfrac{50}{8+j6}=\dfrac{50(8-j6)}{(8+j6)(8-j6)}=4-j3[\Omega]$　　**답** ③

4 다음 중 반자성체는 어느 것인가?

① 철　　　　　② 아연　　　　　③ 니켈　　　　　④ 코발트

풀이 ① 상자성체 : 백금(Pt), 알루미늄(Al), 산소(O_2)
② 반자성체 : 은(Ag), 구리(Cu), 비스무트(Bi), 물(H_2O), 아연(Zn)
③ 강자성체 : 철(Fe), 니켈(Ni), 코발트(Co)　　**답** ②

5 20[A]의 전류를 흘렸을 때 전력이 60[W]인 저항에 30[A]를 흘리면 전력은 몇 [W]가 되겠는가?

① 80　　　　　② 90　　　　　③ 120　　　　　④ 135

풀이　$P = I^2 R[W]$이므로, $R = \dfrac{P}{I^2} = \dfrac{60}{20^2} = 0.15[\Omega]$이다.

따라서, 30[A]를 흘렸을 때의 전력 P는 $P = I^2 R = 30^2 \times 0.15 = 135[W]$　**답** ④

6 패러데이 법칙에서 전기분해에 의해서 석출되는 물질의 양은 전해액을 통과한 무엇과 비례하는가?

① 총 전해질　　　② 총 전류　　　③ 총 전압　　　④ 총 전기량

풀이　패러데이 법칙은 전극에서 석출되는 물질의 양은 통과한 전기량에 비례하며, 전기량이 같을 경우 석출되는 물질의 양은 그 물질의 화학 당량에 비례한다.　**답** ④

7 반도체의 특징이 아닌 것은?

① 전기적 전도성은 금속과 절연체의 중간적 성질을 가지고 있다.
② 일반적으로 온도가 상승함에 따라 저항은 감소한다.
③ 매우 낮은 온도에서 절연체가 된다.
④ 불순물이 섞이면 저항이 증가한다.

풀이　반도체(semi-conductor)는 도체와 부도체의 중간적인 성질을 지닌 물질을 말한다.
대표적인 물질로는 규소(Si), 게르마늄(Ge) 등이 있다.　**답** ④

8 다음 회로에서 10[Ω]에 걸리는 전압은 몇 [V]인가?

① 2
② 10
③ 20
④ 30

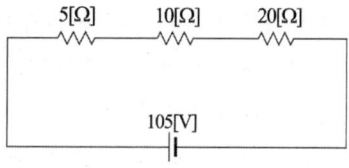

풀이　전압은 저항값에 비례하므로 전압 분배 법칙을 이용하여 구한다.
$$V_{10} = \dfrac{10}{5+10+20} \times 105 = 30[V]$$
답 ④

9 최댓값이 10[A]인 교류 전류의 평균값은 약 몇 [A]인가?

① 0.2　　　　② 0.5　　　　③ 3.14　　　　④ 6.37

풀이

파형	정현파	정현반파	삼각파	구형반파	구형파
실효값	$\dfrac{I_m}{\sqrt{2}}$	$\dfrac{I_m}{2}$	$\dfrac{I_m}{\sqrt{3}}$	$\dfrac{I_m}{\sqrt{2}}$	I_m
평균값	$\dfrac{2I_m}{\pi}$	$\dfrac{I_m}{\pi}$	$\dfrac{I_m}{2}$	$\dfrac{I_m}{2}$	I_m

평균값 $I_{av} = \dfrac{2I_m}{\pi} = \dfrac{2 \times 10}{\pi} = 6.37[A]$가 된다.　**답** ④

10 평균 반지름이 r[m]이고, 감은 횟수가 N인 환상 솔레노이드에 전류 I[A]가 흐를 때 내부의 자기장의 세기 H[AT/m]는?

① $H = \dfrac{NI}{2\pi r}$ ② $H = \dfrac{NI}{2r}$ ③ $H = \dfrac{2\pi r}{NI}$ ④ $H = \dfrac{2r}{NI}$

풀이 그림과 같이 반지름 r[m]인 적분로 C에 대해서 암페어의 주회 적분의 법칙을 적용하면 H=일정, $\theta = 0$이므로

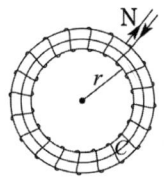

$$\oint_c \boldsymbol{H} \cdot d\boldsymbol{l} = H \cdot 2\pi r = NI$$

$$\therefore H = \frac{NI}{2\pi r} = n_0 I [\text{AT/m}]$$

단, n_0는 단위 길이당 권수이다.

답 ①

11 저항 R_1, R_2가 병렬일 때 전전류를 I라 하면 I_1에 흐르는 전류는?

① $\dfrac{R_1}{R_1 + R_2} I$ ② $\dfrac{R_2}{R_1 + R_2} I$ ③ $\dfrac{R_1 + R_2}{R_2} I$ ④ $\dfrac{1}{R_1 + R_2} I$

풀이 R_1, R_2가 병렬로 연결된 회로에서 R_1, R_2에 흐르는 전류를 각각 I_1, I_2라 할 때 각 저항에 흐르는 전류 I_1, I_2는 각 저항에 반비례한다. (병렬 연결 시는 공급전압의 일정)

$$I_1 = \frac{R_2}{R_1 + R_2} I, \quad I_2 = \frac{R_1}{R_1 + R_2} I$$

답 ②

12 전하의 성질에 대한 설명 중 옳지 못한 것은?

① 전하는 가장 안전한 상태를 유지 하려 하는 성질이 있다.
② 같은 종류의 전하끼리는 흡인하고, 다른 종류의 전하끼리는 반발한다.
③ 낙뢰는 구름과 지면 사이에 모인 전기가 한꺼번에 방전되는 현상이다.
④ 대전체의 영향으로 비대전체에 전기가 유도된다.

풀이 같은 종류의 전하끼리는 반발하고, 다른 종류의 전하끼리는 흡인한다.

답 ②

13 다음을 복소수로 표현하면?

$$v = 200\sqrt{2}\sin\left(wt + \frac{\pi}{2}\right)[\text{V}]$$

① $200 + j200$ ② $100 + j100$

③ $j200$ ④ $200\sqrt{2} + j100$

풀이

$$v = 200\sqrt{2}\sin\left(wt + \frac{\pi}{2}\right) \rightarrow \dot{V} = 200\angle\frac{\pi}{2} = 200\left(\cos\frac{\pi}{2} + j\sin\frac{\pi}{2}\right) = j200[\text{V}]$$

답 ③

14 저항 50[Ω]인 전구에 $e = 100\sqrt{2}\sin\omega t$[V]의 전압을 가할 때 순시전류[A] 값은?

① $\sqrt{2}\sin\omega t$ 　　　　　　　　② $2\sqrt{2}\sin\omega t$

③ $5\sqrt{2}\sin\omega t$ 　　　　　　　④ $10\sqrt{2}\sin\omega t$

풀이 $e = E_m\sin\omega t = \sqrt{2}\,E\sin\omega t$ [V] (단, E_m : 최댓값, E : 실효값이다.)

따라서 순시전류 $i = \dfrac{e}{R} = \dfrac{E_m\sin\omega t}{R} = \dfrac{100\sqrt{2}\sin\omega t}{50} = 2\sqrt{2}\sin\omega t$[A]　　**답** ②

15 정전기 발생 방지책으로 틀린 것은?

① 대전 방지제의 사용

② 접지 및 보호구의 착용

③ 배관 내 액체의 흐름 속도 제한

④ 대기의 습도를 30[%] 이하로 하여 건조함을 유지

풀이 일반적으로 상대습도를 60~70[%] 이상으로 하면 정전기가 누설되는 것으로 생각할 수 있으므로, 정전기의 축적을 방지할 수 있다.　　**답** ④

16 자기저항의 단위는?

① [AT/m] 　　　　　　　　　② [Wb/AT]

③ [AT/Wb] 　　　　　　　　④ [Ω/AT]

풀이 자기 옴의 법칙에서 자속 $\phi = \dfrac{F}{R_m}$이므로

자기 저항 $R_m = \dfrac{F}{\phi} = \dfrac{NI}{\phi}$[AT/Wb]가 된다.　　**답** ③

17 그림과 같은 RC 병렬회로의 위상각 θ는?

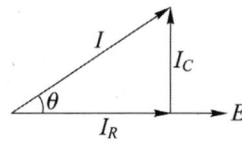

① $\tan^{-1}\dfrac{\omega C}{R}$ 　　　② $\tan^{-1}\omega CR$ 　　　③ $\tan^{-1}\dfrac{R}{\omega C}$ 　　　④ $\tan^{-1}\dfrac{1}{\omega CR}$

풀이 순시전류

① RL 병렬회로 : $i = \sqrt{\left(\dfrac{1}{R}\right)^2 + \left(\dfrac{1}{\omega L}\right)^2} \cdot V_m \sin\left(\omega t - \tan^{-1}\dfrac{R}{\omega L}\right)$[A]

② RC 병렬회로 : $i = \sqrt{\left(\dfrac{1}{R}\right)^2 + (\omega C)^2} \cdot V_m \sin(\omega t + \tan^{-1}\omega CR)$[A]　　**답** ②

18 전류에 의해 만들어지는 자기장의 자기력선 방향을 간단하게 알아내는 방법은?

① 플레밍의 왼손 법칙

② 렌츠의 자기유도 법칙

③ 앙페르의 오른나사 법칙

④ 패러데이의 전자유도 법칙

풀이 직선 도체에 전류가 흐르면 자계가 형성되며 그림과 같이 도체에 수직인 평면상에서 오른나사가 진행하는 방향으로 전류가 흐를 때 나사를 돌리는 방향으로 자계가 발생한다. 즉, 전류에 의한 자계 방향의 관계를 앙페르의 오른나사 법칙이라 한다.

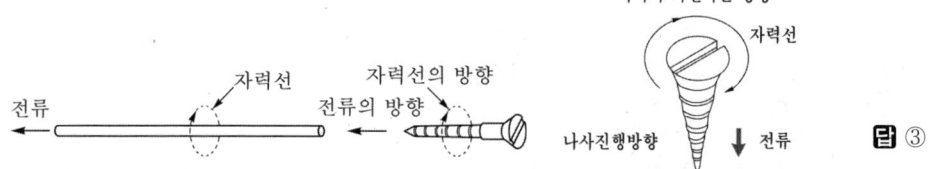

답 ③

19 교류 회로에서 전압과 전류의 위상차를 θ[rad]이라 할 때 $\cos\theta$를 회로의 무엇이라 하는가?

① 전압 변동률

② 파형률

③ 효율

④ 역률

풀이 역률 $\cos\theta = \dfrac{R}{\sqrt{R^2+X^2}}$

답 ④

20 다음 중 전동기의 원리에 적용되는 법칙은?

① 렌츠의 법칙

② 플레밍의 오른손 법칙

③ 플레밍의 왼손 법칙

④ 옴의 법칙

풀이 플레밍의 오른손 법칙은 발전기의 원리를 설명하는 법칙이고, 플레밍의 왼손 법칙은 전자력에 관계되는 법칙으로 전동기의 원리를 설명하는 법칙이다.

답 ③

21 속도가 일정하고 구조가 간단하여 동기이탈이 없는 전동기로서 전기시계, 오실로스코프 등에 많이 사용되는 전동기는?

① 유도동기 전동기

② 초동기 전동기

③ 단상동기 전동기

④ 반동 전동기

풀이 반동 전동기 : 여자권선 없이 동기속도로 회전하는 전동기

답 ④

22 다음 중 변압기의 온도 상승 시험법으로 가장 널리 사용되는 것은?

① 반환부하법

② 극성시험

③ 절연내력시험

④ 무부하시험

풀이 반환 부하법은 동일 정격의 변압기가 2대 이상 있을 경우에 채용되며, 전력 소비가 적고 철손과 동손을 따로 공급하는 것으로 현재 가장 많이 사용하고 있다.

답 ①

23 다음 중 자기 소호 제어용 소자는?

① SCR ② TRIAC ③ DIAC ④ GTO

풀이 GTO(gate turn off thyristor)

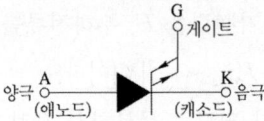

SCR은 도통 시점을 임의로 조절하는 것이 가능 하지만 소호시키는 시점은 제어 할 수 없다. 따라서, 이러한 단점을 보완한 것이 GTO로서 게이트에 흐르는 전류를 점호할 때의 전류와 반대 방향의 전류를 흐르게 함으로서 임의로 GTO를 소호시킬 수 있다.(자기소호기능) **답** ④

24 농형 유도 전동기의 기동법이 아닌 것은?

① 전전압기동법 ② 저저항 2차권선기동법
③ 기동보상기법 ④ Y-△ 기동법

풀이 저저항 2차권선 기동법은 비례추이를 이용하는 방법으로 권선형 유도 전동기 기동법에 해당한다.
답 ②

25 3권선 변압기에 대한 설명으로 옳은 것은?

① 한 개의 전기회로에 3개의 자기회로로 구성되어 있다.

② 3차 권선에 조상기를 접속하여 송전선의 전압조정과 역률개선에 사용된다.

③ 3차 권선에 단권변압기를 접속하여 송전선의 전압조정에 사용된다.

④ 고압배전선의 전압을 10[%] 정도 올리는 승압용이다.

풀이 한 변압기의 철심에 3개의 권선이 있는 변압기를 3권선 변압기라고 한다. Y-Y-△에서 △의 제3권선은 일반 전열등 소내용 전압 공급, 또는 조상 설비로 사용, △결선은 제3고조파 제거한다. **답** ②

26 동기발전기의 무부하 포화곡선에 대한 설명으로 옳은 것은?

① 정격전류와 단자전압의 관계이다. ② 정격전류와 정격전압의 관계이다.
③ 계자전류와 정격전압의 관계이다. ④ 계자전류와 단자전압의 관계이다.

풀이

구분	횡축	종축	조건	
무부하 포화 곡선	I_f	$V(=E)$	n=일정	$I=0$
외부 특성 곡선	I	V	n=일정	R_f=일정
내부 특성 곡선	I	E	n=일정	R_f=일정
부하 특성 곡선	I_f	V	n=일정	I=일정
계자 조정 곡선	I	I_f	n=일정	V=일정

답 ④

27 직권 발전기의 설명 중 틀린 것은?

① 계자권선과 전기자권선이 직렬로 접속되어 있다.

② 승압기로 사용되며 수전 전압을 일정하게 유지하고자 할 때 사용된다.

③ 단자전압을 V, 유기 기전력을 E, 부하전류를 I, 전기자저항 및 직권 계자저항을 각각 r_a, r_s라 할 때 $V = E + I(r_a + r_s)[V]$이다.

④ 부하전류에 의해 여자 되므로 무부하시 자기여자에 의한 전압확립은 일어나지 않는다.

풀이 직권 발전기의 단자 전압 $V = E - I(R_a + R_s)[V]$이다.   **답** ③

28 단상 반파 정류 회로에 전원 전압 200[V], 부하 저항 10[Ω]이면 부하 전류는 약 몇 [A]인가?

① 4   ② 9   ③ 12   ④ 18

풀이 반파 정류회로로서 교류전압을 인가하면 입력의 파형이 출력과 같이 반파로 정류되어 출력된다. 이 크기는 $V_o = 0.45 V_i$ 의 관계가 있으며, 여기서 V_o 는 직류전압, V_i 는 교류전압을 나타낸다.

따라서, 직류 전압은 $V_o = 0.45 \times 200 = 90[V]$

전류는 $I = \dfrac{V_o}{R} = \dfrac{90}{10} = 9[A]$가 된다.   **답** ②

29 1차 전압 6300[V], 2차 전압 210[V], 주파수 60[Hz]의 변압기가 있다. 이 변압기의 권수비는?

① 30   ② 40   ③ 50   ④ 60

풀이 변압기 권수비의 식 $a = \dfrac{N_1}{N_2} = \dfrac{V_1}{V_2} = \dfrac{I_2}{I_1} = \sqrt{\dfrac{R_1}{R_2}}$ 이다.

$\therefore a = \dfrac{V_1}{V_2} = \dfrac{6300}{210} = 30$ **답** ①

30 그림과 같은 분상 기동형 단상 유도 전동기를 역회전시키기 위한 방법이 아닌 것은?

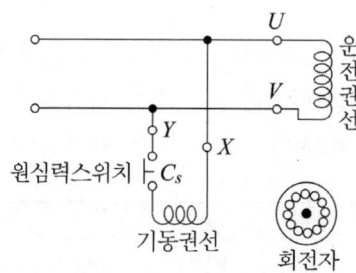

① 원심력스위치를 개로 또는 폐로한다.

② 기동권선이나 운전권선의 어느 한 권선의 단자접속을 반대로 한다.

③ 기동권선의 단자접속을 반대로 한다.

④ 운전권선의 단자접속을 반대로 한다.

풀이 • 분상 기동형 단상 유도 전동기는 단상 전동기에 보조 권선(기동 권선)을 설치하여, 단상 전원에 주권선 (운동권선)과 보조 권선에 위상이 다른 전류를 흘려서 불평형 2상 전동기로서 기동하는 방법이다.
• 원심력스위치는 단상 전동기를 기동 하기위한 역할을 한다.　**답** ①

31 △결선 변압기의 한 대가 고장으로 제거되어 V결선으로 공급할 때 공급할 수 있는 전력은 고장 전 전력에 대하여 몇 [%]인가?

① 86.6　　　　② 75.0　　　　③ 66.7　　　　④ 57.7

풀이 1대의 단상 변압기 용량을 K라 하면 그 출력비는
$$\frac{\text{V결선의 출력}}{\triangle\text{결선의 출력}} = \frac{\sqrt{3}\,K}{3K} = \frac{\sqrt{3}}{3} = 0.577 = 57.7[\%]$$　**답** ④

32 복권 발전기의 병렬 운전을 안전하게 하기 위해서 두 발전기의 전기자와 직권 권선의 접촉점 에 연결해야 하는 것은?

① 균압선　　　② 집전환　　　③ 안정저항　　　④ 브러시

풀이 • 직권 계자가 있는 발전기는 병렬운전을 안정하게 하기 위하여 균압선을 설치하여야 한다.
• 균압선을 설치하는 발전기로는 직권발전기와 복권발전기가 있다.　**답** ①

33 유도 기전력 110[V] 전기자 저항 및 계자 저항이 각각 0.05[Ω]인 직권 발전기가 있다. 부하 전류가 100[A]이면 단자 전압[V]은?

① 95　　　　② 100　　　　③ 105　　　　④ 110

풀이 직권 발전기의 단자 전압 $V = E - I_a(R_a + R_s)$에서
$V = 110 - 100(0.05 + 0.05) = 100[\text{V}]$가 된다.　**답** ②

34 200[V] 50[Hz] 8극 15[kW]의 3상 유도 전동기에서 전부하 회전수가 720[rpm]이면 이 전동 기의 2차에 효율은 몇 %인가?

① 86　　　　② 96　　　　③ 98　　　　④ 100

풀이 2차 효율은 $\eta_r = \dfrac{P_o}{P_2} = 1-s = \dfrac{N}{N_s} \times 100\,[\%]$이므로 슬립을 구하여야 한다.

동기속도 $N_s = \dfrac{120f}{p} = \dfrac{120 \times 50}{8} = 750[\text{rpm}]$

슬립 $s = \dfrac{N_s - N}{N_s} = \dfrac{750 - 720}{750} = 0.04$

2차 효율은 $\eta_2 = 1 - s = 1 - 0.04 = 0.96$　**답** ②

35 직류 전동기의 출력이 50[kW] 회전수가 1800[rpm]일 때 토크는 약 몇 [kgm]인가?

① 12　　　　② 23　　　　③ 27　　　　④ 31

풀이 토크 $T = 0.975 \dfrac{P}{N}$[kg · m]에서 $T = 0.975 \dfrac{50 \times 10^3}{1800} = 27.08$[kg · m]가 된다. **답** ③

36 우산형 발전기의 용도는?

① 저속 대용량기

② 저속 소용량기

③ 고속 대용량기

④ 고속 소요량기

풀이 우산형 발전기는 보통 저속 대용량기로 수차발전기에 사용된다. **답** ①

37 동기 임피던스 5[Ω]인 2대의 3상 동기 발전기의 유도 기전력에 100[V]의 전압 차이가 있다면 무효 순환 전류는?

① 10[A]　　　　② 15[A]　　　　③ 20[A]　　　　④ 25[A]

풀이 무효순환전류 $I_c = \dfrac{E_1 - E_2}{2Z_s} = \dfrac{E_r}{2Z_s}$

$\therefore I_c = \dfrac{E_r}{2Z_s} = \dfrac{100}{2 \times 5} = 10$[A] **답** ①

38 3상 유도전동기의 토크는?

① 2차 유도기전력의 2승에 비례한다.

② 2차 유도기전력에 비례한다.

③ 2차 유도기전력과 무관한다.

④ 2차 유도기전력의 0.5승에 비례한다.

풀이 $T = K_0 \dfrac{s E_2^2 r_2}{r_2 + (s x_2)^2}$[N · m] **답** ①

39 3상 동기 발전기의 전기자 권선은 보통 어떤 결선인가?

① Y결선

② △결선

③ 지그재그 삼각형

④ 지그재그 결선

풀이 동기 발전기는 3상으로 보통 Y결선(성형)이나 2중 성형을 사용한다. Y결선을 하면 순환 전류가 제거되고 중성점을 내기가 쉬우며 이것을 이용하여 발전기 보호 장치를 할 수 있다. **답** ①

40 변압기의 부하와 전압이 일정하고 주파수만 높아지면 어떻게 되는가?

① 철손감소

② 철손증가

③ 동손증가

④ 동손감소

풀이 $P_i = K \dfrac{V^2}{f}$ 이므로 정격 전압이 일정한 상태에서 주파수가 증가하면 철손은 감소한다. **답** ①

41 금속 전선관과 비교한 합성수지 전선관 공사의 특징으로 거리가 먼 것은?

① 내식성이 우수하다.　　　　　　② 배관 작업이 용이하다.

③ 열에 강하다.　　　　　　　　　④ 절연성이 우수하다.

풀이 합성수지관은 금속관에 비하여 절연성이 우수하며, 부식하지 않고, 기계적 강도는 약하며, 내열성에 약하다. **답** ③

42 저압 가공 인입선의 인입구에 사용하는 것은?

① 플로어 박스　　　② 링리듀서　　　③ 엔트런스 캡　　　④ 노말벤드

풀이
- 플로어 박스 : 바닥 밑으로 매입 배선할 때 사용 및 바닥 밑에 콘센트를 접속할 때 사용한다.
- 링리듀서 : 금속을 아우트렛 박스의 로크 아우트에 취부할 때 로크 아우트의 구멍이 관의 구멍보다 클 때 링 리듀서를 사용, 로크 너트로 조이면 된다.
- 엔트런스 캡 : 인입구, 인출구의 관 단에 설치하는 것으로 금속관에 접속하여 옥외의 빗물을 막는 데 사용한다.
- 노멀밴드 : 배관의 직각 굴곡에 사용하며 양단에 나사가 나 있어 관과의 접속에는 커플링을 사용한다.

답 ③

43 라이팅 덕트 공사에 의한 저압 옥내배선 시 덕트의 지지점 간의 거리는 몇 [m] 이하로 해야 하는가?

① 1.0　　　　　　② 1.2　　　　　　③ 2.0　　　　　　④ 3.0

풀이 232.71 라이팅 덕트 공사
① 덕트 상호 간 및 전선 상호 간은 견고하게 또한 전기적으로 완전히 접속할 것.
② 덕트는 조영재에 견고하게 붙일 것.
③ 덕트의 지지점 간의 거리는 2[m] 이하로 할 것.
④ 덕트의 끝부분은 막을 것.
⑤ 덕트의 개구부는 아래로 향하여 시설할 것. 다만, 사람이 쉽게 접촉할 우려가 없는 장소에서 덕트의 내부에 먼지가 들어가지 아니하도록 시설하는 경우에 한하여 옆으로 향하여 시설할 수 있다.

답 ③

44 주로 저압 가공전선로 또는 인입선에 사용되는 애자로서 주로 앵글베이스 스트랩과 스트랩 볼트 인류바인드선(비닐절연 바인드선)과 함께 사용하는 애자는?

① 고압 핀 애자　　　　　　　　　② 저압 인류 애자

③ 저압 핀 애자　　　　　　　　　④ 라인포스트 애자

풀이 **답** ②

45 다음 중 과전류 차단기를 설치해야 되는 곳은?

① 접지공사의 접지선　　　　　　　② 인입선

③ 다선식 전로의 중성선　　　　　　④ 저압가공전선로의 접지측 전선

풀이 접지공사의 접지선, 다선식 전로의 중성선 및 전로의 일부에 접지공사를 한 저압 가공전선로의 접지측 전선에는 과전류차단기를 시설하여서는 아니 된다. **답** ②

46 절연 전선의 피복에 "15[kV] NRV"라고 표시되어 있다. 여기서 "NRV"는 무엇을 나타내는 약호인가?

① 형광등 전선
② 고무절연 폴리에틸렌 시스 네온전선
③ 고무절연 비닐 시스 네온전선
④ 폴리에틸렌 절연 비닐 시스 네온전선

풀이 15[kV] N-RV에서 N은 네온, R은 고무, V는 비닐을 나타낸다. **답** ③

47 진열장 안에 400[V] 이하인 저압 옥내배선 시 외부에서 보기 쉬운 곳에 사용하는 전선은 단면적이 몇 [mm²] 이상의 코드 또는 캡타이어 케이블이어야 하는가?

① 0.75[mm²]
② 1.25[mm²]
③ 2[mm²]
④ 3.5[mm²]

풀이 234.8 진열장 또는 이와 유사한 것의 내부 배선
건조한 장소에 시설하고 또한 내부를 건조한 상태로 사용하는 진열장 또는 이와 유사한 것의 내부에 사용 전압이 400[V] 이하의 배선을 외부에서 잘 보이는 장소에 한하여 단면적 0.75[mm²] 이상의 코드 또는 캡타이어케이블로 직접 조영재에 밀착하여 배선할 수 있다. **답** ①

48 제1종 가요전선관을 구부릴 경우 곡률 반지름은 관 안지름의 몇 배 이상으로 하여야 하는가?

① 3배
② 4배
③ 6배
④ 8배

풀이 가요전선관의 곡률 반지름
① 1종 가요전선관을 구부릴 경우 곡률반지름은 관 안지름의 6배 이상으로 하여야 한다.
② 2종 가요전선관을 구부릴 경우 노출장소 또는 점검 가능한 장소에서 시설 제가하는 것이 자유로운 경우 관 안지름의 3배 이상으로 하여야 하며, 노출장소 또는 점검이 가능한 은폐장소에서 시설하고 제거하는 것이 부자유하거나 또는 점검이 불가능할 경우는 관 안지름의 6배 이상으로 한다. **답** ③

49 전력용 콘덴서를 회로로부터 개방하였을 때 전하가 잔류함으로써 일어나는 위험의 방지와 재투입 할 때 콘덴서에 걸리는 과전압의 방지를 위하여 무엇을 설치하는가?

① 직렬 리액터
② 전력용 콘덴서
③ 방전 코일
④ 피뢰기

풀이 방전 코일은 개로 상태로 할 경우의 잔류 전하에 의한 위험을 방지하기 위한 것이다.
• 방전 코일 : 잔류 전하 방전, 인체 보호 **답** ③

50 절연 전선을 서로 접속할 때 사용하는 방법이 아닌 것은?

① 커플링에 의한 접속

② 와이어 커넥터에 의한 접속

③ 슬리브에 의한 접속

④ 압축 슬리브에 의한 접속

> **풀이** ① 전선의 접속 방법에는 직선접속(트위스트 접속), 분기접속, 종단접속(커넥터 접속 등), 슬리브에 의한 접속이 있다.
> ② 커플링은 관 상호 접속에 사용한다.　　　　　　　　　　　　　　　　　**답** ①

51 소맥분, 전분 기타 가연성의 분진이 존재하는 곳의 저압 옥내 배선 공사 방법에 해당되는 것으로 짝지어진 것은?

① 케이블 공사, 애자공사

② 금속관 공사, 콤바인 덕트관, 애자공사

③ 케이블 공사, 금속관 공사, 애자공사

④ 케이블 공사, 금속관 공사 합성수지관 공사

> **풀이** 242.2.2 가연성 분진 위험장소
> 가연성 분진(소맥분·전분·유황 기타 가연성의 먼지로 공중에 떠다니는 상태에서 착화하였을 때에 폭발할 우려가 있는 것을 말하며 폭연성 분진을 제외)에 전기설비가 발화원이 되어 폭발할 우려가 있는 곳에 시설하는 저압 옥내 전기설비는 저압 옥내배선 등은 합성수지관공사·금속관공사 또는 케이블공사에 의할 것.　　　　　　　　　　　　　　　　　　　　　　　　　　　　**답** ④

52 저압 구내 가공인입선으로 DV전선 사용 시 전선의 길이가 15[m] 이하인 경우 사용할 수 있는 최소 굵기는 몇 [mm] 이상인가?

① 1.5　　　　　　② 2.0　　　　　　③ 2.6　　　　　　④ 4.0

> **풀이** 221.1.1 저압 인입선의 시설
> ① 전선은 절연전선 또는 케이블일 것.
> ② 전선이 케이블인 경우 이외에는 인장강도 2.30[kN] 이상의 것 또는 지름 2.6[mm] 이상의 인입용 비닐절연전선일 것. 다만, 경간이 15[m] 이하인 경우는 인장강도 1.25[kN] 이상의 것 또는 지름 2[mm] 이상의 인입용 비닐절연전선일 것.　　　　　　　　　　　**답** ②

53 전선의 접속 방법 중 트위스트 접속의 용도는?

① 6[mm^2] 이하의 단선의 직선접속

② 10[mm^2] 이상의 단선의 직선접속

③ 3.5[mm^2] 이상의 연선의 직선접속

④ 5.5[mm^2] 이상의 연선의 분기접속

> **풀이** 트위스트 직선 접속
> ① 6[mm^2] 이하의 단선인 경우에 적용되며, 그림과 같이 피복을 벗긴 두 전선을 120°의 각도로 교차시킨다. 이때, 피복의 끝에서 교차점까지의 길이는 약 30~35[mm]로 한다.
> ② 전선이 교차하는 점의 오른쪽을 펜치로 잡고 심선을 성기게 1회 꼰다.

③ 성기게 꼰 심선을 직각으로 세워서 다른 심선에 틈이 없도록 하여 4~5회 정도 감은 다음, 나머지 부분은 자르고 끝 부분을 오므린다.

④ 오른쪽 부분도 같은 방법으로 작업을 하여 완성한다.

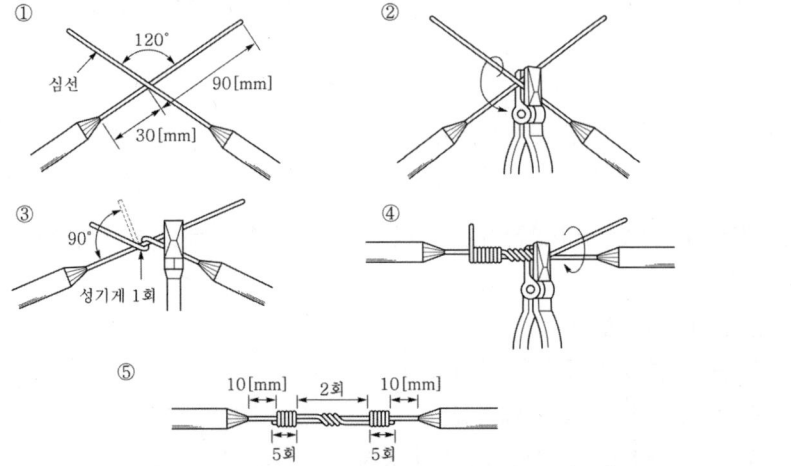

답 ①

54 450/750[V] 일반용 단심 비닐절연전선을 사용한 옥내 배선공사 시 박스 안에서 사용되는 전선의 접속 방법은?

① 브리타니어 접속

② 쥐꼬리 접속

③ 복권 직선 접속

④ 트위스트 접속

풀이 굵기가 같은 두 단선의 쥐꼬리 접속

① 지름이 1.6[mm]인 전선은 45[mm], 2.0[mm]인 전선은 50[mm] 정도 피복을 벗긴다.

② 두 전선을 합쳐 펜치로 잡은 다음, 심선을 90°로 벌리고 오른손으로 1회 비틀어 놓는다.

③ 펜치로 꼰 심선의 끝을 잡고 심선을 잡아당기면서 1~2회 꼰다.

④ 커넥터를 사용할 때에는 심선을 2~3회 정도 꼰 다음 끝을 잘라 내고, 테이프 감기를 할 때에는 심선을 4회 이상 꼰 다음 5[mm] 정도 길이로 구부려 놓는다.

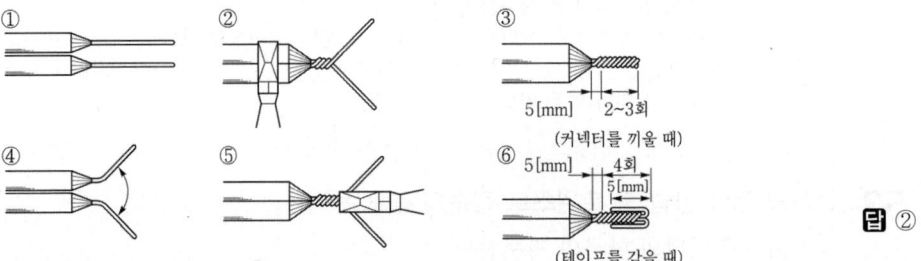

답 ②

55 나전선 상호를 접속하는 경우 일반적으로 전선의 세기를 몇 [%]이상 감소시키지 아니하여야 하는가?

① 2[%]

② 3[%]

③ 20[%]

④ 80[%]

풀이 123 전선의 접속

나전선 상호 또는 나전선과 절연전선 또는 캡타이어 케이블과 접속하는 경우

① 전선의 전기저항을 증가시키지 아니하도록 접속
② 전선의 세기(인장하중)를 20[%] 이상 감소시키지 아니할 것.
③ 전선 접속 시 접속부분을 그 부분의 절연전선의 절연물과 동등 이상의 절연성능이 있는 것으로 충분히 피복할 것.　　　　　　　　　　　　　　　　　　　　　　　　　　　　　　　**답** ③

56 가연성 가스가 존재하는 저압 옥내전기설비 공사 방법으로 옳은 것은?

① 금속제가요전선관 공사　　　　　　② 애자공사
③ 금속관공사　　　　　　　　　　　　④ 금속몰드공사

풀이 242.3.1 가스증기 위험장소
가연성 가스 또는 인화성 물질의 증기가 누출되거나 체류하여 전기설비가 발화원이 되어 폭발할 우려가 있는 곳에 있는 저압 옥내전기설비는 저압 옥내배선은 금속관공사 또는 케이블공사(캡타이어케이블을 사용하는 것을 제외한다)에 의할 것.　　　　　　　　　　　　　　**답** ③

57 전등 한 개를 2개소에서 점멸하고자 할 때 옳은 배선은?

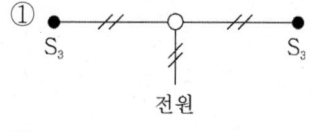

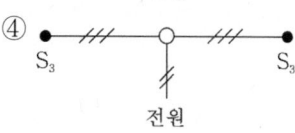

풀이　　　　　　　　　　　　　　　　　　　　　　　　　　　　　　　　　　**답** ④

58 가공 전선로의 지지물에 지선을 사용하여 그 강도를 분담시켜서는 안되는 것은?

① 목주　　　　　　　　　　　　② A종 철근콘크리트주
③ A종 철주　　　　　　　　　　④ 철탑

풀이 331.11 지선의 시설
가공전선로의 지지물로 사용하는 철탑은 지선을 사용하여 그 강도를 분담시켜서는 안 된다.　　**답** ④

59 조명용 백열전등을 일반주택 및 아파트 각 호실에 설치할 때 현광등에 최대 몇 분 이내에 소등 되는 타임 스위치를 시설하여야 하는가?

① 1　　　　　　② 2　　　　　　③ 3　　　　　　④ 4

풀이 234.6 점멸기의 시설
다음의 경우에는 센서등(타임스위치 포함)을 시설하여야 한다.
① 관광숙박업 또는 숙박업(여인숙업을 제외한다)에 이용되는 객실의 입구등은 1분 이내에 소등되는 것.
② 일반주택 및 아파트 각 호실의 현관등은 3분 이내에 소등되는 것.　　　　　　**답** ③

60 조명공학에서 사용되는 칸델라(cd)는 무엇의 단위인가?

① 광도 ② 조도 ③ 광속 ④ 휘도

풀이 ① 광도의 단위 : 칸델라(candela : cd)이며, 1[cd]는 단위입체각(1 steradian) 내의 광속이 1[lm]인 경우이다.
② 조도의 단위 : 룩스(lux : lx)이며, 1[m²]의 피조면에 들어가는 광속이 1[lm]인 경우이다.
③ 광속의 단위 : 루멘(lumen : lm)을 사용하고, 단위시간에 통과하는 광량이다.
④ 휘도의 단위 : [cd/m²]로 니트(nit : nt) 혹은 [cd/cm²]로 스틸브(stilb : sb)를 사용한다. **답** ①

1 다음 중 자기작용에 관한 설명으로 틀린 것은?

① 기자력의 단위는 AT를 사용한다.

② 자기회로의 자기저항이 작은 경우는 누설 자속이 거의 발생되지 않는다.

③ 자기장 내에 있는 도체에 전류를 흘리면 힘이 작용하는데, 이 힘을 기전력이라 한다.

④ 평행한 두 도체 사이에 전류가 동일한 방향으로 흐르면 흡인력이 작용한다.

풀이 자장 내에 있는 도체에 전류를 흘리면 힘이 작용하는데, 이 힘을 전자력이라고 한다.　　**답** ③

2 다음은 전기력선의 성질이다. 틀린 것은?

① 전기력선은 서로 교차하지 않는다.

② 전기력선은 도체의 표면에 수직이다.

③ 전기력선의 밀도는 전기장의 크기를 나타낸다.

④ 같은 전기력선은 서로 끌어당긴다.

풀이 전기력선의 성질
- 전기력선은 정전하에서 출발하여 부전하에서 멈추거나 무한원까지 퍼진다.
- 전기력선상의 임의의 한 점에서의 접선 방향은 그 점의 전계의 방향을 나타낸다. 즉, 전기력선의 방향은 전계의 방향과 일치한다.
- 전기력선 밀도는 전계의 세기와 같다.
- 전기력선은 서로 교차하지 않으며, 전하가 없는 곳에서는 전기력선의 발생과 소멸이 없고 연속적이다.
- 전기력선은 전위가 높은 곳에서 낮은 곳으로 향한다.
- 전기력선은 등전위면과 직교한다.　　**답** ④

3 줄의 법칙에 있어서 발생하는 열량의 계산으로 맞는 식은?

① $Q = 0.24\,I^2 Rt$

② $Q = 0.024\,I^2 Rt$

③ $Q = 0.024\,I^2 R$

④ $Q = 0.24\,I^2 R$

풀이 줄의 법칙 : $Q = 0.24\,Pt = 0.24\,VIt = 0.24 I^2 Rt [\mathrm{cal}]$　　**답** ①

4 2[F], 4[F], 6[F]의 콘덴서 3개를 병렬로 접속했을 때의 합성 정전용량은 몇 [F]인가?

① 1.5

② 4

③ 8

④ 12

풀이 병렬 합성용량 $C_T = C_1 + C_2 + C_3 = 2 + 4 + 6 = 12[\mathrm{F}]$　　**답** ④

5 10[A]의 전류로 6시간 방전할 수 있는 축전지의 용량은?

① 2[Ah]
② 15[Ah]
③ 30[Ah]
④ 60[Ah]

풀이 축전지의 용량 = 전류 × 시간 = 10 × 6 = 60[Ah] **답** ④

6 용량을 변화시킬 수 있는 콘덴서는?

① 바리콘
② 마일러 콘덴서
③ 전해 콘덴서
④ 세라믹 콘덴서

풀이
• 바리콘 : 유전체로 공기를 사용하며, 라디오의 방송을 선택하는 곳에 사용된다.
• 마일러 콘덴서 : 얇은 폴리에스테르필름의 양면에 금속박을 대고 원통형으로 감은 것으로 극성이 없다. 가격은 저렴하나 정밀하지 못한 결점이 있다.
• 전해 콘덴서 : 케미콘이라 한다. 유전체를 산화 피막으로 만들어 비교적 큰 용량을 얻을 수 있다. 전원의 평활 회로, 저주파 바이패스 등에 쓰인다.
• 세라믹 콘덴서 : 전극에 티탄산바륨과 같은 유전율이 높은 세라믹 재료로 만들었으며, 전극의 극성이 없는 것이 특징이다. 용량은 비교적 작아 아날로그 신호계에 사용할 수 있다. **답** ①

7 진공 중에 두 자극 m_1, m_2를 r[m]의 거리에 놓았을 때 작용하는 힘 F의 식으로 옳은 것은?

① $F = \dfrac{1}{4\pi\mu_0} \times \dfrac{m_1 m_2}{r}$ [N]

② $F = \dfrac{1}{4\pi\mu_0} \times \dfrac{m_1 m_2}{r^2}$ [N]

③ $F = 4\pi\mu_0 \times \dfrac{m_1 m_2}{r}$ [N]

④ $F = 4\pi\mu_0 \times \dfrac{m_1 m_2}{r^2}$ [N]

풀이 진공 중의 두 자극을 각각 m_1, m_2[Wb], 자극간의 거리를 r[m], 상호간에 작용하는 자기력을 F[N]라 하면

$$F = \frac{1}{4\pi\mu_0} \cdot \frac{m_1 m_2}{r^2} = 6.33 \times 10^4 \frac{m_1 m_2}{\mu_s r^2} \text{[N]}$$

의 관계가 있으며, 힘의 방향은 두 극을 연결하는 직선상에 있다.
이 식을 쿨롱의 법칙이라 한다. **답** ②

8 단면적 5[cm^2], 길이 1[m], 비투자율 10^3인 환상 철심에 600회의 권선을 감고 이것에 0.5[A]의 전류를 흐르게 한 경우 기자력은?

① 100[AT]
② 200[AT]
③ 300[AT]
④ 400[AT]

풀이 기자력 $F = NI = 600 \times 0.5 = 300$[AT] **답** ③

9 투자율 μ의 단위는?

① AT/m
② Wb/m^2
③ AT/Wb
④ H/m

풀이 • 투자율 $\mu = \mu_r \mu_0 [\mathrm{H/m}]$
• 진공 중의 투자율 $\mu_0 = 4\pi \times 10^{-7} [\mathrm{H/m}]$ 　　　　**답** ④

10 200[V], 40[W]의 형광등에 정격 전압이 가해졌을 때 형광등 회로에 흐르는 전류는 0.42[A]이다. 이 형광등의 역률[%]은?

① 37.5　　　　② 47.6　　　　③ 57.5　　　　④ 67.5

풀이 유효전력 $P = VI\cos\theta [\mathrm{W}]$에서 $\cos\theta = \dfrac{P}{VI}$가 된다.

$\therefore \cos\theta = \dfrac{P}{VI} = \dfrac{40}{200 \times 0.42} = 0.476 = 47.6[\%]$ 　　**답** ②

11 평균값이 220[V]인 교류 전압의 최댓값은 약 몇 [V]인가?

① 110[V]　　　② 346[V]　　　③ 381[V]　　　④ 691[V]

풀이 최댓값 $=$ 평균값 $\times \dfrac{\pi}{2} = 220 \times \dfrac{\pi}{2} \fallingdotseq 346$ 　　**답** ②

12 납축전지의 전해액은?

① HCl　　　　② KOH　　　　③ NaCl　　　　④ H_2SO_4

풀이
$$\mathrm{PbO_2} + 2\mathrm{H_2SO_4} + \mathrm{Pb} \underset{충전}{\overset{방전}{\rightleftharpoons}} \mathrm{PbSO_4} + 2\mathrm{H_2O} + \mathrm{PbSO_4}$$
(+극)　　전해액　(−극)　　　(+극)　　　　　(−극)
납축전지의 전해액으로 묽은황산($2\mathrm{H_2SO_4}$)을 사용한다. 　　**답** ④

13 자극의 세기 4[Wb], 자축의 길이 10[cm]의 막대자석이 100[AT/m]의 평등자장 내에서 20[N·m]의 회전력을 받았다면 이때 막대자석과 자장과의 이루는 각도는?

① 0°　　　　② 30°　　　　③ 60°　　　　④ 90°

풀이 회전력 $T = mlH\sin\theta [\mathrm{N \cdot m}]$이므로 $\sin\theta = \dfrac{T}{mlH} = \dfrac{20}{4 \times 10 \times 10^{-2} \times 100} = 0.5$

$\therefore \theta = \sin^{-1} 0.5 = 30°$ 　　**답** ②

14 다음은 정전 흡인력에 대한 설명이다. 옳은 것은?
① 정전 흡인력은 전압의 제곱에 비례한다.
② 정전 흡인력은 극판 간격에 비례한다.
③ 정전 흡인력은 극판 면적의 제곱에 비례한다.
④ 정전 흡인력은 쿨롱의 법칙으로 직접 계산한다.

풀이 정전 흡인력 $F = \dfrac{\partial W}{\partial l}$[N] , 정전 에너지 $W = \dfrac{1}{2}CV^2$[J]이므로

정전 흡인력은 전압의 제곱에 비례한다.　　**답** ①

15 $C_1 = 5[\mu F]$, $C_2 = 10[\mu F]$의 콘덴서를 직렬로, 접속하고 직류 30[V]를 가했을 때, C_1의 양
단의 전압[V]은?

① 5　　　　　② 10　　　　　③ 20　　　　　④ 30

풀이 $E_1 = \dfrac{C_2}{C_1 + C_2} E = \dfrac{10 \times 10^{-6}}{5 \times 10^{-6} + 10 \times 10^{-6}} \times 30 = 20[\text{V}]$　　**답** ③

16 자기력선에 대한 설명으로 옳지 않은 것은?

① 자석의 N극에서 시작하여 S극에서 끝난다.
② 자기장의 방향은 그 점을 통과하는 자기력선의 방향으로 표시한다.
③ 자기력선은 상호간에 교차한다.
④ 자기장의 크기는 그 점에 있어서의 자기력선의 밀도를 나타낸다.

풀이 자기력선의 성질
① 자기력선은 N극에서 S극으로 향한다.
② 자기력선은 상호간에 교차하지 않는다.
③ 자기력선은 가시적으로 보이지 않는다.
④ 임의의 한점의 자기력선 밀도는 그 점의 자계의 세기와 같다.　　**답** ③

17 전기장(電氣場)에 대한 설명으로 옳지 않은 것은?

① 대전(帶電)된 무한장 원통의 내부 전기장은 0이다.
② 대전된 구(球)의 내부 전기장은 0이다.
③ 대전된 도체내부의 전하(電荷) 및 전기장은 모두 0이다.
④ 도체표면의 전기장은 그 표면에 평행이다.

풀이 전기력선의 성질
① 전기력선은 정전하에서 출발하여 부전하에서 멈추거나 무한원까지 퍼진다.
② 전기력선상의 임의의 한 점에서의 접선 방향은 그 점의 전계의 방향을 나타낸다. 즉, 전기력선의 방향
은 전계의 방향과 일치한다.
③ 전기력선 밀도는 전계의 세기와 같다.
④ 전기력선은 서로 교차하지 않으며, 전하가 없는 곳에서는 전기력선의 발생과 소멸이 없고 연속적이다.
⑤ 전기력선은 전위가 높은 곳에서 낮은 곳으로 향한다.
⑥ 전기력선은 등전위면과 직교한다.　　**답** ④

18 1[Wb/m^2]은 몇 가우스(gauss)인가?

① 10^4　　　　　② $4\pi \times 10^{-7}$　　　　　③ 9　　　　　④ 9×10^4

풀이 $1[\text{Wb/m}^2] = 1[\text{T}] = 10^4[\text{Gauss}]$ 답 ①

19 그림과 같은 회로에서 합성저항은 몇 $[\Omega]$인가?

① $6.6[\Omega]$
② $7.4[\Omega]$
③ $8.7[\Omega]$
④ $9.4[\Omega]$

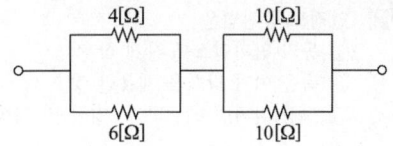

풀이 $4[\Omega]$과 $6[\Omega]$이 병렬연결 되면 $\dfrac{4 \times 6}{4+6} = 2.4[\Omega]$

$10[\Omega]$ 두개의 저항이 직결연결 되면 $\dfrac{10}{2} = 5[\Omega]$이 된다.

또, 직렬로 연결되어 있으므로 $2.4 + 5 = 7.4[\Omega]$이 된다. 답 ②

20 서로 가까이 나란히 있는 두 도체에 전류가 반대 방향으로 흐를 때 각 도체 간에 작용하는 힘은?

① 흡인한다.
② 반발한다.
③ 흡인과 반발을 되풀이 한다.
④ 처음에는 흡인하다가 나중에는 반발한다.

풀이 평행하는 두 도체 사이에 작용하는 힘은 $F = \dfrac{2 I_1 I_2}{r} \times 10^{-7}$이며, 두 도체의 전류의 방향이 같을 경우 흡인력이, 전류의 방향이 다를 경우 반발력이 작용한다. 답 ②

21 직류기의 전기자 반작용의 영향을 보상하는데 효과가 큰 것은 어느 것인가?

① 탄소 브러시　　② 보극　　③ 균압 고리　　④ 보상 권선

풀이 전기자 반작용 방지에 가장 유효한 것은 보상권선으로, 전기자 권선과 직렬로 연결하여 반대 방향의 전류를 흘려줌으로써 대부분의 전기자 반작용을 방지할 수 있다. 중성축 부근의 전기자 반작용 억제방법으로는 보극이 사용된다. 보극은 중성축의 브러시 이탈을 방지하여 양호한 정류를 얻는 조건이 된다. 이를 전압정류라 한다. 답 ④

22 전기기계에 있어 와전류손(eddy current loss)을 감소하기 위한 적합한 방법은?

① 규소강판에 성층철심을 사용한다.　　② 보상권선을 설치한다.
③ 교류전원을 사용한다.　　④ 냉각 압연한다.

풀이 전기 기계의 전기자 철심은 규소 강판으로 성층하여 만드는데, 규소를 넣는 것은 자기 저항을 크게 하여 와류손과 히스테리시스손을 감소하게 하지만 투자율이 낮아지고, 기계적 강도가 감소되어 부서지기 쉬우며, 가공이 곤란하게 된다. 성층하는 이유는 와류손을 적게 하기 위한 것이다. 답 ①

23 동기기 운전 시 안정도 증진법이 아닌 것은?

① 단락비를 크게 한다.　　　　　　② 회전부의 관성을 크게 한다.

③ 속응여자방식을 채용한다.　　　　④ 역상 및 영상임피던스를 작게 한다.

풀이 안정도 증진법은
① 동기 임피던스를 작게 할 것　　　② 회전자의 플라이휠 효과를 크게 할 것
③ 속응 여자 방식을 채용할 것　　　④ 단락비를 크게 할 것
⑤ 정상 임피던스는 작고, 영상 및 역상 임피던스를 크게 할 것　　　**답** ④

24 그림과 같은 전동기 제어회로에서 전동기 M의 전류 방향으로 올바른 것은?
(단, 전동기의 역률은 100[%]이고, 사이리스터의 점호각은 0°라고 본다.)

① 항상 "A"에서 "B"의 방향

② 항상 "B"에서 "A"의 방향

③ 입력의 반주기마다 "A"에서 "B"의 방향, "B"에서 "A"의 방향

④ S_1과 S_4, S_2와 S_3의 동작 상태에 따라 "A"에서 "B"의 방향, "B"에서 "A"의 방향

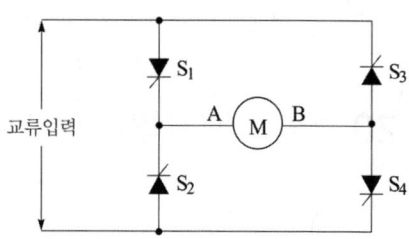

풀이 그림은 단상 전파 정류회로로서 S1과 S4, S2와 S3의 동작 상태에 따라 정류가 되어 지며, 항상 "A"에서 "B"의 방향으로 전류가 흐른다.　　　**답** ①

25 직류 분권전동기를 운전 중 계자 저항을 증가시켰을 때의 회전 속도는?

① 증가한다.　　　　　　　　　② 감소한다.

③ 변함없다.　　　　　　　　　④ 정지한다.

풀이 분권전동기는 운전 중 계자 저항을 증가하면 계자 자속이 감소하여 속도가 증가하는 특성이 있다.　　　**답** ①

26 동기발전기에서 비돌극기의 출력이 최대가 되는 부하각(power angle)은?

① 0°　　　　　② 45°　　　　　③ 90°　　　　　④ 180°

풀이 동기 발전기의 출력 $P_s = \dfrac{E_l V_l}{x_s}\sin\delta$에서

$\sin 90° = 1$이므로 δ(부하각) $= 90°$일 때 최대가 된다.　　　**답** ③

27 동기 발전기의 돌발 단락 전류를 주로 제한하는 것은?

① 권선저항　　　　　　　　　② 동기 리액턴스

③ 누설 리액턴스　　　　　　　④ 역상 리액턴스

풀이 동기기에서 저항은 누설 리액턴스에 비하여 작으며 전기자 반작용은 단락 전류가 흐른 뒤에 작용하므로 돌발 단락 전류를 제한하는 것은 누설 리액턴스이다. 역상 리액턴스는 역상 전류에 대응하는 것으로 3상 평형 단락이 되면 역상 전류는 흐르지 않는다.

동기 리액턴스 = 누설 리액턴스 + 반작용 리액턴스 **답** ③

28 발전기를 정격전압 220[V]로 전부하 운전하다가 무부하로 운전하였더니 단자전압이 242 [V]가 되었다. 이 발전기의 전압변동률[%]은?

① 10 ② 14

③ 20 ④ 25

풀이 전압변동률 $\epsilon = \dfrac{V_o - V_n}{V_n} \times 100 = \dfrac{242 - 220}{220} \times 100 = 10[\%]$ **답** ①

29 수소 냉각은 공기 냉각보다 출력이 몇 [%] 증가하는가?

① 10 ② 20

③ 25 ④ 30

풀이 수소 냉각방식의 특징

① 비중이 적어 풍손이 1/10 감소한다.

② 열전도가 공기의 7배로 출력이 약 25[%] 증가한다.

③ 코로나에 의한 손실이 없다.

④ 화염 발생이 없다.

⑤ 발전기 효율이 0.6~1[%] 증가한다. **답** ③

30 농형 회전자에 비뚤어진 홈을 쓰는 이유는?

① 출력을 높인다. ② 회전수를 증가시킨다.

③ 소음을 줄인다. ④ 미관상 좋다.

풀이 농형 회전자에 비뚤어진 홈을 쓰면, 기동특성이 개선되고, 파형이 좋아지며, 소음이 경감된다. **답** ③

31 직류 전동기의 규약 효율을 표시하는 식은?

① $\dfrac{출력}{출력 + 손실} \times 100\%$ ② $\dfrac{출력}{입력} \times 100\%$

③ $\dfrac{입력 - 손실}{입력} \times 100\%$ ④ $\dfrac{입력}{출력 + 손실} \times 100\%$

풀이 규약 효율 η은

전동기 $\eta = \dfrac{입력 - 손실}{입력} \times 100[\%]$, 발전기, 변압기 $\eta = \dfrac{출력}{출력 + 손실} \times 100[\%]$ **답** ③

32 PN 접합 정류소자의 설명 중 틀린 것은? (단, 실리콘 정류소자인 경우이다.)

① 온도가 높아지면 순방향 및 역방향 전류가 모두 감소한다.

② 순방향 전압은 P형에 (+), N형에 (−) 전압을 가함을 말한다.

③ 정류비가 클수록 정류특성은 좋다.

④ 역방향 전압에서는 극히 작은 전류만이 흐른다.

풀이 반도체는 저온에서는 전류가 흐르기 힘들어 절연체와 같지만, 온도가 높아지면 도체와 같이 전류가 흐르기 쉬운 물질(셀렌, 게르마늄, 규소)이다.
즉 PN접합 정류소자는 온도가 높아지면 전류가 증가하게 된다. **답** ①

33 일반적으로 10[kW] 이하 소용량인 전동기는 동기속도의 몇 [%]에서 최대 토크를 발생시키는가?

① 2[%]　　　　② 5[%]　　　　③ 80[%]　　　　④ 98[%]

풀이 동기속도의 80[%] 정도에서 최대 토크를 발생한다.

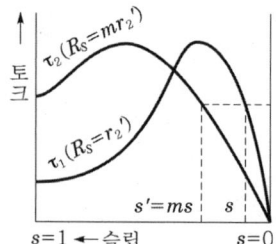

답 ③

34 교류 전동기를 기동할 때 그림과 같은 기동특성을 가지는 전동기는?
(단, 곡선 (1)~(5)는 기동 단계에 대한 토크특성 곡선이다.)

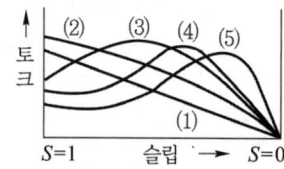

① 반발 유도 전동기　　　　　② 2중 농형 유도 전동기

③ 3상 분권 정류자 전동기　　　④ 3상 권선형 유도 전동기

풀이 3상 권선형 유도 전동기의 토크는 비례 추이를 하므로 저항이 클수록 최대 토크를 발생하는 슬립점이 점점 왼쪽으로 이동한다. **답** ④

35 단락비가 1.2인 동기 발전기의 %동기 임피던스는 약 몇 [%]인가?

① 68　　　　② 83　　　　③ 100　　　　④ 120

풀이 단락비 $K_s = \dfrac{무부하에서\ 정격\ 전압을\ 유도하는\ 데\ 필요한\ 여자\ 전류}{정격\ 전류와\ 같은\ 단락전류를\ 흘리는\ 데\ 필요한\ 여자\ 전류} = 1.2$ 이므로

%동기임피던스는 단락비의 역관계가 있다.

따라서 %동기임피던스 $Z_s' = \dfrac{100}{K_s} = \dfrac{100}{1.2} = 83[\%]$가 된다.　　**답** ②

36 동기 와트 P_2, 출력 P_0, 슬립 s, 동기속도 N_s, 회전속도 N, 2차 동손 P_{2c} 일 때 2차 효율 표기로 틀린 것은?

① $1 - s$ 　　　　　　　　　② P_{2c}/P_2

③ P_0/P_2 　　　　　　　　④ N/N_s

풀이　① 2차 효율 $\eta_2 = \dfrac{P_o}{P_2} = 1 - s = \dfrac{N}{N_s} \times 100\,[\%]$

② 슬립 $s = \dfrac{N_s - N}{N_s} = \dfrac{P_{2c}}{P_2}$　　　　　　　　**답** ②

37 전기자 전압을 전원전압으로 일정히 유지하고, 계자전류를 조정하여 자속 $\Phi[\text{Wb}]$를 변화시킴으로써 속도를 제어하는 제어법은?

① 계자 제어법 　　　　　　　② 전기자 전압 제어법

③ 저항 제어법 　　　　　　　④ 전압 제어법

풀이　전동기의 출력 P와 토크 τ, 회전수 N과의 사이에는 $P \propto \tau N$의 관계가 있고, Φ가 변화할 경우 토크 τ는 Φ에 비례하나 회전수 N은 Φ에 반비례하므로, 계자 제어법은 정출력 제어로 된다.　　**답** ①

38 일정 전압 및 일정 파형에서 주파수가 상승하면 변압기 철손은 어떻게 변하는가?

① 증가한다. 　　　　　　　　② 감소한다.

③ 불변이다. 　　　　　　　　④ 어떤 기간동안 증가한다.

풀이　$P_h \propto \dfrac{1}{f}$ 에서 히스테리시스손은 주파수에 반비례한다.

따라서 히스테리시스손은 감소하므로 결국 철손은 감소한다.　　**답** ②

39 변류기 개방시 2차 측을 단락하는 이유는?

① 2차 측 절연보호 　　　　　② 2차 측 과전류 보호

③ 측정오차 감소 　　　　　　④ 변류비 유지

풀이　PT(병렬연결)는 개방상태가 무방하지만 CT(직렬연결)는 개방하면 부하전류로 인하여 2차 측이 소손되므로 CT를 점검할 경우에는 반드시 2차 측을 단락한다.　　**답** ①

40 동기발전기를 회전계자형으로 하는 이유가 아닌 것은?

① 고전압에 견딜수 있게 전기자 권선을 절연하기가 쉽다.

② 전기자 단자에 발생한 고전압을 슬립링 없이 간단하게 외부회로에 인가할 수 있다.

③ 기계적으로 튼튼하게 만드는데 용이하다.

④ 전기자가 고정되어 있지 않아 제작비용이 저렴하다.

> **풀이** 회전 계자형(전기자는 고정)을 사용하는 이유
> ① 전기자 권선은 전압이 높고 결선이 복잡하며, 대용량으로 되면 전류도 커지고, 3상 권선의 경우에는 4개의 도선을 인출하여야 한다.
> ② 계자 회로는 직류의 저압 회로이므로 소요 동력도 작으며, 인출 도선이 2개만 있어도 되기 때문이다.
> ③ 계자극은 기계적으로 튼튼하게 만드는 데 용이하기 때문이다.
> ④ 고장시의 과도 안정도를 높이기 위하여 회전자의 관성을 크게 하기 쉽기 때문이기도 하다. **답** ④

41 점착성은 없으나 절연성, 내온성 및 내유성이 있어 연피 케이블 접속에 사용되는 테이프는?

① 고무 테이프　　　　　　　　　② 리노 테이프

③ 비닐 테이프　　　　　　　　　④ 자기 융착 테이프

> **풀이** 와니스 바이어스 테이프라고 하며 면의 바이어스 테이프에 와니스를 여러 번 발라 건조시킨 것으로 접착성은 없으나 절연성, 내온성, 내유성이 좋으며 연피 케이블에 반드시 사용한다. **답** ②

42 저압 연접 인입선은 인입선에서 분기 하는 점으로부터 몇 [m]를 넘지 않은 지역에 시설하고 폭 몇 [m]를 넘는 도로를 횡단하지 않아야 하는가?

① 50[m], 4[m]　　　　　　　　② 100[m], 5[m]

③ 150[m], 6[m]　　　　　　　　④ 200[m], 8[m]

> **풀이** 221.1.2 연접 인입선의 시설
> ① 인입선에서 분기하는 점으로부터 100[m]를 초과하는 지역에 미치지 아니할 것.
> ② 폭 5[m]를 초과하는 도로를 횡단하지 아니할 것.
> ③ 옥내를 통과하지 아니할 것. **답** ②

43 코드 상호, 캡타이어 케이블 상호 접속 시 사용하여야 하는 것은?

① 와이어 커넥터　　　　　　　　② 코드 접속기

③ 케이블 타이　　　　　　　　　④ 테이블 탭

> **풀이** 123 전선의 접속
> 코드 상호, 캡타이어 케이블 상호, 케이블 상호, 또는 이들 상호를 접속하는 경우에는 코드 접속기·접속함 기타의 기구를 사용할 것. **답** ②

44 다음 중 점유 면적이 좁고 운전 보수에 안전하여 공장, 빌딩 등의 전기실에 많이 사용되는 배전반은?

① 큐비클형
② 라이브 프런트형
③ 데드 프런트형
④ 수직형

풀이
답 ①

45 가공 전선으로의 지선 사용 및 시방 세목 등에서 지선의 인장 하중은 규정상 얼마인가?

① 4.40[kN]
② 380[kN]
③ 4.31[kN]
④ 3.80[kN]

풀이 331.11 지선의 시설
지선은 안전율 2.5 이상, 1가닥 허용 인장 하중 4.31[kN] 이상이고, 2.6[mm] 이상의 금속선을 3조 이상 꼬아서 만든다.
답 ③

46 가공전선로의 지선에 사용되는 애자는?

① 노브 애자
② 인류 애자
③ 현수 애자
④ 구형 애자

풀이
• 노브 애자 : 옥내 배선에 사용
• 인류 애자 : 가공 배전선로 또는 인입선에 사용
• 현수 애자 : 송전선에 가장 많이 사용
답 ④

47 흥행장의 저압 옥내배선, 전구선 또는 이동전선의 사용전압은 최대 몇 [V] 이하인가?

① 400
② 440
③ 450
④ 750

풀이 242.6 전시회, 쇼 및 공연장의 전기설비
무대 • 무대마루 밑 • 오케스트라 박스 • 영사실 기타 사람이나 무대 도구가 접촉할 우려가 있는 곳에 시설하는 저압 옥내배선, 전구선 또는 이동전선은 사용전압이 400[V] 이하이어야 한다.
답 ①

48 습기가 많은 장소 또는 물기가 있는 장소의 바닥 위에서 사람이 접촉할 우려가 있는 장소에 시설하는 사용 전압이 400[V] 이하인 전구선 및 이동전선은 최소 몇 [mm²] 이상의 것을 사용하여야 하는가?

① 0.75
② 1.25
③ 2.0
④ 3.5

풀이 234.3 코드 및 이동전선
옥내에서 조명용 전원코드 또는 이동전선을 습기가 많은 장소 또는 수분이 있는 장소에 시설할 경우에는 고무코드(사용전압이 400[V] 이하인 경우에 한함) 또는 0.6/1[kV] EP 고무 절연 클로로프렌캡타이어케이블로서 단면적이 0.75[mm²] 이상인 것이어야 한다.
답 ①

49 옥내 배선을 합성수지관 공사에 의하여 실시할 때 사용할 수 있는 단선의 최대 굵기[mm^2]는?

① 4 　　　　　② 6 　　　　　③ 10 　　　　　④ 16

풀이 232.11 합성수지관공사
① 전선은 절연전선(옥외용 비닐절연전선을 제외한다)일 것.
② 전선은 연선일 것. 다만, 다음의 것은 적용하지 않는다.
　• 짧고 가는 합성수지관에 넣은 것.
　• 단면적 10[mm^2](알루미늄선은 단면적 16[mm^2]) 이하의 것. 　　**답** ③

50 동기발전기의 공극이 넓을 때의 설명으로 잘못된 것은?

① 안정도 증대 　　　　　② 단락비가 크다.
③ 여자전류가 크다. 　　　　　④ 전압변동이 크다.

풀이 공극이 넓다는 것은 단락비가 큰 기계를 의미하며, 단락비가 큰 기계의 특징은 다음과 같다.
① 동기임피던스(리액턴스)가 작다. 　② 전압강하 및 전압강하율, 전압변동률이 작다.
③ 안정도가 좋다. 　　　　　　　　④ 철이 많이 사용되어 철기계라 불린다.
⑤ 공극이 크고, 기계 형태 중량이 증가한다. 　　**답** ④

51 금속관을 조영재에 따라서 시설하는 경우 새들 또는 행거 등으로 견고하게 지지하고 그 간격을 몇 [m] 이하로 하는 것이 가장 바람직한가?

① 2 　　　　　② 3 　　　　　③ 4 　　　　　④ 5

풀이 금속관을 조영재에 따라서 시설하는 경우 새들 또는 행거 등으로 견고하게 지지하고 그 간격을 2[m] 이하로 하는 것이 가장 바람직하다. 　　**답** ①

52 도로를 횡단하여 시설하는 지선의 높이는 지표 상 몇 [m] 이상이어야 하는가?

① 5[m] 　　　　　② 6[m] 　　　　　③ 8[m] 　　　　　④ 10[m]

풀이 331.11 지선의 시설
도로를 횡단하여 시설하는 지선의 높이는 지표상 5[m] 이상으로 하여야 한다.
다만, 기술상 부득이한 경우로서 교통에 지장을 초래할 우려가 없을 때는 지표상 4.5[m] 이상, 보도의 경우에는 2.5[m] 이상으로 할 수 있다. 　　**답** ①

53 변압기 중성점 접지공사의 저항값을 결정하는 가장 큰 요인은?

① 변압기 용량
② 고압 가공전선로의 전선 연장
③ 변압기 1차측에 넣는 퓨즈 용량
④ 변압기 고압 또는 특고압측 전로의 1선 지락전류의 암페어수

풀이 변압기의 고압 측 또는 특고압 측의 전로의 1선 지락전류의 암페어 수로 150을 나눈 값과 같은 [Ω]수를 변압기 중성점 접지공사의 접지저항값으로 선정한다. **답** ④

54 폴리에틸렌 절연 비닐 시스 케이블의 약호는?

① DV ② EE ③ EV ④ OW

풀이
- DV : 인입용 비닐 절연 전선
- EE : 폴리에틸렌 절연 폴리에틸렌 외장 케이블
- EV : 폴리에틸렌 절연 비닐 시스 케이블
- OW : 옥외용 비닐 절연 전선

답 ③

55 조도는 광원으로부터의 거리와 어떠한 관계가 있는가?

① 거리에 비례한다. ② 거리의 제곱에 비례한다.
③ 거리에 반비례한다. ④ 거리의 제곱에 반비례한다.

풀이 거리 역제곱의 법칙 : 조도 $E = \dfrac{I}{r^2}$ [lx]

즉, 조도는 거리의 제곱에 반비례 한다. **답** ④

56 합성수지전선관의 장점이 아닌 것은?

① 절연이 우수하다. ② 기계적 강도가 높다.
③ 내부식성이 우수하다. ④ 시공하기 쉽다.

풀이 합성수지관은 금속관에 비하여 절연성이 우수하며, 부식하지 않고, 기계적 강도는 약하며, 내열성에 약하다. **답** ②

57 저압 가공전선과 고압 가공전선을 동일 지지물에 시설하는 경우 상호 이격거리는 몇 [cm] 이상이어야 하는가?

① 20[cm] ② 30[cm] ③ 40[cm] ④ 50[cm]

풀이 KEC 222.9 저고압 가공전선 등의 병행설치
저압 가공 전선과 고압 가공 전선을 동일 지지물에 시설하는 경우는,
① 저압 가공전선을 고압 가공전선의 아래로 하고 별개의 완금류에 시설할 것.
② 이격거리는 0.5[m] 이상일 것. 단, 고압 가공전선이 케이블인 경우는 0.3[m] 이상 이격 하면 된다.
답 ④

58 계기용 변류기의 약호는?

① CT ② WH ③ CB ④ DS

풀이 CT(변류기), WH(전력량계), CB(차단기), DS(단로기) **답** ①

59 전주 외등 설치 시 조명기구를 부착하는 경우 조명기구의 부착높이는 지표면으로부터 최소 몇 [m] 이상이어야 하는가?

① 3[m]

② 3.5[m]

③ 4[m]

④ 4.5[m]

풀이 235.5 옥측 또는 옥외의 방전등 공사

방전관은 금속제의 견고한 기구에 넣고 또한 다음에 의하여 시설할 것.

• 기구는 지표상 4.5[m] 이상의 높이에 시설할 것.

• 기구와 기타 시설물(가공전선을 제외한다) 또는 식물 사이의 이격거리는 0.6[m] 이상일 것.

답 ④

60 같은 지지물에 고압과 저압을 병행 설치하는 이격거리는 몇 [m]인가?

① 0.3 이상

② 0.4 이상

③ 0.5 이상

④ 0.6 이상

풀이 332.8 고압 가공전선 등의 병행설치

저압 가공전선과 고압 가공전선 사이의 이격거리는 0.5[m] 이상일 것.

(단, 고압 가공전선에 케이블을 사용 시 이격거리는 0.3[m] 이상)

답 ③

1 40[μF]과 60[μF]의 콘덴서를 직렬로 접속한 후 100[V]의 전압을 가했을 때 40[μF]에 걸리는 전압의 크기는 몇 [V]인가?

① 20 ② 40 ③ 60 ④ 100

풀이 $C_1 = 40[\mu F]$, $C_2 = 60[\mu F]$이라 하고, 전압분배법칙을 적용하면 콘덴서는 전압에 반비례하므로

$(V \propto \dfrac{1}{C})$

$\therefore V_1 = \dfrac{C_2}{C_1 + C_2} V = \dfrac{60}{40 + 60} \times 100 = 60[V]$

답 ③

2 그림의 회로에서 전압 100[V]의 교류전압을 가했을 때 전력은?

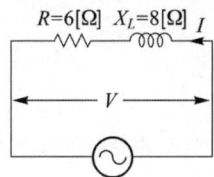

① 10[W] ② 60[W] ③ 100[W] ④ 600[W]

풀이 직렬회로는 전류가 일정하므로 전력은 $P = I^2 R$로 구한다.

따라서 흐르는 전류는 임피던스에 의해 구하여야 하므로 $Z = \sqrt{6^2 + 8^2} = 10\,[\Omega]$가 되며,

전류는 $I = \dfrac{V}{Z}$이므로 $P = I^2 R = \left(\dfrac{100}{10}\right)^2 \times 6 = 600[W]$가 된다.

답 ④

3 플레밍의 왼손법칙에서 전류의 방향을 나타내는 손가락은?

① 약지 ② 중지 ③ 검지 ④ 엄지

풀이 • 플레밍의 왼손 법칙
엄지는 힘의 방향,
검지는 자속의 방향,
중지는 전류의 방향이다.

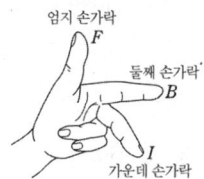

답 ②

4 진공 중에 놓인 3[μC]의 점전하에서 3[m] 되는 점의 전계는 몇 [V/m]인가?

① 100 ② 1000 ③ 300 ④ 3000

풀이 점의 전계 $E = \dfrac{Q}{4\pi\epsilon_0 r^2} = 9 \times 10^9 \times \dfrac{Q}{r^2} = 9 \times 10^9 \times \dfrac{3 \times 10^{-6}}{3^2} = 3000[V/m]$

답 ④

5 $+Q_1[\text{C}]$과 $-Q_2[\text{C}]$의 전하가 진공 중에서 $r[\text{m}]$의 거리에 있을 때 이들 사이에 작용하는 정전기력 $F[\text{N}]$는?

① $F = 0.9 \times 10^{-9} \times \dfrac{Q_1 Q_2}{r^2}$

② $F = 9 \times 10^{-9} \times \dfrac{Q_1 Q_2}{r^2}$

③ $F = 9 \times 10^9 \times \dfrac{Q_1 Q_2}{r^2}$

④ $F = 90 \times 10^9 \times \dfrac{Q_1 Q_2}{r^2}$

풀이 쿨롱의 법칙 : 두 점전하 사이에 작용하는 정전력의 크기는 두 전하(전기량)의 곱에 비례하고 전하사이의 거리의 제곱에 반비례한다.

$$F = \frac{1}{4\pi\epsilon_o} \cdot \frac{Q_1 Q_2}{r^2} = 9 \times 10^9 \frac{Q_1 Q_2}{r^2}[\text{N}]$$

답 ③

6 정격전압에서 1[kW]의 전력을 소비하는 저항에 정격의 90[%] 전압을 가했을 때, 전력은 몇 [W]가 되는가?

① 630[W]   ② 780[W]   ③ 810[W]   ④ 900[W]

풀이 전력 $P = \dfrac{V^2}{R}$ 에서 저항은 일정하므로, 정격의 90[%] 전압을 가하면 $P \propto V^2 = 0.9^2 = 0.81$배가 된다.

따라서, 정격의 90[%] 전압을 가했을 때의 전력 $P' = 0.81 \times 1000 = 810[\text{W}]$

답 ③

7 다음에서 나타내는 법칙은?

> 유도 기전력은 자신이 발생 원인이 되는 자속의 변화를 방해하려는 방향으로 발생한다.

① 줄의 법칙

② 렌츠의 법칙

③ 플레밍의 법칙

④ 패러데이의 법칙

풀이 렌츠의 법칙

"전자유도에 의해 발생하는 기전력은 자속 변화를 방해하는 방향으로 전류가 발생한다."

이것을 렌츠의 법칙(Lenz's law)이라 하고, 기전력의 방향을 결정한다.

답 ②

8 1[AH]는 몇 [C]인가?

① 7,200   ② 3,600   ③ 120   ④ 60

풀이 $Q = It = 1 \times 3,600 = 3,600[\text{C}]$

여기서, $I[\text{A}]$는 전류이며 $t[\text{sec}]$는 시간이다. 또 1[h]는 3,600[sec]에 해당한다.

답 ②

9 Y결선에서 선간전압 V_l과 상전압 V_p의 관계는?

① $V_l = V_p$

② $V_l = \dfrac{1}{3} V_p$

③ $V_l = \sqrt{3} V_p$

④ $V_l = 3 V_p$

풀이 Y결선에서 $V_l = \sqrt{3} V_p \angle 30°$ 로 되어 각 선간전압은 각 상전압에 비해 크기가 $\sqrt{3}$ 배이며 위상은 $30°$ 빠르다. **답** ③

10 $V = 200[\text{V}]$, $C_1 = 10[\mu\text{F}]$, $C_2 = 5[\mu\text{F}]$인 2개의 콘덴서가 병렬로 접속되어 있다. 콘덴서 C_1에 축적되는 전하$[\mu\text{C}]$는?

① $100[\mu\text{C}]$　　　② $200[\mu\text{C}]$　　　③ $1000[\mu\text{C}]$　　　④ $2000[\mu\text{C}]$

풀이 병렬로 접속되어 있으므로 두 콘덴서에는 전압이 일정하게 걸린다.
따라서, C_1에 축적되는 전하 $Q_1 = C_1 V = 10 \times 200 = 2000[\mu\text{C}]$이 된다. **답** ④

11 강자성체의 투자율에 대한 설명으로 옳은 것은?

① 투자율은 매질의 두께에 비례한다.
② 투자율은 자화력에 따라서 크기가 달라진다.
③ 투자율이 큰 것은 자속이 통하기 어렵다.
④ 투자율은 자속 밀도에 반비례한다.

풀이 자속밀도 $B = \mu H = \mu_o \mu_s H [\text{Wb/m}^2]$ 에서 투자율 $\mu = \dfrac{B}{H}$ 이므로 자속밀도에 비례하며, 자계의 세기에 반비례한다. 투자율은 자화력의 크기에 따라 달라진다. **답** ②

12 다음 중 콘덴서가 가지는 특성 및 기능으로 옳지 않은 것은?

① 전기를 저장하는 특성이 있다.
② 상호 유도 작용의 특성이 있다.
③ 직류 전류를 차단하고 교류 전류를 통과 시키려는 목적으로 사용된다.
④ 공진 회로를 이루어 어느 특정한 주파수만을 취급하거나 통과 시키는 곳 등에 사용된다.

풀이 상호 유도 작용은 코일이 가지는 특성이다. **답** ②

13 R_1, R_2, R_3의 저항 3개를 직렬 접속했을 때의 합성저항 값은?

① $R = R_1 + R_2 \cdot R_3$
② $R = R_1 \cdot R_2 + R_3$
③ $R = R_1 \cdot R_2 \cdot R_3$
④ $R = R_1 + R_2 + R_3$

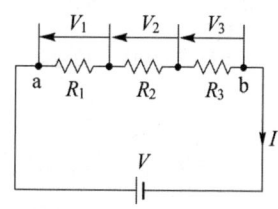

풀이 • 직렬 연결 시 합성저항 $R = R_1 + R_2 + R_3 + \cdots\cdots + R_n[\Omega]$

• 병렬 연결 시 합성저항 $R = \dfrac{1}{\dfrac{1}{R_1} + \dfrac{1}{R_2} + \dfrac{1}{R_3} + \cdots\cdots + \dfrac{1}{R_n}}[\Omega]$ **답** ④

14 임피던스 $Z = 6 + j8[\Omega]$에서 서셉턴스$[\mho]$는?

① 0.06

② 0.08

③ 0.6

④ 0.8

풀이 $Y = G + jB$ (G : 컨덕턴스, B : 서셉턴스)

$$\therefore Y = \frac{1}{Z} = \frac{1}{6+j8} = 0.06 - j0.08[\mho]$$

답 ②

15 0.25[H]와 0.23[H]의 자체 인덕턴스를 직렬로 접속 할 때 합성 인덕턴스의 최댓값은 약 몇 [H]인가?

① 0.48[H]

② 0.96[H]

③ 4.8[H]

④ 9.6[H]

풀이 $L = L_1 + L_2 + 2\sqrt{L_1 L_2} = 0.25 + 0.23 + 2\sqrt{0.25 \times 0.23} = 0.96[H]$

답 ②

16 전기 분해하여 금속 표면에 산화 피막을 만들어 이것을 유전체로 이용한 것은?

① 마일러 콘덴서

② 마이카 콘덴서

③ 전해 콘덴서

④ 세라믹 콘덴서

풀이   ① 전해 콘덴서

     케미콘이라 한다. 유전체를 산화 피막으로 만들어 비교적 큰 용량을 얻을 수 있다. 전원의 평활 회로, 저주파 바이패스 등에 쓰인다.

     ② 탄탈 콘덴서

     전극에 탄탈륨을 사용하며, 전해 콘덴서의 일종으로 비교적 큰 용량을 얻을 수 있다. 온도 변화에 영향을 받지 않으며, 주파수 특성도 좋다. 고주파 회로에 주로 사용되며, 가격이 비싸다.

     ③ 세라믹 콘덴서

     전극에 티탄산바륨과 같은 유전율이 높은 세라믹 재료로 만들었으며, 전극의 극성이 없는 것이 특징이다. 용량은 비교적 작아 아날로그 신호계에 사용할 수 있다.

     ④ 마일러 콘덴서

     얇은 폴리에스테르필름의 양면에 금속박을 대고 원통형으로 감은 것으로 극성이 없다. 가격은 저렴하나 정밀하지 못한 결점이 있다.

     ⑤ 트리머

     유전체로 세라믹을 사용하며, 이동통신 및 방송 시스템에서 적절한 주파수에 따라 용량 값을 필요한 만큼 조정하는데 사용하는 가변콘덴서의 일종이다.

     ⑥ 바리콘

     유전체로 공기를 사용하며, 라디오의 방송을 선택하는 곳에 사용된다.

답 ③

17 평형 3상 회로에서 1상의 소비전력이 P라면 3상 회로의 전체 소비전력은?

① P

② $2P$

③ $3P$

④ $\sqrt{3}\,P$

풀이   전체 소비전력 $= 3V_p I_p = \sqrt{3}\,V_l I_l$

     (단, V_p : 상전압, I_p : 상전류, V_l : 선간전압, I_l : 선전류)

답 ③

18 전류의 열작용과 관계가 있는 법칙은?

① 키르히호프의 법칙　　　　　　　② 줄의 법칙

③ 플레밍의 법칙　　　　　　　　　④ 전류 옴의 법칙

풀이 줄의 법칙 : 도체에 흐르는 전류에 의하여 단위 시간에 발생하는 열량은 I^2R에 비례한다.　　**답** ②

19 공심 솔레노이드 내부 자장의 세기가 200[AT/m]일 때 자속 밀도[Wb/m²]는?

① $2\pi \times 10^{-7}$　　　　　　　　② $4\pi \times 10^{-5}$

③ $8\pi \times 10^{-5}$　　　　　　　　④ $16\pi \times 10^{-4}$

풀이 자속 밀도와 자계의 세기의 관계 $B = \mu H[\text{Wb/m}^2]$에서
자속 밀도 $B = 4\pi \times 10^{-7} \times 200 = 8\pi \times 10^{-5}[\text{Wb/m}^2]$가 된다.　　**답** ③

20 자기 인덕턴스 200[mH], 450[mH]인 두 코일의 상호 인덕턴스는 60[mH]이다. 두 코일의 결합 계수는?

① 0.1　　　　　② 0.2　　　　　③ 0.3　　　　　④ 0.4

풀이 상호인덕턴스 $M = k\sqrt{L_1 L_2}$에서 결합계수 $k = \dfrac{M}{\sqrt{L_1 L_2}} = \dfrac{60}{\sqrt{200 \times 450}} = 0.2$　　**답** ②

21 동기기의 전기자 권선법이 아닌 것은?

① 전절권　　　　　② 분포권　　　　　③ 2층권　　　　　④ 중권

풀이 교류기의 전기자 권선법은 기전력의 파형을 정현파로 하기위한 것이다. 즉, 전절권보다 단절권을 집중권보다 분포권을 채용한다. 전기자를 단절권으로 하면 기전력의 값은 줄지만 기전력의 파형이 좋아지고 끝 접속선의 길이가 짧아지므로 구리선이 그만큼 절약되어 기계의 치수도 줄일 수 있다.　　**답** ①

22 도면과 같이 공기 중에 놓인 2×10^{-8}[C]의 전하에서 2[m] 떨어진 점 P와 1[m] 떨어진 점 Q와의 전위차는 몇 [V]인가?

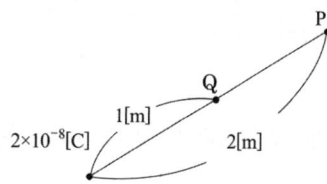

① 80[V]　　　　　② 90[V]　　　　　③ 100[V]　　　　　④ 110[V]

풀이 $V_{QP} = V_Q - V_P = \dfrac{Q}{4\pi\epsilon_0}\left(\dfrac{1}{r_Q} - \dfrac{1}{r_P}\right) = 9 \times 10^9 \times 2 \times 10^{-8} \times \left(\dfrac{1}{1} - \dfrac{1}{2}\right) = 90[\text{V}]$　　**답** ②

23 정격속도로 운전하는 무부하 분권발전기의 계자 저항이 60[Ω], 계자 전류가 1[A], 전기자 저항이 0.5[Ω]라 하면 유도 기전력은 약 몇 [V]인가?

① 30.5　　　　　② 50.5　　　　　③ 60.5　　　　　④ 80.5

풀이 단자 전압 V는 계자 회로의 전압 강하와 같으므로 $V = I_f R_f = 1 \times 60 = 60[\text{V}]$

$E = V + I_a R_a$ 식에서 $I_a = I_f$ 이므로 (∵ 무부하)

∴ 유기 기전력 $E = V + I_f R_a = 60 + 1 \times 0.5 = 60.5[\text{V}]$　　　　**답** ③

24 변압기의 자속에 관한 설명으로 옳은 것은?

① 전압과 주파수에 반비례한다.

② 전압과 주파수에 반비례한다.

③ 전압에 반비례하고 주파수에 비례한다.

④ 전압에 비례하고 주파수에 반비례한다.

풀이 변압기의 유도 기전력 $E = 4.44 N f \phi_m [\text{V}]$에서 $\phi_m = \dfrac{E}{4.44 f N}[\text{Wb}]$가 된다.

따라서, 자속은 전압에 비례하고, 주파수에 반비례한다.　　　　**답** ④

25 역률이 좋아 가정용 선풍기, 세탁기, 냉장고 등에 주로 사용되는 것은?

① 분상 기동형　　　　　　　　② 콘덴서 기동형

③ 반발 기동형　　　　　　　　④ 셰이딩 코일형

풀이 콘덴서 기동형 단상 유도 전동기는 콘덴서가 역률 개선의 역할을 하므로, 역률이 좋고 비교적 기동토크가 크므로 가정용 전동기로 많이 사용된다.　　　　**답** ②

26 3상 유도전동기의 원선도를 그리려면 등가회로의 정수를 구할 때 몇 가지 시험이 필요하다. 이에 해당되지 않는 것은?

① 무부하시험　　　　　　　　② 고정자 권선의 저항측정

③ 회전수 측정　　　　　　　　④ 구속시험

풀이 유도 전동기의 원선도 작성 시험은 변압기의 등가회로 작성시험과 같은 것으로, 저항 측정시험, 구속시험 (단락시험), 무부하시험(개방시험)으로 원선도를 작성한다.　　　　**답** ③

27 20[kW]의 농형 유도전동기를 기동하려고 할 때, 다음 중 가장 적당한 기동 방법은?

① 분상기동법　　　　　　　　② 기동보상기법

③ 권선형기동법　　　　　　　④ 2차저항기동법

풀이 15[kW] 이상 정도의 농형 유도 전동기를 사용하는 경우에는 기동 보상기법을 한다.　　　　**답** ②

28 슬립 4[%]인 유도 전동기의 등가 부하 저항은 2차 저항의 몇 배인가?

① 5 ② 19 ③ 20 ④ 24

풀이 유도 전동기의 기계적 출력을 나타내는 정수 $r = (\frac{1}{s} - 1)r_2$에서

$r = (\frac{1}{0.04} - 1)r_2 = 24r_2$가 된다. **답** ④

29 변압기에서 퍼센트 저항강하 3%, 리액턴스 강하 4%일 때 역률 0.8(지상)에서의 전압변동률은?

① 2.4[%] ② 3.6[%] ③ 4.8[%] ④ 6.0[%]

풀이 백분율 전압강하와의 관계는

$$\epsilon = p\cos\phi + q\sin\phi + \frac{1}{200}(q\cos\phi - p\sin\phi)^2 [\%]$$

$\doteqdot p\cos\phi + q\sin\phi$ (ϕ : 부하 Z의 위상각) 가 된다.

따라서 $\epsilon \doteqdot p\cos\phi + q\sin\phi = 3 \times 0.8 + 4 \times 0.6 = 4.8[\%]$ **답** ③

30 직류 분권 발전기를 정격 속도로 회전시켜도 전압이 확립되지 않은 경우는?

① 계자 회로의 저항이 적다. ② 잔류 자속이 많다.
③ 전기자 저항이 적다. ④ 계자 권선의 접속을 반대로 하였다.

풀이 자여자 발전기 전압확립 조건
① 잔류자기가 있을 것
② 회전방향이 잔류자기를 강화하는 방향일 것
③ 부하 특성곡선이 자기 포화를 가질 것
④ 계자저항이 임계저항 보다 작을 것 **답** ④

31 2극 3600[rpm]인 동기 발전기와 병렬 운전하려는 12극 동기발전기의 회전수는 몇 [rpm]인가?

① 600 ② 1200 ② 1800 ④ 3600

풀이 병렬운전 조건에서 주파수가 같아야 하므로 주파수를 구하면

$f = \frac{Np}{120} = \frac{3600 \times 2}{120} = 60[Hz]$이므로 12극 동기발전기의 회전수는

$N = \frac{120f}{p} = \frac{120 \times 60}{12} = 600[rpm]$이 된다. **답** ①

32 전기자 철심의 규소 강판의 규소 함유량은 몇 [%]인가?

① 0.5~1.0 ② 1~2 ③ 5~6 ④ 7~8

풀이 전기자는 0.35~0.5[mm]의 연강판으로 성층(맴돌이 전류와 히스테리시스손의 손실을 감소시키기 위한 규소 함량 1~1.4[%] 정도의 규소 강판)한 전기자 철심과 전기자 권선으로 구성되어 있다. **답** ②

33 변압기 내부 고장 시 발생하는 기름의 흐름변화를 검출하는 부흐홀츠 계전기의 설치 위치로 알맞은 것은?

① 변압기 본체

② 변압기의 고압측 부싱

③ 콘서베이터 내부

④ 변압기 본체와 콘서베이터를 연결하는 파이프

풀이 부흐홀츠 계전기는 변압기의 내부 고장으로 발생하는 기름의 분해 가스 증기 또는 유류를 이용하여 부저를 움직여 계전기의 접점을 닫는 것이므로 변압기의 주탱크와 콘서베이터와의 연결관 도중에 설치한다.

답 ④

34 단락비가 큰 동기 발전기에 대한 설명으로 틀린 것은?

① 단락 전류가 크다.   ② 동기 임피던스가 작다.

③ 전기자 반작용이 크다.   ④ 공극이 크고 전압 변동률이 작다.

풀이 단락비는 기계적 특성을 잘 나타내는 수치로서 일반적으로 단락비가 큰 기계는
① 동기임피던스(리액턴스)가 작기 때문에, 단락전류가 크고 전기자 반작용이 작다.
② 전압강하 및 전압강하율, 전압변동률이 작다.
③ 안정도가 좋다.
④ 철이 많이 사용되어 철기계라 불린다.
⑤ 공극이 크고, 기계 형태 중량이 증가한다.

답 ③

35 권수비 2, 2차 전압 100[V], 2차 전류 5[A], 2차 임피던스 20[Ω]인 변압기의 ㉠ 1차 환산 전압 및 ㉡ 1차 환산 임피던스는?

① ㉠ 200[V], ㉡ 80[Ω]   ② ㉠ 200[V], ㉡ 40[Ω]

③ ㉠ 50[V], ㉡ 10[Ω]   ④ ㉠ 50[V], ㉡ 5[Ω]

풀이 권수비 $a = \dfrac{V_1}{V_2} = \dfrac{I_2}{I_1} = \sqrt{\dfrac{Z_1}{Z_2}}$ 에서

$V_1 = aV_2 = 2 \times 100 = 200[V]$, $I_1 = \dfrac{I_2}{a} = \dfrac{5}{2} = 2.5[A]$, $Z_1 = a^2 Z_2 = 2^2 \times 20 = 80[Ω]$

답 ①

36 다음은 3상 유도전동기 고정자 권선의 결선도를 나타낸 것이다. 맞는 사항을 고르시오.

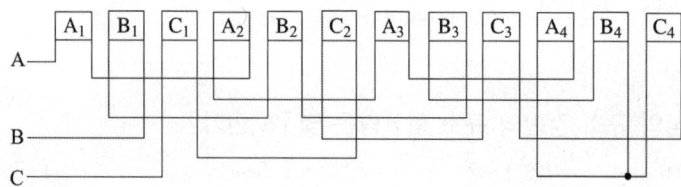

① 3상 2극, Y결선   ② 3상 4극, Y결선

③ 3상 2극, △결선   ④ 3상 4극, △결선

풀이 3상(A, B, C) 4극(1, 2, 3, 4)이 하나의 접점에 연결되어 있으므로 Y결선이다.　　　**답** ②

37 변압기의 정격 1차 전압이란?

① 정격 출력일 때의 1차 전압　　　　　② 무부하에 있어서 1차 전압

③ 정격 2차 전압×권수비　　　　　　　④ 임피던스 전압×권수비

풀이 $a = \dfrac{V_1}{V_2} = \dfrac{N_1}{N_2} = \dfrac{I_2}{I_1} = \sqrt{\dfrac{Z_1}{Z_2}}$ 에서 $V_1 = aV_2$　　　**답** ③

38 20[kVA]의 단상 변압기 2대를 사용하여 V-V 결선으로 하고 3상 전원을 얻고자 한다. 이때 여기에 접속시킬 수 있는 3상 부하의 용량은 약 몇 [kVA]인가?

① 34.6　　　　　　　　　　　　　② 44.6

③ 54.6　　　　　　　　　　　　　④ 66.6

풀이 V결선 시 출력은 1대의 용량에 $\sqrt{3}$ 배이므로

$P_V = \sqrt{3}\,P_1 = \sqrt{3} \times 20 = 34.64[kVA]$　　　**답** ①

39 변압기 명판에 표시된 정격에 대한 설명으로 틀린 것은?

① 변압기의 정격출력 단위는 [kW]이다.

② 변압기 정격은 2차측을 기준으로 한다.

③ 변압기의 정격은 용량, 전류, 전압, 주파수 등으로 결정된다.

④ 정격이란 정해진 규정에 적합한 범위 내에서 사용할 수 있는 한도이다.

풀이 변압기의 정격출력 단위는 [kVA]이다.　　　**답** ①

40 분권 발전기의 회전 방향을 반대로 하면?

① 전압이 유기된다.　　　　　　　② 발전기가 소손된다.

③ 고전압이 발생한다.　　　　　　④ 잔류 자기가 소멸된다.

풀이 직류 자여자 발전기는 잔류자기가 없으면 발전이 되지 않는다. 즉, 잔류자기가 없는 조건은 회전방향을 반대로 하는 경우와 계자의 접속을 반대로 하는 경우가 된다. 따라서, 자여자 발전기인 분권발전기는 잔류 자기가 소멸되어 발전이 이루어지지 않는다.　　　**답** ④

41 제1종 금속제 가요전선관의 두께는 최소 몇 [mm] 이상이어야 하는가?

① 0.8　　　　　　② 1.2　　　　　　③ 0.6　　　　　　④ 2.0

풀이 1종 금속제 가요 전선관은 두께 0.8[mm] 이상인 것일 것.　　　**답** ①

42 다음 심벌의 명칭은?

① 과전압 계전기　　② 환풍기　　　　③ 콘센트　　　　④ 룸에어콘

풀이 그림은 콘센트의 심벌이며, wp 는 방수형 콘센트를 나타낸다.　　　　**답** ③

43 다음 중 접지의 목적으로 알맞지 않은 것은?

① 감전의 방지　　　　　　　　② 보호계전기의 동작 확보
③ 이상전압의 억제　　　　　　④ 전로의 대지전압 상승

풀이 접지의 목적
① 고저압 혼촉시의 저압선 전위 상승 억제(보호)
② 기기의 지락 사고 발생시 사람에 걸리는 분담 전압의 억제
③ 선로로부터의 유도에 의한 감전 방지
④ 이상 전압 억제에 의한 절연 계급의 저감, 보호 장치의 동작 확실화　　　**답** ④

44 ACSR은 다음 중 어떤 것을 말하는가?

① 경동 연선　　　　　　　　　② 중공 연선
③ 알루미늄선　　　　　　　　④ 강심 알루미늄 연선

풀이 ACSR은 합성 연선에 대표적인 전선으로 강심 알루미늄 연선을 나타낸다.　　　**답** ④

45 케이블을 구부리는 경우 피복이 손상되지 않도록 하고 그 굴곡부의 곡률반경은 원칙적으로 케이블이 단심인 경우 완성품 외경의 몇 배 이상이어야 하는가?

① 4　　　　　　② 6　　　　　　③ 8　　　　　　④ 10

풀이 연피가 없는 케이블을 구부리는 경우 피복의 손상이 되지 않도록 하여 그 굴곡 반지름이 케이블의 완성품 지름의 6배(단심의 경우 8배) 이상으로 구부려야 한다.　　　**답** ③

46 화약고 등의 위험장소에서 전기설비 시설에 관한 내용으로 옳은 것은?

① 전로의 대지전압은 400[V] 이하일 것
② 전기기계기구는 전폐형의 것일 것
③ 전용 개폐기 및 과전류 차단기는 화약류 저장소 내에 설치할 것
④ 전로에 지락이 생겼을 때에 자동적으로 전로를 차단하는 장치를 취급자가 쉽게 조작할 수 없도록 시설하여야 한다.

풀이 242.5 화약류 저장소 등의 위험장소
① 저압 옥내배선은 금속관공사 또는 케이블공사(캡타이어케이블을 사용하는 것을 제외한다)에 의할 것.

② 전로에 대지전압은 300[V] 이하일 것.
③ 전기기계기구는 전폐형의 것일 것.
④ 화약류 저장소 안의 전기설비에 전기를 공급하는 전로에는 화약류 저장소 이외의 곳에 전용 개폐기 및 과전류 차단기를 각 극에 취급자 이외의 자가 쉽게 조작할 수 없도록 시설하고 또한 전로에 지락이 생겼을 때에 자동적으로 전로를 차단하거나 경보하는 장치를 시설하여야 한다. 답 ②

47 사용전압이 35[kV] 이하인 특고압 가공전선과 220[V] 가공전선을 병행설치 할 때, 가공선로 간의 이격거리는 몇 [m] 이상이어야 하는가?

① 0.5　　　　② 0.75　　　　③ 1.2　　　　④ 1.5

풀이 333.17 특고압 가공전선과 저고압 가공전선 등의 병행설치
특고압 가공전선(100[kV] 미만)과 저·고압 가공전선을 동일 지지물에 설치 시 이격거리

전 압	표 준	특고압에 케이블 사용 및 저·고압에 절연전선 또는 케이블 사용
35[kV] 이하	1.2[m] 이상	0.5[m] 이상
35[kV] 초과 100[kV] 미만	2[m] 이상	1[m] 이상

답 ③

48 순고무 30[%] 이상을 함유한 고무 혼합물로 피복하고 내유, 내산, 내알칼리, 내수성을 갖게 만든 케이블은?

① 연피 케이블　　　　② 비닐 시스 케이블
③ 캡타이어 케이블　　　　④ 플렉시블 시스 케이블

풀이 캡타이어 케이블(captire cable)
① 이동·가요성을 가지며, 보호피복을 가진 절연 전선이다. 진동·마찰·굴곡·충격 등을 받는 공장 등에서 사용된다.
② 구조는 주석도금한 연동선의 연선을 심선으로 하고, 종이 또는 면사 등을 감고, 그 위를 30[%] 이상의 고무탄화수소를 포함하는 혼합물을 균일한 두께로 피복한 것이다. 캡타이어케이블에는 1종, 2종, 3종, 4종이 있으며, 2종보다는 3종이, 3종보다는 4종이 충격이나 압축에 대하여 내구성이 있는 구조로 되어 있다. 답 ③

49 옥내에 시설하는 사용전압이 400[V] 이상인 저압의 이동전선은 습기가 많은 장소 또는 수분이 있는 장소에 시설할 경우 0.6/1[kV] EP 고무 절연 클로로프렌 캡타이어 케이블로서 단면적이 몇 [mm^2] 이상이어야 하는가?

① 0.75[mm^2]　　　　② 2[mm^2]
③ 5.5[mm^2]　　　　④ 8[mm^2]

풀이 234.3 코드 및 이동전선
옥내에서 조명용 전원코드 또는 이동전선을 습기가 많은 장소 또는 수분이 있는 장소에 시설할 경우에는 고무코드(사용전압이 400[V] 이하인 경우에 한함) 또는 0.6/1[kV] EP 고무 절연 클로로프렌캡타이어케이블로서 단면적이 0.75[mm^2] 이상인 것이어야 한다. 답 ①

50 고압 가공전선이 일반적인 도로 횡단 시 설치 높이는?

① 3[m] 이상

② 3.5[m] 이상

③ 5[m] 이상

④ 6[m] 이상

풀이 222.7 저압 가공전선의 높이
332.5 고압 가공전선의 높이

설치장소		가공전선의 높이
도로횡단 (번잡하지 않은 도로 제외)		지표상 6[m] 이상
철도 또는 궤도 횡단		레일면상 6.5[m] 이상
횡단보도교 위	저압	노면상 3.5[m] 이상(단, 절연전선의 경우 3[m] 이상)
	고압	노면상 3.5[m] 이상
일반장소		지표상 5[m] 이상. 단, 저압의 경우 절연전선 또는 케이블을 사용하여 교통에 지장이 없도록 하여 옥외조명용에 공급하는 경우 4[m]까지 감할 수 있다.
다리의 하부 기타 이와 유사한 장소		저압의 전기철도용 급전선은 지표상 3.5[m]까지로 감할 수 있다.

답 ④

51 역률개선의 효과로 볼 수 없는 것은?

① 감전사고 감소

② 전력손실 감소

③ 전압강하 감소

④ 설비 용량의 이용률 증가

풀이 역률 개선의 효과
① 설비 이용률 향상 ② 전압 강하 감소 ③ 전력 손실 경감

답 ①

52 연선 결정에 있어서 중심 소선을 뺀 층수가 3층이다. 전체 소선수는?

① 91

② 61

③ 37

④ 19

풀이 총 소선수 $N = 3n(n+1) + 1$
여기서, n : 층수(가운데 한 가닥은 층수에 포함하지 않는다.)
∴ $N = 3n(n+1) + 1 = 3 \times 3 \times (3+1) + 1 = 37$

답 ③

53 버스 덕트 공사에 의한 저압 옥내배선 시설공사에 대한 설명으로 틀린 것은?

① 덕트(환기형의 것을 제외)의 끝부분은 막지 말 것

② 덕트에 접지공사를 할 것

③ 덕트(환기형이 것을 제외)의 내부에 먼지가 침입하지 아니하도록 할 것

④ 덕트 상호 간 및 전선 상호 간은 견고하고 또한 전기적으로 완전하게 접속할 것

풀이 232.61 버스덕트공사
가. 덕트 상호 간 및 전선 상호 간은 견고하고 또한 전기적으로 완전하게 접속할 것.
나. 덕트를 조영재에 붙이는 경우에는 덕트의 지지점 간의 거리를 3[m](수직으로 붙이는 경우에는 6[m])

이하로 하고 또한 견고하게 붙일 것.

다. 덕트(환기형의 것을 제외한다)의 끝부분은 막을 것.

라. 덕트(환기형의 것을 제외한다)의 내부에 먼지가 침입하지 아니하도록 할 것.

마. 덕트는 접지공사를 할 것.　　　　　　　　　　　　　　**답** ①

---

54 두 개 이상의 회로에서 선행동작 우선회로 또는 상대동작 금지회로인 동력배선의 제어회로는?

① 자기유지회로　　　　　　　　② 인터록회로

③ 동작지연회로　　　　　　　　④ 타이머회로

풀이 인터록 회로 : 한쪽이 동작하면 다른 한쪽은 동작할 수 없는 회로　　　**답** ②

---

55 전선접속 시 S형 슬리브 사용에 대한 설명으로 틀린 것은?

① 전선의 끝은 슬리브의 끝에서 조금 나오는 것이 바람직하다.

② 슬리브는 전선의 굵기에 적합한 것을 선정한다.

③ 열린 쪽 홈의 측면을 고르게 눌러서 밀착시킨다.

④ 단선은 사용가능하나 연선접속 시에는 사용 안한다.

풀이 S형 슬리브는 단선, 연선 어느 것에도 사용할 수 있다.　　　　　**답** ④

---

56 고압 가공전선로의 지지물로 철탑을 사용하는 경우 경간은 몇 [m] 이하이어야 하는가?

① 150[m]　　　　　　　　　　② 300[m]

③ 500[m]　　　　　　　　　　④ 600[m]

풀이 332.9 고압 가공전선로 경간의 제한

지지물의 종류	표준 경간
목주, A종 철주, A종 철근 콘크리트주	150[m]
B종 철주, B종 철근 콘크리트주	250[m]
철 탑	600[m]

답 ④

---

57 금속전선관 공사에서 금속관과 접속함을 접속하는 경우 녹아웃 구멍이 금속관보다 클 때 사용하는 부품은?

① 록너트(로크너트)　　　　　　② 부싱

③ 새들　　　　　　　　　　　　④ 링 리듀서

풀이 • 록너트(로크너트) : 박스에 금속관을 고정시킬 때 사용한다.

• 부싱 : 입선 작업 시 전선의 피복 손상을 방지하기 위해 사용하는 부속품을 말한다.

• 새들 : 전선관을 조영재에 고정시킬 때 사용

- 링리듀서 : 금속을 아우트렛 박스의 로크 아우트에 취부할 때 로크 아우트의 구멍이 관의 구멍보다 클 때 링 리듀서를 사용, 로크 너트로 조이면 된다. 답 ④

58 금속 몰드 공사로서 틀린 것은?

① 건조하고 점검할 수 있는 은폐 장소에 시공할 수 있다.

② 동으로 견고하게 제작된 것

③ 금속 몰드 내에서 공사상 부득이한 경우에는 전선의 접속점을 만들어도 좋다.

④ 금속 몰드 4[m] 초과된 것에는 접지 공사를 한다.

풀이 232.22 금속몰드공사
금속몰드 안에는 전선에 접속점이 없도록 할 것 답 ③

59 셀룰로이드, 성냥, 석유류 등 기타 가연성 위험물질을 제조 또는 저장하는 장소의 배선으로 틀린 것은?

① 금속관공사   ② 케이블공사

③ 플로어덕트공사   ④ 합성수지관(CD관 제외)공사

풀이 242.4 위험물 등이 존재하는 장소
셀룰로이드·성냥·석유류 기타 타기 쉬운 위험한 물질을 제조하거나 저장하는 곳에 시설하는 저압 옥내 배선 등은 합성수지관공사(두께 2[mm]미만의 합성수지 전선관 및 난연성이 없는 콤바인 덕트관을 사용 하는 것을 제외)·금속관공사 또는 케이블공사에 의할 것. 답 ③

60 전선의 식별에 있어서 3선식일 경우 포함되지 않는 색깔은?

① 갈색   ② 회색

③ 노랑색   ④ 흑색

풀이 121.2 전선의 식별

상(문자)	색상
L1	갈색
L2	흑색
L3	회색
N	청색
보호도체	녹색-노란색

답 ③

1 일반적인 경우 교류를 사용하는 전기난로의 전압과 전류의 위상에 대한 설명으로 옳은 것은?

① 전압과 전류는 동상이다.

② 전압이 전류보다 90도 앞선다.

③ 전류가 전압보다 90도 앞선다.

④ 전류가 전압보다 60도 앞선다.

풀이 전기난로는 저항부하이므로 전압과 전류가 동상이 된다. **답** ①

2 히스테리시스손은 최대 자속 밀도의 몇 승에 비례하는가?

① 1.1 ② 1.6 ③ 2.6 ④ 3.2

풀이 스타인메츠의 식 $W_h = \eta f B_m^{1.6}$ 에서 최대 자속의 1.6제곱에 비례한다. **답** ②

3 코일의 자기 인덕턴스는 다음 어느 매개 상수에 따라 변화하는가?

① 도전율 ② 투자율

③ 절연 저항 ④ 유전율

풀이 코일의 자기인덕턴스 $L = \dfrac{\mu A N^2}{l} \propto \mu$(투자율) **답** ②

4 3[Ω]의 저항 5개, 7[Ω]의 저항 3개, 114[Ω]의 저항 1개가 있다. 이들을 모두 직렬로 접속할 때의 합성저항은 몇 [Ω]인가?

① 120 ② 130

③ 150 ④ 160

풀이 직렬연결의 합성저항 : $R_0 = R_1 + R_2 + R_3 + \cdots + R_n[\Omega]$이므로

$R_o = 3 \times 5 + 7 \times 3 + 114 = 150[\Omega]$이 된다. **답** ③

5 $e = 141.4\sin100\pi t[V]$의 교류 전압이 있다. 이 교류의 실효값은 몇 [V]인가?

① 100 ② 110

③ 141 ④ 282

풀이 $e = 141.4\sin100\pi t[V]$의 식에서 최댓값이 141.4[V] 이므로 실효값은 최댓값을 $\sqrt{2}$로 나누어 계산한다.

$V = \dfrac{V_m}{\sqrt{2}} = \dfrac{141.2}{\sqrt{2}} = 100[V]$가 된다. **답** ①

6 그림과 같이 자극 사이에 있는 도체에 전류(I)가 흐를 때 힘은 어느 방향으로 작용하는가?

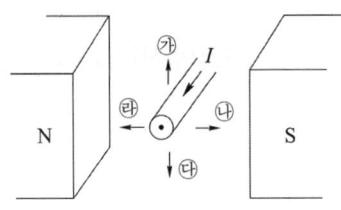

① ㉮ ② ㉯ ③ ㉰ ④ ㉱

풀이 플레밍의 왼손 법칙
- 엄지는 힘(F)의 방향,
- 검지는 자속(B)의 방향,
- 중지는 전류(I)의 방향이다.

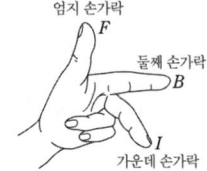

답 ①

7 2전력계법으로 3상 전력을 측정할 때 지시값이 $P_1 = 200[W]$, $P_2 = 200[W]$이었다. 부하전력[W]은?

① 600 ② 500 ③ 400 ④ 300

풀이 2전력계법
① 유효전력 : $P_1 + P_2$[W]
② 무효전력 : $\sqrt{3}(P_1 - P_2)$[Var]
이므로 이 부하의 전력은
$P = P_1 + P_2 = 200 + 200 = 400$[W]

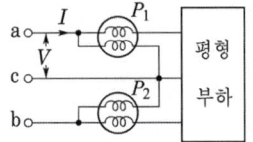

답 ③

8 기전력 1.5[V], 내부저항 0.1[Ω]인 전지 10개를 직렬로 연결하여 2[Ω]의 저항을 가진 전구에 연결할 때 전구에 흐르는 전류는 몇 [A]인가?

① 2 ② 3 ③ 4 ④ 5

풀이 기전력이 1.5[V]인 전지 10개를 직렬로 연결하면 전압은 $10 \times 1.5 = 15$[V]가 된다.
또, 내부저항이 0.1[Ω]을 1개 직렬로 연결하면 합성저항은 $0.1 \times 10 = 1$[Ω]이 된다.
즉, 15[V], 내부저항이 1[Ω]의 전지로 생각하고 이것에 2[Ω]의 저항을 연결하면
전류는 $I = \dfrac{V}{R+r} = \dfrac{15}{2+1} = 5$[A]가 된다.

답 ④

9 자체 인덕턴스 0.1[H]의 코일에 5[A]의 전류가 흐르고 있다. 축적되는 전자 에너지는?

① 0.25[J] ② 0.5[J] ③ 1.25[J] ④ 2.5[J]

풀이 축적되는 전자에너지 $W = \dfrac{1}{2}LI^2 = \dfrac{1}{2} \times 0.1 \times 5^2 = 1.25$[J]

답 ③

10 정현파 교류에서 주파수 60[Hz]인 경우 각속도[rad/sec]는?

① 100　　　　　　② 2　　　　　　③ 1.414π　　　　④ 377

풀이 각속도 $\omega = 2\pi f$에서 $\omega = 2\pi \times 60 \fallingdotseq 377\,[\text{rad/sec}]$가 된다.　　　**답** ④

11 코일이 접속되어 있을 때, 누설 자속이 없는 이상적인 코일간의 상호 인덕턴스는?

① $M = \sqrt{L_1 + L_2}$　　　　　　② $M = \sqrt{L_1 - L_2}$

③ $M = \sqrt{L_1 L_2}$　　　　　　④ $M = \sqrt{\dfrac{L_1}{L_2}}$

풀이 상호인덕턴스 $M = k\sqrt{L_1 L_2}$에서 누설자속이 없다고 하면 $k = 1$이므로
$\therefore M = \sqrt{L_1 L_2}$가 된다.　　　**답** ③

12 4[Ω], 6[Ω] 8[Ω]의 3개 저항을 병렬 접속할 때 합성 저항은 약 몇 [Ω]인가?

① 1.8　　　　　　② 2.5　　　　　　③ 3.6　　　　　　④ 4.5

풀이 병렬 접속 회로의 합성저항 $R_0 = \dfrac{1}{\dfrac{1}{4} + \dfrac{1}{6} + \dfrac{1}{8}} = 1.8\,[\Omega]$이 된다.　　　**답** ①

13 0.2[℧]의 컨덕턴스 2개를 직렬로 접속하여 3[A]의 전류를 흘리려면 몇 [V]의 전압을 공급하면 되는가?

① 12　　　　　　② 15　　　　　　③ 30　　　　　　④ 45

풀이 컨덕턴스 $G = \dfrac{0.2 \times 0.2}{0.2 + 0.2} = 0.1\,[℧]$

따라서 전압 $V = IR = \dfrac{I}{G} = \dfrac{3}{0.1} = 30\,[\text{V}]$　　　**답** ③

14 도체의 전기저항에 대한 설명으로 옳은 것은?

① 길이와 단면적에 비례한다.
② 길이와 단면적에 반비례한다.
③ 길이에 비례하고 단면적에 반비례한다.
④ 길이에 반비례하고 단면적에 비례한다.

풀이 전기 저항 $R = \dfrac{l}{\sigma S} = \rho \dfrac{l}{S}\,[\Omega]$

따라서 길이(l)에 비례하고 단면적(S)에 반비례 한다.　　　**답** ③

15 어떤 도체에 1[A]의 전류가 1분간 흐를 때 도체를 통과하는 전기량은?

① 1[C]　　　　　　② 60[C]　　　　　　③ 1,000[C]　　　　　　④ 3,600[C]

풀이 전기량 $Q = I \cdot t = 1 \times 60 = 60$[C]　　　　　　　　　　　　　　　　**답** ②

16 3상 기전력을 2개의 전력계 W_1, W_2로 측정해서 W_1의 지시값이 P_1, W_2의 지시값이 P_2라 하면 3상 전력은 어떻게 표현되는가?

① $P_1 - P_2$　　　　　　　　　　② $3(P_1 - P_2)$

③ $P_1 + P_2$　　　　　　　　　　④ $3(P_1 + P_2)$

풀이 2전력계법
① 유효전력 : $P_1 + P_2$ [W]
② 무효전력 : $\sqrt{3}(P_1 - P_2)$[Var]

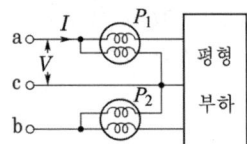

답 ③

17 평형 3상 교류회로의 Y 회로로부터 △회로로 등가 변환하기 위해서는 어떻게 하여야 하는 가?

① 각 상의 임피던스를 3배로 한다.

② 각 상의 임피던스를 $\sqrt{3}$ 배로 한다.

③ 각 상의 임피던스를 $\dfrac{1}{\sqrt{3}}$ 배로 한다.

④ 각 상의 임피던스를 $\dfrac{1}{3}$ 배로 한다.

풀이 동일한 임피던스를 Y에서 △로 등가변환할 경우 임피던스는 3배가 되면 된다.　　**답** ①

18 비사인파 교류의 일반적인 구성이 아닌 것은?

① 기본파　　　　　② 직류분　　　　　③ 고조파　　　　　④ 삼각파

풀이 비정현파 교류 = 직류분 + 기본파 + 고조파　　　　　　　　　　　　　　**답** ④

19 대칭 3상 교류의 성형 결선에서 선간 전압이 220[V]일 때 상전압은 몇 [V]인가?

① 73　　　　　　② 127　　　　　　③ 172　　　　　　④ 380

풀이 성형결선(Y결선)에서 선간전압은 상전압보다 $\sqrt{3}$ 배 크게 된다.

$V_p = \dfrac{V_l}{\sqrt{3}}$ 이므로 $V_p = \dfrac{220}{\sqrt{3}} = 127$[V]가 된다.　　　　　**답** ②

20 묽은 황산(H_2SO_4) 용액에 구리(Cu)와 아연(Zn)판을 넣으면 전지가 된다. 이때 양극(+)에 대한 설명으로 옳은 것은?

① 구리판이며 수소 기체가 발생한다.   ② 구리판이며 산소 기체가 발생한다.

③ 아연판이며 산소 기체가 발생한다.   ④ 아연판이며 수소 기체가 발생한다.

풀이 볼타전지

(−)극 : 아연판 $Zn \rightarrow Zn^{2+} + 2e^-$ ·········· 산화

(+)극 : 구리판 $2H^+ + 2e^- \rightarrow H_2$(수소) ······ 환원

답 ①

21 인버터(inverter)에 대한 설명으로 알맞은 것은?

① 교류를 직류로 변환   ② 교류를 교류로 변환

③ 직류를 교류로 변환   ④ 직류를 직류로 변환

풀이 인버터 : DC → AC, 컨버터 : AC → DC

답 ③

22 10극의 직류 파권 발전기의 전기자 도체수 400, 매극의 자속수 0.02[Wb] 회전수 600[rpm] 때 기전력은 몇 [V]인가?

① 200   ② 220   ③ 380   ④ 400

풀이 유도기전력 $E = \dfrac{pZ}{a}\Phi\dfrac{N}{60}$ 에서 파권이므로 $a = 2$를 기준으로 하여 기전력을 구하면

$E = \dfrac{10 \times 400}{2} \times 0.02 \times \dfrac{600}{60} = 400[\text{V}]$ 가 된다.

답 ④

23 변압기의 2차 저항이 0.1[Ω]일 때 1차로 환산하면 360[Ω]이 된다. 이 변압기의 권수비는?

① 30   ② 40   ③ 50   ④ 60

풀이 변압기 권수비의 식 $a = \dfrac{N_1}{N_2} = \dfrac{V_1}{V_2} = \dfrac{I_2}{I_1} = \sqrt{\dfrac{R_1}{R_2}}$ 이다.

$\therefore a = \sqrt{\dfrac{R_1}{R_2}} = \sqrt{\dfrac{360}{0.1}} = 60$

답 ④

24 가정용 선풍기나 세탁기 등에 많이 사용되는 단상 유도 전동기는?

① 분상 기동형   ② 콘덴서 기동형

③ 영구 콘덴서 전동기   ④ 반발 기동형

풀이 영구 콘덴서 전동기 : 콘덴서 기동형에서 원심력 스위치를 제거한 것으로, 큰 기동토크가 필요하지 않은 선풍기 등에 사용

답 ③

25 다음 중 절연저항을 측정하는 것은?

① 캘빈더블브리지법　　　　　　　② 전압전류계법
③ 휘이스톤 브리지법　　　　　　　④ 메거

풀이  절연저항은 메거로 측정한다.

답 ④

26 변압기의 저항 강하율은 p, 리액턴스 강하율은 q, 역률은 $\cos\theta$(지상)라 하면 전압 변동률은?

① $p\sin\theta + q\cos\theta$　　　　　　② $pq\cos\theta$
③ $p\cos\theta - q\sin\theta$　　　　　　④ $p\cos\theta + q\sin\theta$

풀이 백분율 전압강하와의 관계는
$$\epsilon = p\cos\phi + q\sin\phi + \frac{1}{200}(q\cos\phi - p\sin\phi)^2 [\%]$$
$$\fallingdotseq p\cos\phi + q\sin\phi \ (\phi : 부하\ Z의\ 위상각)\ 가\ 된다.$$

답 ④

27 주파수 60[Hz]의 전원에 2극의 동기 전동기를 연결하면 회전수는 몇 [rpm]인가?

① 3600　　　　　　　　　　　　② 1800
③ 60　　　　　　　　　　　　　④ 12

풀이 동기 속도 $N_s = \dfrac{120f}{p}$ [rpm]에서 $N_s = \dfrac{120 \times 60}{2} = 3600$[rpm]이 된다.

답 ①

28 워드레어너드 속도 제어는?

① 저항제어　　　　　　　　　　② 계자제어
③ 전압제어　　　　　　　　　　④ 직병렬제어

풀이

구분	특성	분권 및 타여자	직권
계자 제어법	효율 양호 정류 악화 정출력 가변 속도	속도 제어 범위는 최저 최고비가 1:2~1:4(보상 권선이 있을 때) 정도	무부하에 있어서 Φ가 대단히 작으면 속도가 아주 높아지므로 주의가 필요
직렬 저항법	효율 나쁨 정토크 가변 속도	정속도 특성을 잃는다.	직렬 저항법과 전압 제어법을 병용하여 전차 등에 널리 사용되고 있다.
전압 제어법	위의 두 가지에 비하여 고가이나 광범위한 속도 제어가 가능하다.	타여자 전동기에 적용된다. 워드 레오나드 방식, 일그너 방식, 승압기 방식 등이 있다.	

답 ③

29 변압기 V결선의 특징으로 틀린 것은?

① 고장시 응급처치 방법으로도 쓰인다.

② 단상변압기 2대로 3상 전력을 공급한다.

③ 부하증가가 예상되는 지역에 시설한다.

④ V결선시 출력은 △결선시 출력과 그 크기가 같다.

풀이 V결선은 △결선에 비해 출력이 57.74[%]로 저하된다. **답** ④

30 직류 발전기 전기자 구성으로 옳은 것은?

① 전기자, 철심, 정류자 ② 전기자 권선, 전기자 철심

② 전기자 권선, 계자 ④ 전기자 철심, 브러시

풀이 직류발전기의 전기자는 기전력을 유기하는 부분으로 철심과 전기자 권선으로 되어 있다. **답** ②

31 15[kW], 60[Hz], 4극의 3상 유도 전동기가 있다. 전부하가 걸렸을 때의 슬립이 4[%]라면 이때의 2차(회전자)측 동손은 약 [kW]인가?

① 1.2 ② 1.0

③ 0.8 ④ 0.6

풀이 2차 출력 $P_o = (1-s)P_2$[W], 2차 동손 $P_{c2} = sP_2$[W]이다.

따라서, $P_{c2} = sP_2 = \dfrac{sP_o}{1-s} = \dfrac{0.04 \times 15}{1-0.04} ≒ 0.6$[kW] **답** ④

32 각각 계자 저항기가 있는 직류 분권 전동기와 직류 분권 발전기가 있다. 이것을 직결하여 전동 발전기로 사용하고자 한다. 이것을 기동할 때 계자 저항기의 저항은 각각 어떻게 조정하는 것이 가장 적합한가?

① 전동기 : 최대, 발전기 : 최소 ② 전동기 : 중간, 발전기 : 최소

③ 전동기 : 최소, 발전기 : 최대 ④ 전동기 : 최소, 발전기 : 중간

풀이 전동기의 경우 기동토크를 크게 하기 위하여 자속을 크게 하여야 한다. 따라서 계자전류를 크게 하여야 하며, 이를 위해서는 계자저항을 최소로 놓아야 한다. **답** ③

33 1차 권수 6000회, 2차 권수 200회인 변압기의 변압비는?

① 30 ② 60

③ 90 ④ 120

풀이 변압기의 전압비는 $a = \dfrac{E_1}{E_2} = \dfrac{N_1}{N_2}$ 이므로 $a = \dfrac{6000}{200} = 30$이 된다. **답** ①

34 다음 중 역률이 가장 좋은 단상 유도 전동기는?

① 셰이딩 코일형   ② 분상형 전동기

③ 반발형 전동기   ④ 콘덴서형 전동기

풀이 단상유도 전동기 중에서 콘덴서 기동형 단상 유도 전동기가 역률이 좋고 비교적 기동토크가 크므로 가정용 전동기로 많이 사용된다.(콘덴서가 역률 개선의 역할을 한다.)   **답** ④

35 보극이 없는 직류기의 운전 중 중성점의 위치가 변하지 않는 경우는?

① 무부하   ② 전부하   ③ 중부하   ④ 과부하

풀이 무부하시 전기자 전류가 흐르지 않으므로 전기자 반작용이 존재하지 않아 중성축의 위치가 변하지 않는다.   **답** ①

36 60[Hz] 12극 회전자 바깥지름 2[m]의 동기기의 회전자 주변 속도[m/s]는?

① 10   ② 30   ③ 50   ④ 60

풀이 $N = \dfrac{120f}{p} = \dfrac{120 \times 60}{12} = 600[\text{rpm}]$이므로

전기자 주변속도 $v = \pi D \dfrac{N}{60} = \pi \times 2 \times \dfrac{600}{60} \fallingdotseq 62.8[\text{m/s}]$가 된다.   **답** ④

37 상전압 300[V]의 3상 반파 정류 회로의 직류 전압은 약 몇 [V]인가?

① 520[V]   ② 350[V]   ③ 260[V]   ④ 50[V]

풀이 3상 반파정류회로의 직류 전압 $E_d = \dfrac{3\sqrt{6}}{2\pi} V = \dfrac{3\sqrt{6}}{2\pi} \times 300 = 350.86[\text{V}]$ **답** ②

38 유도전동기의 무부하시 슬립은?

① 4   ② 3   ③ 1   ④ 0

풀이 슬립 $s = \dfrac{N_s - N}{N_s}$ 이고, 무부하시는 $N = N_s$ 이므로 슬립은 0이 된다.   **답** ④

39 60[Hz], 4극의 유도 전동기의 슬립이 4[%]인 때의 회전수는 몇 [rpm]인가?

① 1,698   ② 1,728   ③ 1,758   ④ 1,788

풀이 $N_s = \dfrac{120f}{p} = \dfrac{120 \times 60}{4} = 1800[\text{rpm}]$

$\therefore N = (1-s)N_s = (1-0.04) \times 1800 = 1728[\text{rpm}]$ **답** ②

40 전기 저항이 적어 부드러운 성질이 있고, 구부리기가 용이하여 주로 옥내 배선에 사용하는 전선은?

① 경동선 ② 연동선

③ 합성연선 ④ 중공연선

풀이 합성연선(ACSR : 강심 알루미늄연선), 중공연선 등은 송전선로용으로 사용된다. 경동선은 배전선로에 사용되며, 옥내배선의 경우 가선공사가 용이한 연동연선을 사용한다.(KSC IEC 60364 개정) **답** ②

41 무대·무대마루 및 오케스트라박스·영사실 기타 사람이나 무대 도구가 접촉할 우려가 있는 곳에 시설하는 저압 옥내배선·전구선 또는 이동전선은 사용 전압이 몇 [V] 미만이어야 하는가?

① 100[V] ② 200[V] ③ 300[V] ④ 400[V]

풀이 242.6 전시회, 쇼 및 공연장의 전기설비

무대·무대마루 밑·오케스트라 박스·영사실 기타 사람이나 무대 도구가 접촉할 우려가 있는 곳에 시설하는 저압 옥내배선, 전구선 또는 이동전선은 **사용전압이 400[V] 이하**이어야 한다. **답** ④

42 라이팅 덕트 공사에 의한 저압 옥내배선의 시설 기준으로 틀린 것은?

① 덕트의 끝부분은 막을 것

② 덕트는 조영재에 견고하게 붙일 것

③ 덕트의 개구부는 위로 향하여 시설할 것

④ 덕트는 조영재를 관통하여 시설하지 아니할 것

풀이 232.71 라이팅덕트공사

① 덕트 상호 간 및 전선 상호 간은 견고하게 또한 전기적으로 완전히 접속할 것.

② 덕트는 조영재에 견고하게 붙일 것.

③ 덕트의 지지점 간의 거리는 2[m] 이하로 할 것.

④ 덕트의 끝부분은 막을 것.

⑤ 덕트의 개구부는 아래로 향하여 시설할 것. 다만, 사람이 쉽게 접촉할 우려가 없는 장소에서 덕트의 내부에 먼지가 들어가지 아니하도록 시설하는 경우에 한하여 옆으로 향하여 시설할 수 있다.

⑥ 덕트는 조영재를 관통하여 시설하지 아니할 것.

⑦ 덕트에는 합성수지 기타의 절연물로 금속재 부분을 피복한 덕트를 사용한 경우 이외에는 접지공사를 할 것. 다만, 대지 전압이 150[V] 이하이고 또한 덕트의 길이(2본 이상의 덕트를 접속하여 사용할 경우에는 그 전체 길이를 말한다)가 4[m] 이하인 때는 그러하지 아니하다. **답** ③

43 F40[W]의 의미는?

① 수은등 40[W] ② 나트륨등 40[W]

③ 메탈 할라이드등 40[W] ④ 형광등 40[W]

풀이 H40 : 수은등 40[W], N40 : 나트륨등 40[W], M40 : 메탈 할라이드등 40[W] **답** ④

44 차단기 ELB의 용어는?

① 유입 차단기   ② 진공 차단기
③ 배전용 차단기   ④ 누전 차단기

풀이
- 유입 차단기 : OCB
- 진공 차단기 : VCB
- 배전용 차단기 : MCCB
- 누전 차단기 : ELB   **답** ④

45 터널 · 갱도 기타 이와 유사한 장소에서 사람이 상시 통행하는 터널 내의 배선방법으로 적절하지 않은 것은? (단, 사용전압은 저압이다.)

① 라이팅 덕트공사   ② 금속제 가요전선관공사
③ 합성수지관공사   ④ 애자공사

풀이 335.1 터널 안 전선로의 시설
사람이 상시 통행하는 터널 안의 전선로 사용전압은 저압 또는 고압에 한한다.
① 저압 : 합성수지관공사, 금속관공사, 금속제 가요전선관공사, 케이블공사, 애자공사
② 고압 : 케이블공사   **답** ①

46 일반적으로 정크션 박스 내에서 사용되는 전선 접속방식은?

① 슬리이브   ② 코오드놋트
③ 코오드파아스너   ④ 와이어 커넥터

풀이 정크션 박스 내에서 전선을 접속할 경우 와이어 커넥터를 사용하여 접속하여야 한다.

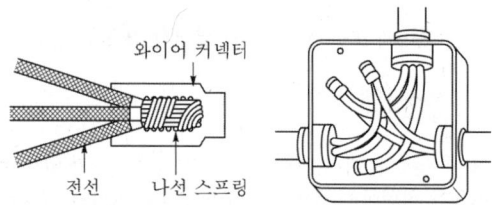

와이어 커넥터
전선   나선 스프링   **답** ④

47 배전반 및 분전반의 설치 장소로 적합하지 않은 곳은?

① 접근이 어려운 장소   ② 전기회로를 쉽게 조작할 수 있는 장소
③ 개폐기를 쉽게 개폐할 수 있는 장소   ④ 안정된 장소

풀이 배전반 및 분전반은 다음 각 호와 같은 장소에 시설하여야 한다.
① 전기회로를 쉽게 조작할 수 있는 장소
② 개폐기를 쉽게 개폐할 수 있는 장소
③ 노출된 장소
④ 안정된 장소   **답** ①

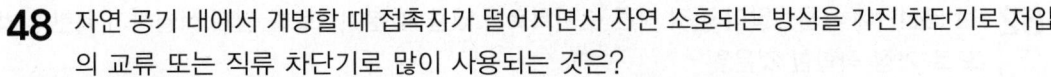

48 자연 공기 내에서 개방할 때 접촉자가 떨어지면서 자연 소호되는 방식을 가진 차단기로 저압의 교류 또는 직류 차단기로 많이 사용되는 것은?

① 유입차단기   ② 자기차단기

③ 가스차단기   ④ 기중차단기

풀이

종류		소 호 매 체
명 칭	약 어	
유입 차단기	OCB	절연유
자기 차단기	MBB	전자력
가스 차단기	GCB	SF_6 가스
기중 차단기	ACB	대기

답 ④

49 전자 개폐기에 부착하여 전동기의 소손 방지를 위하여 사용되는 것은?

① 퓨즈   ② 열동 계전기

③ 배선용 차단기   ④ 수은 계전기

풀이 열동 계전기는 전자 개폐기에 붙어있어 과부하가 되면 전자 개폐기를 차단한다.   **답** ②

50 아래 심벌이 나타내는 것은?

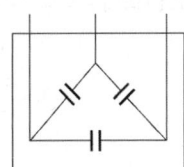

① 저항   ② 진상용 콘덴서   ③ 유입 개폐기   ④ 변압기

풀이

명칭	저항	전력용 콘덴서	개폐기	변압기
심벌 (단선도)	⟶〰️⟶		⬜	⊗⊗ 〰️〰️

답 ②

51 배전반을 나타내는 그림 기호는?

①    ② ⊠

③ ▶◀   ④ ☐ S

풀이

    분전반   배전반   제어반   단락 계전기   **답** ②

52 한 분전반에 사용전압이 각각 다른 분기회로가 있을 때 분기회로를 쉽게 식별하기 위한 방법으로 가장 적합한 것은?

① 차단기별로 분리해 놓는다.
② 과전류 차단기 가까운 곳에 각각 전압을 표시하는 명판을 붙여 놓는다.
③ 왼쪽은 고압측 오른쪽은 저압측으로 분류해 놓고 전압 표시는 하지 않는다.
④ 분전반을 철거하고 다른 분전반을 새로 설치한다.

풀이 **답** ②

53 지중에 매설되어 있는 금속제 수도관로는 대지와의 전기 저항 값이 얼마 이하로 유지되어야 접지극으로 사용할 수 있는가?

① 1[Ω]   ② 3[Ω]
③ 4[Ω]   ④ 5[Ω]

풀이 142.2 접지극의 시설 및 접지저항
지중에 매설되어 있고 대지와의 전기저항 값이 3[Ω] 이하의 값을 유지하고 있는 금속제 수도관로가 규정에 따르는 경우 접지극으로 사용이 가능하다. **답** ②

54 2종 금속 몰드의 구성 부품으로 조인트 금속의 종류가 아닌 것은?

① L형   ② T형
③ 플랫엘보   ④ 크로스형

풀이

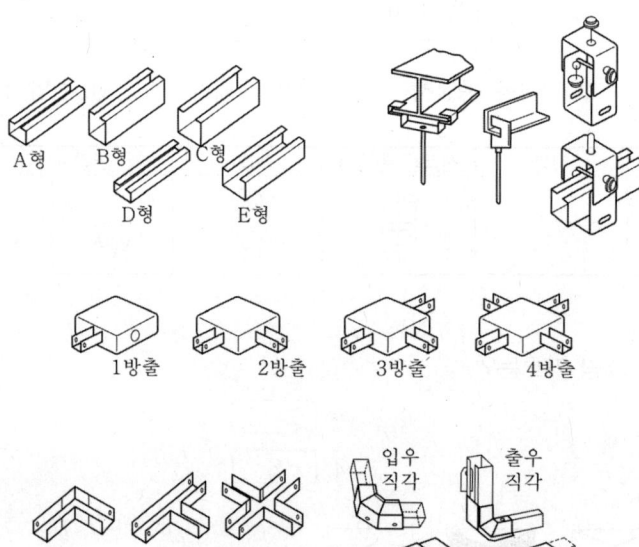

답 ③

55 합성수지관 상호 및 관과 박스는 접속 시에 삽입하는 깊이를 관 바깥지름의 몇 배 이상으로 하여야 하는가? (단, 접착제를 사용하는 경우이다.)

① 0.6배   ② 0.8배

③ 1.2배   ④ 1.6배

풀이 접착제를 사용하지 않을 때 : 1.2배, 접착제를 사용할 때 : 0.8배   **답** ②

56 폭발성 분진이 존재하는 곳의 금속관 공사에 있어서 관 상호 및 관과 박스 기타의 부속품이나 풀박스 또는 전기기계기구와의 접속은 몇 턱 이상의 나사 조임으로 접속하여야 하는가?

① 2턱   ② 3턱

③ 4턱   ④ 5턱

풀이 242.2.1 폭연성 분진 위험장소
폭연성 분진(마그네슘, 알루미늄, 티탄, 지르코늄 등의 먼지로 쌓여진 상태에서 착화된 때에 폭발할 우려가 있는 것), 화약류 분말이 존재하는 곳, 가연성의 가스 또는 인화성 물질의 증기가 새거나 체류하는 곳의 전기 공작물은 금속관 공사, 또는 케이블 공사(캡타이어 케이블을 제외한다)에 의하여야 하며 금속관 공사를 하는 경우 관 상호 및 관과 박스 등은 5턱 이상의 나사 조임으로 접속하여야 한다.   **답** ④

57 진동이 심한 전기 기계·기구에 전선을 접속할 때 사용되는 것은?

① 스프링 와셔   ② 커플링

③ 압착단자   ④ 링 슬리브

풀이 진동이 있는 단자에 전선을 접속할 때 스프링 와셔 또는 이중너트를 사용하여 접속한다.   **답** ①

58 전압의 구분에서 고압에 대한 설명으로 가장 옳은 것은?

① 직류는 1.5[kV], 교류는 1[kV] 이하인 것

② 직류는 1.5[kV], 교류는 1[kV] 이상인 것

③ 직류는 1.5[kV], 교류는 1[kV]를 초과하고, 7[kV] 이하인 것

④ 7[kV]를 초과하는 것

풀이 111 통칙

분 류	전압의 범위
저 압	• 직류 : 1.5[kV] 이하 • 교류 : 1[kV] 이하
고 압	• 직류 : 1.5[kV]를 초과하고, 7[kV] 이하 • 교류 : 1[kV]를 초과하고, 7[kV] 이하
특 고 압	7[kV]를 초과

답 ③

59 애자공사에 사용하는 애자가 갖추어야 할 성질과 가장 거리가 먼 것은?

① 절연성　　　　　　　　　　② 난연성
③ 내수성　　　　　　　　　　④ 내유성

풀이 애자공사에 사용하는 애자는 절연성·난연성 및 내수성의 것이어야 한다.　　　　**답** ④

60 접지공사에서 접지도체를 철주, 기타 금속체를 따라 시설하는 경우 접지극은 지중에서 그 금속체로부터 몇 [m] 이상 떼어 매설해야 하는가?

① 0.3　　　　　　　　　　② 0.6
③ 0.75　　　　　　　　　　④ 1

풀이

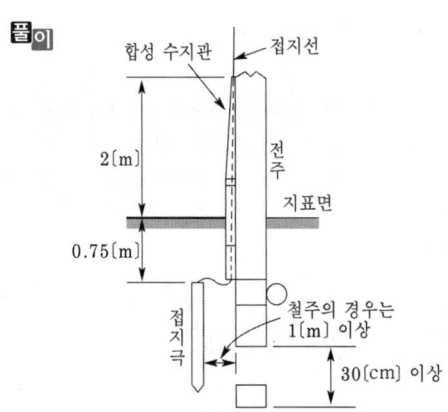

답 ④

2024

CBT 복원문제

동일출판사 홈페이지 및 YouTube에서
무료동영상 강의를 보실 수 있습니다.
(전기이론, 전기기기 해설)

1 플레밍의 왼손 법칙에서 엄지손가락이 뜻하는 것은?

① 자기력선속의 방향　　　　　② 힘의 방향

③ 기전력의 방향　　　　　　　④ 전류의 방향

풀이 플레밍의 왼손 법칙

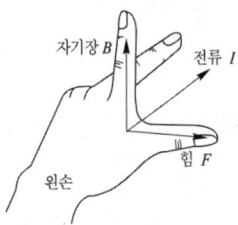

답 ②

2 10[A]의 전류로 6시간 방전할 수 있는 축전지의 용량은?

① 2[Ah]　　　　② 15[Ah]　　　　③ 30[Ah]　　　　④ 60[Ah]

풀이 축전지의 용량 = 전류 × 시간 = $10 \times 6 = 60$[Ah]

답 ④

3 220[V]용 100[W] 전구와 200[W] 전구를 직렬로 연결하여 220[V]의 전원에 연결하면?

① 두 전구의 밝기가 같다.　　　　② 100[W]의 전구가 더 밝다.

③ 200[W]의 전구가 더 밝다.　　　④ 두 전구 모두 안 켜진다.

풀이 전구를 직렬로 접속할 경우 두 전구에 흐르는 전류는 일정하게 된다. 이때 소비되는 전력은 전구의 내부저항에 비례하게 되며, 소비되는 전력이 큰 쪽의 전구가 밝게 된다.

① 100[W] 전구의 저항 $R_1 = \dfrac{220^2}{100} = 484[\Omega]$

② 200[W] 전구의 저항 $R_2 = \dfrac{220^2}{200} = 242[\Omega]$

따라서, 100[W] 전구가 더 밝게 된다.

답 ②

4 200[V]의 3상 3선식 회로에 $R = 4[\Omega]$, $X_L = 3[\Omega]$의 부하 3조를 Y결선했을 때 부하전류는?

① 약 11.5[A]　　　② 약 23.1[A]　　　③ 약 28.6[A]　　　④ 약 40[A]

풀이 $Z = \sqrt{R^2 + X^2} = \sqrt{4^2 + 3^2} = 5[\Omega]$

Y결선했을 때, 상전압은 선간전압의 $\dfrac{1}{\sqrt{3}}$ 배이므로

$\therefore I = \dfrac{E}{Z} = \dfrac{200/\sqrt{3}}{5} = 23.1[A]$

답 ②

5 사인파 교류의 파형률은?

① $\dfrac{\pi}{2}$　　　　　② $\dfrac{2}{\pi}$　　　　　③ $\dfrac{\pi}{2\sqrt{2}}$　　　　　④ $\dfrac{\pi}{\sqrt{2}}$

풀이

	구형파	3각파	정현파	정류파(전파)	정류파(반파)
파형률	1.0	1.15	1.11	1.11	1.57
파고율	1.0	1.732	1.414	1.414	2.0

파형률 $= \dfrac{\text{실효값}}{\text{평균값}} = \dfrac{E}{\dfrac{2}{\pi}E_m} = \dfrac{\dfrac{E_m}{\sqrt{2}}}{\dfrac{2}{\pi}E_m} = \dfrac{\pi}{2\sqrt{2}} \fallingdotseq 1.11$　　　　**답** ③

6 매우 긴 직선 도선에 20[A]의 전류가 흐를 때 도선에서 5[cm]의 거리에 있는 점의 자장의 세기[AT/m]는?

① 4.25　　　　② 63.69　　　　③ 100　　　　④ 637

풀이 무한 직선에 의한 자장의 세기 $H = \dfrac{I}{2\pi r}$[A/m]에서

$H = \dfrac{20}{2 \times 3.14 \times 5 \times 10^{-2}} \fallingdotseq 63.69$[AT/m]가 된다.　　　　**답** ②

7 자극의 세기가 8×10^{-3}[Wb]인 막대 자석의 자기 모멘트가 16×10^{-7}[Wb·m]일 때 막대 자석의 길이[cm]는?

① 2×10^{-1}　　　　② 2×10^{-2}　　　　③ 2×10^{-3}　　　　④ 2×10^{-4}

풀이 자기 모멘트 $M = ml$[Wb·m]에서

막대 자석의 길이 $l = \dfrac{M}{m} = \dfrac{16 \times 10^{-7}}{8 \times 10^{-3}} = 2 \times 10^{-4}$[m] $= 2 \times 10^{-2}$[cm]　　　　**답** ②

8 $L-C$ 병렬 회로에 E[V]의 전압을 가할 때 전전류가 0이 되려면 주파수 f[Hz]는?

① $f = 2\pi\sqrt{LC}$　　　　　　　　② $f = \dfrac{1}{2\pi\sqrt{LC}}$

③ $f = \dfrac{\sqrt{LC}}{2\pi}$　　　　　　　　④ $f = \dfrac{2\pi}{\sqrt{LC}}$

풀이 $L-C$ 병렬 회로에서 전류가 0이 되려면 임피던스가 무한대가 되어야 한다.

즉, $Z = \dfrac{1}{\dfrac{1}{X_L} - \dfrac{1}{X_C}}$ [Ω]에서 Z가 무한대가 되려면 $X_L = X_C$인 때이다.

이때를 병렬 공진 상태라 하며 공진 주파수는 $f = \dfrac{1}{2\pi\sqrt{LC}}$[Hz]가 된다.　　　　**답** ②

9 다음 중 자기 저항의 단위는?

① A/Wb   ② AT/m   ③ AT/Wb   ④ AT/H

풀이 자기 옴의 법칙에서 자속 $\phi = \dfrac{F}{R_m}$이므로 자기 저항 $R_m = \dfrac{F}{\phi} = \dfrac{NI}{\phi}$[AT/Wb]가 된다.   **답** ③

10 "회로의 접속점에서 볼 때, 접속점에 흘러 들어오는 전류의 합은 흘러 나가는 전류의 합과 같다."라고 정의되는 법칙은?

① 키르히호프의 제1법칙   ② 키르히호프의 제2법칙
③ 플레밍의 오른손 법칙   ④ 앙페르의 오른나사 법칙

풀이 키르히호프의 제1법칙(Kirchhoff's Current Law : KCL) : 병렬회로

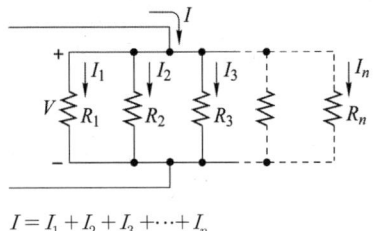

$I = I_1 + I_2 + I_3 + \cdots + I_n$ **답** ①

11 1[cal]는 약 몇 [J]인가?

① 0.24   ② 0.4186   ③ 2.4   ④ 4.186

풀이 1[J]은 0.24[cal] 관계가 있다. 따라서, $1[\text{cal}] = \dfrac{1}{0.24} = 4.2[\text{J}]$이 된다.   **답** ④

12 반도체의 특징이 아닌 것은?

① 전기적 전도성은 금속과 절연체의 중간적 성질을 가지고 있다.
② 일반적으로 온도가 상승함에 따라 저항은 감소한다.
③ 매우 낮은 온도에서 절연체가 된다.
④ 불순물이 섞이면 저항이 증가한다.

풀이 반도체(semi-conductor)는 도체와 부도체의 중간적인 성질을 지닌 물질을 말한다. 대표적인 물질로는 규소(Si), 게르마늄(Ge) 등이 있다.   **답** ④

13 규격이 같은 축전지 2개를 병렬로 연결하였다. 다음 설명 중 옳은 것은?

① 용량과 전압이 모두 2배가 된다.   ② 용량과 전압이 모두 1/2배가 된다.
③ 용량은 불변이고 전압은 2배가 된다.   ④ 용량은 2배가 되고 전압은 불변이다.

풀이 동일용량의 축전지 2개를 병렬로 연결할 경우 용량은 2배가 되며, 전압은 일정하다.
동일용량의 축전지 2개를 직렬로 연결할 경우 용량은 일정하며, 전압은 2배가 된다.   **답** ④

14 다음 중 전기 화학당량에 대한 설명 중 옳지 않은 것은?

① 전기 화학당량의 단위는 [g/C]이다.

② 화학당량은 원자량을 원자가로 나눈 값이다.

③ 전기 화학당량은 화학당량에 비례한다.

④ 1[g] 당량을 석출하는데 필요한 전기량은 물질에 따라 다르다.

풀이 전기화학당량은 1[C]의 전하로 석출하는 물질의 양을 말한다.

$$전기화학당량 = \frac{원자량}{원자가}$$ **답** ④

15 그림과 같이 R_1, R_2, R_3의 저항 3개가 직병렬 접속되었을 때 합성저항은?

① $R = \dfrac{(R_1 + R_2)R_3}{R_1 + R_2 + R_3}$

② $R = \dfrac{(R_2 + R_3)R_1}{R_1 + R_2 + R_3}$

③ $R = \dfrac{(R_1 + R_3)R_2}{R_1 + R_2 + R_3}$

④ $R = \dfrac{R_1 R_2 R_3}{R_1 + R_2 + R_3}$

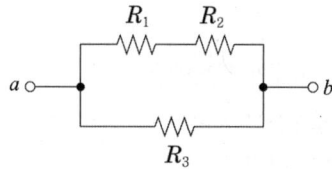

풀이 직렬 연결 시 합성저항 $R = R_1 + R_2 + R_3 + \cdots\cdots + R_n [\Omega]$

병렬 연결 시 합성저항 $R = \dfrac{1}{\dfrac{1}{R_1} + \dfrac{1}{R_2} + \dfrac{1}{R_3} + \cdots\cdots + \dfrac{1}{R_n}} [\Omega]$

따라서, 그림과 같이 직병렬 접속된 합성저항은

$R = \dfrac{1}{\dfrac{1}{R_1 + R_2} + \dfrac{1}{R_3}} = \dfrac{(R_1 + R_2)R_3}{R_1 + R_2 + R_3} [\Omega]$이 된다.   **답** ①

16 비투자율이 1인 환상 철심 중의 자장의 세기가 $H[AT/m]$이었다. 이때 비투자율이 10인 물질로 바꾸면 철심의 자속밀도 $[Wb/m^2]$는?

① $\dfrac{1}{10}$로 줄어든다.   ② 10배 커진다.

③ 50배 커진다.   ④ 100배 커진다.

풀이 자속밀도는 비투자율에 비례하므로, 비투자율이 10인 물질로 바꾸면 철심의 자속밀도는 10배 커지게 된다.   **답** ②

17 $+Q_1$[C]과 $-Q_2$[C]의 전하가 진공 중에서 r[m]의 거리에 있을 때 이들 사이에 작용하는 정전기력 F[N]는?

① $F = 0.9 \times 10^{-9} \times \dfrac{Q_1 Q_2}{r^2}$ ② $F = 9 \times 10^{-9} \times \dfrac{Q_1 Q_2}{r^2}$

③ $F = 9 \times 10^9 \times \dfrac{Q_1 Q_2}{r^2}$ ④ $F = 90 \times 10^9 \times \dfrac{Q_1 Q_2}{r^2}$

풀이 쿨롱의 법칙 : 두 점전하 사이에 작용하는 정전력의 크기는 두 전하(전기량)의 곱에 비례하고 전하사이의 거리의 제곱에 반비례한다.

$$F = \frac{1}{4\pi\epsilon_o} \cdot \frac{Q_1 Q_2}{r^2} = 9 \times 10^9 \frac{Q_1 Q_2}{r^2} [\text{N}]$$

답 ③

18 자속밀도 2[Wb/m²]의 평등 자장 안에 길이 60[cm]의 도선을 자장과 30°의 각도로 놓고 5[A]의 전류를 흘리면 도선에 작용하는 힘은 몇 [N]인가?

① 1 ② 3 ③ 4 ④ 5.2

풀이 자장 내의 도체에 작용하는 힘 $F = BIl\sin\theta = 2 \times 5 \times 0.6 \times \sin 30° = 3[\text{N}]$

답 ②

19 납축전지의 전해액은?

① 염화암모늄 용액 ② 묽은 황산
③ 수산화칼륨 ④ 염화나트륨

풀이 연축전지의 화학반응식

$$\text{PbO}_2 + 2\text{H}_2\text{SO}_4 + \text{Pb} \underset{\text{충전}}{\overset{\text{방전}}{\rightleftharpoons}} \text{PbSO}_4 + 2\text{H}_2\text{O} + \text{PbSO}_4$$
(+극) 전해액 (−극) (+극) (−극)

납축전지의 전해액으로 묽은황산($2\text{H}_2\text{SO}_4$)을 사용한다.

답 ②

20 RL 직렬회로의 시정수 T[s]는 어떻게 되는가?

① $\dfrac{R}{L}$ ② $\dfrac{L}{R}$ ③ RL ④ $\dfrac{1}{RL}$

풀이 RL 직렬 회로의 시정수 : $T = \dfrac{L}{R}$[sec]

답 ②

21 변압기의 철심에서 실제 철의 단면적과 철심의 유효 면적과의 비를 무엇이라고 하는가?

① 권수비 ② 변류비 ③ 변동률 ④ 점적률

풀이 자속이 통하는 철심의 단면에 대하여, 층간 절연물을 뺀 철심만의 단면적을 점적율이라고 하고, 변압기 철심에서는 약 91~92[%] 정도가 된다.

답 ④

22 슬립이 4[%]인 유도전동기에서 동기속도가 1,200[rpm]일 때 전동기의 회전속도[rpm]는?

① 697 　　　　　　② 1,051 　　　　　　③ 1,152 　　　　　　④ 1,321

> **풀이** 회전자 속도 $N=(1-s)N_s$[rpm] 이므로 슬립이 4[%]인 경우
> $N=(1-0.04)\times1,200=1,152$[rpm]이 된다. 　　　　　**답** ③

23 그림은 실리콘 제어소자인 SCR을 통전시키기 위한 회로도이다. 바르게 된 회로는?

① 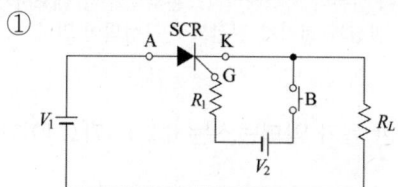　　　②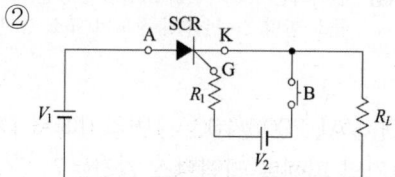

③ 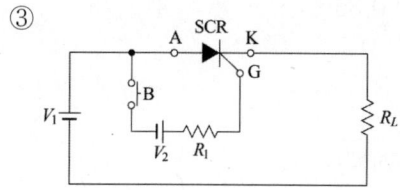　　　④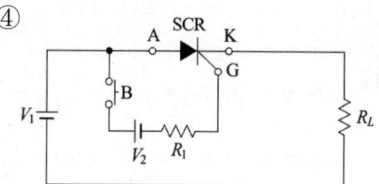

> **풀이** 　　　　　　　　　　　　　　　　　　　　　　　　　　　　　　　**답** ②

24 전기 철도에 사용하는 직류전동기로 가장 적합한 전동기는?

① 분권전동기　　　　　　　　　② 직권전동기
③ 가동 복권전동기　　　　　　　④ 차동 복권전동기

> **풀이** 직권 전동기는 저속에서 큰 토크를 발생($\tau\propto\dfrac{1}{N^2}$)하므로 전기철도용 전동기 등에 사용되며 부하가 줄면
> 속도가 증가($N\propto\dfrac{1}{I}$)하고, 분권 전동기는 정속도 특성을 가진다. 　　　　　**답** ②

25 전부하 슬립이 5[%], 2차 저항손 5.26[kW]의 3상 유도전동기의 2차 입력은 몇 [kW]인가?

① 2.63　　　　　　② 5.26　　　　　　③ 105.2　　　　　　④ 226.5

> **풀이** 2차 동손 $P_{c2}=sP_2$에서 $P_2=\dfrac{P_{c2}}{s}=\dfrac{5.26}{0.05}=105.2$[kW]가 된다. 　　　　　**답** ③

26 △결선 변압기의 한 대가 고장으로 제거되어 V결선으로 공급할 때 공급할 수 있는 전력은 고장 전 전력에 대하여 몇 [%]인가?

① 86.6　　　　　　② 75.0　　　　　　③ 66.7　　　　　　④ 57.7

풀이 1대의 단상 변압기 용량을 K라 하면 그 출력비는

$$\frac{\text{V결선의 출력}}{\triangle\text{결선의 출력}} = \frac{\sqrt{3}\,K}{3K} = \frac{\sqrt{3}}{3} = 0.577 = 57.7[\%]$$

답 ④

27 전기자 철심의 규소 강판의 규소 함유량은 몇 [%]인가?

① 0.5~1.0　　　② 1~2　　　③ 5~6　　　④ 7~8

풀이 전기자는 0.35~0.5[mm]의 연강판으로 성층(맴돌이 전류와 히스테리시스손의 손실을 감소시키기 위한 규소 함량 1~1.4[%] 정도의 규소 강판)한 전기자 철심과 전기자 권선으로 구성되어 있다.　**답** ②

28 10[kVA], 2000/100[V] 변압기에서 1차에 환산한 등가 임피던스는 $6.2 + j7[\Omega]$이다. 이 변압기의 퍼센트 리액턴스 강하는?

① 3.5　　　② 0.175　　　③ 0.35　　　④ 1.75

풀이 1차 정격전류 $I_{1n} = \dfrac{P_n}{V_{1n}} = \dfrac{10\times10^3}{2000} = 5[A]$

%리액턴스 강하 $q = \dfrac{I_{1n}x}{V_{1n}}\times100 = \dfrac{5\times7}{2000}\times100 = 1.75[\%]$　**답** ④

29 변압기 외함 내에 들어 있는 기름을 펌프를 이용하여 외부에 있는 냉각 장치로 보내서 냉각시킨 다음 냉각된 기름을 다시 외함의 내부로 공급하는 방식으로, 냉각효과가 크기 때문에 30000[kVA] 이상의 대용량 변압기에서 사용하는 냉각방식은?

① 건식풍냉식　　　　　　　② 유입자냉식
③ 유입풍냉식　　　　　　　④ 유입송유식

풀이 유입 송유식(oil immersed forced oil circulating type) : FOA, FOW
외함 내에 있는 가열된 기름을 순환펌프에 의해 외부의 수냉식 냉각기 및 풍냉식 냉각기에 의해 냉각시켜 다시 외함 내에 유입시키는 방식　**답** ④

30 동기 조상기를 부족 여자로 운전하면 어떻게 되는가?

① 콘덴서로 작용　　　　　　② 뒤진역률 보상
③ 리액터로 작용　　　　　　④ 저항손 보상

풀이 동기조상기를 과여자 운전하면 콘덴서로 작용하며, 부족여자 운전하면 리액터로 작용한다.　**답** ③

31 농형 유도 전동기의 기동법이 아닌 것은?

① 전전압기동법　　　　　　② 저저항 2차권선기동법
③ 기동보상기법　　　　　　④ Y-△ 기동법

풀이 저저항 2차권선 기동법은 비례추이를 이용하는 방법으로 권선형 유도 전동기 기동법에 해당한다.

답 ②

32 다음 중 제동권선에 의한 기동토크를 이용하여 동기전동기를 기동시키는 방법은?

① 저주파 기동법
② 고주파 기동법
③ 기동 전동기법
④ 자기 기동법

풀이 자기 기동법 : 보통 기동 시에는 계자 권선 중에 고전압이 유도되어 절연을 파괴하므로 방전 저항을 접속하여 단락 상태로 기동한다. 이때 계자 권선(제동권선)은 일종의 단상 2차 권선으로서 토크를 발생하기 때문에 계자 권선 저항값의 3~7배 정도의 방전 저항을 사용한다.

답 ④

33 직류전동기에 있어 무부하일 때의 회전수 N_0은 1,200[rpm], 정격부하일 때의 회전수 N_n은 1,150[rpm]이라 한다. 속도 변동률은?

① 약 3.45[%]
② 약 4.16[%]
③ 약 4.35[%]
④ 약 5.0[%]

풀이 속도 변동률 $\epsilon = \dfrac{N_0 - N_n}{N_n} \times 100[\%]$에서

$\epsilon = \dfrac{1,200 - 1,150}{1150} \times 100 ≒ 4.35[\%]$가 된다.

답 ③

34 다음 제동 방법 중 급정지하는 데 가장 좋은 제동 방법은?

① 발전제동
② 회생제동
③ 역전제동
④ 단상제동

풀이 플러깅(plugging)제동
플러깅 제동은 급제동시 사용하는 방법으로 역전제동이라 한다. 즉, 제동시 전동기를 역회전시켜 속도를 급감시킨 다음 속도가 0에 가까워지면 전동기를 전원에서 분리하는 제동법을 플러깅 제동이라 한다.

답 ③

35 측정이나 계산으로 구할 수 없는 손실로 부하 전류가 흐를 때 도체 또는 철심 내부에서 생기는 손실을 무엇이라 하는가?

① 구리손
② 히스테리시스손
③ 맴돌이 전류손
④ 표유부하손

풀이

총손실	무부하손	철손 : 히스테리시스손, 와류손
		기계손 : 브러시 마찰손, 베어링 마찰손, 풍손
	부하손	전기자 동손
		계자 동손
		브러시 전기손
		표유 부하손 : 철손, 기계손, 동손 이외의 손실

답 ④

36 동기 발전기의 병렬 운전에 필요한 조건이 아닌 것은?

① 기전력의 주파수가 같을 것　　　② 기전력의 크기가 같을 것

③ 기전력의 용량이 같을 것　　　　④ 기전력의 위상이 같을 것

풀이 동기발전기 병렬운전 조건
① 기전력의 크기가 같을 것(발전기 내부에 무효 횡류가 흐른다.)
② 상회전이 일치하고, 기전력이 동위상일 것(유효 횡류가 흐른다.)
③ 기전력과 주파수가 같을 것
④ 기전력과 파형이 같을 것　　　　　　　　　　　　　　　　**답** ③

37 직류를 교류로 변환하는 장치는?

① 정류기　　　　　　　　　　　　② 충전기

③ 순변환 장치　　　　　　　　　　④ 역변환 장치

풀이 인버터는 직류를 교류로 변환하는 역변환 장치이다.　　　　**답** ④

38 부하의 저항을 어느 정도 감소시켜도 전류는 일정하게 되는 수하특성을 이용하여 정전류를 만드는 곳이나 아크용접 등에 사용되는 직류발전기는?

① 직권발전기　　　　　　　　　　② 분권발전기

③ 가동복권발전기　　　　　　　　④ 차동복권발전기

풀이 수하특성이란 부하가 증가할수록 단자 전압이 현저히 감소하는 현상을 말하며, 차동복권 발전기의 특성이 이에 속한다.　　　　　　　　　　　　　　　　　　　**답** ④

39 권선형에서 비례추이를 이용한 기동법은?

① 리액터 기동법　　　　　　　　　② 기동 보상기법

③ 2차 저항기동법　　　　　　　　　④ Y-△ 기동법

풀이 권선형 유도 전동기는 비례추이를 이용한 2차 저항법으로 기동과 속도제어를 할 수 있다.　**답** ③

40 다음의 정류곡선 중 브러시의 후단에서 불꽃이 발생하기 쉬운 것은?

① 직선정류　　　　　　　　　　　② 정현파 정류

③ 과정류　　　　　　　　　　　　④ 부족정류

풀이 ① 1(직선정류) : 전류가 직선적으로 균등하게 변환
② 2(부족정류) : 브러시 뒤쪽에서 불꽃 발생
③ 3(과정류) : 브러시 앞쪽에서 불꽃 발생
④ 4(정현파 정류) : 불꽃 발생안함　　　　　　　　　　　　　**답** ④

41 다음 중 고압에 속하는 것은?

① 교류 440[V]   ② 직류 600[V]   ③ 교류 1500[V]   ④ 직류 1000[V]

 111 통칙

분류	전압의 범위
저 압	• 직류 : 1.5[kV] 이하 • 교류 : 1[kV] 이하
고 압	• 직류 : 1.5[kV]를 초과하고, 7[kV] 이하 • 교류 : 1[kV]를 초과하고, 7[kV] 이하
특고압	7[kV]를 초과

답 ③

42 고압 또는 특고압 가공전선로에서 공급을 받는 수전장소의 인입구에 낙뢰나 혼촉 사고에 의한 이상전압으로부터 선로와 기기를 보호할 목적으로 시설하는 것은?

① 단로기(DS)   ② 배선용차단기(MCCB)
③ 피뢰기(LA)   ④ 누전차단기(ELB)

 피뢰기 : 뇌 또는 개폐 서지 등에 의한 충격파 전압의 파고값을 일정한 값 이하로 저감시켜 기기의 절연을 보호하며, 또한 속류를 신속히 차단하여 정상 상태로 회복시킨다.

답 ③

43 애자공사에 의한 저압 옥내배선에서 일반적으로 전선 상호간의 간격은 몇 [cm] 이상이어야 하는가?

① 2.5[cm]   ② 6[cm]   ③ 25[cm]   ④ 60[cm]

 232.56 애자공사

전 압		전선과 조영재와의 이격 거리		전선 상호 간격	전선 지지점간의 거리	
					조영재의 윗면 또는 옆면	조영재에 따라 시설하지 않는 경우
저압	400[V] 이하	2.5[cm] 이상		6[cm] 이상	2[m] 이하	–
	400[V] 초과	건조한 장소	2.5[cm] 이상			6[m] 이하
		기타의 장소	4.5[cm] 이상			

답 ②

44 다음 중 전선의 접속방법에 해당되지 않는 것은?

① 슬리브 접속   ② 직접 접속
③ 트위스트 접속   ④ 커넥터 접속

 전선의 접속 방법에는 직선접속(트위스트 접속), 분기접속, 종단접속(커넥터 접속 등), 슬리브에 의한 접속이 있다.

답 ②

45 연피 없는 케이블을 배선할 때 직각 구부리기(L형)는 대략 굴곡 반지름을 케이블의 바깥지름의 몇 배 이상으로 하는가?

① 3　　　　　　② 4　　　　　　③ 6　　　　　　④ 10

풀이 연피가 없는 케이블을 구부리는 경우 피복이 손상되지 않도록 하여 그 굴곡 반지름이 케이블의 완성품 지름의 6배(단심의 경우 8배) 이상으로 구부려야 한다.　　　　**답** ③

46 다음 그림기호의 배선 명칭은?

————————

① 천장 은폐배선　　　　　　　　② 바닥 은폐배선
③ 노출 배선　　　　　　　　　　④ 바닥면 노출배선

풀이

명 칭	그림기호	적　　　　　　　요
천장 은폐 배선	——————	① 천장 은폐 배선 중 천장 속의 배선을 구별하는 경우는 천장 속의 배선에 ━━·━·━ 를 사용하여도 좋다.
바닥 은폐 배선	– – – –	② 노출 배선 중 바닥면 노출 배선을 구별하는 경우는 바닥면 노출 배선에 ━━··━··━ 를 사용하여도 좋다.
노출 배선	·········	③ 전선의 종류를 표시할 필요가 있는 경우는 기호를 기입한다.

④ 배관은 다음과 같이 표시한다.

———— // ————
2.5㎡(VE19)

전선관의 종류 ——↑　　↑—— 전선관의 굵기

전선관의 종류
• 강제전선관은 별도의 표기없음
• VE : 경질비닐전선관
• F₂ : 2종 금속제 가요전선관
• PF : 합성수지제 가요관

⑤ 절연 전선의 굵기 및 전선수는 다음과 같이 기입한다. 단위가 명백한 경우는 단위를 생략하여도 좋다.

【보기】//// 2.5㎡　//// 2　//// 2(mm²)　//// 8

숫자 표기의 보기 : 1.6×5
　　　　　　　　　　5.5×1

답 ①

47 전선을 접속하는 경우 전선의 세기(인장하중)는 몇 [%] 이상 감소되지 않아야 하는가?

① 10　　　　　　② 15　　　　　　③ 20　　　　　　④ 25

풀이 123 전선의 접속
전선을 접속하는 경우에는 전선의 전기저항을 증가시키지 아니하도록 접속 하여야 하며, 또한 다음에 따라야 한다.
가. 전선의 세기를 20[%] 이상 감소시키지 아니할 것.
나. 접속부분은 접속관 기타의 기구를 사용할 것.
다. 접속부분의 절연전선에 절연전선의 절연물과 동등 이상의 절연효력이 있는 것으로 충분히 피복할 것.　　　　**답** ③

48 접지전극의 매설 깊이는 몇 [m] 이상인가?

① 0.6　　　　　　　② 0.65　　　　　　　③ 0.7　　　　　　　④ 0.75

 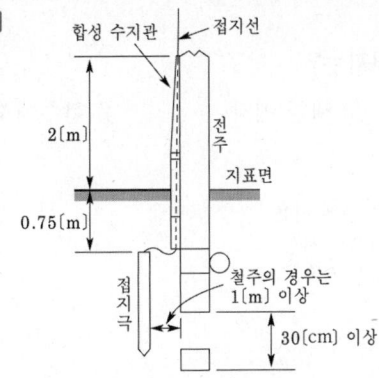

답 ④

49 보호장치의 통상적인 동작전류는 도체 허용전류의 몇 배 이하여야 하는가?

① 1.1　　　　　　　② 1.25　　　　　　　③ 1.45　　　　　　　④ 1.5

풀이 212.4.1 도체와 과부하 보호장치 사이의 협조

과부하에 대해 케이블(전선)을 보호하는 장치의 동작특성은 다음의 조건을 충족해야 한다.

$$I_B \leq I_n \leq I_Z , \quad I_2 \leq 1.45 \times I_Z$$

I_B : 회로의 설계전류(선도체를 흐르는 설계전류 또는 함유율이 높은 영상분 고조파, 특히 제3고조파가 지속적으로 흐르는 경우 중성선에 흐르는 전류이다.)

I_Z : 케이블의 허용전류

I_n : 보호장치의 정격전류(사용현장에 적합하게 조정된 전류의 설정 값)

I_2 : 보호장치가 규약시간 이내에 유효하게 동작하는 것을 보장하는 전류

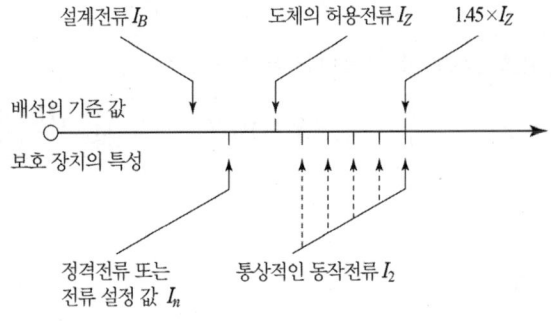

과부하 보호 설계 조건도

답 ③

50 셀룰로이드, 성냥, 석유류 및 기타 가연성 위험물질은 제조 또는 저장하는 장소의 배선으로 잘못된 배선은?

① 금속관 배선　　　　　　　　　　② 합성 수지관 배선

③ 플로어 덕트 배선　　　　　　　　④ 케이블 배선

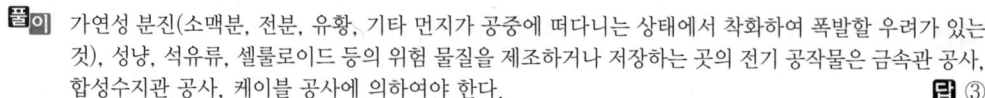

풀이 가연성 분진(소맥분, 전분, 유황, 기타 먼지가 공중에 떠다니는 상태에서 착화하여 폭발할 우려가 있는 것), 성냥, 석유류, 셀룰로이드 등의 위험 물질을 제조하거나 저장하는 곳의 전기 공작물은 금속관 공사, 합성수지관 공사, 케이블 공사에 의하여야 한다. **답** ③

51 인류하는 곳이나 분기하는 곳에 사용하는 애자는?

① 구형애자 ② 가지애자 ③ 새클 애자 ④ 현수애자

풀이 ① 구형 애자 : 지선 중간에 사용
② 가지 애자 : 전선을 다른 방향으로 돌리는 부분에 사용
③ 새클 애자 : 구조물을 안전하게 유지할 목적으로 사용
④ 현수 애자 : 전선을 인류하거나 분기하는 경우 사용 **답** ④

52 금속제 케이블트레이의 종류가 아닌 것은?

① 펀칭형 ② 사다리형 ③ 바닥밀폐형 ④ 크로스형

풀이 232.41 케이블트레이공사
종류 : 사다리형, 펀칭형, 메시형, 바닥 밀폐형 **답** ④

53 조명용 백열전등을 일반주택 및 아파트 각 호실에 설치할 때 형광등에 최대 몇 분 이내에 소등 되는 타임 스위치를 시설하여야 하는가?

① 1 ② 2 ③ 3 ④ 4

풀이 234.6 점멸기의 시설
다음의 경우에는 센서등(타임스위치 포함)을 시설하여야 한다.
① 관광숙박업 또는 숙박업(여인숙업을 제외한다)에 이용되는 객실의 입구등은 1분 이내에 소등되는 것.
② 일반주택 및 아파트 각 호실의 현관등은 3분 이내에 소등되는 것. **답** ③

54 방의 폭을 X, 길이를 Y, 높이를 H라 할 때 실지수는?

① $\dfrac{XY}{H(X+Y)}$ ② $X+Y$ ③ $(X+Y)H$ ④ $\dfrac{H(X+Y)}{XY}$

풀이 실지수$(k) = \dfrac{XY}{H(X+Y)}$ **답** ①

55 다음 중 접지의 목적으로 알맞지 않은 것은?

① 감전의 방지 ② 전로의 대지 전압 상승
③ 보호계전기의 동작확보 ④ 이상 전압의 억제

풀이 접지의 목적
① 이상전압의 발생방지(대지전위상승 억제) ② 지락전류의 소멸에 의한 안정도 향상
③ 감전 및 화재의 방지 ④ 기계기구의 절연보호 **답** ②

56 플로어 덕트 공사의 설명 중 옳지 않은 것은?

① 덕트 상호간 접속은 견고하고 전기적으로 완전하게 접속 하여야 한다.

② 덕트의 끝 부분은 막는다.

③ 덕트 및 박스 기타 부속품은 물이 고이는 부분이 없도록 시설하여야 한다.

④ 박스 및 인출구는 마루 위로 돌출하도록 시설하고, 물이 스며들지 않도록 밀봉해야 한다.

풀이 232.32.3 플로어덕트 및 부속품의 시설
① 덕트 상호간 및 덕트와 박스 및 인출구와는 견고하고 또한 전기적으로 완전하게 접속할 것
② 덕트 및 박스 기타의 부속품은 물이 고이는 부분이 있도록 시설하여서는 아니 된다.
③ 박스 및 인출구는 마루위로 돌출하지 아니하도록 시설하고 또한 물이 스며들지 아니하도록 밀봉할 것
④ 덕트의 끝부분은 막을 것
⑤ 덕트는 접지공사를 할 것
답 ④

57 저압 연접 인입선 시설에 제한 사항이 아닌 것은?

① 인입선의 분기점에서 100[m]를 초과하는 지역에 미치지 아니할 것

② 폭 5[m]를 넘는 도로를 횡단하지 말 것

③ 다른 수용가의 옥내를 관통하지 말 것

④ 지름 2.0[mm] 이하의 경동선을 사용하지 말 것

풀이 221.1.2 연접 인입선의 시설
한 수용가의 인입선에서 분기하여 지지물을 거치지 아니하고 다른 수용 장소의 인입구에 이르는 부분의 전선을 연접인입선이라 한다.
① 인입선에서 분기하는 점으로부터 100[m]를 초과하는 지역에 미치지 아니할 것.
② 폭 5[m]를 초과하는 도로를 횡단하지 아니할 것.
③ 옥내를 통과하지 아니할 것.
답 ④

58 수 · 변전 설비의 고압회로에 걸리는 전압을 표시하기 위해 전압계를 시설할 때 고압회로와 전압계 사이에 시설하는 것은?

① 관통형 변압기　　　　　　　　② 계기용 변류기

③ 계기용 변압기　　　　　　　　④ 권선형 변류기

풀이 계기용 변압기(Potential Transformer : PT)
고압회로의 전압을 저압으로 변성하기 위해서 사용하는 것이며, 배전반의 전압계나 전력계, 주파수계, 역률계, 표시등 및 부족전압 트립코일의 전원으로 사용된다.
답 ③

59 고압 전력용 콘덴서의 용량을 표시하는 단위는?

① [kV]　　　　　② [kA]　　　　　③ [kVA]　　　　　④ [kVar]

풀이 전력용 콘덴서 용량은 $Q_c = P(\tan\theta_1 - \tan\theta_2)$[kVA]로 구한다.
답 ③

60 합성 수지관 공사에서 관의 지지점 간 거리는 최대 몇 [m]인가?

① 1 　　　　　② 1.2 　　　　　③ 1.5 　　　　　④ 2

풀이 232.11.2 합성수지관 및 부속품의 시설
① 관 상호 간 및 박스와는 관을 삽입하는 깊이를 관의 바깥지름의 1.2배(접착제를 사용하는 경우에는 0.8배) 이상으로 하고 또한 꽂음 접속에 의하여 견고하게 접속할 것.
② 관의 지지점 간의 거리는 1.5[m] 이하로 하고, 또한 그 지지점은 관의 끝·관과 박스의 접속점 및 관 상호 간의 접속점 등에 가까운 곳에 시설할 것. 　　답 ③

1 다음 중 상자성체는 어느 것인가?

① 철   ② 코발트   ③ 니켈   ④ 텅스텐

> **풀이** ① 상자성체 : 백금(Pt), 알루미늄(Al), 산소(O_2), 텅스텐(W)
> ② 반자성체 : 은(Ag), 구리(Cu), 비스무트(Bi), 물(H_2O), 아연(Zn)
> ③ 강자성체 : 철(Fe), 니켈(Ni), 코발트(Co)   **답** ④

2 30[μF]과 40[μF]의 콘덴서를 병렬로 접속한 다음 100[V]의 전압을 가했을 때 전 전하량은 몇 [C]인가?

① 17×10^{-4} ② 34×10^{-4} ③ 56×10^{-4} ④ 70×10^{-4}

> **풀이** 병렬접속이므로 합성 정전용량 $C = C_1 + C_2 = 30 + 40 = 70[\mu F]$
> 전하량 $Q = CV = 70 \times 10^{-6} \times 100 = 70 \times 10^{-4}[C]$ **답** ④

3 평형 3상 △결선에서 선간 전압 V_l과 상전압 V_p와의 관계가 옳은 것은?

① $V_l = \dfrac{1}{\sqrt{3}} V_p$ ② $V_l = \dfrac{1}{3} V_p$

③ $V_l = V_p$ ④ $V_l = \sqrt{3} V_p$

> **풀이**
>
> | | 전압 | 전류 |
> |---|---|---|
> | △결선 | $V_l = V_p \angle 0°$ | $I_l = \sqrt{3} I_p \angle -30°$ |
> | Y결선 | $V_l = \sqrt{3} V_p \angle 30°$ | $I_l = I_p \angle 0°$ |
>
> (단, 선간 전압(V_l), 상전압(V_p), 선전류(I_l), 상전류(I_p))
> △결선이므로 선간전압은 상전압과 같다.   **답** ③

4 1[Ah]는 몇 [C]인가?

① 1,200   ② 2,400   ③ 3,600   ④ 4,800

> **풀이** $Q = It = 1 \times 3,600 = 3,600[C]$
> 여기서, I[A]는 전류이며 t[sec]는 시간이다. 그리고 1[h]는 3,600[sec]에 해당한다.   **답** ③

5 3[F]와 6[F]의 콘덴서를 병렬로 접속했을 때 합성 정전용량은 몇 [F]인가?

① 2   ② 4   ③ 6   ④ 9

> **풀이** 병렬연결일 경우 합성 정전용량은 $C = C_1 + C_2$ 이므로 $C = 3 + 6 = 9[F]$가 된다.   **답** ④

6 200[μF]의 콘덴서를 충전하는데 9[J]의 일이 필요하였다. 충전 전압은 몇 [V]인가?

① 200   ② 300   ③ 450   ④ 900

 콘덴서에 충전되는 에너지 $W = \frac{1}{2}CV^2$에서 $9 = \frac{1}{2} \times 200 \times 10^{-6} \times V^2$이므로

$V = \sqrt{\dfrac{9 \times 2}{200 \times 10^{-6}}} = 300[\text{V}]$가 된다.   답 ②

7 동선의 길이를 4배로 늘리면 저항은 처음의 몇 배가 되는가? (단, 동선의 체적은 일정함)

① 2배   ② 4배   ③ 8배   ④ 16배

 전선의 저항 $R = \dfrac{l}{\sigma S} = \rho \dfrac{l}{S}[\Omega]$에서 저항은 면적에 반비례하며, 길이에 비례한다.

길이를 늘리면 부피가 일정하므로 면적은 줄어든다. 즉, 길이는 4배면 단면적은 $\frac{1}{4}$배된다.

$R = \rho \dfrac{4l}{\frac{1}{4}S} = 16\rho \dfrac{l}{S}[\Omega]$가 되므로 저항은 16배가 된다.   답 ④

8 대칭 3상 교류를 올바르게 설명한 것은?

① 3상의 크기 및 주파수가 같고 상차가 60°의 간격을 가진 교류

② 3상의 크기 및 주파수가 각각 다르고 상차가 60°의 간격을 가진 교류

③ 동시에 존재하는 3상의 크기 및 주파수가 같고 상차가 120°의 간격을 가진 교류

④ 동시에 존재하는 3상의 크기 및 주파수가 같고 상차가 90°의 간격을 가진 교류

풀이 3상의 크기 및 주파수가 같고 서로 $\frac{2}{3}\pi$[rad] 만큼의 위상차를 가지는 교류를 대칭 3상 교류라고 한다.
     답 ③

9 전기장의 세기에 대한 단위로 맞는 것은?

① m/V   ② V/m^2 ③ V/m   ④ m^2/V

풀이 MKS 단위계에서 전계의 세기 E는 $Q = 1$[C]에 작용하는 힘이 1[N]이 되는 것을 의미하므로

$E = [\text{N/C}] = \left[\dfrac{\text{N} \cdot \text{m}}{\text{C} \cdot \text{m}}\right] = \left[\dfrac{\text{J}}{\text{C}} \cdot \dfrac{1}{\text{m}}\right] = [\text{V/m}]$ 의 단위를 사용한다.   답 ③

10 다음 중 전자력 작용을 응용한 대표적인 것은?

① 전동기   ② 전열기   ③ 축전기   ④ 전등

풀이 플레밍의 왼손 법칙은 전자력에 관계되는 법칙으로 전동기의 원리를 설명하는 법칙으로 사용된다.
     답 ①

11 전류에 의해 만들어지는 자기장의 자기력선 방향을 간단하게 알아내는 법칙은?

① 플레밍의 왼손법칙　　　　　　② 플레밍의 오른손법칙
③ 앙페르의 오른나사법칙　　　　④ 렌쯔의 법칙

풀이 직선 도체에 전류가 흐르면 자계가 형성되며 그림과 같이 도체에 수직인 평면상에서 오른나사가 진행하는 방향으로 전류가 흐를 때 나사를 돌리는 방향으로 자계가 발생한다. 즉, 전류에 의한 자계 방향의 관계를 앙페르의 오른나사 법칙이라 한다.

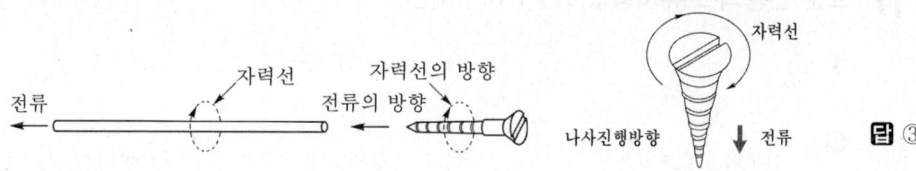

답 ③

12 2[C]의 전기량이 두 점 사이를 이동하여 48[J]의 일을 하였다면 이 두 점 사이의 전위차는 몇 [V]인가?

① 12[V]　　　　　② 24[V]　　　　　③ 48[V]　　　　　④ 64[V]

풀이 $V = \dfrac{W}{Q}$ [V]에서 $V = \dfrac{48}{2} = 24$ [V]가 된다.　　　　　　**답** ②

13 주위온도 0℃에서의 저항이 20[Ω]인 연동선이 있다. 주위 온도가 50℃로 되는 경우 저항은? (단, 0℃에서 연동선의 온도계수는 $a_0 = 4.3 \times 10^{-3}$이다.)

① 약 22.3[Ω]　　　② 약 23.3[Ω]　　　③ 약 24.3[Ω]　　　④ 약 25.3[Ω]

풀이 $R_2 = R_1 + R_1 \{a_0 \times (T_2 - T_1)\} = 20 + 20\{4.3 \times 10^{-3} \times (50 - 0)\} = 24.3[\Omega]$　　　**답** ③

14 비유전율 2.5의 유전체 내부의 전속밀도가 2×10^{-6}[C/m²]되는 점의 전기장의 세기는 약 몇 [V/m]인가?

① 18×10^4　　　② 9×10^4　　　③ 6×10^4　　　④ 3.6×10^4

풀이 전속밀도를 D, 비유전율을 ϵ_s이라 할 때, 진공 중의 유전율 ϵ_s은 8.855×10^{-12}[F/m]이므로

전기장의 세기 $E = \dfrac{D}{\epsilon} = \dfrac{D}{\epsilon_o \epsilon_s} = \dfrac{2 \times 10^{-6}}{8.855 \times 10^{-12} \times 2.5} ≒ 9 \times 10^4 [\text{V/m}]$　　　**답** ②

15 자극의 세기가 20[Wb]인 길이가 15[cm]의 막대 자석의 자기 모멘트는 몇 [Wb·m]인가?

① 0.45　　　　　② 1.5　　　　　③ 3.0　　　　　④ 6.0

풀이 자기 모멘트 $M = ml$에서 $M = 20 \times 15 \times 10^{-2} = 3[\text{Wb·m}]$가 된다.　　　**답** ③

16 다음 중 논리식을 간소화 시키는 방법은?

① 카르노 도에 의한 방법　　　　　　② 논리 연산자 법

③ 진리도 법　　　　　　　　　　　　④ 2진수 법

풀이 논리식을 간소화 하기 위해서는 카르노 도를 사용한다.　　　　　　**답** ①

---

17 표준 연동의 고유저항값[$\Omega \cdot mm^2/m$]은?

① $\dfrac{1}{55}$　　　　② $\dfrac{1}{56}$　　　　③ $\dfrac{1}{57}$　　　　④ $\dfrac{1}{58}$

풀이 연동의 고유저항은 $\dfrac{1}{58}[\Omega \cdot mm^2/m]$이고, 경동의 고유저항은 $\dfrac{1}{55}[\Omega \cdot mm^2/m]$이다.　　**답** ④

---

18 4[Ω], 6[Ω], 8[Ω]의 3개 저항을 병렬 접속할 때 합성저항은 약 몇 [Ω]인가?

① 1.8[Ω]　　　　　　　　　　　② 2.5[Ω]

③ 3.6[Ω]　　　　　　　　　　　④ 4.5[Ω]

풀이 병렬접속 회로의 합성저항 $R_0 = \dfrac{1}{\dfrac{1}{R_1}+\dfrac{1}{R_2}+\dfrac{1}{R_3}} = \dfrac{1}{\dfrac{1}{4}+\dfrac{1}{6}+\dfrac{1}{8}} = 1.8[\Omega]$이 된다.　　**답** ①

---

19 임의의 폐회로에서 키르히호프의 제2법칙을 가장 잘 나타낸 것은?

① 기전력의 합 = 합성 저항의 합　　　② 기전력의 합 = 전압 강하의 합

③ 전압 강하의 합 = 합성 저항의 합　　④ 합성 저항의 합 = 회로 전류의 합

풀이 키르히호프의 제2법칙(전압법칙) : 회로망 내의 임의의 폐회로(경로)에 있어서 전원전압(E_i)의 합은 전압 강하의 합(V_i)과 같다.　　**답** ②

---

20 어떤 부하에 $100\sin\left(100\omega t + \dfrac{\pi}{6}\right)$[V]의 전압을 가했을 때 흐르는 전류가

$10\cos\left(100\omega t - \dfrac{\pi}{3}\right)$[A]이었다면 이 부하의 소비전력은?

① 250[W]　　　　　　　　　　　　② 433[W]

③ 500[W]　　　　　　　　　　　　④ 866[W]

풀이 전류 $i = 10\cos\left(100\pi t - \dfrac{\pi}{3}\right) = 10\sin\left(100\pi t - \dfrac{\pi}{3} + \dfrac{\pi}{2}\right) = 10\sin\left(100\pi t + \dfrac{\pi}{6}\right)$

$\therefore P = VI\cos\theta = \dfrac{100}{\sqrt{2}} \times \dfrac{10}{\sqrt{2}} \times \cos\left(\dfrac{\pi}{6} - \dfrac{\pi}{6}\right) = 500[W]$　　**답** ③

21 동기 전동기에서 난조를 방지하기 위하여 자극면에 설치하는 권선을 무엇이라 하는가?

① 제동권선

② 계자권선

③ 전기자권선

④ 보상권선

풀이 난조의 원인은 회전자가 어떤 부하각에서 새로운 부하각으로 변화하는 도중 회전자의 관성에 의해 생기는 하나의 과도적인 진동 현상을 말한다.
이것을 방지하기 위해서 회전자극의 극편에 홈을 파고, 이것에 유도 전동기의 농형 권선과 같이 권선을 설치한 구조의 제동 권선(damper winding)으로 막을 수 있다.　　**답** ①

22 200[V]의 배전선 전압을 220[V]로 승압하여 30[kVA]의 부하에 전력을 공급하고 있는 단권 변압기의 자기 용량[kVA]은?

① 5.5

② 4.2

③ 3.8

④ 2.7

풀이 $\dfrac{\text{자기 용량}}{\text{부하 용량}} = \dfrac{V_h - V_l}{V_h}$ 에서 자기용량 $= 30 \times \dfrac{220-200}{220} = 2.72[\text{kVA}]$가 된다.　　**답** ④

23 변압기를 △-Y로 연결할 때, 1, 2차 간의 위상차는?

① 30°

② 45°

③ 60°

④ 90°

풀이 1차 선간전압 및 2차 선간전압의 위상차는 30°이다.　　**답** ①

24 전동기의 제동에서 전동기가 가지는 운동에너지를 전기에너지로 변환시키고 이것을 전원에 변환하여 전력을 회생시킴과 동시에 제동하는 방법은?

① 발전제동(dynamic braking)

② 역전제동(plugging braking)

③ 맴돌이전류제동(eddy current braking)

④ 회생제동(regenerative braking)

풀이 운전 중인 전동기를 전원에서 분리하면 발전기로 동작 하는데, 이때 발생된 전력을 제동용 전원으로 사용하는 것을 회생 제동이라 하며, 언덕을 내려가는 전차 등에서 사용할 수 있다.　　**답** ④

25 효율 80[%], 출력 10[kW]일 때 입력은 몇 [kW]인가?

① 7.5

② 10

③ 12.5

④ 20

풀이 입력을 $p[\text{kW}]$라 하면 효율은 출력을 입력으로 나눈 것으로 $0.8 = \dfrac{10}{p}[\text{kW}]$가 된다.

$\therefore p = \dfrac{10}{0.8} = 12.5[\text{kW}]$　　**답** ③

26 변압기유의 구비조건으로 틀린 것은?

① 냉각효과가 클 것

② 응고점이 높을 것

③ 절연내력이 클 것

④ 고온에서 화학반응이 없을 것

풀이 변압기의 기름으로서 갖추어야 할 조건
- 절연 내력이 클 것
- 절연 재료 및 금속에 화학 작용을 일으키지 않을 것
- 인화점이 높고, 응고점이 낮을 것
- 점도가 낮고(유동성이 풍부), 비열이 커서 냉각 효과가 클 것
- 고온에서도 석출물이 생기거나 산화하지 않을 것

답 ②

27 직류 분권전동기를 운전 중 계자 저항을 증가시켰을 때의 회전 속도는?

① 증가한다. ② 감소한다. ③ 변함없다. ④ 정지한다.

풀이 분권전동기는 운전 중 계자 저항을 증가하면 계자 자속이 감소하여 속도가 증가하는 특성이 있다.

답 ①

28 단락비가 1.2인 동기 발전기의 %동기 임피던스는 약 몇 [%]인가?

① 68 ② 83 ③ 100 ④ 120

풀이 단락비 $K_s = \dfrac{\text{무부하에서 정격 전압을 유도하는 데 필요한 여자 전류}}{\text{정격 전류와 같은 단락전류를 흘리는 데 필요한 여자 전류}} = 1.2$ 이므로

%동기임피던스는 단락비의 역관계가 있다.

따라서 %동기임피던스 $Z_s' = \dfrac{100}{K_s} = \dfrac{100}{1.2} = 83[\%]$가 된다.

답 ②

29 유도 전동기의 원선도에서 구할 수 없는 것은?

① 1차 입력 ② 1차 동손 ③ 동기 와트 ④ 기계적 출력

풀이
- 유도 전동기의 원선도에서 구할 수 있는 항목 : 1차 입력, 1차 동손, 동기와트, 슬립 등
- 원선도 작성에 필요한 시험 : 무부하 시험, 구속 시험, 저항 측정

답 ④

30 변압기에 콘서베이터(conservator)를 설치하는 목적은?

① 열화 방지 ② 코로나 방지 ③ 강제 순환 ④ 통풍 장치

풀이 변압기 기름의 열화 방지 : 콘서베이터의 설치

변압기의 상부에 설치된 원통형의 유조(기름통)로서, 그 속에는 $\frac{1}{2}$ 정도의 기름이 들어 있고, $\frac{1}{2}$ 정도의 질소가스가 봉입되어 있다. 또 주변압기 외함 내의 기름과는 가는 U자형 파이프로 연결되어 있다. 변압기 부하의 변화에 따르는 호흡 작용에 의한 변압기 기름의 팽창, 수축이 콘서베이터의 상부에서 행하여지게 되므로 높은 온도의 기름이 직접 공기와 접촉하는 것을 방지하여 기름의 열화를 방지하는 것이다. 그림은 개방형 콘서베이터로 질소가스가 봉입되어 있지 않은 형태이다.

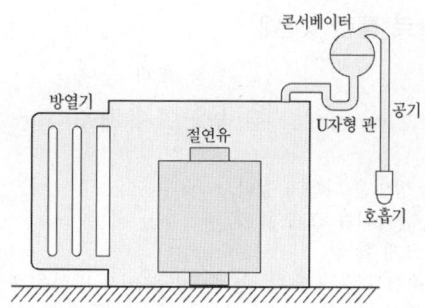

콘서베이터

방열기

절연유

U자형 관

공기

호흡기

답 ①

31 단상 반파 정류 회로에 전원 전압 200[V], 부하 저항 10[Ω]이면 부하 전류는 약 몇 [A]인가?

① 4   ② 9   ③ 12   ④ 18

풀이 반파 정류회로로서 교류전압을 인가하면 입력의 파형이 출력과 같이 반파로 정류되어 출력된다.
이 크기는 $V_o = 0.45 V_i$ 의 관계가 있으며, 여기서 V_o 는 직류전압, V_i 는 교류전압을 나타낸다.
따라서, 직류 전압은 $V_o = 0.45 \times 200 = 90$[V]

전류는 $I = \dfrac{V_o}{R} = \dfrac{90}{10} = 9$[A]가 된다.   **답** ②

32 1차 전압 6300[V], 2차 전압 210[V], 주파수 60[Hz]의 변압기가 있다. 이 변압기의 권수비는?

① 30   ② 40   ③ 50   ④ 60

풀이 변압기 권수비의 식 $a = \dfrac{N_1}{N_2} = \dfrac{V_1}{V_2} = \dfrac{I_2}{I_1} = \sqrt{\dfrac{R_1}{R_2}}$ 이다.

∴ $a = \dfrac{V_1}{V_2} = \dfrac{6300}{210} = 30$ **답** ①

33 변압기의 무부하 시험, 단락 시험에서 구할 수 없는 것은?

① 동손   ② 철손   ③ 절연 내력   ④ 전압 변동률

풀이 변압기의 시험
① 개방 회로 시험(무부하 시험)으로 측정할 수 있는 항목 : 무부하 전류, 히스테리시스손, 와류손, 여자
어드미턴스, 철손
② 단락 시험으로 측정할 수 있는 항목 : 동손, 전압변동률, 임피던스 와트, 임피던스 전압
③ 절연내력 시험 : 유도시험, 가압시험, 충격전압시험   **답** ③

34 유도 전동기의 무부하시 슬립은 얼마인가?

① 4   ② 3   ③ 1   ④ 0

풀이 슬립은 $s = \dfrac{N_s - N}{N_s}$ 에서 무부하시는 $N_s = N$이 되므로 슬립은 0이 된다.   **답** ④

35 동기전동기 중 안정도 증진법으로 틀린 것은?

① 전기자 저항 감소　　　　　　② 관성 효과 증대

③ 동기 임피던스 증대　　　　　④ 속응 여자 채용

풀이 동기기의 안정도를 증진시키는 방법은 다음과 같다.

① 정상 리액턴스를 작게 하고 단락비를 크게 할 것

② 회전자의 플라이휠 효과를 크게 할 것

③ 자동 전압 조정기(AVR)의 속응도를 크게 할 것. 즉, 속응 여자 방식을 채용한다.

④ 발전기의 조속기 동작을 신속히 할 것

⑤ 동기 탈조 계전기를 사용할 것

답 ③

36 주파수 60[Hz]를 내는 발전용 원동기인 터빈 발전기의 최고 속도[rpm]는?

① 1,800　　　　　　　　　　② 2,400

③ 3,600　　　　　　　　　　④ 4,800

풀이 터빈 발전기는 원통형 회전자를 가지는 고속의 동기발전기로,

회전속도 $N_s = \dfrac{120f}{p}$[rpm]이다.

동기발전기의 극수가 최소일 때 속도는 최고가 되므로

$\therefore N_s = \dfrac{120f}{p} = \dfrac{120 \times 60}{2} = 3,600$[rpm]

답 ③

37 슬립이 일정한 경우 유도전동기의 공급 전압이 $\dfrac{1}{2}$로 감소되면 토크는 처음에 비해 어떻게 되는가?

① 2배가 된다.　　　　　　　　② 1배가 된다

③ 1/2로 줄어든다.　　　　　　④ 1/4로 줄어든다.

풀이 유도전동기의 토크 $T = K_0 \dfrac{s E_2{}^2 r_2}{r_2 + (s x_2)^2}$[N·m]이므로, 토크는 전압의 제곱에 비례한다. ($T \propto V^2$)

$\therefore T \propto \left(\dfrac{1}{2}\right)^2 = \dfrac{1}{4}$ 배

답 ④

38 유도전동기의 슬립을 측정하는 방법으로 옳은 것은?

① 전압계법　　　　　　　　　② 전류계법

③ 평형 브리지법　　　　　　　④ 스트로보스코프법

풀이 슬립 측정 방법

① 회전계법　② DC 밀리볼트계법　③ 수화기법　④ 스트로보스코프법

답 ④

39 브리지 정류회로로 알맞은 것은?

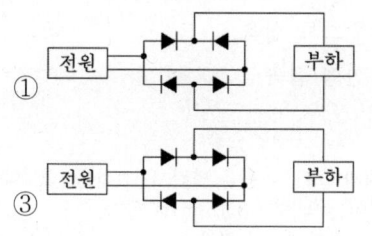 ①

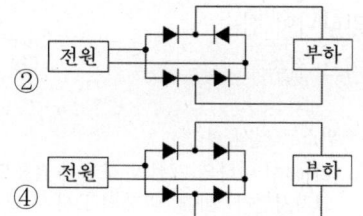 ②

③

④

풀이 브리지 정류 회로

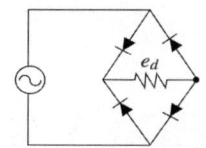

답 ①

40 중권의 극수 p인 직류기에서 전기자 병렬 회로수 a는 어떻게 되는가?

① $a = p$ ② $a = 2$ ③ $a = 2p$ ④ $a = 3p$

풀이

비교 항목	중권(병렬권)	파권(직렬권)
코일 정수		
전기자 병렬 회로수(a)	극수와 같다($a = p$).	항상 2($a = 2$)
브러시의 수(B)	극수와 같다($B = p$).	2개 또는 극수만큼 설치.
균압 접속	4극 이상 필요	불필요
용도	저전압, 대전류	고전압, 소전류

답 ①

41 수변전 설비에서 차단기의 종류 중 가스 차단기에 들어가는 가스의 종류는?

① CO_2 ② LPG ③ SF_6 ④ LNG

풀이

종류	진공차단기 (VCB)	탱크형 유입차단기 (OCB)	소유량형 유입차단기 (LOCB)	가스차단기 (GCB)	자기차단기 (MBB)
소호매질	진공상태	절연유	절연유	SF_6	전자력

답 ③

42 배전반 및 분전반의 설치 장소로 적합하지 못한 것은?

① 전기회로를 쉽게 조작할 수 있는 장소 ② 개폐기를 쉽게 조작할 수 있는 장소
③ 안정된 장소 ④ 은폐된 장소

풀이 배전반 및 분전반은 노출된 장소에 시설하여야 한다.

답 ④

43 전선 6[mm²] 이하의 가는 단선을 직선 접속 할 때 어느 방법으로 하여야 하는가?

① 브리타니어 접속   ② 트위스트 접속

④ 슬리브 접속   ④ 우산형 접속

풀이 트위스트 직선 접속
① 6[mm²] 이하의 단선인 경우에 적용되며, 다음 그림과 같이, 피복을 벗긴 두 전선을 120°의 각도로 교차시킨다. 이때, 피복의 끝에서 교차점까지의 길이는 약 30~35[mm]로 한다.
② 전선이 교차하는 점의 오른쪽을 펜치로 잡고 심선을 성기게 1회 꼰다.
③ 성기게 꼰 심선을 직각으로 세워서 다른 심선에 틈이 없도록 하여 4~5회 정도 감은 다음, 나머지 부분은 자르고 끝 부분을 오므린다.
④ 오른쪽 부분도 같은 방법으로 작업을 하여 완성한다.

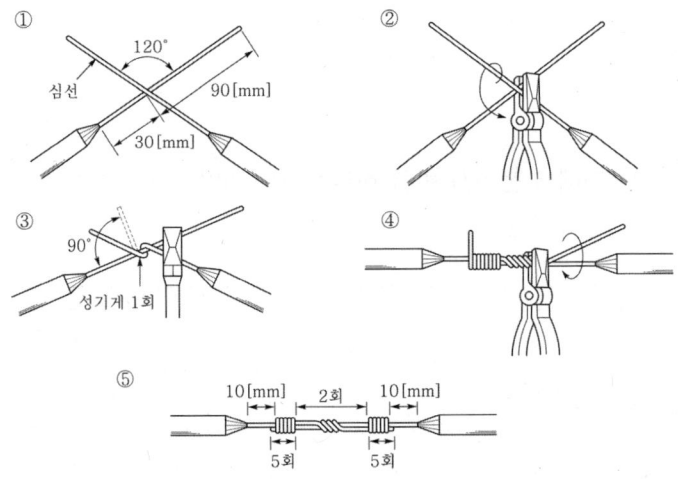

답 ②

44 가공전선로의 지지물에 시설하는 지선은 지표상 몇 [cm]까지의 부분에 내식성이 있는 것 또는 아연도금을 한 철봉을 사용하여야 하는가?

① 15   ② 20   ③ 30   ④ 50

풀이 331.11 지선의 시설
지중부분 및 지표상 0.3[m]까지의 부분에는 내식성이 있는 것 또는 아연도금을 한 철봉을 사용하고 쉽게 부식되지 않는 근가에 견고하게 붙일 것. 다만, 목주에 시설하는 지선에 대해서는 적용하지 않는다.

답 ③

45 금속 전선관 공사에 필요한 공구가 아닌 것은?

① 파이프 바이스   ② 스트리퍼   ③ 리머   ④ 오스터

풀이 와이어 스트리퍼(wire striper) : 절연 전선의 피복 절연물을 벗기는 자동 공구

답 ②

46 2종 금속제 가요 전선관의 굵기(관의 호칭)가 아는 것은?

① 10[mm] ② 12[mm] ③ 16[mm] ④ 24[mm]

풀이 제2종 금속제 가요 전선관의 호칭 : 10, 12, 15, 17, 24, 30, 38, 50, 63, 76, 83, 101[mm] **답** ③

47 저압 보안공사 시 저압 가공전선로의 경간은 철탑의 경우 얼마 이하이어야 하는가?

① 100[m] ② 150[m]
③ 400[m] ④ 600[m]

풀이 222.10 저압 보안공사

지지물의 종류	경간
목주, A종 철주, A종 철근 콘크리트주	100[m]
B종 철주, B종 철근 콘크리트주	150[m]
철 탑	400[m]

답 ③

48 저압 옥내 배선 공사에서 부득이한 경우, 전선 접속이 되는 것은?

① 가요 전선관 내 ② 합성 수지관 내
③ 금속관 내 ④ 금속 덕트 내

풀이 232.31 금속덕트공사
금속 덕트 안에는 전선에 접속점이 없도록 할 것. 다만, 전선을 분기하는 경우에는 그 접속점을 쉽게 점검할 수 있는 때에는 그러하지 아니하다. **답** ④

49 캡타이어케이블의 조영재의 옆면에 따라 시설하는 경우 지지점 간의 거리는 얼마 이하로 하는가?

① 2[m] ② 3[m] ③ 1[m] ④ 1.5[m]

풀이 232.51 케이블공사
① 전선은 케이블 및 캡타이어케이블일 것.
② 전선을 조영재의 아랫면 또는 옆면에 따라 붙이는 경우에는 전선의 지지점 간의 거리를 케이블은 2[m](사람이 접촉할 우려가 없는 곳에서 수직으로 붙이는 경우에는 6[m]) 이하 캡타이어케이블은 1[m] 이하로 할 것. **답** ③

50 철근 콘크리트주에 완금을 고정 시키려면 어떤 밴드를 사용하는가?

① 암 밴드 ② 지선 밴드
③ 래크 밴드 ④ 암타이 밴드

풀이 지지물에 전선을 고정시키기 위하여 사용하는 금구로 아연 도금을 한 앵글을 많이 사용한다. 완금이 상하로 움직이는 것을 방지하기 위하여 암 타이(arm tie)를 사용한다. 암 타이를 고정시키려면 암 타이 밴드(arm tie band)를, 지선에 붙일 때에는 지선 밴드(stay band)를 사용한다. **답** ①

51 소맥분, 전분 기타 가연성의 분진이 존재하는 곳의 저압 옥내 배선공사 방법에 해당되지 않는 것은?

① 케이블 공사
② 금속관 공사
③ 애자공사
④ 합성수지관 공사

풀이 242.2.2 가연성 분진 위험장소

가연성 분진(소맥분·전분·유황 기타 가연성의 먼지로 공중에 떠다니는 상태에서 착화하였을 때에 폭발할 우려가 있는 것을 말하며 폭연성 분진을 제외한다. 이하 같다)에 전기설비가 발화원이 되어 폭발할 우려가 있는 곳에 시설하는 저압 옥내 전기설비는 저압 옥내배선 등은 합성수지관공사·금속관공사 또는 케이블공사에 의할 것.　**답** ③

52 교류 차단기에 포함되지 않는 것은?

① GCB
② HSCB
③ VCB
④ ABB

풀이 HSCB(high-speed circuit breaker)은 직류 고속도 차단기로 사고전류 검출 기능과 차단기능을 동시에 갖는다.　**답** ②

53 링 리듀서의 용도는?

① 박스내의 전선 접속에 사용
② 노크 아웃 직경이 접속하는 금속관보다 큰 경우 사용
③ 노크 아웃 구멍을 막는 데 사용
④ 노크 너트를 고정하는 데 사용

풀이 링 리듀서는 노크 아웃이 로크너트 보다 클 경우 사용한다.　**답** ②

54 일종의 전류 계전기로 보호 대상 설비에 유입되는 전류와 유출되는 전류의 차에 의해 동작하는 계전기는?

① 차동 계전기
② 전류 계전기
③ 주파수 계전기
④ 재폐로 계전기

풀이 차동 계전기는 1차 전류와 2차 전류의 차에 의하여 동작하는 것으로 변압기, 동기기 등의 층간 단락 등의 내부 고장 보호에 사용된다.　**답** ①

55 절연전선을 동일 금속덕트 내에 넣을 경우 금속덕트의 크기는 전선의 피복절연물을 포함한 단면적의 총합계가 금속덕트 내 단면적 몇 [%] 이하가 되도록 선정하여야 하는가? (단, 제어회로 등의 배선에 사용하는 전선만을 넣는 경우이다.)

① 30[%]
② 40[%]
③ 50[%]
④ 60[%]

풀이 232.31 금속덕트공사
① 전선은 절연전선(옥외용 비닐절연전선을 제외한다)일 것.
② 금속덕트에 넣은 전선의 단면적(절연피복의 단면적을 포함한다)의 합계는 덕트의 내부 단면적의 20[%](전광표시장치 기타 이와 유사한 장치 또는 제어회로 등의 배선만을 넣는 경우에는 50[%]) 이하일 것.
답 ③

56 일반적으로 저압가공 인입선이 도로를 횡단하는 경우 노면상 시설하여야 할 높이는?

① 4[m] 이상　　　　　　　　　　② 5[m] 이상
③ 6[m] 이상　　　　　　　　　　④ 6.5[m] 이상

풀이 221.1.1 저압 인입선의 시설

설치장소		저압 인입선 높이	비고
도로(차도) 횡단	일반	5[m] 이상	노면상
	기술상 부득이한 경우에 교통에 지장이 없을 때	3[m] 이상	노면상
철도 또는 궤도 횡단		6.5[m] 이상	레일면상
횡단보도교 위		3[m] 이상	노면상
기타	일반	4[m] 이상	지표상
	기술상 부득이한 경우에 교통에 지장이 없을 때	2.5[m] 이상	지표상

답 ②

57 저압으로 수전한다고 할 때 수용가 설비의 인입구로부터 기기까지의 전압 강하는 조명인 경우 몇 [%] 이하로 하는 것을 원칙으로 하는가?

① 2　　　　　　② 3　　　　　　③ 4　　　　　　④ 5

풀이 232.3.9 수용가 설비에서의 전압강하

설비의 유형	조명	기타
A – 저압으로 수전하는 경우	3[%] 이하	5[%] 이하
B – 고압 이상으로 수전하는 경우[a]	6[%] 이하	8[%] 이하

[a] 가능한 한 최종회로 내의 전압강하가 A 유형의 값을 넘지 않도록 하는 것이 바람직하다.
사용자의 배선설비가 100[m]를 넘는 부분의 전압강하는 미터 당 0.005[%] 증가할 수 있으나 이러한 증가분은 0.5[%]를 넘지 않아야 한다.
답 ②

58 화약류의 분말이 전기설비가 발화원이 되어 폭발할 우려가 있는 곳에 시설하는 저압 옥내배선의 공사 방법으로 가장 알맞은 것은?

① 금속관 공사　　　　　　　　　② 애자공사
③ 버스덕트 공사　　　　　　　　④ 합성수지몰드 공사

풀이 242.2.1 폭연성 분진 위험장소
폭연성 분진(마그네슘, 알루미늄, 티탄, 지르코늄 등의 먼지로 쌓여진 상태에서 착화된 때에 폭발할 우려가 있는 것), 화약류 분말이 존재하는 곳, 가연성의 가스 또는 인화성 물질의 증기가 새거나 체류하는

곳의 전기 공작물은 금속관 공사, 또는 케이블 공사(캡타이어 케이블을 제외한다)에 의하여야 하며 금속 관 공사를 하는 경우 관 상호 및 관과 박스 등은 5턱 이상의 나사 조임으로 접속하여야 한다.　🔲 ①

59 먼지가 많은 장소에 사용되는 소켓은?

① 키 소켓

② 분기 소켓

③ 키리스 소켓

④ 풀 소켓

🔲이 스파크로 인한 화재의 위험성이 있는 곳은 키리스 소켓을 사용한다.　🔲 ③

60 한 수용 장소의 인입선에서 분기하여 지지물을 거치지 아니하고 다른 수용장소의 인입구에 이르는 부분의 전선을 무엇이라 하는가?

① 가공전선

② 공동지선

③ 가공인입선

④ 연접인입선

🔲이 연접 인입선 : 한 수용 장소의 인입선에서 분기하여 지지물을 거치지 아니하고 다른 수용 장소의 인입구에 이르는 부분의 전선

① 인입선에서 분기하는 점으로부터 100[m]를 넘지 않는 지역이어야 한다.

② 폭 5[m]를 초과하는 도로를 횡단하지 말 것

③ 옥내를 통과하지 아니할 것　🔲 ④

2024년 3회

1 $Q[\text{C}]$의 전기량이 도체를 이동하면서 한 일을 $W[\text{J}]$이라 했을 때 전위차 $V[\text{V}]$를 나타내는 관계식으로 옳은 것은?

① $V = QW$ ② $V = \dfrac{W}{Q}$ ③ $V = \dfrac{Q}{W}$ ④ $V = \dfrac{1}{QW}$

풀이 전력은 전계가 1초 동안 한 일로 정의된다. 전력의 단위는 일반적으로 watt[W]를 사용하며 $1[\text{W}] = 1[\text{J/s}] = 1[\text{VA}]$의 관계가 있다.

전력 $P = \dfrac{dW}{dt} = \dfrac{dQ}{dt} V[\text{W}]$이므로 따라서 $V = \dfrac{W}{Q}[\text{V}]$이다. **답** ②

2 용량이 250[kVA]인 단상변압기 3대를 △ 결선으로 운전 중 1대가 고장 나서 V결선으로 운전하는 경우 출력은 약 몇 [kVA]인가?

① 144[kVA] ② 353[kVA] ③ 433[kVA] ④ 525[kVA]

풀이 △결선 사용중 1대가 소손이 되면 V결선으로 사용이 가능하다.
V결선시 출력은 1대의 용량의 $\sqrt{3}$ 배이므로
$P_V = \sqrt{3} P_1$에서 $P_V = \sqrt{3} \times 250 = 433[\text{kVA}]$가 된다. **답** ③

3 $e = 141 \sin\left(120\pi t - \dfrac{\pi}{3}\right)$인 파형의 주파수는 몇 [Hz]인가?

① 120 ② 60 ③ 30 ④ 15

풀이 $\omega = 2\pi f = 120\pi$ 이므로 $f = 60[\text{Hz}]$가 된다. **답** ②

4 그림에서 a-b 간의 합성저항은 c-d 간의 합성저항 보다 몇 배인가?

① 1배
② 2배
③ 3배
④ 4배

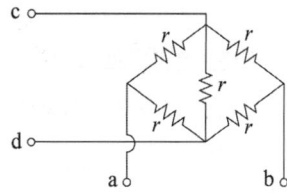

풀이 ① a-b 간의 합성저항
브리지 회로로 현재 평형상태이다. 평형상태의 경우 브리지 저항 (가운데)r은 없다고 볼 수 있으며, 이 경우 합성저항은
$R_{ab} = \dfrac{(r+r)\cdot(r+r)}{(r+r)+(r+r)} = \dfrac{2r \cdot 2r}{2r+2r} = r$

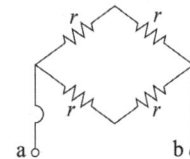

② c-d 간의 합성저항

저항 r 2개가 직렬로 연결된 회로 2개와 저항 r 1개인 회로가 서로 병렬로 연결된 회로이므로 합성저항은

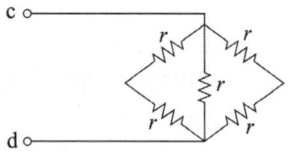

$$R_{cd} = \cfrac{1}{\cfrac{1}{(r+r)} + \cfrac{1}{r} + \cfrac{1}{(r+r)}} = \cfrac{1}{\cfrac{1}{2r} + \cfrac{1}{r} + \cfrac{1}{2r}} = \frac{r}{2}$$

따라서 $\dfrac{R_{ab}}{R_{cd}} = \dfrac{r}{\dfrac{r}{2}} = 2$ 배가 된다.

답 ②

5 $I = 8 + j6$[A]로 표시되는 전류의 크기 I는 몇 [A]인가?

① 6   ② 8   ③ 10   ④ 12

풀이 전류의 크기 $|I| = |8 + j6| = \sqrt{8^2 + 6^2} = 10$[A]

답 ③

6 저항 9[Ω], 용량리액턴스 12[Ω]의 직렬 회로의 임피던스는 몇 [Ω]인가?

① 3   ② 15   ③ 21   ④ 32

풀이 임피던스 $Z = \sqrt{R^2 + X^2}$ 에서 $Z = \sqrt{9^2 + 12^2} = 15$[Ω]이 된다.

답 ②

7 PN 접합의 순방향 저항은 (㉠), 역방향 저항은 매우(㉡), 따라서 (㉢)작용을 한다. ( )안에 들어갈 말로 옳은 것은?

① ㉠ 크고, ㉡ 크다, ㉢ 정류   ② ㉠ 작고, ㉡ 크다, ㉢ 정류
③ ㉠ 작고, ㉡ 작다, ㉢ 검파   ④ ㉠ 작고, ㉡ 크다, ㉢ 검파

풀이 pn 접합 다이오드는 순방향으로만 전류가 흐르는 특성(정류)이 있고, 이 pn 접합 반도체를 다이오드라 한다.

답 ②

8 제벡 효과에 대한 설명으로 틀린 것은?

① 두 종류의 금속을 접속하여 폐회로를 만들고, 두 접속점에 온도의 차이를 주면 기전력이 발생하여 전류가 흐른다.
② 열기전력의 크기와 방향은 두 금속 점의 온도차에 따라서 정해진다.
③ 열전쌍(열전대)은 두 종류의 금속을 조합한 장치이다.
④ 전자 냉동기, 전자 온풍기에 응용된다.

풀이 • 제벡 효과 : 두 금속 접속점 간에 온도차가 있으면 열기전력(전류)이 발생하는 현상으로 열전 온도계 및 열전대에 사용된다.
• 펠티에 효과 : 서로 다른 두 종류의 금속으로 폐회로를 만들고 온도를 일정하게 유지하면서 전류를 흘려주면 금속의 접합점에서 열의 흡수 또는 발생이 일어나는 현상으로 전자냉동 혹은 열전냉동에 사용된다.

답 ④

9 전기와 자기의 요소를 서로 대칭되게 나타내지 않은 것은?

① 전계 – 자계　　　　　　　　　　② 전속 – 자속

③ 유전율 – 투자율　　　　　　　　④ 전속밀도 – 자기량

풀이 전속밀도는 자속밀도에 해당한다.　　　　　　　　　　　　　　**답** ④

10 교류 100[V]의 최댓값은 약 몇 [V]인가?

① 90　　　　　　　② 100　　　　　　　③ 111　　　　　　　④ 141

풀이

파형	정현파	정현반파	삼각파	구형반파	구형파
실효값	$\dfrac{V_m}{\sqrt{2}}$	$\dfrac{V_m}{2}$	$\dfrac{V_m}{\sqrt{3}}$	$\dfrac{V_m}{\sqrt{2}}$	V_m
평균값	$\dfrac{2V_m}{\pi}$	$\dfrac{V_m}{\pi}$	$\dfrac{V_m}{2}$	$\dfrac{V_m}{2}$	V_m

정현파의 경우 실효값과 최댓값의 관계는 $V = \dfrac{V_m}{\sqrt{2}}$ 이므로

최댓값 $V_m = \sqrt{2} \times 100 = 141[\text{V}]$가 된다.　　　　　　　**답** ④

11 평균 반지름이 10[cm]이고 감은 횟수 10회의 원형 코일에 5[A]의 전류를 흐르게 하면 코일 중심의 자장의 세기[AT/m]는?

① 250　　　　　　② 500　　　　　　③ 750　　　　　　④ 1000

풀이 원형 코일 중심의 자장의 세기 $H = \dfrac{NI}{2r} = \dfrac{10 \times 5}{2 \times 10 \times 10^{-2}} = 250[\text{AT/m}]$　　**답** ①

12 비사인파의 일반적인 구성이 아닌 것은?

① 삼각파　　　　　② 고조파　　　　　③ 기본파　　　　　④ 직류분

풀이 비정현파 교류 = 직류분 + 기본파 + 고조파　　　　　　　　　　**답** ①

13 그림과 같은 RC 병렬회로의 위상각 θ는?

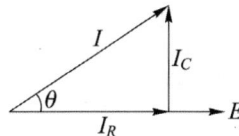

① $\tan^{-1}\dfrac{\omega C}{R}$　　　② $\tan^{-1}\omega CR$　　　③ $\tan^{-1}\dfrac{R}{\omega C}$　　　④ $\tan^{-1}\dfrac{1}{\omega CR}$

풀이 순시전류

① RL 병렬회로 : $i = \sqrt{\left(\frac{1}{R}\right)^2 + \left(\frac{1}{\omega L}\right)^2} \cdot V_m \sin\left(\omega t - \tan^{-1}\frac{R}{\omega L}\right)$[A]

② RC 병렬회로 : $i = \sqrt{\left(\frac{1}{R}\right)^2 + (\omega C)^2} \cdot V_m \sin(\omega t + \tan^{-1}\omega CR)$[A]

답 ②

---

14 그림과 같은 평형 3상 △ 회로를 등가 Y결선으로 환산하면 각상의 임피던스는 몇 [Ω]이 되는 가? (단, $Z = 12$[Ω]이다.)

① 48[Ω]

② 36[Ω]

③ 4[Ω]

④ 3[Ω]

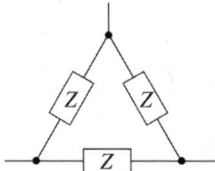

풀이 세 임피던스의 값이 모두 동일한 경우 △결선을 Y결선으로 변경하면 1/3배가 되고, Y결선을 △결선으로 변경하면 3배가 된다.

$$\therefore Z_Y = \frac{1}{3}Z_\Delta = \frac{1}{3} \times 12 = 4[\Omega]$$

답 ③

---

15 컨덕턴스 G[℧], 저항 R[Ω], 전압 V[V], 전류를 I[A]라 할 때 G와의 관계가 옳은 것은?

① $G = \frac{R}{V}$ ② $G = \frac{I}{V}$ ③ $G = \frac{V}{R}$ ④ $G = \frac{V}{I}$

풀이 저항 R의 역수를 컨덕턴스(conductance), G라 하고, 다음과 같이 표시한다.

$$G = \frac{1}{R} = \sigma\frac{S}{l} = \frac{S}{\rho l} [℧]$$

오옴의 법칙에서 $I = \frac{V}{R}$[A]이므로, $G = \frac{1}{R}$을 대입하여 정리하면,

$$I = \frac{V}{R} = VG[A], \text{ 따라서 } G = \frac{I}{V}[℧]\text{이다.}$$

답 ②

---

16 기전력 1.5[V], 내부 저항 0.2[Ω]인 전지 5개를 직렬로 연결하고 이를 단락하였을 때의 단락 전류 [A]는?

① 1.5   ② 4.5   ③ 7.5   ④ 15

풀이 건전지 5개를 직렬로 접속할 경우 전압은 연결 개수 의 배수로 증가하며, 내부저항은 직렬로 5개가 연결 된 것이 된다. 등가회로는 그림과 같다.
이때 흐르는 전류는
$I = \frac{V}{R} = \frac{7.5}{1} = 7.5$[A] 가 된다.

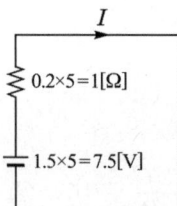

답 ③

17 전압 220[V], 전류 10[A], 역률 0.8인 3상 전동기 사용 시 소비전력은?

① 약 1.5[kW] ② 약 3.0[kW]

③ 약 5.2[kW] ④ 약 7.1[kW]

풀이 $P = \sqrt{3}\,VI\cos\theta = \sqrt{3} \times 220 \times 10 \times 0.8 = 3048[\text{W}] \fallingdotseq 3[\text{kW}]$ **답** ②

18 저항 4[Ω], 유도리액턴스 8[Ω], 용량리액턴스 5[Ω] 이 직렬로 된 회로에서의 역률은 얼마인가?

① 0.8 ② 0.7 ③ 0.6 ④ 0.5

풀이 임피던스 $Z = R + jX_L - jX_C$ 에서 $Z = 4 + j8 - j5 = 4 + j3[\Omega]$ 이므로

역률 $\cos\theta = \dfrac{R}{\sqrt{R^2 + X^2}} = \dfrac{4}{\sqrt{4^2 + 3^2}} = 0.8$이 된다. **답** ①

19 유전율이 ϵ의 유전체 내에 있는 전하는 Q[C]에서 나오는 전기력선의 수는?

① Q ② $\dfrac{Q}{\epsilon_0}$ ③ $\dfrac{Q}{\epsilon}$ ④ $\dfrac{Q}{\epsilon_s}$

풀이 가우스 법칙 : 유전율이 ϵ의 유전체 내에 있는 전하는 Q의 전하에서는 Q개의 전속이 나오며, $\dfrac{Q}{\epsilon}$개의 전기력선이 나온다. **답** ③

20 어떤 회로에 $e = 100\sqrt{2}\,\sin\omega t[\text{V}]$의 교류 전압을 가해서 $i = 10\sqrt{2}\,\sin\left(\omega t - \dfrac{\pi}{6}\right)[\text{A}]$의 전류가 흘렀다. 무효 전력[Var]은?

① 50 ② 100 ③ 500 ④ 1,000

풀이 전압과 전류의 위상차가 $\theta = \dfrac{\pi}{6}[\text{rad}] = 30[°]$이므로

$P_r = VI\sin\theta = 100 \times 10 \times \sin 30° = 500[\text{Var}]$가 된다. **답** ③

21 단락비가 큰 동기 발전기에 대한 설명으로 틀린 것은?

① 단락 전류가 크다. ② 동기 임피던스가 작다.

③ 전기자 반작용이 크다. ④ 공극이 크고 전압 변동률이 작다.

풀이 단락비는 기계적 특성을 잘 나타내는 수치로서 일반적으로 단락비가 큰 기계는
① 동기임피던스(리액턴스)가 작기 때문에, 단락전류가 크고 전기자 반작용이 작다.
② 전압강하 및 전압강하율, 전압변동률이 작다.
③ 안정도가 좋다.
④ 철이 많이 사용되어 철기계라 불린다.
⑤ 공극이 크고, 기계 형태 중량이 증가한다. **답** ③

22 12극과 8극인 2개의 유도전동기를 종속법에 의한 직렬 종속법으로 속도 제어할 때 전원 주파수가 50[Hz]인 경우 무부하 속도 N은 몇 [rps]인가?

① 5 ② 50 ③ 300 ④ 3,000

풀이 $N = \dfrac{120f}{p_1 + p_2} = \dfrac{120 \times 50}{12 + 8} = 300[\text{rpm}] = \dfrac{300}{60} = 5[\text{rps}]$

답 ①

23 직류기에서 보극을 두는 가장 주된 목적은?

① 기동 특성을 좋게 한다.
② 전기자 반작용을 크게 한다.
③ 정류 작용을 돕고 전기자 반작용을 약화시킨다.
④ 전기자 자속을 증가시킨다.

풀이 보극은 중성대 부근의 반작용을 없애는 데는 유효하나, 전기자 전면에 분포되어 있는 보상 권선에는 비교가 되지 않는다. 균압환은 국부 전류가 브러시를 통하여 흐르지 못하게 하는 작용을 하는 것이며, 탄소 브러시는 저항 정류 시에 쓰이는 것이다. **답** ③

24 유도 전동기에서 슬립이 0이란 것은 어느 것과 같은가?

① 유도 전동기가 동기 속도로 회전 한다.
② 유도 전동기가 정지 상태이다.
③ 유도 전동기가 전부하 운전 상태이다.
④ 유도 제동기가 역할을 한다.

풀이 $s = \dfrac{N_s - N}{N_s}$ 이므로 회전자 정지 시 $s = 1$, 동기 속도일 때 $s = 0$ 이다. **답** ①

25 출력 10[kW], 효율 80[%]인 기기의 손실은 약 몇 [kW]인가?

① 0.6[kW] ② 1.1[kW] ③ 2.0[kW] ④ 2.5[kW]

풀이 $\eta = \dfrac{출력}{출력 + 손실} \times 100[\%]$ 이므로

$손실 = \dfrac{출력}{\eta} - 출력 = \dfrac{10}{0.8} - 10 = 2.5[\text{kW}]$ 가 된다. **답** ④

26 자체 인덕턴스가 각각 160[mH], 250[mH]의 두 코일이 있다. 두 코일 사이의 상호 인덕턴스가 150[mH]이면 결합계수는?

① 0.5 ② 0.62 ③ 0.75 ④ 0.86

풀이 상호인덕턴스 $M = k\sqrt{L_1 L_2}$ 에서 결합계수 $k = \dfrac{M}{\sqrt{L_1 L_2}} = \dfrac{150}{\sqrt{160 \times 250}} = 0.75$ **답** ③

27 다음 중 병렬운전 시 균압선을 설치해야 하는 직류 발전기는?

① 분권   ② 차동복권   ③ 평복권   ④ 부족복권

풀이
- 직권 계자가 있는 발전기나 복권 발전기는 병렬운전을 안정하게 하기 위하여 균압선을 설치하여야 한다.
- 복권 발전기 중 차동 복권이나 부족 복권은 외부 특성이 분권발전기와 같으므로 그대로 병렬운전을 할 수 있으나, 평복권과 과복권은 병렬운전을 안정히 하기 위하여 균압선을 설치하여야 한다. **답** ③

28 다음 중 토크(회전력)의 단위는?

① [rpm]   ② [W]   ③ [N·m]   ④ [N]

풀이 [rpm] : 회전수, [W] : 전력, [N·m] : 토크, [N] : 힘 **답** ③

29 동기 발전기의 병렬운전 중에 기전력의 위상차가 생기면?

① 위상이 일치하는 경우보다 출력이 감소한다.

② 부하 분담이 변한다.

③ 무효 순환전류가 흘러 전기자 권선이 과열된다.

④ 동기화력이 생겨 두 기전력의 위상이 동상이 되도록 작용한다.

풀이 두 발전기의 기전력의 위상차가 있을 때 동기화전류(유효횡류)가 흐르며, 수수전력이 발생하고, 동기화력이 생긴다. **답** ④

30 유도 전동기에서 비례추이를 적용할 수 없는 것은?

① 토크   ② 1차 전류   ③ 부하   ④ 역률

풀이 비례 추이할 수 있는 특성은 1차 전류, 2차 전류, 역률, 동기 와트 등이고, 할 수 없는 것은 출력 외에 2차 동손, 효율 등이다. **답** ③

31 다음 중 유도전동기의 속도제어에 사용되는 인버터장치의 약호는?

① CVCF   ② VVVF   ③ CVVF   ④ VVCF

풀이 유도 전동기의 속도제어에 사용되는 것은 인버터라 하며 가변전압가변주파수 장치를 말한다. 약호로는 VVVF로 적는다. **답** ②

32 다음 중 역률이 가장 좋은 전동기는?

① 반발 기동 전동기   ② 동기 전동기

③ 농형 유도 전동기   ④ 교류 정류자 전동기

풀이 동기전동기는 V곡선에서 역률을 1로 할 수 있다. **답** ②

33 변압기의 자속에 관한 설명으로 옳은 것은?

① 전압과 주파수에 반비례한다.

② 전압과 주파수에 반비례한다.

③ 전압에 반비례하고 주파수에 비례한다.

④ 전압에 비례하고 주파수에 반비례한다.

풀이 변압기의 유도 기전력 $E = 4.44Nf\phi_m$ [V]에서 $\phi_m = \dfrac{E}{4.44fN}$ [Wb]가 된다.

따라서, 자속은 전압에 비례하고, 주파수에 반비례한다. **답** ④

34 다음 중 반도체 정류 소자로 사용할 수 없는 것은?

① 게르마늄   ② 비스무트   ③ 실리콘   ④ 산화구리

풀이 • 반도체로 사용하는 정류 소자는 최외각 전자의 수가 4개인 원소이다.

• 비스무트는 녹는 점이 낮아 납을 대체하여 사용되며 주물공장과 원자로에도 쓰인다. **답** ②

35 유도 전동기에 대한 설명 중 옳은 것은?

① 유도발전기일 때의 슬립은 1보다 크다.

② 유도전동기 회전자 회로의 주파수는 슬립에 반비례한다.

③ 전동기 슬립은 2차 동손을 2차 입력으로 나눈 것과 같다.

④ 슬립이 크면 클수록 2차 효율은 커진다.

풀이 ① 유도 발전기(비동기 발전기) : $s < 0$

② 유도 전동기 회전자 주파수는 슬립에 비례 : $f' = s\,f$

③ 전동기 슬립은 2차 동손을 2차 입력으로 나눈 것과 같다. : $s = \dfrac{P_{c2}}{P_2}$

④ 슬립이 클수록 2차 효율은 작아진다. : $\eta_2 = (1-s)$ **답** ③

36 자극수 6, 파권 전기자 도체수 400의 직류 발전기를 600[rpm]의 회전 속도로 무부하 운전할 때 기전력 120[V]이다. 1극당 주자속[Wb]은?

① 0.89   ② 0.09   ③ 0.47   ④ 0.01

풀이 $E = \dfrac{pZ}{a}\varPhi\dfrac{N}{60}$ 에서 $120 = \dfrac{6 \times 400}{2} \times \varPhi \times \dfrac{600}{60}$ (단, 파권이므로 $a=2$, Z(총 도체수) $= 400$)

∴ $\varPhi = 0.01$[Wb] **답** ④

37 다음 중 SCR의 기호는?

①

②

③

④

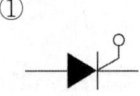   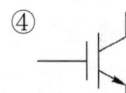

풀이

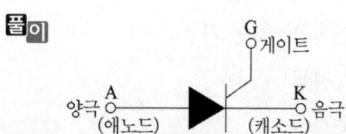

답 ①

38 다음 그림의 직류 전동기는 어떤 전동기인가?

① 직권 전동기
② 타여자 전동기
③ 분권 전동기
④ 복권 전동기

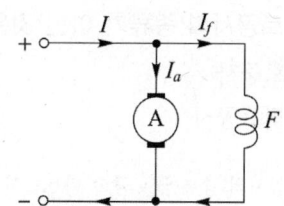

풀이 직류 전동기의 종류

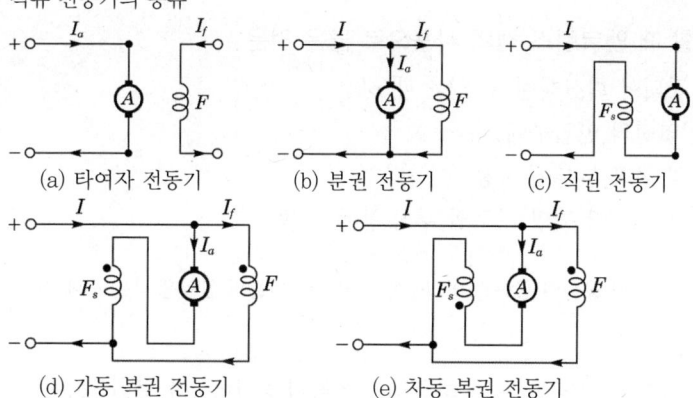

(a) 타여자 전동기　(b) 분권 전동기　(c) 직권 전동기

(d) 가동 복권 전동기　(e) 차동 복권 전동기

답 ③

39 A, B의 동기 발전기를 병렬 운전 중 A기의 부하 분담을 크게 하려면?

① A기의 속도를 증가
② A기의 계자를 증가
③ B기의 속도를 증가
④ B기의 계자를 증가

풀이 두 대의 동기 발전기를 병렬 운전하고 있을 경우 유효 전력의 분담은 원동기의 속도 특성에 따라 정해진다.

답 ①

40 철심에 권선을 감고 전류를 흘려서 공극(air gap)에 필요한 자속을 만드는 것은?

① 정류자
② 계자
③ 회전자
④ 전기자

풀이 ① 정류자 : 정류 작용
② 계자 : 자속을 만듦
③ 회전자 : 전기자가 일반적으로 회전자에 해당한다.
④ 전기자 : 기전력을 유기함

답 ②

41 전선에 안전하게 흘릴 수 있는 최대 전류를 무슨 전류라 하는가?

① 과도전류   ② 전도전류

③ 허용전류   ④ 맥동전류

풀이 전선에서 안전하게 흘릴 수 있는 전류를 그 전선의 허용전류라 한다.   **답** ③

42 다음 중 덕트공사의 종류가 아닌 것은?

① 금속 덕트공사   ② 버스 덕트공사

③ 케이블 덕트공사   ④ 플로어 덕트공사

풀이 덕트 공사의 종류에는 금속 덕트공사, 버스 덕트공사, 플로어 덕트공사가 있다.   **답** ③

43 금속관공사를 할 때 앤트런스 캡의 사용으로 옳은 것은?

① 금속관이 고정되어 회전시킬 수 없을 때 사용

② 저압 가공 인입선의 인입구에 사용

③ 배관의 지각의 굴곡 부분에 사용

④ 조명기구가 무거울 때 조명 기구의 부착 등에 사용

풀이 엔트런스 캡은 옥외 공사의 금속관 인입구에 설치하며 빗물의 침입을 막는 곳에 사용한다.   **답** ②

44 교통 신호등의 시설을 다음과 같이 하였다. 이 공사 중 바르지 못한 것은?

① 전선은 450/750[V] 일반용 단심 비닐 전선을 사용하였다.

② 신호등의 인하선은 지표상 2.5[m]로 하였다.

③ 도로를 횡단할 때에도 지표상 6[m]로 하였다.

④ 제어 장치의 금속제 외함은 접지하지 않았다.

풀이 234.15 교통신호등
교통신호등의 제어장치의 금속제 외함 및 신호등을 지지하는 철주에는 접지공사를 하여야 한다.
    답 ④

45 직류 전동기 운전 중에 있는 기동 저항기에서 정전이거나 전원 전압이 저하되었을 때 핸들을 정지 위치에 두는 역할을 하는 것은?

① 부족전압 계전기   ② 계자 제어

③ 기동저항   ④ 과부하계전기

풀이 부족전압 계전기 : 전압이 부족한 상태에서 전동기를 기동하게 되면 정격속도에 이르기 어렵고, 운전 중 전압이 부족하게 되면 속도가 떨어지고 과도한 전류가 흐르게 되므로 부족전압에 대한 보호를 하여야 한다.   **답** ①

46 지중 또는 수중에 시설되는 금속체의 부식을 방지하기 위한 전기부식방지 회로의 사용전압은?

① 직류 60[V] 이하
② 교류 60[V] 이하
③ 직류 750[V] 이하
④ 교류 600[V] 이하

풀이 241.16 전기부식방지 시설
전기부식방지 회로(전기부식방지용 전원 장치로부터 양극 및 피방식체까지의 전로를 말한다)의 사용전압은 직류 60[V] 이하일 것. **답** ①

47 인입용 비닐절연전선의 공칭단면적 8[mm^2] 되는 연선의 구성은 소선의 지름이 1.2[mm]일 때 소선수 는 몇 가닥으로 되어 있는가?

① 3
② 4
③ 6
④ 7

풀이
• 소선의 단면적 $a = \dfrac{\pi d^2}{4} = \dfrac{\pi \times 1.2^2}{4} \fallingdotseq 1.13[\text{mm}^2]$

• 연선의 단면적 $A = Na[\text{mm}^2]$이므로,
따라서 소선의 총 수 $N = \dfrac{A}{a} = \dfrac{8}{1.13} \fallingdotseq 7$가닥 **답** ④

48 금속 전선관 공사에서 사용되는 후강 전선관의 규격이 아닌 것은?

① 16
② 28
③ 36
④ 50

풀이 후강 전선관의 안지름 크기는 짝수로 표현하며 16, 22, 28, 36, 42, 54, 70, 82, 92, 104[mm]의 10종이 있다. **답** ④

49 배전설계를 위한 전등 및 소형 전기기계 기구의 부하용량 산정 시 건축물의 종류에 대응한 표준부하에서 원칙적으로 표준부하를 20[VA/m^2]으로 적용하여야 하는 건축물은?

① 교회, 극장
② 학교, 음식점
③ 은행, 상점
④ 아파트, 이용원

풀이 표준부하밀도

건축물의 종류	표준 부하[VA/m^2]
공장, 공회당, 사원, 교회, 극장, 영화관, 연회장 등	10
기숙사, 여관, 호텔, 병원, 학교, 음식점, 다방, 대중 목욕탕	20
사무실, 은행, 상점, 이발소, 미장원	30
주택, 아파트	40

답 ②

50 철판에 전선관이 들어갈 구멍을 뚫는데 적당한 공구는 무엇인가?

① 둥근 쇠줄
② 도래 송곳
③ 홀소
④ 파이프 커터

풀이 도래 송곳은 목재 구멍을 뚫고, 파이프 커터는 전선관을 절단하는 데 사용하며, 홀소는 철판에 구멍을 뚫는데 사용한다. **답** ③

51 저압 가공전선 또는 고압 가공전선이 도로를 횡단하는 경우 전선의 지표상 최소 높이는?

① 2[m] ② 3[m] ③ 5[m] ④ 6[m]

풀이 222.7 저압 가공전선의 높이
332.5 고압 가공전선의 높이

설치장소		가공전선의 높이
도로횡단 (번잡하지 않은 도로 제외)		지표상 6[m] 이상
철도 또는 궤도 횡단		레일면상 6.5[m] 이상
횡단보도교 위	저압	노면상 3.5[m] 이상(단, 절연전선의 경우 3[m] 이상)
	고압	노면상 3.5[m] 이상
일반장소		지표상 5[m] 이상. 단, 저압의 경우 절연전선 또는 케이블을 사용하여 교통에 지장이 없도록 하여 옥외조명용에 공급하는 경우 4[m]까지 감할 수 있다.
다리의 하부 기타 이와 유사한 장소		저압의 전기철도용 급전선은 지표상 3.5 [m] 까지로 감할 수 있다.

답 ④

52 애자공사에 의한 저압 옥내배선 시설 중 틀린 것은?

① 전선은 인입용 비닐 절연전선일 것
② 전선 상호 간의 간격은 6[cm] 이상일 것
③ 전선의 지지점 간의 거리는 전선을 조영재의 윗면에 따라 붙일 경우에는 2[m] 이하일 것
④ 전선과 조영재 사이의 이격거리는 사용전압이 400[V] 이하인 경우에는 2.5[cm] 이상일 것

풀이 232.56 애자공사
가. 전선의 종류 : 절연 전선. 단, 옥외용 비닐 절연 전선(OW) 및 인입용 비닐 절연 전선(DV)은 제외한다.
나. 이격 거리

전 압		전선과 조영재와의 이격 거리		전선 상호간격	전선 지지점 간의 거리	
					조영재의 윗면 또는 옆면에 따라 시설	조영재에 따라 시설하지 않는 경우
저 압	400[V] 이하	2.5[cm] 이상		6[cm] 이상	2[m] 이하	–
	400[V] 초과	건조한 장소	2.5[cm] 이상			6[m] 이하
		기타의 장소	4.5[cm] 이상			

답 ①

53 화약고 등의 위험장소의 배선 공사에서 전로의 대지 전압은 몇 [V] 이하이어야 하는가?

① 300[V] ② 400[V] ③ 500[V] ④ 600[V]

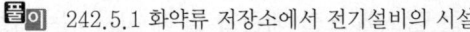

풀이 242.5.1 화약류 저장소에서 전기설비의 시설
① 저압 옥내배선은 금속관공사 또는 케이블공사(캡타이어케이블을 사용하는 것을 제외한다)에 의할 것.
② 전로에 대지전압은 300[V] 이하일 것.
③ 전기기계기구는 전폐형의 것일 것.　　　　　　　　　　　**답** ①

---

54 전선로의 직선부분을 지지하는 애자는?

① 핀애자　　　　　　　　　　② 지지애자
③ 가지애자　　　　　　　　　　④ 구형애자

풀이 • 핀애자 : 전선로의 직선 부분의 전선 지지물로 사용하는 애자
• 지지애자 : 전력용 기기의 절연 지지용 또는 모선의 지지용으로 사용하는 애자
• 가지애자 : 배전선로에서 전선로의 방향을 바꿀 때 쓰이는 애자이다.
• 구형애자 : 두 지지선 등을 비전기적으로 연결할 때 전기적 절연을 위하여 사용되는 구모양의 애자
　　　　　　　　　　　　　　　　　　　　　　　　　　　　　답 ①

---

55 일반적으로 정크션 박스 내에서 사용되는 전선 접속방식은?

① 슬리이브　　　　　　　　　② 코오드놋트
③ 코오드파아스너　　　　　　④ 와이어커넥터

풀이 정크션 박스 내에서 전선을 접속할 경우 와이어 커넥터를 사용하여 접속하여야 한다.

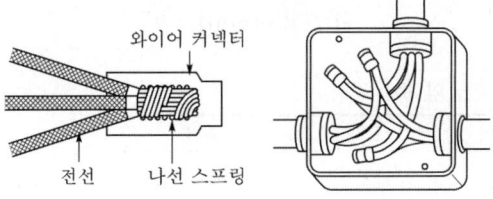
와이어 커넥터 / 전선 / 나선 스프링

　　　　　　　　　　　　　　　　　　　　　　　　　　　　　답 ④

---

56 공장 내 등에서 대지전압이 150[V]를 초과하고 300[V] 이하인 전로에 백열전등을 시설할 경우 다음 중 잘못된 것은?

① 백열전등은 사람이 접촉될 우려가 없도록 시설하였다.
② 백열전등은 옥내배선과 직접 접속을 하지 않고 시설하였다.
③ 백열전등의 소켓은 키 및 점멸기구가 없는 것을 사용 하였다.
④ 백열전등 회로에는 규정에 따라 누전차단기를 설치하였다.

풀이 백열전등 또는 방전등
① 백열전등 또는 방전등 및 이에 부속하는 전선은 사람이 접촉할 우려가 없도록 시설할 것
② 백열전등의 전구 수구는 키 기타의 점멸 기구가 없는 것일 것
③ 백열전등, 또는 방전등용 안정기는 저압의 옥내 배선과 직접 접속하여 시설할 것　　　　　　　**답** ②

57 합성수지관 공사에서 옥외 등 온도 차가 큰 장소에 노출 배관을 할 때 사용하는 커플링은?

① 신축커플링(0C) ② 신축커플링(1C)

③ 신축커플링(2C) ④ 신축커플링(3C)

풀이 배관의 지지

① 배관의 지지점 사이의 거리는 다음 그림과 같이 1.5[m] 이하로 하고, 관과 관, 관과 박스의 접속점 및 관 끝은 각각 300[mm] 이내에 지지한다.

② 가는 전선관의 지지점 사이의 거리는 0.8~1.2[m]가 적당하다.

③ 옥외 등 온도차가 큰 장소에 노출 배관을 할 때에는 12~20[m]마다 신축 커플링(3C)을 사용한다. 신축 되는 부분에는 접착제를 사용하지 않는다.

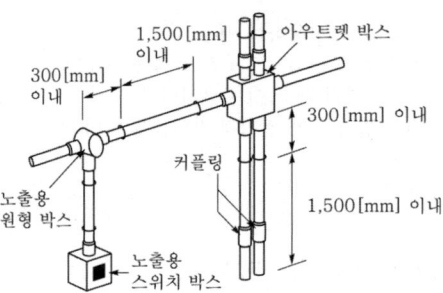

답 ④

58 고압 가공 전선로의 전선의 조수가 3조일 때 완금의 길이는?

① 1200[mm] ② 1400[mm]

③ 1800[mm] ④ 2400[mm]

풀이 가공 전선로의 장주에 사용되는 완금의 표준 길이

전선의 개수	특고압	고압	저압
2	1800[mm]	1400[mm]	900[mm]
3	2400[mm]	1800[mm]	1400[mm]

답 ③

59 박스에 금속관을 고정할 때 사용하는 것은?

① 유니온 커플링 ② 로크너트

③ 부싱 ④ C형 밸브

풀이 로크너트 : 금속관을 박스에 고정할 때 사용한다.

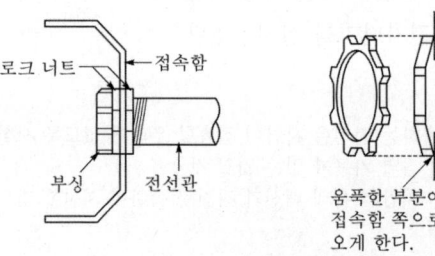

답 ②

60 가공 전선로의 지지물을 지선으로 보강하여서는 안되는 것은?

① 목주

② A종 철근콘크리트주

③ B종 철근콘크리트주

④ 철탑

풀이 331.11 지선의 시설
가공전선로의 지지물로 사용하는 철탑은 지선을 사용하여 그 강도를 분담시켜서는 아니 된다.

답 ④

1 세변의 저항 $R_a = R_b = R_c = 15[\Omega]$인 Y결선 회로가 있다. 이것과 등가인 △ 결선 회로의 각 변의 저항은?

① $\dfrac{15}{\sqrt{3}}[\Omega]$ ② $\dfrac{15}{3}[\Omega]$ ③ $15\sqrt{3}[\Omega]$ ④ $45[\Omega]$

풀이 세 저항의 값이 모두 동일한 경우 △결선을 Y결선으로 변경하면 1/3배가 되고, Y결선을 △결선으로 변경하면 3배가 된다. **답** ④

2 최댓값이 110[V]인 사인파 교류 전압이 있다. 평균값은 약 몇 [V]인가?

① 30[V]   ② 70[V]   ③ 100[V]   ④ 110[V]

풀이 정현파의 평균값 $= \dfrac{2V_m}{\pi} = \dfrac{2 \times 110}{\pi} ≒ 70[V]$ **답** ②

3 10[℃], 5000[g]의 물을 40[℃]로 올리기 위하여 1[kW]의 전열기를 쓰면 몇 분이 걸리게 되는가? (단, 여기서 효율은 80[%]라고 한다.)

① 약 13분   ② 약 15분   ③ 약 25분   ④ 약 50분

풀이 열량 $Q = 860Pt\eta = mC(\theta_2 - \theta_1)$[kcal]이고, 물의 비열은 1이므로,
(단, P : 소비전력[kW], t : 시간[h], η : 효율, m : 중량[kg], C : 비열[kcal/kg℃], θ_1 : 가열 전 온도 [℃], θ_2 : 가열 후 온도[℃])

$\therefore t = \dfrac{mC(\theta_2 - \theta_1)}{860P\eta} = \dfrac{5 \times 1 \times (40 - 10)}{860 \times 1 \times 0.8} = 0.218$[시간]$= 13.08$[분] **답** ①

4 저항 5[Ω], 유도리액턴스 30[Ω], 용량리액턴스 18[Ω]인 RLC 직렬회로에 130[V]의 교류 전압을 가할 때 흐르는 전류는 [A]는?

① 10[A], 유도성   ② 10[A], 용량성
③ 5.9[A], 유도성   ④ 5.9[A], 용량성

풀이 임피던스 $Z = R + j(X_L - X_C)$[Ω]이므로
$Z = 5 + j(30 - 18) = 5 + j12$[Ω]으로 유도성이 된다.
이때 흐르는 전류는 $I = \dfrac{V}{Z} = \dfrac{130}{5 + j12} = \dfrac{130}{\sqrt{5^2 + 12^2}} = \dfrac{130}{13} = 10$[A]가 된다. **답** ①

5 길이 5[cm]의 균일한 자로에 10회의 도선을 감고 1[A]의 전류를 흘릴 때 자로의 자장의 세기 [AT/m]는?

① 5[AT/m]   ② 50[AT/m]   ③ 200[AT/m]   ④ 500[AT/m]

풀이 솔레노이드의 단위 길이 당 권수를 n이라 할 때 5[cm]당 10회 감으면 1[m]당 200회 감은 것이므로,
∴ 자장의 세기 $H = nI = 200 \times 1 = 200[\text{AT/m}]$ **답** ③

6 그림과 같은 비사인파의 제3고조파 주파수는? (단, $V = 20[\text{V}]$, $T = 10[\text{ms}]$이다.)

① 100[Hz]

② 200[Hz]

③ 300[Hz]

④ 400[Hz]

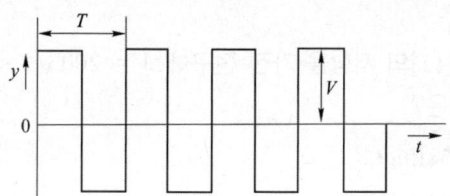

풀이 기본파 주파수 $f_1 = \dfrac{1}{T} = \dfrac{1}{10 \times 10^{-3}} = 100[\text{Hz}]$

제3고조파 주파수는 기본파 주파수의 3배이므로,
∴ $f_3 = 3 \times 100 = 300[\text{Hz}]$ **답** ③

7 자체 인덕턴스가 L_1, L_2 인 두 코일을 직렬로 접속하였을 때 합성 인덕턴스를 나타낸 식은?
(단, 두 코일간의 상호 인덕턴스는 M이다.)

① $L_1 + L_2 \pm M$　　　　　　② $L_1 - L_2 \pm M$

③ $L_1 + L_2 \pm 2M$　　　　　④ $L_1 - L_2 \pm 2M$

풀이 두 코일을 직렬로 접속하였을 경우 합성 인덕턴스 L_0는, $L_0 = L_1 + L_2 \pm 2M$
(단, M의 부호는 가동 결합이면 +, 차동 결합이면 −이다.)

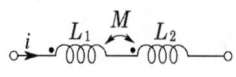

가동결합　　　　　　　　　차동결합 **답** ③

8 다음 (1)과 (2)에 들어갈 내용을 알맞은 것은?

"배율기는 (1)의 측정범위를 넓히기 위한 목적으로 사용하는 것으로써 (2)로 접속하는 저항기를 말한다."

① (1) 전압계 (2) 병렬　　　　② (1) 전류계 (2) 병렬

③ (1) 전압계 (2) 직렬　　　　④ (1) 전류계 (2) 직렬

풀이 전압계의 측정 범위를 넓히기 위하여 전압계에 직렬로 저항을 접속하여 측정한다. 이때 직렬로 연결한 저항을 배율기라 한다.

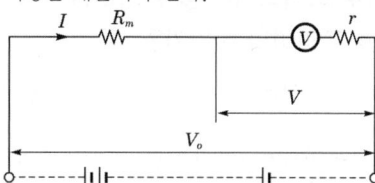

답 ③

9 다음 중 전력량 1[J]과 같은 것은?

① 1[cal] ② 1[W · s] ③ 1[kg · m] ④ 1[N · m]

풀이 $W[\mathrm{J}] = Pt[\mathrm{W \cdot s}]$ **답** ②

10 40[Ω]의 저항을 가진 전구에 $V = 200\sqrt{2}\sin\omega t$[V]의 교류 전압을 가하면 전류의 순시값 [A]은?

① $5\sin\omega t$ ② $5\sqrt{2}\sin\omega t$

③ $800\sin\omega t$ ④ $800\sqrt{2}\sin\omega t$

풀이 순시전류는 순시전압을 저항의 값으로 나눈다.

즉, $i = \dfrac{v}{R}$ 이므로 $i = \dfrac{200\sqrt{2}\sin\omega t}{40} = 5\sqrt{2}\sin\omega t$ [A] 가 된다. **답** ②

11 전장과 반대 방향으로 전하를 20[cm] 이동시키는 데 400[J]의 에너지가 소모되었다. 이 두 점 사이의 전위차가 100[V]이면 전하의 전기량[C]은?

① 1 ② 4 ③ 5 ④ 10

풀이 에너지 $W = V \cdot Q$[J]이므로

전기량 $Q = \dfrac{W}{V} = \dfrac{400}{100} = 4$[C] **답** ②

12 콘덴서의 정전용량에 대한 설명으로 틀린 것은?

① 전압에 반비례한다. ② 이동 전하량에 비례한다.
③ 극판의 넓이에 비례한다. ④ 극판의 간격에 비례한다.

풀이 평행판 도체의 정전 용량

극판 간격 d, 면적 S인 평행평판 도체에서의 정전용량 C는 다음과 같다.

$C = \dfrac{\epsilon_0}{d}S$[F]

여기서, C: 평행판 전극간의 정전 용량[F], S: 전극 면적[m²], d: 전극간 거리[m]

따라서 정전용량은 극판의 간격에 반비례한다. **답** ④

13 자기회로에 기자력을 주면 자로에 자속이 흐른다. 그러나 기자력에 의해 발생되는 자속 전부가 자기회로 내를 통과하는 것이 아니라, 자로 이외의 부분을 통과하는 자속도 있다. 이와 같이 자기회로 이외 부분을 통과하는 자속을 무엇이라 하는가?

① 종속자속 ② 누설자속 ③ 주자속 ④ 반사자속

풀이 자기회로에 자속이 한정되지 않고 그 이외의 곳에 자속이 누출되는 것을 누설자속이라 한다. **답** ②

14 저항 100[Ω]에 부하에서 10[kW]의 전력이 소비 되었다면 이때 흐르는 전류는 몇 [A]인가?

① 1   ② 2   ③ 5   ④ 10

풀이 전력 $P = I^2 R$에서 $I = \sqrt{\dfrac{P}{R}} = \sqrt{\dfrac{10 \times 10^3}{100}} = 10$[A]가 된다.   **답** ④

15 히스테리시스 곡선이 종축과 만나는 점의 값은 무엇을 나타내는가?

① 보자력   ② 자화력   ③ 잔류 자기   ④ 자속 밀도

풀이 히스테리시스곡선에서 B_r을 **잔류자기**
(residual magnetism) H_c를 **보자력**
(coercive force)이라 한다.

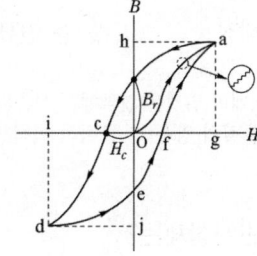

답 ③

16 전선의 길이를 4배로 늘렸을 때, 처음의 저항값을 유지하기 위해서는 도선의 반지름을 어떻게 해야 하는가?

① 1/4로 줄인다.   ② 1/2로 줄인다.
③ 2배로 늘인다.   ④ 4배로 늘인다.

풀이 전선의 저항 $R = \rho \dfrac{l}{S} = \rho \dfrac{l}{\pi r^2}$[Ω]이므로 처음의 저항값을 유지하기 위해서는 길이와 도선의 반지름의

제곱이 비례해야 한다. ($l \propto r^2$)
$\therefore r = \sqrt{l} = \sqrt{4} = 2$배   **답** ③

17 대칭 3상 △ 결선에서 선전류와 상전류와의 위상 관계는?

① 상전류가 $\dfrac{\pi}{6}$[rad] 앞선다.   ② 상전류가 $\dfrac{\pi}{6}$[rad] 뒤진다.

③ 상전류가 $\dfrac{\pi}{3}$[rad] 앞선다.   ④ 상전류가 $\dfrac{\pi}{3}$[rad] 뒤진다.

풀이 △ 결선
① 선간 전압(V_l), 상전압(V_p)
    선간 전압은 상전압과 크기가 같고 위상이 동상이 된다.
    $V_l = V_p \angle 0°$
② 선전류(I_l), 상전류(I_p)
    선전류는 상전류에 비해 크기가 $\sqrt{3}$배이고 위상은 30° 뒤진다.
    $I_l = \sqrt{3} I_p \angle -30°$ **답** ①

18 인덕턴스 0.5[H]에 주파수가 60[Hz]이고 전압이 220[V]인 교류전압이 가해질 때 흐르는 전류는 약 몇 [A]인가?

① 0.59   ② 0.87   ③ 0.97   ④ 1.17

풀이 흐르는 전류는 $I = \dfrac{V}{X_L} = \dfrac{V}{\omega L} = \dfrac{V}{2\pi f L} = \dfrac{220}{2\pi \times 60 \times 0.5} = 1.17[A]$ **답** ④

19 패러데이 법칙에서 전기분해에 의해서 석출되는 물질의 양은 전해액을 통과한 무엇과 비례하는가?

① 총 전해질   ② 총 전류   ③ 총 전압   ④ 총 전기량

풀이 패러데이 법칙은 전극에서 석출되는 물질의 양은 통과한 전기량에 비례하며, 전기량이 같을 경우 석출되는 물질의 양은 그 물질의 화학 당량에 비례한다.   **답** ④

20 다음 중 반자성체는?

① 안티몬   ② 알루미늄   ③ 코발트   ④ 니켈

풀이
- 상자성체 : 백금(Pt), 알루미늄(Al), 산소(O_2)
- 반자성체 : 은(Ag), 구리(Cu), 비스무트(Bi), 물(H_2O), 안티몬(Sb), 아연(Zn)
- 강자성체 : 철(Fe), 니켈(Ni), 코발트(Co)   **답** ①

21 전원과 부하가 다같이 △ 결선된 3상 평형회로가 있다. 상전압이 200[V], 부하 임피던스가 $Z = 6 + j8[\Omega]$인 경우 선전류는 몇 [A]인가?

① 20
② $\dfrac{20}{\sqrt{3}}$
③ $20\sqrt{3}$
④ $10\sqrt{3}$

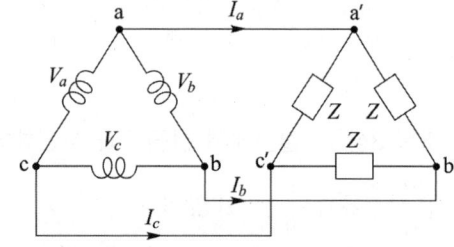

풀이
- 상전류 $= \dfrac{\text{상전압}}{\text{등가 임피던스}} = \dfrac{200}{\sqrt{6^2 + 8^2}} = 20[A]$
- △결선시 선전류는 상전류의 $\sqrt{3}$ 배이므로, 선전류 $= \sqrt{3} \times$ 상전류 $= \sqrt{3} \times 20 = 20\sqrt{3}[A]$ **답** ③

22 단상 유도 전동기의 기동 방법 중 기동 토크가 가장 큰 것은?

① 분상 기동형   ② 반발 유도형
③ 콘덴서 기동형   ④ 반발 기동형

풀이 단상 유도 전동기의 기동 토크
반발 기동형 > 반발 유도형 > 콘덴서 기동형 > 분상 기동형 > 셰이딩 코일형　**답** ④

23 동기 전동기의 부하각(load angle)은?

① 공급전압 V와 역기전압 E와의 위상각

② 역기전압 E와 부하전류 I와의 위상각

③ 공급전압 V와 부하전류 I와의 위상각

④ 3상 전압의 상전압과 선간 전압과의 위상각

풀이 공급전압(V)과 역기전압(E)과의 위상차를 부하각, 공급전압(V)과 부하전류(I)와의 위상각을 역률각
이라고 한다.　**답** ①

24 게이트(gate)에 신호를 가해야만 작동되는 소자는?

① SCR　　　　② MPS　　　　③ UJT　　　　④ DIAC

풀이 SCR는 게이트에 (+)의 트리거 펄스가 인가되면 통전 상태로 되어 정류 작용이 개시되고, 일단 통전이
시작되면 게이트 전류를 차단해도 주전류(애노드 전류)는 차단되지 않는다. 이때 이를 차단하려면 애노드
전압을 (0) 또는 (−)로 해야 한다.　**답** ①

25 수전단 발전소용 변압기 결선에 주로 사용하고 있으며 한쪽은 중성점을 접지할 수 있고 다른
한쪽은 제3고조파에 의한 영향을 없애주는 장점을 가지고 있는 3상 결선 방식은?

① Y−Y　　　　② △−△　　　　③ Y−△　　　　④ V

풀이 Y결선은 중성점을 접지할 수 있으며, △결선은 3고조파에 의한 영향을 없애줄 수 있다.　**답** ③

26 회전수 1728[rpm]인 유도 전동기의 슬립[%]은? 단, 동기속도는 1800[rpm]이다.

① 2　　　　② 3　　　　③ 4　　　　④ 5

풀이 슬립은 $s = \dfrac{N_s - N}{N_s} \times 100 = \dfrac{1{,}800 - 1{,}728}{1{,}800} \times 100 = 4\,[\%]$가 된다.　**답** ③

27 교류 배전반에서 전류가 많이 흘러 전류계를 직접 주 회로에 연결할 수 없을 때 사용하는 기기는?

① 전류 제한기　　　　　　　② 계기용 변압기

③ 계기용 변류기　　　　　　④ 전류계용 절환 개폐기

풀이 변류기(Current Transformer : CT)
고압회로의 대전류를 소전류로 변성하기 위해서 사용하는 것이며, 배전반의 전류계 및 트립코일(TC)의
전원으로 사용된다. 일반 변류기는 2차측은 사용 중 코일에 전류가 흐르는 상태에서 2차 코일을 개방하면
2차 단자간에 고전압이 발생하여 코일의 손상(2차측 절연파괴)내지 감전사고를 유발한다.　**답** ③

28 3상 동기전동기 자기동법에 관한 사항 중 틀린 것은?

① 기동토크를 적당한 값으로 유지하기 위하여 변압기 탭에 의해 정격전압의 80[%] 정도로 저압을 가해 기동을 한다.

② 기동토크는 일반적으로 적고 전부하 토크의 40~60[%] 정도이다.

③ 제동권선에 의한 기동토크를 이용하는 것으로 제동권선은 2차권선으로서 기동토크를 발생한다.

④ 기동할 때에는 회전자속에 의하여 계자권선 안에는 고압이 유도되어 절연을 파괴할 우려가 있다.

풀이 동기전동기의 자기동법은 제동권선에 의한 기동토크를 이용하는 것으로, 기동토크를 적당한 값으로 유지하고 전류를 억제하기 위해 변압기 탭에 의하여 정격전압의 30~50[%] 정도의 저압을 가해 기동을 한다. **답** ①

29 직권 발전기의 설명 중 틀린 것은?

① 계자권선과 전기자권선이 직렬로 접속되어 있다.

② 승압기로 사용되며 수전 전압을 일정하게 유지하고자 할 때 사용된다.

③ 단자전압을 V, 유기 기전력을 E, 부하전류를 I, 전기자저항 및 직권 계자저항을 각각 r_a, r_s라 할 때 $V = E + I(r_a + r_s)[\text{V}]$이다.

④ 부하전류에 의해 여자 되므로 무부하시 자기여자에 의한 전압확립은 일어나지 않는다.

풀이 직권 발전기의 단자전압 $V = E - I(R_a + R_s)[\text{V}]$이다. **답** ③

30 출력 12[kW], 회전수 1140[rpm]인 유도전동기의 동기 와트는 약 몇 [kW]인가? (단, 동기속도는 N_s는 1200[rpm]이다.)

① 10.4   ② 11.5   ③ 12.6   ④ 13.2

풀이 $T = 0.975 \dfrac{P}{N} = 0.975 \times \dfrac{12 \times 10^3}{1140} = 10.26[\text{kg} \cdot \text{m}]$이므로

$\therefore P_2 = 1.026 N_s T = 1.026 \times 1200 \times 10.26 \times 10^{-3} = 12.6[\text{kW}]$ **답** ③

31 직류 전동기의 특성에 대한 설명으로 틀린 것은?

① 직권전동기는 가변 속도 전동기이다.

② 분권전동기에서는 계자 회로에 퓨즈를 사용하지 않는다.

③ 분권전동기는 정속도 전동기이다.

④ 가동 복권전동기는 기동 시 역회전할 염려가 있다.

풀이 경우에 따라서 역전할 위험이 있는 복권전동기는 차동 복권전동기 이다. **답** ④

32 변압기의 임피던스 전압이란?

① 임피던스에서 소비되는 전력

② 임피던스에 걸리는 전압

③ 퍼센트 임피던스 강하

④ 2차측을 단락하고 1차 전류가 정격 전류와 같게 되도록 조정하였을 때의 1차 전압

풀이 임피던스 전압이란 변압기 2차를 단락하고 1차에 저전압을 가하여 1차 단락전류가 1차 정격전류와 같이 될 때 전압을 말한다. 이때 입력을 임피던스 와트라 하며, 전부하 동손에 해당된다. **답** ④

33 3상 유도 전동기의 원선도를 그리는데 필요하지 않은 것은?

① 저항측정 ② 무부하 시험

③ 구속시험 ④ 슬립측정

풀이 유도전동기의 원선도 작성에 필요한 시험 : 저항측정시험, 무부하 시험, 구속시험 **답** ④

34 직류 분권 전동기의 기동 방법 중 가장 적당한 것은?

① 기동 저항기를 전기자와 병렬로 접속한다.

② 기동 토크를 작게한다.

③ 계자 저항기의 저항값을 크게한다.

④ 계자 저항기의 저항값을 0으로 한다.

풀이 계자 저항기의 저항값을 0으로 하여 계자 전류를 크게 한다.
계자 전류가 크게 되면 계자 자속이 증가하며, 기동 토크가 증가하여 기동하게 된다. **답** ④

35 그림은 일반적인 반파 정류 회로이다. 변압기 2차 전압의 실효값을 E[V]라 할 때 직류 전류 평균값은? 단, 정류기의 전압 강하는 무시한다.

① $\dfrac{E}{R}$ ② $\dfrac{1}{2}\dfrac{E}{R}$

③ $\dfrac{2\sqrt{2}\,E}{\pi R}$ ④ $\dfrac{\sqrt{2}\,E}{\pi R}$

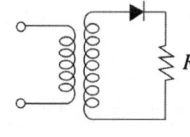

풀이 무부하 직류 전압 E_{d0}는 $E_{d0}=\dfrac{1}{2\pi}\displaystyle\int_0^\pi \sqrt{2}\,E\sin\theta\cdot d\theta=\dfrac{\sqrt{2}\,E}{\pi}$

정류기 내의 전압 강하 e를 무시하면 직류 전압 평균값 E_d는 $E_d\fallingdotseq E_{d0}$
따라서, 직류 전류 평균값 I_d는

$$\therefore\ I_d=\frac{E_d}{R}=\frac{E_{d0}}{R}=\frac{\frac{\sqrt{2}}{\pi}E}{R}=\frac{\sqrt{2}\,E}{\pi R}\,[\text{A}]$$

여기서, E : 변압기 2차 상전압(실효값), R : 부하 저항 **답** ④

36 대전류 · 고전압의 전기량을 제어할 수 있는 자기소호형 소자는?

① FET   ② Diode   ③ TRIAC   ④ IGBT

> **풀이** 절연 게이트 양극성 트랜지스터(Insulated gate bipolar transistor, IGBT)는 금속 산화막 반도체 전계효과 트랜지스터 (MOSFET)을 게이트 부에 짜 넣은 접합형 트랜지스터이다. 게이트-이미터간의 전압이 구동되어 입력 신호에 의해서 온/오프가 생기는 자기소호형이므로, 대전력의 고속 스위칭이 가능한 반도체 소자이다.

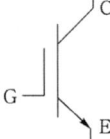

> **답** ④

37 변류기 개방 시 2차 측을 단락하는 이유는?

① 2차 측 절연보호   ② 2차 측 과전류 보호

③ 측정오차 감소   ④ 변류비 유지

> **풀이** PT(병렬연결)는 개방상태가 무방하지만 CT(직렬연결)는 개방하면 부하전류로 인하여 2차 측이 소손되므로 CT를 점검할 경우에는 반드시 2차 측을 단락한다.   **답** ①

38 동기 전동기의 용도로 적합하지 않은 것은?

① 송풍기   ② 압축기   ③ 크레인   ④ 분쇄기

> **풀이** 동기 전동기는 주로 비교적 저속, 대용량인 것은 시멘트 공장의 분쇄기나 각종 압연기와 송풍기, 제지용 쇄목기, 소형기의 것은 전기 시계, 오실로그래프, 전송 사진에 사용된다. 크레인의 운전용 전동기로는 3상 권선형 유도 전동기가 사용된다.   **답** ③

39 인버터의 용도로 가장 적합한 것은?

① 직류-직류 변환   ② 직류-교류 변환

③ 교류-증폭교류 변환   ④ 직류-증폭직류 변환

> **풀이** 인버터는 직류를 교류로 변환하는 역변환 장치이다.   **답** ②

40 동기 와트로 표시되는 것은?

① 1차 입력   ② 2차 효율   ③ 토크   ④ 효율

> **풀이** 동기와트란 동기속도로 회전시 2차 입력을 토크로 표시한 것을 말한다.   **답** ③

41 절연물 중에서 가교폴리에틸렌(XLPE)과 에틸렌프로필렌고무혼합물(EPR)의 허용온도[℃]는?

① 70(전선)   ② 90(전선)   ③ 95(전선)   ④ 105(전선)

풀이

절연물의 종류	허용온도[℃]
염화비닐(PVC)	70(전선)
가교폴리에틸렌(XLPE)과 에틸렌프로필렌고무혼합물(EPR)	90(전선)

답 ②

42 케이블을 구부리는 경우 피복이 손상되지 않도록 하고 그 굴곡부의 곡률반경은 원칙적으로 케이블이 단심인 경우 완성품 외경의 몇 배 이상이어야 하는가?

① 4 　　　　② 6 　　　　③ 8 　　　　④ 10

풀이 연피가 없는 케이블을 구부리는 경우 피복의 손상이 되지 않도록 하여 그 굴곡 반지름이 케이블의 완성품 지름의 6배(단심의 경우 8배) 이상으로 구부려야 한다. **답** ③

43 합성수지관 상호 및 관과 박스는 접속 시에 삽입하는 깊이를 관 바깥지름의 몇 배 이상으로 하여야 하는가? (단, 접착제를 사용하지 않은 경우이다.)

① 0.2 　　　　② 0.5 　　　　③ 1 　　　　④ 1.2

풀이 232.11.2 합성수지관 및 부속품의 시설
① 관 상호 간 및 박스와는 관을 삽입하는 깊이를 관의 바깥지름의 1.2배(접착제를 사용하는 경우에는 0.8배) 이상으로 하고 또한 꽂음 접속에 의하여 견고하게 접속할 것.
② 관의 지지점 간의 거리는 1.5[m] 이하로 하고, 또한 그 지지점은 관의 끝·관과 박스의 접속점 및 관 상호 간의 접속점 등에 가까운 곳에 시설할 것. **답** ④

44 부식성 가스 등이 있는 장소에 시설할 수 없는 배선은?

① 금속관 배선 　　　　② 제1종 금속제 가요전선관 배선
③ 케이블 배선 　　　　④ 캡타이어 케이블 배선

풀이 부식성가스 등이 있는 장소에 사용가능한 배선
1. 애자사용배선 　　2. 제2종 금속제 가요전선관배선
4. 합성수지관배선 　　5. 케이블 배선 　　6. 캡타이어 케이블 배선 **답** ②

45 어미자와 아들자의 눈금을 이용하여 두께, 깊이, 안지름 및 바깥지름 측정용으로 사용하는 것은?

① 버니어 캘리퍼스 　　　　② 채널 지그
③ 스트레인 게이지 　　　　④ 스태핑 머신

풀이 버니아 캘리퍼스

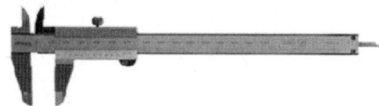

답 ①

46 도로를 횡단하여 시설하는 지선의 높이는 지표 상 몇 [m] 이상이어야 하는가?

① 5[m] ② 6[m] ③ 8[m] ④ 10[m]

> **풀이** 331.11 지선의 시설
> 도로를 횡단하여 시설하는 지선의 높이는 지표상 5[m] 이상으로 하여야 한다.
> (다만, 기술상 부득이한 경우로서 교통에 지장을 초래할 우려가 없을 때는 지표상 4.5[m] 이상, 보도의 경우에는 2.5[m] 이상으로 할 수 있다.) **답** ①

47 다음 중 나전선 상호 간 또는 나전선과 절연 전선 접속시 접속 부분의 전선의 세기는 일반적으로 어느 정도 유지해야 하는가?

① 80[%] 이상 ② 70[%] 이상 ③ 60[%] 이상 ④ 50[%] 이상

> **풀이** 123 전선의 접속
> 나전선 상호 또는 나전선과 절연전선 또는 캡타이어 케이블과 접속하는 경우
> ① 전선의 전기저항을 증가시키지 아니하도록 접속
> ② 전선의 세기(인장하중)를 20[%] 이상 감소시키지 아니할 것.
> ③ 전선 접속 시 접속부분을 그 부분의 절연전선의 절연물과 동등 이상의 절연성능이 있는 것으로 충분히 피복할 것. **답** ①

48 다음 그림 중 바닥 은폐 배선은?

① ────── ② ─ ─ ─ ─
③ ············ ④ ──●──

> **풀이**
>
> | 명 칭 | 그림기호 | 적 요 |
> |---|---|---|
> | 천장 은폐 배선 | ────── | ① 천장 은폐 배선 중 천장 속의 배선을 구별하는 경우는 천장 속의 배선에 ─·─·─ 를 사용하여도 좋다. |
> | 바닥 은폐 배선 | ─ ─ ─ ─ | ② 노출 배선 중 바닥면 노출 배선을 구별하는 경우는 바닥면 노출 배선에 ─··─··─ 를 사용하여도 좋다. |
> | 노출 배선 | ········ | ③ 전선의 종류를 표시할 필요가 있는 경우는 기호를 기입한다. ④ 배관은 다음과 같이 표시한다. |
>
> 2.5^{m}(VE19)
> 전선관의 종류 ← → 전선관의 굵기
>
> 전선관의 종류
> • 강제전선관은 별도의 표기없음
> • VE : 경질비닐전선관
> • F_2 : 2종 금속제 가요전선관
> • PF : 합성수지제 가요관
> ⑤ 절연 전선의 굵기 및 전선수는 다음과 같이 기입한다. 단위가 명백한 경우는 단위를 생략하여도 좋다.
> 【보기】 2.5ᵐ   2   2(mm²)   8
> 숫자 표기의 보기 : 1.6×5
> 5.5×1 **답** ②

49 전로에 지락이 생겼을 경우에 부하기기, 금속제 외함 등에 발생하는 고장전압 또는 지락전류를 검출하는 부분과 차단기 부분을 조합하여 자동적으로 전로를 차단하는 장치는?

① 누전차단장치

② 과전류차단기

③ 누전경보장치

④ 배선용차단기

풀이 전로에 지락이 생겼을 때, 금속제 외함을 가지는 사용전압이 50[V]를 초과하는 저압의 기계기구로서 사람이 쉽게 접촉할 우려가 있는 곳에 시설하는 것에 전기를 공급하는 전로에는 자동으로 차단하는 누전차단기를 시설하여야 한다. **답** ①

50 후강 전선관의 관 호칭은 (㉠) 크기로 정하여 (㉡)로 표시하는데, ㉠과 ㉡에 들어갈 내용으로 옳은 것은?

① ㉠ 안지름 ㉡ 홀수

② ㉠ 안지름 ㉡ 짝수

③ ㉠ 바깥지름 ㉡ 홀수

④ ㉠ 바깥지름 ㉡ 짝수

풀이
- 후강 전선관은 안지름의 크기에 가까운 짝수로 정하여 16[mm]에서 104[mm]까지 10종류가 있으며, 관의 두께는 2.3[mm] 이상, 1본의 길이는 3.6[m]이다.
- 박강 전선관은 바깥지름의 크기에 가까운 홀수로 정하여 15[mm]에서 75[mm]까지 7종으로 구분하며, 관의 두께는 1.6[mm] 이상이다. **답** ②

51 그림과 같은 심벌의 명칭은?

| MD |

① 금속덕트

② 버스덕트

③ 피더 버스덕트

④ 플러그인 버스덕트

풀이

명 칭	그림기호	
금속덕트	MD	
라이닝덕트	□----- LD ----□---- LD	
버스덕트	FBD	피드 버스덕트
	PBD	플러그인 버스덕트
	TBD	트롤리 버스덕트
	WP	방수형
	/\/	인스팬션 표시

답 ①

52 전주의 길이가 15[m] 이하인 경우 땅에 묻히는 깊이는 전장의 얼마 이상인가? (단, 설계하중이 6.8[kN] 이하이다.)

① 1/8 이상

② 1/6 이상

③ 1/4 이상

④ 1/3 이상

풀이 331.7 가공전선로 지지물의 기초의 안전율
강관주 또는 철근 콘크리트주로서 그 전체 길이가 16[m] 이하, 설계하중이 6.8[kN] 이하인 것 또는 목주를 다음에 의하여 시설하는 경우
① 전체의 길이가 15[m] 이하인 경우는 땅에 묻히는 깊이를 전체길이의 1/6 이상으로 할 것.
② 전체의 길이가 15[m]를 초과하는 경우는 땅에 묻히는 깊이를 2.5[m] 이상으로 할 것. **답 ②**

53 전선의 접속이 불완전하여 발생할 수 있는 사고로 볼 수 없는 것은?

① 감전　　　　　② 누전　　　　　③ 화재　　　　　④ 절전

풀이 절전(節電)은 전기를 아껴 사용하는 것으로 사고가 아니다. **답 ④**

54 금속관공사에서 금속관을 콘크리트에 매입할 경우 관의 두께는 몇 [mm] 이상의 것이어야 하는가?

① 0.8[mm]　　　② 1.0[mm]　　　③ 1.2[mm]　　　④ 1.5[mm]

풀이 232.12 금속관 공사(전선관의 두께)
• 콘크리트에 매입 : 1.2[mm] 이상
• 매입 이외의 경우 : 1[mm] 이상
단, 이음매가 없는 길이 4[m] 이하인 것을 건조하고 전개된 곳에 시설하는 경우에는 0.5[mm] **답 ③**

55 다음 중 금속 덕트 공사 방법과 거리가 가장 먼 것은?

① 덕트의 말단은 열어 놓을 것.
② 금속 덕트는 3[m] 이하의 간격으로 견고하게 지지할 것
③ 금속 덕트의 뚜껑은 쉽게 열리지 않도록 시설할 것
④ 금속 덕트 상호는 견고하고 또한 전기적으로 완전하게 접속할 것

풀이 1. 덕트 상호간은 견고하고 또한 전기적으로 완전하게 접속할 것
2. 덕트를 조영재에 붙이는 경우에는 덕트의 지지점 간의 거리를 3[m](취급자 이외의 자가 출입할 수 없도록 설비한 곳에서 수직으로 붙이는 경우에는 6[m]) 이하로 하고 또한 견고하게 붙일 것
3. 덕트의 뚜껑은 쉽게 열리지 아니하도록 시설할 것
4. 덕트의 끝부분은 막을 것
5. 덕트 안에 먼지가 침입하지 아니하도록 할 것
6. 덕트는 물이 고이는 낮은 부분을 만들지 않도록 시설할 것
7. 덕트는 접지공사를 할 것 **답 ①**

56 S형 슬리브 접속시 슬리브는 몇 회 이상 꼬아서 접속하여야 하는가?

① 2회　　　　　② 3회　　　　　③ 4회　　　　　④ 5회

풀이 ① 직선접속 ② 분기접속

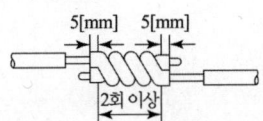

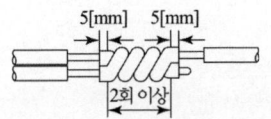

답 ①

57 아웃렛박스 등의 녹 아웃의 지름이 관의 지름보다 클 때 관을 고정시키기 위해 쓰는 재료의 명칭은?

① 터미널 캡 ② 링리듀서 ③ 엔트랜스 캡 ④ 유니버셜

풀이 링리듀서는 노크 아웃이 로크너트 보다 클 경우 사용한다. **답** ②

58 전선의 식별에 있어서 3선식일 경우 포함되지 않는 색깔은?

① 갈색 ② 회색 ③ 노랑색 ④ 흑색

풀이 121.2 전선의 식별

상(문자)	색상
L1	갈색
L2	흑색
L3	회색
N	청색
보호도체	녹색-노란색

답 ③

59 금속관 배관공사를 할 때 금속관을 구부리는 데 사용하는 공구는?

① 히키 (hickey) ② 파이프렌치 (pipe wrench)
③ 오스터 (oster) ④ 파이프 커터 (pipe cutter)

풀이 ① 히키 : 금속관을 구부리는 데 사용
② 파이프 렌치 : 금속관 커플링을 물고 죄는 것
③ 오스터 : 금속관 끝에 나사를 내는 공구
④ 파이프 커터 : 금속관을 절단할 때에 사용 **답** ①

60 두 개 이상의 회로에서 선행동작 우선회로 또는 상대동작 금지회로인 동력배선의 제어회로는?

① 자기유지회로 ② 인터록회로
③ 동작지연회로 ④ 타이머회로

풀이 인터록 회로 : 한쪽이 동작하면 다른 한쪽은 동작할 수 없는 회로 **답** ②

memo

2025

CBT 복원문제

동일출판사 홈페이지 및 YouTube에서
무료동영상 강의를 보실 수 있습니다.
(전기이론, 전기기기 해설)

1 다음 중 전위의 단위가 아닌 것은?

① A · Ω   ② J/C   ③ V   ④ V/m

풀이 [V/m]은 전계의 세기 단위이다.   **답** ④

2 물질에 따라 자석에 반발하는 물체를 무엇이라 하는가?

① 비자성체   ② 상자성체   ③ 반자성체   ④ 가역성체

풀이 ① 비자성체 : 자화되지 않는 물체
② 상자성체 : 자석에 끌리는 물체
③ 가역성체 : 모양은 변하나 본질은 변하지 않는 물체   **답** ③

3 R–L–C 직렬공진 회로에서 최소가 되는 것은?

① 저항 값   ② 임피던스 값   ③ 전류 값   ④ 전압 값

풀이

	직렬 공진	병렬 공진
임피던스	최소	최대
전압, 전류	최대	최소

답 ②

4 도체계에서 임의의 도체를 일정 전위의 도체로 완전 포위하면 내외 공간의 전계를 완전히 차단할 수 있다. 이것을 무엇이라 하는가?

① 전자차폐   ② 정전차폐
③ 홀(hall) 효과   ④ 핀치(pinch) 효과

풀이 임의의 도체를 접지된 도체로 완전 포위하면 외부에서 유도되는 전하를 차단할 수 있다. 이것을 정전차폐 라고 한다.   **답** ②

5 전력과 전력량에 관한 설명으로 틀린 것은?

① 전력은 전력량과 다르다.
② 전력량은 와트로 환산된다.
③ 전력량은 칼로리 단위로 환산된다.
④ 전력은 칼로리 단위로 환산할 수 없다.

풀이 ① 전력량은 소비되는 전력에 사용한 시간을 곱한 값으로 나타낸다.
    전력량 $W = P \cdot t$[Wh]
② 1[Wh]=860[cal]   **답** ②

6 다음 중 자석의 일반적인 성질에 대한 설명으로 틀린 것은?

① N극과 S극이 있다.   ② 자력선은 N극에서 S극으로 향한다.

③ 자력이 강할수록 자기력선 수가 많다.   ④ 자석은 고온이 되면 자력이 증가한다.

풀이   자석에는 다음과 같은 성질이 있다.
     ① 자석에는 N극과 S극이 있다.
     ② 자석은 같은 극끼리 서로 반발하고, 서로 다른 극끼리 끌어당기는 성질이 있다.
     ③ 자극으로부터 자력선이 나온다.
     ④ 자력선은 N극에서 나오고 S극으로 들어간다.
     ⑤ 자력선이 강할수록 자력선 수가 많다.
     ⑥ 자력선은 비지성체를 투과한다.
     ⑦ 발생되는 자력선은 아무리 사용해도 기본적으로 감소하지는 않는다.
     ⑧ 자력선은 장력이 존재한다.
     ⑨ 자석은 고온이 되면 자력이 감소되고, 저온이 되면 자력이 증가한다.
     ⑩ 자석은 임계온도(퀴리온도) 이상으로 가열하면 자석으로서의 성질이 없어진다.   **답** ④

7 비사인파 교류의 일반적인 구성이 아닌 것은?

① 기본파   ② 직류분   ③ 고조파   ④ 삼각파

풀이   비정현파 교류 = 직류분 + 기본파 + 고조파   **답** ④

8 일반적으로 절연체를 서로 마찰시키면 이들 물체는 전기를 띠게 된다. 이와 같은 현상은?

① 분극   ② 정전   ③ 대전   ④ 코로나

풀이   절연체를 서로 마찰시키면 이들 물체는 전기를 띠게 되고, 가벼운 물체를 끌어당기게 된다. 이와 같이 물체가 전기를 띠는 현상을 대전이라 한다.   **답** ③

9 전압계 및 전류계의 측정 범위를 넓히기 위하여 사용하는 배율기와 분류기의 접속 방법은?

① 배율기는 전압계와 병렬접속, 분류기는 전류계와 직렬접속

② 배율기는 전압계와 직렬접속, 분류기는 전류계와 병렬접속

③ 배율기 및 분류기 모두 전압계와 전류계에 직렬접속

④ 배율기 및 분류기 모두 전압계와 전류계에 병렬접속

풀이   ① 전압계의 측정 범위를 넓히기 위하여 전압계에 직렬로 저항을 접속하여 측정하는데, 이때 직렬로 연결한 저항을 배율기라 한다.

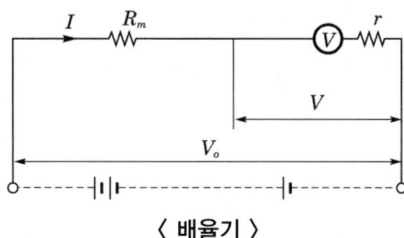

〈 배율기 〉

② 전류계의 측정 범위를 넓히기 위하여 전류계에 병렬로 저항을 접속하여 측정하는데, 이때 병렬로 연결한 저항을 분류기라 한다.

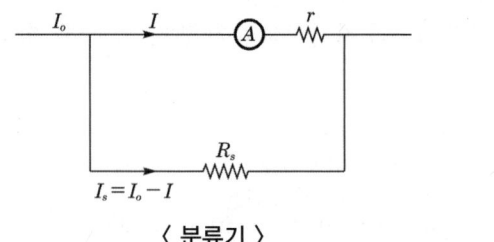

〈 분류기 〉   **답** ②

10 100[V]의 전위차로 가속된 전자의 운동 에너지는 몇 [J]인가?

① 1.6×10^{-20} ② 1.6×10^{-19} ③ 1.6×10^{-18} ④ 1.6×10^{-17}

풀이 운동 에너지 $E = eV = 1.6 \times 10^{-19} \times 100 = 1.6 \times 10^{-17}$[J]
단, 전하량 $e = 1.6 \times 10^{-19}$[C]   **답** ④

11 RL 직렬회로에 교류전압 $v = V_m \sin\theta$[V]를 가했을 때 회로의 위상각 θ를 나타낸 것은?

① $\theta = \tan^{-1}\dfrac{R}{\omega L}$ 　　　　　　　　　② $\theta = \tan^{-1}\dfrac{\omega L}{R}$

③ $\theta = \tan^{-1}\dfrac{1}{R\omega L}$ 　　　　　　　　　④ $\theta = \tan^{-1}\dfrac{R}{\sqrt{R^2 + (\omega L)^2}}$

풀이 유도성 회로의 임피던스도는 다음과 같다.

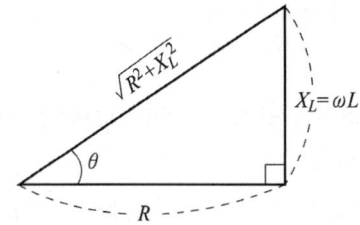

따라서 임피던스 각 또는 전압과 전류의 위상차 $\theta = \tan^{-1}\dfrac{X}{R}$이다.   **답** ②

12 두 콘덴서 C_1, C_2를 직렬로 접속하고 양단에 E[V]의 전압을 가할 때 C_1에 걸리는 전압은?

① $\dfrac{C_1}{C_1 + C_2}E$ 　　② $\dfrac{C_2}{C_1 + C_2}E$ 　　③ $\dfrac{C_1 + C_2}{C_1}E$ 　　④ $\dfrac{C_1 + C_2}{C_2}E$

풀이 콘덴서의 경우 전압분배 법칙은 전압이 정전용량에 반비례하므로 $E_1 = \dfrac{C_2}{C_1 + C_2}E$가 된다.   **답** ②

13 납축전지가 완전히 방전되면 음극과 양극은 무엇으로 변하는가?

① $PbSO_4$ ② PbO_2 ③ H_2SO_4 ④ Pb

풀이

$$PbO_2 + 2H_2SO_4 + Pb \underset{\text{충전}}{\overset{\text{방전}}{\rightleftharpoons}} PbSO_4 + 2H_2O + PbSO_4$$

(+극)　　전해액　　(−극)　　　(+극)　　　　　　(−극)

답 ①

14 전류의 방향과 자장의 방향은 각각 나사의 진행 방향과 회전 방향에 일치한다와 관계가 있는 법칙은?

① 플레밍의 왼손 법칙   ② 앙페르의 오른나사법칙

③ 플레밍의 오른손 법칙   ④ 키르히호프의 법칙

풀이 직선 도체에 전류가 흐르면 자계가 형성되며 그림과 같이 도체에 수직인 평면상에서 오른나사가 진행하는 방향으로 전류가 흐를 때 나사를 돌리는 방향으로 자계가 발생한다. 즉, 전류에 의한 자계 방향의 관계를 앙페르의 오른나사 법칙이라 한다.

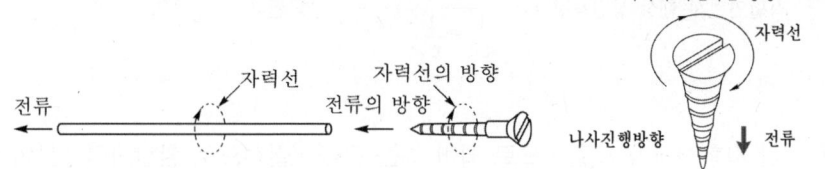

답 ②

15 인버터의 스위칭 주기가 1[msec]이면 주파수는 몇 [Hz]인가?

① 20   ② 60   ③ 100   ④ 1000

풀이 주기 $T = \dfrac{1}{f}$[sec]이므로 주파수 $f = \dfrac{1}{T} = \dfrac{1}{1 \times 10^{-3}} = 1000$[Hz]가 된다.

답 ④

16 두 자극 사이에 작용하는 힘을 나타내는데 맞는 식은?

① $9 \times 10^9 \dfrac{m_1 m_2}{\mu_s r^2}$ ② $6.33 \times 10^4 \dfrac{m_1 m_2}{\mu_s r^2}$

③ $9 \times 10^9 \dfrac{m}{\mu_s r^2}$ ④ $6.33 \times 10^4 \dfrac{m}{\mu_s r^2}$

풀이 각각 m_1, m_2[Wb], 자극간의 거리를 r[m], 상호간에 작용하는 자기력을 F[N]라 하면

$$F = \frac{m_1 m_2}{4\pi\mu_0 \,\mu_s\, r^2} = 6.33 \times 10^4 \frac{m_1 m_2}{\mu_s\, r^2} [\text{N}]$$

의 관계가 있으며, 힘의 방향은 두 극을 연결하는 직선상에 있다. 이 식을 쿨롱의 법칙이라 한다.

답 ②

17 자기 인덕턴스에 축적되는 에너지에 대한 설명으로 가장 옳은 것은?

① 자기 인덕턴스 및 전류에 비례한다.

② 자기 인덕턴스 및 전류에 반비례한다.

③ 자기 인덕턴스와 전류의 제곱에 반비례한다.

④ 자기 인덕턴스에 비례하고 전류의 제곱에 비례한다.

풀이 $W = \frac{1}{2}LI^2[\text{J}]$ (단, W : 자계에너지, L : 자기인덕턴스, I : 전류)이므로,

자기 인덕턴스에 축적되는 에너지는 자기 인덕턴스에 비례하고 전류의 제곱에 비례한다. **답** ④

18 정전 용량 C_1, C_2가 직렬로 접속되어 있을 때의 합성 정전 용량은?

① $\frac{1}{C_1} + \frac{1}{C_2}$ ② $\frac{C_1 C_2}{C_1 + C_2}$ ③ $\frac{1}{C_1 + C_2}$ ④ $C_1 + C_2$

풀이 직렬연결시 합성 정전용량 $C = \frac{1}{\frac{1}{C_1} + \frac{1}{C_2}} = \frac{C_1 C_2}{C_1 + C_2}$ 가 된다. **답** ②

19 $R[\Omega]$인 저항 3개가 △결선으로 되어 있는 것을 Y결선으로 환산하면 1상의 저항(Ω)은?

① $\frac{1}{3}R$ ② R ③ $3R$ ④ $\frac{1}{R}$

풀이 세 임피던스의 값이 모두 동일한 경우 △결선을 Y결선으로 변경하면 1/3배가 되고, Y결선을 △결선으로 변경하면 3배가 된다. **답** ①

20 2전력계법으로 3상 전력을 측정할 때 지시값이 $P_1 = 200[\text{W}]$, $P_2 = 200[\text{W}]$일 때 부하전력 [W]은?

① 200   ② 400   ③ 600   ④ 800

풀이 2전력계법

① 유효전력 : $P_1 + P_2$ [W]

② 무효전력 : $\sqrt{3}(P_1 - P_2)[\text{Var}]$

이므로, 이 부하의 전력은

$P = P_1 + P_2 = 200 + 200 = 400[\text{W}]$

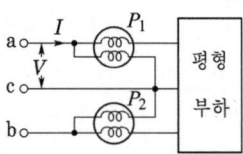

답 ②

21 부흐홀츠 계전기의 설치 위치로 가장 적당한 것은?

① 변압기 주탱크 내부   ② 콘서베이터 내부

③ 변압기의 고압측 부싱   ④ 변압기 주탱크와 콘서베이터 사이

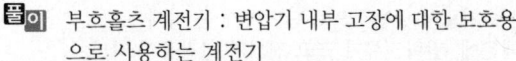

풀이 부흐홀츠 계전기 : 변압기 내부 고장에 대한 보호용으로 사용하는 계전기
- 원리 : 변압기의 주탱크와 컨서베이터 사이에 부착하여 변압기의 내부 고장이 생기는 때에 오일의 분해가스나 오일의 분류를 이용하여 경보를 발하거나 차단기를 작동시킨다.
- 특징 : 상부의 부낭은 경보용이며 하부의 부낭은 차단기를 동작시킨다.

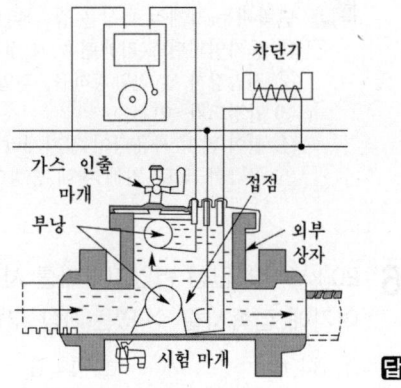

답 ④

22 동기 전동기를 자기 기동법으로 기동시킬 때 계자 회로는 어떻게 하여야 하는가?

① 단락시킨다.　　　　　　　② 개방시킨다.
③ 직류를 공급한다.　　　　　④ 단상교류를 공급한다.

풀이 보통 기동시에는 계자 권선 중에 고전압이 유도되어 절연을 파괴하므로 방전 저항을 접속하여 단락 상태로 기동한다. 이때 계자 권선은 일종의 단상 2차 권선으로서 토크를 발생하기 때문에 계자 권선의 저항값의 3~7배 정도의 방전 저항을 사용한다.　　**답** ①

23 워드 레오너드 방식에 의한 분권 전동기의 속도 제어는?

① 전기자에 가하는 전압을 조정한다.
② 계자를 가감한다.
③ 전기자 회로에 저항을 접속한다.
④ 전기자 유효 도체수를 변화시킨다.

풀이 전압 제어의 일종으로 전동기의 속도 제어용 전용 발전기를 설치하여 여자를 조정, 출력 전압을 조정하면 전기자에 인가되는 전압이 조정되어 속도 제어가 된다.　　**답** ①

24 PN접합 다이오드의 대표적인 작용으로 옳은 것은?

① 정류작용　　　　　　　　② 변조작용
③ 증폭작용　　　　　　　　④ 발진작용

풀이 PN 접합 다이오드는 순방향으로만 전류가 흐르는 특성(정류)이 있고, 이 PN 접합 반도체를 다이오드라 한다.　　**답** ①

25 단락비가 큰 동기 발전기에 대한 설명으로 틀린 것은?

① 단락 전류가 크다.　　　　② 동기 임피던스가 작다.
③ 전기자 반작용이 크다.　　④ 공극이 크고 전압 변동률이 작다.

풀이 단락비는 기계적 특성을 잘 나타내는 수치로서 일반적으로 단락비가 큰 기계는
① 동기임피던스(리액턴스)가 작기 때문에, 단락전류가 크고 전기자 반작용이 작다.
② 전압강하 및 전압강하율, 전압변동률이 작다.
③ 안정도가 좋다.
④ 철이 많이 사용되어 철기계라 불린다.
⑤ 공극이 크고, 기계 형태 중량이 증가한다.　**답** ③

26 20[kVA]의 단상 변압기 2대를 사용하여 V−V 결선으로 하고 3상 전원을 얻고자 한다. 이때 여기에 접속시킬 수 있는 3상 부하의 용량은 약 몇 [kVA]인가?

① 34.6　　　　　② 44.6　　　　　③ 54.6　　　　　④ 66.6

풀이 V결선 시 출력은 1대의 용량에 $\sqrt{3}$ 배이므로 $P_V = \sqrt{3}\,P_1 = \sqrt{3} \times 20 = 34.64[kVA]$　**답** ①

27 200[V] 50[Hz] 8극 15[kW]의 3상 유도 전동기에서 전부하 회전수가 720[rpm]이면 이 전동기의 2차에 효율은 몇 [%]인가?

① 86　　　　　② 96　　　　　③ 98　　　　　④ 100

풀이 2차 효율은 $\eta_r = \dfrac{P_o}{P_2} = 1 - s = \dfrac{N}{N_s} \times 100\,[\%]$이므로 슬립을 구하여야 한다.

동기속도 $N_s = \dfrac{120f}{p} = \dfrac{120 \times 50}{8} = 750[rpm]$

슬립 $s = \dfrac{N_s - N}{N_s} = \dfrac{750 - 720}{750} = 0.04$

2차 효율은 $\eta_2 = 1 - s = 1 - 0.04 = 0.96$　**답** ②

28 일정 전압 및 일정 파형에서 주파수가 상승하면 변압기 철손은 어떻게 변하는가?

① 증가한다.　　　　　② 감소한다.
③ 불변이다.　　　　　④ 어떤 기간 동안 증가한다.

풀이 $P_h \propto \dfrac{1}{f}$에서 히스테리시스손은 주파수에 반비례한다.
따라서 히스테리시스손은 감소하므로 결국 철손은 감소한다.　**답** ②

29 직류 발전기 전기자 구성으로 옳은 것은?

① 전기자, 철심, 정류자　　　　　② 전기자 권선, 전기자 철심
② 전기자 권선, 계자　　　　　④ 전기자 철심, 브러시

풀이 직류발전기의 전기자는 기전력을 유기하는 부분으로 철심과 전기자 권선으로 되어 있다.　**답** ②

30 변압기의 2차 저항이 0.1[Ω]일 때 1차로 환산하면 360[Ω]이 된다. 이 변압기의 권수비는?

① 30　　　　　② 40　　　　　③ 50　　　　　④ 60

풀이　변압기 권수비의 식 $a = \dfrac{N_1}{N_2} = \dfrac{V_1}{V_2} = \dfrac{I_2}{I_1} = \sqrt{\dfrac{R_1}{R_2}}$ 이다.

∴ $a = \sqrt{\dfrac{R_1}{R_2}} = \sqrt{\dfrac{360}{0.1}} = 60$　　　　　답 ④

31 유도 전동기의 2차측 저항을 2배로 하면 그 최대 회전력은?

① 1/2배　　　　② $\sqrt{2}$ 배　　　　③ 2배　　　　④ 불변

풀이　유도 전동기의 2차측 저항을 증가시키면 슬립이 증가하여 최대 토크 발생슬립이 이동하게 된다. 최대토크의 크기는 불변이며, 속도는 감소한다. 이러한 현상을 비례추이라 한다.　답 ④

32 동기 발전기의 병렬운전 조건이 아닌 것은?

① 유도 기전력의 크기가 같을 것　　　② 동기발전기의 용량이 같을 것
③ 유도 기전력의 위상이 같을 것　　　④ 유도 기전력의 주파수가 같을 것

풀이　동기발전기 병렬운전 조건
① 기전력의 크기가 같을 것(발전기 내부에 무효 횡류가 흐른다.)
② 상회전이 일치하고, 기전력이 동위상일 것(유효 횡류가 흐른다.)
③ 기전력과 주파수가 같을 것
④ 기전력과 파형이 같을 것　　　답 ②

33 3상 농형유도전동기의 Y-△ 기동시의 기동전류를 전전압 기동시와 비교하면?

① 전전압 기동전류의 1/3로 된다.　　② 전전압 기동전류의 $\sqrt{3}$ 배로 된다.
③ 전전압 기동전류의 3배로 된다.　　④ 전전압 기동전류의 9배로 된다.

풀이　• Y-△ 기동법은 5.5[kW]에서 15[kW] 정도의 3상 유도 전동기에 사용된다.
• Y결선으로 기동하는 경우 선간전압을 $\dfrac{1}{\sqrt{3}}$ 배 낮춤으로써 기동전류를 $\dfrac{1}{3}$ 배 줄일수 있다.　답 ①

34 농형 유도전동기의 기동법이 아닌 것은?

① Y-△ 기동법　　　　　② 기동보상기에 의한 기동법
③ 2차 저항기법　　　　　④ 전전압 기동법

풀이　유도 전동기의 기동법
• 농형 유도 전동기 : 전전압 기동법, Y-△ 기동법, 변연장 △결선법, 기동 보상기법
• 권선형 유도 전동기 : 기동 저항기법, 게르게스법　답 ③

35 다음 중 변압기의 원리와 가장 관계가 있는 것은?

① 전자유도 작용   ② 표피작용
③ 전기자 반작용   ④ 편자작용

풀이 그림과 같이 자기회로를 가진 1개의 철심에 두개의 코일을 감고 한쪽권선에 교류 전압을 가하면 철심에 교번 자계에 의한 자속이 흘러 다른 권선을 지나가면 전자유도작용에 의해 그 권선에 비례하여 유도 기전력이 발생한다. 이것을 변압기(transformer)라 한다.

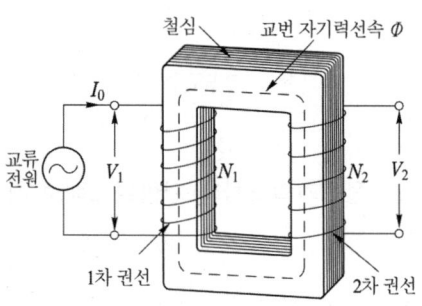

답 ①

36 교류회로에서 양방향 점호(ON) 및 소호(OFF)를 이용하며, 위상제어를 할 수 있는 소자는?

① TRIAC   ② SCR   ③ GTO   ④ IGBT

풀이 TRIAC (Trielectrode AC switch)

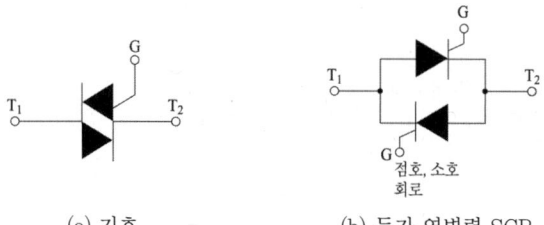

　(a) 기호　　　　　(b) 등가 역병렬 SCR

답 ①

37 다음은 3상 유도전동기 고정자 권선의 결선도를 나타낸 것이다. 맞는 사항을 고르시오.

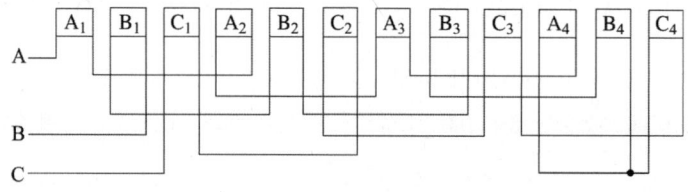

① 3상 2극, Y결선   ② 3상 4극, Y결선
③ 3상 2극, △결선   ④ 3상 4극, △결선

풀이 3상(A, B, C) 4극(1, 2, 3, 4)이 하나의 접점에 연결되어 있으므로 Y결선이다.

답 ②

38 상전압 300[V]의 3상 반파 정류 회로의 직류 전압은 약 몇 [V]인가?

① 520[V]   ② 350[V]   ③ 260[V]   ④ 50[V]

풀이 3상 반파정류회로의 직류 전압 $E_d = \dfrac{3\sqrt{6}}{2\pi}\,V = \dfrac{3\sqrt{6}}{2\pi}\times 300 = 350.86[\text{V}]$　**답 ②**

39 직류발전기에서 균압환을 설치하는 이유로 옳은 것은?

① 전압을 높인다.　　　　　　　　② 전압강하 방지
③ 저항 감소　　　　　　　　　　④ 브러시 불꽃 방지

풀이 중권에서는 유기기전력의 불평형으로 인한 순환전류가 브러시를 통해 흘러 정류에 나쁜 영향(불꽃발생 등)을 미치게 되는데, 이것을 방지하기 위하여 균압환을 설치한다.　**답 ④**

40 동기 발전기의 돌발 단락 전류를 주로 제한하는 것은?

① 누설 리액턴스　　　　　　　　② 역상 리액턴스
③ 동기 리액턴스　　　　　　　　④ 권선저항

풀이 동기기에서 저항은 누설 리액턴스에 비하여 작으며 전기자 반작용은 단락 전류가 흐른 뒤에 작용하므로 돌발 단락 전류를 제한하는 것은 누설 리액턴스이다. 역상 리액턴스는 역상 전류에 대응하는 것으로 3상 평형 단락이 되면 역상 전류는 흐르지 않는다.
• 동기 리액턴스 = 누설 리액턴스 + 반작용 리액턴스　**답 ①**

41 무대, 무대 밑, 오케스트라 박스, 영사실, 기타 사람이나 무대 도구가 접촉할 우려가 있는 장소에 시설하는 저압옥내배선, 전구선 또는 이동전선은 사용 전압이 몇 [V] 이하이어야 하는가?

① 60[V]　　　　② 110[V]　　　　③ 220[V]　　　　④ 400[V]

풀이 242.6 전시회, 쇼 및 공연장의 전기설비
무대·무대마루 밑·오케스트라 박스·영사실 기타 사람이나 무대 도구가 접촉할 우려가 있는 곳에 시설하는 저압 옥내배선, 전구선 또는 이동전선은 사용전압이 400[V] 이하이어야 한다.　**답 ④**

42 금속관을 절단할 때 사용되는 공구는?

① 오스터　　　　　　　　　　　② 녹 아웃 펀치
③ 파이프 커터　　　　　　　　　④ 파이프 렌치

풀이 ① 오스터 : 금속관 끝에 나사를 내는 공구
② 노크 아웃 펀치 : 분전반, 풀박스 등의 전선관 인출을 위한 인출공을 뚫는 공구
③ 파이프 커터 : 금속관을 절단하는 공구
④ 파이프 렌치 : 금속관을 커플링으로 접속할 때 금속관 커플링을 물고 죄는 것　**답 ③**

43 전기 울타리의 시설에서 전기 울타리용 전원 장치에 전기를 공급하는 전로의 사용 전압은 몇 [V] 이하인가?

① 250　　　　　② 500　　　　　③ 600　　　　　④ 700

풀이 241.1 전기울타리
전기울타리용 전원장치에 전기를 공급하는 전로의 사용전압은 250[V] 이하일 것.
답 ①

44 플로어 덕트 공사의 설명 중 옳지 않은 것은?

① 덕트 상호간 접속은 견고하고 전기적으로 완전하게 접속하여야 한다.

② 덕트의 끝 부분은 막는다.

③ 덕트 및 박스 기타 부속품은 물이 고이는 부분이 없도록 시설하여야 한다.

④ 플로어 덕트는 접지공사를 아니하여야 한다.

풀이 232.32.3 플로어덕트 및 부속품의 시설
① 덕트 상호 간 및 덕트와 박스 및 인출구와는 견고하고 또한 전기적으로 완전하게 접속할 것.
② 덕트 및 박스 기타의 부속품은 물이 고이는 부분이 없도록 시설하여야 한다.
③ 박스 및 인출구는 마루 위로 돌출하지 아니하도록 시설하고 또한 물이 스며들지 아니하도록 밀봉할 것.
④ 덕트의 끝부분은 막을 것.
⑤ 덕트는 접지공사를 할 것.
답 ④

45 저압크레인 또는 호이스트 등의 트롤리선을 애자공사에 의하여 옥내의 노출장소에 시설하는 경우 트롤리선의 바닥에서의 최소 높이는 몇 [m] 이상으로 설치하는가?

① 2   ② 2.5   ③ 3   ④ 3.5

풀이 232.81 옥내에 시설하는 저압 접촉전선 배선
① 이동기중기 · 자동청소기 그 밖에 이동하며 사용하는 저압의 전기기계기구에 전기를 공급하기 위하여 사용하는 저압 접촉전선을 옥내에 시설하는 경우에는 기계기구에 시설하는 경우 이외에는 전개된 장소 또는 점검할 수 있는 은폐된 장소에 애자공사 또는 버스덕트공사 또는 절연트롤리공사에 의하여야 한다.
② 저압 접촉전선을 애자공사에 의하여 옥내의 전개된 장소에 시설하는 경우에는 전선의 바닥에서의 높이는 3.5[m] 이상으로 하고 또한 사람이 접촉할 우려가 없도록 시설할 것.
답 ④

46 다음 중 전선 및 케이블 접속 방법이 잘못된 것은?

① 전선의 세기를 30[%] 이상 감소시키지 않을 것

② 접속 부분은 접속관 기타의 기구를 사용하거나 납땜을 할 것

③ 코드 상호, 캡타이어 케이블 상호, 케이블 상호, 또는 이들 상호를 접속하는 경우에는 코드 접속기, 접속함 기타의 기구를 사용 할 것

④ 도체에 알루미늄을 사용하는 전선과 동을 상용하는 전선을 접속하는 경우에는 접속 부분에 전기적인 부식이 생기지 않도록 할 것

풀이 전선 접속시 주의 사항
① 전선의 전기 저항은 증가시키지 말아야 한다.
② 전선의 인장 하중을 20[%] 이상 감소시키지 말아야 한다.
③ 전선 접속시 절연내력은 접속전의 절연내력 이상으로 절연하여야 한다.
답 ①

47 고압 가공 전선로로부터 수전하는 수용가의 인입구에 시설하는 피뢰기의 접지 공사에 있어서 접지선이 피뢰기 접지 공사 전용의 것이면 접지저항[Ω]은 얼마까지 허용되는가?

① 5　　　　　　　② 10　　　　　　　③ 30　　　　　　　④ 75

풀이　341.14 피뢰기의 접지
　　가. 고압 및 특고압의 전로에 시설하는 피뢰기 접지저항 값은 10[Ω] 이하로 하여야 한다.
　　나. 고압가공전선로에 시설하는 피뢰기의 접지공사의 접지선이 전용의 것인 경우에는 접지 저항치가 30 [Ω]까지 허용된다.　　　　　　　　**답** ③

48 인입용 비닐절연전선을 나타내는 약호는?

① OW　　　　　　② EV　　　　　　③ DV　　　　　　④ NV

풀이　① OW : 옥외용 비닐 절연 전선
　　② EV : 폴리에틸렌 절연 비닐 시스 케이블
　　③ DV : 인입용 비닐 절연 전선
　　④ NV : 비닐 절연 네온 전선　　　　　　　　**답** ③

49 고압 가공 케이블을 설치하기 위한 조가용선은 단면적 몇 [mm²]인 아연도 철연선 또는 이와 동등 이상의 세기 및 굵기의 연선을 사용하여야 하는가?

① 8　　　　　　　② 14　　　　　　　③ 22　　　　　　　④ 30

풀이　332.2 가공케이블의 시설
　　저압 가공전선 또는 고압 가공전선에 케이블을 사용하는 경우에는 다음에 따라 시설하여야 한다.
　　가. 케이블은 조가용선에 행거로 시설할 것. 이 경우에는 사용전압이 고압인 때에는 행거의 간격은 0.5[m] 이하로 하는 것이 좋다.
　　나. 조가용선은 인장강도 5.93[kN] 이상의 것 또는 단면적 22[mm²] 이상인 아연도강연선일 것
　　다. 조가용선 및 케이블의 피복에 사용하는 금속체에는 접지공사를 할 것
　　라. 조가용선을 케이블에 접촉시켜 금속 테이프를 감는 경우에는 20[cm] 이하의 간격으로 나선상으로 한다.

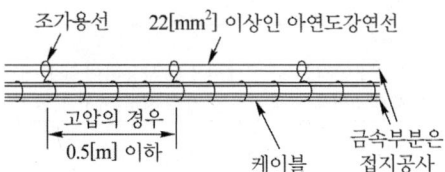

　　　　　　　　　　　　　　　　　　　　　　　　　　　　　답 ③

50 조명기구를 배광에 따라 분류하는 경우 특정한 장소만을 고조도로 하기 위한 조명기구는?

① 직접 조명기구　　　　　　　　② 전반확산 조명기구
③ 광천장 조명기구　　　　　　　④ 반직접 조명기구

풀이　① 직접조명 : 빛을 직접 대상물에 비추는 조명방식
　　② 전반확산조명 : 하향광속으로 직접 작업면에 직사시키고 상향광속의 반사광으로 작업면의 조도를 증가시키는 조명방식

③ 광천장 조명 : 천장 전면을 발광면으로 하는 조명
④ 반직접조명 : 빛의 60~90[%]가 아래로 향하여 직접 표면을 비추고 나머지 10~40[%]는 천정면을 향하여 반사시키는 조명방식　　**답** ①

51 합성수지관의 특성은?

① 내열성　　　　② 내부식성　　　　③ 내한성　　　　④ 내충격성

풀이 합성수지관은 내부식성이 강하며, 절연성이 우수하다.　　**답** ②

52 전주의 길이가 16[m]이고, 설계하중이 6.8[kN] 이하의 철근콘크리트주를 시설할 때 땅에 묻히는 깊이는 몇 [m] 이상이어야 하는가?

① 1.2　　　　② 1.4　　　　③ 2.0　　　　④ 2.5

풀이 331.7 가공전선로 지지물의 기초의 안전율
강관주 또는 철근 콘크리트주로서 그 전체 길이가 16[m] 이하, 설계하중이 6.8[kN] 이하인 것 또는 목주를 다음에 의하여 시설하는 경우
① 전체의 길이가 15[m] 이하인 경우는 땅에 묻히는 깊이를 전체길이의 1/6 이상으로 할 것.
② 전체의 길이가 15[m]를 초과하는 경우는 땅에 묻히는 깊이를 2.5[m] 이상으로 할 것.　　**답** ④

53 저압가공전선이 철도 또는 궤도를 횡단하는 경우에는 레일면상 몇 [m] 이상이어야 하는가?

① 3.5　　　　② 4.5　　　　③ 5.5　　　　④ 6.5

풀이 222.7 저압 가공전선의 높이 / 332.5 고압 가공전선의 높이

설치장소		가공전선의 높이
도로횡단 (번잡하지 않은 도로 제외)		지표상 6[m] 이상
철도 또는 궤도 횡단		레일면상 6.5[m] 이상
횡단보도교 위	저압	노면상 3.5[m] 이상(단, 절연전선의 경우 3[m] 이상)
	고압	노면상 3.5[m] 이상
일반장소		지표상 5[m] 이상. 단, 저압의 경우 절연전선 또는 케이블을 사용하여 교통에 지장이 없도록 하여 옥외조명용에 공급하는 경우 4[m]까지 감할 수 있다.
다리의 하부 기타 이와 유사한 장소		저압의 전기철도용 급전선은 지표상 3.5[m]까지로 감할 수 있다.

답 ④

54 고압 이상에서 기기의 점검, 수리 시 무전압, 무전류 상태로 전로에서 단독으로 전로의 접속 또는 분리하는 것을 주목적으로 사용되는 수·변전기기는?

① 기중부하 개폐기　　　　　　② 단로기
③ 전력퓨즈　　　　　　　　　④ 컷아웃 스위치

풀이 ① 부하 개폐기(LBS) : 변압기 등의 운전·정지 또는 전력계통의 운전·정지 등 부하전류가 흐르고 있는 회로의 개폐를 목적으로 사용
② 단로기(DS) : 전류가 흐르지 않는 상태(무부하시)에서 회로의 접속 변경 및 점검 수리시에 사용되는 개폐기를 말한다.
③ 전력퓨즈(PF) : 회로를 단락사고로부터 보호
④ 컷아웃 스위치(COS) : 기계 기구(변압기)를 과전류로부터 보호
답 ②

55 지중전선로 시설 방식이 아닌 것은?
① 직접 매설식　　　　　　　　　　② 관로식
③ 트라이식　　　　　　　　　　　　④ 암거식

풀이 지중전선로의 종류 : 관로식, 암거식, 직접 매설식
답 ③

56 다음 중 접지 저항의 측정에 사용되는 측정기의 명칭은?
① 회로 시험기　　　　　　　　　　② 변류기
③ 검류기　　　　　　　　　　　　④ 어스테스터

풀이 접지 저항측정에는 어스테스터를 사용한다.
답 ④

57 랙(rack)을 이용한 배선 방법은 어떤 전선로에 사용되는가?
① 저압 가공선로　　　　　　　　　② 고압 가공선로
③ 저압 지중선로　　　　　　　　　④ 고압 지중선로

풀이 저압 배전선로에서 전선을 수직으로 지지할 때 사용하는 장주용 자재를 랙(rack)이라고 한다. **답** ①

58 자가용 전기설비의 보호 계전기의 종류가 아닌 것은?
① 과전류계전기　　　　　　　　　② 과전압계전기
③ 부족전압계전기　　　　　　　　④ 부족전류계전기

풀이 ① 자가용 전기설비의 보호 계전기 종류로는 과전류계전기, 과전압계전기, 지락계전기, 선택지락계전기, 차동계전기, 비율차동계전기, 저전압계전기, 부흐홀쯔계전기, 충격압력계전기 등이 있다.
② 부족전류계전기는 보호 목적보다는 주로 제어용으로 사용한다.
답 ④

59 최대 사용 전압이 220[V]인 3상 유도 전동기가 있다. 이것의 절연 내력 시험 전압은 몇 [V]로 하여야 하는가?
① 330　　　　　　　　　　　　　② 500
③ 750　　　　　　　　　　　　　④ 1050

풀이 133 회전기 및 정류기의 절연내력

종 류			시험 전압 (최대사용 전압의 배수)	시험 방법
회 전 기	발전기·전동 기·조상기· 기타회전기	최대사용전압 7[kV] 이하	1.5배(최저 500[V])	권선과 대지 사이에 연속하 여 10분간 가한다.
		최대사용전압 7[kV] 초과	1.25배(최저 10.5[kV])	
	회전 변류기		직류측의 최대사용전압의 1배의 교류 전압(최저 500[V])	

∴ 시험 전압 = $220 \times 1.5 = 330$[V](최저 500[V])

답 ②

60 동전선의 접속방법에서 종단접속 방법이 아닌 것은?

① 비틀어 꽂는 형의 전선접속기에 의한 접속
② 종단겹침용 슬리브(E형)에 의한 접속
③ 직선 맞대기용 슬리브(B형)에 의한 압착접속
④ 직선 겹침용 슬리브(P형)에 의한 접속

풀이 종단접속의 방법에는 가는 단선의 종단접속, 동선압착단자에 의한 접속, 비틀어 꽂는 형의 전선접속기에 의한 접속, 종단겹침용 슬리브(E형)에 의한 접속, 직선겹침용 슬리브(P형)에 의한 접속, 꽂음형 커넥터에 의한 접속이 있다.

답 ③

1 진공 중에 놓인 3[μC]의 점전하에서 3[m] 되는 점의 전계는 몇 [V/m]인가?

① 100　　　　　　② 1000　　　　　　③ 300　　　　　　④ 3000

풀이 점의 전계 $E = \dfrac{Q}{4\pi\epsilon_0 r^2} = 9 \times 10^9 \times \dfrac{Q}{r^2} = 9 \times 10^9 \times \dfrac{3 \times 10^{-6}}{3^2} = 3000[\text{V/m}]$　　　**답** ④

2 비유전율이 9인 물질의 유전율은 약 얼마인가?

① $80 \times 10^{-12}[\text{F/m}]$　　　　　　② $80 \times 10^{-8}[\text{F/m}]$

③ $1 \times 10^{-12}[\text{F/m}]$　　　　　　④ $1 \times 10^{-8}[\text{F/m}]$

풀이 $\epsilon = \epsilon_s \epsilon_0 = 9 \times 8.85 \times 10^{-12} = 80 \times 10^{-12}[\text{F/m}]$　　　**답** ①

3 다음 중 선형소자는 어느 것인가?

① 바리스터　　　　　　② 서미스터

③ 커패시터　　　　　　④ 트랜지스터

풀이
- 선형소자 : 전압이나 전류의 변화 또는 외부 환경조건에 의해서 소자의 상수값이 변하지 않고 일정하게 유지되는 소자로 저항, 인덕터, 커패시터 등이 있다.
- 비선형소자 : 인가된 전압이나 온도 등에 의해서 소자의 상수값이 변하는 소자로 바리스터, 서미스터, 트랜지스터 등이 있다.　　　**답** ③

4 비유전율이 큰 산화티탄 등을 유전체로 사용한 것으로 극성이 없으며 가격에 비해 성능이 우수하여 널리 사용되고 있는 콘덴서의 종류는?

① 전해 콘덴서　　　　　　② 세라믹 콘덴서

③ 마일러 콘덴서　　　　　　④ 마이카 콘덴서

풀이 ① 전해 콘덴서
　　　케미콘이라 한다. 유전체를 산화 피막으로 만들어 비교적 큰 용량을 얻을 수 있다. 전원의 평활 회로, 저주파 바이패스 등에 쓰인다.
② 세라믹 콘덴서
　　　전극에 티탄산바륨과 같은 유전율이 높은 세라믹 재료로 만들었으며, 전극의 극성이 없는 것이 특징이다. 용량은 비교적 작아 아날로그 신호계에 사용할 수 있다.
③ 마일러 콘덴서
　　　얇은 폴리에스테르필름의 양면에 금속박을 대고 원통형으로 감은 것으로 극성이 없다. 가격은 저렴하나 정밀하지 못한 결점이 있다.
④ 마이카(운모) 콘덴서
　　　소용량의 콘덴서로 널리 쓰이며, 온도에 따른 용량변화가 적고 절연저항이 높다.　　　**답** ②

5 전기력선에 대한 설명으로 틀린 것은?

① 같은 전기력선은 흡인한다.

② 전기력선은 서로 교차하지 않는다.

③ 전기력선은 도체의 표면에 수직으로 출입한다.

④ 전기력선은 양전하의 표면에서 나와서 음전하의 표면에서 끝난다.

풀이 전기력선의 성질

① 전기력선은 정전하에서 출발하여 부전하에서 멈추거나 무한원까지 퍼진다.

② 전기력선상의 임의의 한 점에서의 접선 방향은 그 점의 전계의 방향을 나타낸다. 즉, 전기력선의 방향은 전계의 방향과 일치한다.

③ 전기력선 밀도는 전계의 세기와 같다.

④ 전기력선은 서로 교차하지 않으며, 전하가 없는 곳에서는 전기력선의 발생과 소멸이 없고 연속적이다.

⑤ 전기력선은 전위가 높은 곳에서 낮은 곳으로 향한다.

⑥ 전기력선은 등전위면과 직교한다.

답 ①

6 $R_1[\Omega]$, $R_2[\Omega]$, $R_3[\Omega]$의 저항 3개를 직렬 접속했을 때의 합성저항$[\Omega]$은?

① $R = \dfrac{R_1 \cdot R_2 \cdot R_3}{R_1 + R_2 + R_3}$

② $R = \dfrac{R_1 + R_2 + R_3}{R_1 \cdot R_2 \cdot R_3}$

③ $R = R_1 \cdot R_2 \cdot R_3$

④ $R = R_1 + R_2 + R_3$

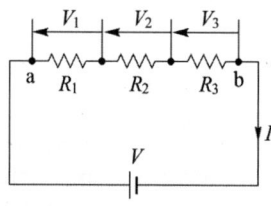

풀이 • 직렬 연결 시 합성저항 $R = R_1 + R_2 + R_3 + \cdots\cdots + R_n[\Omega]$

• 병렬 연결 시 합성저항 $R = \dfrac{1}{\dfrac{1}{R_1} + \dfrac{1}{R_2} + \dfrac{1}{R_3} + \cdots\cdots + \dfrac{1}{R_n}}[\Omega]$

답 ④

7 평균 반지름이 $r[m]$이고, 감은 횟수가 N인 환상 솔레노이드에 전류 $I[A]$가 흐를 때 내부의 자기장의 세기 $H[AT/m]$는?

① $H = \dfrac{NI}{2\pi r}$ ② $H = \dfrac{NI}{2r}$ ③ $H = \dfrac{2\pi r}{NI}$ ④ $H = \dfrac{2r}{NI}$

풀이 그림과 같이 반지름 $r[m]$인 적분로 C에 대해서 암페어의 주회 적분의 법칙을 적용하면 $H =$ 일정, $\theta = 0$이므로

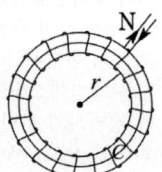

$$\oint_c \boldsymbol{H} \cdot dl = H \cdot 2\pi r = NI$$

$$\therefore H = \frac{NI}{2\pi r} = n_0 I [AT/m]$$

단, n_0는 단위 길이당 권수이다.

답 ①

8 평균 반지름이 10[cm]이고 50회의 원형 코일에 전류를 흐르게 하였을 때 그 코일 중심의 자장의 세기는 1,500[AT/m]이었다고 한다. 이 코일에 흐르는 전류는 몇 [A]인가?

① 6 　　　　　　② 10 　　　　　　③ 50 　　　　　　④ 250

풀이 원형 코일 중심의 자장의 세기 $H = \dfrac{NI}{2r}$ 에서

전류 $I = \dfrac{2rH}{N} = \dfrac{2 \times 0.1 \times 1,500}{50} = 6[A]$가 된다.　　　　**답** ①

9 50회 감은 코일과 쇄교하는 자속이 0.5[sec] 동안 0.1[Wb]에서 0.2[Wb]로 변화하였다면 기전력의 크기는?

① 5[V] 　　　　　② 10[V] 　　　　　③ 12[V] 　　　　　④ 15[V]

풀이 $e = -\dfrac{d\Phi}{dt} = -N\dfrac{d\phi}{dt} = -50 \times \dfrac{0.2 - 0.1}{0.5} = -10[V]$

여기서 (−)는 기전력의 방향이 쇄교 자속의 변화를 방해하는 방향으로 발생하는 것을 의미한다.

답 ②

10 전류를 흐르게 하는 능력을 무엇이라 하는가?

① 전기량 　　　　② 저항 　　　　③ 기전력 　　　　④ 중성자

풀이 전원(전원)에서 에너지를 공급받는 경우를 전압상승(電壓上昇)이라 한다. 전압상승은 전류를 흘리는 역할을 한다.　　　　**답** ③

11 황산구리($CuSO_4$) 전해액에 2개의 구리판을 넣고 전원을 연결하였을 때 음극에서 나타나는 현상으로 옳은 것은?

① 변화가 없다. 　　　　　　　　② 구리판이 두터워진다.
③ 구리판이 얇아진다. 　　　　　④ 수소 가스가 발생한다.

풀이 양극에서는 산화반응, 음극에서는 환원반응이 각각 진행되므로, 양극 쪽은 얇아지고 음극 쪽은 두터워진다. 이러한 원리는 구리 도금 · 정련에 사용된다.　　　　**답** ②

12 전기회로에서 일어나는 과도현상은 그 회로의 시정수와 관계가 있다. 이 사이의 관계를 옳게 표현한 것은?

① 회로의 시정수가 클수록 과도현상은 오래동안 지속된다.
② 시정수는 과도현상의 지속시간에는 상관되지 않는다.
③ 시정수의 역이 클수록 과도현상은 천천히 사라진다.
④ 시정수가 클수록 과도현상은 빨리 사라진다.

풀이 시정수(τ)는 과도현상의 길고 짧음을 나타낸 양이다.
- 시정수가 크면 과도현상이 오래 지속되어 과도현상 소멸 시간은 길어진다.
- 시정수가 작으면 과도현상이 짧아진다.

답 ①

13 히스테리시스 곡선이 횡축과 만나는 점은?

① 보자력　　　　　　　　　　② 기자력
③ 잔류자기　　　　　　　　　　④ 포화특성

풀이 히스테리시스곡선에서 B_r 을 **잔류자기** (residual magnetism) H_c 를 **보자력** (coercive force)이라 한다.

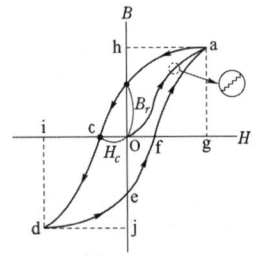

답 ①

14 기전력이 50[V], 내부저항 $r = 5[\Omega]$인 전원이 있다. 이 전원에 부하를 연결하여 얻을 수 있는 최대 전력은 몇 [W]인가?

① 50　　　　　② 75　　　　　③ 100　　　　　④ 125

풀이 전력 $P = \dfrac{V^2}{4R}$ 에서 $P = \dfrac{50^2}{4 \times 5} = 125[W]$가 된다.

답 ④

15 두 종류의 금속의 접합부에 전류를 흘리면 전류의 방향에 따라 열의 발생 또는 흡수 현상이 생긴다. 이러한 현상을 무엇이라 하는가?

① 펠티에 효과　　　　　　　　② 톰슨 효과
③ 제어벡 효과　　　　　　　　④ 제3금속의 법칙

풀이 제어벡 효과의 반대되는 현상으로 두 종류의 금속을 폐회로를 만들고, 두 금속의 접합점에 전류를 흘려주면 접합점 주변에서 열의 흡수 또는 발생이 일어나는 현상을 펠티에 효과라 한다.
펠티에 효과는 전자 냉동기의 원리에 이용된다.

답 ①

16 1차 전지로 가장 많이 사용되는 것은?

① 니켈 · 카드뮴 전지　　　　　② 연료 전지
③ 망간 건전지　　　　　　　　④ 납축 전지

풀이 1차 전지 : 충전에 의하여 구성 물질의 재생이 불가능한 전지를 1차 전지라 부르고, 이것을 크게 나누면 망간 건전지, 알칼리 · 망간 건전지, 산화은 전지, 리튬 1차 전지, 수은 전지, 공기 전지, 연료 전지, 고체 전해질 전지 등이 있다.

답 ③

17 100[V]의 교류 전원에 선풍기를 접속하고 입력과 전류를 측정하였더니 500[W], 7[A]였다. 이 선풍기의 역률은?

① 0.61　　　　　② 0.71　　　　　③ 0.81　　　　　④ 0.91

 유효전력 $P = VI\cos\theta$ [W]에서 $\cos\theta = \dfrac{P}{VI}$ 가 된다.

따라서, $\cos\theta = \dfrac{P}{VI} = \dfrac{500}{100 \times 7} = 0.71$　　　　　**답** ②

18 전류에 의한 자기장의 세기를 구하는 비오-사바르의 법칙을 옳게 나타낸 것은?

① $\Delta H = \dfrac{I \Delta l \sin\theta}{4\pi r^2}$ [AT/m]　　　　② $\Delta H = \dfrac{I \Delta l \sin\theta}{4\pi r}$ [AT/m]

③ $\Delta H = \dfrac{I \Delta l \cos\theta}{4\pi r}$ [AT/m]　　　　④ $\Delta H = \dfrac{I \Delta l \cos\theta}{4\pi r^2}$ [AT/m]

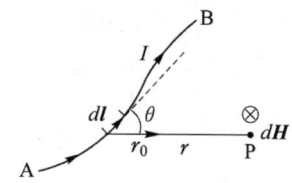

비오-사바르의 법칙
전류와 자장의 세기의 관계를 나타내는 법칙으로 임의의 형상의 도선에 전류 I[A]가 흐를 때, 도선 상의 미소길이 dl 부분에 흐르는 전류에 의하여 거리 r만큼 떨어진 점 P에서의 자계의 세기 dH는
$dH = \dfrac{I dl \sin\theta}{4\pi r^2}$ [AT/m]가 된다.
여기서 θ는 dl과 거리 r이 이루는 각이다.　　　　**답** ①

19 비정현파의 실효값을 나타낸 것은?

① 최대파의 실효값　　　　　　　② 각 고조파의 실효값의 합
③ 각 고조파의 실효값의 합의 제곱근　④ 각 고조파의 실효값의 제곱의 합의 제곱근

 왜형파의 실효값은 각 고조파 실효값 제곱의 합의 제곱근이다.　　　　**답** ④

20 동기 전동기 전기자 반작용에 대한 설명이다. 공급전압에 대한 앞선 전류의 전기자 반작용은?

① 감자 작용　　　　　　　　② 증자 작용
③ 교차 자화 작용　　　　　　④ 편자 작용

 동기기의 전기자 반작용

부 하	동기발전기	동기전동기
저항(동상, $\cos\theta = 1$)	교차 자화 작용(횡축 반작용)	
유도성 부하(지상 전류)	감자 작용(직축 반작용)	증자 작용(직축 반작용)
용량성 부하(진상 전류)	증자 작용(직축 반작용)	감자 작용(직축 반작용)

답 ①

21 $v = V_m \sin(\omega t + 30°)$[V], $i = I_m \sin(\omega t - 30°)$[A]일 때 전압을 기준으로 할 때 전류의 위상차는?

① 60° 뒤진다.   ② 60° 앞선다.   ③ 30° 뒤진다.   ④ 30° 앞선다.

풀이

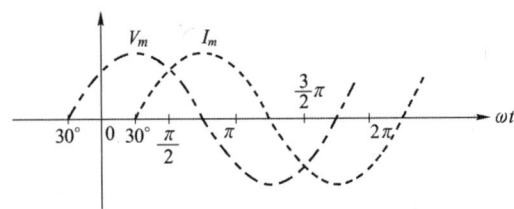

전압은 위상이 30° 빠르고, 전류는 위상이 30° 느리므로 그 차이는 60°이다. 전압을 기준으로 하므로 전류는 전압에 비해 위상이 60° 뒤진다.   **답** ①

22 전기기계의 효율 중 발전기의 규약 효율 η_G는 몇 [%]인가?
(단, P는 입력, Q는 출력, L은 손실이다.)

① $\eta_G = \dfrac{P-L}{P} \times 100$ ② $\eta_G = \dfrac{P-L}{P+L} \times 100$

③ $\eta_G = \dfrac{Q}{P} \times 100$ ④ $\eta_G = \dfrac{Q}{Q+L} \times 100$

풀이 규약 효율 η는

전동기 $\eta = \dfrac{P-L}{P} \times 100$[%] , 발전기 $\eta = \dfrac{Q}{Q+L} \times 100$[%]   **답** ④

23 6극 36슬롯 3상 동기 발전기의 매극 매상 당 슬롯수는?

① 2   ② 3   ③ 4   ④ 5

풀이 1극 1상의 슬롯수 : $q = \dfrac{Z}{mp} = \dfrac{36}{3 \times 6} = 2$ **답** ①

24 전기자 저항이 0.1[Ω], 전기자 전류 104[A], 유도 기전력 110.4[V]인 직류 분권 발전기의 단자 전압은 몇 [V]인가?

① 98   ② 100   ③ 102   ④ 105

풀이 직류 분권 발전기의 단자전압 $V = E - R_a I_a$[V]이므로
$V = 110.4 - 0.1 \times 104 = 100$[V]가 된다.   **답** ②

25 직류 분권 전동기의 토크 T와 회전수 N과의 관계는?

① $T \propto N$ ② $T \propto N^2$ ③ $T \propto \dfrac{1}{N}$ ④ $T \propto \dfrac{1}{N^2}$

풀이 전압 전류가 일정하면 $N = \dfrac{V - I_a R_a}{K\phi}$ 에서 $\phi \propto \dfrac{1}{N}$, $T = K\phi I = K' \dfrac{1}{N}$

즉, 토크는 속도에 반비례한다. **답** ③

26 변압기 V결선의 특징으로 틀린 것은?

① 고장시 응급처치 방법으로도 쓰인다.

② 단상변압기 2대로 3상 전력을 공급한다.

③ 부하증가가 예상되는 지역에 시설한다.

④ V결선시 출력은 △결선시 출력과 그 크기가 같다.

풀이 V결선은 △결선에 비해 출력이 57.74[%]로 저하된다. **답** ④

27 3상 유도전동기의 운전 중 급속 정지가 필요할 때 사용하는 제동방식은?

① 단상 제동 ② 회생 제동

③ 발전 제동 ④ 역상 제동

풀이 유도전동기의 전기 제동법

① 발전 제동 : 운전 중인 전동기를 전원에서 분리하면 발전기로 동작한다. 이때 발생된 전력을 열로 소비하는 제동법을 발전제동이라 한다.

② 회생 제동 : 운전 중인 전동기를 전원에서 분리하면 발전기로 동작한다. 이때 발생된 전력을 제동용 전원으로 사용하면 회생제동이라 한다. 이 경우는 언덕을 내려가는 전차 등에서 사용할 수 있다.

③ 플러깅(plugging) 제동 : 플러깅 제동은 급제동시 사용하는 방법으로 역전제동이라고도 한다. 제동시 전동기를 역회전시켜 속도를 급감시킨 다음 속도가 0에 가까워지면 전동기를 전원에서 분리하는 제동법이다. **답** ④

28 다음 중 2단자 사이리스터가 아닌 것은?

① SCR ② DIAC ③ SSS ④ Diode

풀이 2극(단자) 소자 : DIAC, SSS, Diode

4극(단자) 소자 : SCS

3극(단자) 소자 : SCR, LASCR, TRIAC, GTO

양방향성(쌍방향성) 소자 : DIAC, TRIAC, SSS

단방향성 : SCR, LASCR, GTO, SCS **답** ①

29 주상변압기의 고압 측에 여러 개의 탭을 설치하는 이유는?

① 선로 고장대비 ② 선로 전압조정

③ 선로 역률개선 ④ 선로 과부하 방지

풀이 전원 전압의 변동이나 부하에 의해 변압기 2차 측에 전압변동이 생긴다. 전압변동을 보상하려면 변압기의 권수비(변압비)를 바꾸어야 하는데, 이를 위해 2차 측에 몇 개의 탭을 설치한다. **답** ②

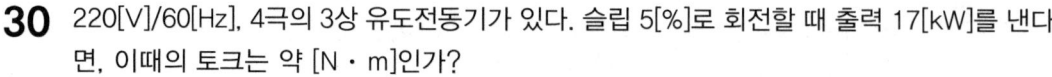

30 220[V]/60[Hz], 4극의 3상 유도전동기가 있다. 슬립 5[%]로 회전할 때 출력 17[kW]를 낸다면, 이때의 토크는 약 [N · m]인가?

① 56.2[N · m] ② 95.5[N · m]
③ 191[N · m] ④ 935.8[N · m]

풀이

전동기의 회전수 $N = (1-s)\dfrac{120f}{P} = (1-0.05) \times \dfrac{120 \times 60}{4} = 1710[\text{rpm}]$

토크 $\tau = 0.975\dfrac{P_o}{N} \times 9.8 = 0.975 \times \dfrac{17,000}{1710} \times 9.8 \fallingdotseq 95[\text{N} \cdot \text{m}]$ **답** ②

31 발전기를 정격 전압 220[V]로 운전하다가 무부하로 운전하였더니, 단자 전압이 253[V]가 되었다. 이 발전기의 전압 변동률은 몇 [%]인가?

① 15[%] ② 25[%]
③ 35[%] ④ 45[%]

풀이

전압 변동률 $\epsilon = \dfrac{V_0 - V_n}{V_n} \times 100 = \dfrac{253 - 220}{220} \times 100 = 15[\%]$ **답** ①

32 단상변압기 3대로 Y−Y결선을 하는 경우에 대한 설명으로 틀린 것은?

① 중성점 접지가 가능하다.
② 제3고조파 전류가 흐르며 유도장해를 일으킨다.
③ 1차측과 2차측의 각 상전압의 위상은 같다.
④ 상전압이 선간전압의 $\sqrt{3}$ 배이므로 절연이 용이하다.

풀이 Y−Y결선의 특징

① 장점
   • 1차 전압, 2차 전압 사이에 위상차가 없다.
   • 1차, 2차 모두 중성점을 접지할 수 있으며 고압의 경우 이상 전압을 감소시킬 수 있다.
   • 상전압이 선간 전압의 $\dfrac{1}{\sqrt{3}}$ 배이므로 절연이 용이하여 고전압에 유리하다.

② 단점
   • 제3고조파 전류의 통로가 없으므로 기전력의 파형이 제3고조파를 포함한 왜형파가 된다.
   • 중성점을 접지하면 제3고조파 전류가 흘러 통신선에 유도 장해를 일으킨다.   **답** ④

33 동기임피던스 5[Ω]인 2대의 3상 동기 발전기의 유도 기전력에 100[V]의 전압 차이가 있다면 무효순환전류[A]는?

① 10 ② 15 ③ 20 ④ 25

풀이

$I_c = \dfrac{E_1 - E_2}{2Z_s} = \dfrac{E_r}{2Z_s} = \dfrac{100}{2 \times 5} = 10[\text{A}]$ **답** ①

34 직류발전기의 철심을 규소 강판으로 성층하여 사용하는 주된 이유는?

① 브러시에서의 불꽃방지 및 정류개선

② 맴돌이 전류손과 히스테리시스손의 감소

③ 전기자 반작용의 감소

④ 기계적 강도 개선

풀이 전기 기계의 전기자 철심은 규소 강판으로 성층하여 만드는데, 규소를 넣는 것은 자기 저항을 크게 하여 와류손과 히스테리시스손을 감소하게 하지만 투자율이 낮아지고, 기계적 강도가 감소되어 부서지기 쉬우며, 가공이 곤란하게 된다. 성층하는 이유는 와류손을 적게 하기 위한 것이다.　**답** ②

35 직류 전동기에서 무부하가 되면 속도가 대단히 높아져서 위험하기 때문에 무부하운전이나 벨트를 연결한 운전을 해서는 안 되는 전동기는?

① 직권전동기　　② 분권전동기　　③ 타여자전동기　　④ 분권전동기

풀이 속도의 식 $N = \dfrac{E}{K\phi} = \dfrac{V - R_a I_a}{K\phi} = k\dfrac{V - R_a I_a}{\phi}$ 에서 $\phi = 0$이면 속도가 무한대가 되어 위험하게 된다. 직류 직권 전동기의 경우 부하전류 $I = I_a = I_f$이므로 부하전류가 0이면 자속이 0이 된다.

따라서, 직권 전동기의 경우 벨트 부하를 걸면 벨트가 벗겨져 무부하가 될 수 있으므로 벨트 부하를 사용하지 않으며, 기어부하를 사용한다.　**답** ①

36 직류 전동기에서 전부하 속도가 1500[rpm], 속도 변동률이 3[%]일 때 무부하 회전 속도는 몇 [rpm]인가?

① 1455　　② 1410　　③ 1545　　④ 1590

풀이 속도 변동률 $\epsilon = \dfrac{N_0 - N_n}{N_n} \times 100[\%]$ 에서

$N_0 = \left(\dfrac{\epsilon}{100} + 1\right)N_n = \left(\dfrac{3}{100} + 1\right) \times 1500 = 1545[\text{rpm}]$가 된다.　**답** ③

37 고압전동기 철심의 강판 홈(slot)의 모양은?

① 반폐형　　② 개방형　　③ 반구형　　④ 밀폐형

풀이 유도전동기에서 슬롯은 저압용에는 반폐형, 고압용에는 주로 개방형이 사용된다.　**답** ②

38 변압기의 결선에서 제3고조파를 발생시켜 통신선에 유도장해를 일으키는 3상 결선은?

① Y-Y　　② △-△　　③ Y-△　　④ △-Y

풀이 Y-Y 결선 방법은 기전력의 파형이 제3고조파를 포함한 왜형파가 되며, 중성점 접지 시 제3고조파 전류가 흘러 통신선 유도 장해를 일으키므로 거의 사용되지 않는다.　**답** ①

39 60[Hz]의 전원에 접속되어 5[%]의 슬립으로 운전되고 있는 유도 전동기의 2차 권선에 유기되는 전압의 주파수[Hz]는?

① 2 　　　　　② 3 　　　　　③ 4 　　　　　④ 5

풀이 2차 주파수 $f_2 = sf_1$ 이므로 $f_2 = 0.05 \times 60 = 3$[Hz]가 된다.　　　**답** ②

40 반도체 사이리스터에 의한 전동기의 속도 제어 중 주파수 제어는?

① 초퍼 제어　　　　　　　　② 인버터 제어
③ 컨버터 제어　　　　　　　④ 브리지 정류 제어

풀이 VVVF(인버터)제어는 가변 전압 가변 주파수로 속도제어 및 기동을 하는 방법을 말한다.　　　**답** ②

41 화약류의 분말이 전기설비가 발화원이 되어 폭발할 우려가 있는 곳에 시설하는 저압 옥내배선의 공사 방법으로 가장 알맞은 것은?

① 금속관 공사　　　　　　　② 애자공사
③ 버스덕트 공사　　　　　　④ 합성수지몰드 공사

풀이 242.2.1 폭연성 분진 위험장소
폭연성 분진(마그네슘, 알루미늄, 티탄, 지르코늄 등의 먼지로 쌓여진 상태에서 착화된 때에 폭발할 우려가 있는 것), 화약류 분말이 존재하는 곳, 가연성의 가스 또는 인화성 물질의 증기가 새거나 체류하는 곳의 전기 공작물은 금속관 공사, 또는 케이블 공사(캡타이어 케이블을 제외한다)에 의하여야 하며 금속관 공사를 하는 경우 관 상호 및 관과 박스 등은 5턱 이상의 나사 조임으로 접속하여야 한다.　　**답** ①

42 노출장소 또는 점검 가능한 은폐장소에서 제2종 가요전선관을 시설하고 제거하는 것이 부자유하거나 점검 불가능한 경우의 곡률 반지름은 안지름의 몇 배 이상으로 하여야 하는가?

① 2 　　　　　② 3 　　　　　③ 5 　　　　　④ 6

풀이 가요전선관의 곡률 반지름
① 1종 가요전선관을 구부릴 경우 곡률반지름은 관 안지름의 6배 이상으로 하여야 한다.
② 2종 가요전선관을 구부릴 경우 노출장소 또는 점검 가능한 장소에서 시설 제거하는 것이 자유로운 경우 관 안지름의 3배 이상으로 하여야 하며, 노출장소 또는 점검이 가능한 은폐장소에서 시설하고 제거하는 것이 부자유하거나 또는 점검이 불가능할 경우는 관 안지름의 6배 이상으로 한다.
　　답 ④

43 배전반을 나타내는 그림 기호는?

① ◨　　　② ⊠　　　③ ◪　　　④ ⊡ S

풀이

◨　　⊠　　◪　　S
분전반　배전반　제어반　단락 계전기　　**답** ②

44 S형 슬리브 접속시 슬리브는 몇 회 이상 꼬아서 접속하여야 하는가?

　① 2회　　　　　　② 3회　　　　　　③ 4회　　　　　　④ 5회

풀이

　① 직선접속　　　　　　　　　　② 분기접속

답 ①

45 플로어덕트 공사에서 금속제 박스는 강판이 몇 [mm] 이상 되는 것을 사용하여야 하는가?

　① 2.0　　　　　　② 1.5　　　　　　③ 1.2　　　　　　④ 1.0

풀이 플로어덕트 및 부속품의 선정
　금속제의 플로어덕트 및 박스 기타 부속품으로서 두께 2.0[mm] 이상의 강판으로 견고하게 제작되고,
　아연도금이나 에나멜 등으로 피복한 것　　　　　　　　　　　　　　　　　　　　　**답** ①

46 전선을 접속하는 경우 전선의 강도는 몇 [%] 이상 감소시키지 않아야 하는가?

　① 10　　　　　　② 20　　　　　　③ 40　　　　　　④ 80

풀이 123 전선의 접속
　① 전선의 전기저항을 증가시키지 아니하도록 접속
　② 전선의 세기(인장하중)를 20[%] 이상 감소시키지 아니할 것.
　③ 전선 접속 시 접속부분을 그 부분의 절연전선의 절연물과 동등 이상의 절연성능이 있는 것으로 충분히
　　 피복할 것.　　　　　　　　　　　　　　　　　　　　　　　　　　　　　　　　　**답** ②

47 가공전선의 지지물에 승탑 또는 승강용으로 사용하는 발판 볼트 등은 지표상 몇 [m] 미만에
시설하여서는 안되는가?

　① 1.2　　　　　　② 1.5　　　　　　③ 1.6　　　　　　④ 1.8

풀이 331.4 가공전선로 지지물의 철탑오름 및 전주오름 방지
　가공전선로의 지지물에 취급자가 오르고 내리는데 사용하는 발판 볼트 등을 지표상 1.8[m] 미만에 시설
　하여서는 아니 된다.　　　　　　　　　　　　　　　　　　　　　　　　　　　　　　**답** ④

48 제어 회로용 절연전선을 금속 덕트 공사에 의하여 시설하고자 한다. 절연 피복을 포함한 전선
의 총면적은 덕트의 내부 단면적의 몇 [%]까지 할 수 있는가?

　① 20　　　　　　② 30　　　　　　③ 40　　　　　　④ 50

풀이 232.31 금속덕트공사
　금속덕트에 넣은 전선의 단면적(절연피복의 단면적을 포함한다)의 합계는 덕트의 내부 단면적의 20[%]
　(전광표시 장치 기타 이와 유사한 장치 또는 제어회로 등의 배선만을 넣는 경우에는 50[%]) 이하일 것.
　　답 ④

49 애자공사에 사용하는 애자가 갖추어야 할 성질과 가장 거리가 먼 것은?

① 절연성   ② 난연성   ③ 내수성   ④ 내유성

풀이 애자공사에 사용하는 애자는 절연성·난연성 및 내수성의 것이어야 한다.   **답** ④

50 굵은 전선을 절단할 때 사용하는 전기공사용 공구는?

① 프레셔 툴   ② 노크 아웃 펀치

③ 파이프 커터   ④ 클리퍼

풀이
• 프레셔 툴 : 솔더리스 커넥터 또는 솔더리스 터미널을 압착하는 것
• 노크 아웃 펀치 : 분전반, 풀박스 등의 전선관 인출을 위한 인출공을 뚫는 공구
• 파이프 커터 : 금속관을 절단하는 공구
• 클리퍼 : 굵은 전선을 절단할 때 사용하는 가위   **답** ④

51 한국전기설비규정에서 가공전선로의 지지물에 하중이 가하여지는 경우에 그 하중을 받는 지지물의 기초의 안전율은 얼마 이상인가?

① 0.5   ② 1   ③ 1.5   ④ 2

풀이 331.7 가공전선로 지지물의 기초의 안전율
가공전선로의 지지물에 하중이 가하여지는 경우에 그 하중을 받는 지지물의 기초의 안전율은 2(이상 시 상정하중이 가하여지는 경우의 그 이상 시 상정하중에 대한 철탑의 기초에 대하여는 1.33) 이상이어야 한다.   **답** ④

52 전선의 식별에 있어서 보호도체는 어떤 색을 쓰고 있는가?

① 갈색   ② 회색   ③ 녹색−노랑색   ④ 검은색

풀이 121.2 전선의 식별

상(문자)	색상
L1	갈색
L2	흑색
L3	회색
N	청색
보호도체	녹색−노란색

답 ③

53 점착성은 없으나 절연성, 내온성 및 내유성이 있어 연피 케이블 접속에 사용되는 테이프는?

① 고무 테이프   ② 리노 테이프

③ 비닐 테이프   ④ 자기 융착 테이프

풀이 리노 테이프 : 와니스 바이어스 테이프라고도 하며 면의 바이어스 테이프에 와니스를 여러 번 발라 건조시킨 것으로 접착성은 없으나 절연성, 내온성, 내유성이 좋으며 연피 케이블에 반드시 사용한다.   **답** ③

54 동일 지지물에 저압가공전선(다중접지된 중성선은 제외)과 고압가공전선을 시설하는 경우 저압가공전선은?

① 고압가공전선의 위로 하고 동일 완금류에 시설

② 고압가공전선과 나란하게 하고 동일 완금류에 시설

③ 고압가공전선의 아래로 하고 별개의 완금류에 시설

④ 고압가공전선과 나란하게 하고 별개의 완금류에 시설

풀이 332.8 고압 가공전선 등의 병행설치
저압 가공전선(다중접지된 중성선은 제외한다. 이하 같다)과 고압 가공전선을 동일 지지물에 시설하는 경우에는 다음에 따라야 한다.
가. 저압 가공전선을 고압 가공전선의 아래로 하고 별개의 완금류에 시설할 것.
나. 저압 가공전선과 고압 가공전선 사이의 이격거리는 0.5[m] 이상일 것. **답** ③

55 다음 중 점유 면적이 좁고 운전, 보수에 안전하여 공장, 빌딩 등의 전기실에 많이 사용되는 배전반은?

① 큐비클형   ② 라이브 프런트형

③ 데드 프런트형   ④ 철제 수직형

풀이 폐쇄식 배전반 : 일반적으로 큐비클형(cubicle type)이라고 하며, 점유 면적이 좁고, 운전, 보수에 안전하여 공장, 빌딩 등의 전기실에 많이 사용되는 고압용 배전반이다. **답** ①

56 케이블 공사에 의한 저압 옥내배선에서 케이블을 조영재의 아랫면 또는 옆면에 따라 붙이는 경우에는 전선의 지지점간 거리는 몇 [m]이어야 하는가?

① 0.5   ② 1   ③ 1.5   ④ 2

풀이 232.51 케이블공사
① 전선은 케이블 및 캡타이어케이블일 것.
② 전선을 조영재의 아랫면 또는 옆면에 따라 붙이는 경우에는 전선의 지지점 간의 거리를 케이블은 2[m](사람이 접촉할 우려가 없는 곳에서 수직으로 붙이는 경우에는 6[m]) 이하 캡타이어케이블은 1[m] 이하로 할 것 **답** ④

57 저·고압 가공전선에 케이블을 사용할 때, 조가용선을 케이블에 접촉시켜 금속 테이프를 감는 경우에는 간격 몇 [m] 이하의 나선상으로 하여야 하는가?

① 0.1   ② 0.2   ③ 0.3   ④ 0.4

풀이 332.2 가공케이블의 시설
저압 가공전선 또는 고압 가공전선에 케이블을 사용하는 경우에는 다음에 따라 시설하여야 한다.
가. 케이블은 조가선에 행거로 시설할 것. 이 경우에는 사용전압이 고압인 때에는 행거의 간격은 0.5[m] 이하로 하는 것이 좋다.
나. 조가선은 인장강도 5.93[kN] 이상의 것 또는 단면적 22[mm²] 이상인 아연도강연선일 것
다. 조가선 및 케이블의 피복에 사용하는 금속체에는 접지공사를 할 것

라. 조가선을 케이블에 접촉시켜 그 위에 쉽게 부식하지 아니하는 금속 테이프 등을 감는 경우에는 0.2[m] 이하의 간격으로 나선상으로 한다.

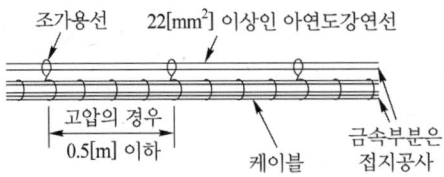

조가용선   22[mm²] 이상인 아연도강연선

고압의 경우
0.5[m] 이하   케이블   금속부분은
                              접지공사

답 ②

58 작업면에서 천장까지의 높이가 3[m]일 때 직접 조명인 경우의 광원의 높이는 몇 [m]인가?

① 1   ② 2   ③ 3   ④ 4

풀이 등고(광원의 높이)란 작업면으로부터 광원까지의 거리를 말한다. 즉, 직접 조명의 경우 천정면에 광원이 매입되므로 3[m]가 광원의 높이가 된다.   **답** ③

59 보호를 요하는 회로의 전류가 어떤 일정한 값(정정값) 이상으로 흘렀을 때 동작하는 계전기는?

① 과전류 계전기   ② 과전압 계전기
③ 차동 계전기   ④ 비율 차동 계전기

풀이
 • 과전류 계전기 : 회로의 전류가 일정값이 이상으로 흘렀을 때 동작
 • 과전압 계전기 : 회로의 전압이 일정값이 이상이 되었을 때 동작
 • 차동 계전기 : 1차 전류와 2차 전류의 차에 의하여 동작
 • 비율 차동 계전기 : 1차 전류와 2차 전류의 차에 비율에 의하여 동작   **답** ①

60 다음 중 과전류 차단기를 설치해야 되는 곳은?

① 접지공사의 접지선   ② 인입선
③ 다선식 전로의 중성선   ④ 저압가공전선로의 접지측 전선

풀이 접지공사의 접지선, 다선식 전로의 중성선 및 전로의 일부에 접지공사를 한 저압 가공전선로의 접지측 전선에는 과전류차단기를 시설하여서는 아니 된다.   **답** ②

1 전기와 자기의 요소를 서로 대칭되게 나타내지 않은 것은?

① 전계 – 자계

② 전속 – 자속

③ 유전율 – 투자율

④ 전속밀도 – 자기량

풀이 전속밀도는 자속밀도에 해당한다.

답 ④

2 다음은 정전 흡인력에 대한 설명이다. 옳은 것은?

① 정전 흡인력은 전압의 제곱에 비례한다.

② 정전 흡인력은 극판 간격에 비례한다.

③ 정전 흡인력은 극판 면적의 제곱에 비례한다.

④ 정전 흡인력은 쿨롱의 법칙으로 직접 계산한다.

풀이 정전 흡인력 $F = \dfrac{\partial W}{\partial l}$[N], 정전 에너지 $W = \dfrac{1}{2}CV^2$[J]이므로

정전 흡인력은 전압의 제곱에 비례한다.

답 ①

3 단상전력계 2대를 사용하여 2전력계법으로 3상 전력을 측정하고자 한다. 두 전력계의 지시 값이 각각 P_1, P_2이었다. 3상 전력 P를 구하는 식으로 옳은 것은?

① $P = \sqrt{3}\,(P_1 \times P_2)$

② $P = P_1 - P_2$

③ $P = P_1 \times P_2$

④ $P = P_1 + P_2$

풀이 2전력계법에 의한 3상 전력측정

① 유효전력 $P = P_1 + P_2$

② 무효전력 $Q = \sqrt{3}\,(P_1 - P_2)$

③ 피상전력 $P_a = \sqrt{P^2 + Q^2} = 2\sqrt{P_1^{\,2} + P_2^{\,2} - P_1 P_2}$

④ 역률 $\cos\theta = \dfrac{P}{P_a} = \dfrac{P_1 + P_2}{2\sqrt{P_1^{\,2} + P_2^{\,2} - P_1 P_2}}$

답 ④

4 진공 중에서 같은 크기의 두 자극을 1[m] 거리에 놓았을 때 작용하는 힘이 6.33×10^4[N]이 되는 자극의 단위는?

① 1[N]

② 1[J]

③ 1[Wb]

④ 1[C]

풀이 자기력 $F = 6.33 \times 10^4 \dfrac{m_1 m_2}{r^2}$[N] (단, m_1, m_2 [Wb], 자극 간의 거리는 r[m]이다.)

∴ $F = 6.33 \times 10^4 \times \dfrac{1 \times 1}{1^2} = 6.33 \times 10^4$[N]이므로, 자극의 단위는 [Wb]이다.

답 ③

5 정격전압에서 1[kW]의 전력을 소비하는 저항에 정격의 90[%] 전압을 가했을 때, 전력은 몇 [W]가 되는가?

① 630[W]   ② 780[W]   ③ 810[W]   ④ 900[W]

풀이 전력 $P = \dfrac{V^2}{R}$ 에서 저항은 일정하므로, 정격의 90[%] 전압을 가하면 $P \propto V^2 = 0.9^2 = 0.81$배가 된다.

따라서, 정격의 90[%] 전압을 가했을 때의 전력 $P' = 0.81 \times 1000 = 810$[W]   **답** ③

6 환상 솔레노이드 내부의 자기장의 세기에 관한 설명으로 옳은 것은?

① 자장의 세기는 권수에 반비례한다.

② 자장의 세기는 권수, 전류, 평균 반지름과는 관계가 없다.

③ 자장의 세기는 평균 반지름에 비례한다.

④ 자장의 세기는 전류에 비례한다.

풀이 $H = \dfrac{NI}{2\pi r}$[AT/m]   **답** ④

7 2[Ω]의 저항과 3[Ω]의 저항을 직렬로 접속할 때 합성 컨덕턴스는 몇 [℧]인가?

① 5   ② 2.5   ③ 1.5   ④ 0.2

풀이 합성저항 $R = 2 + 3 = 5$[Ω]

따라서 합성 컨덕턴스 $G = \dfrac{1}{R} = \dfrac{1}{5} = 0.2$[℧]   **답** ④

8 회로망의 임의의 접속점에 유입되는 전류는 $\sum I = 0$ 라는 법칙은?

① 쿨롱의 법칙   ② 패러데이의 법칙

③ 키르히호프의 제1법칙   ④ 키르히호프의 제2법칙

풀이 키르히호프의 제1법칙 (Kirchhoff's Current Law : KCL)

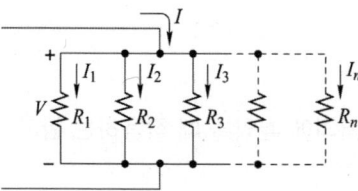

그림의 저항의 병렬회로에서, 각 지로에 흐르는 전류는 각각

$$I_1 = \dfrac{V}{R_1}, \ I_2 = \dfrac{V}{R_2}, \ I_3 = \dfrac{V}{R_3}, \ \cdots, \ I_n = \dfrac{V}{R_n}$$

가 되고, 각 저항소자에 흐르는 전류는 저항크기에 반비례하여 나타난다.

이때 키르히호프의 전류법칙에 따라 유입전류(전 전류) I는 유출전류(각 지로전류) I_1, I_2, I_3, $\cdots$의 합으로 계산된다.

$$I = I_1 + I_2 + I_3 + \cdots + I_n$$

답 ③

9 자석의 성질로 옳은 것은?

① 자석은 고온이 되면 자력이 증가한다.

② 자기력선에는 고무줄과 같은 장력이 존재한다.

③ 자력선은 자석 내부에서도 N극에서 S극으로 이동한다.

④ 자력선은 자성체는 투과하고, 비자성체는 투과하지 못한다.

풀이 자석의 성질

① 자석에는 N극과 S극이 있다.

② 자석은 같은 극끼리 서로 반발하고, 서로 다른 극끼리 끌어당기는 성질이 있다.

③ 자극으로부터 자력선이 나온다.

④ 자력선은 N극에서 나오고 S극으로 들어간다.(내부에서는 S극에서 N극으로 이동)

⑤ 자력선이 강할수록 자력선 수가 많다.

⑥ 자력선은 비자성체를 투과한다.

⑦ 발생되는 자력선은 아무리 사용해도 기본적으로 감소하지는 않는다.

⑧ 자력선은 장력이 존재한다.

⑨ 자석은 고온이 되면 자력이 감소되고, 저온이 되면 자력이 증가한다.

⑩ 자석은 임계온도(퀴리온도) 이상으로 가열하면 자석으로서의 성질이 없어진다.

답 ②

10 줄의 법칙에 있어서 발생하는 열량의 계산으로 맞는 식은?

① $Q = 0.24 I^2 Rt$

② $Q = 0.024 I^2 Rt$

③ $Q = 0.024 I^2 R$

④ $Q = 0.24 I^2 R$

풀이 줄의 법칙 : $Q = 0.24 Pt = 0.24 VIt = 0.24 I^2 Rt [\text{cal}]$

답 ①

11 비정현파의 종류에 속하는 직사각형파의 전개식에서 기본파의 진폭[V]은?
(단, $V_m = 20[\text{V}]$, $T = 10[\text{mS}]$)

① 23.47　　　　② 24.47　　　　③ 25.47　　　　④ 26.47

풀이 직사각형파는 정현, 반파 대칭이므로 기수항의 sin항만이 존재한다.

$$v(t) = \frac{4 V_m}{\pi}\left(\sin \omega t + \frac{1}{3}\sin 3\omega t + \frac{1}{5}\sin 5\omega t + \cdots\right)$$

따라서, 기본파의 진폭은 $v_1 = \frac{4 V_m}{\pi} = \frac{4 \times 20}{\pi} = 25.47[\text{V}]$

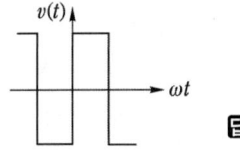

답 ③

12 정상상태에서의 원자를 설명한 것으로 틀린 것은?

① 양성자와 전자의 극성은 같다.

② 원자는 전체적으로 보면 전기적으로 중성이다.

③ 원자를 이루고 있는 양성자의 수는 전자의 수와 같다.

④ 양성자 1개가 지니는 전기량은 전자 1개가 지니는 전기량과 크기가 같다.

풀이 ① 원자는 양전기를 가진 원자핵과 음전기를 가진 전자로 구성되고, 원자핵은 전자와 같은 수의 양자와
전기를 전혀 가지지 않은 중성자로 구성되어 있다.
② 정상 상태에서 원자는 원자 내의 양성자 수와 전자 수가 같으므로 외부에는 전기적인 성질을 나타내지
않는 중성이 된다.

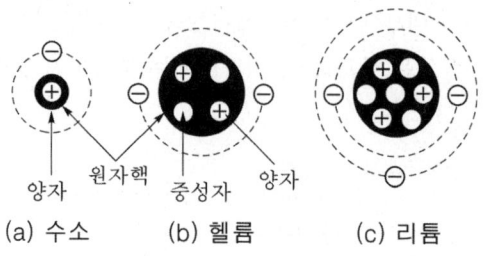

(a) 수소   (b) 헬륨   (c) 리튬

원자핵과 전자의 구조

답 ①

13 다음 회로에서 a, b 간의 합성 저항은?

① 1[Ω]
② 2[Ω]
③ 3[Ω]
④ 4[Ω]

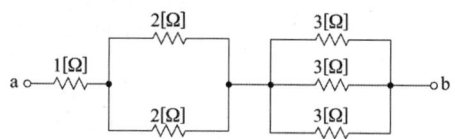

풀이 직렬 연결 시 합성저항 $R = R_1 + R_2 + R_3 + \cdots\cdots + R_n[\Omega]$

병렬 연결 시 합성저항 $R = \dfrac{1}{\dfrac{1}{R_1} + \dfrac{1}{R_2} + \dfrac{1}{R_3} + \cdots\cdots + \dfrac{1}{R_n}}[\Omega]$

$\therefore R = 1 + \dfrac{1}{\dfrac{1}{2} + \dfrac{1}{2}} + \dfrac{1}{\dfrac{1}{3} + \dfrac{1}{3} + \dfrac{1}{3}} = 3[\Omega]$

답 ③

14 R-L-C 직렬 공진회로의 선택도 Q는?

① $\sqrt{\dfrac{L}{C}}$ ② $\dfrac{1}{R}\sqrt{\dfrac{L}{C}}$ ③ $\sqrt{\dfrac{C}{L}}$ ④ $R\sqrt{\dfrac{C}{L}}$

풀이 전압 확대율(선택도) $Q = \dfrac{V_L}{V} = \dfrac{V_C}{V} = \dfrac{X}{R} = \dfrac{\omega L}{R} = \dfrac{1}{\omega CR}$, $\omega = \dfrac{1}{\sqrt{LC}}$ 이므로

$\therefore Q = \dfrac{1}{R}\sqrt{\dfrac{L}{C}}$

답 ②

15 용량이 45[Ah]인 납축전지에서 3[A]의 전류를 연속하여 얻는다면 몇 시간 동안 축전지를
이용할 수 있는가?

① 10시간   ② 15시간   ③ 30시간   ④ 45시간

풀이 축전지의 용량 = 전류×시간[Ah]에서 시간 = $\dfrac{용량}{전류} = \dfrac{[Ah]}{[A]} = \dfrac{45}{3} = 15[시간]$

답 ②

16 다음 중 비유전율이 가장 큰 것은?

① 종이 ② 염화비닐
③ 운모 ④ 산화티탄 자기

풀이

유 전 체	비유전율 ϵ_s	유 전 체	비유전율 ϵ_s
진 공	1.000	운 모	6.7
공 기	1.00058	유 리	3.5~10
종 이	1.2~1.6	물(증류수)	80
폴리에틸렌	2.3	산화티탄	100
변압기 유	2.2~2.4	로 셸 염	100~1000
고 무	2.0~3.5	티탄산바륨 자기	1000~3000

답 ④

17 동일한 저항 4개를 접속하여 얻을 수 있는 최대 저항값은 최소 저항값의 몇 배인가?

① 2 ② 4 ③ 8 ④ 16

풀이 동일한 저항을 직렬로 연결 시 합성저항 $R_1 = nR$

동일한 저항을 병렬로 연결 시 합성저항 $R_2 = \dfrac{R}{n}$

$\dfrac{R_1}{R_2} = \dfrac{nR}{\dfrac{R}{n}} = n^2$ (여기서, n은 저항의 개수)

따라서 $n^2 = 4^2 = 16$

답 ④

18 권수가 같은 2대의 단상 변압기를 그림과 같이 스코트 결선을 할 때, P는 주좌 변압기의 1차 권선 A의 중점이다. Q는 T좌 변압기 1차 권선의 몇 분의 몇이 되는 점인가?

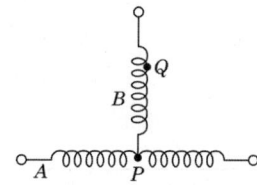

① $\dfrac{\sqrt{3}}{2}$ ② $\dfrac{2}{\sqrt{3}}$ ③ $\dfrac{1}{2}$ ④ $\dfrac{3}{\sqrt{2}}$

풀이 T좌 변압기는 1차 권선이 주좌 변압기와 같다면 $\sqrt{3}/2$ 지점에서 인출한다.

답 ①

19 코일의 자기 인덕턴스는 다음 어느 매개 상수에 따라 변화하는가?

① 도전율 ② 투자율 ③ 절연 저항 ④ 유전율

풀이 코일의 자기인덕턴스 $L = \dfrac{\mu A N^2}{l}$에서 L은 μ에 비례한다.

답 ②

20 히스테리시스 곡선에서 가로축과 만나는 점과 관계있는 것은?

① 보자력 　　　　　　　　　　　② 잔류자기

③ 자속밀도 　　　　　　　　　　④ 기자력

풀이 히스테리시스곡선에서 B_r 을 **잔류자기**(residual magnetism) H_c 를 **보자력**(coercive force)이라 한다.

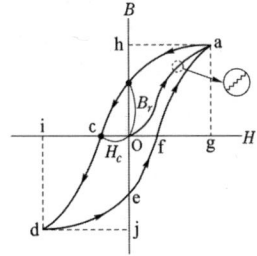

답 ①

21 3단자 사이리스터가 아닌 것은?

① SCS 　　　　② SCR 　　　　③ TRIAC 　　　　④ GTO

풀이 각 종 반도체 소자의 비교
　① 방향성
　　• 양방향성(쌍방향성) 소자 : DIAC, TRIAC, SSS
　　• 역저지(단방향성) 소자 : SCR, LASCR, GTO, SCS
　② 극(단자) 수
　　• 2극(단자) 소자 : DIAC, SSS, Diode
　　• 3극(단자) 소자 : SCR, LASCR, GTO, TRIAC
　　• 4극(단자) 소자 : SCS

답 ①

22 직류전동기의 전기자에 가해지는 단자전압을 변화하여 속도를 조정하는 제어법이 아닌 것은?

① 워드 레오나드 방식 　　　　　② 일그너 방식

③ 직 • 병렬 제어 　　　　　　　　④ 계자 제어

풀이 직류 전동기의 속도제어법

구분	특성	분권 및 타여자	직권
계자 제어법	효율 양호 정류 악화 정출력 가변 속도	속도 제어 범위는 최저 최고비가 1 : 2 ~ 1 : 4(보상 권선이 있을 때) 정도	무부하에 있어서 ϕ 가 대단히 작으면 속도가 아주 높아지므로 주의가 필요
직렬 저항법	효율 나쁨 정토크 가변 속도	정속도 특성을 잃는다.	직렬 저항법과 전압 제어법을 병용하여 전차 등에 널리 사용되고 있다.
전압 제어법	위의 두 가지에 비하여 고가이나 광범위한 속도 제어가 가능하다.	타여자 전동기에 적용된다. 워드 레오나드 방식, 일그너 방식, 승압기 방식 등이 있다.	

답 ④

23 전기기기의 냉각 매체로 활용하지 않는 것은?

① 물   ② 수소   ③ 공기   ④ 탄소

풀이 전기기기의 냉각 매체로는 물, 수소, 공기 등이며, 탄소는 방열소재의 핵심 성분으로 사용된다.

답 ④

24 3상 유도전동기의 회전 방향을 바꾸려면?

① 전원의 극수를 바꾼다.

② 전원의 주파수를 바꾼다.

③ 3상 전원 3선 중 두 선의 접속을 바꾼다.

④ 기동 보상기를 이용한다.

풀이 3상 유도 전동기는 3선 중 2선의 위치를 서로 교환하면 상회전이 반대로 되어 전동기의 회전방향도 바뀐다.

답 ③

25 변압기의 효율이 가장 좋을 때의 조건은?

① 철손 = 동손   ② 철손 = 1/2동손

③ 동손 = 1/2 철손   ④ 동손 = 2철손

풀이 최대 효율 조건은 고정손(철손) = 가변손(동손)이다.

답 ①

26 동기기의 전기자 권선법이 아닌 것은?

① 전절권   ② 분포권   ③ 2층권   ④ 중권

풀이 교류기의 전기자 권선법은 기전력의 파형을 정현파로 하기위한 것이다. 즉, 전절권보다 단절권을 집중권보다 분포권을 채용한다. 전기자를 단절권으로 하면 기전력의 값은 줄지만 기전력의 파형이 좋아지고 끝 접속선의 길이가 짧아지므로 구리선이 그만큼 절약되어 기계의 치수도 줄일 수 있다.

답 ①

27 그림은 4극 직류 발전기의 자기 회로를 보인 것이다. 자기 저항이 가장 큰 부분은?

① 계철

② 계자 철심

③ 자극편

④ 공극

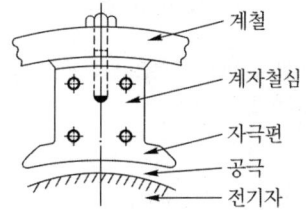

풀이 자기저항 $R_m = \dfrac{l}{\mu A}$

따라서, 철심(계철, 계자 철심, 자극편)은 비투자율이 커서 자기저항이 작고, 공극(공기)의 비투자율은 1이므로 자기저항이 가장 크다.

답 ④

28 회전자가 1초에 30회전을 하면 각속도는?

① 30π[rad/s]

② 60π[rad/s]

③ 90π[rad/s]

④ 120π[rad/s]

풀이 주파수 $f = 30$[c/s]이므로, 각속도 $\omega = 2\pi f = 2\pi \times 30 = 60\pi$[rad/s]　**답** ②

29 전부하 슬립이 5[%], 2차 저항손 5.26[kW]의 3상 유도전동기의 2차 입력은 몇 [kW]인가?

① 2.63

② 5.26

③ 105.2

④ 226.5

풀이 2차 동손 $P_{c2} = sP_2$에서 $P_2 = \dfrac{P_{c2}}{s} = \dfrac{5.26}{0.05} = 105.2$[kW]가 된다.　**답** ③

30 동기기에 제동권선을 설치하는 이유로 옳은 것은?

① 역률 개선

② 출력 증가

③ 전압 조정

④ 난조 방지

풀이 난조는 회전자가 어떤 부하각에서 새로운 부하각으로 변화하는 도중 회전자의 관성에 의해 생기는 하나의 과도적인 진동 현상을 말한다.
이것을 방지하기 위해서 제동 권선(damper winding)을 설치한다.　**답** ④

31 정격이 10000[V], 500[A], 역률 90[%]의 3상 동기발전기의 단락전류 I_s[A]는? (단, 단락비는 1.3으로 하고, 전기자 저항은 무시한다.)

① 450

② 550

③ 650

④ 750

풀이 %동기 임피던스 Z_s는 전부하시 임피던스 전압 강하 $I_n Z_s$와 정격 상전압 E_n의 비로 나타내므로

$$Z_s = \frac{I_n Z_s}{E_n} \times 100 = \frac{I_n}{E_n} \cdot \frac{E_n}{I_s} \times 100 = \frac{I_n}{I_s} \times 100 = \frac{1}{K_s} \times 100$$

$$\therefore I_s = K_s I_n = 1.3 \times 500 = 650[A]$$　**답** ③

32 다음 중 유도전동기에서 비례추이를 할 수 있는 것은?

① 출력

② 2차 동손

③ 효율

④ 역률

풀이 비례 추이할 수 있는 특성은 1차 전류, 2차 전류, 역률, 동기 와트 등이고, 할 수 없는 것은 출력 외에 2차 동손, 효율 등이다.　**답** ④

33 권수비 30의 변압기의 1차에 6600[V]를 가할 때 2차 전압은 몇 [V]인가?

① 220

② 380

③ 420

④ 660

풀이 변압기 2차 전압 $V_2 = \dfrac{V_1}{a} = \dfrac{6600}{30} = 220$[V]　**답** ①

34 동기기의 전기자 권선법이 아닌 것은?

① 전절권   ② 분포권   ③ 2층권   ④ 중권

풀이 교류기의 전기자 권선법은 기전력의 파형을 정현파로 하기위한 것이다. 즉, 전절권보다 단절권을 집중권보다 분포권을 채용한다. 전기자를 단절권으로 하면 기전력의 값은 줄지만 기전력의 파형이 좋아지고 끝 접속선의 길이가 짧아지므로 구리선이 그만큼 절약되어 기계의 치수도 줄일 수 있다.   **답** ①

35 퍼센트 저항 강하 1.8[%] 및 퍼센트 리액턴스강하 2[%]인 변압기가 있다. 부하의 역률이 1일 때의 전압 변동률은?

① 1.8[%]   ② 2.0[%]   ③ 2.7[%]   ④ 3.8[%]

풀이 백분율 전압강하와의 관계는

$$\epsilon = p\cos\phi + q\sin\phi + \frac{1}{200}(q\cos\phi - p\sin\phi)^2 [\%]$$

$\fallingdotseq p\cos\phi + q\sin\phi$ (ϕ : 부하 Z의 위상각) 가 된다.

따라서 $\epsilon \fallingdotseq p\cos\phi + q\sin\phi = 1.8 \times 1 + 2 \times 0 = 1.8[\%]$ **답** ①

36 직류를 교류로 변환하는 장치는?

① 컨버터   ② 초퍼   ③ 인버터   ④ 정류기

풀이 • 직류를 교류로 변환 : 역변환 장치(인버터)
     • 교류를 직류로 변환 : 순변환 장치(정류기, 컨버터)   **답** ③

37 PN 접합 정류소자의 설명 중 틀린 것은? (단, 실리콘 정류소자인 경우이다.)

① 온도가 높아지면 순방향 및 역방향 전류가 모두 감소한다.

② 순방향 전압은 P형에 (+), N형에 (−) 전압을 가함을 말한다.

③ 정류비가 클수록 정류특성은 좋다.

④ 역방향 전압에서는 극히 작은 전류만이 흐른다.

풀이 반도체는 저온에서는 전류가 흐르기 힘들어 절연체와 같지만, 온도가 높아지면 도체와 같이 전류가 흐르기 쉬운 물질(셀렌, 게르마늄, 규소)이다.
즉 PN접합 정류소자는 온도가 높아지면 저항이 감소하고, 전류가 증가하게 된다.   **답** ①

38 다음의 변압기 극성에 관한 설명에서 틀린 것은?

① 우리나라는 감극성이 표준이다.

② 1차와 2차 권선에 유기되는 전압의 극성이 서로 반대이면 감극성이다.

③ 3상결선 시 극성을 고려해야 한다.

④ 병렬운전 시 극성을 고려해야 한다.

풀이 고압측의 경우 U V, 저압측의 경우 u v 로 하여 아래와 같이 극성을 표시한다.

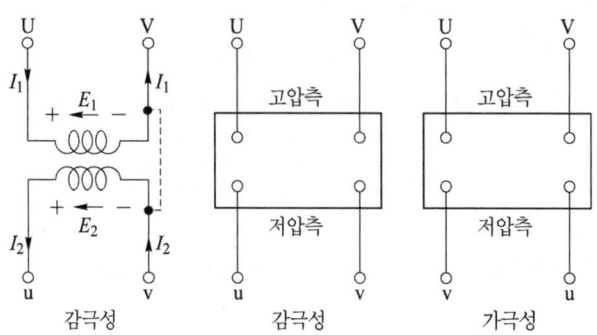

변압기의 극성에는 감극성과 가극성의 두 가지가 있으며, 우리나라에서는 감극성을 표준으로 하고 있다.

답 ②

39 E종 절연물의 최고 허용온도는 몇 [℃]인가?

① 40　　　　　② 60　　　　　③ 120　　　　　④ 155

풀이 전기 기기의 규격에서는 절연물을 그 내열성에 따라서 다음 표와 같이 7종으로 나누어 허용 최고 온도를 정해 놓았다.

절연의 종류	Y	A	E	B	F	H	C
허용 최고 온도[℃]	90	105	120	130	155	180	180 초과

답 ③

40 60[Hz]용 변압기에 50[Hz]의 동일 전압을 가할 때의 자속밀도는 60[Hz]일 때의 몇 배인가?

① $\dfrac{5}{6}$　　　　② $\left(\dfrac{6}{5}\right)^{1.6}$　　　　③ $\dfrac{6}{5}$　　　　④ $\left(\dfrac{5}{6}\right)^{2}$

풀이 변압기의 유도기전력 $E_2 = 4.44 f N_2 \phi_m = 4.44 f N_2 B_m A$에서 최대자속밀도는 주파수에 반비례한다.

최대자속 $\phi_m = B_m A$이므로, $50 B_{50} = 60 B_{60}$

$\therefore B_{50} = \dfrac{6}{5} B_{60}$

답 ③

41 고압 가공전선로의 지지물 중 지선을 사용해서는 안 되는 것은?

① 목주　　　　　　　　　　② 철탑
③ A종 철주　　　　　　　　④ A종 철근콘크리트주

풀이 331.11 지선의 시설
가공전선로의 지지물로 사용하는 철탑은 지선을 사용하여 그 강도를 분담시켜서는 안 된다.

답 ②

42 주상 변압기의 1차측 보호 장치로 사용하는 것은?

① 컷아웃 스위치　　　　　　② 자동구분개폐기
③ 캐치홀더　　　　　　　　④ 리클로저

풀이 주상 변압기 1차 측 보호를 위하여 컷 아웃 스위치(COS)를 2차 측(저압 측) 보호는 캐치 홀더를 설치한다.

답 ①

43 배전반 및 분전반과 연결된 배관을 변경하거나 이미 설치되어 있는 캐비닛에 구멍을 뚫을 때 필요한 공구는?

① 오스터
② 클리퍼
③ 토치램프
④ 녹아웃펀치

풀이 녹아웃용 펀치는 캐비닛의 철판 등에 녹아웃(전선관을 넣기 위한 구멍)을 만들기 위한 공구로 홀소와 같은 용도이다.

답 ④

44 선택 지락 계전기의 용도는?

① 단일 회선에서 접지 전류의 대소의 선택
② 단일 회선에서 접지 전류의 방향의 선택
③ 단일 회선에서 접지 사고 지속시간의 선택
④ 다 회선에서의 접지고장 회선의 선택

풀이 선택 지락 계전기는 다 회선에서의 접지고장 회선의 선택한다.

답 ④

45 전압의 구분에서 고압에 대한 설명으로 가장 옳은 것은?

① 직류는 1.5[kV], 교류는 1[kV] 이하인 것
② 직류는 1.5[kV], 교류는 1[kV] 이상인 것
③ 직류는 1.5[kV], 교류는 1[kV]를 초과하고, 7[kV] 이하인 것
④ 7[kV]를 초과하는 것

풀이 111 통칙

분 류	전압의 범위
저 압	• 직류 : 1.5[kV] 이하 • 교류 : 1[kV] 이하
고 압	• 직류 : 1.5[kV]를 초과하고, 7[kV] 이하 • 교류 : 1[kV]를 초과하고, 7[kV] 이하
특 고 압	7[kV]를 초과

답 ③

46 ACSR은 다음 중 어떤 것을 말하는가?

① 경동 연선
② 중공 연선
③ 알루미늄선
④ 강심 알루미늄 연선

풀이 ACSR은 합성 연선에 대표적인 전선으로 강심 알루미늄 연선을 나타낸다.

답 ④

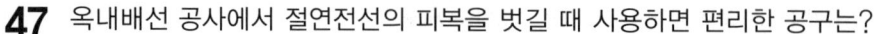

47 옥내배선 공사에서 절연전선의 피복을 벗길 때 사용하면 편리한 공구는?

① 드라이버   ② 플라이어

③ 압착펜치   ④ 와이어스트리퍼

풀이 와이어 스트리퍼(wire striper) : 절연 전선의 피복 절연물을 벗기는 자동 공구

답 ④

48 주택용 분전반 및 배전반은 어떤 장소에 설치하는 것이 바람직한가?

① 전기회로를 쉽게 조작할 수 있는 장소

② 개폐기를 쉽게 개폐할 수 없는 장소

③ 은폐된 장소

④ 이동이 심한 장소

풀이 옥내에 시설하는 저압용 배분전반의 기구 및 전선은 쉽게 점검할 수 있도록 하고, 주택용 분전반은 노출된 장소(신발장, 옷장 등의 은폐된 장소에는 시설할 수 없다)에 시설한다. **답** ①

49 다음 심벌이 나타내는 것은?

① 지락계전기   ② 과전류계전기   ③ 지진감지기   ④ 연기감지기

풀이

명칭	지락계전기	과전류계전기	지진감지기	연기감지기
기호	GR	OCR	EQ	S

답 ③

50 실내전체를 균일하게 조명하는 방식으로 광원을 일정한 간격으로 배치하며 공장, 학교, 사무실 등에서 채용되는 조명방식은?

① 국부조명   ② 전반조명

③ 직접조명   ④ 간접조명

풀이 전반조명방식은 조명 기구의 배광에 의한 분류 중 40~60[%] 정도는 빛이 위쪽과 아래쪽으로 고루 향하고 가장 일반적인 용도를 가지고 있으며 상하좌우로 빛이 모두 나오므로 부드러운 조명이 되는 조명방식이다. **답** ②

51 경질 비닐관(PVC)을 구부릴 때 사용하는 공구는?

① 토치 램프

② 파이프 커터

③ 리머

④ 나사 절삭기

풀이 경질 비닐관을 구부리는 경우 토치램프 또는 가스토치를 이용하여 가열한 후 구부리기를 한다.

답 ①

52 접지도체와 접지극의 접속에 대한 설명 중 옳지 않은 것은?

① 클램프를 사용하는 경우, 접지극 또는 접지도체를 손상시키지 않아야 한다.

② 납땜에만 의존하는 접속을 사용할 수 있다.

③ 접속은 견고하고 전기적인 연속성이 보장되도록 한다.

④ 접속부는 발열성 용접, 눌러 붙임 접속, 클램프 또는 그 밖에 기계적 접속장치에 의해야 한다.

풀이 142.3.1 접지도체

접지도체와 접지극의 접속은 다음에 의한다.

　가. 접속은 견고하고 전기적인 연속성이 보장되도록, 접속부는 발열성 용접, 눌러 붙임 접속, 클램프 또는 그 밖에 기계적 접속장치에 의해야 한다. 다만, 기계적인 접속장치는 제작자의 지침에 따라 설치하여야 한다.

　나. 클램프를 사용하는 경우, 접지극 또는 접지도체를 손상시키지 않아야 한다. 납땜에만 의존하는 접속은 사용해서는 안 된다.

답 ②

53 F40[W]의 의미는?

① 수은등 40[W]

② 나트륨등 40[W]

③ 메탈 할라이드등 40[W]

④ 형광등 40[W]

풀이 H40 : 수은등 40[W], N40 : 나트륨등 40[W], M40 : 메탈 할라이드등 40[W]

답 ④

54 하나의 콘센트에 둘 또는 세가지의 기계 기구를 끼워서 사용할 때 사용되는 것은?

① 노출형 콘센트

② 키이리스 소켓

③ 멀티 탭

④ 아이언 플러그

풀이 하나의 콘센트에 둘 또는 세 가지의 기구를 사용할 때 끼우는 것을 말한다.

답 ③

55 고압 가공인입선이 케이블 이외의 것으로서 그 아래에 위험표시를 하였다면 전선의 지표상 높이는 몇 [m]까지로 감할 수 있는가?

① 2.5

② 3.5

③ 4.5

④ 5.5

풀이 331.12.1 고압 가공인입선의 시설

가. 고압 가공인입선의 높이는 지표상 5[m]로 하여야 한다. 그러나 그 고압 가공인입선이 케이블 이외의 것인 때에는 그 전선의 아래쪽에 위험표시를 하면 고압 가공인입선의 높이는 지표상 3.5[m]까지로 감할 수 있다.

나. 횡단보도교의 위에 시설하는 경우에는 그 노면상 3.5[m] 이상 **답** ②

56 가공전선물의 지지물에 시설하는 지선의 시설에서 맞지 않은 것은?

① 지선의 안전율은 2.5 이상일 것

② 지선의 안전율이 2.5 이상일 경우에 허용 인장하중의 최저는 4.31[kN]으로 할 것

③ 소선의 지름이 1.6[mm] 이상의 동선을 사용한 것일 것

④ 지선에 연선을 사용할 경우에는 소선 3가닥 이상의 연선일 것

풀이 지선은 안전율 2.5 이상 1가닥 허용 인장 하중 4.31[kN] 이상이고, 2.6[mm] 이상의 금속선은 3조 이상 꼬아서 만든다. **답** ③

57 가요전선관과 금속관의 상호 접속에 쓰이는 것은?

① 스프리트 커플링 ② 콤비네이션 커플링
③ 스트레이트 복스커넥터 ④ 앵글 복스커넥터

풀이
• 스트레이트 박스 커넥터, 앵글 박스 커넥터 : 박스와 가요 전선관
• 플렉시블 커플링 : 가요 전선관과 가요 전선관 접속
• 콤비네이션 커플링 : 가요 전선관과 금속관 접속 **답** ②

58 과전류차단기로 저압전로에 사용하는 80[A] 퓨즈는 수평으로 붙일 경우 정격전류의 1.6배 전류를 통한 경우에 몇 분 안에 용단되어야 하는가?

① 30분 ② 60분
③ 120분 ④ 180분

풀이 212.3.4 보호장치의 특성

과전류차단기로 저압전로에 사용하는 범용의 퓨즈는 표에 적합한 것이어야 한다.

표. 퓨즈(gG)의 용단특성

정격전류의 구분	시 간	정격전류의 배수	
		불용단전류	용단전류
4[A] 이하	60분	1.5배	2.1배
4[A] 초과 16[A] 미만	60분	1.5배	1.9배
16[A] 이상 63[A] 이하	60분	1.25배	1.6배
63[A] 초과 160[A] 이하	120분	1.25배	1.6배
160[A] 초과 400[A] 이하	180분	1.25배	1.6배
400[A] 초과	240분	1.25배	1.6배

답 ③

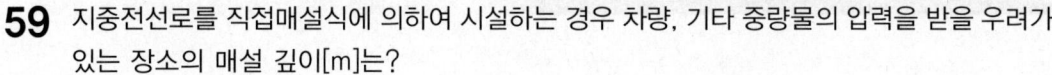

59 지중전선로를 직접매설식에 의하여 시설하는 경우 차량, 기타 중량물의 압력을 받을 우려가 있는 장소의 매설 깊이[m]는?

① 0.6[m] 이상　　　　　　　　　　② 1.0[m] 이상

③ 1.5[m] 이상　　　　　　　　　　④ 2.0[m] 이상

풀이 334.1 지중전선로의 시설

① 지중 전선로는 전선에 케이블을 사용하고 또한 관로식·암거식 또는 직접 매설식에 의하여 시설하여야 한다.

② 직접매설식에 의하여 시설하는 경우에는 매설 깊이를 차량 기타 중량물의 압력을 받을 우려가 있는 장소에는 1.0[m] 이상, 기타 장소에는 0.6[m] 이상으로 하고 또한 지중 전선을 견고한 트라프 기타 방호물에 넣어 시설하여야 한다.　　　　　　　　　　**답** ②

60 전선의 도체 단면적이 2.5[mm²]인 전선 3본을 동일 관내에 넣은 경우의 2종 가요전선관의 최소 굵기[mm]는?

① 10　　　　　　② 15　　　　　　③ 17　　　　　　④ 24

풀이 2종 가요전선관의 굵기 선정

도체 단면적 (mm²)	전선 본수				
	1	2	3	4	5
	2종 가요전선관의 최소 굵기(mm)				
2.5	10	15	15	17	24
4	10	17	17	24	24
6	10	17	24	24	24
10	12	24	24	24	30

답 ②

1 단면적 5[cm²], 길이 1[m], 비투자율 10^3인 환상 철심에 600회의 권선을 감고 이것에 0.5[A]의 전류를 흐르게 한 경우 기자력은?

① 100[AT]　　　② 200[AT]　　　③ 300[AT]　　　④ 400[AT]

풀이 기자력 $F = NI = 600 \times 0.5 = 300$[AT]　　　**답** ③

2 비정현파를 여러개의 정현파 합으로 표시하는 방법은?

① 키르히호프의 법칙　　　② 노튼의 정리
③ 푸리에 분석　　　④ 테일러의 분석

풀이
- 비정현파를 해석할 경우 푸리에 급수를 이용하여 해석하여야 한다.
- 푸리에 급수는 주파수와 진폭을 달리하는 무수히 많은 성분을 갖는 비정현파를 무수히 많은 정현항과 여현항의 합으로 표현하는 방법을 말한다.
- 비정현파를 푸리에 급수 전개한 결과는 직류분, 기본파, 고조파로 구성된다.　　　**답** ③

3 파형률은 어느 것인가?

① $\dfrac{평균값}{실효값}$　　　② $\dfrac{실효값}{최댓값}$　　　③ $\dfrac{실효값}{평균값}$　　　④ $\dfrac{최댓값}{실효값}$

풀이 파형률(form factor)$=\dfrac{실효값}{평균값}$이고, 파고율(crest factor)$=\dfrac{최댓값}{실효값}$이다.　　　**답** ③

4 플레밍의 왼손법칙에서 전류의 방향을 나타내는 손가락은?

① 약지　　　② 중지　　　③ 검지　　　④ 엄지

풀이
- 플레밍의 왼손 법칙
  엄지는 힘의 방향,
  검지는 자속의 방향,
  중지는 전류의 방향이다.

답 ②

5 콘덴서의 정전용량에 대한 설명으로 틀린 것은?

① 전압에 반비례한다.　　　② 이동 전하량에 비례한다.
③ 극판의 넓이에 비례한다.　　　④ 극판의 간격에 비례한다.

풀이 평행판 도체의 정전 용량
극판 간격 d, 면적 S인 평행평판 도체에서의 정전용량 C는 다음과 같다.

$$C = \frac{\epsilon_0}{d} S \, [\text{F}]$$

여기서, C : 평행판 전극간의 정전 용량[F], S : 전극 면적[m^2], d : 전극간 거리[m]

따라서 정전용량은 극판의 간격에 반비례한다.   **답** ④

6 3상 220[V], △결선에서 1상의 부하가 $Z = 8 + j6[\Omega]$이면 선전류[A]는?

① 11   ② $22\sqrt{3}$ ③ 22   ④ $\dfrac{22}{\sqrt{3}}$

풀이 △결선 시 선전류(I_l)는 상전류(I_p)의 $\sqrt{3}$ 배이므로,

$$\therefore I_l = \sqrt{3}\,I_p = \sqrt{3} \times \frac{V_P}{Z} = \sqrt{3} \times \frac{220}{8+j6} = \sqrt{3} \times \frac{220}{\sqrt{8^2+6^2}} = \sqrt{3} \times \frac{220}{10} = 22\sqrt{3}\,[\text{A}]$$

답 ②

7 저항이 10[Ω]인 도체에 1[A]의 전류를 10분간 흘렸다면 발생하는 열량은 몇 [kcal]인가?

① 0.62   ② 1.44   ③ 4.46   ④ 6.24

풀이 줄의 법칙에서 열량 $Q = 0.24 I^2 R t = 0.24 \times 1^2 \times 10 \times 10 \times 60 = 1440[\text{cal}] = 1.44[\text{kcal}]$ **답** ②

8 콘덴서의 정전용량이 커질수록 용량리액턴스의 값은 어떻게 되는가?

① 무한대로 접근한다.   ② 커진다.

③ 작아진다.   ④ 변화하지 않는다.

풀이 용량 리액턴스 $X_c = \dfrac{1}{2\pi f C}$ 에서 정전용량에 반비례하는 것을 알 수 있다. 즉, 정전용량이 증가하면, 용량 리액턴스는 감소하게 된다.   **답** ③

9 다음 중 저항의 온도계수가, 부(−)의 특성을 가지는 것은?

① 경동선   ② 백금선   ③ 텅스텐   ④ 서미스터

풀이 · 서미스터 : 부(−)의 온도 계수   · 금속 : 정(+)의 온도 계수

· 반도체 : 부(−)의 온도 계수   · 레너 다이오드 : 정(+) 또는 부(−)의 온도 계수   **답** ④

10 반지름 5[cm], 권수 100회인 원형 코일에 15[A]의 전류가 흐르면 코일중심의 자장의 세기는 몇 [AT/m]인가?

① 750   ② 3000   ③ 15000   ④ 22500

풀이 원형 코일 중심의 자장의 세기 $H = \dfrac{NI}{2r}$ 에서

$$H = \frac{100 \times 15}{2 \times 0.05} = 15,000[\text{AT/m}] \text{ 가 된다.}$$

답 ③

11 절연체 중에서 플라스틱, 고무, 종이 운모 등과 같이 전기적으로 분극 현상이 일어나는 물체를 특히 무엇이라 하는가?

① 도체   ② 유전체   ③ 도전체   ④ 반도체

풀이 전계 중에서 분극현상이 나타나는 절연체를 유전체라 한다.   **답** ②

12 어떤 도체에 1[A]의 전류가 1분간 흐를 때 도체를 통과하는 전기량은?

① 1[C]   ② 60[C]   ③ 1,000[C]   ④ 3,600[C]

풀이 전기량 $Q = I \cdot t = 1 \times 60 = 60[C]$ **답** ②

13 히스테리시스손은 최대 자속밀도 및 주파수의 각각 몇 승에 비례하는가?

① 최대자속밀도 : 1.6, 주파수 : 1.0   ② 최대자속밀도 : 1.0, 주파수 : 1.6

③ 최대자속밀도 : 1.0, 주파수 : 1.0   ④ 최대자속밀도 : 1.6, 주파수 : 1.6

풀이 스타인메츠의 식 $W_h = \eta f B_m^{1.6}$ 에서 최대 자속밀도의 1.6승, 주파수 1승에 비례한다.   **답** ①

14 주파수가 100[Hz]인 교류의 주기[sec]는?

① 0.01   ② 0.02   ③ 0.05   ④ 50

풀이 주기는 주파수에 반비례 한다. 즉 $T = \dfrac{1}{f}$ 에서 $T = \dfrac{1}{100} = 0.01$ [sec]가 된다.   **답** ①

15 다음은 평판 콘덴서에 대해서 쓴 것이다. 옳지 않은 것은?

① 정전 용량은 금속판 사이에 있는 유전체의 유전율에 비례한다.
② 정전 용량은 금속판의 거리에 반비례한다.
③ 정전 용량은 금속판의 면적에 비례한다.
④ 정전 용량은 금속판의 넓이에 반비례한다.

풀이 평행판 콘덴서의 정전용량 $C = \dfrac{\epsilon_o \epsilon_s S}{d}$ 에서 정전용량은 면적에 비례하며, 간격에 반비례한다. **답** ④

16 평형 3상 교류회로의 Y회로로부터 △회로로 등가 변환하기 위해서는 어떻게 하여야 하는가?

① 각 상의 임피던스를 3배로 한다.   ② 각 상의 임피던스를 $\sqrt{3}$ 배로 한다.

③ 각 상의 임피던스를 $\dfrac{1}{\sqrt{3}}$ 배로 한다.   ④ 각 상의 임피던스를 $\dfrac{1}{3}$ 배로 한다.

풀이 동일한 임피던스를 Y에서 △로 등가변환할 경우 임피던스는 3배가 되면 된다.　**답** ①

17 전압계의 측정 범위를 넓히기 위한 목적으로 전압계에 직렬로 접속하는 저항기를 무엇이라 하는가?

① 전위차계(potential meter)
② 분압기(voltage divider)
③ 분류기(shunt)
④ 배율기(multiplier)

풀이 ① 전위차계 : 전위차나 기전력을 측정하는 장치
② 분압기 : 고압의 전압을 적당한 크기의 전압으로 조정하는 장치
③ 분류기 : 전류계의 측정 범위를 넓히기 위하여 전류계에 병렬로 접속하는 저항
④ 배율기 : 전압계의 측정 범위를 넓히기 위하여 전압계에 직렬로 접속하는 저항　**답** ④

18 기본파의 3[%]인 제3고조파와 4[%]인 제5고조파, 1[%]인 제7고조파를 포함하는 전압파의 왜형률은?

① 약 2.7[%]
② 약 5.1[%]
③ 약 7.7[%]
④ 약 14.1[%]

풀이 왜형률[%] $= \dfrac{\text{전고조파의 실효값}}{\text{기본파의 실효값}} \times 100$

$$= \frac{\sqrt{I_3^{\,2} + I_5^{\,2} + I_7^{\,2}}}{I_1} \times 100 = \frac{\sqrt{0.03^2 + 0.04^2 + 0.01^2}}{1} \times 100 ≒ 5.1[\%]$$　**답** ②

19 3분 동안에 180000[J]의 일을 하였다면 전력은?

① 1[kW]
② 30[kW]
③ 1000[kW]
④ 3240[kW]

풀이 전력은 단위시간(단위시간이란 1초를 말한다.)에 전기가 한 일로 나타낸다. 3분은 180초에 해당한다.
$P = \dfrac{W}{t} = \dfrac{180,000}{3 \times 60} = 1000[\text{W}] = 1[\text{kW}]$　**답** ①

20 어떤 콘덴서에 전압 20[V]를 가할 때 전하 800[μC]이 축적되었다면 이때 축적되는 에너지는?

① 0.008[J]
② 0.16[J]
③ 0.8[J]
④ 160[J]

풀이 정전 에너지 $W = \dfrac{1}{2}VQ = \dfrac{1}{2}CV^2[\text{J}]$에서
$W = \dfrac{1}{2} \times 20 \times 800 \times 10^{-6} = 0.008[\text{J}]$이 된다.　**답** ①

21 8극 파권 직류발전기의 전기자 권선의 병렬 회로수 a는 얼마로 하고 있는가?

① 1
② 2
③ 6
④ 8

풀이 중권과 파권의 비교

비교 항목	중권(병렬권)	파권(직렬권)
전기자 병렬 회로 수(a)	극수와 같다($a = p$)	항상 2($a = 2$)
브러시의 수(B)	극수와 같다($B = p$)	2개 또는 극수만큼 설치
균압 접속	4극 이상 필요	불필요
용도	저전압, 대전류	고전압, 소전류

답 ②

22 변압기유의 열화 방지를 위해 쓰이는 방법이 아닌 것은?

① 방열기   ② 브리이더
③ 콘서베이터   ④ 질소봉입

풀이 변압기유의 열화란 공기 중의 수분과 산소에 의해 절연유가 산화되고, 침전물이 생기게 되는 것을 말하며 방지설비로는 브리이더, 질소봉입, 컨서베이터가 있다.
그림은 개방형 콘서베이터로 질소가스가 봉입되어 있지 않는 형태이다.

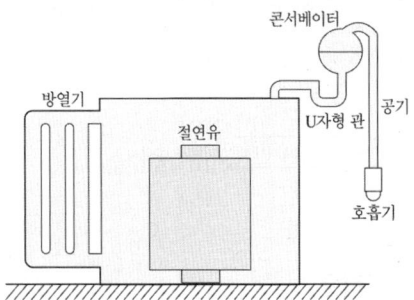

답 ①

23 부하의 변동에 대하여 단자전압의 변화가 가장 적은 발전기는?

① 직권   ② 분권   ③ 평복권   ④ 과복권

풀이 가동복권 발전기 중 평복권발전기는 무부하 전압과 전부하 전압이 같도록 만들어진 발전기로 전압변동률이 0이다.   **답** ③

24 직류 직권전동기의 특징에 대한 설명으로 틀린 것은?

① 부하전류가 증가하면 속도가 크게 감소된다.
② 기동토크가 작다.
③ 무부하 운전이나 벨트를 연결한 운전은 위험하다.
④ 계자권선과 전기자권선이 직렬로 접속되어 있다.

풀이 직류 직권 전동기에서 회전속도 N은 전기자전류 I_a(부하전류)에 반비례하고, 토크 T는 I_a^2에 비례하므로 기동 시 직류 직권전동기의 부하전류는 작고, 기동토크는 크다.   **답** ②

25 동기 전동기의 특징으로 잘못된 것은?

① 일정한 속도로 운전이 가능하다.
② 난조가 발생하기 쉽다.
③ 역률을 조정하기 힘들다.
④ 공극이 넓어 기계적으로 견고하다.

풀이 동기 전동기의 특징
  ① 장점
    • 속도가 일정, 불변이다.
    • 항상 역률 1로 운전할 수 있다.
    • 필요시 앞선 전류를 통할 수 있다.
    • 유도 전동기에 비하여 효율이 좋다.
  ② 단점
    • 보통 구조의 것은 기동 토크가 적고 속도 조정을 할 수 없다.
    • 난조를 일으킬 염려가 있다.
    • 여자용의 직류 전원을 필요로 하여 설비비가 많이 든다. **답** ③

26 전력계통에 접속되어 있는 변압기나 장거리 송전 시 정전 용량으로 인한 충전특성 등을 보상하기 위한 기기는?

① 유도 전동기
② 동기 발전기
③ 유도 발전기
④ 동기 조상기

풀이 동기 조상기의 여자를 과여자로 운전하면 선로에 앞선 전류가 흘러 일종의 콘덴서로 작용해서 보통 부하의 뒤진 전류를 보상하여 송전 선로의 역률을 양호하게 하고, 전압 강하를 보상한다. 또, 부족 여자로 운전하면 뒤진 전류가 흘러서 일종의 리액터로 작용하여 무부하의 장거리 송전 선로에 흐르는 충전 전류에 의하여 발전기의 자기 여자 작용으로 일어나는 단자 전압의 이상 상승을 방지할 수 있다. **답** ④

27 동기기의 3상 단락곡선이 직선이 되는 이유로 가장 알맞은 것은?

① 누설리액턴스가 크므로
② 자기포화가 있으므로
③ 무부하 상태이므로
④ 전기자 반작용으로

풀이 단락전류는 전기자 저항을 무시하면 동기리액턴스에 의해 그 크기가 결정된다. 즉, 동기리액턴스에 의해 흐르는 전류는 90° 늦은 전류가 크게 흐르게 되며, 이 전류에 의한 전기자 반작용이 감자 작용이 되므로 3상 단락곡선은 직선이 된다. **답** ④

28 출력 12[kW], 회전수 1140[rpm]인 유도전동기의 동기 와트는 약 몇 [kW]인가?
(단, 동기속도는 N_s는 1200[rpm]이다.)

① 10.4
② 11.5
③ 12.6
④ 13.2

풀이
$$T = 0.975 \frac{P}{N} = 0.975 \times \frac{12 \times 10^3}{1140} = 10.26[\text{kg} \cdot \text{m}]$$이므로

$$\therefore P_2 = 1.026 N_s T = 1.026 \times 1200 \times 10.26 \times 10^{-3} = 12.6[\text{kW}]$$ **답** ③

29 변압기의 여자 전류가 일그러지는 이유는 무엇 때문인가?

① 와류(맴돌이 전류) 때문에

② 자기 포화와 히스테리시스 현상 때문에

③ 누설리액턴스 때문에

④ 선간의 정전용량 때문에

풀이 변압기의 여자전류는 자기포화와 히스테리시스 현상 때문에 왜곡이 된다.　　**답** ②

30 슬립 4[%]인 유도 전동기의 등가 부하 저항은 2차 저항의 몇 배인가?

① 5　　　　② 19　　　　③ 20　　　　④ 24

풀이 유도 전동기의 기계적 출력을 나타내는 정수 $r = (\frac{1}{s} - 1)r_2$ 에서

$r = (\frac{1}{0.04} - 1)r_2 = 24r_2$ 가 된다.　　**답** ④

31 계자 권선이 전기자에 병렬로만 접속된 직류기는?

① 타여자기　　　② 직권기　　　③ 분권기　　　④ 복권기

풀이 분권기(발전기)는 계자 권선이
전기자 권선에 병렬로 연결

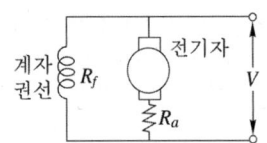

　　답 ③

32 교류 배전반에서 전류가 많이 흘러 전류계를 직접 주 회로에 연결할 수 없을 때 사용하는 기기는?

① 전류 제한기　　　　　　② 계기용 변압기

③ 계기용 변류기　　　　　④ 전류계용 절환 개폐기

풀이 변류기(Current Transformer : CT)
고압회로의 대전류를 소전류로 변성하기 위해서 사용하는 것이며, 배전반의 전류계 및 트립코일(TC)의
전원으로 사용된다. 일반 변류기는 2차측은 사용 중 코일에 전류가 흐르는 상태에서 2차 코일을 개방하면
2차 단자간에 고전압이 발생하여 코일의 손상(2차측 절연파괴)내지 감전사고를 유발한다.　　**답** ③

33 동기속도 30[rps]인 교류 발전기 기전력의 주파수가 60[Hz]가 되려면 극수는?

① 2　　　　② 4　　　　③ 6　　　　④ 8

풀이 동기속도 $N_s = \frac{2f}{p}$[rps]$= \frac{120f}{p}$[rpm]

따라서, 극수 $p = \frac{2f}{N_s} = \frac{2 \times 60}{30} = 4$극　　**답** ②

34 직류 발전기의 무부하 특성곡선은?

① 부하전류와 무부하 단자전압과의 관계이다.

② 계자전류와 부하전류와의 관계이다.

③ 계자전류와 무부하 단자전압과의 관계이다.

④ 계자전류와 회전력과의 관계이다.

풀이 유기 기전력 E와 계자 전류 I_f 의 관계 곡선을 무부하 특성곡선이라 한다.

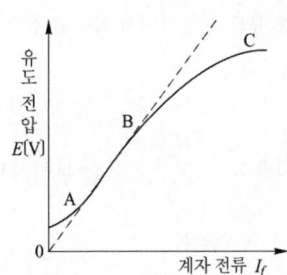

답 ③

35 변압기의 규약 효율은?

① $\eta = \dfrac{출력}{입력} \times 100\,[\%]$

② $\eta = \dfrac{출력}{출력 + 손실} \times 100\,[\%]$

③ $\eta = \dfrac{출력}{입력 - 손실} \times 100\,[\%]$

④ $\eta = \dfrac{입력 + 손실}{입력} \times 100\,[\%]$

풀이 규약 효율 η는

$$\eta = \dfrac{입력 - 손실}{입력} \times 100\,[\%] \ (전동기)$$

$$\eta = \dfrac{출력}{출력 + 손실} \times 100\,[\%] \ (발전기, 변압기)$$

답 ②

36 그림은 유도전동기 속도제어 회로 및 트랜지스터의 컬렉터 전류 그래프이다. ⓐ와 ⓑ에 해당하는 트랜지스터는?

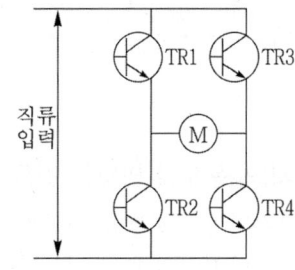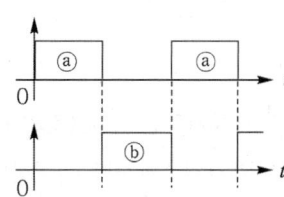

① ⓐ는 TR1과 TR2, ⓑ는 TR3과 TR4

② ⓐ는 TR1과 TR3, ⓑ는 TR2과 TR4

③ ⓐ는 TR2과 TR4, ⓑ는 TR1과 TR3

④ ⓐ는 TR1과 TR4, ⓑ는 TR2과 TR3

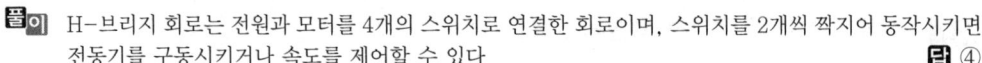

풀이 H-브리지 회로는 전원과 모터를 4개의 스위치로 연결한 회로이며, 스위치를 2개씩 짝지어 동작시키면 전동기를 구동시키거나 속도를 제어할 수 있다. **답** ④

37 비례추이를 이용하여 속도제어가 되는 전동기는?

① 권선형 유도전동기　　　　　　② 농형 유도전동기
③ 직류 분권전동기　　　　　　　④ 동기 전동기

풀이 비례추이는 2차 회전자에 저항을 삽입할 수 있는 권선형 유도 전동기에서 가능하다. **답** ①

38 다음 중 변압기의 1차측이란?

① 고압측　　　　　② 저압측　　　　　③ 전원측　　　　　④ 부하측

풀이 변압기의 1차측은 전원측을 의미하며, 2차측은 부하측을 의미한다. **답** ③

39 3상 유도전동기의 회전방향을 바꾸기 위한 방법으로 옳은 것은?

① 전원의 전압과 주파수를 바꾸어 준다.
② △-Y 결선으로 결선법을 바꾸어 준다.
③ 기동보상기를 사용하여 권선을 바꾸어 준다.
④ 전동기의 1차 권선에 있는 3개의 단자 중 어느 2개의 단자를 서로 바꾸어 준다.

풀이 3상 유도 전동기의 회전 방향을 반대로 하려면 상회전을 반대로 하여야 하며, 전원의 3선 중 2선의 위치를 서로 바꾸어 주면 상회전을 반대로 할 수 있다. **답** ④

40 직류기의 전기자 반작용의 영향을 보상하는데 효과가 큰 것은 어느 것인가?

① 탄소 브러시　　　② 보극　　　　　③ 균압 고리　　　④ 보상 권선

풀이 전기자 반작용 방지에 가장 유효한 것은 보상권선으로, 전기자 권선과 직렬로 연결하여 반대 방향의 전류를 흘려줌으로써 대부분의 전기자 반작용을 방지할 수 있다. 중성축 부근의 전기자 반작용 억제방법으로는 보극이 사용된다. 보극은 중성축의 브러시 이탈을 방지하여 양호한 정류를 얻는 조건이 된다. 이를 전압정류라 한다. **답** ④

41 배전용 전기기계기구인 COS(컷아웃스위치)의 용도로 알맞은 것은?

① 배전용 변압기의 1차측에 시설하여 변압기의 단락보호용으로 쓰인다.
② 배전용 변압기의 2차측에 시설하여 변압기의 단락보호용으로 쓰인다.
③ 배전용 변압기의 1차측에 시설하여 배전 구역 전환용으로 쓰인다.
④ 배전용 변압기의 2차측에 시설하여 배전 구역 전환용으로 쓰인다.

풀이 컷아웃 스위치(COS)는 주상 변압기 1차측에 설치하여 변압기의 보호와 개폐에 사용하는 스위치를 말하며, 변압기 설치시 필수적으로 설치해야 한다. **답** ①

42 일반적으로 저압 가공 인입선이 도로를 횡단하는 경우 노면상 설치 높이는 몇 [m] 이상이어야 하는가?

① 3[m]   ② 4[m]   ③ 5[m]   ④ 6.5[m]

풀이 221.1.1 저압 인입선의 시설
저압 가공인입선의 높이는 도로(도로와 보도의 구별이 있는 도로인 경우에는 차도)를 횡단하는 경우 노면상 5[m](기술상 부득이한 경우에 교통에 지장이 없을 때에는 3[m]) 이상일 것 **답** ③

43 다음 중 접지시스템의 종류가 아닌 것은?

① 계통접지   ② 단독접지   ③ 공통접지   ④ 통합접지

풀이 141 접지시스템의 구분 및 종류
① 구분 : 계통접지, 보호접지, 피뢰시스템 접지 등
② 종류 : 단독접지, 공통접지, 통합접지 **답** ①

44 금속덕트 배선에 사용하는 금속 덕트의 철판 두께는 몇 [mm] 이상이어야 하는가?

① 0.8   ② 1.2   ③ 1.5   ④ 1.8

풀이 232.31 금속덕트공사
폭이 40[mm] 이상, 두께가 1.2[mm] 이상인 철판 또는 동등 이상의 기계적 강도를 가지는 금속제의 것으로 견고하게 제작한 것일 것. **답** ②

45 A종 철근 콘크리트주의 길이가 9[m]이고, 설계 하중이 6.8[kN]인 경우 땅에 묻히는 깊이는 최소 몇 [m] 이상이어야 하는가?

① 1.2   ② 1.5   ③ 1.8   ④ 2.0

풀이 331.7 가공전선로 지지물의 기초의 안전율
강관주 또는 철근 콘크리트주로서 그 전체 길이가 16[m] 이하, 설계하중이 6.8[kN] 이하인 것 또는 목주를 다음에 의하여 시설하는 경우
① 전체의 길이가 15[m] 이하인 경우는 땅에 묻히는 깊이를 전체길이의 1/6 이상으로 할 것.
② 전체의 길이가 15[m]를 초과하는 경우는 땅에 묻히는 깊이를 2.5[m] 이상으로 할 것.
따라서 $9 \times \dfrac{1}{6} = 1.5[m]$ **답** ②

46 간선에서 분기하여 분기 과전류차단기를 거쳐서 부하에 이르는 사이의 배선을 무엇이라 하는가?

① 간선   ② 인입선   ③ 중성선   ④ 분기회로

풀이 ① 간선 : 인입구에서부터 분기회로에 이르는 배선, 분기회로의 전원측
② 인입선 : 가공 및 지중 전선로의 지지물로부터 다른 지지물을 거치지 않고 전기사용장소의 연결점이나 인입구에 이르는 전선
③ 중성선 : 전원의 중성점에 접속된 전선
답 ④

47 전선의 굵기를 측정할 때 사용되는 것은?

① 와이어 게이지 ② 파이프 포트
③ 스패너 ④ 프레셔 툴

풀이 와이어 게이지(wire guage)
① 용도 : 전선의 굵기를 측정하는 것
② 종류 : 선번용, 밀리미터용

답 ①

48 논이나 기타 지반이 약한 곳에 건주 공사시 전주의 넘어짐을 방지하기 위해 시설하는 것은?

① 완금 ② 근가 ③ 완목 ④ 행거밴드

풀이 지지물(전주)을 땅에 세울 때에 논이나 그 밖의 지반이 연약한 곳에서는 특히 견고한 근가(根架)를 시설하여야 한다.
답 ②

49 옥내에 시설하는 전동기에는 전동기가 손상될 우려가 있는 과전류가 생겼을 때 자동적으로 이를 저지하거나 이를 경보하는 장치를 하여야 하는데, 단상 전동기인 경우 전원측 전로에 시설하는 과전류차단기의 정격전류가 몇 [A] 이하이면 이 과부하 보호장치를 시설하지 않아도 되는가? (단, 단상 전동기는 KS C 4204(2013)의 표준정격의 것을 말한다.)

① 10[A] ② 16[A]
③ 30[A] ④ 50[A]

풀이 212.6.3 저압전로 중의 전동기 보호용 과전류보호장치의 시설
옥내에 시설하는 전동기에는 전동기가 손상될 우려가 있는 과전류가 생겼을 때에 자동적으로 이를 저지하거나 이를 경보하는 장치를 하여야 한다. 다만, 다음의 어느 하나에 해당하는 경우에는 그러하지 아니하다.
가. 전동기를 운전 중 상시 취급자가 감시할 수 있는 위치에 시설하는 경우
나. 전동기의 구조나 부하의 성질로 보아 전동기가 손상될 수 있는 과전류가 생길 우려가 없는 경우
다. 단상전동기로써 그 전원측 전로에 시설하는 과전류 차단기의 정격전류가 16[A](배선용 차단기는 20[A]) 이하인 경우
라. 정격 출력이 0.2[kW] 이하의 전동기
답 ②

50 접지공사에서 접지도체를 철주, 기타 금속체를 따라 시설하는 경우 접지극은 지중에서 그 금속체로부터 몇 [cm] 이상 떼어 매설해야 하는가?

① 30 ② 60 ③ 75 ④ 100

풀이

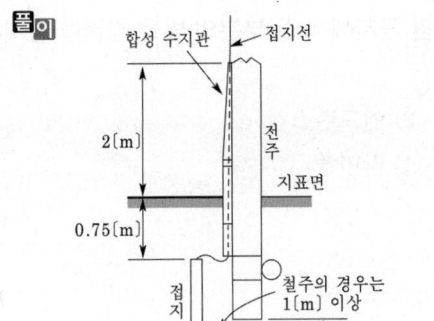

답 ④

51 전등 1개를 2개소에서 점멸하고자 할 때 3로 스위치는 최소 몇 개 필요한가?

① 4개　　　　　② 3개　　　　　③ 2개　　　　　④ 1개

풀이 전등 1개를 2개소에서 점멸

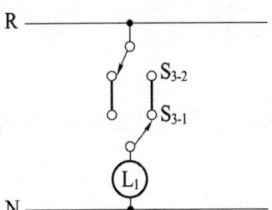

답 ③

52 가공전선로의 지선에 사용되는 애자는?

① 노브 애자　　　　　　　　② 인류 애자
③ 현수 애자　　　　　　　　④ 구형 애자

풀이
- 노브 애자 : 옥내 배선에 사용
- 인류 애자 : 가공 배전선로 또는 인입선에 사용
- 현수 애자 : 송전선에 가장 많이 사용

답 ④

53 옥내 배선을 합성수지관 공사에 의하여 실시할 때 사용할 수 있는 단선의 최대 굵기[mm^2]는?

① 4　　　　　　② 6　　　　　　③ 10　　　　　④ 16

풀이 232.11 합성수지관공사
① 전선은 절연전선(옥외용 비닐절연전선을 제외한다)일 것.
② 전선은 연선일 것. 다만, 다음의 것은 적용하지 않는다.
- 짧고 가는 합성수지관에 넣은 것.
- 단면적 10[mm^2](알루미늄선은 단면적 16[mm^2]) 이하의 것.

답 ③

54 저압 가공 인입선의 인입구에 사용하며, 금속관 공사에서 끝 부분의 빗물 침입을 방지하는데 적당한 것은?

① 엔드   ② 엔트런스캡
③ 부싱   ④ 라미플

풀이

답 ②

55 전선과 기구 단자 접속 시 나사를 덜 죄었을 경우 발생할 수 있는 위험과 거리가 먼 것은?

① 누전   ② 화재 위험
③ 과열 발생   ④ 저항 감소

풀이 단자 접속 시 나사를 덜 죄었을 경우에는 접촉 저항의 증가에 따른 발열로 인한 전기 화재 발생의 위험이 있다.

답 ④

56 코일 주위에 전기적 특성이 큰 에폭시 수지를 고진공으로 침투시키고, 다시 그 주위를 기계적 강도가 큰 에폭시 수지로 몰딩한 변압기는?

① 건식 변압기   ② 유입 변압기
③ 몰드 변압기   ④ 타이 변압기

풀이 몰드변압기는 권선을 난연성의 Epoxy 수지에 실리카 등의 무기질 충전재를 배합 또는 유리섬유의 기본 재를 함침한 것으로 환경오염방지 및 난연성, 자기소화성을 가지고 있어 화재발생 가능성을 최소화한 변압기이다.

답 ③

57 배전설계를 위한 전등 및 소형 전기기계 기구의 부하용량 산정 시 건축물의 종류에 대응한 표준부하에서 원칙적으로 표준부하를 20[VA/m²]으로 적용하여야 하는 건축물은?

① 교회, 극장   ② 학교, 음식점
③ 은행, 상점   ④ 아파트, 이용원

풀이 표준부하밀도

건축물의 종류	표준 부하[VA/m²]
공장, 공회당, 사원, 교회, 극장, 영화관, 연회장 등	10
기숙사, 여관, 호텔, 병원, 학교, 음식점, 다방, 대중 목욕탕	20
사무실, 은행, 상점, 이발소, 미장원	30
주택, 아파트	40

답 ②

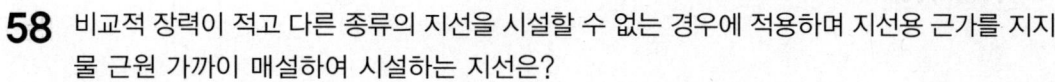

58 비교적 장력이 적고 다른 종류의 지선을 시설할 수 없는 경우에 적용하며 지선용 근가를 지지물 근원 가까이 매설하여 시설하는 지선은?

① Y지선

② 궁지선

③ 공동지선

④ 수평지선

풀이
- Y 지선 : 다단의 완금이 설치되거나 또한 장력이 큰 경우에 시설
- 궁지선 : 비교적 장력이 적고 다른 종류의 지선을 시설할 수 없는 경우에 적용하며 지선용 근가를 지지물 근원 가까이 매설하여 시설하는 지선
- 수평지선 : 토지의 상황이나 기타 사유로 인하여 보통 지선을 시설할 수 없는 경우 시설
- 공통지선 : 지지물 상호간의 거리가 비교적 접근하여 있을 경우 시설

답 ②

59 옥내에 시설하는 사용전압이 400[V] 이상인 저압의 이동전선은 습기가 많은 장소 또는 수분이 있는 장소에 시설할 경우 0.6/1[kV] EP 고무 절연 클로로프렌 캡타이어 케이블로서 단면적이 몇 $[\text{mm}^2]$ 이상이어야 하는가?

① $0.75[\text{mm}^2]$

② $2[\text{mm}^2]$

③ $5.5[\text{mm}^2]$

④ $8[\text{mm}^2]$

풀이 234.3 코드 및 이동전선
옥내에서 조명용 전원코드 또는 이동전선을 습기가 많은 장소 또는 수분이 있는 장소에 시설할 경우에는 고무코드(사용전압이 400[V] 이하인 경우에 한함) 또는 0.6/1[kV] EP 고무 절연 클로로프렌캡타이어케이블로서 단면적이 $0.75[\text{mm}^2]$ 이상인 것이어야 한다.

답 ①

60 다음 심벌의 명칭은?

① 과전압 계전기

② 환풍기

③ 콘센트

④ 룸에어콘

풀이 그림은 콘센트의 심벌이며, ⬤WP 는 방수형 콘센트를 나타낸다.

답 ③

memo

새로운 출제기준에 따른
전기기능사 필기

발　　행 / 2025년 12월 15일

저　　자 / 검정연구회
펴 낸 이 / 정 창 희
펴 낸 곳 / 동일출판사
주　　소 / 서울시 강서구 곰달래로31길7 (2층)
전　　화 / (02) 2608-8250
팩　　스 / (02) 2608-8265
등록번호 / 제109-90-92166호

저자와의
협의에
따라
인지생략

ISBN 978-89-381-1731-1 13560
값 / 27,000원